U0225186

中國植物保護百科全書

中国植物保护百科全书

昆虫卷

中国林業出版社

咖啡豆象 *Araecerus fasciaculatus* (De Geer)

一种世界性分布的仓储害虫，是中国重要的检疫对象。鞘翅目（Coleoptera）长角象科（Anthribidae）细角长角象属（*Araecerus*）。原产印度，是可可、咖啡豆等的重要害虫，主要分布于热带、亚热带地区，后传至全球各个国家和地区。中国所有地区均有分布。

寄主 咖啡、可可、玉米、薯干、药材、酒曲、高粱、棉花、扁豆、豆蔻、干果、麦曲、面粉、香蕉、桃干、甜橙等。

危害状 该虫食性极杂，可危害多种农作物及其产品。咖啡豆象的成虫善飞翔，常在仓库内的储藏物中繁殖危害，也能在野外田间危害玉米穗子和咖啡种子及大蒜等。成虫飞到大蒜薹头上产卵，幼虫孵出，进蒜头内蛀食为害，挂藏期继续为害，造成大蒜的散瓣。在木薯干片储藏期蛀蚀木薯干片成粉末状。严重危害中药材，把中药材蛀蚀一空，导致药材丧失其药用价值。

形态特征

成虫 体长3.0～4.5mm。长椭圆形，暗褐色，密生红褐色细毛。喙短而粗，不明显。触角长11节，近基部两节短粗，第三至八节细长，端部三节扁平、膨大呈三角形。由于有长的触角和象鼻状的短喙，因而归在长角象虫科。鞘翅背面略凸，表面密生黄、褐两种颜色的细毛，并形成排列整齐的圆形白斑。腹末呈小三角形的臀板外露。

幼虫 共4龄，其中第一、二龄体小，体长小于0.6mm。老熟幼虫四龄时4.5～5.2mm，少数6mm，通常呈自然弯弓形。除头壳外，全体乳白色，多褶皱，体被白而短的细毛。头大近圆形，并不缩入体内，浅黄色，背面生1对粗刚毛。胸足退化，仅有痕迹。前胸较大，淡黄色，腹部末端大且呈圆形。幼虫一般蜕皮3次，然后化蛹。

生活史及习性 咖啡豆象每年发生3～4代，多以幼虫越冬，极少见蛹越冬，未发现库房有成虫越冬。每雌成虫产卵20～140粒，可多至150粒。幼虫自卵内孵出后蛀入粮粒内部危害。越冬期间取食量较小。越冬幼虫在翌年初夏前后开始活动，进食量变大，10～15天后化蛹、蛹期较短。羽化后1周达到性成熟，即开始交配产卵。5月末出现当年第一代幼虫，第一代幼虫发育较快，多于6月末或7月初达到性成熟。第二代成虫于7月底前出现，其中发育较快的个体在9月中旬可繁殖出当年第三代幼虫，于11月之前第四代成虫顺利交配产卵，然后孵化幼虫进入越冬期。

防治方法

清洁卫生 保证储粮自身的清洁卫生，不带虫源。搞好入库前库房内外及周边的环境卫生，平常经常检查打扫，清除虫巢。

物理防治 利用害虫的特殊趋性和习性，暴晒、沸水杀虫、蒸汽消毒等；采用充氮气、二氧化碳措施防治仓储害虫，低温处理更加适合于北方。

生物防治 采用苏云金芽孢杆菌和有机磷类化学药剂磷化铝混合，在37°C条件下能杀死酒曲中的主要害虫。

化学防治 用磷化铝、磷化氢、杀螟硫磷等，采取化学熏蒸法来熏蒸处理仓库，杀死咖啡豆象。

参考文献

程开禄，黄富，潘学贤，等，2001. 酒曲害虫的发生及危害规律研究[J]. 西南农业学报，14(1): 74-77.

李灿，李子忠，2009. 温度对咖啡豆象实验种群发育和繁殖的影响[J]. 昆虫学报，52(12): 1385-1389.

李灿，李子忠，2010. 检疫性害虫咖啡豆象在贵州的危害特点及其生活史[J]. 贵州农业科学，38(3): 93-95.

沈兆鹏，2006. 对储藏粮食有潜在危险的5种昆虫[J]. 粮食科技与经济，31(3): 42-44.

（撰稿：王甦、王杰；审稿：金振宇）

咖啡小爪螨 *Oligonychus coffeae* (Nietner)

普洱茶区危害严重的害螨之一。又名茶红蜘蛛。英文名tea red spider mite。蛛形纲（Arachnida）蜱螨目（Acarina）叶螨科（Tetranychidae）*Oligonychus*属。国外主要分布于美国、英国、南非、澳大利亚、印度等地。中国的湖南、江西、福建、广东、广西、云南等地均有分布。

寄主 山茶、合欢、蒲桃、樟树、茶、咖啡、杧果、柑橘、葡萄、毛栗、黄麻等。

危害状 成、若螨在叶片正面吸食汁液，叶片受害初期呈黄色失绿斑点，后使叶片局部变红，严重时致使叶片失去光泽，呈红褐色斑块，叶面满布的卵壳、蜕皮如白色尘埃，终使叶片硬脆干枯，严重时看去似一片片被火烧焦的茶园，最后叶片干枯脱落。

形态特征

成螨 雌螨体椭圆形，长0.48～0.53mm，宽0.28～0.33mm，暗红色，须肢较发达，锤突较小，端部钝圆，口

咖啡小爪螨

(ICAR-National Bureau of Agricultural Insect Resources)

针鞘前中部凹陷，长约 0.12mm，宽 0.09mm 左右。气门沟端部稍膨大。雄螨体小于雌螨，腹末略尖，呈菱形；阳茎钩部略向后弯曲，较粗短（见图）。

卵　圆球形，直径约 0.11mm，卵顶有白色细刚毛 1 根，红色。

幼螨　近圆形，长约 0.2mm，宽 0.1mm 左右，刚孵化的幼螨鲜红色，后变暗红色，足 3 对。

若螨　分前若螨、后若螨，体卵形，足 4 对。

生活史及习性　在普洱茶区每年发生 15～16 代，世代重叠，无明显越冬滞育现象，生长季 10～20 天即可完成 1 代。发育历期：卵 4～8 天、幼螨 1.5～2.0 天，若螨 4.0～4.5 天，成虫 10～30 天，产卵前期约 3 天。在分布地几乎全年发生。以两性生殖为主，偶有孤雌生殖现象，但未受精卵孵化后全为雄螨。雌成螨刚蜕皮即能交尾。每雌产卵 40～80 粒；卵散产于叶面主、侧脉两侧，卵期 8～12 天。雌螨寿命一般 10～30 天。若螨和成螨都有吐丝结网习性。

防治方法

生物防治　使用矿物油或植物源杀虫剂防咖啡小爪螨，防效均达 80% 以上，且无污染、无农残，茶叶质量安全。

物理防治　冬季进行茶园修剪，清理填埋枝叶，降低越冬虫口基数。

化学防治　发生严重可以选用螺螨酯、螺虫乙酯、乙唑螨腈、乙螨唑、苯丁锡、丁醚脲、炔螨特、唑螨酯等防治。

参考文献

马恩沛，1984. 中国农业螨类 [M]. 上海：上海科学技术出版社.

肖星，孙云南，殷丽琼，等，2016. 茶园咖啡小爪螨的发生与防治 [J]. 陕西农业科学，62(11): 127-128.

杨振福，林成业，2010. 茶树咖啡小爪螨发生规律及防治技术 [J]. 福建农业 (1): 26.

（撰稿：王进军、袁国瑞、丁碧月；审稿：冉春）

康斯托克・J. H.　John Henry Comstock

康斯托克・J. H.（1849—1931），美国昆虫学家、蛛形学家和教育家。1849 年 2 月 24 日生于威斯康星州简斯维尔。1872 年入康奈尔大学求学，1874 年获该校学士学位并留校任教，1876 年晋升为教授。他还曾在美国耶鲁大学与德国莱比锡大学求学。1877—1879 年在美国瓦萨学院工作，1879—1881 年任美国农业部华盛顿特区首席昆虫学家。1881 年重返康奈尔大学任教并创办了世界上第一个大学昆虫学系，翌年任该校昆虫学和无脊椎动物学教授。1891—1893 年任斯坦福大学兼职教授。1931 年 3 月 20 日在纽约州伊萨卡逝世。

康斯托克从事介壳虫和鳞翅目昆虫的分类学研究，发表了系列论文。在美国农业部供职期间完成了《棉花害虫报告》（1879）。1896 年起与美国昆虫学家尼特姆（J. G. Needham，1868—1957）合作研究昆虫翅的形态，并于 1898 年提出了"假想原始脉序"和翅脉命名的"康尼系统"，1899 年出版《昆虫的翅》，由此他们提出了昆虫翅的基本模式和演变方式，统一了翅脉的名称。康斯托克是美国昆虫学教育的先驱，早在大学时期就受同学公推讲授经济昆虫学，并于 1873 年以学生身份被聘为康奈尔大学昆虫学助教。1875 年出版讲稿《昆虫学笔记》，成为其名著《昆虫学导论》（1908）的雏形。重返康奈尔大学后，他设计制作了被称为"康奈尔昆虫标本盒"的标本盒和名为"insectary"的养虫温室。1893 年，他与美国解剖学家盖奇（S. H. Gage，1851—1944）创办了康斯托克出版公司，先后出版多部昆虫学、组织学、显微学方面的教科书。他与夫人、美国艺术家博茨福德（A. Botsford，1854—1930）合著的《昆虫研究手册》（1930）是 20 世纪早期美国通用的昆虫学教材。康斯托克还热衷于蛛形学研究，他曾花 20 多年时间在美国南部各州考察，于 1912 年出版了《蜘蛛》。

美国昆虫学会自 1980 年起每年颁发"康斯托克奖"，

康斯托克・J. H.（陈卓提供）

以表彰该学会各分部的优秀研究生并激发他们对昆虫学的兴趣。

（撰稿：陈卓；审稿：彩万志）

考氏白盾蚧 *Pseudaulacaspis cockerelli* (Cooley)

一种广食性的花卉和林业害虫。又名椰子拟轮蚧、全瓣臀凹盾蚧、广菲盾蚧、椰袋盾蚧。英文名 false oleander scale、fullaway oleander scale。半翅目（Hemiptera）蚧总科（Coccoidea）盾蚧科（Diaspididae）白盾蚧属（*Pseudaulacaspis*）。国外分布于日本、朝鲜、尼泊尔、缅甸、泰国、印度、斯里兰卡、柬埔寨、马来西亚、印度尼西亚、新加坡、越南、法国、意大利、俄罗斯、南非、澳大利亚、美国。中国分布于山东、浙江、江苏、江西、福建、台湾、广东、广西、香港、上海、云南、四川、贵州等地。

寄主 杧果、椰子、含笑、山茶、苏铁、秋茄、杜鹃花、夹竹桃、白兰花、丁香、万年青等80科148属200多种植物。

危害状 以雌成虫和若虫寄生在叶片、绿茎或枝条上刺吸汁液危害，受害叶片常布满白色介壳，并出现黄白色斑点或斑块，导致叶片提前落叶。受害植株生长势衰弱，严重时生长停止以致死亡。雄虫群集在叶片背面呈棉絮块状，影响观赏价值。

形态特征

成虫 雌介壳（见图）长梨形或圆梨形，前窄后宽，长2～4mm，宽1.2～1.5mm；白色，质地较厚；蜕皮2个，黄褐至橘褐色，位于前端。虫体纺锤形，长1.1～1.4mm，橄榄黄色；两触角间距近；前气门腺有，后气门腺无；臀叶2对，中臀叶发达，陷入或半突出于臀板；第二臀叶双分。臀板缘管腺每侧5群；背管腺在第二至五腹节成亚缘、亚中列。围阴腺5群。雄介壳长条形，长1.2～1.5mm，白色，溶蜡状，背中有1条浅纵脊；蜕皮1个，淡黄色，突出于前端。雄成虫体红褐色，单眼黑色，2对；触角10节；前翅白色透明，后翅平衡棒端部有1根钩状毛；足细长；交尾器针状。

卵 长椭圆形，黄色。

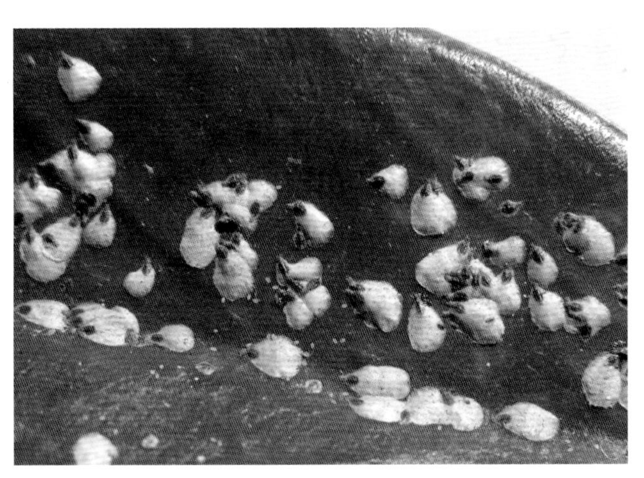

考氏白盾蚧雌介壳（武三安摄）

若虫 一龄若虫卵圆形，淡黄色，单眼1对；触角5节，端节长且有螺纹，足发达。二龄若虫足消失，触角退化成瘤状突起，上有1根弯毛。

生活史及习性 1年发生代数因地而异。山东多为1年2代，偶有1年3代，以受精雌成虫随寄主在温室内越冬；在云南昆明1年2代，广西、成都、上海3代，均以受精雌成虫越冬；广东、福建1年6代，无明显越冬现象。在成都3代区，翌年4月上旬越冬雌成虫开始产卵，4月中、下旬为产卵盛期。1～3代若虫孵化盛期分别为5月上旬、7月上旬及9月中旬。各代发生较整齐，少有重叠。10月中、下旬第三代雄虫化蛹，10月下旬至11月上旬羽化为成虫，交配后雄成虫死去，以受精雌成虫越冬。营两性生殖，每雌产卵量因地点、寄主、代数不同有差异，多平均80～90粒。初孵若虫很活跃，爬行寻找合适部位固定寄生。雌若虫多散居叶片正面，雄若虫则群居叶片背面。固定1～2天后即开始分泌蜡丝形成介壳。

捕食性天敌主要有日本方头甲、红点唇瓢虫；寄生性天敌有长缨恩蚜小蜂、盾蚧多索跳小蜂等。

防治方法

人工防治 剪除被害叶。

生物防治 助迁、饲养释放红点唇瓢虫等天敌。

化学防治 在各代卵孵化盛期，喷洒氧化乐果、松脂合剂等药剂。

参考文献

付兴飞，李雅琴，于潇雨，等，2016. 昆明市考氏白盾蚧的危害特点及发生规律研究[J]. 林业调查规划，41(6): 83-86.

胡兴平，周朝华，1993. 观赏植物上的考氏白盾蚧生物学及防治[J]. 山东农业大学学报，24(1): 99-101.

李忠，2016. 中国园林蚧虫[M]. 成都：四川科学技术出版社.

罗佳，葛有茂，1997. 考氏白盾蚧生物学与天敌初步研究[J]. 福建农业大学学报，26(2): 194-199.

（撰稿：武三安；审稿：张志勇）

壳点红蚧 *Kermes miyasakii* Kuwana

危害栎类植物的东亚蚧虫。又名壳点绛蚧、黑绛蚧。英文名 black gall-like scale。半翅目（Hemiptera）蚧总科（Coccoidea）红蚧科（Kermesidae）红蚧属（*Kermes*）。国外分布于日本和韩国。中国分布于辽宁、北京、河北、山东、江苏、安徽、浙江、广东、河南、山西、陕西、四川、贵州等地。

寄主 麻栎、栓皮栎、枹栎。

危害状 以雌成虫和若虫刺吸枝、干汁液危害，受害株树势衰弱、发芽推迟，严重时可使幼树死亡。

形态特征

成虫 雌成虫（见图）球形，直径3～3.5mm，黄褐色至褐色，淡色个体可见几条黑色横纹或黑点组成的横纹，背面中央的乳状突起上附有末龄若虫的蜕皮，蜕皮头盔状；臀部常有白色蜡质分泌物；触角和足退化。雄成虫体长1.6～

壳点红蚧雌成虫（武三安提供）

1.9mm，翅展2.8～3.2mm，红褐色；触角10节；单眼5对，黑褐色；中胸背板黑褐色，中部有两块白斑；足发达；前翅白色透明，后翅退化成平衡棒，顶端有钩状毛1根。

卵　长椭圆形，长约0.35mm，乳黄色至淡橙红色。

若虫　一龄若虫长椭圆形，长约0.46mm，红褐色；触角6节；足和口器发达；腹末有1对长尾毛。二龄雌若虫椭圆形，扁平；触角6节；体缘有白色蜡缘刺。臀瓣明显。二龄雄若虫背面隆起；触角7节，臀瓣不明显。三龄雌若虫半圆形，臀瓣逐渐退化。

雄蛹　预蛹长椭圆形，红褐色，触角、足和翅均为锥形。蛹期的触角和足均可见分节。雄茧扁长椭圆形，白色。

生活史及习性　在山东泰安，1年1代，以二龄若虫雌、雄分群越冬。雌若虫群集在枝干裂缝、伤疤及细枝基部分杈处，雄若虫则群集在粗枝干裂缝及伤疤处。翌年3月下旬雌若虫恢复取食，4月中旬蜕皮进入三龄期，4月下旬再次蜕皮进入成虫期。雄若虫于3月下旬爬行到雌虫附近泌蜡做茧，在茧内经预蛹、蛹，至5月上旬羽化为雄成虫。营两性生殖。交尾多在8：00和14：00～16：00进行。雄虫寿命1天左右。受精后雌成虫体背迅速隆起呈球形。5月下旬开始产卵，卵产在母体腹面内凹的腹腔内，每雌平均产卵1800粒。卵期2～4天。一龄若虫从母体腹腔爬出，寻找枝干裂缝、伤疤处群集固定吸食，6月中旬进入越夏滞育期。11月恢复取食，并蜕皮为二龄若虫。雄若虫原处不动进入越冬期，雌若虫则爬行寻找新的场所固定越冬。大风和连续降雨会造成一龄若虫和雄成虫的大量死亡，高温则有利于其发生。

天敌主要有蒙古光瓢虫（*Exochomus mongol* Borousky）、红点唇瓢虫（*Chilocorus kuwanae* Silvestri）和细角刷盾跳小蜂（*Cheiloneurus tenuicornis* Ishii）。

防治方法　雄成虫羽化盛期喷洒洗衣粉等。一龄若虫扩散爬行期利用吡虫啉可湿性粉剂等药剂喷雾。

参考文献

胡兴平，1986. 壳点红蚧的研究[J]. 山东农业大学学报，17(1): 1-9.

（撰稿：武三安；审稿：张志勇）

可可广翅蜡蝉　*Ricania cacaonis* Chou et Lu

一种在海南等局部地区茶园发生较重的刺吸式害虫。英文名cocoa planthopper。半翅目（Hemiptera）广翅蜡蝉科（Ricaniidae）广翅蜡蝉亚科（Ricaniinae）广翅蜡蝉属（*Ricania*）。国外分布不详。中国主要分布于广东、海南、湖北、湖南、贵州、浙江等地。

寄主　可可、茶等。

危害状　以若虫和成虫刺吸茶树枝叶、分泌蜡丝和蜜露，严重时可致茶叶卷曲，叶片色泽暗淡无光。同时雌成虫还产卵于嫩茎组织造成机械损伤，影响茶树长势，严重者可致枝条枯萎。

形态特征

成虫　体长6～8mm，至翅尖9～10mm，翅展15～17mm。前翅烟褐色，翅面散生黄褐横纹；前缘中外侧2/5处有1黄褐色斑纹，并被褐色横脉分成2～3小室，翅基前缘有6～7对黄褐色斜纹；外缘略呈波状，亚外缘线为黄褐色细纹，与外缘几乎平行；顶角有1黑色光亮隆起的圆点，并有1～3个深色小点。后翅黑褐色，半透明，前缘基半部色稍浅（见图）。

若虫　共5龄，一至二龄有群居习性，三龄后则分散危害。体淡褐色，较狭长，胸背外露，有4条褐色纵纹，腹部被有白色蜡粉，腹末呈羽状平展。

生活史及习性　在贵州贵阳地区1年发生1代，在江苏1年发生2代。以卵和少量成虫在茶树及茶园周边寄主上越冬。成虫主要分布在茶树上、中层，喜群居；有趋嫩危害的习性，主要表现在趋向于在新梢上刺吸危害和在新梢皮层内产卵等方面，在叶片背面栖息取食或在叶柄、叶脉上产卵的比例较小。各龄若虫取食场所相对固定，每次蜕皮前移至叶梢，蜕皮后再回到嫩茎上危害，并分泌白色絮状物覆盖虫体，体背的蜡丝如同孔雀开屏。

可可广翅蜡蝉成虫（周孝贵、肖强提供）

防治方法 见褐带广翅蜡蝉。

参考文献

范广玉，陈文龙，2013. 可可广翅蜡蝉成虫空间分布型及抽样技术研究 [J]. 西南师范大学学报（自然科学版），38(9): 74-79.

范广玉，刘宁国，杨群，等，2016. 可可广翅蜡蝉的行为节律观察 [J]. 贵州农业科学，44(4): 2, 53-56.

唐美君，肖强，2018. 茶树病虫及天敌图谱 [M]. 北京：中国农业出版社.

张汉鹄，2004. 我国茶树蜡蝉区系及其主要种类 [J]. 茶叶科学，24(4): 240-242.

周尧，路进生，黄桔，等，1985. 中国经济昆虫志：第三十六册 同翅目 蜡蝉总科 [M]. 北京：科学出版社.

（撰稿：周孝贵；审稿：肖强）

刻点木蠹象 *Pissodes punctatus* Langor et Zhang

一种危害松科植物的蛀干害虫。又名华山松木蠹象。鞘翅目（Coleoptera）象虫科（Curculionidae）木蠹象属（*Pissodes*）。中国分布于四川、贵州、云南、甘肃。

寄主 油松、华山松、云南松、马尾松等。

危害状 成虫以补充营养的方式钻蛀华山松光滑枝、干皮层，取食韧皮部组织，使皮层形成外小内大（外径0.4～0.7mm、内径1.2～2.8mm）的蛀食孔，造成枝、干大量流脂，呈现"泪迹斑斑"的松脂留在树皮上；成虫取食松针叶鞘，造成松针脱落。初孵幼虫于皮层内取食韧皮部组织，形成不规则的弯曲坑道，当幼虫老熟时，用口器在木质部表面咬一长椭圆形蛹室化蛹，此时被害寄主已枯死。

形态特征

成虫 雌虫体长4.5～8.5mm，宽1.6～3.1mm。喙和头无密刻点；喙稍长于前胸背板；触角着生处稍窄于喙端部；触角棒长为宽的1.6倍；第一腹节适度凸起。雄虫体长4.3～8.2mm，宽1.5～3.0mm；黑色，前胸背板和头相邻部分红褐色；被有大小和形状各不相同的白色刚毛。

幼虫 平均体长8.1mm，新月形，乳白色，头淡褐色，无足，体表密被后倾的微刺。

蛹 平均体长8.4mm，乳白色，羽化前暗褐色。

生物学特性 云南寻甸1年1代。主要以老熟幼虫在蛹室内越冬。翌年4月开始化蛹，4月下旬至6月上旬为化蛹高峰期，蛹历期24～36天。6月下旬开始出现成虫，羽化高峰期在7月中旬至8月上旬。新羽化成虫补充营养10余天后，开始交尾，交尾10余天后，于7月下旬开始产卵。8月为产卵高峰期，卵历期18～20天，8月上旬开始出现初孵幼虫，孵化高峰期在8月中旬至9月上旬。10月上旬开始出现老熟幼虫，12月下旬至翌年1月上旬，老熟幼虫全部进入蛹室越冬。成虫补充营养对寄主选择性不强，更趋向于健康植株，主要取食树干中上部；而产卵主要产于树干的中下部。蛹室和羽化孔主要分布于受害植株的中下部，且分布都存在相应的线性关系。卵、蛹、羽化孔在华山松上的分布均为聚集型。雌成虫有分批产卵习性，一生产卵多批，故各虫态重叠现象普遍，世代不易区分。寄主树势越弱越容易受害。

防治方法

营林措施 营造混交林育苗时尽可能采用华山松优良品系，阔叶树种选用旱冬瓜、马桑、女贞、杨梅等有一定防火性能的树种，以带状或块状混交方式为好。

生物防治 于成虫羽化高峰期过后10～15天，在林间喷施苏云金杆菌（Bt）与阿维菌素的混配粉剂或白僵菌制剂防治。

化学防治 可在成虫羽化高峰过后15天左右，采用护林神1号（巴丹+阿维菌素）或护林神2号（3%巴丹粉剂）喷粉杀灭成虫。

清理害木 于每年11月至翌年5月刻点木蠹象尚处在树干内的老熟幼虫越冬期清理蠹害木。清理的蠹害木要及时进行剥皮处理或以阿维菌素热雾剂进行熏蒸处理或用12%噻虫·高氯氟悬浮剂30～60倍液添加专用渗透剂后高浓度喷涂树干。枝梢、树皮等要及时烧毁。对清理后的林间空地，及时进行补植补造。

参考文献

柴秀山，梁尚兴，1990. 华山松木蠹象的生物学特性及防治 [J]. 应用昆虫学报，27(6): 352-354.

李双成，李永和，马进，等，2001. 华山松木蠹象防治指标研究 [J]. 云南林业科技 (1): 51-53.

李永和，谢开立，曹葵光，2002. 华山松主要病虫害综合治理研究 [J]. 中国森林病虫 (3): 13-16.

刘菊华，罗正方，王莹，等，2005. 两种护林神粉剂防治华山松木蠹象的林间套笼药效试验 [J]. 西部林业科学，34(1): 51-53.

萧刚柔，李镇宇，2020. 中国森林昆虫 [M]. 3版. 北京：中国林业出版社.

LANGOR D W, SITU Y X, ZHANG R Z, 1999. Two new species of *Pissodes* (Coleoptera: Curculionidae) from China[J]. The Canadian Entomologist, 131: 593-603.

（撰稿：马茁；审稿：张润志）

口器 mouthparts

昆虫的取食器官，由上颚、下颚、下唇3对附肢及上唇、舌组成。口器与由咽喉或食窦组成的抽吸食物的唧筒（或泵）合称摄食器。昆虫口器可分为取食固体食物的咀嚼式口器和吸食液体食物的吸收式口器两大类。吸收式口器由于对不同食物及食性的适应，又可分为刺吸式口器、嚼吸式口器、捕吸式口器、虹吸式口器和舐吸式口器等。咀嚼式口器最原始，其他各型均系其演变特化而来。

（撰稿：吴超、刘春香；审稿：康乐）

宽背金针虫 *Selatosomus latus* (Fabricius)

一种主要以幼虫危害多种农作物的地下害虫。鞘翅目（Coleoptera）叩甲科（Elateridae）金叩甲属（*Selatosomus*）。

分布于中国河北、宁夏、甘肃、山西、陕西、新疆、内蒙古、辽宁等地。

寄主 棉花、人参、小麦、大豆以及针叶林、阔叶林和混交林的树苗。

危害状 见金针虫。

形态特征

成虫 体长9.2～13.1mm，宽约4.5mm。体粗短宽厚，具黑色、青铜色或蓝色光泽，其上被有灰色短毛。头具粗大刻点；触角短，呈暗褐色，其中第一节粗大，棒状，第二节短小，略呈球形，第三节是第二节的2倍多，从第四节起各节略呈锯齿状。前胸背板宽大于长，侧缘具翻卷的边沿，向前呈圆形变狭，后角尖锐刺状，伸向斜后方。鞘翅宽，适度凸出，端部具有宽卷边，纵沟窄，有小刻点，沟间突出。足棕褐色，腿节粗壮，后跗节明显短于胫节。

卵 近圆形，直径约为0.7mm，呈白色。

末龄幼虫 体长20～22mm，体扁宽，棕褐色。腹部背片不显著凸出，有光泽，具隐约可见的背光线。腹部第九腹节末端缺口开放一半。尾节末端分岔，左右两岔突大，每一岔突的内枝向内上方弯曲，外枝向上如钩状，在分枝的下方有2个大结节。

蛹 体长约10mm，初期蛹呈乳白色，后变白带浅棕色，羽化前复眼变黑，上颚棕褐色。前胸背板前缘两侧各具1尖刺突，腹部末端钝圆状，雄蛹臀节腹面具瘤状外生殖器。

生活史及习性 成虫白天活跃，常能飞翔，趋糖蜜习性强，需要补充营养后才开始产卵。单雌产卵量约200粒，多产于植株的根部和土壤缝隙中。幼虫生存能力较强，在食物不足或无活体植物可取食情况下，越冬后的大龄幼虫存活可达7个月以上。

在东北地区4～5年完成1代，以成虫和幼虫在30cm以内不同深度土层中均可越冬。越冬成虫5月开始出土，可延续至6～7月，成虫出土后不久即交配产卵。越冬幼虫在3月下旬至4月上旬，10cm土温达到2°C左右开始上升活动，5月中旬活动增强开始为害，6月上旬至7月中旬出现为害高峰期，9月末至10月末活动逐渐减弱，11月上旬开始越冬。

防治方法 见金针虫。

参考文献

舒金平，王浩杰，徐天森，等，2006. 金针虫调查方法及评价[J]. 昆虫知识，43(5): 611-616.

宋洋，黄琼瑶，舒金平，等，2008. 叩甲科昆虫性信息素研究及应用[J]. 中国农学通报，24(11): 359-364.

仵均祥，2011. 农业昆虫学（北方本）[M]. 2版. 北京：中国农业出版社.

张履鸿，张丽坤，1990. 金针虫常见属的鉴别及有关问题[J]. 昆虫知识(4): 233-235, 248.

赵江涛，于有志，2010. 中国金针虫研究概述[J]. 农业科学研究，31(3): 49-55.

（撰稿：许向利；审稿：仵均祥）

宽边小黄粉蝶 *Eurema hecabe* (Linnaeus)

黑荆树的重要害虫。又名宽边黄粉蝶、含羞黄蝶、银欢粉蝶、合欢黄粉蝶。鳞翅目（Lepidoptera）粉蝶科（Pieridae）黄粉蝶亚科（Coliadinae）黄粉蝶属（*Eurama*）。国外分布于日本、朝鲜、菲律宾、印度尼西亚、马来西亚、缅甸、泰国、印度、孟加拉国、澳大利亚以及非洲。中国分布于北京、福建、陕西、云南等地。

寄主 黑荆树、大叶合欢、银合欢、决明、黑面神、土密树、黄牛木、雀梅藤、胡枝子、火力楠、凤凰木、铁力木、格木、格朗央、皂荚、山扁豆等。

危害状 幼虫吃黑荆树叶片。

形态特征

成虫 雌虫体长13.6～18.6mm，翅展36.2～51.6mm；雄虫体长12.5～17.6mm，翅展35.5～49.2mm。翅面淡黄色或黄色，前翅外缘有黑色带，后翅翅脉顶端有黑斑，翅反面散布黑色小斑点。因发生季节不同，前翅外缘黑色带有所变化，有时黑色带几乎消失（见图）。

幼虫 体墨绿色，头浅绿色，有深绿色网纹。气门线灰白色，气门线下淡黑色。腹部第六节亚背线处有1个肾形斑。

宽边小黄粉蝶成虫（袁向群、李怡萍提供）

腹足趾钩三序中带。

生活史及习性　在福建1年发生9代，世代重叠。以幼虫在黑荆树叶上越冬。越冬幼虫翌年2月中、下旬开始化蛹，3月上旬始见成虫。各代幼虫危害盛期是：第一代4月上、中旬，第二代5月上、中旬，第三代6月上、中旬，第四代7月上旬，第五代8月上、中旬，第六代9月上、中旬，第七代10月中、下旬，第八代11月下旬，越冬代2月中旬。

成虫多在8：00～10：00羽化，羽化后常静伏3～5小时才开始飞翔活动和取食。各代羽化率为84.8%～90.5%。羽化后2～3天开始交尾，交尾多在14：00～16：00，交配历时95～150分钟。雌虫一生只交尾1次，少数2次。成虫常取食植物花蜜补充营养。雄成虫寿命3～9天，雌成虫5～13天。成虫多产卵于林缘黑荆树中下部向阳的嫩叶上，散产。每头雌虫可产卵27～146粒，平均89粒，产卵历期2～3天。第一代卵的孵化率较低，为54.6%，其余各代为75.5%～91%。

卵昼夜均可孵化，以8：00～10：00为孵化高峰时刻。初孵幼虫先取食卵壳，约30分钟后开始食叶，白天幼虫多栖息在叶背。一至三龄幼虫可吐丝下垂，随风迁移。幼虫昼夜均可取食，幼虫一生平均可取食黑荆叶672mg，最高达1034mg。四、五龄幼虫食量大，约占幼虫期总食量的93.36%，平均每天可食黑荆复叶2～3片。第一代幼虫的自然死亡率达30.5%，第二至九代为12.4%～18.6%。一、二龄死亡率较高。

老熟幼虫预蛹前1～2天停食，寻找适合化蛹的场所。多数在黑荆树小枝上化蛹，少数在离寄主2～3m内的地被物上化蛹。预蛹期1～2天，化蛹率78.4%～92.8%。

种型分化　全世界记载18个亚种。中国过去记载有5个亚种，经Yata（1995）研究，订正为1个亚种，即指明亚种 *Eurema hecabe hecabe* Linnaeus, 1758。

防治方法　保护利用天敌。卵的寄生天敌有黑卵蜂；幼虫的有黑瘤姬蜂和细菌；蛹的有广大腿小蜂，寄生率达62.5%。幼虫发生期可用90%的敌百虫晶体，40%的氧化乐果防治。

参考文献

陈顺立，李友恭，欧兆胜，1990. 宽边小黄粉蝶的生物学特性及防治[J]. 昆虫知识，27(1): 29-32.

武春生，2010. 中国动物志：昆虫纲　第五十二卷　鳞翅目　粉蝶科[M]. 北京：科学出版社.

萧刚柔，1992. 中国森林昆虫[M]. 2版. 北京：中国林业出版社.

周尧，1994. 中国蝶类志（上下册）[M]. 郑州：河南科学技术出版社.

YATA O. 1995. A revision of the Old World species of the genus *Eurema* Hubner (Lepidoptera, Pieridae), Part 5. Description of the *hecabe* group (part)[J]. Bulletin of the Kitakyushu Museum of Natural History, 14: 1-54.

（撰稿：袁向群、袁锋；审稿：陈辉）

宽翅曲背蝗　*Arcyptera meridionalis* Ikonnikov

东北地区农牧业的主要害虫之一，主要危害农作物和牧草。直翅目（Orthoptera）蝗科（Acrididae）网翅蝗属（*Arcyptera*）。国外分布于蒙古。中国分布于黑龙江、吉林、辽宁、内蒙古等地。

寄主　禾本科、莎草科、豆科、十字花科植物。

危害状　使作物穗折、叶光、茎秆短削，造成大量减产。草原牧草受害会光秆断茎，只剩残渣。

形态特征

成虫　体长：雌虫35～39mm，雄虫23～28mm。体褐色或黄褐色。触角丝状。头顶呈钝角，具黑色“八”字形纹；头侧窝长方形，凹陷较深；前胸背板背面暗黑色，具淡色“><”形纹，前缘平直，后缘呈弧形略突出，中隆线和3条横沟均明显，仅后横沟在中部切断中隆线，侧隆线黄白色，在沟前区向中部弯曲。后足腿节外侧黄褐色，具淡色斜纹；内侧玫瑰红色，上缘排列3条黑色短带，内侧下隆线具发音齿；雄虫内外侧下膝侧片黑色，端部圆；胫节橙红色，基部淡色，具12～13个齿，缺外端齿。雄虫前翅长达后足腿节端部，前缘脉域最宽处为亚前缘脉域最宽处的2.5～3倍，肘脉域最宽处为中脉域最宽处的近2倍；雌虫前翅短，长仅超过后足腿节中部。后翅透明。雄虫肛上板三角形，下生殖板短锥形（见图）。

生活史及习性　在黑龙江1年发生1代，以卵在土中越冬。越冬卵于翌年5月中旬开始孵化，5月下旬蝗蝻可大

宽翅曲背蝗成虫（张培毅摄）

量出现，6月上中旬蝗蝻多为三、四龄，6月下旬至7月上旬为成虫期及产卵期。危害作物及牧草的盛期是6月中旬至7月上旬。此虫以荒山、草地为经常栖息场所，在草丛间跳跃、爬行、飞翔。早晚温度较低或有露水时，停止取食，静止时抱握在植株上，或潜伏在背风的干燥土坡、土缝里，日出时则群集于向阳坡面，当气温升高时，便四散活动，群集在稀疏植被的浅草滩上。成虫可作短距离飞翔，蝗蝻可跳跃40cm高、最远3m，可连续跳跃15次。求偶时，雄虫擦翅清脆有声，雌虫一生可多次交配。雌虫腹内卵粒成熟时，第二至五腹节明显膨大延长，此时即四处爬行，用触角选择适宜产卵场所。卵多喜欢产在土层下无草根紧密盘结的砂质壤土，尤以向阳地更多。产卵时用生殖瓣在地面上钻孔，将整个腹部插进土内深约2.4cm。产完卵用土填平孔穴。每雌虫可产卵数块，每卵块内有卵粒11～20粒，产一个卵块需半小时以上。

防治方法

生物防治　当蝗虫种群密度一般或较小时，可利用天敌进行生物防治，加以长期控制。

生态调控　生态控制草地蝗虫，治理蝗虫产卵地，重点改造荒滩、沟渠、堤坡等特殊环境，压缩孳生地。

化学防治　当蝗虫种群密度很大时，应及时采用化学防治压低虫口密度，如设置药带法、挖沟撒毒饵法，或在作物地内喷药防治。

参考文献

姜棋，2013. 宽翅曲背蝗的鸣声特征及其与形态特征和免疫能力间关系的研究[D]. 杭州：杭州师范大学.

金永玲，杨苏宁，丛斌，等，2015. 黑龙江西部地区草原蝗虫种群及其天敌多样性研究[J]. 黑龙江八一农垦大学学报，27(4): 6-11.

徐亚勋，2012. 内蒙古5种主要草原蝗虫生长发育及群落多样性的研究[D]. 呼和浩特：内蒙古农业大学.

叶家栋，陈永康，1965. 宽翅曲背蝗的调查初报[J]. 昆虫知识，9(2): 106-108.

赵昆，张欣杨，尹学伟，等，2011. 北京地区常见蝗虫原色图谱[M]. 北京：中国农业大学出版社.

周艳丽，王贵强，李广忠，2011. 黑龙江省西部草地蝗虫主要种类及综合治理研究[J]. 中国农学通报，27(9): 382-386.

（撰稿：严善春；审稿：李成德）

宽尾凤蝶　*Agehana elwesi* (Leech)

中国特有珍贵种，被列入“国家保护的有益或者有重要经济、科学研究价值的陆生野生动物名录”。又名大尾凤蝶，中国宽尾凤蝶。鳞翅目（Lepidoptera）凤蝶科（Papilionidae）宽尾凤蝶属（*Agehana*）。分布于广东、广西、福建、江西、湖北、湖南、陕西、四川、浙江等地。

寄主　檫木、鹅掌楸。

危害状　初孵幼虫从叶缘开始取食叶片，一、二龄幼虫食量小，取食3～4片成熟的嫩叶，食后留下的食痕大小不一；三龄幼虫食量增加，取食叶片的面积增大，缺口增大，取食5片成熟的叶片；四、五龄幼虫食量显著增加，取食7～8片成熟的叶片，体长，体重增加较快，常食尽叶片的中部，甚至全叶1/3～2/3，再转到新的叶片上取食。

形态特征

成虫　雄蝶体长38.5～58.9mm，翅展90.2～132.8mm；雌蝶体长40.2～61.3mm，翅展106.5～151.3mm。头黑色；触角球杆状，复眼大而浅褐色，体翅黑色，胸部密被黑色绒毛。前翅近三角形，狭长，外缘呈深黑色宽带，翅脉黑色，各翅室有浓褐色条纹。后翅狭三角形，外缘波浪状，中部向内凹入，靠近外缘有5个新月形红斑，臀角有红色环斑，靠外还有1新月形红斑。后翅后缘具黑色长缘毛（见图）。

宽尾凤蝶成虫（袁向群、李怡萍提供）

幼虫　初孵幼虫体长3.44～4.36mm，平均3.83mm；头黑色，体黄棕色。老熟幼虫体长48.4～64.6mm，平均58.8mm。头灰褐色，上唇浅黄褐色，缺切呈“U”型，约为上唇高的2/3。体棕绿色，前胸背面有一半圆形斑，前半部灰褐色，后半部棕褐色，后胸背面有两个肾形黑褐色斑；腹部第二腹节背面有两个近三角形黑褐色斑；4～6腹节背侧面有相连的棕褐色花斑，其边缘黑色；第十腹节背面棕褐色；气门线以下棕褐色；腹部腹面和腹足棕黄色，趾钩3序中带；气门长椭圆形，浅褐色。

生活史及习性　在湖南黔阳地区1年发生2代。成虫多于白天中午羽化。羽化前蛹有抖动的预兆，在羽化时蛹壳沿触角线裂开，并有响声，刚羽化时成虫停息在蛹壳附近30分钟左右，体液风干翅平展伸开，随后成虫往上爬一段距离，静伏不动1～2小时，然后开始飞翔活动。成虫在展翅过程中常排泄出淡黄和白色混浊液。起初飞翔能力较弱，经1～2天吮吸花蜜补充营养，飞翔能力增强，即行求偶。8：30～9：00成虫开始密集于山顶（海拔700～1929m）或空旷地带，后数量不断增加，此段时间极其敏捷兴奋，成群的蝶类相互追逐，并时常在树枝、花梢上停息，当别的蝴蝶飞来时瞬间起飞直追。如果采集到一只雌宽尾凤蝶后握在手里，其他宽尾凤蝶就会纷纷追赶而来，在身边飞舞盘旋，表明雌蝶虫体会散发出一种引诱雄蝶求偶的雌性激素，引雄蝶追逐而至。随着气温的上升，11：00后蝶群散去，求偶活动可延续到15：00，交尾后雌虫在寄主植物树冠上空往返飞行，寻找适合产卵的叶面。

卵散产于寄主植物嫩叶正面的主脉附近，每叶多为1粒，少为 2～3 粒。雌虫产卵量为 9～32 粒。卵的孵化期为 6～13 天，孵化前卵壳透明可看见里面幼体晃动。

初孵幼虫用头顶破卵壳，经 20～30 分钟爬出，取食卵壳。幼虫蜕皮前要停止取食 1 天，蜕皮多在中午和傍晚，先取食蜕，后才开始取食叶片。幼虫昼夜取食，白天少活动，休息时常至未取食过的叶片正面近叶脉处吐丝于叶面静伏不动，头紧缩于前胸下方，腹部收缩，这时身体前部呈三角形上举，后部紧贴于叶面。受惊时翻出臭丫腺。

卵期天敌有松毛虫赤眼蜂、拟澳洲赤眼蜂。幼虫期有核型多角体病毒感染，蛹期有凤蝶金小蜂，寄生蝇。捕食性天敌有鸟、螳螂、蜘蛛等。

种型分化 中国有 2 亚种，指明亚种 *Agehana elwesi elwesi*（Leech），分布于广东、广西、福建、江西、湖北、陕西、浙江；白斑亚种 *Agehana elwesi cavalerei*（Le Sonan），分布于湖南、四川，后翅中室端部白色。

参考文献

李传隆，张立军，1984. 中国产珍蝶宽尾凤蝶的校订 [J]. 动物分类学报 (3): 335.

武春生，2001. 中国动物志：昆虫纲 第二十五卷 凤蝶科 [M]. 北京：科学出版社 .

萧刚柔，1992. 中国森林昆虫 [M]. 2 版 . 北京：中国林业出版社 .

佘克胜，汪先乐，余方北，等，1988. 大尾凤蝶生物学的初步观察 [J]. 森林病虫通讯 (4): 15-32.

周丽君，张立军，1981. 宽尾凤蝶白斑亚种的初步观察 [J]. 昆虫知识，18(6): 254-255.

周尧，袁锋，陈丽轸，2004. 世界名蝶鉴赏图谱 [M]. 郑州：河南科学技术出版社 .

周尧，1994. 中国蝶类志：上下册 [M]. 郑州：河南科学技术出版社 .

（撰稿：袁向群、袁锋；审稿：陈辉）

昆虫表皮 insect integument

昆虫躯体的外层包被物，覆盖整个虫体表面及由外胚层起源的前肠、后肠和气管内膜，由紧贴其下的表皮细胞（epidermal cells）分泌形成。

表皮的功能

外骨骼功能 表皮作为昆虫的外骨骼，为肌肉提供着生点，昆虫体内所形成的悬骨、内脊或头部的幕骨都是由表皮特化而成的，可增加昆虫体躯的机械强度。昆虫表皮有很大的张力，能够承受内部组织和血液变化产生的压力，保证虫体内稳定的空间环境，利于器官的定位和代谢的稳定。坚硬分节的附肢（足）可支撑昆虫躯体，并使虫体快速运动，昆虫表皮形成了前后翅，使其获得飞行能力，从而扩大了生存空间，成功适应了地球的各种自然环境。

防卫功能 昆虫表皮脂类对于防止体内水分过度蒸发，阻碍外来物如病原微生物和杀虫剂等的侵入具有重要作用。上表皮表面的物理构造形成结构色，对光线产生反射、干涉和衍射等现象，为昆虫的保护、警戒和拟态提供了物质基础。有些昆虫体壁的色素能随季节或环境条件而发生变化，表现出明显的保护色。甲虫成虫具有坚硬和高度骨化的表皮，保护自身抵御捕食性天敌的伤害。昆虫前肠和后肠的表皮内膜还可保护上皮细胞免受食物磨损。

昆虫表皮结构 昆虫表皮分为上表皮和原表皮。根据 Locke（2001）最新的统一命名，表皮可分为外包膜（envelope）、上表皮（epicuticle）和原表皮（procuticle）。孔道（pore canal）和蜡道（wax canal）贯穿原表皮和上表皮（见图）。

外包膜 外包膜位于表皮最外层，以往称为表皮质层（cuticulin layer）或外上表皮层（outer epicuticle）。外包膜由中性脂、蜡和蛋白构成，在透射电子显微镜下，外包膜呈现出电子致密和电子透明交替排列，厚度约 25nm。许多昆虫外包膜上覆盖脂质层（lipid layer）或蜡层（waxlayer），主要由长链烃类与其他脂肪酸和醇构成。蜡层外有护蜡层（cement layer），主要成分是蛋白质和脂质。

上表皮 上表皮位于外包膜下，由大量的蛋白质和脂质构成，又称为多元酚层（polyphenol layer）或内上表皮层（inner epicuticle）。在透射电子显微镜下，上表皮结构均一，厚度约为 1μm。外包膜和上表皮构成表皮分隔的边界。

原表皮 原表皮构成表皮的主要部分，厚度为 10μm～0.5mm，由几丁质和蛋白质构成。一般分为外表皮（exocuticle）和内表皮（endocuticle）两部分。外表皮紧接在上表皮下，为鞣化的坚硬外层，节间膜和蜕裂线的外表皮一般不发达或不含外表皮。内表皮不被鞣化，有明显的片层结构，质地柔软。有些表皮中，外表皮与内表皮之间还有一层中表皮（mesocuticle）。

孔道和蜡道 孔道从表皮细胞顶端延伸，穿过原表皮到达上表皮。在上表皮中，只有蜡道，没有孔道。孔道将表皮细胞产生的脂类和黏胶以及一些其他化合物运输到上表皮，通过上表皮的蜡道向四周扩散，从而覆盖整个表皮。孔道的大小和数目因昆虫种类不同而异，有些昆虫孔道内有孔道纤维丝，在表皮细胞和内表皮之间起加固作用。

真皮细胞层 通常简称为真皮细胞，也称为表皮细胞和皮细胞（epidermis），是位于表皮层下的单层细胞。部分

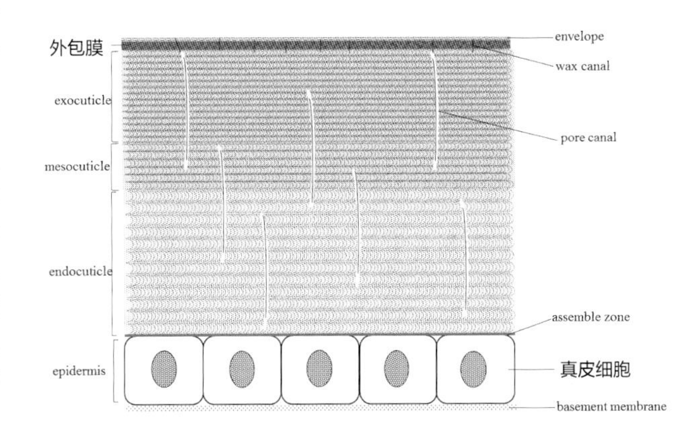

昆虫体壁结构模式图

上表皮 epicuticle，外表皮 exocuticle，中表皮 mesocuticle，内表皮 endocuticle，真皮层 epidermis，蜡道 wax canal，孔道 pore canal，组装区 assemble zone

真皮细胞在胚胎发育过程中内陷，特化成前肠、后肠、气管或生殖道的管壁细胞，还有一部分特化成腺体细胞、毛原细胞、膜原细胞及绛色细胞等。真皮细胞有大量的粗面内质网（RER）和用于脂质合成的光滑内质网（SER）区域，具有周期性分解和合成表皮的能力。真皮细胞的形态结构随变态和蜕皮周期而变化。在蜕皮间期，真皮细胞多呈方形或长方形。在新表皮形成过程中，真皮细胞通常会改变形状，变成细长的柱状。

底膜　底膜（basement membrane）是真皮细胞下方的双层结缔组织，将真皮细胞与血淋巴分离。内层为无定型的致密层，外层为网状层。底膜具有通透性，能使较大的蛋白和其他分子从血淋巴进入真皮细胞。

表皮的化学组成　表皮主要由几丁质、表皮蛋白和脂类三大物质所组成，这些物质的有机组合和协调代谢形成了昆虫功能性的表皮结构。

表皮脂类　①脂的类型与分布：昆虫表皮脂类主要存在于外包膜上的蜡层中，是高度复杂的混合物。主要是中性脂，如长链烷烃、烯烃、长链醇和脂肪酸酯等，此外还有少量的醛类和酮类。脂类在昆虫表皮中以固态形式存在，但在高温条件下，可能会发生相变。昆虫表皮脂在不同物种和不同发育期差别很大。已有研究表明，果蝇的触角、翅、足和体表不同部位脂的区域化分布存在较大差异，表皮脂类的成分和区域化分布特点可影响昆虫对环境的适应能力。②脂类的合成与转运：昆虫表皮脂类主要由表皮细胞、脂肪体和绛色细胞参与合成，合成的原料一部分来自食物中的脂肪酸，昆虫脂肪酸的合成在细胞质中发生，通过乙酰 CoA 不断延伸碳链。表皮脂类物质的前体在绛色细胞中合成，以脂滴形式存在，与载脂蛋白结合后，释放到血淋巴中，然后与载脂蛋白受体结合进入表皮细胞。在表皮细胞中，表皮脂类经过加工修饰后，由转运蛋白将其转运至孔道，通过孔道和蜡道的运输沉积到上表皮表面。孔道壁具有酯酶活性，参与脂类合成。在蜡蚧等某些昆虫体表，蜡是由特别发达的蜡腺细胞所分泌形成的。③脂类的功能：表皮脂类的主要作用是避免昆虫体内水分蒸发和防止外源物质渗入。此外，脂类还具有信息素的功能，在昆虫防御、生殖及通讯等方面也发挥着重要作用。如工蚁能够通过表面烃类识别蚁后所产的卵；蚧虫分泌大量蜡质到体表，保护其免受捕食性天敌的危害；蜜蜂腹部腺体分泌蜡质以构筑蜂巢。有些昆虫表皮脂类还具有提供拟态或伪装，反射太阳光和紫外线辐射的作用。

表皮蛋白　①分类：表皮蛋白（cuticular protein，CP）是昆虫表皮的主要成分，其种类和性质十分丰富。随着昆虫基因组学的发展，目前在黑腹果蝇（*Drosophila melanogaster* Meigen）、家蚕（*Bombyx mori* Linnaeus）和赤拟谷盗（*Tribolium castaneum* Herbst）等模式昆虫中已鉴定出 1400 多个表皮蛋白基因。昆虫表皮蛋白通常根据其序列中的保守区域进行分类。迄今为止，昆虫表皮蛋白中主要发现以下保守基序：R & R 保守区（Rebers & Riddiford Consensus），44 个氨基酸残基（Forty-four amino acid residues），Tweedle 和富含甘氨酸（Glycine-rich）基序等。研究者以表皮蛋白的英文缩写 CP 和各保守基序的第一个英文字母组合，把包含 R & R、44 个氨基酸残基、Tweedle 和富含甘氨酸基序的表皮蛋白家族分别命名为 CPR、CPF、CPT 和 CPG。此外，有一类表皮蛋白与 CPF 很相似（CPF-like），被命名为 CPFL。②定位与功能：昆虫表皮蛋白是一类结构蛋白，数量众多，结构多样，对昆虫起着保护和防卫功能。昆虫表皮蛋白基因形成基因簇，进行协同作用，随着昆虫的发育阶段而变化，在蜕皮前高表达的蛋白称之为蜕皮前蛋白（pre-ecdysial protein），在蜕皮后高表达的蛋白称之为蜕皮后蛋白（post-ecdysial protein）。表皮蛋白不同的氨基酸组成，影响表皮的机械性能，特别是对水的亲和性。昆虫的表皮蛋白是多种蛋白的混合体，如甲虫（*Agrianome spinicollis* Macleay）幼虫有 13 种水溶性蛋白和 33 种非水溶性蛋白，其中水溶性蛋白是表皮的基质和营养库，使昆虫体壁能承受体液的压力而伸展。表皮蛋白根据其在表皮中的位置而具有不同的功能，在昆虫内表皮中表皮蛋白与几丁质以共价键结合，形成一种稳定的络合物-糖蛋白；外表皮中可溶性的节肢弹性蛋白鞣化为坚硬而不溶的骨蛋白；上表皮中则含有壳脂蛋白，具有抑菌和杀菌作用。

表皮几丁质　①化学结构与功能：几丁质组成了昆虫表皮的骨架结构，约占干重的 25%～45%。几丁质单体 *N*- 乙酰胺基葡萄糖以 β-1,4- 糖苷键结合，形成链状多聚物。几丁质链间以氢键链接，反向平行排布，经去乙酰基修饰后，与蛋白质相互交联形成几丁质微丝；几丁质微丝紧密排列与旋转，形成表皮的片层结构。几丁质链与蛋白质的紧密结合及链内链间的氢键使得表皮具有高强度和高稳定性等特点，有效地保护了昆虫体内的组织结构。②几丁质代谢：昆虫几丁质具有完整的代谢途径。昆虫特有的血糖海藻糖被海藻糖酶降解为葡萄糖后，经已糖激酶磷酸化、异构酶转变构象、转氨酶添加氨基、乙酰转移酶添加乙酰基和变位酶转移磷酸根后，在焦磷酸化酶作用下与尿嘧啶核苷三磷酸结合形成 UDP-*N*- 乙酰葡萄糖胺，最后被位于细胞顶膜褶皱突起处的几丁质合成酶聚合为几丁质链，分泌到细胞外。几丁质的降解主要依靠几丁质酶和 β-*N*- 乙酰己糖胺酶的二元酶系统，两者共存时水解几丁质效率是各自单独作用的 6 倍。昆虫几丁质酶基因 5 和 10（Cht5，Cht10）主要负责将表皮的几丁质链随机打断，寡聚的几丁质随后被 β-*N*- 乙酰己糖胺酶水解为几丁质单体。③几丁质的组装：几丁质片层（Chitin layer）结构是昆虫表皮的主要特征，几丁质微丝是如何有序排列成片层结构的？最新研究发现，几丁质去乙酰基酶在此过程中发挥了重要作用：几丁质去乙酰基酶在几丁质形成的初期负责连接几丁质与上表皮，形成支架结构，启动几丁质片层的形成。该基因沉默导致片层消失、表皮结构松散。此外，表皮蛋白 Knickkopf 与 Obstructor-A 保护新合成的几丁质不被蜕皮液降解，维持片层结构。而 Retroactive 蛋白则可特异性地将 Knickkopf 运输到新生表皮，从而发挥其保护作用。

表皮体色

体色的多彩性　昆虫体色由表皮呈现，不同种类昆虫具有其特有的色彩，昆虫体色主要分为结构色和色素色。结构色指昆虫体表的各种颗粒、纹路等结构的不平整引起散射、干涉及衍射现象，作用于人眼后所形成的特殊色彩。如鳞翅目成虫翅上大量细小鳞片，经过干涉形成鲜艳的虹彩色。色素色又称生物色素，是生物体内多种有色化合物（黑色素、类胡萝卜素、眼色素和类黄酮等）的总称。色素色可选择性地吸收不同波段的光波，同时反射另一些波段的光波，这些被反射的光作用到感光器，最终在视觉中枢形成色觉。

体色的形成　昆虫体色主要由表皮细胞合成的色素或色素前体所形成。昆虫体色形成过程可以分为两个阶段：色素颗粒的时空定位；色素颗粒的形成。与时空定位相关的基因称为调节基因，与色素颗粒形成相关的基因称为效应基因。调节基因通过激活效应基因，调节色素颗粒的分布；而效应基因则编码酶或辅助因子，用于色素合成。色素合成过程中效应基因的突变或上游调节基因的调控，会产生新的体表色泽，增加体色多态性。在昆虫中，体色的形成机制在果蝇中研究最为深入，其次为蝴蝶、赤拟谷盗及家蚕等。基因对于丰富多彩的昆虫体色起到了决定性作用，但昆虫所处的外界环境（温度、湿度、光照、密度、寄主植物、背景色等）的改变也对其体色的多样化起到了一定的作用。基因与环境共同调节表皮中不同色素颗粒的数量、比例及分布情况，从而使昆虫形成绚丽多彩的体色。

体色的功能　昆虫体色主要起保护作用，即在严酷的自然环境条件及天敌捕食中保护自身免受伤害。如君主斑蝶（*Danaus plexippus* Linnaeus）幼虫在低温条件下发生黑化，以增加对能量的吸收。有些昆虫在长期进化过程中通过自然选择逐渐形成与环境色彩相似的体色，称为保护色，有利于昆虫躲避敌害。如生活在绿色草地中的绿色蚱蜢、与沙漠色彩相近的沙漠蝗等。一些昆虫具有警戒色，即昆虫体色与环境形成鲜明对比，或体表存在鲜艳图案，使天敌产生畏惧从而起到保护作用，如食蚜蝇模拟蜜蜂色斑，以保护自身安全。

表皮代谢

表皮代谢与昆虫蜕皮发育　表皮代谢与昆虫的蜕皮发育关系密切。昆虫在发育过程中必须经历周而复始的蜕皮，蜕皮伴随着昆虫的生长发育。昆虫每蜕一次皮，就长大一龄，发育至下一龄期，蜕皮是节肢动物特有的生物学现象。昆虫蜕皮包括旧表皮的降解和新表皮的合成两个过程。皮层溶离（Apolysis）是表皮代谢的关键节点，皮层溶离发生时，旧表皮和皮细胞层出现分离，旧表皮不再沉积，而开始降解，新表皮开始合成。严格意义上讲，昆虫从皮层溶离发生就进入下一龄期，新表皮合成开始，直到完成蜕皮（ecdysis）和下一个皮层溶离出现才停止表皮的合成与沉积。而旧表皮的降解始于皮层溶离，结束于蜕皮。全变态昆虫经历卵—幼虫—蛹—成虫的蜕皮发育过程，而渐变态昆虫缺失蛹期，只经历卵—若虫—成虫的蜕皮发育。不同昆虫在幼虫或若虫期的蜕皮次数存在较大差异，且每一龄期经历的时间各异，从而导致每种昆虫均具有其特定的生活史。蜕皮中一个龄期（instar）是指两个皮层溶离之间的时期，一个蜕期（stadium）是指两次蜕皮之间的时期。

表皮代谢与害虫防治　表皮代谢与昆虫蜕皮发育密切相关，因为高等生物不存在蜕皮现象，因此针对昆虫表皮代谢系统进行害虫靶标的设计相对安全。抑制昆虫表皮代谢的生长调节剂除虫脲和氟虫脲等已获得商业化，应用于害虫防治领域；针对昆虫表皮几丁质降解酶的结构设计化学抑制剂 Allosamidin、Argin 和 Argadin 进行害虫防治已有相关研究；将昆虫几丁质酶基因转入植物，表达几丁质酶蛋白降解昆虫表皮几丁质，进行害虫防治的策略早在 19 世纪 90 年代就已开始进行研究工作。随着分子生物学技术的发展，RNA 干扰技术已被应用于植物保护领域进行害虫防治，其专一性和环境友好性等特点备受关注，采用转基因技术在植物中表达昆虫几丁质酶基因的 dsRNA 进行害虫防治已有报道，其靶向性和安全性将在未来植物保护领域发挥重要作用。因此表皮代谢系统作为害虫防治新靶标的研发将是未来植物保护领域的研究热点。

参考文献

彩万志，庞雄飞，花保祯，等，2010. 普通昆虫学 [M]. 北京：中国农业大学出版社 .

王荫长，2004. 昆虫生理学 [M]. 北京：中国农业出版社 .

CHAUDHARI S S, ARAKANE Y, SPECHT C A, et al, 2011. Knickkopf protein protects and organizes chitin in the newly synthesized insect exoskeketon[J]. Proceedings of the National Academy of Sciences of the United States of America, 41: 17028-17033.

CHAUDHARI S S, ARAKANE Y, SPECHT C A, et al, 2013. Retroactive maintains cuticle integrity by promoting the trafficking of knickkopf into the procuticle of *Tribolium castaneum*[J]. Public Library of Science genetics, 9: 1-9.

ILNICKA A, LUKASZEWICZ J P, 2015. Discussion remarks on the role of wood and chitin constituents during carbonization[J]. Frontiers in materials, 1(2): 20.

KLOWDEN M J, 2013. Physiological Systems in Insects[M]. 3rd ed. Academic Press.

LOCKE M, 2001. The Wigglesworth Lecture: Insects for studying fundamental problems in biology[J]. Journal of insect physiology, 47: 495-507.

MOUSSIAN, B, 2013. The arthropod cuticle[C] // Minelli A, Boxshall G, Fusco G. Arthropod biology and evolution. Heidelberg: Springer-Verlag: 171-196.

OSMAN G H, ASSEM S K, ALREEDY R M, et al, 2015. Development of insect resistant maize plants expressing a chitinase gene from the cotton leaf worm, *Spodoptera littoralis*[J]. Scientific reports, 5: 18067.

WANG Y W, YU Z T, ZHANG J Z, et al, 2016. Regionalization of surface lipids in insects[J]. Proceedings biological sciences, 283(1830): 20152994.

YU R R, LIU W M, LI D Q, et al, 2016. Helicoidal organization of chitin in the cuticle of the migratory locust requires the function of the chitin deacetylase2 enzyme (*LmCDA2*)[J]. Journal of biological chemistry, 291(47): 24352-24363.

（撰稿：张建珍、刘卫敏、赵小明、李大琪、王艳丽；审稿：王琛柱）

昆虫病原病毒　pathogenic insect viruses

能感染昆虫并导致昆虫致病的病毒。昆虫病毒的种类较多，涉及至少9个科的DNA病毒和10个科的RNA病毒，但其中有些病毒，如蚊子中发现的中等套式病毒、家蝇中发现的昆虫双节段RNA病毒以及在多种昆虫中发现的变位病毒等，因尚未发现明显的致病性，未包括在本条目中。

DNA病毒

囊泡病毒（Ascovirus） 囊泡病毒为卵圆形的囊膜病毒，长度200～400nm，直径约130nm。病毒基因组为双链环状DNA，大小为100～200kb。囊泡病毒科（Ascoviridae）包括2个属：囊泡病毒属（*Ascovirus*）和图尔病毒属（*Toursvirus*），发现的病毒数目有限。在自然界，囊泡病毒通常由雌性寄生蜂携带，通过产卵在鳞翅目幼虫个体间传播，传毒寄生蜂大多属于膜翅目的茧蜂科和姬蜂科种类。宿主感染病毒后明显特征表现为行动迟缓、生长缓慢乃至停滞、血淋巴呈乳白色浑浊状，可致死。

杆状病毒（Baculovirus） 杆状病毒因病毒粒子呈杆状而命名。杆状病毒科（Baculoviridae）分为α、β、γ和δ杆状病毒4个属。杆状病毒会形成包涵体，包涵体可分为核型多角体和颗粒体，仅β杆状病毒形成颗粒体。杆状病毒的基因组为双链环状DNA，大小为80～180kb。杆状病毒一般通过昆虫取食进入中肠，在中肠碱性环境下，包涵体碱解释放出病毒粒子感染中肠上皮细胞，然后感染气管，进而感染昆虫幼虫的所有组织，最终造成昆虫的死亡。也有些杆状病毒仅能感染昆虫中肠。杆状病毒对其宿主具有高致死性，感染后宿主一般会攀高倒挂死亡。杆状病毒因为杀虫率高、无污染、安全性好等优点，从20世纪70年代起就被WHO和FAO推荐用于农林害虫的生物防治，世界上有几十种杆状病毒杀虫剂产品，主要靠虫体生产。

二分DNA病毒（Bidnavirus） 二分DNA病毒目前仅有1种病毒，即家蚕二分浓核病毒（bombyx mori bidensovirus），其基因组为两条单链DNA，大小分别约为6kb和6.5kb，分别独立包装在衣壳中。病毒粒子为20面体，无囊膜，直径约为25nm。该病毒感染家蚕中肠柱状上皮细胞，被感染的细胞核膨大，病毒粒子随蚕沙一起排出体外。被感染的家蚕有蚕体软化、空头、发育迟缓等症状。

浓核病毒（Densovirus） 昆虫浓核病毒属细小病毒科（Parvoviridae）浓核病毒亚科（Densovirinae）中的双义浓核病毒属（*Ambidensovirus*）、短浓核病毒属（*Brevidensovirus*）和重复浓核病毒属（*Iteradensovirus*）。病毒为单链DNA病毒，大小为4～6kb，病毒粒子为20面体，无包膜，直径18～25nm。昆虫浓核病毒主要分离自鳞翅目昆虫和双翅目蚊子。病毒感染中肠或全身，可经口水平传播。

昆虫痘病毒（Entomopoxvirus） 昆虫痘病毒属痘病毒科（Poxviridae）昆虫痘病毒亚科（Entomopoxvirinae），包括α、β和γ昆虫痘病毒属。昆虫痘病毒的形态、大小不一，主要呈砖形和椭圆形，大小为300～450nm×170～260nm，具有脂膜。基因组为线性共价闭合的双链DNA，大小为225～380kb。昆虫痘病毒主要在血细胞和脂肪组织内增殖，感病幼虫外表呈白色，感染晚期形成两种包涵体：包埋有病毒粒子的球状体及无病毒粒子的纺锤体。尚未发现昆虫痘病毒对脊椎动物的感染，一些昆虫痘病毒，如蝗虫痘病毒，具有发展为生物农药的潜力。

唾液腺肥大病毒（Hytrosavirus） 唾液腺肥大病毒为在双翅目昆虫中发现的DNA病毒，病毒粒子呈杆状，有囊膜，大小为80～100nm×550～1000nm，基因组为环状双链DNA，大小为120～190kb。唾液腺肥大病毒科分为两个属，舌蝇病毒属和家蝇病毒属。病毒感染后会导致宿主成虫的唾液腺明显肥大、种群部分或完全不育。在自然界，采采蝇唾液腺肥大病毒被认为以垂直传播为主，存在无症状的带毒宿主。与之相反，家蝇唾液腺肥大病毒被认为只引起有症状的感染，感染的雌性家蝇交配和产卵会受到影响，病毒一般以污染的食物进行水平传播。

虹彩病毒（Iridovirus） 昆虫虹彩病毒属于虹彩病毒科（Iridoviridae）β虹彩病毒亚科（Betairidovirinae）中的绿虹彩病毒属（*Chloriridovirus*）和虹彩病毒属（*Iridovirus*），为20面体的无囊膜病毒，病毒粒子直径为120～200nm。虹彩病毒科病毒的基因组为线性双链DNA，大小为103～220kb，昆虫虹彩病毒的基因组一般偏大。虹彩病毒可以经口服感染，也可以经内寄生蜂或寄生性线虫传播。病毒感染分为显性和隐性的，显现感染时，宿主体内因有大量病毒粒子而呈现蓝色或绿色。隐性感染比较常见，宿主内病毒粒子量较少，无虹彩现象。虹彩病毒属病毒的宿主范围广泛，其代表种二化螟虹彩病毒可感染100多种昆虫；绿虹彩病毒属病毒的宿主主要为双翅目蚊子，宿主范围较窄。

裸病毒（Nudivirus） 裸病毒科（Nudiviridae）包括α裸病毒属和β裸病毒属两个属，主要感染昆虫和甲壳类。病毒粒子为杆状，有囊膜病毒，大小差别较大，基因组为环状双链DNA，97～232kb。α裸病毒属的病毒感染甲虫及蟑螂，病毒经口服感染进入中肠，然后进入虫体内各组织进行系统感染，1～12周造成宿主死亡；β裸病毒属的美洲棉铃虫裸病毒1（HzNV-1）在多种鳞翅目昆虫细胞上造成持续性感染；HzNV-2则感染棉铃虫幼虫及成虫的生殖器官，主要靠交配传播和垂直传播，感染造成生殖器官发育畸形和不育。

多分DNA病毒（Polydnavirus） 多分DNA病毒科（Polydnaviridae）分为茧蜂病毒属（*Bracovirus*）和姬蜂病毒属（*Ichnovirus*）。病毒主要与膜翅目茧蜂科和姬蜂科的寄生蜂共生。病毒基因组由15～35个环状双链DNA分子组成，总长200～600kb，编码病毒结构蛋白的基因则整合在寄生蜂的染色体上，随寄生蜂垂直传播。在雌性寄生蜂的卵巢中，病毒DNA复制、组装成成熟的病毒粒子。病毒粒子随着寄生蜂产卵进入寄主幼虫血腔，进而表达出能够抑制寄主免疫反应的蛋白，使寄生蜂得以顺利发育。因此，多分DNA病毒对寄生蜂在鳞翅目寄主中的发育是必需的。

RNA病毒

质型多角体病毒（Cypovirus） 质型多角体病毒属呼肠孤病毒科（Reoviridae）刺突呼肠孤病毒亚科（Spinareovirinae）的质型多角体病毒属（*Cypovirus*）。质型多角体病毒能形成包涵体，病毒粒子为直径50～65nm的正20面体。基因组为线性双链RNA，分为10～11个节段，总长度约为25kb。病毒主要感染幼虫中肠，也能感染其他组织。感病幼虫具有食欲不振、下痢、吐液、脱肛、体积缩小等症状，最终死亡。病毒可经卵传递给下一代，在昆虫种群中形成流行病。中国利用质型多角体病毒防治松毛虫等害虫，取得了良好的效果。

双顺反子病毒（Dicistrovirus） 双顺反子病毒科（Dicistroviridae）包括3个病毒属：蜜蜂麻痹病毒属（*Aparavirus*）、蟋蟀麻痹病毒属（*Cripavirus*）和锥蝽病毒属（*Triatovirus*）。宿主为无脊椎动物，包括蜜蜂、蚜虫、蟋蟀、果蝇等。病毒粒子为直径为25～30nm的正20面体，基因组为线性单链RNA，大小为8～10kb。病毒感染宿主的肠上皮，主要为慢性感染，可以引起宿主死亡。病毒经水平传播或垂直传播。

传染性软腐病病毒（Iflavirus） 传染性软腐病病毒属小RNA病毒目（Picornavirales）传染性软腐病病毒科（Iflaviridae）。病毒粒子无囊膜，为直径约30nm的正20面体。病毒基因组为线性单链RNA，大小为8.8～9.7kb。传染性软腐病病毒主要感染昆虫，包括果蝇、蜜蜂、蚂蚁、蚕等，其中一些病毒对蜜蜂、家蚕等经济作物有很强的致病性，而有些病毒感染则没有症状。

野田村病毒（Nodavirus） 野田村病毒科（Nodaviridae），因其成员中的第一个病毒发现于日本野田村而被命名。病毒粒子呈球形，直径为29～32nm。基因组为两条单链RNA，长度分别为3.0～3.2kb和1.3～1.5kb。从三带喙库蚊中分离的野田村病毒，不仅能感染大蜡螟和蜜蜂，导致宿主死亡，而且可以感染小鼠，引起小鼠的麻痹及死亡，这是第一个已知的对昆虫和脊椎动物都具有致病性的病毒。但是，其他感染昆虫的野田村病毒，并不能在脊椎动物细胞内增殖。

四体病毒（Tetravirus） 四体病毒目前分为3个科，包括α四体病毒科（Alphatetraviridae）、卡尔莫四体病毒科（Carmotetraviridae）和重排四体病毒科（Permutotetraviridae）。四体病毒为无囊膜的单链RNA病毒，核酸可为单组分（5.5kb），也可为双组分（5.5kb及2.5kb）。病毒粒子呈三角剖分数T=4的20面体球状结构，这也是四体病毒名称的由来，直径大小为40nm。四体病毒感染鳞翅目幼虫，通过食物进行传播，在幼虫的肠上皮细胞中复制。不同病毒的感染结果不尽相同，有的现象不明显，有的可致发育延缓，有的有致死作用。

（撰稿：胡志红；审稿：王琛柱）

昆虫病原线虫 etomopathogenic nematodes, EPN

一类专性寄生昆虫的线虫。又名嗜虫线虫，它消化道内携带有病原菌，当它从昆虫消化道或体壁侵入昆虫寄主体内后，共生菌从线虫体内释放出来，在昆虫血液内增殖，最终使寄主昆虫死亡。昆虫病原线虫以病原菌和昆虫组织为食进行生长繁殖，在寄主营养耗尽时，携带病原菌脱离寄主，寻找新的寄主进行感染（见图）。

分类地位 昆虫病原线虫目前主要包括两个科：斯氏线虫科（Steinernematidae）和异小杆线虫科（Heterorhabditidae）。其中斯氏线虫科包括两个属：有50多个种的斯氏线虫属（*Steinernema*）和只有1个种（*Neosteinernema longicurvicauda*）

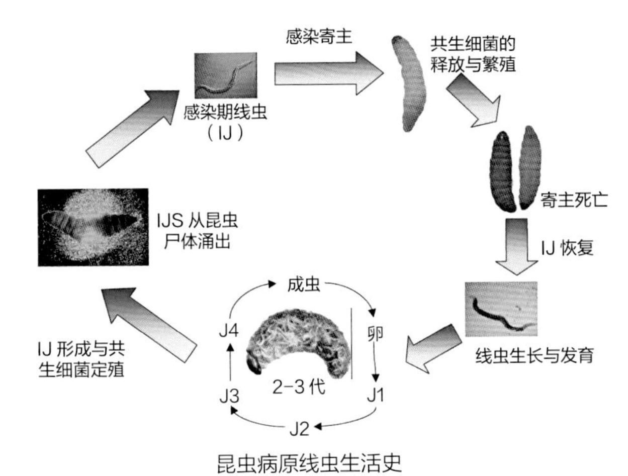

昆虫病原线虫生活史

（Richard F S, Nicholas W, Phillip D, et al., 2003）

的新斯氏线虫属（*Neosteinernema*）。异小杆线虫科只有1个属：有10多个种的异小杆线虫属（*Heterorhabditis*）。

致死方式 昆虫病原线虫致死寄主的方式：①某些EPNs携带的初生型发光杆菌属（*Photorhabdus*）及嗜线虫致病杆菌属（*Xenorhabdus*）细菌，会分泌有毒性的次生代谢物质，这些物质不仅可以杀死寄主，还可防止其他微生物利用寄主的营养物质，使营养物质被病原线虫和其共生微生物充分利用。②某些EPNs不仅可以携带传播病原菌，还可产生多种分泌蛋白，这些蛋白能够降解和消化寄主组织，击溃寄主免疫系统。

虽然有些线虫可直接致死寄主昆虫，但目前尚未发现非细菌相关的EPN。

昆虫病原线虫生活史 昆虫病原线虫的生活史包括繁殖周期和扩散周期。繁殖周期为卵、繁殖型幼虫和成虫3个阶段。繁殖周期是在寄主体内进行的，以病原菌和昆虫组织为食进行生长繁殖。当线虫数目达到一定程度导致寄主营养物质耗尽时，线虫会携带病原菌转型成为不取食的扩散型侵染虫态（IJ）。尽管病原菌与昆虫病原线虫为共生关系，但在线虫的繁殖周期内，病原菌与线虫是分开存在的；只有当线虫转型时才会在肠道携带昆虫病原菌。当遇到合适的寄主时，游离于土壤中的IJ型通过寄主的自然孔道（口、肛门或气门）或伤口进入寄主体腔。某些线虫还具有“背齿”，可刺穿昆虫体表薄弱部分（如节间膜）从而进入昆虫体腔。进入昆虫体腔后，线虫可迅速释放共生菌，进行生长繁殖。

线虫—细菌复合体 EPNs与细菌是互利共生关系，故称其为线虫—细菌复合体。在这一体系中，EPNs是病原菌的载体，携带病原菌侵染其他昆虫，且保护病原菌免受寄主体内抗菌物质等不良环境影响。病原菌则在昆虫体内增殖，致死昆虫，且为线虫提供生长繁殖必须的营养物质。

昆虫病原线虫共生菌 昆虫病原线虫的共生菌是可与线虫共生的昆虫病原菌。研究较多的有变形菌门（Proteobacteria）γ-变形菌纲肠杆菌科（Enterobacteriaceae）的初生型发光杆菌属及嗜线虫致病杆菌属。这两个属的细菌是不产生芽孢的、革兰氏阴性异养兼性厌氧菌，大部分具有周生鞭毛。初生型发光杆菌属和嗜线虫致病杆菌属是肠杆菌科细菌中具有形态特异性的两个属，与其他属细菌均有明显形态差异。

昆虫病原线虫在生物防治中的应用 昆虫病原线虫现已广泛应用于生物防治病虫害等领域中。它具有以下几大优点：①使用效果比喷洒化学农药明显。② EPNs 对非寄主昆虫几乎没有不利影响，且其伴生昆虫病原菌对植物和哺乳动物无任何不利影响，因而是相对安全可靠的。③化学农药易流失分解，不如 EPNs 稳定持久。目前，全世界的绝大多数国家均已对 ENPs 免除注册要求，认为 ENPs 将可替代化学杀虫剂。目前已取得显著成效的包括在果树、林业、作物、蔬菜、卫生等领域的害虫防控。

参考文献

王欢，王勤英，李国勋，等，2002. 昆虫病原线虫研究进展 [J]. 河北农业大学学报，25(S1): 219-223.

DILLMAN A R, STERNBERG P W, 2012. Entomopathogenic nematodes[J]. Current biology, 22(11): R430-R431.

EHLERS R U, 2001. Mass production of entomopathogenic nematodes for plant protection[J]. Applied microbiology and biotechnology, 56(5-6): 623-633.

KAYA H K, GAUGLER R, 1993. Entomopathogenic nematodes[J]. Annual review of entomology, 38(1): 181-206.

KENNEY E, ELEFTHERIANOS I, 2016. Entomopathogenic and plant pathogenic nematodes as opposing forces in agriculture[J]. International journal for parasitology, 46(1): 13-19.

LU D, BAIOCCHI T, DILLMAN A R, 2016. Genomics of entomopathogenic nematodes and implications for pest control[J]. Trends in parasitology, 32(8): 588-598.

RICHARD F C, NICHOLAS W, PHILLIP D, et al, 2003. Photorhabdus: towards a functional genomic analysis of a symbiont and pathogen[J]. Fems microbiology reviews, 26(5): 433-456.

（撰稿：赵莉蔺；审稿：王琛柱）

昆虫病原真菌 entomopathogenic fungi

自然界中真菌的物种数量达 200 多万种，仅次于昆虫的种类数量（500 多万种），其中能够感染昆虫的真菌已鉴定出 1000 多种，分布于子囊菌门（Ascomycota）、虫霉菌亚门（Entomophthoromycotina）、担子菌门（Basidiomycota）、微孢子虫门（Microsporidia）和芽枝霉门（Blastocladiomycota）等。子囊菌门的昆虫病原真菌主要分布于肉座菌目（Hypocreales）的麦角菌科（Clavicipitaceae）、虫草科（Cordycipitaceae）和线虫草科（Ophiocordyciptaceae）。虫霉菌亚门是新近由接合菌门独立而来，一般均具有昆虫致病性。担子菌门中目前仅发现隔担菌属（*Septobasidium*）近 170 多种的真菌为介壳虫的兼性病原菌。微孢子虫的昆虫病原真菌为昆虫胞内专性寄主菌。具有感染蚊虫孑孓活性的雕蚀菌类（*Coelomomyces* spp.）由壶菌（chytrid）重新分类为芽枝霉门真菌。另外，一些水生的、非真菌类的卵菌（oomycetes）也具有感染蚊虫幼虫的能力。目前鉴定的昆虫病原真菌以子囊菌类的物种及数量最多。同昆虫病原细菌和病毒等一起，这些昆虫病原真菌在自然调控昆虫种群密度中发挥着重要的作用。有意思的是，不同种类的昆虫病原真菌多具有不同的寄主范围，子囊菌类的大部分种类为广谱杀虫的昆虫病原真菌，如麦角菌科的球孢白僵菌（*Beauveria bassiana*）和金龟子绿僵菌（*Metarhizium anisopliae*，该菌种的一些种类后被重新分类为罗伯茨绿僵菌 *M. robertsii*）等，一个物种可以感染不同目、上百种昆虫，甚至是蛛形纲的蜘蛛、虱和叶螨等无脊椎动物；而麦角菌科的蝗绿僵菌（*Metarhizium acridum*）和线虫草科的真菌多具有严格的寄主范围。其他门或亚门的昆虫病原真菌，尤其是微孢子虫及虫霉类真菌具有高度的寄主专化性，某一物种往往只感染 1 种昆虫。昆虫病原真菌感染寄主的范围及寄主专化性是一种有趣的生物学现象，但形成原因仍不清楚。

不同种类的昆虫病原真菌，尤其以球孢白僵菌、金龟子绿僵菌和蝗绿僵菌等为代表的昆虫病原真菌已被开发成为环境友好的真菌杀虫剂，近 100 多个剂型在世界范围内得到注册及使用。在中国，使用球孢白僵菌防治玉米螟（*Ostrinia furnacalis*）和马尾松毛虫（*Dendrolimus punctatus*），蝗绿僵菌防治蝗虫，金龟子绿僵菌防治地下害虫及水稻害虫等均达到了大规模的应用，并取得了良好的害虫持续控制效果。虫霉菌类昆虫病原真菌在野外容易形成昆虫流行病，一些种被用作经典生物防治的典型代表，如舞毒蛾噬虫霉（*Entomophaga maimaiga*）由日本引进到北美，经近百年的定殖，成功地抑制了北美的舞毒蛾（*Lymantria dispar*）种群密度。同细菌、病毒类微生物杀虫剂类似，真菌杀虫剂的应用同样存在杀虫速率缓慢及环境应用不稳定的技术问题。

不同于昆虫病原细菌和病毒经口取食并由昆虫消化道进行感染，昆虫病原真菌由昆虫体表进行主动入侵，即真菌孢子附着于昆虫体表萌发后，经寄主识别，分化形成侵染结构——附着胞（appressorium），穿透体壁进入昆虫血腔后，经形态转变（phenotype switch，即由菌丝生长转化为酵母状繁殖），形成大量虫菌体（hyphal bodies），快速占领血腔而最终杀死寄主昆虫（见图）。寄主识别、体壁穿透及突破昆虫寄主免疫而占领血腔等是昆虫病原真菌成功感染的关键阶段。

昆虫病原真菌是真菌—动物互作研究的理想模型。为了加强致病机理的研究，不同代表种类的 20 余种昆虫病原真菌的基因组陆续获得了解析，包括金龟子绿僵菌、蝗绿僵菌、球孢白僵菌、不同绿僵菌及虫草菌（*Cordyceps* spp.）等，比较及进化分析揭示了不同昆虫病原真菌用于降解昆虫体壁成分的丝氨酸蛋白酶和几丁质酶基因家族等，表现出同样扩张特征的协同进化关系，但不同种类之间也存在蛋白家族扩张与收缩、有性生殖规律和次级代谢基因簇数量差异等趋异进化的特征。针对昆虫寄主范围不同的绿僵菌分析发现，绿僵菌物种进化由寄主范围小的专性菌（如蝗绿僵菌仅感染直翅目蝗科的昆虫）、经中间过渡物种向广谱菌方向进化，伴随有大量蛋白家族的扩张，包括只在广谱菌中存在的、具有广谱杀虫活性次级代谢的基因簇等，从而便于广谱菌适应感染最多种类的昆虫寄主。有意思的是，早期分化的不同虫霉菌中丝氨酸蛋白酶数量分布差异很大，但在蝇虫霉（*Entomophthora muscae*）中发现一类特有的丝氨酸蛋白酶，该类蛋白酶仅同细菌和卵菌等来源的蛋白酶具有相似性。

进化分析表明，子囊菌类的昆虫病原真菌同植物病原真菌或植物内生真菌而非哺乳动物病原真菌的关系更加紧密。同植物病原真菌类似，不同昆虫病原真菌基因组也同样编码有数量不等的、介导物种互作的潜在效应子基因，预示着真菌—昆虫互作存在类似的效应子诱导寄主免疫的机制。这些昆虫病原真菌基因组的解析为鉴定、研究和揭示真菌杀虫毒力相关的生物学功能奠定了良好的基础。

以子囊菌类的绿僵菌和白僵菌等为代表的致病机理研究发现，不同P450酶类降解昆虫体壁的有毒成分而便于真菌起始感染。不同蛋白酶及几丁质酶等介导昆虫体壁降解、MAPK信号途径及不同转录因子调控附着胞的分化与形成。而附着胞内膨压的形成与脂滴（lipid droplets）降解相关的脂代谢途径密切相关。

以果蝇为对象的抗真菌免疫研究建立了著名的Toll信号途径，其中真菌细胞壁成分B-葡聚糖是诱导昆虫先天免疫的病原模式分子（pathogen-associated molecular patterns，PAMPs）。为了逃避昆虫寄主的免疫识别及其介导的抗真菌免疫防御，昆虫病原真菌穿透体壁进入昆虫血腔后会重构细胞壁结构，显著降低PAMP成分而进行免疫逃逸（immune evasion）（见图）。另外，当绿僵菌细胞进入昆虫血腔后，会高表达一种高度糖基化的胶质原类似蛋白（collagen-like protein Mcl1）覆盖于细胞壁表面，用于逃避昆虫血细胞的识别及包裹，该蛋白基因的敲除显著影响绿僵菌的杀虫毒力。同样，白僵菌菌丝在进入昆虫血腔后会快速高表达不同种类的细胞表面蛋白，覆盖细胞壁成分。白僵菌还编码类似植物病原真菌的LysM效应蛋白Blys2及Blys5，分别结合细胞壁几丁质及其寡糖成分，用于逃避血细胞的包裹作用及抑制寄主几丁质酶对于真菌细胞壁的降解。

除了蛋白或多肽类的毒力因子外，次级代谢在真菌—寄主互作中也具有重要的生物学效应。针对球孢白僵菌感染大腊螟（*Galleria mellonella*）的血淋巴进行高通量代谢组分析表明，白僵菌合成的具有抗菌及杀虫活性的卵胞霉素（oosporein）及白僵菌交酯（beauveriolides）等可以高水平地分泌到昆虫血腔中。白僵菌合成白僵菌素（beauvericin）、卵胞霉素，以及绿僵菌合成的环肽类破坏素（destruxins）和膨大弯颈霉（*Tolypocladium inflatum*）合成的环肽类环孢霉素（cyclosporine）等均能够抑制昆虫抗菌肽基因的表达等而影响真菌的杀虫毒力。因而，小分子化合物同样可以作为昆虫病原真菌的毒力因子。

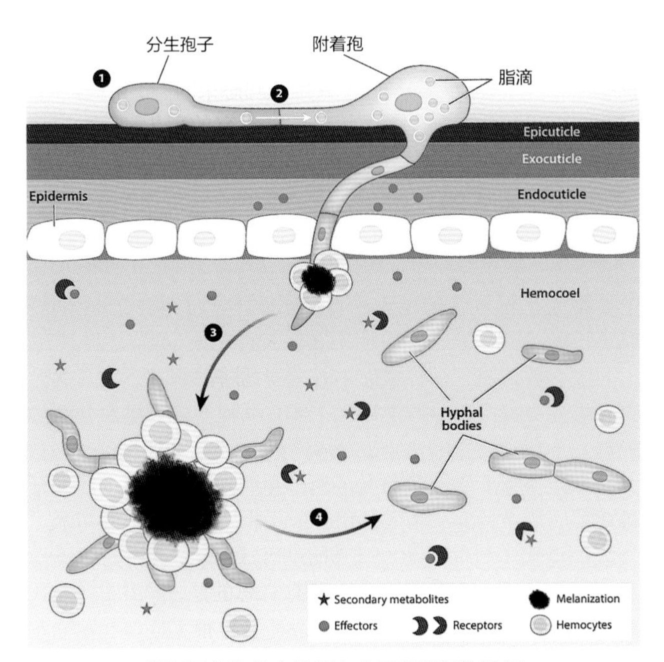

以绿僵菌为代表的昆虫病原真菌侵染途径
（Wang and Wang，2017）

昆虫病原真菌除了作为微生物—动物互作研究的理想模型，开展真菌致病机理研究，还便于为真菌杀虫剂的高效应用提供理论及技术支撑。如通过遗传改造，过表达杀虫毒力相关丝氨酸蛋白酶基因、几丁质酶基因，以及改造提高杀虫毒素产量均可显著提高白僵菌或绿僵菌的杀虫效率。遗传改造提高色素合成，可以提高昆虫病原真菌抗紫外线的活力。进一步研究揭示昆虫病原真菌拮抗寄主免疫的互作机制，不仅有利于促进理论创新，也有利于为真菌杀虫剂高效和大规模应用提供更好的技术支撑。

参考文献

ARNESEN J A, MALAGOCKA J, GRYGANSKYI A, et al, 2018. Early diverging insect-pathogenic fungi of the order Entomophthorales possess diverse and unique subtilisin-like serine proteases[J]. G3 (Bethesda), 8(10): 3311-3319.

CEN K, LI B, LU Y Z, et al, 2017. Divergent LysM effectors contribute to the virulence of *Beauveria bassiana* by evasion of insect immune defenses[J]. PLoS pathogens, 13(9): e1006604.

CHEN X X, XU C, QIAN Y, et al, 2016. MAPK cascade-mediated regulation of pathogenicity, conidiation and tolerance to abiotic stresses in the entomopathogenic fungus *Metarhizium robertsii*[J]. Environmental microbiology, 18(3): 1048-1062.

CHEN Y X, LI B, CEN K, et al, 2018. Diverse effect of phosphatidylcholine biosynthetic genes on phospholipid homeostasis, cell autophagy and fungal developments in *Metarhizium robertsii*[J]. Environmental microbiology, 20(1): 293-304.

DE FARIA M R, WRAIGHT S P, 2007. Mycoinsecticides and mycoacaricides: a comprehensive list with worldwide coverage and international classification of formulation types[J]. Biological control, 43(3): 237-256.

FAN Y H, FANG W G, GUO S J, et al, 2007. Increased insect virulence in *Beauveria bassiana* strains overexpressing an engineered chitinase[J]. Applied and environmental microbiology, 73(1): 295-302.

FANG W G, LENG B, XIAO Y H, et al, 2005. Cloning of *Beauveria bassiana* chitinase gene Bbchit1 and its application to improve fungal strain virulence[J]. Applied and environmental microbiology, 71(1): 363-370.

FANG W G, ST LEGER R J, 2012. Enhanced UV resistance and improved killing of malaria mosquitoes by photolyase transgenic entomopathogenic fungi[J]. PLoS ONE, 7(8): e43069.

FENG P, SHANG Y F, CEN K, et al, 2015. Fungal biosynthesis of the bibenzoquinone oosporein to evade insect immunity[J]. Proceedings of the National Academy of Sciences of the United Satetes of America,

112(36): 11365-11370.

GAO Q, LU Y Z, YAO H Y, et al, 2016. Phospholipid homeostasis maintains cell polarity, development and virulence in *Metarhizium robertsii*[J]. Environmental microbiology, 18(11): 3976-3990.

GUO N, QIAN Y, ZHANG Q Q, et al, 2017. Alternative transcription start site selection in Mr-OPY2 controls lifestyle transitions in the fungus *Metarhizium robertsii*[J]. Nature communication, 8(1): 1565.

HAJEK A E, 1999. Pathology and epizootiology of *Entomophaga maimaiga* infections in forest Lepidoptera[J]. Microbiology and molecular biology reviews, 63(4): 814-835.

HAWKSWORTH D L, LÜCKING R, 2017. Fungal diversity revisited: 2.2 to 3.8 million species[M] // Heitman J, et al. The Fungal Kingdom: 79-95.

HU X, XIAO G H, ZHENG P, et al, 2014. Trajectory and genomic determinants of fungal-pathogen speciation and host adaptation[J]. Proceedings of the National Academy of Sciences of the United Satetes of America, 111(47): 16796-16801.

HUANG W, HONG S, TANG G R, et al, 2019. Unveiling the function and regulation control of the DUF3129 family proteins in fungal infection of hosts[J]. Philosophical transactions of the Royal Society of London. series B: Biological sciences, 374(1761): 20180321.

KEPLER R M, LUANGSA-ARD J J, HYWEL-JONES N L, et al, 2017. A phylogenetically-based nomenclature for Cordycipitaceae (Hypocreales)[J]. IMA Fungus, 8(2): 335-353.

LEMAITRE B, HOFFMANN J, 2007. The host defense of *Drosophila melanogaster*[J]. Annual review of immunology, 25(0): 697-743.

LU D D, PAVA-RIPOLL M, LI Z Z, et al, 2008. Insecticidal evaluation of *Beauveria bassiana* engineered to express a scorpion neurotoxin and a cuticle degrading protease[J]. Applied microbiology and biotechnology, 81(3): 515-522.

ORTIZ-URQUIZA A, KEYHANI N O, 2016. Molecular genetics of *Beauveria bassiana* infection of insects[J]. Advances in genetics, 94: 165-249.

SHANG Y F, FENG P, WANG C S, 2015. Fungi that infect insects: altering host behavior and beyond[J]. PLoS pathogens, 11(8): e1005037.

SHANG Y F, XIAO G H, ZHENG P, et al, 2016. Divergent and convergent evolution of fungal pathogenicity[J]. Genome biology and evolution, 8: 1374-1387.

SPITELLER P, 2015. Chemical ecology of fungi[J]. Nature product reports, 32: 971-993.

ST LEGER R J, JOSHI L, BIDOCHKA M J, et al, 1996. Construction of an improved mycoinsecticide overexpressing a toxic protease[J]. Proceedings of the National Academy of Sciences of the United Satetes of America, 93(13): 6349-6354.

TSENG M N, CHUNG P C, Tzean S S, 2011. Enhancing the stress tolerance and virulence of an entomopathogen by metabolic engineering of dihydroxynaphthalene melanin biosynthesis genes[J]. Applied and environmental microbiology, 77(13): 4508-4519.

VALERO-JIMENEZ C A, WIEGERS H, ZWAAN B J, et al, 2016. Genes involved in virulence of the entomopathogenic fungus *Beauveria bassiana*[J]. Journal of invertebrate pathology, 133: 41-49.

WANG B, KANG Q J, LU Y Z, et al, 2012. Unveiling the biosynthetic puzzle of destruxins in *Metarhizium* species[J]. Proceedings of the National Academy of Sciences of the United Satetes of America, 109(4): 1287-1292.

WANG C, ST LEGER R J, 2006. A collagenous protective coat enables *Metarhizium anisopliae* to evade insect immune responses[J]. Proceedings of the National Academy of Sciences of the United Satetes of America, 103(17): 6647-6652.

WANG C, WANG S, 2017. Insect pathogenic fungi: genomics, molecular interactions, and genetic improvements[J]. Annual review of entomology, 62(1): 73-90.

WANG C S, FENG M G, 2014. Advances in fundamental and applied studies in China of fungal biocontrol agents for use against arthropod pests[J]. Biological control, 68(1): 129-135.

XU C, LIU R, ZHANG Q Q, et al, 2017. The diversification of evolutionarily conserved MAPK cascades correlates with the evolution of fungal species and development of lifestyles[J]. Genome biology and evolution, 9(2): 311-322.

XU Y J, LUO F F, GAO Q S, et al, 2015. Metabolomics reveals insect metabolic responses associated with fungal infection[J]. Analytical and bioanalytical chemistry, 407(16): 4815-4821.

XU Y Q, OROZCO R, WIJERATNE E M K, et al, 2008. Biosynthesis of the cyclooligomer depsipeptide beauvericin, a virulence factor of the entomopathogenic fungus *Beauveria bassiana*[J]. Chemistry & Biology, 15(9): 898-907.

YANG X Q, FENG P, YIN Y, et al, 2018. Cyclosporine biosynthesis in *Tolypocladium inflatum* benefits fungal adaptation to the environment[J]. mBio, 9: e01211-1218.

YANG Z, JIANG H Y, ZHAO X, et al, 2017. Correlation of cell surface proteins of distinct *Beauveria bassiana* cell types and adaption to varied environment and interaction with the host insect[J]. Fungal genetics and biology, 99: 13-25.

（撰稿：王成树；审稿：王琛柱）

昆虫不育防治技术　sterile insect technique

将大量不可育的昆虫个体释放到自然界中从而达到控制害虫的目的，是一种生物防治害虫的方法。

大多数情况下是将雄性不育的个体进行释放，与自然界正常雌性交配但不能产生后代个体，从而实现对昆虫种群的控制。不育防治技术最早于1954年在美国被用来防治螺虫，此技术使得螺虫在短时间内迅速得到控制。后来这项技术又被成功应用于舌蝇、嗜人锥蝇、地中海实蝇等害虫的防治。传统的昆虫不育防治方法是利用γ射线或X射线处理雄性昆虫生殖细胞而使得雄性个体丧失生殖功能。但由于射线处理需要非常精细的操作，否则容易导致处理不成功而不能获得不育个体，所以近年来人们也利用生物化学的方法对雄性昆虫进行遗传学操作处理，使它们失去生殖能力。中国研制出利用一种细菌导入蚊子体内而使得蚊子不育的技术，已在广州、云南等地成功释放，对蚊虫传播的疾病如登革热等的蔓延进行了很好的控制。

不育防治技术能够有效减少化学农药的使用，减轻对自然生态环境的破坏，能给农业带来直接的经济利益，并且能够只针对特定物种进行防控而不影响其他生物，对于生态平衡的维持意义重大。但这项技术应用的局限性在于区别雌雄昆虫操作起来不是很容易，有时还需要投入较高成本，所以还需要更多技术来改进。

参考文献

DYCK V A, HENDRICHS J, ROBINSON A S, et al, 2005. Sterile insect technique: principles and practice in area-wide integrated pest management[M]. Dordrecht, The Netherlands: Springer.

KRAFSUR E S, 1998. Sterile insect technique for suppressing and eradicating insect population: 55 years and counting[J]. Journal of agricultural entomology, 15(4): 303-317.

SCOTT T W, TAKKEN W, KNOLS BGJ, et al, 2002. The ecology of genetically modified mosquitoes[J]. Science, 298(5591): 117-119.

（撰稿：何静；审稿：王宪辉）

昆虫产丝　silk spinning by insects

家蚕吐丝，蜘蛛结网，蜜蜂筑巢……动物产丝是自然界最为奇特和神秘的现象之一。产丝行为是节肢动物和部分软体动物的特征。来自16个目的50余万种昆虫具有泌丝的能力。昆虫产丝的目的有很多种，或为猎食、或为保护、或为繁殖、或为迁徙。产丝行为是昆虫赖以生存和繁衍的重要手段，并对生态环境稳态和生物多样性的保持起到了至关重要的作用。

昆虫的产丝器官有不同的起源。鳞翅目、毛翅目、双翅目、膜翅目、直翅目和蚤目等昆虫幼虫的丝腺起源于唾液腺（唇腺），脉翅目、鞘翅目、缨翅目、蜉蝣目等昆虫幼虫的丝腺起源于马氏管，纺足目、石蛃目、双翅目和膜翅目等昆虫成虫的丝腺起源于表皮腺。有的昆虫是幼虫产丝，有的昆虫是成虫产丝，还有一些昆虫的幼虫和成虫都能产丝。昆虫产丝器官的不同导致了昆虫的丝蛋白具有各种各样的分子结构。蜜蜂和蚂蚁等昆虫的丝是卷曲螺旋结构，蚕和寄生蜂等昆虫的丝是extended-β折叠结构，草蛉和蕈蚊等昆虫的丝是cross-β折叠结构，还有一些昆虫的丝是胶原三螺旋结构，多聚甘氨酸II型结构或是类似角蛋白的结构。从产丝器官和丝的分子结构来看，昆虫的丝不太可能是从单一起源进化而来的。

毛翅目和鳞翅目昆虫的丝　毛翅目的幼虫被称为石蚕，生活于水中，大部分石蚕可以吐丝将水中的小石头、贝壳、细枝和废物黏连起来形成可移动的筒巢藏身其中，还有的石蚕会吐丝结锥型的网，过滤收集水中的有机物颗粒。石蚕丝的特点是在水中仍然具有很强的黏性。

鳞翅目是毛翅目的近亲，被认为是由毛翅目昆虫中的一支进化而来的。鳞翅目昆虫的老熟幼虫一般会寻找合适的场所，作茧自缚，以保护它们安全度过蛹期。大部分蛾类的幼虫都能结茧，各种茧的差异很大，产丝量大的鳞翅目幼虫结的茧规则而又致密，产丝量小的结的茧薄而不规则。有的鳞翅目幼虫吐丝结合其他物质如木屑、叶子、体毛、排泄物和土粒等形成混合茧。蚕蛾科和大蚕蛾科的结茧能力较强，这两个科的幼虫都可被称作“蚕”。常见的有桑蚕、柞蚕、蓖麻蚕、栗蚕、柳蚕等。蚕的老熟幼虫找到合适的场所后，便吐丝结茧并在其中化蛹。各种蚕结的茧由于含有不同的色素而呈现不同的颜色，起保护色的作用。柞蚕、枯叶蛾、黄刺蛾等幼虫结的茧中除了丝以外还含有草酸钙等矿物质，增加了茧的硬度和防水性。白裙赭夜蛾、大袋蛾、稻纵卷叶螟和小菜蛾等鳞翅目的幼虫会吐丝将叶片卷起来或在叶片上吐丝结茧，然后在其中化蛹。水稻二化螟喜欢在茎秆中吐丝做茧化蛹，东方木蠹蛾和杨二尾舟蛾等的幼虫常在树干上咬食木屑与丝粘合做茧化蛹。很多鳞翅目昆虫的幼虫喜欢潜入土中吐丝与土缀合成茧，然后化蛹，例如甜菜夜蛾、高粱舟蛾、柳天蛾、桃蛀果蛾、杨木蠹蛾等。蓑蛾科幼虫吐丝造成各种形状的囊袋，其上黏附有枝叶和其他残屑，负囊而行。谷蛾科的衣蛾幼虫吐丝缀合衣物的碎屑制造囊袋，藏身其中。谷蛾科的食丝谷蛾和幕谷蛾等的幼虫会吐丝与粪便粘合一起做成团块或管道。枯叶蛾科的松毛虫和毒蛾科等的幼虫会在吐丝结茧时将毒毛竖立于茧上。巢蛾科的朴树巢蛾幼虫、灯蛾科的美国白蛾幼虫和枯叶蛾科的天幕毛虫等可以吐丝结网，它们一般喜欢群居，容易暴发成灾。除了老熟幼虫可以吐丝外，低龄的蛾类幼虫也可以吐丝来实现各种目的，帮助移动、防止掉落或辅助蜕皮。

和蛾类的幼虫一样，老熟的蝴蝶幼虫也会选择适当场所化蛹。大部分蝶类幼虫形成裸蛹，只有弄蝶等少数种类的幼虫可以吐丝结茧。蝴蝶幼虫的化蛹方式常因种类而有所不同。很多蝴蝶幼虫喜欢在寄主植物的茎叶上吐丝成垫，用尾足钩钩着其上，然后化蛹。凤蝶和粉蝶等形成缢蛹，斑蝶和蛱蝶等形成悬蛹。蝴蝶幼虫入土化蛹的种类较少，如双环眼蝶、蒙链荫眼蝶等，它们的幼虫老熟后，下行至寄主植物附近的土中，作成土室而后化蛹。弄蝶幼虫会吐丝将寄主植物的叶片卷成叶筒，住在里边。有的蝴蝶幼虫吐丝作茧而化蛹，如黄毛白绢蝶等。荨麻蛱蝶的幼虫经常成群地在荨麻枝叶间吐丝结网，借以防御外敌，并且共同取食和栖息。

毛翅目和鳞翅目昆虫的丝有共同的起源。毛翅目的丝主要由丝素重链蛋白和轻链蛋白组成，鳞翅目的丝除了有丝素重链蛋白和丝素轻链蛋白以外，还有丝素p25蛋白。鳞翅目大蚕蛾科的丝是个例外，它们的丝素重链蛋白形成二聚体，不含有丝素轻链蛋白和丝素p25蛋白。毛翅目和鳞翅目的丝都富含甘氨酸和丝氨酸。不同的是鳞翅目的丝还富含丙氨酸，毛翅目的丝还富含精氨酸。

双翅目昆虫的丝　双翅目舞虻科的幼虫大多是掠食性的，并栖息在不同的环境，包括水中或陆上。一些舞虻，如欧洲的纹背喜舞虻 *Hilara maura*（Fabricius），雄虻会将猎物用丝包裹，用来向雌虻求爱。双翅目蚋科的黑蝇使用腹部尾端的小钩抓住物体，使用丝来帮助移动。

双翅目扁尾蕈蚊的幼虫为掠食性，吐丝结疏松而有黏性的网，在网上分泌草酸，以杀死小昆虫和蠕虫为食。新西兰及澳大利亚的发光蕈蚊生活在潮湿的洞穴之中，蕈蚊幼虫会发荧光吸引猎物并且吐丝形成黏液串来捕捉猎物。

膜翅目昆虫的丝 蚂蚁、蜜蜂和黄蜂等膜翅目细腰亚目的昆虫属于社会性昆虫，在集群内生活的成员之间按照等级分化而分工不同。蜜蜂的工蜂会分泌蜡来做白色的蜂巢，蜜蜂的幼虫在化蛹前会吐丝嵌入蜡中来加固蜂巢，因此蜂巢中的丝含量不断增加，两年后的蜂巢中丝的含量会增加到34%，蜂巢变成灰色。生活在热带的纺织蚁中的工蚁会和幼虫合力筑巢，首先工蚁们合力将两片叶子拉近，然后工蚁用大颚夹住幼虫让其吐丝以粘合两片叶子。黄蜂会咀嚼朽木等植物纤维混合丝来筑巢。细腰亚目泥蜂总科的昆虫大多数为捕猎性，少数为寄生性或盗寄生性。泥蜂雌性成虫用丝和植物纤维来制成绳子悬挂蜂巢。寄生蜂也属于膜翅目的细腰亚目。姬蜂总科的寄生蜂常寄生于鳞翅目和其他膜翅目昆虫。雌性姬蜂成虫在宿主的幼虫或蛹上产卵，幼虫取食宿主的脂肪和体液，长成后结茧化蛹。小蜂总科的寄生蜂的雌性成虫会泌丝覆盖卵或宿主。低等广腰亚目的昆虫被统称为叶蜂，幼虫一般取食植物，有不少种类在植物地面以上部分结茧化蛹，也有一些种类在土壤中化蛹。各种膜翅目昆虫的丝是不同的，蜜蜂、蚂蚁和黄蜂的丝是由四个α螺旋结构的丝蛋白组成的超螺旋，寄生蜂的丝是类似蚕丝的extended-β折叠结构，叶蜂的丝是多聚甘氨酸II型结构或类似胶原蛋白的三螺旋结构。

脉翅目昆虫的丝 脉翅目的蚁狮和蚜狮在幼虫末期都可以泌丝做茧，然后在其中化蛹。蚁狮的茧是用丝黏合沙子和其他的材料做成的。蚜狮的茧包括两层，内层固体层和外层纤维层。草蛉是蚜狮的成虫，雌性草蛉也能分泌丝，通过长长的丝将卵连接于植物的茎干，躲避蚂蚁。草蛉幼虫和成虫产的丝是不同的，幼虫的丝来自马氏管，是富含丙氨酸的α螺旋丝，目的是保护蛹，成虫的丝来自雌性黏液腺，是富含丝氨酸的cross-β丝，目的是保护卵。草蛉成虫丝是类似手风琴的特殊结构，赋予了其极高的延展性和韧度，并且这种丝能在空气中几秒钟即固化。

其他昆虫的丝 鞘翅目多食亚目的幼虫可以通过马氏管泌丝做茧或做洞穴的内衬，雌性成虫可以通过黏液腺来分泌丝保护卵。蚤目的猫蚤幼虫等在三龄末期吐丝做茧化蛹，茧比较薄但是可以黏附周围的碎屑比如尘土和沙粒来加强保护，防止被蚂蚁吃掉，甚至变成成虫后还可以躲在茧中等待合适的寄主出现。半翅目的山丝叶蝉 *Kahaono montana* Evans是澳大利亚特有的叶蝉，其分泌丝来保护自己防止被蚜狮捕食。缨翅目蓟马的幼虫在二龄吐丝做茧，然后在其中化蛹。啮虫目书虱的雌性成虫会吐丝来做巢或保护卵。直翅目蟋螽科和沙螽科的昆虫可以吐丝黏合叶子或沙子做巢。纺足目的足丝蚁具有非常强的产丝能力，通过前足跗节上的100多个吐丝器泌丝织网。蜻蜓目的雌性成虫会泌丝来锚定卵。蜉蝣目昆虫的幼虫在河流的土堤或木头中泌丝制作U形洞穴的内衬。衣鱼目和石蛃目昆虫的雄虫会泌丝包住产下的精囊，会分泌许多丝来牵制雌虫与其他雄性的触碰，引导雌虫不断接近雄虫所产的精囊，完成受精过程。

参考文献

赵焱坤，冯丽春，2012. 鳞翅目昆虫的茧及脱茧方式[J]. 蚕学通讯，32(4): 26-31.

郑霞林，王攀，王小平，等，2010. 鳞翅目昆虫的化蛹场所及行为[J]. 生物学通报，45(2): 11-14, 64.

SUTHERLAND T D, YOUNG J H, WEISMAN S, et al, 2010. Insect silk: one name, many materials[J]. Annual review of entomology, 55: 171-88.

CRAIG C L, 1997. Evolution of arthropod silks[J]. Annual review of entomology, 42(1): 231-267.

（撰稿：夏庆友；审稿：王琛柱）

昆虫触觉 tactile sense

由压力或牵引力作用于触觉感受器而引起的生物体感受体表的机械刺激的感觉。昆虫依赖于触觉感知实体接触、身体张力、空气压力和水波振动等。触觉在昆虫感知环境、躲避危险、确定运动方向和位置等方面发挥重要作用。

昆虫触觉感受器 根据感受器中感觉神经元细胞的类型，昆虫的感受器分为2类：Ⅰ型感器和Ⅱ型感器。Ⅰ型感器中的感觉神经元具有单个树突，树突顶端（末梢）具有纤毛，因而这类感器也被称为纤毛化的感器；而Ⅱ型感器的感觉神经元具有多个树突。根据外部形态，Ⅰ型感器又进一步分为外感觉器官和弦音感受器。外感觉器官具有明显可见的表皮突起，表皮突起形态多样，有毛形、刺形、锥形和钟形等。弦音感受器没有表皮突起，也被称为剑梢感受器或具撅感受器。介导昆虫成虫触觉感知的主要是外感觉器官中的毛状感受器和钟状感受器。Ⅱ型感器多树突感觉神经元在昆虫幼虫的触觉感知中发挥作用。

毛状触觉感受器 昆虫的外感觉器官包括由体壁的皮细胞特化而成的接受部分和由神经元细胞形成的感受部分。毛状触觉感受器由突出表皮的表皮毛、位于其下的感觉神经元和包围感觉神经元的3个辅助细胞构成。3个辅助细胞分别为毛原细胞、膜原细胞和鞘原细胞。所有的细胞由一个感觉器官前体细胞（sensory organ precursor，SOP）通过4次有丝分裂而产生。表皮突起由毛原细胞分泌物形成。感觉神经元细胞的树突顶端（纤毛部分）连接着表皮突起基部，而轴突则延伸入中枢神经节内，用于将表皮接受到的刺激传入中枢神经（图1）。

毛状触觉感受器的表皮突起呈毛状、刚毛状或鬃毛状，也有刺状和鳞状的。毛状突的顶端除脱皮孔外，没有其他孔道（有孔的毛状感受器多为化学感受器）。毛状触觉感受器分布于体躯各部位和附肢上，如翅基、触角、产卵器及尾须上。典型的触觉感受器表皮突起较长，如感触毛，可在离体较远的范围内感受刺激。昆虫触角上的毛状感受器对气流的压力变化很敏感，可为昆虫在黑夜中飞行导航。直翅目昆虫如蟋蟀、蜚蠊等的尾须上也有大量的感触毛，能够感受低频率的音波或气流给予的压力。水黾转节和股节上的毛状感受器可对频率为200～300Hz和振幅为1mm的水膜振动引起反应。

钟状感触器 钟状感触器的结构和形成与毛状感触器类似，只是其表皮部分为薄壁、圆形或椭圆形的钟状突，会对表皮的变形立即起反应。钟状感触器多分布于附肢、棒翅

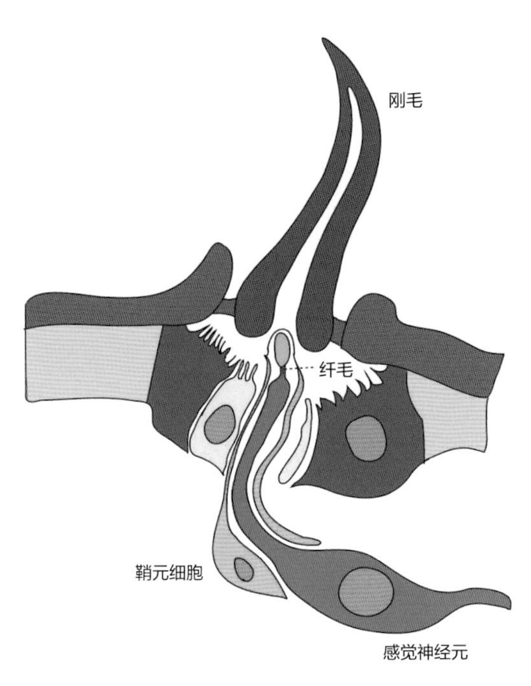

图 1 毛状触觉感受器示意图图（卫青绘）

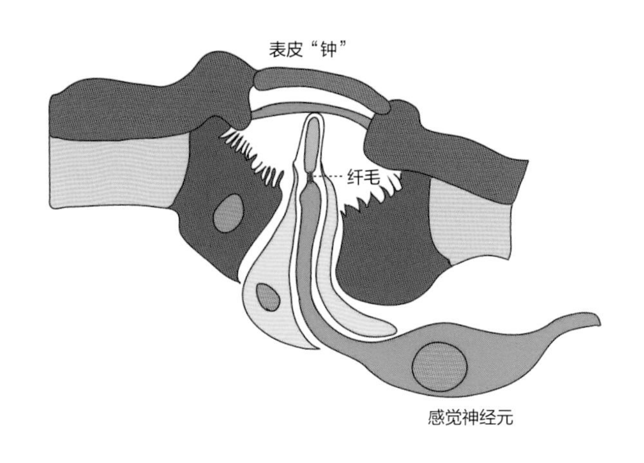

图 2 钟状感触器示意图（卫青绘）

K

和翅基部翅脉上。水生昆虫的钟状感触器可感受水的压力，陆生昆虫的则可感受气流变化（图 2）。

幼虫多树突感觉神经元　Ⅱ型感器多树突感觉神经元介导果蝇幼虫的触觉感知。在果蝇幼虫的体表分布着多种多树突感觉神经元细胞，周围没有任何的辅助细胞（在感觉器官前体细胞 SOP 分裂过程中，辅助细胞发生凋亡）。根据树突形状，这些神经元分为 4 类：Ⅰ型、Ⅱ型、Ⅲ型和Ⅳ型，均与机械力感受相关。其中Ⅱ型和Ⅲ型神经元感知轻微接触，而Ⅳ型感知粗糙接触。一些重要的离子通道蛋白，如 Piezo、TRP 通道家族成员 Pain 和 NompC（No mechanoreceptor potential C）、DEG/ENaC 家族成员 Pickpocket1 和 Pickpocket26 参与多树突神经元的触觉感知。

昆虫触觉感知的分子机制　触觉感受器的表皮结构接受到外界机械力刺激后，首先将其传递到与其基部相连的感觉神经元树突顶端的纤毛膜上。神经元树突顶端与表皮基部的连接是实现机械力信号传递的基础。NompA（No mechanoreceptor potential A）是这一连接的重要分子组分，其缺失将导致机械力感受缺陷。树突顶端纤毛是触觉感知所必需的，许多纤毛形成基因突变会导致机械力感受缺陷。早期在果蝇中通过遗传筛选鉴定到的与机械力感受相关的基因 *RempA*（Reduced mechanoreceptor potential A）和 *NompB*（No mechanoreceptor potential B）是纤毛形成所必需的纤毛内转运复合体 IFT（intraflagellar transport）的组成成分。

机械力传递到纤毛膜上后，激活纤毛膜上的机械力受体分子，随后将机械力信号转化为电信号，产生动作电位，然后传入中枢神经系统中，继而引发最终的生理和行为反应。瞬时感受器电位（TRP）离子通道蛋白是介导机械力感受的主要受体。来自果蝇的研究表明，N 型 TRP 家族蛋白 NompC 是介导昆虫触觉感知的受体。NompC 定位于纤毛的顶端，其缺失突变体丧失了触觉、本体感觉和听觉等机械力感知，导致昆虫运动和飞行能力缺陷。NompC 通过其中部的 6 次跨膜 a 螺旋结构域形成离子通道孔区。其 N- 端位于胞质内，包含 29 个锚蛋白重复序列（ankyrin repeats，ARs），这些 ARs 结构域形成分子弹簧与微管连接，是纤毛膜—微管连接体的分子组分。当机械刺激传递到纤毛膜时，引起分子弹簧的运动，分子弹簧作为系链开启 NompC 离子通道门控，将机械力转化为电信号，然后通过感觉神经元将信号传递到中枢神经系统内。

参考文献

彩万志，庞雄飞，花保祯，等，2011. 普通昆虫学 [M]. 2 版 . 北京：中国农业大学出版社 .

梁鑫，2016. “门控 – 弹簧”模型及其在果蝇机械力信号转导中的分子基础 [J]. 生理学报，68(1): 87-97.

许再福，2009. 普通昆虫学 [M]. 北京：科学出版社 .

JIN P, BULKLEY D, GUO Y M, et al, 2017. Electron cryo-microscopy structure of the mechanotransduction channel NOMPC[J]. Nature, 547(7661): 118-122.

KERNAN M, 2007. Mechanotransduction and auditory transduction in *Drosophila*[J]. Pflügers Archiv, 454(5): 703-720.

YAN Z Q, ZHANG W, HE Y, et al, 2013. *Drosophila* NOMPC is a mechanotransduction channel subunit for gentle-touch sensation[J]. Nature, 493(7431): 221-225.

ZHANG W, CHENG L E, KITTELMANN M, et al, 2015. Ankyrin repeats convey force to gate the NOMPC mechanostransduction channel[J]. Cell, 162(6): 1391-1403.

（撰稿：卫青；审稿：王琛柱）

昆虫的捕食 predation

一种生物以其他种生物的部分或全部作为营养物质，维持自身生命的现象。前者称为捕食者或掠食者，后者称为被捕食者或猎物。在自然界中，捕食是最普遍的现象。对捕食这一广泛定义的理解包括4个方面：①典型的捕食作用，即食肉昆虫捕食食草昆虫或者其他种昆虫，如步甲科昆虫捕食蚯蚓、蜗牛等。②食草作用，指食草昆虫摄取绿色植物作为自身营养物质，在这类关系中，植物不一定会被全部消耗，可能只是部分组织受损，如鞘翅目的蝗虫、蚂蚱等与草的关系。③寄生作用，指某一物种个体以另一物种个体的营养作为自身营养，最终导致后者死亡。④同类相食，即捕食者和猎物都属于同一个物种。

按照捕食者的食物类型，捕食者可以分为3大类，一类是以捕捉昆虫为食的食肉昆虫，一类是以植物为食的食草昆虫，还有一类是以昆虫和植物为食的杂食昆虫。其中，食草昆虫还可以分为或是以某种类型植物为食的单食性昆虫，或是以某几种类型植物为食的寡食性昆虫，或是有一定取食范围的多食性昆虫。捕食者和猎物在长期的竞争过程中形成了捕食者—猎物系统，捕食者在进化过程中发展了毒腺、各类口器或其他工具，制造陷阱或集体围猎等方式，能够更快、更有效地捕捉猎物；而猎物也相应地发展了保护色、拟态、警戒色、假死、集体抵御等方式来逃避敌害，二者之间形成了错综复杂的协同进化关系。

参考文献

高凌岩, 2016. 普通生态学 [M]. 北京 : 中国环境出版社 .

李振基 , 陈小麟 , 郑海雷 , 等 , 2007. 生态学 [M]. 北京 : 科学出版社 .

牛翠娟 , 娄安如 , 孙儒泳 , 等 , 2007. 基础生态学 [M]. 北京 : 高等教育出版社 .

尚玉昌 , 2010. 普通生态学 [M]. 北京 : 北京大学出版社 .

（撰稿：杨俊男；审稿：王宪辉）

昆虫的化学防御 chemical defense of insects

化学防御是昆虫防御方式的重要类别之一。除了人们熟知的膜翅目昆虫的蜂毒和蚁酸外，很多目的昆虫都利用化学防御对付捕食者和寄生者，或适应其他不良环境。昆虫化学防御是自然界的普遍现象，例子比比皆是。叶蜂幼虫通过食用松树针叶获取防御性树脂，储存于特殊的腺体中用于化学防御；灯蛾通过取食猪屎豆获取吡咯里西啶类毒性成分，用于化学防御和性别选择；半翅目昆虫的臭腺能分泌臭椿气味的挥发油；鞘翅目的广屁步甲（*Pheropsophus occipitalis*）可在自卫时喷射在生物酶作用下二元酚与双氧水反应生成的恶臭毒液；芫菁在受到惊吓时足部可分泌出斑蝥素；蚜虫在危险情况下能分泌蚜虫告警信息素E-ß-法呢烯；鳞翅目舞毒蛾科幼虫体毛基部的毒腺可在受到威胁时分泌毒液。

昆虫的化学防御物质主要是通过外分泌腺分泌的，但不同昆虫的腺体类别及分布有很大差异，主要有：①头腺，包括上颚腺、下颚腺和下唇腺等，如蜂类上颚腺分泌的萜烯类主要用于防御。②腹腺，包括杜氏腺、毒腺、蜇针腺、直肠腺、臀腺等，蚁类和蜂类的杜氏腺多分泌小分子物质，而毒腺和蜇针腺则分泌蛋白类、肽类、酶类和组织胺等。③体壁腺，如白蜡虫的泌蜡腺，紫胶虫的泌胶腺，蜜蜂和叶蜂的体壁蜡腺，等等。此外，鞘翅目叶甲的翅基、芫菁的跗足、蚜虫的腹管等亦是分泌防御化学物质的部位。

昆虫的化学防御物质的来源，少部分是昆虫在腺体中通过内源性酶而重新合成的，多数是从外源获得的，主要是利用其食物成分合成的。柳二十斑叶甲幼虫利用柳树中的酚糖合成苯甲醛、苯乙醇胺等；某些以马利筋为食的昆虫能在体内积累这类植物的化学物质强心苷而保护自己，并在体表呈现十分鲜艳的警告色。昆虫防御化学物质多为混合成分，既有烷类、胺类、醛类、萜类、酸类、醌类、酚类、生物碱等小分子次生物质，也包括肽类、蛋白类、树脂类、纤维等，同时更多的类似物质或新型物质不断被发现报道。

化学防御物质的作用机制多种多样，可以归纳为以下几类：①挥发刺激。上述例子中的蝽类臭气、步甲的恶臭毒液等即属此类。②物理黏性（缠绕）。昆虫唾液分泌物中有时如“胶状物”，缠绕捕食者，如白蚁、锯蝇幼虫蛋白质状类唾液阻止蚂蚁聚集或缠绕小型无脊椎动物。③麻醉。猎蝽（*Platymeris rhadmanthus*）往猎物体内注入含有胰蛋白朊、透明质酸和磷酸酯酶等多酶的唾液，使猎物麻痹，同时进行一部分体外消化。④毒性。芫菁的斑蝥素和蜂毒可以归为此类。⑤告警。遇到危险时警告同类及时避开，如蚜虫的E-ß-法呢烯。⑥利用和解毒。豆象科的一种甲虫体内含有一种氧化分解酶，可以把豆科植物种子内的剧毒L-刀豆氨酸转化成脲，再转化为氨，用来合成自身所需要的氨基酸，最终合成自身的蛋白质；菜粉蝶可以在含有芥子油苷的十字花科植物上取食，是因为其幼虫体内含有可以降解芥子油苷的多功能氧化酶；瓜甲体内含有分解葫芦素的酶，所以能以葫芦科植物为食物。

昆虫化学防御物质的研究，不仅有助于我们认识昆虫的适应策略，而且为这些物质的利用提供了新的视角。不同类别的昆虫，其化学防御的分泌腺体、化学物质组成有很大差异且在一定程度上具有特异性，这可为昆虫分类提供形态和化学方面的鉴别特征；许多昆虫的化学防御物质具有抑菌功能，可用以开发生物农药和人类医药；紫胶虫、白蜡虫分泌的蜡质已被军工业广泛应用，蚕类分泌的丝类物质被工业应用。在研究清楚部分昆虫防御物质代谢途径的基础上，可以通过分子生物学和生物技术手段，用于增强作物的抗虫抗病性，如已经成功把蚜虫告警信息素合成酶基因转化到小麦上，使小麦释放E-ß-法呢烯，有效驱避蚜虫。

参考文献

黄圣卓 , 公维昌 , 马青云 , 等 , 2013. 云南锦斑蛾幼虫体表分泌物氰苷类成分的分离与鉴定及其对黑头酸臭蚁的生物活性 [J]. 昆虫学报 , 56(2): 207-211.

季莉丽 , 2015. 炮步甲及其化学防御的研究现状 [J]. 中国农业信息 (2): 62-63.

强承魁 , 杨兆芬 , 张绍雨 , 2006. 黄粉虫防御性分泌物化学成分的 GC/MS 分析 [J]. 昆虫知识, 43(3): 385-389.

闫凤鸣, 2009. 防卫与攻击 [M]. 秦玉川. 昆虫行为学导论. 北京：科学出版社.

张锦华, 黄登宇, 2005. 昆虫体外化学防御的研究 [J]. 山西科技 (3): 89-90.

BOWERS M D, 1992. The evolution of unpalatability and the cost of chemical defense in insects[M]. Roitberg B D, Isman M B. Insect chemical ecology: an evolutionary approach. London: Chapman and Hall: 216-244.

MORROW P A, BELLAS T E, EISNER T, 1976. *Eucalyptus* oils in the defensive oral discharge of Australian sawfly larvae (Hymenoptera: Pergidae)[J]. Oecologia: 24(3): 193-206.

（撰稿：闫凤鸣；审稿：王琛柱）

昆虫的性别决定 sex determination of insects

有性生殖是地球上生命体拥有的古老特征之一。普遍存在于真核生物中的性别（sex）则是有性生殖的基础。它拥有多样化的决定系统和机制，通过减数分裂和配子融合达到基因交换的目的。绝大多数物种通过有性生殖来完成种群的繁衍和生存，在生物的漫长进化岁月中，不同物种通过性染色体和性别决定基因的进化获得了种属特异性的性别决定机制。性别决定（sex determination）是指融合配子内遗传物质对性别的作用。

性别决定方式 受精卵的染色体组成是性别决定的物质基础。在昆虫中，性别决定方式展现出巨大的差异性，包括了染色体数目决定方式、染色体形态决定方式及环境型决定方式。染色体数目决定方式集中在蜜蜂、蚂蚁等单倍体、多倍体物种；染色体形态决定方式拥有 XX/XY、XX/XO、ZZ/ZW、ZZ/ZO 多种类型；环境型决定方式主要由外界微生物导致雌雄种群分化差异。

昆虫性别决定 X/W>*tra/fem*>*dsx* 范式 虽然昆虫的性别决定机制存在着多元化的机制，但是它们都遵守着一个从上到下的类似途径，即昆虫性别决定 X/W>*tra/fem*>*dsx* 范式。初始信号是由来自性染色体 X（Y）或者 W（Z）染色体上的某个信号控制，这种信号只在单一性别中存在，所以只能沿着单一性别往下传递；接着是这种信号导致了下游靶基因的性别特异性剪接或者使得某个基因限制在一个性别比中表达，在这个时候性别决定的信号依然只在一个性别中存在；最后是对性别决定底层基因 *dsx* 进行剪接，产生一个剪接型的产物，而在另外一个性别中不存在剪接，*dsx* 的产物为默认模式（default model）。按照这个模式，几乎所有昆虫都遵守着性别决定初始信号到下游性别决定关键基因，最后到性别决定最保守的基因 *dsx* 这样的一个剪接级联通路。在这个级联通路中，一般认为上游基因进化比下游更快，比如果蝇中的 *Sxl* 基因在家蝇中不具备调控 *tra* 的作用，而家蚕中的初始信号是来自 W 染色体的一个 piRNA。即便如此，果蝇（*Sxl*>*tra*>*dsx*）、家蝇（F^{M}>*tra*>*dsx*）及家蚕（*fem*>*Masc*>*dsx*）性别通路都遵照着一个类似的范式。

性别决定类型

染色体组成多样性 遗传型性别决定（genotypic sex determination），也称为染色体型性别决定，是性别决定最重要和研究最透彻的一种类型，它是由单一基因、染色体上的一段非重组片段或者是整个染色体在胚胎期决定性别的。遗传型性别决定系统有两个重要的区别：一是雌雄个体是否产生两种不同的配子（雌性和雄性异型配子）；二是性别决定的分子机制是否涉及一个显性的性别决定基因（显性的 Y/W）或者 X/Z 与常染色体的比率决定性别。在雄性异型配子系统中，雄性携带一个 X 和一个 Y 染色体，雌性携带了两个 X 染色体（XX/XY 系统），或者是雄性携带单一的 X，雌性携带了两个 X 染色体（XX/XO 系统）。这种系统不仅在非常多的昆虫中存在（表 1），而且在植物和脊椎动物中都存在。在雌性异型配子系统中，雌性携带一个 Z 和一个 W 染色体，雄性携带了两个 Z 染色体（ZZ/ZW 系统），或者是雌性携带单一的 Z，雄性携带了两个 Z 染色体（ZZ/ZO 系统）。鳞翅目、毛翅目以及实蝇科的一些昆虫属于这种类型（表 1）。

复合型性染色体系统（complex sex chromosome systems），是指一个物种通过古老的性染色体与常染色体的融合或者性染色体对之间的融合使得 XY 或者 ZW 系统获得了多重的 X（或者 Y）或 Z（或者 W）。比如说，X 染色体与一个常染色体融合会导致多重 Y 染色体的出现（XY_1Y_2 性染色体系统），Y 染色体与一个常染色体融合会导致多重 X 染色体的出现（X_1X_2Y 性染色体系统）。相同的，也存在 ZW_1W_2 性染色体系统和 Z_1Z_2W 性染色体系统。在革翅目、襀翅目和等翅目当中，绝大多数的分类群都拥有多重的 X 或者 Y 染色体，在螳螂目、鞘翅目、半翅目以及直翅目中也都普遍存在着复合型的性染色体系统（表 1）。

同形态型染色体（homomorphic sex chromosomes），是指由原始的同源常染色体进化而来的包含性别决定功能的性染色体的形态和长度相同或者相似。通常来说，核型学研究可以提供性染色体形态学上的直接差异。相比异形态型染色体（heteromorphic sex chromosomes）的形态和 DNA 序列的巨大差异，同形态型染色体在形态上虽然相似，DNA 序列也展现了差异。Vicoso 和 Bachtrog 研究发现，37 种双翅目昆虫的性染色体形态相似，但是展现了 12 种不同的性染色体组成。等翅目、双翅目、半翅目和原尾目都存在着这种类型的性染色体（表 1）。

单倍二倍体型（haplodiploidy）是指由未受精的卵发育为单倍体的雄性，雌性是由受精卵发育而来的二倍体。这种情况在膜翅目中非常常见，在鞘翅目、半翅目、缨翅目以及弹尾目等中也存在（表 1）。金小蜂属寄生蜂的性别决定机制是单倍体—二倍体型，即在一般情况下，受精卵（双倍体）发育成雌性，未受精卵（单倍体）发育成雄性。1981 年，Werren 等在丽蝇蛹集金小蜂（*Nasonia vitripennis*）中发现了一个父性遗传的染色体外遗传因子，可使交配过的寄生蜂产生全为雄性的子代，该因子因此被称为 PSR（paternal sex ratio）。Nur 等证实 PSR 引起父性染色体不正确的缩合并最终导致其丢失，由于 PSR 因子在传递过程中破坏除它本身

表1 昆虫性染色体组成和性别决定系统

	XO	XY	CXO[a]	CXY[b]	ZO	ZW	CZW[c]	Hom[d]	HD/PGE[e]	Parth[f]	CN[g]	Taxa
Orthoptera	223	49	—	9	—	—	—	—	—	10	—	291
Notoptera	—	2	—	—	—	—	—	—	—	—	—	2
Phasmatodea	69	14	—	—	—	—	—	—	—	37	25	144
Embiidina	8	—	—	—	—	—	—	—	—	2	—	10
Blattodea	108	—	—	—	—	—	—	—	—	2	3	113
Isoptera	1	2	—	61	—	—	—	62	—	—	18	83
Mantodea	60	1	—	40	—	—	—	—	—	2	4	107
Plecoptera	3	1	8	—	—	—	—	—	—	—	4	16
Zoraptera	—	1	—	—	—	—	—	—	—	—	—	1
Dermaptera	3	22	—	27	—	—	—	—	—	—	2	54
Trichoptera	—	—	—	—	15	—	—	—	—	6	23	44
Lepidoptera	—	—	—	—	10	18	12	—	—	16	1163	1219
Mecoptera	13	—	—	1	—	—	—	—	—	—	1	15
Siphonaptera	—	2	—	4	—	—	—	—	—	—	—	6
Diptera	48	1893	—	10	—	7	—	93	—	46	97	1456
Raphidioptera	—	6	—	—	—	—	—	—	—	—	—	6
Megaloptera	—	4	—	—	—	—	—	—	—	—	—	4
Neuroptera	2	70	—	2	—	—	—	—	—	—	—	74
Strepsiptera	—	1	—	—	—	—	—	—	—	1	1	3
Coleoptera	770	3198	12	207	—	—	—	—	10	326	484	4934
Hymenoptera	—	—	—	—	—	—	—	—	1591	158	—	1749
Phthiraptera	—	1	—	—	—	—	—	—	1	4	16	22
Psocoptera	91	2	—	—	—	—	—	—	—	39	1	133
Hemiptera	155	284	1	—	—	—	—	3	255	467	114	1313
Thysanoptera	—	—	—	—	—	—	—	—	24	59	—	83
Odonata	403	20	—	—	—	—	—	—	—	1	11	432
Ephemeroptera	2	6	—	—	—	—	—	—	—	11	—	19
Zygentoma	3	—	—	—	—	—	—	—	—	2	1	6
Archaeognatha	—	—	—	—	—	—	—	—	—	5	2	7
Diplura	—	—	—	—	—	—	—	—	—	—	—	—
Collembola	17	—	—	—	—	—	—	—	10	21	53	101
Protura	—	3	—	—	—	—	—	1	—	—	2	5
Totals	1979	5582	21	361	25	25	12	159	1891	1215	2025	12452

注：每种性别决定系统分类群数目、无性别种类以及每个目昆虫染色体数目。
a 复合的XO型；b 复合的XY型；c 复合的ZW型；d 同形态型；
e 单倍二倍体型；f 孤雌生殖；g 染色体数目。

以外所有的父性染色体，PSR因子被视为最自私的遗传元件。

性别决定关键基因多样性　染色体组成差异是导致性别决定多样性的第一个层次，性别决定关键基因是性别决定最主要的决定层次，性别决定关键基因一般认为是性染色体上的某个基因或者序列可以控制性别的雌雄，性别决定关键基因应具备性别特异性表达并且可以对性别决定底层基因 *doublesex*（*dsx*）进行性别特异性的剪接。性别决定关键基因的差异性导致了昆虫性别决定类型的多样性，即使在染色体组成相同的情况下，性别决定关键基因也可能不同，比如在双翅目昆虫中，果蝇（XX/XY）的性别决定关键基因由位于X染色体上 *Sxl* 控制，而家蝇（XX/XY）的性别决定关键基因由位于Y染色体上一个未知的M因子控制，地中海实蝇（XX/XY）的性别决定关键基因是位于Y染色体上的雄性关键因子M控制。果蝇中的性别决定关键基因 *Sxl* 虽然在家蝇和地中海实蝇中都有同源体，但是它们已经不具备性别决定的功能。即使在同一个科中，冈比亚按蚊的性别决定关键因子Y染色体连锁的M是Yob，但是埃及伊蚊的性别决定关键因子Y染色体连锁的M是Nix，果蝇同源的

transformer2（*tra2*）。在膜翅目中，蜜蜂（单倍二倍体型）的性别决定关键基因是 *complementary sex determiner*（*cds*），丽蝇蛹集金小蜂（单倍二倍体型）的性别决定关键基因是与黑腹果蝇同源的 *transformer*（*tra*）。在鳞翅目中，家蚕（ZZ/ZW）的性别决定初始信号是位于 W 染色体上的 piRNA。这表明性别决定关键基因在进化上具有高度的差异性。

环境因子与性别决定　与性别有关的另一类因子是性比失调因子，也称之为环境因子。指的是寄生于昆虫体内的立克次氏体、微孢子、螺旋体和病毒等调控宿主昆虫的生殖使之产生性比失调，这是生物体内一类自私的遗传因子。同时也还包括昆虫自身的细胞核内的驱动基因和 B 染色体等。SRD 导致性比失调的机理多种多样，包括雄性致死、基因型雄性的雌性化、产雌孤雌生殖的诱导、父性遗传的性比失调因子及性染色体减数分裂驱动等。发现和研究较多的是 *Wolbachia* 对昆虫性别比率的影响，比如被雄性致死因子（male killer）感染的雌性个体，交配后一般产生全为雌性或雌性占绝大多数的子代，同时卵的孵化率一般低于 50%，这种偏性比的现象和低孵化率在抗生素的作用下可以得到恢复。亚洲玉米螟（*Ostrinia fumacalis*）（亚洲玉米螟不存在孤雌生殖的现象）非常容易被雌性化因子（feminization）导致种群的子代几乎全部为雌性个体。近来发现 *Wolbachia* 可以使亚洲玉米螟雄性胚胎中的雄性化基因 *Masc* 下调表达，而 *Masc* 基因是家蚕中报道的控制雄性化和剂量补偿的开关基因，这可能是导致亚洲玉米螟雄性死亡的原因。还有一种推测是 *Wolbachia* 共生菌的部分或全部 DNA 序列不稳定地整合到了寄主生物鼠妇的基因组，构成了可移动的基因元件，从而控制了雌雄性别比率。赤眼蜂（*Trichogramma*）存在着产雌孤雌生殖（arrhenotoky）现象，即未受精的卵也可以育成雌性。研究表明用抗生素或高温（大于 30°C）处理刚羽化的寄生蜂，可使寄生蜂的生殖方式发生永久性改变，即由产雌孤雌生殖型转变为产雄孤雌生殖型，并据此推测可逆转型产雌孤雌生殖是由母性遗传的微生物所引起的。Stouthamer 等检测了产雌孤雌生殖个体所产的卵并且发现确实存在着母性遗传的微生物，进一步通过比较编码 16SrDNA 序列推断该微生物为 *Wolbachia* 属的立克次氏体。

参考文献

董钧锋，王琛柱，钦俊德，2011. 昆虫性比失调因子及其作用机理 [J]. 昆虫知识，38(3): 173-177.

BACHTROG D, MANK J E, PEICHEL C L, et al, 2014. Sex determination: why so many ways of doing it?[J]. PLoS biology, 12(7): e1001899.

BLACKMON H, ROSS L, BACHTROG D, 2017. Sex determination, sex chromosomes and karyotype evolution in insects[J]. Journal of heredity, 108(1): 78-93.

BOGGS R T, GREGOR P, IDRISS S, 1987. Regulation of sexual differentiation in *D. melanogaster* via alternative splicing of RNA from the *transformer* gene[J]. Cell, 50(5): 739-747.

BLANCO D R, VICARI M R, LUI R L, et al, 2013. The role of the Robertsonian rearrangements in the origin of the XX/XY1Y2 sex chromosome system and in the chromosomal differentiation in *Harttia* species (Siluriformes, Loricariidae)[J]. Reviews in fish biology and fisheries, 23(1): 127-134.

DE LA FILIA A G, BAIN S A, ROSS L, 2015. Haplodiploidy and the reproductive ecology of arthropods[J]. Current opinion in insect science, 9: 36-43.

HALL A B, BASU S, JIANG X F, et al, 2015. A male-determining factor in the mosquito *Aedes aegypti*[J]. Science, 348(6240): 1268-1270.

HASSELMANN M, GEMPE T, SCHIØTT M, et al, 2008. Evidence for the evolutionary nascence of a novel sex determination pathway in honeybees[J]. Nature, 454(7203): 519-522.

HILFIKER-KLEINER D, DÜBENDORFER A, HILFIKER A, et al, 1994. Genetic control of sex determination in the germ line and soma of the housefly, *Musca domestica*[J]. Development, 120(9): 2531-2538.

KAGEYAMA D, HOSHIZAKI S, ISHIKAWA Y, 1998. Female-biased sex ratio in the Asian corn borer, *Ostrinia furnacalis*: evidence for the occurrence of feminizing bacteria in an insect[J]. Heredity, 81(3): 311-316.

KIUCHI T, KOGA H, KAWAMOTO M, et al, 2014. A single female-specific piRNA is the primary determiner of sex in the silkworm[J]. Nature, 509(7502): 633-636.

KRZYWINSKA E, DENNISON N J, LYCETT G J, et al, 2016. A maleness gene in the malaria mosquito *Anopheles gambiae*[J]. Science, 353(6294): 67-69.

MAREC F, NOVAK K, 1998. Absence of sex chromatin corresponds with a sex-chromosome univalent in females of Trichoptera[J]. European journal of entomology, 95(2): 197-209.

MEISE M, HILFIKER-KLEINER D, DÜBENDORFER A, et al, 1998. *Sex-lethal*, the master sex-determining gene in Drosophila, is not sex-specifically regulated in *Musca domestica*[J]. Development, 125(8): 1487-1594.

NUR U, WERREN J H, EICKBUSH D G, et al, 1988. A selfish B chromosome that enhances its transmission by eliminating the paternal genome[J]. Sciene, 240(4851): 512-514.

RIGUAD T, JUCHAULT P, 1993. Conflict between feminizing sex ratio distorters and an autosomal masculinizing gene in the terrestrial isopod *Armadillidium vulgare* Latr[J]. Genetics, 133(2): 247-252.

SACCONE G, PELUSO I, ARTIACO D, et al, 1998. The Ceratitis capitata homologue of the *Drosophila* sex-determining gene *sex-lethal* is structurally conserved, but not sex-specifically regulated[J]. Development, 125(8): 1495-1500.

SAHARA K, YOSHIDO A, TRAUT W, 2012. Sex chromosome evolution in moths and butterflies[J]. Chromosome research, 20(1): 83-94.

STOUTHAME R, LUCK R F, HAMILTON W D, 1990. Antibiotics cause parthenogenetic *Trichogramma* (Hymenoptera/Trichogrammatidae) to revert to sex[J]. Proceedings of the National Academy of Sciences of the United Satetes of America, 87: 2424-2427.

STOUTHAME R, WERREN J H, 1993. Microbes associated with parthenogenesis in wasps of the genus *Trichogramma*[J]. Journal of invertebrate pathology, 61(1): 6-9.

VICOSO B, BACHTROG D, 2013. Reversal of an ancient sex chromosome to an autosome in *Drosophila*[J]. Nature, 499(7458): 332–

335.

VICOSO B, BACHTROG D, 2015. Numerous transitions of sex chromosomes in Diptera[J]. PLoS biology, 13(4): e1002078.

VERHULST E C, BEUKEBOOM L W, VAN DE ZANDE L, 2010. Maternal control of haplodiploid sex determination in the wasp *Nasonia*[J]. Science, 328(5978): 620-623.

WERREN J H, SKINGER S W, CHARNOV E L, et al, 1981. Paternal inheritance of a daughterless sex ratio factor[J]. Nature, 293(5832): 467-468.

WILLHOEFT U, FRANZ G, 1996. Identification of the sex-determining region of the *Ceratitis capitata* Y chromosome by deletion mapping[J]. Genetics, 144(2): 737-745.

（撰稿：黄勇平；审稿：王琛柱）

昆虫分子生态学　insect molecular ecology

采用分子进化和群体遗传学的理论、分子生物学的技术手段、系统发生学和数学的分析方法以及其他学科的知识（如地学、古气候学等）去研究昆虫种群或个体的遗传变异，分析和解释遗传变异的特点与规律，揭示遗传变异所反映的规律的学科，从而进一步阐明昆虫之间以及昆虫与环境之间的相互作用关系的学科。具体来说就是研究昆虫抗寒耐热、滞育、迁飞、抗药性产生的分子机理，及昆虫种群生物型、生活型、翅型分化的遗传机制，阐明昆虫自身调剂与适应的内在机制。其研究的最大特色是运用分子遗传标记来检测研究对象的遗传变异特征，以揭示事物所隐含的演化规律。

昆虫分子生态学的研究关键是分子标记的建立，常用的方法有：①同工酶（蛋白质电泳技术）法，但灵敏度较差，研究对象局限于小型昆虫，并且酶易受环境条件影响。②限制性片段长度多态性（Restriction Fragment Length Polymorphism，RFLP）法，一个物种的DNA被某种特定的限制性内切酶消化所产生的DNA片段长度的变异性。RFLP是最早发展的分子标记，其原理是检测DNA在限制性内切酶酶切后形成的特定DNA片段的大小。因此凡是可以引起酶切位点变异的突变，如点突变（新产生和去除酶切位点）和一段DNA的重组（如插入和缺失造成酶切位点间的长度发生的变化）等均可导致RFLP的产生。③随机扩增DNA多态性（Randomly Amplified Polymorphic DNA，RAPD）是从RFLP之后发展起来的一种新的DNA多态性检测技术。它以一系列不同的随机排列的碱基顺序的寡核苷酸单链为引物，然后对所研究的基因组DNA进行单引物扩增，扩增出来的DNA片段的多态性就反映了基因组相应区域的DNA的多态性，即反映了基因组相应片段由于碱基发生缺失、插入、突变、重排等所引发的DNA多态性。④微卫星DNA和小卫星DNA标记法（Length Polymorphism of Simple Sequence Repeat，SSR），微卫星标记是一种共显性标记，因而简化了遗传分析的过程。微卫星标记也是一种基于PCR的标记，因此使得它相对于RFLP来说，操作上更为简捷快速。⑤扩增片段长度多态性（Amplified Fragment Length Ploymorphism，AFLP）标记，实质上是RFLP和RAPD两项技术的结合。AFLP也是通过限制性内酶消化所得片段的不同长度检测DNA多态性的一种DNA分子标记技术。但是，AFLP是通过PCR反应先把酶切DNA片段扩增，然后把扩增的酶切片段在高分辨率的聚丙烯酰胺胶进行电泳，多态性即以扩增的片段长度和数量的不同而被检测出来。

昆虫分子生物学目前主要应用于昆虫地理种群的遗传变异分析、昆虫生物型差异的分子特征分析、昆虫嗅觉的分子识别和昆虫与共生菌互作的分子机制研究。

参考文献

黄艳君，浦冠勤，2011. 昆虫生态学的研究进展[J]. 长江蔬菜(6): 4-6.

VOS P, HOGERS R, BLEEKER M, et al, 1995. AFLP: a new technique for DNA fingerprinting[J]. Nucleic acids research, 23(21): 4407-4414.

WELSH J, MCCLELLAND M, 1990. Fingerprinting genomes using PCR with arbitrary primers[J]. Nucleic acids research, 18(24): 7213-7218.

WILLIAMS J G K, KUBELIK A R, LIVAK K J, et al, 1990. DNA polymorphisms amplified by arbitrary primers are useful as genetic markers[J]. Nucleic acids research, 18(22): 6531-6535.

（撰稿：张夏；审稿：孙玉诚）

昆虫共生物　insect symbionts

与昆虫形成紧密互利关系的各种酵母、真菌、细菌、沃尔巴克氏菌等共生微生物。绝大多数昆虫共生微生物为共生细菌，目前发现约15%的昆虫体内都有共生菌。共生菌与宿主昆虫长期以来互惠共生且协同进化，在共生关系中，共生微生物为昆虫提供必需的营养物质，而反过来昆虫则为微生物提供一个合适的生存环境。昆虫肠道菌群已被许多学者当作昆虫的一个特殊器官，作为昆虫本身的一个重要和不可分割的部分。

共生菌的起源、种类、存在部位及传递　大约2亿～2.5亿年前，在宿主昆虫体内逐渐进化出一个类细胞器的结构，其结构及功能与线粒体和叶绿体相似。Buchner（1965）发现几乎所有的蚜虫都含有一种特殊的被称为含菌体（bacteriocytes）的器官，含菌体内含有大量的*Buchnera*内共生细菌（endosymbionts）。内共生菌多属于变形菌门变形菌纲。根据昆虫共生物和寄主昆虫的依赖关系，又可以把共生菌分为初生共生菌和次生共生菌。共生菌在昆虫体内的位置和形式因昆虫的种类和微生物的类型不同而各异，有些共生菌生活在消化道的中肠内和卵巢细胞内如弓背蚁属（*Camponotus*）中的（Blochmannia），烟草甲和药材甲的共生类酵母菌则存在于前肠和中肠连接处的菌胞体内。有些生物共生在昆虫脂肪体内，如德国小蠊的含菌细胞和飞虱的类酵母菌。沃尔巴克氏菌在昆虫中分布最广，常常存在于昆虫生殖器官中。共生菌在昆虫体内的传播方式主要分为垂直和水平传播。初生共生菌通常通过卵从母代传播到下一代，次生共生菌有的通过母代产卵传播，有的通过来源于其他渠道的水平传播。

共生菌的功能 共生菌在昆虫适应环境包括寄主植物、天敌及高温等方面起重要作用。共生菌主要赋予昆虫营养和防御两方面作用。初生共生菌为宿主昆虫提供必需营养、提供能源、解氨毒、帮助消化植物、抗杀虫剂等。虽然次生共生菌对昆虫的生存繁殖并不是必需，但次生共生菌对昆虫的作用不容忽视。

提供营养物质 植食性昆虫仅通过取食植物汁液很难满足自身生长发育的需求，共生菌可以弥补昆虫营养的不平衡。初生共生菌为宿主昆虫提供必需营养如必需氨基酸、B族微生素、固醇等；蚜虫共生菌 Buchnera 为蚜虫提供必需的氨基酸，飞虱体内的共生酵母菌可以为其提供脂类营养。德国小蠊体内的共生菌能够提供核黄素和维生素 B_2；内共生菌还可参与昆虫氮素循环，将有害物质尿酸转换为有营养价值的氮化合物。

调节昆虫对环境的适应性 共生菌在昆虫适应环境包括扩大寄主植物范围、抵御天敌及忍受高温等方面起重要作用。次生内共生菌具有帮助宿主昆虫抵抗高温、抵抗寄生蜂寄生和影响生殖的作用。内共生菌在宿主对杀虫剂解毒方面也起着极其重要的作用。沃尔巴克氏菌可以改变真核寄主的生殖和发育行为，如诱导孤雌生殖、使雄虫雌性化、在昆虫体内或近缘种间引起细胞质不亲和（cytoplasm incompatibility，CI）。

其他作用 蚜虫的初生共菌 Buchnera 像动物的线粒体一样，可以为宿主提供能源物质（ATP、NADH、NADPH）。蚜虫的初生共生菌微生物在对杀虫剂的解毒及消化特种食物中也有重要作用。

研究共生菌的主要手段 昆虫共生菌的作用主要是通过分析感染共生菌前后宿主昆虫的一些特性改变来确定。昆虫体内共生菌的去除方法有抗生素、高温及溶菌酶处理。

由于 90% 的内共生菌在宿主体外无法培养，所以很难用传统的微生物学研究方法对其进行鉴定和研究。内共生菌的研究因现代基因测序技术和宏基因组学（metagenome）技术的应用取得了巨大的进步。由于宏基因组不依赖于微生物的分离与培养，而减少了由此带来的瓶颈问题。共生菌的基因组信息为今后研究共生菌的潜在功能及其与宿主昆虫的互作和进化提供了重要的研究支撑。

共生菌在害虫防治和疾病防治上的应用 当前利用共生菌控制害虫和保护益虫的策略受到广泛关注。昆虫和其体内的共生微生物在长期的协同进化过程中，形成了密切的共生关系，它们相互影响、相互依赖及协同进化。以清除内共生菌为目标的防治手段能提高昆虫对寄主植物防御效应的敏感性，从而抑制其种群暴发和流行。利用肠道微生物在昆虫营养代谢、免疫调节、抵御病原菌和调控昆虫行为和生殖等方面的作用，可以更好地来利用益虫和防治害虫；研究内共生菌在昆虫—植物—环境互作关系中的潜在功能，对揭示内共生菌介导的宿主昆虫反寄主植物防御效应的分子激励，具有极为重要的理论和现实意义。

参考文献

王四宝，曲爽，2017. 昆虫共生菌及其在病虫害防控中的应用前景 [J]. 中国科学院院刊，32(8): 863-872.

BUCHNER P, 1965. Endosymbiosis of animals with plant microorganisms[M]. New York: Interscience: 909.

DOUGLAS A E, 1998. Nutritional interactions in insect-microbial symbioses: aphids and their symbiotic bacteria *Buchnera*[J]. Annual review of entomology, 43(1): 17-37.

MORAN N A, MCCUTCHEON J P, NAKABACHI A, 2008. Genomics and evolution of heritable bacterial symbionts[J]. Annual review of genetics, 42: 165-190.

（撰稿：樊永亮；审稿：王琛柱）

昆虫基因组 insect genomes

基因组是指细胞核中所有脱氧核糖核酸的总和，其蕴含了编码生命蓝图的所有信息。昆虫基因组的平均大小为 1.15 Gb。在已有的昆虫基因组公开报道中，东亚飞蝗的基因组为 6.5Gb，南极蠓的基因组仅为 99Mb，通过流式细胞技术测定的上千种昆虫的基因组大小中，昆虫基因组最大的为直翅目的一种蝗虫 *Podisma pedestris*，达 16.5Gb。昆虫基因组大小与重复序列、内含子大小等呈正比，但与进化地位无关，同一个属的昆虫的基因组大小可能差异很大。基因组的结构信息主要包括蛋白编码基因、非编码基因和重复序列。昆虫基因组中包含的蛋白编码基因数量差异明显，最少的仅 10000 个基因左右，最多的有 35000 个左右，基因数量与基因组大小无相关性。重复序列丰度在不同昆虫中的差异也十分明显，最多可达 60%，少则只占 10% 左右，其在基因组中的占比与基因组大小有关，基因组越大的昆虫，重复序列越多。非编码 RNA 基因是基因组中不编码蛋白产物的 RNA 转录本，目前研究较多的包括 microRNA、piRNA 和长链非编码 RNA（lncRNA），其在昆虫基因组中广泛分布。

通过同源比对和从头预测，发现蛋白编码基因和非编码 RNA 基因是基因组注释的主要工作。第一个基因组被测序的昆虫是黑腹果蝇（2000），其次是冈比亚按蚊（2002）、家蚕（2004）。2010 年以来。随着二代测序技术的成熟，昆虫基因组测序和报道迎来第一波爆发式的增长。为了推动昆虫基因组研究的发展，Gene E. Robinson 等人曾于 2011 年提出了 i5k 计划，提出在 2017 年之前完成 5000 种以昆虫为主的节肢动物的基因组测序。但由于种种原因，这一宏伟计划并未完成，截至 2018 年 2 月，在 NCBI 基因组数据库中注册的昆虫基因组测序计划仍不足 1000 个。目前，提交基因组序列的昆虫仅为 260 个，涵盖昆虫纲的 16 个目。测序昆虫最多的分别为双翅目、膜翅目、鳞翅目和鞘翅目。由于有些昆虫基因组杂合度高等原因，给昆虫基因组测序和拼接造成了困难，这也是昆虫基因组测序总体进展缓慢的原因之一。近年来，随着三代测序技术的成熟，越来越多地应用于昆虫基因组测序中，显著地提高了昆虫基因组的组装和拼接质量。昆虫基因组数据的累积也催生了两个综合型的昆虫基因组数据库，InsectBase 和 i5k Workspace@NAL，前者以昆虫基因组资源和分析平台为主，后者以提供基因组注释服务为主。昆虫基因组数据的积累不仅为基础生命科学研究提供了重要的基因资源，而且拓展了生物学研究的领域和范畴。随着昆虫基因组数据不断丰富，RNA 干扰技术的应用和基因编辑技术的成熟，昆虫的物种丰富性及性状多样性的优势得以体现，越来越多的昆虫成为生命科学研究的模式生物，同时为昆虫分子进化和系统基因组学研究开辟了新领域。昆虫基因组研究的发展，也为害虫控制提供了新思路。以组学研究为基础的害虫综合治理的新策略，将可能变革害虫控制的传统方法，极大地推动害虫基因控制的发展。

（撰稿：李飞；审稿：王琛柱）

昆虫抗药性 pesticide resistance

在害虫防治过程中，昆虫种群对于原本有效的杀虫剂敏感性显著降低的现象。

昆虫抗药性是自然选择的结果，即那些能够经受杀虫剂的昆虫存活下来并且将这种特性遗传给后代。早在 1914 年，A. L. Melander 发现大量昆虫对一种无机农药产生了抵抗，由此提出了昆虫抗药性的概念。而在杀虫剂开发使用的历史中，人们逐渐发现，昆虫不仅对无机农药有抗药性，并且对于各种诸如环戊二烯类、有机磷类、菊酯类、氨基甲酸盐类等有机农药都能产生抗药性。

昆虫抗药性的产生原因很多。从进化角度来看，早在杀虫剂应用之前，昆虫在自然界就会面临很多毒性物质，比如寄主植物产生的毒素等，这就使得昆虫在长期进化过程中发展出一些逃避毒素的机制。从昆虫自身特点来看，昆虫由于种群庞大，繁殖能力强大，致使整个种群具有更多的遗传突变机会，从而更好地经受自然选择，以更快的速度产生有抗药性的个体。而昆虫天敌的种群数量通常比较少，因此它们进化出抗药性的速度远远小于昆虫的速度，这就更有利于昆虫具有抗药性个体的生存和繁殖。

解决昆虫抗药性最根本的办法是减少杀虫剂的使用，开发更多新型抗虫方法，例如开发环境友好型的真菌杀虫剂、生物酶类以及利用基因操作的方法等治理害虫。

参考文献

DALY H, DOYEN J T, PURCELL A H III, 1998. Introduction to insect biology and diversity[M]. 2nd ed. New York: Oxford University Press: 279-300.

FERRO D N, 1993. Potential for resistance to *Bacillus thuringiensis*: Colorado potato beetle (Coleoptera: Chrysomelidae) – a model system[J]. American entomologist, 39(1): 38-44.

MELANDER A L, 1914. Can insects become resistant to sprays[J]. Journal of economic entomology, 7(2): 167-173.

（撰稿：何静；审稿：王宪辉）

昆虫免疫学 insect immunity

昆虫学的重要分支之一。昆虫缺乏脊椎动物的抗原特异性免疫应答的获得性免疫，主要依靠天然免疫抵御病毒、微生物和寄生虫等病原体。按照发生部位，昆虫天然免疫可以分为体液免疫、细胞免疫、中肠免疫。其中体液免疫主要涉及各种在血淋巴中存在的免疫反应和免疫分子，包括识别受体、激酶、抗菌肽、丝氨酸蛋白酶、丝氨酸蛋白酶抑制剂、酚氧化酶原等；细胞免疫主要是血细胞参与的对病原体的包被、吞噬等作用；中肠免疫主要包括昆虫肠道微生物群及活性氧等免疫反应。按照外源生物胁迫物的不同，又可以分为抗细菌免疫、抗真菌免疫、抗病毒免疫、抗寄生虫免疫以及寄生蜂与寄主互作等。按照不同的功能，免疫基因又可分为识别、信号和效应分子三大类。这些免疫基因参与免疫信号通路（Toll、IMD、JNK 和 JAK-STAT）、黑化反应和活性氧（ROS）等不同的免疫反应。

发展简史 19 世纪 80 年代，首次在昆虫中发现吞噬性免疫应答，随后证明各种类型的昆虫血细胞及其在吞噬和结节形成中的作用。20 世纪初，首先报道了蝗虫天然免疫的存在。20 世纪 70 年代，开始了真正昆虫免疫学的体液性研究，证明黑腹果蝇（*Drosophila melanogaster*）血淋巴中具有可诱导的杀菌作用。80 年代初，在刻克罗普斯蚕蛾（*Hyalophora cecropia*）中发现了 2 种抗菌肽（antibacterial peptides，AMPs），分别命名为 cecropinsA 和 B。此后，研究人员从多种昆虫中分离出了抗菌肽。1989 年，Juules A. Hoffmann 首先提出了先天免疫的基本概念，继而 1996 年发现了 Toll 信号通路，并获得 2011 年诺贝尔生理学或医学奖。目前昆虫免疫已经发展到了组学的高度，冈比亚按蚊（*Anopheles gambiae*）、埃及伊蚊（*Aedes aegypti*）、赤拟谷盗（*Tribolium castaneum*）、意大利蜜蜂（*Apis mellifera*）等多种昆虫物种测序的完成，为昆虫免疫学提供了丰富的研究资源，将昆虫免疫的研究引向深入。

体液免疫 昆虫体液免疫主要是指脂肪体、血细胞以及其他细胞合成分泌的免疫蛋白。免疫反应首先是由病原识别受体蛋白（pathogen recognition receptor，PRR）所激活的。在昆虫中存在几大类识别受体，比如 C 型凝集素（C-type lectin，CTL），肽聚糖识别蛋白（peptidogly recognition protein，PGRP），β- 葡聚糖结合蛋白（β-glucan recognition protein，βGRP），巯脂蛋白（thioester protein，TEP）等。这些识别受体会对微生物表面保守分子结构进行识别，并引发下游体液免疫。这些分子结构被统称为病原相关分子模式（pathogen associated molecular patterns，PAMPs）。最主要的体液免疫有两种：一种是昆虫脂肪体的 Toll 和 IMD 免疫信号通路，该通路通过激活不同的 NF-κB 转录因子来调控不同抗菌肽基因的表达；另一种是黑化反应（melanization），即酚氧化酶原的激活，其由 Clip 结构域的丝氨酸蛋白酶级联系统激活，受到丝氨酸蛋白酶抑制剂的严格调控。在 Toll 途径和黑化反应中，这一丝氨酸蛋白酶级联系统是相似的。酚氧化酶原的激活在血淋巴凝集、抵御病原物入侵以及细胞免疫中起着重要的作用。

细胞免疫 昆虫利用其血淋巴细胞介导的细胞免疫，对入侵的病原体产生有效的破坏杀伤作用。细胞免疫主要包括吞噬、集结和包囊。在果蝇中昆虫血细胞主要包括晶细胞、片状血细胞和浆细胞。而鳞翅目昆虫的血细胞主要包括原血细胞、浆细胞、类绛色细胞和粒细胞。浆细胞是数量最多的一种血细胞，通过吞噬作用清除病原。吞噬作用由单个细胞完成，过程包括识别、吞噬、分解外源入侵生物等。集结是指多个血淋巴细胞黏附、聚集在细菌等外来物的表面将异物包围住，在囊中的入侵物就会被昆虫自身产生的自由基所杀死。而包囊是针对较大的外源入侵物，比如寄生虫、线虫等。

中肠免疫 在昆虫所有的组织中，中肠上皮与微生物接触最多，有多种微生物种群。昆虫与这些微生物间存在多种相互作用免疫机制，以及影响昆虫和脊椎动物之间的病原传播。活性氧（reactive oxygen species，ROS）的产生也是昆虫杀灭病原物的重要免疫途径。活性氧是指包括过氧化氢（H_2O_2）、超氧阴离子自由基（·O^{2-}）、羟基自由基（·OH）在内强氧化性的小分子物质，可由 O_2 还原生成，彼此之间又可以相互转换，对组织有较强的毒性，可以有效杀灭病原物和寄生虫，在昆虫防御病原物入侵和寄生虫寄生过程中发挥重要作用。ROS 能杀灭蚊中肠的疟原虫动合子和血腔中的细菌，而 ROS 缺乏会降低蚊对病原体感染的抵抗力，增加蚊中肠上皮的损害，甚至导致蚊死亡。

参考文献

王燕红，王举梅，江红，等，2013. 蚊虫对病原体的免疫机制研究 [J]. 中国媒介生物学及控制杂志，24(6): 477-482.

BOMAN H G, NILSSON I, RASMUSON B, 1972. Inducible antibacterial defence system in *Drosophila*[J]. Nature, 237(5352): 232-235. PMID: 4625204.

GLASER R W, 1918. On the Existence of immunity principles in insects[J]. Psyche a journal of entomology, 25(3): 39-46.

LEMAITRE B, NICOLAS E, MICHAUT L, et al, 1996. The dorsoventral regulatory gene cassette spatzle/Toll/cactus controls the potent antifungal response in *Drosophila* adults[J]. Cell, 86(6): 973-983.

RICHARDS S, GIBBS RA, WEINSTOCK GM, et al, 2008. The genome of the model beetle and pest *Tribolium castaneum*[J]. Nature, 452(7190): 949-955.

STEINER H, HULTMARK D, ENGSTROM A, et al, 1981. Sequence and specificity of two antibacterial proteins involved in insect immunity[J]. Nature, 292(5820): 246-248.

WEINSTOCK G M, ROBINSON G E, GIBBS R A, et al, 2006. Insights into social insects from the genome of the honeybee *Apis mellifera*[J]. Nature, 443(7114): 931-949.

ZOU Z, EVANS J D, LU Z Q, et al, 2007. Comparative genomic analysis of the *Tribolium* immune system[J]. Genome biology, 8(8): R177.

（撰稿：王举梅、邹振；审稿：林哲）

昆虫脑 insect brain

昆虫虽小，却能够处理各种感觉信息、协调控制自身的各种运动，同时也具有基本的认知能力，所有这些都离不开昆虫脑的精巧有序结构和精确调控。

昆虫脑在结构上指食道上神经节，其又分为前脑、中脑和后脑。

前脑 主要包括视叶、蕈状体（又称蘑菇体）和中央复合体。是负责多种感觉信息整合和认知功能的高级中枢。

视叶 位于前脑两侧，主要由薄板、髓质和小叶复合体 3 个结构组成，负责处理由视网膜传递来的视觉信息。薄板与髓质以及髓质与小叶复合体之间的神经纤维会分别形成外侧视交叉和内侧视交叉。薄板位于视网膜下方，它的柱状结构被称为弹药筒。每个弹药筒结构可能接收单个小眼的信息（联立眼，如某些鞘翅目的甲虫）、多个小眼的信息（重叠眼，如许多夜行性的昆虫：飞蛾、蜉蝣和石蛾等）或者是多个小眼不同感光细胞的信息（神经重叠眼，如果蝇）。髓质是视叶中最大的一个神经节，柱状结构接收对应薄板弹药筒结构传递来的信息。小叶复合体的结构在不同昆虫中略有差异。在胡蜂、蜜蜂、蚂蚁和蟑螂中小叶复合体只包含小叶这一个神经节；而在蝇类、蚊子、飞蛾、蝴蝶、甲虫、蜻蜓和豆娘中，小叶复合体可以分为小叶和小叶板两个神经节。在双翅目昆虫中，小叶参与颜色感知而小叶板则是非颜色运动视觉信息处理中心。髓质和小叶复合体都具有明显的柱状与层状结构，为不同视觉信息的分离处理提供了结构基础。

蕈状体 是位于前脑左右两侧对称的结构，主要由肯氏细胞（Kenyon cell）组成，分为冠部、柄部和叶部。蕈状体被认为是多种感觉信息整合的中心，具有学习记忆、抉择等认知功能。不同昆虫凯尼恩细胞的数量差异很大，单侧凯尼恩细胞数量范围从果蝇约有 2500 个到蟑螂约有 20 多万个。冠部由凯尼恩细胞的树突分支形成，每侧有一个或两个冠部，接收触角叶嗅觉神经元和周围其他神经元的信息输入。无论一个还是两个冠部都汇聚成一个柄部，由凯尼恩细胞的轴突分支形成。冠部凯尼恩细胞的轴突进一步延伸，形成叶部，分为垂直叶和内侧叶。在果蝇和其他双翅目昆虫中，内侧叶和垂直叶都具有平行的二分体结构，而在蜜蜂、黄蜂、蚂蚁和蟑螂中内侧叶与垂直叶未分离。叶部既是蕈状体的信息输出区，也同样接收其他神经元的信息输入。

中央复合体 是一个位于脑中线处的左右对称的脑结构。绝大多数昆虫脑内，中央复合体主要包括前脑桥和中央体。中央体又可以分为中央体上部（或称为扇形体）和中央体下部（或称为椭球体）。在有翅膀的昆虫中，中央体腹侧还有成对的小结。中央复合体主要负责视觉信息整合、空间定位与导航、学习记忆、运动控制等，其多巴胺能神经元可能控制觉醒状态。前脑桥位于昆虫脑的最背侧，结构类似自行车车把。中央体上部是中央复合体中最大的结构，位于椭球体的背侧上方，向上凸起。中央体下部在不同昆虫的结构略有不同。在果蝇中，中央体下部呈一个标准的圆形油炸圈饼状结构，有一个贯穿前后的孔，该孔略微向前上方倾斜。而在蝗虫中，中央体下部是一个没有孔的半球形结构。中央体上部从背侧如蝗虫和蜜蜂，或从腹后侧如蝶，包裹中央体下部。小结是位于中央体下方的成对的结构，与飞行控制有关。在果蝇中它由 4 个呈镜像对称的近似圆球形的亚结构组成；在蝶类中，小结分为 4 个叠加的亚单位；而在蝗虫中，则分为上侧小结和下侧小结。

中脑 主要由两对中脑叶组成，包括触角叶和背叶。

触角叶 位于脑的最前端两个对称的球状结构，占据昆虫中脑的绝大部分，由众多球状的神经纤维球构成。触角叶是昆虫脑内初级嗅觉中心，接收来自触角上嗅觉受体神经元的气味信息，对信息进行加工处理。再由投射神经元将被识别和分类的气味信息传导至蕈状体和外侧角等神经中枢，对昆虫择偶、觅食等行为起着重要的作用。神经纤维球的数量在不同昆虫中差别很大。黑腹果蝇约有 50 个，烟草天蛾约有 65 个，蜜蜂约有 160 个，某些蚁类多于 600 个，沙漠蝗虫约有 2000 个。在果蝇中，每个纤维球只接收表达同种嗅觉受体的神经元的投射，纤维球被激活的不同空间模式可以编码不同的气味及其强度。此外，在鳞翅目、双翅目、膜翅目等昆虫中，许多雄性具有雄性特异的扩大纤维球复合体，处理来自雌性的信息素信息。

背叶 位于触角叶的内侧。现更名为触角机械感觉和运动中心（antennal mechanosensory and motor center），主要负责处理昆虫机械感知信息和控制触觉运动。

后脑 昆虫的头部除了食道上神经节，还有食道下神经节。在多数半变态昆虫，例如蝗虫和蟑螂中，后脑与食道下神经节没有融合，可以清晰地区分出来。而在多数全变态昆虫，例如果蝇、蜜蜂、蛾和蟢中，后脑与食道下神经节紧密融合，没有清晰的间隔。后脑与食道下神经节共同接收来自口器和胃肠系统的神经投射，参与味觉信息处理，并调控与昆虫进食相关的行为。

参考文献

潘玉峰，刘力，2008. 昆虫脑中央复合体的结构与功能研究进展 [J]. 生物物理学报，24(4): 251-259.

FAHRBACH S E, 2006. Structure of the mushroom bodies of the insect brain[M]. Annual review of entomology, 51: 209-32.

HOMBERG U, CHRISTENSEN T A, HILDEBRAND J G, 1989. Structure and function of the deutocerebrum in insects[J]. Annual review of entomology, 34(1): 477-501.

ITO K, SHINOMIYA K, ITO M, et al, 2014. A systematic nomenclature for the insect brain[J]. Neuron, 81(4): 755-765.

MEYER-ROCHOW V B, 2015. Compound eyes of insects and crustaceans: Some examples that show there is still a lot of work left to be done[J]. Insect science, 22(3): 461-481.

PFEIFFER K, HOMBERG U, 2014. Organization and functional roles of the central complex in the insect brain[M]. Annual review of entomology, 59: 165-184.

RAJASHEKHAR K P, SINGH R N, 1994. Neuroarchitecture of the tritocerebrum of *Drosophila melanogaster*[J]. The journal of compartive neurology, 349(4): 633-645.

WANG J W, WONG A M, FLORES J, et al, 2003. Two-photon calcium imaging reveals an odor-evoked map of activity in the fly brain[J]. Cell, 112(2): 271-282.

（撰稿：纪小小、李美霞、魏虹莹、许孟博、杨郑鸿；审稿：刘力）

昆虫区系 insect fauna

昆虫区系即针对某一特定地域的昆虫相，分析研究该区域物种的种类、组成、成分、比例及结构等，以探索该地域昆虫相的起源、发展趋势以及与其他地域昆虫区系的关系和相关性等（西藏昆虫区域、区划和区系成分的含义——黄复生），是动物区系的一个重要组成部分。昆虫区系的形成受历史发展及现代生态大环境条件影响，进而导致形成了许多昆虫物种的总体和不同种昆虫具有相似的分布区域。

对全球进行区划，昆虫区系的成分主要分为古北区、新北区、东洋区、非洲区、新热带区、澳洲区等。中国区域范围内昆虫区系的划分标准最早由马世骏 1959 年提出，该研究论述了中国昆虫的 4 种区系成分，即东亚成分、古北成分、东洋成分和广布成分。申效诚等（2008）对中国昆虫的区系成分构成及其分布特征进行了分析，以 10 目 109 科的 20330 有效种昆虫作为大样本。4 种区系成分中，东亚成分是中国昆虫的主体，有 11529 种，占 56.71%；东洋成分 5270 种，占 25% 左右；古北成分 2982 种，占 14.67%；广布成分 346 种，不足 2%。申效诚等（2013）进而对中国 823 科 17018 属 93662 种昆虫的分布进行了聚类分析，产生 9 个昆虫区 20 个昆虫亚区的中国昆虫地理区划。中国北方昆虫大区分为西北昆虫区、东北昆虫区、华北昆虫区、青藏昆虫区；中国南方昆虫大区分为江淮昆虫区、华中昆虫区、西南昆虫区、华东昆虫区、华南昆虫区。

参考文献

申效诚，刘新涛，任应党，2013. 中国昆虫区系的多元相似性聚类分析和地理区划 [J]. 昆虫学报，56(8): 896-906.

申效诚，孙浩，赵华东，2008. 昆虫区系多元相似性分析方法 [J]. 生态学报，28 (2): 399-404.

（撰稿：陈立军；审稿：孙玉诚）

昆虫神经肽 neuropeptides

神经肽（neuropeptides）是一类古老的信息分子，广泛存在于无脊椎动物和脊椎动物，在生命进化史中，神经肽无论对生物个体还是对种群的生存和繁衍都起着重要的调控作用。神经肽是一类由神经系统或外周内分泌器官分泌产生的小分子蛋白质（多肽），是生物体内细胞通讯中重要的化学信号，扮演着神经激素、神经递质以及细胞因子等多种角色。神经肽由一个较大的前体蛋白经过特定的分泌途径合成，一般具有典型的“信号肽 + 前体相关肽 + 成熟肽”的结构特征（图 1）。首先，由核糖体合成前体分子，随后由 N 端的信号肽引导进入粗面内质网修饰，信号肽经信号肽酶切除后，再转移到高尔基体和致密囊泡，经由弗林蛋白酶、激素原转化酶、羧肽酶以及酰胺化酶等一系列特定酶的修饰加工，最后形成具有生物活性的神经肽，即成熟肽。

昆虫神经肽的生理功能 一直以来，对神经肽的研究是神经科学中一个极为重要的领域。随着基因组学、蛋白组学和高场核磁共振在昆虫学领域的应用以及现代生物化学和分子生物学技术的飞速发展，已鉴定出大量的昆虫神经肽，为深入研究昆虫神经肽的功能奠定了基础。目前，昆虫中，已鉴定超过40个神经肽前体基因，这些神经肽参与调节昆虫多种的生理过程，主要包括生长、发育及行为等诸多方面（图2）。

神经肽与昆虫生长发育　有关神经肽的功能研究发现多个神经肽参与昆虫生长发育的调节。Ghosh等人的研究发现促前胸腺激素（prothoracicotropic hormone）可以刺激黑腹果蝇（*Drosophila melanogaster*）前胸腺分泌蜕皮激素调控昆虫蜕皮，类似的研究在鳞翅目昆虫中同样得到证实。有研究发现昆虫气管InKa细胞分泌的蜕皮触发激素（ecdysis-triggering and hormones）可以刺激昆虫的蜕皮行为。鞣化激素（bursicon）在昆虫的生长发育过程中控制着昆虫表皮的鞣化（硬化和黑化）及翅的伸展。滞育激素（diapause hormone）通过其受体调控多种鳞翅目（lepidoptera）昆虫的滞育行为。咽侧体抑制激素（allatostatin，AST）能够抑制保幼激素的合成，进而影响昆虫的正常发育。

神经肽与昆虫行为　昆虫行为对于昆虫适应环境，并持续延续种群至关重要，这些行为包括取食、求偶交配、学习记忆、生理节律调整、抗逆行为和社会性行为等。越来越多的证据表明，无论是复杂的认知学习还是最基本的移动，在某种程度上都有神经肽的参与。Krashes等人的研究发现神经肽神经肽F（neuropeptide F，NPF）涉及昆虫的食欲记忆。阻碍NPF信号系统的正常传递将会抑制其饥饿记忆的提取，进而减少取食。与之相对的是，加州理工学院的研究人员发现刺激昆虫AST-A表达神经元将会抑制饥饿状态下昆虫的取食行为，深入研究发现这种抑制并非食欲记忆的改变，而是伴随着生理代谢的变化。而激活NPF表达神经元将抑制刺激AST-A表达神经元所带来的影响。Ko等人在神经信号调节昆虫嗅觉行为方面的研究中，发现短神经肽F（short neuropeptide F，sNPF）增强了饥饿状态下黑腹果蝇对嗅觉

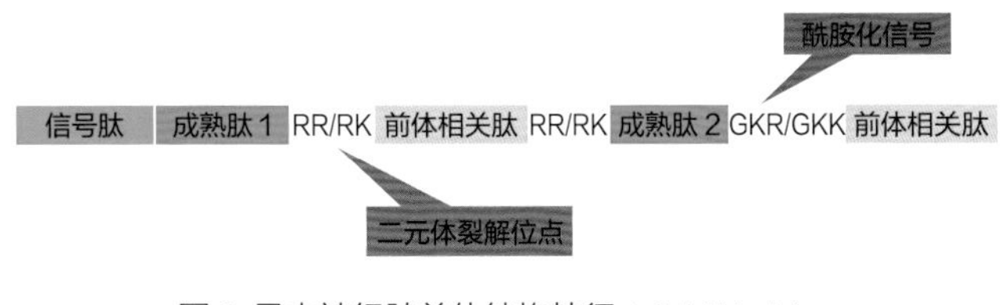

图1 昆虫神经肽前体结构特征（引自桂顺华）

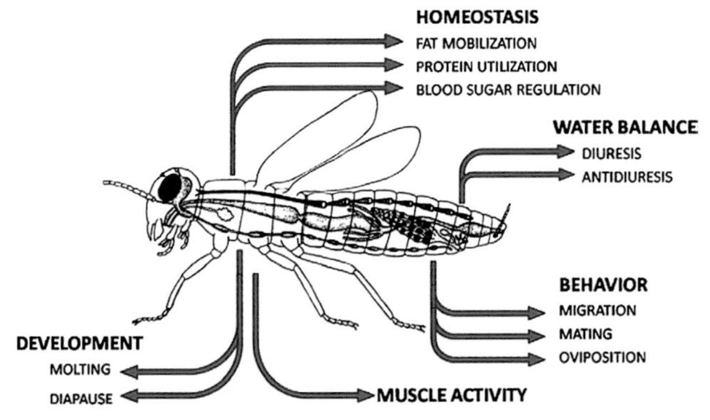

图2 昆虫神经肽的生理功能（引自Scherkenbeck and Zdobinsky）

信号的感知，此外，另一个神经肽TK（tachykinin）抑制了果蝇识别不利气味神经元的活力。他们的研究表明sNPF和TK对昆虫觅食行为均有刺激作用。求偶和交配行为对于昆虫的生存至关重要，这些行为同样离不开神经物质的调节。2013年研究人员利用果蝇转基因技术敲除神经肽Natalisin后，果蝇成虫交配欲望显著降低。类似的研究在橘小实蝇（*Bactrocera dorsalis*）中同样得到了证实。此外，Sousa等人的研究发现交配时雄性果蝇NPF显著上调。利用酒精模拟果蝇交配状态，进一步发现NPF表达神经元促进雄虫交配。与此同时，有研究发现NPF在雌虫分泌信息素过程中也起到关键调控作用。Shankar等人的研究发现当雄性果蝇与雌性交配时，雄性果蝇会分泌一种特殊的信息素阻止其他雄性与该雌虫交配。深入研究发现这种有趣的行为是由昆虫食管下神经节中的8～10个神经元分泌释放的Tachykinin所调控。Fujii和Amrein的研究发现雄性果蝇会在黄昏的时候表现出长时间的求偶行为，但这段时间中会保持有一段明显的休息阶段。深入研究发现腹外侧小神经元表达的神经肽Pigment-dispersing factor（PDF）有助于雄性果蝇控制这种求偶节律，然而，被阻断PDF表达的雄虫将不会表现出这种行为。此外，加州理工学院的研究人员在果蝇脑部发现一组雄性果蝇特有的神经元，通过分泌释放Tachykinin以增强它们的攻击性行为，以此确保在争夺食物和配偶时保持攻击性。昆虫在地球上成功的关键因素在于其对不同环境压力的耐受性。有研究表明神经肽Capability（Capa）在昆虫抗旱抗冷过程中起到关键作用，Capa主要通过介导昆虫细胞中离子和水体内平衡来协助昆虫应对干燥和寒冷的胁迫。部分昆虫具有社会性行为，包括劳动分工、等级分化等。研究人员利用现代组学技术发现大量神经物质参与到这些行为的调控，例如研究表明胰岛素样肽（insulin-like peptide）的表达与昆虫社会性行为密切相关。

神经肽的受体　神经肽种类繁多，生成量极微，其主要是通过靶细胞上高度特异且灵敏的受体来实现对特定的细胞传递准确的信息，并参与到昆虫的生理进程中。神经肽受体绝大多数属于G蛋白偶联受体（G-protein coupled receptor，GPCR）家族。GPCR是一类广泛存在于哺乳动物和无脊椎动物体内的跨膜蛋白受体，也是生物体内最大的一类细胞表面受体，具有典型的7个跨膜结构域。GPCR在生物体内扮演着重要的角色，它们负责细胞与外界环境之间的通讯，将外界信号传导进入细胞，从而调节生物体内神经传递、生长、发育、生殖、细胞分化以及免疫反应等最为基本的生命活动过程。GPCR具有广谱的配体，包括某些光敏性化合物、气味、激素、神经递质、肽类以及某些蛋白质。目前，50%以上的临床用药以GPCRs为药物靶标，已成为最大的一类药物靶标。尽管GPCRs在医学上取得了巨大的成果，但以昆虫GPCRs为靶标的杀虫剂开发相对匮乏。目前，仅章鱼胺受体（octopamine receptors）为靶标的杀虫剂在实际生产中得以应用，并得到国际杀虫剂抗性行动委员会（insecticide resistance action committee，IRAC）认证。章鱼胺主要分布在昆虫神经系统，通过刺激其受体起到神经递质的作用。此外，章鱼胺还具有神经激素的作用，通过释放到昆虫血淋巴调节昆虫学习、记忆、运动、取食以及信息素响应等功

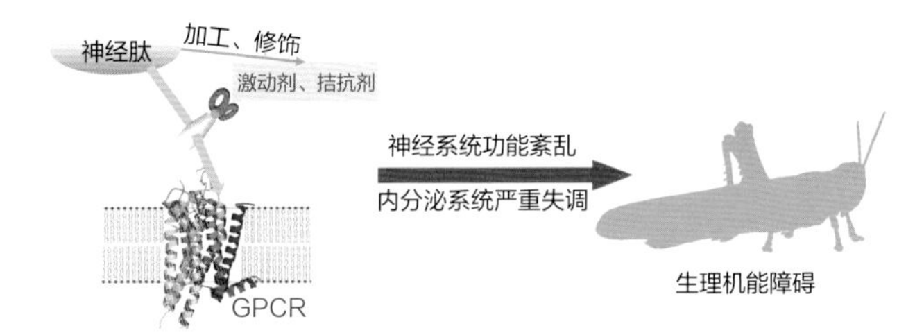

图 3　昆虫神经肽的生理功能

能。目前以章鱼胺受体为靶标的商业化杀虫剂仅有双甲脒（amitraz），该药剂为广谱性杀虫剂，对螨类和虱类具有良好的防效。

神经肽研究的意义　神经肽信号系统被认为是开发新一代杀虫剂理想的作用靶标。由于大量神经肽结构简单，进而易于对有活性的神经肽进行合成、加工和修饰，合成相应的激动剂或拮抗剂，使之可以作用于靶标 GPCR，通过阻断或扰乱昆虫神经肽的合成、释放以及与靶标 GPCR 的结合过程，导致昆虫神经系统功能紊乱以及内分泌系统严重失调，最终造成昆虫生理机能障碍，从而达到有效控制害虫的目的（图 3）。多个研究表明该理论和方法具有实践操作性。如将经过化学改造的昆虫 Kinin 类似物混入人工饲料后，发现对豌豆蚜（*Acyrthosiphon pisum*）有拒食活性并导致其较高的死亡率；类似方法合成的昆虫 Tachykinin 类似物也对豌豆蚜具有较高的胃毒活性；此外，人工合成的棉铃虫（*Helicoverpa zea*）滞育激素拮抗剂或激发剂均能有效地打破棉铃虫蛹期滞育而扰乱其正常的生命活动。

总之，神经肽信号系统广泛参与昆虫的各种生命活动进程，其在害虫防控中的应用也得到了广泛的关注。随着大量国内外相关研究的开展，相信人们对其生理功能及防控中应用的认识将更加深入。

参考文献

谢启文，2003. 神经肽 [M]. 上海：复旦大学出版社：1-29.

桂顺华，2014. 桔小实蝇 Tachykinin 和 Natalisin 信号系统的生理功能及其药靶潜力评估 [D]. 重庆：西南大学：15-16.

ASAHINA K, WATANABE K, DUISTERMARS B J, et al, 2014. Tachykinin-expressing neurons control male-specific aggressive arousal in *Drosophila*[J]. Cell, 156(1-2): 221-235.

FUJII S, AMREIN H, 2010. Ventral lateral and DN1 clock neurons mediate distinct properties of male sex drive rhythm in *Drosophila*[J]. Proceedings of the National Academy of Sciences of the United States of America, 107(23): 10590-10595.

GHOSH A, MCBRAYER Z, O'CONNOR M B, et al, 2010. The Drosophila gap gene giant regulates ecdysone production through specification of the PTTH-producing neurons[J]. Developmental biology, 347(2): 271-278.

JIANG H B, LKHAGVA A, DAUBNEROVÁ I, et al, 2013. Natalisin, a tachykinin-like signaling system, regulates sexual activity and fecundity in insects[J]. Proceedings of the National Academy of Sciences of the United States of America, 110(37): E3526-E3534.

KRASHES M J, DASGUPTA S, VREEDE A, et al, 2009. A neural circuit mechanism integrating motivational state with memory expression in *Drosophila*[J]. Cell, 139(2): 416-427.

NACHMAN R J, MAHDIAN K, NASSEL D R, et al, 2011. Biostable multi-Aib analogs of tachykinin-related peptides demonstrate potent oral aphicidal activity in the pea aphid *Acyrthosiphon pisum* (Hemiptera: Aphidae)[J]. Peptides, 32(3): 587-594.

NASSEL D R, WINTHER A M E, 2010. *Drosophila* neuropeptides in regulation of physiology and behavior[J]. Progress in neurobiology, 92(1): 42-104.

NOUZOVA M, RIVERA-PEREZ C, NORIEGA F G, 2015. Allatostatin-C reversibly blocks the transport of citrate out of the mitochondria and inhibits juvenile hormone synthesis in mosquitoes[J]. Insect biochemistry and molecular biology, 57: 20-26.

PEABODY N C, DIAO F Q, LUAN H J, et al, 2008. Bursicon functions within the *Drosophila* CNS to modulate wing expansion behavior, hormone secretion, and cell death[J]. Journal of neuroscience, 28(53): 14379-14391.

SCHERKENBECK J, ZDOBINSKY T, 2009. Insect neuropeptides: structures, chemical modifications and potential for insect control[J]. Bioorganic & medicinal chemistry, 17(12): 4071-4084.

SCHOOFS L, DE LOOF A, VAN HIEL M B, 2017. Neuropeptides as regulators of behavior in insects[J]. Annual review of entomology, 62(1): 35-52.

SHANKAR S, CHUA J Y, TAN K J, et al, 2015. The neuropeptide tachykinin is essential for pheromone detection in a gustatory neural circuit[J]. eLife, 4: e06914.

SHI Y, JIANG H B, GUI S H, 2017. Ecdysis triggering hormone signaling (ETH/ETHR-A) is required for the larva-larva ecdysis in *Bactrocera dorsalis* (Diptera: Tephritidae)[J]. Frontiers in physiology, 8: 587.

SMAGGHE G, MANDIAN K, ZUBRZAK P, et al, 2010. Antifeedant activity and high mortality in the pea aphid *Acyrthosiphon pisum* (Hemiptera: Aphidae) induced by biostable insect kinin analogs[J]. Peptides, 31(3): 498-505.

TERHZAZ S, TEETS N M, CABRERO P, et al, 2010. Insect capa neuropeptides impact desiccation and cold tolerance[J]. Proceedings of the National Academy of Sciences of the United States of America, 112(9): 2882-2887.

（撰稿：蒋红波；审稿：王进军）

昆虫生活史　insect life history

一种昆虫在一定阶段的发育史，可定义为昆虫的生长、分化、生殖、休眠和迁移等各种过程的整体格局。

昆虫生活史的关键组分包括身体大小、生长率、繁殖和寿命。昆虫生活史也具有多样性。

昆虫的生活史可包括卵、幼虫、蛹和成虫阶段的完全变态昆虫，卵、若虫或稚虫和成虫阶段的不完全变态昆虫。

昆虫的生活史根据不同的种类具有不同的生活史特征，包括不同化性、世代重叠、局部世代、世代交替、休眠与滞育等。

昆虫的新个体（卵或幼虫或稚虫）自离开母体到性成熟产生后代为止的发育过程称为生活周期，这个过程也称为一个时代。而昆虫的新个体从离开母体到死亡所经历的时间称为该昆虫的寿命。

昆虫的生活史可以包括一代或多代。昆虫的生活史常以1年或一代为时间范围，可称为年生活史或代生活史。昆虫在1年完成其生活史的为一年生，2年完成其生活史的为二年生，多年完成其生活史的为多年生的。昆虫有1年中只生殖1次的和多次的，有休眠的和无休眠的。1年只发生1代的，称为一化性；1年只发生2代的，称为二化性；1年发生多于2代的，称为多化性。世代重叠现象是指二化性和多化性昆虫各虫态生长发育时间受到各种因素的影响造成了差异，导致世代不整齐而形成的不同世代的重叠现象，在同一时间存在不同世代的相同虫态。有的昆虫在同一地区具有不同化现象称为局部世代。一化性昆虫一般不存在世代重叠现象，二化性昆虫世代重叠现象也较少，多化性昆虫一般都会有世代重叠现象。还有的昆虫在世代间有两性世代和孤雌世代的交替现象，称为世代交替，如蚜虫、瘿蚊等。

在昆虫生活史的某一阶段，当遇到不良环境条件时，昆虫为了应对这些不良环境条件，会停滞发育。昆虫的越夏现象是为了应对夏天的高温，越冬现象是为了应对冬季的低温，这些现象可以根据引起和解除的条件分为休眠与滞育两类。

昆虫的生活史是昆虫生物学研究的最基本内容之一。昆虫的生活史可以照片、图、表、公式或照片图表混合的形式来描述。比较各个物种的生活史特征，揭示其相似性和分异性，进而联系其栖息地环境条件，探讨其适应性，联系物种的分类地位，探讨各种类型和亚类型生活史在生存竞争中的意义，是现代生态学的一个重要任务。

（撰稿：刘同先；审稿：王琛柱）

昆虫生物胺　insect biogenic amine

生物胺是一类具有生物活性的含氮低分子量化合物的统称。主要由氨基酸脱羧或醛酮类物质经转胺作用生成。生物胺广泛存在于微生物、植物和动物体内。大多数食品和饮料中都含有生物胺，这些生物胺主要由微生物氨基酸脱羧酶作用于氨基酸脱羧而成。

按照组成成分可以将生物胺分为单胺和多胺。根据结构又可将生物胺分成3类：脂肪族胺，包括腐胺（putrescine）、尸胺（cadaverin）、精胺（spermine）、亚精胺（spermidine）等；芳香族胺，包括酪胺（tyramine）、苯乙胺（phenylethylamine）等；杂环族胺，包括组胺（histamine）、色胺（tryptamine）等。生物胺是生物体内正常的活性成分，在体内发挥重要的生理功能。

昆虫生物胺主要包括多巴胺（dopamine，DA）、五羟色胺（5-hydroxytryptamine，5-HT）、章鱼胺（octopamine，OA）、酪胺（tyramine，TA）、组胺（histamine，HA）等。这些胺类物质具有神经递质、神经激素或神经调节素的作用。生物胺主要通过结合特定的G蛋白偶联受体发挥生理功能。受体与各种G蛋白相互作用激活不同的第二信使途径，例如环腺苷酸（cAMP）、钙离子（Ca^{2+}）、磷脂酶C（PLC）等。不同的生物胺有着特定的合成途径、组织分布模式及生理功能（如图）。

多巴胺（DA）　DA是一种广泛分布于脊椎动物和无脊椎动物体内的儿茶酚胺类神经递质。昆虫DA的合成底物与脊椎动物DA一样也是酪氨酸（tyrosine）。酪氨酸在酪氨酸羟化酶（tyrosine hydroxylase，TH）作用下生成多巴（L-DOPA），L-DOPA在多巴脱羧酶（dopa decarboxylase，DDC）作用下生成DA。DA合成后，在囊泡单胺转运体（monoamine transporter，VMAT）的作用下，从细胞质中转运到突触囊泡。存储DA的这些囊泡在动作电位发生后与细胞膜融合，通过胞吐作用将DA泵到神经突触中。一旦被释放到突触内，DA便会结合突触后的多巴胺受体（DARs），并引起信号从突触前细胞传递到突触后神经元。该过程十分短暂，需要有相应的再吸收机制来终止其过度反应，而位于多巴胺能神经末梢突触前膜上多巴胺转运体（dopamine transporter，DAT）可以将释放的DA转运到突触前细胞中。昆虫多巴胺的降解主要依赖于*N*-乙酰化、γ-谷酰化、硫酸化、β-丙酰化和氧化脱氨基作用等酶解途径。DA的分布在果蝇脑中研究比较深入，其在果蝇的脑部蘑菇体和咽下神经节内均有存在。DA及其受体在控制果蝇运动行为的脑部中央复合体内大量分布。在蝗虫中DA广泛分布于前脑、中脑、后脑及视叶中。在蜜蜂的幼虫、蛹和成虫的脑部都有DA，且主要分布在前脑，而其代谢产物N-乙酰多巴胺在视叶和前脑中都有分布。与脊椎动物类似，昆虫体内的DARs也可以被分为两类：D1-like DARs和D2-like DARs，其中D1-like包括DOP1和DOP2，D2-like只有DOP3。DOP1被激活后偶联$G\alpha_s$引起胞内cAMP含量显著上升，而DOP2受体虽然也能引起cAMP含量的升高，但其对DA的敏感性明显低于DOP1。昆虫DA主要通过结合相应的受体在体内发挥功能，参与调控昆虫的多种生理和行为过程。在果蝇中，DA水平在交配行为中扮演重要角色，提高DA水平可增加果蝇雄-雄交配行为；果蝇嗅觉记忆的调节也需要DA的参与；DA可以调控果蝇发育过程、运动活性、睡眠与觉醒及奖赏行为等（Hodgetts and O'Keefe，2006）。DA调控飞蝗的型变过程，促进散居型向群居型的行为转变。此外，在蜜蜂和蟋蟀中，DA还参与调控学习与记忆过程。

五羟色胺（5-HT）　5-HT是一类重要的信号物质，因早期从血清中分离出来并可以促进血管收缩，故又名"血清素（serotonin）"。5-HT是色氨酸（tryptophan）在色氨酸羟化酶（tryptophan hydroxylase，TH）作用下生成5-羟色氨酸（5-hydroxy tryptophan，5-HTP），然后在5-羟色氨酸脱羧酶（aromatic L-amino acid decarboxylase，AADC）作用下，脱羧生成5-HT。色氨酸羟化酶是5-HT合成过程的限速酶。在已研究的后口动物中5-HT的分解途径各有不同。在昆虫中，5-HT主要在*N*-乙酰基转移酶（*N*-acetyltransferase，NAT）的作用下生成*N*-乙酰羟色胺（*N*-acetyl serotonin，NAS）。5-HT在昆虫体内引起突触后细胞发生反应并产生

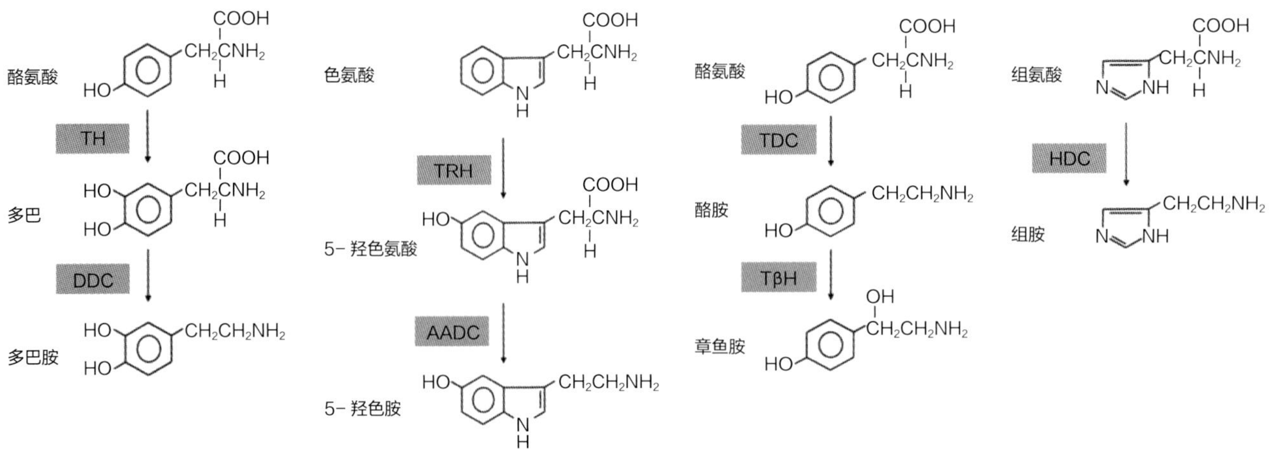

昆虫主要生物胺合成途径

引自 *Archives of Insect Biochemistry and Physiology by Blenau & Baumann*（2001）

信号后，同样需要其他途径终止其反应。该途径主要由5-HT转运体（serotonin transporter）将其重吸收进入突触前结构中。5-HT在昆虫中枢神经系统和外周神经系统均有分布。腹部神经索中，大部分5-HT神经元是中间神经元。此外，在感觉神经元、咽下神经节、中间神经元、神经分泌细胞等部分都有5-HT的分布。5-HT在昆虫体内可以发挥不同的生理功能，很多都是通过其受体实现的。昆虫5-HT受体均为G蛋白偶联受体，是具有7次跨膜结构的膜蛋白。根据序列同源性、基因分布、偶联的信号通路，脊椎动物中已克隆的13个GPCR类5-HT受体被分为6大类。5-HT_1和5-HT_5受体与$G_{i/o}$蛋白偶联，抑制cAMP合成。5-HT_2受体跟$G_{q/o}$偶联，调节肌醇磷酸盐的水解，从而提高胞内Ca^{2+}浓度。5-HT_4、5-HT_6和5-HT_7受体跟G_S偶联，促进胞内cAMP合成。目前昆虫中克隆到的5-HT受体基因主要属于5-HT_1、5-HT_2和5-HT_7受体，例如果蝇中克隆到5种5-HT受体基因，即5-HT_{1A}、5-HT_{1B}、5-HT_{2A}、5-HT_{2B}和5-HT_7。5-HT作为昆虫中的重要神经递质可以调控多种取食和生殖相关的行为。在果蝇中，遗传学及药理学研究表明，5-HT对调控学习与记忆、打斗行为、心率、发育过程都起着至关重要的作用。在沙漠蝗中，5-HT可以促进沙漠蝗由散居型变为群居型，而在飞蝗中，则可以诱导群居型向散居型转变。

章鱼胺（OA）和酪胺（TA） 昆虫中的OA和TA在功能上对应于脊椎动物中的肾上腺素和去甲肾上腺素。两者在体内都是以酪氨酸为底物通过一系列酶促反应合成的。酪氨酸可以通过TH羟基化作用生成DOPA，而酪氨酸与DOPA又可以分别在酪氨酸脱羧酶和多巴脱羧酶作用下生成TA和DA，TA和DA可进一步通过酪胺-β-羟化酶（TβH）和多巴胺-β-羟化酶作用下生成OA与去甲肾上腺素，去甲肾上腺素可在苯乙醇胺-N-甲基转移酶（PNMT）作用下生成肾上腺素（Roeder，2005）。与其他几种神经递质一样，OA和TA通过特定的神经递质转运体被神经细胞再摄取是它们失活的主要方式。OA和TA在昆虫体内的分布十分复杂。由于TA一直被视为OA的合成前体，所以OA神经元也应该同时包含TA，但TA神经元却不一定包含OA，但在蝗虫的研究中TA与OA的分布并不对应。在蝗虫的CNS中，OA的含量是TA的3～7倍，而在骨骼肌中TA的含量却是OA的2～9倍。蝗虫中大概有100个神经元含有这些神经递质，而在果蝇中，大约有40种不同的神经元包含OA和TA，它们分布在果蝇的脑部、胸部和腹部神经元。果蝇脑部鉴定到27种独特的OA神经元，这些神经元大都位于脑部的复杂结构中，有着明显分隔开的树突和突触前区域，整个OA神经纤维网遍布于CNS内。TA在不同昆虫脑部神经节、咽下神经节、胸部神经节以及腹部神经节中均有分布，尤其在中间神经元中含量较高，这些神经元连接着末梢肌肉组织，对昆虫行为有着重要的影响。此外，TA还存在于昆虫非神经组织马氏管中，所以可能对昆虫的交配生殖和排泄行为有所影响。与肾上腺素和去甲肾上腺素相似，OA和TA也是通过一系列的G蛋白偶联受体相互作用来完成神经信号转导，从而发挥其功能。目前在不同的昆虫中克隆到OARs和TARs的编码基因，这些受体通常被命名为OA/TA受体，对OA和TA有着不同的亲和性。但后续的研究鉴定到TA特异性受体，表明TA完全可以独立于OA在昆虫体内通过特异性受体发挥作用。根据受体的结构与功能的相似性可以将OARs和TARs分为两大类共4种类型：α1-adrenergic-like OARs、α2-adrenergic-like OARs、α1-adrenergic-like TARs和α2-adrenergic-like TARs。目前在果蝇、家蚕和二化螟中这4种受体都被克隆到并进行了功能验证。OA或TA与相应受体结合后会改变胞内信号分子的浓度，如cAMP和Ca^{2+}。cAMP的提高可以进一步激活蛋白激酶A（protein kinase A，PKA），进而调控多种分子底物的特性。激活的受体还有可能结合并激活磷脂酶C（phospholipase C，PLC），该酶可以水解磷脂酰肌醇二磷酸，产生三磷酸肌醇（IP3）和二酰基甘油（DAG），从而调控胞内的Ca^{2+}水平（Blenau and Baumann，2001）。OA和TA在昆虫体内的生理功能一直备受关注。研究表明OA可以调节果蝇的生殖。在外周神经系统中，OA起着调控昆虫中飞翔肌、淋巴器官、输卵管等几乎所有的感觉器官的功能；而在中枢神经系统中，OA可以调控昆虫运动、觉醒、学习与记忆及昼夜节律等生理过程。对于TA的功能研究相对较少，发现TA可以控制果蝇幼虫的移动；参与调控飞蝗的排卵、受精、排泄和迁移等行为。TA 还参与调控蜜蜂的卵巢发育。

组胺（HA） HA 是由组氨酸脱羧酶（histamine decarboxylase, HDC）催化 L- 组氨酸生成的一种重要胺类活性物质，是生物体内的重要化学传导物质。HA 普遍存在于脊椎动物与无脊椎动物中。在脊椎动物中，HA 是调节过敏及炎症反应的重要神经递质，在中枢神经系统中，HA 由下丘脑后部的少量神经元合成，这些神经元可以投射到大部分脑区，参与调节激素分泌、心血管、温度以及记忆等生理过程。昆虫 HA 主要从光感受细胞中合成释放，是调节光感受的重要神经递质。研究发现，HA 在多种昆虫的视网膜中大量存在，在视叶中含量较少，而在其他神经组织的分布中呈现物种特异性。果蝇脑部有 18～24 个 HA 神经元，这些神经元向侧脑投射出大量的纤维分支支配特定的脑区（Sarthy，1991）。在果蝇成虫纤毛的感器中也发现了大量的 HA。蜜蜂脑部约有 150 个组胺能神经元，这些神经元的轴突支配了除蘑菇体以外大部分的前脑区。HA 在光刺激下经突触释放，该过程需要钙离子的参与。释放后的 HA 同样可以被特定的递质转运体重吸收。HA 的失活表现出物种特异性，与哺乳动物中 HA 经组氨酸甲基转移酶催化为 *N*- 甲基组氨酸不同，昆虫 HA 可以被转化为 *N*- 乙酰 - 组氨酸或氧化成咪唑 -4- 乙酸（Elias and Evans，1983）。目前在脊椎动物中克隆到 3 种 HA 受体，均属于 G 蛋白偶联受体（GPCR）。H1 受体激活导致胞内 Ca^{2+} 浓度升高；H2 受体激活腺苷酸环化酶；而 H3 受体抑制腺苷酸环化酶的活性。然而在昆虫中还没有鉴定到 HA 受体的同源基因。电生理实验结果显示，昆虫 HA 释放可以激活突触后薄层细胞中氯离子通道介导的超极化。目前在果蝇中鉴定到氯离子通道的两个亚基：HisCl1 和 HisC2，两个亚基均能特异地响应组胺的刺激，从而介导胞内氯离子电流的产生，同时两个亚基还可以形成异源二聚体，对组胺的刺激具有更强的敏感性。这说明昆虫 HA 受体很有可能是配体门控离子通道。最近在家蝇中也鉴定到两个 HA 门控的氯离子通道亚基 MdHCLA 和 MdHCLB，其中 MdHCLB 对 HA 刺激具有更高的敏感性（Kita et al.，2017）。与脊椎动物中 HA 的功能研究相比，昆虫 HA 的功能报道相对较少，其主要参与光照与机械感受的调节、温度偏好、睡眠及嗅觉处理等生理过程。

参考文献

BLENAU W, BAUMANN A, 2001. Molecular and pharmacological properties of insect biogenic amine receptors: lessons from *Drosophila melanogaster* and *Apis mellifera*[J]. Archives of insect biochemistry physiology, 48(1): 13-38.

ELIAS M S, EVANS P D, 1983. Histamine in the insect nervous system: distribution, synthesis and metabolism[J]. Oral history review, 41(2): 562-568.

GREER C L, GRYGORUK A, PATTON D E, et al, 2005. A splice variant of the *Drosophila* vesicular monoamine transporter contains a conserved trafficking domain and functions in the storage of dopamine, serotonin, and octopamine[J]. Developmental neurobiology, 64(3): 239-258.

HODGETTS R B, O'KEEFE S L, 2006. Dopa decarboxylase: a model gene-enzyme system for studying development, behavior, and systematics[J]. Annual review of entomology, 51(1): 259-284.

KITA T, IRIE T, NOMURA K, et al, 2017. Pharmacological characterization of histamine-gated chloride channels from the housefly *Musca domestica*[J]. Neurotoxicology, 60: 245-253.

MA Z, GUO W, GUO X J, et al, 2011. Modulation of behavioral phase changes of the migratory locust by the catecholamine metabolic pathway[J]. Proceedings of the National Academy of Science of the United States of America, 108(10): 3882-3887.

ROEDER T, 2005. Tyramine and octopamine: ruling behavior and metabolism[J]. Annual review of entomology, 50(1): 447-477.

SARTHY P V, 1991. Histamine: a neurotransmitter candidate for *Drosophila* photoreceptors[J]. Oral history review, 57(5): 1757-1768.

TIERNEY A J, 2001. Structure and function of invertebrate 5-HT receptors: a review[J]. Comparative biochemistry and physiology Part A: Molecular and integrative physiology, 128(4): 791-804.

（撰稿：王宪辉；审稿：王琛柱）

昆虫生物技术　insect biotechnology

利用生物学技术和方法研究昆虫、利用昆虫资源、控制和防治害虫的技术。

随着科学技术的进步，生物技术已经越来越多地被应用于昆虫学研究中。研究昆虫一般是以核糖体 DNA（rDNA）或线粒体 DNA（mtDNA）为材料，利用限制性片段长度多态性（restriction fragment length polymorphisms，RFLP）、随机扩增片段长度多态性（random amplified polymorphic DNA，RAPD）、扩增片段长度多态性（amplified fragment length polymorphism，AFLP）、微卫星 DNA 标记、DNA 测序、单核苷酸多态性分析（single nucleotide polymorphisms，SNPs）等多种方法对昆虫的遗传进化机制、系统发育、物种形成和生物地理等问题进行研究，总结其在个体和群体中的变化发展规律，从而在本质上探索昆虫个体、种群间的内在联系。现已渗透到了各类分支学科，如昆虫分类学、昆虫生态学、昆虫系统生物学、昆虫分子生物学、害虫遗传学等。

昆虫的核糖体 RNA（rDNA）是一类中度重复的 DNA 序列，以串联多拷贝形式存在于染色体中。每个重复单位包括 5.8S、18S 和 28S rRNA 的基因编码区。昆虫线粒体 DNA 是双链闭环分子，其中可编码 2 个核糖体 RNA，12S rRNA 和 16S rRNA。线粒体内膜蛋白多聚体的 12 个亚基编码基因，包括 3 个细胞色素氧化酶，1 个细胞色素 b，6 个 NADH 降解酶和 2 个 ATP 酶基因。由于基因顺序和组成总体上的保守而被广泛用于昆虫分类学研究。目前世界上的昆虫约有 1000 万种，高达 90% 的昆虫是未知种。长期以来，昆虫分类主要是以外部形态特征为依据，但是在小的分类单元，如属、族、种内则不容易确定昆虫的分类地位，再到种群、生态型则更难确定分类地位。现代生物学技术的应用加速了昆虫分类学的发展。如核酸序列分析技术的应用，以昆虫的线粒体细胞色素 b（Cytb）基因作为分子标记，对缘蝽科 4 亚科 14 种昆虫进行序列测定，以筛豆龟蝽为外群构建系统发育树，表明了在亚科级水平上，姬缘蝽亚科是最原始的，蛛缘蝽亚科次之，巨缘蝽亚科和缘蝽亚科亲缘关系比较近。为了研究蟑螂种群内部和种群之间的遗传变异，Mukha 等（2007）利用核糖体 DNA（rDNA）非转录间隔区进行限制性片段长度多态性（RFLP）分析，对 3 个德国小蠊（*Blattella germanica*）种群的 HindIII 多态性进行了研究，发现可变位点的遗传重组并不频繁，3 种蟑螂种群的遗传分化模式表明至少在区域尺度上，人类对蟑螂的传播是形成蟑螂种群遗传结构的重要力量。用微卫星 DNA 引物对来自于中国 16 个地区的中国梨木虱（*Cacopsylla chinensis*）种群，3 种寄主植物上的桃蚜（*Myzus persicae*））种群以及重庆地区 6 个橘小实蝇（*Bactrocera dorsalis*）种群进行遗传多样性分析，结果显示中国梨木虱各种群间遗传分化程度比较低，基因交流程度比较高；各寄主植物的桃蚜种群之间有明显的遗传分化；重庆地区的橘小实蝇遗传分化程度较低，入侵尚处于初级阶段。

昆虫资源的利用和开发具有广阔的前景。如昆虫养殖可以作为一种新型为人类和动物生产富含蛋白食物的方法，在人工大规模养殖方面，除了传统的蜜蜂和蚕蛹之外，黄粉虫和家蝇的养殖技术也有很多研究。昆虫也可作为药用和工业原料。如蟑螂提取物 AF_2 可以治疗原发性肝癌；家蚕抗菌肽和蜣螂提取物以及宁激素、免疫肽、抗菌肽等可用于抗菌、抗病毒药品的开发；紫胶虫分泌的紫胶是广泛用于机械电子、化工、食品行业的重要工业原料；五倍子蚜形成的五倍子广泛用于医药、纺织、化工、食品等行业。有些昆虫也可以解决环境污染的问题。如粪金龟可以清除草原和牧场中的粪便，净化环境，减少疟疾传播。利用基因工程可以将昆虫细胞或者虫体作为生物反应器来生产有价值的基因产物。如昆虫—杆状病毒表达系统，目前已经用 sf-9 和家蚕细胞系表达了乙肝病毒表面抗原基因、人干扰素基因、人白细胞介素、小鼠金属硫蛋白基因等，产生了很大的工业价值，是非常有前景的产业之一。昆虫衍生化合物如重组昆虫丝蛋白加工成纤维、薄膜和水凝胶用于生物医学和技术上，其良好的力学性能、无毒、生物相容性好、可降解这些特性可用于制作渔网或包扎伤口。

分子生物学和基因工程技术的发展使得利用遗传学方法控制害虫成为研究热点之一。利用物理化学和生物遗传等方式处理害虫，改变其遗传物质，降低其生殖潜力或危害能力。它的优势包括可以避免化学农药污染，持久控制害虫种群，可靠且安全，专一性强。转基因工程防治害虫的效率比传统方法高 10～100 倍，携带条件致死基因的复合转座子插入到昆虫基因组，形成转基因昆虫，之后与野生型昆虫交配后，经过几个世代后，携带条件致死基因的复合转座子扩散到所有后代中，达到害虫控制的目的。利用转基因的方法也可以控制害虫的性别分化从而达到控制害虫种群的目的。将人工饲养的昆虫进行性别决定基因的改造，释放到自然界中，与野生型昆虫交配从而干扰后代的性别分化，使得后代表现为同一性别达到控制害虫的目的。近年来的研究设计合成了荧光纳米材料基因载体，它具有荧光强度高、水溶性好、细胞毒性低、运输速率快、基因转染效率高等优点，并且可以高效携带外源核酸或农药分子进入昆虫或植物细胞，从而干扰害虫的行为和发育。这种基于新型纳米材料载体的瞬时基因转染技术已经成功应用在多种害虫上，为后续的田间应用奠定了基础，有希望成为害虫控制的最有潜力的新策略。

参考文献

陈敏，王丹，沈杰，2015. 害虫遗传学控制策略与进展 [J]. 植物保护学报，42(1): 1-9.

胡庆玲，宁硕瀛，2018. 分子生物技术在昆虫系统发育研究中的应用 [J]. 科技通报，34(4): 7-14.

黄海荣，程菲，曾春，等，2010. 生物技术在昆虫分类中的应用 [J]. 湖北植保 (2): 60-62.

刘高强，魏美才，王晓玲，2002. 昆虫资源利用及其产业化进展 [J]. 生命科学研究，6(4): 169-172.

HOFFMANN K H, 2017. Insect biotechnology - a major challenge in the 21st century[J]. Zeitschrift für naturforschung C, 72(9-10): 335-336.

MUKHA D V, KAGRAMANOVA A S, LAZEBNAYA I V, et al, 2007. Intraspecific variation and population structure of the German cockroach, *Blattella germanica*, revealed with RFLP analysis of the non-transcribed spacer region of ribosomal DNA[J]. Medical and veterinary entomology, 21(2): 132-140.

（撰稿：张晓明；审稿：王琛柱）

昆虫生殖系统　insect reproductive system

包括外生殖器和内生殖器两部分。外生殖器是昆虫生殖系统的体外部分，是用以交配、授精和产卵等器官的统称，主要由腹部生殖节上的附肢特化而成。雌虫的外生殖器称为产卵器，雄性外生殖器称为交配器，根据外生殖器的不同，可以辨别昆虫的雌雄。昆虫的内生殖器来源于中胚层和外胚层。雌虫生殖器的卵巢和侧输卵管来源于中胚层，而中输卵管、附腺、生殖腔和受精囊来自外胚层；雄虫生殖器的精巢、输精管和储精囊来源于中胚层，而射精管和附腺来源于外胚层。

雌性生殖系统　昆虫雌性内生殖器由 1 对卵巢、1 对侧输卵管、1 根中输卵管和生殖腔组成，多数昆虫还包括雌性附腺和受精囊。

卵巢　昆虫的卵巢位于消化道背面，由一对数量不等的卵巢管组成，它是卵子发生和发育的场所。每头雌虫卵巢管的数目，因为其生存环境和种类的不同具有很大的差异。例如黑腹果蝇的卵巢，有 10～20 根卵巢管，而有些膜翅目和双翅目昆虫能多到 100～200 根。卵巢管主要分为 3 个部分：端丝、卵巢管本部和卵巢管柄。端丝是卵巢管本部前端围鞘延伸而成细丝，常常集结成悬带，悬挂于脂肪体、体壁或背隔上。卵巢管本部是非常重要的区域，是卵子发生和发育的区域，该区域又分成原卵区和生长区。原卵区有生殖干细胞、卵原细胞和卵母细胞，有的种类还有滋养细胞。果蝇的原卵区有 2～3 个生殖干细胞，干细胞分裂分化形成卵子，可以说干细胞是决定其后代的命运细胞。生长区包括卵泡细胞和一系列的卵室。果蝇的卵泡细胞是由原卵区的卵泡干细胞发育而来，在生殖细胞外侧起保护和维持的作用。卵巢管柄就是一条卵巢管基部连接侧输卵管的一条薄壁短管。

根据卵母细胞获取营养的方式，昆虫卵巢管分为无滋式、多滋式和端滋式三种类型。无滋式是不含有卵母细胞分化所需的滋养细胞，卵母细胞积累卵黄主要靠吸收血液中的营养，一些无翅亚纲、直翅目、蜻蜓目和蜉蝣目昆虫属于该类型。多滋式是指卵母细胞和滋养细胞交替排列，大多数的滋养细胞由卵原细胞分化而来，一个卵原细胞分化为一个卵母细胞和多个滋养细胞，当卵母细胞成熟时，滋养细胞也被消耗殆尽，一些鞘翅目、鳞翅目、双翅目及脉翅目昆虫属于这种类型。端滋式也是含有滋养细胞的小管类型，只是滋养细胞保持在生殖区，由原生质丝供给营养，主要存在于半翅目和部分鞘翅目昆虫。

侧输卵管　侧输卵管是连接卵巢和中输卵管的一对管道，由中胚层细胞发育而成。与卵巢相连处常膨大成囊状，为卵巢萼。侧输卵管外有一层肌肉鞘，通过伸缩完成产卵动作。

中输卵管　中输卵管的顶端和侧输卵管相连，后端开口于体壁内陷而成的生殖腔，是产卵的通道。

受精囊和附腺　受精囊由第八腹节的腹板内陷而成，其结构及形状大小在不同的昆虫中有很大的差异，一般是一个具有细长导管的表皮质囊，并常具有附腺。附腺的分泌物一般含有黏蛋白和黏多糖，为精子提供养分和能量。雌性附腺中还有一个重要结构就是黏腺，可以分泌卵的保护性物质。

雄性生殖系统　昆虫雄性内生殖器主要包括一对产生精子的精巢、输送精子到雌虫体内的输精管、储精囊和射精管，还有一些附腺能分泌精液以提供精子所需营养和合适的环境。

精巢　精巢由一组精巢小管组成，借气管和脂肪体固定在消化道的背面，是精子发生和发育的场所。精巢中的精巢小管的数目和形状在不同种类的昆虫中变异很大。精巢小管的分区不明显，一般分为生殖区、生长区、成熟区和转化区。原生殖细胞通过有丝分裂产生精原细胞，进入生长区后形成精母细胞，在成熟区形成精细胞，在转化区形成成熟的精子。

输精管和储精囊　输精管是连接精巢和射精管之间的一对管道，其下端常常膨大成囊状，用来储存精子。

射精管　射精管是由两条输精管汇合成一条管道而成，外端和阳茎相连，精液经此射入阴道内。

雄性附腺　雄性附腺包括输精管上的中胚层附腺和射精管上的外胚层附腺，一般位于输精管及射精管的交界处。附腺的分泌物包括蛋白质、氨基酸、糖类和脂肪等多种成分，多数种类分泌的物质能在交配时形成精包，组成精液，为精子提供营养基质和能量。

参考文献

冯振月，潘敏慧，鲁成，2006. 果蝇生殖腺干细胞和它们的微环境 [J]. 中国细胞生物学学报，28(2): 169-172.

嵇保中，刘曙雯，曹丹丹，2014. 昆虫生殖系统 [M]. 北京：科学出版社.

乐文俊，1995. 昆虫卵巢：超微结构、卵黄发生前的生长和演化 [J]. 应用昆虫学报，32(6): 371.

SONG X Q, ZHU C H, DOAN C, et al, 2002. Germline stem cells anchored by adherens junctions in the *Drosophila* ovary niches[J]. Science, 296(5574): 1855-1857.

（撰稿：黄健华；审稿：王琛柱）

昆虫食性　insect feeding habits

食性是昆虫在长期历史演化过程中形成的对食物的选择性。

不同昆虫对食物的取食范围不一样，昆虫的食性一般按照其取食的食物性质，分为植食性、肉食性、腐食性和杂食性。

以活体植物各部分为食料的叫植食性昆虫，其中以植物选择范围又可以分为单食性、寡食性和多食性几种。单食性昆虫取食一种或少数几种近缘种的食物。例如，三化螟只吃水稻，豌豆象只食豆类。寡食性昆虫取食少数几个属或种的植物。如菜白蝶除采食十字花科植物外，还采食与十字花科近缘的白花菜科等植物。多食性昆虫可取食多种亲缘关系较远的植物。如棉蚜能采食锦葵科、十字花科、豆科、百合科、茄科等多种植物。

肉食性昆虫以其他昆虫或小型动物为食物。如螳螂捕食蝉类，蜻蜓以蚊子、苍蝇等昆虫为食物。

腐食性昆虫可以取食腐烂的动植物尸体。包括 3 类：粪食性昆虫如肉蝇，尸食性昆虫如埋葬虫，腐食性昆虫如果蝇。一般捕食性和寄生性的昆虫食性多为肉食性和腐食性。

杂食性昆虫以各种植物和动物为食物。如蜚蠊、蚂蚁、苍蝇等，能取食各种动植物或腐食。

昆虫对食物的选择与多种信号刺激有关。如植物次生代谢物、食物气味及物理特征等。

参考文献

曹涤环，2011. 昆虫的食性与作物的抗虫性漫谈 [J]. 农药市场信息 (7): 53.

范黎，1979. 对食性分类的商榷 [J]. 应用昆虫学报 (1): 48.

胡启山，2011. 昆虫"大嘴"吃四方——话说昆虫的食性、食相与口器 [J]. 农药市场信息 (25): 52.

BERNAYS E A, 1998. Evolution of feeding behavior in insect herbivores-Success seen as different ways to ecot without being eaten[J]. Bioscience, 48(1): 35-44.

HOLLING C S, 1961. Principles of insect predation[J]. Annual review of entomology, 6(1): 163-182.

（撰稿：何静；审稿：王宪辉）

昆虫视觉　insect vision

昆虫对所在环境中光的感知与利用，包括对光不同特征的感知，如明暗、形状、位置、运动知觉、颜色和偏振性等。对多数昆虫而言，视觉提供了关于环境和自身状态的丰富信息，对其完成进食、捕猎、求偶、打架、归巢、迁徙等复杂的行为都有十分重要的意义。

昆虫的视觉机制十分复杂，包括了从简单的细胞水平的光知觉到复杂神经环路参与的视觉认知。通过免疫组化、荧光成像和电镜等多种实验方法，人们已经能够精确获得昆虫视觉系统的结构、神经元分类和连接信息。对昆虫视觉系统的了解，有助于揭示基本感知生物学机理，发现复杂神经计算的规律，理解生物多样性的机制，进而促进从形态到功能的仿生应用。

结构　大部分昆虫具有复眼视觉，一些完全变态发育的昆虫的幼虫具有侧单眼的结构行使视觉功能。

复眼　除蚤目、虱目等寄生昆虫外，大部分成年昆虫都有一对巨大的复眼。复眼一般对称分布在头的两侧，接合眼（holoptic）昆虫的复眼分布于头部背侧中线。复眼由规律排布的小眼组成，其数目依不同昆虫而有不同。每个小眼具有相似的结构，包括光学镜头、光捕捉结构和感光细胞。依照组织结构可以将复眼分为3种类型，分别为联立眼、重叠眼和神经重叠眼。

小眼表面的角质层透明无色，通常形成双凸面透镜，称为角膜透镜。从表面观察，这些透镜通常呈六角形排列，形成规律的六角形矩阵。在角膜透镜后方，通常由森宝细胞形成晶状体结构，晶状体澄清透明，由色素细胞分隔。小眼的感光元件由细长的感光细胞组成，一般每个小眼有8个感光细胞。感光细胞靠近光轴的部分特化为绒毛状结构。感光色素视紫红质（rhodopsin）分布于感光绒毛的细胞膜上。感光绒毛共同形成感杆小体。在很多物种中，感光细胞会围绕小眼长轴缠绕，感杆小体中微绒毛的朝向会随着深度的增加而有规律地变化，进而消除光偏振的影响。绝大部分昆虫的感杆小体会沿着小眼的轴紧密结合在一起，形成感杆束。双翅目、革翅目、部分半翅目和鞘翅目昆虫，感杆小体之间不发生融合，形成开放结构。在融合式结构中，同一小眼内的感光细胞，利用同一感杆束作为光捕捉结构，具有共同的视野范围。在一些开放式结构中，小眼中的每个感光细胞，同相邻的某个小眼中的某个感光细胞具有相同的视场角，进而具有相同的视野范围。

联立眼的感杆束通常贯穿晶状体到基底膜的整个感光细胞。每个小眼的透镜结构在镜头后形成倒立的像，聚焦于感杆束上。小眼之间有色素间隔，小眼内不同感光细胞感受相同的光强度信息，故每一小眼贡献最终图像的一个像素信息。重叠眼在晶状体和感杆束之间存在清晰区域，这一区域细胞的组成和排布方式在不同物种间各异。不同于联立眼，重叠眼小眼的透镜各部分折射率不同，在镜头后形成正置的像。透过透镜的光平行发散，通过清晰区域后可以被其他小眼的感光细胞感受到，感光细胞间通过色素分离，这一机制增强了低照度下昆虫的视觉能力。

大部分昆虫复眼的不同区域小眼的大小、结构存在特异性，并介导不同的视觉功能。

每个感光细胞的轴突向后投射到视叶。

视叶　视叶是前脑连接复眼的神经毡，由薄板、髓质、视小叶（有些昆虫中会进一步分开为小叶和小叶板）组成。神经元在神经毡的不同深度形成不同的突触连接，使其表现出分层结构。视觉信息在传递过程中保持了其在复眼上的投射关系，在薄板到髓质和髓质到视小叶的神经投射中发生了两次水平交叉，视觉信息的映射关系发生了两次位置上的反转。

感光细胞的轴突投射在薄板中形成弹药筒（cartridge）结构。联立眼和重叠复眼昆虫，每个弹药筒由同一复眼的轴突形成，大部分感光细胞投射到薄板，在薄板形成突触；少数感光细胞穿过薄板，投射到髓质区域，介导色彩视觉。开放式感杆束昆虫中，双翅目昆虫形成神经重叠复眼，每个弹药筒结构，接受的投射来自对应小眼和相邻6个小眼。这种从多个小眼获得视觉信号，达到重叠复眼相似的效果，称为神经重叠。在低照度时，在不丧失分辨率的前提下，神经重叠可以实现更高的光敏感度。

薄板区单极神经元接受来自感光细胞的信号，向髓质投射轴突，发生第一次视交叉。单极神经元的分类依据其是否接收多个弹药筒结构的信号及在髓质形成的突触位于哪一分层（如果蝇的L1、L2细胞）。髓质在细胞水平的结构在模式生物果蝇中研究的最为详尽。例如，我们目前已知果蝇髓质的每一个柱由80个以上细胞类型的投射形成，这些细胞依据形态及连接的区域的差异被划分为不同的类型，包括Mi（髓质内部）、Tm（连接髓质和小叶）、TmY（连接髓质和小叶、小叶板）、T（树丛样细胞）细胞等。这些细胞参与了不同的视觉通路，如运动感知的明暗通路、色彩知觉等。

视小叶中存在LPTC细胞，这类细胞在昆虫的视动反应起重要作用。这些细胞被分为水平和垂直两大类，分别对水平方向和垂直方向的视觉刺激起反应。每一类细胞还能依据其位置、形态、朝向偏好进一步细分。这些细胞接受广泛视野内上百个感光细胞的信号，对应其偏好方向的视觉刺激可以使之兴奋，相反方向视觉刺激则使之抑制。这些神经元向后投射到中脑中间神经元，调控飞行或行走行为。在果蝇中，视小叶的某些神经元投射到蘑菇体、中央复合体等结构，介导形状、朝向、位置等视觉信息的加工与学习记忆，参与空间位置信息处理、前景背景分离和距离估算等过程。

单眼　背侧单眼通常有3个。具有与复眼类似的结构。最外侧为镜头，光线被多个感光细胞组成的感杆束感受，而后信号在背侧基底转导给巨人中间神经元，再传向中央脑。部分物种会向后投射到腹神经索。背侧单眼在一些物种中被认为用于感受地平线。

侧单眼　一部分昆虫幼虫具有侧单眼。结构上大部分有镜头，少部分只有内部感光细胞。数量从一对到多对不等。一类具有单一感杆束，另一类具有多个感杆束。单一感杆束侧单眼分辨率低，可以完成简单形状朝向的识别。多感杆束侧单眼具有更多的感光细胞，因而有更好的分辨率。果蝇幼虫的光感受细胞组成的侧单眼，在功能上被认为是参与介导光回避反应和节律调节。

功能实现

分辨率　视觉分辨率表征视觉系统对物体成像的精细程度。昆虫复眼的分辨率由每个小眼的角分辨率和小眼间夹角共同决定。小眼的角分辨率主要受衍射效应约束，直径越大，分辨能力越强。例如直径25μm的小眼，对波长500nm光的角分辨率大约为1°。大的复眼同时具有更多的小眼（即更小的小眼间夹角），更大的小眼直径（即更强的小眼角分辨率），获得更高的分辨率。在捕食性昆虫如蜻蜓中，不只复眼大，小眼的数量多，复眼上还存在特化的区域，拥有更大的单眼直径，类似于脊椎动物眼睛中的中央凹，实现精细视觉的功能。

视野　昆虫一般具有广阔的视野范围。双眼成像的视野在正前方有重叠区域。每个小眼感知外周环境中一部分视域的光信息，对一定范围内的光线进行成像。与人类不同，昆虫的视觉系统无法对视觉目标进行精确聚焦，相当于定焦镜头。复眼的低分辨率决定了昆虫一般具有非常近的视觉距离，因不同的昆虫而异。

适应性　昆虫复眼具有很广的感光范围，可以感受从昏暗到非常明亮的光强。昆虫中存在两种机制进行这种适应性调节。一是改变到达感杆束的光子数量。通过色素细胞内色素分布的迁移，晶状体形状的改变，改变光路的透光效果等，影响光线到达感杆束的强度；并且通过感杆束形状的变化，进一步影响捕获光子的数量；在感光细胞内，光吸收色素通过在感杆束内位置的变化，影响光在感杆束内的传播，起到瞳孔类似的作用。二是改变受体的光敏感性。通过拘役蛋白（arrestin）对变视紫质（metarhodopsin）的抑制效率的变化，及细胞内镁离子浓度调节"瞬时受体电位"（TRP）通道的活性等，最终影响光感知的灵敏度。

色彩　昆虫感受波长范围通常在 300～600nm。由感光分子视紫红质的光谱决定，而视紫红质的光谱由与视黄醛相互作用的氨基酸序列决定。有翅昆虫的感光分子最早有紫外、蓝、绿 3 种。随着突变的发生，发展出了更多的类型。每个小眼通常分布有 6 个绿光受体、2 个其他受体。果蝇感光细胞中，R1～R6 包含灰度（紫外和蓝光）受体，R7/R8 包含粉色（紫外和蓝光）或黄色（紫外和绿光）受体。昆虫的色彩感知，由感知不同波长的感光细胞间的神经活动的比较而实现。这种比较由色觉拮抗细胞编码，其神经元活性在一种波长下兴奋，一种波长下被抑制。

偏振光　蚂蚁、蜜蜂等社会性昆虫可以利用偏振光导航来归巢，其他一些昆虫也用偏振光来控制运动朝向。在复眼中靠近背侧区域的一部分小眼，其感杆束不会发生扭转，可以感知偏振光。不同小眼感知偏振方向不同。当特定朝向感光细胞激活时，髓质中特定的神经元兴奋，这种神经兴奋的模式，被昆虫用来与视觉输入进行比对，进而判断朝向。

趋光　部分昆虫会表现出对光的趋避。例如在果蝇中，幼虫回避光，成虫趋向光。从 20 世纪 60 年代开始，光的趋向行为范式就被用来研究光感知的神经机制。在此基础之上，人们不仅发现了最基础的光传导信号通路的分子元件，也解析了参与环路中的神经元。果蝇成蝇的趋光行为与运动感知通路分离，薄板层的 L1、L2 神经元失活会导致果蝇运动感知丧失，而趋光行为正常。

运动感知　经典的运动感知模型 REICHARDT 模型，最早在甲壳虫的视觉研究中提出，之后在很多昆虫中得到证实，成为视觉计算领域的经典模式。在视觉机理研究中，果蝇中相关的研究最为深入，人们已经找到了从感光受体到薄板、髓质、视小叶和小叶板的完整的神经环路，并通过电生理和钙成像等方法，将运动感知分为 ON、OFF 通路，确定了各级参与的神经元。

视觉认知　昆虫能够处理形状、朝向和色彩等目标物体的视觉信息。在果蝇视觉学习时，视觉特征的识别不受目标在视野中位置的影响，即果蝇在视野的一个位置学到某一视觉特征后，可以在视野的其他位置识别出该特征。中央复合体被认为介导了视觉特征的抽提与学习记忆。面对相冲突的视觉特征线索时，果蝇能够依据视觉特征的相对强弱来做出抉择行为，投向蘑菇体的多巴胺能神经元参与了这一过程。在蜜蜂中，当给予预暴露的图形形状学习时，条块掩蔽的同一组图形的学习效果显著上升，表明其可以掌握对掩蔽图形进行抽提的规则，这一行为可以迁移到新的掩蔽图形上。

分子机制与信号转导　昆虫的视觉感知分子机制类似于高等动物。感光蛋白介导光信号转导将光信号转化为神经电信号。视紫红质是 G 蛋白偶联的 7 次跨膜蛋白。这些受体分布于感杆束的微管上。与视紫红质结合的视黄醛分子吸收光子，引起视紫红质的构象变化，成为变视紫质。变视紫质激活一定数量 G 蛋白后，结合拘役蛋白被失活，然后通过再吸收另一波长的光子，转化为视紫红质被重新利用。激活 G 蛋白的 α 亚基结合磷酯酶 C，激活第二信使，最终导致 TRP 家族的通道蛋白开放，阳离子内流。在昆虫中，足够数量的光子引发的去极化改变感光细胞的膜电位，进而通过轴突影响到下级神经元。

参考文献

BORST A, 2009. Drosophila's view on insect vision[J]. Current biology, 19(1): 36-47.

BORST A, HAAG J, REIFF D F, 2010. Fly motion vision[J]. Annual review of neuroscience, 33(1): 49-70.

CHAPMAN F, 2013. The insects structure and function[M]. New York: Cambridge University Press: 708-737.

HEISENBERG M, WOLF R, 1984. Vison in *Drosophila*[M]. Berlin: Springer-Verlag Berlin Heidelbag.

KEENE A C, SPRECHER S G, 2012. Seeing the light: photobehavior in fruit fly larvae[J]. Trends in neurosciences, 35(2): 104-110.

MONTELL C, 2012. *Drosophila* visual transduction[J]. Trends in neurosciences, 35(1): 356-363.

SANES J R, ZIPURSKY S L, 2010. Design principles of insect and vertebrate visual systems[J]. Neuron, 66(1): 15-36.

STAVENGA D, HARDIE R, 1989. Facets of vision[M]. Berlin: Springer-Verlag Berlin Heidelbag.

ZHU Y, 2013. The *Drosophila* visual system[J]. Cell adhesion & migration, 7(4): 333-344.

（撰稿：程亚鑫、刘芳、朱岩；审稿：王琛柱）

昆虫听觉　hearing in insects

听觉在昆虫行为中的作用　昆虫的生存和繁衍都离不开听觉。听觉系统在帮助昆虫躲避天敌、定位寄主以及寻找配偶方面发挥了重要的作用。

昆虫是地球上数量最大、种类最多、分布最广的动物，遍及地球上海陆空各个角落。而且一天二十四小时都会有昆虫在活动：有的昆虫在白天活动，而有的昆虫则昼伏夜出。对于白天活动的昆虫而言，躲避视力极佳的鸟类捕食是头等大事，而夜晚活动的昆虫则不用担心，因为鸟类一般在白天捕食。夜晚活动的昆虫面对的是另一类捕食者：蝙蝠。蝙蝠主要在夜晚活动，善于飞行，可以通过超声波定位昆虫猎物。而昆虫也进化出超声听觉的能力来躲避蝙蝠的捕食。例如飞蛾的听觉器官具有感知超声波的能力，并且飞蛾面对超声刺激时会表现出躲避行为。其他通过感知超声躲避天敌的昆虫包括草蛉、蟋蟀、螳螂、螽斯、蝗虫、飞蛾等。

某些寄生性昆虫可以通过寄主发出的声音信号定位寄主，这主要包括寄生蝇科和麻蝇科约 80 种昆虫。寄生蝇（*Ormia ochracea*）主要通过听觉定位将幼虫寄生于蟋蟀上，其雌蝇对频率约为 5000Hz 的蟋蟀歌声非常敏感，并且定位精度达到 2°，可媲美人耳的定位精度。

昆虫在求偶时会通过声音通讯，例如直翅目和双翅目的大多数昆虫。黑腹果蝇雄蝇会振动单翅唱求偶歌，而雌蝇感知到求偶歌后再做出决策是否和雄蝇交配。不同果蝇物种的雄蝇发出的求偶歌频率不同，而不同物种的雌蝇对雄蝇求偶歌频率的偏好也不一样，因此求偶歌在种间生殖隔离和物种形成过程中也发挥了重要作用。与果蝇同属双翅目的伊蚊其飞行时发出的嗡嗡声同时起着求偶歌的作用。雌蚊歌声频率在 400～600Hz 范围，而雄蚊歌声频率约为雌蚊歌声的两倍左右。雄蚊对雌蚊歌声非常敏感，可通过雌蚊歌声定位雌蚊飞行时所在的位置，再飞近雌蚊进行交配。雌、雄蚊的交配可在空中完成。

昆虫听觉外周感受器官 昆虫大多依靠弦音感受器来感知声音。不同昆虫的弦音感受器所处身体位置或有不同。像果蝇、蚊子、蜜蜂等昆虫，它们的弦音感受器处于触角第二节的位置，叫作约翰氏器（Johnston organ），蟋蟀的弦音感受器在前腿，而蝗虫的弦音感受器则在腹节。一般弦音感受器需要附属听觉结构来接收和放大声音信号，而附属听觉结构可以分为两大类：一类是触角天线结构（如蜜蜂和蚊子），另一类是鼓膜结构（如蝗虫和飞蛾）。于前者而言，声波会引起触角天线的振动，导致触角的旋转和摆动，进而激活触角第二节约翰氏器里的初级听觉神经元。而对于后者，声波则进入气管，可直接作用于鼓膜的内外侧，激活和鼓膜相连接的弦音感受器。触角天线型听觉感受器通常仅能感知频率低于 1000Hz 的近场声音信号，而鼓膜型听觉感受器可以感知到频率高达 300kHz 的超声波，有助于超远距离的声音通讯或者感知蝙蝠天敌发出的超声定位信号。无论是触角天线结构还是鼓膜结构，都有放大声音的作用，特别是在微弱声音刺激时其振动表现出非线性增益放大，并且在某个频段放大的效果最佳，使得昆虫能够更好地感知天敌或者配偶发出的特定频段的声音，从而及时作出正确的行为反应。

昆虫听觉外周感受的分子机制 果蝇听觉受体主要包括 TRP 阳离子通道 NOMPC、Nanchung 和 Inactive。其中 NOMPC 通道位于初级听觉神经元的末梢，它的 N 端的锚定蛋白结构域像弹簧一样把 NOMPC 通道锚定在微管上，声音引发的机械振动刺激可直接打开 NOMPC 通道进而激活神经元。Nanchung 和 Inactive 形成二聚体，位于 NOMPC 通道下游，虽不是直接的机械敏感通道，但在声音信号转化成神经电信号过程中起着重要的作用。

昆虫听觉器官的发育主要受到转录因子 Atonal 的调控。Atonal 基因突变导致约翰氏器和听觉附属结构的缺失。而 Atonal 的哺乳动物同源基因也是听觉毛细胞发育的重要调控因子。因此，可能在 5 亿年前 Atonal 基因就调控远古时期生物听觉相关组织的发育。

昆虫听觉神经编码机制 昆虫听觉编码有两个重要的问题：①如何识别声音的特定频率特征？②如何确定声音源的位置。前者可以帮助昆虫通过声音辨别天敌和配偶；而后者可以帮助昆虫在做出躲避或趋向反应时选择正确的方向。其实昆虫外周的附属听觉结构可以初步地对声音频谱做出过滤，甚至帮助确定声音源位置。比如前面提到过，触角天线结构或鼓膜结构对于特定声音频段其振动表现出非线性增益放大，使得昆虫能够更好响应特定频段的声音。寄蝇科或马蝇科的一些昆虫的两边鼓膜是相连的，状似跷跷板，当声音先振动左边鼓膜时，右边鼓膜由于与左边鼓膜相连会先被带动，再被声音振动，右边鼓膜被先后刺激的时间差可以让昆虫精确地计算出声音的方位。

在初级听觉神经元下游，听觉中枢神经环路对听觉信号进行进一步的分析和编码。响应不同频率的初级听觉神经元和下游不同的中间神经元连接，使得不同频谱的信息流在大脑的不同神经通路中流动。比如蟋蟀大脑就有两条独立的神经通路专门用于编码蟋蟀声音信号和蝙蝠超声信号。另外一个例子是对于声音强度的编码：飞蛾的不同听觉神经元对蝙蝠超声信号的响应灵敏度不一样，灵敏度高的神经元预警附近蝙蝠的存在，而灵敏度低的神经元在蝙蝠靠近准备捕食时触发飞蛾的逃跑行为。在昆虫中枢神经系统也有特定神经元对双耳声音强度差或时间差进行计算。蟋蟀大脑中有一类中间神经元接受双耳的输入，但被同侧输入激活，被对侧输入抑制，对侧耳朵接收的声音信号只需强于同侧耳朵 2dB，该神经元即可被抑制。这类对双耳声音强度差别极其敏感的神经元为昆虫精准定位声音方向提供了高效解决方案。

参考文献

FULLARD J H, DAWSON J W, JACOBS D S, 2003. Auditory encoding during the last moment of a moth's life[J]. The Journal of experimental biology, 206(2): 281-294.

GOPFERT M C, HENNIG R M, 2016. Hearing in Insects[J]. Annual review of entomology, 61(1): 257-276.

HOY R, NOLEN T, BRODFUEHRER P, 1989. The neuroethology of acoustic startle and escape in flying insects[J]. The journal of experimental biology, 146: 287-306.

LAKES-HARLAN R, LEHMANN G U C, 2015. Parasitoid flies exploiting acoustic communication of insects-comparative aspects of independent functional adaptations[J]. Journal of comparative physiology A: Neuroethology, sensory, neural, and behavioral physiology, 201(1): 123-132.

MASON A C, OSHINSKY M L, HOY R R, 2001. Hyperacute directional hearing in a microscale auditory system[J]. Nature, 410(6829): 686-690.

POLLACK G S, 1988. Selective attention in an insect auditory neuron[J]. The journal of neuroscience: the official journal of the society for neuroscience, 8(7): 2635-2639.

ROEDER K D, 1967. Nerve cells and insect behavior[M]. Cambridge: Harvard University Press.

ZHANG W, CHENG L E, KITTELMANN M, et al, 2015. Ankyrin repeats convey force to gate the NOMPC mechanotransduction channel[J]. Cell, 162(6): 1391-1403.

ZHOU C, PAN Y F, ROBINETT C C, et al, 2014. Central brain neurons expressing doublesex regulate female receptivity in *Drosophila*[J]. Neuron, 83(1): 149-163.

（撰稿：周传；审稿：王琛柱）

昆虫味觉 insect taste

味觉和嗅觉统称为化学感受，都是感知化学物质的。味觉与嗅觉的不同在于，嗅觉可收集远处的化学信息，感知气体化学物质，而味觉则要求化学物质与味觉感器相接触，方可感知这些刺激物。因此，味觉也称为接触性化学感受。

与脊椎动物的味觉相比，昆虫的味觉有其特点。首先，昆虫的味觉感器分布在触角、下颚须、下唇须、舌、内唇、咽、翅缘、足的跗节和产卵器等多种部位，而脊椎动物的味觉感器只见于口腔内，主要在舌头上。另外，昆虫的味觉可感知干表面上的化合物，如叶的表面，而对脊椎动物的味觉刺激需要在唾液中溶解。

昆虫的单个味觉感器通常包含 2～5 个双极神经元以及 3～4 个基部的支持细胞。神经元的树突伸达感器的顶端。感器顶端有一个孔，用来沟通味觉感受神经元与环境中化学物质的联系。感器的 5 个神经元中，4 个是味觉感受神经元，分别对糖、无机盐、苦味物质、水或氨基酸有反应，另有一个机械感受神经元。神经元的味觉感受特性主要由表达在树突膜上的分子受体来决定。这些受体被认为是配体门控的离子通道，主要有两大类，味觉受体（gustatory receptors，GRs）和离子受体（ionotropic receptors，IRs），也有某些 Pickpocket 和 Transient Receptor Potential Families 的受体参与其中。与气味受体相比，这些受体的作用机制更为复杂，多通过特定的组合以及辅助因子或在特别的细胞环境中才能起作用。单个细胞可能有多种受体的表达。

一个昆虫的行为反应是多种感觉信息输入的结果。就味觉而言，引起味觉反应的化学物质大致可归为两类：一类是刺激性的所谓"甜味"物质，如糖、肌醇、氨基酸等；另一类是抑制性的"苦味"物质，如很多植物次生物质。正反两方面的信息好比作用在一个平衡两臂上的力，中枢神经系统整合的结果决定昆虫的行为反应。这可能是昆虫进行味觉编码的主要模式，即味觉感受神经元只对一些特定的物质敏感，而对其他物质则无反应，反应信息分别由单个神经元轴突传至中枢神经系统，在那里进行简单的处理和整合，决定昆虫的行为。这种模式称为专用线路（labeled lines）模式。还有另一种模式多见于脊椎动物，但也在昆虫中存在，称作交叉纤维模式（across-fibre pattern）。在这种模式中，单个味觉感受神经元可对不同类别的化学物质起反应，只是不同的神经元在对刺激物的敏感性和反应谱上有不同，神经中枢需要接收多个轴突纤维同时传入的重叠信息，经过处理和整合方能得到"编码"的结果。

味觉感受神经元分布于昆虫身体的多个部位，这样外周的味觉信息传入的第一站应为相应体节的神经节，如足上的味觉神经纤维进入了相应胸节的神经节。尽管如此，由于头部的味觉器官提供了绝大部分的味觉信息，其信号主要进入了咽下神经节（suboesophageal ganglion，SOG），因此 SOG 被认为是处理味觉信息的一个重要位置。不过，味觉信号在昆虫中枢神经系统中如何整合尚待进一步研究。

（撰稿：王琛柱；审稿：康乐）

昆虫信息素 insect pheromone

由昆虫的腺体分泌到体外，影响同种其他个体的生理或行为的化学物质。旧称外激素。

研究历史 昆虫信息素的研究可以追溯到 19 世纪末期，这一时期人们虽然意识到一些能引起昆虫行为反应的活性物质有别于激素，但是对这些活性物质的定义还很模糊，对这些物质的结构也一无所知。直到 1959 年，德国生物化学家 Adolf Butenandt 从家蚕中分离和鉴定了第一个昆虫性信息素——蚕蛾醇（bombykol），并确定其结构为（10*E*，12*Z*）-hexadeca-10，12-dien-1-ol（图 1）。在此基础上，Peter Karlson 和 Martin Lüscher 于同年首次提出"pheromone"一词，其源于希腊单词"*pherein*（to transfer）"和"*hormon*（to excite）"。随着微量化学分析技术的改进，信息素的研究领域不断扩大和深化，从性信息素延伸到与食性分化、协同进化有关的信息素；从单一性信息素深入到多组分性信息素，再到信息素的应用。信息素的广泛研究促进了"化学生态学"这一新学科的诞生与发展。

种类和功能 信息素是同种昆虫个体间进行交流的化学信号，对昆虫的生理和行为有着重要的调控作用，包括性吸引、性抑制、聚集、社会等级分化、示踪、告警等。根据其功能，可分为性信息素、聚集信息素、示踪信息素和告警信息素等。

性信息素 性信息素是由成虫分泌和释放的、对同种异性个体有吸引作用的化学物质。性信息素一般由雌虫分泌，但也有些昆虫种类由雄性分泌性信息素。蚕蛾醇是第一个被鉴定的昆虫性信息素，它由家蚕（*Bombyx mori*）雌虫腹部末端的性腺分泌，标示雌虫的存在和位置。空气中浓度仅为 200 molecules/cm^3 的蚕蛾醇就可以引起雄性的行为反应。至少有等翅目、直翅目、半翅目、脉翅目、鞘翅目、双翅目、蚤目、鳞翅目和膜翅目等 9 个目 90 余科的 1600 余种昆虫的

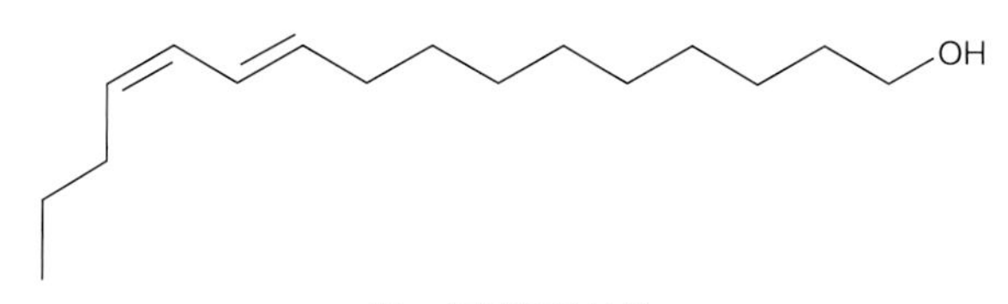

图 1 蚕蛾醇的结构

K

性信息素已被鉴定出来，其中鳞翅目蛾类和双翅目果蝇的性信息素的研究最为详尽和深入。

聚集信息素 聚集信息素能够引起同种昆虫个体的聚集行为，一般来说雌虫和雄虫都能分泌聚集信息素。甲虫、蚂蚁、蟑螂、蝇类、蜜蜂、黄蜂、蝗虫等昆虫类群均有聚集信息素的报道。聚集信息素的主要成分多为低分子量的脂类、酸、醇类以及异戊二烯等，通常与食物或繁殖场所等气味混在一起，增强吸引能力。聚集信息素有助于昆虫合作取食、交配选择、通过聚集进攻克服寄主抗性以及防御天敌和不利环境等。黑腹果蝇幼虫产生的（*Z*）-5- 十四碳二烯酸和（*Z*）-7- 十四碳二烯酸作为引诱剂促进果蝇幼虫的聚集取食；小蠹虫后肠分泌的烯醇类物质在吸引同种个体聚集进攻寄主和克服寄主抗性方面发挥着重要作用。

告警信息素 当受到天敌或竞争者攻击侵扰时，昆虫个体能够释放告警信息素，使同伴得到信号以后，引起警觉或逃避。最为我们熟知的是蚜虫的倍半萜烯类告警信息素（*E*）-β-farnesene，当蚜虫受到天敌威胁时，受威胁个体会快速释放（*E*）-β-farnesene，警示同种其他个体停止取食并分散。另一个研究比较深入的例子是蜜蜂受到侵扰时会释放类似香蕉气味的异戊基乙酸酯（isopentyl acetate），能够招募更多的工蜂，增加群体的攻击性。告警信息素除起报警作用外，有的兼有防御作用，例如弓背蚁属（*camponotus*）和蚁属（*Formica*）分泌的蚁酸既能引起蚂蚁的告警行为，还能对敌害起到麻痹作用。

示踪信息素 示踪信息素多被社会性昆虫所利用，蚂蚁、蜜蜂、白蚁等社会性昆虫，从巢穴出来寻找食物，归巢时，在路径上涂抹示踪信息素作为路径标志，其他个体跟踪前往便可找到食物。例如，蚂蚁利用挥发性的碳氢化合物标记它们的觅食路径；白蚁的示踪信息素主要成分为十二碳的烯醇和新松柏烯；在蜜蜂中，示踪信息素又叫奈氏信息素，是个混合物，含有反 - 法尼醇和 6 个单萜化合物。

其他功能 信息素在昆虫的繁殖行为中扮演着重要的角色，除可用于物种识别、性吸引外，还用于排斥吸引。例如，直链烯烃（*Z*）-7-tricosene 能够阻止种间求偶，从而在黑腹果蝇和其他果蝇间建立了求偶隔离屏障；在一些蜜蜂、蝴蝶、醋蝇中，雄虫的种间排斥吸引物质还能抑制同种其他雄虫的求偶行为。昆虫信息素也可以标示昆虫繁殖状态及适合度等，如丛林斜眼褐蝶（*Bicyclus anynana*）雌虫可根据雄虫的信息素成分判断日龄，从而选择合适的中龄雄性个体进行交配。在社会性昆虫中，信息素还可以调控亲缘识别、攻击性以及社会等级分化等。

组成与结构 昆虫信息素功能的多样性源于其化学成分和结构的多样性。

组成 昆虫信息素的成分多种多样，既有长距离起作用的挥发性化学物质，如醇类、醛类等，又包括接触后起作用的非挥发性的化学物质，如表皮碳氢化合物（cuticular hydrocarbons，CHCs）。昆虫信息素一般是多种成分的混合，包括碳氢化合物、乙酸酯、醇、醛、酸、环氧化物、酮、类异戊二烯化合物及三酸甘油酯等各种类型化合物。有时即使组分相同，相对比例不同也会决定信息素的特异性。如欧洲玉米螟（*Ostrinia nubilalis*）雌性性信息素的主要成分（*E*）-11-tetradecenyl acetate 和（*Z*）-11-tetradecenyl acetate 的混合比例在 *E* 品系中为 98∶2，而在 *Z* 品系中为 3∶97；此外，近缘种棉铃虫（*Helicoverpa armigera*）和烟青虫（*H. assulta*）的主要性信息素成分均为（*Z*）-11-hexadecenal 和（*Z*）-9-hexadecenal，但是比例恰好相反，分别为 98∶2 和 5∶95。蛾类性信息素成分的比例差异有效地维持了地理种群或近缘种间的生殖隔离。

结构 除了物质组成的多样化，昆虫信息素成分在结构上的微小变化即可导致其功能上的改变。许多昆虫信息素是由相同的前体合成的，如脂肪酸和异戊二烯，因此对骨架的细微修饰决定化学结构上的多样性，如醇类、醛类、乙酸酯、环氧化物以及酮类等物质功能团的改变、碳链长短、双键数目和位置的改变、有无支链以及构型（顺式或反式）的变化等。黑腹果蝇（*Drosophila melanogaster*）雌虫性信息素主要成分为二十七碳二烯（heptacosadiene），其中世界性种群的性信息素成分为（*Z*, *Z*）-7，11-heptacosadiene，而非洲和加勒比种群的为（*Z*, *Z*）-5,9-heptacosadiene，性信息素成分双键位置的差异导致了两个种群生殖隔离的产生。切叶蚁（*Atta texana*）的告警信息素 4-methyl-3-heptanone 的（*S*）- 异构体的活性是（*R*）- 异构体的 400 多倍；舞毒蛾（*Lymantria dispar*）性信息素环氧十九烷（disparlure）的（7*R*, 8*S*）- 异构体浓度为 10^{-10}g/ml 的活性比（7*S*，8*R*）- 异构体浓度为 10^{-4}g/ml 的活性还要高。在黑腹果蝇中，23 个碳的单烯烃（*Z*）-7-tricosene 能够抑制雄对雄的求偶（male-male courtship），诱导雄对雄的攻击（male-male aggression），大于 25 个碳的单烯（*Z*）-7-pentacosene 却没有这样的功能。

生物合成

合成部位 昆虫信息素是由各种各样的特化腺体所分泌的。对于大多数昆虫来说，它们的分泌腺体为绛色细胞（oenocyte），绛色细胞主要成簇地分布在昆虫的表皮下，也有的单个地分布在脂肪体中，形状、大小、分布以及数量等在不同昆虫中差异很大。除了能够产生表皮碳氢化合物，绛色细胞还是脂类储存和代谢的场所。而其他昆虫的信息素合成和分泌腺体大多是非常特化的。例如，蛾类雌虫释放信息素的腺体一般位于腹部末端的生殖孔附近，通常处于第八和第九腹节之间；白蚁、蟑螂、小蠹虫的聚集信息素由后肠肠壁细胞分泌；果蝇雄虫产生信息素的主要腺体为射精管球，通常位于与雄性生殖器相连的肛门末端；蚁类则利用杜福尔腺、毒腺、臀腺以及下颌腺等多个腺体分泌信息素；此外，蜜蜂的蜂王至少有 15 个不同的信息素分泌腺体。

合成路径 昆虫信息素的生物合成在鳞翅目、鞘翅目、双翅目、半翅目等多种昆虫中得到了深入研究，信息素的合成路径与参与脂代谢的生物化学路径非常相似。信息素合成的前体主要有 3 个来源：①从头合成。②从食物中吸收。③食物中前体的修饰。无论是从头合成，还是从食物中获取，脂肪酸都是昆虫信息素合成的最基本物质，因此，信息素合成受多种脂肪酸合成酶和代谢酶的调控。例如脂肪酸合成酶、去饱和酶、延伸酶、氧化酶、还原酶、细胞色素 P450 酶等。以鳞翅目和鞘翅目昆虫信息素的合成为例，首先在脂肪酸合成酶的作用下合成 18 个碳的骨架（18∶0-CoA），去饱和酶使碳骨架形成不饱和双键（Δ9-18CoA 或 Δ11-18CoA），然后在延伸酶或切链酶的作用下使碳骨架延长或缩短为物种特异的脂肪酸酰基辅酶 A（24：1-CoA、28：1-CoA、Δ11-12CoA、Δ9-12CoA、Δ7-12CoA、Δ5-12CoA），脂肪酸酰基辅酶 A 在氧化酶的作用下被氧化为相应的醇，而后通过还原酶或酰基转移酶将其催化为具有信息素活性的醛类或酯类，醛类又可在细胞色素 P450 的作用下发生脱羧作用，形成表皮碳氢化合物或环氧化物（图 2）。

除了脂肪酸合成路径，异戊二烯合成路径也是昆虫信息素合成的一个重要方式。最为典型的就是鞘翅目的小蠹虫，小蠹虫既可以从乙酸、甲羟戊酸、葡萄糖等物质开始从头合成单萜类物质，也可以截取寄主松树的萜类物质进行修饰。HMG- 辅酶 A（3-hydroxy-3-methyl-glutaryl-CoA）合成酶和 HMG- 辅酶 A 还原酶在小蠹虫的单萜合成或修饰中起着重要的调控作用。其中，HMG- 辅酶 A 还原酶主要表达于雄虫的中肠。

此外，昆虫信息素的合成还受到内分泌激素（endocrine hormone）的调控，至少有 3 种激素能参与昆虫信息素的合成，分别为：保幼激素Ⅲ（juvenile hormone Ⅲ）、蜕皮激素（ecdysteroids）和信息素生物合成激活肽（pheromone biosynthesis activating neuropeptide，PBAN）。鞘翅目和蜚蠊目信息素的合成受保幼激素Ⅲ的诱导；家蝇（*Musca domestica*）和其他双翅目昆虫表皮碳氢化合物的合成受到蜕皮激素的调控；而鳞翅目昆虫性信息素的合成通常受到 PBAN 的影响。

昆虫对信息素的感受　化学感受过程对于昆虫的生存和繁殖至关重要，主要包括嗅觉和味觉两个方面。昆虫依赖分布于触角、口器、翅膀、足或产卵器上的化学感受器来感受和传递外界环境中的信息素，并将信号传递给昆虫的中枢神经系统，从而做出相应的行为反应。因此，昆虫的化学感受过程是由外周神经系统和中枢神经系统两个部分共同完成的。

外周神经系统是昆虫感受信息素的第一步，对于整个感受过程至关重要。昆虫外周受体活动是由各种化学感受相关蛋白协助完成的，主要有气味结合蛋白（odorant binding proteins，OBPs）、化学感受蛋白（chemosensory proteins，CSPs）、嗅觉受体（olfactory receptors，ORs）、味觉受体（gustatory receptors，GRs）、离子受体（ionic receptors，IRs）、感觉神经元膜蛋白（sensory neuron membrane proteins，SNMPs）以及相应的气味降解酶（odorant degrading enzymes，ODEs）等（图 3）。

当信号进入中枢神经系统后，通过触角叶（antennal lobe，AL）、蘑菇体（mushroom body，MB）以及前脑侧角（lateral horn，LH）等昆虫的主要嗅觉中心引起昆虫的行为反应。

在害虫防治上的应用　相比于传统化学农药，昆虫信息素的害虫防治策略优势为无毒、无残留，而且能够特异性地操控害虫的行为，对天敌等不造成伤害，因此，信息素的应用使我们能够更加经济有效地进行农林害虫的管理。基于昆虫信息素的害虫防控策略主要有：交配干扰、大量诱捕、诱杀法、物种鉴定、预测预报、检验检疫等。

交配干扰　干扰交配俗称“迷向法”，主要是利用人工合成的昆虫性信息素或目标昆虫性信息素的抑制剂，来干扰雄虫的配偶定向，或使其长期暴露于较高浓度的性信息素中而处于麻痹状态，失去对雌虫的定位能力，最终导致害虫交配几率大大降低，使下一代虫口密度急剧下降。目前，干扰交配技术在鳞翅目昆虫中的应用最为广泛，例如，美国用飞机喷洒含棉红铃虫（*Pectinophora gossypiella*）性信息素的空心纤维，防治棉红铃虫的效果显著；反 -9- 十二碳烯醇乙酸酯作为苏丹棉铃虫（*Diparopsis castanea*）性信息素抑制剂能够显著干扰雌雄虫的交配，降低虫口密度。

大量诱捕　大量诱捕法以害虫的性信息素、聚集信息素或产卵信号等化学物质为诱芯，大量吸引一种或两种性别的害虫，使其雌雄比例失调、减少交配几率，从而降低下一代虫口密度或直接降低本代虫口密度。大量诱捕法在茄黄斑螟蛾（*Leucinodes orbonalis*）、小蠹虫（*Ips duplicatus*）、棕榈象甲（*Rhynchophorus palmarum*）、红棕象甲（*Rhynchophorus ferrugineus*）等害虫的应用都取得了良好的效果。

诱杀法　诱杀法是将昆虫信息素配以低浓度的化学农药，诱集并直接杀死害虫的方法。例如，将蚜虫报警信息素与农药速灭杀丁混用，能够显著提高防治蚜虫的效果。诱杀

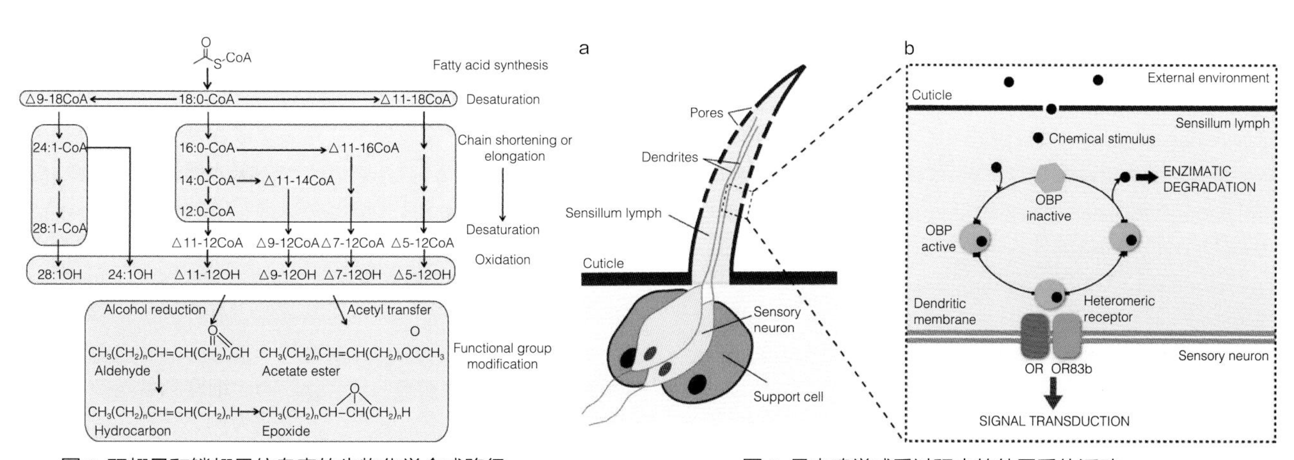

图 2　双翅目和鳞翅目信息素的生物化学合成路径
（Yew and Chung，2015）

图 3　昆虫嗅觉感受过程中的外周受体活动
（Sánchez-Gracia et al.，2009）

法在草地贪夜蛾（*Spodoptera frugiperda*）、玉米螟（*Pyrausta nubilalis*）、桃小食心虫（*Carposina niponensis*）、云杉八齿小蠹（*Ips typographus*）、红脂大小蠹（*Dendroctonus valens*）等农林害虫防治中发挥了重要的作用。

物种鉴定　昆虫种类的正确鉴定对于多样性调查和采取有效的防治策略至关重要。对于那些在形态上很难区分的近缘种或隐存种，表皮化学物质表达谱为其提供了简单有效的鉴别方法。蚂蚁、蝴蝶、白蚁和甲虫中的很多隐存种（cryptic species）都可以利用昆虫表皮碳氢化合物表达谱进行区分。

预测预报　性信息素的专一性强，可以灵敏地监测害虫的发生情况，为适时地采取防治措施提供精确的数据。使用性信息素进行害虫监测主要集中在鳞翅目昆虫。中国先后在30多种害虫上应用性信息素进行种群动态的监测，例如利用性信息素监测防治苹果蠹蛾和松毛虫均取得了很好的效果。

检验检疫　昆虫信息素不仅可以用于一般农林害虫的测报，还是检疫性害虫检验检疫的有效工具。例如，在海关、口岸，利用信息素可以对那些隐蔽性较强的入侵害虫进行快速取样，有效地防止害虫的入侵。此外，利用昆虫信息素，还可以有效地评估和监测检疫性害虫的分布范围。例如，中国曾利用性信息素对苹果蠹蛾进行了风险评估，结果发现苹果蠹蛾仅分布于中国新疆和甘肃敦煌地区，为保证其他水果产区的出口提供了有力支撑。

近期，科学家们正在试图开发一种更为创新的信息素防治策略，利用生物工程方法使植物能够产生昆虫信息素。例如，将萜类合成酶基因导入拟南芥会使植物产生蚜虫的告警信息素（*E*）-*b*-farnenese，这种信息素的释放不仅能够排斥蚜虫，而且能够吸引蚜虫寄生蜂菜蚜茧蜂（*Diaeretiella rapae*），从而有效地降低蚜虫对植物的危害。

参考文献

杜家纬，1988. 昆虫信息素及其应用 [M]. 北京：中国林业出版社.

孟宪佐，2000. 我国昆虫信息素研究与应用的进展 [J]. 昆虫知识，37(2): 75-84.

BEALE M H, BIRKETT M A, BRUCE T J A, et al, 2006. Aphid alarm pheromone produced by transgenic plants affects aphid and parasitoid behaviour[J]. Proceedings of the National Academy of Sciences of the United States of America, 103(27): 10509-10513.

BLOMQUIST G J, FIGUEROA-TERAN R, AW M, et al, 2010. Pheromone production in bark beetles[J]. Insect biochemistry and molecular biology, 40(10): 699-712.

MAKKI R, CINNAMON E, GOULD A P, 2014. The development and functions of oenocytes[J]. Annual review of entomology, 59(1): 405-425.

SANCHEZ-GRACIA A, VIEIRA F G, ROZAS J, 2009. Molecular evolution of the major chemosensory gene families in insects[J]. Heredity, 103(3): 208-216.

TILLMAN J A, SEYBOLD S J, JURENKA R A, et al, 1999. Insect pheromones-an overview of biosynthesis and endocrine regulation[J]. Insect biochemistry and molecular Biology, 29(6): 481-514.

VANDERMOTEN S, MESCHER M C, FRANCIS F, et al, 2012. Aphid alarm pheromone: an overview of current knowledge on biosynthesis and functions[J]. Insect biochemistry and molecular biology, 42(3): 155-163.

WITZGALL P, KIRSCH P, CORK A, 2010. Sex pheromones and their impact on pest management[J]. Journal of chemical ecology, 36(1): 80-100.

YEW J Y, CHUNG H, 2015. Insect pheromones: An overview of function, form, and discovery[J]. Progress in lipid research, 59: 88-105.

（撰稿：孙江华；审稿：王琛柱）

昆虫嗅觉　insect olfaction

昆虫嗅觉是昆虫在长期进化过程中形成的能感受外界生态系统中各种气味的一种感觉模式。昆虫能够对不同性质和浓度的气味编码进行识别并精准的定位食物、选择产卵场所、寻找配偶、逃避天敌和不利环境的伤害，这些重要的生命活动均离不开灵敏的嗅觉系统。

触角、下唇须和喙是昆虫主要的嗅觉器官，其上分布着各种类型的嗅觉感器，感器内部的嗅觉受体神经元组成了昆虫的外周神经系统，负责接收初始嗅觉信号。昆虫的嗅觉外周神经系统元件主要包括：气味结合蛋白（odorant binding proteins，OBPs）、气味受体（odorant receptors，ORs）、离子型受体（ionotropic receptors，IRs）、感觉神经元膜蛋白（sensory neuron membrane proteins SNMPs）和气味降解酶（odorant degrade enzymes，ODEs）等。OBPs是一类小分子水溶性蛋白，大量存在于感器淋巴液中，最初是在多音天蚕蛾（*Antheraea polyphemus*）体内分离得到，主要参与气味分子在感器淋巴液中的结合和运输。昆虫的ORs是一种在嗅觉神经元树突膜上表达的重要的受体蛋白，具有7个跨膜域，其N端在胞质内，C端在胞外。其中一类特殊的气味受体在昆虫中高度保守，被称作气味受体共受体（odorant receptor co-receptor, Orco），其本身并不参与对气味分子的识别，而是与ORs形成异源二聚体接收化学信号，从而提高ORs对气味分子的反应能力。Orco/ORs将化学信号转变为电信号，是联系昆虫嗅觉外周神经系统和中枢神经系统的重要元件。离子型受体IRs是Benton等（2009）在果蝇（*Drosophila melanogaster*）触角中鉴定出来的一类保守的配体门控离子通道。一般由氨基末端区域（amino-terminal domain，ATD），S1和S2组成的双向配体结合域（ligand binding domain，LBD），离子通道孔（P），3个跨膜区域（M1、M2、M3）和一个胞内的C端（C terminus）组成。IRs主要参与嗅觉感受、味觉感受、听觉感受以及温湿度感受等。SNMPs是脊椎动物CD36基因家族的同源基因，是表达在嗅觉感受神经膜上的一种膜蛋白，具有两个跨膜域，昆虫SNMP分为SNMP1和SNMP2两种基因型。Benton等（2007）在果蝇中研究了SNMP1的功能，其结果证明DmelSNMP1对果蝇识别性信息素cVA（cis-vaccenylacetate）具有重要作用。昆虫的外周神经系统在获取化学信号之后，需要将其迅速终止以避免神经遭受持续刺激。ODEs特别是触角特异的酯酶能够快速降解气味物质使其失活。

昆虫高度发达和特异的外周神经系统被激活后，将化学信号转变为电信号，其动作电位通过嗅觉感受神经元的轴突传到中枢神经系统脑内的触角叶，在触角叶中经过嗅小球对气味信息选择性加工处理，再由投射神经元将初步识别和分类的气味信息传递到蘑菇体和侧角等神经中枢，实现对气味的识别和认知，调控昆虫的行为。

通过对昆虫嗅觉系统的研究可以为害虫嗅觉行为调控技术的应用与发展提供新的思路和方法。利用反向化学生态学理念，以嗅觉蛋白为靶标，高通量筛选活性气味分子。根据活性分子的性质分为以下防治策略：一种是利用雌性昆虫释放的性信息素组分或者其类似物作为交配干扰剂诱杀雄虫，导致区域内雌、雄虫比例严重失衡，从而达到控制虫害的目的；另一种是利用寄主植物挥发物或者植物—微生物互作产生的挥发物来引诱或驱避害虫，广泛采取的方法是诱杀系统和推拉策略。

虽然针对昆虫嗅觉的研究已经取得了长足的进步，但是仍然有很多未知的领域有待进一步的探索。例如，昆虫嗅觉系统对关键气味识别通路的作用机理以及中枢嗅觉神经系统气味整合编码的分子机制研究较少，是今后研究的热点。随着科学技术的不断发展，基于昆虫嗅觉系统研发的害虫绿色行为调控技术将具有良好的应用前景。

参考文献

BENTON R, VANNICE K S, GOMEZ-DIAZ C, et al, 2019. Variant ionotropic glutamate receptors as chemosensory receptors in *Drosophila*[J]. Cell, 136(1): 149-162.

BENTON R, VANNICE K S, VOSSHALL L B, 2007. An essential role for a CD36-related receptor in pheromone detection in *Drosophila*[J]. Nature, 450(7167): 289-293.

ISHIDA Y, LEAL W S, 2005. Rapid inactivation of a moth pheromone[J]. Proceedings of the National Academy of Sciences of the United States of America, 102(39): 14075-14079.

KIM S M, S CY, WANG J W, 2017. Neuromodulation of innate behaviors in *Drosophila*[J]. Annual review of neuroscience. 40: 327-348.

SZENDREI Z, RODRIGUEZ-SAONA C, 2010. A meta-analysis of insect pest behavioral manipulation with plant volatiles[J]. Entomologia experimentalis et applicata, 134(3): 201-210.

VOGT R G, RIDDIFORD L M, 1981. Pheromone binding and inactivation by moth antennae[J]. Nature, 293(5828): 161-163.

（撰稿：王冰；审稿：王桂荣）

昆虫学　entomology

以昆虫为研究对象的学科。昆虫纲（Insecta）是动物界最大的类群，其历史长、种类多、数量大、分布广，在全球生物多样性中占据重要地位（图 1）。昆虫学就是人类在长期认识自然、改造自然的过程中对昆虫知识不断积累的结果，它已经成为生命科学的重要分支之一。昆虫学作为一门综合性学科，涉及昆虫形态学、生理学、生物学、行为学、分类学、生态学、生物化学、遗传学、仿生学等生命科学的各大分支领域。同时，昆虫与人类关系密切，昆虫学又是一门应用性学科，是害虫防控与治理、益虫保护与利用的基础。

“昆虫”概念的沿革　不管是东方还是西方，早期关于“昆虫”一词的概念都是广泛而混乱的。在汉语中，“昆”的意思之一是“众多”“庞大”；“虫”所指范围则甚广，古代汉语中“虫”几乎是所有动物的总称。西方语言中，“昆虫”有两个单词：源自希腊语的“entoma”和源自拉丁语的“insect”，二者均意为“切入”，源于昆虫身体分节的外形。1602 年，意大利博物学家阿尔特洛凡地（U. Aldrovandi）在《昆虫类动物》中将所有节肢动物、环节动物和棘皮动物都算在“昆虫”之内。1758 年，瑞典博物学家林奈（C. Linnaeus）在《自然系统》第 10 版中的昆虫纲仍包含了蜘蛛、蜈蚣等动物。直到 1825 年，法国动物学家拉特里尔（P. A. Latreille）建立六足纲（Hexapoda），才将“昆虫”限定为体分头、胸、腹的节肢动物。1890 年方旭的《虫荟》出版，“昆虫”一词在中国才有了近代概念。

学科简史　人类认识、防治与利用昆虫的历史十分悠久（图 2）。大约 7000 年前，西班牙和土耳其已有关于采集野生蜜蜂蜂蜜的壁画；至少 5000 年前，中国就已经开始室内养蚕；3000 多年前，殷墟甲骨文中就出现了关于昆虫的象形文字；2700 多年前，已有关于虫害的最早文字记载；1700 多年前，中国橘农便开始利用黄猄蚁防治柑橘害虫；900 多年前，中国就有了专门的治蝗法规。

昆虫学作为一门独立学科，应从 17 世纪算起。1602 年由阿尔特洛凡地编著的《昆虫类动物》是第一本昆虫学专著。17 世纪中叶，显微镜的普及使人们详细观察昆虫的外部形态和内部结构成为可能。到了 18 世纪，昆虫学者的队伍逐渐扩大。1758 年林奈出版《自然系统》第 10 版，创立了生物分类的阶层体系和双名法，奠定了近代生物分类学的基础。1775 年，丹麦动物学家法布里丘斯（J. C. Fabricius）出版了《昆虫系统》，第一次对世界范围的昆虫区系做了综述。世界上第一个昆虫学会——伦敦昆虫学家学会（Society of Entomologists of London，英国皇家昆虫学会的前身）于 1780 年成立。

进入 19 世纪后，昆虫学者队伍的规模进一步壮大，不仅有专门从事昆虫学研究的人员，业余昆虫学者也大量涌现，各种昆虫学组织相继建立。1807 年世界上第一部昆虫学期刊《伦敦昆虫学会会刊》开始不定期刊行。1815—1826 年间英国昆虫学家科比（W. Kirby）和斯宾塞（W. Spence）出版了共 4 卷的《昆虫学入门》，这被认为是现代昆虫学的奠基之作。从这一时期开始一直到 20 世纪 30 年代，昆虫分类学和应用昆虫学一直是昆虫学研究的核心。昆虫分类学不仅涉及大量新分类单元的命名，综合各方面证据建立分类系统也成为其重点，尤其是 1859 年进化论的提出，昆虫学家开始从新的角度审视昆虫的起源与进化。应用昆虫学则以农、林、仓库害虫的防治为主，还涉及医学昆虫研究、资源昆虫的应用等。1881 年，康斯托克（J. H. Comstock）在康奈尔大学建立了世界上第一个昆虫学系，昆虫学教育也逐渐步入正轨。

20 世纪 30 年代，基础昆虫学学科发生分化。1935 年斯诺德格拉斯（R. E. Snodgrass）出版《昆虫形态学原理》，1939 年威格尔斯沃思（V. B. Wigglesworth）出版《昆虫生

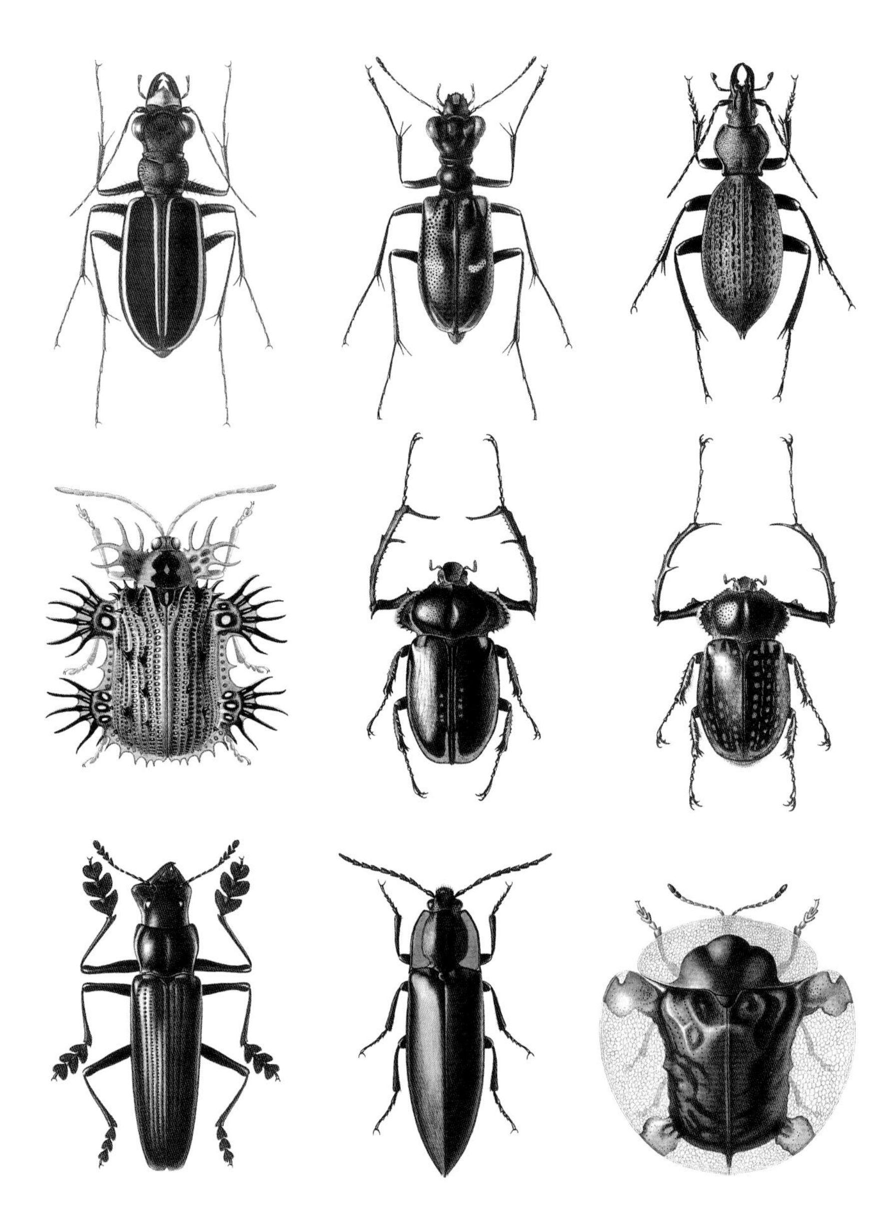

图 1 多彩的昆虫（以甲虫为例）（李文柱绘）

理学原理》，这些著作的出版标志着相关分支学科的建立。20 世纪 40 年代后，昆虫学的发展表现出一系列新的特点：与其他学科交叉渗透，交叉学科、边缘学科和综合学科大量出现；引入现代理论技术和实验设备，使昆虫学研究手段现代化；与生产实际联系更加密切，尤其是在粮食、卫生、生态环境等全球性问题中扮演重要角色，昆虫学在社会、经济、生态发展中的地位进一步提高。昆虫学作为一门综合性、应用性学科的特点更加凸显，它迎来了一个高速、多学科协同发展的新时期，到 20 世纪 90 年代，昆虫学的基本方向和大体范围已初步形成。

进入 21 世纪以来，分子生物学理论与技术被广泛应用于昆虫学各个分支领域，大量的分子数据为揭示昆虫生命现象的本质提供了新的视角和机遇，昆虫学已经步入基因组学时代。2000 年黑腹果蝇（*Drosophila melanogaster*）全基因组测序完成，开创了昆虫基因组学研究的先河，至今已有 1000 多种昆虫的基因组正在或已完成测序。2011 年发起的 i5K 计划和 1KITE 计划都旨在利用组学大数据揭示昆虫起源与进化的若干问题。与此同时，昆虫仿生技术也已广泛涉及农业、工业、国防、卫生等各个领域，六足机器人、虫型飞机和表面材料的研制取得了很大进展。基因组学时代的昆虫学已经取得令人瞩目的成就，今后还必将得到长足发展，昆虫个体发育、行为习性和系统发育等基础问题必将从更深层次得到解释。

学科分支 昆虫学产生于人类的生产实践，它已由描述阶段、实验阶段进入到组学阶段，并朝宏观和微观两个方向发展。昆虫学在本身研究的逐渐深入和与其他学科交叉渗透的过程中，形成了基础昆虫学、应用昆虫学、古昆虫学、文化昆虫学和技术昆虫学五大分支。

基础昆虫学 又称普通昆虫学，以昆虫生命现象的本质及其规律的研究为重点。观察昆虫的外部形态和内部结构，并据此进行描述和分类，是昆虫学处于前学科时期和描述阶段的工作中心，这些工作催生了昆虫解剖学、昆虫生物学和

图 2 云南罗平县一村落墙壁上所绘的古人取蜂蜜图（彩万志摄）

昆虫分类学，并在前者的基础上进一步产生了昆虫形态学。进入实验阶段后，不仅以往学科得到新的发展，由于受到应用昆虫学的影响，还产生了昆虫生理学和昆虫生态学。以上 5 个学科构成基础昆虫学的主要内容。

昆虫形态学　研究昆虫的结构及其功能、起源和演化的学科。早在昆虫学作为一门独立学科出现之前，人们就已经开始观察昆虫的外部形态了。17 世纪之后由于显微镜的产生和普及，人们得以观察到昆虫的内部结构，昆虫解剖学由此兴起。昆虫解剖学停留在描述阶段，它只是昆虫形态学的前身。现代昆虫形态学涉及结构的功能及其机制，以及结构的“同源”或“同功”，一直到系统发育的层面。19 世纪出现了将形态学证据引入系统发育研究的工作，20 世纪初出现将力学引入形态学研究的工作，昆虫形态学作为独立分支出现则要推后至 1935 年斯诺德格拉斯的《昆虫形态学原理》出版。20 世纪下半叶，一些新的理论方法和技术手段，如电子显微镜技术、显微 CT 技术、几何形态学等被引入昆虫形态学研究。随着学科间交叉渗透，昆虫形态学又被注入新的活力，它的很多研究成果已经被应用到仿生学领域。与此同时学科之间的界限，尤其是与昆虫分类学之间的界限出现了交叉。昆虫形态学目前最主要的问题在于构造之间在命名和概念上不能统一，结构的功能和起源没有得到很好解析，以及构造在系统发育上的重要性不明了等。昆虫形态学按照研究内容和目的又可分为比较形态学、功能形态学、发育形态学和进化形态学，按照研究方法和层次又可分为宏观形态学、显微形态学、超显微形态学和亚显微形态学等。

昆虫生理学　研究昆虫活体及其组织、器官、系统的功能及其机制的学科。17 世纪昆虫解剖学产生之后，昆虫生理研究也随之产生。受 19 世纪化学发展的推动，昆虫生理研究从结构描述转入成分分析和功能分析。20 世纪，生化测试技术、电生理技术、分子生物学技术的产生和进步促使昆虫生理学作为一门独立分支出现，1934 年威格尔斯沃思《昆虫生理学》的出版标志该学科的成立。昆虫生理学既有很强的基础性，又有很强的应用性，实验是生理学研究的唯一手段，因此它是基础昆虫学中出现较晚的分支。20 世纪 30 年代后昆虫内分泌研究成为昆虫生理学的核心。20 世纪 40 年代，在杀虫剂广泛使用和害虫生物防治理念的推动下，昆虫生理学的两个分支——昆虫毒理学和昆虫病理学应运而生。20 世纪 50 年代后，有关昆虫感觉生理的研究开始增多，并由此派生出了昆虫的行为生态学和化学生态学。进入 21 世纪以来，组学理论、转基因技术、RNA 干扰技术等被更多地用于昆虫生理研究，昆虫生理学得到了迅猛发展，有关昆虫功能基因组学、抗性生理、植物—昆虫—天敌互作的生理基础研究层出不穷。虽然昆虫生理系统具有广泛的同源性，但昆虫的多样性和研究手段、研究层次的复杂性使昆虫生理学研究仅限于模式昆虫及个别具有重要经济价值的种类，还远不能代表昆虫的全部面貌。昆虫生理学的研究内容广泛，不仅涉及结构和功能，还涉及物质和代谢、运动、生殖、感觉与认知、免疫及其调控，以及细胞与分子生物学、组学、神经与认知科学等都应包含在内。

昆虫生物学　研究昆虫个体发育过程的生命现象及其本质的学科。人类早就对昆虫的习性有了丰富的观察和认识，古代中国人知道根据昆虫的习性来防治害虫、利用益虫和养育玩赏昆虫，古埃及人对蜣螂行为和生活史的观察强烈影响了他们的文化发展。17 世纪以来，受当时兴盛的博物学的影响，昆虫生物学研究被作为一个重要组成部分来详细记述，这些论著往往还配以精美的插图。19 世纪初已有关于昆虫胚胎的描述。19 世纪末和 20 世纪初，实验胚胎学得到发展，当时法布尔（J.-H. Fabre）出版的《昆虫记》则成为昆虫生物学研究杰出的篇章。20 世纪以来，受遗传学、生物化学和分子生物学的影响，昆虫胚胎发育和行为模式已经从更深的层面得到解释。进入 21 世纪后，关于昆虫的胚胎发育早期基因调控、节律调控、社会性行为、生活史等方面的理论和应用研究大量出现，对真社会性昆虫如白蚁、蚂蚁、蜜蜂等的基因组学研究对昆虫社会性的起源和演化提供了新的线索。

昆虫分类学　研究昆虫的鉴定、命名、系统发育和亲缘关系的学科。人类从认识昆虫的那一刻起就开始对昆虫进行分类，但直到 1758 年林奈《自然系统》（第 10 版）中命名法的成熟，近代昆虫分类学方算正式开始。19 世纪中叶达尔文进化论提出后，昆虫分类学翻开了崭新一页，昆虫学者开始从进化和系统的角度去审视昆虫的分类。进入 20 世纪后，进化分类学、支序分类学和数值分类学的思想和方法相继问世，除了传统的解剖学、形态学证据外，生物化学、细胞生物学、行为学、生态学、古生物学等方面的证据也被越来越多地引入昆虫分类学研究中，电子显微镜技术、电子计算机技术和互联网技术对昆虫分类学也产生了深远影响。21世纪初，螳䗛目（Mantophasmatodea）的建立掀起了研究昆虫高阶进化和系统发育的热潮，同时DNA条形码等分子生物学技术的进步和广泛应用更是促进昆虫分类学向更深层次发展。第三代测序技术已经问世，电子计算机可以极大提高分析效率，组学理论和生物信息学方法已经被广泛纳入生物学系统研究范畴，昆虫分类学正在从简单描述向综合分析快速推进。昆虫分类学包括进化分类学、支序分类学、数值分类学等主要分支，它是害虫预测预报、害虫生物防治、检疫检验和入侵生物防治的基础。昆虫分类学是公认的昆虫学经典分支，经200多年发展，目前已命名的昆虫达100万种左右，近期估计全球昆虫的物种可达1000万种左右，昆虫分类学依旧任重道远。近年来新思想、新技术的出现使昆虫分类学焕发出新的活力。

昆虫生态学　研究昆虫与环境之间相互作用关系的学科。昆虫生态学是在人类防控和治理害虫、保护和利用益虫的过程中逐渐形成的，其产生几乎与昆虫生理学同步。20世纪20年代以实验生态学、个体生态学研究为主体。20世纪30年代，昆虫生态学成为一门独立分支。20世纪40年代至60年代则以种群生态学研究为重点。20世纪60年代以后，由于有害生物综合治理（integrated pest management，IPM）理念的出现，昆虫生态学与生产实践的联系更加紧密，开始向着动态化、定量化的方向发展。随着电子计算机技术、分子生物学技术、3S技术等的应用，昆虫生态学的发展更为迅速，在20世纪80年代之后产生了化学生态学、分子生态学等新的交叉学科。在21世纪，生态学在可持续农业、生物多样性保护、全球气候变化等社会问题的应用受到高度关注，在社会—经济—生态发展中占据重要地位；重大害虫成灾的生态和分子机制、昆虫对全球变化的响应、组学水平的昆虫生态学和大尺度的昆虫生态学也是近年来研究的热点内容。昆虫生态学，按照研究内容又可分为生理生态学、数学生态学、物理生态学、化学生态学、分子生态学、地理生态学和行为生态学等；按照研究层次又可分为种群生态学、群落生态学、景观生态学和生态系统生态学等。

应用昆虫学　又称经济昆虫学，研究与人类经济利益有关的昆虫学问题的学科。它是昆虫学产生的原因，也是目的所在。昆虫与人类的关系错综复杂，但可将昆虫对人类的影响简单地分为益、害两类。自人类出现以来，尤其是随后种植业和养殖业的发展，使人类不得不和农林害虫、仓储害虫以及卫生害虫作斗争，由此产生了农业昆虫学、森林昆虫学、医学昆虫学等应用昆虫学的分支。同时，人类也开发、利用和保护有益的昆虫资源，产生了资源昆虫学、养蚕学和养蜂学等应用昆虫学的分支。随着社会与科学的发展，一些新的学科分支也随之产生，如城市昆虫学、法医昆虫学、入侵昆虫学等。应用昆虫学的研究对象有时还包括有害的线虫、螨类等。

农业昆虫学　研究与农业有关昆虫发生发展规律的学科，主要是农业害虫及其成灾规律，以及预测和防控虫灾的原理和方法。虫害一直是伴随农业生产活动的重大问题，从农作物的种植到加工、贮存和运输的任何环节都有昆虫危害，虫灾位列中国历史上三大自然灾害之一。人类很早就开始进行农业害虫的防治并积累了大量经验。20世纪40年代，化学杀虫剂的广泛使用使人类在短期内成功控制了农业害虫的危害，但环境污染、农产品残毒、生态破坏、害虫抗药性和再猖獗等问题相继出现，人类不得不从农业生态系统的整体去思考问题。20世纪50年代协调防治的理念出现，20世纪60年代有害生物综合治理的理念出现，人类得以从宏观上找到最优方案，部分害虫种群控制的目标得以实现。当前，农业科技革命的新浪潮已经到来，分子生物学技术、电子计算机技术、3S技术已经被引入农业昆虫学研究中，部分重要农业害虫基因组相继得到解析，害虫种群监测与预警能力大幅提升，促进了农业的可持续发展。但与此同时，在世界上某些地区，虫害依然是农业丰产丰收面临的主要威胁。农业昆虫学又可分为农业昆虫学（狭义）、园艺昆虫学、蔬菜昆虫学、果树昆虫学、烟草昆虫学和药用植物昆虫学等分支。

森林昆虫学　研究与森林有关昆虫发生发展规律的学科。森林昆虫研究始于17世纪，18世纪已有关于森林害虫的详细观察。18世纪初森林昆虫的第一部专著和第一部教科书出版，1837—1844年拉策伯格（J. T. C. Ratzeburg）《森林昆虫》的出版标志着这一分支学科的成立，这一时期的森林昆虫学研究以自然状态下的昆虫生物学为主。18世纪末森林昆虫学进入实验阶段，分类学和生物学成为研究重点。20世纪以来，森林害虫的问题日益严重，森林昆虫学进入以生态学为主、多学科综合发展的阶段，森林害虫综合治理成为重点。21世纪，高新技术应用于森林昆虫学研究，森林害虫的预测预警、种群控制水平大幅提升，新的森林害虫管理方法、森林保健和林业可持续发展的理念得到快速发展。

医学昆虫学　又称卫生昆虫学，是研究危害人畜健康的昆虫及其危害方式、防治原理与方法的学科。人畜长期受到医学昆虫的直接（寄生、叮刺、骚扰、致敏等）或间接（作为传病媒介等）危害，它们曾对人类历史进程造成巨大影响。19世纪末人们相继发现昆虫是丝虫病、疟疾、鼠疫等的传病媒介，医学昆虫才开始被人们所重视，医学昆虫学这一分支由此诞生。20世纪的医学昆虫学飞速发展，受其他学科发展的推动，新的理论和技术促使医学昆虫分类学、生态学、媒介生物学和虫媒病防治取得新的成果。在21世纪，有关蚊虫和虱类的基因组研究对深入理解这些医学昆虫的生物学、与病原微生物的互作机制大有助益，对防控相关虫媒病提供了启示。随着全球化进程的加速，虫媒病有加重的趋势，关于媒介医学昆虫的环境防治、化学防治、生物防治仍有很大发展前景，并且逐渐向综合治理方向发展。兽医昆虫学由于涉及昆虫类群、疾病类型和危害方式等与人类医学昆虫学基本相似，因此多被归为医学昆虫学的一部分。

资源昆虫学　研究资源昆虫的生命活动规律及其保护和可持续利用的学科。资源昆虫的虫体本身或其产物可为人类所用，可以产生经济或社会价值。早在原始社会，人类就采集野生蜜蜂的蜂蜜，从野蚕茧中抽丝，进而发展到养蜂和养蚕。在古代中国，昆虫一直是传统中药材的重要组成部分。世界上很多地区都有食用昆虫，或以之作为动物饲料。利用天敌昆虫防治害虫早在中国晋朝就已付诸实践，19世纪之后更是被作为一种害虫防治的有效手段被大量推广。工业革命之后，一些能生产工业原料的昆虫得到重视。20世纪以来，分子生物学的应用推动了资源昆虫学的发展。近20年来，资源昆虫利用更是呈现规模化、产业化，昆虫资源利用的传统方式已经逐渐被现代科技所取代，有关昆虫机能、活性物质和基因等方面的研究快速增多，昆虫资源的保护更受重视。在另一方面，昆虫被用作传粉、环保和仿生研究的热度也越来越高。资源昆虫学涉及工业、食品、医药卫生等很多领域，据此可分为药用昆虫学、工业昆虫学、食用昆虫学、仿生昆虫学等分支，另外养蚕学和养蜂学更多地被作为独立的专门学科。

城市昆虫学　研究城市昆虫发生发展规律及应用的学科。城市昆虫是在城镇人居环境内发生的昆虫，伴随城市化的日益推进而逐渐被人类所认识。城市化历史悠久，大规模的城市化发生在18世纪工业革命之后，到20世纪60年代，西方国家城市化水平已达一定规模，城市昆虫群落才受到普遍关注。1975年美国昆虫学家艾伯林（W. Ebeling）出版了《城市昆虫学》，城市昆虫学成为一门独立分支。作为交叉学科，城市昆虫学的内涵和外延还在不断扩充，随着城市化进程不断推进和国际贸易往来日益频繁，人类对城市害虫管理的需求越来越高，城市害虫管理已经逐渐走向综合化、商业化，展现出广阔的发展前景。城市昆虫学与贮物昆虫学有着密切的联系。

法医昆虫学　研究司法实践过程中有关昆虫学问题的学科。法医昆虫学涉及民事纠纷和刑事侦查等。中国宋代宋慈编著的《洗冤集录》（1247）中就有了关于法医昆虫学的最早文字记载。19世纪中叶已有利用昆虫推断死亡时间的工作，19世纪末法国昆虫学家门格林（J. P. Mégnin）发表了法医昆虫学的系列著述，尤其是他的《尸体上的动物区系》（1894）对尸体腐败历程和节肢动物区系演替进行了详细记述，被认为奠定了法医昆虫学的基础，标志着法医昆虫学成为一个独立分支。到20世纪末，法医昆虫学研究队伍已经初具规模，应用型研究也大幅增加，新技术的应用拓宽了该学科的范围，出现了法医昆虫毒理学等方向。现今的法医昆虫学有望在计算机和互联网技术的支持下建立起专家咨询系统，向普及化、快速化和精确化发展。

入侵昆虫学　研究外来昆虫的入侵规律及其预防和控制的学科。昆虫的转移与传入现象早在19世纪就被人类所观察到，20世纪初就有了引移天敌防治外来有害生物的案例。通常认为英国生态学家艾尔顿（C. S. Elton）1958年《动植物入侵的生态学》的出版是生物入侵研究的开端，但直到20世纪70年代，生物入侵还并未得到普遍关注。20世纪80年代，生物入侵的三大科学问题被提出，入侵生物学的学科框架形成。20世纪90年代之后，由于国际贸易、旅游增加，生物入侵在全球呈现增长态势，造成严重的经济损失，入侵生物学研究愈发受到重视。当前的入侵昆虫学还处在学科发展的阶段，以重要入侵昆虫为对象，研究其入侵机制、生态互作、风险评估、应急对策和控制方法等，探索其预警和控制的新技术等依然是该学科研究的重要内容。同时建立和完善相关法律法规和管理制度，加强科普教育和合作交流也是入侵昆虫学发展的必然要求。

古昆虫学　研究保存在地层中的昆虫遗体和遗迹的学科。古昆虫学是昆虫学中的重要分支，是研究昆虫起源和宏观演化的重要方面，同时在地层学、古生态学、矿床地质、水文地质等领域有重要指导意义。人类对化石昆虫的了解始于对琥珀的观察，到18世纪末已有对琥珀昆虫科学命名的工作。古昆虫学作为一门独立分支始于19世纪30年代，到20世纪60年代的这段时间仍以描述工作为主。20世纪60年代后，系统发育系统学的理论和方法被古生物学界接受，有关古昆虫系统发育的研究开始增多。从20世纪80年代开始，关于古生态学、古地理学、昆虫与其他生物互作的研究也逐渐兴起，1997年国际古昆虫学会成立。近20年来，显微CT、同步辐射光源、计算机三维重建等技术被应用在古昆虫学研究中，古昆虫行为学、古昆虫生物化学与分子生物学等领域也获得一些新发现，化石材料在系统发育研究中的地位越来越得以重视，有关辐射进化、协同进化、古昆虫生态学和相关应用性研究仍是研究热点。古昆虫学又可分为古昆虫分类学、古昆虫生物学、古昆虫生态学、古昆虫地理学、古昆虫生物化学与分子生物学等分支。

文化昆虫学　研究昆虫对人类文化影响的学科。昆虫与人类的联系表现在物质与精神两个层面，前者更多的是基础昆虫学和应用昆虫学的研究范畴，而后者则构成文化昆虫学。人类探究昆虫对文化影响的工作始于19世纪，但直到20世纪60年代才有人提出文化昆虫学应作为昆虫学的独立分支对待。1984年在第17届国际昆虫学大会上召开了首届文化昆虫学专题研讨会，此后文化昆虫学得到更快发展。文化昆虫学主要研究昆虫对语言文学、音乐和表演艺术、绘画和雕塑、宗教、历史、哲学等的影响，据此又可分为民族昆虫学、民俗昆虫学、文学昆虫学等分支。

技术昆虫学　又称昆虫学技术，研究昆虫学研究中所用技术的学科。现代昆虫学已经从描述阶段、实验阶段进入组学阶段，朝宏观和微观方向并行发展，研究手段更加现代化、学科交叉渗透更加强烈、与生产实践联系更加紧密，昆虫学技术也在深度和广度上不断发展。技术昆虫学的研究内容包括昆虫标本技术、昆虫饲养技术、昆虫抽样调查技术、昆虫检疫检验技术、昆虫学文献检索与利用、昆虫学仪器的使用与维修、昆虫学技术的推广等。

（撰稿：彩万志、陈卓；审稿：张雅林）

昆虫学刊物　entomological periodicals

昆虫学期刊是记载与传承昆虫学知识的重要载体之一。由于昆虫种类众多并且和人类关系密切，有关昆虫学的研究十分活跃，昆虫学期刊也种类繁多，目前的昆虫学刊物多达1000余种。

简史　1807年，世界上第一个昆虫学期刊《伦敦昆虫学会会刊》（*Transactions of the Entomological Society of London*）创刊，但直到1834年该刊才定期发行。19世纪初期，昆虫学发展迅速，昆虫学家队伍逐渐壮大，欧洲各国昆虫学组织相继成立并创办了一系列刊物，如《法国昆虫学会年鉴》（1832）、《柏林昆虫学杂志》（1857，现《德国昆虫学杂志》）、《昆虫学杂志》（荷兰，1857）、《比利时皇家昆虫学会会刊和年鉴》（1857）、《瑞士昆虫学会通讯》（1862）、《意大利昆虫学会会刊》（1869）等，此期的昆虫学刊物集中在欧洲国家。继欧洲之后，北美国家也逐渐开始创设自己的昆虫学刊物，如美国的《美国昆虫学会会刊》（1867）和《华盛顿昆虫学会会刊》（1884）、加拿大的《加拿大昆虫学家》（1868）等。检索性刊物《动物学记录》（1864）也于这一时期创刊，该刊是昆虫分类学研究必不可少的检索工具。

进入20世纪之后，昆虫学刊物的种类明显增加。这一时期除欧美国家以外，其他一些国家，如俄罗斯（1901）、埃及（1908）、阿根廷（1926）、日本（1926）、南非（1939）等也相继开始刊行自己的昆虫学刊物，中国的昆虫学刊物在20世纪20年代末期开始出现。1956年，综述性昆虫学刊物《昆虫学年评》在美国创刊。

20世纪中叶以后，随着学科分化，有关分支学科的专门刊物也相继出现，如《昆虫生理学杂志》（1957）、《医学昆虫学杂志》（1964）、《昆虫生物化学》（1971）、《生态昆虫学》（1976）、《系统昆虫学》（1976）、《昆虫行为杂志》（1988）和《昆虫分子生物学》（1992）等。同时还出现了关于昆虫重要目之专门期刊，如《鞘翅学家杂志》（1947）、《鳞翅学家学会杂志》（1947）、《蜻蜓学报》（1972）、《国际脉翅目》（1980）及针对某一特定类群的期刊，如关于蚜虫的期刊就出现了《蚜虫学家通讯》（1962）、《蚜虫学报》（1970）、《蚜虫学杂志》（1987）等。

21世纪以来，全球昆虫学飞速发展，不仅一些传统昆虫学刊物的影响力进一步提升，还出现了一些新型刊物，如《开放昆虫学杂志》（2007）、《昆虫生物多样性杂志》（2013）、《昆虫科学近期观点》（2014）、《昆虫科学近期研究》（2021）等。此外，部分综合性动物学刊物，如《动物阶元》（2001）、《动物检索》（2008）等也刊载了大量昆虫学文章。

绝大多数昆虫学期刊既刊载研究性论文也接受综述性文章，仅《昆虫学年评》（1956）、《昆虫生理学进展》（1963）、《昆虫科学近期观点》（2014）等期刊为综述性期刊；文摘性昆虫学期刊更少，如英国《昆虫学摘要》（1969）、美国《昆虫学摘要》（1981）、《养蜂摘要》（1950）等。昆虫学期刊中还有一些为专门的科普性刊物，如在日本曾有百余个昆虫学期刊，但不少为科普性期刊。一些昆虫学期刊的内容被收录在不同的检索工具中，其中有90多种期刊被《科学引文索引》（*Science Citation Index*，SCI）收录。

在出版形式方面昆虫学期刊从以前的单纯印刷方式到现今的线上电子出版和印刷出版结合，交流形式从依赖检索性刊物和邮寄到互联网检索和开放共享，文献的传播方式等更加灵活与快捷。

中国昆虫学刊物　19世纪40年代之后，有些中国刊物就开始刊载近代昆虫学方面的论文，如清末刊行的《农学报》（1897—1905）几乎每期都有昆虫学论文登载其上，对中国近代昆虫学发展起到了一定的推动作用。

中国第一个昆虫学刊物是由上海震旦博物院创设的《中国昆虫学记录》（*Notes d'Entomologie Chinoise*，1929—1949），前后共刊行12卷，论文多以法语写成，也有一些英语论文。1933年浙江昆虫局开始刊行《昆虫与植病》，这是由中国人创办的持续较长的昆虫学刊物，当时中国昆虫学论文约有一半刊载其上，但浙江昆虫局于1937年受抗日战争影响而停办，该刊也随之停刊。当时由于战乱等的影响，中国昆虫学研究机构更替频繁，相关昆虫学期刊持续时间不长，除上述提及的，尚有《中国养蜂月刊》（1929）、《中华蜂业杂志》（1930）、《虫》（1930）、《浙江省昆虫局年鉴》（1931）、《虫讯》（1934）、《中国养蜂杂志》（1934）、《害虫防治法》（1934）、《趣味的昆虫》（1935）、《昆虫摘要》（1935）、《中国蚕丝》（1935）、《昆虫问题》（1936）、《虫情》（1937）、《病虫专刊》（1941）、《中国昆虫学杂志》（1945）等，但均未能持续刊行。

中华人民共和国成立之后，中国昆虫学事业翻开了崭新一页，昆虫学刊物的发展进入了新时代。20世纪50年代由中国昆虫学会主办了《昆虫学报》（1950）、《昆虫知识》（1955）及《应用昆虫学报》（1958），其中后者于1959年停刊，2011年《昆虫知识》更名为《应用昆虫学报》。改革开放之后，中国昆虫学刊物又开新篇，先后创办了《昆虫分类学报》（1979）、《昆虫天敌》（1979，现《环境昆虫学报》）和 *Entomologia Sinica*（1994，《中国昆虫科学》，2005年更名为 *Insect Science*）、《寄生虫与医学昆虫学报》（1994）等。

台湾发行的昆虫学刊物主要有《中华昆虫》（1980，现《台湾昆虫》）和《中华昆虫通讯》（2001，现《台湾昆虫通讯》）、《台湾研虫志》（2016）等；2009年香港昆虫学会正式创办了《香港昆虫报》，2010年又刊行了学会的通讯《虫讯》。这些期刊为中国昆虫学的繁荣做出了重要贡献。

Insect Science 是目前唯一被SCI收录的中国昆虫学期刊，位列国际昆虫学刊物前10%。《昆虫学报》也一度被SCI收录。

此外，植物保护方面的期刊《植物保护学报》《植物保护》《中国生物防治学报》《中国植保导刊》《农药学学报》《农药》《植物检疫》等及其他农学刊物也刊登昆虫学论文。

（撰稿：陈卓、彩万志；审稿：张雅林）

昆嵛腮扁蜂　*Cephalcia kunyushanica* Xiao

中国华东地区特有的松树主要食叶害虫之一。又名昆嵛山腮扁叶蜂。膜翅目（Hymenoptera）扁蜂科（Pamphiliidae）腮扁蜂亚科（Cephalciinae）腮扁蜂属（*Cephalcia*）。是中国特有种，目前仅分布于山东昆嵛山、四川西部和陕西南部一带。该种与延庆腮扁蜂的遗传分化距离与扁蜂科内一般种间的遗传距离相比明显较小。

寄主　松科的多种松属植物，如赤松、红松、黑松、樟子松。

危害状 幼虫在松针基部做虫巢取食松针，局部危害较重（图2①）。红松纯林受害较重，赤松次之，其他松树受害较轻。树种单一的中幼龄纯林受害较重。严重时红松林有虫株率高达100%，平均单株虫口可达1100条/株。被害松树远观树冠枯黄，重者濒于死亡，轻者松针枯黄、脱落，严重影响树木生长。

形态特征

成虫 雌虫体长14～16mm（图1①）。虫体背侧大部橘褐色，腹侧以及触角和足大部黄褐色，仅单眼圈、上颚末端、中胸背板中部不定型斑、中胸后侧片大部、中胸腹板部分、后胸背板大部、触角端部2节、锯鞘端、各足基节和转节的后侧部分黑色。翅两色，基部约4/7的翅面烟黄色，翅脉黄色，翅端部3/7深烟褐色，翅痣和翅脉黑褐色。头部较宽大，背面观在复眼后侧几乎不收窄；唇基端缘近似平直，中部明显隆起，前缘稍倾斜突出（图1④）；左上颚端齿内侧中部具肩状齿（图1⑩），颚眼距约等于单眼直径；额脊不突出，中窝浅，侧缝、冠缝、横缝明显，OOL：POL：OCL=45：18：59；触角约30节，1、3、4+5节长度比为33：39：26（图1⑪）。头部细毛短直，浅褐色。体表光滑，光泽强；头顶及眼上区刻点粗大、稀疏，横过单眼区两复眼间及额区刻点较粗大密集；唇基刻点较小且稀疏，眼侧区大部具刻点和刺毛；中胸背板局部具稀疏刻点，中胸前侧片大部刻点较稀疏，腹板具零散刻点；腹部背板表面无明显细横刻纹。雄虫体长约13mm；头部大部黑色，背侧色斑见图1⑥，前面观色斑如图1⑦，颜面大部黄色；胸部和腹部背侧大部黑色，前胸背板两侧、翅基片、胸部侧板大部黄白色，腹部背板两侧黄褐色，各足基节至股节的后侧大部黑色；翅面均匀烟灰色，仅前缘室透明；翅脉大部暗褐色，前缘脉黄褐色，翅痣黑色（图1②）；颚眼距稍短于单眼直径，头顶及眼上区刻点较雌虫粗密，头及胸部浅褐色细毛较雌虫长，触角22节；下生殖板宽稍大于长，端部圆钝（图1⑨）；生殖铗如图1⑧，抱器长明显大于宽，指状突明显弯曲，阳茎瓣头叶背侧中端部不愈合；阳茎瓣头叶稍倾斜，尾角宽钝，顶角稍倾斜突出（图1⑤）。

卵 长椭圆形，长2.5mm，一端稍粗，微弯曲，背面稍鼓，两侧各有一浅凹痕（图2①）。初产时茶色，有光泽，后渐变褐色，常多个卵粒连续排列。

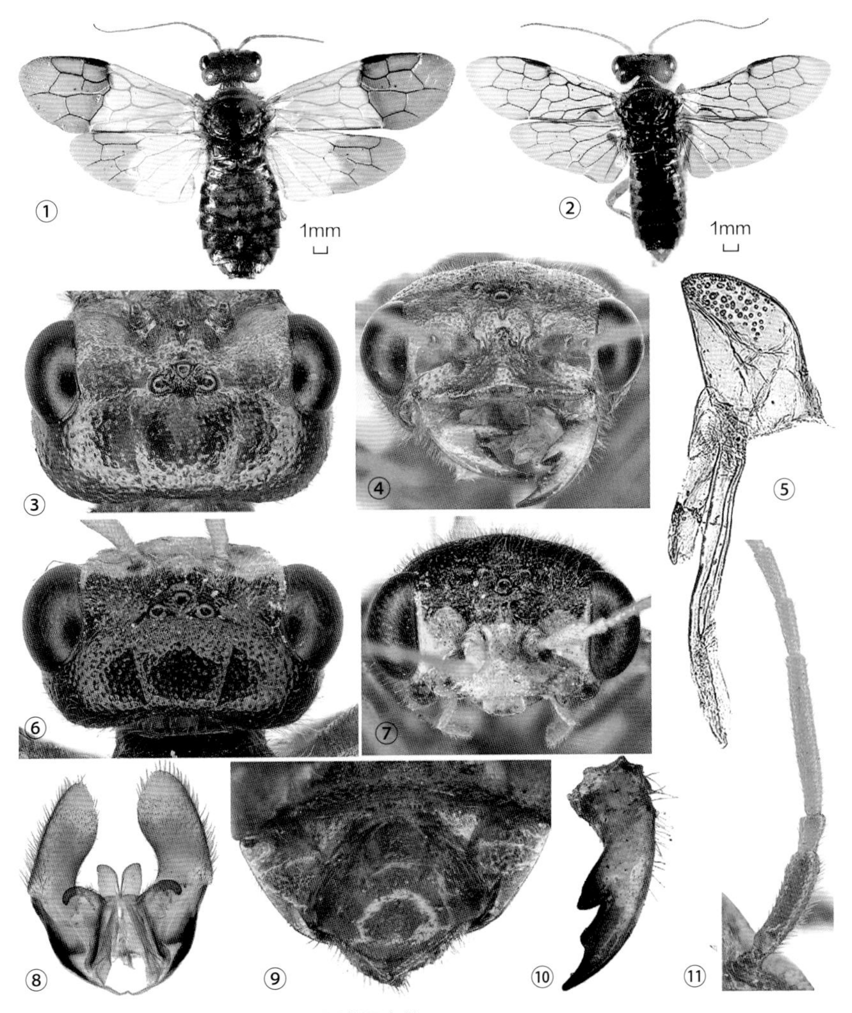

图1 昆嵛腮扁蜂（魏美才、张宁摄）

①雌成虫背面观；②雄成虫背面观；③雌虫头部背面观；④雌虫头部前面观；⑤雄虫阳茎瓣；⑥雄虫头部背面观；⑦雄虫头部前面观；⑧雄虫生殖铗；⑨下生殖板腹面观；⑩雌虫左上颚；⑪雌虫触角基部5节

图2 昆嵛腮扁蜂（张英军提供）

①雌虫产卵状和卵粒；②幼虫孵化中；③幼虫和虫巢；④预蛹和土室

幼虫 初孵幼虫头部背侧黑褐色，腹侧黄褐色（图2②）；老熟幼虫体长21～25mm。老熟幼虫头部红褐色，胴体淡黄褐色；前胸背板后半部有1个隆起的横向垫状大褐斑，两侧还有2个较小的垫状黑斑，中后胸两侧各有1个较大的垫状黑斑，中后胸背板和腹部背板两侧具较短小的褐色横斑；胸足淡色，基部外侧具1横向垫状褐斑（图2③）；触角7节，各节主体暗褐色，端部较淡；体节气门褐色。

蛹 裸蛹，体长约15mm，初蛹淡黄色，渐变黄褐色。预蛹头部黑色，胴体橘褐色（图2④）。土室短椭球形，内壁较光滑（图2④）。

生活史及习性 1年发生1代，幼虫4～5龄。在山东昆嵛山地区，幼虫9月上旬下树入土做土室越冬，土室深度在5～15cm间。翌年4月末，幼虫开始化蛹，蛹期15～25天。5月下旬成虫开始羽化，6月上旬为羽化盛期，下旬为末期。成虫多在9：00～15：00羽化。初羽化的成虫在地面短时间爬行后，不需要补充营养即可起飞上树，进行交尾。雌成虫寿命约7天，产卵时间平均3天。雄虫飞翔力较雌虫强，寿命平均5～8天。雌虫羽化时间一般晚于雄虫3～5天，羽化前期雄虫多，后期雌多雄少。雌虫可进行孤雌生殖但孵化率极低。卵单粒整齐排列于针叶正面，每针叶产卵4～10粒。雌虫产卵量4～20粒，平均12粒左右。卵期7～10天，林间卵的孵化率在85%以上。6月上旬幼虫开始孵化，下旬为孵化盛期，7月上旬为孵化末期。6月下旬至8月为幼虫危害盛期，8月中旬幼虫开始下树，9月上旬幼虫全部下树，幼虫危害期50～60天。初孵幼虫行动比较迟缓，群集啃食针叶的鳞片，然后爬至当年生新梢上取食针叶。二龄后在针叶簇基部吐丝结网，藏于其内取食，食剩的针叶及粪便则粘结在网上慢慢形成虫巢，待食光虫巢附近针叶后，将虫巢扩大并有丝道与老巢相连。一般2～3个虫巢并连在一起。幼虫咬断针叶基部拖至虫巢口取食。三龄以后幼虫食量大增，发生严重时可将1～2年生新梢全部食光，仅存叶鞘，整个树冠密布虫巢，松林外观呈火烧状。老熟幼虫暴食一周后，吐丝下垂并坠落于地表爬行，找到适宜处入土做椭圆土室越夏越冬。

防治方法 营造混交林、加强森林抚育管理，改善生态环境，提高林木抗虫能力以及保护天敌等措施，可预防和减低昆嵛腮扁蜂的危害。在秋末冬初进行林地垦山翻土，破坏越冬的场所，人工挖除越冬幼虫，也可减少虫源。成虫盛发期，在林地内离地面40cm左右的树干上布置黄绿色黏虫胶带，或在接近地面的位置水平放置诱虫板，可以诱集大量成虫。

对于危害较轻的林区，可采用生物防治为主，化学防治为辅的综合措施。生物防治可采用Bt悬浮剂稀释100～300倍液，加5%的溴氰菊酯10000倍弥雾防治，或用白僵菌稀释液进行弥雾防治。对严重危害的林区采用化学防治为主，保护林分安全。使用高效低毒的内吸性杀虫剂树干环涂，可有效防治低龄幼虫。大面积发生时，可以采用飞机喷雾防治。

参考文献

胡瑞瑞，张英军，梁军，等，2020. 温湿度对昆嵛山腮扁叶蜂的影响[J]. 林业科学研究，33(1): 107–112.

王传珍，王京刚，杨隽，等，2000. 昆嵛山腮扁叶蜂生物学特性研究[J]. 森林病虫通讯 (4): 20–22.

萧刚柔，2002. 中国扁叶蜂（膜翅目：扁叶蜂科）[M]. 北京：中国林业出版社.

杨隽，邵凌松，刘德玲，等，2001. 昆嵛山腮扁叶蜂生物学特性及防治技术研究[J]. 山东林业科技 (3): 41–43.

（撰稿：魏美才；审稿：牛耕耘）

扩散　dispersal

昆虫在个体发育过程中日常的小范围内的分散或集中活动。又名蔓延、传播、分散。

昆虫的扩散分为以下几种类型：①主动扩散。有些昆虫某一世代有明显的虫源中心，常称为虫源地，这类昆虫可由虫源地主动向邻近作物地带扩散。②被动扩散。靠外部原因如风力、水力或者人为因素引起的扩散活动。许多鳞翅目昆虫从卵块孵化出来后常常群集危害，然后吐丝下垂靠风力作用传播到周围植株上。而检疫性害虫则可借人为活动进行传播扩散。③趋性扩散。由昆虫特有的取食或产卵选择性造成的小范围分散或集中。例如，三化螟趋于在分蘖期和孕穗期水稻上产卵；稻苞虫白天到棉花及瓜类植物上取食花蜜，夜晚到稻上产卵；豆天蛾白天集中在玉米、高粱地栖息，夜间到豆田产卵。这些特性造成不同种的昆虫呈现出时空特异性的集中及分散现象。

昆虫的大规模扩散会造成某一时期内一个地区害虫数量的突然增加或减少，是害虫发生期预测需要参考的重要指标。尤其对于主动扩散的害虫，在测报上要注意查清虫源地，测准点片发生期；防治上要求控制虫源地并将害虫彻底消灭在点片阶段，同时要深入了解趋性扩散害虫的生理特性，及各种害虫的内在因素与外界环境条件之间的相互关系，在测报及防治中进行重点防治。

参考文献

张建军，张润志，陈京元，2007. 松材线虫媒介昆虫种类及其扩散能力 [J]. 浙江林学院学报，24(3): 350-356.

BOWLER D E, BENTON, T G, 2005. Causes and consequences of animal dispersal strategies: relating individual behaviour to spatial dynamics[J]. Biological reviews, 80(2): 205-225.

BULLOCK J M, KENWARD R E, HAILS R S, 2002. Dispersal ecology[M]. Oxford, UK: Blackwell.

DENNO R F, 1994. The evolution of dispersal polymorphism in insects: the influence of habitats, host plants and mates[J]. Researches on population ecology, 36: 127-135.

GIBBS M, SAASTAMOINEN M, COULON A, et al, 2010. Organisms on the move: ecology and evolution of dispersal[J]. Biology letters, 6(2): 146-148.

（撰稿：侯丽；审稿：王宪辉）

阔胫鳃金龟　*Maladera verticalis* (Fairmaire)

一种危害多种果树、树木和农作物的常见害虫。又名阔胫绢金龟、阔胫绒金龟、阔胫赤绒金龟。鞘翅目（Coleoptera）金龟科（Scarabaeidae）鳃金龟亚科（Melolonthinae）玛绢金龟属（*Maladera*）。该虫主要分布在古北区。国外分布于朝鲜半岛。中国分布于河南、河北、黑龙江、吉林、辽宁、山西、山东、陕西、甘肃、青海、江苏、安徽等地。

寄主　苹果、梨、杨、柳、榆、甜菜、甘蓝、大豆、花生、苜蓿、棉花、玉米、高粱等，寄主植物可达 100 种以上。

危害状　成虫和幼虫都可危害。成虫主要危害植株地上幼嫩部分，取食叶片、花器，咬成缺刻，严重时叶片或花器损失严重，叶片仅残留叶脉，花器脱落，严重影响植物的长势。幼虫在地下危害植物的根茎，咬断须根，也可取食刚播的作物种子及幼苗，是重要的地下害虫（图 1）。

形态特征

成虫　体长 7.0～8.0 mm，宽 4.5～5.0mm。体为红棕色或红褐色，具丝绒状光泽，体表较粗糙，密布散乱小刻点（图 1①）。唇基前狭后宽，近梯形，前缘上卷，点刻较多，有较显著的纵脊。触角 10 节，鳃片部 3 节，雄虫触角鳃片长等于第二至第七节总长的 1.5 倍；雌虫的触角鳃片则与第二至第七节总长等长或稍长。前胸背板侧缘后段直，前侧角尖，后侧角钝。小盾片长三角形。鞘翅有 4 条具刻点纵沟，沟间带隆起明显，后缘刻点较多，后侧缘折角明显。前足胫节外侧有 2 齿，后足胫节极宽扁，端距 2 枚，表面光亮，几乎无刻点。臀板三角形。爪成对，等长，爪下有齿（图 2①）。

幼虫　蛴螬型，体长 15～20mm。头顶毛每侧 1 根，无后顶毛。肛腹片覆毛区的钩状刺毛群左侧 38～58 根，右侧

图 1　阔胫鳃金龟成虫食害叶状（冯玉增摄）

图 2　阔胫鳃金龟虫态（冯玉增摄）
①成虫；②成虫交尾；③幼虫——蛴螬；④蛹

42～52 根。刺毛排列呈横弧状，每侧刺毛 8～12 根，肛门3裂（图2③）。

生活史及习性　1 年发生 1 代，以幼虫越冬，翌年 6 月下旬越冬幼虫化蛹，7 月上中旬羽化，羽化后成虫交配产卵，7 月中下旬为产卵盛期，卵期约 13 天，8 月为幼虫发生期，9 月上旬幼虫开始向土壤深处下移越冬。成虫昼伏夜出，可远距离飞行，有较强的趋光性；幼虫共 3 龄，营地下生活，沙壤区发生较重。

防治方法

物理防治　杀虫灯诱杀成虫。

生物防治　将绿僵菌、白僵菌等微生物农药拌入土中防治幼虫。

化学防治　采用菊酯类农药叶面喷雾防治成虫，辛硫磷颗粒剂地下拌土防治幼虫。

参考文献

陈斌，李正跃，和淑琪，2010. 金龟子绿僵菌 KMa0107 菌株对三种玛绢金龟幼虫的致病力 [J]. 中国生物防治学报，26(1): 18-23.

郭在彬，崔建新，王芳，等，2017. 温度对阔胫玛绢金龟 *Maladera verticalis* 成虫飞行能力的影响 [J]. 河南科技学院学报（自然科学版），45(3): 30-33.

河南省昆虫学会，1999. 河南昆虫志：鞘翅目（一）[M]. 郑州：河南科学技术出版社.

山东林木昆虫志编委会，1993. 山东林木昆虫志 [M]. 北京：中国林业出版社.

AHRENS D, 2007. Taxonomic changes and an updated catalogue for the Palaearctic Sericini (Coleoptera: Scarabaeidae: Melolonthinae)[J]. Zootaxa, 1504(1): 1-51.

（撰稿：刘守柱；审稿：周洪旭）

阔胫萤叶甲　*Pallasiola absinthii* (Pallas)

一种山地荒漠草地的主要害虫。鞘翅目（Coleoptera）叶甲科（Chrysomelidae）胫萤叶甲属（*Pallasiola*）。国外分布于蒙古、俄罗斯、吉尔吉斯斯坦等地。中国分布于华北、东北、西北和西南等地。

寄主　榆、蒿、紫菀、合头草、山樱桃、假木贼等。

危害状　在半荒漠草场上主要危害驴驴蒿，幼虫采食越冬芽和危害上部生长点及幼枝嫩叶，在无鲜活寄主可食时，可啃食针茅、珍珠、红砂、蓑草等牧草的幼嫩枝叶，被害后留下枯斑和干枝头。

形态特征

成虫　体长 6.5～7.5mm，宽 3.2～4.0mm。黄褐色；头后半部、触角、中后胸腹板和腹部两侧、小盾片和翅缝均为黑色；前胸背板盘区两侧中央各 1 黑色横斑；每个鞘翅有 3 条黑色纵脊；胫节端部和跗节黑色。体上被毛。头顶中央具纵沟，具稠密粗刻点，额瘤三角形。触角粗短，第二节最小，第七节之后逐渐变短。前胸背板宽约为长的 2.0 倍；侧缘具细饰边，中部稍外扩；盘区中央具宽浅纵沟，两侧各 1 较大凹坑。小盾片短三角形。鞘翅肩角瘤状突起，外侧和中脊在端部相连，翅背布稠密粗刻点。足粗壮，胫节端部显粗（见图）。

阔胫萤叶甲

卵　长 1.8mm，宽 1.2mm。长圆形，光滑，淡黄色。

幼虫　老熟幼虫长 10.0 ～ 13.0mm。黑色，背面具黑毛，胸足 3 对，无腹足。

蛹　长 12.0mm。头顶和胸部黑褐色，腹部黄褐色；前、中、后胸各有 1 撮灰白色长毛，腹部各节具稠密绒毛。

生活史及习性　该虫在中国甘肃瓜州地区 1 年 1 代，以卵越冬。5 月上旬开始孵化，幼虫 3 龄，幼虫期 50 天，7 月底出现成虫，8 月中旬交尾产卵后成虫相继死亡。卵的孵化与驴驴蒿的返青同期，初孵幼虫淡黄色，24 小时后变为灰褐色。幼虫活动性强，喜光、怕冷、极耐饥饿，正常年景 6 月中旬达到危害高峰。成虫雌雄同型，爬行快、偶飞翔，具趋光和假死性。成虫采食 3～5 天后即可交尾，交尾后的雌虫腹部明显膨大。卵呈块状，聚产于驴驴蒿、珍珠等植物根部 5.0～10.0mm 的疏松土层中。

防治方法　应用植物源杀虫剂净叶宝 2000～3000 倍液和高效顺反氯氰菊酯 500 倍液，对阔胫萤叶甲均有显著的控制作用；也可用 5% 苦参碱、阿维菌素、高氯除虫脲、阿维灭幼脲等生物制剂控制该虫危害。在植被稀疏的草地也可以通过人工扑打的方法压低虫口密度。

参考文献

柴来智，郇庚年，史奎英，等，1990. 荒漠草地阔颈萤叶甲观察初报 [J]. 草业科学，7(4): 49-50.

任国栋，白兴龙，白玲，2019. 宁夏甲虫志 [M]. 北京：电子工业出版社.

王俊梅，李兴海，李建廷，等，2007. 应用植物源农药防治草地阔胫萤叶甲试验 [J]. 草原与草坪 (3): 45-47.

王彦萍，李兴海，王珏，等，2008. 河西走廊荒漠草地阔胫萤叶甲生活习性及危害 [J]. 草业科学，25(6): 121-123.

虞佩玉，王书永，杨星科，1996. 中国经济昆虫志：第五十四册　鞘翅目　叶甲总科（二）[M]. 北京：科学出版社.

（撰稿：巴义彬；审稿：任国栋）

L

蜡彩袋蛾 *Acanthoecia larminati* (Heylaerts)

一种危害桉树、油桐等多种树木的食叶害虫。又名尖壳袋蛾、油桐袋蛾。鳞翅目（Lepidoptera）谷蛾总科（Tineoidea）袋蛾科（Psychidae）*Acanthoecia* 属。国外分布于日本。中国分布于广西、广东、海南、福建、江西、安徽、湖南、四川、云南、贵州等地。

图1 蜡彩袋蛾雄成虫（刘文爱提供）

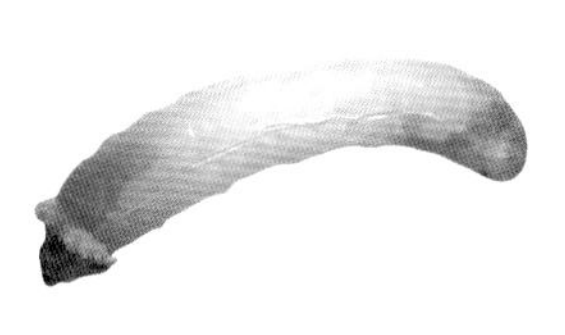

图2 蜡彩袋蛾雌成虫（刘文爱提供）

图3 蜡彩袋蛾卵（刘文爱提供）

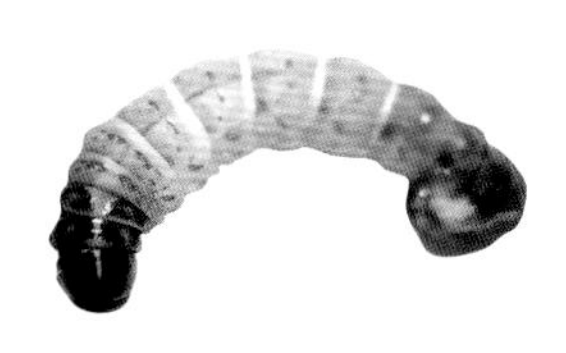

图4 蜡彩袋蛾七龄幼虫（刘文爱提供）

图5 蜡彩袋蛾袋囊（刘文爱提供）

寄主 桉树、油桐、油茶、板栗、龙眼、荔枝、杧果、木波罗、柑橘、苹果、橄榄、樟树、白玉兰、黄果木、八宝树、凤凰木、大叶紫薇、茶、桑、黄檀、侧柏等多种林木和果树。

危害状 幼虫群聚取食危害寄主植物的叶片、嫩梢及幼果等。初龄幼虫仅取食叶肉，残留表皮，使受害叶片呈不规则的透明斑；二龄后幼虫将叶片吃成缺刻或孔洞，严重时将全树或局部叶片吃光，影响寄主生长。

形态特征

成虫 雄蛾体长6～8mm，具翅，翅展18～20mm。头、胸部黑色，腹部银白色。触角栉齿状，喙消失。前翅基部白色，前缘灰褐色，余黑褐色。翅面稀被毛和鳞片，无较多斑纹，翅缰较大，前翅中室和径脉处有2个黑色长斑，顶角较突出，靠近前翅肩角的黑色长斑颜色较深。后翅银白色，前缘灰褐色（图1）。雌虫体长13～20mm，淡黄色，蛆状，长圆筒形（图2）。

卵 椭圆形，长径0.5～0.7mm，短径0.2～0.3mm，白色（图3）。

幼虫 老熟幼虫体长16～26mm，宽2～3mm。体细长，头壳灰黑色，上面密布网状纹，头上的毛片小。前胸背板黑色，中、后胸在背中线两侧有黑色斑块。腹部黄白色，上面有明显的黑色毛片。第八、九腹节背板黑色。臀板骨化完整，黑色，密布网纹，上有4对刚毛（图4）。

蛹 雌蛹体长15～23mm，宽2.5～3mm，长圆筒形，体光滑，头部、胸部和腹部末节背面黑褐色，其余黄褐色；雄蛹体长9～10mm，深褐色或黑色。腹部第四至八节背面前缘以及第六、七节后缘各有小刺1列。

袋囊 长圆锥形，灰褐色，纯丝质，无碎叶和枝梗。囊外壁有横纹，袋囊前段棉絮状部位附有蜕皮时留下的各龄头壳，袋囊末段有4条纵裂。雌囊长31～55mm，雄囊长27～40mm（图5）。

生活史及习性 在福建1年发生1代，以幼虫越冬，越冬期间如遇气温特别温暖，雌幼虫能恢复取食。成虫于4月中、下旬羽化，约持续半月，5月中、下旬新幼虫开始危害，雄幼虫7龄，雌幼虫8龄。卵期30～39天，雄幼虫期306天，雌幼虫期323天，雌蛹期16天，雄蛹期28天，雄成虫期3.5天。在广西1年发生1代，以三龄幼虫越冬。成虫出现在8月中旬，8月上旬到9月中旬为羽化盛期。产卵盛期为8月下旬至9月上旬，卵期20天左右。幼虫出现在9月初，6～7月危害最为严重。

防治方法

物理防治 人工摘除袋囊。

生物防治 寄蝇寄生率高，要充分保护和利用。幼虫期喷洒苏云金杆菌、杀螟杆菌。

化学防治 喷施敌百虫晶体水溶液或敌敌畏乳油溶液。

参考文献

刘文爱，范航清，2009. 广西红树林主要害虫及其天敌[M]. 南宁：广西科学技术出版社.

刘文爱，范航清，2011. 蜡彩袋蛾在红树林的发生规律[J]. 林业科技开发，25(6): 45-47.

刘文爱，范航清，2011. 蜡彩袋蛾取食不同红树植物后纤维素酶活力的测定[J]. 林业科技开发，25(4): 114-116.

（撰稿：刘文爱；审稿：嵇保中）

蓝绿象 *Hypomeces pulviger* (Herbst)

一种危害多种林木、果树和农作物的害虫。又名绿鳞象、绿绒象虫、棉叶象鼻虫、大绿象虫。鞘翅目（Coleoptera）象虫科（Curculionidae）蓝绿象属（*Hypomeces*）。国外分布于越南、印度、印度尼西亚、柬埔寨、菲律宾。中国分布于江苏、浙江、安徽、福建、江西、河南、湖北、湖南、广东、广西、四川、贵州、云南、台湾等地。

寄主 茶树、油茶、柑橘、桑树、马尾松、栎类、板栗等近百种林木、果树和农作物。

危害状 成虫取食林木的嫩枝、芽、叶，能将叶食尽，严重时啃食树皮，影响树势生长或导致全株枯死。

形态特征

成虫 体长15～18mm。纺锤形，越冬成虫在土下为紫褐色，出土取食后，成虫体上圆形刻点显出紫铜色，表面密被闪光的粉绿色鳞毛，少数灰色至灰黄色，表面常附有橙黄色粉末而呈黄绿色，有些个体密被灰色或褐色鳞片。头管背面扁平，具纵沟5条。触角短粗。复眼明显突出。前胸宽大于长，背面具宽而深的中沟及不规则刻痕。鞘翅上各具10行刻点。雌虫胸部盾板绒毛少，较光滑，鞘翅肩角宽于胸部背板后缘，腹部较大；雄虫胸部盾板绒毛多，鞘翅肩角与胸部盾板后缘等宽，腹部较小（见图）。

蓝绿象成虫（张润志摄）

幼虫 老熟幼虫体长10～16mm，乳白色至淡黄色，头黄褐色，体稍弯，多横皱，气门明显，橙黄色，前胸及腹部第八节气门特别大。

生活史及习性 江苏、安徽、江西、湖北、湖南、四川、云南1年1代；福建、广东、广西、台湾1年2代。以成虫或老熟幼虫越冬。4～6月成虫盛发。广东终年可见成虫。浙江、安徽多以幼虫越冬，6月成虫盛发，8月成虫开始入土产卵。云南西双版纳6月进入羽化盛期。福州越冬成虫于4月中旬出土，6月中、下旬进入盛发期，8月中旬成虫明显减少，4月下旬至10月中旬产卵，5月上旬至10月中旬幼虫孵化，9月中旬至10月中旬化蛹，9月下旬羽化的成虫仅个别出土活动，10月羽化的成虫在土室内蛰伏越冬。

成虫白天活动，咬食叶片形成缺刻或仅剩叶脉，早、晚多躲在杂草丛中、落叶下或钻入表土中，飞翔力弱，善爬行，有群集性和假死性，稍受触动即跌落地下。成虫一生可交尾多次，卵多单粒散产在叶片上。产卵期80多天，每雌产卵80多粒。幼虫孵化后钻入土中10～13cm深处取食杂草或树根。幼虫期80多天，9月孵化的长达200天。幼虫老熟后在6～10cm土中化蛹，蛹期17天。

防治方法

人工防治 在成虫出土高峰期振动茶树，下面用塑料膜承接后集中烧毁。

用胶粘杀 将配好的胶涂在树干基部，宽约10cm，象甲上树时将被粘住。涂一次有效期2个月。

药物防治 在成虫盛发期用90%敌百虫、50%敌敌畏1000倍稀释液、2.5%敌杀死进行喷杀。由于成虫具有假死性，故树冠和树下地面都要喷施。

虫尸液防治 成虫盛发期人工捕捉50头左右成虫，置于陶器内捣烂成浆，加水少许，在阳光下暴晒48小时，可闻到腐臭味后，用纱布滤取滤液，稀释400倍，喷施于树上，绿鳞象闻到尸臭拒食，从而减少危害，喷虫尸液3天后，虫口减退率达72.33%。

参考文献

萧刚柔，1992. 近年来我国森林昆虫研究进展[J]. 森林病虫通讯(3): 36-43.

萧刚柔，李镇宇，2020. 中国森林昆虫[M]. 3版. 北京：中国林业出版社.

张丽霞，管志斌，付先惠，等，2002. 蓝绿象的发生与防治[J]. 植物保护，28(1): 59-60.

赵养昌，陈元清，1980. 中国经济昆虫志：第二十册 鞘翅目 象虫科(一)[M]. 北京：科学出版社.

（撰稿：范靖宇；审稿：张润志）

蓝橘潜跳甲 *Podagricomela cyanea* Chen

一种危害花椒等芸香科植物的蛀食性害虫。又名花椒食心虫、蛀果虫、椒狗子。鞘翅目（Coleoptera）叶甲科（Chrysomelidae）跳甲亚科（Alticinae）潜跳甲属（*Podagricomela*）。分布于秦岭西段山区的花椒种植区，如甘肃的两当、徽县、康县、成县、西和、礼县、武都、宕昌以及陕西的太白、凤县、略阳等地都有分布。其中在海拔1100～1700m半山地带发生普遍，危害严重。

寄主 花椒、柑橘等芸香科植物。

危害状 该虫以幼虫蛀食花椒幼嫩果实，将果实食空，造成早期大量落果，在部分花椒种植区已成为对产量影响最大、导致颗粒无收的灾害性害虫。

形态特征

成虫 长椭圆形，长3.6mm左右，宽1.9mm，雄虫略小。头天蓝色，前胸背板、鞘翅紫蓝色，有金属光泽；体腹面棕褐色或部分呈黑褐色。触角基半部黄褐色，端半部棕褐色多毛。足黑褐色，足基半部呈黄褐色。小盾片棕黑色。雄虫腹部末节的腹板有一半月形凹窝，内密生白色细毛。

幼虫 老熟幼虫长5～6mm，乳白色，略扁。头具纵沟，头、前胸背板及肛上板黑褐色。

生活史及习性 陇南1年生1代，以成虫在树冠下及附近土内、土石缝隙中越冬，也有少数成虫在老树干的翘皮内越冬。翌年4月中旬椒树发芽后，成虫陆续出蛰活动，取食幼芽嫩叶，4月底至5月初花梗伸长期至初花期，成虫开始交配产卵，果实进入膨大期幼虫孵出，蛀入花椒果实内，取食幼嫩种子，经过15～20天后即于6月上旬幼虫老熟脱果落地下，或随落果落地钻入土内，做土室化蛹，再经10～15天，即于6月下旬开始羽化出土，7月上旬达盛期，7月下旬陆续蛰伏。成虫善跳，白天活动。当温度低、刮大风、下雨天气，则潜伏椒树翘皮、石块或土块下面。成虫受惊后跳离叶片，落地后翻身假死。成虫啃食花椒嫩叶，一般从叶缘食成缺刻，或从中间食成孔洞。雌成虫将卵散产于花序上或幼果上，每处1粒，卵期6～8天。幼虫孵化后直接蛀入幼嫩果实，取食种子，在幼虫蛀入口往往白色流胶呈半圆形。幼虫老熟后自果实内脱出跌落地面，或随落果脱出钻入土内。

防治方法

清洁田园 5月中下旬，经常检查摘除被害幼果，及时深埋或烧毁，以消灭幼虫。6月上中旬中耕灭蛹。花椒收获后，于8月底至9月间用刀刮净椒树翘皮，及时处理，消灭部分越冬成虫。化蛹期间进行中耕除草，有压低虫口的作用。

药剂防治 花椒现蕾期，用氰戊菊酯喷雾；落花后至果实开始膨大时，再喷布一次。

参考文献

李孟楼，焦爱叶，陈西宁，1990. 中国西部危害花椒的桔潜跳甲[J]. 应用昆虫学报，27(6): 342–343.

王洪建，1998. 几种杀虫剂防治花椒桔潜跳甲试验[J]. 甘肃林业科技，32(1): 45–47.

张炳炎，吕和平，1990. 蓝色桔潜跳甲的发生及其防治[J]. 甘肃林业科技(4): 20–22.

（撰稿：王魁、王杰；审稿：金振宇）

蓝目天蛾 *Smerinthus planus* Walker

一种以幼虫危害杨柳科和蔷薇科等多种树木叶片的食叶害虫。鳞翅目（Lepidoptera）天蛾科（Sphingidae）云纹天蛾亚科（Ambulicinae）目天蛾属（*Smerithus*）。国外分布于朝鲜、日本、前苏联区域。中国分布于东北地区以及安徽、甘肃、河北、河南、江苏、江西、内蒙古、宁夏、山东、山西、陕西、浙江等地。

寄主 欧美杨、美杨、毛白杨、钻天杨、旱柳、河柳、龙爪柳及苹果、桃、梅、樱桃等。

危害状 一、二龄幼虫分散取食较嫩的叶片，将叶吃成缺刻；四、五龄幼虫食量骤增，可将叶片吃光。

形态特征

成虫 体长32～36mm，翅展85～92mm。翅黄褐色。复眼大，暗绿色。胸部背面中央有1个深褐色大斑。前翅亚外缘线、外横线、内横线深褐色；肾状纹清晰、灰白色。后翅中央有1个大蓝目斑，斑外有1个灰白色圈，最外围蓝黑色，蓝目斑上方为粉红色（图1）。

幼虫 老熟幼虫体长70～80mm；头较小，绿色，近三角形，两侧色淡黄；胸部青绿色；腹部色偏黄绿，1～8腹节两侧有淡黄色斜纹，最后一条斜纹直达尾角（图2）。

图1 蓝目天蛾成虫（陈辉、袁向群、魏琮提供）

L

图 2 蓝目天蛾幼虫（魏琮提供）

生活史及习性 发生代数随分布地不同而异，在北京、兰州 1 年发生 2 代，西安 1 年发生 3 代，江苏 1 年发生 4 代。成虫出现期：2 代区分别为 5 月中下旬和 6 月中下旬；3 代区为 4 月中下旬、7 月和 8 月；4 代区为 4 月中旬、6 月下旬、8 月上旬及 9 月中旬。

成虫飞翔力强，有趋光性。成虫羽化后第二天交尾。产卵地点在叶、枝、干、土块上均能见到，一般以叶背及枝条上为多。卵单产，偶有产成一串的，均以黏性分泌物牢牢黏着，每雌一生可产卵 200～400 粒。

初孵化幼虫大多能将卵壳吃去大半，然后爬到叶背面主脉上停留，以腹部第六节腹足及臀足紧抓叶脉，头部昂起，呈"乙"字形。老熟幼虫在化蛹前 2～3 天，体背呈暗红色，下树后在寄主附近土中深 60～100mm 处形成一椭圆形土室化蛹。

防治方法

农业防治 人工捕杀大龄幼虫；秋冬清除枯枝落叶、除草，杀死越冬蛹。

物理防治 灯光诱杀成虫。

生物防治 使用青虫菌喷洒防治幼虫。

化学防治 在一至三龄幼虫期喷施 90% 敌百虫、50% 杀螟松等药剂。

参考文献

梁铭球，郑哲民，1962. 柳天蛾的生活习性观察 [J]. 昆虫学报，11(2): 214-215.

萧刚柔，1992. 中国森林昆虫 [M]. 2 版. 北京：中国林业出版社.

中国科学院动物研究所，1983. 中国蛾类图鉴Ⅳ [M]. 北京：科学出版社.

周嘉熹，1994. 西北森林害虫及防治 [M]. 西安：陕西科学技术出版社.

朱弘复，1973. 蛾类图册 [M]. 北京：科学出版社.

朱弘复，王林瑶，方承莱，1979. 蛾类幼虫图册（一）[M]. 北京：科学出版社.

朱弘复，王林瑶，1997. 中国动物志：昆虫纲 第十一卷 鳞翅目 天蛾科 [M]. 北京：科学出版社.

（撰稿：魏琮；审稿：陈辉）

冷杉芽小卷蛾 *Cymolomia hartigiana* (Saxesen)

一种危害云杉、冷杉的食叶害虫。又名冷杉小卷蛾、冷杉新小卷蛾。英文名 plumbeous spruce tortrix。鳞翅目（Lepidoptera）卷蛾总科（Tortricoidea）卷蛾科（Tortricidae）新小卷蛾亚科（Olethreutinae）新小卷蛾族（Olethreutini）芽小卷蛾属（*Cymolomia*）。国外分布于欧洲中部和北部、北美洲以及俄罗斯、韩国、日本。中国分布于黑龙江、吉林、辽宁、河北。

寄主 萨哈林冷杉、杉松冷杉、欧洲冷杉、日本冷杉、红皮云杉、挪威云杉、鱼鳞云杉、欧洲赤松、日本铁杉、臭冷杉、冷杉。

危害状 幼虫常吐丝将针叶黏合在一起，喜食幼树上嫩梢顶端的针叶，经常在白色丝网内活动，严重者可将嫩梢针叶取食殆尽（图④）。

形态特征

成虫 翅展 14～15mm。体灰褐色。头部有黄白色长鳞毛。前胸背板中部有 1 对黑褐色毛簇。前翅黑褐色，基部偏下方杏黄色，其中夹杂有银白色波状纹 2 对，端部黑褐色，中央有银白色"八"字形纹，在中室末端有 1 白色小斑，前缘有 5 对银白色短钩状纹。后翅三角形，灰褐色。雄蛾后翅基部有基叶。雌蛾触角栉齿状，褐色。前足、中足胫节末端各具有 1 对距，后足胫节具 2 对距（图①）。

卵 扁椭圆形。初产时淡黄色，以后逐渐变成橘黄色。

幼虫 黄褐色。头杏黄色，两侧各有 2 块黑褐斑。前胸背板淡黄色，靠外缘有 1 弧形黄褐色条斑。胸足褐色，各节毛片不明显。肛上板淡黄色。臀栉黄褐色，具 6～7 根刺，刺末端多叉（图②）。

蛹 棕绿色。长 8～9mm。臀棘 8 根，近肛门两侧还各有 2 根比较细长的棘（图③）。

生活史及习性 东北地区 1 年发生 1 代，以三龄幼虫在针叶内越冬。翌年 4 月下旬、5 月中下旬开始活动，幼虫吐丝形成白色丝网并将针叶黏合在一起，幼虫在丝网内取食顶端的针叶及芽苞。5 月上旬开始第三次蜕皮，以后每隔 6～7 天蜕皮 1 次。5 月下旬开始化蛹，5 月底为化蛹盛期。蛹期平均 13 天。6 月初蛹开始羽化，6 月上旬为羽化盛期。成虫一般上午羽化，以 4：00～6：00 羽化最多。成虫羽化后，于 19：00 左右开始飞行，20：00 左右进行交尾。交尾历期一般 2.5 小时左右。交尾后次日产卵，卵散产在针叶背面或

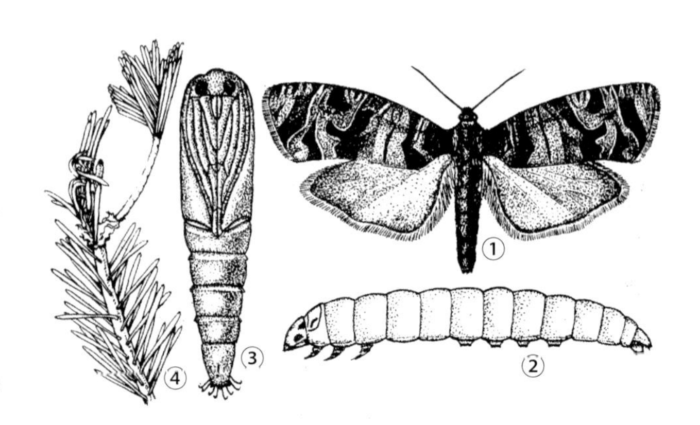

冷杉芽小卷蛾各虫态及危害状（①～③白九维绘，④程义存绘）
（引自《中国森林昆虫》，第 2 版，818 页）
①成虫；②幼虫；③蛹；④危害状

正面，个别也有排列成行的。每雌产卵量一般 60 粒左右。雌蛾寿命 6～8 天，雄蛾寿命 4～5 天。卵期 9～13 天。6 月中旬幼虫孵化。初孵幼虫体乳白色，多从针叶背面或正面蛀食叶肉，经两次蜕皮后，于 7 月下旬至 8 月上旬进入越冬。

发生与环境 在红皮云杉纯林、混交林中随机抽样调查结果，纯林较混交林被害重。5～20 年生云、冷杉被害严重，20～30 年生中等被害，30 年生以上几乎不被害。虫口密度与郁闭度呈负相关。树冠下层幼虫虫口密度最大，中层次之，上层最小。

防治方法

营林措施 营造混交林，加强幼林抚育管理，改变林地环境，控制害虫发生。

生物防治 卵期、幼虫期寄生天敌较多，可进行保护和利用。

化学防治 在幼虫取食盛期，喷洒 50% 杀螟松乳油、25% 杀虫双水剂、40% 氧化乐果乳油 1000～2000 倍液。

参考文献

白九维，1986. 为害针叶树的几种卷蛾幼期研究（鳞翅目：卷蛾科）[J]. 东北林业大学学报，14(1): 11-19.

纪玉和，余思裕，1992. 冷杉芽小卷蛾研究初报 [J]. 吉林林业科技 (5): 31-33, 39.

刘友樵，1982. 为害针叶树嫩梢、球果的小卷蛾种类鉴别 [J]. 森林病虫通讯 (1): 37-41.

刘友樵，白九维，张时敏，1974. 带岭林区几种卷叶蛾的调查研究 [J]. 昆虫学报，17(2): 166-180, 图版Ⅴ.

王维翊，1987. 冷杉芽小卷蛾生物学特性的初步研究 [J]. 辽宁林业科技 (1): 20-23.

萧刚柔，1992. 中国森林昆虫 [M]. 2 版. 北京：中国林业出版社.

BYUN B K, LI C D, ZHANG L Z, 2004. *Cymolomia hartigiana* (Saxesen, 1840) (Lepidoptera: Tortricidae) attacking to *Abies nephrolepis* Max. new to Daxing'anling, Heilongjiang[J]. China journal of forestry research, 15(1): 67-68.

（撰稿：嵇保中；审稿：骆有庆）

离子和水平衡 ion and water balance

昆虫为了维持正常的生命活动，必须保持体内离子和水分的动态平衡，这是昆虫赖以生存的基础。昆虫的消化系统、排泄系统、循环系统以及皮肤等的生理活动和体内的离子和水平衡密切相关，其中涉及的主要器官包括肠道、马氏管和皮肤等，它们通过昆虫的体液循环系统有机地统一起来，发挥各自的调节离子和水平衡的作用。

消化系统 昆虫的消化系统是消化和吸收营养物质、无机盐和水分的主要场所，分为前肠、中肠和后肠。昆虫前肠可摄食、储存、磨碎食物，并把食物送到中肠；中肠可产生和分泌消化酶，并吸收消化后的各种物质，其中中肠前端主要负责营养吸收，中肠后段主要吸收无机离子和水等。随着肠道的蠕动，中肠的残余物质与马氏管中的尿液一起进入后肠；后肠可以从排泄物中再吸收水分、无机盐以及其他有用的物质，剩余的残渣作为粪便排出体外。后肠的选择性重吸收作用与昆虫体内水分和盐平衡有着密切的关系。陆生昆虫的直肠是快速吸收水分的主要部位，直肠能够逆浓度梯度主动重吸收 Na^+、K^+ 和 Cl^-。在取食盐水的昆虫中，重吸收的速率很低，并产生高渗的尿液排出体外。在这些昆虫中，前直肠发生 HCO_3^- 与 Cl^- 交换，并选择性吸收无机的和有机的溶质，而在后直肠分泌 Na^+、K^+、Cl^- 和 Mg^{2+} 进入直肠腔进行排泄。

马氏管 马氏管是昆虫主要的排泄器官，是外生于消化道的一种末端封闭的管道，其一端与消化道相通，另一端是封闭的，一般游离在体腔内浸溶在血淋巴中，或与脂肪体有紧密的接触。马氏管产生与血淋巴等渗的过滤液，其中含有较多的 K^+ 和少量的 Na^+，Cl^- 是主要的阴离子。由于离子的主动运输，特别是 K^+ 被转运到马氏管腔，形成一个渗透压梯度，水分被动地沿着这个渗透压梯度进入马氏管，由马氏管吸收血淋巴中的无机离子、水和代谢废物向肠腔内分泌尿液，由于马氏管连续不断地活动，便在管腔内形成一个原尿流。原尿是一种血淋巴的过滤物，它最初形成于马氏管的端部的一段，原尿液与血淋巴几乎是等渗的，但离子组成不同。在大多数昆虫中，它含有高浓度的 K^+、低浓度的 Na^+，因此，阳离子进入管腔都是逆电化梯度主动运输的。水从血淋巴进入马氏管，依赖于阳离子的主动运输。马氏管的水分转移主要是通过主细胞和星细胞进行的，水分子可通过渗透梯度或者通过水通道蛋白（aquaporins，AQPs）穿过细胞膜。AQPs 是一种允许水分双向通过细胞膜的蛋白，能实现水分子跨细胞膜快速运输，昆虫的 AQPs 可以帮助其进行水分调节和适应不良环境。许多昆虫的马氏管中 AQPs 都有很高的表达量，例如长红锥蝽、埃及伊蚊、黑腹果蝇等。AQPs 除了能高效转运水分子外，还能转运其他的一些不带电的溶质如甘油、小分子多元醇、脲、过氧化氢、溶解气体等。因此昆虫的排泄系统除排弃代谢废物外，也有维持昆虫体内盐类和水分的平衡、保持内环境稳定的作用。

皮肤 昆虫皮肤是虫体与环境之间的接触界面，是昆虫重要的物理屏障。昆虫皮肤有很大的张力，能承受内部组织和血液变化产生的压力。昆虫皮肤是抵御外界物质渗透的屏障，同时对保持昆虫体内的水分也有很大的作用，昆虫能通过体壁从环境中获得水分，也能透过体壁散失水分。外源性化合物也可以通过节间膜和气门等处进入虫体，影响昆虫体液离子和水分的动态平衡。

循环系统 昆虫的循环系统属开放式，它的整个体腔就是血腔，所有内部器官都浸浴在血液中。昆虫开放式循环系统的特点是血压低，血量大，并随着取食和生理状态的不同，其血液的组成变化很大。其主要功能是运输养料、激素和代谢废物，维持正常生理所需的血压、渗透压和离子平衡，参与中间代谢，清除解离的组织碎片，修补伤口，对侵染物产生免疫反应，以及飞行时调节体温等。

在自然界，昆虫时常要面对高温和低温的生活环境。在高温时，昆虫通过增加体内水分的蒸发作用来降低体温，避免高温的伤害。在干热环境中，昆虫体内失水是不可避免的，当环境温度高出某一阈值时，蜡质层开始瓦解，这些变化导致了昆虫表皮的水分渗透急剧增加，失水量急剧上升，高温使昆虫正常的细胞水分平衡遭到破坏，导致渗透压上升，体液离子浓度增加，进而对细胞产生不可恢复的损伤，最终使昆虫机体受损甚至死亡。昆虫在低温条件下，马氏管内 Na^+、K^+ 和水分流失，破坏了离子和水平衡，细胞受到损伤，会导致昆虫的慢性伤害甚至死亡，在低温条件下水和离子的平衡是昆虫应对冷害效应的重要因子。在农业生产上可利用昆虫在低温和高温条件下离子和水平衡受到破坏会导致死亡进行害虫防治，如在大棚蔬菜生产上，利用高温闷棚处理杀死害虫；也可以利用冬天翻晒土壤，把土壤害虫暴露在空气中，害虫受冻失水死亡，降低虫口基数。

参考文献

BEYENBACH K W, 2003. Transport mechanisms of diuresis in Malpighian tubules of insects[J]. Journal of experimental biology, 206(21): 3845-3856.

BEYENBACH K W, SKAER H, DOW J A T, 2010. The developmental, molecular, and transport biology of Malpighian tubules[J]. Annual review of entomology, 55(1): 351-374.

CICERO J M, BROWN J K, ROBERTS P D, et al, 2009. The digestive system of *Diaphorina citri* and *Bactericera cockerelli* (Hemiptera: Psyllidae)[J]. Annals of the Entomological Society of America, 102(4): 650-665.

GIBBS A G, 2002. Lipid melting and cuticular permeability: New insights into an old problem[J]. Journal of insect physiology, 48(4): 391-400.

KLOWDEN M J, 2007. Physiological Systems in Insects[M]. California: Academic Press.

MARSHALL A T, CHEUNG W W K, 1974. Studies on water and ion transport in homopteran insects: Ultrastructure and cytochemistry of the cicadoid and cercopoid malpighian tubules and filter chamber[J]. Tissue and cell, 6(1): 153-171.

PRANGE H D, 1996, Evaporative cooling in insects[J]. Journal of insect physiology, 42(5):493-499.

VERKMAN A S, MITR AK, 2000. Structure and function of aquaporin water channels[J]. American journal of physiology-renal physiology, 278(1): 13-28.

WIECZOREK H, BEYENBACH K W, HUSS M, et al, 2009. Vacuolar-type proton pumps in insect epithelia[J]. Journal of experimental biology, 212(11): 1611-1619.

（撰稿：黄武仁、凌尔军；审稿：王琛柱）

梨北京圆尾蚜 *Sappaphis dipirivora* Zhang

以口针在幼叶背面叶缘处吸食寄主汁液的小型昆虫，是梨树的重要害虫。英文名 Beijing pear aphid。半翅目（Hemiptera）蚜科（Aphididae）蚜亚科（Aphidinae）札圆尾蚜属（*Sappaphis*）。中国分布于北京、辽宁、甘肃等地区。

寄主 原生寄主为梨；次生寄主为艾和冰草，在根部取食。

危害状 4～6 月间在梨嫩叶反面叶缘部分为害，叶片沿叶缘向反面卷缩肿胀，叶脉变粗变红。

形态特征

无翅孤雌蚜 体卵圆形，体长 2.70mm，体宽 1.90mm。活体黄绿色（叶背寄生）或金黄色（根部寄生），腹部有翠绿色斑，后部几节有灰黑色横带。玻片标本淡色，头顶微显骨化，腹部第七、八背片有横带。触角第五节灰黑色，第六节深黑色，其他节淡色；喙节第三至第五节、腹管、胫节端部灰黑色，足跗节、尾片、尾板及生殖板黑色。体表有网纹，腹管后几节有瓦纹，头顶有皱褶。腹部第四至第六背片有淡色缘蜡片。中胸腹岔淡色，无柄或两臂分离，有不明显一丝相连。体背多长毛，头部背面毛百余根，腹部第八背片有毛 19 或 20 根；毛长 0.09mm，约为第三节触角直径的 2 倍。额瘤不显，中额微隆，中间稍内凹。触角有瓦纹，全长 1.10mm，约为体长的 0.38%；第三节长 0.32mm，第一至第六节长度比例：29∶29∶100∶53∶69∶31+57。触角有长曲毛，第一至第六节毛数：12～14，11～13，47～51，21～29，34～41，7 或 8+0 根；第三节毛长为该节直径的 1.6 倍，第三节有小圆形次生感觉圈 2～5 个，分布于基部。喙粗大，端部达中足基节，第四和四五节长锥形，为基宽的 2.20 倍，与后足第二跗节约等长，有次生长毛 2 对。足粗大多毛，股节有细瓦纹；后足股节长 0.63mm，为触角第三、第四节之和的 1.3 倍；后足胫节光滑，长 0.95mm，为体长的 35%，毛长为该节直径的 78%；第一跗节毛序：3、3、2。腹管圆筒形，长为基宽的 1.5 倍，基部宽大，向端部渐细，有瓦纹、缘突和切迹，无刚毛。尾片宽圆形，有粗刺突横纹，有长毛 25～31 根。尾板半圆形，有长毛 71～92 根。生殖板骨化，长方形，端部平，有长毛百余根（见图）。

有翅孤雌蚜 体椭圆形，体长 1.80mm，体宽 0.90mm。活体绿色，有横带斑纹。玻片标本头部、胸部黑色，腹部淡色，有斑纹；腹部第一至五背片有大缘斑，第二、三背片各有 1 个横窄带；第四至六背片各有 1 个宽横带，第七、八背片横带横贯全节；触角、喙、足、腹管，尾片、尾板黑色。缘瘤大馒形，位于前胸及腹部第一至六节。头部多长毛，腹部背片中缘毛多，侧毛少；第八背片有一排 14 根毛。触角有瓦纹，第三节长 0.38mm，有长毛 66 根，毛长为该节直径的 1.1 倍；第三、四节分别有突起次生感觉圈 22～28，2 或 3 个。翅脉正常，脉粗微有镶边。腹管管状，长 0.14mm，长约为基宽的 3 倍，基部与中部约等，有瓦纹，端部有 2～3 排网纹。尾片有长毛 20 根。尾板半圆形，有长毛

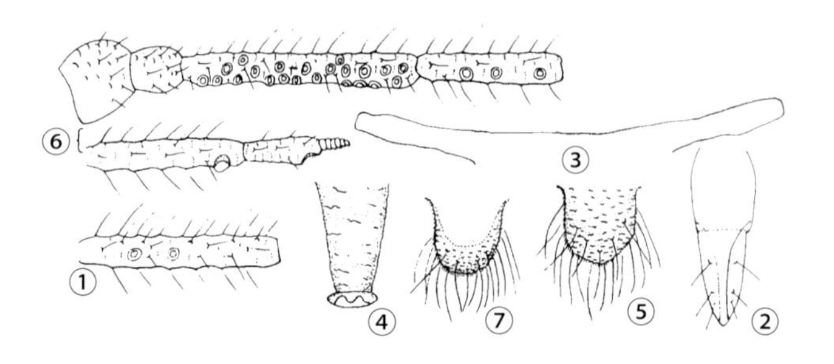

梨北京圆尾蚜（钟铁森绘）

无翅孤雌蚜：①触角第三节；②喙节第四和第五节；③中胸腹岔；④腹管；⑤尾片

有翅孤雌蚜：⑥触角；⑦尾片

59 根（图 1）。

生活史及习性 以卵在梨芽腋及枝条裂缝处越冬，翌年梨树发芽时越冬卵孵化，在嫩芽上为害，展叶后转移至叶背繁殖和为害，致受害叶畸形或变成扇状，后期受害叶向背面扭曲卷缩、叶脉变红、叶片肿胀，后脱落。梨落花后开始出现有翅孤雌蚜，接着迁飞到夏寄主上繁殖。辽宁 9 月下旬至 10 月上旬性母飞回到梨树上，产生性蚜。10 月下旬性蚜成熟，交配后产卵越冬。

防治方法 及时摘除被害叶片。此虫一般发生不重，可在防治其他蚜虫时进行兼治。

参考文献

张广学，钟铁森，1983. 中国经济昆虫志：第二十五册 同翅目 蚜虫类（一）[M]. 北京：科学出版社.

（撰稿：姜立云；审稿：乔格侠）

梨尺蠖 *Apocheima cinerarius pyri* Yang

春尺蛾食型亚种。又名梨步曲、造桥虫、弓腰虫等。英文名 mulberry looper。鳞翅目（Lepidoptera）尺蛾科（Geometridae）春尺蛾属（*Apocheima*）。中国主要分布于河北、山东、山西、河南、陕西和甘肃等地。

寄主 食性杂，有梨、苹果、山楂、杜梨、杏等果树及槐、榆、杨等林木。

危害状 幼虫取食危害梨花和嫩叶造成缺刻或孔洞，严重时可将整棵果树叶片吃光，对树势及产量有很大影响。危害有上升趋势（图②④）。

形态特征

成虫 雄虫具翅，体长 9～15mm，翅展 24～26mm。前翅具 3 条黑色横线，后翅具 1～2 条但不明显。体灰至灰褐色，喙退化，头、胸部密被绒毛，腹部除绒毛外并具刺和齿，齿黑色，生于第一至八节；刺黄褐色，生于第四至七节上。触角双栉状。雌虫翅退化呈微小瓣状；体长 7～12mm，体灰色至灰褐色，头、胸部密布粗鳞且无长柔毛，胸部宽短，腹部被鳞毛；触角丝状（图①）。

幼虫 体长 28～36mm，头部黑褐色，全身黑灰色或黑褐色，具线状黑灰色条纹，幼虫体色因虫龄及食物不同而异（图③④）。

生活史及习性 该虫 1 年发生 1 代，以蛹在土壤中越冬，老熟幼虫多在树干四周入土 9～12cm，个别最深可达 21cm，先作土茧化蛹，以蛹越夏和越冬，蛹期 9 个多月。翌年 2～3 月越冬蛹羽化后沿幼虫入土穴道爬出土面，白天潜伏在杂草间或树冠中。雌蛾无翅，不能飞翔，只能爬到树上等待雄蛾前来交尾。交尾后雌虫多把卵产在树干向阳一面的树皮缝中或枝杈处，少数产于地面土块上。每头雌虫可产卵 300～500 粒，卵期 10～15 天。幼虫孵化后分散危害幼芽、叶片、花蕊及幼果。幼虫受到振动惊吓后会出现吐丝下垂的现象。幼虫期 40 天左右，5 月上旬幼虫老熟下树入土化蛹后越冬。

防治方法

农业防治 ①人工防除。在成虫羽化前，即 3 月下旬以

梨尺蠖（①②④冯玉增摄；③徐环李摄）

①成虫；②幼虫危害状；③幼虫；④幼虫

前，在每株树下堆一个 50cm 高的砂土堆并拍打光滑，或在树干上绑塑料膜或涂抹 10cm 宽的不干胶，可阻止雌蛾上树产卵。②诱杀成虫。于 3 月下旬至 5 月上旬，用黑光灯或双光源诱虫灯诱杀雄蛾，以达到减少交配、防止产卵等效果。③清洁果园。于秋、冬季翻整果园，拾蛹杀虫，以降低越冬害虫基数。

化学防治 于幼虫暴食期前（三龄期前），即 5 月上旬，用苏云金杆菌孢子粉喷雾，或用 45% 氧化乐果乳油 1500 倍液、25% 敌杀死 2000 倍液树冠喷雾，杀虫效果均可达到 90% 以上。

参考文献

孙艳斌，陈明，杨海廷，2008. 梨尺蠖在杏扁上的危害及防治技术 [J]. 河北林业科技 (3): 58-58.

张青文，刘小侠，2015. 梨园害虫综合防治技术 [M]. 北京：中国农业大学出版社.

（撰稿：刘小侠；审稿：仇贵生）

梨大食心虫 *Acrobasis pyrivorella* (Matsumura)

为中国梨产区危害严重的蛀芽花果害虫。又名梨斑螟。英文名 pear fruit moth。鳞翅目（Lepidoptera）螟蛾科（Pyralidae）峰斑螟属（Acrobasis）。国外见于朝鲜、日本、俄罗斯。中国分布于黑龙江、吉林、辽宁、北京、河北、天

L

津、山西、陕西、甘肃、青海、宁夏、河南、湖北、江苏、浙江、安徽、江西、福建、广西、山东、四川、云南等地。

寄主 梨、苹果、桃等果实。

危害状 幼虫蛀食芽、花簇、叶簇和果实，从芽基部蛀入，造成芽枯死。幼果期蛀果后，常用丝将果缠绕在枝条上，蛀入孔较大，孔外有虫粪。被害果的果柄和枝条脱离，但果实不落（图1）。

形态特征

成虫 翅展20～23mm。头黑褐色。下唇须黑褐色，向上弯曲超过头顶。前翅宽阔、褐色，基角黑色；内横线灰白色，波状弯曲向外倾斜，内横线外侧后缘有灰白色区；中室端脉斑黑色、肾形；外横线灰白色、细锯齿状；内、外横线镶黑色宽边；翅外缘有1排黑点，缘毛褐色。后翅及其缘毛淡褐色（图2）。

卵 椭圆形，稍扁平，长约1mm，初产时白色，后渐变红色，近孵化时黑红色。

幼虫 越冬幼虫体长约3mm，紫褐色。老熟幼虫体长17～20mm，暗绿色。头、前胸背板、胸足皆为黑色（图1①）。

蛹 体长12～13mm，黄褐色，尾端有6根带钩的刺毛，近羽化时黑色。

生活史及习性 梨大食心虫在河北1年发生2代（少数发生1代）。以小幼虫在茧内结茧越冬，越冬幼虫在3月下旬梨花芽膨大时开始转害新芽。转芽的幼虫一般先在花芽基部蛀食，蛀入的孔外堆有少量被虫丝缠绕的碎屑和虫粪。被害芽被丝缠住，芽鳞片不易脱落，个别幼虫食害到花轴中，使花丝萎蔫。越冬幼虫从4月下旬或5月份开始转移到果实上危害，转果期较长，转果盛期在5月下旬。一头虫危害幼

图1 梨大食心虫幼虫及危害状（冯玉增摄）

①幼虫及危害果肉状；②幼虫危害幼果状

图2 梨大食心虫成虫（冯玉增、武春生提供）

果1～3个，幼虫老熟后在被害果内做蛹室化蛹。老熟幼虫化蛹前，在夜间吐丝缠绕果柄基部并营造羽化道，被害果在树上挂着经久不落。越冬代成虫在6月上中旬羽化，产卵于萼、芽旁及树枝粗皮处。卵期5～7天，孵出的幼虫先危害芽再危害果，如果卵产在果上则直接危害果。第二代成虫羽化期在7月上旬至8月中下旬，这代成虫部分产卵在芽附近，幼虫孵化后蛀入芽内危害。一般1头幼虫危害当年形成的花芽2～3个，在最后危害的芽内结茧越冬。

防治方法

农业防治　掰虫芽。梨树开花末期，在木棍上绑上鞋底（以免碰破树皮），轻轻振动树枝，发现有的花丝鳞片不落即有此虫危害，掰除并销毁。摘除虫果。5月至6月下旬越冬代幼虫危害果时，彻底摘除被害果1～2次，集中消灭。并注意保护天敌，收集摘除虫果，检查虫体被寄生情况，并置于养虫箱或纱网内，待其羽化后于梨园释放。

化学防治　由于梨大食心虫有转移危害的习性和蛀食危害的特性，幼虫一旦蛀入果内即形成危害，而且防治难度也相应增加。因此，化学防治应抓住越冬幼虫的出蛰转芽期和转果危害期两个关键的时期进行喷药防治。一般应采用高效、低毒、残留期较短的农药，可选用灭幼脲Ⅲ号、除虫脲、溴氰菊酯等药剂，果实采收之前10天必须停止喷药。

参考文献

王平远，1980. 中国经济昆虫志：第二十一册　鳞翅目　螟蛾科[M]. 北京：科学出版社.

郑春燕，2014. 梨大食心虫发生规律及防治方法[J]. 河北果树(5): 46-47.

周仙红，李丽莉，张思聪，等，2011. 梨小食心虫发生规律及无公害防治技术[J]. 山东农业科学(10): 76-81.

（撰稿：武春生；审稿：陈付强）

梨大蚜　*Pyrolachnus pyri* (Buckton)

以口针在枝条上吸食寄主汁液的小型昆虫，是梨、苹果、枇杷等果树的主要害虫。英文名 pear large aphid。半翅目（Hemiptera）蚜科（Aphididae）大蚜亚科（Lachninae）梨大蚜属（*Pyrolachnus*）。国外分布于韩国、印度、伊朗、巴林、巴基斯坦、尼泊尔、斯里兰卡等。中国主要分布于西南地区的四川、云南。

寄主　梨、苹果、枇杷等植物。

危害状　梨大蚜以成虫、若虫群集于梨树枝条、树干上为害，被害处初湿润黑色，随之生长不良，重者造成枝枯，其排泄物"蜜露"落于枝、叶或地面杂草上，似一层发亮的油，被煤烟菌寄生后呈黑色。据调查，多以2～3年枝受害较重，次为1年生枝及短果枝（图1、图2）。

形态特征

无翅孤雌蚜　体卵圆形。体长4.43～5.10mm，体宽2.16～3.00mm。活体树皮色。玻片标本头部、胸部、背部淡褐色，腹部淡色，无斑纹；触角黑褐色，第三至五节有时稍淡；喙节第三至五节骨化，顶端黑色；前、中足稍骨化，后足胫节除基部淡色外全节黑色，跗节淡色；腹管和尾片黑色。体表光滑，腹部微显背瓦纹。气门卵圆形关闭，偶有半开放，气门片黑色。节间斑各节明显呈葡萄状，黑褐色。中胸腹岔深色骨化无柄。体背多软毛，腹面毛少，腹部背片第八节有毛84～125根，毛长为触角第三节最宽直径的1.30倍，头顶毛及腹部第一背片缘毛长为其1.10倍。额瘤不明显，前额呈圆顶状，有明显背中缝。复眼具眼瘤。触角细短较光滑，长1.90mm，为体长的30%；第三节长0.85mm，第一至六节长度比例：14∶15∶100∶30∶36∶21+10；触角多毛，第一至六节毛数：8～9，18～23，78～102，23～25，30～31，15～18+6～8根，第三节毛长为该节最宽直径的77%，第三节有大小圆形次生感觉圈0～4个，分布近端部1/3，第四节有0～1个，第五节有次生感觉圈0～1个。喙达中足基节，第四和第五节短粗，顶端钝；长0.24mm，为基宽的2.00倍，为后足跗节第二节的59%；有次生长刚毛5～6对。足细长，光滑，股节密布褶曲纹，后足胫节全节分布大量圆形伪感觉圈；后足股节长1.80mm，为触角的95%；后足胫节3.00mm，为体长的59%；各足跗节第一节有长毛20～21根。腹管短截，位于多毛黑色圆锥体上，有明显缘突和切迹；端径0.20mm，约为基宽1/2。尾片末端尖圆形，有小刺突，有毛92～112根。尾板末端圆形，有毛200余根（图3）。

有翅孤雌蚜　体椭圆形。体长5.20mm，体宽2.30mm。

图1 梨大蚜群居（陈睿摄）

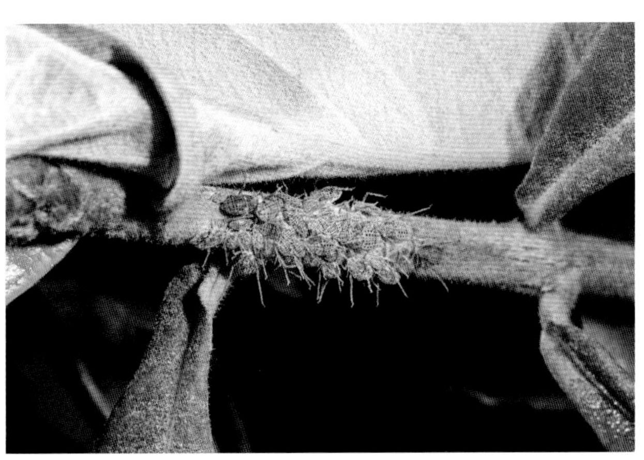

图2 梨大蚜危害状（陈睿摄）

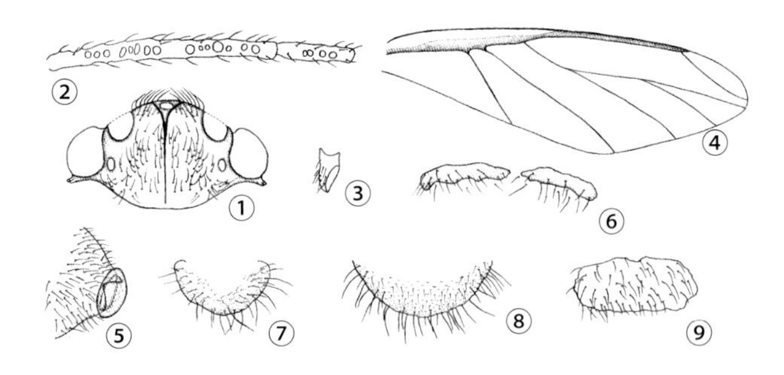

图 3 梨大蚜（杨晋宇绘）

有翅孤雌蚜：①头部背面观；②触角第三至四节；③后足跗第一节；④前翅；⑤腹管；⑥腹部第八背片背斑；⑦尾片；⑧尾板；⑨生殖板

活体头部、胸部黑色，腹部树皮色。玻片标本头部、胸部黑色，腹部稍骨化，腹部背片第一片有 1 窄横带，腹部第八背片有 1 横带。体背多毛，腹部第八背片有毛 60 余根；头顶多软曲毛，头背毛 200 余根。触角全长 2.10mm，为体长的 40%；第三节长 0.83mm，第一至六节长度比例：16：16：100：40：45：25+10；第三节有毛 63～87 根，毛长为该节最宽直径的 0.75%；第三节有大圆形次生感觉圈 12～17 个，分布全节，第四节有 1～4 个大小圆形次生感觉圈。喙端达后足基节。足光滑，长大，后足股节长 2.40mm，为触角的 1.10 倍；后足胫节长 4.50mm，为体长的 87%，无伪感觉圈；另一跗节有纵排 4 行约 18 根刚毛。前翅透明但基部不甚透明，亚前缘脉有宽昙；翅脉正常，中脉细，3 支，色较淡；翅痣甚长，但不达翅顶端；胫分脉几乎不弯曲。尾片有刚毛 47～63 根。尾板毛 145～180 根。生殖板骨化多毛。其他特征与无翅型相似。

生活史及习性　该种在 2 月上中旬均温在 7～9°C时开始孵化，孵出若蚜在梨枝上群集为害，2 月下旬到 3 月上旬出现干母成虫，并以孤雌胎生方式繁殖，产出干雌若蚜仍在梨枝上群集为害，4 月下旬到 5 月上旬均温在 19～20°C时，全部羽化为有翅干雌成蚜，迁飞到次生寄主卧龙柳上，9 月下旬到 10 月上中旬均温降到 20°C左右时，又由有翅性母迁回梨上，以胎生方式繁殖，约在 11 月中下旬羽化为有翅雄性蚜及无翅雌性蚜，经交配后产卵，以数十粒到几百粒卵密集于梨枝上越冬。

防治方法

人工防治　冬春刮除越冬卵。

药剂防治　4 月中旬越冬卵孵化后及 10 月上旬性蚜发生期各喷一次 80% 敌敌畏 1000 倍液，同时注意保护和利用天敌。

参考文献

蔡如希，兰景华，刘绍斌，1985. 梨大蚜生物学特性及防治试验 [J]. 四川农学院学报，3 (1): 41-50.

毛启才，邓大林，廖素均，1983. 梨大蚜生物学的初步观察 [J]. 四川果树科技资料 (1): 13-16.

（撰稿：姜立云；审稿：乔格侠）

梨二叉蚜　*Schizaphis piricola* (Matsumura)

该种是梨树的重要害虫，分布在各梨产区。又名梨蚜。英文名 pear aphid。半翅目（Hemiptera）蚜科（Aphididae）蚜亚科（Aphidinae）二叉蚜属（*Schizaphis*）。国外分布于朝鲜、日本、印度。中国分布于吉林、辽宁、内蒙古、北京、河北、河南、山东、山西、安徽、湖北、湖南、江苏、浙江、江西、台湾、山西、宁夏、青海、四川、云南。

寄主　原生寄主为白梨、棠梨和杜梨等梨属植物，次生寄主为狗尾草等禾本科植物。

危害状　成蚜、若蚜在寄主植物叶片正面为害，受害叶片卷曲，两边缘向上纵卷成双筒状，而且失水凋萎，严重的造成梨树整个植株干枯，最终导致梨树死亡，进而失去栽培价值（图 1）。

形态特征

无翅孤雌蚜　体宽卵圆形，体长 1.90mm，体宽 1.10mm。活体绿色，有深绿色背中线，薄覆白粉。玻片标本稍骨化，无斑纹。触角第三节端部至第六节全黑色，喙节第四节黑色深色，足胫节端部及跗节黑色，腹管端部灰黑色，尾片、尾板淡色。头部背面有褶曲纹，胸部和腹部背面有棱形网纹，腹部第七至八背片显瓦纹。前胸及腹部第一至第七节各有馒形缘瘤 1 个，高大于基宽。中胸腹岔两臂分离或有短柄。体背刚毛长或短，尖锐，头部背面有长毛 10 根；前胸背板有中、侧、缘毛各 2 根；腹部第一背片有中侧毛 6 根，缘毛 2～4 根；第八背片有长毛 2 根，毛长为第三触角直径的 1.5 倍。腹面毛长于体背毛。中额稍隆起，额瘤隆起微、内倾。触角有瓦纹，全长 1.80mm，为体长 94%；第三节长 0.44mm；第一至六节长度比例：16：13：100：67：59：26+138；第一至六节毛数：5、4、12、6、5、3+3 根；第三节毛长为该节直径的 48%。喙端部达中足基节，第四和第五节短粗，长为基宽的 1.8 倍，较后足第二跗节稍短或等长，有原生刚毛 2 对，次生刚毛 1 对。后足股节长 0.62mm，为触角第三节的 1.4 倍；后足胫节长 1.04mm，为体长的 56%，毛长为该节中宽的 1.1 倍；第一跗节毛序：3、3、2。腹管长筒形，有瓦纹、缘突和切迹，长为尾片的 2.1 倍，长为基宽的 4.1 倍。尾片短圆锥形，顶端钝，有小刺突构成瓦纹，有长曲毛 5～8 根。尾板末端圆形，有长毛 19～24 根。生殖板骨化、深色，有长毛约 24 根（图 2、图 3）。

有翅孤雌蚜　体长卵形，体长 1.80mm，体宽 0.76mm。活体头部、胸部黑色，腹部黄褐色或绿色，背中线翠绿色。玻片标本头部、胸部黑色，腹部淡色，有黑斑，腹部第一至七背片各有圆形缘斑，腹管前斑断续与后斑愈合，腹部第八背片中带横贯全节。触角、喙节第三及第四和第五节、腹管、尾片、尾板、足股节端部 1/2、胫节及跗节黑色，其他灰色。体表光滑，腹部第七至第八背片微显瓦纹，黑斑部分有小刺突构成瓦纹。触角全长 1.40mm，为体长的 78%；第三节长 0.34mm，有小圆形次生感觉圈 18～27 个，分散于全节，第四节有 7～11 个，第五节有 2～6 个。腹管圆筒形，端部光滑，基部有瓦纹。前翅中脉分二叉。尾片有长曲毛 5～7 根。尾板有长毛 9～17 根。生殖板骨化，有毛 14 根（图 3）。

图 1　梨二叉蚜危害状（冯玉增摄）

①危害梨叶；②危害梨叶纵卷内情况；③危害梨梢状；④⑤⑥梨树危害状

图 2　梨二叉蚜（冯玉增摄）

①成蚜；②若蚜

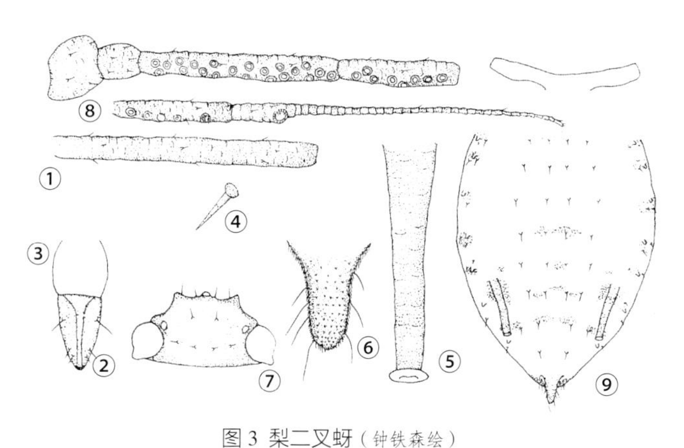

图 3　梨二叉蚜（钟铁森绘）

无翅孤雌蚜：①触角第三节；②喙节第四和第五节；③中胸腹岔；④体背毛；⑤腹管；⑥尾片

有翅孤雌蚜：⑦头部背面观；⑧触角；⑨腹部背面观

生活史及习性　以卵在梨树上越冬，3 月中下旬当梨树芽苞萌发时越冬卵孵化为干母，干母在展开的芽内为害，之后主要在叶片上繁殖为害，5 月危害最重，该种喜欢取食嫩叶。1 年发生 10～20 代，代数由北向南逐渐增加。其寄主以季节不同有异，冬、春、秋季节梨树是其主要寄主；进入夏季以后，梨二叉蚜又转寄于园间禾本科植物狗尾草上。梨二叉蚜以卵在梨树冬芽的腋下和大枝的裂缝、老翘皮内越冬。翌年进入 3 月中下旬开始孵化。梨树的新梢生长期是梨二叉蚜的繁殖盛期，也是梨树整个生长期的重灾期。5 月中下旬即产生有翅蚜，寄主转移到园间狗尾草等禾本科植物上。9 月上旬至 10 月中旬寄主回转，又在梨树上进行吸食并进行繁殖，所产生的若蚜为有性蚜。11 月上旬，即在梨树芽腋、裂缝、老翘皮处进行产卵越冬。

防治方法

农业防治　梨树刮皮是防治梨二叉蚜的一项重要措施，

可以消灭在树皮裂缝中越冬的梨二叉蚜越冬卵，降低越冬基数，有效控制翌年梨二叉蚜的危害。

化学防治 对于梨二叉蚜的化学防治，要特别注意在梨树叶片尚未卷曲之前进行，卷叶后再进行化学防治达不到应有的效果。在卷叶前进行化学防治，尤以在梨树花芽开放前期至梨树展叶期是进行化学防治的重点时期，可供选择的农药有：新烟碱类杀虫剂（吡虫啉、吡蚜酮、啶虫脒、噻虫嗪），菊酯类杀虫剂（氰戊菊酯、联苯菊酯、氯氟氰菊酯），有机磷类杀虫剂（毒死蜱、敌敌畏），昆虫生长调节剂类农药（氟啶虫酰胺）以及阿维菌素等生物农药。

生物防治 保护好草蛉、食蚜蝇、蚜茧蜂等天敌。

参考文献

刘英芳, 2016. 梨二叉蚜在辽西北地区的发生规律及综合防治技术 [J]. 防护林科技 (3): 121-122.

张广学, 钟铁森, 1983. 中国经济昆虫志：第二十五册 同翅目 蚜虫类(一)[M]. 北京：科学出版社.

（撰稿：姜立云；审稿：乔格侠）

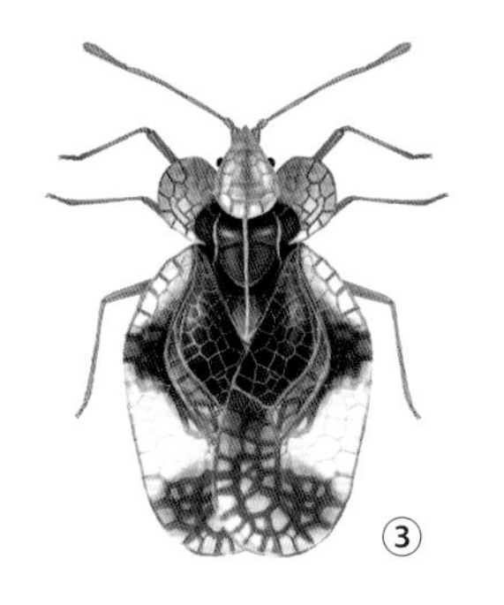
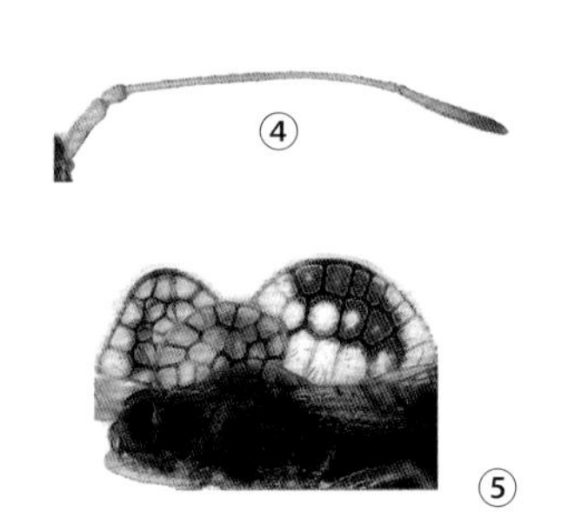

梨冠网蝽成虫及其危害状（③据彩万志、李虎，2015）

①②叶片危害状；③成虫背面观；④触角；⑤前胸背板侧面观

梨冠网蝽 *Stephanitis nashi* Esaki et Takeya

一种重要的果树害虫，主要危害梨、苹果等多种果树。又名梨花网蝽、梨军配虫、花编虫。英文名 pear lace bug。半翅目(Hemiptera)网蝽科(Tingidae)冠网蝽属(*Stephanitis*)。国外分布于朝鲜、日本等地。中国分布于吉林、辽宁、甘肃、陕西、山西、北京、河北、山东、河南、安徽、江苏、上海、浙江、福建、江西、湖南、湖北、广东、广西、贵州、重庆、四川、云南等地。

寄主 梨、苹果、桃、山楂、沙果、樱桃、葡萄、李、杨、梅、桑、海棠等。

危害状 成、若虫群集于叶背，刺吸叶片汁液，被害叶片正面初期呈黄白色小斑点(图①)，严重时叶片苍白色(图②)，叶背锈黄色并黏附褐色粪便或蝇粪类褐色分泌物。危害严重时，导致大量的叶片褪绿、早期脱落，引起秋季第二次开花，影响树势，降低果树产量和质量。

形态特征

成虫 体长约3.5 mm，体呈暗褐色，身体扁平。头小，呈红褐色，复眼暗黑色；触角4节，丝状，长约为体长的1/2，呈浅黄褐色（图④）。前胸背板有纵向隆起，向后延伸如扁板状，盖住小盾片，两侧向外突出。前胸背板具网状花纹，前胸翼状片呈半透明。胸腹面黑褐色，被白粉。前翅半透明（图③⑤），布满网状纹，前翅叠起构成深褐色“X”形斑（图③）；后翅膜质，白色透明，翅脉暗褐色。足黄褐色。腹部金黄色，有黑色斑纹。

若虫 形似成虫。初孵若虫乳白色半透明，渐变为淡绿色，然后变为褐色，头、胸、腹部均有刺突。

生活史及习性 中国北方地区1年3～4代，南方大部分地区1年发生4～5代，世代重叠，以成虫潜伏于落叶下、树干翘皮以及果园四周灌木丛中越冬。越冬成虫4月出蛰，在梨树展叶后危害，4月下旬至5月上旬为出蛰高峰期。4月中下旬产卵，卵期9～14天。第一代发生于5月中旬，第二代6月中旬，第三代7月上旬，第四代8月上旬，第五代9月上旬，6月份后世代重叠。第一至四代历期都为15天，第五代成虫9月中下旬至10月上旬开始转移寻找适当场所越冬。成虫怕光，多隐匿在叶背面，夜间具有趋光性，遇惊后即纷纷飞去。成虫将卵产于叶背面主脉两侧的叶肉组织内，数十粒集中产卵，覆黑褐色虫粪。1头雌虫一生可产卵约400粒。初孵幼虫行动迟缓，群集于叶背面，在主脉两侧吸食汁液为害，并分泌褐色粪便，呈现锈褐色，二龄后逐渐扩散至整个树冠继续危害，引起早期落叶。

防治方法

人工防治 成虫下树越冬前，在树干上绑草把，诱集消灭越冬成虫。冬季清园烧毁枯枝落叶，刮除粗翘皮，破坏成虫越冬场所。

生物防治 产卵期采用田间释放蝽象黑卵蜂进行防治。

化学防治 越冬代成虫出蛰期和第一代若虫初发期喷洒2.5%溴氰菊酯1500～2000倍液或2%阿维菌素2000～4000倍液。

参考文献

彩万志, 李虎, 2015. 中国昆虫图鉴 [M]. 太原：山西科学技术出版社.

方维国, 袁克伍, 刘轩武, 等, 2010. 梨网蝽的发生与防治 [J]. 现代农业科技 (7): 201.

吕佩珂, 苏慧兰, 庞震, 2013. 中国现代果树病虫原色图鉴 [M]. 北京：化学工业出版社.

邱强, 2004. 中国果树病虫原色图鉴 [M]. 北京：河南科学技术出版社.

许思学, 2003. 梨网蝽发生规律及防治 [J]. 生物灾害科学, 26(3): 114.

（撰稿：张晓、陈卓；审稿：彩万志）

梨虎象 *Rhynchites heros* Roelofs

一种严重危害梨、苹果等蔷薇科植物的害虫。又名梨实象甲、梨虎。英文名 peach curculio。鞘翅目（Coleoptera）卷象科（Attelabidae）虎象属（*Rhynchites*）。国外分布于蒙古、俄罗斯、朝鲜、韩国、日本等地。中国分布于北京、河北、山西、内蒙古、辽宁、吉林、黑龙江、江苏、浙江、福建、江西、山东、河南、湖北、湖南、广东、广西、四川、贵州、云南、西藏、陕西、甘肃、宁夏、新疆等地。

寄主 梨、苹果、沙果等。

危害状 在梨树开花期、展叶及幼果期严重危害花蕾、梨果，成虫啃食梨果成麻脸状，雌虫产卵于梨果内，并损伤果柄，使梨果失去水分而萎缩，继而脱落（图1）。

形态特征

成虫 体长7.7～9.5mm，宽4.2～4.6mm。体背面红紫铜色发金光，略带绿色或蓝色反光，腹面深紫铜色。喙端部、触角蓝紫色。全身密布大小刻点和长短直立、半直立绒毛，腹面毛灰白色，较长而密。头宽略大于长，额宽略大于眼长。眼小，凸隆。喙粗壮，长约等于头胸之和，雄虫喙端部较弯，触角着生于喙端部1/3处；雌虫喙较直，触角着生于喙中部。触角柄节长于索节1，索节2、3等长，约为柄节和索节1之和。前胸宽略大于长，两侧略圆，前缘之后和基部之前略缢缩，中间之后最宽，中沟细而浅，两侧有1倒“八”字的斜浅窝；雄虫前胸腹板前区宽，基节前外侧各有1个钝齿，雌虫前胸腹板前区十分窄，基节前外侧无齿。小盾片倒梯形。鞘翅肩胝明显，基部两侧平行，向后缩窄，分别缩圆，行纹刻点大而深，刻点间隆起，行间宽；鞘翅背面形成横隆线，行间密布不规则刻点；臀板外露，密布刻点和毛。足腿节棒状，胫节细长；爪分离，有齿爪（图2①）。

幼虫 体长9～12mm。幼龄期头部淡褐色，胴部乳白色，老熟后头部深褐色，胴部黄白色，体粗肥，向腹面弯曲成“C”字形，体节明显，各节背板分前、后两亚节，并凸起，前亚节具稀疏的短刚毛，后亚节刚毛密而长（图2②）。

生活史及习性 1年发生1代，少数2年1代。成虫、蛹和幼虫均可越冬，主要以成虫在树冠附近的土壤内越冬。翌年4月下旬开始出土，成虫出土后先取食花蕾，待幼果长出后危害幼果，取食1～2周后开始交配和产卵。成虫一般产卵60～80粒，多的可产150余粒，日产卵1～6粒，每个果一般只着卵1粒，少数为2～3粒。成虫寿命较长，可达80～90天。1头成虫可危害100个果实，卵期6～8天。5月下旬卵开始孵化，孵化出的幼虫即蛀入果内为害，被害果表面皱缩，受害果实落到地面后，幼虫仍可在果内继续取食很长一段时间，直至老熟后，才蛀一个圆形脱果孔出果，入土3～7cm深处作土室，在土室内经过2个多月的预蛹期，至9月中旬化蛹，蛹期1个月左右，10月中旬开始羽化为成虫，在土室中越冬。

图1 梨虎象危害梨果“麻脸”（冯玉增摄）

图2 梨虎象（冯玉增摄）

①成虫；②幼虫

成虫在早上及日落后，多躲藏在树冠的叶丛中，中午活动最盛。成虫具假死性，遇惊扰即表现假死下垂，下垂至半途尚未触地时，往往就展翅飞离。梨虎象通常选择隐蔽、含水量相对较高及颗粒较大的土壤化蛹。

防治方法

农业防治 落果中常有梨虎幼虫和其他害虫，因此随时销毁落果，可以消灭大量害虫，减轻来年危害。秋耕犁地防治梨虎象入土幼虫和蛹时，可根据不同土壤紧实度，在翻耕时选择不同深度，从而在防治幼虫时做到高效便捷，有效减少梨虎象种群数量，减少翌年梨园的损失。

化学防治　在成虫盛发期，可以用晶体敌百虫喷雾。每隔10天喷1次，连喷2次，防治效果可达80%。

参考文献

陈元清，张晓春，张润志，1992. 卷象科[M]// 湖南省林业厅．湖南森林昆虫图鉴．长沙：湖南科学技术出版社：619-620.

黄启超，张智英，周洁，等，2014. 梨虎象化蛹生境选择[J]. 云南大学学报(自然科学版)，36(S1): 143-147.

陆秀君，刘兵，2002. 沈阳地区梨象甲的发生及其生物学特性研究[J]. 沈阳农业大学学报，33(2): 100-102.

莫章刑，佘安容，2010. 梨虎的发生规律及防治对策[J]. 植物医生，23(2): 18.

ALONSO-ZARAZAGA MA, BARRIOS H, BOROVEC R, et al, 2017. Cooperative catalogue of Palearctic Coleoptera Curculionoidea[J]. Monografías electrónicas S.E.A., 8: 729.

（撰稿：任立；审稿：张润志）

梨黄粉蚜　*Aphanostigma iaksuiense* (Kishida)

以口针在果实上吸食汁液的小型昆虫，是梨树的重要害虫。英文名pear yellow phylloxerid。半翅目（Hemiptera）根瘤蚜科（Phylloxeridae）梨倭蚜属（*Aphanostigma*）。国外分布于朝鲜和日本。中国分布于北京、河北、四川。

寄主　包括梨、野生梨、鸡腿梨、金花梨、黄鸡腿梨、莱阳梨、汉源梨等多种梨属植物，其他杂梨上较少。

危害状　若蚜可分散到有荫蔽处果面为害，这时果面上好像有一堆堆的黄粉，周围有1个黄褐色罩环。如果将蚜擦去，可看到果面被害处有小黄斑，且稍凹陷。被害果最初在受害部位变为淡褐色，并呈现波状轮纹，表层硬化，最后变为黑褐色，内部液化变臭，腐烂，在风雨中成为落果，严重影响产量（图1）。

形态特征

无翅孤雌蚜　体小，黄色。体椭圆形，体长0.73mm，胸部宽0.41mm，腹部宽0.27mm。头胸部之和长为腹部2的倍。不发生有翅型。活体草黄色。玻片标本体全淡色，触角、喙、足灰黑色，尾片、尾板灰色，无斑纹。气门片淡色。胸部背板及缘片粗糙，有小刺突组成曲纹，腹部背片光滑，微显曲纹。中胸腹岔不显。体背有短粗毛；头顶有毛2对，头部背面有毛3～4对，腹部第一至六背片分别有中毛、缘毛各1对；第八背片有背毛1～2对；腹部缘毛长为背毛的2倍，为触角第三节直径的50%。中额不显，呈弧形。触角3节，短粗，光滑，节III有瓦纹，无基部与鞭部之分，原生感觉圈位于顶端；触角全长0.12mm，为体长的0.16%；第三节长0.07mm，第一至三节长度比例：32∶48∶100；第一、二节各有1根长毛，第三节有2～4根长、短毛，顶端有3或4根短粗毛，第三节毛长为该节直径的1/3，第二节毛长为其2/3。喙长大，端部达后足基节，有时超过后足基节，第四节和第五节长圆锥形，长为基宽的3倍，为后足跗第二节的3倍；有短刚毛2对。足短粗；后足股节长0.05mm，为中宽的2.2倍，与触角第一、二节之和相等；后足胫节长0.06mm，为该节中宽的2.5倍，为体长的8%，有短刚毛4或5根，毛长为该节直径的1/3；后足第二跗节长0.03mm，为后足胫节的1/2；第一跗节有1对长毛，爪间有1对长毛，顶端球状。无腹管。尾片末端平圆形，有短毛4～6根。尾板末端圆形，有短毛8～10根。生殖板淡色，有毛12根（图2、图3）。

生活史及习性　以卵在树皮缝隙及枝上的残附物内越冬，3月梨树开花时孵化，若蚜在受伤的树皮裂缝处取食，成

图1 梨黄粉蚜为害梨嫩梢状（冯玉增摄）

图2 梨黄粉蚜（冯玉增摄）

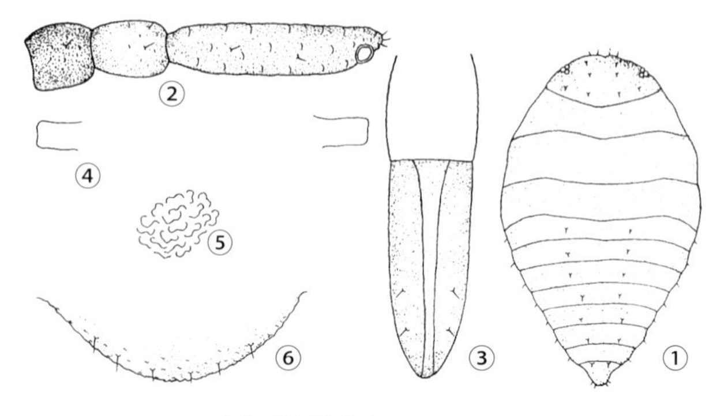

图3 梨黄粉蚜（钟铁森绘）

无翅孤雌蚜：①整体背面观；②触角；③喙节IV+V；④中胸腹岔；⑤腹部背纹；⑥尾片

熟后孤雌卵生繁殖后代，转移到花梗取食；5月转移到花梗附近的萼洼处为害；7月在果实洼处为害，有时可达上千头蚜虫。随着梨果套袋技术的推广应用，诱发和加重了梨黄粉蚜的发生与为害，在套袋梨园的入袋为害始期、盛期、末期分别在5月中旬末下旬初、6月上旬至7月上旬和9月中下旬，与不套袋相比，入袋时间提前27～29天，虫量增加4.2倍。

防治方法

农业防治　梨果套袋时可在梨的果柄上夹上防虫夹；在冬季及早春刮树皮，并及时处理脱落下的纸袋和果园落袋，以消灭越冬卵。

化学防治　在梨芽萌动至花序分离和10月上中旬是防治关键时期，可喷洒10%吡虫啉3000～5000倍液、20%康福多（进口）2000～8000倍液或1.8%虫螨克星3000～5000倍液，其中吡虫啉是当前防治梨黄粉蚜高效低毒且经济有效的药剂。

参考文献

马文会，孙立祎，于利国，等，2008. 套袋梨黄粉蚜发生为害特点及综合防治技术研究[J]. 河北农业科学，12 (3): 63-65.

张广学，钟铁森，1983. 中国经济昆虫志：第二十五册　同翅目　蚜虫类（一）[M]. 北京：科学出版社.

（撰稿：姜立云；审稿：乔格侠）

梨黄卷蛾　*Archips breviplicanus* Walsingham

一种食叶类害虫，主要危害梨、苹果及其他蔷薇科植物。又名苹果纹卷叶蛾、细后黄卷叶蛾、短褶卷叶蛾。鳞翅目（Lepidoptera）卷蛾科（Totricidae）卷蛾亚科（Tortricinae）黄卷蛾属（*Archips*）。国外分布于韩国、日本、俄罗斯（远东地区）。中国分布于吉林、黑龙江。

寄主　梨、苹果、山荆子、杏、桃、李、草莓、柑橘、东京樱花、榅桲、日本桤木、蒙古栎、日本栗、桑树、花曲柳、黑杨、山茶、大豆、胡桃楸、黑榆。

危害状　初孵幼虫啃食嫩叶、新芽或叶肉组织呈纱网状和孔洞，三龄后卷叶为害，展叶后卷叶为害，有时危害贴叶果或相贴果的果面，造成果面呈不规则形凹疤，老熟幼虫在卷叶内化蛹。

形态特征

成虫　雄性翅展19.5～20.5mm，雌性翅展23.0～26.5mm。额被灰色及暗褐色短鳞片；头顶被粗糙灰褐色鳞片。下唇须暗褐色，长不及复眼直径的1.5倍；第二节细长，鳞片几乎不扩展，灰褐色；第三节短而细。触角灰褐色。翅基片发达，灰褐色；胸部基半部灰褐色，端半部黄褐色。足黄白色，前足和中足跗节被灰褐色鳞片。前翅宽阔，前缘从基部到1/3均匀隆起，其后较平直；顶角明显凸出；外缘在R_5和M_3脉之间明显内凹；臀角宽圆。前缘褶短而细，约占前缘的1/5。前翅底色黄褐色，前缘褶周围灰褐色，斑纹暗褐色或锈褐色；基斑较大，指状，端部向上方弯曲；中带前缘很窄，后半部宽阔，且颜色逐渐变浅；亚端纹窄长，中部加宽，延伸达翅顶角处；顶角和外缘端半部缘毛暗褐色，其余部分黄褐色。后翅灰色，顶角及外缘中部之前黄白色，缘毛同底色。腹部背面灰褐色，腹面黄白色。雌性前翅顶角强烈伸出，基斑模糊，中带长几乎伸达后缘，其余同雄性。

卵　椭圆形，长轴直径0.8～0.9mm，短轴直径0.4～0.5mm，初产时淡黄色，后期褐色。

幼虫　老熟幼虫体长23mm，头部褐色，前足黑褐色，中后足浅黄褐色，体深绿色，尾部和腹部有黑褐色带。

蛹　长8～11mm，为棕红色，腹部第二至第八节背面前缘与后缘各有2列钩刺突，具8根末端弯曲的臀棘。

生活史及习性　在中国北方1年1～2代，以幼虫潜入枝皮缝或残附物下越冬。翌年春天寄主发芽时出蛰活动。蛹见于5月中下旬。越冬代成虫在6月上中旬出现，6月中旬出现第一代幼虫，7月中下旬化蛹，8月上旬出现第一代成虫，8月底9月初幼虫进入越冬态，发生早的地区能发生2代。

卵多见于叶片背面，聚产，呈块状紧密排列，卵块被灰黑色覆盖物，每块卵量30～80粒。幼虫较活泼，有吐丝下垂扩散、转叶危害习性。老熟幼虫在卷叶内化蛹。成虫多在夜间羽化，白天静伏，夜间活动频繁，趋光性较强，有趋化性。

防治方法

园艺技术措施　冬季或早春清除果园内落叶及杂草等残附物，刮树皮，消灭部分越冬幼虫；摘除卷叶杀灭其中的幼虫和蛹。

物理防治　频振式杀虫灯悬挂于果园及周围诱杀成虫；梨黄卷蛾性诱剂及诱捕器配合诱杀成虫；糖醋液诱捕成虫；利用迷向剂（丝）干扰成虫交配。

化学防治　在越冬幼虫出蛰期和第一代卵孵化盛期，用氧化乐果、高效氯氟氰菊酯和灭幼脲喷雾防治。

参考文献

刘友樵，白九维，1977. 中国经济昆虫志：第十一册　鳞翅目　卷蛾科（一）[M]. 北京：科学出版社.

OKU T, 1970. Studies on life-histories of apple leaf-rollers belonging to the tribe Archipsini (Lepidoptera: Tortricidae)[J]. Report of Hokkaido Prefectural Agricultural Experiment Stations, 16: 27-35.

YASUDA, T, 1975. The Tortricinae and Sparganothinae of Japan (Lepidoptera: Tortricidae) Part 2[J]. Bulletin of the University of Osaka Prefecture, Agriculture & Biology, 27: 80-251.

（撰稿：王新谱；审稿：于海丽）

梨简脉茎蜂　*Janus piri* Okamoto et Muramatsu

东亚地区特有的梨树重要害虫。又名梨茎蜂。英文名pear stem sawfly、pear twig girdler。膜翅目（Hymenoptera）茎蜂科（Cephidae）等节茎蜂亚科（Hartigiinae）的简脉茎蜂属（*Janus*）。该种分布广泛。国外记录分布于朝鲜、韩国和日本。中国分布于辽宁、青海、甘肃、宁夏、河北、山西、北京、山东、河南、安徽、江苏、湖北、浙江、江西、湖南、四川、贵州等地。

中国梨产区还广泛混合发生另一种茎蜂，即葛氏梨茎蜂

（*Janus gussakovskii* Maa）。该种茎蜂的成虫腹部具明显的红褐色环斑，与梨茎蜂不同。两种茎蜂的生物学习性十分近似，防治方法也基本相同。此外，新疆地区还记载1种危害香梨的香梨茎蜂（*Janus piriodorus* Yang），该种茎蜂在其他梨产区未见报道。

寄主 主要危害梨树（*Pyrus serotina* L.），也可危害豆梨（棠梨）（*Pyrus calleryana* Decne），均为蔷薇科梨属植物。

危害状 以幼虫蛀食梨树嫩梢。危害严重时梨树新梢被害率可以超过90%，造成新梢枯死，并可导致僵果、落果，严重影响梨果产量和质量。

形态特征

成虫 雌虫体长7～8mm（图①），雄虫体长6～7mm（图②）。体黑色，唇基大部、上颚大部（图④）、翅基片、前胸背板后缘宽斑、中胸前侧片顶角（图⑥）黄色，雌虫腹部无淡环（图①）。足黄褐色，各足基节基缘、两性后足股节末端狭环黑色，后足胫节端部和后足跗节暗褐色。翅透明，前缘脉端半部和翅痣浅褐色。雄虫第六至九背板侧缘、第七至九腹板全部和尾须黄褐色（图⑤）。头部和胸部无明显的刻点（图③⑥），腹部背板具细弱刻点（图⑦）。颚眼距稍宽于单眼直径，复眼间距窄于复眼长径（图④）；背面观后头短于复眼长，两侧缘稍收缩（图③）；触角丝状，第三节

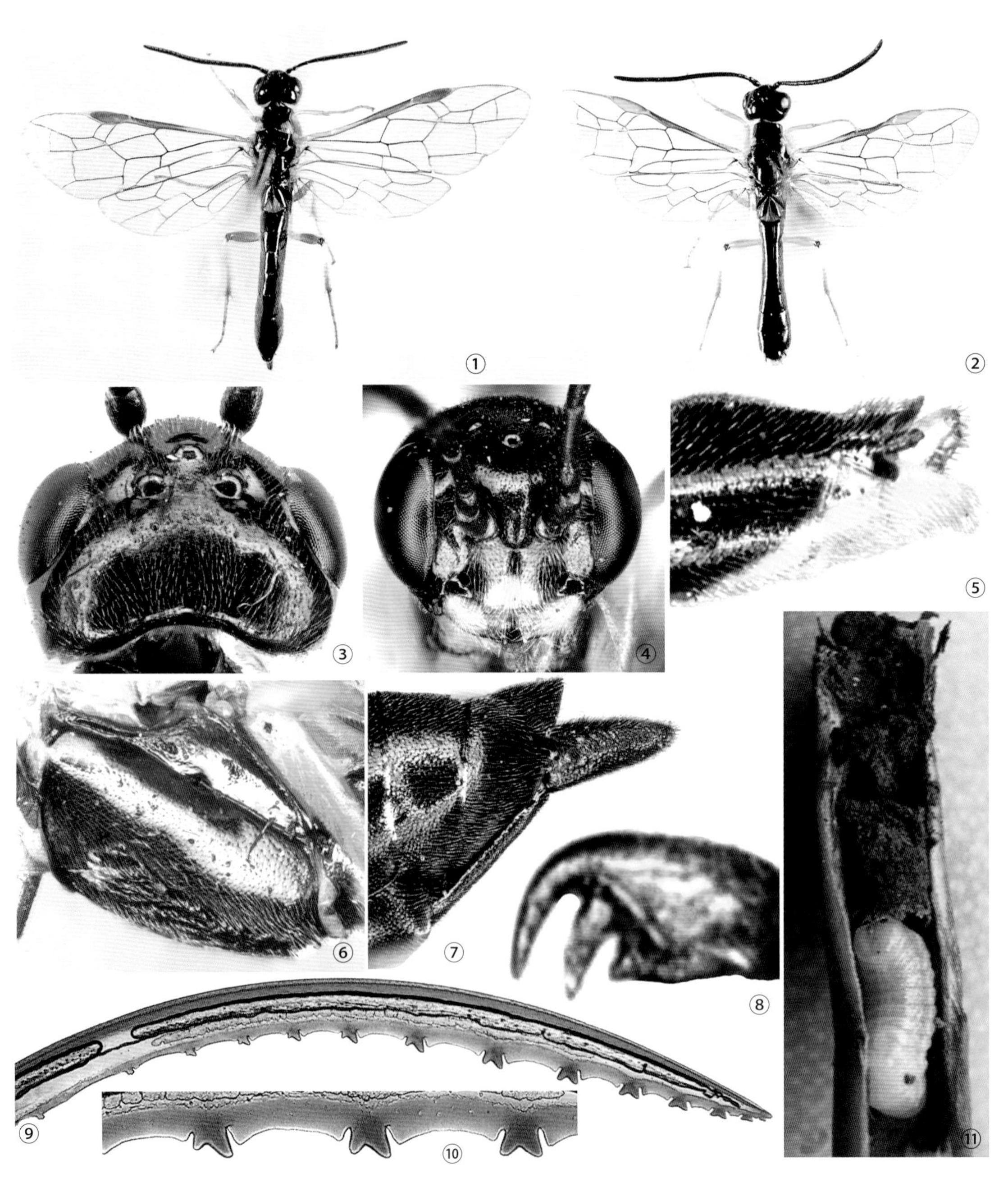

梨简脉茎蜂（⑪胖胖CAT摄，其余为魏美才、刘琳摄）

①雌成虫；②雄成虫；③雌虫头部背面观；④雌虫头部前面观；⑤雄虫腹部末端侧面观；⑥雌虫中胸侧板；⑦雌虫腹部末端和产卵器；⑧雌虫后足爪；⑨雌虫产卵器锯腹片；⑩锯腹片第七至九锯刃；⑪幼虫危害状

长于第四节，鞭节端部不加粗；前翅1r1脉通常部分或全部缺失，偶尔完整，后翅Rs室开放（图①②）；爪基片显著，端部尖锐，内齿稍长于外齿（图⑧）。雌虫锯鞘端明显短于锯鞘基，伸向后上方，锯鞘腹缘中部弯折，锯鞘端端部渐尖，尾须短小（图⑦）；雄虫下生殖板端部具明显的结节（图⑤）；锯腹片全部强骨化，无节缝和节缝刺毛带，锯刃双齿形，12～13个，两侧显著切入（图⑨），中部锯齿腹缘具缺口（图⑩）。

卵　乳白色，长约1mm，宽0.3～0.4mm。

幼虫　老熟时体长9～12mm；乳白色，头部黄褐色；胸足3对，很小，无腹足，腹部末端具1明显的深褐色臀突，臀突端部较尖。

蛹　离蛹，较狭长，初期乳白色，渐变为黑色。

生活史及习性　1年1代，成虫不取食寄主，幼虫危害梨树新梢，以老熟幼虫在被害枝条内越冬。早春老熟幼虫在枯梢内化蛹，梨树花开之后，新梢长出时，成虫羽化、产卵，花开盛期为成虫羽化盛期。成虫无趋光性，但在晴天中午前后比较活跃。成虫羽化当天即可交尾并产卵，产卵时间于中午前后最盛。产卵时先用产卵器锯断嫩茎，但有一侧皮层相连，成虫于新梢断口下1.5～6mm间的嫩茎上插入产卵器并产下1卵，成虫产卵期约10天。5月初前后幼虫孵化，沿嫩枝髓部向下蛀食，粪便排于蛀孔内（图⑪）。6月左右，幼虫开始蛀入2年生树枝，7月大部分幼虫进入2年生梨树枝，8月停止蛀食，幼虫老熟，开始进入越冬状态。

防治方法

物理防治　在梨园悬挂黄色粘虫板防治梨茎蜂效果也比较好。春季及早剪除梨树被害新梢并及时销毁，可明显降低梨园梨简脉茎蜂虫口基数，从而有效控制梨简脉茎蜂的危害。

生物防治　梨茎蜂啮小蜂（*Tetrastichus janusi* Yang et al., 2005）对梨简脉茎蜂的寄生率比较高，也可用于梨简脉茎蜂的生物防治。

化学防治　在梨简脉茎蜂羽化高峰期，采用化学农药防治，可有效控制梨简脉茎蜂虫口密度。梨树花期之后，在梨简脉茎蜂卵期和幼虫初孵化时，用氧化乐果等化学农药喷雾，对卵和低龄幼虫杀灭效果可达95%。

参考文献

郭铁群，周娜丽，2002. 我国3种梨茎蜂的生物学特性及形态比较[J]. 植物保护，28(2): 31-32.

魏美才，聂海燕，1996. 中国茎蜂科分类研究II. 简脉茎蜂属(*Janus* Stephens)及其近缘属（膜翅目：茎蜂科：哈茎蜂族）[J]. 中南林学院学报，16(2): 1-8.

杨集昆，1995. 梨茎蜂研究的述评附一新种（膜翅目：茎蜂科）[J]. 湖北大学学报，17(1): 7-13.

杨忠岐，杨珍，姚艳霞，2005. 一种寄生梨茎蜂的重要天敌—梨茎蜂啮小蜂（膜翅目，姬小蜂科）新种记述[J]. 动物分类学报，30(3): 613-617.

于洁，杨立荣，张爱萍，2012. 梨茎蜂生物学特性观察及综合防治试验[J]. 山西果树(4): 14-15.

（撰稿：魏美才；审稿：牛耕耘）

梨剑纹夜蛾　*Acronicta rumicis* (Linnaeus)

该种为食叶性害虫，非检疫害虫。英文名knotgrass moth。鳞翅目（Lepidoptera）夜蛾科（Noctuidae）剑纹夜蛾亚科（Acronictinae）剑纹夜蛾属（*Acronicta*）。国外分布于俄罗斯西伯利亚、朝鲜、韩国、日本以及西亚、欧洲、北非。中国分布于黑龙江、吉林、辽宁、北京、河南、新疆、山东、湖北、湖南、四川、贵州、云南。

寄主　梨、苹果、桃、山楂、梅、柳、羊蹄甲、北景天、水蜡树、毛黄连花、覆盆子、草莓及十字花科蔬菜。

危害状　幼虫取食嫩叶，低龄期群集取食，后期常分散在叶背取食为害，将叶片吃成孔洞或缺刻，甚至将叶脉吃掉，仅留叶柄（图1）。

形状特征

成虫　翅展35～37mm。头、胸棕灰杂黑白色，腹部褐灰色。肩板棕灰色，无翼片。前翅暗棕间白色。基线和中横线化为1黑斑，由前缘到达R脉中止；内横线模糊，外横线双线黑色，由前缘到达后缘，外横线呈波浪状；亚缘线单线白色，不甚清晰。环状纹和肾状纹黑边。肾状纹与中横线接合。基条斑明显，呈棒槌状，内小外大。臀剑状纹明显，由外横线达亚缘线而中止，无顶剑状纹。后翅棕黄色，翅脉明显。无新月斑（图2）。

图1　梨剑纹夜蛾危害状（冯玉增、吴楚提供）

①危害梨叶状；②危害大豆叶状

卵　宽0.5mm左右、高0.35mm左右，表面中部有近百条纵棱，为双序式排列。纵棱间有微凹横格。初产乳白色，孵化前暗褐色。

幼虫　老熟期体长30～33mm，体粗壮，灰褐色，背面有1列黑斑，中央有橘红色点。各节亚背线处有橘黄色斜短纹。头黑褐色，有光泽。腹背有1列黑斑，第二和第八节的背部有2个红色斑纹，亚端线有一列白点，气门下线白色或灰黄色，曲折。第一至第八气门之间生有1个三角形斑纹。毛片枯黄色、毛红色或黑色（图3）。

图2 梨剑纹夜蛾成虫（冯玉增、韩辉林提供）

蛹　黑棕褐色，有光泽，长15～20mm。1～7腹节前半部有刻点，腹末有8个钩刺，茧椭圆形，土色（图4）。

生活史及习性　通常发生1～3代/年。以蛹在地下的土中或树洞、裂缝中作茧越冬。翌年4～5月成虫羽化，白天静伏，夜间活动。雌性产卵于寄主叶片背面叶脉旁或枝条上。卵排列成块状，卵期9～10天。6月是幼虫发生期，初孵幼虫先吃掉卵壳后，再取食嫩叶，幼虫早期群集取食，后期常分散在叶背取食为害，将叶片啃食成孔洞或缺刻，甚至将叶脉吃掉，仅留叶柄。6月中旬即有幼虫老熟，老熟幼虫在叶片上吐丝结白或黄色的薄茧化蛹，蛹期10天左右。第一代成虫在6月下旬发生，产卵于叶片上；9～10天后，幼虫孵化开始为害叶片。9～10月幼虫老熟后入土结茧化蛹越冬。

成虫对糖醋液有趋食性，早春食诱率很高，产卵前需吸取补充营养；且具有趋光性，对黑光灯趋光性较强，对汞灯趋光性更强。成虫羽化即可交尾，存在“雄追雌”的现象。

图3 梨剑纹夜蛾幼虫（吴楚提供）

图4 梨剑纹夜蛾蛹（吴楚提供）

交尾2～3天后即可产卵，每头雌蛾产卵300～500粒，数十至数百粒成块产于寄主叶背等处。幼虫三龄前，群聚在叶背啃食叶肉，遇惊即垂丝飘移，具有假死性。第一代老熟幼虫排空体内粪便然后幼虫沿枝干爬到地面下，潜入浅土内1～3cm，寻适宜叶片结茧。20～24小时筑成茧，藏身其内，并缩短虫体进入预蛹期，预蛹期5～7天。预蛹期的长短随结茧地点是否合适而变化。初化蛹的肢翅部分呈翠绿色，随后逐渐变红褐色。在7～9天内，如茧被侵破损可修补，寻不到适宜的树根也可在地表有孔隙的地方钻入结茧，8月初成虫羽化，且交尾产卵；8月中下旬孵化的幼虫继续为害。多于9月下旬开始老熟，且蛹化于茧中在土中越冬。

防治方法

物理诱杀　应用糖醋液、汞灯、黑光灯诱杀。

化学防治　喷洒50%杀螟松、10%溴马乳油、20%菊马乳油、20%氯马乳油、20%甲氰菊酯乳油2000倍液；2.5%功夫乳油、2.5%敌杀死乳油，或20%速灭杀丁乳油3000～3500倍液、10%天王星乳油4000～5000倍液。

人工防治　早春、晚秋深翻树根附近；或卵块集中或幼虫量少时，人工采杀。

生物防治　利用夜蛾侧沟茧蜂、夜蛾瘦姬蜂、小腹茧蜂等昆虫，及蜘蛛、鸟类、微生物杀虫剂等天敌资源，或人工堆砌招引巢或繁殖释放天敌昆虫，达到生物防治的目的。

参考文献

陈一心, 1999. 中国动物志: 昆虫纲　第十六卷　鳞翅目　夜蛾科[M]. 北京: 科学出版社.

王静, 2018. 辽宁西部梨剑纹夜蛾生物学特性[J]. 吉林农业(11): 74.

王小国, 2015. 柽柳梨剑纹夜蛾的发生规律及防治措施[J]. 河南林业科技, 35(4): 16-18.

鄢淑琴, 黄跃阁, 胡奇, 等, 1993. 梨剑纹夜蛾生物学的初步研究[J]. 吉林农业大学学报, 14(2): 5-7.

KONONENKO V S, 2010. Micronoctuidae, Noctuidae: Rivulinae–Agaristinae (Lepidoptera). Noctuidae Sibiricae. Vol. 2[M]. Sorø: Entomological Press: 189.

（撰稿：韩辉林；审稿：李成德）

梨金缘吉丁　*Lamprodila limbata* (Gebler)

危害梨、桃树、樱桃树等的钻蛀性害虫。又名金缘斑吉丁、梨金缘吉丁虫、梨吉丁虫、串皮虫、板头虫。鞘翅目（Coleoptera）吉丁科（Buprestidae）斑吉丁属（*Lamprodila*）。中国分布于山西、云南、辽宁、宁夏、陕西、北京等地。

寄主　梨、樱桃、苹果、桃、杏、山楂等。

危害状　幼虫蛀食果树枝干，受害部位组织颜色变深，流出白色泡沫状汁液，以后逐渐发霉变褐，打开树皮可发现害虫。主要在形成层蛀食，蛀道内充满着硬而细的黏在一起的褐色粪屑。8月中旬，老熟幼虫开始蛀入木质部做蛹室，蛹室口扁平，长10～15mm，宽3～5mm。成虫羽化孔“D”形（图1）。严重时大树枝或整个树体枯死。

形态特征

成虫　翠绿色具金属光泽，体长13～17mm，宽5mm左右，扁平，密布刻点（图2）。触角11节，黑色，锯齿状。复眼深褐色，肾形。头部中央有1黑蓝色纵纹，前胸背板上有5条蓝黑色条纹，鞘翅上有10多条黑色小斑组成的条纹，两侧有金红色带纹。雄虫腹部末端尖形，雌虫圆形（图2）。

幼虫　幼虫体长30～36mm，扁平。老龄幼虫体由乳白色变为黄白色，无足。头小，暗褐色。前胸第一节扁平肥大，上有黄褐色“人”字纹，腹部10节细长，分节明显，节间凹进。

蛹　体长15～20mm，裸蛹，初乳白色，后变紫绿色有光。

生活史及习性　梨金缘吉丁1～2年完成1代，以幼虫在被害枝干的皮层下或木质部的蛀道内越冬。翌年3～4月间化蛹，蛹期为15～30天，5～6月间羽化为成虫，5月中、下旬是成虫出现盛期。成虫羽化后，取食梨树叶片呈不规则缺刻，早晚和阴雨天温度低时静伏叶片，遇振动有下坠假死习性。成虫产卵期10余天，要求高温，因此成虫前期产卵少，5月下旬以后产卵量增多，卵多产在皮缝和伤口处。每雌虫可产卵20～100余粒。卵期10～15天，6月上旬为幼虫孵化盛期。幼虫孵化后蛀入树皮，初龄幼虫仅在蛀入处皮层下危害，三龄后串食，多在形成层钻蛀横向弯曲隧道，待围绕枝干一周后，整个侧枝或全树就会枯死。

图1　梨金缘吉丁羽化孔（任利利提供）

图2　梨金缘吉丁成虫（骆有庆课题组提供）

防治方法

人工防治　冬季刮除树皮，消灭越冬幼虫。及时清除死树、死枝，减少虫源。成虫期利用其假死性，于清晨振树捕杀。

化学防治　成虫羽化出洞前和成虫发生期，用化学药剂喷洒主干和树枝。

参考文献

邓友金，2012. 梨金缘吉丁虫在云南禄丰县发生情况及防治措施 [J]. 中国南方果树，41(1): 86.

李新，2013. 梨金缘吉丁虫在辽西北地区的发生规律及其综合防治技术 [J]. 防护林科技 (5): 104-105.

张莉，2004. 梨金缘吉丁虫的发生与防治 [J]. 西北园艺 (8): 27.

（撰稿：任利利；审稿：骆有庆）

梨卷叶象　*Byctiscus betulae* (Linnaeus)

一种重要的林木害虫，主要危害杨树、梨树等。又名梨卷叶象鼻虫、杨卷叶象。鞘翅目（Coleoptera）卷象科（Attelabidae）金象属（*Byctiscus*）。中国长江以北有分布，主要发生于辽宁、河北、河南、江西等地。

寄主　杨树、桦树、梨、苹果、山楂等。

危害状　成虫食害新芽、嫩叶，被害叶片的下面叶肉被啃食成宽约1.5mm、长度不等的条状虫口，并卷叶产卵为害。幼虫孵化后，即在卷叶内食害，使叶片逐渐干枯脱落，影响梨树的正常生长发育（图1）。

形态特征

成虫　体长约8mm，头向前延伸呈象鼻状。虫体色泽有蓝紫色、蓝绿色、豆绿色，均带有红色金属光泽。鞘翅密布成排的点刻。雄成虫胸前两侧各有1个尖锐的伸向前方的刺突（图2①）。

幼虫　老熟时体长7～8mm，头棕褐色，全身乳白色，微弯曲。

生活史及习性　梨卷叶象每年发生1代，以成虫在地面杂草中或地下表土层内作土室越冬。翌年春季4月下旬至5月上旬成虫出蛰活动，5月上中旬为出土盛期。成虫不善飞翔，有假死性，出土后危害嫩芽和嫩叶，4～6天后开始交尾、卷叶、产卵。每1叶卷一般产卵4～8粒，叶片结合处用黏液粘住，卵期6～11天。孵化幼虫在叶卷内取食叶肉，使叶片逐渐干枯而脱落。幼虫老熟后（6月末）从叶卷内钻出，潜入土中，在地表5cm深处做一圆形土室，8月上旬在土室中化蛹（图2②），蛹期7～8天。8月中旬为羽化盛期。8月下旬成虫开始出土啃食叶片，9月下旬成虫陆续入土或在杂草中越冬。

防治方法

农业防治　新建园不要用杨树造防风林；老果园附近有杨树要与果树同时防治。

物理防治　根据成虫不善飞翔、且具假死性的习性，在5月下旬至6月上中旬，在树干下铺塑料布，振动树干捕杀落下的成虫，适用于小面积防治。在幼虫孵化盛期，人工摘除卷叶，并集中烧毁或挖坑深埋。

生物防治　粗腿尤氏赤眼蜂、中国圆翅赤眼蜂、榛卷象圆翅赤眼蜂防治梨卷叶象。

化学防治　可选用的药剂有敌杀死、杀螟松、高效氯氰菊酯、敌百虫。5月中下旬成虫上树为害时喷药，老果园附近有杨树的与果树同时防治。连喷2～3次，间隔10～15天。注意梨树开花期禁止用药，否则蜜蜂等有益昆虫被杀死，会使梨坐果率降低。使用时最好几种药轮换使用，防止害虫产生抗药性。

参考文献

娄巨贤，丁秀云，王小奇，1996. 赤眼蜂科3新种记述(膜翅目：小蜂总科)[J]. 沈阳农业大学学报，27(1): 39–44.

卢丽华，王树良，胡振生，2001. 梨卷叶象甲的生物学特性及防治技术 [J]. 林业科技，26(4): 26–58.

杨俊学，张国同，元青山，1999. 梨卷叶象甲的生物学特性及其防治 [J]. 森林工程，15(2): 11–12.

杨卫平，1986. 梨卷叶象的发生与防治 [J]. 农技服务，18(33): 61.

（撰稿：王甦、王杰；审稿：金振宇）

图1 梨卷叶象危害状（冯玉增摄）

图2 梨卷叶象（冯玉增摄）

①成虫；②蛹

梨日本大蚜 *Nippolachnus pyri* Matsumura

以口针在叶片背面沿主脉吸食寄主汁液的小型昆虫，是梨、枇杷等果树的主要害虫。英文名 pear green aphid。半翅目（Hemiptera）蚜科（Aphididae）大蚜亚科（Lachninae）日本大蚜属（*Nippolachnus*）。国外分布于印度、日本、韩国以及马来群岛。中国分布于浙江、福建、江西、湖北、广东、四川、云南、台湾。

寄主 枇杷、梨、杏等蔷薇科植物。

危害状 在寄主植物叶片背面沿主脉群居为害。

形态特征

无翅孤雌蚜 体长卵形，体长 2.73～3.75mm，体宽 1.40～1.96mm。活时体表黄绿色，背有翠绿色斑。玻片标本淡色，腹部第八背片有 1 对暗色斑，触角末节、喙顶端、后足胫节端部及跗节深褐色，其他各附肢淡色。体表光滑，头顶至头部后缘有 1 个淡色头盖缝；复眼由多小眼组成，无眼瘤。气门圆形开放，气门片淡色。中胸腹岔淡色无柄，有一丝相联，单臂横长 0.20～0.26mm，为触角第三节的 63%～76%。体背密被长尖锐毛，腹部腹面毛短于背面毛，头部背面有毛 120 余根；腹部各节背片密被长尖锐毛，腹部第八背片有毛 30～42 根。头背毛长 0.18mm，腹部第八背片毛长 0.15～0.17mm，分别为触角第三节最宽直径的 4.50 倍和 3.75～4.25 倍。头顶呈弧形。触角光滑，无次生感觉圈，全长 0.83～0.99mm；第三节长 0.29～0.34mm，第一至第六节长度比例：22∶23∶100∶34∶52∶38+20；触角毛长尖锐，第一至六节毛数：2～4，8～11，28～36，9～14，16～26，16～23+1～4，顶端有刀状毛 2 对；第三节毛长 0.13～0.16mm，为该节直径的 3.25～4.00 倍；原生感觉圈大，无睫。喙端部超过中足基节，第九节楔状，长 0.16～0.21mm，为基宽的 2.00～2.27 倍，为后足跗节第三节的 67%～91%；有次生毛 13～18 根。足长，光滑。后足股节长 1.36～1.48mm，为触角全长的 1.50 倍；后足胫节长 2.40～2.66mm，为体长的 78%，毛长 0.18～0.24mm，为该节中宽的 2.00～3.00 倍；各足跗节第一节有毛 9～11 根。腹管位于淡色的多毛圆锥体上，有 70～90 根，排列成 3～4 圈；端宽 0.13～0.18mm，为触角第三节最宽直径的 3.25～4.50 倍。尾片粗糙，有刺突，半圆形，长为基宽的 50%～55%，有毛 23～27 根。尾板末端圆形，有长短毛 65～98 根（见图）。

有翅孤雌蚜 体长椭圆形，体长 2.62～4.62mm，体宽 1.08～1.69mm。活体头部、胸部、腹部腹面绿色，腹部背面有黑色横带，背片第二至三、第五至六各有 1 个方形乳白色中侧斑。腹管位于黑色圆锥体上。玻片标本头部、胸部褐色，头背有 1 个明显黑色头盖缝延伸至后缘，腹部淡色，触角、腹管、喙、尾片、尾板及生殖板骨化，褐色至黑褐色；后足胫节端部至跗节黑色。腹部第一背片有 1 对大型中侧斑和 1 对缘斑；背片第二至四各有 1 对缘斑；第三至五背片中侧斑愈合成 1 个大型浅褐色方斑，方斑中部部分不规则加深；背片第五至六缘斑与腹管基斑愈合；第七背片缘斑小或无；第八背片有 1 个中断横斑贯全节。气门圆形开放，气门片黑褐色。体表有微细网纹，背斑上比较明显。体背多毛，腹部第八背片有长毛 14～29 根，毛长 0.12～0.15mm，为触角第三节最宽直径的 2.40～3.00 倍。触角长 0.81～1.48mm，为体长的 25%～35%；第三节长 0.28～0.39mm，第一至六长度比例：23∶24∶100∶40∶56∶39+19；触角毛长尖锐，第一至六节毛数：1～7，7～15，25～47，5～18，13～27，13～25+4～8 根，顶端有 2 对刀状感觉毛；第三至五节分别有大圆形次生感觉圈 6～9，2～4 及 1 个；原生感觉圈大，无睫。喙短粗，端部仅达中足基节，第四和第五节楔状，长 0.18～0.24mm，为基宽的 2.00～2.63 倍，为后足跗节第二节的 67～96%；有次生毛 14～23 根。足细长，后足股节长 1.22～1.70mm，为触角的 1.06～1.51 倍；后足胫节长 2.28～3.08mm，为体长的 67%～99%，毛长 0.17～0.25mm，为该节中宽的 2.43～3.13 倍；各足跗节第一节有毛 9～11 根。前翅中脉色淡，2 分岔；后翅 2 斜脉。腹管位于淡色多毛圆锥体上，有毛 110～180 根，端宽 0.13～0.17mm。尾片半扁圆形，长为基宽的 23%～37%，有毛 21～27 根。尾板末端圆形，有长短毛 47～98 根。生殖板有长毛 54～79 根（见图）。

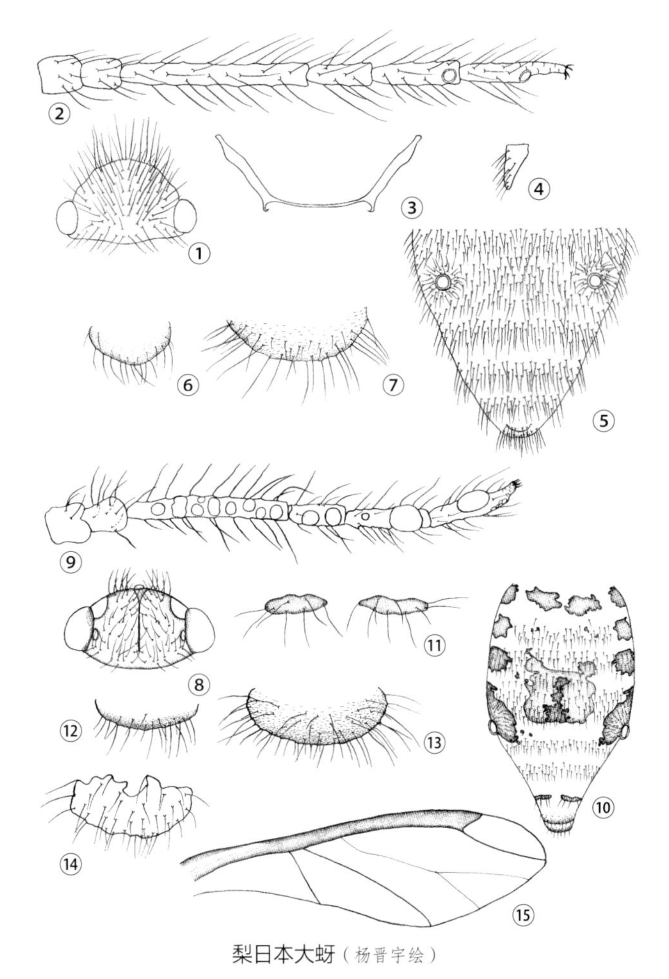

梨日本大蚜（杨晋宇绘）

无翅孤雌蚜：①头部背面观；②触角；③中胸腹岔；④后足第一跗节；⑤腹部第四至八背片；⑥尾片；⑦尾板

有翅孤雌蚜：⑧头部背面观；⑨触角；⑩腹部背面观；⑪腹部第八背片背斑；⑫尾片；⑬尾板；⑭生殖板；⑮前翅

生活史及习性 无相关报道。

防治方法　见梨大蚜。

参考文献

张广学，钟铁森，1983. 中国经济昆虫志：第二十五册　同翅目　蚜虫类(一)[M]. 北京：科学出版社.

（撰稿：姜立云；审稿：乔格侠）

梨小食心虫　*Grapholita molesta* (Busck)

一种主要危害桃、梨、苹果等蔷薇科果树的世界性蛀果类害虫。又名梨小、东方蛀果蛾、桃折梢虫。英文名 oriental fruit moth、oriental peach moth。鳞翅目（Lepidoptera）卷蛾科（Tortricidae）小食心虫属（*Grapholita*）。国外分布于法国、德国、希腊、意大利、西班牙、瑞士、日本、韩国、南非、阿根廷、巴西、加拿大、美国、澳大利亚、新西兰等地。中国分布于黑龙江、吉林、辽宁、河北、河南、山西、陕西、山东、甘肃、青海、新疆、西藏、安徽、江苏、浙江、福建、云南、台湾、香港、澳门等地。

寄主　桃、梨、苹果、山楂、樱桃、油桃、李、杏、枇杷、海棠等。

危害状　主要以幼虫蛀食果树嫩枝和果实。初期多产卵于桃树嫩梢叶片的背面，孵化出的幼虫钻入嫩梢内取食，使受害的嫩梢萎蔫、下折，造成“折梢”（图1①），并有流胶现象。中、后期随着果树的生长，虽仍有部分嫩梢遭到幼虫的取食，但此时主要为害部位转移到了桃、梨、苹果等的果实，造成大量虫果和落果。幼虫多从果实的萼洼、果梗处蛀入，直达果心取食果肉，被害果蛀孔附近常有虫粪排出（图1②），桃上蛀孔会有桃胶渗出，且逐渐由半透明变为暗黑色的斑块（图1③）；梨上蛀孔周围常变黑腐烂，俗称“黑膏药”（图1④）。

形态特征

成虫　全体暗褐色，长6～7mm，翅展约12mm。前翅前缘有10组白色钩状纹，中室外缘附近有1白色斑点是该种的显著特点（图2①②）。雄虫腹部纤细，末端呈锥状、白色，尾部生殖器部位裂开(图2③)；雌虫个体较雄虫略大，腹部略显臃肿，末端发黑，尾部有一环形凹孔（图2④）。

幼虫　咀嚼式口器，身体柔软，具有3对胸足和5对腹足。头为褐色，前胸背板黄白色。初龄幼虫白色，随着龄期的增加逐渐变为粉红色或近红色。老熟幼虫长10～12mm，腹部末端有4～7个黑色的臂栉，足上趾钩细长，为单序，腹足上趾钩多为30～40个，臀足为20～30个（图3）。

生活史及习性　以老熟幼虫结冬茧在树皮、地面的土块和枯枝落叶等部位越冬。在中国，梨小年发生世代由北向南逐渐增加，在华北地区1年发生3～4代，华南地区1年发生6～7代。在25°C条件下，卵期3～4天；幼虫四～五龄，共约15天；蛹期7～9天；成虫期9～15天。雌蛾一生可产卵50～200粒，多将卵产于幼嫩叶片的背面或果实的萼洼、果梗处。幼虫期蛀食植物的嫩梢和果实，并于枝条或果实的基部结茧化蛹。成虫对紫色光和绿色光具有较强趋性，属夜

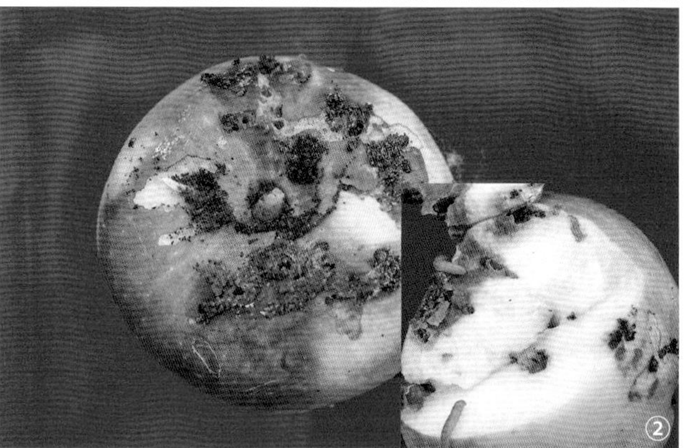

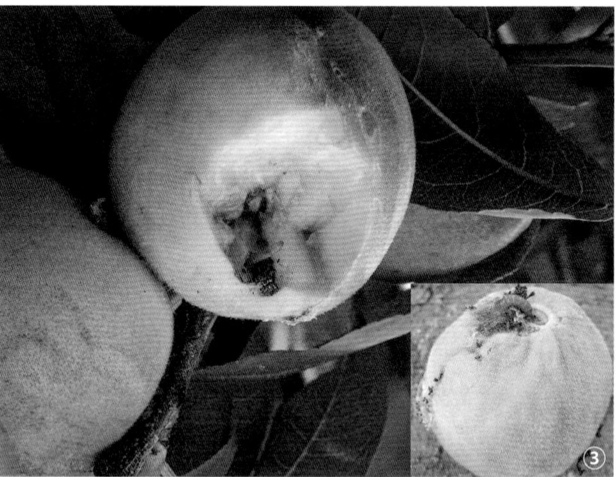

图1 梨小食心虫危害状（李先伟提供）

①桃梢危害状；②苹果危害状；③桃危害状；④梨危害状

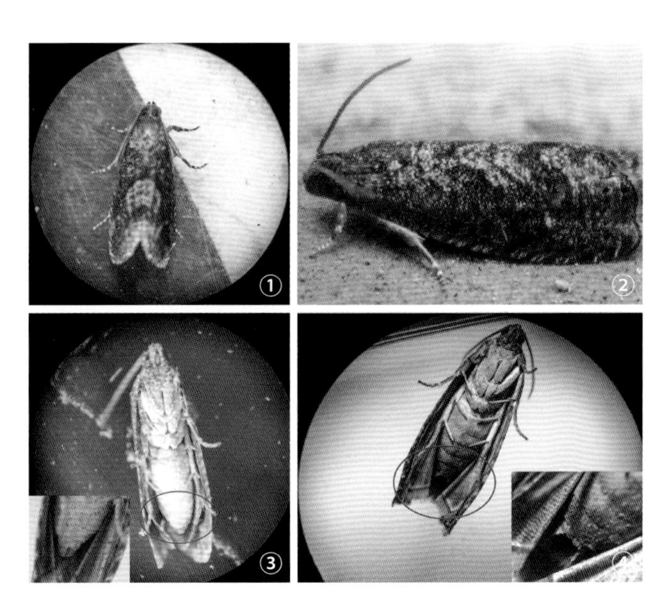

图 2　梨小食心虫成虫（李先伟提供）

①背面观；②侧面观；③雄虫腹面观；④雌虫腹面观

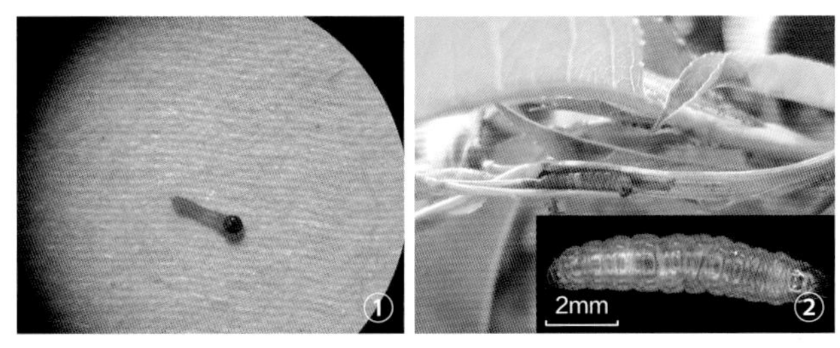

图 3　梨小食心虫幼虫（李先伟提供）

①初龄幼虫；②老熟幼虫

行性、弱光性昆虫，活动常发生于暗期的结束和光期的开始，具有明显的时辰节律性，羽化行为在早上 4：00～8：00，求偶生殖行为集中于黄昏前后 18：00～20：00。

防治方法　杀灭越冬代梨小食心虫是从源头上减少果园的虫口数量，能为果园全年害虫的有效防控打下坚实基础。越冬代梨小食心虫常在桃花花期出现成虫羽化大暴发现象，后代危害桃树的嫩梢，因此在桃园花期进行梨小食心虫的防治是果树周年管理的一个关键时期。

农业防治　①果园合理布局，在规划或建造新果园时，选择抗性品种且避免桃、梨等果树混栽或相邻。②秋冬清园，秋季在树干绑草环或瓦楞纸诱集幼虫进入越冬，冬季解下草环烧毁；结合施肥局部深翻，冻、晒土层 3～5cm 处越冬的害虫。③生长季管理，在果实生长期人工摘除虫果、捡拾地下的落果，集中深埋或销毁。此外，在人力资源充足的地区可对果实进行套袋，以隔绝虫害。

性信息素防治　①每亩果园悬挂 3～5 个诱捕器监测发生动态，监测到发生高峰期时，于每亩悬挂 13～17 个诱捕器进行大量诱杀。②在果树的整个生长期于每亩果园内悬挂 66 根迷向丝来干扰成虫求偶交配，迷向丝每 2～3 个月加挂一次。

生物防治　释放寄生性天敌。每亩果园悬挂 3～5 个诱捕器监测发生动态，监测到发生高峰期后，于晴天傍晚释放梨小食心虫寄生性天敌松毛虫赤眼蜂，每亩梨园每次放蜂 3 万头，放蜂 3 次，放蜂间隔 3～5 天。

化学防治　使用阿维菌素、高效氯氟氰菊酯等药剂于果园进行喷施。

参考文献

张利军，赵志国，李丫丫，等，2013. 不同栽培管理梨园梨小食心虫发生程度研究 [J]. 应用昆虫学报，50 (6): 1532-1537.

赵志国，荣二花，赵志红，等，2013. 性信息素诱捕下害虫 Logistic 增长及经济阈值数学模型 [J]. 生态学报，33 (16): 5008-5016.

LI J, ZHAO L L, Li Y, et al, 2016. Inoculative releases of *Trichogramma dendrolimi* for suppressing the oriental fruit moth (*Grapholita molesta*) in peach orchard in China[J]. Fruits, 71(2): 123-128.

SUN Y X, TIAN A, ZHANG X B, et al, 2014. Phototaxis of *Grapholitha molesta* (Lepidoptera: Olethreutidae) to different light sources[J]. Journal of economic entomology, 107(5): 1792-1799.

ZHAO Z G, RONG E H, LI S C, et al, 2013. Research on the practical parameters of sex pheromone traps for the oriental fruit moth[J]. Pest management science, 69(10): 1181-1186.

（撰稿：李先伟、马瑞燕；审稿：王洪平）

梨星毛虫　*Illiberis pruni* Dyar

梨、苹果等北方果树的芽、叶害虫。又名梨鹿斑蛾、梨叶斑蛾，幼虫俗称梨狗子、饺子虫等。英文名 pear leaf worm、pear leaf roller、pear leaf zygaenid。鳞翅目（Lepidoptera）斑蛾科（Zygaenidae）鹿斑蛾属（*Illiberis*）。中国分布普遍，主要危害地区在辽宁、河北、山西、河南、陕西、甘肃、山东、江苏等地的梨产区。

寄主　主要危害梨、苹果、槟子、花红、海棠、山荆子等。

危害状　越冬幼虫出蛰后，蛀食花芽和叶芽，被害花芽流出树液。危害叶片时把叶边用丝黏在一起，包成饺子形，幼虫于其中吃食叶肉。夏季刚孵出的幼虫不包叶，在叶背面食叶肉呈现许多虫斑（图 1）。

形态特征

成虫　体长 9～12mm，翅展 19～30mm。全身灰黑色，翅半透明，暗灰黑色。雄蛾触角短羽毛状，雌蛾触角锯齿状。

幼虫　从孵化到越冬出蛰期的小幼虫为淡紫色。老熟幼虫体长 20mm，白色或黄白色，纺锤形，体背两侧各节有黑色斑点 2 个和白色毛丛（图 2）。

生活史及习性　在东北、华北地区 1 年发生 1 代；而在河南西部和陕西关中地区 1 年发生 2 代。以幼龄幼虫潜伏在树干及主枝的粗皮裂缝下结茧越冬；也有低龄幼虫钻入花芽中越冬；幼龄果园树皮光滑，幼虫多在树干附近土壤中结茧越冬。翌年当梨树发芽时，越冬幼虫开始出蛰，向树冠转移，如此时花芽尚未开放，先从芽旁已吐白的部位咬入食害，如花芽已经开放，则由顶部钻入食害。虫口密度大的树，1 个开放的花芽里常有 10～20 头幼虫，花芽被吃空，变黑，枯

图 1 梨星毛虫危害状（冯玉增摄）

①成虫群集；②危害梨叶状；③危害叶呈“饺子”状；④在卷叶中的幼虫

图 2 梨星毛虫幼虫（冯玉增摄）

死，继而危害花蕾和叶芽。当果树展叶时，幼虫即转移到叶片上吐丝将叶缘两边缀连起来，幼虫在叶苞中取食为害，吃掉叶肉，残留下叶背表皮一层，食害 7～8 个叶片，在最后的 1 个苞叶中结茧化蛹，蛹期约 10 天。在河南西部及陕西关中一带越冬代成虫在 5 月下旬至 6 月上中旬，第一代成虫在 8 月上中旬发生。

成虫飞翔能力不强，白天潜伏在叶背不活动，多在傍晚或夜间交尾产卵。卵多产在叶片背面。清晨气温较低时，成虫易被振落。

防治方法

人工防治　在早春果树发芽前，越冬幼虫出蛰前，对老树进行刮树皮，对幼树进行树干周围压土，消灭越冬幼虫。在发生不重的果园，可及时摘除受害叶片及虫苞，或清晨摇动树枝，振落成虫消灭。

药剂防治　梨树花芽膨大期是施药防治越冬后出蛰幼虫的适期。

参考文献

王国平，窦连登，2002. 果树病虫害诊断与防治原色图谱 [M]. 北京：金盾出版社 .

（撰稿：刘小侠；审稿：仇贵生）

梨眼天牛 *Bacchisa fortunei* (Thomson)

一种主要危害果树枝叶的害虫。又名梨绿天牛、琉璃天牛。鞘翅目（Coleoptera）天牛科（Cerambycidae）眼天牛属（*Bacchisa*）。中国分布于安徽、福建、甘肃、广西、贵州、河南、湖南、江西、四川等地。

寄主 苹果、梨、海棠、杏、梅、李等。

危害状 幼虫取食蛀孔周围树皮，自下而上蛀食，蛀道长约10cm，扁圆略弯曲，可深达枝条木质部。枝条被害处有细如烟丝的木质纤维和粪便，受害枝条易被风折断。成虫以咬食叶背的主脉和中脉基部的侧脉危害为主，也可咬食叶柄、叶缘和嫩枝表皮（图1）。

形态特征

成虫 体长8～11mm，橙黄色。鞘翅蓝色，有金属光泽，全体密被长竖毛和短毛。雄虫触角与体长相等或稍长，雌虫稍短。体被细长的竖毛，后胸、腹板各有蓝黑色或紫色大斑，有时不明显。雌虫腹部末节较长，中央有1纵纹（图2①②）。

幼虫 初孵幼虫乳白色，随龄期增长体色渐深，呈淡黄色或黄色。老熟幼虫体长18～21mm，体呈长筒形，背面扁平（图2③④）。

生活史及习性 在西安地区2年1代，4月中下旬老熟幼虫停食开始化蛹，5月上旬为化蛹盛期，5月下旬开始羽化。成虫多选直径15～25mm的枝条，以树冠外围、东南方位、向阳的枝条枝杈处产卵最多，产卵前先将表皮咬成“三三”形伤痕，然后在其中产卵，每处1粒，卵期10天左右，幼虫先在皮下为害，稍大后钻入木质部。一般幼虫在10月下旬停止取食，其洞口以木屑和粪便堵住，待翌春再恢复取食，越冬幼虫生活力很强。

防治方法

精细苗木检疫 对所调苗木要认真排查，发现苗木上有带“三三”形伤痕的要检查是否带有虫卵，有虫卵的苗木未经处理不能外运。

生物防治 利用管氏肿腿蜂防治梨眼天牛，在苹果园按每1个活天牛虫孔放蜂2.9～4.4头，平均寄生率可达55%～60.8%。

图2 梨眼天牛（冯玉增摄）

①②成虫；③④幼虫

化学防治 在虫卵伤痕处用小锤锤击砸卵后再涂药，用煤油和敌敌畏乳剂配制成煤油药剂，以毛笔涂抹细致。利用幼虫爬出的习性，在早晨或傍晚对有新鲜虫粪的坑道口，用小刀刮除木屑后，再将粗的铁丝刺入坑道内并转动刺杀幼虫，用棉球或软泡沫塑料蘸敌敌畏塞入坑道内熏杀道口，可用黄泥或地膜封住。

参考文献

史小锋，2009. 苹果幼树梨眼天牛的防治[J]. 西北园艺（果树专刊）(4): 51.

王琳，2007. 梨眼天牛的发生及其危害[J]. 农业科技与信息(10): 28.

魏向东，1990. 甘肃省利用管氏肿腿蜂防治梨眼天牛[J]. 生物防治通报(3): 116–117.

张英俊，1964. 梨眼天牛(*Chreonoma fortunei* Thom.)的初步研究[J]. 昆虫知识(3): 114–116.

（撰稿：王甦、王杰；审稿：金振宇）

图1 梨眼天牛危害状（冯玉增摄）

①蛀孔；②蛀干；③树枝上产卵“H”形痕

梨叶甲　*Paropsides soriculata* (Swartz)

梨树的重要害虫之一，成虫和幼虫取食梨叶片、花瓣、雌雄蕊。又名梨金花虫。鞘翅目（Coleoptera）叶甲科（Chrysomelidae）叶甲亚科（Chrysomelinae）斑叶甲属（*Paropsides*）。中国分布于辽宁、内蒙古、山东、山西、湖北、湖南、浙江、安徽、甘肃、贵州等地。

寄主　梨、杜梨等多种梨属植物。

危害状　越冬成虫出蛰后，从叶片边缘取食或危害嫩芽作为补充营养。初孵幼虫就近开始啃食叶片叶肉组织，受害叶片仅残留叶表皮及叶脉呈网状。二龄后开始分散活动或群集危害，取食量不断增大，可食光全叶，仅留下主脉和少许侧脉。受害叶片发黑，叶片上残留许多黑色排泄物，严重污损叶片（图1）。以幼树受害较重，被害叶呈纱网状和孔洞及缺刻，严重时枝梢叶片被吃光。

形态特征

成虫　体椭圆形，背部隆起，似瓢虫。体长8～9mm，背面红棕色，腹面黄褐色。复眼黑色，两眼之间有不规则形黑斑2个；前胸背板有3对同样斑点。每鞘翅上有4横排斑点，第一、二排各5个，中间2个相互重叠，第四排3个，相互紧靠。复眼椭圆形，黑色。触角11节，呈棒状，从第六节开始逐渐膨大，扁平、黑褐色，端部较尖。

幼虫　初孵幼虫头部黑褐色，胴部、胸足灰褐色。老熟幼虫长10mm左右，橙色。头黑色。前胸背板中部黑色，两侧橙黄色，背线与亚背线黑色。胸足外侧黑色。前胸背板至后胸前半部中央有1细纵沟。胴部12节，第二至十一节两侧各有1肉质突起，端部暗褐色，背面中部各有1横皱纹，皱纹前后各有1横列暗褐色斑，斑上疏生细短毛。臀板暗褐色（图2①）。

卵　呈块状平铺，每块一般约60粒，呈"人"字形排列，表面覆有红褐色胶质物（图2②）。

生活史及习性　在遵义1年发生1代，以成虫在草丛、落叶、石块下越冬。翌年4月出蛰爬到枝上食害嫩叶。4月下旬至5月进入产卵期，把卵产在叶背，常有蚂蚁、蜘蛛粘着其上。卵期10～14天。初孵幼虫不甚活动，有群集习性，二龄以后分散取食，虫龄越大，食量越大。先期食害花器和嫩叶，后期取食老叶，幼虫危害期近1个月，共分6龄。幼虫遇惊扰时第九腹节背面突出2条赤褐色角状突起。老熟后入土筑蛹室化蛹。6～7月为第一代成虫期；8月中下旬第二代成虫发生期。成虫多于叶背危害，喜食嫩叶，夏秋季节常在梢头上取食嫩叶，严重时将枝梢叶片吃光，危害至晚秋。成虫有假死性。

防治方法

人工防治　早春清除果园内的杂草、落叶，集中烧毁，消灭越冬成虫。成虫具有假死性，人工振落捕杀。

加强栽培管理　加强发生区梨园的栽培管理，促进梨树健壮生长，增强抗虫能力。

生物防治　注意保护利用六斑异瓢虫，瓢虫盛孵期尽量减少弥散性施药。也可人工繁殖释放瓢虫，充分发挥天敌昆虫的自然控制作用。

药剂防治　在成虫、幼虫危害期，全树冠喷施化学农药进行防治，建议在幼虫盛孵期优先选择使用阿维菌素、吡虫啉，不会杀害天敌六斑异瓢虫卵，保护利用天敌资源。

图1 梨叶甲幼虫集中危害（冯玉增摄）

图2 梨叶甲（冯玉增摄）

①成龄幼虫；②卵

参考文献

李祝宗，1982. 梨金花虫的生活习性及其防治 [J]. 农业科技通讯 (12): 22.

邱宁宏，王勇，2009. 梨叶甲药剂防治试验 [J]. 植物保护，35(3): 163-164.

王冀，2017. 梨叶甲的发生与防治 [J]. 河北果树 (5): 51.

杨源，1983. 六斑异瓢虫研究 [J]. 昆虫天敌，5(3): 137-141.

（撰稿：王甦、王杰；审稿：金振宇）

梨叶锈螨　*Epitrimerus pyri* (Nalepa)

梨树重要害螨之一。又名梨锈壁虱。英文名 pear rust mite。蛛形纲（Arachnida）蜱螨目（Acarina）瘿螨科（Eriophyidae）*Epitrimerus* 属。在中国各大梨产区均有分布。

寄主　梨树。

危害状　梨叶锈螨喜欢在果树嫩枝、嫩叶上吸取汁液，每年都是以夏季生长的新梢树叶受害最为严重。受害的梨树梢头呈灰色，缺乏光泽；经 1～2 天，梢头变灰褐色，叶片向下卷缩，变小变脆；由于叶片卷缩，叶表绒毛变密，全树梢头呈银灰色；受害特别严重的梨树，顶部新叶几乎全部脱光，留下光秃的梢尖，树势变弱，不能分化顶花芽。

形态特征

成螨　体微小，长 0.14～0.16mm，纺锤形，淡黄色。颚体具螯肢和须肢各 1 对，螯肢细小成针状；足 2 对，生于体躯前端；体具许多环状纹，尾端具 2 根长刚毛。雌性腹部稍膨大，生殖盖有肋 12 条，羽状爪 4 枝。雄性腹部尖削，个体比雌性略小。

卵　极小，圆球形，淡白色，略透明，近成熟时呈淡黄白色。

若螨　形似成螨，较小。腹部光滑，环纹不明显，尾端尖细，足 2 对。第一龄若螨淡白色；第二龄若螨淡黄白色，胸部颜色比腹部略深。

生活史及习性　1 年发生 3 代。第一发生在 5 月 4 日到 6 月 9 日，第二代发生在 7 月 2 日到 8 月 7 日，越冬代若虫发生在 9 月初至 9 月下旬。一般梨开花期越冬成虫开始活动，在 5 月的高温条件下大量发生。梨叶锈螨很小，肉眼难以看到，如不仔细检查，要到 6～7 月梨园表现受害症状时才能发现。

防治方法

农业防治　与其他病虫害一样，梨叶锈螨也要以预防为主。冬春两季要进行清园，消灭越冬成虫。平时要注意加强管理，增强树体的抗病能力。

化学防治　用霸螨灵、哒螨酮、百满克等杀螨剂连续防治 2～3 次，可取得明显效果。为增强树势、增加树体营养，可在喷药时加入 0.3% 的尿素溶液（未结果幼树）或 0.3% 的磷酸二氢钾溶液（结果树），以促进树体生长、花芽形成与果实膨大。

参考文献

萧健民，黄茂松，杨志华，等，1995. 梨叶锈螨的研究 [J]. 湖南农学院学报，21(1): 40-44.

曾志平，胡继珍，1996. 梨叶锈螨发生调查与防治 [J]. 江西果树 (2): 31.

（撰稿：王进军、袁国瑞、侯秋丽、蒙力维；审稿：刘怀）

梨叶肿瘿螨　*Briophyes pyri* (Pagenst)

梨树的重要害螨之一，主要危害梨、苹果、山楂等植物。又名梨叶肿壁虱、梨潜叶壁虱、梨叶疹病、叶肿病等。英文名 pear leaf blister mite。蛛形纲（Arachnoidea）蜱螨目（Acarina）瘿螨科（Eriophyoidea）*Briophyes* 属。中国主要分布于山东、河北、河南等地区。

寄主　梨、苹果、山楂等。

危害状　主要危害梨树嫩叶，严重时也危害叶柄、幼果和果梗等。叶片被害初期出现芝麻大小的浅绿色疱疹，后逐渐扩大，并变成红、褐色，最后变成黑色。疱疹多发生在主、侧脉之间，常密集成行，使叶片正面隆起，背面凹陷卷曲。严重时被害叶早期脱落，营养积累减少，树势被削弱，影响花芽形成，导致梨果产量下降。

形态特征

成螨　体微小，体长约 0.25mm，圆筒形，白色至灰白色，足 2 对，尾端具 2 根刚毛，身体具许多环纹。

卵　小，卵圆形，半透明。

若螨　与成螨相似，但体小。

生活史及习性　1 年发生多代，以成螨在芽鳞片中越冬。每年春季梨树展叶时，成螨从幼嫩叶片的气孔侵入叶片组织，并将卵产于其中，幼螨孵化后取食叶肉组织。从春季侵入叶片组织后，该虫一直在叶片组织内繁殖为害和蔓延。9 月份成螨从叶片内脱出，潜入芽鳞下越冬。

防治方法

农业防治　清园，及时摘除虫叶和清扫地面落叶，秋冬季节彻底清除并销毁果园内的枯枝落叶。

化学防治　防治越冬成虫，春季发生危害期可喷 0.3～0.5 波美度的石硫合剂或 50% 硫悬浮剂 200 倍液、15%～20% 哒螨灵 2000～3000 倍液或 5% 霸螨灵 3000 倍液。

参考文献

刘建华，王福涛，1998. 梨园新害虫——梨叶肿瘿螨 [J]. 北方果树 (1): 36.

王世伟，2002. 梨叶肿瘿螨的发生和防治 [J]. 农村实用技术 (2): 24.

郑秀影，阎妍，2014. 梨叶肿壁虱的危害及其防治 [J]. 果农之友 (6): 44.

（撰稿：王进军、袁国瑞、陈二虎、蒙力维；审稿：刘怀）

梨瘿华蛾　*Blastodacan pyrigalla* (Yang)

梨树害虫之一，在北方梨区偶尔发生。又名梨枝瘿蛾、梨瘤蛾。英文名 pear twig gall moth。鳞翅目（Lepidoptera）华蛾科（Sinitineidae）髓尖蛾属（*Blastodacan*）。中国分布于辽宁、河北、陕西、山西、河南、山东、湖北、安徽、江苏、浙江、福建、广西、江西等地。

寄主　目前只发现危害梨。

危害状　以幼虫蛀新梢为害，常有1片干枯叶子，蛀入处由于幼虫为害刺激，增生膨胀形成略呈球形的虫瘿（图1），虫口密度大时，新梢虫瘿可有5～6个连接成串，群众称之为"糖葫芦"。用刀破开虫瘿，内有幼虫1～8头。每头幼虫在瘿内有一孔道，有时虫孔相连。虫瘿处木质较硬，皮增厚，化蛹前蛀一羽化道和羽化孔，成虫羽化出后留一圆孔（图1）。

形态特征

成虫　体长4.5～5.2mm，翅展14～15mm，体灰褐色。复眼黑色，端节具黑色环斑。前翅灰黑色，后翅灰褐色。前后翅缘毛极长。成虫全身灰褐色，下唇须很长，似镰刀状。前翅近基部引出2条黑褐色条纹，至中部折向顶角，在外缘中部和臀角处各有1丛深褐色鳞片突起，似两块黑斑。

幼虫　初孵幼虫体长1.2mm，头部黑色，前胸盾板黑褐色，其余部分淡橙黄色。末龄幼虫体长6～9mm，头小，浅红褐色，胸、腹部肥大，乳白色（图2）。前胸盾板、胸足和腹部第七、八节背面后缘以及第九节臀板均为灰黑色。全身有黄白色细毛。

生活史及习性　1年发生1代，以蛹在瘤内过冬，春季花芽萌动时羽化为成虫，花芽膨大、鳞片露白时为羽化盛期，成虫羽化后在枝条上静伏，下午开始活动，成虫多傍晚活动，趋光性不强；交尾后隔日产卵，多散产在枝条粗皮、芽旁和虫瘤等缝隙处，亦有2～3粒产在一起者，每雌约产卵80～90粒，卵期18～20天。梨新梢抽生期卵孵化。初孵幼虫活泼，爬行到刚抽出的幼嫩新梢，蛀入为害，被害处增生膨大成球形的瘤，一般6月开始出现。幼虫在瘤内串食为害，粪即排在瘤内的虫道内，每瘤内幼虫头数不等，少则1头，一般3～4头，多者达7～8头。幼虫在瘤内生活约200天老熟，晚秋化蛹，化蛹前幼虫先做好虫道和羽化孔而后化蛹（图3）。管理粗放的梨园虫害严重。

防治方法

植物检疫　在已发生的地区要认真防治，控制危害。在尚未发现虫情的地区，应定期组织专业普查。尽量避免从已发生该虫的地区调入苗木，若实在必要，应该在苗圃起苗前一周彻底喷一次杀虫剂。

农业防治　此虫成虫羽化期很早，剪虫瘤必须在成虫羽化前，应在冬季进行，剪下虫枝集中烧毁。一般习惯剪枝时间多在芽膨大前，此时成虫大多羽化飞走。剪虫枝的防治措施应在大范围内进行才有效，如连续2～3年彻底剪除虫枝，可以实现区域性消灭。

化学防治　成虫发生期即花芽萌动期喷药防治，以杀死成虫和卵，可喷高效氯氰菊酯、马拉硫磷等2000倍液。

参考文献

杨茂发，2000. 梨瘿华蛾的发生与防治[J]. 山地农业生物学报，19(3): 182-184.

张青文，刘小侠，2015. 梨园害虫综合防治技术[M]. 北京：中

图1　梨瘿华蛾危害状（张怀江摄）

图2　梨瘿华蛾幼虫（张怀江摄）

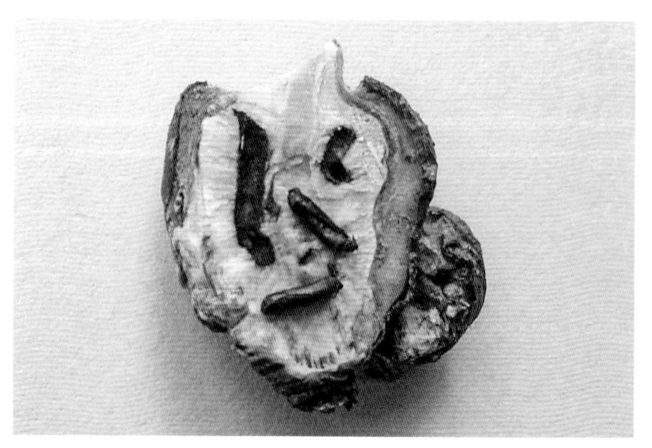

图3　瘤内虫道和越冬蛹（张怀江摄）

国农业大学出版社．

（撰稿：刘小侠；审稿：仇贵生）

梨瘿蚊 *Dasineura pyri* (Bouché)

曾被列为中国进境有害生物第三类检疫对象之一。又名梨芽蛆、梨叶蛆。英文名 pear leaf midge、pear leaf-curling midge。双翅目（Diptera）瘿蚊科（Cecidomyiidae）叶瘿蚊属（*Dasineura*）。中国在辽宁、河北、陕西、山西、山东、河南、湖南、江西、安徽、江苏、浙江、福建、广西、贵州、四川、湖北等地均有梨瘿蚊的分布。

寄主 只危害梨。

危害状 成虫产卵在嫩叶上，幼虫孵化后刮吸叶片汁液，3天后芽叶出现黄色斑点，接着叶面出现凹凸不平的疙瘩，叶片两侧向中脉纵卷呈筒状，使叶面皱缩、畸形成肿瘤状，并逐渐失绿呈紫红色，影响树体正常生长发育和光合作用。叶片枯死而提早脱落，使新梢中下部叶片全部脱落甚至留下秃枝（图1）。

形态特征

成虫 成虫体黑色有光泽。触角丝状9节，除第一、二节为黑色外，其余7节雄虫为黄色，雌虫为褐色。足细长，腿节以上为黑色，腿节以下为黄色。翅透明，淡黄色（图2）。

幼虫 幼龄幼虫（图1）透明，随虫龄增大，颜色逐渐从乳白、白色直至最后的橘红色。老熟幼虫（图1）橘红色，长约3.2mm，体节11节，无足，腹中部稍宽大（图1）。

生活史及习性 1年发生2～4代，随地理位置不同而略有差异。发生代数很大程度取决于季节的长短和新栽梨树的可用性。四川成都、广西桂林、贵州黔南等地1年发生2代；河南郑州、湖北武汉、福建建宁以及欧洲很多国家都是1年发生3～4代；江苏徐州1年发生4代。以老熟幼虫在树冠下0～6cm土壤中越冬，以2cm左右的表土层居多，少数在树干的翘皮裂缝中越冬。每年越冬代成虫发生的时间略有不同，梨树发芽越早，成虫发生的时间越早。一般越冬成虫在3月下旬开始出现，盛发期为4月上旬。第一代成虫发生期为4月下旬至5月上旬，第二代成虫为5月下旬至6

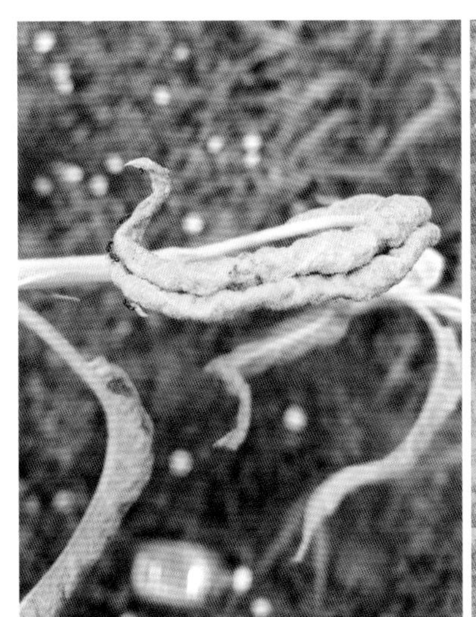

图1 梨瘿蚊危害状及幼虫（冯建路提供）

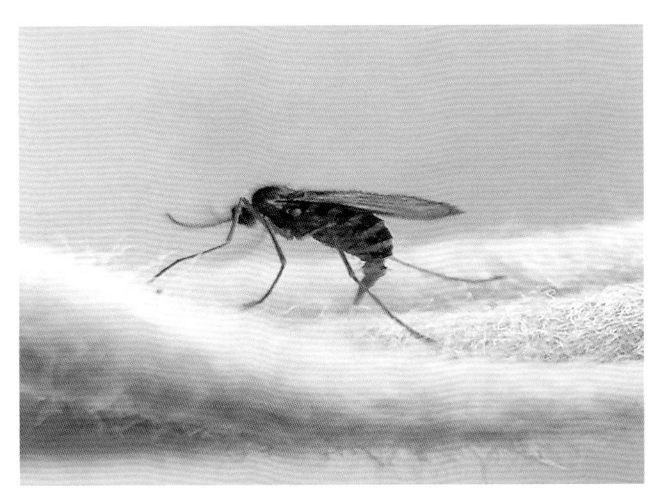

图2 梨瘿蚊成虫（冯建路提供）

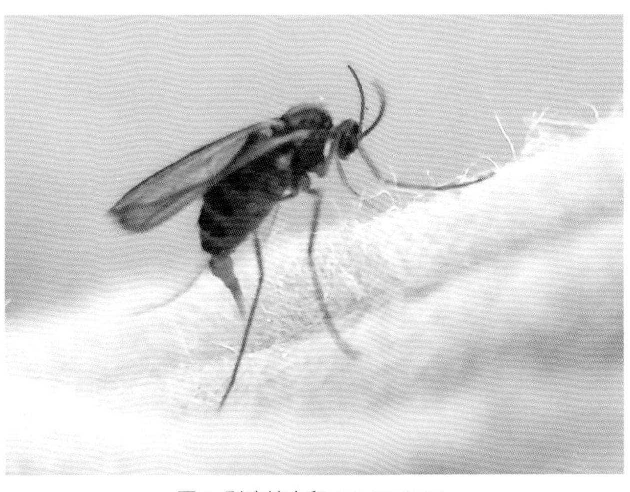

图3 梨瘿蚊产卵（冯建路提供）

月上旬，第三代成虫为6月下旬至7月上旬，因地区而异。以第二代幼虫发生量大，危害重。每一代幼虫发生期比其对应代的成虫发生期早15天左右。大部分第三代老熟幼虫入土蛰伏越冬，部分早期幼虫遇适合天气化蛹发育产生第四代，零星发生至10月下旬入土结茧越冬。

成虫羽化时间多在4：00～17：00时，求偶高峰时段在雌虫羽化3个小时后。雌雄交尾一般在8：00～10：00进行，雌虫交尾后2小时开始产卵，以11：00～12：00为产卵高峰。卵通常产在未展开的叶芽缝隙内或春梢端部叶尖叶缘处，少数直接产在芽叶表面，每片梨叶上最多有35粒卵。雌虫每次产卵1粒或者数粒，最多6粒，呈块状排列。每头雌虫产卵67～196粒，平均132粒。卵期随着温度的升高而缩短，第一代卵期4天，第二代卵期3天，第三代卵期2天。幼虫孵化后即钻入嫩叶内舐吸为害，幼虫畏光，触动时见光即弹跳。幼虫有集中为害特性，1片叶内有几头到数十头不等，最多达27头，幼虫为害期为11～13天。老熟幼虫脱叶后，弹落地面，入土结茧化蛹。化蛹深度在地表1～3cm处，如果土壤干燥板结，不利于化蛹结茧。土壤湿度过大，也不能化蛹，逐渐死亡。少数可在大树枝干翘皮裂缝中或者虫瘿中化蛹。蛹期随温度升高而缩短，蛹期第一代20天，第二代13天（不整齐）。梨瘿蚊完成一代需要（除越冬虫以外）25～31天。

防治方法

农业防治　选用抗病品种。由于梨瘿蚊发生危害与梨品种有密切的关系，在梨瘿蚊发生严重地区，可以选用比较抗虫的品种。冬季刮除树干翘皮，清园并深翻梨园土壤，可以消灭在此越冬的害虫。在幼虫发生期，及时摘除有虫芽叶，并集中销毁，可减少虫口数量。另外加强梨园的管理，合理施肥。

生物防治　寄生性天敌瘿蚊广腹细蜂对梨瘿蚊卵和幼虫有一定的寄生作用。捕食性天敌龟纹瓢虫和小花蝽的平均捕食率较高。另外蜘蛛、异色瓢虫、七星瓢虫、草蛉、蚂蚁等捕食性天敌对梨瘿蚊成虫和脱叶的老熟幼虫也有一定的控制作用，其中蜘蛛为主要天敌，在蛛网上易找到梨瘿蚊成虫尸体，应该积极做好保护和利用天敌的工作。

药剂防治　做好成虫羽化出土和幼虫入土时的地面防治，抓住降雨时幼虫集中脱叶，雨后有大量成虫羽化的有利时期，在树冠下地面喷洒药剂防治。

参考文献

李怡萍，袁向群，仵均祥，等，2010. 梨瘿蚊的危害特点及药剂防治技术研究 [J]. 西北农林科技大学学报（自然科学版），38 (6): 171-175.

张青文，刘小侠，2015. 梨园害虫综合防治技术 [M]. 北京：中国农业大学出版社 .

（撰稿：刘小侠；审稿：仇贵生）

李单室叶蜂　*Monocellicampa pruni* Wei

国内特有的李果重要害虫。又名李实蜂、李叶蜂。膜翅目（Hymenoptera）叶蜂科（Tenthredinidae）实叶蜂亚科（Hoplocampinae）单室叶蜂属（*Monocellicampa* Wei）。国外尚未记载有分布。国内有文献使用 *Hoplocampa* sp.、*Hoplocampa minuta* Christ、*Hoplocampa fulvicornis* Panzer 等拉丁名指称该种，但均属于错误鉴定或错误使用文献。中国特有种，目前记录分布于北京、河北、甘肃、陕西、山西、山东、安徽、河南、江苏、重庆、四川等李产区。

寄主　蔷薇科李属植物，主要是李（*Prunus salicina* Lindl.）和杏李（*Prunus simonii* Carrière）。有报道该害虫可以危害杏树、苹果等植物，可能是错误鉴定。

形态特征

成虫　雌虫体长5～6mm，翅展11～12mm（图①）。体黑色，触角（图⑦）和尾须（图⑤）暗褐色；足黑褐色，前足股节大部浅褐色，中后足股节背侧褐色。翅浅烟灰色透明，翅痣和翅脉暗褐色。头部（图③）和胸部背板刻点细小、密集，光泽微弱；中胸前侧片上半部刻点较背板显著细弱稀疏，有明显光泽（图④），腹板刻点稀疏，光泽较强；腹部背板背侧具细弱但明显的皮质刻纹（图⑤）。唇基端部具深弧形缺口，颚眼距约0.4倍于中单眼直径（图③）；头部前后向微弱压缩，单眼后区宽长比约等于2（图⑨）；触角第三节约1.3倍于第四节长，第八节长宽比约等于2.8（图⑦）；前翅Sc脉游离段位于1M脉上端，R+M脉段等长于Rs+M脉，臀室中部内侧收缩柄长于cu-a脉；后翅M室开放，臀室柄约1.3倍于cu-a脉长（图①）；锯腹片14锯节（图⑧），锯刃显著隆起，中部锯刃具5～7个细小外侧亚基齿（图⑩）。雄虫体长5.0mm（图②），触角和足色较浅；下生殖板长约1.5倍于宽，端缘浅弧形突出；生殖铗如图⑪；阳茎瓣端叶不明显分化（图⑫），刺状突十分短小（图⑥）。

卵　乳白色，长0.8mm，宽0.6mm。幼虫老熟时体长9～10mm，黄白色，胸足3对，腹足7对。茧长7～8mm，表面黏着细土粒。

生活史、习性和危害状　以幼虫为害。危害严重时李树被害果率可以超过80%，造成严重落果。成虫不取食寄主，但可取食花粉。该种1年1代，以老熟幼虫在寄主植物下的土壤里结茧越夏和越冬。翌春3月底前后李树萌芽时，越冬幼虫化蛹；4月初李树开花期成虫羽化出土，天气晴朗时喜在树冠活动，飞舞交尾，成虫可取食花粉。早晚和阴雨天静伏于花中或花萼下。成虫交尾后产卵于花托或花萼表皮下，卵多单产。幼虫孵化后，从花托或花萼处钻出，爬行到花内，从幼果果顶附近侧面蛀入并取食果核和果肉。每果只有1头幼虫，无转果习性。幼虫期一般26～31天，幼虫空间分布型为随机分布。受害果实长到果径10mm左右停止生长，容易辨识，而同期未受害果实果径约为25mm。5月中下旬前后幼虫老熟，自虫果钻出，下树后选择土壤裂缝或土块下结胶质茧，在茧内开始休眠，越夏、越冬。越冬范围一般在李树投影下或稍远。

防治方法　李单室叶蜂的适宜防治期是成虫羽化到幼虫下树结茧前，花期前后的成虫盛发期是防治最佳时间，花前喷药防治效果较好。也可在李树幼果期，在树干粗皮刮去20cm环带，涂施农药，可有效杀死果内幼虫。人力资源较丰富时，可以人工摘除受害果实。此外，成虫羽化出土前，

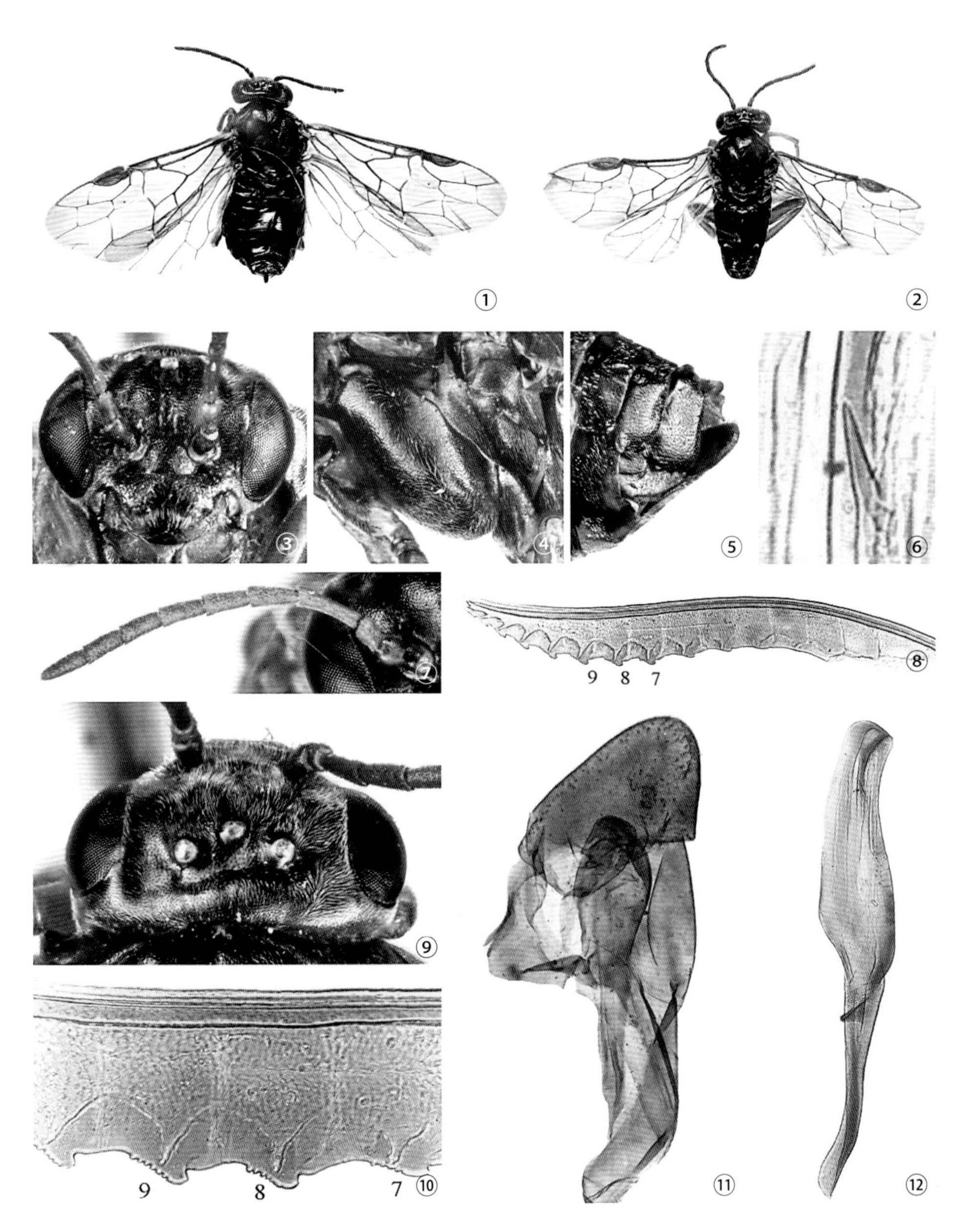

李单室叶蜂（魏美才摄）

①雌成虫；②雄成虫；③雌虫头部；④雌虫胸部侧板；⑤雌虫腹部末端；⑥雄虫阳茎瓣端部放大；⑦雌虫触角；⑧雌虫锯腹片；⑨雌虫头部背面；⑩锯腹片第七至九锯节；⑪雄虫生殖铗；⑫雄虫阳茎瓣

在树冠投影区内用窗纱等细网覆盖、压实，可防止成虫起飞、交尾和产卵，防治效果好且省工、环保。

参考文献

衡雪梅，乔改梅，袁水霞，等，2011. 李实蜂的发生危害和防治对策 [J]. 北方园艺 (5): 188-189.

石祥，2007. 李实蜂的生物学特性及其涂环防治 [J]. 昆虫知识，44 (5): 737-739.

张爽，黄大庄，鲁少波，等，2000. 李实蜂在河北地区发生特点的研究 [J]. 河北林果研究，15 (2): 180-184.

LIU T, LIU L, WEI M C. 2017. Review of *Monocellicampa* Wei (Hymenoptera: Tenthredinidae), with description of a new species from China[J]. Proceedings of entomological society of Washington, 119 (1): 70-77.

WEI M C. 1998. Two new genera of Hoplocampinae (Hymenoptera: Nematidae) from China with a key to known genera of the subfamily in the world[J]. Journal of Central South Forestry University, 18 (4): 12-18.

（撰稿：魏美才；审稿：牛耕耘）

李短尾蚜 *Brachycaudus helichrysi* (Kaltenbach)

以口针吸食寄主嫩叶汁液的小型昆虫，是杏和李等果树及金盏菊等花卉的重要害虫。又名李圆尾蚜。英文名 leaf-curl plum aphid。半翅目（Hemiptera）蚜科（Aphididae）蚜亚科（Aphidinae）短尾蚜属（*Brachycaudus*）。朝鲜、日本等世界各地广泛分布。中国分布于北京、天津、河北、黑龙江、吉林、辽宁、山东、河南、陕西、甘肃、新疆、浙江、台湾等地。

寄主　原生寄主为杏、李、杏梅等李属植物，次生寄主为瓜叶菊、金盏菊、西番莲、松果菊、天人菊等植物。国外记载也危害芹菜。

危害状　常造成植物嫩梢和叶子卷曲变形（图 1）。

形态特征

无翅孤雌蚜　体长卵形，长 1.60mm，宽 0.83mm。活体柠檬黄色，无显著斑纹。玻片标本淡色，触角第四、五节、喙节第四和第五、胫节端部、跗节、尾片及尾板灰褐色至灰黑色，腹管淡色或灰褐色骨化，顶端淡色未骨化，其余与体色相同。表皮光滑，弓形构造不显。气门圆形开放，气门片大型、淡色。前胸有缘瘤。中胸腹岔无柄。体背毛粗长、顶端钝。头部中额 1 对，头背毛 8 根；前胸背板中、侧、缘毛各 1 对；腹部第一至七背片缘毛各侧 2 或 3 根，中侧毛各 4～6 根；第八背片仅有长毛 6 根，毛长 0.08mm，为触角第三节直径的 3 倍，头顶毛及腹部第一背片缘毛为其 1.7 倍；腹面长毛尖锐。额瘤不显。触角有瓦纹，全长 0.87mm，为体长的 54%；第三节长 0.22mm，第一至六节长度比例：27：22：100：58：36：34+93；第三节有毛 7 或 8 根，毛长为该节直径的 75%。喙粗大，端部达中足基节，第四和第五节圆锥状，长为基宽的 2.6 倍，为后足第二跗节的 1.5 倍，有原生刚毛 2 对，有次生刚毛 3～4 对，足粗短，光滑，后足股节长 0.42mm，为触角第三和第四节之和的 1.2 倍；后足胫节长 0.65mm，为体长的 41%；后足胫节毛长为该节直径的 73%。第一跗节毛序：3，3，3。腹管圆筒形，基部宽大，

图 1　李短尾蚜危害状（①杜聪聪摄；②冯玉增摄）

图 2　李短尾蚜（①杜聪聪摄；②冯玉增摄）
①种群；②李短尾蚜

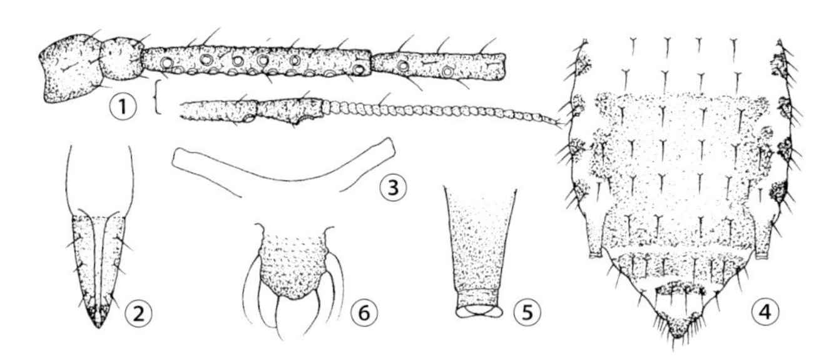

图3 李短尾蚜（钟铁森绘）

无翅孤雌蚜：①触角；②喙节第四和第五节；③中胸腹岔；④腹部背面观；⑤腹管；⑥尾片

渐向端部细小，长0.16mm，长为基宽的1.3倍，为尾片的1.9倍，光滑，有淡色缘突和切迹。尾片宽圆锥形，有曲粗长毛6或7根。尾板末端圆形，有毛14～19根。生殖板淡色，有长短毛17～19根（图2、图3）。

有翅孤雌蚜　体长1.70mm，宽0.78mm。玻片标本头部、胸部黑色；腹部淡色，有黑色斑纹，第二至第五背片有缘斑，第三至第六背片联合为大斑，第七、第八背片各有横带。触角全长1.10mm，为体长的65%；第三节长0.29mm；触角次生感觉圈圆形稍凸起，第三节有11～19个，分布全长，第四节有0～3个（图2）。

生活史及习性　4月中旬干母孵化，开始孤雌生殖；5～6月产生有翅孤雌蚜，迁飞至伞形花科及菊科植物为害；秋末迁回李属植物，发生两性蚜，产卵越冬。该种1年发生多代，在江浙一带1年发生十多代，以卵在梅、李等木本植物上越冬。翌年春越冬卵孵化，在越冬寄主的新叶、新芽上吸食。在河南安阳干母在4月中旬成熟，在主茎萌发的蘖枝上为害，寄生于嫩叶背面及幼枝上，使幼叶畸形卷缩，并使幼枝节间缩短，嫩顶弯曲；在5月为害十分严重，8月中旬数量下降。在吉林公主岭可严重为害至7月中旬。

防治方法

生物防治　可以保护和利用捕食性天敌来防治，如二星瓢虫、七星瓢虫、黑带食蚜蝇、大绿食蚜蝇、刺腿食蚜蝇、小花蝽、草蛉等。

化学防治　防治有利时机在越冬期和干母孵化完毕到卷叶之前。选喷杀灭菊酯2000倍液、杀螟松1000倍液或50%辛敌乳油。每隔10～15天喷1次。

参考文献

张广学，钟铁森，1983. 中国经济昆虫志：第二十五册　同翅目　蚜虫类（一）[M]. 北京：科学出版社.

（撰稿：乔格侠；审稿：姜立云）

李凤荪　Li Fengsun

李凤荪（1902—1966），著名昆虫学家、农业教育家，中南林业科技大学（原中南林学院）、湖南农业大学（原湖南农学院）教授。

个人简介　1902年8月25日出生于湖南临湘县水井桥乡一个清贫的私塾教师家庭。1930年2月从金陵大学农学院植物病虫害系毕业后，在时任江苏昆虫局局长张巨伯和中央农业实验所吴福桢主任的举荐下，先后在江苏昆虫局和浙江昆虫局任技佐、技士等职，从事棉花害虫和蚊蝇防治相关研究工作。1935年9月赴美国明尼苏达州立大学攻读昆虫学硕士学位，1936年8月学成回国，1937年任南京中央棉产改进所技正，从事棉花害虫研究。1938年受聘为湖南农林改进所技师兼湖南农业专科学校教授，随后作为国民党中央教育部部聘教授，相继于浙江大学农学院、福建农学院、湖北省立农学院、武汉大学农学院、广西大学农学院、海南大学农学院等高等学校任教。中华人民共和国诞生后，在湖南大学校长李达的邀请下，由湖北武昌赴湖南长沙，任湖南大学农艺学院院长兼植物病虫害系主任，1951年3月毛泽东主席亲笔题名的湖南农学院正式成立，李凤荪任植物病虫害系主任。1957年他被错划为“右派”、1959年12月被摘除“右派”帽子，工作成就获得湖南省委的赞扬，任湖南林学院系室主任，讲授森林保护学。1963年湖南林学院与华南农学院林学系合并组建中南林学院，他随校搬迁赴广州工作，至1966年8月1日于广州因病辞世。

成果贡献　在农业害虫防治上做了许多突出的贡献，也是中国卫生害虫早期研究者之一，在蚊蝇的防治研究上造诣颇深。在他多年职业生涯中，为中国农学界、植物保护学界培养了大量的专门人才，其中出类拔萃的知名学者有肖刚柔、李运壁、陈常铭、雷惠质等。

早在上大学期间，他每逢暑假，背负行装，奔赴苏北粮棉产区，调查虫害、采集标本、参与治虫，踏遍了江苏40余县的山山水水，积累了丰富的资料，发表了“江苏省蝗虫之分布”“捕蝗古法”等学术论文。在美留学期间，制作了大量的蚊虫生殖器标本，并在中央棉产改进所委托下考察美国棉产区棉花害虫及其防治工作；回国后，全力投入了昆虫学相关研究工作中，在江苏昆虫局工作期间，专门从事棉花害虫的防治研究，相继发表了《中国棉虫研究趋势》《棉作害虫》《红铃虫》等论著；在浙江昆虫局工作期间，投身于蚊蝇生活习性和防治的研究，先后在多种刊物上发表“世界疟蚊名录”“蚊虫防治法”“家庭的卫生害虫”等近20篇卫生昆虫相关的学术论文，成为中国早期研究卫生昆虫的少数专家之一。1938年他参加中国农业考察团进入青藏高原

李凤荪（黄国华提供）

的川西藏族地区，连续考察三个多月，收集了大量昆虫资料，同时还利用教学兼课之便，进入广西中越边境、海南岛热带森林、福建海滨等地收集热带及亚热带昆虫资料。他马不停蹄地转战南北在各地调查、收集资料、研究虫害发生的规律，一部在他心中孕育已久的巨著——《中国经济昆虫学》（50万字版）于1940年出版问世，此著记述中国1300余种主要害虫的形态特征、地理分布、生活史及防治措施，这是中国第一部全面系统且实用的昆虫学专著，得到国内外高度评价，在英、美、日等许多国家广为传播。1944年他完成一部卫生昆虫专著——《中国乡村寄生虫学》，这是一本早期研究中国农村卫生昆虫的著作，对当时农村经济发展具有重要的价值，因而受到当时国民政府的重视，湖北省长的陈诚为之亲笔提上书名。1949年中华人民共和国成立后，在多方的支持下《中国经济昆虫学（增订版）》（240万字版）分上中下三卷于1952年12月由新湖南报印刷服务部印制发行，这是他献给中华人民共和国的第一件礼物。新版本内容庞大，记述昆虫种类增至1700余种，各虫形态描述及生物生态学特性叙述尤详，并附有插图。此专著是中国昆虫学发展史上的光辉一页，为教学、科研、对外科技交流都起了重要的作用。苏联、法国等国对此书甚有好评。1959年12月被摘掉"右派帽子"后，他更加情绪高涨，经常上山下乡，经湖南会同、靖县、通道、绥宁、慈利、宜章等30余县林区调查森林虫害，并写了"竹蠹虫的发生及防治的研究初报之一""江华麻江伐木松蛀虫简报""苏云金杆菌防治松毛虫研究简报"等10余篇森林昆虫研究论文。

所获奖誉 李凤荪取字"力耕"，立下致力于农业科学的抱负，刻苦奋进、充满热情，献身科学事业。他胸怀大志、见解独到，引领全家进行药剂防治库雷蚊试验的动人事例，在昆虫学界传为美谈。李凤荪曾担任国民政府教育部昆虫名词审查委员会委员、中国昆虫学会理事、湖南省第一届人民代表大会代表、湖南省科联和科普协会副主席，中国农业科学院学术委员、《昆虫学报》编委等职。

性情爱好 突出的性格特点为勤劳、倔强，他业精于勤、治学严谨、操守过人、体健神旺、精力充沛，与人谈吐或课堂演讲声如洪钟，未见其人则可先闻其声。他有坚强的事业心和对科学执着的追求，不论处于顺利和挫折的境遇，都能同样保持着旺盛的热情，置个人荣辱于不顾。1959年他得知白蚁对林木和建筑物的危害甚大，立即奔赴临湘县现场，与老农一道寻觅蚁巢，连续工作了三天三晚，终于在一个棺材里直捣白蚁的"大本营"，如今这个大白蚁窝还保存在中南林业科技大学昆虫标本室里供陈列展览。

一贯乐观好强，在生命垂危的弥留之际，他最后托付的不是儿女情长之言，而是断断续续地恳求医生和亲人："我死后，请把遗体交给中山医学院作解剖用，希望让学生能多获得一点人体解剖知识，希望医学界能从中积累一点资料。"

参考文献

陈常铭，1991. 蜚声中外的昆虫学家李凤荪 [J]. 湖南党史月刊 (12): 20 21.

陆永跃，张茂新，2012. 中国《农业昆虫学》教材的历史沿革考略 [J]. 安徽农业科学，40 (18): 9967-9968.

滕莺莺，2015. 建教合一：抗战时期湖北农业教育改革——以湖北省立农学院为例 [J]. 华中师范大学研究生学报，22 (2): 131-137.

王华夫，李微微，2005. 我国古代稻作病虫灾害概述 [J]. 农业考古 (1): 243-256.

张剑，2006. 中国近代农学的发展——科学家集体传记角度的分析 [J]. 中国科技史杂志，27(1): 1-18.

（撰稿：黄国华；审稿：彩万志）

李褐枯叶蛾 *Gastropacha quercifolia* (Linnaeus)

以幼虫危害寄主叶片和嫩芽的果木害虫。又名李枯叶蛾、苹果大枯叶蛾。英文名 lappet moth。鳞翅目（Lepidoptera）枯叶蛾科（Lasiocampidae）褐枯叶蛾属（*Gastropacha*）。国外见于朝鲜、日本、俄罗斯。中国分布于北京、河北、辽宁、吉林、黑龙江、山西、内蒙古、山东、河南、湖北、浙江、安徽、福建、江西、湖南、广东、广西、四川、贵州、云南、西藏、陕西、甘肃、宁夏、青海、新疆等地。因外形和颜色深浅不同，被分为4个亚种。

寄主 李、梨、桃、苹果、沙果、梅、柑橘、杨、柳、核桃等。

危害状 该虫主要以幼虫食嫩芽和叶片，食叶造成缺刻和孔洞，严重时将叶片吃光仅残留叶柄。幼虫为害后的柑橘叶片成缺刻或只留下叶主脉，对树势和产量造成严重影响。

形态特征

成虫 翅展：雄蛾40～68mm，雌蛾50～92mm。体翅从黄褐色到褐色。触角双栉齿状，灰黑色。下唇须前伸，蓝黑色。前翅相对宽圆，中部有波状横线3条（杨褐枯叶蛾 *G. populifolia* 前翅有4条波状横线），外线色淡，内线呈弧状黑褐色，中室端黑褐色斑点明显；前缘脉蓝黑色，外缘齿状呈弧形，较长，后缘较短，缘毛蓝褐色。后翅有2条蓝褐色斑纹，前缘区橙黄色。静止时后翅肩角和前缘部分突出，形似枯叶状（图1）。

卵 圆形，绿色带有白色轮纹（图2①）。

幼虫 体扁平，暗灰色，全身被有纤细长毛，胸、腹部

图1 李褐枯叶蛾的成虫（武春生提供）

各节背面有红褐色斑纹 2 个。第二、三节背面有明显的蓝褐色毛丛，第十节背面有角状小突起 1 个（图 2②③）。

蛹　浓褐色，外被有暗褐色或暗灰色茧，并附有幼虫体毛（图 2⑤）。

生活史及习性　每年发生 1～2 代，以幼虫紧贴树皮或枝条越冬，翌春果树发芽后出蛰食害嫩芽和叶片，常将叶片吃光仅残留叶柄。白天静伏枝上，夜晚活动危害，8 月中旬至 9 月发生。成虫昼伏夜出，有趋光性，羽化后不久即可交配、产卵，卵多产于枝条上。幼虫孵化后食叶，幼虫体扁，体色与树皮色相似，较不易被发现。

防治方法

清除初侵染源，冬季彻底清除田边杂草、病叶、病枝、病果，集中深埋或烧毁，以减少病虫源。在李树开花末期及叶芽萌发时，喷 0.5∶1∶100 倍式波尔多液或 50% 琥珀肥酸铜可湿性粉剂 500 倍液、14% 络氨铜水剂 300 倍液。

参考文献

何银玲，李纪华，别定文，等，2005. 黑李主要病虫害的发生与综合防治 [J]. 河南林业科技，25(4): 54-55.

刘友樵，武春生，2006. 中国动物志：昆虫纲　第四十七卷　鳞翅目　枯叶蛾科 [M]. 北京：科学出版社.

（撰稿：武春生；审稿：陈付强）

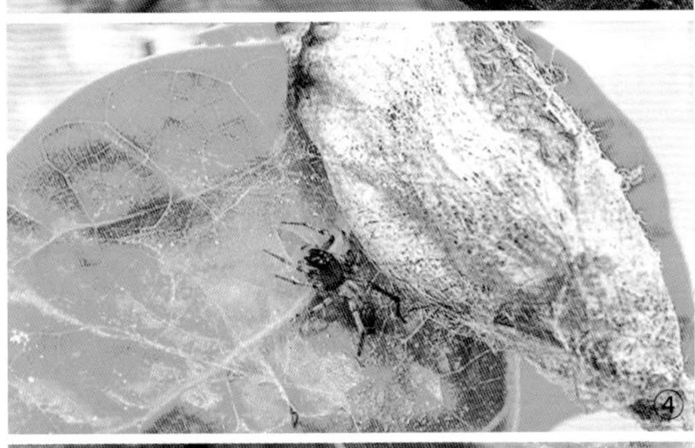

图 2　李褐枯叶蛾（冯玉增摄）

①卵；②幼虫背面观；③幼虫侧面观；④茧；⑤蛹

李小食心虫　*Grapholita funebrana* (Treischke)

一种主要危害李、杏、桃等核果类果树的蛀果类害虫。又名李子食心虫、李小蠹蛾、李小。英文名 plum fruit moth。鳞翅目（Lepidoptera）卷蛾科（Tortricidae）小食心虫属（*Grapholita*）。国外分布于匈牙利、瑞士、俄罗斯、日本、韩国、澳大利亚、新西兰、法国、美国、加拿大等地。中国分布于黑龙江、吉林、辽宁、内蒙古、新疆、河北、河南、山西、陕西、四川、重庆、贵州、江苏、浙江等地。

寄主　李、杏、桃、樱桃、梨、蟠桃等。

危害状　以幼虫蛀果为害，蛀孔处有如泪珠状的果胶流出。幼虫在果实内串食，排粪便于其中，使果肉呈“红糖馅”状，影响果实的品质与价值。被害果提前变红变软，致使果实提前脱落（图 1）。

形态特征

成虫　灰褐色，长 5～7mm，翅展 11～14mm。前翅方形，没有明显斑纹，近顶角及外缘处的白点排列成整齐的横纹，近外缘处有 1 条隐约可见的略与外缘平行的月牙形灰色纹；前缘有 18 组不明显的白色钩状纹，以及中室外缘附近没有白色斑点是该种与梨小食心虫的主要区分特征（图 2）。

幼虫　咀嚼式口器，具有 3 对胸足和 5 对腹足。头部黄褐色，前胸背板黄白色或黄褐色，初龄幼虫淡黄白色，老熟幼虫为桃红色。老熟幼虫长 10～12mm，腹部末端有 5～7 个黑褐色的臂栉，足上趾钩粗短，为不规则双序，腹足上趾钩多为 23～29 个，臀足为 13～17 个（图 3）。

生活史及习性　以老熟幼虫脱果做茧越冬，绝大部分越冬茧分布在距树干半径 1m 范围 0～5cm 的土层中。中国北

图1 李小食心虫危害状（李先伟提供）

①李子提前变红脱落；②③蛀食李子果肉形成“红糖馅”状

图2 李小食心虫雌成虫（李先伟提供）

①侧面观；②背面观；③腹面观

图3 李小食心虫幼虫（李先伟提供）

①蛀入李子果肉内的幼虫；②幼虫背面观

方地区 1 年可发生 1～4 代，年发生世代数因地而异，如在山西越冬代幼虫于 4 月中下旬大量羽化，在新疆阜康越冬代成虫从 5 月上旬开始陆续发生。在适宜的温度（24～28°C）条件下，卵期 3～5 天，幼虫期 10～15 天，蛹期 7～9 天，成虫期 4～17 天。成虫白天栖息在树叶、树干、杂草丛等隐蔽场所，黄昏时在树冠周围交尾产卵，平均卵量 50 余粒，散产于叶片或果面上。幼虫孵化后会在果面爬行一段时间，寻找到适宜部位后即蛀入果内；危害早期果时多直接蛀入果仁，被害果易脱落；危害中后期果时只蛀食果肉，果实会有泪珠状的果胶流出。

防治方法

农业防治　秋、冬彻底清扫果园，树冠周围的土壤每年要进行约 20cm 的深翻，以消灭在树下表土层中的越冬茧；生长季节加强田间管理，及时清除地面落果并进行深埋处理，以减少下一代的虫口数量。

诱杀成虫　①采用李小食心虫性信息素对李小食心虫的年发生动态进行监测，同时对李小食心虫雄虫进行大量诱杀。②在成虫发生高峰期，采用糖醋液同时对雌、雄虫进行诱杀。

化学防治　在成虫产卵期或幼虫孵化后未蛀入果肉之前，使用阿维菌素、高效氯氰菊酯等药剂于果园进行喷施。

参考文献

李幸辉，2015. 林 - 果复合系统下李小食心虫的综合防治技术 [J]. 新疆农业科技 (3): 37-38.

索亚，阎大平，1986. 李小食心虫的发生规律及防治研究 [J]. 植物保护，12 (3): 12-14.

吴寿兴，康芝仙，胡寄，1983. 李小食心虫形态特征的初步研究 [J]. 吉林农业大学学报 (2): 7-11.

ARN H, DELLEY B, BAGGIOLINI M, et al, 1976. Communication disruption with sex attractant for control of the plum fruit moth, *Grapholitha funebrana:* a two-year field study[J]. Entomologia Experimentalis et Applicata, 19(2): 139-147.

TOTH M, SZIRAKI G, SZOCS G, et al, 1991. A pheromone inhibitor for male *Grapholitha funebrana* Tr. and its use for increasing the specificity of the lure for *G. molesta* Busck (Lepidoptera: Tortricidae)[J]. Agriculture Ecosystems & Environment, 35 (1): 65-72.

（撰稿：李先伟、马瑞燕；审稿：王洪平）

立克次体　*Rickettsia*

一类专性寄生于真核细胞内的革兰氏阴性细菌。细菌形状为球形（直径 0.1μm）、杆状（0.3～0.5μm × 0.8～2.0μm），或线状（最长约 10μm），繁殖方式为二分裂，通常需用鸡胚、敏感动物及动物组织细胞进行培养。尽管立克次体需要活细胞才能生长，但它们具有典型的细菌结构（图 1），对多种抗生素敏感。

立克次体一般指立克次体属，学名 *Rickettsia*，以美国病理学家霍华德·泰勒·立克次（Howard Taylor Ricketts，1871—1910）的名字命名，为表彰他在蜱虫传播的落基山斑疹热（Rocky mountain spotted fever）领域的开拓性工作。非正式术语 rickettsia（复数 rickettsias，不大写）则通常适用于立克次体目（Rickettsiales）的任何成员。该目包含 3 个科：无浆体科（Anaplasmataceae）、立克次体科（Rickettsiaceae）和全孢菌科（Holosporaceae）。其中，前两个科的细菌寄生于节肢动物，全孢菌科的细菌寄生于原生动物。立克次体属分类于立克次体科，该属的细菌寄生于蜱、蚤、虱、螨等节肢动物的细胞内，部分立克次体可通过节肢动物作为媒介传播至人类和其他哺乳动物，引起严重疾病，如流行性斑疹伤寒、落基山斑疹热等。本词条以下关于立克次体的描述均为 *Rickettsia*，立克次体属。

立克次体以感染和引起人类和其他哺乳动物的严重疾病而闻名。立克次体属最早期根据血清学特征分为 3 个主要群：斑疹热群（spotted fever group，SFG）、斑疹伤寒群（typhus group，TG）和恙虫病群（scrub typhus group，STG）。立克次体有两种主要抗原，脂多糖为群特异性抗原，表面蛋白抗原（立克次体外膜蛋白 rOmpA 和 rOmpB）为种特异性抗原。1995 年通过 16S rRNA 测序将恙虫病群归属到一个新属：东方体属（*Orientia*），随后使用多基因方法从 SFG 中创建了两个新的进化分枝：祖先类群 / 分枝（ancestral group/clade，AG）和过渡类群 / 分枝（transitional group/clade，TRG）。

斑疹热群（SFG）包含至少 32 个蜱虫传播的立克次体种，其中 13 个种与人的疾病相关。例如：康氏立克次体

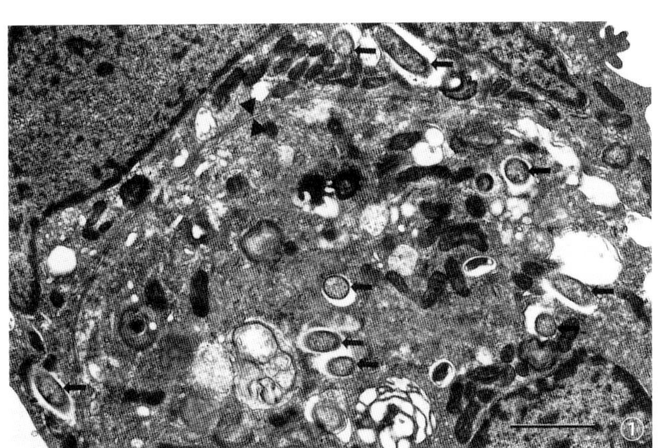

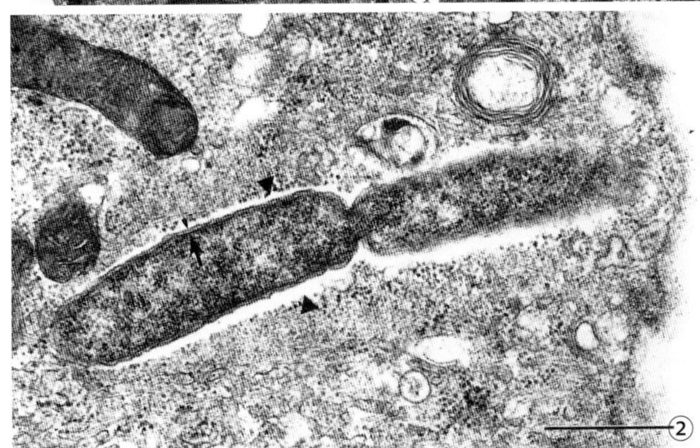

图 1　电子显微镜下绿猴肾脏细胞内的立克次体（Labruna et al., 2004）

①图箭头指示为立克次体；②图为分裂中的立克次体，小箭头指示细胞壁，大箭头指示细胞质膜，三角指示具有电子透明性的“光晕”或黏液层

①图和②图比例尺分别为 1μm 和 0.5μm

（*Rickettsia conorii*）和立氏立克次体（*Rickettsia rickettsii*）均由硬蜱传播感染人体，分别使人患地中海斑疹热和落基山斑疹热。其中，立氏立克次体引起的落基山斑疹热于2004年前后在美国地区大流行。斑疹伤寒群（TG）包括两种人类致病菌：普氏立克次体（*Rickettsia prowazekii*）由虱子传播引起流行性斑疹伤寒，斑疹伤寒立克次体（*Rickettsia typhi*）由跳蚤传播引起地方性斑疹伤寒。流行性斑疹伤寒曾在1917—1923年期间造成俄罗斯多达300万人的死亡。祖先类群（AG）主要包含贝氏立克次体（*Rickettsia bellii*）和加拿大立克次体（*Rickettsia canadensis*），均由蜱虫传播。过渡类群（TRG）包括螨传小蛛立克次体（*Rickettsia akari*）和蚤传猫立克次体（*Rickettsia felis*）（图2），后者引起的蚤传斑点热（flea-borne spotted fever）是近些年影响人类健康的一种重要疾病，首位病例是1994年美国得克萨

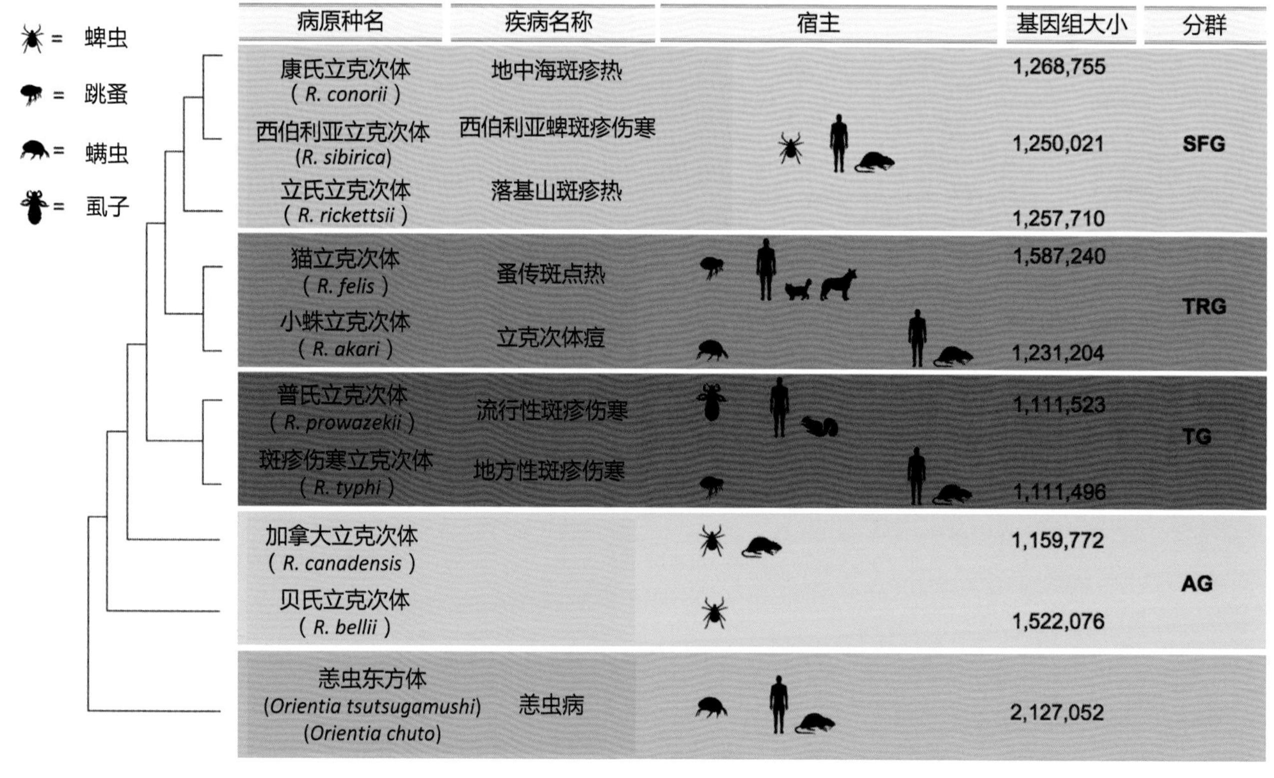

图2 立克次体属的分群及主要的病原菌 (Fuxelius et al., 2007)

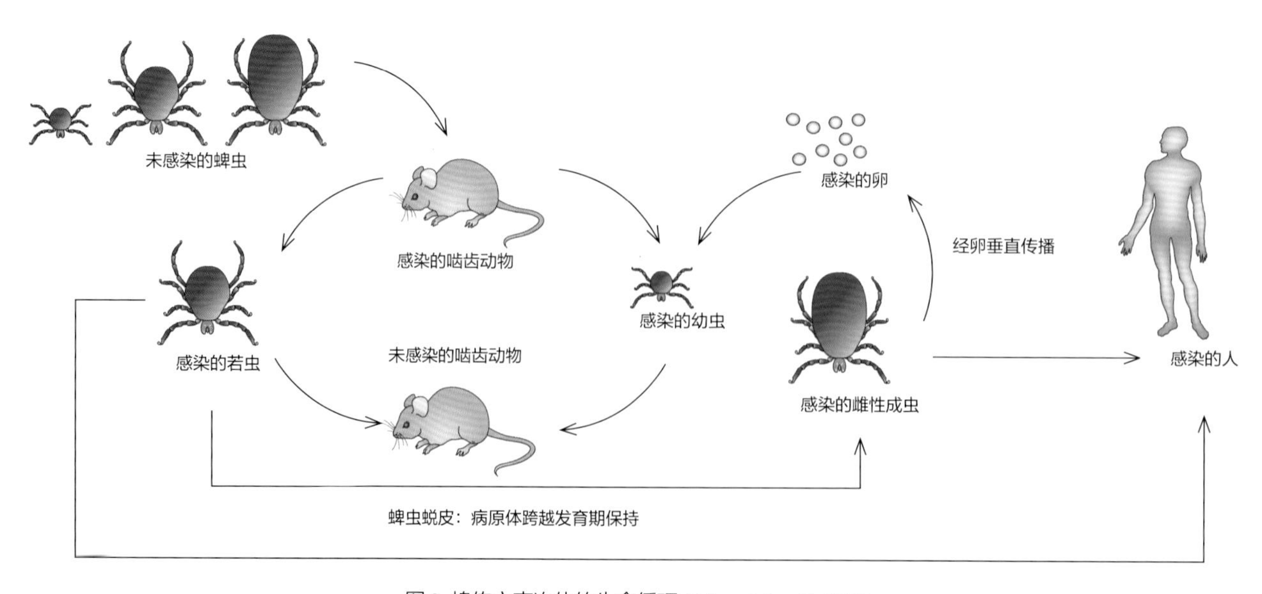

图3 蜱传立克次体的生命循环 (Walker & Ismail, 2008)

斑疹热群立克次体在自然界中通过蜱传播，蜱在取食感染的动物时获得病原，病原体能从蜱的一个发育期传递到下一个发育期，并能通过卵垂直传播给子代。携菌的若虫或成虫叮咬人时将病原体水平传播给人

斯州的一位病人，随后该病在除南极洲之外的其他各大洲先后被报道。

立克次体的致病物质主要有内毒素和磷脂酶A两类。内毒素的主要成分为脂多糖，可损伤内皮细胞，致微循环障碍和中毒性休克；磷脂酶A则溶解宿主细胞膜或细胞内的吞噬体膜，以利于病菌进入宿主细胞并在其中生长繁殖。立克次体进入人体后，首先与宿主细胞膜上的特异性受体结合被内吞进入细胞内，通过磷脂酶A溶解吞噬体膜而进入胞质并分裂繁殖。立克次体先在局部淋巴组织或小血管内皮细胞中增殖，进入血流，扩散至全身器官的小血管内皮细胞中，增殖并大量释放入血流，由立克次体产生的内毒素等毒性物质也随血流波及全身，引起毒血症。不同种立克次体的致病特点有所不同，但基本病理改变部位都在血管。

所有已知的脊椎动物相关立克次体均以节肢动物作为其生命周期的一部分（图3），立克次体在节肢动物体内繁殖，但并不引起病变，当节肢动物叮咬人时，可将病原菌传播给人，并引起人的疾病。其中虱、蚤传播病菌的方式是含大量病原体的粪便在叮咬处经搔抓皮损处侵入人体；蜱、螨传播则是由叮咬处直接将病菌注入体内。对于人的致病菌，患者是唯一的传染源，例如普氏立克次体。病原菌以节肢动物为媒介传播至健康人，但不在人与人之间直接传播。对于人畜共患的致病菌，其传染源可能是病人或感染的动物，如立氏立克次体。避免被传播媒介叮咬是预防立克次体感染的重要手段。

许多其他立克次体仅存在于节肢动物体内，没有已知的脊椎动物宿主。部分取食植物的节肢动物也携带立克次体，如烟粉虱、绿草蛉、蚜虫、飞虱等。烟粉虱（*Bemisia tabaci*）携带的贝氏立克次体能水平传播至植物中，移动到韧皮部内，当其他植食性昆虫，包括烟粉虱，通过韧皮部取食时，可获得该立克次体。植物作为立克次体水平传播的贮藏库，为进化上不相关的植食性昆虫携带进化上相似的立克次体提供了一种解释。

立克次体作为细胞内共生菌，其基因组整体上表现为：氨基酸和核苷酸生物合成途径中多余的或非必需的基因被删除，大量的这类合成途径被转运系统所代替。由此，立克次体表现为较小的基因组（1.1～1.5Mb）。例如，糖代谢途径相关酶在康氏立克次体和普氏立克次体中全部缺失，二者均含有5个拷贝的ATP/ADP转运酶类似物，该酶能够使立克次体将自己细胞内的ADP与宿主细胞的ATP交换，从而利用宿主的ATP为自己供能。

参考文献

CASPI-FLUGER A, INBAR M, MOZES-DAUBE N, et al, 2012. Horizontal transmission of the insect symbiont *Rickettsia* is plant-mediated[J]. Proceedings of the Royal Society of London series B: Biological sciences, 279(1734): 1791-1796.

FUXELIUS H H, DARBY A, MIN C K, et al, 2007. The genomic and metabolic diversity of *Rickettsia*[J]. Research in microbiology, 158(10): 745-753.

LABRUNA M B, WHITWORTH T, HORTA M C, et al, 2004. *Rickettsia* species infecting *Amblyomma cooperi* ticks from an area in the state of Sao Paulo, Brazil, where Brazilian spotted fever is endemic[J]. Journal of clinical microbiology, 42(1): 90-98.

MERHEJ V, RAOULT D, 2011. Rickettsial evolution in the light of comparative genomics[J]. Biological reviews of the Cambridge Philosophical Society, 86(2): 379-405.

PERLMAN S J, HUNTER M S, ZCHORI-FEIN E, 2006. The emerging diversity of *Rickettsia*[J]. Proceedings of the Royal Society of London. series B: Biological sciences, 273(1598): 2097-2106.

RENESTO P, OGATA H, AUDIC S, et al, 2005. Some lessons from *Rickettsia* genomics[J]. Fems microbiology reviews, 29(1): 99-117.

ROUX V, RAOULT D, 1995. Phylogenetic analysis of the genus *Rickettsia* by 16S rDNA sequencing[J]. Research in microbiology, 146(5): 385-396.

TAMURA A, OHASHI N, URAKAMI H, et al, 1995. Classification of *Rickettsia tsutsugamushi* in a new genus, *Orientia* gen. nov., as *Orientia tsutsugamushi* comb. nov[J]. International journal of systematic bacteriology, 45(3): 589-591.

WALKER D H, ISMAIL N, 2008. Emerging and re-emerging rickettsioses: endothelial cell infection and early disease events[J]. Nature reviews microbiology, 6(5): 375-386.

WEINERT L A, WERREN J H, AEBI A, et al, 2009. Evolution and diversity of *Rickettsia* bacteria[J]. BMC biology, 7(1): 6.

（撰稿：张莉莉；审稿：崔峰）

丽绿刺蛾 *Parasa lepida* (Cramer)

一种常见的阔叶林木和果树的重要食叶害虫。大发生时将树叶吃光，严重影响树木生长。又名青刺蛾、绿刺蛾。鳞翅目（Lepidoptera）有喙亚目（Glossata）异脉次亚目（Heteroneura）斑蛾总科（Zygaenoidea）刺蛾科（Limacodidae）绿刺蛾属（*Parasa*）。国外分布于日本、朝鲜半岛、印度、克什米尔地区、越南、斯里兰卡、印度尼西亚。中国分布于河北、河南、江苏、浙江、江西、安徽、湖北、湖南、福建、广东、广西、四川、贵州、云南、西藏、陕西、甘肃。

寄主 香樟、悬铃木、红叶李、桂花、茶、咖啡、枫杨、乌桕、油桐等36种阔叶树木。

危害状 幼龄幼虫取食叶肉残留上表皮。三龄以后咬穿表皮，五龄以后自叶缘蚕食叶片。

形态特征

成虫 雌虫体长16.5～18mm，翅展33～43mm；雄虫体长14～16mm，翅展27～33mm。头翠绿色，复眼棕黑色；触角褐色，雌虫触角丝状，雄虫触角基部数节为单栉齿状。胸部背面翠绿色，有似箭头形褐斑。腹部黄褐色。前翅翠绿色，基斑紫褐色，尖刀形，从中室向上约伸占前缘的1/4，外缘带宽，从前缘向后渐宽，灰红褐色，其内缘弧形外曲。后翅内半部黄色稍带褐色，外半部褐色渐浓（图1、图3①）。

雄性外生殖器：爪形突长三角形，末端钝圆，腹面的齿突骨化弱；颚形突相对大，弯曲，端部长舌状；抱器瓣长，基部宽，逐渐向端部变窄，末端较尖；阳茎粗长，比抱器瓣长，在基部1/3处呈直角状弯曲，亚端部有几枚齿形骨化区

图 1 丽绿刺蛾成虫（吴俊提供）

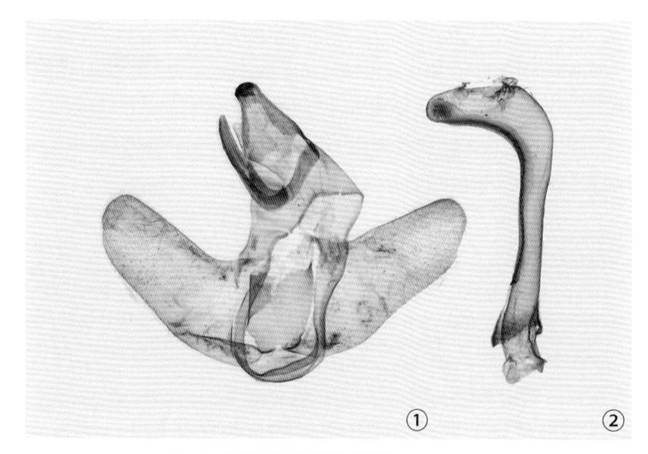

图 2 丽绿刺蛾雄性生殖器（吴俊提供）
①雄性外生殖器；②阳茎

（图 2①②）。

卵 扁椭圆形，长径 1.4～1.5mm，短径 0.9-1.0mm，黄绿色。

幼虫 初孵幼虫长 1.1～1.3mm，宽 0.6mm，黄绿色，半透明。老熟幼虫体长 24～25.5mm，体宽 8.5～9.5mm。头褐红色，前胸背板黑色，身体翠绿色，背线基色黄绿。中胸及腹部第八节有 1 对蓝斑，后胸及腹部第一和第七节有蓝斑 4 个。腹部 2～6 节在蓝灰基色上有蓝斑 4 个，背侧自中胸至第九腹节各着生枝刺 1 对，以后胸及腹部第一、七、八节枝刺为长，每个枝刺上着生黑色刺毛 20 余根；腹部第一节背侧枝刺上的刺毛中夹有 4～7 根橘红色顶端圆钝的刺毛。第一和第九节枝刺端部有数根刺毛，基部有黑色瘤点；第八、九腹节腹侧枝刺基部各着生 1 对由黑色刺毛组成的绒球状毛丛，体侧有由蓝、灰、白等线条组成的波状条纹，后胸侧面及腹部 1～9 节侧面均具枝刺，以腹部第一节枝刺较长，端部呈浅红褐色，每枝刺上着生灰黑色刺毛近 20 根（图 3②）。

蛹 卵圆形，长 14～16.5mm，宽 8～9.5mm，黄褐色。茧（图 3③）扁椭圆形，长 14.5～18mm，宽 10～12.5mm；黑褐色；其一端往往附着有黑色毒毛。

生活史及习性 在江苏、浙江 1 年发生 2 代，广东 1 年发生 2～3 代，以老熟幼虫在树皮缝、树干基部等处结茧越冬。在浙江 4 月下旬后化蛹，5 月中旬至 6 月中旬成虫羽化产卵；

7 月中旬以后幼虫老熟结茧化蛹，7 月下旬第一代成虫羽化产卵；7 月底至 8 月初第二代幼虫孵化，8 月下旬至 9 月中旬幼虫陆续老熟，结茧越冬。以广东为例，各世代各虫态历期见表 1。

卵经常数十粒至百余粒集中产于叶背，呈鱼鳞状排列。

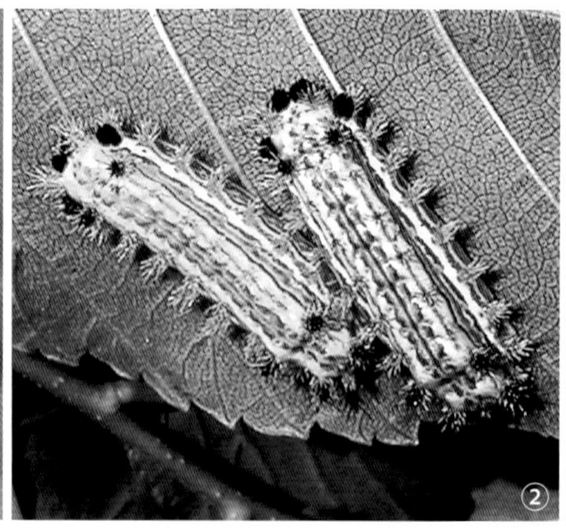

图 3 丽绿刺蛾（张培毅摄）
①成虫；②幼虫；③茧

表1 丽绿刺蛾各虫态历期表（1981，广州） （天）

世代	卵	幼虫	蛹（包括预蛹）	成虫	生活周期
第一代	5.5～7.0	32～48	22～24 (53～97)	5～8	66～84 (97～160)
第二代	5.0～5.0	30～44	16-30	4～9	60～75 (205～281)
第三代	4.0～4.5	38～46		4～7	202～265

注：在括号内的数字表示1年发生2代时蛹历期和生活周期

初孵幼虫不取食，1天后蜕皮。二龄幼虫先取食蜕，后群集叶背取食叶肉残留上表皮。三龄以后咬穿表皮。五龄以后自叶缘蚕食叶片。幼虫6～8龄，有明显群集危害的习性，六龄以后逐渐分散，但蜕皮前仍群集叶背。老熟幼虫于树枝上或树皮缝、树干基部等处结茧。雌、雄性比约1∶1.3。羽化后当晚即可交尾，次日开始产卵。一头雌虫的产卵量为500～900粒。成虫有强趋光性。

防治方法

人工防治　在幼虫群集危害期人工捕杀，秋、冬季摘除虫茧。

灯光诱杀　成虫羽化期于19：00～21：00用灯光诱杀。

生物防治　保护和引放寄生蜂；或用白僵菌粉0.5～1kg，1.0×1010孢子/g，防治幼龄幼虫；或喷洒5.0×107孢子/ml苏云金杆菌溶液。

化学防治　幼虫发生期，可交替使用90%晶体敌百虫800倍液、50%马拉硫磷乳油、25%亚胺硫磷乳油、50%杀螟松乳油1000倍液防治。此外，还可选用50%乳油1400倍液或10%天王星乳油5000倍液防治。

参考文献

伍建芬，黄增和，1983. 丽绿刺蛾初步研究[J]. 昆虫学报，26(1): 36-41.

夏伟琦，薛晓风，罗雪，2015. 悬铃木害虫褐边绿刺蛾和丽绿刺蛾的发生与防治[J]. 现代农业科技(10): 23.

萧刚柔，1992. 中国森林昆虫[M]. 2版. 北京：中国林业出版社：785-787.

PAN, ZH, WU CS, 2015. New and little known Limacodidae (Lepidoptera) from Xizang, China[J]. Zootaxa, 3999 (3): 393-400.

SOLOVYEV A V, WITT T J, 2009. The Limacodidae of Vietnam[M]. Entomofauna, Supplement, 16: 33-229.

（撰稿：李成德；审稿：韩辉林）

利翠英　Li Cuiying (Lee Helen Tsui-Ying, Lee Tsui-ying)

利翠英（1911—2004），著名昆虫生理学家，中山大学教授。

个人简介　1911年11月16日出生于越南海防，后随父母移居广西壮族自治区防城市。1931年考入中山大学农学院，1935年毕业。1935—1936年在燕京大学研究院生物学部进修，1936—1937年在中国科学社生物研究所从事研究工作。1937年任教于中山大学农学院，先后任讲师和副教授。1947年考取留美奖学金，前往美国明尼苏达大学攻读硕士学位，1949年6月获硕士学位。同年11月她与丈夫蒲蛰龙一起回到中山大学农学院任教，1951年起任教授。1952年院系调整时留在华南农学院工作，1956年9月调至中山大学生物学系从事教学和科研工作，在昆虫生理、昆虫胚胎发育、昆虫结构与功能等方面有很高的造诣。

成果贡献　是中国昆虫形态学、昆虫胚胎学及昆虫生理学的先驱之一。她于20世纪40年代对8科13种鳞翅目幼虫前胸腺进行了比较研究，首次发现鳞翅目昆虫前胸腺，并提出该腺体为内分泌腺，其论文“*A comparative morphological study of the prothoracic glandular bands of some lepidopterous larvae with special reference to their innervation*”发表于美国昆虫学会年鉴（*Annals of the Entomological Society of America*）。她还发表了《蓖麻蚕幼虫马氏管的超微结构》专辑，以及蓖麻蚕蛾（*Attacus cynthia ricini* Boisd.）外部形态的研究、排蜂（*Megapis dorsata* Fabr.）工蜂外部形态研究、拟澳洲赤眼蜂生殖系统的研究等昆虫形态学论文。她在20世纪60年代的国际昆虫学会议上展示了赤眼蜂生殖器的解剖全图，受到国际昆虫学同行的赞誉。

昆虫胚胎学是害虫治理与益虫繁育的基础，该学科分支始于19世纪末期，在20世纪40年代国际上已有较好研究基础，但中国在此方面的研究却甚为薄弱。为了改变中国在昆虫胚胎学的落后局面及昆虫管理与利用的需要，利翠英比较系统与深入地研究了斜纹夜蛾、蓖麻蚕、广赤眼蜂、日本平腹小蜂等重要经济昆虫的胚胎发育；在研究赤眼蜂的个体发育及其对于寄主蓖麻蚕胚胎发育的影响时，她发现了广赤眼蜂在胚胎发育过程中有发育阶段的脱落、发育阶段的消失及发育过程简化和缩短等现象，明确了胚胎反转期之前的蓖麻蚕卵才适合广赤眼蜂的繁殖。在日本平腹小蜂个体发育与马尾松毛虫胚胎发育的相互影响中还发现在松毛虫胚胎发育早期被寄生，卵粒寄生率高，日本平腹小蜂的存活率也高，反之则低。这些研究结果为大卵（蓖麻蚕卵、柞蚕卵）繁蜂（赤眼蜂、平腹小蜂）、人造卵繁蜂提供了理论依据，为害虫生物防治技术的推广应用做出了重要贡献。

在昆虫生理学方面，主要对昆虫血细胞、酶类活性做了深入的研究；曾发表《蓖麻蚕变态期神经系统的变化及脑的胆》《食物中几种氨基酸对家蝇卵巢发育的影响》《蓖麻蚕幼虫期血细胞的相差显微镜观察》《麻蚕磷酸酶研究》《斜纹夜蛾幼虫血细胞的种类及其离体变化研究》等重要论文。曾担任《中国农业百科全书·昆虫卷》昆虫生理和病理分支主编，还曾任中国昆虫学会昆虫生理组副组长。

利翠英（古德祥、张文庆提供）

利翠英在科研方面注重将国际先进技术与中国生产实践的需求相结合。在20世纪50年代，利翠英带领同行们在广州开始了蜜蜂人工授精试验，用自己设计的注射器进行蜜蜂人工授精获得成功，填补了国内养蜂育种方面的空白。20世纪60年代初，她向国内同行全面介绍了昆虫辐射不育性、化学不育性、遗传不育性等方面的国际前沿研究。

长期致力于人才培养与昆虫学教学，她主讲昆虫学、昆虫解剖与生理、昆虫结构与功能等课程，她备课认真、知识渊博、理实结合，深受学生喜爱。她曾培养研究生十多名。1979年10～12月，与蒲蛰龙接受美国科学院美中学术交流委员会聘请，赴美国明尼苏达大学等五所大学讲学。

所获奖誉 1952—1956年为广州市妇女联合会委员，1956年被评为广州市先进教育工作者；1954—1960年为广州市第一、第二和第三届人民代表大会代表，1956—1964年为广东省政协第二届常委；1959年起为中国人民政治协商会议第三、第四、第五和第六届委员。

（撰稿：古德祥、张文庆；审稿：彩万志）

荔枝蝽 *Tessaratoma papillosa* (Drury)

一种重要的果树害虫。主要危害荔枝、龙眼等无患子科植物。又名荔蝽、荔枝椿象。英文名 litchi stink bug、lychee stink bug、lichee stink bug、lychee gromt stink bug。半翅目（Hemiptera）荔蝽科（Tessaratomidae）荔蝽属（*Tessaratoma*）。国外分布于越南、马来西亚、泰国、缅甸、印度、印度尼西亚、斯里兰卡、菲律宾等地。中国分布于江西、台湾、福建、广东、广西、贵州、云南、海南等地。

寄主 荔枝、龙眼、柑橘、梅、柚、柠檬、金橘、番木瓜、梨、桃、橄榄、香蕉、甘蔗、蓖麻、烟草、咖啡、茄子、刀豆、松、榕等。

危害状 若虫和成虫均可危害，以若虫危害更甚。若虫和成虫可吸食嫩枝、嫩芽、花穗和幼果的汁液，受害叶片呈黑褐色斑点，致使叶肉组织坏死，继而叶片枯焦，致使植株发育缓慢。严重时花果枝枯萎，引起落花落果，受害严重的植株甚至枯死，严重影响果树的产量和质量。在植株的幼果结成30天内危害最为严重，且当卵孵化盛期与寄主花期相吻合时为害加重。成虫和若虫受惊扰时即喷射具刺激性、腐蚀性极强的臭液，沾及嫩叶、花穗和幼果，产生焦褐色灼伤斑，导致接触部位枯死。此外，该虫刺吸为害造成的伤口常导致霜疫霉病的侵染，形成复合危害。同时，成虫、若虫肛门分泌"蜜露"黏于枝叶上，亦能诱发煤烟病。

形态特征

成虫 雄虫体长23～26mm，宽11.5～13.5mm；雌虫体长25～28mm，宽12.5～15mm。体栗黄色。头部短小，呈三角形，侧片长于中片，相交于中片前面，将中片封闭。触角4节，紫黑色，末节色较深。吻短，仅过前足基节，黑色。前胸盾片前缘隆起并向后延伸，覆盖小盾片的基部，小盾片中部及末端外露，前盾片及小盾片颜色一致，光平；前盾片前侧缘稍向外凸，近圆而稍向上卷，中央在前足基部间有脊状隆起；中胸在中足基部有向前伸的强壮刺状脊；后胸在后足基节间具平宽隆起的脊。翅达腹末，侧接缘外露，有锯齿；翅革质部色淡，透明，呈淡黄色。足颜色一致，呈黄褐或紫褐色，爪黑色。腹部背侧为淡红色，侧接缘为黄褐色或黑褐色（见图）。

若虫 共5龄。初孵若虫长椭圆形，体色自红至深蓝色，腹部中央及外缘深蓝色，臭腺开口于腹部背面。二至五龄体呈长方形。二龄若虫体长约8mm，橙红色，头部、触角及前胸肩角、腹部背面外缘为深蓝色，后胸背板外缘伸长达体侧，腹部背面有2条深蓝纹，自末节中央分别向外斜向前方。三龄若虫体长10～12mm，体色泽略同第二龄，后胸外缘为中胸及腹部第一节外缘所包围。四龄若虫体长14～16mm，色泽同前，中胸背板两侧翅芽明显，其长度伸达后胸后缘。五龄若虫体长18～20mm，色泽略浅，中胸背面两侧翅芽伸达第三腹节中间，第一腹节退化。将羽化时，全体被白色蜡粉。

生活史及习性 中国大部分地区1年发生1代，由成虫、卵、若虫、成虫周年循环。秋末冬初，成虫在荔枝、龙眼树等隐蔽场所越冬，其分布为聚集型，以中下层为主。翌年2～3月出蛰活动，4～5月产卵最盛，卵在27°C、相对湿度80%的条件下经过10天便孵化。5～6月为若虫盛发，7月陆续羽化为成虫。在中国南方，一龄若虫历期5～7天，二龄若虫历期6～10天，三龄若虫历期12～25天，四、五龄若虫历期均为20～30天，若虫历期63～97天，成虫寿命203～371天。当年新成虫出现，越冬成虫逐渐死亡，新成虫10月下旬至11月上旬进入越冬期。荔枝蝽各龄若虫和成虫均具有聚集性且存在混合聚集行为，好同性聚集，异性聚集较少，偏好聚集在树枝高处。荔枝蝽具趋光性，成虫对颜色也有明显选择性，红色与蓝色均是雌、雄成虫最嗜好的颜色。此外，荔枝蝽对花果嫩枝也具有趋向性。荔枝蝽各龄若虫和成虫还具有假死性。荔枝蝽成虫在春季恢复取食补充营养后20天左右，待性成熟开始交尾产卵。成虫可多次交尾和产卵，交尾活动昼夜均可进行，交尾时仍能行动取食自如。越冬成虫一生交尾达10次以上，每次历期最长达72小

荔枝蝽成虫伏于叶片（赵萍提供）

时；交尾后8小时开始产卵，每交尾1次，连续产卵2次才重复交尾，产1次后再隔1天才再产。产卵场所不固定，以树冠下层叶背居多，叶面、花穗较少，还有少数卵产于枝梢、树干以及树体以外的其他场所。产下的卵以12～14粒分2～3行聚集排列组成卵块，或卵产于嫩枝上，成珠线状。每头雌虫一生平均能产卵5～10次，每次产14～28粒，共能产140粒左右。

防治方法

人工防治　利用其假死性摇动树枝，让成虫落在地面上进行人工捕杀；5月产卵盛期可人工摘除卵块。

生物防治　夏产卵初期，每隔10天释放一批平腹小蜂，连续释放3次。

化学防治　雌成虫未大量产卵前，喷施800～1000倍敌百虫。

参考文献

邱强，2004. 中国果树病虫原色图鉴[M]. 郑州：河南科学技术出版社.

杨惟义，1962. 中国经济昆虫志：第二册　半翅目　蝽科[M]. 北京：科学出版社.

曾蓉姿，2015. 荔枝病虫害的防治分析[J]. 南方农业，9(30): 56-56.

张巍巍，2014. 昆虫家谱[M]. 重庆：重庆大学出版社.

郑重禄，2014. 荔枝蝽生物学生态学特性研究概述[J]. 中国南方果树，43(4): 25-33.

（撰稿：张晓、陈卓；审稿：彩万志）

荔枝蒂蛀虫　*Conopomorpha sinensis* Bradley

一种以幼虫蛀食荔枝果肉的害虫。又名中华细蛾、爻纹细蛾。英文名litchi fruit borer。鳞翅目（Lepidoptera）细蛾科（Gracilariidae）尖细蛾属（*Conopomorpha*）。国外分布于泰国、尼泊尔、印度、南非等地。中国分布于广东、广西、海南、云南、福建、香港和台湾等地。

寄主　荔枝、龙眼、密脉蒲桃、决明等。

危害状　幼虫钻蛀为害嫩叶主脉基部，致中脉变褐色，半叶至全叶枯死；钻蛀嫩梢、花穗，致其干枯；钻蛀幼果，致其脱落；危害成果时在果蒂与果核之间取食并排泄粪便，影响品质（图1）。

形态特征

成虫　体长4～5mm，翅展9～11mm，头、胸部背面的鳞毛为灰白色。触角线状，是体长的2倍。前翅灰黑色，中部有白色曲纹呈“W”形，静止时两翅合拢呈“爻”字形，末端的橙黄色区有3个白色亮斑，后缘毛长。后翅长为宽的4倍。腹部背面灰黑色，腹面银白色，两侧各有数条黑白相间的斜纹。

卵　椭圆形，长0.3～0.4mm。初产时淡黄色，后转橙黄色。卵壳上有刻纹，呈三角形或六边形等不同形状，有微突，排成约10纵列。

幼虫　圆筒形，乳白色。末龄幼虫体长6.5～11mm，中后胸背面各有2个肉状突。腹足4对，趾钩单序横带（图2）。

蛹　体长为6～7mm，初期淡绿色，后变为黄褐色，近羽化时灰黑色。头部额区有1尖锐的突起。触角芽长度约为体长的1.7倍。

生活史及习性　在广西玉林1年发生12代，广东珠江三角洲1年发生10～11代，福建福州1年发生6～7代，世代重叠，一年中虫口数量存在花果期陡升、采果后陡降等消长现象。世代历期：卵期，冬春季为4～5天，5～10月为1.5～2天；幼虫期，冬春季为21～30天，5～10月最长约13天，最短7天，平均10～11天；蛹期，冬春季20～26天，5～10月4.8～9天；成虫期，冬春季为5～13天，5～10月为4～7天。

荔枝蒂蛀虫主要以老熟幼虫在荔枝冬梢或早熟品种花穗的穗轴顶部越冬。成虫3月底至4月初羽化，羽化后次日凌晨交尾，交尾盛期在羽化后的第三天早晨，交配后2～5天产卵。成虫昼伏夜出，白天在树冠内枝隐蔽处静伏，受惊扰作短暂飞舞后停息在原枝条或邻近枝条的叶上，有明显的趋果性和趋嫩性，卵散产于近成熟果实的基部或果蒂上，或幼果的中下部果皮，或顶芽的叶脉上、叶腋间、嫩叶柄基部，产卵活动多在23：00～24：00，每雌花果期平均产卵133～157粒，多的达223粒，3～5天内产完。初孵幼虫从卵壳下钻入为害，蛀入嫩叶脉造成叶变褐干枯；蛀害花穗导致其顶端枯死；蛀入幼果核内，造成大量落果；危害近成熟的果实时，幼虫在果蒂与果核之间咬食，并排泄褐黑色细颗粒虫粪，俗称“粪果”。老熟幼虫从被害部位爬出，吐丝下垂至树冠下部叶片或地面杂草、枯叶上结茧化蛹。

防治方法

农业措施　合理用肥，促进新梢抽发整齐，适时促秋梢、控冬梢，并做好疏梢和疏花疏果，剪除虫害梢、叶和短截花穗；收集落果，集中处理。

物理防治　在第二次生理落果后，整理果穗，喷洒1次防蛀蒂虫及防霜疫霉农药，再用无纺布套袋。

生物防治　①喷洒苏云金芽孢杆菌（Bt）、绿僵菌和印楝素等生物农药对荔枝蒂蛀虫有一定控制作用。②释放捕食性天敌，如中华微刺盲蝽、中华通草蛉。③释放寄生性天敌，如食胚赤眼蜂、安荔赤眼蜂和斑螟分索赤眼蜂等。

化学防治　在落花后至幼果期、幼虫初孵至盛孵期，用25%灭幼脲1000～2000倍液、5%高效灭百可1500～2000倍液、2.5%敌杀死乳油、2.5%功夫乳油2000～2500倍液或者5%百树得1500倍加29%杀虫双600倍液等喷雾。

参考文献

陈元洪，占志雄，黄立清，等，1996. 龙眼园荔枝尖细蛾药剂防

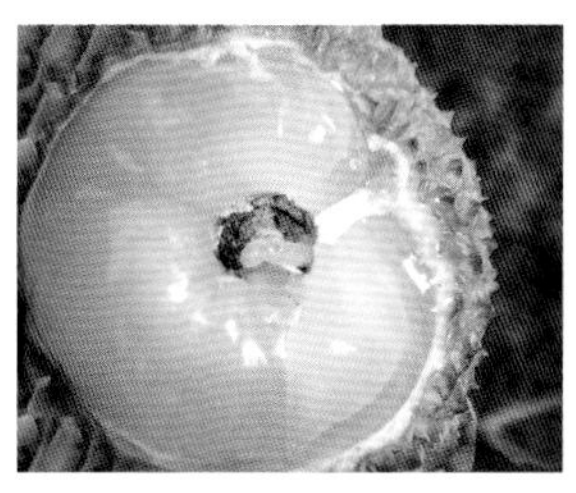

图1　荔枝蒂蛀虫幼虫危害状
（周祥提供）

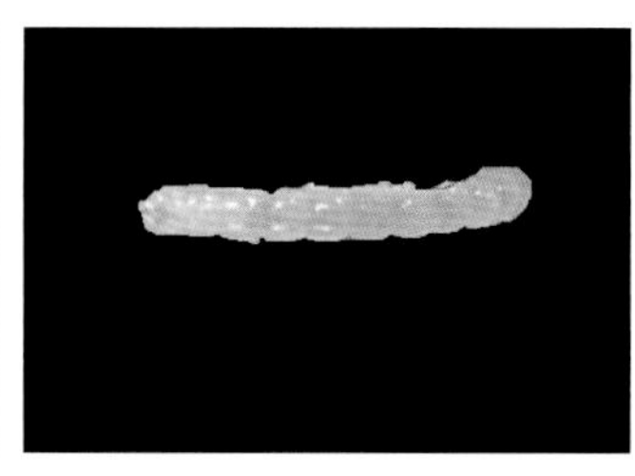

图2　荔枝蒂蛀虫幼虫
（周祥提供）

治试验 [J]. 东南园艺 (3): 18-19.

黄常青，黄建，黄邦侃，1995. 荔枝细蛾的研究 [J]. 生物安全学报，4(2): 32-37.

冼继东，梁广文，曾玲，等，2004. 荔枝蒂蛀虫发生期的预测预报 [J]. 华南农业大学学报，25(3): 67-69.

占志雄，郑琼华，陈元洪，等，2003. 龙眼园两种细蛾的研究 [J]. 武夷科学，19: 39-44.

（撰稿：周祥；审稿：张帆）

荔枝尖细蛾 *Conopomorpha litchielle* Bradley

一种以幼虫钻蛀荔枝、龙眼叶脉的害虫。又名荔枝细蛾。英文名 litchi leaf miner。鳞翅目（Lepidoptera）细蛾科（Gracilariidae）尖细蛾属（*Conopomorpha*）。国外分布于印度、泰国、马来西亚等地。中国分布于广东、广西、福建、台湾等地。

寄主 荔枝、龙眼等。

危害状 幼虫蛀食荔枝、龙眼的嫩叶中脉，致使叶端卷曲干枯。也蛀食嫩梢梢髓，致使嫩梢幼叶脱落或枯萎。常与荔枝蒂蛀虫、龙眼亥麦蛾混合发生（见图）。

荔枝尖细蛾危害状（周祥提供）

形态特征

成虫 体长 3～4mm，翅长 8.3～9mm。触角线状，比前翅长。前翅灰黑，狭长，翅中部有 5 条白纹构成“W”形纹，翅尖有 1 深黑色小圆点，周围银白色，前面为橙色区，有 2 条黑色平行斜纹，从后缘伸至前缘，将橙色区分割为两部分，翅臀区有黑白相间的鳞片；后翅暗灰色，缘毛长，灰白色。腹部各节有深褐斜纹。

卵 椭圆形，长 0.2～0.3mm，初期乳白色，后期淡黄色，卵壳上有网状纹。

幼虫 淡黄色，危害嫩叶时呈青绿色，略扁，胸足 3 对，腹足（含臀足）4 对，臀板指甲形，后缘有数根刚毛。老熟幼虫常在叶片背面结成乳白色半透明茧。

蛹 暗褐色，触角伸出腹末部分与第七至十腹节等长或稍长。

生活史及习性 荔枝尖细蛾在福建福州 1 年发生 5～6 代，在广东广州 1 年发生 11 代，第一代 4 月下旬，第二代 5 月中下旬，第三代 6 月上旬，第四代 6 月下旬，世代重叠，无滞育现象。在荔枝秋梢期后 1 世代约需 20 天。田间荔枝尖细蛾的种群数量受天敌影响，幼虫期和蛹期的天敌有扁股小蜂（*Elasmus* sp.）、甲腹茧蜂（*Chelonus* sp.）和绒茧蜂（*Apanteles* sp.）等。

荔枝尖细蛾白天静伏在较荫蔽的枝叶上，晚上开始活动，有一定趋光性，但不强。成虫产卵于嫩叶背面近中脉处或叶缘上，少量产在小叶柄上。幼虫孵化时从卵底潜入表皮取食汁液，形成潜道。幼虫分 6 龄，一至二龄幼虫主要是吸食寄主汁液，三龄后取食嫩叶主脉或叶柄，常破一孔或多孔排粪，被害蛀道内无粪便。被害嫩叶中脉，其外有若干个排粪孔，枯褐色，叶端卷曲干枯；若食料不足，幼虫可转至另一片叶的中脉或梢危害。初蛀入新梢内危害，外观无危害症状，但髓部变黑，内有黑褐色粉末状虫粪，随着幼虫长大，枝梢顶部出现萎缩，叶易脱落。幼虫老熟后爬出蛀道，在树冠下层叶片背面结薄茧化蛹。成虫在晚上羽化，羽化时用其头端的破茧器破茧而出，蛹壳 1/3 露于茧外。

防治方法

农业措施 适时促秋梢、控冬梢，短截早熟品种的花穗，可减少越冬虫源。

化学防治 在嫩叶嫩梢发生危害时，用 25% 灭幼脲 1500 倍液、20% 除虫脲 2500～3000 倍液、20% 杀铃脲悬浮剂 3000 倍液或者 10% 氯虫苯甲酰胺 3000 倍等喷雾。

参考文献

陈元洪，占志雄，黄玉青，等，1996. 龙眼园荔枝尖细蛾药剂防治试验 [J]. 福建果树 (3): 18-19.

刘奎，2002. 荔枝尖细蛾幼虫空间格局及抽样技术研究 [J]. 云南热作科技，25(2): 11-13.

王三勇，2002. 荔枝尖细蛾的发生及防治 [J]. 农业科技通讯 (5): 34.

（撰稿：周祥；审稿：张帆）

荔枝异型小卷蛾 *Cryptophlebia ombrodelta* (Lower)

一种以幼虫钻蛀荔枝果肉的害虫。又名澳洲坚果蛀果蛾、蛀心虫、钻心虫、荔枝黑点褐卷叶蛾。英文名 macadamia nut borer。鳞翅目（Lepidoptera）小卷蛾科（Olethreutidae）异形小卷蛾属（*Cryptophlebia*）。国外分布于日本、马来西亚以及大洋洲。中国分布于华北、华南以及台湾等地。

寄主 荔枝、龙眼、澳洲坚果、牛角树、萧豆树等。

危害状 初孵幼虫咬食果实表皮，二龄后蛀入果内食害果肉、果核，导致果实腐烂或脱落。也危害嫩梢，造成干枯。

形态特征

成虫 体长 6.5～7.5mm，翅展 16～23mm，暗褐色，头顶有一束疏松褐色的毛丛。触角丝状，长约达前翅 1/2 处。雌雄异型，雌成虫前翅近顶角处有深黑褐色斜纹，臀角处有

图 1 荔枝异型小卷蛾成虫（雌）（周祥提供）

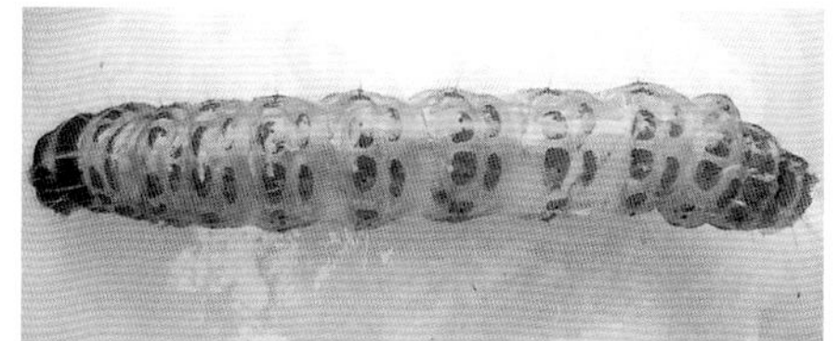

图 2 荔枝异型小卷蛾幼虫（周祥提供）

1 个近三角形的黑色斑点，斑点周围镶有灰白色边带，后翅淡黑色；后足胫节被褐色疏松长毛，中、端部各有一对距。雄成虫前翅黄褐色，后缘有 1 深黑褐色斜纵带，后翅灰褐色。后足胫节和第 1 跗节具黑、白、黄三色相间的细长浓密鳞毛（图 1）。

卵　半球形，乳白色，有光泽。

幼虫　末龄幼虫体长 12mm 左右，头部及前胸背板褐色，胸部背面粉红色，腹部黄白色，有灰色毛片（图 2）。

蛹　被蛹，深褐色。长 10.5mm，宽 2.8mm 左右。腹部第二至第七节背面前后缘各有 1 横列刺突；第八、九节的刺突特别粗大；第十节背面具臀棘 3 条，肛门两侧各 1 条。

生活史及习性　1 年 3 代，以幼虫在枝干树皮缝中结茧越冬，4 月上旬开始化蛹，5 月初成虫羽化，5 月中旬为盛期。河南郑州 6 月上旬第一代幼虫老熟，第二代成虫 6 月中旬发生。第三代成虫 7 月上旬开始出现，8～9 月间幼虫危害。广东、广西等地 5 月中旬至 7 月上旬危害荔枝、澳洲坚果，8、9 月危害杨桃，10 月以后幼虫老熟越冬。卵期寄生性天敌主要是赤眼蜂。

成虫夜晚活动，产卵于寄主的果或叶表面，单粒散产。初孵幼虫在果壳龟裂片缝间啮食表皮，二龄以后蛀入果内，通常 1 果 1 虫，偶见 1 果 2 虫。蛀孔外有小颗粒状褐色虫粪和丝状物，受害果有的在幼果期即脱落，有的虽能长到成果，但已被蛀得千疮百孔，虫粪堆积，发霉变黑。老熟幼虫爬出果于树皮裂缝或附近杂草上结茧化蛹，茧紧密，椭圆形，表面亦常附有虫粪，也有部分在果内化蛹，羽化时蛹壳半露果外。

防治方法

农业防治　控制冬梢，剪除幼虫越冬寄生植物的嫩梢，减少越冬虫口基数。

生物防治　受卷蛾危害严重的地区，最好于荔枝花期、卷蛾卵期释放松毛虫赤眼蜂（*Trichogramma dendrolimi* Matsumura）2～3 批，每次每树放蜂 1000～2000 头。

化学防治　在盛花前或谢花后幼虫盛孵期，即大量低龄幼虫出现时，选用 20% 杀灭菊酯 3000 倍液、2.5% 高效氯氟氰菊酯 3000 倍液、10% 高效灭百可（顺式氯氰菊酯）5000 倍液喷雾，10～14 天后再喷 1 次。

参考文献

何衍彪，詹儒林，2006. 荔枝异形小卷蛾的发生及防治 [J]. 广西农业科学，37 (3): 280-281.

刘明东，何军，湛金锁，等，2005. 荔枝异型小卷蛾生物学特性的研究 [J]. 林业科技，30 (5): 27-29.

徐家雄，林广旋，邱焕秀，等，2008. 广东木榄–桐花树群落上的白缘蛀果斑螟和荔枝异形小卷蛾研究 [J]. 广东林业科技，24 (5): 1-7.

（撰稿：周祥；审稿：张帆）

荔枝瘿螨　*Aceria litchii* (Kiefer)

荔枝的重要害螨之一。又名毛毡病、麻风叶。英文名 litchi erinose mite。蛛形纲（Aranchnida）真螨目（Acariformes）瘿螨科（Eriophyidae）*Aceria* 属。在中国荔枝、龙眼产区均有分布。

寄主　荔枝、龙眼等。

危害状　成螨、若螨刺吸荔枝、龙眼新梢嫩叶、嫩芽、花穗和幼果汁液。幼叶被害部在叶背先出现黄绿色的斑块，害斑凹陷，凹处长出无色透明稀疏小绒毛，渐变成乳白色。随着瘿螨发展为害，受害部的绒毛增多，浓密，呈黄褐色，最后变成深褐色，似毛毡；被害叶也随之变形，扭曲形状如“狗耳”；严重发生时，害叶可干枯凋落，影响树势。花器受害后畸形膨大，不开花结果（见图）。

形态特征

成螨　体极微小，长 0.2mm，狭长蠕虫状。体色淡黄至橙黄色。头小向前伸出，其端有螯肢和须肢各 1 对；头胸部有足 2 对；腹部渐细而且密生环毛，末端具长尾毛 1 对。

卵　圆球形，光滑半透明，乳白色至淡黄色。

若螨　体型似成螨但更微小，初孵化时虫体灰白色，半透明，随着若螨发育渐变为淡黄色，腹部环纹不明显。

生活史及习性　该螨在广西、广东一年四季都有发生，1 年发生 10 代以上，世代重叠，无明显越冬现象。一般在 1～2 月螨体常在树冠内膛的晚秋梢或冬梢被害叶毛毡基部过冬，但气温稍暖仍可见其活动。2 月下旬至 3 月，过冬后螨体陆续迁移到春梢嫩叶和花穗上为害繁殖；4 月上旬以后繁殖量逐渐增大；5～6 月螨体密度最大，为害最重。该螨生活、产卵繁殖在被害处的虫瘿绒毛间，平时不大活动，一旦受阳光照射或雨水淋湿后则活动较活跃。

荔枝瘿螨危害初期（郭仪摄）

防治方法

生物防治 荔枝瘿螨的天敌主要有以下几种：德氏钝绥螨［*Amblyseius deleoni*（Muma et Deumark）］、亚热冲绥螨［*Okiseius subtropicus*（Ehara）］、卵形钝绥螨［*Amblyseius ovalis*（Evans）］、腐食酪螨［*Tyrophagus putrescentiae*（Schrank）］。其中以亚热冲绥螨种群数量最多，为优势种，其次为德氏钝绥螨，这两种在田间起着主要的控制作用。

物理防治 冬季修剪，把被害的枝叶剪下集中烧毁或深埋，减少越冬螨口密度，可以减轻翌年春梢被害率。

化学防治 用0.3～0.5波美度石硫合剂或20%三氯杀螨醇乳油800～1000倍液混合胶体硫300倍液喷布一次。在虫口密度较高的果园，在果树放梢前或幼叶展开前或花穗抽出前，酌情喷布或挑治1～2次，常用农药品种有73%克螨特乳油2000～3000倍液，或80%敌敌畏乳油和40%乐果乳油按1∶1混合后的1000倍液喷雾。

参考文献

黄宏英，1995. 荔枝瘿螨的发生及防治研究[J]. 广西农业科学(4): 172-174.

徐金汉，李心忠，1996. 荔枝瘿螨种群动态及其生物学特性[J]. 福建农业大学学报，25 (4): 73-75.

（撰稿：王进军、袁国瑞、石岩、蒙力维；审稿：刘怀）

栎毒蛾 *Lymantria mathura* Moore

危害栎、杏、苹果、榉等多种树木的重要食叶害虫。又名苹叶波纹毒蛾、栎舞毒蛾、枫首毒蛾。英文名pink gypsy moth。鳞翅目（Lepidoptera）目夜蛾科（Erebidae）毒蛾属（*Lymantria*）。国外分布于俄罗斯、朝鲜、日本、印度等国家。中国分布于河北、山西、辽宁、吉林、黑龙江、江苏、山东、河南、湖北、湖南、四川、云南、陕西、台湾等地。

寄主 栎、苹果、梨树、栗、野漆、青冈、榉。

危害状 以幼虫食害果树的芽、嫩叶和叶片，将叶片吃得残缺不全，严重时甚至吃光树叶，造成板栗的产量减产，甚至造成绝产。

形态特征

成虫 雄蛾翅展45～50mm。触角干白褐色，栉齿褐色；下唇须浅橙黄色，外侧褐色，胸部和足浅橙黄色带黑褐色斑；腹部暗橙黄色，两侧微带红色；腹部背面和侧面在节间有黑斑；肛毛簇黄白色。前翅灰白色，斑纹黑褐色，翅脉白色，基线黑褐色；内横线在中部外弓，中室中央有1个圆斑，横脉纹黑褐色；中横线为锯齿形宽带；外横线由1列新月形斑组成，从前缘微外斜至Cu_2脉后，内弯抵后缘；亚端线为1列新月形斑，止于A_1脉；端线为1列嵌在脉间的小点组成；缘毛灰白色，脉间褐色。后翅暗橙黄色，横脉纹褐色，亚端线为1条褐色斑带，端线为1列黑褐色小点，缘毛黄白色（图1）。

雌蛾翅展70～80mm。灰白色；下唇须粉红色，外侧黑褐色；颈板基部粉红色，其中央有1个黑点；胸部中央有1个黑点和2个粉红色点；腹部前半部粉红色，后半部白色，两侧有黑斑；足粉红色有黑斑。前翅亚基线黑色，前方内缘有粉红色和黑色斑；内横线褐色，锯齿利，后缘微外斜；中横线棕褐色，波浪形，在前缘形成1棕褐色半圆形环，横脉纹棕褐色；外横线棕褐色，锯齿形，前缘与后缘清晰；亚端线棕褐色，锯齿形，止于A_1脉；端线由1列嵌在脉间的棕褐色点组成，缘毛粉红色，脉间棕褐色，前缘和外缘边粉红色。后翅浅粉红色，横脉纹灰褐色，亚端线由1列灰褐色斑组成，端线由1列灰褐色点组成，缘毛粉红色（图2）。

卵 球形，褐色或灰黄色。初产的卵淡黄至乳黄色，逐渐变成褐色或灰黄色，至翌年4月末孵化前变为黑色。

幼虫 体长50～55mm。体黑褐色带黄白色斑。头部黄褐色带黑褐色圆点。背线在前胸白色，在其余各节黑色；气门线黑色，气门下线灰白色；前胸背面两侧各有1个黑色大瘤，上生黑褐色毛束，中、后胸中央有黄褐色纵纹，其余各节上的瘤黄褐色，上生黑褐色和灰褐色毛丛；体腹面黄褐色。胸足赤褐色，有光泽；腹足赤褐色，外侧有黑色斑。翻缩腺红色。

蛹 体长28mm左右，灰褐色，头部有1对黑色短毛束，腹部背面有短毛束。

生活史及习性 黑龙江1年1代，以卵在树皮缝、伤疤

图1 栎毒蛾雄成虫（李镇宇提供）

图2 栎毒蛾雌成虫（李镇宇提供）

和树的阴面等处越冬。翌年5月孵化，初孵的幼虫群集于卵壳附近取食卵壳。4～5天后渐渐离开卵块处，由卵块位置向上呈长条形排列，纵队式向上爬，爬到枝、梢部。幼虫具吐丝下垂习性，下垂的幼虫呈弓形，丝长可达35cm。7月下旬老龄幼虫在杂草间或枝叶间结茧化蛹，8月初羽化出成虫，雌蛾白天不活动，雄蛾白天在树荫下飞翔，雌蛾产卵于树干下，每一卵块有200～470粒卵，平均325粒。卵块外被雌蛾腹部末端灰白色体毛。雌蛾倾向于在阳坡中上部产卵。

核多角体病毒对种群发展有较强的控制作用，尤其栎毒蛾猖獗发生的后期，即幼虫四至五龄时最为明显。一般在7月降雨量大，高温、高湿持续时间长时，该病毒蔓延极其迅速，成为栎毒蛾在猖獗危害期种群密度急剧下降的主要原因。卵期寄生性天敌主要有赤眼蜂。幼虫期天敌主要有绒茧蜂，还有胫饰腹寄蝇，敏捷蜉寄蝇和古毒蛾追寄蝇等。栎毒蛾高密度幼虫种群的形成与幼虫扩散期气候因子，特别是降雨量关系密切，高媪、干旱、少雨条件是其大发生的主要原因。

在栎毒蛾发生的同时，常伴有舞毒蛾、古毒蛾、尺蠖等类幼虫。在前期栎毒蛾幼虫种群数量占多数，后期舞毒蛾占多数。观察发现，栎毒蛾寄主面窄，基本集中在天然柞树或榛柴等灌木上，活动范围亦有一定局限。而舞毒蛾幼虫寄主面宽，活动范围较大，食性杂，具远距离爬行能力，常转移到林缘或路旁柳、榆和其他树种上取食危害。舞毒蛾个体食量也大于栎毒蛾，舞毒蛾及其他种类与栎毒蛾同时发生时，可构成对栎毒蛾生存的严重威胁。

防治方法

人工防治　人工刮除卵块。

物理防治　灯光诱杀成虫。

生物防治　保护天敌姬蜂、茧蜂、寄生蝇。利用栎毒蛾病毒防治。

化学防治　幼龄幼虫期喷洒25%除虫脲悬浮剂1000倍液。还可用喷烟机林内喷施1.2%苦参烟碱乳油进行防治。

参考文献

聂雪冰，程相称，初非垢，等，2017. 栎舞毒蛾生物学特性及其种群影响因子[J]. 中国森林病虫，36(3): 22-25.

李文龙，2010. 栎毒蛾生物学特性及防治方法[J]. 吉林林业科技(4): 58-58, 60.

张家利，车永贵，高春风，等，1998. 栎毒蛾生物学特性和种群发生动态的研究[J]. 吉林林业科技，143(3): 9-12.

赵仲苓，1978. 柏毒蛾属一新种[J]. 昆虫学报(4): 417-418.

（撰稿：李镇宇；审稿：张真）

栎纷舟蛾　*Fentonia ocypete* (Bremer)

一种严重危害板栗等栎类树木的暴发性食叶害虫，且盛食期会严重威胁柞蚕的生存空间，使柞蚕无叶可食而饿死。又名旋风舟蛾、细翅天社蛾，俗称罗锅虫、花罗锅、屁豆虫、气虫。鳞翅目（Lepidoptera）夜蛾总科（Noctuoidea）舟蛾科（Notodontidae）蚁舟蛾亚科（Stauropinae）纷舟蛾属（*Fentonia*）。国外分布于日本、朝鲜、俄罗斯等地。中国分布于黑龙江、吉林、辽宁、北京、河北、山东、山西、江苏、浙江、福建、江西、四川、贵州、湖北、湖南、广西、重庆、云南、陕西、甘肃等地。

寄主　板栗、日本栗、麻栎、柞栎、枹栎、蒙古栎等。

危害状　幼虫先在叶背面取食叶肉，使叶片成筛网状，随着食量增大蚕食叶片，大龄幼虫暴食叶片及幼嫩枝条，使栗树只剩光溜溜的枝干，远看似火烧状（图1）。

形态特征

成虫　灰褐色中型蛾子（图2④），有光泽，体长20mm左右。头和胸部褐色与灰白色。腹部灰褐色。前翅暗灰褐色，内线不明显，黑色浅波浪形；内线以内的亚中褶上有1黑色纵纹（有时带暗红褐色）；外线黑色双股平行，从前缘到Cu脉浅锯齿形（有时平滑不呈锯齿形），向外弯曲，以后呈2、3个深锯齿形曲伸达后缘近臀角处，其中靠内面1条较模糊，外面1条处衬灰白边；横脉纹为1苍褐色圆点，中央暗褐色；横脉纹与外线间有1模糊的棕褐色到黑色椭圆形大斑；亚端线模糊，暗褐色锯齿形；端线细，黑色；脉端缘毛黑色，其余暗灰褐色。后翅褐色到浅褐色，臀角有1模糊的暗斑；外线为1模糊的亮带。雄蛾触角栉形，末端2/5成线形，雌蛾触角线形。雄性外生殖器第八腹板端缘中内呈倒"T"形凹入，爪形突长，矛头形，这是该种特有的鉴别特征。

卵　扁圆形，直径约0.6mm，黄白色（图2①），孵化前变为黄褐色。

幼虫　长圆柱形，末端渐细，除第八腹节背中央有1微弱的小瘤外，身体光滑无毛（图2②）。幼龄幼虫胸部鲜绿色，腹部暗黄色，身上条纹不明显，第八腹节背面稍隆起。老熟幼虫体长35～45mm，头部肉色，每边颅侧区各有6条黑色细斜线，其中有2条较短。胸部叶绿色，背中央有一个内有3条白线的"工"字形黑纹，纹的两侧衬黄边。腹部背面白色，由许多灰黑色和肉红色细线组成美丽的花纹图案，前者从第一腹节到第三腹节呈环状椭圆形，紧接呈"人"字形伸到第八腹节两侧，另外从第七腹节中内"人"字形分岔口到腹末中央呈一宽带形；气门线宽带形，由许多细线组成；气门线仅在第二到第七腹节可见，由每节1黑色细斜纹组成；第四腹节背中央有1较大的黄点；此外，第六腹节中央有5个，第七腹节中央也有5个和两侧有2个，以及第八腹节中央和两侧各有2个小黄点。腹面褐色，胸足褐色，腹足黄褐色，外侧有红紫色纹。化蛹前幼虫变为粉红色。

蛹　被蛹，红褐色或深褐色（图2③），长20～23mm，背面中胸与后胸相接处有1排凹陷，共14个。臀棘短，似耳状。

生活史及习性　从辽宁、北京至长江以南1年发生1～3代。以蛹越冬。1年发生1代区域，7月初开始羽化，幼虫期从7月下旬到9月末，8月是危害盛期。1年发生3代区域，第一代发生于4月中下旬至7月中旬，主要危害时期为5月；第二代发生于7月上旬至9月上旬，主要危害时期为7月中旬至8月上旬；第三代发生于8月中旬至翌年5月上旬，主要危害时期为8月下旬至10月初。成虫一般取食蜜露，多在晚间羽化，以0：00～3：00羽化较多；趋光性强。雄虫寿命5～6天，雌虫寿命3～7天。成虫羽化后随即交尾、

图 1 栎纷舟蛾典型危害状（吴全聪提供）

①幼虫取食叶背面叶肉；②被害叶片呈网筛状；③枝干光秃；④被害林分呈火烧状

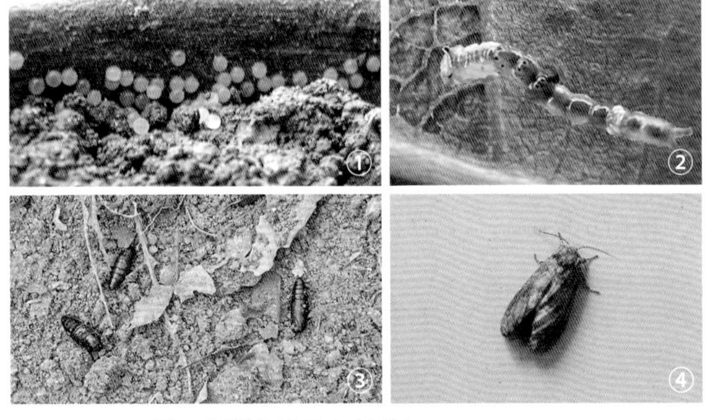

图 2 栎纷舟蛾各虫态形态（吴全聪提供）

①卵；②幼虫；③蛹；④成虫

产卵。产卵均在晚间进行，白天潜伏于树干和叶背面。每雌产卵 120～171 粒。卵散产于树叶背面叶脉两侧，每片叶大多产卵 1～3 粒，少数 4～6 粒。

天敌主要有蚂蚁、猎蝽、寄蝇和鸟类。四至六龄的栎纷舟蛾幼虫虫体无毛，柔软，鸟类很喜食，因此栎纷舟蛾大暴发期间，板栗试验场鸟类成群结队。另外，也发现有白僵菌感染的虫蛹。

防治方法

冬季翻耕　结合冬季施肥翻耕板栗园，降低越冬蛹的成活率，降低翌年发生基数。

灯光诱杀　蛹羽化期开启频振式诱虫灯诱杀成虫，1 盏 / $2hm^2$，可将多数成虫杀死在交尾产卵之前。

生物防治　保护僵菌（主要是白僵菌）、舟蛾赤眼蜂、寄蝇、龟纹瓢虫、黑蚂蚁、绿螽斯、小刀螂、刀螂和鸟类等 20 多种天敌，以控制发生。

药剂防治　在低龄幼虫高峰期选择 0.5% 大印乳油 1500 倍液，或 2.5% 敌杀死乳油 3000 倍液，或 5.7% 天王百树乳油 3000 倍液，或 2.5% 功夫乳油 3000 倍液全园喷施。也可采用苦参碱拉炮烟雾剂防治或用喷烟机喷施菊酯类农药、苦参碱、阿维菌素等进行防治。防治时还应注意处理与养蚁和养蚕的矛盾。

参考文献

封光伟，张晓丽，张雪杰，等，1999. 栎粉舟蛾生物学特性及防治技术研究 [J]. 河南林业科技，19(2): 31-32.

李秀梅，闫立军，李兴，2020. 承德市栎纷舟蛾危害现状及防治技术探讨 [J]. 河北林业科技 (2): 55-57.

刘书平，董军强，陈西怀，2001. 栎粉舟蛾的生物学特性观察与防治 [J]. 陕西林业科技 (2): 53-54.

牟秀娟，2019. 冀北山区喷烟防治栎纷舟蛾试验 [J]，河北林业科技 (3): 24-25.

王红敏，王红星，李红喜，2005. 豫西深山区烟雾防治栎树主要食叶害虫试验 [J]. 河南林业科技，25(4): 30-33.

武春生，方承来，2003. 中国动物志：昆虫纲　第三十卷　鳞翅目　舟蛾科 [M]. 北京：科学出版社．

吴全聪，苏朝安，2008. 浙南板栗园栎粉舟蛾发生规律及防治技术 [J]. 浙江农业学报，20(2): 109-113.

朱志军，朱媛，李苏珍，等，2007. 栎纷舟蛾生物学特性初报 [J].

中国森林病虫, 26(5): 21-22,37.

（撰稿：吴全聪；审稿：张真）

栎冠潜蛾　*Tischeria decidua* Wocke

一种分布较广、危害较严重的栎类潜叶害虫。又名麻栎潜叶蛾。鳞翅目（Lepidoptera）冠潜蛾总科（Tischerioidea）冠潜蛾科（Tischeriidae）冠潜蛾属（*Tischeria*）。国外分布于荷兰、比利时、西班牙、法国、克罗地亚、斯洛伐克、俄罗斯、朝鲜、日本等地。中国分布于辽宁、山东、福建、广东、广西、安徽等地。

寄主　土耳其栎、无梗花栎、栓皮栎、蒙古栎、欧洲栗、大鳞栎、柔毛栎、皱叶栎、枹栎、麻栎、夏栎、葡萄牙橡树、槲树、短梗柞、色柞。

危害状　幼虫潜叶取食叶肉，使叶片枯萎脱落，形成枯梢，状如火烧，严重影响树木生长（图③）。

形态特征

成虫　体细长，黄褐色，全体覆被片状鳞毛，有金属光泽。体长3.5～4mm，翅展10～11mm。头钝圆，额部尖，头顶有浓密的鳞片丛向前伸出呈冠状；头后部鳞毛短，后伸。颜面鳞片密布呈三角形。触角丝状，基都有1束毛伸出于复眼前，位于颜面两侧。前翅披针形，黄白色，前缘和外缘浅黄褐色，缘毛甚长，污黄色；前缘凸出呈弧形，顶角尖，中室长而广阔，鳞片栎褐色，鳞片末端白色，在翅面上形成无数白色小斑点。后翅狭长，白色。翅脉退化，只有5条纵脉和长缘毛。足细长，淡黄褐色，胫节前后两端各有黄色端距2根，其中1根较长。跗分节5节，均细长，有粗短鳞毛。腹部黄褐色，鳞毛短小，有丝状光泽。尾毛长（图①）。

卵　扁圆形，乳白色，长0.25mm，宽0.20mm。表面不甚光滑，略有光泽。

幼虫　初孵幼虫黑色，后转青黄色；老熟幼虫黄褐色或浅褐色，体长4～4.2mm；头扁，黄褐色。胸节较宽大，无胸足；前胸背板硬化，褐色，有多数点刻；第一、二腹节较小，尾端略尖，有1排稀疏刚毛。肛上板淡褐色，硬化（图②）。

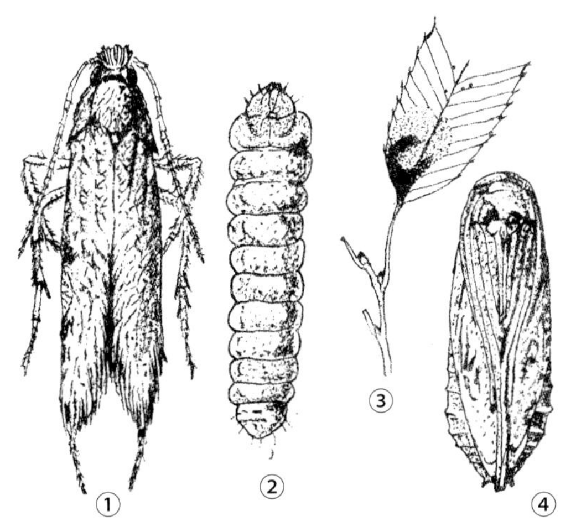

栎冠潜蛾各虫态和叶片被害状（康永武绘）
①成虫；②幼虫；③被害状；④蛹

蛹　初化蛹白色，后渐变为黄白、黄褐色，最后为褐色。长椭圆形，长3.5～4.2mm，宽1.0～1.2mm。腹部末端尖细且向背部弯曲，具臀棘2根，其尖端深褐色（图④）。

茧　褐色，扁圆形，直径约5mm，质地坚韧，附着于叶表面。

生活史及习性　福建南平地区1年发生3代，以第三代老熟幼虫在落地枯叶的蛹室中越冬。翌年3月底越冬幼虫开始化蛹。4月中旬成虫大量出现。4月下旬第一代卵大量孵化为幼虫，食害栓皮栎春季新叶。老熟幼虫在虫斑内吐丝造室化蛹，蛹期7～10天。6月下旬第一代成虫大量出现，成虫羽化后2～3天即交尾产卵。第一代虫期4月中旬至6月下旬，历时约75天；第二代6月下旬至8月中旬，历时约60天；第三代8月中旬至翌年4月中旬，历时约240天。在辽宁地区1年1代，以老熟幼虫在蛹室内越冬。越冬幼虫于翌年7月上旬开始化蛹，7月中、下旬陆续羽化为成虫。成虫交尾后产卵于麻栎叶上，卵期约15天，7月下旬到8月上旬孵化出幼虫。幼虫经5个龄期40天左右取食，于8月末到9月上旬老熟建蛹室越冬。

成虫羽化主要在12：00～18：00进行，以13：00～15：00最多。成虫羽化后蛹壳上半部露出于蛹室外。初羽化成虫爬到附近的蒿草或叶片上展翅，19：00后开始飞行、求偶和交尾。交尾后雌蛾于第二天夜间开始产卵。成虫有一定趋光性。雌雄性比为1∶1.2。卵单粒产于叶面叶脉或微凹陷处，大部分贴近叶脉，平行排列。1叶通常产卵1～4粒。以中度成熟叶上产卵最多，其次为完全成熟叶，嫩叶产卵很少。每雌平均孕卵量42.7粒。雌虫平均寿命6.5天，雄虫4.4天。幼虫孵化后从卵壳底面咬破潜入叶组织内，啃食叶肉，此时叶片表面可见1黑点。随着虫体增大，被害处逐渐扩大，便形成暗红褐色虫斑，常2～3个虫斑相连而成大斑，约占叶片总面积1/2。幼虫不断取食叶肉，仅留上下表皮，并在表皮之间形成膜状虫室。虫室褐色，随幼虫龄期发育而不断扩大和加厚。虫室和取食之处保持清洁，幼虫将粪便排出叶外，幼虫的潜入孔即成为排泄孔。幼虫取食期间，如遇枝条摇动则立即停止取食，并迅速后退隐匿。幼虫有5龄。一龄龄期6天，体长0.6mm，头胸部粗大，腹部细，黄褐色，不形成虫室，被害状一般为楔形；二龄龄期6天，体长1.2mm，腹部略增粗，体黄绿色，各节侧面外突，并生2根刚毛；前胸背板暗褐色，开始形成膜状虫室，直径约2mm，被害状近三角形；三龄龄期5天，体长3.2mm，浅褐色，虫室增大达3.5mm，被害处无固定形状；四龄龄期7天，体长3.9mm，食量剧增，虫室直径达6mm；五龄龄期9天，体长4.0mm，老熟前体缩短为3.4mm，体黄色，虫室直径6mm。

防治方法

物理防治　各代成虫出现盛期，可设灯诱杀。

营林措施　冬季清理林中枯叶，消灭越冬的老熟幼虫。

化学防治　幼虫期，喷洒80%敌敌畏乳剂1000～1500倍液，90%晶体敌百虫500～1000倍液或40%乐果乳剂500倍液。

生物防治　幼虫天敌主要有绒茧蜂和1种小蜂，以及白僵菌和细菌，应注意保护利用。

参考文献

魏成贵，吴佩玉，1985. 麻栎潜叶蛾生物学初步研究 [J]. 辽宁农业科学 (5): 36-38.

邹高顺，李加源，陈泗明，1985. 栎冠潜蛾生物学特性及其防治的研究 [J]. 热带林业科技 (3): 31-35.

邹高顺．李加源，陈泗明，1992. 栎冠潜蛾 *Tischeria decidua* Wocke[M]// 萧刚柔．中国森林昆虫．2 版．北京：中国林业出版社．

DE PRINS W, 2013. *Tischeria decidua* (Lepidoptera: Tischeriidae), new to the Belgian fauna[J]. Phegea, 41(1): 5-6.

（撰稿：嵇保中；审稿：骆有庆）

栎黄枯叶蛾 *Trabala vishnou gigantina* Yang

一种危害中国栎类和沙棘等树种的食叶型害虫。又名栗黄枯叶蛾栎黄亚种、大黄枯叶蛾等。鳞翅目（Lepidoptera）枯叶蛾科（Lasiocampidae）黄枯叶蛾属（*Trabala*）。中国主要分布于陕西、宁夏、青海、内蒙古、甘肃、河南、山西、河北等地。

寄主 主要危害麻栎、槲栎、辽东栎、沙棘、海棠、胡颓子、胡桃、榛子、蓖麻、木麻黄、柑橘、咖啡等。

危害状 幼虫取食树叶，轻则吃光叶片仅剩枝干，致使被害树如火烧一样，重则使被害树成片枯死（图①）。

形态特征

成虫 雌虫体长 25～38mm，翅展 70～95mm；头黄褐色，触角羽状，复眼黑褐色，球形；胸背板黄色，中胸肩板尖端伸至后胸中部；前翅内横线深褐色，外横线为绿色，波状纹，内、外横线之间有较鲜艳的黄色，中室有 1 黑褐色的小斑，第二条中脉下有 1 黑褐色大斑，亚外缘线处有 1 条不连续的波状纹；后翅后缘近基部处为灰黄色，内、外横线为黑褐色波状纹；胸部腹面和足为褐色；腹部褐色、短粗，末端有暗褐色毛簇。雄虫体长 22～27mm，翅展 54～62mm；头绿色，触角较雌虫略长，复眼与雌虫无异；胸背面绿色，中胸肩板发达；前翅内、外横线深绿色，内侧有白边，中室处有一个黑褐色小点；亚外缘线为黑褐色的波纹；后翅的后缘近基部处黄白色，内横线为深绿色，外横线为黑褐色；胸部腹面绿色；腹部较雌虫略细，黄白色。

幼虫 末龄幼虫体长 65～84mm，雌虫密布深黄色长毛，雄虫为灰白色。头部为黄褐色，两侧有深褐色斑纹，颊下端有 6 个单眼，4 上 2 下。腹部 13 节，第一节背板前缘两侧，各有 1 黑色突起，长有 1 束黑色长毛，自第二节开始，每一节在亚背线、气孔上线、气孔下线处和基线处各有 1 黑色突起，前二者上生簇状黑色刚毛，后二者上为簇状黄白色刚毛；第六至十二节背面前缘各有一条不连续的黑色横纹，两侧各有一条斜纹；第一节和四至十一节上各 1 对黑褐色气孔。3 对胸足，4 对腹足，1 对肛足，均为黄褐色；趾钩为双序横带式（图③）。

卵 长 0.22～0.28mm，椭圆形，灰白色。表面有网状花纹，粘有片状长毛。排列成两行（图②）。

蛹 被蛹，长 28～32mm。表面有稀疏小刻点，赤褐色

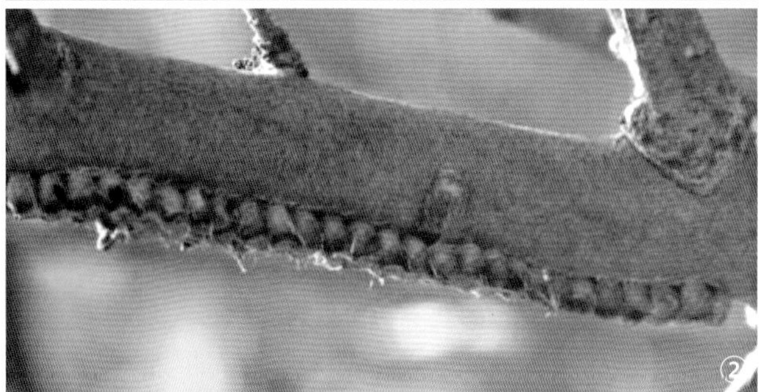

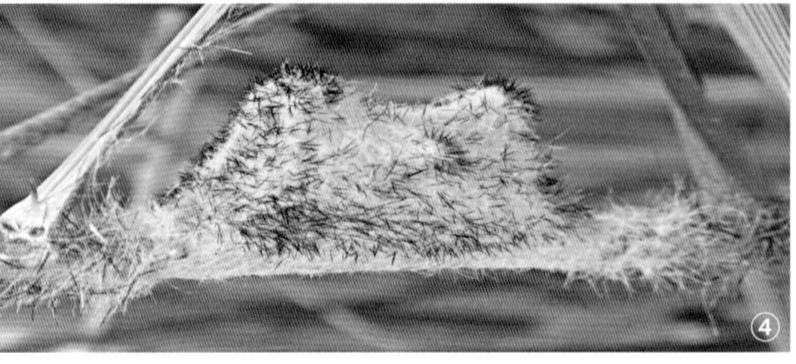

栎黄枯叶蛾（骆有庆提供）

①危害状；②卵；③幼虫；④茧

至黑褐色。翅痕伸至第四腹节中下部，腹部粗，背面可见腹节9节，可见气孔7对。

茧　长40～75mm，黄色至灰黄色，表面有稀疏黑色短毛（图④）。

生活史及习性　1年发生1代，以卵块在苗表面、枝条及枯枝落叶等处越冬，翌年5月中下旬开始孵化，6月中旬为孵化盛期。6月下旬到8月上旬为危害高峰期。7月下旬幼虫开始结茧化蛹，8月上中旬为化蛹盛期，蛹期为24.5±3.1天。8月下旬始见成虫，9月上旬为羽化盛期，成虫羽化后很快交配产卵。夜间出来交尾，当天或次日晚开始产卵，一般产于树干或枝条上，卵粒排列成两行。卵浅灰白色，一般于夜间孵化。初孵幼虫取食卵壳，一昼夜后开始取食叶肉。一至三龄幼虫有聚集的特性，取食量较小；三龄以后分散取食；五至七龄取食量最大，危害最为严重。一般凌晨取食，中午爬到叶背面躲避烈日，傍晚继续取食。老熟幼虫于侧枝或灌木上结茧化蛹，茧黄色。蛹期一般9～20天。

防治方法

人工防治　8月下旬至9月中旬人工刮除虫卵。

生物防治　用青叶菌或敌百虫喷杀幼虫；将感病虫尸体捣烂，喷杀幼虫；在受害木上放置被平腹小蜂等寄生蜂寄生过的虫卵，待寄生蜂羽化。

化学防治　绕受害区域外缘一周的地面喷洒农药，防治幼虫扩散转移；在树冠喷洒氧化乐果悬浮剂或其他有机磷农药；用溴氰菊酯或杀灭菊酯蘸乳胶画双环，毒死聚集在树上的幼虫。

诱杀　用黑光灯或信息素诱集成虫，集中捕杀。

参考文献

洪学, 1997. 栎黄枯叶蛾的发生与防治 [J]. 河南林业 (2): 45.

刘永华, 阎雄飞, 章一巧, 等, 2013. 栎黄枯叶蛾羽化及生殖行为研究 [J]. 应用昆虫学报, 50(5): 1253-1259.

任作佛, 1957. 陕西栎黄枯叶蛾 (*Trabala vishnou* Lefebure) 之初步记述 [J]. 西北农学院学报 (2): 103-110.

同长寿, 1966. 栎黄枯叶蛾的生活习性与防治初步研究 [J]. 昆虫知识 (2): 96-97.

王金玉, 2007. 沙棘栎黄枯叶蛾的防治 [J]. 中国林业 (19): 52.

周祖基, 杨伟, 杨春平, 1992. 栎黄枯叶蛾卵寄生蜂的调查 [J]. 四川林业科技, 13(2): 49-52.

（撰稿：高瑞贺；审稿：骆有庆）

栎镰翅小卷蛾　*Ancylis mitterbacheriana* (Denis et Schiffermüller)

一种危害麻栎、栓皮栎等的食叶害虫。英文名 ancylis oak moth。鳞翅目（Lepidoptera）卷蛾总科（Tortricoidea）卷蛾科（Tortricidae）新小卷蛾亚科（Olethreutinae）恩小卷蛾族（Enarmoniini）镰翅小卷蛾属（*Ancylis*）。国外分布于俄罗斯、欧洲。中国分布于山东。

寄主　麻栎、栓皮栎、青冈、苹果、鹅耳枥。

危害状　以幼虫卷叶危害，受害叶片沿主脉纵卷，形成满树“饺子”叶。

形态特征

成虫　体长7～10mm。翅展：雄虫18～22mm，雌虫18～27mm。颜面和下唇须灰白色；触角灰褐色，基部夹杂有白色环，雄虫63节，雌虫69节。柄节较粗大，长鞭节亚节的3倍。下唇须上举，第二节膨大，末端尖，为灰褐色。前翅狭长，顶角明显突出，与缘毛上的花纹一起，呈镰刀形。前翅灰白色，有褐色斑；前缘由基部至顶角由灰白色和褐色相间的平行线组成钩状纹；自中室上缘向下，由褐色鳞片组成“W”形斑；后翅、足和腹部灰白色。

卵　扁椭圆形，初产时鲜红色，后变成深红色，孵化前暗灰色。

幼虫　老熟幼虫体长13～15mm。头部褐色，胸腹部黄白色。前胸背板有6块漆状斑，气门上方的2块大，具4~5个边角；背中线两侧靠后缘的2块次之，略呈“弯月”形；前方的2块小而圆。体节毛瘤明显，中、后胸背面的4个毛瘤排成单列，其上各生2根刚毛；各腹节背面的4个毛瘤排成梯形，前窄后宽，各生1根刚毛。

蛹　长7.5～9.5mm。暗棕色，胸部有1条浅色的背中线。腹末端具钩状臀棘12根，其中肛孔两侧各2根。翅芽达第四腹节，后足与翅芽等长，触角等其余附肢均短于翅芽。各节有明显的白色刚毛。

生活史及习性　山东1年发生1代，11月以老熟幼虫在所卷叶片内越冬。翌年1月下旬开始化蛹，2月中旬进入化蛹盛期，蛹期34天。3月初即见成虫，10日左右进入羽化盛期。3月下旬麻栎花芽刚刚吐露芽鳞时卵粒初见，枝芽开始萌发时卵大量出现。4月上旬麻栎早萌枝芽抽出3～4片幼叶时卵进入孵化盛期。10月中下旬幼虫老熟，11～12月随其卷叶脱落于地面（仍在卷叶内）越冬。成虫多自树枝的基部向上爬行过程中产卵，至顶端转换产卵枝。卵单粒散产。卵期13～17天，平均15天。初孵幼虫沿枝迅速爬行到新抽出或正在萌动的幼嫩枝芽、花芽时，钻于芽鳞下，吐少量丝，然后剥食幼枝的皮层或在叶芽、花芽内串食。初孵幼虫经11～14天进行第一次蜕皮。蜕皮后继续隐藏在芽鳞下危害，多数转移到刚刚展放1/3的嫩叶上，在叶缘向内卷1小室危害。三龄以后的幼虫，则将叶片沿中脉纵折，吐丝“缝合”成1长2.5cm、宽1cm的虫室危害，一片叶有多达3个虫室者。1头幼虫一生卷2～4个叶片，转移时多趋向上部较嫩的叶片。

防治方法

物理防治　在成虫发生期，进行灯光诱杀。

营林措施　每年1～2月清除林间枯枝落叶。

化学防治　发生重的林分，可在幼虫孵化盛期使用40%氧化乐果乳油1500～2000倍液、75%辛硫磷乳油2000倍液、50%敌敌畏乳油1000倍液进行树冠喷雾。

参考文献

董彦才, 朱心博, 1990. 栎镰翅小卷蛾的生物学特性及发生 [J]. 昆虫知识 (3): 153-154.

刘友樵, 李广武, 2002. 中国动物志：昆虫纲　第二十七卷　鳞翅目　卷蛾科 [M]. 北京：科学出版社.

（撰稿：李喜升、赵世文；审稿：嵇保中）

L

栗苞蚜 *Phylloxera castaneivora* (Miyazaki)

一种危害板栗的重要害虫。英文名 chestnut phylloxera。半翅目（Hemiptera）根瘤蚜科（Phylloxeridae）根瘤蚜属（*Phylloxera*）。国外分布于日本、韩国。中国分布于辽宁、山东、浙江。

寄主 日本栗和板栗。目前记载在日本、韩国及中国辽宁危害日本栗，在浙江危害板栗，在山东同时危害日本栗和板栗。

危害状 初期主要在当年生枝叶和雌花取食，在栗苞形成后转到苞刺基部群居，受害苞刺和栗苞表面变黄，直至褐色干枯；部分受害栗苞在果实未成熟时就提前开裂，栗苞蚜随即迅速转入栗苞，在其内壁和坚果上危害，受害坚果表面变为褐色，果皮干枯开裂，种子易发霉腐烂（图3）。

形态特征

无翅孤雌蚜 体型小，体长0.87～1.02mm，体宽0.53～0.62mm。活体黄褐色，体背瘤灰黑色。玻片标本黑褐色，头部和胸部分节不明显，头胸部宽大，长度之和大于腹部，且向腹部渐细，呈倒梨形。腹部背片Ⅵ～Ⅷ背斑黑色；背片Ⅵ背斑小，不连续；背片Ⅶ、Ⅷ背斑连接为宽横带。体表布满鳞片状突起和发达的背瘤。背瘤分布于头部、胸部和腹部节Ⅰ～Ⅵ，头部有背瘤5～6对，前胸有中、侧、缘瘤各2对，中胸和后胸分别有中、侧瘤各1对、缘瘤2对，腹部背片Ⅰ有中、侧、缘瘤各1对，腹部背片Ⅱ～Ⅵ有中、缘瘤各1对；背瘤在头胸部为短棒状，长0.05～0.07mm，宽0.02mm，长为触角节Ⅲ最宽直径的2.50～3.50倍，在腹部逐渐缩小过渡到半球状；背瘤表面有粗刺突。仅前胸和中胸各有1对圆形或卵圆形气门，关闭，气门片黑色隆起，表面有鳞片状突起。体背毛少，短小，不明显。复眼由3个小眼面组成。触角粗短，3节，各节表面粗糙，节Ⅲ有粗瓦纹；全长0.18～0.22mm，为体长的18%～24%，节Ⅲ长0.10～0.12mm，触角毛短，节Ⅰ～Ⅲ毛数：0或1，0或1，0～2根，末节鞭部顶端有极短毛2或3根；节Ⅲ毛长0.03～0.05mm，为该节最宽直径的1.50～2.50倍；节Ⅲ端部有原生感觉圈1个。喙粗长，端部达腹部节Ⅰ～Ⅲ，喙节Ⅳ＋Ⅴ粗楔状，长0.10～0.12mm，为基宽的3.17～4.00倍，为后足跗节Ⅱ的2.11～3.14倍；有毛2对。足各节正常，粗短，跗节Ⅰ毛序：2，2，2。爪间毛锤状，细长。无腹管。尾片小，半圆形，有毛2根。尾板半月形，有毛6～9根，生殖板宽椭圆形，有毛13～17根。有产卵器（图1、图2）。

生活史及习性 在中国不同地区发生世代数不同，在辽宁凤城和山东1年可发生10余代，在浙江松阳1年发生13～15代。同时，在中国不同地区，越冬卵孵化期亦存在差异，在辽宁凤城，4月下旬至5月上旬越冬卵开始孵化；在浙江松阳，5月上旬始见越冬卵孵化；在山东日照栗树展叶期，即4月中旬，栗苞蚜越冬卵开始孵化为干母。干母在树干或枝条隐蔽场所栖息，产卵孵化后，若蚜从树皮和枝条的缝隙处迁移到雌花和幼果上危害。随着果实膨大，栗苞蚜在栗苞刺基部群居危害。从7月中下旬开始，蚜虫发育速率迅速加快，产卵部位多在栗苞基部和侧面外刺基部。在8～9月，每周可完成1代。9月中下旬，性母开始产下雌、雄性卵，发育成的雌雄性蚜开始交配、产卵及越冬，完成1个年生活史。

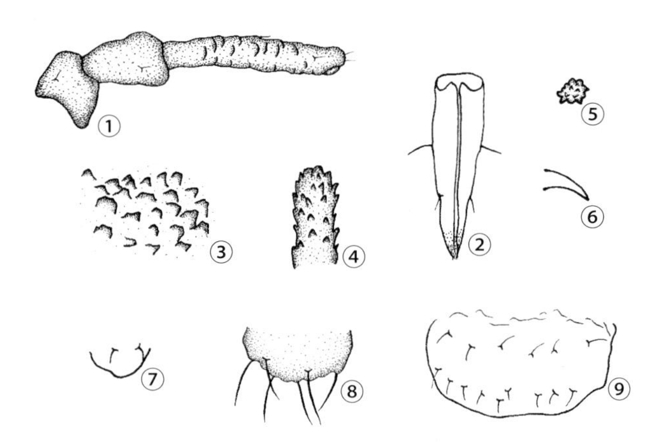

图1 栗苞蚜（姜立云绘）

无翅孤雌蚜：①触角；②喙节Ⅳ＋Ⅴ；③体表突起；④头部背瘤；⑤腹部背瘤；⑥爪间毛；⑦尾片；⑧尾板；⑨生殖板

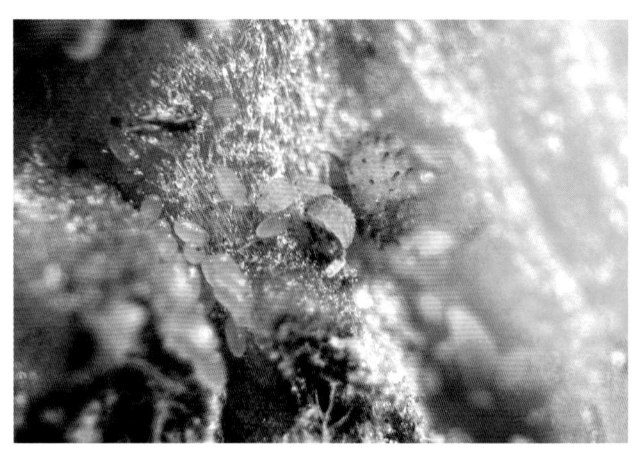

图2 栗苞蚜群聚（郑方强、刘勇摄）

图3 栗苞蚜危害状（姜立云摄）

防治方法 释放瓢虫、猎蝽和草蛉等捕食性天敌。

参考文献

姜立云，黄晓磊，梁金培，等，2006. 重要林业害虫——栗苞蚜

(同翅目：根瘤蚜科)的形态特征及其危害 [J]. 动物分类学报，31(2): 272-276.

王兴亚，姜立云，梁金培，等，2014. 栗苞蚜的生活习性及其防治对策 [J]. 植物保护学报，41(6): 692-698.

(撰稿：姜立云；审稿：乔格侠)

栗等鳃金龟 *Exolontha castanea* Chang

一种主要危害甘蔗根部的地下害虫。鞘翅目（Coleoptera）金龟科（Scarabaeidae）鳃金龟亚科（Melolonthinae）等鳃金龟属（*Exolontha*）。在中国主要分布于广西、海南、广东等甘蔗种植区。

寄主 目前田间只发现危害甘蔗。

危害状 栗等鳃金龟主要以幼虫在地下危害甘蔗根部。秋植蔗地，取食甘蔗种茎和根须，造成蔗苗枯死；春植蔗和宿根蔗地，主要取食蔗根和蔗头，造成出蔗叶枯黄、蔗株矮小、倒伏、枯死等症状，蔗株可用手轻易拔起（图1）。严重地块甚至失收，对甘蔗的产量、糖分和宿根年限影响巨大。

图1 栗等鳃金龟幼虫危害状（商显坤提供）

形态特征

成虫 体长21～25mm，雌虫比雄虫略大。全身栗褐色，密被绒毛，头、前胸背板、小盾片及翅基中央杂布长短异色绒毛，长绒毛颜色与体色一致；唇基长大，略近半圆形，前缘微弧形；触角鳃片部较长大壮实，雌雄均为7节组成，下颚须末节长大，末端圆尖；前胸背板侧缘密列钝锯齿形缺刻，缺刻中无毛；小盾片略呈三角形，末端圆尖，无中纵线；鞘翅纵肋较矮弱，缝肋疏列长毛，翅缘无膜质边饰；臀板长大近梯形，两侧上方有浅弱圆坑，下部中央凹陷，雄虫端缘中央微凹缺，雌虫端缘无中凹；雄虫腹下中央区域明显凹陷变平，雌虫腹部饱满平滑；前胫节外缘3齿明显，基齿弱；后足跗节第一节短于第二节，爪发达，前爪齿短小呈三角形（图2①）。

卵 椭圆形，初产时乳白色，长1～2mm。孵化前卵粒膨大2～3倍，颜色微微呈红褐色，可清楚看见幼虫一对褐色上颚（图2②）。

幼虫 共3龄，老熟幼虫体长40～45mm，头宽5.5～6.4mm，头部黄褐色，虫体密布黄褐色刚毛。肛腹片后部覆毛区中间有两列刺毛，由短锥状刺毛组成，每列12～20根，两列间相距较近，两列间近于平行（图2③）。

蛹 裸蛹，黄褐色，长23～28mm，体宽9～12mm。雄蛹臀节腹面可见膨大隆起的阳基，雌蛹臀节腹面平坦（图2④）。

生活史及习性 在广西1年发生1代，以老熟幼虫越冬。12月以后幼虫下移到土表以下20～40cm深处筑室越冬，翌年3月中旬气温回暖后逐渐开始化蛹，4月中旬至5月中旬成虫羽化，4月下旬至6月下旬成虫夜间出土活动，5月中下旬为出土高峰期。成虫不为害甘蔗，具有较强的趋光性。卵堆产，卵期10～15天，幼虫6月中下旬出现，三龄以后进入暴食期，9～11月是为害盛期，严重时蔗头全被吃空，蔗株倒伏严重，每公顷幼虫可达上百万头。

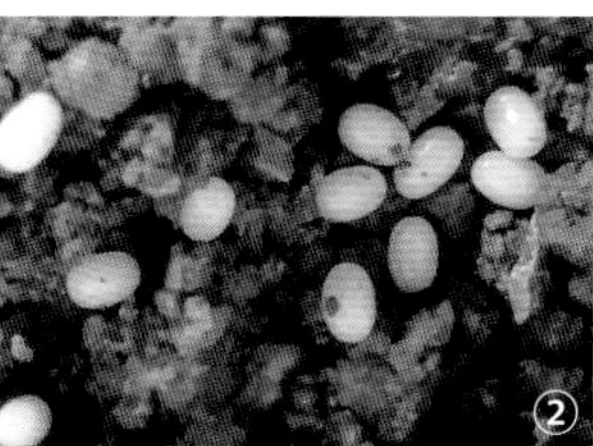
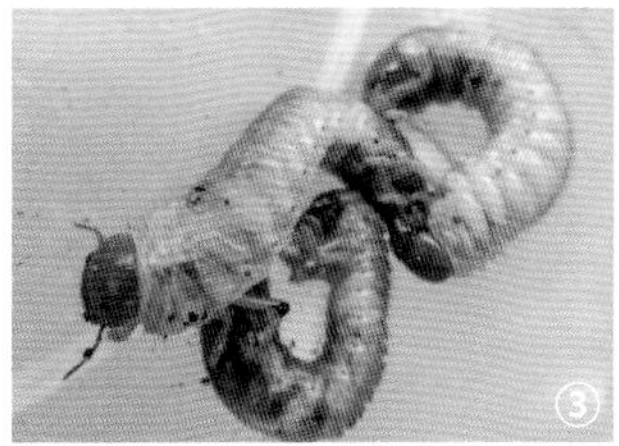

图2 栗等鳃金龟各虫态（商显坤提供）

①成虫；②卵；③幼虫；④蛹

防治方法

农业防治 不留宿根的蔗地应在3月之前，采用大型拖拉机进行深耕深翻，翻地深度应达30cm以上，再用旋耕耙细耙一次，可把越冬虫体直接杀死或翻出土壤表面便于人工捡拾、动物捕食和鸟禽啄食。另外，进行合理轮作，甘蔗可与金龟子的非寄主作物轮作，阻断其食物来源，降低虫源基数。水田蔗地可实行甘蔗与水稻轮作；旱坡蔗地可实行甘蔗与豆科、麻类等作物轮作。有引水条件的蔗地，在甘蔗砍收后引水浸田7天左右，可淹死越冬幼虫。

物理防治 在成虫发生期（4～6月），田间大面积连片设置黑光灯、频振式杀虫灯或LED灯等灯光诱杀工具，每1～2hm^{2}设置1台，坡地可适当提高设置密度，挂灯高度离地面2m左右，定期收集诱虫集中销毁。

生物防治 利用金龟子绿僵菌、球孢白僵菌和苏云金杆菌等微生物农药，在甘蔗种植和中耕培土时拌土撒施。

化学防治 主要针对低龄幼虫进行施药防治，在甘蔗种植和中耕培土时，施用高效低毒，药效期长，具有触杀、胃毒作用的颗粒剂，如毒死蜱、辛硫磷、杀虫单、噻虫胺等单剂或复配药剂。

参考文献

龚恒亮，安玉兴，2010. 中国糖料作物地下害虫 [M]. 广州：暨南大学出版社.

黄诚华，王伯辉，2014. 甘蔗病虫防治图志 [M]. 南宁：广西科学技术出版社.

雷仲仁，郭予元，李世访，2014. 中国主要农作物有害生物名录 [M]. 北京：中国农业科学技术出版社.

商显坤，黄诚华，欧阳静，等，2016. 栗等鳃金龟在广西来宾蔗区的发生为害与防治建议 [J]. 植物保护，42(1): 193-196.

商显坤，黄诚华，王伯辉，2011. 我国化学防治甘蔗金龟子研究进展 [J]. 南方农业学报，42(10): 1229-1232.

王助引，周至宏，陈可才，等，1994. 广西蔗龟已知种及其分布 [J]. 广西农业科学 (1): 31-36.

王助引，周至宏，贤小勇，等，1995. 广西甘蔗害虫新记录种及其发生 [J]. 广西农业科学 (6): 276-277.

中国农业科学院植物保护研究所，中国植物保护学会，2015. 中国农作物病虫害 [M]. 3 版 . 北京：中国农业出版社 .

（撰稿：商显坤；审稿：黄诚华）

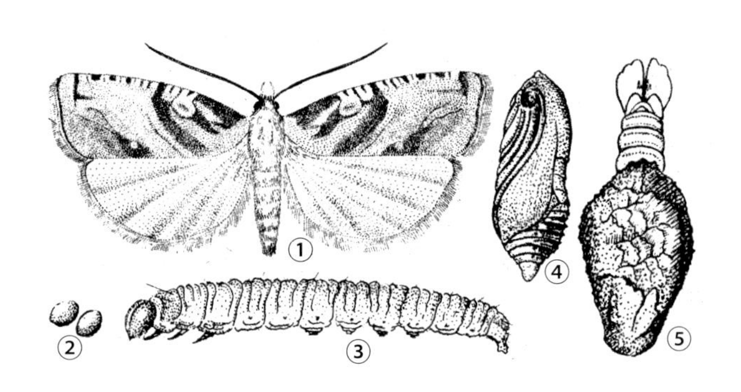

栗黑小卷蛾各虫态（①张培毅绘，②～⑤王化德绘）

①成虫；②卵；③幼虫；④蛹；⑤茧

栗黑小卷蛾　*Cydia glandicolana* (Danilevsky)

一种危害栎类果实的害虫。又名栎实小蠹蛾、栎实卷叶蛾、栗子小卷蛾、栗卷叶蛾、栗实蛾。鳞翅目（Lepidoptera）卷蛾总科（Tortricoidea）卷蛾科（Tortricidae）新小卷蛾亚科（Olethreutinae）小食心虫族（Grapholitini）小卷蛾属（*Cydia*）。国外分布于欧洲、朝鲜、韩国、日本。中国分布于黑龙江、吉林、辽宁、河北、山西、陕西、甘肃、宁夏、青海、山东、河南、江苏、浙江、安徽、江西、湖南、湖北、四川、重庆、广东。

寄主　粗齿蒙古栎、小叶青冈、栓皮栎、青冈栎、山毛榉、麻栎、板栗、枹栎、胡桃、榛。

危害状　幼虫取食栗果、雄花、叶、栗刺及栗壳。小幼虫蛀食果梗、栗包内壁，稍大后咬破种皮蛀入种内危害，排出短圆柱形灰白色虫粪，堆积在蛀孔外。果梗被咬断可使总苞在成熟前脱落，栗实被害后霉烂变质，不能食用，丧失发芽能力。

形态特征

成虫　体长 7～8mm，翅展 15～18mm。体灰色。前、后翅灰黑色，前翅近长方形，顶角下稍凹，前缘有几组大小不等的白色斜纹，以近顶角的 5 组最明显，后缘中部有 4 条斜向顶角的波状白条纹，各条纹之间界限不清楚，外缘内侧除肛上纹呈灰白色外，顶角之下和 4 条波状白条纹的外侧黑色成分较深。后翅和腹部灰褐色（图①）。

卵　近圆形，直径约 0.5mm，乳白色（图②）。

幼虫　老熟幼虫体长 10～13mm。头黄褐色。胸、腹部暗绿色。体上有褐色瘤。体节上的毛片色较深，前胸背板和胸足褐色（图③）。

蛹　长 6～8mm。腹节背面各具 2 排刺突，前排稍大于后排，赤褐色。腹节有瘤突，腹部末节有 6～8 根臀棘（图④）。

茧　褐色，纺锤形，以丝缀枯叶而成（图⑤）。

生活史及习性　辽宁、陕西 1 年发生 1 代，以老熟幼虫在落叶层内做白色丝质纺锤形茧越冬。5～6 月化蛹，6～7 月羽化。江苏 1 年发生 3 代，以蛹越冬，翌年 4 月上旬成虫羽化。广东 1 年发生 6 代。10 月下旬至 11 月，幼虫随被害果掉落地面后，幼虫继续取食栗肉，食完栗肉后则以干枯栗壳为食，并在栗壳内越冬。成虫 4 月羽化。第二代幼虫 5 月中旬开始出现。从第三代开始，幼虫大量取食栗果，在 7～10 月期间 24～31 天便可完成 1 个世代。成虫具弱趋光性，多在 22：00～24：00 交尾。交尾后约 24 小时开始产卵，卵散产在果实和叶片等部位，每雌产卵约 50 粒。幼虫取食栗果、雄花、叶片。危害栗果的幼虫在初龄阶段啃食栗苞刺和果皮，三龄后蛀入栗果内啃食果肉，并在被害果实的表面堆积灰色和褐色颗粒状虫粪，幼虫可转果危害 3～4 个栗果，有时还使栗苞脱落。9 月下旬至 10 月上旬，随着果实成熟，老熟幼虫脱果，潜入落叶层等隐蔽处做茧越冬。栗实采收时尚未脱果的幼虫继续在果实内为害，直至老熟后才脱果，寻找适当场所越冬。

防治方法

物理防治　在堆栗场上铺篷布或塑料布，待栗实取走后收集幼虫集中消灭，或用药剂处理堆栗场。

营林措施　危害程度与板栗品种有关，凡栗苞大、苞刺密而长、质地坚硬、苞壳厚的品种较抗虫，应选择栽培抗虫品种。果实成熟后及时采收，拾净落地栗蓬。栗树落叶后清扫栗园，将枯枝落叶集中销毁，消灭越冬幼虫。

生物防治　在板栗产区，用赤眼蜂防治栗子小卷蛾也有较好的防治效果。

化学防治　在成虫产卵盛期至幼虫孵化后蛀果前喷药防治。常用药剂有 50% 杀螟松乳油 1000 倍液，25% 亚胺硫磷乳油 1000 倍液，50% 敌敌畏乳油 1000 倍液，水胺硫磷 1000 倍液或氯氰菊酯 1500 倍液。

参考文献

黄汉杰，陈炳旭，廖海林，等，2005. 栗实蛾的发生及防治研究 [J]. 广东农业科学 (4): 64-66.

刘友樵，1987. 为害种实的小蛾类 [J]. 森林病虫通讯 (1): 30-35.

刘友樵，1988. 为害栗实的四种小蛾 [J]. 森林病虫通讯 (3): 49-50.

王化德，李桂和，1992. 栗黑小卷蛾 *Cydia glandicolana* (Danil)[M]// 萧刚柔 . 中国森林昆虫 . 2 版 . 北京：中国林业出版社：817.

章勇，2011. 栗子小卷蛾危害及综合防治技术 [J]. 现代农村科技 (11): 32.

朱涛，刘济军，2009. 栗实蛾生物学特性及防治技术研究 [J]. 陕西林业科技 (4): 65-67.

FUKUMOTO H, KAJIMURA H, 1999. Seed-insect fauna of pre-dispersal acorns and acorn seasonal fall patterns of *Quercus variabilis* and

Q. serrata in central Japan[J]. Entomological Science, 2(2): 197-203.

（撰稿：嵇保中；审稿：骆有庆）

栗黄枯叶蛾 *Trabala vishnou* (Lefèbure)

一种危害栎类等阔叶树的食叶害虫。严重危害时食尽被害林木叶片。又名青枯叶蛾。英文名 rose myrtle lappet moth。鳞翅目（Lepidoptera）枯叶蛾科（Lasiocampidae）黄枯叶蛾属（*Trabala*）。国外分布于印度、缅甸、斯里兰卡、巴基斯坦、日本。中国分布于广东、海南、福建、台湾、江西、浙江、云南、四川、陕西等地。

寄主 栎类、海棠、枫香、柑橘、柠檬桉、蒲桃等。

危害状 以幼虫取食叶片，形成孔洞、缺刻，严重危害时常将叶肉食尽，叶面残存主脉。

形态特征

成虫 雌体长 25～38mm，翅展 60～95mm，淡黄绿至橙黄色。翅缘毛黑褐色，内线黑褐色，外线波状、暗褐色，亚外缘线由 8～9 个暗褐斑组成，中室后 1 黄褐色大斑，腹末有黄白色毛丛。雄性黄绿至绿色，外缘线与缘线间黄白色，中室端 1 黑褐色点（图②③）。

卵 椭圆形，长 0.3mm，灰白色，卵壳表面具网状花纹。

幼虫 体长 65～84mm，雌被深黄色长毛，雄被毛灰白色。头部具深褐色斑纹，颅中沟两侧各 1 黑褐色纵纹。前胸盾中部具黑褐色"×"形纹，前胸两侧各具 1 着生 1 束黑长毛的黑疣突，体节两侧具黑疣，其上生有刚毛 1 簇，余者为黄白色毛（图①）。

蛹 赤褐色，体长 28～32mm。茧长 40～75mm，灰黄色，略呈马鞍形（图②）。

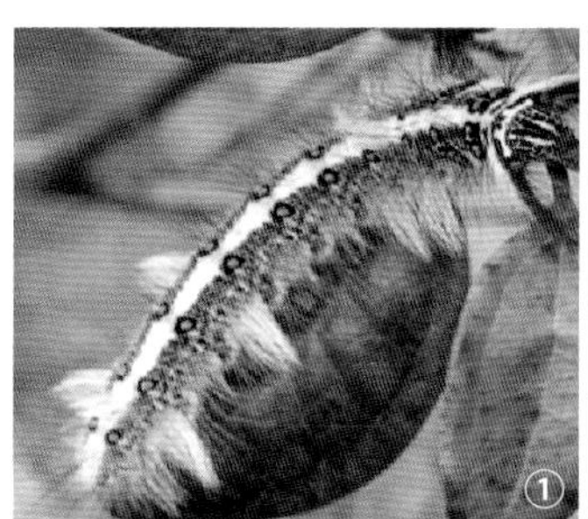

栗黄枯叶蛾幼虫、茧及成虫（李孟楼提供，③引自张润志）

①幼虫；②茧及绿色型成虫；③黄色型成虫

生活史及习性 在广州 1 年 3～4 代，最末 1 代发生于 11 月上旬；在台湾 1 年 4 代，海南 1 年 5 代，无越冬蛰伏现象；在山西、陕西、河南 1 年 1 代，以卵越冬。在中国南方雄性幼虫 5 龄、历期 30～41 天，雌性 6 龄、历期 41～49 天；在中国北方幼虫期 80～90 天，7 月开始老熟后在枝干上结茧化蛹，蛹期 9～20 天，7 月下旬至 8 月羽化。初孵幼虫群集取食叶肉，受惊扰吐丝下垂，二龄后分散取食。成虫昼伏夜出，飞翔能力较强，有趋光性。卵多产于枝条或树干上，每雌蛾平均产卵 327 粒。

防治方法

人工除虫 冬春剪除越冬卵块集中处理，发生期捕杀幼虫，也可利用黑光灯诱杀成虫。

生物防治 幼虫期选喷白僵菌粉剂、Bt 乳剂，或核型多角体病毒。

化学防治 幼虫期可选喷灭幼脲Ⅲ号、溴氰菊酯、吡虫啉、甲维盐・噻嗪酮。

参考文献

李飞广, 2013. 3 种药剂对柑橘栗黄枯叶蛾的防治效果 [J]. 浙江农业科学 (11): 1456-1458.

萧刚柔, 李镇宇, 2020. 中国森林昆虫 [M]. 3 版. 北京: 中国林业出版社: 827-828.

杨志荣, 刘世贵, 伍铁桥, 等, 1991. 栗黄枯叶蛾核型多角体病毒的分离与鉴定 [J]. 中国病毒学, 6(4): 376-378, 399.

（撰稿：李孟楼；审稿：张真）

栗实象 *Curculio davidi* (Fairmaire)

一种危害板栗的重要害虫。又名板栗象鼻虫、栗蛆、栗象。鞘翅目（Coleoptera）象虫科（Curculionidae）象甲属（*Curculio*）。中国分布于辽宁、北京、河北、江苏、浙江、安徽、山东、河南、陕西、湖北、湖南、江西、福建、广东、云南等地。

寄主 板栗、茅栗、锥栗。

危害状 幼虫食害板栗子叶，种子常在短时间内被食一空，并可诱致菌类寄生，引发霉烟病，致采收后难以贮存运销。

形态特征

成虫 体长 6～9mm，雄虫略小。体黑色，鞘翅小有纵沟 10 条，由点刻组成。前胸与头部连接处、鞘翅近肩角处及臀角处均有 1 个白色斑或纹，此种斑纹均为白色鳞片所构成。

卵 长约 1.5mm，椭圆形，初产时透明，近孵化时呈乳浊色，一端透明。

幼虫 老熟幼虫体长 8.5～12mm，乳白至淡黄色，呈镰刀形弯曲，体多横皱，疏生短毛。

蛹 长 7～11mm，灰白色。

生活史及习性 中国北方地区大多 2 年 1 代。安徽宁国（安徽东南部）1～2 年 1 代。1 年 1 代跨 2 年发生率 27.7%～45.5%，2 年 1 代跨 3 年的发生率 44.5%～72.3%，均以幼虫在土中越冬。云南永仁1年1代。2年1代者，以幼虫在土内越冬。第三年6～7月在土内化蛹。成虫最早于7月上旬羽化，最迟于10月上旬羽化。8月（即板栗成熟前1个多月）方出土。9月为产卵盛期。幼虫在种子内生活约1个月，9月下旬至11月上旬，老熟幼虫陆续离开种子入土越冬。在北方实生栗园，该虫发生数量与采收是否及时以及脱粒地点、脱粒方法有关。管理粗放，采收不及时或不彻底的，散落的种子内幼虫发育老熟后均就地入土。

板栗总苞上的针刺长短、疏密因品种而异，长度10～21mm，刺束有硬软、疏密、直立、斜生之分。刺束长而密的品种，成虫的喙不易透过，因而品种间被害率有较大的差异。用不同品种接种结果，成虫喜在刺束短、稀疏、球肉薄的品种上取食和产卵。

防治方法

加强管理　北方栗园应及时采收栗实，不使种子散落林地。对该虫发生基地——堆放栗苞的晒场，于6月上、中旬前深翻15cm，破坏幼虫土室，消灭该虫于化蛹前，可以大幅度降低林内虫口。

选育优良品种　推广成熟期早的'处暑红'、丰产质佳抗虫的'焦杂'等优良品种。

化学防治　成虫期施用50%杀螟硫磷乳油。灭幼脲类杀虫剂对栗实象虽无直接杀伤作用，但能抑制其产卵和子代卵的孵化。也可用苏云金杆菌与少量氨基甲酸脂类农药"万灵"复配防治栗实象。

参考文献

陈吉忠，徐速，1987. 剪枝栗实象的生物学特性及其防治研究[J]. 华中农业大学学报(1): 18-25.

郭从俭，梁振华，杨玉珍，等，1965. 栗实象鼻虫的防治研究[J]. 林业科学，10(3): 239-246.

孙绍芳，2003. 利用粉拟青霉菌防治板栗剪枝象和板栗二斑栗实象研究[J]. 云南林业科技(2): 57-59.

吴丽芳，2011. 栗实象的生育规律、危害及防治措施初步研究[J]. 安徽农学通报，17(2): 95-96.

吴益友，杨剑，谢普清，等，1999. 灭幼脲类杀虫剂防治栗实象试验[J]. 森林病虫通讯，18(4): 7-10.

吴益友，杨剑，刘先葆，等，2001. 栗实象甲成虫生物学特性及无公害防治[J]. 湖北林业科技(2): 27-31.

萧刚柔，李镇宇，2020. 中国森林昆虫[M]. 3版. 北京：中国林业出版社.

杨有乾，司胜利，王高平，等，1995. 信阳地区板栗主要害虫防治技术研究[J]. 河南林业科技(1): 8-11.

中国科学院动物研究所，1986. 中国农业昆虫[M]. 北京：农业出版社.

（撰稿：范靖宇；审稿：张润志）

栗新链蚧　*Neoasterodiaspis castaneae* (Russell)

危害栗类植物的东亚蚧虫。又名栗链蚧、栗树柞链蚧、栗新栎链蚧。英文名chestnut pit scale。半翅目（Hemiptera）蚧总科（Coccoidea）链蚧科（Asterolecaniidae）新链蚧属（*Neoasterodiaspis*）。国外无记录。中国分布于北京、河北、山东、江苏、江西、浙江、安徽、湖北、湖南、福建、广西、陕西。

寄主　板栗、锥栗、丹东栗。

危害状　雌成虫和若虫群集在主干、枝条和叶片上吸汁危害。当年生新梢受害后表皮皱缩干裂，以至干枯死亡；枝干受害后表皮下陷，凹凸不平；叶片受害后出现淡黄色斑点，重者提早脱落。受害植株树势衰弱，产量下降，甚至幼树整株枯死。

形态特征

成虫　雌成虫蜡壳（见图）近圆形，直径约1.0mm，黄绿色或黄褐色，透明或半透明，有光泽；背面稍隆起，有3条不明显的纵脊；体缘有粉红色的刷状蜡丝；虫体梨形，黄褐色；触角退化成小突起，足全缺。雄蜡壳长椭圆形，长约1mm，宽约0.5mm，淡黄色，有1条明显的纵脊；体缘蜡丝粉红色；雄成虫长0.8～0.9mm，淡褐色；触角丝状，10节；单眼2对，黑色；翅白色透明；交尾器长，突出于腹端。

卵　椭圆形，粉红色，近孵化时暗红色。

若虫　一龄若虫扁椭圆形，触角6节，足和口器发达，末端着生1对细长毛。初期淡绿色，固定后暗红色。二龄若虫触角退化，足消失。

雄蛹　圆锥形，褐色。

生活史及习性　山东青岛1年1～2代，河北、江西、湖北、江苏、浙江、福建1年2代，广西隆安1年4代，均以受精雌成虫在枝干上越冬。在江西南昌2代区，翌年4月中、下旬为越冬代雌成虫产卵盛期，4月下旬至5月上旬为卵孵化盛期，6月中旬为第一代成虫羽化盛期，7月上中旬为产卵盛期，7月中旬为孵化盛期，8月中旬为第二代成虫羽化盛期，10～11月以受精雌成虫越冬。两性生殖。雌虫交尾后10～15天开始产卵，卵产在蜡壳下母体后，每雌平均产卵25～30粒。若虫孵化后，从蜡壳后端开口爬出，寻找合适部位固定、寄生。雄虫多群集在叶片背面，雌虫则多定居在树皮薄的主干、枝条及嫩梢上。嫁接树比实生苗受害重，郁闭度大的林分发生数量多。

栗新链蚧雌成虫蜡壳（武三安摄）

天敌主要为红点唇瓢虫（*Chilocorus kuwanae* Silvestri）。

防治方法

检疫防治 严格检疫制度，防止该蚧随苗木、接穗人为传播。

化学防治 早春栗树萌芽前，喷洒 3～5 波美度的石硫合剂，杀死越冬代雌成虫。若虫爬行期可利用吡虫啉可湿性粉剂喷雾。

参考文献

陈彩贤，1999. 广西板栗新害虫——栗链蚧 [J]. 中国南方果树，28 (4): 44-45.

黄锡辉，刘印官，臧瑞臣，等，1993. 栗新链蚧研究报告 [J]. 山东林业科技 (2): 35-37.

吴晖，杨祖敏，叶剑雄，等，1999. 栗链蚧生物学特性及其防治试验 [J]. 华东昆虫学报，8 (1): 47-51.

肖正东，1989. 栗链蚧的发生规律及防治 [J]. 安徽林业科技 (2): 29-30.

薛东，1994. 湖北板栗树新害虫——栗新链蚧 [J]. 中国果树 (2): 33-34.

袁昌经，1980. 栗链蚧研究初报 [J]. 昆虫知识，17 (2): 68-70.

（撰稿：武三安；审稿：张志勇）

栗雪片象 *Niphades castanea* Chao

一种危害壳斗科栗属植物的害虫。又名板栗雪片象。鞘翅目（Coleoptera）象虫科（Curculionidae）雪片象属（*Niphades*）。中国分布于江西、河南、陕西、甘肃等地。

寄主 板栗、油栗、茅栗。

危害状 成虫和幼虫均能危害，成虫取食板栗花序、栗苞、嫩芽、嫩枝、叶柄等，幼虫蛀食栗苞、栗实，切断栗实的水分和养分输导组织，造成栗苞提前脱落。其危害常致板栗大幅减产，严重可达 60% 以上。

形态特征

成虫 体长 9～11mm，宽 4.5mm。栗褐色。成虫体长 7.0～10.5mm，暗褐色，被黄白色鳞片。头部和喙散布粗刻点，喙黑色，较粗，喙与体长之比约为 1：4；触角着生于喙端部 1/3 处，红褐色，膝状，11 节，柄节约为触角总长的 1/2，末端 3 节棒状。前胸黑色，宽略大于长，两侧拱圆，前后缘略突出，密被珠状瘤，中间前半端有明显的隆线。鞘翅浅黑褐色，密被黄白色鳞片，在基部 2/3 形成黄白色小斑点、端部 1/3 形成黄白色大斑，每鞘翅上各有 10 条黑色纵沟；行纹窄浅，密具刻点，行间 3、5、7 各有一行较大的瘤。腹部和足密被黄白色毛状鳞片，腿节端部 1/3 处鳞片密集成环，腿节后端 1/3 有一钝齿。

幼虫 体长 8.0～12.5mm，体肥胖，乳白色，略呈"C"形弯曲。

生活史及习性 河南 1 年 1 代。以幼虫在落地栗苞的栗实内越冬。翌年 4 月上旬开始化蛹，经 20 天左右，于 4 月下旬开始羽化。6 月下旬开始交尾、产卵。7 月上旬卵开始孵化，9 月底至 10 月中旬被害栗实内越冬。成虫羽化后，暂时在栗实内不动，随后向外咬孔钻出，飞到树上取食嫩枝皮层，白天潜伏于叶面隐蔽，傍晚活动最盛，受惊即坠地假死。卵散产，多产在栗实基部周围刺束下的栗苞上，一般 1 个栗苞产卵 1 粒。每个雌虫产卵 3～35 粒。幼虫孵化后，先在栗苞刺束基部取食苞肉，随后蛀入栗实基部取食，造成栗苞脱落。8 月底至 9 月初，栗苞落地最多。栗苞落地后，幼虫即在栗实内取食，危害至 9 月底，开始在其中越冬。

防治方法

入工防治 冬春季节，彻底拾净落地栗苞，集中处理。

化学防治 成虫在树上活动时，喷洒丙锈磷·辛硫磷乳油灭杀。

参考文献

程良勤，1988. 板栗雪片象的生物学特性及防治研究 [J]. 林业科技通讯 (11): 11-14.

程义明，林彩丽，张彦龙，等，2020. 板栗雪片象成虫夏季活动习性研究 [J]. 中国森林病虫，39(3): 16-19.

河南省新县陡山河公社板栗科研组，1979. 板栗雪片象的初步研究 [J]. 昆虫知识 (6): 255-256.

萧刚柔，李镇宇，2020. 中国森林昆虫 [M]. 3 版 . 北京：中国林业出版社 .

肖云丽，张帆，徐艳霞，等，2017. 两种板栗重要蛀果象甲鉴别研究 [J]. 植物保护，43(4): 104-109.

杨有乾，李秀生，1982. 林木病虫害防治 [M]. 郑州：河南科学技术出版社 .

赵养昌，陈元清，1980. 中国经济昆虫志：第二十册 鞘翅目 象虫科（一）[M]. 北京：科学出版社 .

（撰稿：马苗；审稿：张润志）

栗肿角天牛 *Neocerambyx raddei* Blessig

一种严重危害辽东栎、蒙古栎、板栗等壳斗科植物的钻蛀类害虫。又名栗山天牛、高山天牛。英文名 deep mountain longhorn beetle。鞘翅目（Coleoptera）天牛科（Cerambycidae）天牛亚科（Cerambycinae）肿角天牛属（*Neocerambyx*）。国外分布于俄罗斯、朝鲜、日本等地；中国分布于黑龙江、吉林、辽宁、内蒙古、河北、山东、陕西、山西、河南、安徽、江苏、上海、湖北、湖南、江西、贵州、四川、云南、浙江、福建、广东、台湾、海南等地。

寄主 辽东栎、蒙古栎、板栗、锥栗、茅栗、栓皮栎、麻栎、青冈栎、乌冈栎、槲栎等。

危害状 以幼虫在树木主干、大侧枝内蛀食为害，危害期长达 3 年。刚孵化的小幼虫先钻入树皮下危害，排出细小的锯末状粪，随着幼虫长大，蛀入木质部的虫道不断扩大，幼虫在树干内蛀食多条不规则的纵向虫道；在侵入孔周围堆满白色锯末状粪便，危害严重时被害树下可见成堆褐色虫粪和木屑。严重危害造成树势衰弱，风折断头，甚至枯死（图 1）。

形态特征

成虫 体长 35～65mm，宽 8～15mm，雌虫个体一般比雄虫个体稍大。体黑褐色，被棕黄色短绒毛。两复眼间有一条纵沟延长至头顶，在头顶端深凹。触角黑色，11节，第一节粗大，第三节较长，约等于第四、五节之和；第七至十节呈棒状，每节端部膨大，内侧无刺，外侧无明显的边缘、凸起或棱角。雌虫触角的长度一般不超过体长，而雄虫触角的长度约为体长的1.5倍。前胸背板有不规则横皱纹，鞘翅两侧缘近平行，有皱纹，但无侧刺突，翅端缘呈圆弧形，内缘角生尖刺（图2、图4）。前足基节窝开放。

幼虫　圆筒形，体乳白色，常具细毛。老熟幼虫体长60～70mm，前胸宽12～15mm，背板浅黄色。前胸背板前缘具2并列的淡黄色"凹"字纹（图3）。

生活史及习性　在辽宁、吉林为3年1代，跨越4个年度。有每三年才出现一次成虫的特殊现象。以东北林区为例，以幼虫在树干中越冬，成虫6月下旬至7月上旬开始羽化，并啃食树皮，靠吸食树液补充营养，7月中旬为羽化盛期，7月上旬开始产卵。7月下旬卵开始孵化为幼虫。当年10月上旬开始越冬。翌年4月越冬结束开始活动，蜕皮1～2次，到10月上旬越冬；直到第四年5月下旬开始化蛹。成虫有群集习性，雄虫有多次交尾现象。成虫趋光性强。

防治方法

营林措施　清理林地内的有虫植株。对重度受害已失去挽救价值的林分，进行皆伐。

物理防治　成虫出现期夜晚用黑光灯于山脊处进行诱捕，白天人工捕捉群聚的成虫。

生物防治　释放花绒寄甲，成虫羽化前一年的下半年和当年的上半年是防治最佳时期。

化学防治　可采用多种化学药剂，在成虫期喷洒、产卵处涂药、封堵虫孔、注射药剂等方法进行防治。

参考文献

陈世骧，谢蕴贞，邓国藩，1959. 中国经济昆虫志：第一册　鞘翅目　天牛科[M]. 北京：科学出版社.

蒋晓萍，李怀业，2007. 栗山天牛的综合防治[J]. 中国林业(7): 46.

骆有庆，路常宽，陈洪俊，等，2005. 需要引起重视的林木害虫——栗山天牛[J]. 植物检疫，19(6): 354-356.

唐艳龙，王小艺，杨忠岐，等，2014. 白蜡吉丁肿腿蜂过冷却点和其防治栗山天牛幼龄幼虫研究[J]. 中国生物防治学报，30(3): 293-299.

图1 栗肿角天牛典型危害状（骆有庆课题组提供）

①幼虫危害状；②树干内部虫道

图2 栗肿角天牛成虫（任利利提供）

图3 栗肿角天牛幼虫（骆有庆课题组提供）

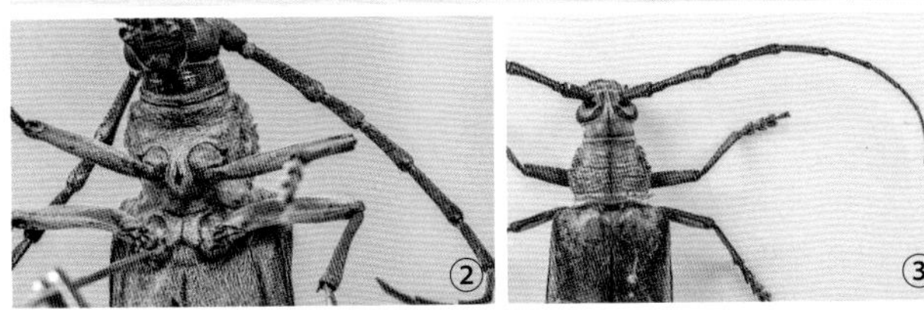

图4 栗肿角天牛成虫（任利利提供）
①雄虫；②示前足基节窝开放；
③示触角每节端部膨大，内侧无刺，外侧无明显的边缘

萧刚柔，李镇宇，2020. 中国森林昆虫 [M]. 3 版 . 北京：中国林业出版社 .

MIROSHNIKOV A.I. 2020. The longicorn beetle tribe Cerambycini Latreille, 1802 (Coleoptera: Cerambycidae: Cerambycinae) in the fauna of Asia. 12. Some remarks on the genera *Neocerambyx* J. Thomson, 1861 (=*Bulbocerambyx* Lazarev, 2019, syn. n.) and *Massicus* Pascoe, 1867, stat. resurr. // Russian entomol. J. 29(1): 73-82.

（撰稿：任利利；审稿：骆有庆）

楝白小叶蝉 *Elbelus melianus* Kuoh

发生普遍且常年为害严重的苦楝重要害虫。英文名 melia azedarach leafhopper。半翅目（Hemiptera）叶蝉科（Cicadellidae）小叶蝉亚科（Typhlocybinae）白小叶蝉属（*Elbelus*）。中国分布于安徽、江苏、浙江、湖北、四川、江西、贵州、湖南、广东、广西、上海等地。

寄主 楝树、大麻、苘麻、棉花。

危害状 被害叶片由苍白变红褐色乃至焦枯，往往提早落叶，加速树势衰老。成虫产卵于寄主枝干组织中，因刺破表皮，常造成大量失水，造成植株衰弱或死亡。

形态特征

成虫 雄虫体长 3.1mm，雌虫体长 3.5mm。头冠、前胸背板、小盾片黄白色。头冠宽短，稍向前宽圆突出，前、后缘近平行，有 1 对黑色圆斑，冠缝贯穿头冠全长。前胸背板略宽于头部，侧缘微向侧后方斜伸，后缘平直，表面具细密横皱；小盾片横刻痕略弧曲，基部有 1 黑色圆斑，端部有横皱。颜面额唇基区、前唇基区、胸足浅黄色，颊区与胸部腹面黄白色，中胸腹面具黑褐色斑块。腹部黑褐色，雌虫色淡或呈黄褐色，其中雄虫下生殖板基部大半与前一腹板亦为黄褐色，雌虫产卵器与尾节腹缘及前二腹板黄白至淡黄色。前翅白色近于透明，前缘长圆形蜡区明显，端缘区微烟黄色。

卵 卵产在枝、干皮层内。产卵时先将产卵针斜插入皮层，再产 1 粒卵，可连续产卵 10～25 粒。

若虫 共 5 龄。各龄若虫均善在叶背取食和栖息，不善跳跃，触动身体只横行躲避。

生活史及习性 在南昌每年发生 1 代，主要以卵在寄主 2 年生树皮层内越冬，少数在当年生枝条和幼树主干越冬。越冬卵于 4 月中旬开始孵化，4 月下旬是孵化高峰期，到 5 月中旬结束。成虫于 5 月下旬开始羽化，6 月上旬为羽化盛期，6 月下旬为羽化末期；成虫产卵始、盛、末期分别为 6 月中旬、6 月下旬至 7 月上旬和 7 月下旬。卵期约 10 个月。

成虫多在早晨和上午羽化，在叶背栖息和取食。有趋光性。羽化后 15～18 天开始交配，多在日出至 10：00 前进行，以 6：00～7：30 最盛，阴天或小雨天气可全天交配。交配后 5 天开始产卵，产卵时间多在 6：00～9：00，阴天全天可见少数成虫产卵，雨天不产卵。

防治方法 一、二龄若虫盛发期，可用 25% 吡蚜酮可湿性粉剂和 24% 氰氟虫腙悬浮剂、氟氯氰菊酯、啶虫脒等对楝白小叶蝉进行防治，防治效果都在 95% 以上。

参考文献

葛钟麟，1992. 为害楝树的一叶蝉新种 [J]. 安徽农学院学报，19(2):120-122.

宋月华，2007. 中国斑叶蝉族分类研究 [D]. 贵阳：贵州大学 .

詹根祥，王建国，沈荣武，1995. 楝白小叶蝉生物学观察及防治 [J]. 昆虫知识，32(6): 349-350.

（撰稿：袁忠林；审稿：刘同先）

两色青刺蛾 *Thespea bicolor* (Walker)

中国南方竹类植物的重要食叶害虫。大发生时将竹叶吃光，严重时可造成竹子枯死。又名两色绿刺蛾。鳞翅目（Lepidoptera）有喙亚目（Glossata）异脉次亚目（Heteroneura）斑蛾总科（Zygaenoidea）刺蛾科（Limacodidae）青刺蛾属（*Thespea*）。国外分布于缅甸、印度、尼泊尔、巴基斯坦、泰国、越南、印度尼西亚。中国分布于上海、浙江、江西、河南、湖北、湖南、福建、广西、重庆、四川、云南、陕西、台湾。

寄主 毛竹、石竹、木竹、斑竹、篱竹、苦竹、撑篙竹、唐竹、茶。

危害状 被害竹叶缺口整齐。一片竹叶食尽后，常十余条幼虫头尾相接，单行排列转移至另叶取食，爬行后留下银色有光的黏液，干后久久不褪。

形态特征

成虫 雌虫体长13～19mm，翅展37～44mm；雄虫体长14～16mm，翅展30～34mm。下唇须棕黄色。头顶、前胸背面绿色，腹部棕黄色，末端褐色较浓。雌虫触角丝状，雄虫栉齿状，末端2/5为丝状。复眼黑色。前翅绿色，前缘的边缘、外缘、缘毛黄褐色，在亚外缘线、外横线上有2列棕褐色小斑点，外横线上2点较大，亚外缘线上可见4～6小斑点。后翅棕黄色。前、中足胫、跗节外侧褐色，余为黄色。雄性外生殖器：爪形突长三角形，末端粗短喙形；颚形突端部长钩状，末端尖；阳茎端基环的背突只有抱器瓣长度的1/2；抱器端长角形突内侧只有1个齿形突（图①）。

卵 椭圆形，长径1.5mm，短径1.2mm，扁平。初产时淡黄色，渐变乳白色，较透明。卵块鱼鳞状排列，上有透明薄膜。

幼虫 老熟幼虫体长26～32mm。黄绿色，背线青灰色，略紫，较宽，体背每节刺瘤处有1个半圆形墨绿色斑，镶入背线内，共8对。亚背线蓝绿色，在每节刺瘤下方各有黑点1个，亚背线上及气门线上方各有刺瘤1列。前胸节无刺瘤与头部同缩于中胸下，中后胸及第一、七、八腹节刺瘤上枝刺特别长。第八、九腹节各着生黑色绒球状毛丛1对，每个毛丛外有棕红色刺瘤1个（图②）。

蛹 体长12～16mm，初化时乳白色，后渐变为棕黄色。后足跗节露出前翅芽，腹部气门可见3对，体背各节上半段着生很多褐色小刺钩组成的宽带，腹末圆钝。茧椭圆形，长15～21mm。茧两层，外层疏松，灰褐色，上方截形，中间有1个圆形小孔；内层胶质，硬脆，褐色，上方有1个6mm左右的平盖，盖上方内外茧层之间有较大空隙（图③）。

生活史及习性 在江苏、浙江1年1代，福建西北部1年发生2代，广东1年3代，均以老熟幼虫于土下茧内越冬。1年1代的于5月上、中旬羽化，6月上旬成虫初见。在江苏6月中旬为产卵盛期；幼虫危害期自6月中旬到8月下旬，8月中旬老熟幼虫离竹入土结茧越冬。在浙江成虫期长达3个月，在竹林中成虫出现有两个高峰，即7月初和7月底，8月下旬成虫终见。卵经6～10天孵化，幼虫经38～52天老熟，11月中旬竹林中幼虫终见。在广东各代成虫出现期分别为4月中旬到5月下旬，6月下旬到7月下旬，9月上旬到10月上旬。幼虫取食期分别为4月下旬到6月中旬，7月上旬到8月下旬，9月上旬到11月上旬。各虫态历期为卵5～7天，幼虫33～37天，蛹23～29天，成虫寿命4～9天。以第一代危害较重。

成虫从16：00开始羽化，23：00结束，以18：00～20：00羽化最多，占60%。成虫白天静伏，晚上活动，傍晚及黎明前最活跃；有趋光性，以雄成虫扑灯为多，扑灯时间为19：00～23：00，以21：00～22：00最多。成虫羽化后当晚或次日晚交尾，时间多在23：00和4：00，成虫均只交尾1次，历2小时左右。交尾后雄成虫不久死亡。雌成虫次日或隔日产卵。卵以单行或双行呈鱼鳞状排列产于竹叶背面中脉两边，每块有卵16～36粒，偶有5、6粒的，最多可达百余粒，每雌一生可产卵8～12块，共120～340粒。成虫寿命4～8天，雌成虫产卵后即死亡。

在浙江卵经8～10天、广东5～7天孵化。初孵幼虫群聚于卵壳旁停息，不久即可取食竹叶下表皮，使竹叶形成白膜而死；二龄幼虫仍以孵自原卵块的幼虫群聚或分为2～3个集团群聚取食，幼虫喜食新竹竹叶。二、三龄幼虫取食全叶，常十余头幼虫并列于叶背，头向叶尖，一同取食和后退，致被害竹叶缺口整齐。二至四龄幼虫食完一片竹叶后，常十余条幼虫头尾相接，单行排列于竹枝、秆，转移至另叶取食，爬行后留下银色有光的黏液，干后久久不褪。四龄幼虫分散取食，食叶量增大，1条幼虫1天可取食1片竹叶；末龄幼虫1天可食5片竹叶。幼虫一生食叶量，广东第一代为350cm^2，末龄幼虫食量占78%；江苏为440cm^2，末龄幼虫占50%。幼虫8龄，幼虫历期广东为33～37天，江、浙为40～60天。四龄后幼虫对异常天气有适应能力，气温高时常停息于竹秆阴处，特别是遇到风雨、气温下降时更为常见；如遇台风，幼虫大量下地，躲避于地面竹根附近枯枝落叶下，天晴再上竹取食；也有提前入土结茧的，但越冬死亡率较高。幼虫老熟停食约1天后沿竹秆爬至地面，少数从竹叶上坠落地面，在2～4cm深处土内结茧。

防治方法

人工防治 在幼虫群集危害期人工捕杀。

两色青刺蛾形态（张培毅摄）

①成虫；②幼虫；③茧

灯光诱杀　成虫羽化期于 19：00～21：00 用灯光诱杀。

生物防治　卵期捕食性天敌有中华草蛉，幼虫期捕食性天敌有中黄猎蝽；寄生性天敌有小室姬蜂、一种绒茧蜂和核多角体病毒等，应注意加以保护和利用。

化学防治　幼虫发生期，可用 1.2% 苦参碱・烟碱烟剂 15kg/hm2、白僵菌粉剂 400 亿含孢 /g 或苏云金杆菌可湿性粉剂 16000IU7.5kg/hm^2 进行防治；或竹腔内注射 40% 氧化乐果乳油 3～5ml/ 株。

参考文献

蔡荣权 , 1983. 我国绿刺蛾属的研究及新种记述 (鳞翅目 : 刺蛾科)[J]. 昆虫学报 , 26(4): 437-447.

曹光明 , 2005. 两色绿刺蛾生物学特性及发生规律 [J]. 华东昆虫学报 , 14(1):14-16.

伍建芬 , 黄增和 , 陈社好 , 1984. 两色绿刺蛾初步研究 [J]. 竹子研究汇刊 , 3(2): 120-125.

萧刚柔 , 1992. 中国森林昆虫 [M]. 2 版 . 北京 : 中国林业出版社 : 782-783.

许奶铃 , 2017. 三种生物药剂对两色绿刺蛾的防治试验 [J]. 林业勘察设计 , 37(3): 74-76.

张占平 , 刘玉茂 , 2011. 竹腔注射 40% 氧化乐果乳油防治两色绿刺蛾试验初报 [J]. 湖南林业科技 , 38(1): 34-36, 52.

SOLOVYEV A V, 2014. *Parasa* Moore auct. Phylogenetic review of the complex from the Palaearctic and Indomalayan regions (Lepidoptera, Limacodidae)[M]. Proceedings of the Museum Witt 1: 1-240.

SOLOVYEV A V, WITT T J, 2009. The Limacodidae of Vietnam[M]. Entomofauna, Supplement 16: 33-229.

（撰稿：李成德；审稿：韩辉林）

辽梨喀木虱　*Cacopsylla liaoli* (Yang et Li)

一种主要危害梨树的重要害虫。又名辽梨木虱、梨梢木虱。半翅目（Hemiptera）木虱科（Psyllidae）喀木虱亚科（Cacopsyllinae）喀木虱属（*Cacopsylla*）。中国分布于辽宁、山西、河北、甘肃。

寄主　秋子梨、白梨、洋梨。

危害状　成虫刺吸嫩枝和叶的汁液，叶片受害严重时产生失绿斑块，甚者枯黄早落；若虫刺吸 1～3 年生枝条和芽的汁液，导致发芽迟缓，甚至枯死。此外，若虫分泌大量蜜露，将相邻叶片黏合在一起，叶片受害后发生大块枯斑，造成早期落叶时，受蜜露污染的果面产生锈斑，在多雨季节易引发霉菌，降低果面光洁度，影响品质。

形态特征

成虫　体黑褐色，雄虫体长 2.6～2.8mm，雌虫 3.11～3.17mm；头顶黑色，头顶中央、后缘黑褐色；颊锥黑色；单眼黄色，复眼棕褐色；触角黄色，第六节端褐色，第七至十节黑色。胸部黑褐色；前胸背板、中胸前盾片、盾片中央褐色，小盾片褐色。足黄褐色，前中足跗节、后足腿节背面黑褐色。前翅污白色，后半部黑褐色，近半透明，翅脉黄色；后翅污黄褐色，后半淡褐色。腹部黑褐色，各节后缘黑褐色。

卵　长 0.40～0.43mm，略呈椭圆形，基部具短柄牢固刺入叶组织内。初产淡黄白色，渐变淡黄色。

若虫　共 5 龄。初孵若虫体长 0.35～0.4mm，扁平、淡黄白色，生白色长毛；老龄若虫体长约 2.1mm，淡橙色或黄绿色，复眼红色；体背有 2 纵列黑斑，翅芽黑色；腹部一至三节淡红色；体与足上均生有白色刚毛。

生活史及习性　1 年发生 2 代，以二龄若虫越冬。日平均气温 - 6～- 3°C、日最高气温达 2°C以上时，越冬若虫即可出蛰活动取食；花芽膨大时，若虫陆续转移到芽基部和芽鳞内栖息危害；4 月中旬梨初花期开始羽化为成虫，直至 4 月底，成虫羽化后 2～4 天开始交尾、产卵。第一代卵期 8～10 天，若虫期 30～40 天，6 月中旬至 7 月中旬为成虫发生期；第二代卵期 7 天左右，初孵若虫在芽腋间取食危害，生长发育缓慢，直至 10 月下旬才陆续蜕皮，以二龄若虫越冬。

成虫白天活动，高温时较活跃，喜于叶背、叶柄及嫩枝上栖息危害，受惊扰作短距离飞行；成虫全天均可交配，卵散产在叶缘锯齿内，每个锯齿内产 1 粒卵，偶有 2～4 粒产在一起，少数产在叶柄和主脉上。若虫常数头聚在一起危害，在危害过程中，从肛门排出乳白色蜡质状黏稠液；若虫具有较强的耐低温能力。

防治方法

人工防治　清除果园枯枝、落叶，果树休眠期刮树皮，以减少梨木虱的越冬场所，降低越冬若虫数量。

天敌防治　充分发挥瓢虫、草蛉等天敌的自然控制能力。

化学防治　40% 氧化乐果（1000、1500、2000 倍）、2.5% 敌杀死（3000、4000、5000 倍）、20% 灭扫利（3000、4000、5000 倍）、20% 乐斯苯（4000、5000、6000 倍）、40% 菊杀合剂（5000、6500、8000 倍）等均对若虫有较好的防治效果，用药浓度不同，防治效果有一定的差异，施药后 3～4 天可达到最佳防治效果。

参考文献

李法圣 , 2011. 中国木虱志 [M]. 北京 : 科学出版社 : 864-865.

庞震 , 庞宇宏 , 1990. 辽梨木虱的观察 [J]. 植物保护学报 , 17(4): 365-368.

武秀娟 , 2005. 梨园两种梨木虱的发生规律与综合防治 [J]. 山西果树 (6): 51-52.

杨集昆 , 李法圣 , 1981. 梨木虱考—记七新种 (同翅目 : 木虱科)[J]. 昆虫分类学报 (1): 35-47.

（撰稿：侯泽海；审稿：宗世祥）

林昌善　Lin Changshan

林昌善（1913—2000），著名昆虫生态学家，北京大学教授，博士生导师，世界生产率科学院院士。

个人简介　1913 年 10 月 1 日出生于福建闽侯县（现福州）。1931 年考入燕京大学理学院，1935 年获理学学士学位，1938 年获理学硕士学位。硕士毕业后，任教于燕京大学生物学系。1941年太平洋战争爆发，燕京大学被封，林昌善转入中国大学和辅仁大学任教，历任讲师、副教授。1947年赴美国明尼苏达大学农学院昆虫生态学专业攻读博士学位，1951年获博士学位，响应国家号召，同年5月毅然回国。回国后，担任燕京大学生物学系教授兼系主任，1952年院系调整后，任北京大学生物学系昆虫生态学教研室主任教授、环境生物学及生态学教研室主任。

林昌善还曾担任中国环境科学研究院顾问、北京大学环境科学研究中心顾问，是首批享受国家政府津贴的专家；九三学社社员，曾当选为北京市政治协商会议第二、三、四届委员；曾任中国昆虫学会常务理事、中国动物学会第一届常务理事、中国生态学会第一至三届常务理事、北京市昆虫学会第一届理事长；1991年当选为世界生产率科学院院士；曾任《植物保护学报》《动物学报》《昆虫学报》《生态学报》《科学探索》《武夷科学》等学术刊物的编委、常务编委，《昆虫学译报》主编，《中国大百科全书·生物学》生态学分支副主编。

成果贡献 是中国生态学界和昆虫学界的“元老”之一，一生致力于昆虫学、生态学基础理论研究，并在晚年致力于生物学和人口理论研究。在20世纪30年代主要研究蟾蜍、雨蛙等生态学问题，后来研究果树害虫的防治，在积温法则、昆虫内禀增长力和动物种群数量变动等多方面做出了创造性成果，在国内首先发表了关于积温法则的文章。

从1958年开始研究中国农业生产的重要害虫——黏虫的生态学及其防治问题。他深入中国东北地区实地考察和研究，参与并提出了黏虫季节性远距离迁飞的假说。1959年早春，林昌善自带行李来到松花江畔巨源人民公社开展黏虫的研究。在整个生长季节里，他坚持夜间到野外观察黏虫的活动，白天走访和调查虫情，条件十分艰苦，就连温度计、湿度计、风向仪等设备都是因陋就简，亲自安排，做好合理设置。他日以继夜的工作，获得了大量宝贵的科学数据。通过这些数据资料，证实了虫季节性远距离迁飞的假说，从而揭开了“神虫”之谜。在这一研究过程中，他创造性地提出并应用了一系列科学的思路和研究方法，例如粘虫的标记回收技术，迁飞昆虫的海面观察、诱捕技术，并首次将昆虫迁飞与气象环流相联系，开创了中国迁飞害虫研究的新局面。根据这些研究结果，他连续在《昆虫学报》《植物保护学报》《北京大学学报》等刊物上发表了关于黏虫迁飞的一系列文章，为防治和预测黏虫的发生做出了极其重大的贡献。这一工作至今仍被国际学者所推崇。

林昌善（王戎疆提供）

与此同时，他还应用害虫生态学研究的新思想，对农田生态系统进行综合性研究，选择黏虫危害的主要作物—小麦，作为研究对象，借用现代科学方法和工具——系统分析和电子计算机对麦田生态系统进行模拟研究，并把人工智能与专家系统领域的成果技术引入到麦田生态系统的研究中。研制成功的麦田生态系统综合管理决策支持系统模型，把中国农作物病虫害综合防治工作推进了一大步。

当环境问题引起人类重视、环境科学研究兴起之际，林昌善又开展了环境科学的研究工作，探索新的研究领域。在国家环保局、北京大学的支持下，他于1983年率先在国内创办了第一个环境生物学及生态学专业，为发展国家的环境保护事业倾注了大量心血，并被聘为国家环境保护局顾问。

晚年对人口问题极为关注。他从生态学角度对中国人口控制问题提出了独到的见解，发表了多篇关于人口问题的论文，还在许多重要场合做过关于人口问题的学术报告，并在电视台疾呼控制人口，为中国人口控制提出了新的方案。

十分重视教学工作，他曾先后讲授过无脊椎动物学、普通昆虫学、昆虫分类学、经济昆虫学、动物生态学、昆虫生态学等多种课程。他在中国高等院校首先开设昆虫生态学课程，出版了《黏虫生理生态学》《害虫防治：策略与方法》《生物与环境》和《环境生物学》等专著，并参加全国高等院校《无脊椎动物学》《昆虫学》和《昆虫生态学》等教材的编写工作，主持翻译了《动物生态学》等。

对生态学的前沿方向有着非常敏锐的把握，大力提倡学科的交叉融合。20世纪70年代后，中国的生态学研究已经与国际同行隔绝多年，林昌善敏锐地抓住机遇，明确指出数学与计算机将在现代生态学中起到极其重要的作用。1978年研究生入校后，林昌善就要求他们一定要跟随数学系学习概率论与数理统计，到计算机系学习程序设计。那时北大只有一台晶体管的计算机，几十个布满晶体管的机柜排满北阁的第一层。当时计算机没有现在的存储方式，完全依靠在黑纸带上打孔，光电识别后读入。为了保存千辛万苦编制的程序和数据，每个研究生都要保存好几大盘打好孔的黑纸带。打孔时极易出错，林昌善总是亲自帮他们联系输入设备，千叮咛万嘱咐输入时小心仔细。研究生就是这样比较系统地掌握了计算机知识，并使计算机在国内生态学研究领域中很快得到了应用。林昌善早在1979年就积极与数学等其他专业的教授合作，将系统论、数理方法等引入生态学研究中，并在1980年左右即组织翻译新的国外教材，在北大率先开办全国数学生态学和现代生态学等学习班，为各大学培养了一批现代生态学人才。

所获奖誉 领导的黏虫越冬和迁飞规律研究项目于1986年获国家教委科技进步奖二等奖；他所主编的《黏虫

生理生态学》获1992年国家教委优秀图书特等奖；他所主持的华北麦田生态系统工程研究获国家教委三等奖。

性情爱好　对自然界中的一切都充满感情。他常在田间抓起一把黑油油的土，拿在手中朝向阳光，不停地说："有机质、腐殖质多丰富……"。调查途中多次见到求神免灾的"虫神庙"他都要细细观察，总是感慨地说：群众多么需要科学呀！亲切地教导我们不能忘记这一点。林昌善常说，我们从事生态学工作要多与生产实际结合，了解情况，了解国家的需求。他的这种在实践中发现理论问题，以理论解决实际问题的思想影响了数代北大学生和他的研究生。

参考文献

蔡晓明，许崇任，2015. 忆导师林昌善先生[C]// 北京大学生命科学院．北京大学生命科学九十年校友纪念文集．北京：北京大学出版社．

（撰稿：王戎疆；审稿：彩万志）

鳞翅目　Lepidoptera

鳞翅目为昆虫纲最著名的大目之一，包含各类飞蛾和蝴蝶，已知4亚目120余科160 000余种。绝大多数种为有喙亚目。完全变态发育。

鳞翅目成虫体型变化极大，从极小型到翅展超过30cm

图1　鳞翅目斑蛾科代表（吴超摄）

图2　鳞翅目尺蛾科代表（吴超摄）

图3　鳞翅目螟蛾科代表（吴超摄）

图4　鳞翅目凤蝶科代表（吴超摄）

图5　鳞翅目蛱蝶科代表（吴超摄）

图6　鳞翅目幼虫（吴超摄）

的大型昆虫。除一些原始类群外，鳞翅目成虫口器常具有长而卷曲的喙，由延长的下颚外颚叶形成，下唇须常保留，其他部分常常消失。复眼发达，半球形；单眼经常存在。触角多节，在飞蛾中常呈栉齿状，而在蝴蝶中呈棒状，一些种类的触角远长于体长。前胸小，背侧有成对的骨片，称为领片；中胸较发达，后胸较小。具2对翅，少数种类（尤其雌性中），翅可能退化甚至消失。翅常宽阔，被鳞片覆盖；前后翅通过翅缰、翅轭或简单的重叠来连锁。鳞翅目昆虫的翅的横脉数量很少，这些少量的横脉与纵脉构成较大的翅室，中室尤其显著。足为步行足，跗节具5分节，有时前足不同程度地退化。腹部10节，第九至十节特化成外生殖器。

鳞翅目昆虫的幼虫具有骨化的头壳。下口式或前口式，咀嚼式口器，通常在头壳上具6个侧单眼。触角短，3节。胸足5节，具单爪。腹部10节，有些腹节具短的腹足。下唇部常有丝腺，蛹为无颚被蛹，在原始类群中为离蛹。

鳞翅目昆虫的幼虫常为植食性，一些种有专一的寄主。植食性种类，除一些种类蛀干外，常以植物叶片为食。部分种类腐食、捕食性甚至寄生于半翅目昆虫体表；更特殊的情况包括啃食蜂巢，或成为蚂蚁的巢穴客居者等。鳞翅目幼虫多为陆生，仅少数种类为次生水生生活。成虫常以虹吸式口器取食液态食物，包括花蜜、植物汁液、腐烂有机体的渗出液等，少数种类会刺破果实吸食汁液甚至在动物创口处吸血。

L

参考文献

GULLAN P J, CRANSTON P S, 2009. 昆虫学概论 [M]. 3 版 . 彩万志 , 花保祯 , 宋敦伦 , 等 , 译 . 北京 : 中国农业大学出版社 : 237.

袁锋 , 张雅林 , 冯纪年 , 等 , 2006. 昆虫分类学 [M]. 北京 : 中国农业出版社 : 414-471.

郑乐怡 , 归鸿 , 1999. 昆虫分类学 [M]. 南京 : 南京师范大学出版社 : 805-881.

MITTER C, DAVIS D R, CUMMINGS M P, et al, 2016. Phylogeny and evolution of Lepidoptera[J]. Annual review of entomology, 62(1): 265-283.

（撰稿：吴超、刘春香；审稿：康乐）

刘氏长头沫蝉 *Abidama liuensis* Metcalf

一种吸食水稻汁液的局部地区偶发成灾的次要害虫。半翅目（Hemiptera）沫蝉科（Cercopidae）长头沫蝉属（*Abidama*）。该种为近年发现的一种危害水稻的害虫，其外形与稻赤斑沫蝉相似，常混合发生，容易混淆，致多年来并未引起重视。中国对此虫的研究较少，已知分布于安徽、浙江、福建、湖北等地，在安徽部分地区有发生危害的报道。

寄主 主要为水稻。

危害状 与稻赤斑沫蝉相似，以成、若虫刺吸水稻上部直立叶片汁液危害。危害初期多在叶尖，后沿叶缘迅速向下加长加宽扩展，中期除中脉绿色外全部枯黄，后期全叶枯黄，呈土红色。

形态特征

成虫 体长8～9mm。头胸黑色有光泽，前翅黑褐色，腹部深黄色，胸足胫节以下黑褐色。雄性头锥状强烈前伸，雌性则无。复眼紫褐色，小盾片三角形，中部隆起。前翅从爪缝下明显下陷，近基部有2个橙黄色斑，近端部有2个一大一小棒状橙黄斑。雌性体型较大，斑点颜色较深（见图）。

卵 初产淡黄色，后期变深，长0.8～0.85mm，扁椭圆形。

若虫 共5龄，一、二龄全体较透明，头胸部较小，淡褐色，复眼红色，腹部大，黄白色，无翅芽，长1.2～4.5mm；三龄头胸部较小，褐黄色，腹部橙色，4.5～5mm，有翅芽；四、五龄，头胸黑褐色，腹部橘红色，前后翅芽相平，向后形成“八”字形，长5.5～7.5mm（见图）。

生活史及习性 成虫多见于海拔500m以下的低山区，500m以上少见。海拔500m以下地区，成虫6月中旬始见，有2个发生高峰期，6月下旬至7月中旬的第一峰和8月中下旬的第二峰，10月上旬终见。成虫多集中在田埂边的稻株上刺吸上部叶片。上午栖息于稻田附近的草丛中，下午16：00后，田间虫量显著增加并频繁交尾，早晨飞到田边产卵，飞翔能力较稻赤斑沫蝉差，受惊后飞起。成虫一般在田埂边产卵，卵散产，每处3～9粒，雌虫怀卵量60粒左右。若虫多在田埂边3～10cm处的土壤中啃食草根，经常吐白色泡沫保持身体湿润；其入土较浅，对湿度的要求比稻赤斑沫蝉更为严格。雨后或大雾后，田埂上泡沫数量显著增加；干旱少雨，泡沫很少或无。五龄若虫傍晚爬到杂草丛中吐沫，形成向上的圆球形，直径为8～13mm，天亮前大部蜕皮完毕，此时成虫全身橘红色，前翅透明，8：00～9：00身体已完全变色，在泡沫上方形成一个圆孔，然后跳出至草丛中静伏，下午飞入田中。9月后蜕皮速度变慢，10月上旬大部分无法蜕皮或蜕皮后无法活动而困死在泡沫中。

防治方法 刘氏长头沫蝉的成虫发生期长，移动迅速，其若虫发生地相对集中，抵抗力较弱，并能产生指示目标——泡沫。因此，防治上应把重点放在若虫期。

农业防治 主要是清除杂草。5月上旬，铲除田埂上及埂边的杂草，并拔除高大梯田埂的石缝中杂草。6月上旬在泡沫经常出现的地方，再彻底清除1次。

药剂防治 系统调查杂草上的泡沫，掌握若虫虫情，在其盛发期用异丙威、敌敌畏、阿维菌素或甲维盐兑水喷雾防治，或采用草木灰加杀虫双等药剂撒施。

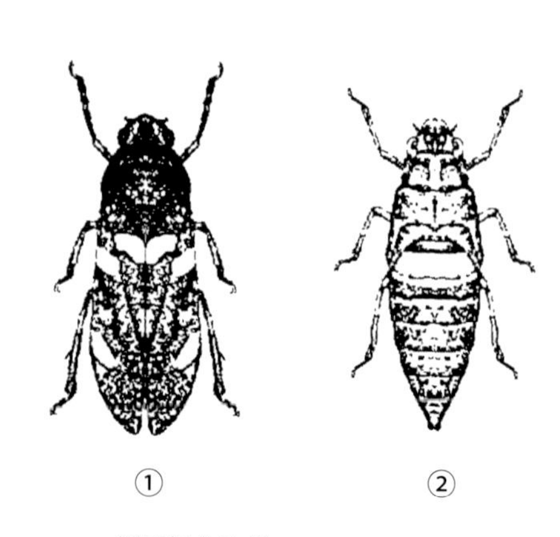

刘氏长头沫蝉（仿管叔其等）

①成虫；②若虫

参考文献

蔡凌，徐来杰，2001. 稻赤斑黑沫蝉和刘氏长头沫蝉的特征特性 [J]. 安徽农业科学，29(2): 185-186.

管叔其，张伯林，左言龙，1991. 稻赤斑黑沫蝉与刘氏长头沫蝉发生与防治的初步研究 [J]. 植物保护，17(3): 10-12.

管叔其，张伯林，左言龙，1991. 水稻害虫——刘氏长头沫蝉 [J]. 农业科技通讯 (7): 28.

周尧，吴正亮，1987. 长头沫蝉属种的记述——中国沫蝉科分类研究之一(同翅目：沫蝉科)[J]. 昆虫分类学报 (2): 101-105.

（撰稿：何佳春、傅强；审稿：张志涛）

琉璃弧丽金龟 *Popillia flavosellata* Fairmaire

丽金龟科的一种昆虫，是禾本科植物、棉花、果树的重要地下害虫。鞘翅目（Coleoptera）金龟科（Scarabaeidae）丽金龟亚科（Rutelinae）弧丽金龟属（*Popillia*）。国外分布于朝鲜、日本和越南。中国分布在辽宁、河南、河北、山东、江苏、浙江、湖北、江西、台湾、广东、四川、云南等地。

寄主 棉花、胡萝卜、草莓、黑莓、葡萄、玫瑰、合欢、菊科植物、玉米、小麦、谷子、花生等。

危害状 幼虫为害小麦、禾谷类作物的根，以及吸足水分的种子和种芽。成虫对棉花、花生等植物的花危害特别严重，影响植物授粉或者使其不结实。此外，成虫还取食苹果、葡萄、玉米、杨树等植物的嫩叶。

形态特征

成虫 体长 8～12mm，宽 4～8mm，体椭圆形，棕褐泛紫绿色闪光。头较小，唇基短阔梯形，前缘近横直，密布粗皱。前胸背板缢缩，背部隆拱，前侧角锐而前伸，后侧角圆钝。小盾片三角形，密布粗大刻点，小盾片后的鞘翅基部具深横凹。鞘翅扁平，背面有 5 条刻点沟，后部明显狭窄，臀板外露隆拱，刻点密布，有 1 对白毛斑块，腹部两侧各节有白色毛斑区（图 1①、图 2①）。

幼虫 体长 8～11mm，头宽 3.5～4.2mm，头长 2.4～3.1mm，每侧具前顶毛 6～8 根，形成一纵列，额前侧毛左右各 2～3 根。上唇基毛左右各 4 根（图 2②）。腹毛区的刺毛列由长针状刺毛组成，每列 5～8 根，两列刺毛呈八字形向后岔开，尖端相遇或交叉（图 1③、图 2③）。

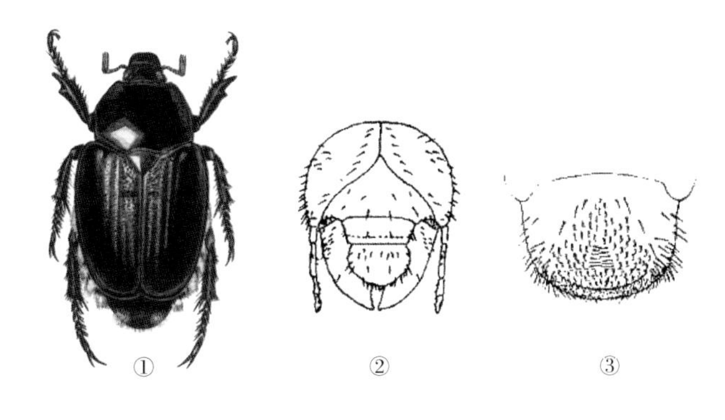

图 2 琉璃弧丽金龟成虫、幼虫形态特征

（①③仿刘广瑞等；②仿李素娟等）

①成虫；②幼虫头部正面观；③幼虫臀板腹面观

生活史及习性 1 年发生 1 代，以三龄幼虫在土中越冬。翌年 3 月下旬至 4 月上旬由越冬处上升到耕作层为害小麦等作物根部。4 月末化蛹，5 月上旬羽化，5 月中旬进入羽化盛期。6 月下旬羽化的成虫开始产卵，6 月下旬至 7 月中旬进入产卵盛期，卵历期 8～20 天，成虫寿命平均 40.5 天。一龄幼虫发育历期 14.2 天，二龄 18.7 天，三龄长达 245.8 天，蛹期 12 天。

成虫具假死性，趋光性弱，白天活动，9：00～11：00 和 15：00～18：00 为活动盛期，也是交配危害盛期。风雨天或低温时常栖息在花上不动，夜间入土潜伏或在树上过夜。成虫经取食后交配，喜在寄主的花上交配（图 1②），交配时间 20～25 分钟。卵产在 1～3cm 表土层，每粒卵外附有土粒形成的土球，球内光滑似卵室。卵乳白色，孵化前变为乳黄色，可见壳内浅褐色的上颚，幼虫多在 8：00～16：00 孵化，爬出卵壳 4 小时后开始咬食卵壳和土壤中有机质，10 天后取食根部，有的取食种子、种芽，三龄后进入暴食期。

防治方法

人力捕杀 利用成虫交尾持续时间长、受惊后假死等特点，组织人力捕杀成虫。

药剂防治

成虫防治：成虫数量较多时，可以喷施 40% 乐斯本乳油 1000 倍液，喷药时间为 16：00 以后，即金龟子活动危害时。

图 1 琉璃弧丽金龟（冯玉增摄）

①成虫；②成虫交尾；③幼虫——蛴螬

幼虫防治：药剂处理土壤。用50%辛硫磷乳油每亩200～250g，加水10倍喷于25～30kg细土上拌匀制成毒土，顺垄条施，随即浅锄，或将该毒土撒于种沟或地面，随即耕翻。

药剂拌种：用吡虫啉悬浮包衣剂进行拌种使用，残效期40天以上，还可兼治其他地下害虫。

农业防治

秋季作物收获后深翻土地，杀死蛴螬或使土壤中的蛴螬被天敌啄食。

合理施肥。不施未腐熟的农家肥料，以防金龟子产卵。对未腐熟的肥料进行无害化处理，达到杀卵、杀蛹、杀虫的目的。

参考文献

李素娟，王志民，武豫清，1995. 琉璃弧丽金龟生物学特性研究[J]. 植物保护，21(1): 30-31.

刘广瑞，章有为，王瑞，1997. 中国北方常见金龟子彩色图鉴[M]. 北京：中国林业出版社：29-48.

郑庆伟，郑越，2017. 蓝莓金龟类害虫的生活习性与防治措施[J]. 科学种养 (4): 34-35.

（撰稿：周洪旭；审稿：郑桂玲）

瘤大球坚蚧 *Eulecanium giganteum* (Shinji)

危害阔叶树木的球形蚧虫。又名枣大球蚧、枣大球坚蚧、瘤坚大球蚧、瘤坚淮球蚧。英文名giant globular scale。半翅目（Hemiptera）蚧总科（Coccoidea）蚧科（Coccidae）球坚蚧属（*Eulecanium*）。国外分布日本、俄罗斯远东地区。中国分布于内蒙古、山西、山东、河北、北京、安徽、河南、湖南、甘肃、新疆、陕西、宁夏等地。

寄主 枣、槐、榆、栾树、刺槐、核桃、栎、紫薇、苹果、悬铃木、合欢、文冠果、杨、柳等11科18属23种植物。

危害状 寄主受害后，生长势减弱，枝条干枯，严重时整株枯死。红枣受害后，产量下降。

形态特征

成虫 雌成虫中期鼓起成半球形，前半高突，后半斜而狭（见图）。背面红褐色，带有整齐的黑灰斑，计有1条中纵带，2条锯齿状缘带，中纵带与各缘带间又有8块菱形黑斑排列成1亚中列，花斑表面有毛绒状蜡被；至产卵后，全体硬化成黑褐色，红色消失，绒毛蜡被亦不见，此时体背除有个别凹点外，基本光滑呈亮黑褐色；体长18.8mm，宽18.0mm，高14.0mm；触角7节，第三节最长，第四节突然变细；足3对，均小但分节明显，腿节短于气门盘直径，胫节长为跗节长的1.3倍，胫、跗关节不硬化，跗冠毛和爪冠毛均细尖；气门路上五格腺约20个左右，排成1不规则列；缘刺尖锥形，稀疏1列，刺距为刺长的1～4倍不等，前、后气门凹间缘刺约37根；肛板周围体壁硬化，但无网纹或放射线，肛板2块，合成正方形，前、后缘相等，后角外缘有长、短毛各2根；多格腺分布腹面中区，尤以腹部为密集；大杯状管腺在体腹面亚缘区成带，较细的小杯状管腺见于胸

瘤大球坚蚧雌成虫（武三安摄）

部中区；背刺散布。雄成虫体长约2mm，头部黑褐色，中后胸红棕色，前胸和腹部黄褐色；触角10节；交尾器针状；腹末两侧各有1根白色长蜡丝。

卵 卵圆形，初产时乳白色，渐变为粉红色或橙色。

若虫 初孵时椭圆形，肉红色；触角6节；单眼红色；足发达；气门刺3根，腹末有2根长刺毛。一龄寄生若虫体扁平，草鞋状，淡黄褐色；体被白色透明蜡质。二龄若虫椭圆形，黄褐至栗褐色；触角7节；足发达；雄性体外被一层灰白色半透明呈龟裂状的蜡层，蜡壳附有少量白蜡丝。

雄蛹 长椭圆形，淡褐色，眼点红色。茧长卵圆形，毛玻璃状，边缘蜡丝整齐。

生活史及习性 1年发生1代，以二龄若虫在寄主的1～3年生枝条的下方、分杈或裂缝处群集越冬。在山西太原，翌年3月底4月初，越冬若虫出蛰危害，此时雌雄分化明显。4月中旬，雌虫蜕皮变为成虫，虫体迅速膨大，食量大增，并在取食的过程中排出大量蜜露。雄虫经预蛹和蛹期于4月下旬羽化。雌虫于4月下旬开始产卵，将卵产在腹下空腔。每雌产卵212～10921粒，平均6324粒。卵期约25天。若虫于5月下旬孵化后，由母体臀裂翘起处爬出，迁移至枝梢和叶片上寻找适宜位置固定刺吸危害，主要集中在叶片正面主脉两侧。若虫在叶片上发育至二龄后期，于10月上、中旬树叶脱落前，迁回枝条上越冬。近距离传播靠爬虫主动扩散或动物或风携带；远距离传播通过人为调运带虫的植物材料。

天敌主要有斑翅食蚧蚜小蜂［*Coccophagus ceroplastae*（Howard）］、球蚧花翅跳小蜂（*Microterys didesmococci* Shi, Si et Wang）及北京展足蛾（*Beijinga utila* Yang）等。

防治方法

检疫防治 把好产地检疫关，严禁带虫苗木、幼树、接穗向非疫区调运。

化学防治 早春树液萌动前，向枝干上喷洒3～5波美度石硫合剂，防治越冬若虫。若虫孵化爬行期，利用吡虫啉微胶囊悬浮液、*S*-氰戊菊酯喷雾。

参考文献

李占文，贾文军，乔生智，等，2002. 枣大球蚧的生物学特性及防治研究[J]. 宁夏农林科技 (4): 25-29.

石毓亮，吕建萍，1989. 大球坚蚧的形态及生物学研究 [J]. 山东农业大学学报，20 (1): 12-19.

席勇，1997. 枣大球蚧的发生和综合防治 [J]. 植物检疫，11 (6): 340-341.

谢孝熹，1985. 瘤坚大球蚧的初步研究 [M]. 林业科学，21 (1): 44-52.

谢映平，1998. 山西林果蚧虫 [M]. 北京：中国林业出版社：42-45.

（撰稿：武三安；审稿：张志勇）

柳蝙蛾 *Endoclita excrescens* (Butler)

一种危害水曲柳、糖槭等落叶乔木的钻蛀性害虫。鳞翅目（Lepidoptera）蝙蝠蛾科（Hepialidae）胫蝙蛾属（*Endoclita*）。国外分布于日本、前苏联等地。中国分布于黑龙江、吉林、辽宁、山东、湖北、河北等地。

寄主　水曲柳、糖槭、胡桃楸、山杨、暴马丁香、柳、刺槐、槐树、板栗、银杏、桦、栎、桐、苹果、梨、桃、樱桃、葡萄、枇杷、猕猴桃、山楂、杏、柿、石榴等。

危害状　该虫主要以幼虫钻蛀寄主树木的枝干为害，造成树势衰弱，重则风折。幼虫啃食虫道口周围的边材，虫道口常呈现出环形凹陷（图1），幼虫往往边蛀食，边用口器将咬下的木屑送出，虫道口有堆絮状木屑和幼虫排泄物，极易辨识。

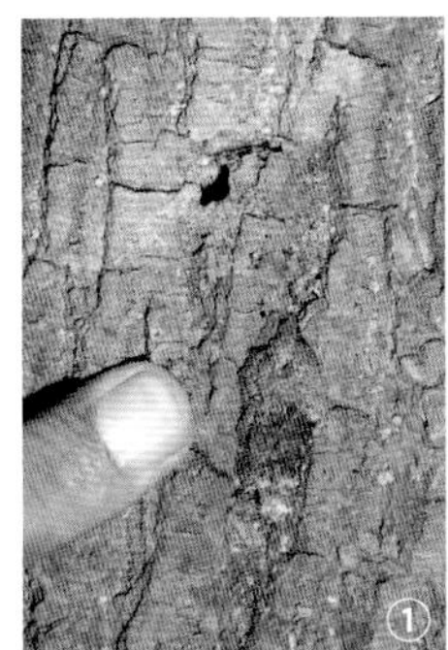

图1 柳蝙蛾典型危害状（骆有庆提供）

图2 柳蝙蛾成虫（孟庆繁提供）

图3 柳蝙蛾幼虫（骆有庆提供）

形态特征

成虫　体长35～44mm，翅展70mm左右。雄性较雌性色深，初羽化成虫由绿褐色到粉褐色变成茶褐色。触角短，线状。后翅狭小，腹部长大。前翅前缘有7枚近环状的斑纹，中央有一个深色稍带绿色的三角斑纹，斑纹外缘有两条宽的褐色斜带，前中足发达，爪较长，雄蛾后足腿节背面密生橙黄色刷状长毛，雌蛾则无。飞翔能力较弱，一般在20m左右。（图2）。

幼虫　体长一般44～57mm，头部蜕皮红褐色，以后变成深褐色，胴部污白色，圆筒形，体具黄褐色瘤突（图3）。

生活史及习性　多为1年1代，以卵在地面越冬或以幼虫在树干或枝条的髓心部越冬。卵于翌年5月中旬开始孵化，初龄幼虫以腐殖质为食，6月上旬向当年新发嫩枝转移为害，随即陆续迁移到粗的侧枝上为害，7月末开始化蛹，8月下旬开始出现成虫，9月中旬为羽化盛期。成虫羽化后就开始产卵。以卵越冬。部分后期孵化的幼虫或受其他干扰发育迟缓的个体则以幼虫越冬，翌年4月下旬开始取食继续发育，7月下旬开始羽化为成虫，随即产卵。

防治方法　除去蛀孔木屑，将粘有药剂小块的泥丸用竹签塞入孔内，用胶泥封口熏杀。引进苗木时，严格检疫，发现危害后应及时铲除。

参考文献

迟德富，孙凡，甄志先，等，2000. 柳蝙蛾生物学特性及发生规

律 [J]. 应用生态学报 , 11(5): 757-762.

温振宏 , 2003. 落叶松毛虫、柳蝙蛾的化学生态控制及无公害防治技术研究 [D]. 哈尔滨 : 东北林业大学 .

甄志先 , 迟德富 , 孙凡 , 等 , 2006. 柳蝙蛾危害对水曲柳木材性质的影响 [J]. 东北林业大学学报 , 34(3): 13-15.

NIELSEN ES, ROBINSON GS, WAGNER DL, 2000. Ghost-moths of the world: a global inventory and bibliography of the *Exoporia* (Mnesarchaeoidea and Hepialoidea)(Lepidoptera)[J]. Journal of natural history; 34(6): 823-878.

（撰稿：任利利；审稿：骆有庆）

柳毒蛾　*Leucoma salicis* (Linnaeus)

柳毒蛾各虫态（①②宗世祥提供，③④高瑞桐提供）
①成虫；②卵；③幼虫；④蛹

危害杨、柳的主要食叶害虫之一。又名雪毒蛾、黑柳毒蛾、柳叶毒蛾。英文名 satin moth。鳞翅目（Lepidoptera）目夜蛾科（Erebidae）雪毒蛾属（*Leucoma*）。国外分布于俄罗斯、蒙古、日本、朝鲜、欧洲西部、地中海、加拿大等。中国广泛分布于“三北”地区，以及山东、河南、陕西、江苏、浙江、江西、湖南、贵州等地。

寄主　主要危害杨、柳，其次危害白蜡、槭、榛、榆、白桦，也危害棉花、茶树、栎树、栗、樱桃、梨、梅、杏、桃等。

危害状　柳毒蛾一至二龄取食嫩叶上的叶肉，呈网状，四龄以后取食整个叶片，仅留叶柄和主脉。危害时将树叶取食殆尽，连年危害可造成树势衰弱，招致杨圆蚧、杨树甲虫等害虫及破皮病发生，致使枝梢干枯，树木成片死亡。

形态特征

成虫　中型蛾，体长 11～20mm，雄成虫翅展 35～45mm，雌成虫 45～55mm。全身着白色绒毛，稍具光泽；复眼圆形漆黑色；足白色，胫节和跗节有黑环。前翅稀布鳞片，前缘和基部微带黄色，鳞片宽阔，叶状，先端有齿 2～4 个，是柳毒蛾和杨毒蛾的鉴别特征（图①）。雌蛾触角为栉齿状，灰褐色或灰白色，主干白色；雄蛾触角为羽毛状，灰棕色或灰黄色，主干棕灰色。

卵　扁圆形，直径 0.8～1mm。初产时绿色，近孵化前为灰褐色。卵成堆或块状，上面覆盖白色胶质泡沫状分泌物（图②）。

幼虫　老熟时体长 28～41mm。头部黑色，有棕白色绒毛，额缝为白色纵纹，体背各节有黄色或白色接合的圆形斑 11 个，第四、五节背面各生有黑褐色短肉刺 2 个。除最后一节外，各节两侧横排棕黄色毛瘤 3 个，各毛瘤上分别着生长、短毛簇；体背每侧有黄或白色细纵带各 1 条，纵带边缘为黑色。胸足黑色（图③）。

蛹　体长 18～26mm。腹面黑色，背面第四、五节中间具黑褐色突起，体每节侧面均保留着幼虫期毛瘤的痕迹。腹部末端棘刺 1 簇（图④）。

生活史及习性　年发生代数因地而异，在内蒙古地区 1 年发生 1 代；在江西 1 年发生 2～3 代，以 3 代为主。以二、三龄幼虫在树皮裂缝、树洞、根部落叶和杂草中群居越冬。在内蒙古地区 9 月上旬开始下树越冬，翌年 5 月中旬开始陆续上树危害，6 月下旬开始化蛹，7 月中上旬见成虫和卵，7 月下旬幼虫破卵钻出，当年第二代幼虫 9 月末、10 月初开始越冬。刚孵化的幼虫多群集于卵块上或其附近，停留时间与气温有关。幼虫昼夜都能取食，但以白天为主。一、二龄幼虫群居，取食嫩叶叶肉，当一片叶肉取食完毕或受惊时迅速吐丝下垂，随风迁移他处。二龄后分散活动，没有吐丝下垂习性。蜕皮前吐灰色薄丝做一小槽，虫体缩短，蜕皮后停 2～4 小时，再行取食。老龄幼虫靠爬行觅食。幼虫具有扩迁性和耐饥能力，断食 5 天重新饲喂仍能生长发育。成虫飞翔能力较弱，羽化约 6 小时后就开始交尾。成虫有趋光性，多在夜间交配，雌虫交尾 1 次，交后 2～12 小时开始产卵，大多产于树干表皮、枝条、叶背面等处。

防治方法

人工防治　在幼虫群集化蛹时，可及时加以清除。

诱捕法　包括黑光灯诱捕、性信息素诱捕。

生物防治　可采用柳毒蛾 NPV 病毒或苏云金杆菌喷雾防治等。

化学防治　高密度发生的紧急情况下，可用化学防治，必要时喷洒 5% 来福灵乳油或 20% 杀灭菊酯乳油 3000 倍液。

参考文献

刘振清 , 王孝卿 , 王世启 , 等 , 1995. 柳毒蛾生物学特性的初步研究 [J]. 森林病虫通讯 (3): 18-19.

陆文敏 , 1992. 杨毒蛾 *Stilpnotia candida* Staudinger[M]// 萧刚柔 . 中国森林昆虫 . 2 版 . 北京 : 中国林业出版社 .

水生英 , 李镇宇 , 徐龙江 , 2020. 雪毒蛾 [M]// 萧刚柔 , 李镇宇 . 中国森林昆虫 . 3 版 . 北京 : 中国林业出版社 .

L

宋青山，张秀莲，桂家增，等，2000. 柳毒蛾 NPV(内蒙株) 防虫效益分析 [J]. 内蒙古林业科技 (S1): 49-51.

徐龙江，1992. 柳毒蛾 *Stilpnotia salicis* (Linnnaeus)[M]// 萧刚柔 . 中国森林昆虫 . 2 版 . 北京 : 中国林业出版社 : 1110-1111.

徐志鸿，2017. 如何防治雪毒蛾 [J]. 农村实用技术 (7): 43-44.

杨虎，陈超，赵荷兰，等，2014. 柳毒蛾繁殖生物学的初步观察 [J]. 应用昆虫学报，51(1): 264-270.

（撰稿：张苏芳；审稿：张真）

柳黑毛蚜 *Chaitophorus saliniger* Shinji

一种危害柳树的重要害虫。英文名 sallow leaf black aphid。半翅目（Hemiptera）蚜科（Aphididae）毛蚜亚科（Chaitophorinae）毛蚜属（*Chaitophorus*）。国外分布于俄罗斯、日本、韩国。中国分布于辽宁、吉林、黑龙江、北京、山西、上海、江苏、浙江、福建、江西、山东、河南、湖北、湖南、广西、四川、贵州、云南、陕西、宁夏、台湾等地。

寄主 垂柳、水柳、河柳、龙爪柳、馒头柳、旱柳、杞柳、蒿柳等柳属植物。

危害状 在嫩叶、叶柄和嫩尖取食，蚜虫常盖满叶片背面导致柳叶大量脱落；蜜露落在叶面常引起黑霉病（图 3）。

形态特征

无翅孤雌蚜　体卵圆形，体长 1.40mm，体宽 0.78mm。活体黑色，附肢淡色。玻片标本体背黑色，头部及胸部各节分界明显；腹部背片Ⅰ～Ⅶ愈合呈 1 个大背斑，腹部背片缘斑黑色加厚。体表粗糙，头部背面有突起缺环曲纹；胸部背面有圆形粗刻点瓦纹；腹部背片Ⅰ～Ⅵ微显刻点横纹，背片Ⅶ、Ⅷ有明显小刺突瓦纹；腹部腹面有瓦纹微细。节间斑明显，排列为 10 纵行，每个节间斑周围有褶皱纹。体背毛长，顶端分叉或尖锐。中额稍隆，额呈平圆顶形。触角 6 节，节Ⅰ、Ⅱ有皱纹，节Ⅲ～Ⅵ有明显瓦纹；全长 0.68mm，为体长的 47%；节Ⅲ长 0.16mm，触角毛长，尖锐，节Ⅰ～Ⅵ毛数：7 或 8，4 或 5，5，2 或 3，1，2+0 根；节Ⅲ毛长为该节直径的 3.10 倍。喙短粗，端部伸达中、后足基节之间，末节稍细长，长为基宽的 2.30 倍，为后足跗节Ⅱ的 1.20 倍，有原生毛 2 或 3 对，次生长毛 2 对。足短粗，后足股节有明显瓦纹，后足胫节基部 1/4 稍膨大，内侧有小伪感觉圈 2～5 个，跗节Ⅰ毛序：5，5，5。腹管截断形，有网纹，长 0.04mm，为体长的 3%，为尾片的 56%，无缘突及切迹。尾片瘤状，有小刺突横纹，有长毛 6 或 7 根。尾板半圆形，有长毛 10～13 根。生殖板骨化深色，呈馒头形，有长毛约 30 根。生殖突 4 个，各有极短毛 4 根（图 1、图 2）。

有翅孤雌蚜　体长卵形，体长 1.50mm，体宽 0.63mm。活体黑色，腹部有大斑，附肢淡色。玻片标本头部、胸部黑色，腹部淡色，有明显黑色斑。腹部背片Ⅰ～Ⅵ中、侧斑各形成横带，有时相连，背片Ⅶ、Ⅷ各有 1 个横带横贯全节；背片Ⅰ～Ⅶ有近方形缘斑，背片Ⅰ、Ⅶ缘斑稍小。头部表皮有粗糙刻纹；胸部有突起及褶皱纹；腹部微显微刺突瓦纹，背片Ⅶ、Ⅷ有明显瓦纹。气门圆形，半开放。体毛长，尖锐，顶

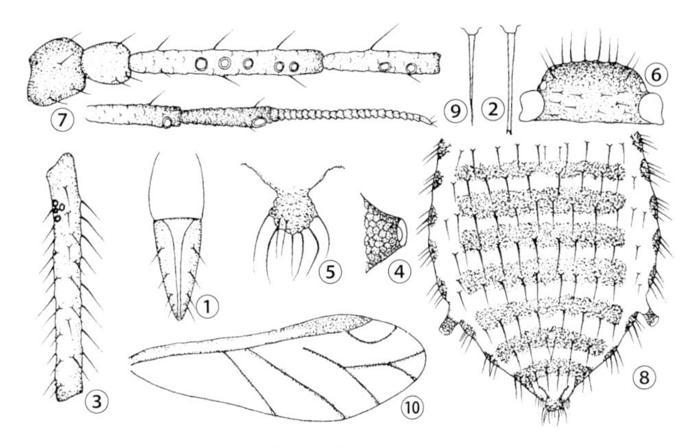

图 1 柳黑毛蚜（钟铁森绘）

无翅孤雌蚜：①喙末节端部；②体背毛；③后足胫节；④腹管；⑤尾片
有翅孤雌蚜：⑥头部背面观；⑦触角；⑧腹部背面观；⑨体背毛；⑩前翅

图 2 柳黑毛蚜种群（方芳摄）

图 3 柳黑毛蚜危害状（方芳摄）

端不分叉。喙端部不达中足基节，节Ⅳ＋Ⅴ长为基宽的2倍。触角长0.81mm，为体长的54%；节Ⅲ长0.20mm，触角毛长，尖锐，节Ⅰ～Ⅵ毛数：8，8，7，2，1，2+0根；节Ⅲ毛长为该节直径的2.10倍，节Ⅲ有圆形次生感觉圈5～7个，分布于端部2/5，节Ⅳ有圆形次生感觉圈1或2个。翅脉正常，有昙。腹管短筒形，长0.06mm，为体长的4%，与触角节Ⅰ约等长，端部约1/2有粗网纹，有缘突和切迹。尾片瘤状，有长毛7或8根，尾板有长毛15～17根。生殖板骨化黑色，宽带形，有毛约43根（图1、图2）。

生活史及习性 全年在柳属植物上生活。在北京3月柳树发芽时越冬卵孵化，5～6月大量发生，多数世代为无翅孤雌蚜，仅在5月下旬至6月上旬发生有翅孤雌蚜，10月下旬发生雌、雄性蚜，交配后在柳枝上产卵越冬。

防治方法

物理防治 清除并烧毁柳树周边的杂草，减少越冬虫口基数；在危害早期摘除被害卷叶，剪除虫害枝条，集中处理；早春通过刮树皮或剪除被害枝梢，消灭越冬卵；放置黄黏板，诱黏成虫。

生物防治 保护和利用瓢虫、草蛉、螳螂、猎蝽、食蚜蝇、蚜茧蜂等捕食性天敌昆虫，同时，蚜霉菌等人工培养后稀释喷施。

化学防治 在初发时，用40%乐果或氧化乐果200～500倍液在树干或主干基部涂6cm的药环，涂药后用塑料膜包扎；在发生高峰前，采用3%除虫菊酯800～1000倍液、2.5%溴氰菊酯乳油2000～3000倍液、20%杀灭菊酯乳油2500～3000倍液进行树冠喷药。

参考文献

罗志文，武艳岑，张丽丽，等，2013. 柳黑毛蚜在柳树上的发生规律与综合防治[J]. 黑龙江农业科学(5): 145-146.

徐公天，杨志华，2007. 中国园林昆虫[M]. 北京：中国林业出版社.

张广学，钟铁森，1983. 中国经济昆虫志：第二十五册 同翅目 蚜虫类(一)[M]. 北京：科学出版社.

（撰稿：陈静；审稿：乔格侠）

柳尖胸沫蝉 *Aphrophora pectoralis* Matsumura

一种危害柳树的重要害虫。又名柳大蚜。半翅目（Hemiptera）尖胸沫蝉科（Aphrophoridae）尖胸沫蝉属（*Aphrophora*）。国外分布于朝鲜、日本、瑞典、英国、法国、奥地利、意大利、德国、捷克、斯洛伐克、波兰。中国分布于新疆、青海、甘肃、内蒙古、陕西、河北、吉林、黑龙江等地。

寄主 柳、杨、榆、苹果、沙棘、紫花苜蓿、早熟禾等。

危害状 主要以若虫危害柳树1～2年生枝条，被害处有一团白色泡沫堆集，出现柳树"下雨"现象。成虫产卵于新梢或幼苗顶梢，造成枯顶、枯梢或多头枝。

形态特征

成虫 体长7.6～10.1mm，宽2.7～3.2mm，黄褐色。头顶呈倒"V"字形，近后缘处复眼与单眼间各有1黄斑。前胸背板近七边形，前端凹内有不规则的黄斑4个，近中脊两侧各有1个黄斑。前翅中部有1黑褐色斜向横带（图1）。

卵 长1.5～1.8mm，宽0.4～0.7mm。披针形，一端尖而略弯，弯端外侧色深。初产淡黄色，后变为深黄色。

若虫 共5龄。初龄若虫头、胸淡褐色，腹淡黄色；老龄若虫头、胸黑褐色或黄褐色，腹灰色或淡黄褐色（图2）。

生活史及习性 1年1代。以卵在枝条上或枝条内越冬。翌年4月中旬卵开始孵化，4月下旬至5月中旬为孵化盛期。初龄若虫喜群聚在新梢的基部取食，腹部会不断地排出泡沫（图3），将虫体覆盖起来。二龄若虫不再固定在一处取食，除危害新梢基部外，还危害新梢的中部及上部。三龄以上若虫活动能力不断增强，取食量明显增大，排出的泡沫也显著增多，整个虫体都包被在泡沫中。若虫在泡沫里完成蜕皮。6月中、下旬成虫开始羽化，6月下旬至7月上旬为羽化盛期。成虫大多喜欢在树冠中、上部的1～2年生枝条上取食危害，常固定于一处，用口针吸取树木汁液的同时还不断从肛门排出液滴。成虫在补充营养20～40天后开始交尾，雌虫交尾后第二天开始产卵，卵多产在当年生枝条的新梢内，也有的产在1～2年生枯枝上，以卵在枯枝内越冬。

图1 柳尖胸沫蝉成虫（许龙提供）

图2 柳尖胸沫蝉若虫（许龙提供）

图 3 柳尖胸沫蝉排出的泡沫（许龙提供）

防治方法

人工除治　秋末至春初剪除着卵枯梢烧毁。

化学防治　在若虫群集危害时期用 50% 杀螟松乳油 200～500 倍液喷雾或用 40% 氧化乐果乳油 10 倍液在树干基部刮皮涂环，均有较好的防治效果。

参考文献

杜宝善，吕陆军，杨仓东，等，1993. 柳尖胸沫蝉研究 [J]. 北京林业大学学报，5(2): 95-102.

卢山，金格斯・萨哈尔依，兰文旭，2014. 阿勒泰地区柳尖胸沫蝉综合防治技术研究 [J]. 农业灾害研究，4(2): 14-16.

庞丽萍，臧贵君，2003. 园林树木害虫——柳尖胸沫蝉的发生与防治 [J]. 林业勘查设计 (4): 39-40.

张西民，韩自力，杨治科，1996. 柳尖胸沫蝉生物学特性及其防治 [J]. 昆虫知识，33(1): 31-33.

（撰稿：侯泽海；审稿：宗世祥）

柳九星叶甲　*Chrysomela salicivorax* (Fairmaire)

一种危害杨柳科植物的害虫。又名柳十八斑叶甲。鞘翅目（Coleoptera）叶甲总科（Chrysomeloidea）叶甲科（Chrysomelidae）叶甲亚科（Chrysomelinae）叶甲属（*Chrysomela*）。中国分布于吉林、辽宁、山西、陕西、安徽、湖北、湖南、福建、四川、云南、河北等地。

寄主　柳、小青杨、小叶杨等。

危害状　以成虫和幼虫取食各种杨、柳树的芽和叶。初孵幼虫取食叶肉，四至五龄以上的幼虫和成虫取食叶片，从而导致树木枝梢枯死。

形态特征

成虫　雄成虫鞘翅多为橘红色，长 6.8～7.1mm，宽 3.8～4.1mm；雌成虫鞘翅多为土灰色，长 7.2～9mm，宽 4.2～4.8mm。复眼黑色，呈椭圆形，略凸起，无光泽，表面具有细密的网纹。触角较短，向后伸达前胸背板基部，丝状，11 节，基节膨大、棕黑相间；从基节开始前 5 节为棕黄色近透明；末 5 节黑色，且比前 5 节略粗。每侧鞘翅有 9 个大小不一、形状各异的不规则的斑点。位于鞘翅中部且靠近背部中线的斑点最大。鞘翅上的斑点以背部中线为轴，在大小、形状、排列次序上左右对称排列。足棕黄色，基节、转节、腿节内嵌淡黑色斑点。成虫头部、前胸背板中部、腹面黑色，光亮，前胸背板两侧为土黄色。头顶具“V”形下凹，表面具细密刻点。成虫的鞘翅有不具斑点或不足 9 斑点的变异种类（图 1、图 2⑦⑧、图 3）。

体型和柳十星叶甲相似，主要区别是每一鞘翅上各有 9 个黑斑，足为棕黄色。

卵　椭圆形，深黄色；长约 2.9mm，宽约 0.6mm。卵产于叶上，成块状整齐排列，每块 35～50 粒（图 2⑥、图 3）。

幼虫　初孵幼虫黑色，头部有黑色光泽，二至三龄以后呈黑褐色，渐变为暗乳黄色，到老熟幼虫时变为暗乳白色。老熟幼虫体长 11～13mm，宽 3.2～3.8mm。背部有两纵列整齐的黑点，体两侧亦有两纵列整齐的黑点。体侧与背部相间处各有一纵列乳白色的根盘，其尖部为黑色的腺体，遇攻击时能分泌出难闻且有刺激性的白色液体，用以自卫（图 2①～③、图 3）。

蛹　体黄色，长 8mm 左右（图 2④⑤）。

生活史及习性　以成虫在枯枝落叶层内、土缝或树皮缝中越冬，翌年 4 月下旬至 5 月上旬，柳树发芽放叶后上树危害，5 月上旬至中旬交配产卵。5 月中旬至 5 月下旬幼虫孵化，6 月中旬老熟幼虫以尾部吸盘固定叶、枝、树干或树附近其他植物上化蛹，6 月下旬出现成虫，随即交尾产卵。6 月下旬到 7 月中旬幼虫老熟化蛹，7 月下旬至 8 月上旬第二代成虫

图 1 柳九星叶甲成虫（孙守慧提供）

图2 柳九星叶甲（张培毅摄）

①幼虫；②初孵幼虫；③二龄幼虫；④⑤蛹；⑥卵；⑦⑧成虫交尾

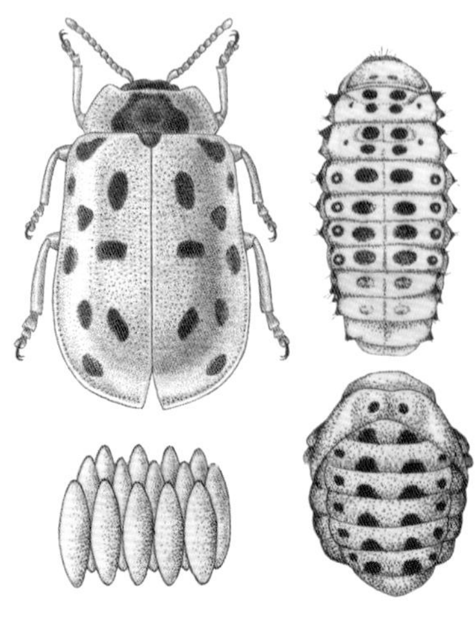

图3 柳九星叶甲（张培毅绘）

出现，并在树上危害到10月下旬下树越冬。发生期不很整齐。当6月上旬第一代蛹出现时，树上仍可见正在补充营养的越冬代成虫。

防治方法

人工防治 振动枝干捕杀落地成虫；幼树可人工剪除带虫叶。

化学防治 树冠喷洒2.5%溴氰菊酯、1.8%的阿维菌素2000～3000倍液。在成虫上树前，用8%的绿色威雷（氯氰菊酯）200～300倍液喷干或在树干基部绑毒绳。

参考文献

李怀业，2004. 柳九星叶甲的生物学特性[J]. 东北林业大学学报，32(4): 96-98.

刘海顺，2008. 承德柳九星叶甲的生物学特性研究[J]. 安徽农业科学，36(11): 4563, 4679.

萧刚柔，1992. 中国森林昆虫[M]. 2版. 北京：中国林业出版社：532-533.

（撰稿：李会平；审稿：迟德富）

柳蓝叶甲 *Plagiodera versicolora* (Laicharting)

一种危害多种阔叶树的害虫。又名柳圆叶甲、柳蓝金花虫、橙胸斜缘叶甲。英文名willow leaf beetle。鞘翅目（Coleoptera）叶甲总科（Chrysomeloidea）叶甲科（Chrysomelidae）圆叶甲属（*Plagiodera*）。国外分布于日本、朝鲜、俄罗斯（西伯利亚）、美国、加拿大以及欧洲地区。中国分布于黑龙江、吉林、辽宁、甘肃、内蒙古、河北、山东、江苏、浙江、台湾、江西、安徽、湖北、四川、云南、贵州。

寄主 杨属、柳属、榛属等。

图1 柳蓝叶甲（张培毅摄）

①②成虫；③卵；④幼虫

危害状 成虫取食嫩叶，导致叶片成缺刻或孔洞。三龄之前以群集危害为主，使被害叶片呈纱窗网纹状；四龄起分散危害，可直接啃食嫩叶幼芽（图2③④）。严重影响树木生长。

形态特征

成虫 体有强金属光泽，深蓝色，长3～5mm。头横阔，触角褐色，11节，有细毛。复眼黑褐色。前胸背板横阔，前缘弧状凹入。鞘翅上有刻点，略成列。体腹面及足色较深。

卵 长椭圆形，一端稍尖。初产时橙黄色，孵化时橘红色。长0.55～0.84mm，宽0.14～0.20mm（图1①②、图2①～③、图3）。

幼虫 扁平，头黑褐色，体黄色。长5.61～7.80mm。前胸背板两侧各有1个大褐斑。中后胸背板侧缘有较大的黑褐色乳头状突起；每侧亚背线上有黑斑2个，前后排列；腹部第一至七节，在气门上线处各有1黑色的较小乳头状突起；在气门下线处各有1个生有2根刚毛的黑斑。腹部各节腹面各有6个生有1～2根刚毛的黑斑；腹部末端有黄色吸盘（图1④、图2④）。

蛹 椭圆形，长3.52～4.23mm，腹部背面有4列黑斑，纵向平行排列。

生活史及习性 在东北1年发生3代；在宁夏、银川1年发生3～4代。柳蓝叶甲除第一代稍整齐外，以后各世代重叠，随时可见到各虫态。以成虫在落叶层、杂草或土中越冬，翌年柳树发芽时上树取食，补充营养后交尾、产卵。

卵成块产于叶背或叶面。幼虫共4龄，幼虫期5～10天。老熟幼虫以腹末黏附于叶上化蛹，蛹期约3～5天。成虫有假死性。

成虫在白天羽化，经补充营养后交尾。交尾多在白天，可持续几十分钟至数小时。雌雄成虫均可多次交尾。交尾后再取食，而后产卵。生长季成虫寿命40～60天，越冬代寿命达160～190天。每雌产卵250～400粒。卵成块聚集，竖立于叶背，每块有卵10～30粒。无明显越夏现象。该虫有翅但不善于飞翔。

防治方法

营林措施 于成虫越冬前，应及时清除苗圃地落叶、杂草。

人工防治 在苗圃内人工摘除卵块或群集的幼龄幼虫，亦可振落捕杀成虫。

生物防治 采用Bt可湿性粉剂或球孢白僵菌KTU-57菌株对柳蓝叶甲具有较高的杀虫效果。

化学防治 幼虫危害期可喷洒25%灭幼脲Ⅲ号悬浮剂1000倍液。

参考文献

刘雄兰，余德松，2010. 柳蓝叶甲生物学特性观察及防治试验[J]. 浙江林业科技，30(4): 73-75.

田成连，2011. 柳蓝叶甲形态特征和生物学特性观察[J]. 黄山学院学报，13(3): 53-55.

萧刚柔，李镇宇，2020. 中国森林昆虫[M]. 3版. 北京：中国林业出版社：390-391.

杨振德，田小青，赵博光，2006. 柳蓝叶甲发育起点温度与有效积温的研究[J]. 北京林业大学学报，28(2): 139-141.

杨振德，朱麟，赵博光，等，2005. 柳蓝叶甲的生物学特性室内观察[J]. 昆虫知识，42(6): 647-650.

张健，李敏，陈惠，等，2012. 不同种类药剂防治竹柳主要虫害柳蓝叶甲的研究[J]. 江西农业学报，24(3): 83-84.

（撰稿：迟德富；审稿：骆有庆）

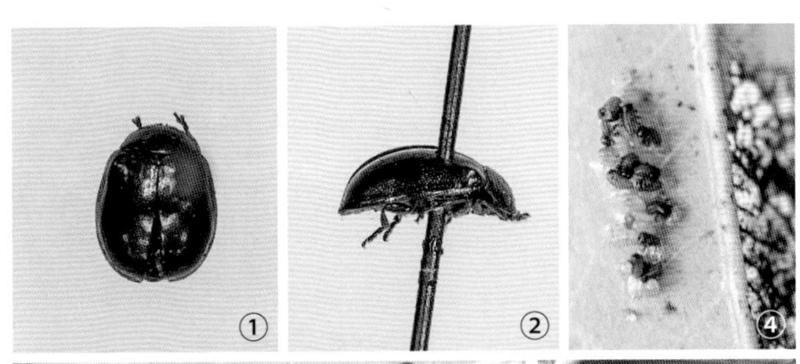

图2 柳蓝叶甲（①②迟德富提供；③④黄大庄提供）

①成虫背面；②成虫侧面；③成虫取食；④幼虫取食

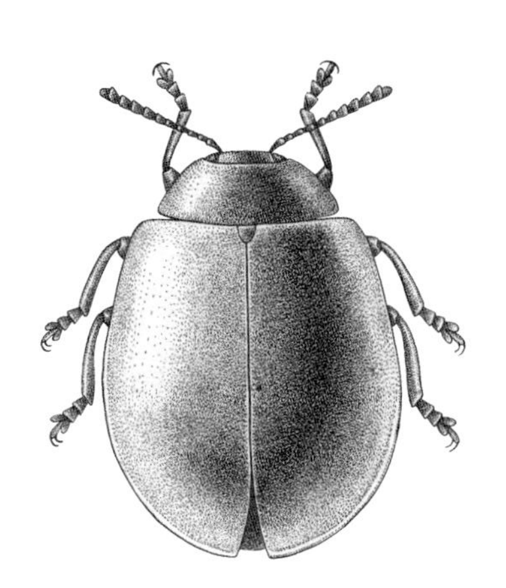

图3 柳蓝叶甲（张培毅绘）

柳丽细蛾 *Caloptilia chrysolampra* (Meyrick)

一种危害柳属植物和黑杨的食叶害虫。英文名 willow leaf roller。鳞翅目（Lepidoptera）细蛾总科（Gracillarioidea）细蛾科（Gracilariidae）细蛾亚科（Gracillariinae）丽细蛾属（*Caloptilia*）。国外分布于日本、韩国。中国分布于山东、江苏、上海、台湾等地。

寄主 柳属植物和黑杨。

危害状 一至三龄幼虫潜叶危害，被害处常形成黑斑，四至七龄幼虫自叶片上部卷叶危害，所卷部分占整个叶片的1/3。大发生时，整株柳条上布满直径为5～10mm的圆形小“铃铛”，严重影响光合作用，阻碍其正常生长（图1、图2④⑤）。

形态特征

成虫 夏型成虫体长3.5～4.3mm，翅展9～10mm。体棕褐色，具紫红色光泽。头顶、前胸背板黄色，腹部背面银白色（雌）或银灰色（雄），腹面黄白色。复眼赤黑色。触角长达前翅近顶角，上面赤褐色，下面黄至银白色；雌蛾触角75节，雄蛾65节。下颚须黄白色，下唇须黄色，向前弯曲至头顶。前翅近长方形，翅中部自前缘接近后缘处有1大的钝角三角形黄斑，内有2～5个暗色小斑点。翅肩角至后缘约1/3处，具1长楔形黄斑。后翅牛耳刀状，长约为宽的2倍，银灰色，缘毛灰棕色。前、中足跗节及后足黄色，各跗节连接处及后足腿节中下部棕褐色。中足胫节具端距1对，后足具中距和端距各1对，前足无距。冬型成虫体长4～4.5mm，翅展10～11mm。体浅棕褐色，具银色光泽。头顶淡黄色。下颚须淡黄色，下唇须腹面淡黄色，背面同体色。复眼褐色。触角背面同体色，腹面银白色。腹部末端银白色，前翅近前缘具1剑形淡黄色长斑，近中室外略凸，翅前缘具暗色斑点4～5个。后翅银灰至暗灰色。前、中足跗

图1 柳丽细蛾危害状（郝德君提供）

图2 柳丽细蛾幼虫（郝德君提供）

图3 柳丽细蛾形态（张培毅摄）

①幼虫；②③成虫；④⑤危害状

节及后足胫节黄白色（图3②③）。

卵 扁椭圆形，长0.35～0.4mm，宽0.25～0.3mm，具网状纹。初产时白色，后变成黄白色。

幼虫 共7龄。老熟幼虫白色，体长6.5～7.5mm。腹足3对，趾钩单序缺环。一、二龄幼虫体扁，白色。头三角形，棕色。胸部发达，通常是腹部宽度的2倍。三龄以后体变成圆筒形（图2、图3①）。

蛹 长4.5～5.0mm，宽0.9～1.1mm。夏型背面橘黄色，腹面黄白色，冬型背面暗棕褐色，腹面暗棕至暗黄色。复眼暗红至红褐色。头顶呈鸟喙状。胸背中央有1条纵隆脊，长达第一腹节1/4处。翅芽达第五腹节中后部。后足达第八至九腹节，前、中足达第三、四腹节后缘。第一腹节背部具2根白毛，第二腹节背部4根，第三至八腹节背部各6根，排成单行。

茧 白色，长10mm，宽2mm，略呈弯月形。

生活史及习性 鲁南、苏北地区1年发生7～8代，以成虫在杂草、灌丛、柴堆、树皮裂缝及墙缝中越冬。翌年3月末至4月初柳树长出4、5片叶时，成虫开始活动并产卵。4月上旬第一代卵孵化，中旬始见卷叶，5月上旬第一代成虫羽化。5月末第二代成虫羽化，6月上旬进入羽化盛期。第三代成虫期出现于6月下旬至7月上旬。以后各世代重叠。10月中、下旬至11月上旬，越冬代成虫羽化并进入越冬期。各世代的发育历期因气温而异：第一、二代发育历期27～30天，第四至六代21～24天，越冬代170～190天。

成虫白天静伏叶背面。清晨进行交尾产卵。卵产于叶中下部，一般1叶产1粒，少数2～3粒。4、5月卵期3～4天，7、8月卵期为2.5天。初孵幼虫咬破卵壳底部，直接蛀入叶片表皮下危害，形成一个白色小囊。幼虫在囊内经3次蜕皮钻出，爬到柳条中上部吐丝，将叶片卷成一个封闭的圆形虫室，在内取食叶梢，蜕皮3次后，咬破虫室一端吐丝下垂，落到柳条中下部叶背面，在叶缘处吐丝结茧。平均气温在20°C时，幼虫发育历期18～20天，25°C以上时，发育历期14～15天。蛹期5～6天。雄蛾寿命3～4天，雌蛾4～6天。羽化后在当天或次日4：00～8：00时交尾。交尾时雌雄虫体呈“V”字形。单雌产卵量为31～78粒，平均54粒。

防治方法

物理防治 人工剪除虫苞。

生物防治 卷叶率在50%以下或天敌寄生率、捕食率大于15%的林分，主要通过保护和利用天敌进行防治。

化学防治 低龄幼虫期利用45%丙溴辛硫磷1000倍液、20%氰戊菊酯1500倍液+5.7%甲维盐2000倍混合液、40%氧化乐果乳油1500倍液或2.5%敌杀死乳油5000倍液喷洒，连用2次，间隔7～10天。也可在潜叶幼虫外出转移前期，于树冠中上部喷洒25%灭幼脲Ⅲ号3000倍液。

参考文献

董彦才，王家双，1993. 柳丽细蛾的研究[J]. 森林病虫通讯(3): 14-15, 31.

黄范全，李青春，邓元会，等，2010. 洞庭湖区杨树有害生物及天敌昆虫调查[J]. 湖南林业科技，37(3): 15-18.

SHIN Y M, LEE B W, BYUN B K, 2015. Taxonomic review of the genus *Caloptilia* Hübner (Lepidoptera: Gracillariidae) in Korea[J]. Journal of Asia-Pacific entomology, 18: 83-92.

（撰稿：郝德君；审稿：嵇保中）

柳蛎盾蚧 *Lepidosaphes salicina* Borchsenius

在枝干上吸食汁液的远东蚧虫。又名杨牡蛎蚧、柳牡蛎蚧、柳蛎蚧。英文名Far Eastern oystershell scale。半翅目（Hemiptera）蚧总科（Coccoidea）盾蚧科（Diaspididae）蛎盾蚧属（*Lepidosaphes*）。国外分布于日本、俄罗斯、韩国。中国分布于河北、山西、内蒙古、辽宁、吉林、黑龙江、山东、陕西、甘肃、宁夏、青海、新疆。

寄主 杨、旱柳、家榆、核桃楸、花曲柳、黄檗、稠李、丁香、忍冬、椴、桦等植物。

危害状 雌成虫和若虫群居在主干和枝条上刺吸汁液，造成枝干枯萎，严重时整株死亡。

形态特征

成虫 雌成虫介壳（见图）长牡蛎形，长3.2～4.3mm，栗褐色，背部突起；蜕皮2个，淡褐色，突出于前端。虫体黄白色，长纺锤形，前狭后宽，长约1.6mm，宽约0.76mm。2～4腹节两侧向外突出，第一至四腹节间各有1个尖且硬的齿；触角瘤状，生有2根长毛；前气门腺6～17个，后气门后有2～3根腺锥；臀板宽大，后缘浑圆，臀叶2对，中臀叶大，两侧有凹切，二中臀叶间距小于半叶宽，第二臀叶双分，内叶大于外叶，分叶端均近圆形；腺刺发达，9对，中臀叶间的1对最短；缘腺管大，在臀板每侧4组，各为1、2、2、1个。背腺管小，很多，在臀板上第六、第七腹节排成

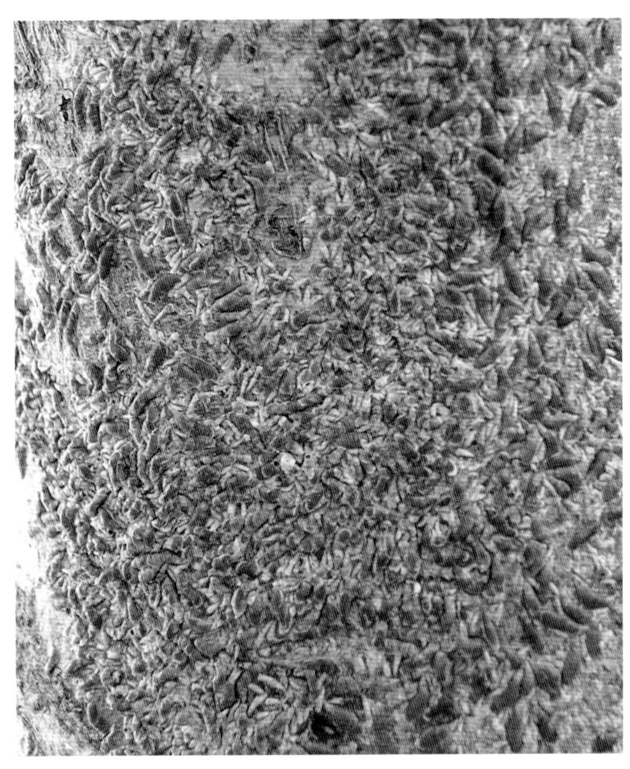

柳蛎盾蚧雌介壳（武三安摄）

2纵列，其余腹节每节每侧形成2横带；围阴腺5群。雄介壳形状、色泽和质地同雌介壳，但较小，蜕皮1个。雄成虫黄白色，长约1mm；触角念珠状，10节；眼黑色；中胸黄褐色；前翅透明，后翅棒状；腹末交尾器长。

卵 椭圆形，长0.25mm，黄白色。

若虫 初孵若虫椭圆形，扁平，淡黄色，长约0.2mm；触角6节，末节细长且具横纹和长毛；口器和足发达；臀叶1对；腹末有1对长毛。二龄雌若虫长约0.33mm，淡黄色；触角退化，足和眼消失；臀叶2对；背腺管和腺刺出现。二龄雄若虫体狭于雌性。

雄蛹 裸蛹，黄白色，长约1mm。口器消失，触角、复眼、翅、足、交尾器等雏形可见。

生活史及习性 1年发生1代，以卵在雌介壳下越冬。在辽宁沈阳，翌年5月中旬越冬卵开始孵化，6月初为孵化盛期。初孵若虫从母体介壳尾端爬出后，沿树干和枝条向上迁移、扩散，寻找适当位置插入口针吸汁取食，3～4天后分泌白色蜡丝形成介壳。一龄若虫于6月中旬蜕皮进入二龄。整个若虫期30～40天。二龄若虫后期雌、雄分化。二龄雌若虫于7月上旬再次蜕皮变成雌成虫。二龄雄若虫经预蛹、蛹，于7月上旬蜕皮后羽化成雄成虫。雄成虫飞翔力不强，多在树干上迅速爬行，觅雌交尾，交尾后很快死去，寿命仅3～4天。雌雄两性均能多次交尾。交尾多在傍晚进行，交尾时间1～3分钟。交尾后的雌成虫于7月下旬开始产卵，直至8月中旬。产卵时，雌成虫边产卵边向介壳前端收缩，将卵产在介壳内虫体收缩后腾出的空间。产卵完毕后，母体干瘪缩成一团，在介壳内前端死亡。每雌产卵量60～110粒。

天敌有红点唇瓢虫、龟纹瓢虫、蒙古光瓢虫、日本方头甲、半疥螨、桑盾蚧黄金蚜小蜂等，以半疥螨最为重要。

防治方法 初孵若虫爬行期应用蚧螨灵乳剂喷雾，或于固定若虫期喷洒抑食肼油剂。

参考文献

关丽荣，赵胜国，李永宪，1999. 柳蛎盾蚧化学防治技术研究[J]. 内蒙古林业科技 (S1): 106-109。

徐公天，1979. 东北地区柳蛎盾蚧的初步观察 [J]. 昆虫知识，16(6): 259-260.

（撰稿：武三安；审稿：张志勇）

L

柳蜷钝颜叶蜂 *Amauronematus saliciphagus* Wu

中国中北部柳树重要食叶害虫。又名柳蜷叶蜂。膜翅目（Hymenoptera）叶蜂科（Tenthredinidae）突瓣叶蜂亚科（Nematinae）钝颜叶蜂属（*Amauronematus*）。国外目前尚未有报道，但推测东北亚地区可能有分布。中国分布于甘肃、北京、河北、山东、江苏、浙江等地，但秦岭、淮河以北地区应均有分布。

寄主 杨柳科柳属的多种植物。

危害状 幼虫危害时造成柳树叶片扭曲卷折，畸形发育（图⑫）。种群较大时，整个树冠虫苞累累，后期叶苞脱落，柳树枝条光秃，十分醒目，严重影响柳树生长和景观效果。

形态特征

成虫 雌虫体长4.5～5.5mm（图①）。体黑色；唇基、上唇、上眶和后眶上部相连的淡斑浅褐色（图②），前胸背板后缘和翅基片黄白色，腹部第九背板后部、第七腹板中突和尾须浅褐色（图⑤）；足黑色，后足转节、前足股节端部2/3、中足股节端部1/3、后足股节端部、各足胫节和端距浅褐色，胫节末端和跗节暗褐色；体毛浅褐色。翅透明，翅脉和翅痣浅褐色。头部背侧刻点十分细小、浅弱，中胸背板刻点稍明显，小盾片光滑无刻点，中胸侧板光滑，无刻纹或刻点，腹部背板具细微刻纹。体毛短于单眼直径（图①②）。唇基前缘缺口深弧形，颚眼距约等长于单眼直径，复眼间距微长于复眼长径（图②），侧面观颜面部圆钝鼓起，中部不呈角状突出（图③）；额区低钝隆起，额盆稍显；背面观后头短，两侧显著收缩，单眼后区横型，宽几乎3倍于长，侧沟短点状，互相近似平行（图④）。触角短于前翅C脉，第二节宽大于长，第三节稍短于第四节。中胸背板前叶中纵沟不明显，小盾片平坦。前翅无2r脉，2Rs室长稍大于宽，显著短于1Rs室的1/2长，Cu-a脉中位，后翅臀室柄1.7倍于Cu-a脉长。爪无基片，内齿稍短于端齿，二者互相靠近。尾须细长，长宽比约等于5，端部伸出锯鞘端之外（图⑤）。产卵器稍长于后足跗节，锯鞘端长三角形，端部窄（图⑥）；锯背片狭长，具19锯节；锯腹片狭长，具21锯刃，端部第一至八节缝无刺突，第九至十八节缝刺突短小，明显侧扁，第十九节缝明显骨化；中端部锯刃稍突出，基部锯刃几乎平直（图⑭）。雄虫体长4.0～5.0mm，体色和构造类似雌虫，但触角较长，稍短于前翅C脉和翅痣之和；下生殖板长稍大于宽，端部突出；阳茎瓣头叶背缘弱弧形鼓出，中位刺突直，与背叶等长，背叶端部圆钝，腹叶不突出（图⑮）。

卵 椭圆形，两端圆钝，稍弯曲，长0.8～1.0mm，宽0.2～0.3mm，乳白色或灰白色，孵化前变稍短胖（图⑦）。

幼虫 初孵化幼虫乳白色，头部黑色，取食后体变绿玉色（图⑧），中高龄幼虫头部色泽变淡，老熟幼虫头部青绿色或青褐色（图⑨），体长13～16mm，头宽1.0mm。

蛹 初蛹青绿色，头部灰白色，长6.5mm，宽2.0mm。羽化前体色类似雌成虫。

茧 长椭圆形，褐色，丝质，表面黏附土粒等杂物（图⑩），长6.5～7.5mm，宽2.5～4.0mm。

生活史及习性 1年1代。以老熟幼虫在树下1～5cm表土层内结茧越夏、越冬。翌年3月上旬开始化蛹，蛹期13～19天，平均约16天，3月上旬化蛹盛期，3月下旬化蛹结束。3月中旬成虫开始羽化，3月下旬羽化盛期，4月上旬羽化结束。成虫3月中旬开始产卵，4月中旬产卵结束。幼虫3月下旬开始孵化，柳芽处可见虫苞。4月中旬幼虫老熟，5月上旬幼虫期结束，老熟幼虫下树寻找适宜场所结茧。初羽化的成虫在茧内潜伏4～8天，晴天时陆续破茧而出。在甘肃天水地区，该种成虫羽化高峰期正是油菜花初期，杏花盛花期。雌雄性比6∶1。成虫出茧后很快可以飞翔，绕树飞舞或沿树干爬上，寻找柳树芽尖，在芽鞘上端头朝下产卵（图⑬），一般在上午产卵。每次产卵约20分钟，每粒卵耗时5～10秒。卵常产于柳芽内中心两个叶片的背面主

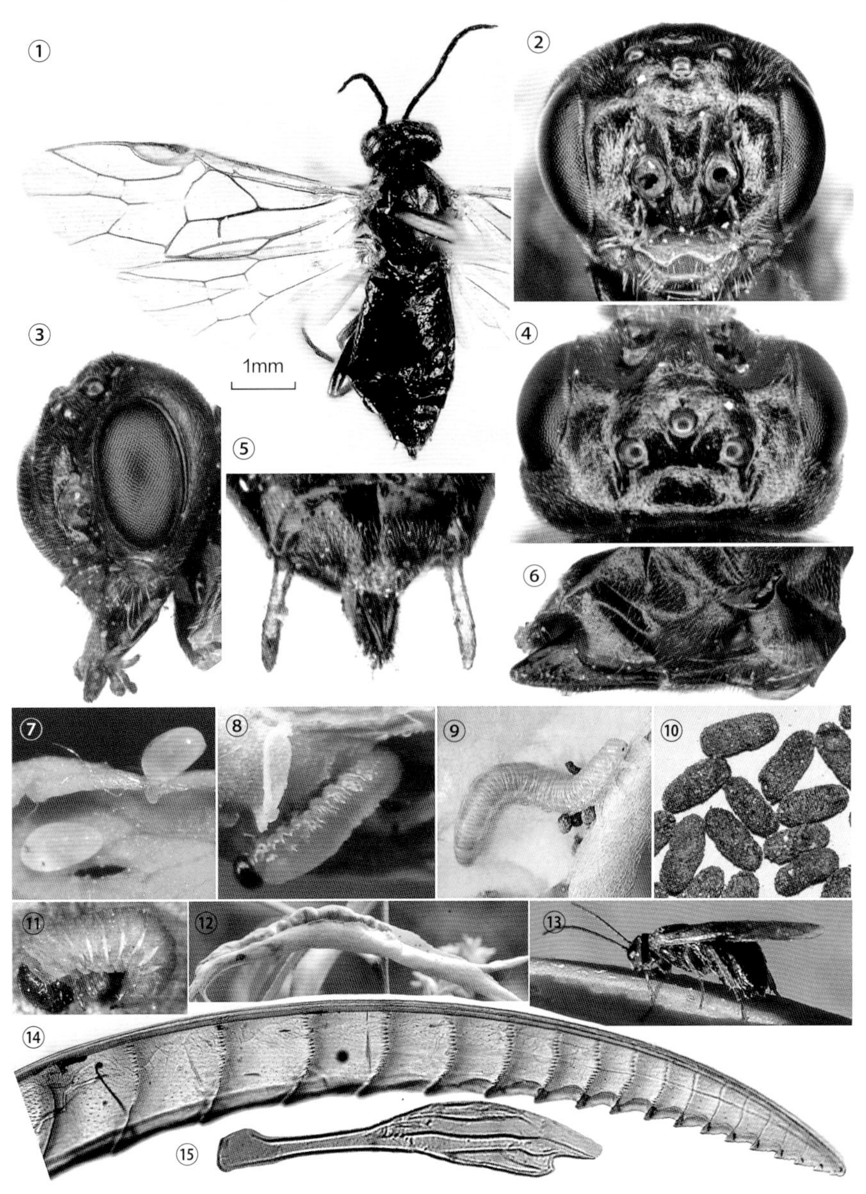

柳蜷钝颜叶蜂（图⑦～⑬由王峰提供，其余为魏美才摄）

①雌虫背面观；②雌虫头部背面观；③雌虫头部侧面观；④雌虫头部背面观；⑤锯鞘和尾须背面观；⑥雌虫腹部末端和产卵器侧面观；⑦卵；⑧低龄幼虫；⑨老龄幼虫；⑩茧；⑪茧内预蛹；⑫幼虫卷叶危害状；⑬雌成虫产卵状；⑭雌虫锯腹片；⑮雄虫阳茎瓣

脉一侧，每叶常有卵孔约10个，卵自叶尖向下呈单、双虚线状排列于叶肉内，每芽尖内一般有卵1～2粒，最多3粒。幼虫危害时于芽心自上而下取食，并排出黑褐色颗粒状虫粪，然后将整个芽心取食一空，再自芽心蛀孔爬出、入土做茧。被害柳叶不能展开，畸形卷曲在一起形成虫苞（图⑫）。幼虫有二次危害习性。柳树叶苞脱落时，部分幼虫尚未老熟，可以出苞后沿树干爬行上树，继续取食柳叶叶片。二次上树的幼虫不再形成卷叶，取食叶片呈缺刻状。

防治方法

物理防治　在幼虫入土后至出土前，采用树冠下覆土、松土或者清理树盘下的枯枝落叶、并深翻土壤，可有效降低虫口基数。使用黄色黏虫贴膜、黄绿色即时贴膜、树干刷涂黏虫胶等，诱杀或捕杀成虫以及二次上树的幼虫，效果也较好。

生物防治　该种天敌寄生率较高，保护和利用天敌可以在一定程度上控制危害。

化学防治　发生较多、危害比较严重时，在4月中下旬使用高效低毒农药喷雾防治，可以有效控制其种群数量，防治效果较好。

参考文献

郭树云，张宝增，赵洪林，等，2012. 柳蜷叶蜂生物学特性及防治技术研究[J]. 中国森林病虫，31(3): 14-16.

武星煜，辛恒，范慧，2007. 柳蜷叶丝角叶蜂生物学特性及其防治[J]. 西北林学院学报，22(1): 91-92, 95.

Wu X Y, 2009. A new species of *Amauronematus* Konow (Hymenoptera: Tenthredinidae) from China[J]. Journal of Central South University of Forestry & Technology, 29(2): 98-101.

（撰稿：魏美才；审稿：牛耕耘）

柳杉长卷蛾 *Homona issikii* Yasuda

一种间歇性大发生的柳杉食叶害虫。鳞翅目（Lepidoptera）卷蛾总科（Tortricoidea）卷蛾科（Toriricidae）卷蛾亚科（Tortricinae）黄卷蛾族（Archipini）长卷蛾属（*Homona*）。国外分布于日本、俄罗斯（远东地区）。中国分布于安徽、湖南、江西、福建、台湾、浙江、江苏、四川、湖北、贵州。

寄主 中国柳杉、日本柳杉、水杉。

危害状 以幼虫取食针叶、嫩梢，少数还取食球果。多发生在8年生以上柳杉纯林中，尤以10年生左右林分受害重。一、二龄幼虫隐藏于针叶内蛀食叶肉，导致针叶中空变褐枯死，然后转移至邻近的针叶上危害，可多次转移危害，故受害枝上常见成簇的变褐针叶；三龄幼虫吐丝将邻近的嫩梢或小枝织成虫苞，在其中取食针叶及枝皮。主梢受害导致侧梢丛生，严重时可见树冠上虫苞累累，针叶被吃光，枝梢枯死，似火烧一般，严重影响柳杉生长，甚至导致成片枯死（图1）。

形态特征

成虫 头、胸褐色，腹部灰褐色。雌虫体长10.38～12.56mm，翅展26.00～29.42mm；雄虫体长8.38～11.18mm，翅展20.20～25.78mm。触角丝状，灰色；下唇须褐色，紧贴头部向上弯曲。前翅灰黄色，有紫褐色斑，基斑、中横带、端纹明显，中横带近前缘处有断开，雄虫前翅前缘褶宽大。后翅灰褐色，雄虫腹末具灰黄色毛丛（图2①）。

图1 柳杉长卷蛾危害状（①秦虹提供，②纪岷提供）

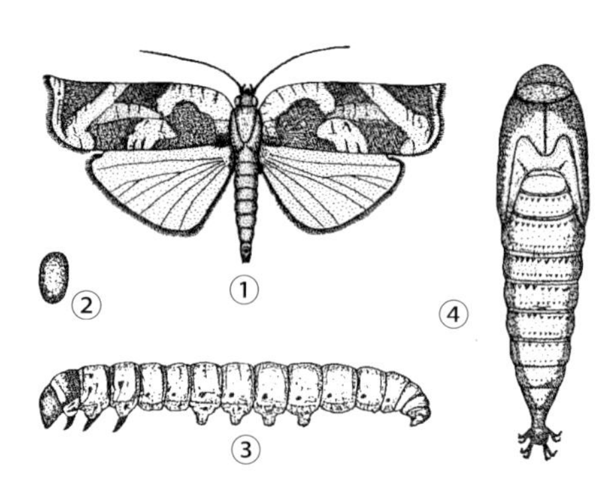

图2 柳杉长卷蛾（仿徐德钦，1992）

①成虫；②卵；③幼虫；④蛹

卵 长1.00～1.20mm，宽0.60～0.80mm，扁卵圆形，初产时淡黄色，至孵化时黄褐色（图2②）。

幼虫 老熟幼虫淡褐色，体长16.00～21.00mm。身体各节具多数褐色毛片。初孵化幼虫头及前胸背板褐色，中、后胸和腹部淡黄色；二龄后，头、前胸背板及胸足变暗红褐色；三龄后腹部第五节背面具淡紫红色斑（图2③）。

蛹 初为淡黄色，后变暗红褐色，长约12.00mm，宽约3mm。第二至第八腹节背面有2列刺突。腹末有8根钩状臀棘（图2④）。

生活史及习性 1年发生2代，以一至三龄幼虫在被蛀害的针叶内越冬。越冬幼虫翌年3月下旬至4月中旬开始活动取食，4月下旬至5月中旬为越冬代幼虫危害盛期。第一代卵多产于6月上旬至7月下旬，幼虫6月中旬开始孵化，8月为危害高峰期；第二代卵8月下旬出现，幼虫9月上旬开始孵化，孵化后蛀入针叶内取食叶肉，于10月下旬至11月上旬，在受害针叶内越冬。各虫态历期：卵6～10天，第一代幼虫30～52天，蛹6～12天。成虫白天和夜间均可羽化，但以13：00～16：00为多。成虫羽化后白天一般停息在林内枝叶及地被物上，夜间活动，有较强的趋光性。成虫羽化当日即可交尾，交尾在夜间进行，以1：00～5：00为多。雌、雄成虫均只交尾1次。交尾后当天便开始产卵，卵产于柳杉嫩枝表面及针叶基部，覆瓦状排列成块，每块3～20粒。每雌产卵平均93粒。幼虫多为5龄，少数6龄。幼虫孵化后，在小枝上相邻的几枚针叶间吐丝结薄网，蛀入针叶内取食叶肉，致针叶中空变褐枯死，然后转移至邻近的针叶上继续危害。三龄幼虫吐丝缀结邻近的嫩枝及针叶形成虫苞，在内取食针叶及枝皮，每个虫苞内有1头幼虫。越冬代幼虫出蛰后先缀苞取食一年生小枝和针叶，四龄后转移至当年生的嫩梢上缀苞取食危害，甚至咬断嫩梢；第一代幼虫一般危害当年生枝梢，每头幼虫可转苞危害3～5次。幼虫老熟后在虫苞内化蛹。

防治方法

物理防治 幼虫缀结虫苞为害，易于发现，幼林中可采用人工摘除虫苞、集中杀灭。成虫趋光性较强，可进行黑光灯诱杀。

生物防治 柳杉长卷蛾天敌资源较丰富，常见的捕食性天敌有蚂蚁、蜘蛛、短角宽扁蚜蝇等，寄生性天敌有长距茧蜂、广大腿小蜂、松毛虫埃姬蜂、高缝姬蜂、软姬蜂、扁股小蜂、腹柄姬小蜂以及病原微生物白僵菌等。天敌对该虫的发生危害有重要的控制作用，尤其是长距茧蜂、广大腿小蜂和白僵菌在浙江有较高的自然寄生率。短角宽扁蚜蝇捕食量大、繁殖快，是四川地区柳杉长卷蛾的优势天敌，应加以保护和利用。幼虫期也可用2亿孢子/g的白僵菌粉剂喷粉防治。

化学防治　柳杉长卷蛾每年有两次危害高峰期，应在危害高峰期前及时开展药剂防治，目前可用于柳杉长卷蛾防治的药剂主要有敌百虫晶体、敌敌畏乳油、溴氰菊酯乳油等。施药主要用喷雾法，在郁闭的林分可采用烟剂防治。

参考文献

陈秀龙，鲍丽芳，郑志钧，等，1995. 柳杉长卷蛾生物学特性及防治[J]. 浙江林业科技，15(4): 38-40.

江叶钦，陈文杰，张亚坤，等，1989. 柳杉长卷蛾的防治研究[J]. 林业科技开发(2): 43-46.

刘友樵，李广武，2002. 中国动物志：昆虫纲　第二十七卷　鳞翅目　卷蛾科[M]. 北京：科学出版社：207.

徐德钦，秦盛五，1987. 柳杉长卷蛾的生物学及其防治[J]. 浙江林学院学报，4(1): 53-59.

徐德钦，1992. 柳杉长卷蛾[M]// 萧刚柔. 中国森林昆虫. 2版. 北京：中国林业出版社.

杨伟，周祖基，孙国忠，等，2002. 柳杉长卷蛾生物学特性观察及化防试验初报[J]. 四川林业科技，23(4): 58-60.

周祖基，杨伟，申莉莉，等，2002. 柳杉长卷蛾(*Homona issikii* Yasuda)的重要天敌短角宽扁蚜蝇(*Xanthandrus talamaoi* (Meigen))[J]. 四川林业科技，23(4): 26-28.

（撰稿：杨伟；审稿：嵇保中）

柳杉大痣小蜂　*Megastigmus crypromeriae* Yano

一种危害柳杉种子的林业危险性害虫。英文名Japanese cedar seed chalcid。膜翅目（Hymenoptera）长尾小蜂科（Torymidae）大痣小蜂属（*Megastigmus*）。国外分布于日本。中国分布于浙江、江西、湖北、福建、台湾。

寄主　柳杉、日本柳杉。

危害状　以幼虫钻入柳杉健康种子，蛀空胚乳，导致种子中空，失去发芽能力。

形态特征

成虫　雌蜂体长2.4～2.8mm，前翅长2.1～2.5mm，体黄褐色。头部稀生黑色刚毛，背部宽约为长的1.5倍，颜面前缘部位强烈拱隆，颜面下方黑毛较密，唇基端缘具2齿；头顶隆起，具细横刻条。触角洼浅，着生于颜面中部。胸部长为宽的2倍，前胸背板长为宽的1.1～1.3倍，前缘稍凹，布满细横皱并散生黑刚毛，中胸盾片中叶前缘具瓦状细横刻纹，后端具皱纹。前翅前缘上有一黑色膨大如瘤的翅痣，基室在端部具毛，下方几乎被肘脉上的一列毛所封闭，前缘室上表面端部有一列毛，下表面在基半部有一列毛，端部毛多。腹部侧扁，约与胸部等长；产卵管鞘黑色，长约与前翅相等。雄蜂体长2.1～2.6mm。前翅长2.1～2.2mm。单眼区有黑褐色斑。胸部细，长为宽的2.3～2.6倍，前胸背板在前方明显变窄。前翅前缘有一翅痣。腹部各节背板上方黑色，或仅在第二至五节有暗色宽带（见图）。

幼虫　乳白色，体长2～2.8mm，呈"C"形弯曲，体躯中部粗两端细，背缘光滑无瘤突，上颚长三角形，有4～5个端齿。

蛹　裸蛹，体长1.9～2.8mm，初期为淡黄色，后变为黄褐色。

生活史及习性　1年1代，以老熟幼虫在树上或林地上的种子及贮存的种子中越冬。3月中旬越冬幼虫开始活动后排尽体内虫粪，变为预蛹，3～4天后化蛹；3月中旬至5月下旬为蛹期；4月中旬至5月下旬为成虫羽化期，4月下旬为羽化盛期；少数幼虫不能化蛹羽化，至秋季时死亡；6月在幼嫩的种子内有初龄幼虫存在，8月下旬幼虫蛀空种子将胚乳吃光，成为老熟幼虫并开始滞育。成虫羽化大多在6：00～18：00，雄蜂先羽化，雌蜂比雄蜂迟3～9天；交尾一般都在羽化当天进行，少数在第二天。时间多在12：00～23：00，每头雌蜂交尾1～9次，雄蜂1～4次；交尾的雌蜂寿命12天、雄蜂为6天，成虫具趋光性。幼虫一生仅取食1粒种子，无转移危害的习性，每粒种子内仅有1头幼虫，老熟幼虫具滞育习性。

防治方法

加强检疫　在柳杉种子调运时，若发现种子带有大痣小蜂，可用硫酰氟、磷化铝等熏蒸剂在室内密闭条件下或室外塑料薄膜密闭覆盖熏蒸处理。

清除林地虫源　结合每年采种，将树上和地上的当年球果采光，以减少虫源。

浸种　50～60°C温水浸种15分钟，可将种子内的幼虫或蛹杀死，且不影响种子发芽率。

化学防治　在成虫羽化期间喷洒40%乐果乳剂或50%马拉硫磷乳油。

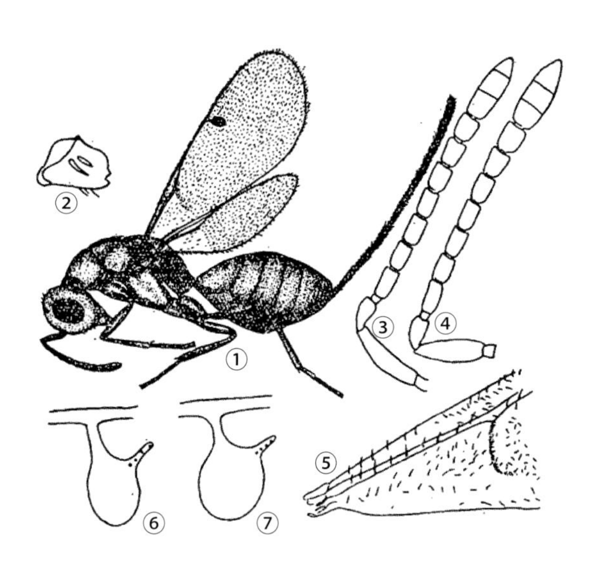

柳杉大痣小蜂（引自萧刚柔，1992）

①雌成虫；②上颚；③触角（♀）；④触角（♂）；⑤前翅基部；⑥⑦痣脉

参考文献

何俊华，等，2004. 浙江蜂类志 [M]. 北京：科学出版社.

徐德钦，秦盛五，潘培秀，等，1989. 柳杉大痣小蜂的初步研究 [J]. 森林病虫通讯 (1): 24-25.

杨少丽，陈慧珍，陈绯，等，1997. 柳杉大痣小蜂的寄生及防治 [J]. 浙江林业科技，17(4): 30-33.

章今芳，1989. 柳杉种子新害虫大痣小蜂初步研究 [J]. 林业科技通讯 (8): 32-33, 15.

（撰稿：姚艳霞；审稿：宗世祥）

柳杉华扁蜂 *Chinolyda flagellicornis* (Smith)

中国特有的危害柳杉和柏木的重要害虫。又名鞭角华扁叶蜂。英文名 Chinese cypress sawfly。膜翅目（Hymenoptera）扁蜂科（Pamphiliidae）腮扁蜂亚科（Cephalcinae）的华扁蜂属（*Chinolyda*）。中国特有种，目前记录分布于浙江、福建、重庆、湖北、四川、云南等地，但湖北、重庆、四川和云南等地的分布记录应是近缘种的错误鉴定。

寄主 杉科的柳杉和柏科的柏木。主要危害柳杉和柏木，偶尔可危害松树。

危害状 以幼虫食叶危害。种群较大，危害严重时能吃光叶片和嫩枝，导致新梢枯死或脱落。

形态特征

成虫 雌虫体长 10～12mm（图①）。体棕褐色，额区和单眼区近似三角形斑纹、前胸侧板后角、中胸背板前叶前端、中胸前侧片前部 2/3 和中胸腹板、后胸前侧片前半部黑色，颜面部和口器黄色；触角基部 2 节黄褐色，第十二至十七节黄白色，鞭节其余部分黑色（图③）；足和体毛黄褐色。翅基部 2/3 及其翅脉和翅痣基部 1/5 黄色，翅端部 1/3 及翅脉浓烟褐色，翅痣端部 4/5 黑褐色（图①）。体光滑，

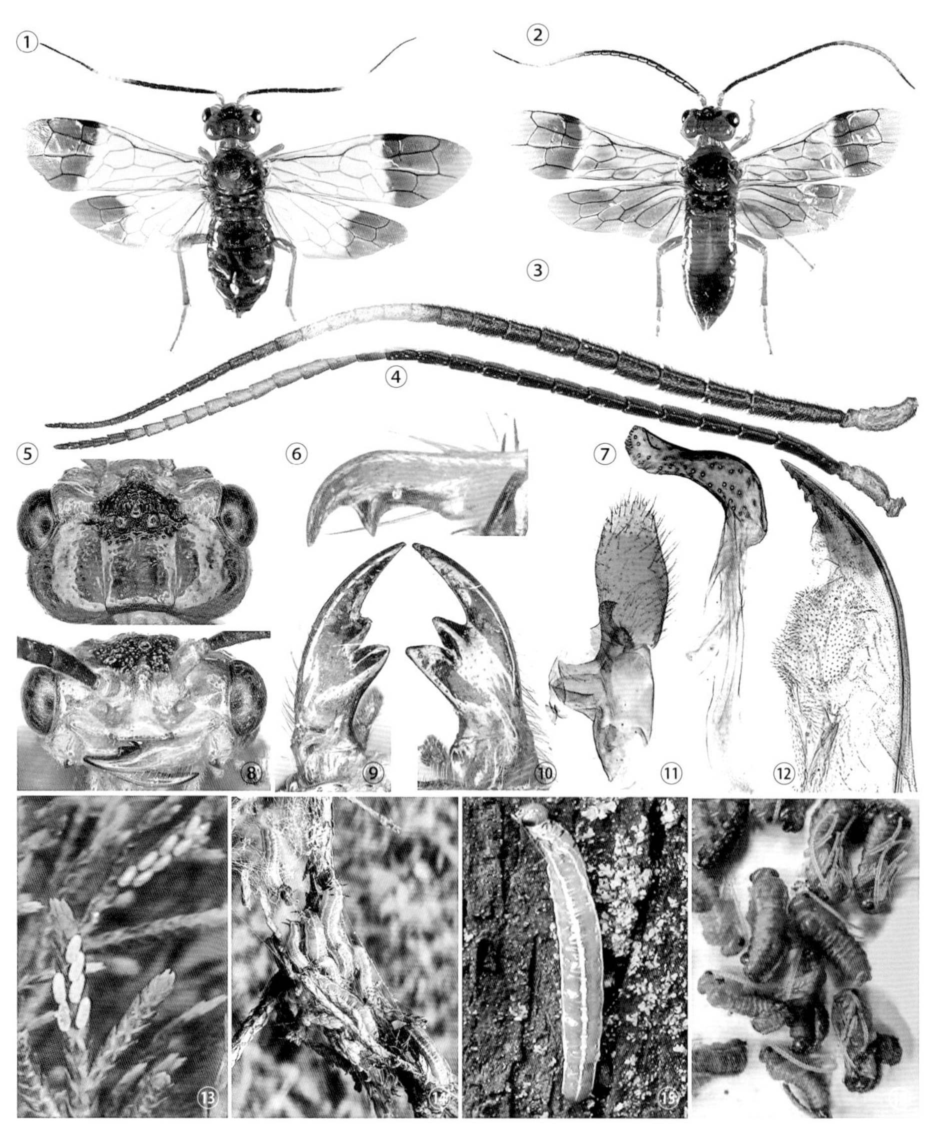

柳杉华扁蜂（魏美才、张宁摄）

①雌成虫；②雄成虫；③雌虫触角；④雄虫触角；⑤雌虫头部背面观；⑥雌虫爪；⑦雄虫阳茎瓣；⑧雌虫头部前面观；⑨雌虫左上颚；⑩雌虫右上颚；⑪雄虫生殖铗；⑫雌虫锯腹片；⑬卵；⑭幼虫聚集危害状；⑮幼虫；⑯蛹

头部额区和附近具粗糙大刻点，后头具分散小刻点（图⑤）；腹部背板光滑。唇基中部 1/3 显著突出，端缘截形，唇基上区脊状隆起（图⑧）；颚眼距稍短于侧单眼直径；内眶稍隆出，额脊钝；左上颚中齿小（图⑨），右上颚中齿大（图⑩）；单眼后沟中部稍向前鼓出；单眼后区微弱隆起，宽约等于长，侧沟深直，向后缘微弱收敛，具浅弱的中纵沟（图⑤）；背观后头稍长于复眼，两侧弧形收缩，后颊脊弱，仅下半显著，眶沟完整。触角 30～31 节，第三节等长于第四和五节之和，长于第一节，鞭节中基部微弱侧扁膨大，向端部迅速变尖细（图③）；锯腹片端部骨化显著，细尖（图⑫）。雄虫体长 8～11mm（图②）；额区黑斑稍大，刻点粗糙；前翅基部 2/3 的黄色程度较弱，后翅几乎全部深烟褐色；触角较细，15～25 节大部黄白色（图④）；胸部黑色部分较雌虫稍大；下生殖板端部钝截形；抱器窄长，端部圆钝（图⑪）；阳茎瓣头叶狭窄，横型，稍扭曲（图⑦）。

卵　黄色，长椭圆形，微弱弯曲，长约 1.5mm（图⑬）。

幼虫　老熟幼虫体长 18～28mm；体绿色，头部绿褐色，胸腹部具黄白色纵条纹，胸足显著，无腹足，尾须 1 对，细长（图⑮）。

蛹　初蛹体绿色（图⑯），羽化前渐变黄褐色；体长雌蛹 9～11mm，雄蛹 7～10mm。

生活史及习性　1 年 1 代，以老熟幼虫在寄主植物下的土壤里入土，以预蛹越夏和越冬。在浙江中部，翌年 4～5 月柳杉长出新芽时化蛹，5 月前后羽化，羽化后成虫在土室中停留 1～3 天后出土，雄虫出土时间稍晚于雌虫。成虫无趋光性，有假死习性，天气晴朗时成虫活跃，在树林内飞舞。成虫不需补充营养即可繁殖，交尾时间主要集中在晴天的下午，雄虫只交尾 1 次，雌虫可多次交尾。6 月上旬为产卵高峰期，卵多排成 1～2 列，每列 1～10 枚（图⑬）；未交尾的雌虫也能产卵，但卵不能孵化。交尾后所产的卵约 13 天后开始孵化，幼虫孵化后 2～3 小时开始取食。幼虫最初结网取食，具群集性（图⑭），上午和晚上取食活动较活跃；除针叶外，也可取食嫩枝和幼枝树皮，近老熟幼虫分散取食。幼虫共 7 龄。6 月中旬前后幼虫开始下树入土越夏越冬，越冬幼虫以 6～7 龄为主，越冬前幼虫虫体缩短，淡色体线消失，入土深度以 5～15cm 居多。

防治方法

物理防治　成虫盛发期，可以将黄色诱虫板悬挂于柳杉和柏木下层树枝诱集成虫，可有效降低虫口基数。

营林措施　柳杉华扁蜂是区域性常发害虫，在其分布区内大部分地区危害程度较轻，局部危害严重。在危害不明显的林区，采取营造混交林、加强森林抚育管理，改善生态环境，提高林木抗虫能力以及保护天敌等措施，来预防柳杉华扁蜂危害。

综合防治　对于危害较轻的林区，一般采用生物防治为主，化学防治为辅的综合措施。对严重危害的林区采用化学防治为主，来保护林分安全。生物防治可采用 Bt 悬浮剂稀释 100～300 倍液，加 5% 的溴氰菊酯 10000 倍弥雾防治，或用白僵菌稀释液进行弥雾防治。

参考文献

吕晓平，金根明，赵仁友，等，1993. 鞭节华扁叶蜂生物学习性研究 [J]. 浙江林学院学报，10(1): 20-26.

萧刚柔，黄孝运，周淑芷，等，1992. 中国经济叶蜂志 (I)(膜翅目：广腰亚目)[M]. 西安：天则出版社 .

郑永祥，张小平，陈绘画，等，2003. 鞭角华扁叶蜂综合防治技术研究 [J]. 浙江林业科技，23(2): 30-33.

BENES K, 1968. A new genus of Pamphiliidae from East Asia (Hymenoptera, Symphyta)[J]. Acta entomologica bohemoslovaca, 65(6): 458-463.

（撰稿：魏美才；审稿：牛耕耘）

柳十星叶甲　*Chrysomela vigintipunctata* (Scopoli)

一种危害杨柳科植物的害虫。又名柳二十星叶甲。鞘翅目（Coleoptera）叶甲总科（Chrysomeloidea）叶甲科（Chrysomelidae）叶甲亚科（Chrysomelinae）叶甲属（*Chrysomela*）。国外分布于芬兰、丹麦、俄罗斯、捷克、日本和朝鲜等。中国分布于黑龙江、吉林、辽宁。

寄主　柳、小青杨、小叶杨等。

危害状　幼虫孵化后以叶为食，将叶吃成缺刻状，成虫羽化后，也以叶片为食。发生严重时，能将树叶吃光。

形态特征

成虫　体长 7～9.5mm，宽 4～4.8mm。头、前胸背板中部、小盾片、鞘翅中缝一狭条和腹面蓝黑色，带铜绿光泽；前胸背板两侧、鞘翅、腿节基部、胫节端部、腹部端缘棕红色或棕黄色，每个鞘翅具有 10 个黑斑；触角端部 6 节黑色。头顶中央略凹，刻点粗密。前胸背板中区黑斑内刻点细密，两侧较粗。鞘翅刻点较胸部的粗密混乱，有时肩后具 3 条纵行脊纹，肩瘤内侧的一个黑斑通常为长形，长约为宽的 3 倍。

卵　长椭圆形，初产时浅黄色，后变为深黄色（见图）。

幼虫　老熟幼虫体长约 9mm。前胸背板很宽，黑色，中央色较淡。足有黑色光泽。

蛹　体黄色，长约 8.5mm。

生活史及习性　在吉林 4 月下旬左右开始出土，出土

柳十星叶甲成虫（孙守慧提供）

时间参差不齐，可持续近1个月。世代重叠现象非常严重。越冬成虫出土后3～5天开始产卵，卵长圆形，米黄色，产于新生叶片上，卵集中产成卵块，卵排列整齐，每个卵块25～35粒，5～7天孵化。初孵幼虫有群集性，集中在产卵叶片上危害，后危害卵块附近叶片，随着虫龄增长逐渐分散危害。老熟幼虫倒悬于叶片下化蛹，6月中旬开始出现第一代成虫。9月中、下旬开始以成虫越冬。腹部末端常常分泌一些黏液，用来固定住自己的身体。成虫则具有假死性，受惊扰后即缩足坠地。

防治方法

人工防治　清洁落叶消灭越冬成虫。振动枝干捕杀落地成虫；幼树可人工剪除带虫叶。

化学防治　树冠喷洒2.5%溴氰菊酯、1.8%的阿维菌素2000～3000倍液。在成虫上树前，用8%的绿色威雷（氯氰菊酯）200～300倍液喷干或在树干基部绑毒绳。

参考文献

刘赛思，2008. 黑龙江林区柳树食叶害虫生物学特性与综合防治措施[J]. 牡丹江师范学院学报（自然科学版）(4): 26-27.

魏书琴，赵海鹏，2004. 柳十八斑叶甲和柳二十斑叶甲的生物学特性及防治技术[J]. 吉林特产高等专科学校学报，13(4): 6-7.

萧刚柔，1992. 中国森林昆虫[M]. 2版. 北京：中国林业出版社：533.

BRABLER K, 1922. *Melasoma* (*Microdera*) *vigintipunctata* Lin.[J]. Journal of applied entomology, 8(2): 457.

GE S Q, CUI J Z, YANG X K, 2004. Comparative morphology of two subspecies of *Chrysomela vigintipunctata* (Scopoli) (Coleoptera, Chrysomelidae, Chrysomelinae)[J]. Acta zootaxonomica sinica, 29(3): 415-422.

（撰稿：李会平；审稿：迟德富）

柳细蛾　*Phyllonorycter pastorella* (Zeller)

一种危害杨柳科树木的潜叶性害虫。鳞翅目（Lepidoptera）细蛾总科（Gracillarioidea）细蛾科（Gracillariidae）潜细蛾亚科（Lithocolletinae）潜细蛾属（*Phyllonorycter*）。国外分布于欧洲（除希腊、葡萄牙、丹麦、挪威、卢森堡、不列颠群岛、地中海岛屿外）、日本。中国分布于新疆、青海、宁夏、内蒙古、陕西、河北、河南。

寄主　小青杨、小叶杨、箭杆杨、银白杨、爆竹柳、绵毛柳、五蕊柳、红皮柳、三蕊柳、黑杨、垂柳、旱柳、白柳、蒿柳。

危害状　幼虫潜叶取食叶肉，被害叶表皮和叶肉剥离，叶片逐渐变黄干枯而早落。严重受害的植株长势减弱、枯萎乃至死亡（图1⑤、图2⑤）。

形态特征

成虫　有冬型和夏型之分。夏型体长2.7～3.6mm，翅展8～10mm。冬型体长3.6～4.8mm。雌虫体长及翅展略小于雄虫。体银白色，有黄铜色花纹。触角细长，近体长。下唇须直而略上翘。前翅长约3mm，白色狭长，近翅基中央稍下方有近圆形的金黄色斑，外侧有黑鳞；前缘有5条金黄色宽带，第一、三条向外斜伸至中部折向后缘，第二条前端在中部与第三条相连，第四、五条在中部合并后伸向后缘，各带纹外均衬以黑鳞。后翅狭长，灰褐色，顶角尖，缘毛极长。足银白色，胫节、跗节外侧有不等长的灰褐色和白色间断斑。冬型蛾色暗，4条铜色波状横带均匀分布在前翅上，近翅基的1条横带稍短，近翅中室无圆形小铜色斑（图1①、图2③④）。

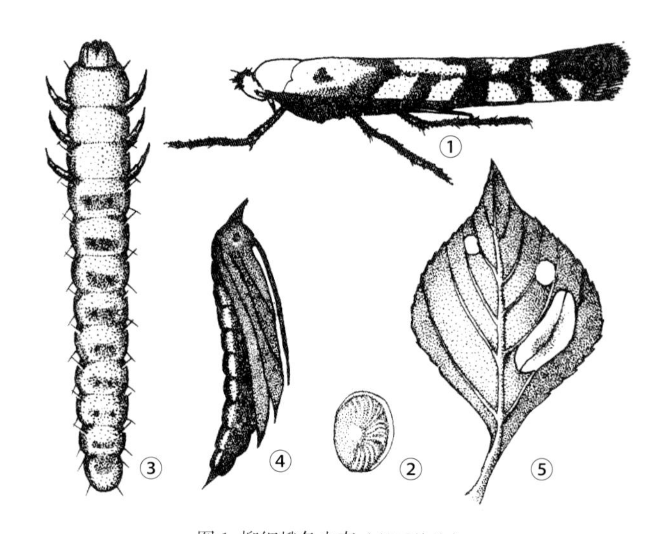

图1　柳细蛾各虫态（任国栋绘）

①成虫；②卵；③幼虫；④蛹；⑤被害叶

卵　扁圆形，乳白色，有网状花纹。卵四周有扁边，如帽檐状（图1②）。

幼虫　老熟幼虫体长3.8～5.2mm。淡黄色。腹部各节背面有1近三角形黑斑。初龄幼虫白色，无足；胸部发达，长度几乎占全体之半；头扁，三角形，褐色；上颚向前突出如2个圆盘锯状。幼虫5龄，一至五龄头壳宽度分别为1.5～1.6、2.2～2.3、3.3～3.6、3.6～3.8、4.9～6.1mm。四龄以后，上颚正常，有胸足和腹足，胸足细小。各龄幼虫蜕皮初期，虫体色淡，以后颜色逐渐加深。幼虫体上有稀疏细长毛（图1③、图2②）。

蛹　长5.6～7.3mm。黄褐色，前端尖。触角几乎长及腹部末端（图1④、图2①）。

生活史及习性　1年发生3代，以成虫在树皮下、地表土缝或向阳墙缝、窗缝中越冬。翌年4月中旬杨树芽萌动时成虫开始产卵。各代成虫期分别为6月上旬至6月下旬，7月中、下旬至8月中旬，9月中、下旬到翌年4月底、5月初。幼虫危害期分别为4月中、下旬到6月中旬，6月中、下旬到7月底，8月到9月上、中旬。以第一代发生最为严重。成虫白天静伏在叶背或树皮缝隙内，夜间活动。清晨交尾产卵。第一、二代多在叶背产卵。一般1叶产卵1粒。4月下旬，初孵幼虫咬破卵壳底部，蛀入叶内危害，蛀入叶片后不再转移。被害处近圆形，稍隆起，不变色。四龄以后大量取食叶肉，仅留上、下表皮及叶脉。透过表皮可见筛网状虫斑，近椭圆形。幼虫在叶内吐丝将叶背表皮拉紧，被害处中间纵褶。近老熟时幼虫用丝将虫粪集中缠成一团。化蛹前吐丝将虫体末端固定。5月下旬出现蛹，6月上旬出现成虫。成虫羽化

图 2 柳细蛾（张培毅摄）
①蛹；②幼虫；③④成虫；⑤被害状

后蛹壳前半部留在叶外。成虫羽化高峰在 4：00～8：00 和 17：00～19：00。雌、雄性比为 1∶1.24。雌蛾寿命 4～8 天，雄蛾寿命 2～6 天。成虫多在羽化当日或次日 4：00～8：00 交尾，交尾持续约半小时。成虫一生只交尾 1 次。雌虫产卵量平均 26.3 粒。

柳细蛾对杨柳科多种植物都能造成危害，但是受害程度在各树种之间有差异，以小青杨受害最重，旱柳次之，小叶杨较轻。柳细蛾在一年中各世代虫口数量变动大，第一代虫口密度最高，以后各代虫口急剧下降，原因是幼虫因病菌、寄生性和捕食性天敌昆虫侵袭而大量死亡。天敌是影响种群数量的重要因子。

防治方法

生物防治　捕食性天敌有瓢虫及食虫螨等，寄生性天敌有寡节小蜂、金小蜂和多胚跳小蜂，以多胚跳小蜂寄生率最高。此外，病原细菌对幼虫的寄生率也较高。应注意保护利用。

化学防治　幼虫期于傍晚喷 1000 倍的 50% 杀螟松乳油，或 40% 氧化乐果乳油，或 2000 倍的 20% 菊杀乳油等药剂，杀潜斑内的幼虫。

参考文献

耿生莲，2001. 柳细蛾药剂防治试验 [J]. 青海农林科技 (4): 49, 36.

王希蒙，许兆基，任国栋，等，1980. 柳细蛾的初步研究 [J]. 宁夏农林科技 (2): 38-41.

王希蒙，许兆基，1992. 柳细蛾 *Lithocolletis paslorella* Zeller[M] // 萧刚柔 . 中国森林昆虫 . 2 版 . 北京：中国林业出版社：697-698.

（撰稿：嵇保中；审稿：骆有庆）

柳瘿蚊　*Rhabdophaga salicis* (Schrank)

一种主要分布于沿海地区和黄河流域、危害杞柳的重要害虫。又名杞柳瘿蚊。英文名 willow twig gall midge。双翅目（Diptera）瘿蚊科（Cecidomyiidae）梢瘿蚊属（*Rhabdophaga*）。国外分布于斯洛伐克。中国分布于河南、安徽、山东、湖北、江苏苏北平原地区和长江沿岸。

寄主　柳树。

危害状　以幼虫危害杞柳顶芽，刺激顶芽膨大，叶芽缩短变粗增厚，变成鳞片状；幼虫在其缝隙中吸食汁液，进一步刺激顶芽膨大，导致顶芽变成直径 2～3cm 的虫瘿；受害顶芽停止生长，并在下部产生侧枝。

形态特征

成虫　体长 2.5～3.0mm，红褐色，复眼黑色，触角念珠状，14～16 节。翅卵圆形，膜质透明，外缘有明显的褐色细毛，翅脉仅 3 条，无横脉。胸部背板显著隆起，与腹部交界处有浅灰色块状突起。足细长，浅黄褐色，跗节 5 节（图①②）。

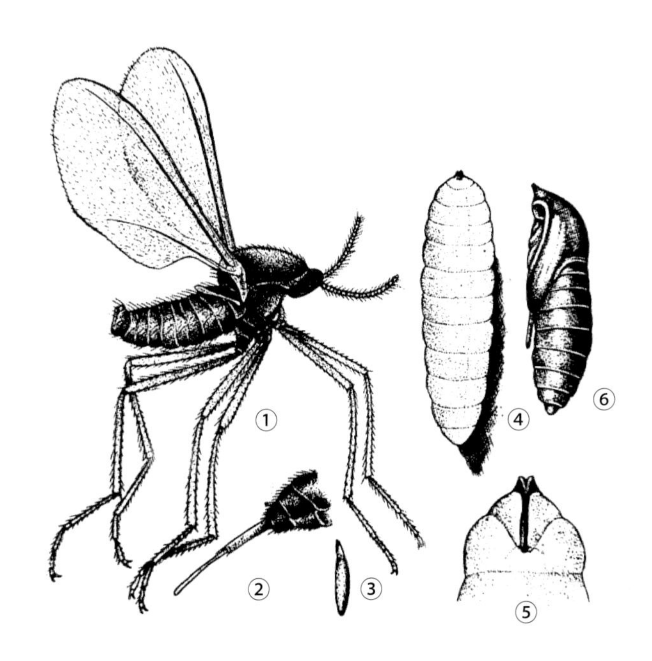

柳瘿蚊（朱兴才绘）
①雌成虫；②雌成虫末端；③卵；④幼虫；⑤幼虫腹面；⑥蛹

卵 肾形，一端较圆钝，初产时浅黄色，后逐渐变深，稍尖的一端橘红色（图③）。

幼虫 初孵幼虫长椭圆形，灰白色，随着虫体增大，颜色逐渐加深；老熟幼虫中胸腹板上有“Y”形骨片（图④⑤）。

蛹 裸蛹，椭圆形，长约2mm，头前方有2根白色短毛，复眼黑色发达，翅芽黑褐色（图⑥）。

生活史及习性 在沿海地区1年发生5代，以幼虫在当年生被害柳条上的虫瘿内越冬。翌年3月上旬杞柳萌芽时，越冬代幼虫开始化蛹，3月中旬成虫开始羽化。第一代幼虫出现于3月下旬，除越冬代外，各代幼虫的发生盛期分别为4月上旬、5月上旬、6月中旬和8月上旬，有明显的世代重叠现象，越冬代幼虫于10月中下旬陆续进入越冬状态。

成虫多在白天羽化，8：00～10：00为羽化高峰；羽化当天即可交尾并产卵，每雌产卵37～112粒，平均54粒，卵块产，每块7～8粒，呈不规则排列；成虫一般不取食或取食量很少，无趋光性、假死性；成虫寿命1～3天，通常2天，一般雌虫寿命长于雄虫。初孵幼虫常聚集在一起，随着虫龄的增大逐渐扩散危害；幼虫要吸吮生长点处的组织汁液，以二龄末期至三龄初期幼虫在虫瘿内越冬。蛹期10～12天。

防治方法

物理防治 秋季柳条砍伐时，及时清除田间未砍伐尽的杞柳，特别是枝头有虫瘿的杞柳，人工摘除虫瘿并集中销毁。

生物防治 利用蓟马、瓢虫、蜘蛛、蝇类、蝽类等捕食性昆虫防治幼虫和蛹。

化学防治 在虫瘿如黄豆粒大小时，选用啶虫脒、吡虫啉及其与毒死蜱、噻虫嗪的混合药剂喷洒。

参考文献

王伟新，张爱芳，戚仁德，等，2003. 杞柳瘿蚊的发生与防治[J]. 安徽农业科学，31(3): 358-359.

俞艳栋，林华峰，张玉美，等，2010. 杞柳瘿蚊的生物学研究[J]. 中国森林病虫，29(6): 9-11.

俞艳栋，林华峰，张玉美，等，2010. 杞柳瘿蚊生物学特性及防治[J]. 中国农学通报，26(18): 293-296.

张玉美，姚骏，郭永生，等，2011. 杞柳瘿蚊的发生特点与防治措施[J]. 安徽农学通报，17 (7): 109-110, 113.

张玉美，姚骏，潘学峰，等，2011. 杞柳瘿蚊形态特征观察[J]. 安徽农业科学，39(26): 16144-16146.

（撰稿：姚艳霞；审稿：宗世祥）

六齿小蠹 *Ips acuminatus* (Gyllenhal)

一种分布广泛、严重危害松树的蛀干害虫。又名松六齿小蠹。英文名sharp-toothed bark beetle。鞘翅目（Coleoptera）象虫科（Curculionidae）小蠹亚科（Scolytinae）齿小蠹属（*Ips*）。国外分布于欧洲、俄罗斯远东地区、日本、朝鲜、蒙古等。中国分布于黑龙江、吉林、辽宁、内蒙古、河北、陕西、湖南、四川、云南、新疆等地。

寄主 油松、红松、华山松、高山松、樟子松、思茅松等。

危害状 六齿小蠹为一雄多雌型小蠹，坑道为复纵坑。母坑道数量由雌雄比例决定，以1雄6雌者最多，1雄4雌以下或者1雄8雌以上者较少，母坑道数量为3条以上，分别自交配室向上下方伸出；子坑道疏少短小，间隔约5mm（图1）。被害木干枯后，树皮沿母坑道开裂，从树皮可以清楚地看到充满褐色蛀屑的母坑道走向。常出现由蓝变菌引起的木材淡青变色。

六齿小蠹寄生树干的韧皮部与木质部，在2～8mm厚的树皮下密度最大。危害低龄级林木可遍布整个树干，自根颈直达树冠；危害高龄级林木，一般集中于树干上部和树冠。被害树出现偏枯和枯顶。

六齿小蠹通常发生在十二齿小蠹等先锋种侵害之后，经常侵害疏林、老熟林、枯立木。一般由伐倒木向衰弱木扩散，衰弱木向健康木扩散。

形态特征

成虫 体长3.8～4.1mm。圆柱形，赤褐色至黑褐色，有光泽（图2①）。复眼肾形，前缘中部有浅弧形凹刻。额面平隆光亮，遍生粗大刻点；两眼之间额部中心有2～3枚大瘤；额毛黄色，细长竖立。瘤区的颗瘤圆钝，分布连续稠密；瘤区绒毛较多，细长舒展，分布在背板前半部和两侧；刻点区的刻点圆大深陷，背中分布稀疏，两侧较密，刻点区无毛（图2②③）。刻点沟凹陷，沟中刻点圆大稠密，排成行列；沟间部宽阔，没有刻点，仅在翅侧边缘的沟间部散乱排列；鞘翅绒毛分布在翅盘周缘、鞘翅尾端和鞘翅边缘上，竖立疏长，鞘翅背中部与翅盘底面无毛。翅盘面宽阔凹陷，底面平滑光亮，散布刻点；下半部光平，成为一道弧形边缘；翅盘两侧边缘各有三齿，形状由小渐大，距离不等，第二齿靠近第三齿或相互连接（图2④）。雄虫第一、二齿呈锥形，第三齿上下同宽，呈桩形；雌虫第一齿尖小独立，第二与第三齿连接，两齿形状相同，基宽顶尖，侧视呈扁三角形。

卵 长1.40mm，宽0.90mm。乳白色，椭圆形。

幼虫 体长3.80mm，乳白色，头部黄褐色，胸腹部圆筒形，常向内腹面弯曲呈马蹄状。

图1 六齿小蠹坑道总览（任利利、张红提供）

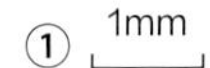
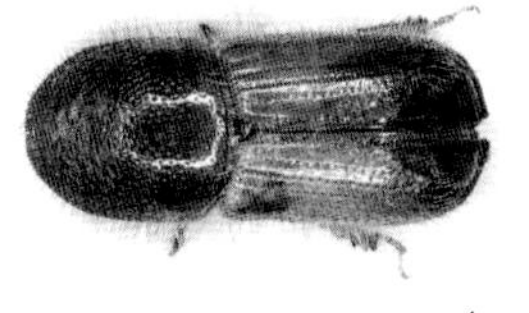
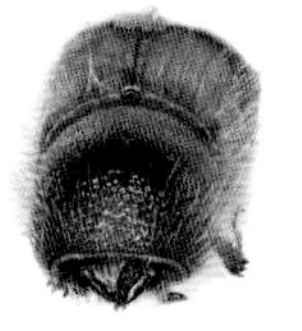
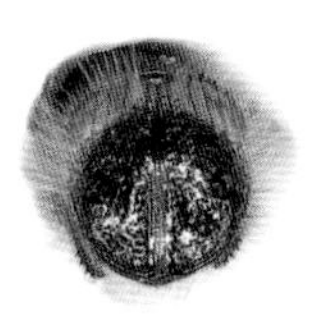

图 2 六齿小蠹成虫（任利利、单杰妮提供）
①成虫背面；②成虫侧面；③头部；④翅盘

表1 六齿小蠹与十二齿小蠹（*Ips sexdentatus*）形态特征比较

种名	额	前胸背板		鞘翅	
	额面	瘤区	刻区	绒毛	翅盘
六齿小蠹	没有中隆线。上部颗粒细小稠密，下部粗大疏散	颗瘤分布稠密连续无间。绒毛较多，舒展，分布背板前半部和两侧	刻点在背中分布较稀疏，两侧较密	分布在翅盘周缘、鞘翅尾端和鞘翅边缘上	翅盘两侧边缘各有3齿
十二齿小蠹	有中隆线。上部颗粒粗大疏散，下部细小稠密	颗瘤前疏后密。绒毛稀疏，向后方倾伏，分布在背板的两侧边缘	刻点稀疏散布	散布在翅盘前缘、鞘翅尾端和鞘翅侧缘上	翅盘两侧各有6齿

蛹 体长3.90mm，椭圆形，前端钝圆，向后方渐尖削，尾端有2根突起。初化蛹时乳白色，羽化前黄褐色，前胸背板、足、及鞘翅末端褐色（图3）。

生活史及习性 在黑龙江1年1代，以成虫在树皮内越冬，次年5月上旬开始活动，5～8月均可见成虫迁飞和入侵；雌虫产卵量每头约30粒左右；卵期5～12天；幼虫期23天，蛹期7天。晚秋羽化的成虫在原有坑道或蛹室四周取食，补充营养，9月开始越冬。

防治方法

引诱剂 在成虫迁飞期利用引诱剂与漏斗型诱捕器对六齿小蠹进行诱捕。使用齿小蠹烯醇、马鞭烯醇、齿小蠹二烯醇与聚乙二醇混合液做引诱剂，诱捕结果显著。

其他方法 及时清理林区的衰弱木，保护寄生蜂等天敌。

图3 六齿小蠹蛹（任利利提供）

参考文献

萧刚柔，李镇宇，2020. 中国森林昆虫[M]. 3版 北京：中国林业出版社.

殷慧芬，黄复生，李兆麟，1984. 中国经济昆虫志：第二十九册 鞘翅目 小蠹科[M]. 北京：科学出版社.

FACCOLI M, FINOZZI V, COLOMBARI F, 2012. Effectiveness of different trapping protocols for outbreak management of the engraver pine beetle *Ips acuminatus* (Curculionidae, Scolytinae)[J]. International journal of pest management, 58(3): 267-273.

ISAIA G, MANEA A, PARASCHIV M, 2010. Study on the effect of pheromones on the bark beetles of the Scots pine[J]. Bulletin of the Transilvania University of Brasov, 3(52): 67-72.

LØYNING M K, KIRKENDALL L R, 1996. Mate discrimination in a pseudogamous bark beetle (Coleoptera: Scolytidae): male *Ips acuminatus* prefer sexual to clonal females[J]. Oikos, 77(2): 336-344.

（撰稿：任利利；审稿：骆有庆）

六点始叶螨 *Eotetranychus sexmaculatus* (Riley)

一种危害橡胶树和油桐的重要害螨。又名橡胶六点始叶螨、油桐营蜘蛛。英文名 six-spotted mite。真螨目（Acariformes）前气门亚目（Prostigmata）叶螨总科（Tetranychoidea）叶螨科（Tetranychidae）始叶螨属（*Eotetranychus*）。国外分布于日本、美国、新西兰。中国分布于海南、广东、四川、广西、云南、湖南和湖北等地。

寄主　橡胶、油桐、牛油果、槭树、葡萄、柑橘、油梨、猕猴桃等。

危害状　幼、若、成螨均可危害，寄生于叶片背面吸食汁液，喜在叶片的主脉和侧脉两侧危害。初期主要在叶背面、侧脉两侧及其分叉处取食，后蔓延到全叶。

轻度危害牛油果时能使牛油果的叶片退绿、变黄，叶片背面的主脉周围褪色尤为明显，重则导致牛油果叶片脱落，产量下降。如果是花期受害，产量下降将会更加严重。

形态特征

雌螨　背面观长椭圆形，体长约0.44mm，宽约0.25mm，淡黄绿色。大多数个体背面有4个不规则的黑点，有的则有6个或无斑点。气门沟弯曲呈钩状，分2室。须肢跗节端感器圆柱状。背毛13对，长度约为列间距的1.5倍，刚毛状，不着生在瘤突上。足第一跗节刚毛19根，其中后双毛的后面有6根近侧刚毛，胫节上刚毛10根；足第二跗节刚毛16根，其中有4根近侧刚毛，胫节上刚毛8根。爪间突分裂成3对刺毛。生殖器盖纹路后方横行，前方纵行和斜行。

雄螨　体小于雌螨，体呈菱形，长0.37mm，宽0.19mm。黄色，背面也有黑点。须肢跗节端感器微小，锥状。气门沟弯曲呈钩状，1室。足4对，足Ⅰ胫节上刚毛9根，其余足上的刚毛数和雌螨相等。阳茎无端锤，柄部从1/2处向腹面渐渐弯曲收细，末端切面倾斜。

生活史及习性　六点始叶螨发育过程为卵、幼螨、第一若螨、第二若螨、成螨。在海南1年23代，每代历期19～56天，卵、幼螨的发育起点温度分别为12.32°C、9.38°C。不同螨态转变之前均有一个静止期。静止时足蜷缩于体下，不食不动，静止结束后经蜕皮变为下一个螨态。蜕皮时表皮在第二、三对足之间横向裂开，先蜕下后半部皮，体向后缩，再把前半部皮蜕下。蜕皮呈白色。雌螨刚羽化为成螨后，提前羽化的雄螨随即与其交配。交配时雌螨在上，雄螨在下，雄螨腹部末端上弯，阳具伸入雌性生殖孔内进行交配。单次交配时间长短不一，长时可持续数分钟，短时不足1分钟。雌、雄均可多次交配。雌螨交配后1～3天开始产卵，不经交配也能产卵，但所产卵全部发育为雄性。卵的孵化率达95%以上。野外雌成螨寿命为3～23天，雄成螨的寿命为2～15天。

防治方法

化学防治　采用尼索朗乳剂、三氯杀螨砜水剂或哒螨灵热雾剂进行防治。

参考文献

李智全，1998. 东平农场橡胶六点始叶螨发生．为害及防治研究[J]. 热带作物研究(2): 1-5.

王树明，陈鸿洁，白建相，等，2007. 三种热雾剂防治橡胶六点始叶螨药效试验[J]. 热带农业科技，30(3): 5-6.

吴忠华，朱国渊，普妹，等，2015. 橡胶树六点始叶螨主要生物学和有效积温研究[J]. 中国农学通报，31(13): 164-168.

杨光融，林延谋，1983. 橡胶六点始叶螨 *Eotetranychus sexmaculatus* (Riley) 的生物学研究[J]. 热带作物学报，4(1): 85-90.

（撰稿：王荣；审稿：张飞萍）

龙眼冠麦蛾　*Capidentalia longanae* (Yang et Chen)

一种蛀食龙眼枝梢、花穗及幼果的害虫。鳞翅目（Lepidoptera）麦蛾科（Geleehiidae）冠麦蛾属（*Capidentalia*）。该种系1990年在中国福建首次报道，分布于福建、广西等地。

寄主　龙眼。

危害状　幼虫危害春梢及花穗，影响抽梢并造成小花穗脱落；蛀入枝梢后被害部位形成隧道，并不断向洞外排泄粪便，洞口随着虫龄增加而不断扩大。

形态特征

成虫　体长4～6mm，翅展10～12mm。头灰白色，被大型鳞片，鳞片近端缘有褐色斑。复眼黑色，密被白鳞。下唇须向上弯突，超过头顶。触角黄褐色，细长，短于前翅。胸部棕褐色，杂有黑鳞。足灰白色，有黑鳞组成的带斑。前翅披针形，灰褐色，杂有白色、棕色及黑色鳞斑。后翅狭长，端部斜截波曲，灰色缘毛很长。雄性腹末截钝，有许多绒毛；雌性腹末尖削，绒毛较少。

卵　长0.4～0.5mm，宽0.2mm，扁椭圆形，表面有花生壳状网纹和刻点。初产为乳白色，后转为淡黄色，孵化时为橘黄色。

幼虫　共4龄，一龄体长0.8～2mm，二龄体长2.5～3.8mm，三龄体长4.25～6mm，四龄体长8～10mm。老熟幼虫体黄褐色，头红褐色。

蛹　长5～6mm，黄褐色，密生淡色短毛，翅芽伸达第五腹节端部，触角沿翅芽的前缘伸过翅尖，伸达第三腹节前缘。腹末端在肛门两侧有细长的刺钩20余根。

生活史及习性　在南宁1年可发生5～6代，以5代为主；福建1年发生5代。以老熟幼虫在枝梢隧道内越冬，第一代幼虫危害春梢及花穗，影响抽梢及造成小花穗脱落；第二代幼虫主要危害夏梢及夏延秋梢，对翌年的龙眼产量有较大的影响；第三代幼虫危害秋梢；第四代幼虫危害秋梢和冬梢；第五代幼虫危害冬梢，蛀食至11月中旬左右进入越冬。成虫白天羽化，过冬代成虫多在中午前后羽化，其他各代成虫多于8：00～10：00和15：00～17：00羽化。卵散产于新梢顶芽夹缝及幼嫩小叶背面叶脉间隙，或花穗小枝梗及嫩梢表皮裂缝处。在顶芽上的卵孵出的幼虫由卵底直接蛀入取食，后转移到嫩梢上为害，刚孵幼虫初蛀的孔口很小不易发现，幼虫蛀入嫩梢后，常向下蛀食形成隧道，并在蛀道中下部近复叶柄基部咬1圆形孔口，不断向孔口外排泄粪便。幼虫一生均在蛀道内生活，1条害梢一般仅有1头幼虫，若害梢老化，幼虫无法继续往下蛀食，即行转梢为害。老熟幼虫常在近蛀孔处化蛹。

防治方法

农业防治　结合修剪，剪除虫枝，以压低虫源；9～10月留放结果母枝时，施足底肥，使新梢抽发整齐，缩短此虫的产卵、幼虫蛀入为害期，以减少为害。

保护天敌　幼虫期及蛹期已发现寄生蜂有长距茧蜂、扁股小蜂、厚唇姬蜂等，对控制龙眼冠麦蛾的发生起到一定的作用，应注意保护利用，避免寄生蜂羽化高峰期用药。

化学防治　重点保护结果母枝，在新梢约有 80% 小叶平展时，及时用对口药剂喷洒一次。药剂防治应以卵和初孵幼虫为主要防治目标。以 5% 卡死克 1500～2000 倍液、2.5% 敌杀死 2000～3000 倍液、20% 灭扫利 1500～2000 倍液、52.5% 农地乐乳油 1500～2000 倍液、25% 杀虫双加 90% 敌百虫结晶各 500 倍混合液喷雾均有良好的防效。为提高防治效果，各种农药应交替使用，避免单一长期使用某种农药，而使害虫产生抗药性。

参考文献

陆东仙，1999. 龙眼亥麦蛾危害龙眼的调查 [J]. 广西植保，12(1): 40-41.

杨集昆，陈玉妹，1990. 为害龙眼的亥麦蛾属一新种记述（鳞翅目：麦蛾科）[J]. 福建省农科院学报，5 (1): 14-19, 2.

占志雄，郑琼华，陈元洪，等，2002. 龙眼亥麦蛾的研究 [J]. 江西农业大学学报，24 (1): 30-33.

郑金水，林文忠，庄卫东，等，2009. 龙眼梢果三种蚧虫为害特点及综合防治措施 [J]. 福建热作科技，34 (1): 14.

（撰稿：王甦、王杰；审稿：李姝）

龙眼鸡　*Pyrops candelaria* (Linnaeus)

中国南方龙眼树的一种重要害虫。又名龙眼蜡蝉。半翅目（Hemiptera）蜡蝉总科（Fulgoroidea）蜡蝉科（Fulgoridae）东方蜡蝉属（*Pyrops*）。国外分布于印度、缅甸、泰国。中国分布于福建、浙江、湖南、广东、香港、广西、海南、贵州、四川、云南等地。

寄主　龙眼、荔枝、橄榄、柚子、柑橘、黄皮、乌桕、桑树、臭椿、杧果、梨树、李、可可等。

危害状　以成虫和若虫刺吸树干和枝梢皮层汁液，受害皮层常出现小黑点。发生严重时，常使树势衰弱，枝条干枯，其排泄物可引发煤烟病。

形态特征

成虫　体长 37～42mm，翅展 68～79mm，体色艳丽。头额延伸如长鼻，额突背面红褐色，腹面黄色，散布许多白点。复眼大，暗褐色；单眼 1 对红色，位于复眼正下方。触角短，柄节圆柱形，梗节膨大如球，鞭节刚毛状，暗褐色。胸部红褐色，有零星小白点；前胸背板具中脊，中域有 2 个明显的凹斑，两侧前缘略呈黑色；中胸背板色较深，有 3 条纵脊。前翅绿色，外半部约有 14 个圆形黄斑，翅基部有 1 条黄赭色横带，中部近 1/3 处有 2 条交叉的黄赭色横带，有时中断，圆斑和横带的边缘常围有白色蜡粉。足黄褐色，前、中足的胫、跗节黑褐色。腹部背面橘黄色，腹面黑褐色，被有蜡质白粉，各节后缘为黄色狭带，腹末肛管黑褐色（见图）。

卵　近白色，孵化时为灰黑色，倒桶形，长 2.5～2.6mm，前端有一锥形突起，有椭圆形的卵盖。

若虫　虫体近酒瓶状，黑色。头部略呈长方形，前缘稍凹陷，背面中央具一纵脊，两侧从前缘至复眼有弧形脊；脊两侧至弧形脊间分泌有点点白蜡，或相连成片。胸部背板有

龙眼鸡（张培毅摄）

3 条纵脊和许多白蜡点，腹部两侧浅黄色，中间黑色。

生活史及习性　在福建福州 1 年发生 1 代，以成虫越冬。成虫于 2 月下旬、3 月上旬开始取食危害；4 月上旬到下旬、5 月上中旬均可见成虫交配；4 月下旬至 5 月上旬开始产卵，5 月为产卵盛期，6 月下旬至 7 月上旬产卵结束；6～8 月为若虫期；9 月上中旬成虫开始羽化。成虫在枝干上选择适宜的位置吸食汁液，虽善跳能飞，但除受惊动外，很少移动。成虫交配多在 8：30～15：00 进行，交配后 7～14 天开始产卵。卵多产在 2m 左右高的树干和 5～15mm 粗的枝条上，常数行纵列排成长方形卵块，60～100 粒不等，并被有白色蜡粉，卵期 19～30 天。若虫善跳跃，一旦受惊扰，便弹跳逃逸。成虫一般至 12 月下旬开始进入越冬期。

防治方法　越冬期捕捉成虫。卵期结合修剪、疏梢刮除卵块。若虫期扫落若虫，放鸡鸭啄食。必要时低龄若虫期喷药，尽量少施农药，保护利用天敌。

参考文献

黄邦侃，1990. 龙眼鸡 [M]// 中国农业百科全书总编辑委员会昆虫卷编辑委员会，中国农业百科全书编辑部. 中国农业百科全书：昆虫卷. 北京：农业出版社.

王光远，1984. 龙眼鸡生物学的初步观察 [D]. 福州：福建农学院.

王光远，黄建，黄邦侃，2000. 龙眼鸡 *Fulgora candelaria* (L.) 生物学特性的初步研究 [J]. 华东昆虫学报，9(1): 61-65.

周尧，路进生，黄桔，等，1985. 中国经济昆虫志：第三十六册 同翅目 蜡蝉总科 [M]. 北京：科学出版社.

庄以强，1980. 龙眼害虫的初步调查 [D]. 福州：福建农学院.

（撰稿：侯泽海；审稿：宗世祥）

龙眼角颊木虱 *Cornegenapsylla sinica* Yang et Li

龙眼新梢期最主要的害虫。又名龙眼木虱。英文名 longan psyllid。半翅目（Hemiptera）木虱科（Psyllidae）角颊木虱属（*Cornegenapsylla*）。为龙眼鬼帚病的媒介昆虫。中国最早报道于1982年，目前广泛分布于广东、广西、福建、云南、贵州、四川、海南、台湾等龙眼产区。

寄主 仅限于龙眼。

危害状 危害龙眼嫩梢、嫩叶、芽和花穗，成虫刺吸汁液，若虫固定叶背吸食，造成叶背固定部位凹陷、叶面呈钉状突起（图1）。

形态特征

成虫 体小型。雌虫体翅长 2.5～2.6mm，宽 0.7mm；雄虫体翅长 2.0～2.1mm，宽 0.5mm。体背面黑色，腹面黄色。头部短而宽，有1对向前侧方平伸的颊锥，颊锥极发达，顶钝尖，疏生细毛，呈圆锥状。头黑色，复眼隆凸，红褐色，单眼淡黄褐色。触角10节，末端有1对叉状的褐色刚毛。足黄色，具稀疏细长刺，前足胫端及跗节黑褐色，爪为黑色。后足胫节基部无距，端部具黄褐粗长刺，基跗节有1对爪状黑刺。翅透明，前翅具显著的略呈“K”字形黑褐色条斑，臀角黑褐色，翅脉黄褐色，脉序呈“介”形分支；后翅狭条形，稍短于前翅，透明无斑，脉褐色。腹部粗壮，锥形，背板黑色，其两侧自下缘起与腹板均为黄色（图2）。

卵 长卵形，长 0.2mm，宽 0.1mm。一端尖细延伸成弧状弯曲长丝；另一端钝圆，底面扁平，有1短柄突出固定在寄主植物上。初产时乳白色，后渐变成乳黄色，近孵化时黄褐色（图3）。

若虫 共4～5龄。一、二龄若虫体型略长，体长 0.25～0.4mm，宽 0.15mm，若虫分泌的蜡丝较短，色泽为淡黄至乳白色，翅芽未显露，复眼鲜红色；三龄以后若虫体长 1～1.4mm，宽 0.8～1mm；三龄若虫蜡丝变长，颜色加深，初见翅芽但不明显，以后翅芽显露，体扁平，椭圆形，胸背及腹部有红褐色条纹；四、五龄若虫体椭圆形，黄色，翅芽重叠明显（图4）。

生活史及习性 在海南和广东广州1年发生7代；广西西南地区7代以上；福建仙游7～8代，以第三代和第六代危害最严重；在福建福州地区6～7代；福建厦门同安区6代，主害代为第一代和第五代。在室内饲养1年可发生10～12代，以24～30°C范围内发育历期最短、发育速率最快；30°C、27°C、24°C、21°C、18°C条件下完成一个世代历期

图1 龙眼角颊木虱危害状（岑伊静、许鑫、张旭颖提供）

①②叶片正面；③叶片背面

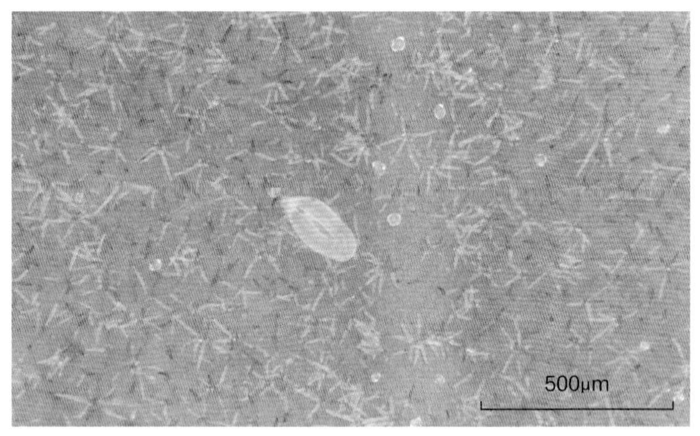

图3 龙眼角颊木虱卵（许鑫、张旭颖提供）

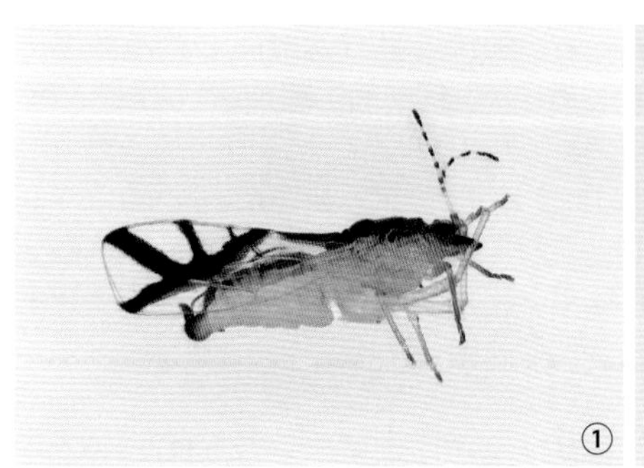

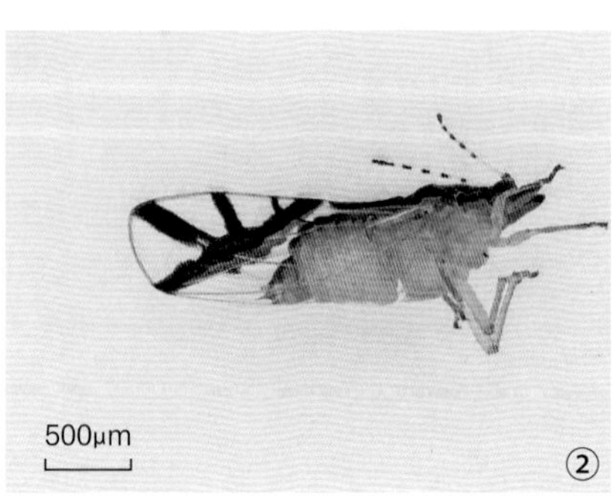

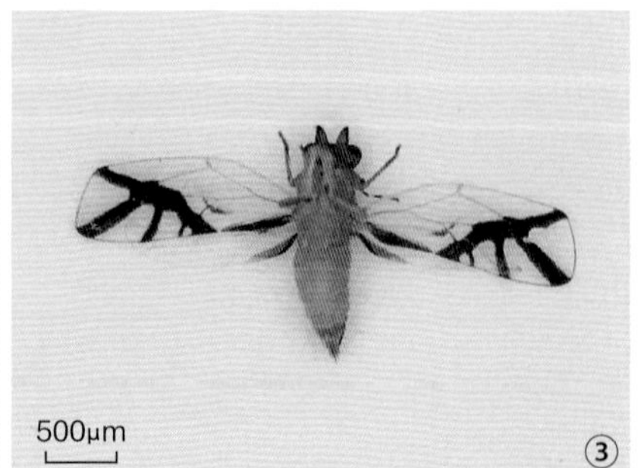

图2 龙眼角颊木虱成虫（吴丰年、许鑫、张旭颖提供）

①雄虫；②雌虫；③雌虫腹面观

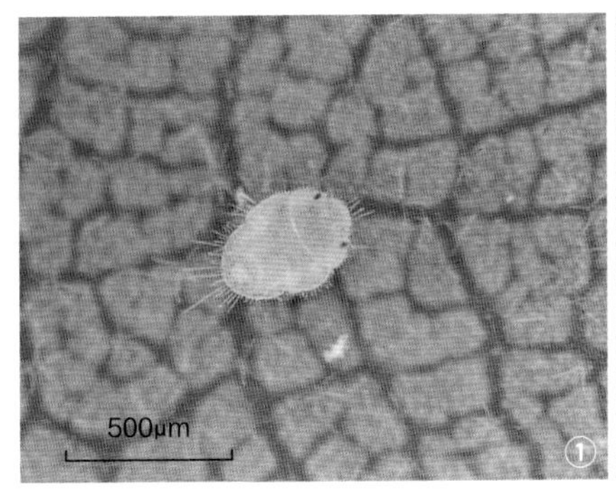

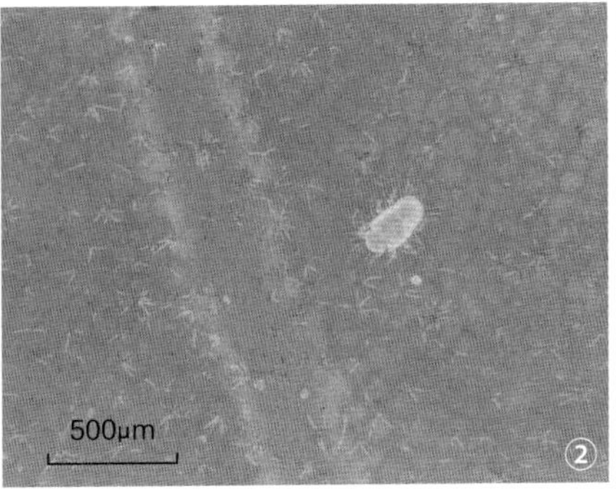

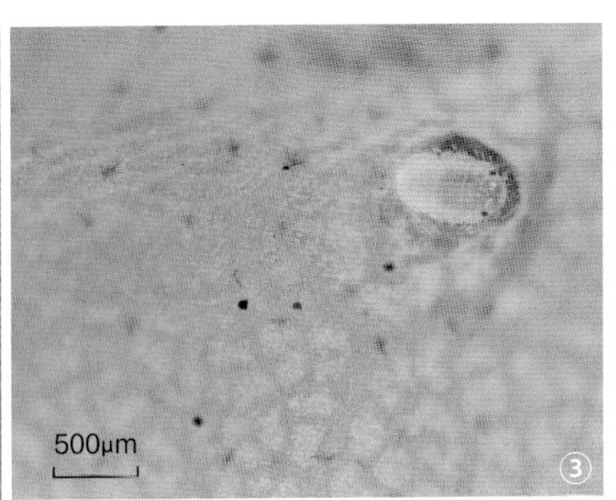

图4 龙眼角颊木虱若虫（许鑫、张旭颖提供）

①一至二龄；②三龄；③四至五龄

分别需31.6天、37.16天、48.81天、59.58天、72.76天；田间一般一、二、六、七代历期为40～50天，其他各代均为30～50天。春季（18～23°C）卵期5～14天；夏季（30～31°C）5～7天。正常发育的若虫发育历期各世代有较大差异，第一代多数为36～40天，第二代30～37天，第三代40～45天，第四代35～49天，第五代44～51天，第六代107～118天。滞育的若虫发育历期最长可达370天。成虫寿命一般7～9天。每雌产卵量最少21粒，最多116粒。

成虫多在上午9：00～11：00羽化，雌雄性比1.4：1。成虫畏阳光直射，善爬行，一般在午间气温较高时较活跃，受惊后能飞翔。羽化后雌雄成虫常并排成对栖息于嫩枝或叶片上吸食汁液，此时头部下俯，腹端翘起，1天后追逐交尾，以闷热中午为盛。成虫可多次交尾，未交尾的雌虫仅产不孕卵。交尾后一般3天即开始产卵。卵产在龙眼嫩梢、顶芽、叶柄及嫩叶背面等处，多数产于紫红色幼叶背面，幼叶转绿则不再产卵其上，以叶脉两侧为多，偶见产于叶缘或叶面，散产或聚散不定。卵多在傍晚时孵化，若虫孵化后自嫩梢顶芽爬至嫩叶背面合适的部位吸食为害，一经固定取食便不再转移，能分泌唾液破坏叶肉细胞，2～3天后叶片正面开始显现"钉"状突起的"伪虫瘿"，经10～15天，若虫第一次蜕皮，二龄若虫体渐增大，在虫瘿内陷得很深。三龄若虫翅芽明显增大，体四周有玻璃丝状物并分泌透明球状黏液，遇振动腹部能上下摆动。若虫终生在凹陷的虫瘿内为害，直到羽化。部分若虫在二龄期间开始进入滞育状态。冬季以成虫密集在叶背或以高龄若虫在"钉"状虫瘿内滞育越冬。

发生规律 种群数量消长动态与寄主新梢有极密切的关系。影响大发生重要因素是盛孵期与抽梢期（梢长5～8cm）的吻合程度和影响新梢生长的温湿度，较高温度且干燥的气候适宜龙眼角颊木虱发生。在海南和广东广州，成虫和卵全年出现5个高峰期，即3月、5月、7月、9月和11月，恰与龙眼3～11月发生的5次新梢期相遇。在福建泉州，若虫发生也总是与新梢抽发期紧密相连，一年有2个高峰期，第一高峰期主要为害春梢和早夏梢，第二高峰期主要为害秋梢。滞育也是影响种群消长动态的主导因子。在福建省厦门市同安区，全年6个世代都有滞育发生，平均63.4%的若虫在二龄期进入滞育，并多数集中在越冬代（第六代）和第四代羽化，因此，成虫总发生量中越冬代和第四代占77.9%，成为主害代。

防治方法

农业防治 加强栽培管理，使新梢抽发整齐，生长转绿快，尽快度过敏感期；增施有机质肥料，提高磷肥、钾肥比例，防止偏施氮肥，提高树体抗虫能力；及时剪除虫口密度大的复叶，疏去过密枝、弱枝、病虫枝、荫蔽枝和交叉枝，使果园通风透气，营造不利于龙眼角颊木虱栖息的环境；控制冬梢抽发，切断食料和减少越冬虫源。

生物防治 龙眼角颊木虱的天敌有瓢虫、蚂蚁、粉蛉、草蛉、盲蝽、姬蜂、捕食螨等，其中圆果大赤螨、红星盘瓢虫、小毛瓢虫、中华微刺盲蝽等控制效果显著，可进行人工繁殖和保护利用。

化学防治 在冬季喷药清园以减少越冬虫源；在新梢抽出3～5cm时及时喷药保梢。药剂可用新烟碱类杀虫剂、阿维菌素、拟除虫菊酯类杀虫剂等。

参考文献

邓国荣，杨皇红，陈德扬，1998. 龙眼荔枝病虫害综合防治图册[M]. 南宁：广西科学技术出版社：40-43.

邱良妙，占志雄，2015. 2种天敌瓢虫对龙眼角颊木虱的捕食作用研究[J]. 农学学报，5(3): 42-44.

冼继东，彭埃天，姜子德，2011. 龙眼角颊木虱的为害及防治[J]. 中国热带农业(5): 71-72.

杨集昆，李法圣，1982. 为害龙眼的角颊木虱新属新种（同翅目：木虱科）[J]. 武夷科学，2: 124-127.

郑重禄，2013. 龙眼角颊木虱的生物学特性及其防治研究概述[J]. 中国南方果树，42(4):41-47.

（撰稿：岑伊静；审稿：郭俊）

龙眼裳卷蛾 *Cerace stipatana* Walker

一种主要危害龙眼、荔枝、油梨等果树的食叶类害虫。英文名longan leaf roller。鳞翅目（Lepidoptera）卷蛾科（Totricidae）卷蛾亚科（Tortricinae）裳卷蛾属（*Cerace*）。国外分布于日本、印度。中国分布于浙江、福建、江西、湖北、四川、云南、贵州、台湾。

寄主 荔枝、龙眼、灰木莲、油梨、枫香、樟树、香樟、云南樟、四川大叶樟等。

危害状 幼虫缀叶危害，一、二龄幼虫取食叶肉组织留下表皮，三龄以上幼虫可造成孔洞或缺刻。

形态特征

成虫 雌蛾翅展46～54mm；雄蛾翅展37～38mm。头部、领片白色；触角黑色，有白环；下唇须黑色，末节端部略下垂，第一、二节基部白色。胸部黑色，腹部黄白色，尾部黑色。前翅紫黑色，前缘有1排2～3mm长、白色平行状短斜条斑，基部宽，端部窄，斜斑下方有多条排列整齐、形状不一的近方形白斑，彼此相互交叉；基部条数少，越近外缘处白斑条数越多，翅中间直至外缘有红色斑带，斑带从外缘中部扩大呈黄褐色。后翅基部白色，外缘有一较宽的黑斑，缘毛灰白色。

卵 圆形，扁而薄，初产时呈白色，后期变淡黄色。

幼虫 初孵时头部黑色，体淡黄色。二龄后略带青绿色。老熟幼虫粉绿色，长29～32mm，宽3.5～4.5mm。胸部两侧各具1个黑斑。

蛹 早期呈青白色至青绿色，后期黄棕色，长17～21mm。

生活史及习性 在中国南方1年发生2代，以二龄幼虫在被缀叶间作茧室越冬。翌年3月中旬前后开始活动取食，5月下旬为化蛹盛期，成虫最早出现在5月下旬。第一代幼虫见于6月上旬，第二代幼虫见于9月下旬，10月上旬为幼虫活动盛期。

卵聚产于叶面，呈鱼鳞状排列，每块卵量43～160粒不等，卵多在8：00前孵化。幼虫有吐丝下垂和缀叶习性，白天和夜晚均会取食为害。成虫趋光性较弱，白天和夜间均可羽化，羽化后爬出卷叶停伏在卷叶外。晴朗时，成虫主要活动时间为每天5：00～6：00和16：30～18：00，交尾后第二天开始产卵。

防治方法

化学防治 在幼虫三龄之前，用马拉硫磷、高效氯氟氰菊酯和火幼脲喷雾防治。

生物防治 幼虫三、四龄时，用苏云金杆菌（Bt）喷雾防治。卵期天敌有松毛虫赤眼蜂，幼虫期有扁股小蜂、茧蜂、绒茧蜂、蚂蚁、裳卷蛾变形孢虫和微粒子虫，蛹期有广大腿小蜂、龙眼裳卷蛾黑瘤姬蜂、舞毒蛾黑瘤姬蜂，成虫期有螳螂等。

参考文献

姜景峰，胡志莲，1990. 龙眼裳卷蛾的生物学研究初报[J]. 植物保护(S1): 35-36.

刘友樵，李广武，2002. 中国动物志：昆虫纲 第二十七卷 鳞翅目 卷蛾科[M]. 北京：科学出版社.

（撰稿：王新谱；审稿：于海丽）

龙眼蚁舟蛾 *Stauropus alternus* Walker

一种以幼虫咬食龙眼、荔枝等热带果树叶片的害虫。英文名lobster caterpillar。鳞翅目（Lepidoptera）舟蛾科（Notodontidae）蚁舟蛾属（*Stauropus*）。国外分布于印度、缅甸、越南、印度尼西亚、马来西亚、菲律宾。中国分布于广东、广西、云南、海南、福建、浙江、江西、香港、台湾等地。

寄主 蔷薇、柑橘、杧果、龙眼、荔枝、茶、茶花、咖啡、爪哇决明、决明、腊肠树、台湾相思、木麻黄、桉树等。

危害状 幼虫咬食龙眼、荔枝、木麻黄等新梢嫩叶的叶肉及叶脉，造成缺刻，严重时把叶片吃光。

形态特征

成虫 体长20～22mm，翅展40～45mm。头、胸背褐色，腹背灰褐色，末端4节灰白色。触角红褐色，雌成虫线状，雄成虫基部2/3为羽状，其余为线状。前翅灰褐色，基部有2个棕黑色点，内、外线灰白色，亚端线由1列脉间棕褐色点组成，端线由1列脉间棕色齿形线组成，两线均内衬灰白边。雌成虫后翅全为褐色；雄成虫后翅前半部暗褐色，中央有2条灰白色短线，后半部灰白色，后缘浅褐色，端线棕褐色。

卵 长椭圆形，长0.9mm，厚约0.6mm，灰白色。

幼虫 头暗褐色，胸足黑色，体躯和腹足暗红褐色，中足特别长，静止时前伸，臀足向上举；腹部第一至六节背面各有1齿状突，静止或受惊时首尾翘起，形似蚂蚁（见图）。

蛹 长椭圆形，长19～29mm，宽6～9mm，红褐色，近羽化时黑褐色；茧黄褐色。

生活史及习性 在海南1年发生6～7代，无越冬现象，1月开始有幼虫活动，第一代1～3月；第二代3～5月；第三代5～6月；第四代7～8月；第五代9～10月；第六代10～11月，第七代11月至翌年1月。第一代卵期8～9天，幼虫期23～30天，预蛹期2～3天，蛹期12～14天；第二至五代卵期5天，幼虫期22～26天，预蛹期2天，蛹期8～9天。除一、六、七代历期60～70天外，其余各代50～55天。5～9月是幼虫为害盛期。

成虫夜间活动，白天静伏在树干上，羽化、产卵均在夜间，多选择在树冠下部枝叶上产卵，卵期5～10天。幼虫7龄，初孵幼虫有吃卵壳的习性，有群集性，食量少，群栖在树冠下枝条上；三龄后可咬断枝条，四龄后的食量加大，老

龙眼蚁舟蛾老龄幼虫（周祥提供）

熟后固着在枝条、树杈等处吐丝结茧化蛹。羽化后雌雄成虫马上交尾，雌虫3天后产卵122～297粒，平均176粒；雄蛾比雌蛾先羽化数天，成虫平均寿命雄蛾13天，雌蛾8天。

防治方法

农业防治　结合中耕除草，适度进行松翻园土，以破坏其化蛹场所，减少蛹基数。

物理防治　结合果树的修剪或疏花、疏果、疏梢工作，进行人工捕杀幼虫。

生物防治　龙眼蚁舟蛾的寄生性天敌有松毛虫黑点瘤姬蜂（*Xanthopimpla pedator* Fabricius），可加以保护利用。

化学防治　每年4～6月和9～10月注意观察虫情，在低龄幼虫发生期，选用45%丙溴辛硫磷1000倍液，或者2.5%溴氰菊酯1500倍液加5.7%甲维盐2000倍混合液，或者40%啶虫·毒死蜱1500～2000倍液喷雾，间隔7～10天喷1次，连用1～2次。

参考文献

陈芝卿，吴士雄，1982. 龙眼蚁舟蛾的生物学[J]. 昆虫学报，25(3): 342-344.

伍筱影，曾睿，吴坤宏，等，2002. 龙眼蚁舟蛾的发生与防治[J]. 热带林业，30(1): 24-25, 28.

（撰稿：周祥；审稿：张帆）

蝼蛄　mole crickets

一类全球分布的重要地下害虫。又名蝲蝲蛄、土狗子、地拉蛄等。直翅目（Orthoptera）蝼蛄科（Gryllotalpidae）。在中国发生危害的是蝼蛄属（*Gryllotalpa*）昆虫，中国记载约10种，但分布广泛且危害严重的是东方蝼蛄和华北蝼蛄。

寄主　蝼蛄食性杂，不仅对玉米、高粱、大豆等大田作物进行危害，也对蔬菜危害严重，尤其是温室、大棚中的园林苗木等。

危害状　成、若虫均危害，咬食各类作物种子和幼苗，损坏幼根和嫩茎结构组织，造成幼苗发育不良甚至死亡，造成缺苗断垄。

参考文献

曹雅忠，李克斌，2017. 中国常见地下害虫图鉴[M]. 北京：中国农业科学技术出版社.

蒋金炜，乔红波，安世恒，2014. 农业常见昆虫图鉴[M]. 郑州：河南科学技术出版社.

殷海生，刘宪伟，1995. 中国蟋蟀总科和蝼蛄总科分类概要[M]. 上海：上海科学技术文献出版社.

（撰稿：刘浩宇；审稿：王继良）

吕鸿声　Lü Hongsheng

吕鸿声（1926—2012），著名昆虫学家，中国农业科学院蚕业研究所、中国农业科学院植物保护研究所研究员。

个人简介　1926年3月23日出生于江苏溧阳县。1946年考入浙江大学化学工程系，1949年转入蚕桑系，1950年毕业，获农学学士学位。1950年在中央人民政府农业部工作；1950—1951年任华东农业科学研究所蚕桑系技佐；1951年调入华东蚕业研究所，任助理研究员；1955—1956年到北京外语学院留苏预备部学习俄语与哲学，并于1956年公派到原苏联中亚蚕业研究所、塔什干农学院研究生院留学，1960年获哲学博士学位；1960年回国后，任中国农业科学院蚕业研究所副研究员；1970年调入中国农林科学院蚕桑科技服务组工作，任副研究员；1980年调入中国农业科学院植物保护研究所，任研究员、昆虫病毒实验室负责人，兼任蚕业研究所副所长；1983年兼任蚕业研究所所长、所学术委员会主任。2012年8月12日在北京逝世。曾任第二届国务院学位委员会学科评议组成员，中国农业科学院学术委员会委员，中国农业科学院研究生院第一、二、三届学位委员会委员，浙江农业大学客座教授，中国蚕学会第三届理事会副理事长，《蚕业科学》主编，《昆虫学报》《病毒学报》、*Entomologia Sinica*、*Sericologia*等期刊编委，第一届国际蚕业科学讨论会主席，国际蚕业科学技术学会筹委会主席等职。

从事蚕学、昆虫学研究60余年，在家蚕个体发育的激素调控、家蚕抗病生理学和昆虫病毒学等领域取得了大量开拓性成果，是中国昆虫病毒分子生物学研究的奠基人与开拓者。他关于家蚕化性的激素调控研究，为昆虫滞育的分子机制研究奠定了基础；他对家蚕脓病发生机制的研究，从理论上证明了不良环境条件的刺激和外界微量病毒的感染是蚕病爆发的主要原因，而不是病毒自生和潜伏型病毒的活化，在国际上首次提出了激应状态下超微量病毒感染的家蚕核型多角体病(BmNPV)诱发新理论，在蚕业生产中发挥了重要作用；他领导创立了国内首个家蚕杆状病毒表达载体系统，是将家蚕作为生物反应器应用于人类的先驱。

成果贡献　是家蚕个体发育激素调控研究的先驱。早在苏联留学期间，他就以“家蚕化性的激素调节机制”为课题，从事实验形态学和实验遗传学的研究；他首次阐明不同化性基因型家蚕的脑能分辨温度及光照信号、控制咽下神经节分泌滞育激素，并通过调节卵细胞核酸代谢来决定胚胎滞育的机制，这一发现得到国际上广泛认同，在20世纪60年代就被国内外著作所引用。他提出安全高效应用保幼激素类似物

吕鸿声（陈卓提供）

(JHA) 使产丝量增加 10%～15% 的技术；发现 5 龄不同时期使用植源性蜕皮激素，可以延长龄期、增加产丝，或提前老熟、上蔟整齐，使昆虫激素在蚕丝业中得到实用。20 世纪 70 年代，他对家蚕、蓖麻蚕、柞蚕的人工饲料进行了大量实验研究，并发表了一些论著。

在家蚕抗病生理和昆虫病毒方面取得大量创造性的成果。他开展家蚕脓病的生理生化研究，系统探讨了病毒感染、环境条件、蚕体状况与家蚕脓病发生的关系，指出应激状态下的微量病毒感染是脓病爆发的主要原因，而非病毒自生和潜伏性病毒活化，澄清了国际上有关家蚕脓病发生的错误概念，为蚕病综合防治提供了理论依据；1970 年，他查明家蚕“青头病”是一种细菌性败血病，提出使用氯霉素进行防治的方法，并在全国普及推广。他对棉铃虫质型多角体病毒 (HaCPV) 开展系列基础与应用研究；通过对棉铃虫、家蚕和松毛虫的 CPVs 交叉感染和基因组图谱分析，发现自然条件下 CPVs 混合存在与共同感染的普遍性，以及不同 CPVs 在原始宿主、替代宿主体内的差异表达和复制规律，提出 CPV 病毒杀虫剂标准化的必要性和有关分子质检标准，具有重要实践意义。

是家蚕生物反应器研究的先驱。他领导建立了中国第一个家蚕杆状病毒表达载体系统，期望开发家蚕的更多生物机能以造福人类；他于 1990 年建立了中国第一个 BmNPV 表达载体系统，又于 1992 年构建了新的 P10 启动子通用基因转移质粒。这些工作为基因工程生产蛋白、开发疫苗等开辟了新的途径，具有巨大的经济效益和广阔的发展前景。

知识渊博，著作等身。他著有《昆虫病毒与昆虫病毒病》(1982)、《昆虫病毒分子生物学》(1998)、《西域丝绸之路》(2015) 等专著，主编了《家蚕遗传育种学》(1981)、《中国养蚕学》(1991) 等专著，还编译了《昆虫病理学》(1982) 和《昆虫病理学实验指南》(1983) 两部教材，参编 *Progressin Ecdysone Research* (1980)、《病毒与农业》(1986)、《世界蚕丝业科学技术大事记》(1986)、《中国农业百科全书·蚕业卷》(1987) 等多部著作，发表论文 100 余篇。他晚年在夫人钱纪放教授帮助下，历时 8 年编成了 5 卷本、近 200 万字的《蚕学精义丛书》(2008—2011)，对中国 5000 多年来的蚕桑文化和科技精粹进行了回顾总结，汇集了 20 世纪国际蚕学研究的重要成就和他自己的宝贵经验，被公认为中国当代蚕学界的巨著。

还致力于推动中国蚕学教育发展与对外学术交流。20 世纪 80 年代他出任蚕业研究所所长期间，注重蚕业科技与生产发展的战略研究，并选拔一批年轻科技人员出国深造，为中国培养了一批蚕业科技人才；1986 年他被选为博士生导师后，就建立起了全国第二个蚕桑博士点，并亲自招收培养了 6 届博士研究生，这些学生后来大都成为相关领域的学术带头人。1964 年，他作为中国蚕桑科技代表团副团长赴越南考察；1965 年又作为中国农业技术访日代表团团员应邀到日本考察；1985 年，他应日本农学会会长松井正直教授之邀再度赴日，与日本蚕学会会长吉武成美教授达成多项合作研究与人才交流意向，并应邀担任 1985—1995 年日本国际自然科学奖 (JSTF) 海外评议委员；1992 年，他任第十九届国际昆虫学大会养蚕学组第一召集人；1996 年任首届国际蚕业科学讨论会主席，会后被推选为国际蚕业科学技术学会筹委会主席。

所获奖誉 是享誉海内外的著名昆虫学家，被誉为当代蚕学界的“一代宗师”。他主持的“应用昆虫激素增产蚕丝的研究”获 1978 年全国科学技术大会重大成果奖；主编的《家蚕遗传育种学》获 1982 年农牧渔业部技术改进二等奖；主持的“保幼激素 738 和蜕皮激素在蚕业中的应用”获 1985 年国家科技进步二等奖；他为副主编的《中国农业百科全书·蚕业卷》获 1987 年新闻出版署全国优秀科技图书奖；主编的《中国养蚕学》获 1997 年农业部科技进步一等奖；编著的《昆虫病毒分子生物学》获第十二届中国图书奖。1991 年起享受国务院政府特殊津贴。为了纪念他，溧阳市还于 2015 年设立了“吕鸿声纪念馆”。

性情爱好 精通英、俄、日三国语言。他说话缓慢有力，看问题一针见血，对学科前沿了如指掌，对后辈多有关爱提携。他以科学实验为生活内容，以读书学习为最大享受，以获取新知为最大乐趣，以开发家蚕个体生物机能造福人类为终生目标。他在年过古稀之时把自己的书房取名为“补读斋”，希望自己能在晚年补读平生还未读过的书。2000 年伊始，他与夫人便制订了“龙年写作计划”，希望总结 20 世纪蚕业科技的成就，展望 21 世纪蚕业面临的机遇和挑战，终于历时 8 年完成了《蚕学精义丛书》这部百万字的巨著。

参考文献

蔡幼民，庄大桓，1987. 吕鸿声 (1926—)[M] // 陆星垣 . 中国农业百科全书：蚕业卷 . 北京：农业出版社：113-114.

钱纪放，2009. 吕鸿声 (1926—) [M] // 于船，陈幼春 . 中国科学技术专家传略：农学编 养殖卷 3. 北京：中国科学技术出版社：235-245.

向仲怀，2012. 哲人已逝 风范长存——深切缅怀吕鸿声先生 [J]. 蚕业科学，38(5): 771.

徐卫华，2012. 深切的缅怀，永远的悼念——追忆吕鸿声先生生前点滴 [J]. 昆虫学报，55(12): 1424-1425.

（撰稿：陈卓；审稿：彩万志）

绿白腰天蛾 *Daphnis nerii* (Linnaeus)

一种主要危害夹竹桃的食叶害虫。又名夹竹桃天蛾，鹰纹天蛾、夹竹桃白腰天蛾。鳞翅目（Lepidoptera）天蛾科（Sphingidae）蜂形天蛾亚科（Philampelinae）白腰天蛾属（*Daphnis*）。国外分布于印度、缅甸等国。中国分布于上海、海南、广东、广西、福建、台湾、四川、云南等地。

寄主 夹竹桃、萝芙木、马茶花、软枝黄蝉、长春花等。

危害状 幼虫多从嫩叶边缘取食，受害嫩叶边缘呈黑色枯死状，此为判断野外幼虫开始孵化的标志。幼虫藏匿于叶片中取食，取食量大，会将整株树的叶片取食殆尽，对植株生长及外观造成极大影响。

形态特征

成虫 体纺锤形，青黑色，体长 50～53mm，翅展 90～110mm。中胸两侧各有 1 个外镶白边的青色三角形斑纹。

绿白腰天蛾成虫（陈辉、代鲁鲁提供）

前翅基部灰白色，中央有1个黑点，中部至前缘有1个灰白至青色，形似汤勺状斑纹，距顶角10mm左右有1条灰白色纵线，翅中下部至外缘有1条淡红棕色宽带。后翅深褐色，后缘至前缘在近外缘处有1灰白色波状条纹（见图）。

幼虫 老熟幼虫体长55～75mm，黄绿色至深绿色，少数金黄色。头深绿色至灰绿色，胸足紫褐色，后胸两侧各有1个白色带紫边的唇形纹，第二腹节至末节两则各有1条白色横带，横带两侧散生白色小点。尾角橙黄色，粗短，向下弯曲。气门椭圆形，深紫色。

生活史及习性 在湖南衡阳1年2～3代，在广东汕头1年3代，以蛹在寄主附近的枯枝落叶层、表层松土及土壤缝穴中越冬。在湖南越冬代成虫6月中旬为羽化高峰期。6月中下旬产卵。7月上旬为第一代幼虫危害盛期，第一代成虫于7月中旬开始出现，7月下旬产卵。第二代幼虫8月上旬孵化，8月下旬至9月上旬为幼虫危害盛期，9月中旬开始化蛹，一直持续至10月中旬。第二代蛹发生分化，一部分成为越冬蛹；另一部分则断断续续羽化为成虫，并于10月上旬产下第三代卵，10月上旬第三代幼虫孵化，并于11月中旬开始化蛹越冬，后期孵化的幼虫因不能完成发育而直接死亡。在汕头越冬代成虫于2月下旬开始羽化，第一代幼虫于3月上旬开始孵化，3～12月均可见幼虫危害，以5～6月、8～9月为幼虫取食高峰期。

成虫飞翔力极强，昼伏夜出，具有趋光性。成虫夜间产卵，卵单产，常产于树冠枝条近顶梢叶面、叶背及枝条上。幼虫孵出后取食部分卵壳后即开始爬行，寻找尚未转绿的嫩叶，爬至枝条顶端新叶处取食。幼虫遇危险时头胸部拱起，以唇形纹吓阻敌人。

防治方法

农业防治 人工捕捉幼虫，翻土灭蛹。

物理防治 灯光诱杀成虫。

化学防治 幼虫盛发期，使用25%灭幼脲Ⅲ号悬浮剂、2%巴丹粉剂、10%吡虫啉可湿性粉剂、2.5%溴氰菊酯乳油等进行喷杀。

参考文献

纪燕玲，蔡选光，郑道序，等. 2007. 夹竹桃天蛾的生物学特性初步研究[J]. 粤东林业科技(2): 1-2.

雷玉兰，林仲桂. 2010. 夹竹桃天蛾的生物学特性[J]. 昆虫知识，47(5): 918-922.

吴时英. 2005. 城市森林病虫害图鉴[M]. 上海：上海科学技术出版社：60-61.

占智高，肖宇宙，刘卓荣，等. 2016. 新型夹竹桃天蛾质型多角体病毒的分离与初步鉴定[J]. 病毒学报，32(5): 619-626.

朱弘复，王林瑶. 1997. 中国动物志：昆虫纲 第十一卷 鳞翅目 天蛾科[M]. 北京：科学出版社：292.

（撰稿：魏琮；审稿：陈辉）

绿豆象 *Callosobruchus chinensis* (Linnaeus)

是食用豆类最为严重的储藏害虫之一。又名中国豆象、小豆象、豆牛。英文名Chinese cowpea bruchid。鞘翅目(Coleoptera)豆象科(Bruchidae)瘤背豆象属(*Callosobruchus*)。世界性害虫，在中国，除西藏、青海、宁夏尚未发现外，其他各地均有发生和分布。

寄主 绿豆象的寄主有十余种豆类，主要包括绿豆、豇豆、红小豆、鹰嘴豆、蚕豆、豌豆、大豆、菜豆、花生以及莲籽等。

危害状 以幼虫蛀荚，将豆粒蛀食一空，被害豆粒虫蛀率通常在20%～50%，甚至高达100%，造成豆类千粒重、营养价值和发芽率严重下降或完全丧失。

形态特征

成虫 体长约3.5mm，宽约1.8mm，体色不一，有“淡色型”和“暗色型”之分。头密布刻点，额部具1条纵脊，复眼大，突出。触角11节，雄虫的触角为梳状，雌虫的触角为锯齿状，容易识别（见图）。前胸背板的前缘较后缘狭许多，略呈三角形，后缘中叶有1对被白色毛的瘤状突起，中部两侧各有1个灰白色毛斑。小盾片被有灰白色毛。后足腿节端部内缘有1个长而直的齿，外端有1个端齿，后足胫节腹面端部有尖的内、外齿各1个。

卵 长约0.6mm，宽约0.3mm，椭圆形，稍扁平。

幼虫 长约3.6mm，肥大弯曲，乳白色，多横皱纹。蛹长约3.5mm，椭圆形，黄色，头部向下弯曲。

绿豆象雄成虫（段灿星提供）

生活史及习性 绿豆象在中国从北至南1年可发生4～12代，成虫与幼虫均可越冬。在北京室内自然温度下，绿豆象每年可发生7代。世代重叠较重，越冬代幼虫于翌年4月下旬开始羽化直到5月下旬结束，室内以7月下旬到9月下旬第三至第五代发生量最大，为害也最重。绿豆象各代发育历期和室温存在极显著负相关，室温越高发育历期越短。

卵一般单产于颗粒饱满、表面光滑的豆粒面上。幼虫共4龄，刚孵化时在原卵壳处往下蛀入豆粒内为害，幼虫老熟后，在豆粒内化蛹，并在豆粒皮层下咬1圆形羽化孔盖后即不食不动。成虫善飞翔，并有假死习性。刚羽化时仍在豆粒内滞留一段时间，十几分钟后开始活动，待虫体变硬后从蛀孔的另一侧钻出。1～4小时后开始交配，每次交配需30～60分钟。雌虫一生交配1次，极少有2次。雌虫交尾后十几分钟即可产卵，多产在夜间，白天相对较少；每头雌虫一生的产卵量最多为91粒。最少为20粒，平均50粒左右。雌虫产完卵后数日内死亡。雌虫寿命越长，产卵量越大，两者存在极显著的相关性。

发生规律 绿豆象的发生与为害常与以下因素有关。

温湿度 绿豆象发育起点温度为14°C，发育有效积温为360°C，25～30°C最有利于其生长发育，而35°C以上的高温则抑制绿豆象的生长发育。在30°C以下，卵孵化率随温度的升高而提高，卵期缩短；32°C以上则孵化率明显下降。各代发育历期和室温存在极显著负相关，在35°C以下，室温越高发育历期越短。75%的湿度最适合卵和幼虫的发育。

寄主 绿豆象是典型的储藏害虫，喜食绿豆、豇豆和小豆等多种豆粒，但豆粒中总酚、儿茶素及γ-氨基丁酸含量与为害程度呈显著负相关，而低聚糖含量与为害程度呈显著正相关。

天敌 豆象金小蜂能有效寄生于绿豆象卵和幼虫，显著抑制绿豆象种群的发展。

防治方法 定期检测储藏的绿豆、小豆等种子表面是否着有虫卵，或利用专用检测仪器，探测储藏堆内是否有昆虫活动迹象，结合储藏室的温湿度，预测绿豆象可能的发生期和发生量。利用抗豆象品种是控制绿豆象为害的安全有效方法。

对种子和仓库进行药剂熏蒸是防治绿豆象最为常用的方法，当豆粒量较少时，可将磷化铝装入小布袋内，放入绿豆中，密封在一个桶内保存。若存贮量较大，可按贮存空间1～2片/m^3磷化铝的比例，在密封的仓库或熏蒸室内熏蒸，不仅能杀死成虫，还可杀死幼虫和卵，且不影响种子发芽。也可通过暴晒或低温处理等物理防治法对绿豆象进行有效防治，即在绿豆收获后，抓紧时间晒干或烘干，使种子含水量在14%以下，并且可使各种虫态的豆象在高温下致死。

参考文献

李隆术，朱炳文，2009. 储藏物昆虫学[M]. 重庆：重庆出版社.

中国农业百科全书总编辑委员会昆虫卷编辑委员会，中国农业百科全书编辑部，1990. 中国农业百科全书：昆虫卷[M]. 北京：农业出版社.

朱振东，段灿星，2012. 绿豆病虫害鉴定与防治手册[M]. 北京：中国农业科学技术出版社.

CHAUBEY M K, 2008. Fumigant toxicity of essential oils from some common spices against pulse beetle, *Callosobruchus chinensis* (Coleoptera: Bruchidae)[J]. Journal of oleo science, 57(3): 171-179.

（撰稿：段灿星；审稿：朱振东）

绿盲蝽 *Apolygus lucorum* (Meyer-Dür)

一种世界性分布的、主要危害棉花和果树的多食性害虫。又名绿后丽盲蝽。英文名green plant bug。半翅目（Hemiptera）盲蝽科（Miridae）后丽盲蝽属（*Apolygus*）。国外分布于日本、埃及、阿尔及利亚，以及欧洲、北美洲等地。中国除海南、西藏以外，在其他地区均有分布。绿盲蝽主要在长江流域和黄河流域地区发生危害，新疆地区于2014年7～8月首次在昌吉回族自治州玛纳斯县发现绿盲蝽严重危害棉花、葡萄、向日葵等农作物。

寄主 在中国，绿盲蝽的寄主植物种类繁多，已记载的有54科288种，包括棉花、苜蓿、枣、葡萄、樱桃、苹果、桃、梨、茶、桑等作物。

危害状 绿盲蝽成虫和若虫偏好取食寄主植物的幼嫩器官（如未展开的嫩叶、小蕾、幼果等），刺点形成后中间部分坏死而停止发育，但周围组织继续快速生长，在此作用下最终坏死部分被明显拉大，形成叶片破损和畸形，花蕾与幼果畸形或脱落等危害症状。在部分重发地区，棉花受害田块达100%，植株受害率达90%以上，产量损失达20%～30%，每年需要使用10～20次化学农药来防治。

形态特征

成虫 体长5～5.5mm，宽2.5mm，全体绿色。头宽短，头顶与复眼的宽度比约为1.1∶1。复眼黑褐色、突出，无单眼。触角4节，比身体短，第二节最长，基两节黄绿色，端两节黑褐色。喙4节，端节黑色，末端达后足基节端部。前胸背板深绿色，密布刻点。小盾片三角形，微突，黄绿色，具浅横皱。前翅革片为绿色，革片端部与楔片相接处略呈灰褐色，楔片绿色，膜区暗褐色。足黄绿色，腿节膨大，后足腿节末端具褐色环斑，胫节有刺。雌虫后足腿节较雄虫短，未超腹部末端。跗节3节，端节最长，黑色。爪二叉，黑色（图1）。

卵 长1mm左右，宽0.26mm。长形，端部钝圆，中部略弯曲，颈部较细。卵盖黄白色，中央凹陷，两端稍微突起。

若虫 洋梨形，全体鲜绿色，被稀疏黑色刚毛。头三角形。唇基显著，眼小，位于头两侧。触角4节，比身体短。喙4节，端节黑色，其余绿色。腹部10节；臭腺开口于腹部第三节背中央后缘，周围黑色。跗节2节，端节长，端部黑色。爪2个，黑色。一龄若虫体长1.04mm、宽0.50mm，无翅芽；二龄若虫体长1.36mm、宽0.68mm，具极微小的翅芽；三龄若虫体长1.63mm、宽0.88mm，翅芽末端达腹部第一节中部；四龄若虫体长2.55mm、宽1.36mm，翅芽绿色，末端达腹部第三节；五龄若虫体长3.40mm、宽1.78mm，翅芽末端达腹部第五节（图2）。

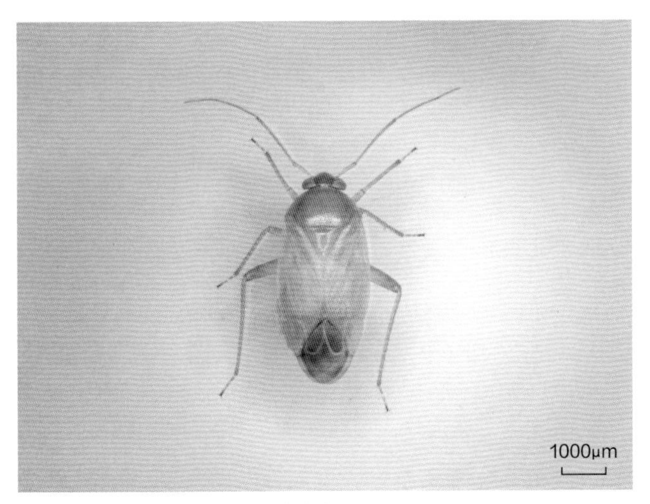

图 1 绿盲蝽成虫（陆宴辉提供）

图 2 绿盲蝽若虫（陆宴辉提供）

生活史及习性 绿盲蝽年发生代数自北向南为 3～7 代。在黄河流域地区以及长江流域大部分地区 1 年发生 5 代，在湖北襄阳、江西南昌可发生 6～7 代。冬季，绿盲蝽卵主要在棉花等枯枝与铃壳、枯死杂草、苜蓿根茬、果树等断茬髓部中越冬。早春时分，越冬卵孵化后，若虫主要危害越冬作物如苜蓿、苕子、蚕豆、桑树的嫩头等以及部分杂草。夏季，绿盲蝽主要在棉花、苜蓿、果树和杂草等寄主植物上取食和繁殖，期间成虫不断搜寻新的食物资源，频繁进行寄主转换。绿盲蝽成虫寿命与产卵期均较长，在 25°C下平均寿命约 30 天，最长达 120 天，故田间世代重叠现象严重。秋季，绿盲蝽末代成虫迁至越冬寄主上产卵，其后成虫死亡、卵滞育越冬。光周期是诱导卵滞育的主要因素，临界光周期为 13 小时 16 分钟，一龄若虫是对光周期诱导的最敏感时期。滞育期间，低温处理能够提高滞育解除率，但不是卵滞育解除的必要条件。

绿盲蝽成虫羽化主要在下午和晚上进行，整个过程持续约 15 分钟。羽化 3 天后，约有 50% 的雌性成虫进入性发育成熟阶段。交配前，雌雄成虫之间具有明显的性召唤行为，雌性成虫通过释放以丁酸已酯和丁酸已烯酯等为主的性信息素来吸引雄性成虫，释放时间主要是 21：00 至翌日 5：00。交配时，雄性成虫先在雌性上方，随即下滑于雌性一侧，雌雄个体呈约 30°夹角，尾端接触交配，整个交配过程持续 67.7±27.9 秒。多数雌性成虫一生中可进行多次交配。成虫产卵前期约 6.7±0.5 天，单次产卵持续 31.4±0.8 秒。产卵主要在晚上进行，在 18：00 至翌日 6：00 的产卵量占全天的 93.41%。在 25°C下，雌性成虫一般在 7 日龄后开始产卵，单雌产卵量最高达 277 粒。其中，7～16 日龄产卵量占整个成虫期的 48.9%；17～40 日龄产卵量占 40% 左右；40～60 日龄期间，约占 8%；60 日龄后有零星产卵，但大部分卵不能正常孵化。

绿盲蝽成虫善于飞行，在室内昆虫飞行磨上 10 日龄绿盲蝽成虫 24 小时的平均飞行距离达 40.6km，同时渤海湾昆虫雷达多年监测证实，绿盲蝽成虫具有远距离跨海迁飞行为。绿盲蝽成虫飞行能力强，便于其寻找适宜生境与寄主以及种群转移。绿盲蝽成虫偏好开花植物，其种群随着农田中寄主植物的开花顺序而进行有规律的寄主转换。寄主植物花中大量释放的丙烯酸丁酯、丙酸丁酯和丁酸丁酯等挥发性组分对其具有强烈的吸引性。绿盲蝽成虫对不同寄主植物具有明显的选择偏好性，明显偏好绿豆、蚕豆、蓖麻、凤仙花、葎草、艾蒿、野艾蒿和黄花蒿等寄主植物。

绿盲蝽成虫偏好将卵散产在植物的伤口处。在棉花的不同器官上，叶柄上卵量最高，约占全株的 50% 左右；其次是叶脉、蕾柄与铃柄，约占 40%；叶肉、蕾、苞叶、铃、侧枝等器官上卵量偏低，约占 5% 左右；主茎上未发现卵。在枣树枝条上，绿盲蝽越冬卵常高密度聚集，一个断枝茎髓部最多发现有 400 多粒卵。绿盲蝽卵产在植物组织之中，仅留卵盖在植物表面，卵盖长不足 1mm，颜色较浅，难以用肉眼进行直接观察。在 25°C下，绿盲蝽卵历期为 8.2±0.1 天。当卵孵化时，若虫顶开卵盖爬出。25°C时，绿盲蝽若虫历期为 11.8±2.0 天，其中一至五龄若虫依次为 3.0 天、1.6 天、2.2 天、1.8 天和 3.2 天。在棉花植株上，若虫集中在嫩头、蕾花铃及其苞叶中活动取食，顶上 5～7 果枝上的若虫约占总虫量的 70%～75%。绿盲蝽若虫行动敏捷、隐蔽性强，在田间调查时不易被发现。

绿盲蝽成虫和若虫除了取食危害植物以外，还可捕食鳞翅目昆虫的卵、蚜虫、蓟马等小型昆虫和螨类，甚至同种的低龄若虫。绿盲蝽二龄若虫对棉铃虫卵、棉蚜、烟粉虱若虫的最大日捕食量分别为 11.2 粒、6.8 头和 2 头，四龄若虫分别为 31 粒、12.2 头和 4.8 头，5 日龄成虫依次为 35 粒、13.6 头和 6.4 头。与只取食四季豆豆荚相比，同时取食四季豆豆荚和棉铃虫卵的绿盲蝽种群适合度显著提高，而只取食棉铃虫卵的基本上不能完成生活史，说明绿盲蝽的食性以植食性为主、兼具肉食性。

发生规律

气候条件　绿盲蝽卵和若虫的发育起始温度和有效积温分别为 3.21°C和 179.27 日·度、3.66°C和 262.44 日·度，适宜绿盲蝽种群增长的温度为 20～30°C。在田间，绿盲蝽的越冬卵于早春开始孵化，如这段时间内气温较高，卵发育整齐且发育速度快，有助于绿盲蝽的快速增长；反之，则孵化期推迟、孵化不整齐。而夏季持续高温将导致绿盲蝽种群数量下降。

绿盲蝽属喜湿昆虫。在相对湿度为70%～80%的高湿条件下，卵孵化率与若虫存活率提高，成虫寿命延长、产卵量增加，种群净增殖率和内禀增长率也明显提高。而在相对湿度为40%～50%的低湿条件下，绿盲蝽种群适合度明显降低。在田间，雨水偏多的年份或季节，种群发生程度常偏重。尤其是早春越冬卵孵化期，每次降雨后会出现一个孵化高峰，降雨次数多，一代若虫发生普遍较重。即生产上所说的"一场雨一场虫"。

寄主植物　寄主植物种类、品种以及生育期对绿盲蝽的种群发生均有明显影响。在绿豆、蚕豆、蓖麻等偏好寄主上，绿盲蝽种群增长快，适合度显著高于其他一般寄主植物。棉酚、单宁等次生物质含量高的棉花品种对绿盲蝽具有一定抗性，能降低若虫存活率以及成虫寿命，但现有棉花主栽品种对绿盲蝽的抗性普遍较低。花期植物因蕾、花、果实（或棉铃）等繁殖器官中含糖量高，较苗期植物更有利于绿盲蝽个体发育与种群增长。

天敌　绿盲蝽的捕食性天敌有蜘蛛、瓢虫、草蛉、捕食性蝽类等。室内捕食功能研究发现，三突花蛛、异色瓢虫、大眼长蝽等对绿盲蝽低龄若虫具有一定捕食功能。但由于绿盲蝽活动敏捷、隐蔽性好，田间捕食性天敌昆虫对其控制作用比较有限。

绿盲蝽的卵寄生蜂有3种：点脉缨小蜂、盲蝽黑卵蜂和柄缨小蜂；若虫寄生蜂有2种：红颈常室茧蜂和遗常室茧蜂。盲蝽黑卵蜂在冬枣园绿盲蝽越冬卵上具有较高寄生率，直接观察寄生蜂羽化情况表明寄生率为0.67%～1.25%，利用特异性引物分子检测显示寄生率为13.04%～23.91%。红颈常室茧蜂为优势若虫寄生蜂，主要寄生二至四龄若虫，有跨期寄生现象，主要是单寄生，极少在一个寄主内能正常发育出2头寄生蜂。在普通农田中，红颈常室茧蜂对绿盲蝽若虫的自然寄生率平均为3.8%（0.4%～9.7%）；而在不施药的试验小区中，绿盲蝽若虫被寄生率明显偏高，其中荞麦上寄生率高达37.4%。

化学农药　有机磷、氨基甲酸酯、拟除虫菊酯、有机氯、新烟碱和苯基吡唑类等多种杀虫剂对绿盲蝽具有毒杀活性，还存在亚致死效应，对绿盲蝽种群发生具有明显的控制效果。现阶段绿盲蝽对常规化学杀虫剂的抗性水平总体较低。2011—2015年的抗性监测表明，绿盲蝽对马拉硫磷、高效氯氰菊酯、硫丹的抗性分别为44.4倍、93.8倍、101.6倍，而对毒死蜱、灭多威、吡虫啉均低于20.0倍。

防治方法

农业防治　农业防治的重点是尽量避免棉花、果树、苜蓿等邻作或间作，减少寄主间交叉危害。绿盲蝽以卵在棉花、牧草、果树、杂草等植物的残茬、断枝切口处越冬，冬季至翌年3月为越冬卵集中防治期。主要措施包括：①结合果树冬季和早春修剪，剪除越冬卵所在的夏剪残桩。②早春时分，通过刮去果树上的粗皮和翘皮，也可减少产于树皮上的绿盲蝽越冬卵。③部分卵随越冬寄主的枝叶脱落进入土壤，通过耕翻细耙，能使卵的孵化和初孵化若虫的出土受限制，从而减少有效卵量。④及时清除农田周围的枯死杂草。早春一代若虫发生期，通过喷施除草剂或人工除草清除田埂杂草，有效降低早春虫源基数。

此外，绿盲蝽成虫偏好绿豆，在棉田四周种植绿豆诱集带，可以隔断绿盲蝽成虫迁入棉田，同时将棉田成虫吸引到诱集带上，再结合诱集带上定期的化学防治，能有效降低棉田绿盲蝽的发生与危害。

物理防治　绿盲蝽成虫具有一定的趋光性，杀虫灯能有效降低成虫种群密度及后代发生数量。4月上旬在距离地面20cm的果树树干上缠绕一圈3～5cm胶带，在胶带上涂上黏虫胶，可以大量粘捕上下树的绿盲蝽若虫。9月中旬至11月底，用30～40目防虫网覆盖茶园，可阻止绿盲蝽在茶树上产卵，减轻翌年发生危害。

生物防治　红颈常室茧蜂已实现室内规模化饲养。该蜂主要寄生二、三龄若虫，因此选择在绿盲蝽卵的孵化高峰期进行释放寄生蜂蛹，可以减轻若虫期的发生程度。此外，使用对天敌较安全的选择性农药来防治绿盲蝽，减少对天敌昆虫的杀伤作用，增强天敌的自然控制作用。

化学防治　当前，对绿盲蝽防治效果比较好的药剂种类及其用量为：啶虫脒有效成分50～70g/hm^2、噻虫嗪有效成分20～30g/hm^2、联苯菊酯有效成分45～60g/hm^2、马拉硫磷有效成分540～675g/hm^2。苦参碱等植物源药剂可用于果园、茶园绿盲蝽的防治。

参考文献

姜玉英，陆宴辉，曾娟，2015. 盲蝽分区监测与治理[M]. 北京：中国农业出版社.

陆宴辉，吴孔明，2008. 棉花盲椿象及其防治[M]. 北京：金盾出版社.

陆宴辉，吴孔明，2012. 我国棉花盲蝽生物学特性的研究进展[J]. 应用昆虫学报，49(3): 578-584.

陆宴辉，吴孔明，姜玉英，等，2010. 棉花盲蝽的发生趋势与防控对策[J]. 植物保护，36(2): 150-153.

陆宴辉，曾娟，姜玉英，等，2014. 盲蝽类害虫种群密度与危害的调查方法[J]. 应用昆虫学报，51(3): 848-852.

中国农业科学院植物保护研究所，中国植物保护学会，2015. 中国农作物病虫害：上册[M]. 3版. 北京：中国农业出版社.

LU Y H, WU K M, 2011. Mirid bugs in China: pest status and management strategies[J]. Outlooks on pest management, 22: 248-252.

LU Y H, WU K M, JIANG Y Y, et al, 2010. Mirid bug outbreaks in multiple crops correlated with weide-scale adoption of Bt cotton in China[J]. Science, 328: 1151-1154.

（撰稿：潘洪生；审稿：吴益东）

绿绵蜡蚧　*Pulvinaria floccifera* (Westwood)

一种分布较普遍、在江南茶区局部严重发生的茶树蚧类害虫。又名茶长绵蚧、茶绿绵蚧、茶绵蚧、茶絮蚧、软蜡介壳虫、蜡丝蚧、蜡丝介壳虫。英文名tea cottony scale。半翅目（Hemiptera）蚧总科（Coccoidea）蜡蚧科（Coccidae）软蜡蚧亚科（Coccinae）绵蜡蚧族（Pulvinarini）绵蚧属（*Pulvinaria*）。国外分布于日本、印度、俄罗斯、格鲁吉亚、韩国、土耳其、伊朗、荷兰、法国、奥地利、意大利等国及非洲、大洋洲、美洲等地。中国分布于浙江、安徽、湖南、湖北、福建、云南、贵州、四川、广东、广西、江西、江苏、河南、陕西、山东、辽宁等地。

寄主　主要危害樟、冬青、卫矛、紫杉、桉树、柑橘、柚、橙、金橘、月桂、稠樱、烟草、茶、山茶、桂花、连翘、榕树、柳杉、油茶、榆、松等植物。

危害状　以成虫和若虫固着茶树枝叶吸汁危害，影响茶树树势。

形态特征

成虫　雌成虫长椭圆形，偶见卵形；体长约3mm，宽约2mm，绿色、淡黄绿色，产卵后颜色加深；体背隆起，有龟纹状脊并覆有白色短绒状蜡丝；足较发达（图1）；雌成虫在产卵期间，腹末分泌物形成长椭圆形卵囊（图2），卵囊白色棉絮状，两侧边几乎平行，长7～11mm，宽度2～3mm，现纵线痕；卵囊内充满半透明的卵粒（图3）。雄成虫体长约1.6mm，翅展约4mm，体黄色，翅白色半透明，腹末有1对相当于体长的白蜡尾丝；交尾器刺状。雄成虫留下的介壳密生有细长扭曲的白色蜡丝，似长绒状白毛簇。

若虫　初孵若虫椭圆形，体扁平，长约0.8mm，宽约0.2mm，淡黄色。触角及足发达，腹末有2长蜡丝（图4）。泌蜡后，雄若虫背有介壳并密布有竖立的长绒状白蜡丝。雌若虫介壳不完整，仅背中有白色短蜡丝簇。

生活史及习性　1年发生1代，以受精雌成虫在枝干上越冬，且以茎基部虫口较多，翌年4月中旬前后，大都爬到上部枝叶上活动取食，并泌蜡形成卵囊产卵。每一雌成虫产卵数百粒以上，最高可达3000粒。5月中下旬陆续孵化。初孵若虫借风等传播扩散，在叶面或叶背刺吸取食。7月底8月初开始被蜡，雄虫长出长绒蜡丝，10月下旬化蛹，仍多聚于叶背。雌虫背部渐渐隆起，背覆的白蜡丝短，渐向其他枝叶上爬动扩散。11月中旬羽化交尾，以受精雌成虫再向枝干下部转移越冬。一般雄虫显著多于雌虫。

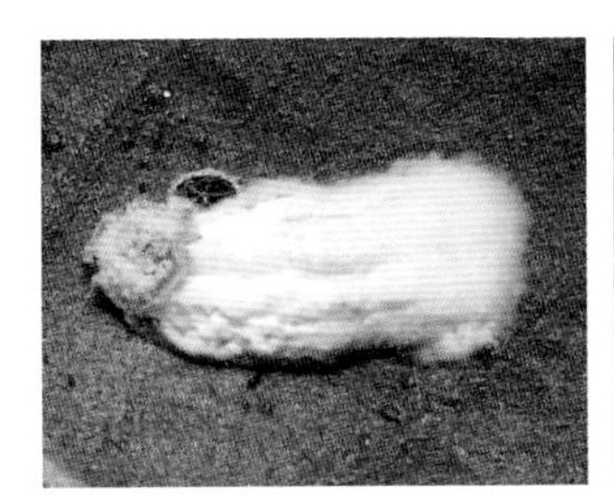

图1 绿绵蜡蚧雌成虫虫体腹面观

（周孝贵提供）

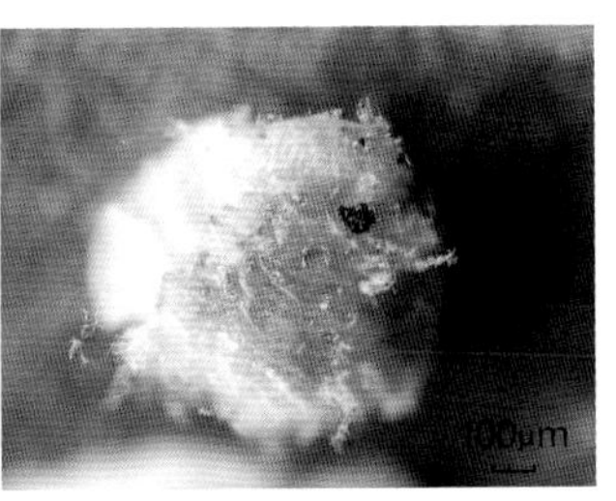

图2 绿绵蜡蚧雌成虫及卵囊

（周孝贵提供）

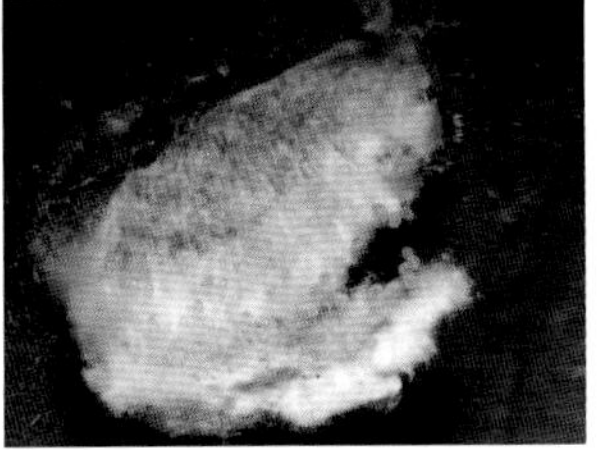

图3 绿绵蜡蚧卵

（周孝贵提供）

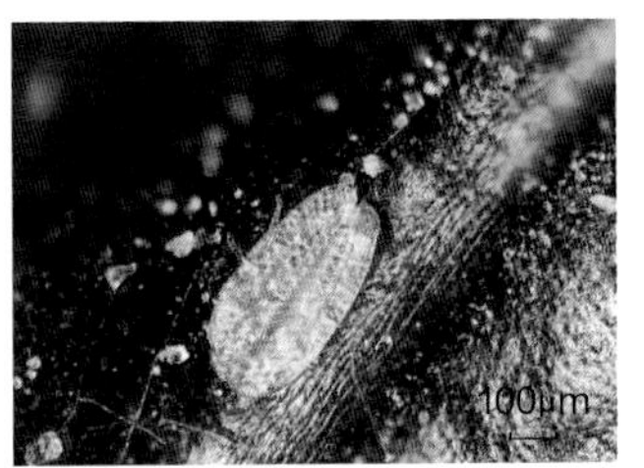

图4 绿绵蜡蚧若虫

（周孝贵提供）

防治方法　参照茶牡蛎蚧。

参考文献

王子清，2001. 中国动物志：昆虫纲　第二十二卷　同翅目　蚧总科　粉蚧科　绒蚧科　蜡蚧科　链蚧科　盘蚧科　壶蚧科　仁蚧科 [M]. 北京：科学出版社.

张汉鹄，谭济才，2004. 中国茶树害虫及其无公害治理 [M]. 合肥：安徽科学技术出版社.

（撰稿：周孝贵；审稿：肖强）

绿尾大蚕蛾　*Actias ningpoana* Felder

一种危害杨、柳、榆、樟等多种树木的食叶害虫。又名水青蛾、柳蚕、燕尾蚕、长尾目蚕。鳞翅目（Lepidoptera）大蚕蛾科（Saturniidae）大蚕蛾亚科（Saturniinae）尾蚕蛾属（*Actias*）。国外分布于马来西亚、缅甸、斯里兰卡、印度、日本。中国分布于吉林、辽宁、北京、福建、广东、广西、河北、河南、四川、湖北、湖南、江苏、江西、台湾、浙江、西藏等地。

寄主　枫杨、枫香、白榆、杨、柳、乌桕、核桃、樟树、桤木、苹果、梨、沙枣、杏、木槿等。

危害状　一、二龄幼虫群集危害，三龄以后分散危害，食量增大，造成叶片缺刻或整个叶片被吃光。

形态特征

成虫　体长35～45mm，翅展120mm左右。头灰褐色，体表具浓厚白色绒毛，头部、胸部、肩板基部前缘有暗紫色横带，触角土黄色，雌、雄均为长双栉形；翅粉绿色，基部有白色绒毛；前翅前缘暗紫色，混杂有白色鳞毛；翅脉及两条与外缘平行的细线均为淡褐色，外缘黄褐色；中室端有一个眼形斑，斑的中央在横脉处呈一条透明横带，透明带的外侧黄褐色，内侧内方橙黄色，外方黑色，间杂有红色月牙形纹；后翅自M_3脉以后延伸成尾形，长达40mm，尾带末端常呈卷折状；中室端有与前翅相同的眼形纹。一般雌蛾色较浅，翅较宽，尾突亦较短；不同世代以及取食不同寄主的个体在体型大小、颜色深浅方面均有变化（图1）。

幼虫　老熟幼虫体长73～80mm；头部绿褐色，较小，宽仅5.5mm，体黄绿色，气门线以下至腹面浓绿色，腹面黑色；臀板中央及臀足后缘有紫褐色斑；中胸、后胸及第八腹节背上的毛瘤顶端黄色，基部黑色；其他部位毛瘤的端部蓝色，基部棕黑色，上面的刚毛棕黄色，身体其他刚毛黄白色；1～8腹节的气门线上边赤褐色，下边黄色，气门筛淡黄色，围气门片橙褐色，外围有淡绿色环。胸足棕褐色，尖端黑色，腹足端棕褐色，上部有黑色横带（图2）。

生活史及习性　1年发生2代，少数地区3代，老熟幼虫在寄主枝干基部及其他可附着物上吐丝结茧（图3）越冬。翌年4月中旬至5月上旬成虫羽化并产卵，卵历期10～15天。第一代幼虫5月上、中旬孵化，幼虫共5龄，历期36～44天。老熟幼虫6月上旬开始化蛹，中旬达盛期，蛹历期15～20天。第一代成虫6月下旬至7月初羽化产卵，第二代幼虫7月上旬孵化，至9月底老熟幼虫结茧化蛹，越冬蛹期6个月。

图 1 绿尾大蚕蛾成虫（贺虹提供）

图 2 绿尾大蚕蛾幼虫（贺虹提供）

图 3 绿尾大蚕蛾茧（贺虹提供）

图 4 绿尾大蚕蛾卵（贺虹提供）

成虫有趋光性，羽化前分泌棕色液体溶解茧丝，然后从上端钻出，当天即可交尾。卵成堆产于寄主叶背或树干上（图4），产卵量 250～300 粒。初孵幼虫体黑色，二龄幼虫头部黑色，胸部背面橙黄色；三龄后幼虫呈黄绿色，与老熟幼虫相似。一、二龄幼虫有群集性，较活跃；三龄以后逐渐分散，食量增大，行动迟钝；老熟幼虫吐丝缀叶片包裹身体在其中结茧。第一代茧与越冬茧结的部位略有不同，前者多数在树枝条上，少数在树干下部；越冬茧基本在树干下部分叉处。

天敌　主要有马蜂、麻雀、赤眼蜂等。

防治方法

农业防治　人工清除茧蛹，摘除幼虫团并消灭；冬季清除落叶、杂草。

物理防治　黑光灯诱杀成虫。

生物防治　保护马蜂、麻雀、赤眼蜂等天敌。

化学防治　在幼虫期喷洒 Bt、灭幼脲Ⅲ号、阿维菌素等药剂。

参考文献

何彬，彭树光，何根跃，等，1991. 绿尾大蚕蛾生物学与防治 [J]. 昆虫知识 (6): 353-354.

胡淼，姜英，成英，1996. 绿尾大蚕蛾的发生与防治 [J]. 植保技术与推广，16(4): 27.

刘晶晶，2012. 绿尾大蚕蛾的发生及防治 [J]. 现在农业科技 (13): 28.

柳支英，马同伦，1933. 绿色天蚕蛾饲育纪要 [J]. 昆虫与植病，1(9): 194-200.

汪广，1957. 樗蚕与柳蚕 [J]. 昆虫知识，3(4): 171-173.

萧刚柔，1992. 中国森林昆虫 [M]. 2 版. 北京：中国林业出版社.

中国科学院动物研究所，1983. 中国蛾类图鉴 IV[M]. 北京：科学出版社.

朱弘复，1973. 蛾类图册 [M]. 北京：科学出版社.

朱弘复，王林瑶，方承莱，1979. 蛾类幼虫图册（一）[M]. 北京：科学出版社.

朱弘复，王林瑶，1996. 中国动物志：昆虫纲　第五卷　鳞翅目（蚕蛾科　大蚕蛾科　网蛾科）[M]. 北京：科学出版社.

（撰稿：贺虹；审稿：陈辉）

绿芫菁　*Lytta caraganae* (Pallas)

中国北方草原常见的一种昆虫。鞘翅目（Coleoptera）芫菁科（Meloidae）绿芫菁属（*Lytta*）。国外分布于俄罗斯、蒙古、朝鲜半岛、日本。中国分布于吉林、辽宁、内蒙古、北京、河北、山西、陕西、宁夏、甘肃、青海、新疆、江苏、安徽、浙江、湖北、湖南等地。

寄主　豆科（苜蓿、柠条、黄芪、锦鸡儿、槐属、花生、蚕豆）、菊科（沙蒿）、木樨科（水曲柳、白蜡）、胡颓子科（沙棘）等。

危害状　危害豆科、菊科、木樨科等多类植物、牧草和农作物。幼虫寄生于蜂巢，取食蜂产品和未成熟个体，对养蜂业有一定危害。成虫群集取食寄主叶片、花器，造成叶、花表面形状不规则缺刻，吃光后转移为害（图①）。严重时可将植株叶片蚕食殆尽，影响植株正常生长与结实。

形态特征

成虫　体长 11.5～17.0mm。体绿至蓝色，具金属光泽。仅唇基、上唇、触角基部 3 节、体腹面及足被稀疏短毛，余地光滑。头部刻点稀疏，额中央具 1 橘红斑；触角细长，近念珠状，向后伸直超过鞘翅肩部。前胸背板光滑无毛，刻点较头部稀疏；前角显著隆凸；盘区中央具 1 细纵沟，中部 1 近圆形大凹，近基部具 1 横凹。鞘翅无斑，密布细小刻点和褶皱。雄性前、中足第一跗节基部细窄，端部膨大，近斧状；前足胫节仅 1 钩状内端距；中足转节具 1 尖齿，后足转节具 1 不明显瘤突；雌性前、中足第一跗节基部略收缩；前足胫节 2 大小相近的端距；中、后足转节无齿或瘤突。腹部第六节可见腹板雄性后缘中央弧凹，雌性后缘平直（图②）。

幼虫　初孵幼虫体长 1.02～1.23mm。体大部分棕色，近后胸背板和第一腹节背板黄色。头部额唇基区被毛 16 根；下颚须第一、二节近等长，骨化弱，较窄；第二节具 1 短毛和 1 长毛；第三节顶端略膨大。前胸背板长约为中胸背板的 1.8 倍；中胸背板中排具 5 对刚毛，后排 4 对刚毛；后胸背板蜕裂线不完整。腹部第一至八节背板后排具 7 对刚毛；第一背板缺蜕裂线，后排毛短（图③）。

生活史及习性　1 年 1 代。成虫于夏季（7～8 月）盛发。初孵幼虫蛃型，具有较强的活动能力，随蜜蜂总科成虫携运

绿芫菁（潘昭提供）

①成虫群集危害沙蒿；②成虫；③初孵幼虫

至蜂巢中，以蜂产品和蜜蜂未成熟个体为食。翌年春末夏初羽化为成虫。室温条件下卵期约5天。

防治方法　见西北豆芫菁。

参考文献

贺春贵，周军，吴劲锋，等，2005. 甘肃苜蓿田芫菁的种类为害及防治[J]. 草原与草坪(3): 21-23, 26.

潘昭，任国栋，李亚林，等，2011. 河北省芫菁种类记述(鞘翅目：芫菁科)[J]. 四川动物，30(5): 728-730, 733, 854.

王文和，2015. 玛可河林区绿芫菁对沙棘危害调查与防治对策[J]. 绿色科技(4): 47-48.

LI X M, REN G D, PAN Z, 2019. Description of the first instar larva of *Lytta caraganae* (Pallas, 1798) (Coleoptera: Meloidae, Lyttini)[J]. Zootaxa, 4609(3): 509-518.

（撰稿：潘昭；审稿：任国栋）

栾多态毛蚜　*Periphyllus koelreuteriae* (Takahashi)

一种危害栾树的重要害虫。英文名 goldenrain tree aphid。半翅目（Hemiptera）蚜科（Aphididae）毛蚜亚科（Chaitophorinae）多态毛蚜属（*Periphyllus*）。国外分布于韩国、日本。中国分布于辽宁、北京、江苏、浙江、山东、河南、湖北、重庆、四川、台湾等地。

寄主　栾树、全缘叶栾树和日本七叶树。

危害状　在幼叶背面危害，尤喜危害幼芽、幼树、蘖枝和修剪后生出的幼枝叶，受害叶常向背面微微卷缩，严重时使幼叶严重卷曲，节间缩短；排出蜜露诱发霉病，影响栾树生长（图2、图3）。

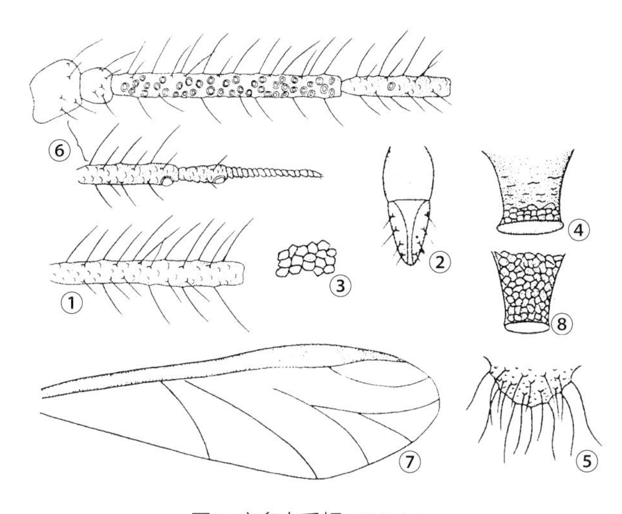

图1　栾多态毛蚜（钟铁森绘）

无翅孤雌蚜：①触角节Ⅲ；②喙节Ⅳ+Ⅴ；③节间斑；④腹管；⑤尾片

有翅孤雌蚜：⑥触角；⑦前翅；⑧腹管

图2　栾多态毛蚜群聚（张荣娇摄）

图3　栾多态毛蚜危害状（张荣娇摄）

形态特征

无翅孤雌蚜　体长卵形，体长3.00mm，体宽1.60mm。活体黄绿色，背面有深褐色“品”形大斑纹。玻片标本淡色，有深色斑纹。头前部有黑斑，胸部、腹部各中、缘斑明显、较大，侧斑分裂为许多基片，中胸背板各斑常融合为一片，腹部背片Ⅷ各斑常融合为横带。表皮光滑。气门圆形至椭圆形开放，气门片黑色。节间斑黑色。体毛长，尖锐。中额平，无额瘤。触角6节，全长1.80mm，约为体长的65%；节Ⅲ长0.63mm，节Ⅰ～Ⅵ毛数：9，5，26，10，9，2+0根；触角节Ⅲ长毛长于该节直径的3.00倍。喙端部超过中足基节，节Ⅳ+Ⅴ长0.14mm，长为基宽的1.80倍，为后足跗节Ⅱ的83%，有原生毛3对，次生毛2对。跗节Ⅰ毛序：5，5，5。腹管截断形，有缘突，端部有网纹，基部微显网纹，有毛23根，稍短于后足跗节Ⅱ。尾片短，末端圆形，短于腹管的1/2，有毛13～17根。尾板末端圆形，有毛19～28根。生殖板横带形，有毛32根（图1、图4）。

有翅孤雌蚜　体长3.30mm，体宽1.30mm。玻片标本头部、胸部黑色，腹部背片Ⅰ～Ⅵ各节中斑与侧斑相融合为黑色横带，背片Ⅶ、Ⅷ各中、侧、缘斑融合为黑色横带。触角长2.00mm，节Ⅲ长0.70mm，节Ⅲ、Ⅳ各有次生感觉圈数33～46个、0～2个。腹管全长有清晰网纹，长0.16mm。翅脉正常，后翅有翅钩5～8个。尾片有毛17～19根。尾板有毛23～39根。生殖板有毛30根，其中前部有较长毛5根（图1）。

生活史及习性　以卵在幼枝芽苞附近和树皮伤疤缝隙处越冬，在早春芽苞膨大开裂时，干母孵化，干母无翅，干母代多为无翅干雌，少数有翅，干雌后代大多有翅。有翅孤雌蚜在4月下旬大量发生，直到6月中旬仍有有翅孤雌蚜发生。5月中旬大量发生滞育型若蚜，分散于叶背面叶缘部分，5～6月，仍然可在叶背面主脉附近见到少量黄色非滞育若蚜和褐色成蚜危害，并继续产生滞育型若蚜。9～10月，滞育幼蚜开始发育，10月出现无翅雌性蚜和有翅雄性蚜，雌雄性蚜交配后，雌性蚜产卵，并以卵越冬。

防治方法

生物防治　在4月下旬有翅孤雌蚜发生前和栾树严重受以前，放瓢虫、食蚜虻、褐姬蛉、安平草蛉等捕食性天敌。

图4 栾多态毛蚜雌蚜和有翅孤雌蚜（张培毅摄）

化学防治　采用10%吡虫啉2000倍液、5%啶虫脒2000倍液和25%噻虫嗪6500倍液防治效率高，持效性好。

参考文献

王静艳，2018. 栾多态毛蚜防治[J]. 中国花卉园艺(18): 51-52.

徐公天，杨志华，2007. 中国园林昆虫[M]. 北京：中国林业出版社.

张广学，钟铁森，1983. 中国经济昆虫志：第二十五册　同翅目　蚜虫类（一）[M]. 北京：科学出版社.

（撰稿：陈静；审稿：乔格侠）

卵黄发生　vitellogenesis

是昆虫卵巢成熟的关键过程，其直接影响昆虫繁殖力。卵黄发生的核心问题是脂肪体对卵黄原蛋白（vitellogenin，Vg）及其他类型卵黄蛋白前体（yolk protein precursor，YPP）的合成与分泌，以及由成熟卵母细胞通过卵黄原蛋白受体（vitellogenin receptor，VgR）介导的内吞作用所引起的卵黄蛋白前体内化反应。昆虫卵黄发生过程通常指由卵黄蛋白前体开始合成，至卵内充满卵黄蛋白整个过程，其包括卵黄蛋白前体合成、卵黄蛋白摄取并沉积为卵黄蛋白颗粒这两个主要过程，而此过程均受不同激素的影响与调控。含有多滋式卵巢管的昆虫卵黄发生时，其卵母细胞增长速度比滋养细胞快，卵母细胞通过受体调节的内吞作用从血淋巴中吸收大量由脂肪体合成的卵黄蛋白或由卵巢滤泡细胞本身所合成的卵黄蛋白。

卵黄蛋白是指多数卵生脊椎动物和无脊椎动物卵黄发生时沉积在卵内，且在胚胎发育时作为营养被利用的一类蛋白。大多数昆虫的Vg主要由其雌虫脂肪体合成，在卵内与外来蛋白一起形成卵黄颗粒，后被卵内蛋白酶水解为小分子多肽或氨基酸，作为胚胎发育时的主要营养来源。昆虫Vg是由6～7kb转录本合成的大小约200kDa的大分子糖脂蛋白，其约含1%～14%糖类、6%～16%脂及84%左右的氨基酸。Vg中的糖类主要为甘露糖（mannose），以寡聚甘露糖形式存在，甘露糖形成寡聚糖链，参与滤泡细胞识别，同时能在一定程度上增加Vg稳定性。脂类主要包括中性脂、甾醇及磷脂等，而有些昆虫如臀纹粉蚧（*Dactylopius confuses*）卵黄蛋白中不含脂类。

根据昆虫卵黄蛋白基本分子特征，可大致将其分为4类：第一类，卵黄原蛋白（Vg，图1），大多数昆虫的卵黄蛋白均属此类，该类卵黄蛋白一般由雌性昆虫脂肪体特异性合成，随后分泌至血淋巴中，通过VgR介导的内吞作用被正在发育的卵母细胞摄取并累积，储存于卵巢中，作为卵内主要物质，为胚胎发育提供营养。第二类，卵黄多肽（yolk polypeptide），该类卵黄蛋白只存在于双翅目环裂亚目中，其分子量仅约45kDa，但功能上等同于其他昆虫卵黄蛋白；其在进化上与Vg远缘，与脊椎动物脂酶更为近缘；此类蛋白一般在卵巢滤泡细胞中合成，部分昆虫中脂肪体亦能合成，合成后被发育中卵母细胞摄取，为胚胎发育提供营养。第三类，卵巢滤泡细胞通过性别特异性方式合成的卵黄蛋白，其最终被沉淀在卵母细胞中；如家蚕（*Bombyx mori*）雌性特异 30kDa 蛋白。第四类，由脂肪体合成且最终被发育中卵母细胞摄取的非雌性特异蛋白，如埃及伊蚊（*Aedes aegypti*）的 53kDa 卵黄蛋白羧肽酶。其中第一和第二类被称为Vg类卵黄蛋白，第三和第四类被称为非Vg类卵黄蛋白。

对已报道的昆虫 Vg 一级序列特征进行分析，显示昆虫 Vg 一般含 3 个保守域，即 Vit-N（vitellogenin-N）、DUF1943（domain of unknown function）和 vWD（von Willebrand Factor type D domain）。其中 Vit-N 位于 Vg 氨基端，具有 N- 折叠、α- 螺旋、多聚丝氨酸区域和类枯草杆菌内切酶识别位点 RXXR。羧基端 vWD 结构域具有经典的 GL/ICG 保守基序及其上游 17 个氨基酸处的 DGXR 和下游 9 个保守的半胱氨酸残基，该保守区域在哺乳动物载脂蛋白 B（apolipoprotein B）和微粒体甘油三酯转运蛋白大亚基（microsomal triglyceride transfer protein）中不存在。Vg 序列大部分位于 Vit-N 和 vWD 之间，该区域可形成大型脂质结合口袋，但这段序列在不同种类昆虫中保守性较低。Vg 前体合成后，一般会被剪切成一大（约 180 kDa）一小（约 40 kDa）两个亚基。剪切位点为 (R/K)X(R/K)R 或 RXXR 基序，该基序能被转化酶（convertases）特异性识别。而在膜翅目细腰亚目中，Vg 无典型 RXXR 位点，其不能被转移酶识别，始终以大分子形式存在。

昆虫卵黄发生是在严格的激素调控下进行的，参与调控的激素主要有保幼激素（juvenile hormone，JH）、蜕皮激素（ecdysone）和一些神经肽（neuropeptide）类物质。JH 参与绝大多数种类昆虫 Vg 基因的转录调控，如半翅目、直翅目、蜚蠊目、鞘翅目和部分鳞翅目昆虫。也有部分昆虫 Vg 基因转录调控主要依赖蜕皮激素，如部分鳞翅目昆虫和双翅目昆虫。部分昆虫采用单一激素调控卵黄发生，其调控途径一般为，昆虫发育成熟后，通过取食或者交配行为，促使大脑释放神经肽刺激咽侧体合成 JH 或刺激卵巢合成蜕皮激素，这些单一激素随后被释放到血淋巴中，作用于脂肪体，进而调控 Vg 基因的转录及其表达产物的吸收利用。

此外，有些种类昆虫采用多种激素来共同调控其卵黄发生过程，以双翅目昆虫埃及伊蚊为例，其 Vg 基因的转录及其表达产物的吸收都是在多种激素的调控下进行的。卵黄发生的起始、结束，及下一次循环等都需要多种激素参与（图 2）。埃及伊蚊卵黄发生分为 4 个阶段：发生前期、停滞期、合成期和合成终止期。卵黄发生调控同时需要 JH 和蜕皮激素 20E 参与。雌虫羽化后至卵黄发生前期，JH 滴度迅速上升，调控埃及伊蚊体内某些代谢过程，为卵黄发生做前期准备。这一过程至关重要，否则脂肪体后期无法响应 20E 刺激，

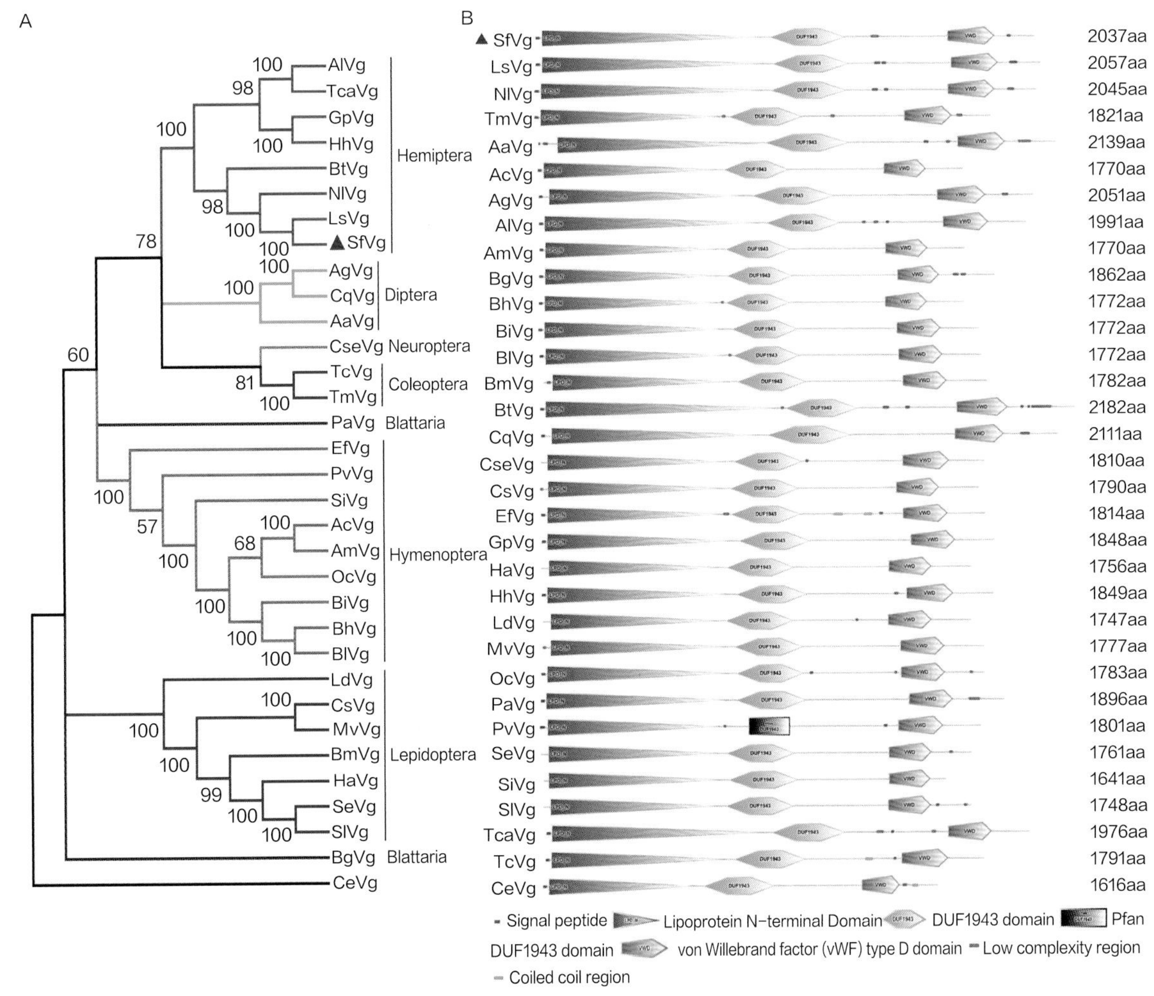

图 1　昆虫卵黄原蛋白推导氨基酸序列进化与一级结构分析（Hu et al., 2019）

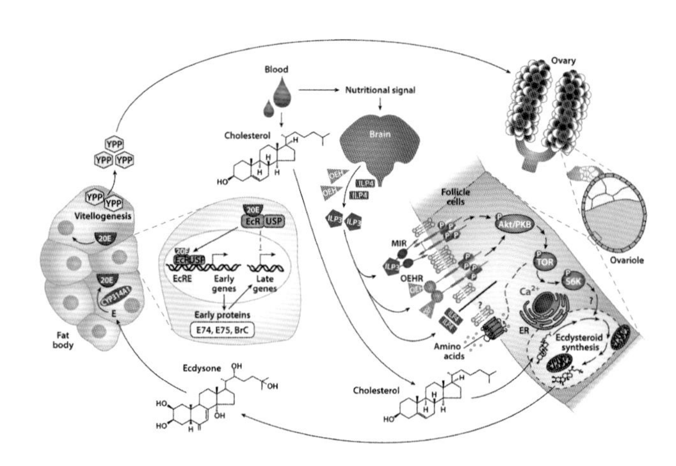

图 2 蚊虫卵巢蜕皮激素生成及脂肪体卵黄发生
（Roy et al., 2018）

随后 JH 滴度迅速下降。血餐后，埃及伊蚊体内营养途径被激发，刺激大脑产生激素 OEH（ovary ecdysteroidogenic hormone）和胰岛素（insulin），OEH 和胰岛素是阻碍埃及伊蚊直接产卵（不需血餐）的重要因子。OEH 可刺激卵巢产生 20E，20E 含量迅速上升，促进 Vg 大量合成，进入卵黄原蛋白合成期。同时，氨基酸途径和胰岛素同时通过 TOR 途径促进 Vg 基因表达，并抑制程序化自噬（programmed autophagy）反应。程序化自噬亦是埃及伊蚊卵黄原蛋白合成及其顺利进行生殖循环的重要因素。抑制埃及伊蚊程序化自噬，可导致其卵黄发生终止期 TOR 途径被错误激活，进而使卵黄原蛋白合成期延长。在埃及伊蚊卵黄原蛋白合成期末期，JH 滴度上升，并能促进卵巢对 Vg 吸收。

经典理论认为 Vg 主要在胚胎发生时，降解成小分子多肽和氨基酸，进而为胚胎发育提供营养物质。Vg 在脂肪体合成，被分泌至血淋巴中，并被正在发育的卵母细胞摄取，作为卵内主要营养物质，但当昆虫缺乏食物、取食压力增加、找不到产卵地点或缺乏雄性与之交配的情况下，则会发生卵吸收现象，即卵内 Vg 发生降解，降解产物释放至血淋巴，用以维持昆虫个体发育。卵吸收现象在部分种类昆虫中广泛存在。卵吸收是昆虫进化所导致的行为，使其在食物缺乏时可以通过减少生殖来延长成虫寿命，以获得更长的等待食物时间。Vg 在进化关系上与载脂蛋白同源，在功能上与载脂蛋白相似。Vg 可携带脂质进入卵母细胞，为胚胎发育提供营养。Vg 通过 VgR 介导的内吞作用进入卵母细胞时，可携带多种物质进入卵巢，如脂质、多糖、维生素、激素、酶、碳水化合物、硫酸盐、磷酸盐及多种离子。

一些经卵传播的病原微生物亦可借助昆虫 Vg/VgR 内吞作用打破卵巢屏障，进入卵内，从而高效地传播给下一代。黑腹果蝇（*Drosophila melanogaster*）体内存在一种内共生菌 *Spiroplasma poulsonii*，该菌可在血淋巴中大量积累，与宿主卵黄多肽在血淋巴中发生互作，并利用其进行有效垂直传播。此外，灰飞虱（*Laodelphax striatellus*）卵黄原蛋白可与水稻条纹病毒（rice stripe virus，RSV）的 pc3 蛋白在血淋巴中发生互作，进而使病毒粒子随卵黄原蛋白内吞作用一并进入卵巢，进而发生病毒的垂直传播，此后还发现灰飞虱血细胞特异合成的 Vg 参与该病毒的经卵传播。另外，宿主烟粉虱（*Bemisia tabaci*）的 Vg 能与其所传播的双生病毒番茄黄化曲叶病毒（tomato yellow leaf curl virus，TYLCV）的外壳蛋白发生互作，进而使 TYLCV 可进入介体昆虫的生殖系统发生病毒经卵传播，且与烟粉虱卵巢的发育阶段相关。在缺乏寄主植物时，经卵传播可使 TYLCV 在烟粉虱种群中至少维持 2 代。

随着研究不断深入，发现昆虫 Vg 与其他诸多重要的非典型性功能相关，如调控昆虫翅型发育、迁飞、社会分工、寿命、抗逆性等，因此该蛋白亦被称为“多效性蛋白（pleiotropic protein）”。

参考文献

AMSALEM E, MALKA O, GROZINGER C, et al, 2014. Exploring the role of juvenile hormone and vitellogenin in reproduction and social behavior in bumble bees[J]. BMC evolutionary biology, 14(1): 1-13.

ATTISANO A, TREGENZA T, MOORE A J, et al, 2013. Oosorption and migratory strategy of the milkweed bug, *Oncopeltus fasciatus*[J]. Animal behaviour, 86(3): 651-657.

GHAZI A, 2013. Transcriptional networks that mediate signals from reproductive tissues to influence lifespan[J]. Genesis, 51(1): 1-15.

GULIA-NUSS M, ELLIOT A, BROWN M R, et al, 2015. Multiple factors contribute to anautogenous reproduction by the mosquito *Aedes aegypti*[J]. Journal of insect physiology, 82: 8-16.

HERREN J K, PAREDES J C, SCHÜPFER F, et al, 2013. Vertical transmission of a *Drosophila* endosymbiont via cooption of the yolk transport and internalization machinery[J]. mBio, 4(2): e00532-12

HUO Y, LIU W W, ZHANG F J, et al, 2014. Transovarial transmission of a plant virus is mediated by vitellogenin of its insect vector[J]. PLoS pathogens, 10: e1003949.

HOU Y, WANG X L, SAHA T T, et al, 2015. Temporal coordination of carbohydrate metabolism during mosquito reproduction[J]. PLoS genetics, 11(7): e1005309.

HUO Y, YU Y L, CHEN L Y, et al, 2018. Insect tissue-specific vitellogenin facilitates transmission of plant virus[J]. PLoS pathogens, 14(2): e1006909

HU K, TIAN P, TANG Y, et al, 2019. Molecular characterization of vitellogenin and its receptor in *Sogatella furcifera*, and their function in oocyte maturation[J]. Frontiers in physiology, 10(3): 1532.

LIBBRECHT R, CORONA M, WENDE F, et al, 2013. Interplay between insulin signaling, juvenile hormone, and vitellogenin regulates maternal effects on polyphenism in ants[J]. Proceedings of the National Academy of Sciences of the United States of America, 110(27): 11050-11055.

NOSE Y, LEE J M, UENO T, et al, 1997. Cloning of cDNA for vitellogenin of the parasitoid wasp, *Pimpla nipponica* (Hymenoptera: Apocrita: Ichneumonidae): Vitellogenin primary structure and evolutionary considerations[J]. Insect biochemistry and molecular biology, 27(12): 1047-1056.

RAIKHEL A S, DHADIALLA T S, 1992. Accumulation of yolk proteins in insect oocytes[J]. Annual review of entomology, 37(1): 217-251.

ROTH Z, WEIL S, AFLALO E D, et al, 2013. Identification of receptor-interacting regions of vitellogenin within evolutionarily conserved β-sheet structures by using a peptide array[J]. Chembiochem, 14(9): 1116-1122.

ROY S, SAHA T T, ZOU Z, et al, 2018. Regulatory pathways controlling female insect reproduction[J]. Annual review of entomology, 63(1): 489-511.

SEEHUUS S C, NORBERG K, GIMSA U, et al, 2006. Reproductive protein protects functionally sterile honey bee workers from oxidative stress[J]. Proceedings of the National Academy of Sciences of the United States of America, 103(4): 962-967.

WEI J, HE Y Z, GUO Q, et al, 2017. Vector development and vitellogenin determine the transovarial transmission of begomoviruses[J]. Proceedings of the National Academy of Sciences of the United States of America, 114(26): 6746-6751.

ZIEGLER R, ANTWERPEN R V, 2006. Lipid uptake by insect oocytes[J]. Insect biochemistry and molecular biology, 36(4): 264-272.

（撰稿：叶恭银、方琦；审稿：王琛柱）

卵形短须螨 *Brevipalpus obovatus* (Donnadieu)

卵形短须螨是茶树等多种经济林木、药用植物、花卉等的害螨。又名茶短须螨。英文名 privet mite。真螨目（Acariformes）细须螨科（Tenuipalpidae）短须螨属（*Brevipalpus*）。国外分布于日本、印度、斯里兰卡、印度尼西亚、肯尼亚等地。中国分布于云南、贵州、四川、重庆、陕西、河南、山东、湖北、湖南、安徽、江苏、浙江、江西、福建、广东、广西、海南、台湾等地。

寄主 茶树、柑橘、葡萄、柿、薄荷、柠檬、木薯、枇杷、石榴、益智、西番莲、桃、胡桃、苹果、菠萝、李、梨、阳桃、留兰香、夜来香、马兰头、杜鹃、野艾、百香果、兰花等55科119个属400多种经济林木、药用植物、花卉、木本观赏植物等，食性非常复杂。

危害状 成螨和若螨刺吸茶树老叶和成叶汁液危害。受害叶片逐渐失去光泽，局部叶色变红渐转暗，叶背出现许多紫褐色斑块，主脉和叶柄变紫褐色，最后叶柄霉烂引起落叶。严重影响树势，芽梢稀瘦，降低茶叶品质和产量。

形态特征

成螨 雌性倒卵形，较扁平，中脊隆起，体长0.27～0.31mm，宽0.13～0.16mm，体色鲜红、暗红、橙红色，因季节和取食而异。足4对，色淡，足基部第二节细小，跗节有1长毛。体背有不规则黑斑和网纹，背毛12对，刚毛状或披针状（顶毛1对、胛毛2对、肩毛1对、背中毛3对、后半体背侧毛5对）。雄成虫较雌成虫略小，体末尖削呈楔状，体长0.25mm，宽0.12mm左右。

卵 卵形，长0.08～0.11mm，宽0.06～0.08mm，表面光滑，鲜红至橘红色，孵化前渐变蜡白色。

幼螨 近圆形，长0.11～0.18mm，宽0.08～0.10mm，体色橘红，足3对，体末端有背侧毛3对，其中2对呈匙形，中间1对刚毛状。

若螨 一龄若螨近卵形，长0.17～0.22mm，宽0.10～0.12mm，形似成螨，体色较幼螨浅呈橙红色，体背面开始出现不规则形黑斑，足4对。二龄若螨近长方形，长0.23～0.31mm，宽0.13～0.15mm，体背黑斑加深，体色与成螨接近，眼点明显，腹部末端较成虫钝。足4对。一龄若螨和二龄若螨的后半体末端3对背侧毛均呈匙形。

生活史及习性 长江中下游1年发生7代，台湾11代，世代重叠。每年10～11月份，多以成螨聚于根颈部越冬，翌年4月逐渐往上转移至叶片上危害。在广东、海南无越冬滞育现象，广西也只有少量转至根际越冬。高温干旱对茶短须螨发生有利，6月份虫口增长迅速，7～9月常出现发生高峰。浙江杭州一带，茶短须螨1年发生6～7代。1～7代发生期依次为4月中旬至5月下旬，5月中旬至6月中旬，6月中旬至7月下旬，7月下旬至8月中旬，8月中旬至9月上旬，9月上旬至10月上旬，9月下旬至翌年4月。各虫态历期：夏季，温度在30°C左右时，卵期6～7天，幼螨期3～4天，若螨期（第一、第二若螨）7～8天，产卵前期2天；春秋季温度21°C左右时，一般卵期14天，幼螨期6天，若螨期15天，产卵前期3～5天。成螨寿命较长，一般34～45天，越冬雌成螨可达6个月以上，雄成螨20～30天。幼螨、一、二龄若螨的各个期间，能明显地分为两个时期，即活动取食期、不食不动静止期。蜕皮静止期：幼螨1～5天，一龄若螨1～4天，二龄若螨2.5～8天。

茶短须螨雄螨极少，雌雄性比高达2000：1。雌成螨以孤雌生殖为主，产出多为雌螨，并能不断地孤雌生殖下去。孤雌生殖产生的后代与两性生殖产生的后代没有差异。雄螨可多次交配。雌螨一生产卵12～54粒，日产最多4粒。卵多散产于叶背，少数产于叶面、叶柄、腋芽和枝干上。茶短须螨有自下向上爬迁危害的习性，发生初期，茶树下部叶片螨口最多，约占62%以上，中部占36%，上部占2%。发生盛期，部分螨口爬行上迁，中上部螨口增大，约占50%以上，上部及中下部各占20%左右。幼螨孵化后近90%在叶背危害，叶背又以主脉两侧为多，叶柄部及低洼处次之，多次的刺吸危害使叶片主脉两侧及叶柄产生霉斑或霉烂。发生严重的茶园，在该螨发生高峰期，茶树产生大量落叶。

防治方法

农业防治 选用抗性品种，加强茶园管理，及时分批采摘，清除杂草和落叶，减少其回迁侵害茶树。对危害严重的衰老茶园，在发生高峰前，修剪或台刈并清除枯枝落叶。秋冬成螨进入越冬后，扒开根际土壤，可用废柴油涂刷根基部，消灭越冬虫源。

生物防治 天敌是茶园持续控制卵形短须螨的主要生态因子，如异色瓢虫、草间小黑蛛、斜纹猫蛛、鳞纹肖蛸、茶色新圆蛛等蜘蛛类天敌。除保护利用自然天敌外，也可人工释放胡瓜钝绥螨控制茶短须螨。

化学防治 对局部发生的茶园，应及时用药防治，控制该螨的发生蔓延。采摘茶园，春夏茶之间或在高温干旱季节，即高峰期之前可选用99%矿物油（绿颖）100～150倍液、棉油皂50倍液、24%溴虫腈1500～2000倍液、73%克螨特1500～2000倍液，药液喷洒至茶蓬上部叶片背面，注意农药的轮用、混用。

秋茶采摘后用45%石硫合剂晶体250～300倍液喷雾清

园，压低越冬螨口基数。

参考文献

陈雪芬，殷坤山，胡宏基，1985. 茶短须螨的生物学特性和防治研究 [J]. 茶叶科学，5(2): 17-28.

陈宗懋，孙晓玲，2013. 茶树主要病虫害简明识别手册 [M]. 北京：中国农业出版社：206-207.

马恩沛，袁艺兰，1978. 卵形短须螨 *Brevipalpus obovatus* Donnadieu 胚后发育时期的形态研究（蜱螨目：细须螨科）[J]. 南昌大学学报（理科版）(0): 135-144.

中国农业百科全书总编辑委员会茶业卷编辑委员会，1988. 中国农业百科全书·茶业卷 [M]. 北京：农业出版社：114.

中国农业科学院植物保护研究所，中国植物保护学会，2015. 中国农作物病虫害：下册 [M]. 3 版. 北京：中国农业出版社：149-151.

周夏芝，张书平，余燕，等，2019. 茶园卵形短须螨的优势种天敌研究 [J]. 生态学报，39(18): 6932-6942.

朱梅，侯柏华，吴伟南，等，2010. 茶园螨类调查及利用胡瓜钝绥螨控制卵形短须螨的初步研究 [J]. 环境昆虫学报，32(2): 204-209.

（撰稿：王晓庆、彭萍；审稿：吴益东）

萝卜地种蝇 *Delia floralis* (Fallén)

一类仅危害十字花科的寡食性根蛆类害虫。双翅目（Diptera）花蝇科（Anthomyiidae）地种蝇属（*Delia*）。又名萝卜蝇。分布在北半球。国外分布于日本，以及欧洲和北美洲。中国分布于黑龙江、吉林、辽宁、内蒙古、青海、新疆、山西、河北等地。

寄主 寡食性害虫，仅危害十字花科蔬菜，尤其以白菜、萝卜受害最重。

危害状 幼虫在大白菜上先窜食茎基部和周围的菜帮，然后向下蛀食菜根或蛀食菜心，导致植株发育不良，畸形或脱帮，严重者不能食用。幼虫在萝卜上不仅串食萝卜的表皮，还可蛀食内部肉质部分造成空洞，并引起腐烂，失去食用价值。幼虫危害的植株常引发软腐病。

形态特征

成虫 体长 6.5～7.5mm。雌雄虫前翅基背毛发达，几乎与背中毛长度等长。雄虫略瘦小，暗褐色；胸部背面有 3 条黑色纵纹，腹背中央有 1 条黑色纵纹，各腹节间均有黑色横纹；后足腿节外下方全部生有 1 列稀疏的长毛。雌虫体黄褐色，胸、腹背面均无斑纹。

卵 长约 1.3mm，长椭圆形，稍弯，乳白色。

幼虫 蛆状，成长后体长约 9mm，白色；口钩黑色；前气门突起明显，有 11～14 个掌状分叉；腹部末端有 6 对肉质突起，第五对大，且分为很深的两叉。

蛹 围蛹，长约 7mm，椭圆形，红褐或黄褐色，尾端可见幼虫残存的突起。

生活史及习性 1 年发生 1 代，以蛹在植株附近的土中滞育越冬，蛹在地下经过漫长的冬、春、夏季。

成虫多在 8～9 月发生，9～10 月为幼虫发生危害期，仅危害秋菜。土中越冬的蛹至翌年秋季羽化成虫。

成虫行动较迟缓。喜阴湿，畏强光，晴天中午常躲在菜株隐蔽处或附近的土缝中，喜在早晨及黄昏或阴天活动在叶面上爬行，或作短距离飞翔。成虫喜食花蜜作为补充营养，对糖醋液有较强的趋性。成虫喜欢在潮湿的环境产卵，卵数粒至数十粒成堆产在植株周围潮湿的地面或土缝里，或产在叶柄基部。成虫产卵前期 1 周左右，成虫平均寿命约 1 个月，单雌产卵量百粒左右。幼虫孵化后很快钻入寄主组织内取食。卵期 4～7 天，幼虫期 35～40 天，蛹期长达 10 个月左右。

发生规律

气候条件 温湿度影响成虫羽化的时间。总体上来看北部气温低发生早，往南发生晚；土壤潮湿有助于成虫的羽化及幼虫的孵化，一般 8 月遇降雨后成虫大量出现，相对湿度 60% 对卵孵化最有利，干旱对成虫的羽化和卵的孵化均不利。

土壤条件 地势低洼、排水不良的地块比地势高燥、通风良好的地块受害重。含腐殖质高的土壤、黏重土壤比砂壤土受害重。

寄主植物 十字花科蔬菜重茬地受害重。播种早，高大的植株受害早、受害重。包心品种比疏心品种受害重；白帮品种比青帮品种受害重。

防治方法

农业防治 采用轮作倒茬，深翻改土。适期晚播，避开成虫产卵高峰。

诱杀成虫 可采用含敌百虫等药剂的糖醋液诱杀。

化学防治 秋菜种植时采用药剂处理土壤；幼虫危害期采用药剂灌根，均可使用吡虫啉、噻虫嗪、辛硫磷等药剂。成虫发生期地面喷施辛硫磷等药剂。

参考文献

沈阳农学院，1980. 蔬菜昆虫学 [M]. 北京：农业出版社.

杨旭英，陈新峰，吕备战，等，2010. 十字花科蔬菜田根蛆的发生和防治 [J]. 西北园艺 (5): 35-36.

（撰稿：赵海明；审稿：薛明）

萝卜蚜 *Lipaphis erysimi* (Kaltenbach)

十字花科油料作物、蔬菜和中草药的重要害虫。又名菜缢管蚜、菜蚜。英文名 turnip aphid。半翅目（Hemiptera）蚜科（Aphididae）十蚜属（*Lipaphis*）。国外分布于亚洲、非洲和北美洲的十字花科植物种植区。在朝鲜、日本、印度尼西亚、印度、伊拉克、以色列、埃及、美国、非洲东部等地亦有分布。中国各地均有分布。主要危害十字花科的蔬菜和中药材。

寄主 主要有油菜、白菜、萝卜、芥菜、青菜、芜菁、荠菜、水田芥菜、甘蓝、花椰菜等十字花科蔬菜和油料作物及中草药，偏爱芥菜型油菜和白菜。

危害状 喜在叶背面及嫩梢、嫩叶为害（图 1），使节间变短，弯曲，幼叶向下畸形卷缩，植株矮化，叶面褪色、变黄，严重者致使白菜、甘蓝不能包心或结球，油料和中草药不能正常抽薹、开花和结籽。还可传播病毒病，严重影响作物生长。

形态特征

有翅成蚜　体长 1.6～2.4mm，宽 0.9～1.2mm。头、胸部黑色，腹部黄绿至深绿色；第二节背面各有 1 淡黑色横带（有时不明显），腹管后有 2 条淡黑色横带，腹管前侧各有 1 黑斑；额瘤不明显；腹管较短，暗绿，中后部稍膨大，末端稍缢缩。

无翅成蚜　卵圆形，体长 1.8～2.4mm，宽 1.0～1.3mm。体灰绿至黑绿色，被薄粉。头部稍有骨化，中额明显隆起，额瘤微隆外倾。腹管长筒形。田间活体胸部及腹部背面两侧各节各有 1 条长方形的浅褐色斑，各节两侧近侧缘处各有 1 近圆形斑（图 2、图 3）。

图 1　制种油菜被害状（石宝才提供）

图 2　萝卜蚜无翅成蚜与若蚜（石宝才提供）

图 3　无翅成蚜（石宝才提供）

若蚜　无翅若蚜胸部和腹部背面各节两侧的斑与成虫相同，但各节背部的横条形斑在中央断开。背面呈明显的 4 条褐色斑组成的纵线。

卵　长椭圆形，初产时淡褐色，渐变为黑色。

生活史及习性　1 年生 10～45 代。在长江以南各地全年以孤雌胎生方式繁殖危害。在华北地区露地从 4 月至 10 月以孤雌胎生方式繁殖危害，其中以春末至夏季和秋季危害重。在露地 10 月份部分个体陆续产生雌、雄性蚜，交尾产卵越冬；另一部分进入保护地后继续繁殖危害 2～3 代，至 11 月后逐渐产生雌、雄性蚜，交尾后产卵于原寄主植物叶片的背面越冬。

在华北，露地萝卜蚜的早春发生有 3 个来源。一是保护地蔬菜外迁；二是越冬根茬风障油菜和野生荠菜上迁飞；三是越冬卵孵化。

发生规律

温度　发育起点温度 4.91°C，有效积温 132.2°C，发育适温 16～23°C，生殖起点温度为 3.9°C。种群最大增长率在 20～30°C，在 5°C之下 30°C之上，种群增长率下降。发育最适温区在 16～23°C。湿度、光照、寄主植物及其营养状况都对繁殖有很大影响。

天敌　捕食性的天敌有瓢虫类、食蚜蝇类、食蚜瘿蚊、草蛉类、蜻象类、蜘蛛类等，寄生性的有蚜茧蜂类、蚜小蜂，寄生菌类有蚜霉菌、轮枝菌等。这些天敌对萝卜蚜的种群增殖都在不同时期、不同地区、不同寄主及不同设施中起着重要控制作用。保护和利用自然天敌是防治的重要组成部分。

防治方法

农业防治　合理安排茬口，选用抗虫品种，清洁田园，消灭越冬虫源。

物理防治　设置防虫网、黄板诱杀和高温闷棚。

生物防治　释放异色瓢虫 500 头 / 亩次，释放食蚜瘿蚊 3000 头 / 亩次。

药剂防治　常用的植物源农药种类有 0.6% 清源保水剂 800 倍液、0.5% 藜芦碱水剂 500 倍液、2% 苦参碱水剂 1000 倍液、1.2% 川楝素水剂 800 倍液、1.5% 除虫菊素 800 倍液。

常用的化学合成农药有 1.8% 阿维菌素乳油（4000 倍）、2% 甲氨基阿维菌素苯甲酸盐乳油（4000 倍）、2.5% 浏阳霉素悬浮剂（1000 倍）、10% 吡虫啉（4000 倍）、5% 啶虫脒悬浮剂（4000 倍）、2.5% 功夫菊酯（2000 倍）、50% 抗蚜威水分散粒剂（3000 倍）。

参考文献

张广学，钟铁森，1983. 中国经济昆虫志：同翅目　蚜虫类 [M]. 北京：科学出版社 .

（撰稿：石宝才；审稿：魏书军）

逻辑斯蒂方程　logistic equation

一种简单的种群增长率随着种群大小而变化的连续增长模型。最早是由比利时数学家 Pierre Verhulst 在 1838 年提出。1920 年，美国生物学家 Raymond Pearl 也独立推演出了该方程，故逻辑斯蒂方程也被后人称为 Verhulst-Pearl equation。该方程包含了两种假设：

第一，在特定环境下，某类动物种群数量存在一个最大种群值，被称为环境容纳量（carrying capacity）。

第二，种群大小对增长率的影响是逐渐地等比例增加，即$r=r_0(1-\frac{N}{K})$。其中，r 为瞬时增长率；r_0 为最大增长率；N 为现有的种群大小；K 为环境容纳量。

逻辑斯蒂方程的微分形式：

$$\frac{dN}{dt}=r_0N\left(1-\frac{N}{K}\right) \tag{1}$$

从方程中可以看出，当 $N>K$ 时，种群降低；当 $N<K$ 时，种群增加；若 $N=K$，种群达到平衡状态。

逻辑斯蒂方程的积分形式推导：

将微分形式（1）变形为：$\frac{dN}{dt}=-\frac{r}{K}N(N-K)$

微分项分开：$\left(\frac{1}{N-K}-\frac{1}{N}\right)dN=-r_0dt$

两边同时积分：$\int\frac{1}{N-K}dN-\int\frac{1}{N}dN\int=-r_0dt$

得出：$1n\,|(N-K)N|=-r_0t+c$，其中 c 为积分常数；最后转化为：$\frac{N-K}{N}=e^{c-r_0t}$

得出：

$$N(t)=\frac{K}{1+Ae^{-r_0t}} \tag{2}$$

其中 $A=e^c$。

已知当 $t=0$ 时，种群密度为 N_0；可得出$N_0=\frac{K}{1+A}$，而$A=\frac{K}{N_0}-1$。根据公式（2），我们可得出 $\lim_{t\to\infty}N(t)=K$。

然而，逻辑斯蒂方程在描述自然种群增长时存在一定的缺陷，我们需要将可能影响该模型适用性的因素考虑其中：①逻辑斯蒂方程的参数在数学理论上较为简化，例如，在自然状态下，密度对增长率的影响是有时滞效应的，而逻辑斯蒂方程并没有考虑这点。②参数 r_0 指的是该物种最大的种群增长能力，即繁殖率减去死亡率后的净最大值。繁殖率高的物种，其 r_0 也往往较大；反之亦然。r_0 不仅仅影响种群的增长率，当 $N>K$ 时，r_0 还能影响种群的下降率。繁殖率高的物种，不一定存在同等程度高的存活率。如果某个物种繁殖率低，但死亡率高，那么逻辑斯蒂方程就不太适合这种情况了。③参数 K，即环境容纳量。它只对那些存在种内竞争作用的物种有生物学意义。例如拥有社会结构的鼠类，相互竞争阳光和水的植物，具有领域行为的鸟类等等，这些不同形式的竞争均可以限制其种群的进一步增长。但对于大部分昆虫来讲，其种群的平衡是跟繁殖和死亡的权衡有关，跟食物资源的关系并不大。

（撰稿：李国梁；审稿：孙玉诚）

落叶松八齿小蠹　*Ips subelongatus* (Motschulscky)

一种国内外广泛分布，严重危害落叶松的害虫。英文名 larch bark beetle，oblong bark beetle。鞘翅目（Coleoptera）象虫科（Curculionidae）小蠹亚科（Scolytinae）齿小蠹属（*Ips*）。国外分布于日本、朝鲜、韩国、蒙古、俄罗斯、芬兰、爱沙尼亚等地。中国分布于黑龙江、吉林、辽宁、内蒙古、山东、山西、浙江、云南、新疆等地。

寄主　落叶松、华北落叶松、黄花落叶松、新疆落叶松、樟子松、赤松、欧洲赤松、红皮云杉等。

危害状　该种作为北方落叶松人工林蛀干害虫先锋种，经常猖獗成灾，侵害健康或半健康活立木。在人工林中，该虫在 20 年生以上树木上，从干基到 12m 处均可寄居，但侵入孔数量随树干高度增加而减少，以 0～8m 区间数量为最多。就同一树皮厚度和树高范围而言，侵入孔数依次为：南侧多于东侧，东侧多于西侧，西侧多于北侧，表明该虫喜光喜温。立木树势越弱，倒木越新鲜，林木郁闭度越小，被害越严重。林缘、林中空地比林内被害严重。

该种坑道在边材上清晰可见（图 1①②）。母坑道复纵坑，在立木上通常为一上二下，呈倒 Y 型，在倒木上 3 条呈放射状向外延伸，长约 15cm，最长可达 40cm；子坑道长 2.1～7.3cm，与母坑道垂直，由母坑道两侧伸出，当母坑道接近而并行时，子坑道则多由母坑道外侧伸出。补充营养坑道不规则，触及边材 1～2mm 深。

形态特征

成虫　体长 4.4～6.0mm，黑褐色，有光泽（图 2①）。眼肾形，前缘中部有缺刻，眼在缺刻上部圆阔，下部狭长。额面平而微隆，刻点突起成粒，圆小稠密，遍及额面的上下和两侧；额心没有大颗瘤；额毛金黄色，细弱稠密，在额面下短上长，齐向额顶弯曲（图 2②）。瘤区的颗瘤圆小细碎，分布稠密，从前胸背板前缘直达背顶；瘤区中的绒毛细长挺立，在背中部分布于前半部，背板两侧从前缘分布到基缘；刻点区的刻点圆小浅弱，背板两侧较密，中部疏少；没有无点的背中线；刻点区光秃无毛（图 2③）。刻点沟轻微凹陷，沟中刻点圆大清晰，紧密相接；沟间部宽阔，靠近翅缝的沟间部中刻点细小稀少，零落不成行列；靠近翅侧和翅尾的沟间部刻点深大，散乱分布；鞘翅的绒毛细长稠密，除鞘翅尾端和边缘外，在鞘翅前部的沟间部也同样存在。翅盘盘面较圆小，翅缝突起，纵贯其中，翅盘底面光亮；刻点浅大稠密，点心生细弱绒毛，尤以盘面两侧为多；翅盘边缘各有 4 齿，4 齿等距排列，其中第二与第三齿距离略宽；第一与第二齿基宽而顶尖，呈扁三角形，第三齿粗壮挺立，最为强大，形如镖枪端头，第四齿微小圆钝（图 2④）。光臀八齿小蠹与该种齿形状与间距类似。

图 1　落叶松八齿小蠹危害状（任利利、袁菲、张红提供）

①落叶松八齿小蠹母坑道和子坑道；②落叶松八齿小蠹坑道总览；③坑道示意图

表1　云杉八齿小蠹、光臀八齿小蠹与落叶松八齿小蠹特征比较

种名	额		前胸背板		鞘翅	
	额面	额毛	瘤区	刻区	翅盘底	翅盘齿
云杉八齿小蠹	全面均匀散布粒状刻点，额心偏下有一大瘤	均匀分布	颗瘤形似鳞片	刻点圆小细浅，稠密均匀散布。有背中线	灰暗无光，似有一层蜡膜	1 尖锥 2 扁三角 3 镖枪头 4 圆钝；第一至二齿间距最大
光臀八齿小蠹	全面均匀散布粒状刻点，额心偏下有一大瘤	毛稍聚向额部顶心	颗瘤前圆钝细碎，后形似鳞片	刻点浅弱稀疏，有小段的无点背中线	深陷光亮	1、2 扁三角 3 镖枪头 4 圆钝；第二至三齿间距最大
落叶松八齿小蠹	刻点遍及额面上下和两侧。额心没有大颗瘤	齐向额顶弯曲	颗瘤圆小细碎	刻点圆小浅弱，没有无点的背中线	翅盘底光亮	1、2 扁三角 3 镖枪头 4 圆钝；第二至三齿间距最大

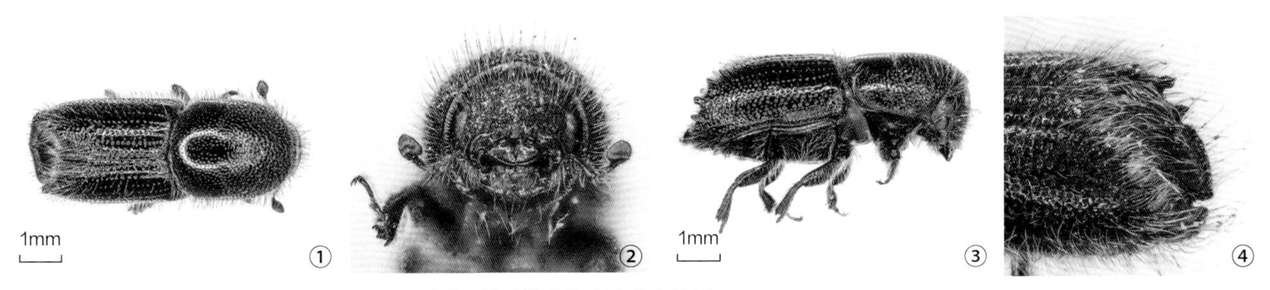

图 2　落叶松八齿小蠹成虫特征（任利利提供）

①成虫背面；②头部；③成虫侧面；④翅盘

卵 椭圆形，长1.0mm，宽0.7mm。乳白色，微透明，有光泽（图3①）。

幼虫 体长4.2～6.5mm。体弯曲，多褶皱，被有刚毛，乳白色。头壳灰黄至黄褐色；额三角形，下缘着生1对触角。前胸和第一至八腹节各有气孔1对（图3②）。

蛹 体长4.1～6.0mm。体弯曲，乳白色。足和翅折叠在腹面，第九腹节末端有2个刺状突起（图3③）。

生活史及习性 在黑龙江1年出现3次扬飞高峰期，分别在5月中旬、6月中旬与8月上旬，有姐妹世代。

防治方法

饵木诱杀 选择新鲜带树皮的风倒木、衰弱木的无虫段作饵木插于林缘边、林间空间光照充足的地点诱集成虫产卵。产卵结束收集饵木集中消灭卵和幼虫。

信息素诱集 在林缘处设置黑色漏斗诱捕器，相隔不小于50m设置诱捕器，内放落叶松八齿小蠹引诱剂进行诱捕。

生物防治 红胸郭公虫捕食该小蠹的各个虫态；金小蜂对越冬成虫的寄生率可达11%；褐小茧蜂对小蠹幼虫的寄生率为28%。另外，捕食螨、线虫以及大斑啄木鸟等对小蠹猖獗也有一定抑制作用。

参考文献

高长启，任晓光，王东升，1998. 落叶松八齿小蠹发生规律及测报技术[J]. 东北林业大学学报，26(1): 25-29.

萧刚柔，1994. 中国森林昆虫[M]. 北京：中国林业出版社.

殷蕙芬，黄复生，李兆麟，1984. 中国经济昆虫志：第二十九册 鞘翅目 小蠹科[M]. 北京：科学出版社.

袁菲，骆有庆，石娟，等. 2012. 不同含量引诱剂对落叶松八齿小蠹及其天敌红胸郭公虫的引诱（英文）[J]. 林业科学，48(6): 89-94.

袁菲，骆有庆，石娟，等. 2010. 内蒙古阿尔山地区落叶松八齿小蠹天敌及其控制作用[J]. 昆虫知识，47(1): 86-91.

赵红盈，董金宝，马晓乾，2014. 牡丹江地区落叶松八齿小蠹种群动态的时空表达[J]. 林业科技，39(6): 22-24.

（撰稿：任利利；审稿：骆有庆）

落叶松尺蛾 *Erannis ankeraria* (Staudinger)

落叶松的重要害虫之一。又名落叶松尺蠖。鳞翅目（Lepidoptera）尺蛾科（Geometridae）松尺蛾属（*Erannis*）。国外分布于匈牙利。中国主要分布于河南、吉林、山西、黑龙江、内蒙古、陕西、河北等地。

寄主 落叶松、栎类、云杉。

危害状 初龄幼虫群集危害，三龄后，开始扩散蔓延，进入取食盛期，危害将近1个月左右，受害后的林木呈死灰状，整个林分网丝密集，呈烂棉絮状。

形态特征

成虫 雌蛾纺锤形，体长12～16mm，翅退化，仅有鳞片状突起。头顶有1簇白色鳞毛组成的白斑；触角丝状，黑色；复眼黑色。体灰白色，胸部背面每节各有1对黑斑，腹部第一节1对黑斑特大，其余各节密布不整齐的黑斑。从头部复眼起到尾部止有1条侧黑线。雄蛾体长14～

落叶松尺蛾（甘田提供）

17mm，翅展38～42mm。头浅黄色，触角短栉齿状，触角干浅黄色，枝节部黄褐色；复眼黑色。体黄褐色，胸部密被长鳞片，翅浅黄色，前翅密生不规则褐色斑点，中线及肾状纹清楚，亚基线略浅均为褐色（见图）。

幼虫 体长27～33mm，黄褐色。头黄绿色，头壳粗糙，有红褐色花纹。触角黄白色，内侧具1黑褐色圆点。体多皱褶，背面、腹面各具10条断续黑纹。气门线、腹中线黄绿色。

生活史及习性 1年1代，以卵越冬。翌年5月末幼虫孵化，取食落叶松嫩叶。幼虫5龄，一龄5～8天，二龄4～6天，三龄4～5日，四龄6～7天，五龄13～15天。幼虫危害期为35～37天。老熟幼虫停止取食，下地爬行片刻，钻入土中，作一长圆形的土茧，于7月上旬化蛹，蛹期68～79天，9月成虫羽化，成虫羽化时间多在早晨。雌虫足长，善爬行。羽化后即爬行上树。雄虫有假死性，停息树上，以手触之，立即坠地，如同死虫。成虫白天不活动，交尾产卵多在夜晚，卵产于张开的球果鳞片中越冬，卵期长达230～240天。

防治方法

人工防治 人工耙树盘，让蛹暴露在外面，可以破坏其羽化环境，又能使暴露的蛹被鸟类啄食；在树干1～1.3m处，人工缠绕塑料胶带10～15cm，阻止害虫上树，效果显著。

化学防治 当一至三龄幼虫多数在幼树或灌木丛上取食时，可用90%敌百虫原药300倍液或50%马拉硫磷乳油800倍液喷雾防治；当幼虫大批转移到落叶松上危害时，可用621烟剂防治。

生物防治 在树林里挂置多个鸟巢，吸引益鸟。喷洒白僵菌粉剂，每克菌粉含孢子30亿，每亩使用量1～1.5kg，防治幼虫也有一定效果。落叶松尺蠖核型多角体病毒用于防治落叶松尺蛾的推荐用量为稀释3000倍液；每年在虫害发生期喷施1次，最佳喷施时间为出现三龄幼虫时；喷雾使用过程中，应避开阳光强烈的中午，从上风方向依次向下风方向施药。

参考文献

段景攀，邵东华，张志林，等，2014. 落叶松尺蠖 *Erannis ankeraria* Staudinger的生物学特性[J]. 应用昆虫学报，51(3): 808-813.

兰福全，武林娣，杨永旺，2002. 落叶松尺蠖的生物学特性及防治技术[J]. 内蒙古林业 (12): 31.

萧刚柔，1992. 中国森林昆虫 [M]. 2 版 . 北京 : 中国林业出版社 .

张君梅，2011. 落叶松尺蠖防治技术 [J]. 内蒙古林业 (5): 19.

张连珠，张广胜，1982. 落叶松尺蠖的防治 [J]. 河北林业科技 (3): 37.

赵海霞，田稼穑，肖冰，等，2014. 落叶松尺蠖核型多角体病毒林间药效试验 [J]. 内蒙古林业 (9): 13.

（撰稿：代鲁鲁；审稿：陈辉）

落叶松卷蛾 *Ptycholomoides aeriferana* (Herrich-Schäffer)

一种危害落叶松、槭、桦等林木的食叶害虫。又名落叶松卷叶蛾。英文名 larch tortricid moth。鳞翅目（Lepidoptera）卷蛾总科（Tortricidea）卷蛾科（Tortricidae）卷蛾亚科（Tortricinae）黄卷蛾族（Archipini）松卷蛾属（*Ptycholomoides*）。国外分布于俄罗斯（远东地区）、日本、朝鲜以及欧洲。中国分布于黑龙江、吉林、辽宁、内蒙古东部等地。

寄主 落叶松、槭、桦。

危害状 5 月初，幼虫钻入刚绽开的落叶松针叶簇中，取食叶簇中心针叶。如果虫口密度过大时，树冠中下部针叶可被食尽。幼树连年受害后可枯死。

形态特征

成虫 体色差异较大，灰色至黄棕色。翅展 17～23mm。前翅由基部向外缘有 4 条斑纹：第一条在基部呈褐色，上有银白色波纹及黑色小斑；第二条杏黄色，较宽，杂有黑色鳞片；第三条为黑褐色宽带，即中横带，两翅合拢时呈明显倒“八”字形；第四条在翅的最外方，杏黄色，发自前缘的 1/2 处，略向后方，与外线形成 1 个杏黄三角区。后翅褐色，无斑纹。腹端背面灰褐色，末端有杏黄色毛丛，雄蛾更明显。

卵 长 0.9mm，宽 0.4mm。椭圆形，淡黄色，表面有透明分泌物。

幼虫 末龄时体长 10～18mm。体深绿或浅绿色，腹面色较深。头部淡黄褐色，有褐色斑纹。前胸背板有明显褐色斑 2 对。亚背线灰绿色，背线深绿色，肛上板绿色。胸足各节均为黑色，腹足趾钩二序环。

蛹 初期淡绿色，后期暗褐色。长 8～12mm。

生物史及习性 1 年发生 1 代，以初孵幼虫潜入树皮缝、枝条芽苞旁或枯枝落叶层下越冬。4 月中、下旬钻入树冠下部刚展开的叶簇中，头朝向叶簇基部，吐丝缀数枚嫩叶形成叶室，危害叶室内针叶（图 1）。三龄后，如果树冠下部针叶被食尽，幼虫转至树冠中部，头朝叶端或缀丝于叶簇间继续危害（图 2）。幼虫遇惊扰反应敏感，首尾摆动，迅速进退或吐丝下垂逃避。5 月下旬至 6 月中旬为蛹期，化蛹地点多在叶簇、树皮缝或枯枝落叶层内。6 月中、下旬为羽化期，6 月下旬，成虫大量出现。成虫有趋光性，于傍晚在林缘交尾，产卵。每雌虫产卵 15～41 粒。成虫将卵 2～6 粒呈单行或双行产在针叶表面，也有卵粒块状排列或呈堆状。卵期约 7 天。初孵幼虫不取食即寻找越冬场所，吐丝结囊并在囊内越冬。

发生与环境 郁闭度大（0.8～1）的落叶松纯林受害较重，混交林或郁闭度小的林分发生轻。当年冬季降雪量少，翌年易发生虫害。

防治方法

物理防治 黑光灯诱杀成虫。

营林措施 营造落叶松与其他树种的混交林。保持林内卫生，加强林分抚育。

生物防治 幼虫天敌有绒茧蜂，蛹天敌有姬蜂及寄生蝇。幼虫与蛹均有病原真菌寄生。此外，尚有鸟类、蚂蚁、蜘蛛等捕食幼虫。应注意保护利用。

化学防治 幼虫大面积危害时，林间施放 1.2% 苦参

图 1 落叶松卷叶蛾缀叶形成叶室（王志明提供）

图 2 叶室内落叶松卷叶蛾三龄幼虫（王志明提供）

碱・烟碱杀虫烟剂，用药量 1～1.5kg/ 亩。

参考文献

白九维，1983. 为害针叶树的六种卷蛾幼期的识别 [J]. 森林病虫通讯 (3): 42-47.

黑龙江省勃利县林木病虫害防治站，1974. 落叶松卷叶蛾的发生与防治 [J]. 昆虫知识 (1): 38-40.

刘友樵，李广武 . 2002. 中国动物志：昆虫纲　第二十七卷　鳞翅目　卷蛾科 [M]. 北京：科学出版社 .

张润生，刘友樵，白九维 . 落叶松卷蛾 *Ptych olomoides aeriferana* Herrich-Schäffer[M] // 萧刚柔 . 中国森林昆虫 . 2 版 . 北京：中国林业出版社：835.

PARK K T LEE B W, BAE Y S, et al, 2014. Tortricinae (Lepidoptera, Tortricidae) from Province Jilin, China[J]. Journal of Asia-Pacific biodiversity, 7(4): 355-363.

（撰稿：王志明；审稿：嵇保中）

落叶松毛虫　*Dendrolimus superans* (Butler)

一种中国东北林区的重要松林食叶害虫。又名西伯利亚松毛虫，俗称狗毛虫。英文名 white-lined silk moth。鳞翅目（Lepidoptera）枯叶蛾科（Lasiocampidae）松毛虫属（*Dendrolimus*）。国外分布于日本、朝鲜、前苏联、蒙古。中国主要分布于北京、河北、辽宁、黑龙江、内蒙古、新疆北部等地。

寄主　落叶松、黄花落叶松、红松、樟子松、油松、云杉、鱼鳞松、黑松、冷杉、新疆云杉、红皮云杉等。

危害状　以幼虫群集取食松树针叶，轻者常将松针食光，呈火烧状，重者致使松树生长极度衰弱，容易招引松墨天牛、松纵坑切梢小蠹、松白星象等蛀干害虫的入侵，造成松树大面积死亡（图 1）。

形态特征

成虫　体长：雄蛾 24～37mm，雌蛾 28～45mm；翅展：雄蛾 55～76mm，雌蛾 69～110mm。体色由灰白到灰褐。前翅外缘较直，中横线与外横线间距离较外横线与亚外缘线间距离为阔。雄性外生殖器：大小抱针圆锥形而向下曲，其中小抱针的弯曲度更为明显；大抱针末端钝，小抱针末端尖，小抱针的长度约占大抱针长度的 2/3。阳茎尖刀状，略向下曲，刀刃向上，前半部盖满骨化的小齿，其中近刀刃处的小齿要大些。抱器末端高度骨化，顶面上密生比较粗大的钩形齿。雌性外生殖器：前阴片很大，高度骨化；中前阴片略呈等腰三角形，中央有比较明显的脊状下凹；侧前阴片接近四边形，上面有 4～5 条皱褶状隆起，末端未形成明显袋（图 2①）。

幼虫　体色变化甚大，有烟黑、灰黑和灰褐三种。体侧有长毛，褐斑清楚。缺少贴体纺锤状倒伏鳞毛。老熟期体长 55～90mm，深灰色，各节背面有橙红色或灰白色的不规则斑纹。背面有暗绿色宽纵带，两侧灰白色，第二、三节背面簇生蓝黑色刚毛，腹面淡黄色。头部褐黄色。额区与傍额区暗褐色，额区中央有三角形深褐色斑。中后胸节背面毒毛带明显。腹部各节前亚背毛簇中窄而扁平的片状毛小而少，先端无齿状突起，只有第八节上较发达。体侧由头至尾有一条纵带，各节带上的白斑不明显，每节前方由纵带向下有一斜斑伸向腹面（图 2③）。

蛹　雌蛹长 30～36mm；雄蛹长 27～32mm。蛹的臀棘细而短，末端很少弯曲到 270°，卷曲。

卵　长 2.5mm，宽 1.8mm。粉绿色或淡黄色。精孔周围爪状突的数目 7～13 枚，平均 9 枚。内层室有 6 层，室壁比较薄。中层室有 5 层，室多呈六角形，室壁较厚，棱角上有毛，室中央无凹下或凸出部分。外层室的室壁已消失，室中央无特殊象征，棱角毛十分清楚，距离精孔较远者，更较粗大（图 2②）。

生活史及习性　2 年 1 代或 1 年 1 代，以幼虫在枯枝落叶层下越冬。在新疆阿尔泰林区以 2 年 1 代为主，1 年 1 代的占 15% 左右。在新疆，越冬 2 次的幼虫在 6 月即化蛹，而 1 年 1 代的则到 8 月才化蛹，因此，1 年 1 代的多转为 2 年 1 代，而 2 年 1 代的少部分则转为 1 年 1 代。由此可见，2 年 1 代与 1 年 1 代在一个地区交替发生，形成 3 年 2 代。新疆年度间积温差较大，在年积温高的年份，幼虫发育增快，可增加 1 年 1 代的比例。在长白山林区也兼有 2 年 1 代与 1

图 1　落叶松毛虫危害状（马世强提供）

①落叶松林；②红松林

图 2 落叶松毛虫各虫态（①②④马云波提供，③马世强提供）

①成虫；②卵；③幼虫；④茧

年 1 代的。而在辽宁以南的林区则多为 1 年 1 代。

越冬幼虫于春季日平均温度为 8～10°C时上树危害，先啃食芽苞，展叶后取食全叶。取食时胸足攀附松针，从针叶顶端开始取食，遇惊扰则坠地蜷缩不动。2 年 1 代的经 2 次越冬后在第三年春一部分经半个月取食后于 5 月底 6 月上旬化蛹，另一部分则需经过较长时间取食后再化蛹；化蛹前多集中在树冠上结茧。预蛹期 4～8 天，蛹期 18～32 天。1 年 1 代的蛹期短，2 年 1 代的蛹期长。成虫 6 月下旬开始羽化，7 月上旬或中下旬大量羽化，部分到 8 月才羽化。1 年 1 代的羽化期较集中，2 年 1 代的羽化历期延续达 2 个月。成虫有强烈趋光性。

初孵幼虫多群集在枝梢端部，受惊动即吐丝下垂，随风飘到其他枝上。二龄后渐分散取食，受惊动不再吐丝下垂，而是直接坠落地面。幼虫共 7～9 龄。1 年 1 代的龄期较少，以三、四龄幼虫越冬。2 年 1 代的第一年以二、三龄幼虫越冬，第二年以六、七龄幼虫越冬。幼虫前期食量小，危害不明显，最后二龄食量剧增，约占幼虫总食量的 95%。

成虫羽化后 1 天即可交尾。通常在黄昏及晴朗的夜晚交尾。交尾后多飞向针叶茂盛的松树上，产卵于树冠中、下部外缘的小枝梢及针叶上。卵成块状，排列不整齐。每头雌蛾可产卵 128～515 粒。成虫寿命 4～15 天。卵经 12～15 天孵化。

发生规律 落叶松毛虫多发生于背风向阳、干燥稀疏的落叶松纯林内。在吉林、辽宁多发生于海拔 200m 以下 7 年生以上的落叶松人工纯林区；而在新疆则分布于海拔较高的落叶松天然林区。此虫常周期性猖獗发生，在阿尔泰林区约经 7、8 代（按 2 年 1 代计）猖獗 1 次。多在 2～3 年连续干旱后猖獗危害，猖獗后由于天敌大增，食料欠缺，虫口密度陡降，甚至难以见到活虫。对此虫不利的气候是雨量多的冷湿天气及幼虫出蛰后的暴雨和低温，这样的气候对其大发生有明显的抑制作用。

防治方法

营林措施 营造混交林和封山育林是抑制松毛虫发生的根本技术措施。

性信息素监测与诱杀 利用落叶松毛虫性信息素诱芯结合大船型诱捕器能够有效监测林间落叶松毛虫的种群数量。在低种群密度时可诱杀防控。

物理防治 采用毒环或胶环防止树下越冬幼虫上树。在成虫羽化始期，黑光灯诱杀成虫，将成虫消灭在产卵之前，可预防和除治。

生物防治 每年 7 月上中旬（吉林部分地区在 7 月末，如遇低温冷害天气时间会推迟），在成虫产卵盛期，释放赤眼蜂，以虫治虫。人工挂鸟箱，招引益鸟，如大山雀等。

化学防治 尽量选择在低龄幼虫期防治。此时虫口密度小，危害小，且虫的抗药性相对较弱。建议使用高效低毒的化学药剂，如菊酯类农药、灭幼脲、阿维菌素、森得保等药剂。

参考文献

孔祥波, 张真, 王鸿斌, 等, 2006. 枯叶蛾科昆虫性信息素的研究进展 [J]. 林业科学, 42(6): 115-123.

刘友樵, 1963. 松毛虫属 (*Dendrolimus* Germar) 在中国东部的地理分布概述 [J]. 昆虫学报, 12(3): 345-353.

张润生, 马文梁, 1992. 落叶松毛虫 *Dendrolimus superans* (Butler)[M]// 萧刚柔. 中国森林昆虫. 2 版. 北京: 中国林业出版社: 959-961.

张永安, 张润生, 马文梁, 2020. 落叶松毛虫 [M]// 萧刚柔、李镇宇. 中国森林昆虫. 3 版. 北京: 中国林业出版社: 807-808.

Kong X B, Zhao C H, Wang R. 2007. Sex pheromone of the larch caterpillar moth, *Dendrolimus superans*, from northeastern China[J]. Entomologia experimentalis et applicata, 124(1): 37-44.

（撰稿：孔祥波；审稿：张真）

落叶松鞘蛾 *Coleophora obducta* (Meyrick)

一种严重危害落叶松的食叶害虫。又名兴安落叶松鞘蛾。英文名 eastern larch casebearer。鳞翅目（Lepidoptera）麦蛾总科（Gelechioidea）鞘蛾科（Coleophoridae）鞘蛾属（*Coleophora*）。国外分布于日本、朝鲜、俄罗斯。中国分布于黑龙江、吉林、辽宁、内蒙古、河南、河北、山西等地。

寄主 兴安落叶松、日本落叶松、华北落叶松、黄花落叶松。

危害状 一、二龄幼虫潜叶危害，三、四龄带鞘危害。四龄后具有暴食性，危害严重时 20 天可取食针叶 50～60 枚。大发生时，针叶叶肉被食光，林分渐枯黄似火烧（图 1）。

形态特征

成虫 头部光滑，无单眼，触角丝状，翅展 8.5～11mm。前翅多呈灰色，无斑纹，缘毛长，其顶端 1/3 部分颜色稍浅；后翅颜色比前翅稍深或与前翅相似。腹部末端多具浅色鳞片丛。雌成虫体色较浅，触角 26～27 节，前翅超过腹端部分短，腹部较粗大。雄成虫体色稍深，触角 27～28 节，前翅超出腹端部分长，腹部细而短（图 2①）。

卵 产在针叶的背面，只有针尖大小，呈米黄色，半球形，解剖镜下可以清楚地看到表面具有十多条棱起。孵化后的卵壳呈灰白色（图 2②）。

幼虫 有 4 龄。老熟幼虫黄褐色，前胸盾黑褐色，闪亮光。由于中纵沟与中横沟分割，使前胸盾呈"田"字形。胸足 3 对为黑色，腹足退化，只有 1 对臀足（图 2③、图 3）。

蛹 初为鲜红色，后变为黑褐色，长为 2～3mm，雄蛹前翅明显地超过腹末端，雌蛹前翅一般不超过腹末端（图 2④）。

生活史及习性 1 年 1 代。多以三龄幼虫，少数以二龄幼虫越冬；越冬场所多在短枝上、小枝基部、树皮粗糙处及开裂处等。翌春 4 月下旬，当落叶松萌芽、吐绿时，越冬幼虫苏醒，经第二次蜕皮后，开始对新叶进行取食。出蛰盛期通常在 5 月 4 日至 6 日。四龄幼虫期 12～17 天，每头幼虫平均取食新针叶 40 枚，所以每逢早春，遭鞘蛾危害的落叶松林，最初呈现一片灰白色，接着又是一片枯黄色。由于四龄幼虫食量剧增，虫体迅速长大，所以越冬的旧筒鞘必须扩大方能适应，扩大方式有 3 种：①越冬旧筒鞘与新筒鞘合并；

图 1 落叶松鞘蛾危害状（王文帆提供）

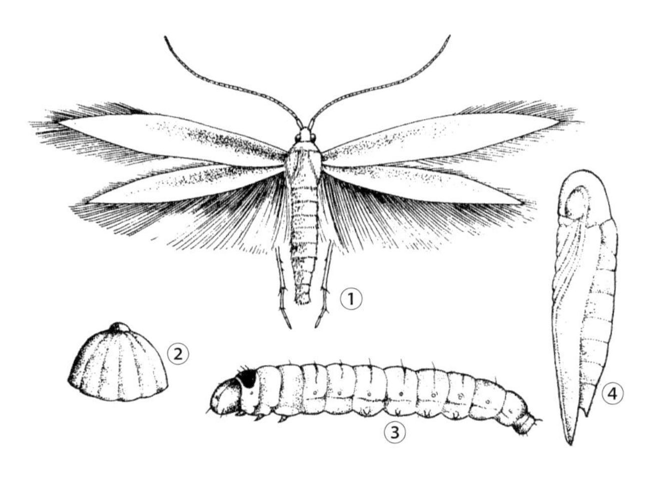

图 2 落叶松鞘蛾虫态（朱兴才绘）

①成虫；②卵；③幼虫；④蛹

图 3 落叶松鞘蛾蛹和幼虫（王文帆提供）

②抛弃越冬旧筒鞘，重制新鞘；③将越冬旧路纵向咬开一部分，再吐丝横向连接并加长筒鞘。5月10日左右开始化蛹，5月中旬为化蛹盛期。蛹期一般为16～19天。6月上旬为成虫羽化盛期；每日早晨和晚上为成虫羽化时间。成虫羽化后次日即可交尾，交尾时间最长4～5小时。雌、雄性比近于1：1。成虫平均寿命3～7天。6月中旬为产卵盛期；卵散产于针叶背面，每枚叶片多具1粒卵，最多可达9粒。每雌平均产卵量约30粒。卵期约15天。6月下旬卵开始孵化，7月上旬为孵化盛期。孵化的幼虫先于卵底中央咬一圆孔，而后直接钻入叶内潜食，直至9月下旬、10月上旬第三龄幼虫（少数为第二龄幼虫）开始制鞘。幼虫负鞘爬动，寻找绿叶蛀食。当最低气温在0°C左右时，树叶枯黄、凋落，幼虫寻找适宜场所越冬。

防治方法

物理防治　成虫期采用黑光灯诱杀，控制成虫的产卵量。

营林措施　造林时合理密植，抚育伐时强度不宜过大，对林间空地及时补植，营造混交林。冬季落叶后至发芽前，刮去老翘皮集中烧毁。采种时尽量将树上球果采尽，待种子处理后，将虫害果烧毁。

生物防治　招引食虫鸟类，保护蜘蛛、寄生蜂等天敌资源。

化学防治　在落叶松幼林用吡虫啉涂干，首先用刀将树干划几道伤口或将树皮表层挂去，露出韧皮部，然后用毛笔配好的吡虫啉10～30倍药液刷在伤口处；当成虫羽化率达40%～50%和70%左右时，各施放1次烟雾剂。春季，当第四龄幼虫虫口密度面积很大时，可用飞机超低容量喷洒灭幼脲Ⅲ号或1.8%阿维菌素乳油。

参考文献

程立超，迟德富，王文帆，2015. 立地因子和林分因子对兴安落叶松鞘蛾的影响[J]. 湖南农业大学学报(自然科学版), 41(6): 636-640.

付波，2014. 哈巴河天然林区落叶松鞘蛾发生及防治[J]. 农村科技(7): 45-46.

郝玉山，2009. 兴安落叶松鞘蛾生物控制技术的研究[D]. 哈尔滨：东北林业大学.

柳长青，2011. 落叶松鞘蛾生活习性及其防治[J]. 内蒙古林业调查设计，34(1): 72.

任丽，吴守欣，朱雨行，等，2005. 兴安落叶松鞘蛾生物学特性及防治技术研究[J]. 河北林业科技，25(4): 24-25.

杨立铭，余恩裕，1992. 兴安落叶松鞘蛾 *Coleophora dahurica* Falkovitsh[M]// 萧刚柔. 中国森林昆虫. 2版. 北京：中国林业出版社：738-739.

（撰稿：王文帆；审稿：嵇保中）

落叶松球蚜　*Adelges laricis* Vallot

一种落叶松属植物的重要害虫。英文名 larch adelgid。半翅目（Hemiptera）球蚜科（Adelgidae）球蚜属（*Adelges*）。国外分布于欧洲和北美洲。中国分布于内蒙古、辽宁、吉林、黑龙江、河北等北部地区。

寄主　原生寄主为云杉、红皮云杉，次生寄主为落叶松。

危害状　红皮云杉受害后，满树挂满虫瘿，虫瘿开裂前像绿色的小松塔，开裂后像黄黑色的小松塔。由于若虫在瘿室内吸食汁液，而虫瘿都位于幼芽基部，导致新梢长势衰弱，严重的甚至枯死（图2、图3）。

形态特征

无翅孤雌蚜　体椭圆形，体长0.90mm，体宽0.48mm。活体黑褐色，被长蜡丝。玻片标本体背膜质，蜡片褐色，产卵器黑色。体表光滑，有明显大型蜡片，头顶及头背部有3对，有时愈合呈蜡孔群；前胸背板有中、侧蜡片各2对，缘蜡片1对，位于缘域后方；中、后胸背板及腹部背片Ⅰ～Ⅵ各有大型蜡片5个，背片Ⅶ有中、缘蜡片各1对，背片Ⅷ有中蜡片1个，缘蜡片1对。各足基节有明显蜡孔群，腹部腹面有零星小圆蜡孔。体背毛极短。头顶圆形。触角3节，节Ⅲ、Ⅳ愈合，有皱纹，长0.11mm，为体长的12%；节Ⅲ长0.06mm，各节有毛1或2根，末节鞭部顶端有毛4根，节Ⅲ毛极短，长为该节端部最宽直径的1/5；原生感觉圈小型，节Ⅲ中部及端部各有1个，有时中部缺。喙端部达后足基节，节Ⅳ+Ⅴ盾状，长0.04mm，为基宽的1.20倍，为后足跗节Ⅱ的85%，有毛2～3对。足粗短，光滑。无腹管。尾片舟形，有短毛1对。尾板末端平圆形，有长毛12～16根（图1）。

生活史及习性　生活周期为异寄主全周期复迁式，世代交替复杂，在云杉上产生雌雄两性蚜，交配后产卵，受精卵孵出干母若蚜后，以干母一龄若虫在云杉冬芽上越冬。翌年在云杉上形成虫瘿，8月中虫瘿开裂，有翅迁移蚜迁飞到落叶松上产卵，以一龄若蚜在9月中旬开始越冬。第三年5月初发育为无翅孤雌侨蚜，其下代产生有翅性母蚜迁回云杉上。如此经2年以上完成一个生活周期。

落叶松球蚜生活史较长，要完成一个完整的生活周期需要2年。在第一寄主（红皮云杉）上于每年幼芽吐叶时开时孵化，孵化出的幼虫呈绿色，吸食幼芽汁液，刺激云杉枝芽形成虫瘿，若虫即在形成的虫瘿内危害。虫瘿小型，长15mm左右，不知者以为小松塔，初形成时淡绿色，逐渐呈

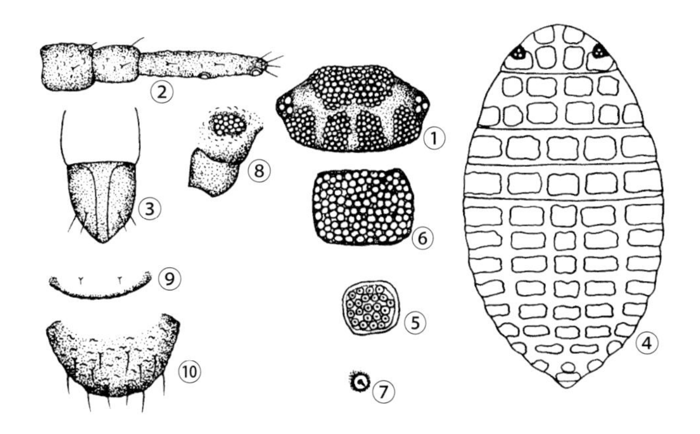

图1　落叶松球蚜（钟铁森绘）

无翅孤雌蚜：①头部背面观；②触角；③喙节Ⅳ+Ⅴ；④整体背面观；⑤体背蜡孔；⑥体背蜡片；⑦体背毛基；⑧足基节窝蜡片；⑨尾片；⑩尾板

图 2 落叶松球蚜危害状（张荣娇摄）

图 3 落叶松球蚜（张培毅摄）

乳白色，开裂线微隆，呈粉红色；瘿室纵状排列无规律，瘿室内若虫数量分布不均匀，多少不等。8 月间瘿室开裂，若虫羽化为有翅瘿蚜，迁飞到第二寄主落叶松上吸食叶汁，但对落叶松危害不大，迁飞半径 20km。翌年 5 月有性蚜迁回到红皮云杉上继续产卵孵化若虫。

防治方法

营林措施　营造云杉与曲柳、白桦等针阔混交林，对抑制落叶松球蚜的发生有一定效果。

化学防治　1% 苦参碱 1000 倍液和森得保 1500 倍液进行喷雾，防治效果较好。

生物防治　充分发挥异色瓢虫、食蚜蝇、草蛉等天敌昆虫的控制作用。

参考文献

任忠杰，徐宝，孙颖，等，2011. 落叶松球蚜防治技术 [J]. 吉林林业科技，40(6): 56-57.

赵文杰，毛浩龙，袁士云，等，1994. 落叶松球蚜生物学特性及防治试验研究 [J]. 甘肃林业科技，19(2): 32-34.

（撰稿：姜立云；审稿：乔格侠）

落叶松腮扁蜂　*Cephalcia lariciphila* (Wachtl)

欧亚大陆北部广泛分布的落叶松重要食叶害虫。又名落叶松腮扁叶蜂。英文名 European web-spinning larch sawfly。膜翅目（Hymenoptera）扁蜂科（Pamphiliidae）腮扁蜂亚科（Cephalcinae）的腮扁蜂属（*Cephalcia*）。国外分布于东至日本的北海道、俄罗斯的西伯利亚，西到欧洲北部各国。中国分布于青海、甘肃、陕西、山西、河北、北京、吉林、黑龙江。

寄主　中国报道的寄主是松科的华北落叶松和落叶松。国外报道的寄主是落叶松属多种植物。

危害状　幼虫在树上结网做巢，取食松针。危害严重时，幼虫发生量大，可将成片的落叶松针叶吃光，远看落叶松林一片枯黄，显著影响落叶松生长。

形态特征

成虫　雌虫体长 9～13mm（图①）。头部黑色，唇基前缘及中央、触角侧区近方斑、中单眼下 2 个近圆形小斑、侧缝上长斑、沿颊及眼上区后缘以及由此伸出而与触角侧区方形纹相连的细条纹黄白色（图③⑥）；触角柄节大部分黑色（图⑫），端部和鞭节红褐色，中部以外的鞭分节颜色逐渐较深。胸部黑色，前胸背板两侧及后缘大部分、中胸盾片后部近方形纹、中胸小盾片后侧斑、翅基片全部黄白色，中胸前侧片前缘黄白色。翅近透明，微带淡黄色，外缘和后缘狭边稍带烟褐色，翅痣下侧有一淡烟褐色狭窄横带直达翅后缘。足黑色，股节端部、胫节和跗节黄褐色。腹部黑色，背板两侧缘、背板第二至八节后缘狭边、腹板后缘黄褐色。唇基较平，端缘近似平直（图⑥）；左上颚端齿内侧中部具肩状齿（图⑧），右上颚双齿（图⑦）；额脊不突出，中窝浅，侧缝、冠缝、横缝明显，冠缝几达后头，OOL：POL：OCL=42：27：40；眼后头部两侧显著收缩，头顶及眼上区刻点粗大、稀疏，横过单眼区两眼间及额区刻点密集（图③）；唇基刻点较小、密集；腹部背板表面具细横皱纹。触角 25～26 节，第一、三、四和五节长度比为 38：61：58（图⑫）。头部细毛短直，浅褐色。雄虫体长 7.5～11mm；头部黑色，背侧色斑见图⑪，沿颊及眼上区后缘纹、触角侧区大部、唇基前缘及中央黄色；触角红褐色，柄节背侧具大黑斑，鞭节尖端黑色；胸部黑色，前胸背板两端、翅

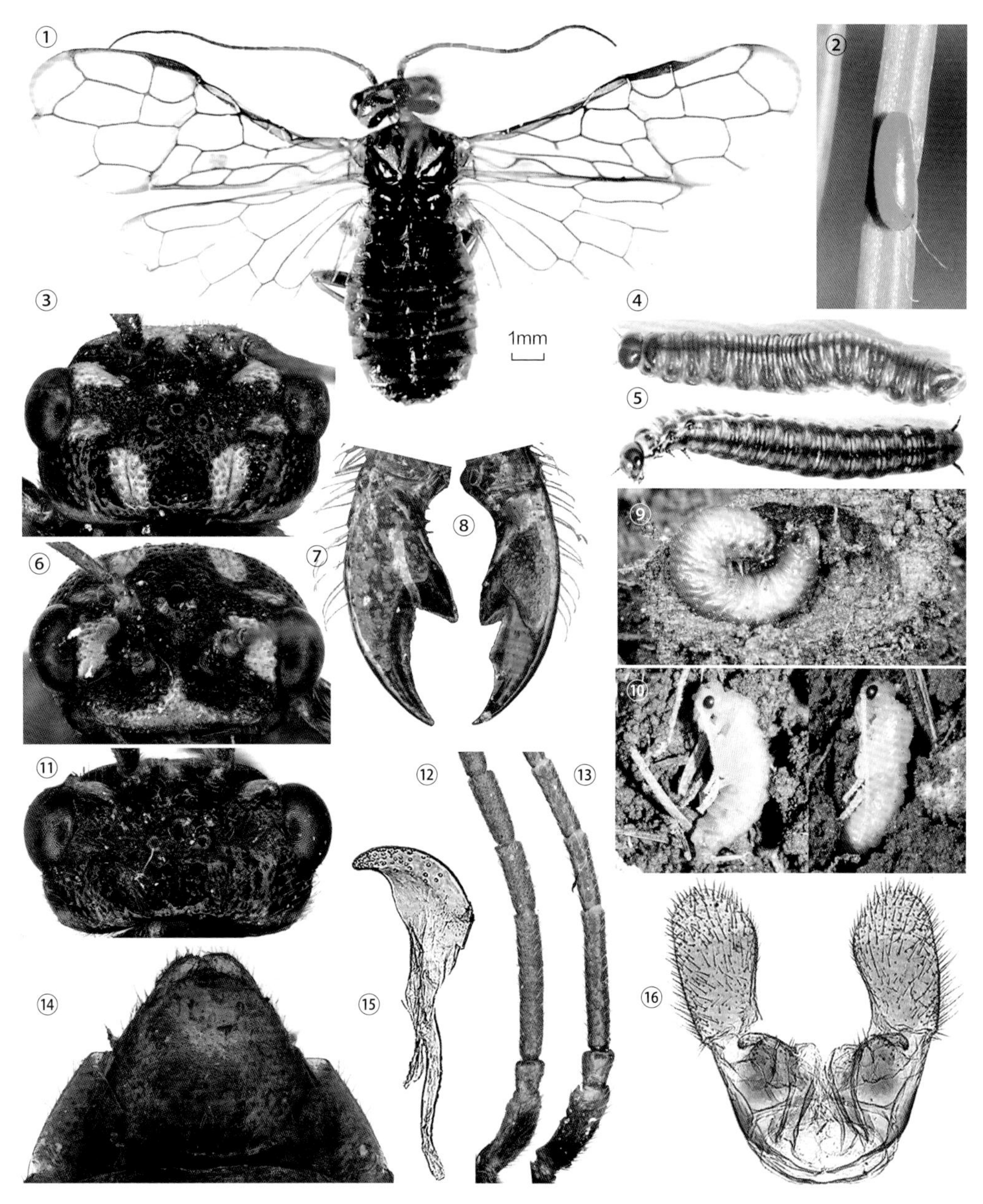

落叶松腮扁蜂（图②、④、⑤、⑨、⑩由虞国跃提供，其余为魏美才、张宁摄）

①雌成虫；②卵；③雌虫头部背面观；④幼虫色型 I；⑤幼虫色型 II；⑥雌虫头部前面观；⑦雌虫右上颚；⑧雌虫左上颚；⑨蛹室和预蛹；⑩蛹；⑪雄虫头部背面观；⑫雌虫触角基部 5 节；⑬雄虫触角基部 5 节；⑭雄虫下生殖板；⑮阳茎瓣；⑯雄虫生殖铗

基片黄白色；股节前半部黄色；腹部黑色，背板两侧及抱器黄褐色；头顶及眼上区刻点较雌虫粗密；头及胸部黄色细毛较雌虫长；OOL：POL：OCL=33：22：36；触角 23～25 节，第一、三、四 + 五节长度比为 39：59：60；生殖铗如图⑯；阳茎瓣头叶明显倾斜，顶角突出（图⑮）；下生殖板长约等于宽，两侧逐渐收窄，端部圆钝（图⑭）。

卵　长椭圆形，稍弯曲，长 1.5～2.0mm。初产时翠绿色，与针叶颜色几乎相同，后渐变浅，快孵化时变为银灰色或乳白色；卵表面有细弱网纹，常粘有蜡丝（图②）。

幼虫　老熟幼虫体长 12～20mm。幼虫有体色淡紫褐色（图④）或暗灰绿色（图⑤）两种主要色型，体背侧中央和体侧各具 1 条深色纵带斑；头部暗褐色，额中央具梨形黑褐斑；触角 7 节，暗褐色；体节气门周围色泽较暗；尾须、胸足黑褐色；越冬时幼虫变为草绿色或绿色，部分个体黄色，少量个体红褐色。

蛹　体长 9.5～13mm，触角长达腹部第五节。体色同化蛹前幼虫色，有黄色、绿色、黄绿色等（图⑩），近羽化前虫体具近似成体的黑斑。

生活史及习性　1 年发生 1 代，幼虫共 5 龄。7 月中旬，幼虫下树在落叶层下的土壤中做土室越冬，土室深度在 1.5～6.5cm 间，北京地区在翌年 4 月中旬开始化蛹，部分滞育个体可在第三年 4 月化蛹，大兴安岭林区在第二年 6 月上旬开始化蛹。越冬幼虫下地后有聚集习性，然后再分散做土室越冬。蛹期 8～12 天。成虫多在早上 6：00～10：00 羽化。初羽化的成虫活动能力弱，在地面草丛中静伏，数小时后取食晨露补充营养。羽化时间雌虫晚于雄虫 2～3 天。雌虫羽化当天可与雄虫交尾，交尾场所主要在林间地面草丛中。交尾后雌虫沿树干爬上或飞上树枝，在落叶松叶簇外围针叶的尖端背面产卵，每叶产卵 1～2 枚。成虫寿命 8 天左右，最长可达 15 天。雌雄性比 1：1.1。初孵幼虫取食前在枝条与叶丛之间吐丝结网，做简单虫巢，巢内单虫生活，出巢取食针叶，受惊动时可快速移动，惊扰过激则吐丝下垂。初孵幼虫主要取食针叶尖端，死亡率较高。幼虫有夜间取食习性。四、五龄幼虫可昼夜取食 10～20 枚针叶。幼虫蜕皮前停止取食。蜕皮后幼虫体色新鲜，静止在结网的松枝上，5 小时后继续取食。

防治方法

物理防治　成虫盛发期，可以用黄绿色胶带诱杀成虫，可有效灭杀成虫。在林地内离地面 40cm 左右的树干上布置黄绿色黏虫胶带，或在接近地面的位置水平放置诱虫板，可以诱集大量成虫。

营林措施　落叶松腮扁蜂分布广泛，部分地区危害严重。在危害不明显的林区，采取营造混交林、加强森林抚育管理，改善生态环境，提高林木抗虫能力以及保护天敌等措施，可预防其危害。在秋末冬初进行落叶松林地垦山翻土，破坏越冬的场所，人工挖除越冬幼虫，也可有效减少虫源。

综合防治　对于危害较轻的林区，一般采用生物防治为主，化学防治为辅的综合措施。对严重危害的林区采用化学防治为主，来保护林分安全。生物防治可采用 Bt 悬浮剂稀释 100～300 倍液，加 5% 的溴氰菊酯 10000 倍弥雾防治，或用白僵菌稀释液进行弥雾防治。

参考文献

李艳山，凌继华，张国强，等，2009. 落叶松腮扁叶蜂发生特点及其防治技术 [J]. 安徽农学通报，15(12): 150-151.

王合，虞国跃，陶万强，等，2013. 落叶松腮扁叶蜂 *Cephalcia lariciphila* (Wachtl) 形态特征及防治对策 [J]. 应用昆虫学报，50(5): 1260-1264.

萧刚柔，黄孝运，周淑芷，等，1992. 中国经济叶蜂志 (I)(膜翅目：广腰亚目)[M]. 西安：天则出版社.

张军生，郝玉山，伦北平，等，2001. 大兴安岭落叶松腮扁叶蜂的研究 [J]. 内蒙古林业科技 (2): 19-21.

SHINOHARA A, 1997. Web-spinning sawflies (Hymenoptera, Pamphiliidae) feeding on larch[J]. Bulletin of the National Science Museum. Series A: Zoology, 23(4): 191-212.

（撰稿：魏美才；审稿：牛耕耘）

落叶松绶尺蠖 *Zethenia rufescentaria* Motschulsky

一种危害落叶松叶部的食叶害虫，又名三线绶尺蛾。鳞翅目（Lepidoptera）尺蛾科（Geometridae）绶尺蛾属（*Zethenia*）。国外分布于日本、朝鲜、俄罗斯。中国分布于黑龙江。

寄主　兴安落叶松、长白落叶松。

危害状　大发生时将针叶食尽，甚似火烧。

形态特征

成虫　体长 11～15mm，翅展 36～40mm，体黄褐色。头黄褐色，复眼，触角褐色丝状，雄蛾触角外侧有细纤毛。前翅端外侧略向内切，内横线与外横线间形成 1 条宽而深褐带，带中间雄蛾的中横线暗而宽，雌蛾则中线外侧深而内侧淡；后翅浅黄多散点，外线曲折，内横线直；前、后翅中室各有 1 个小点，色浅不明显（见图）。

幼虫　体色变化较大，初龄幼虫体长 2～2.5mm，头橘黄色，体淡褐色，杂有绿色，背面有 3 条褐色纵纹，腹面有 1 条黄绿色纵带。中龄幼虫头褐色并有棕色“八”字纹，体灰褐色，体背各节有棱形横斑；斑中靠前方有 2 个小白点，中央有 1 个黑点；体侧各节有近椭圆形黄绿斑，褐色气门着生于斑中。老熟幼虫体长 35mm 左右，体色黑紫色，特点同中龄幼虫。臀足后方生 1 个肉突，端部生 1 根刚毛。腹部腹面末端形成 1 个肉突。

生活史及习性　在黑龙江 1 年发生 1 代，以蛹在枯枝落叶层下越冬。翌年 5 月中旬开始羽化，5 月末至 6 月初为羽化盛期，羽化时刻多集中于 11：00～17：00。成虫在林内多潜伏在杂草上。受惊后在距地面 2～3m 空间飞舞。成虫有趋光性，雄蛾寿命 1.5～6.5 天，雌蛾寿命 3～9 天。成虫羽化后 1～2 天内交尾时间在夜晚，交尾后并不立即产卵。卵散产于针叶、叶痕、树皮缝、枝条等处。每只雌虫产卵 2～65 粒，平均 20 粒。卵期 8～14 天，平均 12 天。6 月上旬开始幼虫孵化，初孵幼虫有吃卵壳受惊吐丝下垂习性，幼虫比较活跃。幼虫共 5～6 龄。蜕皮时前胸背板上产生烫伤般小疱，小疱破裂后脱掉头壳与旧皮。老熟幼虫 8 月中旬开始下树钻入枯枝落叶层下化蛹；落叶层薄时钻入土内 1～2cm 深处化蛹。

防治方法

化学防治　喷洒 25% 灭幼脲Ⅲ号胶悬剂和 3% 林丹粉剂防治。

生物防治　蛹期发现天敌寄生蜂、寄生蝇各 1 种，在 5 月上、中旬林内有斑鸠等鸟类取食越冬蛹。

落叶松绶尺蠖成虫（韩红香提供）

参考文献

黄冠辉，高延厅，刘彦鹏，等，1984. 落叶松尺蠖 NPV 初报 [J]. 林业科技通讯 (1): 29-30.

姜思玉，王大洲，1987. 落叶松尺蛾大发生对林木生长影响的调查 [J]. 河北林业科技 (2): 34-36.

孙士英，吕泽勋，黄冠辉，等，1987. 落叶松尺蠖 NPV 自然流行病调查 [J]. 森林病虫通讯 (1): 23-24.

张连珠，张广胜，1982. 落叶松尺蠖的防治 [J]. 河北林业科技 (3): 37.

（撰稿：南小宁；审稿：陈辉）

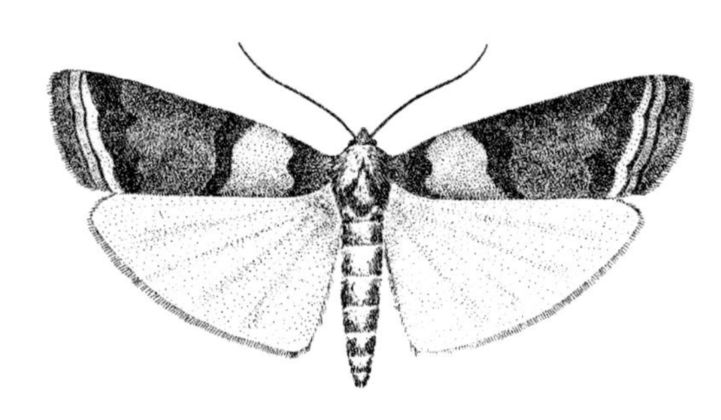

落叶松隐斑螟成虫（张培毅绘）

落叶松隐斑螟 *Cryptoblabes lariciana* Matsumura

一种危害落叶松针叶、球果的害虫。又名落叶松隐条斑螟。鳞翅目（Lepidoptera）螟蛾总科（Pyraloidea）螟蛾科（Pyralidae）斑螟亚科（Phycitinae）隐斑螟族（Cryptoblabini）隐斑螟属（*Cryptoblabes*）。国外分布于日本。中国分布于黑龙江等地。

寄主 落叶松。

危害状 以幼虫吐丝缀叶取食针叶和蛀食球果。在结实林分内，危害分两个阶段：第一阶段以危害落叶松球果为主，少数危害叶；第二阶段在球果成熟后，幼虫从果内爬出危害叶片。老熟幼虫食量猛增，常使枝条上残叶、枯叶连片，状如火烧。

形态特征

成虫 体长 6～8mm，翅展 18～20mm。头、胸部背面包括翅基片杂有银灰色鳞毛，胸部各节前缘有银灰色带。头部密布棕黑色鳞毛。复眼发达，半球状，黄褐色。单眼黑色，略透明，着生于复眼内侧，接近触角基部。触角丝状，短于前翅，各节前端生有银灰色丛毛，与底色形成黑白相间的环带。下唇须向上前方翘起，末端尖削。前翅狭长，黑褐色，近翅基有 1 条灰色短横带。中线及外横线为银灰色波状纹，两线间颜色黑褐，并散生银白色鳞毛，亚外缘线有 7～9 个不整齐的黑斑，缘毛淡灰色。后翅臀域宽广，无花纹，灰褐色（见图）。

卵 杏黄色，长椭圆形，长 1.4～1.7mm，宽 0.25～0.45mm。

幼虫 老熟幼虫体长 12～15mm，头宽 1.2～1.4mm。头部淡褐色，颅侧区有“V”字形黑纹，亚背线和气门上线深褐色。胸部和腹部各节背面有 4 个褐色毛瘤。前胸气门前方有刚毛 2 根。第八腹节的侧瘤在气门上方。胸足的基部、端部褐色，中部有褐色环纹。腹足趾钩全环，臀板暗褐色。

蛹 红褐色，长 7～12mm，宽 3～5mm。头顶及腹端钝圆，光滑，腹末有钩状臀棘 8 根，侧面 6 根短，中央 2 根很接近，甚长，为前者的 3 倍。

生活史及习性 黑龙江 1 年发生 1 代，以蛹越冬。翌年 6 月上旬成虫羽化，羽化后的成虫多停留在针叶上，白天静伏，傍晚或夜间活动。成虫有趋光性。6 月上旬产卵，产卵场所随林分不同而异。在未结实的人工林内，卵多产于针叶基部 1/3 处。6 月下旬幼虫孵出，初龄幼虫食量微小，7 月中旬幼虫进入二龄，体仍细小，吐丝将叶束粘在一起，幼虫在丝网中取食。在结实的林分内，卵多产于球果顶端果鳞间或者被花蝇危害过的球果虫孔处，少数产于叶上，卵单产。初孵幼虫危害球果的鳞片及种仁，排出的粪便堆在鳞片间，粪便锈黄色，据此可判断球果受害情况。球果成熟后，幼虫已达三龄，不再危害球果。幼虫爬出球果后，在球果邻近处，吐丝将枝叶粘连到果上，形成一个通道，以取食针叶为生，但多数幼虫仍以球果为隐蔽场所，取食后返回球果的虫道内。果周围的叶片被吃光后，幼虫离开球果，另寻取食场所。在新取食场所往往几条幼虫聚集在一起，形成 1 个大虫苞。一般 1 个大虫苞里有 3～5 头幼虫，最多达 13 头幼虫。各龄幼虫都有吐丝结苞隐蔽生活习性。9 月中旬老熟幼虫陆续下地，下旬全部钻进落叶层内，作灰白色椭圆形薄茧，3～4 天完成化蛹，以蛹在落叶层较厚、向阳湿润的环境内越冬。越冬蛹多位于距树干基部 0.5～1.5m 范围内。

发生与环境 林缘树上球果受害较林内重。绿果受害较紫果轻。种子园球果被害率高于人工用材林。树冠阳面球果明显比阴面受害重。树冠下部球果被害率高。随着树高的增加，球果被害率明显下降。

防治方法

物理防治 成虫羽化盛期，用黑光灯诱杀成虫。

生物防治 老熟幼虫下地化蛹期间，可对树干基部喷白僵菌菌粉。

化学防治 老熟幼虫用触杀式胃毒剂喷洒。或施放烟雾剂毒杀成虫。

参考文献

刘益康，梁秋兰，王冰，1994. 落叶松隐条斑螟生物学特性及防治措施 [J]. 林业科技，19(4): 29-30, 28.

刘友樵，1987. 为害种实的小蛾类 [J]. 森林病虫通讯 (1): 30-35.

陆文敏，1992. 落叶松隐斑螟 *Cryptoblabes lariciana* Matsumura[M]// 萧刚柔 . 中国森林昆虫 . 2 版 . 北京：中国林业出版社：861-862.

（撰稿：嵇保中；审稿：骆有庆）

落叶松种子小蜂 *Eurytoma laricis* Yano

一种危害落叶松种子的林业危险性害虫。又名落叶松种子广肩小蜂。英文名 larch seed chalcid。膜翅目（Hymenoptera）广肩小蜂科（Eurytomidae）广肩小蜂属（*Eurytoma*）。国外分布于日本、蒙古、法国、中亚细亚及俄罗斯远东滨海地区。中国分布于山西、内蒙古、辽宁、吉林、黑龙江。

寄主 兴安落叶松、日本落叶松、黄花落叶松、华北落叶松的种子。

危害状 被害种子外观上无被害痕迹。造成种子中空，失去发芽能力。

形态特征

成虫 雌蜂体长 3mm 左右，黑色，无光泽。头球形，略宽于胸，密生白色细毛。复眼赤褐色，单眼 3 个，呈矮三角形排列。触角密生白色细毛，着生于颜面中部，位于复眼下缘连线的上方，11 节，索节 5 节，均长大于宽，第四、五索节近方形，棒状节 3 节，几乎愈合在一起。胸部密生白色细毛，长大于宽，前胸略窄于中胸；小盾片膨起。翅卵圆形，前翅超过腹部，长约为宽的 2.5 倍，前缘脉长约 2 倍于痣脉，后缘脉略长于痣脉，痣脉末端膨大呈鸟首状，翅面均匀地布有细毛，后翅脉末端具有翅钩 3 个。足密生白色细毛，腿节末端、胫节和跗节黄褐色，后足胫节背面侧方及第一、二跗节上具有较粗壮的银灰色刚毛，在胫节上排成一列。腹部密生白色细毛，显著侧扁，长于头胸合并之和，第四腹节最长。产卵管鞘突出与腹末数节共同形成略微上翘的犁突起。雄蜂略小于雌蜂，体长 2mm 左右，触角和腹部的形状与雌蜂不同；触角 10 节，索节由 5 节组成，呈斧状，向一侧突出，棒状节 2 节，几乎愈合在一起；腹部第一节很长，呈柄状，其余部分近球形（图①）。

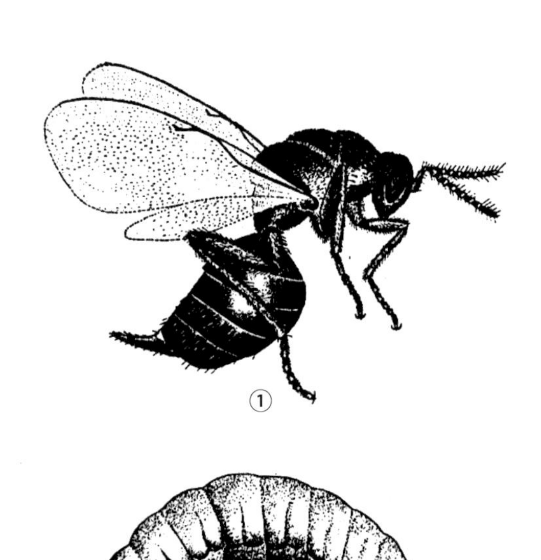

落叶松种子小蜂（张培毅绘）

①成虫；②蛹

卵 乳白色，长椭圆形，长约 0.1mm，具有一根白色的卵柄，柄略长于卵。

幼虫 白色、蛆状，呈"C"形弯曲，体长 2～3mm，无足，头部极小，上颚发达，前端红褐色，其余部分与体色相同。

蛹 裸蛹，体长 2～3mm，白色，复眼红色，即将羽化时蛹体变成黑色（图②）。

生活史及习性 由于幼虫有滞育习性，故每年发生的世代数较为复杂。在黑龙江大兴安岭林区，同时存在 1 年 1 代、2 年 1 代和 3 年 1 代的情况。以老熟幼虫在种子内越冬、滞育，翌年 5 月中旬幼虫开始化蛹，但继续滞育的幼虫则不化蛹，仍以幼虫状态在种子内越过第二甚至第三个冬天。6 月上旬成虫开始羽化，6 月中、下旬为羽化盛期，6 月下旬开始在幼嫩的球果上产卵。每头幼虫一生只危害 1 粒种子，无转移危害习性。成虫羽化时从种子内向外咬一小孔飞出，羽化孔圆形，边缘不整齐。

防治方法

严格检疫 有虫种子严禁外调。发生区种子外调时，必须采用加热干燥法处理，将球果先在 30～40°C的温水中浸泡 10 分钟，然后放在 50～55°C室内干燥 3～4 天，直到果鳞干燥后，再取出脱粒，防止携带传播。

化学防治 成虫羽化盛期，可施放氯化苦烟剂熏杀。

参考文献

高步衢，耿海冬，杨静莉，等，1990. 国内检疫性林木种实害虫记述 [J]. 植物检疫 (S1): 1-11.

余新春，郑成丽，张丽霞，2013. 园林植物落叶松球果种蝇和种子小蜂的发生与防治 [J]. 现代农村科技 (17): 23.

（撰稿：姚艳霞；审稿：宗世祥）

M

麻点豹天牛 *Coscinesthes salicis* Gressitt

一种危害杨树和柳树等树木的钻蛀性害虫。鞘翅目(Coleoptera)天牛科(Cerambycidae)沟胫天牛亚科(Lamiinae)豹天牛属(*Coscinesthes*)。中国分布于陕西、云南、四川、西藏、江苏等地。

寄主 杨树、柳树、桤木、龙爪槐等。

危害状 主要以幼虫蛀食寄主树木枝、干的木质部。幼虫孵化后，先在产卵孔内取食韧皮和木质部表层，然后逐步深入蛀食木质部，在木质部里形成弯弯曲曲的坑道，蛀道方向与树干（或枝）平行。整个幼虫期蛀食的坑道长达30～60cm（图1）。

形态特征

成虫 体长13～25mm，宽4～8mm。体黑色，全身密被棕黄或棕红色绒毛和无毛的黑色小斑。触角第三节端部之半如柄节一样粗壮。鞘翅上的黑斑由许多深凹的小窝组成，与棕黄色绒毛相间，形如豹皮；通常一纵列超过20个窝（图2①）。

生活史及习性 在昆明地区2年1代，跨3年完成，以幼虫越冬。老熟幼虫（图2②）从7月开始化蛹，8月为化蛹盛期，10月上旬为末期。成虫于8月上旬开始羽化，9月为羽化盛期，11月下旬为成虫在野外出现的末期。成虫羽化后取食叶片和嫩枝皮层来补充营养。成虫从8月下旬开始

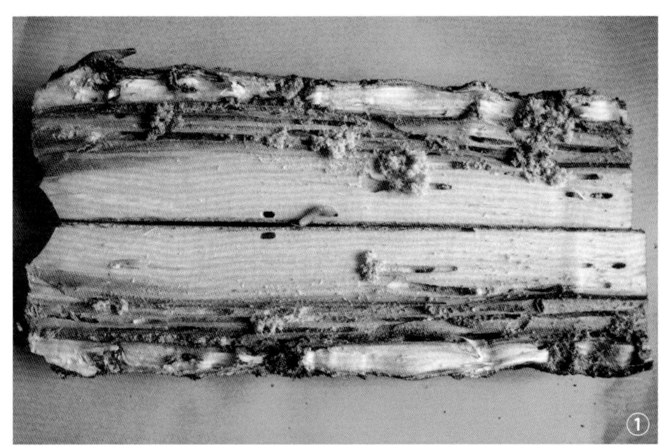

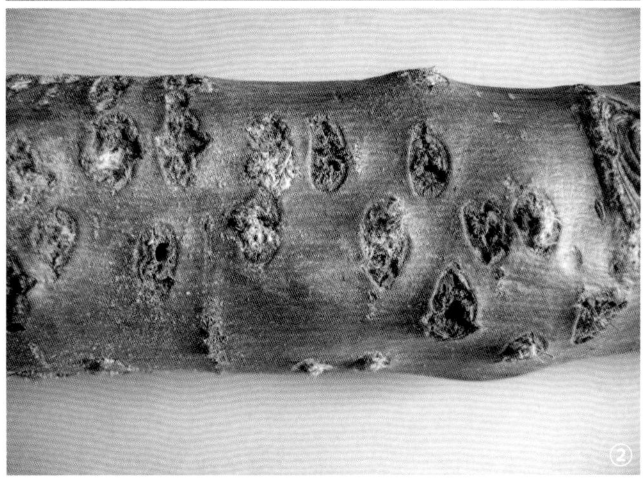

图1 麻点豹天牛的危害状（骆有庆提供）

①麻点豹天牛坑道；②寄主受害状

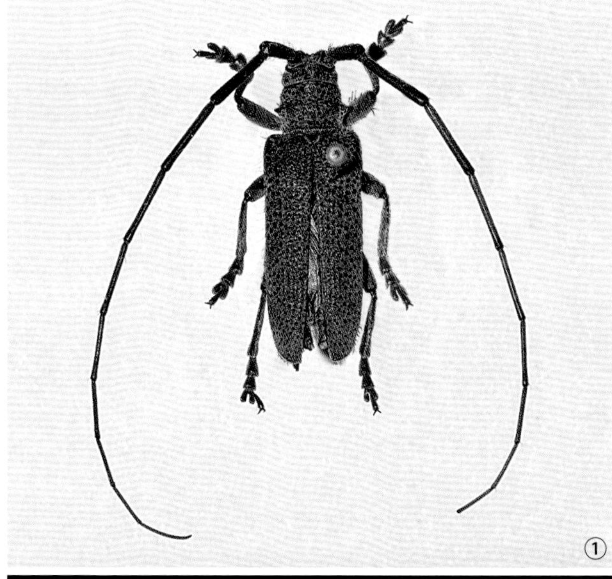

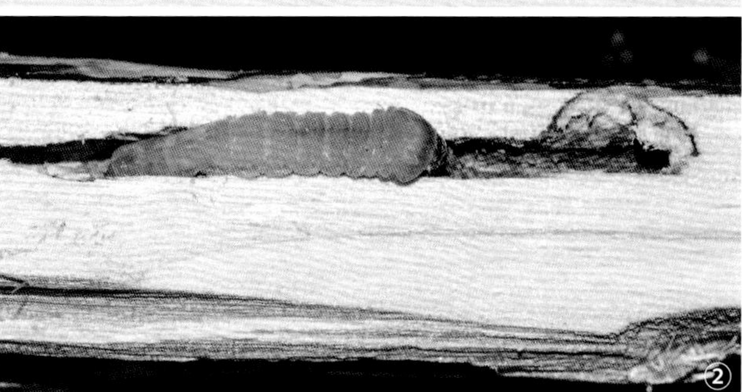

图2 麻点豹天牛成虫和幼虫（任利利提供）

①成虫；②幼虫

产卵，尤喜在3～4年生的主梢和侧枝上刻槽产卵。

防治方法

药物防治 产卵初期在产卵刻槽上涂刷化学药剂对初孵幼虫有非常好的防治效果。

人工捕杀 麻点豹天牛成虫在交尾和产卵时容易捕捉，故在成虫期可于每日11：00～17：00成虫的活动高峰期进行人工捕杀。

生物防治 利用麻点豹天牛的天敌进行防治，天敌种类有白僵菌、拟青霉菌、黑蚂蚁、茧蜂等。

参考文献

胡江，陈树琼，李义龙，等，2006. 雌性信息素在麻点豹天牛成虫交尾行为中的作用[J]. 应用昆虫学报，43(2): 251-254.

胡江，李义龙，郑润兰，等，2001. 昆明地区麻点豹天牛的生物学特性及其综合治理[J]. 西部林业科学(1): 46-50.

李义龙，胡江，郑润兰，等，2002. 麻点豹天牛化学防治试验研究[J]. 西南林业大学学报，22(1): 50-53.

刘联仁，1983. 麻点豹天牛的初步研究[J]. 昆虫知识(3): 122-123.

（撰稿：任利利；审稿：骆有庆）

麻栎象 *Curculio robustus* (Roelofs)

一种危害麻栎的重要害虫。鞘翅目（Coleoptera）象虫科（Curculionidae）象甲属（*Curculio*）。国外分布于俄罗斯远东地区、日本、朝鲜、韩国。中国分布于北京、河北、河南、江苏、山东、浙江。

寄主 麻栎及栓皮栎的种实等。

危害状 取食种仁，导致落果、空果。

形态特征

成虫 长卵圆形，体黑色，鞘翅密被黄褐色和少数深褐色鳞片。头部小，紫褐色，有光泽；触角着生于喙上，雌虫着生在喙1/2处，雄虫着生在喙端部2/5处。触角的索节第二节长于第一节。鞘翅中线之后有1明显浅色横带，鞘翅各有行纹10条，每一行纹内有宽鳞片一行。

幼虫 体长2.0～9.0mm，宽0.8～3.0mm，淡黄色或乳白色，体柔软，稍弯曲，头部黄褐，口器褐色。

蛹 乳白色，喙从复眼间伸到体外，而向腹面弯曲，倒置于鞘翅及各胸足之上。鞘翅斜着伸向腹部两侧，腹部末端两侧各有刺1根。

卵 长椭圆形，乳白色透明，长1.5mm左右，宽0.5mm左右。

生活史及习性 据在泰山观察，该虫1年2代，以老熟幼虫在土壤中筑土室越冬，翌年夏季成虫羽化，进行补充营养后，即在当年生的果实外层壳斗内产卵。

成虫刚羽化时体弱，行动迟缓，约经半小时后较活跃，成虫交配后即产卵，卵皆产在壳斗中紧贴壳斗内皮。成虫交配后寿命为3～11天。

幼虫刚孵时与卵粒大小相似，随即咬破壳斗内皮及橡实（种子）外皮钻入橡实内，钻入孔很小，孔口可见幼虫钻蛀后所遗留下来的碎屑，填塞钻入孔。

越冬幼虫翌夏在土室中化蛹，蛹期19～22天。

防治方法

人工防治 利用成虫的假死性，在羽化盛期振落杀死成虫。

化学防治 二硫化碳熏蒸种子，每立方米种子用药30～40ml。

参考文献

方德齐，1981. 麻栎象生活习性的初步观察[J]. 昆虫知识(5): 207-208.

萧刚柔，李镇宇，2020. 中国森林昆虫[M]. 3版. 北京：中国林业出版社.

（撰稿：范靖宇；审稿：张润志）

麻楝蛀斑螟 *Hypsipyla robusta* (Moore)

一种主要危害楝科树木的蛀梢害虫。又名麻楝梢斑螟。英文名cedar tip moth。鳞翅目（Lepidoptera）螟蛾总科（Pyraloidea）螟蛾科（Pyralidae）斑螟族（Phycitini）楝斑螟（*Hypsipyla*）。国外分布于非洲及孟加拉国、越南、老挝、泰国、菲律宾、汤加。中国分布于广东、广西、海南、云南。

寄主 红椿、麻楝、非洲楝、香椿、大桃花心木、小桃花心木、非洲桃花心木、岭南酸枣等。

危害状 幼虫常从叶柄与枝干处侵入，主要蛀食茎内组织，留表皮纤维组织，粪便排泄在蛀入孔外面，形似锯木屑。蛀食后造成茎内中空的蛀道，内部光滑无遗物。同时引起植物寄主受害处产生透明胶状物，受害枝梢变为褐色，逐渐枯萎（图1）。

形态特征（图2）

成虫 体长12～15mm，翅展22～27mm。体灰色，密被灰褐色绒毛。前翅暗灰色，布有很多小斑点，并有波浪纹线穿过。后翅灰白色，半透明，边缘线灰暗。复眼黑色，触角丝状，中、后足胫节末端各具1对长距。雌成虫腹部末端粗壮，圆筒状；雄成虫腹部末端瘦小，短钳状。

卵 椭圆形，长径约0.7mm，短径约0.4mm。卵壳半透明，卵初产时乳白色，孵化前红褐色。

幼虫 有5龄，初孵幼虫体长1.2mm，老熟幼虫体长22mm。各龄幼虫体色不同，由棕色渐次变为粉红色、绿色或蓝色。各龄幼虫虫体均被许多黑点，每黑点上有2浅棕色刚毛。

蛹 长椭圆形，长12～14mm。初期淡黄色，逐渐变为红褐色，接近羽化时为黑褐色，外被白茧。蛹触角末端延伸至腹部第六节，腹部末端有臀棘8根。雌蛹腹部末端分节不明显，第八腹节腹面有1纵裂纹，裂纹两侧平坦，无瘤状突起；雄蛹腹部末端分节较明显，第九腹节中央有1纵裂纹，裂纹两侧各有1半圆形瘤状突起。

生活史及习性 在海南岛尖峰岭，1年发生12代左右，且世代重叠。在云南西双版纳，1年发生4～6代。在印度尼西亚爪哇岛，全年均有发生。翌年2～3月，该虫开始羽

图 1 麻楝蛀斑螟危害状（马涛提供）
①整体危害状；②幼虫危害；③顶梢枯萎

图 2 麻楝蛀斑螟形态及交尾行为（马涛提供）
①二至五龄幼虫；②取食状；③茧；④成虫交尾；⑤求偶状态

化为成虫，10 月中旬后以蛹开始越冬，交尾产卵等成虫活动均在夜晚进行，生命周期约 5 周。幼虫期和蛹期与温度密切相关，平均温度为 18.5°C时，幼虫期 18～23 天，蛹期为 15～23 天；平均温度为 28.5°C时，幼虫期 9～13 天，蛹期为 9～11 天。

防治方法

物理防治　将麻楝蛀斑螟性信息素诱芯放入三角形诱捕器中，可在成虫监测、诱杀和干扰交配上发挥作用。

营林措施　与其他植物混种，增加对楝科植物的遮阴，可在一定程度上减少虫害。此外，剪取虫枝，集中销毁，也可减轻危害。

生物防治　黄猄蚁可捕食麻楝蛀斑螟蛹和幼虫，具有较好的防治效果。

化学防治　采用百治磷等农药对植物进行喷施。

参考文献

陈英林，查广林，1998. 麻楝蛀斑螟生物学及其防治研究 [J]. 北京林业大学学报，20(4): 3-5.

顾茂彬，刘元福，1984. 麻楝梢斑螟的初步研究 [J]. 应用昆虫学报 (3): 118-120.

马涛，孙朝辉，李奕震，等，2014. 麻楝蛀斑螟成虫的羽化节律及生殖行为 [J]. 福建农林大学学报，43(1): 6-10.

MA T, LIU Z T, LU J, et al, 2015. A key compound: (Z)-9-tetradecen-1-ol as sex pheromone active component of *Hypsipyla robusta* (Lepidoptera: Pyralidae)[J]. Chemoecology, 25(6): 325-330.

（撰稿：马涛；审稿：嵇保中）

麻天牛 *Thyestilla gebleri* (Faldermann)

一种危害纤维作物的害虫。又名大麻天牛、麻竖毛天牛。英文名 hemp longicorn beetle。鞘翅目（Coleoptera）天牛科（Cerambycidae）沟胫天牛亚科（Lamiinae）竖毛天牛属（*Thyestilla*）。国外分布于日本、朝鲜、蒙古、俄罗斯等地。中国分布于北京、黑龙江、吉林、辽宁、内蒙古、宁夏、河北、河南、陕西、山西、山东、江苏、浙江、安徽、江西、湖北、四川、贵州、福建、广西、广东、台湾。

寄主 主要危害大麻，还可以危害苘麻、棉花、苎麻等。

危害状 麻天牛成虫和幼虫均能危害，成虫危害大麻幼嫩的叶柄、叶脉和茎的表皮，幼虫钻入麻茎里蛀食茎部麻秆表皮和木质部，茎受害后，局部膨大成瘤状，受风易折断，影响大麻的产量和品质。

形态特征

成虫 雌成虫体长13～18mm，雄虫9～13mm，较瘦小，色较深。全体黑褐色，密生灰白色绒毛。前胸背板两侧及中线、鞘翅的侧缘和缝缘都有白线，形状似葵花子。触角10节，雄虫触角稍长于体，雌虫触角略短于体，各节近似圆筒形，着生灰白色细毛。头、胸部背面鞘翅正中及两侧各有3个黄白纵条，前胸圆桶形。无刺（见图）。

卵 长约1.8mm，宽约0.9mm，长卵形，表面呈蜂巢状，初乳白色，后变为黄褐色或褐色。

大麻天牛成虫（曾粮斌摄）

幼虫 老熟幼虫体长15～20mm，乳白色，头小，口器红褐色，前胸大，背板有褐色小颗粒组成的“凸”字形纹。体背自第四节到尾部各节都有成对圆形突起，背中线明显。

蛹 长16mm左右，宽6mm，黄白色。腹部各节近后缘生有红色刺毛。

生活史及习性 大麻天牛1年发生1代，以老熟幼虫在被害麻茬和麻秆内越冬。辽宁于4月下旬至5月上旬开始化蛹，蛹期14～21天。5月下旬出现成虫，5月下旬至7月下旬卵孵化，8月中下旬幼虫老熟，进入越冬。成虫寿命19～23天。成虫羽化后，随之交尾产卵，卵多产在主茎或中部幼嫩处。雌虫先在主茎上咬下一个“八”字形伤痕，然后把1粒卵产在其中，每雌可产40粒，卵期7～8天。幼虫期10个月。6月中下旬进入卵盛孵期，7月至收获期进入幼虫危害期。成虫飞翔能力较弱，无趋光性，有假死性。清晨多集中在大麻新叶内，不食不动，遇惊即坠地假死，数分钟后又返回麻株。在9：00～11：00、15：00～18：00活动较强。初孵幼虫先在皮下取食，蜕皮后蛀入髓部，逐渐向下蛀至根部后，幼虫以虫粪和黏性分泌物封堵蛀孔越冬，也有部分幼虫在麻秆内越冬。当大麻快成熟时，幼虫便向根部转移，到大麻收获时，有65%～95%幼虫转移到根部，并用虫粪和分泌的黏液堵塞虫道越冬。

发生规律

气候条件 麻茬内越冬的幼虫，常因冬季冷冻死亡一部分，但其越冬死亡率和秋耕翻地的关系密切。据山西调查，秋耕地麻茬内越冬成虫死亡率达56%，但未秋耕地仅8%。春季的相对湿度也是影响越冬的主要条件。当春季温度在12～22°C，相对湿度在80%以上时，幼虫死亡率约为5%，但相对湿度在53%～74%时，幼虫和蛹的死亡率分别为42.5%和66.7%。播种早，被害轻；播种迟则被害较重。留苗密度较稀时被害重，留苗密度较密时则被害轻。

防治方法

农业防治 收麻后及时进行秋耕，挖烧麻根，可有效杀死幼虫，压低越冬虫口基数。

人工捕杀 利用成虫假死性，在成虫盛发期于清晨组织人力捕杀成虫。

化学防治 也可在成虫发生盛期喷洒90%晶体敌百虫900倍液或50%马拉硫磷乳油、80%敌敌畏乳油1500倍液，如能在早晨喷效果更好。

参考文献

冯显才，汪延魁，郭厚杰，等，1995. 安徽大麻虫害名录及主要害虫综合防治[J]. 中国麻作，17(4): 40-43.

杨保舒，1959. 麻天牛生活习性的观察[J]. 昆虫知识(6): 187-189.

张继成，薛召东，1986. 麻类作物主要害虫的发生及防治概述[J]. 中国麻作(2): 36-39.

中国农业科学院植物保护研究所，中国植物保护学会，2015. 中国农作物病虫害：下册[M]. 3版. 北京：中国农业出版社.

（撰稿：曾粮斌；审稿：薛召东）

马铃薯甲虫 *Leptinotarsa decemlineata* (Say)

一种外来的全国农业植物检疫性昆虫。严重危害马铃薯、茄子、番茄等茄科植物。又名蔬菜花斑虫。英文名 Colorado potato beetle。鞘翅目（Coleoptera）叶甲科（Chrysomelidae）瘦跗叶甲属（*Leptinotarsa*）。国外分布于美国、加拿大、墨西哥、危地马拉、哥斯达黎加、古巴、利比亚、哈萨克斯坦、吉尔吉斯斯坦、土库曼斯坦、格鲁吉亚、亚美尼亚、伊朗、土耳其、丹麦、芬兰、瑞典、拉脱维亚、立陶宛、俄罗斯、白俄罗斯、乌克兰、摩尔达维亚、波兰、捷克、斯洛伐克、匈牙利、德国、奥地利、瑞士、荷兰、比利时、卢森堡、英国、法国、西班牙、葡萄牙、意大利、前南斯拉夫、保加利亚、希腊等。中国分布于新疆、黑龙江、吉林等地。

寄主 马铃薯、茄子、番茄、天仙子、刺萼龙葵等。

危害状 成虫和幼虫均可造成危害，常常将马铃薯叶片全部吃光，造成马铃薯减产 30%～50%，严重的地方造成 90% 的产量损失甚至绝收。除危害马铃薯外，还对茄子、番茄等茄科蔬菜造成危害（图 1）。

形态特征

成虫 体长 9.0～12mm，宽 6.0～7.0mm。短卵圆形，背面显著隆起，红黄色，有光泽，每个鞘翅上具黑色纵带 5 条。触角 11 节。口器咀嚼式，上颚有 3 个明显的齿，第四个齿不明显。鞘翅坚硬，隆起，侧方稍呈圆形，端部稍尖，肩部不显著突出。雌雄两性成虫外形差异不大，雌虫一般个体稍大，雄虫最末腹板比较隆起，具一纵凹线；雌虫无上述凹线（图 2 ①）。

幼虫 4 个龄期，一、二龄幼虫暗褐色，由三、四龄开始逐渐变鲜黄色、粉红色或橙黄色；头及前胸背板骨片以及胸、腹部的气门片暗褐色或黑色；头的每侧具小眼 6 个，分成两组，上方 4 个，下方 2 个。触角短，3 节。上颚三角形，具端齿 5 个，上部的一个齿小（图 2 ②）。

生活史及习性 成虫在土壤中越冬，大多数成虫深入地下 7.6～12.7cm。春天从土壤中爬出后，越冬成虫经短距离飞行或爬行寻找到最近的寄主取食。取食后成虫交配，5～10 天后雌成虫开始产卵。卵块产于寄主植物叶片背面，每卵块包含 20～60 粒卵，有规则地排成几行（图 2 ③）。成虫经常反复交配，雌成虫可以在滞育前，也可在滞育后交配。雌虫寿命可超过 120 天，但 55 天后成虫死亡率达 55%。雌虫

图 1 马铃薯甲虫危害状（张润志摄）

①一、二龄幼虫，取食马铃薯；②二、三龄幼虫，取食马铃薯；③四龄幼虫，取食马铃薯；④取食茄子

图 2 马铃薯甲虫（张润志摄）

①成虫；②幼虫；③卵

在羽化后 5～7 天开始产卵，约 15 天后达到产卵高峰期，随后 30 天内产卵量急剧下降。如温度在 12° C 以上，卵孵化期为 4～12 天。同一卵块孵化的幼虫聚集在叶片背面直到第一次蜕皮。幼虫 4 龄，老熟幼虫可取食叶柄和茎。一龄幼虫取食量约占总取食量的 3%，二龄幼虫约占 5%，三龄幼虫约占 15%，四龄幼虫约占 77%。四龄末期幼虫停止取食，落到地上，钻入寄主地下的土壤中，变为静止不动的预蛹。幼虫入土深度与土壤条件有关。预蛹后化蛹，蛹期为 10～20 天。马铃薯甲虫在中国 1 年发生 2～3 代，越冬成虫在土壤中深度一般在地表下 5～15cm，少数可达 30cm。土壤相对湿度在 40%～60% 时最适合蛹期存活，当土壤相对湿度超过 80% 时，蛹期死亡率达到 90%。

马铃薯甲虫成虫的爬行速度在 0.44～2.12cm/s。马铃薯甲虫有 3 种类型的飞行：短距离飞行、长距离飞行和滞育飞行。短距离飞行是指在栖息地内的飞行，通常与盛行风的方向相反，大多数短距离飞行的空间距离极短或仅在局域范围内，通常从一株马铃薯到另一株马铃薯。长距离飞行的个体起飞后极短时间内将改变原有飞行方向，并沿盛行风方向运动，飞行高度常超过 15m。滞育飞行是发生在夏季末的长距离飞行，飞向附近地域的林地，这类飞行可能属于受季节影响的滞育迁移的一部分。马铃薯甲虫的飞行速度在 2.2～3.0m/s，如果气温较高且风力适合，长距离飞行个体的飞行高度可能维持在 100m 以上。在裸地区域，春季世代的成虫在几天之内常常能够在田间扩散达数百米，从越冬地点开始，仅有小部分成虫扩散距离超过 500m。但越冬成虫在 10m/s 大风天气下，16 天可扩散到 100km 以外。

防治方法 以科学监测为基础，以严格检疫监管为重点，推广"捕、诱、毒、饿、治"为主的综合治理措施，坚持阻截与防控并重。

农业防治 发生严重的地区推广马铃薯与谷类、豆类、玉米等作物轮作措施，轮作地间距以 400m 为宜，使初出土的马铃薯甲虫越冬代成虫觅食困难，中断食物链，使其得不到适宜食料而死亡。春季适当晚播马铃薯等寄主作物，可以使先出土的越冬代成虫难觅食料，增加自然死亡率，从而减少产卵量；同时使出土成虫与其天敌发生期相遇，充分发挥生物控制的作用。马铃薯收获后，尽量消除田间覆盖物，及时翻耕冬灌，恶化马铃薯甲虫的越冬条件，减少越冬基数。在 4 月下旬至 5 月中下旬的成虫出土盛期，在田间定期 1～2 次 / 周，捕捉成虫、幼虫，摘除有马铃薯甲虫卵块的叶片，铲除农区分布的野生寄主，带出田外集中销毁，减少第一代马铃薯甲虫为害。在马铃薯播种期，因地制宜实施地膜覆盖技术，控制越冬成虫出土。

化学防治 狠抓马铃薯甲虫 4 月下旬至 5 月中下旬越冬成虫出土盛期，6 月中下旬一代幼虫、7 月下旬至 8 月上旬二代幼虫发生关键时期进行化学防治，交替使用不同类型的高效低毒杀虫剂进行大面积化学防除。防控药剂推荐使用啶虫脒类、多杀霉素类、氯氰菊酯类、吡虫啉类及噻虫嗪类等。

参考文献

郭文超，2015. 我国马铃薯甲虫监测、防控现状与对策 [J]. 绿洲农业科学与工程，1(1): 50-57.

李超，丁新华，王小武，等，2017. 邻近作物分布格局与地膜覆盖种植对马铃薯甲虫种群动态的影响 [J]. 新疆农业科学，54(1): 117-123.

李颖超，2011. 马铃薯甲虫入侵研究及中国重要入侵害虫损失评估 [D]. 北京：中国科学院研究生院.

BOITEAU G, ALYOKHIN A, FERRO D N, 2003. The Colorado potato beetle in movement[J]. Canadian entomologist, 135(1): 1-22.

LIU N, LI Y, ZHANG R, 2012. Invasion of Colorado potato beetle, *Leptinotarsa decemlineata*, in China: dispersal, occurrence, and economic impact[J]. Entomologia experimentalis et applicata, 143(3): 207-217.

（撰稿：任立；审稿：张润志）

马铃薯瓢虫 *Henosepilachna vigintioctomaculata* (Motschulsky)

中国最主要的马铃薯害虫，以成、幼虫危害茄科、十字花科、葫芦科等多科植物。又名二十八星瓢虫、马铃薯二十八星瓢虫、大二十八星瓢虫。英文名 28-spotted potato ladybird。鞘翅目（Coleoptera）瓢虫科（Coccinellidae）裂臀瓢虫属（*Henosepilachna*）。国外分布于俄罗斯、朝鲜、日本、印度等地。中国分布于黑龙江、陕西、河北、河南、辽宁、吉林、甘肃、江苏、安徽、浙江、福建、广东、台湾、广西、云南、贵州、四川等地。

寄主 茄科的马铃薯、茄子、龙葵、番茄、青椒、曼陀罗、枸杞、烟草；十字花科白菜、萝卜、芥菜；禾本科的玉米；葫芦科的南瓜、黄瓜、甜瓜；菊科的向日葵、牛蒡、千里光、小蓟；壳斗科的栎、槲；苋科的皱果苋；柿科的柿；玄参科的泡桐；胡桃科的核桃；酢浆草科的酢浆草；桑科的葎草；豆科的菜豆、长豌豆、绿豆等。主要危害茄科枸杞、龙葵、茄子、番茄和马铃薯等，尤以马铃薯为最。

危害状 以成虫和幼虫啃食马铃薯作物的叶片、茎、花等造成危害。叶片受害后使叶片形成许多透明的平行状的凹陷纹，严重时仅留叶脉和表皮，后变为铁锈色斑痕，导致叶片干枯，轻者影响光合作用，重者造成植株死亡。啃食茎时，可在茎的表面形成许多残缺的平行线状凹陷纹，后变为褐色，直接影响茎的正常功能（图1）。

形态特征

成虫 体长7～8mm，宽5.5mm左右。半球形，体背及鞘翅黄褐色至红褐色，表面密生黄褐色细绒毛。头扁而小，平时藏在前胸下。触角球杆状，11节，末3节膨大。前胸背板凹陷，两角突出，中央有1个剑状纵行黑斑，两侧各有2个小黑斑（有时合并为1个）。每鞘翅各有14个黑斑，其中鞘翅基部有3个黑斑，其后方的4个黑斑不在一条直线上，两鞘翅会合处的黑斑有1对或2对互相接触（图2①）。雄虫外生殖器中叶上有4～7个小齿。

幼虫 老熟时体长9mm左右，黄褐色，纺锤形，中央膨大，背面隆起。体背各节有黑色枝刺，前胸及第八、九腹节上各有枝刺4个，其余各节有枝刺6个，各枝刺上有6～8个小刺（图2②）。

生活史及习性 在黑龙江、山西北部每年发生1～2代；在天津1年发生2代；而在山东菏泽1年发生3代，气温偏高年份有第四代发生；在陕西清涧1年发生2～3代。马铃薯瓢虫世代重叠严重。以成虫在发生地附近的背风向阳的各种缝隙或隐蔽物下群集越冬。越冬成虫于5月中下旬恢复活动，先在龙葵、枸杞、野茄草、苜蓿等野生植物上取食，6月初危害刚出土的瓜苗及定植的茄子、辣椒、番茄的幼苗，并逐渐迁到马铃薯上为害，交尾、产卵。6月中旬至8月中旬为产卵期，产卵盛期为6月下旬至7月上旬，卵产在叶背。幼虫有4龄，6月下旬至8月下旬化蛹于叶背，蛹期5～7天。

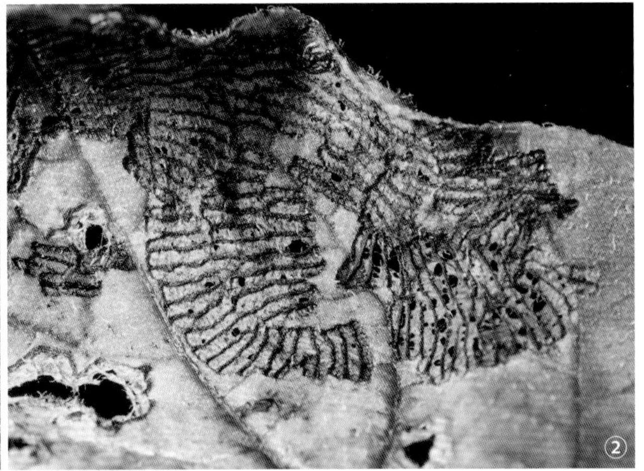

图1 马铃薯瓢虫危害状（张润志摄）

①马铃薯植株受害状；②马铃薯叶片受害状

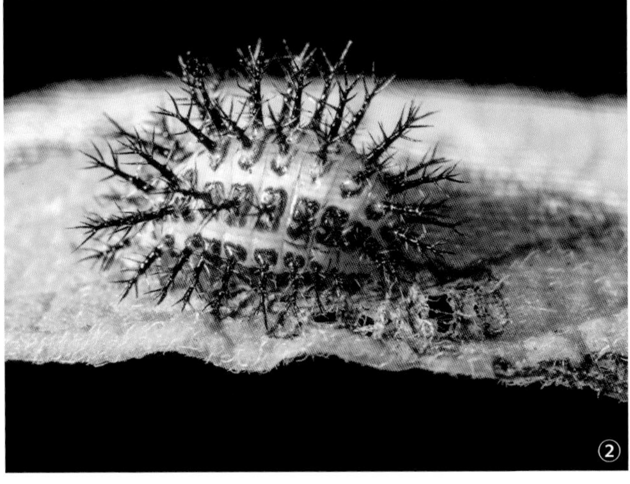

图2 马铃薯瓢虫（张润志摄）

①成虫；②幼虫

新羽化成虫在7月上旬至9月上旬出现，其中一部分7月中旬至8月中旬产卵，第二代幼虫7月下旬出现，8月中旬为害最重。化蛹后，第二代成虫8月下旬至9月上旬羽化，另一部分不交配产卵，和第二代成虫一起在9月中旬即进入越冬状态。

成虫一般在白天羽化。初羽化时，体软，浅黄色，鞘翅上先出现6个点，1小时后鞘翅相继出现28个圆形黑斑，并开始爬行，2～3小时后即可取食。成虫昼夜均可取食，但以晴天白昼取食量最大，取食叶下表皮及叶肉，残留上表皮而形成若干平行而透明的细状凹纹，有时也取食茄果。羽化2～3天后开始交配，每次交配时间差异较大，少则十几分钟，长则数小时。交配后第四天开始产卵。未经交配的成虫也可散产少量卵，但不能孵化。成虫多次交配，多次产卵。成虫寿命30～80天，最长可达240天。成虫有避光性和假死性，飞翔力较弱，一般仅飞数米远。1头雌虫1生可产卵10～15块，每块有卵9～56粒，平均27.8粒。卵多数产在叶片背面，个别产于正面。第一代卵多产于植株的下部叶片上，第二至四代卵则多产于植株中、上部叶片。卵初产时鲜黄色，孵化前呈深黄褐色，同一卵块孵化较整齐。第一代卵历期7～8天，第二代3～5天。幼虫多在5：00～8：00孵出。初孵幼虫先群集在卵壳上不动，2～5小时后开始分散在卵块附近取食。同一块卵孵化出的幼虫随着虫龄的增长，不断扩散，但仅能在本株周围相连的植株上为害。幼虫在蜕皮前不食不动，食料不足时龄期延长，且虫体较小。幼虫三、四龄时食量较大，进入老熟时，虫体略呈白色，停止取食。幼虫共4龄，历期12～16天。幼虫常趴在叶背或杂草上化蛹。发生量大时，幼虫有群集化蛹的习性。初化蛹乳白色，老熟蛹黄色，蛹期3～5天。

防治方法

物理防治　利用马铃薯瓢虫成虫群集越冬的习性，在冬春季节检查成虫越冬场所，捕杀越冬成虫。及时处理收获后的茄科植物植株残株，可消灭部分残留在植株上马铃薯瓢虫。成虫产卵季节，及时摘除卵块亦可减轻危害。

化学防治　在马铃薯瓢虫越冬成虫发生期至一代幼虫孵化盛期喷药。阿维菌素乳油、高效氯氟氰菊酯对马铃薯瓢虫的防治效果较好。其他常用的药剂有辛硫磷乳剂、溴氰菊酯乳油和功夫乳油等。

生物防治　可施用白僵菌防治，也可人工饲养瓢虫双脊姬小蜂释放。

参考文献

郝伟，路迈，江新林，等，2006. 马铃薯瓢虫的生物学特性观察[J]. 中国植保导刊，26(12): 22-23.

王波，2012. 二十八星瓢虫的生物学特性及生物防治研究进展[J]. 陕西农业科学，58(6): 135-136.

魏鸿钧，1995. 马铃薯瓢虫与马铃薯甲虫发生动态[J]. 昆虫知识，32(3): 187-188.

庄会德，2010. 马铃薯瓢虫生物学特性及化学防治研究[D]. 大庆：黑龙江八一农垦大学.

（撰稿：徐婧；审稿：张润志）

马铃薯鳃金龟 *Amphimallon solstitiale* (Linnaeus)

危害马铃薯根茎的重要害虫。英文名 summer chafer。鞘翅目（Coleoptera）金龟科（Scarabaeidae）双绺鳃金龟甲属（*Amphimallon*）。国外分布于斯洛文尼亚、克罗地亚、塞尔维亚、英国、法国、希腊、意大利、西班牙和俄罗斯南部地区。中国分布北起黑龙江、内蒙古、新疆，南至河北、山西、陕西，东起渤海湾，西至青海、西藏。

寄主　马铃薯、油菜、豆类等农作物。

危害状　幼虫咬食马铃薯种子和根茎，造成缺苗断垄，而且在结薯期蛀食块茎，被害伤口容易感染镰刀菌和软腐菌，造成烂薯，使马铃薯减产，品质下降。

形态特征

成虫　体长14.2～17.4mm，宽7.2～9.5mm。体中型，较狭长。头面、腹部腹面深栗褐色；唇基、口器、触角、小盾片、鞘翅、臀板及足淡黄褐色；胸部腹面栗褐色，前胸背板两侧及盘区呈3道黄褐纵带，盘区深栗褐色。头部密被粗糙具长毛刻点，额中部常陷下成1短纵沟，头顶后头间有横脊可见。前胸背板较长，密布具长毛刻点，盘区侧方由灰白绒毛构成斜带，四缘有边框。鞘翅狭长，密布长毛刻点，端部略疏，缘榴阔。腹部每腹节被乳白毛带，末腹板光滑。雄虫腹下有明显中纵沟。足较纤弱，中、后足股节后部有粗强刺毛；前足胫节外缘3齿，内缘距发达。雄性外生殖器阳基侧突略呈管状，末端扁。

幼虫　末龄幼虫体长28～32mm，头宽4.3～4.8mm。头部前顶刚毛每侧2根，后顶刚毛每侧1根，额中刚毛每侧2～3根。刺毛列由针状刺毛组成，每列12～13根，前半部彼此平行，毛尖相遇，后半部两刺毛列岔开呈“八”字形；毛列前端不达钩状刚毛群的前缘，约在覆毛区的1/2处。

生活史及习性　在河北坝上地区1～2年发生1代，以幼虫越冬。翌年6月中旬开始化蛹，成虫于7月份羽化，交配后10天开始产卵，卵期约13天，7月中旬开始孵化幼虫，9月上旬进入三龄，于11月中下旬下潜至1m左右深土层越冬。翌春4月底5月初上升至表土层活动为害。少数幼虫翌年不化蛹，继续为害，并以三龄虫态进行第二次越冬，至第三年6月中旬开始化蛹，完成发育。在新疆伊犁山区，2年发生1代，世代重叠，以卵和幼虫越冬。翌年4月上旬越冬卵开始孵化。5月下旬老熟幼虫开始化蛹，6月上旬进入化蛹盛期，6月中旬为成虫羽化期，7月中下旬开始孵化为幼虫，9月上旬进入三龄，以幼虫潜入深土层越冬。翌春3月下旬上升至表土层活动为害。少数幼虫第二年不化蛹，继续为害，并以三龄虫进行第二次越冬，至第三年6月中旬开始化蛹，完成发育。

蛴螬阶段均在地下度过，取食草根及腐殖质，不出土。其在地下活动范围不大，迁移不明显。幼虫老熟后在地表下5～10cm处自制一土室在内化蛹，蛹期约15天。羽化成虫后白天隐藏在土中及草根处不活动，晴天傍晚太阳落山时，雄虫出土活动，寻觅雌虫。通常在距离地面1m内的高度飞行。雌虫则在洞穴附近草丛中释放性激素引诱雄虫，相遇后立即交尾。交尾时间15～30分钟。雌虫交尾后钻入5～10cm土中，5天后开始产卵，产卵量15～40粒，散产。成虫活动期未见有取食现象，其寿命在10～25天，用黑光灯及糖醋液诱集成虫，数量极少。

防治方法

农业防治　通过深耕细耙可以机械杀伤或将害虫翻至地面，使其暴晒而死或被鸟类啄食。秋季收获后，及时捡拾田间杂草和作物秸秆，以减少成虫产卵和幼虫取食。施用腐熟的有机肥，防止招引成虫取食产卵。根据马铃薯生长需要，在幼虫危害期，适时灌溉，可减轻危害。可在田边、沟边等零散空地种蓖麻，毒杀取食的金龟甲，降低成虫基数。

物理防治　利用成虫的趋光性，采用频振式杀虫灯直接诱杀，有效降低虫源基数；利用成虫的假死性，在金龟甲发生期每天黄昏后直接捕杀成虫。

化学防治　常用农药有辛硫磷乳油、喹硫磷油、乐果乳油、敌百虫乳油和敌百虫可溶性粉剂等。

生物防治　利用茶色食虫虻、金龟子黑土蜂、白僵菌等进行防治。

参考文献

银建民，李桂花，1989. 马铃薯鳃金龟中亚亚种生物学特性及防治研究[J]. 昆虫知识，26(4): 212-214.

张泉，乌麻尔别克，艾然提江，等，2007. 伊犁山地草原马铃薯鳃金龟生物学特性初探[J]. 新疆畜牧业(S1): 59-60.

TOLASCH T, SÖLTER S, TÓTH M, et al, 2003. (R)-acetoin-female sex pheromone of the summer chafer *Amphimallon solstitiale* (L.)[J]. Journal of chemical ecology, 29(4): 1045-1050.

（撰稿：徐婧；审稿：张润志）

马尾松长足大蚜　*Cinara formosana* (Takahashi)

一种危害松属植物（尤其是马尾松）的重要害虫。又名松大蚜。英文名 yellowish-brown pine aphid。半翅目（Hemiptera）蚜科（Aphididae）大蚜亚科（Lachninae）长足大蚜属（*Cinara*）。国外分布于韩国、日本、泰国等地区。中国分布于内蒙古、辽宁、吉林、北京、河北、江苏、浙江、安徽、福建、江西、山东、湖北、湖南、广东、广西、重庆、四川、贵州、云南、陕西、甘肃、青海、宁夏、新疆、台湾等地。

寄主　黑松、琉球松、云南松、油松、华山松、樟子松、黄山松、红松、思茅松、长白松（长白赤松）、马尾松等。

危害状　在寄主1～2年生枝条或叶基部取食，导致针叶干枯、脱落，甚至整株枯死；常在枝干和松针上形成大量蜜露，引起煤污病（图2、图3）。

形态特征

无翅孤雌蚜　体卵圆形，体长4.20mm，体宽2.80mm。活体树皮色。玻片标本头部黑色，胸部、腹部稍骨化黄褐色，腹部背片Ⅶ有1个断续斑纹，腹部背片Ⅷ有1个横带分布全节。体表有不规则微瓦纹，斑上有小刺突瓦纹，腹面微有瓦纹。节间斑黑色，大而明显，呈梅花状；胸部背板各有1对较大的节间斑；腹部各节背片中侧有2对节间斑，排成4列；中央2列较小，直径小于气门片；侧域与缘域每节各有1对节间斑，直径均稍小于气门。体背毛短而少。头顶弧形，有头盖缝延伸至头部后缘。触角6节，短细，光滑，全长1.60mm，为体长的41%，节Ⅲ长0.58mm，节Ⅲ有粗刚毛25根，毛长与该节直径约等；节Ⅲ无次生感觉圈，节Ⅳ、Ⅴ分别有1或2，1个小圆形次生感觉圈；原生感觉圈有几丁质环。喙细长，端部超过后足基节，节Ⅳ和节Ⅴ分节明显，节Ⅳ＋Ⅴ长0.37mm，为基宽的3.30倍，为后足跗节Ⅱ的1.10倍；有次生刚毛10根。跗节Ⅰ背宽大于基宽；后足跗节Ⅱ长为节Ⅰ的1.80倍，各足跗节Ⅰ有毛13～15根。腹管位于黑色多毛圆锥体上，有缘突和切迹，端宽0.14mm，为基宽的26%；腹管周围有长刚毛9或10排，140余根。尾片半圆形，被小刺突，有长硬毛36～58根。尾板末端平圆形，有长硬毛45～54根。生殖板骨化，有长毛约40余根（图1）。

有翅孤雌蚜　体卵圆形，体长4.40mm，体宽2.33mm。活体树皮色。玻片标本头部和胸部骨化深褐色，腹部稍骨化黄褐色。腹部背片Ⅷ有1个横带分布全节。体表有微瓦纹。

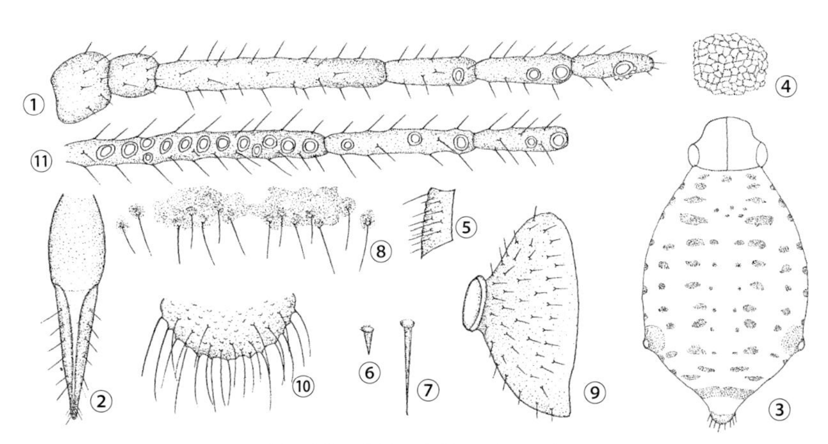

图1　马尾松长足大蚜（钟铁森绘）

无翅孤雌蚜：①触角；②喙节Ⅳ＋Ⅴ；③整体背面观；④体背网纹；⑤后足跗节Ⅰ；⑥腹部背片Ⅰ～Ⅶ背毛；⑦腹部背片Ⅷ背毛；⑧腹部背片Ⅷ；⑨腹管；⑩尾片

有翅孤雌蚜：⑪触角节Ⅲ～Ⅴ

图2 马尾松长足大蚜群聚（党利红、温娟摄）

图3 马尾松长足大蚜危害状（党利红、温娟摄）

节间斑明显，黑褐色，在腹部各节呈行均匀分布。体背毛短而少。头顶弧形，有头盖缝延伸至头后缘。触角6节，短，全长1.78mm，为体长的49%，节Ⅲ长0.72mm，节Ⅰ～Ⅵ有毛：9，7，21，15，16，8+4根，节Ⅵ鞭部顶端有短毛3根；节Ⅲ～Ⅴ次生感觉圈数：10或11，2～4，1个；节Ⅴ和Ⅵ各有1个大型圆形原生感觉圈，有几丁质环。喙细长，喙节Ⅳ+Ⅴ分节明显，节Ⅳ+Ⅴ长0.38mm，为基宽的4.75倍，与后足跗节Ⅱ约等长；节Ⅳ长为节Ⅴ的2.17倍，有次生刚毛6～10根。跗节Ⅰ背宽大于基宽；后足跗节Ⅱ长0.38mm，各足跗节Ⅰ有毛13～15根。腹管位于褐色多毛圆锥体上，有缘突和切迹，端宽0.17mm，为基宽的27%；腹管周围有长刚毛9或10排，150余根。尾片半圆形，被小刺突，有长硬毛40余根（图1）。

生活史及习性 在北方，以卵在松针上越冬，4月上旬卵开始孵化出干母，孵化的一龄若蚜爬行至枝条下面，开始集中在嫩枝上固定刺吸危害，蜕皮4次，历经15天左右发育为无翅成蚜，开始孤雌生殖，虫口迅速增加，若虫、成虫多喜欢聚集在松枝背阴面刺吸危害。6月中旬出现有翅孤雌蚜，聚集的蚜虫开始分散到其他枝干上；9月下旬产生性母，由性母产生具翅雄性蚜和雌性蚜，交配前雌性蚜翅脱落，雄性蚜翅不脱落；交配后雌性蚜多产卵在1年生针叶上，成单排或两排排列，每排7～12粒，平均产卵33粒左右。

防治方法

胶带－药膜防治 利用氧化乐果涂干后，蚜虫通过刺吸韧皮部汁液吸入药液被杀死或者坠落，苏醒的个体沿树干向上爬行，被树干上的胶带环阻隔致死，有的进入胶带环内死亡。

其他方法见松长足大蚜。

参考文献

邵东华，段立清，段景攀，2017. 油松大蚜的种群动态、有效积温及防治[J]. 东北林业大学学报，45(7): 84-88, 93.

张广学，钟铁森，1989. 东北长足大蚜属三新种（同翅目：蚜总科）[J]. 动物分类学报，14(2): 198-204.

（撰稿：姜立云；审稿：乔格侠）

马尾松点尺蠖 *Abraxas flavisinuata* Warren

一种主要取食马尾松、云南松针叶造成危害的食叶害虫。又名松尺蠖。鳞翅目（Lepidoptera）尺蛾科（Geometridae）金星尺蛾属（*Abraxas*）。国外主要分布于日本。中国分布于湖南、贵州、云南等地。

寄主 马尾松、云南松。

危害状 初龄幼虫取食针叶表皮呈缺刻。随着虫龄增加，食量逐渐加大。三龄后能将整根针叶食光。当针叶食尽或有烈日等不良因素时，便吐丝下垂，随风飘荡，借以转移危害。发生严重时可将整棵树的松针食光，致使松树枯死。马尾松点尺蠖对中、幼林都能危害，以幼林受害较普遍而严重。一般纯林比混交林受害重；林分密度小的比密度大的受害重；低平地、山下部的林分比山上部的受害重；林缘比林内受害重。

形态特征

成虫　体长10～15mm，翅展34～46mm。头小，暗红褐色。复眼大，黑褐色。触角丝状，灰褐色。胸部发达，背面略向上隆起，密被橘黄色片状鳞毛。翅白色，具有形状、大小不一的灰褐色斑纹，这些斑纹虽不太规整，但在前翅的外横线处及后翅的中横线和外横线处几乎构成弯曲的阔带，带中有黄色细线。前后翅中室外缘各有一圆形斑纹；顶角处还有1个三角形斑纹；外缘线由7～9个小斑纹组成。前翅基部橘黄色。腹部被橘黄色鳞毛并有纵向排列整齐的褐色斑点7行，以背面中央一行较大。雌蛾腹部比雄蛾粗肥，色泽略深（见图）。

幼虫　一龄时体长2～3mm，黑褐色。二、三龄时体长8～15mm，灰绿色，有不太清晰的黄、红、褐色纵线纹；头部及前胸黄白色，头顶两侧各具1条黑色斑纹。四龄以后体长与体色变化甚大，至老熟时体长达26～30mm，黄绿色，还有许多黑色花纹，头顶两侧的黑斑扩大，单眼区黑色；前胸背面中央有近方形的黑纹1个，胸足黑色；背线、亚背线、气门上线、上腹线皆黑色；气门小，近圆形，深黑色。

生活史及习性　在贵州1年发生1代，以初龄幼虫在松针叶鞘处越冬。翌年2～3月继续取食，3～4月进入危害盛期。幼虫较活泼，有假死性，耐饥力和耐寒力较强，在断食10～12天或-7°C的低温下才陆续出现死亡现象。幼虫期170天左右，共5龄。幼虫老熟后便停止取食并吐丝下垂于枯枝落叶中或钻入湿润疏松的土表约1cm深处，筑蛹室化蛹。预蛹期1～3天，此时各体节缩短，胸部膨大发亮，体呈土黄色。蛹期160～200天。从4月中旬开始至5月上、中旬大量化蛹后，到10月上旬才陆续羽化，10月中、下旬为成虫羽化盛期。成虫寿命5～8天，通常交尾产卵后2～3天即死去。成虫多在气温18°C以上的晴天羽化，一天中以12：00～14：00羽化最多。成虫羽化1～2天后才能飞翔、寻偶、交尾。飞行力较强，烈日中午或气温低于10°C的天气、雨天、夜间皆静伏于林下杂草、灌木叶背上不动，此时易于捕捉。成虫还有假死性和一定的趋光性，趋光性在产卵前较为明显。喜产卵在纯林林缘的松针凹面上，几粒至十几粒成单行排列。每只雌虫产卵32～36粒，多者40粒，少者16粒，卵期20余天。10月下旬幼虫陆续孵出，11月为孵化盛期。幼虫孵化不久便进入越冬阶段。

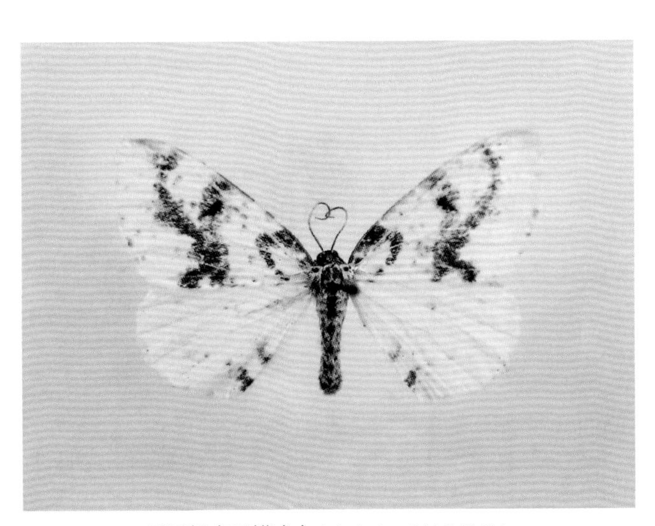

马尾松点尺蠖成虫（袁向群、李怡萍提供）

防治方法

人工捕杀　利用幼虫吐丝下垂和假死习性，以及成虫早晚低温时静伏于林下杂草的习性进行人工捕杀。

化学防治　在三龄幼虫以前利用20%杀灭菊酯油雾剂、速灭灵进行烟雾防治，也可用50%杀螟松乳油1500倍稀释液、50%敌敌畏乳油1000倍稀释液或90%敌百虫原药1000～2000倍稀释液进行喷雾防治。

灯光诱杀　在成虫羽化盛期利用20W黑光灯或高压诱虫灯进行集中诱杀。

生物防治　在适当的天气条件下使用白僵菌或苏云金杆菌进行防治，可收到一定的防治效果。

参考文献

唐廷树，1999. 马尾松点尺蛾的发生及防治[J]. 昆虫知识，36(5): 298-300.

王旭骎，1966. 三种农药对松尺蠖的毒杀效果[J]. 林业实用技术(18): 11-12.

萧刚柔，1992. 中国森林昆虫[M]. 2版. 北京：中国林业出版社.

（撰稿：代鲁鲁；审稿：陈辉）

马尾松角胫象　*Shirahoshizo patruelis* (Voss)

一种主要危害松科植物的蛀干害虫。又名松白星象。鞘翅目（Coleoptera）象虫科（Curculionidae）角胫象属（*Shirahoshizo*）。国外分布于日本、朝鲜。中国分布于浙江、安徽、江西、湖南、上海、江苏、福建、湖北、广西、四川等地。

寄主　马尾松、黄山松、黑松、华山松、湿地松、火炬松、金钱松。

危害状　幼虫钻蛀马尾松等松树衰弱木和伐倒木枝干皮层，形成不规则坑道截断树液流动，使植株枯萎死亡，蛀屑和粪粒充塞其中，木材极易腐朽。

形态特征

成虫　体长4.7～6.8mm，体宽2.1～3.0mm。成虫体色为红褐色或灰褐色。体覆盖着红褐色、白色和灰褐色鳞片。白色鳞片在前胸背板、鞘翅和足集成斑点。头部半球形，散布密的刻点。头管约与前胸等长、弯曲。前胸背板宽大于长，两侧圆弧形，前缘宽约等于后缘的一半。前胸背板两侧各具白斑2个。4个白斑列呈一直线。小盾片圆形。鞘翅被覆红褐色和灰褐色鳞片，中央前、后各具2个由鳞片组成的小白斑。鞘翅长约为宽的1.5倍（图①）。

幼虫　体长7.0～12.0mm，头宽1.6～1.8mm。头部黄褐色，上颚黑褐色。胴体黄白色，略弯曲，疏生黄色细毛。前胸背板淡黄色。中、后胸及腹部各节均具横褶。气门淡黄褐色，胸部气门1对，位于前胸两侧略后方。腹部气门8对，位于第一至八腹节两侧（图②）。

生物学特性　在浙江1年2代，以中龄幼虫在皮层中越

马尾松角胫象（任利利、余金勇摄）

①成虫；②幼虫；③蛹

冬，少数3代，以成虫越冬。2代者，翌年3月中旬幼虫老熟，3月下旬至6月上旬为蛹期。5月中旬越冬成虫开始羽化。5月下旬至7月下旬为第一代幼虫危害期。7月下旬始见第一代成虫羽化。8月上旬出现第二代幼虫，11月底幼虫停止取食，在皮层内越冬。成虫羽化时，头管、前胸背板变成红褐色，鞘翅呈灰黄色，足呈淡红色，腹部黄色。次日均呈红褐色。成虫羽化后，留居蛹室内4～6天后，咬直径为2.0～3.5ml的圆形羽化孔爬出。林间成虫白天大多隐蔽在土表杂草丛中，夜晚开始活动。成虫善爬行，时爬时停。雌雄成虫可多次交配，交配历时5～87分钟不等。成虫略趋光，据室内5～7月饲养，成虫寿命为41～62天。马尾松角胫象幼虫大多在寄主树干基部钻蛀。初孵幼虫十分活泼，初龄幼虫在皮层中弯曲钻蛀，边蛀边将蛀屑和粪粒充塞在坑道内，坑道细而曲折、中龄后，幼虫沿原坑道周围蛀食，至老熟，坑道连成一片成块状。老熟幼虫顺着木纤维的排列方向筑蛹室（图③）。先啮取蛀丝制成一疏松的椭圆形蛀丝团，随后在蛀丝团下的边材上筑长方形的蛹室。幼虫从室底两头，咬制蛀丝，一端连于室底，一端推向室口，两边的蛀丝相互交叉，紧密排列于蛀丝团下，封住蛹室。

防治方法

饵木引诱　在马尾松林缘设置马尾松衰弱木为饵木，引诱马尾松角胫象等聚集产卵。

营林措施　及时清理受害木。

参考文献

陈元清，1991. 中国角胫象属（鞘翅目：象虫科）[J]. 昆虫分类学报，13(3): 211-217.

萧刚柔，李镇宇，2020. 中国森林昆虫[M]. 3版. 北京：中国林业出版社.

赵锦年，应杰，1988. 马尾松角胫象发生规律的初步研究[J]. 森林病虫通讯(4): 4-6, 27.

赵养昌，陈元清，1980. 中国经济昆虫志：第二十册　鞘翅目　象虫科（一）[M]. 北京：科学出版社.

（撰稿：马茁；审稿：张润志）

马尾松毛虫　*Dendrolimus punctatus* (Walker)

一种中国南方发生面积最大的重要松林食叶害虫。又名狗毛虫。英文名Masson pine caterpillar moth。鳞翅目（Lepidoptera）枯叶蛾科（Lasiocampidae）松毛虫属（*Dendrolimus*）。国外见于越南。中国分布于秦岭至淮河以南各地，主要包括广东、广西、福建、江西、浙江、江苏、河南、安徽、湖北、湖南、陕西、湖北、四川、贵州、云南、海南和台湾等地。

寄主　马尾松、黑松、湿地松、油松、火炬松、云南松、南亚松。

危害状　以幼虫群集取食松树针叶，轻者常将松针食光，呈火烧状，重者致使松树生长极度衰弱，容易招引松墨天牛、松纵坑切梢小蠹、松白星象等蛀干害虫的入侵，造成松树大面积死亡（图1）。

形态特征

成虫　体色变化较大，有深褐、黄褐、深灰和灰白等色。体长20～30mm，头小，下唇须突出，复眼黄绿色。雌蛾触角短栉齿状，雄蛾触角羽毛状；雌蛾翅展60～70mm，雄蛾翅展49～53mm。前翅较宽，外缘呈弧形弓出，翅面有5条深棕色横线，中间有一白色圆点，外横线由8个小黑点组成。后翅呈三角形，无斑纹，暗褐色（图2③）。

卵　椭圆形，长约1.5mm，宽约1.1mm。初产时粉红色，近孵化期为紫褐色。在针叶上呈串状排列（图2①）。

幼虫　老熟期体长60～80mm，深灰色，各节背面有橙红色或灰白色的不规则斑纹。背面有暗绿色宽纵带，两侧灰白色，第二、三节背面簇生蓝黑色刚毛，腹面淡黄色（图

图 1　马尾松毛虫危害状（孔祥波提供）

图 2　马尾松毛虫各虫期（①③④张苏芳、②杨忠武提供）
①雌虫和卵；②雄虫；③幼虫；④茧

2③）。

蛹　纺锤形，栗褐或暗红褐色。长 22～37mm。棕褐色，体长 20～30mm。

茧　长椭圆形，长 30～46mm。黄褐色，附有黑色毒毛（图 2④）。

生活史及习性　1 年发生代数因地而异，河南 1 年 2 代、广东 3～4 代、其他地区 2～3 代，以幼虫在针叶丛中或树皮缝隙中越冬。在浙江越冬的幼虫，4 月中旬老熟，每年第一代的发生较为整齐。松毛虫繁殖力强，产卵量大，卵多成块或成串产在未曾受害的幼树针叶上。一、二龄幼虫有群集和受惊吐丝下垂的习性；三龄后受惊扰有弹跳现象；幼虫一般喜食老叶。成虫有趋光性，以 20：00 活动最盛。

成虫、幼虫扩散迁移能力都很强，相邻的山林要注意联防联治。马尾松毛虫易大发生于海拔 100～300m 丘陵地区、阳坡、10 年生左右密度小的马尾松纯林。各种类型混交林均有减轻虫害作用，5 月或 8 月，如果雨天多，湿度大，有利于松毛虫卵的孵化及初孵幼虫的生长发育，有利于大发生。

防治方法

营林措施　营造混交林和封山育林是抑制松毛虫发生的根本技术措施。

性信息素监测与诱杀　利用马尾松毛虫性信息素诱芯结合大船型诱捕器能够有效监测林间马尾松毛虫的种群数量。在低种群密度时可诱杀防控。

物理防治　在成虫羽化始期，黑光灯诱杀成虫，将成虫消灭在产卵之前，可达到预防和除治。

生物防治　在松毛虫卵期释放赤眼蜂，每亩 5 万～10 万头；在幼虫大发生期，可施用苏云金杆菌、芽孢杆菌、白僵菌粉剂和松毛虫质型多角体病毒进行生物防控。

化学防治　尽量选择在低龄幼虫期防治。此时虫口密度小，危害小，且虫的抗药性相对较弱。建议使用高效低毒或环境友好型的化学药剂，如菊酯类农药、灭幼脲、苦参碱等。

参考文献

孔祥波，张真，王鸿斌，等，2006. 枯叶蛾科昆虫性信息素的研究进展 [J]. 林业科学，42(6): 115-123.

刘友樵，1963. 松毛虫属 (*Dendrolimus* Germar) 在中国东部的地理分布概述 [J]. 昆虫学报，12(3): 345-353.

刘友樵，武春生，2006. 中国动物志：第四十七卷　鳞翅目　枯叶蛾科 [M]. 北京：科学出版社.

萧刚柔，彭建文，何介田，等，1992. 马尾松毛虫 *Dendrolimus punctatus* Walker[M]// 萧刚柔. 中国森林昆虫. 2 版. 北京：中国林业出版社.

张永安，萧刚柔，彭建文，等，2020. 马尾松毛虫 [M]// 萧刚柔，李镇宇. 中国森林昆虫. 3 版. 北京：中国林业出版社.

（撰稿：孔祥波；审稿：张真）

麦长管蚜　*Sitobion avenae* (Fabricius)

麦类作物的重要害虫。英文名 English grain aphid。半翅目（Hemiptera）蚜科（Aphididae）蚜亚科（Aphidinae）谷网蚜属（*Sitobion*）。国外广泛分布于亚洲、欧洲、南美洲、北美洲以及非洲多国。在中国，曾经长期与荻草谷网蚜混淆，后经研究发现麦长管蚜仅分布在新疆伊犁等地。

寄主　可危害多种禾本科作物和杂草，亦可在某些灯芯草科和莎草科杂草上生活。

危害状　前期大多在叶正反面取食，后期大都集中在穗部为害。受害后常使麦株生长缓慢，分蘖数减少，穗粒数和千粒重下降（图 1）。

形态特征　无翅孤雌蚜（图 2①）长卵形，体长 2.4mm，体宽 1.02mm。活体草绿色至橙红色，玻片标本淡色，触角第三节、足胫节端半部、腹管黑色；尾片色淡。中额隆起，外倾。触角第三节基半部有小圆次生感觉圈 8 或 9 个，毛长为该节直径的 1/3～1/2。喙不达或刚达中足基节，第四和五节长为基宽的 1.75 倍，原生毛 2 对，次生毛 1 或 2 对。后足第二跗节为喙节第四和五节的 1.3 倍。腹管长圆筒形，为体长的 16%，为尾片的 14%，为基宽的 6.9 倍；端部 1/3 有网纹。尾片长锥形，近基部 2/5 处收缩，长为基宽的 1.76 倍，有毛 9 根。尾板半圆形，有毛 8 根。

生活史及习性 麦长管蚜生活周期可分为不全周期型和全周期型。不全周期型全年营孤雌生殖，不发生有性蚜世代，在麦田杂草或自生麦苗中越冬；全周期型出现有性世代，以卵越冬，翌年春季孵化危害小麦。

图 1 麦长管蚜危害状（吴楚提供）

①麦田危害状；②麦穗危害状

发生规律

气候条件 麦长管蚜最适繁殖温度为 20°C，最适湿度为 65%～80%，麦长管蚜发生消长也受风雨因素的调控。

寄主植物 麦长管蚜的主要寄主为小麦，亦可危害其他禾本科作物。由于不同作物品种具有特异性的物理或生化特性，麦长管蚜的适合度也存在着差异。

天敌 麦长管蚜具有多种瓢虫科、食蚜蝇科、草蛉科、蚜茧蜂科的捕食性和寄生性天敌。

防治方法

物理防治 麦长管蚜具有趋黄的特性，可以在其发生初期布置黄板进行诱杀。每亩田块可布置 15～30 块黄板，设定黄板高度高于小麦 20～30cm。当黄板粘虫面积超过 60% 时，需及时更换。

生物防治 麦长管蚜天敌资源丰富，要充分发挥田间天敌种群对麦长管蚜的控制能力。当益害比例大于 1∶120 时，天敌控蚜效果较好；当该比例大于 1∶150 时，若天敌数量呈显著上升趋势，也可暂不用化学防治。

化学防治 常用药剂有 25% 吡虫啉可湿性粉剂 3000 倍液、50% 抗蚜威可湿性粉剂 3500 倍液、2.5% 三氟氯氰菊酯 300～450ml/hm^2。也可以选择植物源杀虫剂，如 0.2% 苦参碱水剂 150g/ 亩、30% 增效盐碱乳油 20g/ 亩、10% 皂素烟碱 1000 倍液。抗生素类杀虫剂，如 1.8% 阿维菌素乳油 2000 倍液。开展化学防治时，要尽可能避免长期施药，以利于田间天敌种群的保护和恢复。

参考文献

陈巨莲, 2014. 小麦蚜虫及其防治 [M]. 北京 : 金盾出版社 .

姜立云, 乔格侠, 张广学, 等, 2011. 东北农林蚜虫志 [M]. 北京 : 科学出版社 .

张广学, 1999. 西北农林蚜虫志 : 昆虫纲　同翅目　蚜虫类 [M]. 北京 : 中国环境科学出版社 .

中国农业科学院植物保护研究所, 中国植物保护学会, 2015. 中国农作物病虫害 : 上册 [M]. 3 版 . 北京 : 中国农业出版社 .

（撰稿：李彤；审稿：乔格侠）

图 2 麦长管蚜（吴楚提供）

①无翅孤雌蚜；②③有翅蚜

麦地种蝇 *Delia coarctata* (Fallén)

主要以幼虫危害的麦类害虫。又名麦种蝇、瘦腹种蝇、冬作种蝇。双翅目（Diptera）花蝇科（Anthomyiidae）地种蝇属（*Delia*）。该虫在欧洲已有上百年研究史，中国1965年始见范滋德先生关于其分布和成虫形态的描述报道，1972年刘育鉅等发现麦地种蝇危害死苗，20世纪80年代初在甘肃清水、庆阳、天水等陇东、陇南（部分）、宁夏南部山区冬小麦、黑麦苗上常发生为害，此后陕西、青海和内蒙古满洲里、山西长治、新疆和靖地等相继发生。

寄主 主要为小麦、大麦、燕麦等。

危害状 主要以幼虫蛀入麦类茎基部，取食心叶导致青枯后黄枯死苗，小麦受害株率为10%～30%，造成田间"斑秃状"缺苗，严重田块受害株率高达50%，造成插空补种或翻耕改种，直接影响中国西北冬麦区小麦的生产。

形态特征

成虫 雌虫体长5～6.5mm，呈灰黄色。额宽与眼宽相等或宽于眼宽；复眼间距宽为头部的1/3。胸、腹部灰色，足的腿节、跗节黑褐色，胫节黄色；腹部较雄虫粗大，略呈卵形，腹后端尖。雄虫体长6～7mm，暗黑色。头部银灰色，间额狭窄近相接，额条黑色；复眼暗褐色，在单眼三角区的前处。触角黑色，其第三节长为第二节的2倍，触角芒长于触角。胸部灰色，其背面中央有3条褐色纵纹；翅略显暗色，光下泛红绿色荧光，前缘密生微刺；平衡棒黄色。腹部灰黄色，扁平而狭长细瘦，较胸部色深。足黑色，跗节黑色（见图）。

卵 长1～1.2mm，长椭圆形，一端尖削，另一端较平。初产乳白色，后至浅黄白色，具细小纵纹。

幼虫 体长8～9mm，蛆状。乳白色且有光泽，老熟时略带黄褐色。头部极小，气门黄褐色，口钩黑色。尾部截断状，具6对乳状突起，第五、六对乳突明显肥大，第六对呈双叉状。

蛹 围蛹，纺锤形，长6mm左右，宽1.5～2mm。初为淡黄色，后变黄褐色，两端稍带黑色，羽化前黑褐色，稍扁平，蛹壳上有幼虫气门和尾端突起痕迹。

生活史及习性 在甘肃庆阳地区，麦种蝇1年发生1代，以卵在土内越冬。卵期长达190～200天。翌年3月上旬小麦返青后，越冬卵开始孵化，3月中下旬达到孵化高峰。初孵幼虫经短距离爬行至植株茎秆、叶及地面上，在麦茎基部蛀入麦苗分蘖节，头部向上取食生长点部位的幼嫩组织，蛀食茎部出现黄褐色坏死，蛀食后其心叶呈锯齿状，心叶青枯致死，枯心极易被拔出，与其他为害症状易于区分。幼虫转株危害的麦苗数为3.5～5株，也有无转株习性的报道。3月中旬至4月上旬为幼虫为害盛期，危害期长达30～40天，其田间分布基本上符合负二项分布和奈曼A型分布，幼虫聚集多为昆虫自身习性（雌虫集中产卵、幼虫活动能力弱）和环境因素（土壤水肥条件、麦苗生长状况等）协同作用，导致麦田枯心苗点片发生。4月中旬老熟幼虫爬出茎外，钻入小麦根际6～9cm深的土层中化蛹；4月下旬至5月上旬为化蛹盛期，蛹期21～30天；6月初蛹陆续羽化为成虫。时值小麦近成熟期，成虫即迁入秋作苜蓿、牧草上寻觅花蜜。成虫有趋光性，多在7：00～10：00、16：00～17：00活动，阴天中午亦可见；秋季则在中午最活跃，喜枝叶繁茂、地面覆盖物多的高湿环境。9月上旬小麦播种前后则开始产卵，卵分次产在土壤缝隙2～3cm深处，单雌产卵量9～48粒，产卵后成虫很快死去，10月全部死亡。

麦地种蝇成虫（李克斌提供）

防治方法

农业防治 ①精细耕作。麦地种蝇发生密度大的田块，有条件的可进行播种前深翻整地，耙平松散土块，一来可降低表土层湿度，恶化产卵或发育条件；二可借播种翻地时的机械作业破伤越冬卵，降低虫口基数。②错期播种。适当延后小麦播种期至9月中下旬，可错过麦地种蝇的产卵期。西北地区应在白露播种，不得早播。③平衡施肥。推荐施用充分腐熟的有机肥。麦地种蝇成虫有趋粪趋腐习性，施用未腐熟的有机粪肥或生粪易引诱大量成虫产卵，从而加重为害。④诱集带集中灭杀。利用冬小麦收获后大部分成虫迁移的习性，可在田间插花点种小块留种萝卜、葱等，待其成虫采食花蜜时集中喷施杀虫剂。但注意保护蜜源昆虫和天敌寄生蜂。

物理防治 ①黑光灯诱杀。当麦地种蝇从羽化地迁出时，可利用其成虫的趋光习性，有条件的地区田间可架设黑光灯进行诱杀。②黏板诱杀。麦地种蝇成虫日间活动、交尾期成群追逐主要集中于穗部。可在田间挂放一定数量的黄色黏虫板，挂放高度可与植株等高。

化学防治 ①撒施毒土。每亩用40%辛硫磷乳油200～250ml，配制成5倍稀释液喷拌在20kg左右细砂土上，混拌均匀后随种撒施；或每亩用3%辛硫磷颗粒剂6000～8000g随种穴施，对种子发芽、出苗安全。②拌闷种子处理。用40%辛硫磷乳油1份、水50份、干种子1000份进行闷拌处理。拌种方法是先根据种子用量，按上述比例确定用药量，加水稀释后均匀地喷拌在种子上，晾干播种。③药剂喷雾。成虫羽化后长时间在麦田活动，可喷施菊酯类杀虫剂防治。发生期可喷洒3%啶虫脒乳油1500～2000倍液或50%敌敌畏乳油800倍液，每亩喷施药液量75L。

参考文献

刘建平，姜双林，2001. 麦地种蝇的发生规律及防治技术[J]. 农业科技通讯(10): 32.

吴文成，李书豪，吴凤莲，1981. 麦地种蝇[J]. 农业科技通讯 (9): 28.

魏鸿钧，张治良，王荫长，1989. 中国地下害虫 [M]. 上海：上海科学技术出版社.

（撰稿：席景会；审稿：李克斌）

麦蛾 *Sitotroga cerealella* (Olivier)

一种重要的钻蛀性储粮害虫，也可在田间为害。又名麦蝴蝶、飞蛾。该虫于1736年首先在法国Angoumois省的小麦产区发现，其英文名Angoumois grain moth由此而得。鳞翅目（Lepidoptera）麦蛾总科（Gelechiodea）麦蛾科（Gelechiidae）麦蛾属（*Sitotroga*）。麦蛾是世界性害虫，全世界均有分布。中国除西藏、新疆外，各地均有发生，尤以长江以南各地发生普遍，危害较严重。

寄主 以幼虫在小麦、稻谷、玉米、大麦、裸麦、燕麦、荞麦、大米、高粱等多种禾本科作物和杂草种子内食害，还可危害豆类等储藏物。其中以小麦、稻谷、玉米受害最重。

危害状 幼虫在粮粒内生活，钻蛀式为害，先取食粮粒胚部，严重影响种子的发芽，然后将粮粒蛀食成空壳，被害稻麦种子的重量损失为56%～75%。麦蛾主要集中于粮食表层危害，容易造成粮食发热霉变，受害的粮粒会产生碎屑粉末，可造成后期性害虫的继续危害（图1）。

图1 麦蛾危害状（董晨晖提供）

①玉米受害状；②成虫羽化孔

形态特征

成虫 体长4～6.5mm，翅展8～16mm。体灰黄色或黄褐色。头顶无丛毛；复眼圆形，黑色；下唇须3节，向上弯曲越过头顶。前翅竹叶形，黄褐色，翅端较尖，色较深，R_4、R_5与M_1共柄，A脉基部分叉；后翅菜刀形，银灰色，外缘凹入，翅尖极突出，$Sc+R_1$与Rs始终分离，Rs终于顶角，Rs与M_1共柄。前后翅均有较长缘毛，后翅缘毛甚长，约与翅面等宽。雌虫体较雄虫肥大，雌虫腹部末端鳞毛平齐，雄虫腹部末端鳞毛向内弯曲（图2①②⑥）。

卵 长0.5mm。椭圆形，扁平，一端较细且平截，表面具纵横凸凹条纹。初产卵粒为乳白色，后变为淡红色，孵化前为深红色（图2③）。

幼虫 体长5～8mm。共5龄，初孵幼虫浅红色，头部与胸部等宽；二龄后体色逐渐变为乳黄色，老熟幼虫头部小，胸部肥大，向后逐渐细小；胸足发达，腹足退化为肉突状；雄性腹部第五节背面有一对黑褐色斑（图2④）。

蛹 体长5～7mm。初化蛹时体黄褐色，之后蛹体颜色逐渐加深，成虫羽化前为黑褐色。翅狭长，伸至第六腹节。腹末圆，背面中央有一深褐色角刺，两侧各有1褐色角状突起。雌蛹体较雄蛹体大，雄蛹第四至五腹节背面有1黑褐色斑，成虫羽化前，黑褐色斑消失（图2⑤）。

生活史及习性 麦蛾在温暖地区1年发生4～6代，寒冷地区1年发生2～3代，炎热地区或适宜的仓库环境中1年可发生10余代。如在黑龙江1年发生2代，在河北、山西、内蒙古1年发生3代，在陕西1年发生4～5代，在浙江1年发生6代，在江西、湖南1年发生6～7代，在昆明1年发生5代。以老熟幼虫在粮粒内越冬，极少数以低龄幼虫及蛹在粮粒内越冬。翌年4～5月越冬成虫羽化，在昆明越冬成虫4月中旬羽化，羽化时用头顶破蛹壳及粮粒表面的羽化孔薄膜钻出粮粒，在粮堆表面作短距离飞翔或跳跃活动。在26°C，相对湿度为75%条件下，羽化后24小时开始交尾，交尾后24小时开始产卵，产卵期为5天，平均单雌产卵量为133.67粒。成虫多在粮堆表面产卵，粮堆表层20cm内的卵粒数占总卵粒数的88%，7cm以内粮粒的卵粒数约占55.8%。麦蛾的卵产于小麦种子的腹沟内或稻谷的护颖内或玉米的胚处，在玉米棒上，卵产于玉米籽粒间的缝隙处或玉米苞叶上，散产或聚产，多数粒至数十粒聚产。麦蛾还可飞到田间于玉米、小麦、谷穗上产卵繁殖，蛀入粮粒食害，在粮粒内化蛹，并随同收获的粮粒带入仓库，成为新收获粮食的虫源。幼虫孵出后，一般从种子的胚部蛀入，被害粮粒大多被蛀食成空壳，老熟幼虫先在粮粒一端咬一个圆形羽化孔，孔口留有一层薄膜，然后在粮粒内结薄茧化蛹。成虫飞行能力不强。在26°C，相对湿度为75%条件下，用玉米粒饲养，麦蛾卵期平均7天，幼虫期平均32.5天，蛹期平均5.1天。

防治方法 可根据麦蛾的生活习性，结合仓库管理因地制宜采取下列措施防控危害。

暴晒 新收获的粮粒，采用日光暴晒，趁热入仓、密闭

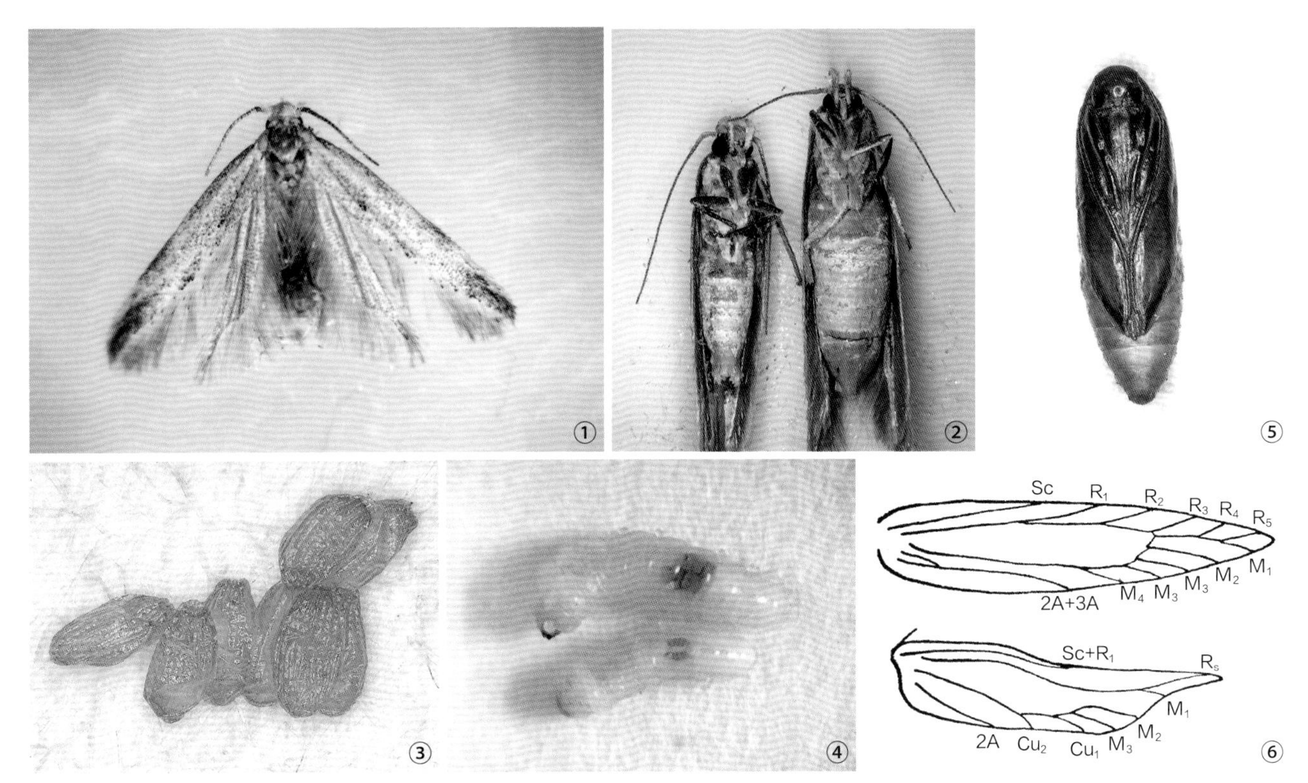

图 2 麦蛾（①～⑤董晨晖提供；⑥陈启宗，黄建国（1985））

①②成虫；③卵；④幼虫；⑤蛹；⑥麦蛾的前后翅翅脉

贮藏，可杀死麦蛾卵、幼虫和蛹。

盖顶　仓库内将贮粮表面压盖木板、干沙等物料或异种粮，密封麦秸垛、稻草垛，使成虫羽化后不能穿过压盖层完成交配产卵而死于压盖层下。

移顶　在成虫羽化前，移除受害粮堆顶层 20～30cm 粮面的粮粒，集中处理防治麦蛾，移顶后应做好防止麦蛾再度感染的工作。

诱杀　在仓库内采用麦蛾性诱剂、黑光灯或稻草束等诱杀成虫。

低温　温度是储粮生态系统中重要的生态因子，15°C 以下，麦蛾的生长发育缓慢，幼虫在 −17°C下经过 25 小时即死亡。低温条件更利于粮食的安全储藏。

气调　通过改变储藏环境中的气体成分，防治害虫、霉菌和延缓粮食品质劣变。可向密闭性良好的粮仓充入二氧化碳或氮气达到除虫的效果。

化防　采用熏蒸剂、保护剂等化学药剂处理可有效防治麦蛾。

参考文献

陈启宗，黄建国，1985. 仓库昆虫图册 [M]. 北京：科学出版社：34.

陈耀溪，1984. 仓库害虫 [M]. 增订本. 北京：农业出版社：347-350.

程伟霞，丁伟，赵志模，2001. 气调 (CA) 对储藏物害虫的作用机制 [J]. 昆虫知识，38(5): 330-333.

董晨晖，黄钰森，陈国华，等，2015. 麦蛾防治研究进展 [J]. 粮食储藏，44(3): 1-8.

范京安，1999. 麦蛾实验种群生态学研究 [J]. 粮食储藏，28(6): 22-24.

李隆术，朱文炳，2009. 储藏物昆虫学 [M]. 重庆：重庆出版社：195-197.

沈祥林，1985. 贮粮害虫防治基础知识讲座（七）[J]. 河南工业大学学报 (1): 71-74, 16.

汪全勇，1991. 麦蛾危害特性及防治研究 [J]. 武汉粮食工业学院学报 (1): 61-64.

张祯祥，陈勇，1957. 麦蛾生活习性初步观察 [J]. 昆虫知识 (6): 256-262.

中国农业百科全书总编辑委员会昆虫卷编辑委员会，中国农业百科全书编辑部，1990. 中国农业百科全书：昆虫卷 [M]. 北京：农业出版社：252.

朱邦雄，刘国述，刘荣，等，2005. 应用紫外高压诱杀灯防治储粮害虫 [J]. 粮食储藏，34(3): 7-13.

（撰稿：陈国华；审稿：张生芳）

麦秆蝇　*Meromyza saltatrix* (Linnaeus)

麦类作物的重要害虫之一。又名黄麦秆蝇、麦钻心虫、麦蛆。英文名 barley stem maggot。双翅目（Diptera）短角亚目（Brachycera）秆蝇科（Chloropidae）麦秆蝇属（*Meromyza*）。国外分布于欧洲及蒙古等地。中国分布于内蒙古、河北、山西、陕西、甘肃、浙江、安徽、宁夏、青海、新疆、山东等地。

寄主　小麦等禾本科作物、牧草和杂草。

危害状　麦秆蝇幼虫孵化后，从叶鞘或节间或心叶的缝隙钻入，在幼嫩的心叶或穗节基部1/4或1/5处螺旋状向下蛀食幼嫩组织。分蘖拔节期形成枯心苗，孕穗初期形成烂穗，孕穗末期形成坏穗，抽穗期形成白穗。

形态特征

成虫　雄虫体长3.0～3.5mm，雌虫3.7～4.5mm，体黄绿色，有青绿色光泽。翅透明，翅脉黄色。胸部背面有3条纵线，越冬代成虫胸背纵线为深褐色至黑色，其他世代为黄棕色。

卵　白色，长约1mm，长椭圆形，两端较长，表面有十多条纵形脊纹。

幼虫　老熟幼虫体长6～6.5mm，细长蛆状，淡黄绿色，口钩黑色。前气门分支和气门小孔数6～9个。

蛹　围蛹体长4.3～5.3mm，初期色淡，后期黄绿色，透过蛹壳可见复眼。胸部纵线和下颚端部黑色（图4）。

生活史及习性　中国北方地区1年发生3代，以老熟幼虫在麦苗心叶处越冬，翌年3月为化蛹盛期，4月成虫羽化，在拔节的小麦上产卵。5月为一代幼虫为害盛期，6月上中旬二代成虫羽化后在杂草上产卵取食为害。三代成虫产卵于秋播麦苗上，冬暖日幼虫活动取食小麦。

成虫夜间栖息在叶背面，白天晴日10：00大量活动交尾。中午潜伏在植株下部，14：00重新活动，17：00～18：00雌虫产卵最盛。微风活动较强，4级以上的风速活动明显减弱。

成虫主要产卵于叶片上，以靠近叶片基部的叶面最多，拔节和孕穗是为害的关键期。抽穗后幼虫很难钻蛀茎秆。早熟品种比晚熟品种受害轻。成虫不喜欢阴暗和通风差的环境，所以密植田麦株着卵少，受害轻，生长稀疏的小麦受害重。

防治方法

农业防治　深翻土地，精细耕作，适当早播，合理密植。选育抗性品种。

化学防治　在越冬代成虫盛发期扫网200次，平均每网0.5～1头成虫时即可进行化学防治。有机磷和菊酯类杀虫剂均可用于喷雾防治。

参考文献

安淑文，2004. 中国秆蝇亚科分类初步研究（双翅目：秆蝇科）[D]. 北京：中国农业大学.

刘积芝，1987. 瑞典麦秆蝇的生物学研究[J]. 山东农业科学(3): 17-21.

王绍忠，田云峰，郭天财，等，2010. 河南小麦栽培学[M]. 北京：中国农业科学技术出版社.

（撰稿：武予清；审稿：乔格侠）

麦黑潜蝇　*Agromyza cinerascens* Macquart

危害麦类等禾本科植物的双翅目昆虫。又名麦叶灰潜蝇、小麦黑潜蝇、细茎潜蝇、日本麦潜蝇。英文名wheat leaf-mining fly。双翅目（Diptera）潜蝇科（Agromyzidae）潜蝇亚科（Agromyzinae）潜蝇属（*Agromyza*）。国外分布于欧洲国家，以及日本。中国分布于河北、江苏、山东、湖北、陕西、甘肃、宁夏等地。

寄主　小麦、大麦、燕麦、黑麦属、鸭茅、粟草等禾本科植物。

危害状　幼虫潜食小麦叶肉，潜痕细长（见图）。

形态特征

成虫　体长2～3mm。触角第三节黑褐色，间额黄褐色，头顶、侧额及后框黑色。复眼红褐色，复眼周缘黑色。胸腹部黑灰色。足黑色，跗节暗褐色，腿节末端及胫节基部淡褐色。前翅翅瓣、腋瓣及平衡棒白色，Sc脉与R_1脉在抵达翅前缘脉以前联合。雌虫产卵器肛尾叶狭长，末端有由4根毛组成的毛簇，第四腹节背板有1对刚毛。导卵片长三角形，边缘有37个细锯齿。受精囊球形。雄虫阳茎特长，第四腹节背板顶端尖突，侧尾叶有稀疏的长刺，肛尾叶有27个小刺，射精囊小骨长大于宽。

卵　长椭圆形，长0.5mm，宽0.23mm。初产时淡黄白色，后转为乳黄色。

幼虫　老熟幼虫淡黄白色，各节前缘有15～17排淡褐色细刺。前气门和后气门各1对。幼虫分3龄：一龄体长0.6～0.7mm，宽0.3mm，口钩淡褐色，单齿，咽骨腹角、背角明显发达，无分支，前胸气门边缘仅有突起，后气门有2个椭圆形气门裂。二龄体长1.5～2.0mm，宽0.5～0.6mm，口钩共2齿，端齿褐色，第二齿及口钩基部黑褐色，口钩背面有1明显突起，咽骨背角明显分支，前气门有7～8个孔突，后气门有3个椭圆形气门裂。三龄体长2.5～4.5mm，宽0.8～1.0mm，口钩2齿，黑褐色，第一齿长大，向前方伸出，第二齿较短，向下后方略勾，口钩背面有突起，前气门有13个孔突，后气门有3个弯曲的气门裂。

蛹　圆筒形，长1.8～2.5mm，宽0.9～1.2mm，淡褐色。前后气门各1对。体表平滑，节间不明显缢缩。

生活史及习性　1年发生1代，5月至翌年2月以蛹在土中过夏越冬，每年2月底至3月上、中旬羽化为成虫。成虫活动盛期在3月下旬到4月上旬，产卵盛期在3月下旬到4月中旬初，卵孵盛期在4月中旬。幼虫危害盛期在4月中旬，

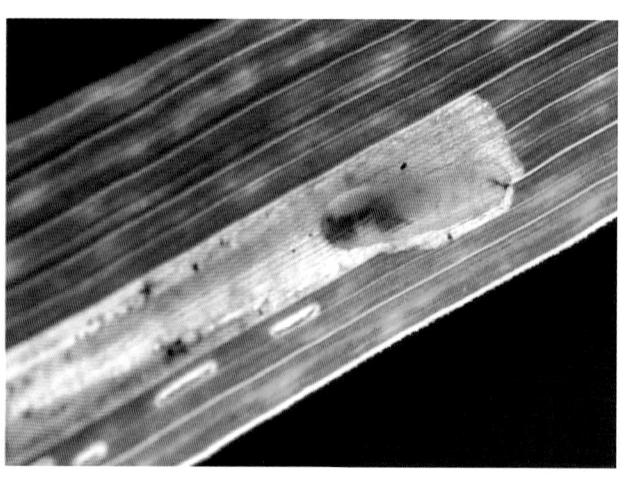

麦黑潜蝇幼虫危害状（武予清提供）

后期到4月下旬，老熟幼虫于4月下旬化蛹滞育。

雄虫寿命12～24天，平均16.8天；雌虫寿命22～46天，平均33.2天。产卵前期8～20天，平均153天，单个雌虫产卵历时10～29天，平均19天。单雌产卵量11～117粒，平均51.2粒。田间卵历期5～24天，平均11.7天。卵发育起点温度6.66±0.4°C，有效积温55.35±4.14°C。幼虫历期8～15天，平均11天。幼虫发育起点温度5.55±0.79°C，有效积温101.67±8.5°C。

成虫交配、取食、产卵活动均在白天，夜间栖息于麦株中下部或土隙中，活动高峰一般在l4：00～17：00。交配时间在9：00～17：00，以10：00～11：00和15：00～16：00为最多。交配历时一般35～40分钟。成虫活动的日节律常受温度、风速影响，低温、阴雨和大风天气成虫活动少，产卵量也下降。雌成虫羽化2天后开始摄取营养。取食时，以产卵器刮破麦叶表皮，一般刮动33～45次，历时55～85秒，然后立即退缩舔食汁液，如此反复摄食，在麦叶上形成椭圆形透明点线状刮伤痕，沿叶脉方向排成纵行。在成虫密度高时，刮伤痕布满叶面。雌虫产卵时，头部向上，用足抱住麦叶尖端的两缘以腹部末端刮破表皮，产卵于麦叶组织内，产卵后迅即退缩舔食。卵单粒散产，一般单叶落卵1～2粒，最多11粒。落卵多接近叶尖，距叶尖最近的仅0.15cm，最远的不过2cm，一般0.4～0.5cm。通常麦叶较阔者落卵距叶尖较近。

卵在麦株上多集中于上部3个叶片，但在不同品种间存在显著差异：麦叶挺直的倒一至三叶较多，以倒二叶上最多；麦叶披垂的品种，多分布于倒一至二叶。

田间卵量以生长嫩绿的麦田为多，田边、畦边卵量多于田中间。幼虫孵化后即在表皮下潜食叶肉，全部由叶尖向基部潜食形成锈褐色虫道。在平均温度13.5°C的情况下，幼虫期13天：一龄4天，潜食虫道长度平均4.6mm；二龄4天，潜食虫道长度平均13.3mm；三龄历期5天，进入暴食期，形成大型虫泡。幼虫潜食的虫道长度与幼虫日龄间相关极显著。同一麦叶中有多个幼虫为害时，虫泡常合并，几头幼虫同时向麦叶基部潜食致麦叶被潜食一空。剑叶被潜食空后将造成5%左右的产量损失。幼虫一生都在麦叶中潜食，不转移为害，老熟后即刮破表皮钻出麦叶，入土化蛹。入土深度多在5cm以内。

防治方法

防治时间应掌握在三龄以前，一般可在二龄盛期用药。在卵孵高峰后5～7天用药效果最佳。常规杀虫剂如有机磷类、拟除虫菊酯类、阿维菌素等，对幼虫都有良好的杀灭效果。

参考文献

陈小琳，汪兴鉴，2001. 世界潜蝇属害虫名录及分类鉴定[J]. 植物保护，27(1): 36-40.

雷宗仁，郭予元，李世访，2014. 中国主要农作物有害生物名录[M]. 北京：中国农业科学技术出版.

张治，张建明，1988. 麦叶灰潜蝇生物学及其防治方法[J]. 昆虫知识，25(5): 261-263.

（撰稿：武予清；审稿：乔格侠）

麦红吸浆虫 *Sitodiplosis mosellana* (Géhin)

北半球小麦主产区的重要害虫。英文名orange wheat blossom midge。双翅目（Diptera）瘿蚊科（Cecidomyiidae）禾谷瘿蚊属（*Sitodiplosis*）。国外分布于欧洲、美国和加拿大。中国20世纪50年代主要分布于河南、安徽、山西、陕西、甘肃、宁夏、青海、湖北、江苏、浙江、江西、四川，在贵州、湖南和福建有零星分布；20世纪80年代中期以来，主要分布于北京、天津、河北、山西、山东、河南、江苏、安徽、湖北、陕西、甘肃、宁夏和青海。

寄主 普通小麦、硬粒小麦、黑麦、大麦、节节麦、青稞、鹅观草，也偶尔危害燕麦和雀麦。在田间种植的情况下，小麦属17个种均可成为麦红吸浆虫的寄主。

危害状 其幼虫潜伏在颖壳内吸食正在灌浆的汁液，造成麦粒瘪疮、空壳或霉烂而减产，一般减产10%～20%，重者减产30%～50%，甚至颗粒无收。

形态特征

成虫 雌成虫体微小纤细，似蚊子，体色橙黄，全身被有细毛，体长2～2.5mm，翅展约5mm。头部下口式，折转覆在前胸下面，复眼黑色，没有单眼。触角细长，念珠状共14节；胸部前小后大。足细长。前翅阔卵圆形，后翅退化成平衡棍。腹部9节，近纺锤形，第八、九两节之间有产卵管，全部伸出时约为腹长的一半（图1）。

雄成虫体型稍小，长约2mm，翅展约4mm。触角远长于雌虫，念珠状，26节。腹部较雌虫为细，末端略向上弯曲，具外生殖器或交配器，其两侧有抱握器1对，末端生尖锐黄褐色的钩，器面生长毛，中间有阳具。

卵 长圆形，一端较钝，长0.09mm左右，宽0.35mm，淡红色，透明，表面光滑。卵初产出时为淡红色，快孵化时变为红色。

幼虫 老熟幼虫体长2.5～3mm，椭圆形，前端稍尖，腹部粗大，后端较钝，橙黄色。头1节，胸3节，腹9节，无足；头分为两部分，前部短小，后部较大。没有单眼和复眼，头部的背面与腹面剑状胸骨片相对稍偏前处有黑色眼点。在第一胸节的腹面，二龄可见“Y”形剑骨片。口器周围肌肉发达，着生锐刺5对，第一对叉状，位于口的上方，第二对钩状，第三、四、五对尖直，分列两侧。另有叉状刺3对，位于前口刺外缘的后方（图3）。

蛹 体赤褐色，长2mm，前端略大。头部有短的感觉毛，头的后面前胸处有1对长毛状黑褐色呼吸管（图2）。

圆茧 幼虫入土3天后形成。囊包圆形，黄泥浆色，似粗砂粒，呈豌豆状。幼虫至化蛹前还会结成一种长形茧居其中化蛹。

生活史及习性 一般是1年1代，也可多年1代，圆茧在土壤中越夏和越冬，最长可存活12年。圆茧需要感受冬季10°C以下120天，或者4°C以下105天的低温才能打破滞育，翌年春天土壤温度上升到9.8±1.1°C，开始破茧上移，12°C以上，开始在土表化蛹；土温达到15°C以上，正值小麦露脸抽穗，蛹开始羽化为成虫，至土温20°C以上，成虫盛发。

成虫出土1天即进行交配，并在麦穗上产卵，卵一般

图 1 麦红吸浆虫成虫

（武予清提供）

图 2 麦红吸浆虫蛹

（武予清提供）

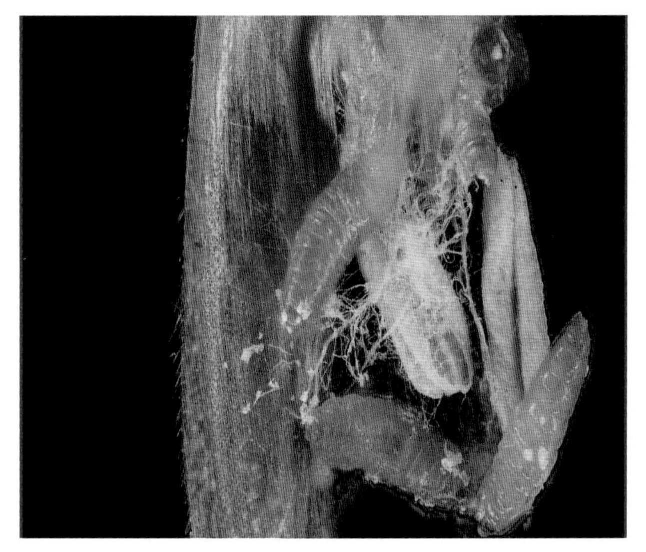

图 3 麦红吸浆虫幼虫（武予清提供）

散产于护颖内侧和外颖背面上方，产卵活动一般在傍晚进行，少则 1～2 粒或 3～5 粒，多的 20～30 粒。每雌虫可产 30～60 粒，最多的可达到 90 粒。

卵经过 4～5 天孵化，幼虫随即爬到外颖基部，由内外颖缝合处折转进入颖壳，附于子房或刚坐仁的麦粒上，以口器锉破麦粒表皮吸食流出的浆液，经过 15～20 天发育成老熟幼虫，至小麦成熟前遇到足够的湿度，幼虫爬到颖壳外或者麦芒上，随雨水露滴弹入土表；初入土的幼虫大约 3 天后结圆茧，也有结成长茧的现象。圆茧一般在 10cm 的土壤深度越冬。幼虫在纯水中或小麦颖壳干旱的条件下可存活 10 个月。圆茧过冷却点可达 -28.50°C。

幼虫对小麦的危害程度取决于入侵麦穗时间，成虫发生期与抽穗期相逢，小麦受害最重。小麦扬花后成虫产卵于麦穗上，小麦受害减轻。

成虫一般在每天的早、晚羽化，白日畏强光和高温，在早晨和傍晚飞行活跃，风雨天气或晴天中午在麦株下阴凉处休息，夜间对紫外光和偏振光有强烈趋性。雄虫多在麦株下部活动，雌虫常在高于麦株 10cm 处飞行，晚上甚至可随气流上升到 70m 以上的高空，随气流进行远距离扩散。成虫产卵期 3～5 天，不取食，寿命 3～7 天。成虫陆续发生时间最长可达 1 个月，一般年份是 1 个羽化高峰，在高空系留气球上捕捉到的成虫有 2 个高峰，具有迁出和迁入的特征。

发生规律

气候因素　雨水和湿度是左右吸浆虫发生程度的主导因素之一。小麦吸浆虫对温度和湿度敏感。羽化前需要高湿度（如 4 月上中旬雨日雨量），如不能满足则不再化蛹，而是重新下蛰结茧直到翌年再进行活动。

与 1950 年代相比，2010 年发生北界北移了 4 个纬度，华北北部成为麦红吸浆虫的主要发生区，而这些地区在 1950 年代并无吸浆虫发生的报道。50 多年间华北北部冬春平均气温大幅度上升，麦红吸浆虫的发育进度加快，羽化期大幅度提前，能够与小麦抽穗期相遇，成为吸浆虫新的适生区。春季温度达到 6.8°C时，麦红吸浆虫就会发生。

寄主植物　豫西洛河沿岸林地中，有大量的纤毛鹅观草被麦红吸浆虫侵染，可能是麦红吸浆虫的重要庇护所。同时，华北麦田杂草节节麦的侵染率也较高，可能是吸浆虫随杂草传播的扩散途径之一

农田生态条件　华北平原麦区基本具备了灌溉条件，使得土壤湿度满足了麦红吸浆虫发生的需要。河北栾城土筛检出的幼虫数量依次为秸秆还田免耕田 > 秸秆站立免耕田 > 秸秆还田旋耕田，表明免耕有利于幼虫的越冬和虫量的积累。

天敌　小麦吸浆虫成虫在羽化过程中常被田间蚂蚁捕食；捕食小麦吸浆虫的天敌有 8 类 23 种，包括麦田常见的蜘蛛、瓢虫、草蛉等。卵寄生蜂宽腹姬小蜂和尖腹寄生蜂是吸浆虫的主要寄生天敌。1990 年代，陕西关中地区和秦巴山区田间有近 10 种寄生蜂。

防治方法

农业防治　吸浆虫重发生区的虫口密度大，在抗虫品种缺乏的情况下，可实行轮作倒茬，改种油菜、水稻以及其他经济作物。

生物防治　加拿大从欧洲引进稀毛大眼金小蜂防治麦红吸浆虫。

抗性品种　20 世纪 50 年代‘南大 2419’和‘西农 6028’曾在吸浆虫防治中发挥了重要作用，目前的生产品种极度缺乏对吸浆虫的抗性。1996 年加拿大发现了具有抗吸浆虫的硬粒春小麦品种，能够明显降低小麦吸浆虫低龄幼虫的成活率。

化学防治　因为小麦抽穗期是麦红吸浆虫的侵染敏感期，所以在小麦抽穗 70%（含露脸）到齐穗期之间进行穗期保护喷药即可达到防治目的。每亩可用常规杀虫剂（菊酯类、有机磷类、新烟碱类）喷雾。在虫口密度大的田块，在抽穗 70% 至扬花前喷药 2 次。

参考文献

曾省，1965. 小麦吸浆虫 [M]. 北京：农业出版社.

武予清，苗进，段云，等，2011. 麦红吸浆虫的研究与防治 [M]. 北京：科学出版社.

（撰稿：武予清；审稿：乔格侠）

麦黄吸浆虫　*Contarinia tritici* (Kirby)

麦类作物的重要害虫。英文名 yellow wheat blossom

midge。双翅目（Diptera）瘿蚊科（Cecidomyiidae）浆瘿蚊属（*Contarinia*）。国外广泛分布于欧洲和亚洲。中国分布于山西、河南、湖北、陕西、四川、甘肃、青海、宁夏、内蒙古等高纬度地区的高山多雨地带。在高原地区的河谷地带常与麦红吸浆虫混合发生。

寄主　小麦、大麦、黑麦、青稞和鹅观草等。

危害状　幼虫潜伏在小麦颖壳内吸食正在灌浆的麦粒汁液，造成秕粒、空壳（见图）。

形态特征

成虫　形态与麦红吸浆虫极相似，个体小。成虫体型像蚊子，体长 2～2.5mm，呈姜黄色。雌虫产卵器伸出时与体等长。雄虫腹部末端的抱握器基节内缘光滑无齿。

卵　较麦红吸浆虫小，淡黄色，香蕉形，颈部微微弯曲，末端有透明带状附属物。

老熟幼虫　体长 2～2.5mm，姜黄色。体表光滑，前胸腹面有 Y 形剑骨片，是区别于麦红吸浆虫的重要特征。

蛹　在长茧内，呈鲜黄色。头前端有 1 对感觉毛，与 2 对呼吸毛等长。

生活史及习性　一般 1 年发生 1 代，遇到不良环境时幼虫有多年休眠习性，所以也有多年 1 代。以老熟幼虫在土中结圆茧越冬、越夏。成虫发生较麦红吸浆虫稍早，雌虫把卵产在初抽出麦穗的内、外颖之间，一处产 5～6 粒，卵期 7～9 天。幼虫孵化后危害花器，以后吸食灌浆的麦粒，老熟幼虫危害后，爬至颖壳及麦芒上，随雨珠、露水或自动弹落在土表，钻入土中 10～20cm 处做圆茧越夏、越冬。

幼虫喜较酸性的土壤和冷凉地区。老熟幼虫离开麦穗时间早，在土壤中耐湿、耐旱能力低于麦红吸浆虫。麦黄吸浆虫的发生与雨水、湿度关系密切，春季 3～4 月间雨水充足，利于越冬幼虫破茧上升土表、化蛹、羽化、产卵及孵化。小麦扬花前后雨水多、湿度大、气温适宜，会引起大发生。此外麦穗颖壳坚硬、扣合紧、种皮厚、籽粒灌浆迅速的品种受害轻。抽穗整齐，抽穗期与成虫发生盛期错开的品种，成虫产卵少或不产卵，可逃避其危害。

防治方法　与麦红吸浆虫类似，选用抗虫小麦品种。调整作物布局，如进行水旱轮作。使用化学杀虫剂在小麦抽穗期喷雾进行穗期保护。

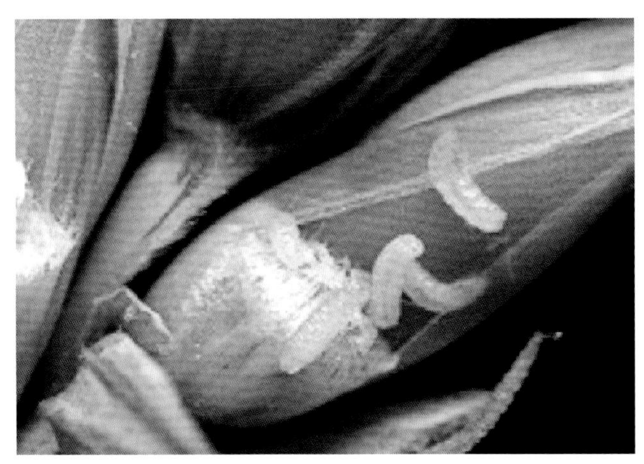

麦黄吸浆虫危害状（武予清提供）

参考文献

武予清，苗进，段云，等，2011. 麦红吸浆虫的研究与防治 [M]. 北京：科学出版社 .

中国农业科学院植物保护研究所，中国植物保护学会，2015. 中国农作物病虫害：上册 [M]. 3 版 . 北京：中国农业出版社 .

（撰稿：武予清；审稿：乔格侠）

麦岩螨　*Petrobia latens* (Müller)

麦类作物的重要害虫。又名麦长腿蜘蛛。英文名 wheat stone mite、brown wheat mite。蛛形纲（Arachnida）蜱螨目（Acari）叶螨科（Tetranychidae）岩螨属（*Petrobia*）。国外分布于北美、欧洲国家，以及南非、埃及、印度、澳大利亚、韩国。中国分布于山西、陕西、河南、江苏、山东等地。

寄主　麦类、棉花、高粱、大豆、果树、蔬菜等多种作物。

危害状　小麦叶片被害后呈现黄色斑点，叶色发黄，蒸腾作用增大。小麦苗期每 33.3cm 单行长有 700～1250 头，产量损失 10%～40%，千粒重降低 10%～25%，为害严重时，小麦甚至枯死，不能抽穗。

形态特征

成虫　雌成螨卵圆形，深褐色，体长 0.6mm，宽 0.45mm，体背有指纹状斑点。第一对足淡橘红色，长度是第二、三、四对足的 2 倍。雄成螨体长 0.45mm，宽 0.27mm。

卵　越夏卵（滞育卵）白色、圆柱形，直径 0.18mm，倒草帽状，卵顶有放射状条纹；非滞育卵红色球形，直径 0.15mm，表面有十数条隆起纹。

幼螨　3 对足，鲜红色，吸食后变成褐色，蜕皮 1 次后变成若螨。

生活史及习性　在黄淮海及华北麦区每年发生 3～4 代，第一代发生在 3 月；第二代在 4 月；第三代在 4 月下旬到 5 月下旬，该代产卵为滞育卵越夏；第四代在 10 月到 11 月上旬。暖冬季节在秋苗上常见为害。

螨量发生最大时期为 4～5 月，与孕穗期抽穗期基本一致。主要营孤雌生殖，卵产于土块、落叶、秸秆上。越夏卵在土块上离地表 1～4cm 的土层中，以 1cm 内最多（85% 左右）。成若螨有聚集性和负趋光性，叶背取食，遇到惊扰落地。白天 9：00 起活动，20：00 潜伏。发生消长与地势、坡走向、降雨量和土质有关，丘陵地区阳坡重。4～5 月降雨量大而集中，能降低其种群数量。

防治方法

农业防治　清除田边杂草，减少麦田虫源。翻耕灭茬、破坏其越夏场所。浇水淹死栖息在土表和落叶上的害螨。

化学防治　用杀螨剂如阿维菌素、哒螨灵等，在春季单行每 33cm 长的虫口数量达到 500 头时进行喷雾防治。

参考文献

王绍忠，田云峰，郭天财，等，2010. 河南小麦栽培学 [M]. 北京：中国农业科学技术出版社 .

（撰稿：武予清；审稿：乔格侠）

M

麦叶爪螨 *Penthaleus major* (Duges)

麦类作物的重要害虫。又名麦圆蜘蛛、麦圆叶爪螨、麦大背肛螨。英文名 winter grain mite，blue oat mite。蛛形纲（Arachnida）蜱螨目（Acari）真足螨科（Eupodidae）叶爪螨属（*Penthaleus*）。中国分布于山东、山西、江苏、安徽、河南、四川、陕西等地。

寄主 主要危害小麦，也危害大麦、豌豆、苜蓿和小蓟、荠菜等 26 种植物。

危害状 导致植株矮小，发育不良，重者干枯死亡（图1）。

形态特征

成虫 体长 0.6～0.98mm，宽 0.43～0.65mm，卵圆形，黑褐色。4 对足，第一对长，第四对居二，第二、三对等长。具背肛。足、肛门周围红色（图 2）。

卵 长 0.2mm 左右，椭圆形，初暗褐色，后变浅红色。若螨共 4 龄。

幼螨 初孵幼螨 3 对足，初浅红色，后变草绿色至黑褐色。

图 1 麦叶爪螨田间危害状（武予清摄）

图 2 麦叶爪螨群聚（武予清摄）

若螨 二、三、四龄若螨 4 对足，体型似成螨。

生活史及习性 1 年发生 2～3 代，以成螨或卵在麦株或杂草上越冬。越冬成螨抗寒能力强，若气温回升，迅速取食、危害小麦并产卵繁殖。3 月中下旬是种群的第一个高峰期，到 4 月上中旬完成第一代。一代成螨产卵为夏滞育卵，并在土块、落叶、杂草根部上越夏。10 月上中旬孵化，在 11 月形成第二个发生高峰，为第二代。第二代成螨产卵于越冬麦苗上，卵孵化后继续为害。

成、若螨有群集习性，早春气温低时可集结成团。爬行敏捷，遇惊动即纷纷坠地或很快向下爬行。卵堆产或排成串，单雌平均产卵 20 多粒，最多可达 80 多粒，春季 75% 的卵产于麦株分蘖丛或土块上，秋季 86% 的卵产于麦苗和杂草近根部土块、干叶或须根上。越夏滞育卵主要在麦茬和土块上，以麦茬为主，卵期 4～5 个月，在 19.5°C和相对湿度 74% 开始孵化。越冬卵在 4.8°C、相对湿度 87% 时开始孵化。该螨性喜阴凉湿润，这与麦岩螨相反。白天 9：00 以前和 16：00 以后活动。夜晚 21：00 以后爬回土表；冬季下午 14：00 活动最盛。春季发生适合温度为 8～15°C，20°C 以上时会导致其大量死亡，因此，水浇地、阴湿或密植麦田常发生严重，干旱麦田发生轻。

防治方法

农业防治 清除田边杂草，减少麦田虫源。翻耕灭茬，破坏其越夏场所。

化学防治 用杀螨剂如阿维菌素、哒螨灵等，在春季每 33cm 长单行的虫口数量达到 500 头时进行喷雾防治。

参考文献

王绍忠，田云峰，郭天财，等，2010. 河南小麦栽培学 [M]. 北京：中国农业科学技术出版社 .

（撰稿：武予清；审稿：乔格侠）

脉翅目 Neuroptera

脉翅目昆虫包括草蛉、蝶角蛉、蚁蛉、螳蛉等，已知 20 科 6000 余种，是脉翅类昆虫中最大的一个目。

成虫复眼常发达，圆形突出。触角多节，形态多样，丝状、栉齿状或棒状。前胸较发达，中后胸紧密相接，在螳蛉科中，前胸如同螳螂般延长。2 对翅形态相似，仅在蛾蛉科的极端个例中翅完全退化。前后翅具密集的网格状翅脉，臀叶不发达；一些种类后翅可能成丝状延伸。各足为步行足，但在螳蛉科和刺鳞蛉科中为捕捉足。腹部通常筒状，柔软，雄性常具有抱握器，雌性有或无产卵器。

脉翅目昆虫的幼虫多样，捕食性或植食性。有的幼虫生活于水中，水蛉科幼虫寄生淡水海绵，螳蛉科幼虫寄生蜘蛛卵囊。幼虫常具捕吸式口器，而成虫均为咀嚼式口器。蛹为裸蛹，有时具丝质的茧。脉翅目与广翅目及蛇蛉目有密切的亲缘关系，有时这三目被合并为一个广义的脉翅目来对待。

参考文献

GULLAN P J, CRANSTON P S, 2009. 昆虫学概论 [M]. 3 版 . 彩

图 1 脉翅目草蛉科代表（吴超摄）

图 2 脉翅目褐蛉科代表（吴超摄）

图 3 脉翅目蚁蛉科代表（吴超摄）

万志，花保祯，宋敦伦，等，译．北京：中国农业大学出版社：280.

袁锋，张雅林，冯纪年，等，2006. 昆虫分类学 [M]. 北京：中国农业出版社：392-402.

郑乐怡，归鸿，1999. 昆虫分类学 [M]. 南京：南京师范大学出版社：541-563.

WINTERTON S L, LEMMON A R, GLIIUNG J P, et al, 2018. Evolution of lacewings and allied orders using anchored phylogenomics (Neuroptera, Megaloptera, Raphidioptera)[J]. Systematic entomology, 43(2): 330-354.

（撰稿：吴超、刘春香；审稿：康乐）

漫索刺蛾　*Soteira ostia* (Swinhoe)

阔叶林木及果树上的重要食叶害虫。大发生时将树叶吃光，严重影响树木生长。又名漫绿刺蛾。鳞翅目（Lepidoptera）有喙亚目（Glossata）异脉次亚目（Heteroneura）斑蛾总科（Zygaenoidea）刺蛾科（Limacodidae）索刺蛾属（*Soteira*）。国外分布于印度、缅甸、泰国、越南。中国分布于河南、四川、云南。

寄主　杨、柳、刺槐、核桃、枣、板栗、苹果、梨、桃、李、杏、柿、花红、樱桃、柑橘、山定子、海棠、棠梨。

危害状　从叶缘开始咬食，严重危害时只剩主脉和叶柄，甚至全枝或全株的叶片被吃光。

形态特征

成虫　雌蛾体长 14～20mm，翅展 38～56mm，触角丝状。雄蛾体长 12～18mm，翅展 32～48mm，触角基部稍齿状，末端稍细成丝状。全体绿色。体翅上的鳞毛较厚。头顶和胸背绿色，胸背中央有 1 淡黄色或暗红褐色纵纹，腹部背面黄绿色。前翅绿色，暗红褐色基斑较小，伸达后缘，外缘毛末端暗红褐色；反面的绿色较浅；后翅为黄绿色或乳黄色，后翅臀角缘毛暗红褐色。

雄性外生殖器：爪形突长三角形，末端粗短喙形；颚形突相对大，弯曲，端部宽圆；抱器瓣长大，端部稍狭，抱器背端部内弯，抱器端钝圆；阳茎长大，端部逐渐尖削，末端呈喙形，阳茎端环长，膜质，密生微刺突；囊形突发达。

卵　椭圆形，长径 1.5～2mm，淡黄色或淡黄绿色，表面光滑，微有光泽。

幼虫　老熟幼虫体长 23～32mm，头小，黄褐色，缩于前足下。体近长方形，体色黄绿或深绿色，背线蓝绿色。在胸腹部亚背线和气门上线部位，各有 10 对瘤状枝刺，腹部 1～7 节的亚背线与气门上线之间有 7 对瘤状枝刺，其上均布满长度相等的刺。刺丛较短，并有毒毛存在，但腹部第八、第九节气门上线的枝刺有球状绒毛丛。腹面淡绿色；胸足较小，淡绿色。

蛹　长 14～19mm。初期为乳黄色，快羽化时前翅变成暗绿色，触角、足、腹部黄褐色。茧椭圆形，长径 14～22mm，横径 9～16mm，灰褐色，质地坚硬，表面附着很多褐色或暗色的毒毛。

生活史及习性　在四川盐源 1 年发生 1 代，以老熟幼虫在茧内越冬。4 月下旬开始化蛹，5 月上旬到 6 月上旬为化蛹高峰期，最迟可延到 7 月上旬。蛹期 25～53 天。6 月上旬成虫开始羽化，6 月中旬至 7 月中旬为成虫大量羽化期。如果当年气温低、雨水到来迟，成虫羽化出茧时间相应推迟 2～3 周。成虫有趋光性，上半夜活动最盛。羽化后 3～5 天开始交尾产卵。随着成虫的出现，产卵可从 7 月上旬持续到 8 月下旬。卵多数产在叶背主脉附近，也有产于叶面的。一般散产，也有成块的。一片叶上产卵几粒到十几粒。卵期 10～16 天。

幼虫于 7 月中旬开始孵出，最晚可延至 10 月下旬。幼虫期一般为 40～65 天。幼虫一生蜕皮 5 次。初孵幼虫静栖在卵壳上，1～2 天后蜕皮。二龄时幼虫开始活动和取食，先食皮蜕，然后吃卵壳，以后取食叶肉，食量较小，被害叶片呈半透明或纱网状。二龄前群栖，三龄后逐渐分散活动和取食。取食时从叶缘向叶肉咬食。幼虫的迁移性较小，一般是吃完一叶后再咬食邻近的另一叶，吃完全枝上叶后则行转移。幼虫昼夜均取食，仅蜕皮时略有停止。四龄后的食量大增，食性也杂。8、9月间是幼虫危害的严重时期，9月中、下旬开始做茧，10月底绝大部分幼虫都已做茧越冬。幼虫老熟后，取食活动减少。为了寻找做茧场所，爬行的活动增多，一般是从小枝到大枝再沿主干向下爬行。常在枝丫和主干下部背阴处及有杂草遮阴但不潮湿又近地表的树干上做茧，很少在小枝及叶腋间做茧。有群集做茧习性，少则3～5个、多则20～30个茧连成一片，有的则是一个接连一个地排列着。做茧时先将树皮啃咬平滑或啃咬出类似于茧大小的小凹窝，然后开始吐丝做茧。从啃咬树皮到吐丝做出网茧，大约要4～6小时。茧壳外因附有幼虫体毛而呈绿色，有些茧外刺毛逐渐变成灰褐色或黑褐色。茧壳内壁黄白色或灰白色，均由幼虫吐出的白色胶质液体粘结而成。茧盖与茧体交界之处有一圈沟状痕迹，便于成虫羽化外出。茧中幼虫和蛹的头部朝向茧盖一方。

防治方法

人工防治　在幼虫群集危害期人工捕杀，秋、冬季摘除虫茧。

灯光诱杀　成虫羽化期于19：00～21：00用灯光诱杀。

化学防治　幼虫发生期，可交替使用90%晶体敌百虫800倍液、50%马拉硫磷乳油、25%亚胺硫磷乳油、50%杀螟松乳油1000倍液防治。

参考文献

蔡荣权, 1983. 我国绿刺蛾属的研究及新种记述(鳞翅目: 刺蛾科)[J]. 昆虫学报, 26(4): 437-447, 485.

刘联仁, 1984. 漫绿刺蛾生物学观察[J]. 昆虫知识(6): 255-257.

萧刚柔, 1992. 中国森林昆虫[M]. 2版. 北京: 中国林业出版社: 787-788.

SOLOVYEV A V, 2014. *Parasa* Moore auct. Phylogenetic review of the complex from the Palaearctic and Indomalayan regions (Lepidoptera, Limacodidae)[M]. Proceedings of the museum Witt 1. Munich-Vilnius: 240.

SOLOVYEV A V, WITT T J, 2009. The Limacodidae of Vietnam[J]. Entomofauna, supplement, 16: 33-229.

（撰稿：李成德；审稿：韩辉林）

杧果扁喙叶蝉　*Idioscopus nitidulus* (Walker)

一种以成若虫危害花、叶、果的刺吸性害虫。又名杧果片角叶蝉、杧果叶蝉、杧果短头叶蝉。英文名mango leaf hopper。半翅目（Hemiptera）叶蝉科（Cicadellidae）片角叶蝉亚科（Idiocerinae）扁喙叶蝉属（*Idioscopous*）。国外分布于印度、印度尼西亚、斯里兰卡、菲律宾和马来西亚。中国分布于广东、海南、广西、云南、福建等地。

寄主　杧果。

危害状　成、若虫群集在嫩芽、嫩叶、花序、幼果及果柄等处吸食汁液，造成叶梢、花梗枯萎，嫩叶畸形扭曲脱落，落花落果。雌成虫在嫩梢、花梗及幼叶背面的主脉上产卵，亦使这些部位干枯。此虫分泌的蜜露诱发烟煤病，影响光合作用和果实产量与品质。

形态特征

成虫　体长4～5mm，宽短，楔形。头短而宽，头冠微向前突出，头宽于前胸背板；复眼大而斜置，下缘几达前胸背板，黑色；头顶、颜面土赭色，头顶具有褐白相间的花纹；喙甚长，端部膨大而扁平，雄虫呈红色而雌虫呈黑褐色；前胸背板略带绿色，具暗色斑和条纹。小盾片大，呈三角形，基部赭黄色而端部乳白色，基部有3个黑斑，中间黑斑后缘有2个小黑点，两基侧角区各有1黑色三角形斑纹，基部中央亦有1呈三角形或似方形的黑色斑纹，此斑纹的端部具2条约呈“八”字形的黑线纹，线纹外侧上方有1呈乳白色长形的斑块，其上具1似肾形小黑斑。前翅几乎透明，具褐色光泽，在近基部有1条乳白色横带与小盾片端部的乳白色斑相连接，在爪片端部亦有1条乳白色斑，端前室3个。体的腹面及足均为赭色。

卵　乳白色，长椭圆形，两头较细，顶端稍平，一侧平直。长1～1.2mm，宽0.3～0.4mm。初产时白色透明，4～8小时后逐渐变为淡黄色至深黄色，接近孵化时为黄褐色，可见红褐色小眼点；顶部有1白色棉絮状毛束。

若虫　共5龄。第五龄体长5.1～5.4mm，呈楔形。胸背面呈淡褐色；前胸背面具淡黄色纵中线，线的两侧各具1个淡黄色小点；中胸背面具呈倒“八”字的淡黄色线纹。翅芽达腹部第三节。第一腹节背面中央具横置的半圆形黑褐色斑；第二腹节背面中央具1横置的长方形黑褐色斑；第三、四腹节背面中央黄白色，两侧黑褐色，第五腹节背面前部黄白色，其余黑褐色。这些黄白色部分组成外观似长方形的斑块。足的腿节、胫节中部及爪为黑褐色，其余为黄白色。

生活史及习性　在广西南宁1年发生6～7代，海南岛发生8代，云南元江干热河谷区发生8～9代。世代重叠严重。以成、若虫在杧果园较潮湿、阴凉杂草丛中和杧果树浓密、荫蔽的枝叶上越冬。其活动规律与杧果树抽生新梢、梢叶生长、抽生花穗等密切相关。世代历期与温度关系密切，在南宁3～4月平均历期65天，5～6月平均历期44天，7～9月平均历期41天，10～11月平均历期44天。以3～5月份危害对产量影响最大。

此虫繁殖力很强，终年可生长繁殖。成虫寿命2个多月，食物充足时可长达240天。成虫羽化后经8～34天始行交尾，交尾多次，一次交尾时间可长达6个小时；交尾后1～2天开始产卵，产卵多次，产卵方式为单粒散产，卵产于杧果花、叶芽苞片、花梗、嫩梢、幼叶叶脉组织中，仅露出顶端的白色棉絮状毛束，一头雌虫一生产卵约200粒。卵多在清晨孵化，孵化率可高达100%。若虫蜕皮4次，初龄若虫具群集性。成、若虫喜择杧果树幼嫩部位在其上长时间取食。成虫多栖居于叶片背面或枝条上，受惊动后迅速爬行或跳跃。

防治方法

农业防治　选育抗虫品种，避免物候期不一致的品种混种，以抑制害虫发生。清洁果园，合理修枝，使果园通风透光，减少害虫孳生。

生物防治　杧果扁喙叶蝉的天敌种类较多，有捻翅虫、卵寄生蜂、蜘蛛、螳螂、螨类和真菌，其中以捻翅虫和真菌的作用最大。对天敌采取保护措施，利用自然天敌控制其危害；有目的地引进捻翅虫，开展生物防治。

化学防治　在春季杧果树花芽初显至开放时喷药 2～3 次，以后在坐果期、6～7 月及冬季各喷药一次。药剂可选用 20% 叶蝉散（异丙威）乳油 1000 倍液、10% 吡虫啉可湿性粉剂 2000～3000 倍液、25% 噻嗪酮（扑杀灵）可湿性粉剂 1000～1500 倍液等进行喷雾防治。

参考文献

罗永明, 陈泽坦, 金启安. 1989. 海南岛芒果扁喙叶蝉的研究 [J]. 热带作物学报, 10(1): 89-97.

周又生, 沈发荣, 1997. 芒果扁喙叶蝉 (*Idioscopus incertus* (Baker)) 生物学及其综合防治的研究 [J]. 西南农业大学学报, 19(2): 152-156.

（撰稿：袁忠林；审稿：刘同先）

杧果横纹尾夜蛾　*Chlumetia transversa* (Walker)

一种以幼虫钻蛀杧果树嫩梢、花穗的害虫。又名杧果横线尾夜蛾、杧果钻心虫、杧果蛀梢蛾。英文名 mango shoot-borer。鳞翅目（Lepidoptera）夜蛾科（Noctuidae）横线尾夜蛾属（*Chlumetia*）。国外分布于印度、缅甸、斯里兰卡、菲律宾、马来西亚、新加坡和印度尼西亚等地。中国分布于广西、广东、云南、海南、福建、台湾等地。

寄主　杧果树。

危害状　初孵幼虫先危害嫩梢的叶脉和叶柄，三龄后从叶柄蛀入嫩梢和花穗，致其枯萎（图 1）。

形态特征

成虫　体长 5～11mm，翅展 13～23mm。头棕褐色，胸腹部背面黑色，腹面灰白色，胸腹交界处具“八”形白纹。腹部各节两侧各有 1 白色小斑，二至四腹节背面正中央有竖立的黑色毛簇。前翅灰色杂红棕色，基线、内横线、中横线均为弯曲的黑色双线，外横线黑色宽带外侧衬白边，亚缘线黑色细波纹形，缘线为 1 列黑点。后翅灰褐色，近臀角处有 1 白色短纹（图 2）。

卵　扁圆形，直径 0.5mm，青至红褐色。

幼虫　共 5 龄。体长 13～16mm，头棕黑色，体躯颜色多样，有黄白、淡红、黄带红棕及青带紫红等，各节有浅绿色斑块（图 1）。

蛹　黄褐色，长 11mm。

生活史及习性　在广东、广西南宁地区 1 年生 8 代，世代重叠，以幼虫和蛹在杧果的枯枝烂木内或树皮下越冬。翌年 1～3 月陆续羽化，当夜交配产卵，卵散产于嫩梢、幼叶或花穗上，平均每雌产卵 200 粒左右，卵期 2～4 天。幼虫历期春季约 21 天，夏季 12～13 天，秋季 12～14 天，冬季 50 余天。蛹期冬春季 17～54 天，夏秋 10～14 天。

成虫昼伏夜出，趋光、趋化性弱。初孵幼虫先蛀食嫩叶的主脉或叶柄，三龄后才钻入嫩梢或花穗为害，能转梢危害。幼虫 5～6 月和 8～10 月为害嫩梢，10～12 月和 2～3 月为害花蕾和嫩梢。老熟幼虫在杧果的枯枝、朽木、树皮或树基周围疏松的表土化蛹。

防治方法

农业防治　结合中耕除草，适度松翻园土，破坏其化蛹场所，减少虫口基数。

物理防治　在进行修枝整形、疏梢、疏花时，剪除有虫枝条；在杧树干基部绑草把诱集老熟幼虫前来化蛹，集中处理；利用黑光灯诱杀成虫。

生物防治　利用性信息素诱捕成虫；果园养鸡也可消灭部分老熟幼虫。

化学防治　每年 4～6 月和 9～10 月注意观察虫情，在低龄幼虫发生期，或在杧果抽梢、花穗 3～4cm 长时喷洒 2.5% 溴氰菊酯、10% 氯氰菊酯 2000 倍液或者 1.8% 阿维菌素 3000 倍液。

参考文献

冯荣扬, 1997. 粤西地区杧果横纹尾夜蛾的发生规律及其防治研究 [J]. 湛江海洋大学学报, 17(2): 71-74.

何林, 2002. 杧果横线尾夜蛾的生活习性及防治 [J]. 柑桔与亚热带果树信息, 18(6): 39-40.

图 1 杧果横线尾夜蛾幼虫危害状（周祥提供）

图 2 杧果横纹尾夜蛾成虫（雌）（周祥提供）

M

林明光，刘福秀，况荣，等，2010. 海南杧果作物害虫调查与鉴定 [J]. 广西热带农业 (1): 1-7.

（撰稿：周祥；审稿：张帆）

杧果天蛾 *Amplypterus panopus* (Gramer)

一种以幼虫咬食杧果嫩叶的害虫。英文名 mango hawkmoth。鳞翅目（Lepdoptera）天蛾科（Sphingidae）福木天蛾属（*Amplypterus*）。国外分布于印度、马来西亚、印度尼西亚、菲律宾、斯里兰卡等。中国分布于云南、广西、广东、福建、海南等地。

寄主 杧果、桉树等植物。

危害状 幼虫咬食寄主植物嫩叶，造成缺刻等机械损伤，严重时食光嫩叶。

形态特征

成虫 体长 38～45mm，翅展 95～132mm。触角丝状，末端细并弯曲成钩状，鞭节各节腹面细毛黄色，背面灰色。胸部背板棕色、间杂灰色，在肩板与后胸背板间形成“人”字形纹。前翅内线内侧有多条灰色、黑色及棕色波状纹相间排列；内线与中线之间灰色，略带粉红，中线近中室处有 1 不规则黑斑并延伸至前缘；外线棕色，内侧平直，外侧向翅尖突出；端线灰色，外缘中部有 1 三角形棕色斑，其后有 1 椭圆形深棕色至黑色斑；端线和外线间有数个深色小点。后翅前缘黄色，外缘呈棕色至黑色横带，中央有 1 粉红色斑；内线为穿过粉红色斑的宽浅灰色带，中线及外线浅棕色。翅反面与正面线纹相同。腹部背面灰色，腹面黄色，自第五腹节起以后各节背中线黑色，两侧有灰色斑，外侧有 1 纵向黑线，黑线外侧黄色。雄成虫与雌成虫形态相似，但体色较雌成虫浅，个体较小（图 1）。

卵 椭圆形，长轴 2.7～3mm，短轴 2.4～2.7mm。表面密布细小刻点。初产时亮黄色，孵化前黄色。

幼虫 共5龄，一至二龄幼虫通体亮黄色，臀角红褐色。三龄幼虫体色转绿，具花纹，亚背线附近有 1 条贯穿全身的浅黄白色的纵带；四龄幼虫左右头壳顶端沿冠缝各具 1 顶角，红褐色至黑色，顶角分叉；五龄幼虫头尖，顶端无顶角。各龄幼虫头部均有分布均匀的颗粒状突起。胸足红褐色至黑色，腹足与体色相同。腹足趾钩双序中带。腹部各体节均具浅的溢缩，将各体节分成 7～9 个小环节，气门浅蓝色至浅绿色。第八腹节背部具一锥状臀角，红褐色，其上密布突起。大龄幼虫体色可因生活环境的差异而有所变化，常见的是绿色型幼虫，此外还有黄色型、橙色型、褐色型、蓝色型幼虫（图 2）。

蛹 纺锤形，红褐色至棕色，长 45～53mm，宽 12～14mm。触角从眼上方向后侧延伸，斜贴在前胸。腹部可见 10 节，四至七节间可以活动。末端有三角形臀棘 1 枚，成钩状向腹面折叠，棘端分叉成 2 个小棘。

生活史及习性 在广西南宁地区 1 年发生 3 代，越冬蛹在翌年 4 月上旬羽化为成虫，成虫期 4～6 天，4 月中下旬开始产卵，卵期 5～6 天。4 月末第一代幼虫开始出现，幼虫共 5 龄，各龄期 6～7 天，整个幼虫期 30～35 天；5 月中下旬幼虫进入高龄幼虫期；5 月中下旬第一代老熟幼虫爬到树下土层中化蛹；6 月上旬第一代成虫开始羽化；成虫羽化 1～2 天后即可交配产卵。6 月下旬第二代幼虫出现，7 月中旬至 8 月上旬幼虫进入高龄幼虫期；7 月中旬第二代老熟幼虫开始化蛹；8 月上旬第二代蛹羽化为成虫；8 月中旬开始产卵。8 月下旬第三代幼虫开始出现；9 月中下旬为幼虫高龄幼虫期，第三代老熟幼虫开始下地化蛹。

杧果天蛾为夜行性昆虫，夜晚较为活跃，迁飞、产卵等都在夜间进行，除交尾行为在白天外，白天很少其他活动，仅停栖在植物茎叶上，甚至人为惊扰也不飞离。成虫具有较强的趋光性，几乎不进食，雄蛾一般交尾后 1 天内死亡，雌蛾一般产卵后 1 天内死亡。卵散产于叶面，雌成虫平均产卵量 19.6 粒，幼虫孵化后取食卵壳，再从边缘取食叶片。一至三龄食量较小，从四龄开始食量增大，五龄食量最大，虫口密度大时能将杧果叶片吃光。幼虫受惊扰时用第四腹足及臀足紧抓枝叶，体躯收缩成弧形，头部左右甩动。老熟幼虫选择在树下 5～15cm 的松软土层或落叶层化蛹。

防治方法

农业防治 结合冬季松土、施肥管理，消灭在杧果树基部土中越冬的虫蛹；据散落在地面上的虫粪位置，寻找和捕捉为害叶片的幼虫。

物理防治 利用黑光灯、频振式杀虫灯等诱杀成虫。

生物防治 在杧果天蛾幼虫三龄前，喷洒 16000IU/mg 的 Bt 可湿性粉剂 1000～1200 倍液。保护和利用天敌，杧

图 1 杧果天蛾成虫（雌）（周祥提供）

图 2 杧果天蛾幼虫（周祥提供）

果天蛾低龄幼虫的捕食性天敌有锥盾菱猎蝽和中黄猎蝽等。

化学防治　在每年的4、6月和9月间第二、三代3～4龄幼虫时，可选用20%除虫脲悬浮剂3000～3500倍液、25%灭幼脲悬浮剂2000～2500倍液、20%米满悬浮剂1500～2000倍液等仿生农药喷雾。若虫口密度大，可喷洒50%辛硫磷2500倍液、2.5%功夫菊酯乳油2500～3000倍液或者2.5%溴氰菊酯2000～3000倍液等。

参考文献

罗辑，黄小灵，刘瑞新，等，2015. 广西发现重要桉树食叶害虫：杧果天蛾[J]. 中国森林病虫，34(5): 5-7, 28.

罗永明，彭正强，金启安，1996. 海南岛芒果树害虫种类与分布[J]. 热带作物学报，17(2): 52-62.

司徒英贤，1983. 芒果天蛾 *Compsogene panopus* (Cramer) 的初步研究[J]. 热带农业科技 (2): 53-54.

（撰稿：周祥；审稿：张帆）

毛白杨瘿螨　*Aceria dispar* Nalepa

一种严重危害毛白杨的害螨。又名毛白杨皱叶病、欧洲山杨瘤瘿螨。蜱螨亚纲（Acari）真螨目（Trombidiformes）瘿螨总科（Eriophyoidea）瘿螨科（Eriophyidae）*Aceria*属。国外分布于罗马尼亚、匈牙利、奥地利、意大利、英国、德国、加拿大等地。中国分布于内蒙古、陕西、山西、甘肃、青海、新疆、天津、北京、山东、河北、河南等地。

寄主　毛白杨、欧洲山杨、银白杨和黑杨等。

危害状　以口针刺吸植物叶片，叶片被害后皱缩变形，肿胀变厚，卷曲成团，呈紫红色，似鸡冠状。从幼树到老树均可受害，但主要危害5年生以上的毛白杨。春季冬芽开始舒展后即表现出症状。一般被害芽较健康芽展叶早，以后在一个芽中几乎所有叶片都受害，随着叶片的生长，皱叶亦不断增大，形成病瘿球，严重时树上挂满瘿球。6月以后被害叶片逐渐干枯，呈“绣球”状，悬挂在树上，若遇大风则大量脱落（见图）。

形态特征

成螨　体橘黄色，圆锥形，长170～265mm，宽40～55mm。背盾板有6条纵皱纹，盾板两侧有1对较粗刚毛。大体有腹环80环，具圆形微瘤。侧毛长48mm，生于24环；第一腹毛长7mm，生于42环；第二腹毛长24mm，生于72环；第三腹毛长20mm，生于末78环。体末端有1段无环节，近环节处两侧有2根微毛。足2对。足上各节均具刚毛1根，跗节有两根背毛，爪羽状分叉。生殖器着生在足的基节后方，上下2块，合起来近圆形，生殖毛1对。

若螨　前体段橘黄色，后体段透明，具生殖板，横向，月牙形，有8条纵纹。

幼螨　白色透明，刚孵化时体成弓形，无生殖板。

生活史及习性　1年发生3～5代，以卵在受害芽内越冬。翌年4月初开始孵化，幼螨孵化后在越冬芽内危害。4月底5月初，在瘿球的卷叶里出现大量第一代卵。5月中旬第一代若螨大量出现，此时有些若螨开始在枝条上爬行，转移危害，个别瘿球脱落。5月下旬若螨在枝条上蜕皮为成螨后，从毛白杨越冬芽的鳞片缝侵入芽内，钻到最里层危害芽的幼叶，使幼叶卷曲，但不危害生长点。第一代成螨进入叶芽后立即产卵。从第二代开始出现世代重叠，第二、三、四代幼螨出现时间分别为6月中旬、7月下旬和9月上旬。10月下旬出现第四代成螨，并开始产卵，以卵越冬。越冬卵主要在枝条的第一至十一个芽内，以第五至八个芽最集中，多数枝条仅1个芽被害，少数2～3个芽被害。

防治方法

农业防治　人工剪除虫瘿烧毁。

化学防治　采用氧化乐果乳油喷洒防治。

毛白杨瘿螨危害状（Josef H. Reichholf和Hans-Joachim Flügel提供）

①被害叶芽；②危害后期呈鸡冠状

参考文献

华藏加，2013. 青海毛白杨皱叶病防治 [J]. 农业开发与装备 (8): 115.

李瑞华，高晓朋，侯德山，2007. 毛白杨四足螨的生物学特性与防治技术 [J]. 河北林业科技 (4): 71.

石爱霞，睢韡，韩玲玲，2015. 包头市河北杨皱叶病的防治 [J]. 内蒙古农业科技，43 (5): 52-53.

宋淑梅，王加强，齐霞，1997. 毛白杨绣球病研究 [J]. 山西林业科技 (4): 17-21.

LEHMANN W, FLÜGEL H J, 2012. Die Pflanzengallen (Zoocecidien) im ehemaligen Braunkohletagebau Gombeth (Nordhessen)[J]. Entomologische zeitschrlft, 122: 59-67.

JOSEF H R, 2013. Funde von Bergahorn-Kugelgallen und Zitterpappel-Gallmilben am mittleren Inn, Oberbayern[J]. Mitt. Zool. Ges. Braunau, 11 (1): 153-156.

（撰稿：徐云；审稿：张飞萍）

毛翅目　Trichoptera

毛翅目昆虫俗称石蛾，已知 40 科近 11 000 种。石蛾成虫蛾状，通体被毛，在头部及胸部背面常具毛瘤。头较小，复眼大，具 2～3 枚单眼；触角丝状细长，多节；具退化的咀嚼式口器，有 3～5 节下颚须及 3 节的下唇须。前胸小于中或后胸。翅 2 对，膜质，被毛或鳞片；翅脉结构与鳞翅目明显不同，如前翅无中室等。各足为步行足。腹部筒状，具 10 节，雄性腹部末端常具抱握器。

图 1 毛翅目成虫（吴超摄）

图 2 毛翅目幼虫的巢（吴超摄）

毛翅目昆虫幼虫水生，具 5～7 个龄期，有发达的口器，具 3 对强壮的胸足，但缺乏鳞翅目幼虫般的腹足。腹部末端有具钩的臀足。气管系统封闭，由腹部的气管鳃进行气体交换。幼虫会用丝线黏附石块或水中杂物，以营造可移动或不可动的不同形状巢。幼虫捕食性或取食有机碎屑，取食水生植物或滤食性。蛹水生，包裹于丝质的巢内。蛹有可自由活动的足，中足跗节具毛，使蛹可以游动到水面并在水面羽化。单系的毛翅目为鳞翅目的姊妹群。

参考文献

GULLAN P J, CRANSTON P S, 2009. 昆虫学概论 [M]. 3 版 . 彩万志，花保祯，宋敦伦，等，译 . 北京：中国农业大学出版社：207.

袁锋，张雅林，冯纪年，等，2006. 昆虫分类学 [M]. 北京：中国农业出版社：403-413.

郑乐怡，归鸿，1999. 昆虫分类学 [M]. 南京：南京师范大学出版社：782-804.

（撰稿：吴超、刘春香；审稿：康乐）

毛跗夜蛾　*Mocis frugaiis* (Fabricius)

水稻上一种局部发生的次要害虫，又名突毛胫夜蛾。英文名 sugarcane looper。鳞翅目（Lepidoptera）目夜蛾科（Erebidae）毛胫夜蛾属（*Mocis*）。国外分布于亚洲的印度、缅甸、斯里兰卡，西非国家等地区。中国分布在台湾、广东、广西、云南、福建、湖南、湖北等地。

寄主　甘蔗、水稻、玉米、高粱、鸭脚稗、绿豆和各种禾本科杂草。

危害状　以幼虫取食水稻，蚕食叶片成缺刻。

形态特征

成虫　身体灰褐色。体长 12～18mm，翅展 35～40mm。前翅黄褐至灰褐色，亚基线曲折状；环状纹在中室处呈 1 小黑点；肾状纹黑色，椭圆形；外横线较直，从 R_5 脉向内斜伸达翅后缘，红褐色至黑褐色，内侧颜色较淡；亚缘线暗灰色，各脉间有小黑点；亚缘线与外横线间颜色较深，成 1 灰黑色长三角形大斑；缘线黑色，波浪形；有些个体靠近前翅后缘有 1 黑色长椭圆形或近似三角形大斑。后翅黄褐至灰褐色，外横线和亚缘线灰褐色。前足与中足黑褐色，后足灰褐色。雄蛾后足胫节和跗节有密毛（图①）。

雄性外生殖器抱握器冠圆钝，钩状突大，骨化强，成叉状突起。阳端基环前端长指状，上有一钩状突起。基腹弧三角形，囊状突指状。抱握器背上方突出如峰状，密生细毛。钩状突大而弯曲，末端尖细。阳具细长且弯。在前方约 1/3 处密生阳具针。雌外生殖器交配囊长椭圆形，密生小颗粒，囊导管高度骨化（图③④）。

幼虫　老熟幼虫体长 44～50mm。体鲜黄略带绿色。背

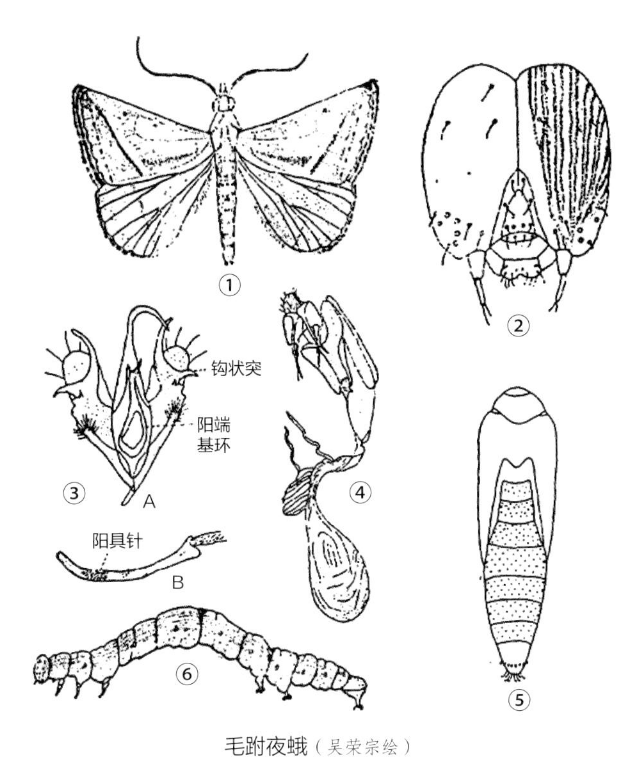

毛跗夜蛾（吴荣宗绘）

①成虫；②幼虫头部；③雄性外生殖器（A：抱握器；B：阳具）；④雌性外生殖器；⑤蛹；⑥幼虫

中线黄白色，不太明显，外侧有一条白色宽带，具淡棕色边。亚背线黄白色，内侧有许多黄白色和淡褐色相间的细纵线。气门筛中央黄褐色或淡灰褐色，周缘粉白色。第二、三和四、五腹节间上方具黑色粗纵带1条，行走时尤为明显。腹部腹面中央有1条粗棕黑色纵线，腹足除臀足仅剩2对，棕褐色，行走时腹部拱起，状如尺镬。胸足黄白色。头部额区粉白色，颅中沟及蜕裂线侧臂外侧伴有粉白色粗带，因此从头部正面观，中央呈粉白色。颅侧区各有8条曲折的淡褐色纵带（图②⑥）。

蛹 体长约17mm。茶褐色，表面被铅白粉。各腹节背面密布大刻点。腹末有臀刺4对，内侧两对较长，外侧两对短细。尾突黑色，背上方有8个小突起。下唇须细长，纺锤形，下颚末端几与前翅末端等长，伸达第四腹节（图⑤）。

生活史及习性 毛跗夜蛾在广东早、晚稻田均有发生，但晚稻本田比较常见。福建沙县常在早、晚稻秧田中发生危害。幼虫在稻株上吃食叶片成缺刻，但由于发生数量不多，未见有发现严重为害情况。老熟幼虫在稻丛内化蛹，有时亦可将稻叶结成三角形叶苞，在其中化蛹。

在广州的9月，蛹历期12～14天。10月用糖醋蜜诱测黏虫时，常可以诱到此虫的成虫。发生世代数不详。除危害水稻外，还可以危害甘蔗。

防治方法 参考其他夜蛾科害虫。

参考文献

吴荣宗, 1977. 水稻的两种新害虫——小稻叶夜蛾和毛跗夜蛾 [J]. 昆虫知识 (3): 69-71.

（撰稿：刘艳荷；审稿：张传溪）

毛股沟臀肖叶甲 *Colaspoides femoralis* Lefèvre

一种分布较为广泛、且在局部区域发生较重的茶树害虫，主要以成虫咬食嫩叶形成破烂的孔洞。又名毛股沟臀叶甲、茶叶甲。英文名 tea leaf bettle。鞘翅目（Coleoptera）肖叶甲科（Eumolpidae）肖叶甲亚科（Eumolpinae）沟臀肖叶甲属（*Colaspoides*）。国外分布于越南、老挝等。中国分布于贵州、云南、湖南、江西、福建、广东、广西、四川、山西、山东、湖北、江苏、浙江、安徽、澳门等地。

寄主 茶、枫香、栗、水红木、木荷属、灯台树等。

危害状 成虫咬食嫩叶成3～4mm直径的圆孔（图1①），也可啃食未木质化的嫩茎表皮成缺口（图1②），严重时整个叶片成筛孔状或破损（图1③）。幼虫可取食茶树须根。

图1 毛股沟臀肖叶甲成虫危害状（周孝贵提供）

①取食嫩叶；②取食嫩茎；③茶丛受害状

图 2 毛股沟臀肖叶甲成虫背面观（周孝贵提供）

形态特征

成虫 体长卵形；长 4.8～6mm，宽 2.9～3.4mm；体背常为亮绿色、金属蓝或金属黑色；体腹面黑褐色。触角线形，长 4.5mm 左右，超过体长的 3/4；前胸背板无明显的纵皱纹，侧缘弧形；鞘翅基部略宽于前胸背板，刻点细密，端部圆钝（图 2）。雄虫后足腿节腹面中部具有 1 丛淡黄色毛。

幼虫 老熟时体长 7～8 mm，新月形，灰白色。头黄褐色，前胸背板淡黄。3 对足发达。腹部 10 节，各分为 2 小节，各生 1 列刚毛。每节腹面有 2 疣突，上生刚毛。

生活史及习性 1 年发生 1 代，以幼虫在茶丛浅土层中越冬，在湖南和贵州成虫多在 5～6 月居多。成虫寿命 45～65 天，羽化后便爬上茶树取食树冠层叶片，以芽下第三、四叶受害最重。成虫怕光，多在叶间或较隐蔽的地方活动，善飞，具假死性，受到惊扰瞬间即坠地假死、逃跑。雌成虫卵多产于落叶层下土表内，幼虫孵化后钻入土中生活，可取食茶树幼嫩的须根。幼虫期历时 10 个月左右，以老熟幼虫在浅土层越冬，次年春末老熟幼虫开始筑土室化蛹。

防治方法

农业防治 在秋冬至早春 4 月前，翻耕土壤灭杀幼虫和蛹；春茶后结合中耕清除落叶杂草，深埋行间或清出茶园集中处理，杀灭成虫和卵。

生物防治 保护天敌，利用蠼螋、步甲和蚂蚁等天敌捕杀幼虫和卵；利用鸡鸭啄食；用白僵菌等生物制剂处理土壤。

人工防治 利用其具有假死的习性，成虫盛发期早晚用塑料薄膜接树下，拍打树冠震落成虫，集中消灭。

药剂防治 成虫羽化后产卵前，选用适当的药剂进行喷施茶蓬进行防治。

参考文献

谭娟杰，王书永，周红章，2005. 中国动物志：第四十卷 鞘翅目 肖叶甲科 肖叶甲亚科 [M]. 北京：科学出版社.

王问学，1983. 毛股沟臀叶甲的生物学及防治 [J]. 森林病虫通讯，2(3): 14-15.

肖能文，谭济才，侯柏华，等，2004. 湖南省茶树害虫地理区划分析 [J]. 动物分类学报，29(1): 17-26.

张汉鹄，谭济才，2004. 中国茶树害虫及其无公害治理 [M]. 合肥：安徽科学技术出版社.

（撰稿：周孝贵；审稿：肖强）

毛黄脊鳃金龟 *Holotrichia trichophora* (Fairmaire)

中国特有的地下害虫，在农田、草地和苗圃均有发生。又名毛黄鳃金龟。鞘翅目（Coleoptera）金龟科（Scarabaeidae）鳃金龟亚科（Melolontihinae）齿爪鳃金龟属（*Holotrichia*）。毛黄鳃金龟为中国特有种，属东洋区、古北区共有种，分布于北京、内蒙古、辽宁、山东、山西、陕西、河北、河南、安徽、江苏、浙江、福建、江西、湖北、湖南、广西、四川、贵州、宁夏、甘肃等地。

寄主 小麦、高粱、谷子、玉米、花生、豆类、薯类、蔬菜、向日葵、烟草、丁香、连翘、木槿、白杨、乌桕、水杉、池杉、泡桐、柏木、香樟、喜树、白榆、银杏、悬铃木、马尾松、火炬松、女贞、月季等。

危害状 成虫多不取食，主要以幼虫危害。初孵幼虫仅食土壤腐殖质，从二龄起危害农作物及多种苗木。危害小麦，可使幼苗生长受阻、叶片变色、植株瘦弱，造成缺苗断垅，危害严重时常造成作物成片死亡。危害薯类时，钻蛀成洞穴或空心状，降低产量和品质。危害苗木根系，轻则导致苗木生长不良，重则全株枯死。

形态特征

成虫 体长 14～18mm，宽 8.8～10.3mm。身体光亮，黄褐或棕褐色，除小盾片外密被黄色细长毛，鞘翅色较浅。唇基与额均具密而大的刻点，唇基前沿上卷，额区具长而竖立的细毛。两复眼间具一突出的横脊。触角 9 节，鳃叶部 3 节。前胸背板稍窄于鞘翅基部，前胸背板覆有刻点和细毛，侧缘生有黄色边缘毛。小盾片宽三角形，具刻点。鞘翅质地薄，无纵肋，覆盖有刻点和黄细毛，侧缘和后缘具边缘毛。臀节稍隆起，生有黄色细毛。前足胫节具 3 外齿，彼此间的距离相同，内方距着生于基、中齿之间凹陷的对面。足跗节下边具密而成行的刚毛。爪齿近中间分出，与爪呈直角状（图 1）。

幼虫 三龄幼虫体长 40～45mm，头宽 4.7～5.0mm，头部的前顶刚毛每侧 5～7 根，成 1 纵列，后顶刚毛各 1～2 根。额中刚毛每侧 12～14 根组成一簇。上唇隆起明显，中间具 2 条平行横脊，基部刚毛 20 根以上（图 2①）。内唇端感区具感区刺 15～17 根，圆形感觉器 13～15 个

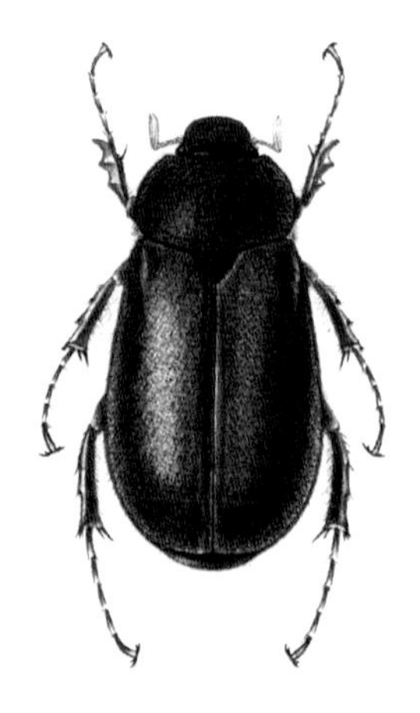

图 1 毛黄脊鳃金龟成虫（仿《中国北方常见金龟子彩色图鉴》）

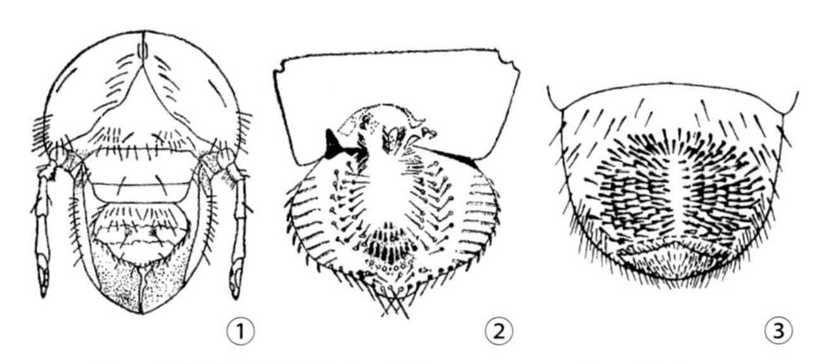

图 2 毛黄脊鳃金龟幼虫（①②仿张治良图，③仿刘广瑞图）

①头部；②内唇；③肛腹片

（图 2 ②）。肛腹片后部覆毛区由尖端指向中央的刺状刚毛群组成，缺钩状刚毛，覆毛区的后部中央具 1 个纵向近椭圆形的裸区，裸区内周缘布有短小的刺毛。肛门孔三裂状（图 2 ③）。

生活史及习性 在河北、山东、河南、安徽、山西等地 1 年发生 1 代，以成虫、少数蛹和老熟幼虫越冬。

在山东诸城 4 月中下旬为成虫出土盛期，4 月下旬至 5 月上旬为产卵盛期，5 月底至 6 月初为孵化盛期，9 月下旬可见预蛹，预蛹期 7～15 天，10 月下旬至 11 月中旬为羽化期，成虫羽化后即在土室中越冬。卵历期 27.5 天。幼虫期 155.2 天，一龄幼虫历期 29 天，二龄 23 天，三龄 103 天，少数越冬幼虫历期在 250 天以上。蛹期 20～60 天。

成虫昼伏夜出，趋光性极弱，活动能力不强。成虫不取食。傍晚 18：00～20：00 出土，出土后即觅偶交配，出土量少时分散交配，盛期则有多雄群集争一雌现象。交配时间 20 分钟左右，交配后就地入土潜伏，20：00～22：00 大多数都潜回土中。由于成虫活动范围小，因而在一个地区有连年集中发生的区域。每头雌虫产卵 10～34 粒，一般 18～19 粒。产卵历期 30 余天。产卵于麦田、春播作物田及地边、地头、沟渠旁的草荒地。土质疏松、湿润的砂壤土产卵最多，多在 10～20cm 的湿土层内，在干土层很少产卵。在砂壤或轻壤地块发生多，在中壤和砂土地上发生少，在重壤、黏土和盐碱地上不发生。

防治方法

人工捕杀 毛黄脊鳃金龟成虫出土后就在地表交配，几头至几十头扭作一团，极易捕捉。

化学防治 在幼虫发生量大的田块，可用辛硫磷乳油灌根。

生物防治 保护和助迁其专性寄生性天敌普通钩土蜂。

参考文献

方蕙兰，童普元，廉月琰，1994. 三种金龟子生活习性的观察 [J]. 林业科学，30(5): 478-480.

刘广瑞，章有为，王瑞，1997. 中国北方常见金龟子彩色图鉴 [M]. 北京：中国林业出版社 .

牟敦蜀，牛瞻光，1996. 毛黄鳃金龟天敌普通钩土蜂生物学的研究 [J]. 昆虫天敌，18(2): 67-70.

山西省忻县农业科学研究所，1982. 毛黄鳃金龟的发生规律及预测预报 [J]. 昆虫知识，19(3): 22-24.

魏鸿钧，张治良，王荫长，1989. 中国地下害虫 [M]. 上海：上海科学技术出版社：104-109.

张美翠，尹姣，李克斌，等，2014. 地下害虫蛴螬的发生与防治研究进展 [J]. 中国植保导刊，34(10): 20-28.

章士美，赵泳祥，1996. 中国农林昆虫地理分布 [M]. 北京：中国农业出版社 .

（撰稿：郑桂玲；审稿：周洪旭）

毛胫埃尺蛾 *Ectropis excellens* (Butler)

一种主要危害刺槐、榆、杨、柳等多种树木的食叶害虫。又名刺槐外斑尺蠖。鳞翅目（Lepidoptera）尺蛾科（Geometridae）埃尺蛾属（*Ectropis*）。国外分布于日本、朝鲜、前苏联区域。中国分布于河南、北京以及东北地区。

寄主 刺槐、榆、杨、柳、栎、栗、苹果、梨、棉花、花生、绿豆、苜蓿。

危害状 初孵幼虫啃食叶肉，残留表皮，随着食量增大逐步蚕食叶片，啃成缺刻或孔洞，严重时把叶片食光，树冠成火烧状。幼虫危害时期，在枝条间吐丝拉网，连缀枝叶，如帐幕状。

形态特征

成虫 雌蛾体长 15mm 左右，翅展 40mm 左右。体灰褐色，触角丝状，翅灰褐色，翅面散布许多褐色斑点。前翅内横线褐色，弧形；中横线波状不甚明显；外横线波状较明显，锯齿形，中部有 1 个明显的黑褐色近圆形大斑；亚外缘线锯齿形，外侧灰白色与外缘线间的黑色斑纹相互交叉呈波状横纹。外缘有 1 列黑色条斑。前缘各横线端部均有大的褐色斑块，近顶角处更为明显。后翅外横线波状，呈细的褐色波状纹，其他横线模糊不清。外缘亦有 1 列小黑色条斑。中横线中部黑斑不明显。腹部背面基部 2 节各有 1 对横列的黑色毛束。雄蛾体长 13mm 左右，翅展 32mm 左右。触角短栉齿状，体色和斑纹较雌蛾色深明显。外生殖器钩形突细长，钩状，颚形突发达，抱器狭，阳具有 2 束刺突，无阳茎针（见图）。

幼虫 初龄幼虫灰绿色，胸部背部第一、二节之间有明显的 2 块褐斑，腹部第二至第四节背面颜色较深，形成一个长块状灰褐色斑块；第五节背面有 2 个肉瘤，气门下线为断续不清的灰褐色纵带。老熟幼虫体长 35mm 左右，体色变

毛胫埃尺蛾成虫（韩红香提供）

M

化较大，有茶褐色、灰褐色、青褐色等。体上有不同形状的灰黑色条纹和斑块。胸部第一、二节之间色深，呈褐色，中胸至腹部第八节两侧各有一条断续的黑色侧线。

生活史及习性　河南1年发生4代，以蛹在表土中越冬。翌年4月上旬成虫开始羽化、产卵。卵期15天左右，幼虫期25天左右，5月上旬开始入土化蛹。蛹期10天左右羽化为第一代成虫。成虫寿命5天左右。二代成虫7月上、中旬出现。第三代成虫8月中、下旬发生。第四代幼虫危害至9月中旬先后老熟入土化蛹越冬。

成虫产卵于树干近基部2m以下的粗皮缝内，堆积成块，上覆灰色绒毛。每雌产卵600～1360粒。老熟幼虫在林地多集中在树干基部周围3～6cm深的土中化蛹。

防治方法

生物防治　营造鸟巢，保护、招引天敌昆虫如绒茧蜂。

灯光诱杀　成虫期间可利用黑光灯集中诱杀成虫。

化学防治　人工燃放“敌马”烟剂熏杀刺槐外斑尺蠖幼虫，最佳施药量为22.5kg/hm^2。或飞机超低容量喷洒灭幼脲Ⅲ号，用药量20g/亩，药效可持续3周。

参考文献

白继光，薛广林，赵镇平，1988. 刺槐外斑尺蠖研究初报[J]. 河南林业科技(1): 37-38.

耿长明，厉天斌，张学正，等，1997. 敌马烟剂防治刺槐外斑尺蠖试验初报[J]. 河南林业科技(3): 38.

梁仲明，2001. 刺槐外斑尺蠖的发生与防治[J]. 中国森林病虫(3): 19-20.

尚中海，王平，田光合，等，1997. 飞机超低容量喷洒灭幼脲Ⅲ号防治刺槐外斑尺蠖试验[J]. 森林病虫通讯(1): 17-20.

（撰稿：代鲁鲁；审稿：陈辉）

毛竹蓝片叶蜂　*Amonophadnus nigritus* (Xiao)

中国特有的危害竹类的食叶害虫。又名毛竹黑叶蜂。英文名black bamboo sawfly。膜翅目（Hymenoptera）叶蜂科（Tenthredinidae）蔺叶蜂亚科（Blennocampinae）蓝片叶蜂属（*Amonophadnus*）。国外未见报道。中国分布于安徽、湖北、浙江、福建、江西、湖南、广西、海南等地。

本种最初放在真片叶蜂属（*Eutomostethus*）内，魏美才、聂海燕（2003）将其转移到蓝片叶蜂属内。真片叶蜂属是叶蜂科的几个大属之一，已知种类超过100种，国内分布超过50种。蓝片叶蜂属种类虽然较少，但与真片叶蜂属比较近似。这两属叶蜂的寄主植物都是竹类，而竹类的种类鉴别也比较困难。因此，这两属叶蜂的分布和寄主植物范围的相关报道，都可能存在错误，需要仔细分辨。

寄主　主要危害毛竹，也可取食刚竹和淡竹。

危害状　幼虫分散取食毛竹叶片。种群较大时，逐渐自下而上吃光竹子下部、中部、上部叶片，造成大片毛竹林渐枯黄，两年左右枯死。严重影响毛竹生长发育。

形态特征

成虫　雌虫体长8～10mm（图①）。体黑色，头胸部具微弱蓝色光泽，腹部紫蓝色光泽较明显。足黑色，后足基节端部、后足转节，各足股节末端和胫节白色至黄褐色，后足胫节端缘稍带褐色，各足跗节斑纹稍有变化，前中足跗节颜色常较淡，后足跗节大部至全部黑褐色，有时基跗节黄褐色（图①）。头胸部背侧细毛黑褐色，侧板细毛稍淡。翅深烟色，翅痣黑褐色。唇基端部亚截形，端缘微呈凹弧状；颚眼距线状，后颊脊十分低短；复眼较大，间距稍小于复眼长径（图④）；背面观后头微膨大，明显短于复眼；中窝中等大，额脊宽钝，端缘缺，前单眼凹显著小于中窝，前部具一较大瘤突；单眼中沟宽，后沟显著；单眼后区长微短于宽，侧沟较长且直，向后稍分歧（图⑤）；触角丝状，稍短于前翅前缘脉，但长于Sc+R脉，第三节1.5倍于第四节长（图③）。胸腹侧片缝很浅，胸腹侧片宽大。前足胫节内距端部不分叉，具高位膜叶，后足基跗节稍短于其后4节之和；爪大形，内齿约为端齿的1/2长（图②）。前翅1M脉与第1m-cu脉向翅痣方向稍聚敛，第2Rs室长于1R1+1Rs室，臀室长与其柄部长之比为11∶8；后翅具封闭M室（图①）。体光滑，后眶、上眶和颜面散布稀疏细小的具毛刻点。锯鞘侧面观稍长，末端圆钝；锯腹片28～29刃，侧面刺毛密集，不呈带状，中部锯刃突出，齿式为0/3，无内侧亚基齿，刃齿小。雄虫体长6～7mm；体色和构造似雌虫，但后头明显收缩，复眼间距较窄，单眼后区较宽。

卵　长椭圆形，长约2mm，宽0.8mm；初产时淡粉红色，孵化前变为灰色。

幼虫　初孵幼虫淡黄色，头部黑色；老熟幼虫体黄色发亮，头部黑色，腹部气门下线处每节有2个黑点；各胸节由3个小环节组成，每节背侧具瘤状刺突7～8个；胸足的股节、胫节、跗节和爪黑色，转节黄色，基节前面黑色；每个腹节具6个小环节，第一、三小节背侧面具隆起的瘤状小刺突8～9个，肛上板背面具30余个瘤状刺突；腹足足上叶及基节黑色，具较多颗粒状突起及少数钝刺突，形成黑色侧线。

蛹　离蛹，长约10mm；初蛹淡黄色，足透明，近羽化时渐变为黑褐色。

生活史及习性　浙江至湖南一带，本种1年发生1～2代，以老熟幼虫在植株下2～5cm深的土中结茧越冬，翌年5月上旬开始化蛹，5月中旬后成虫羽化，当天可交配产卵，6月上旬幼虫孵化。1年1代的幼虫于7月上旬老熟，然后入土越夏、越冬至次年5月。1年2代的幼虫于7月上旬入土至8月中旬化蛹，8月下旬至9月上旬成虫羽化，9月上旬至10月中旬为第二代幼虫发生期，至11月上旬老熟幼虫入土越冬。

成虫在天气晴朗时活动，喜欢成群在阳光充足的东南坡竹子上特别是顶部飞行或求偶，阴雨天停息在竹叶上不活动。成虫取食虎杖等植物花粉补充营养。卵产于毛竹的叶肉组织内。产卵时，成虫从竹叶主脉两侧正面产入卵，每产1粒卵移动约1mm，卵成“一”字形排列，一般每叶产卵1排，每排卵量数十枚，卵期9～12天。成虫寿命3～9天，产卵后不久死亡。雌雄性比0.54。

幼虫共7龄。幼虫孵化后，从叶片正面咬1小孔钻出，不取食卵壳。初孵幼虫在原产卵叶片上取食，沿叶片边缘排队，由叶片端部吃向基部，仅留存主脉。吃完一片叶后群体

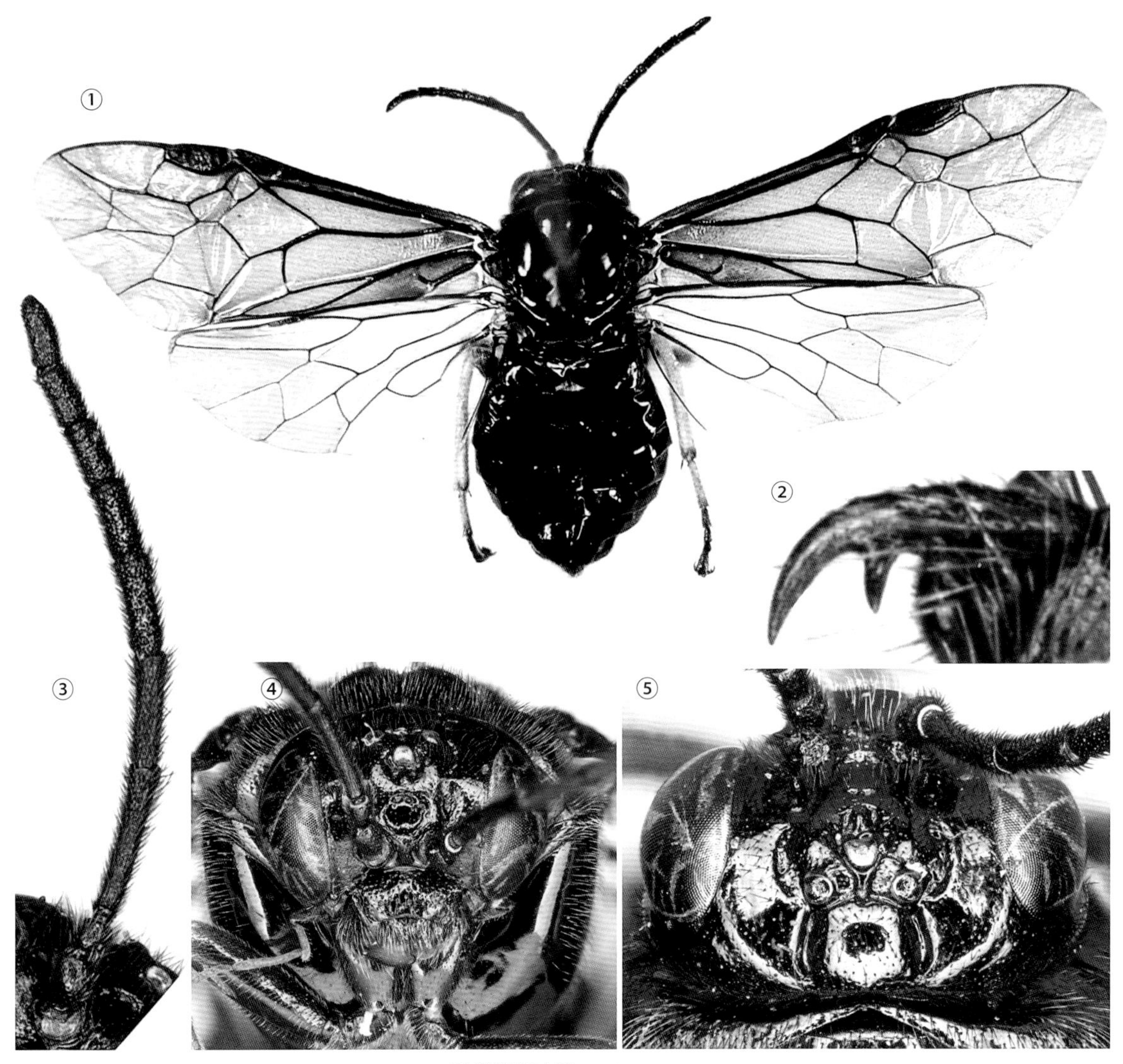

毛竹蓝片叶蜂（魏美才摄）

①雌成虫；②爪；③触角；④头部前面观；⑤头部背面观

转移到下一叶片取食。四龄幼虫开始分散取食。幼虫多在炎热的夏季 9：30 之后下竹，在竹竿基部叶鞘内或地被物中躲藏避热，傍晚上竹危害。幼虫老熟后从竹杆上爬到地面入土做土茧。蛹期 8～9 天。

防治方法

营林措施　毛竹纯林本种叶蜂危害一般较混交林严重。可以采用竹杉混种，或营造竹子与其他阔叶树的混交林，可较好的控制其危害。

化学防治　在第一代幼虫盛发初期（浙江、湖南一带在 6 月中旬），应用常用的高效低度杀虫剂进行竹腔注射，防治效果良好。利用幼虫白天下竹的习性，可以在午后向竹子基部喷洒农药，灭杀幼虫。

参考文献

林中平，1998. 毛竹黑叶蜂 *Eutomostethus nigritus* 生物学特性及防治 [J]. 武夷科学，14: 112-115.

王茂芝，朱至建，屠永海，等，1990. 毛竹黑叶蜂对毛竹生长的影响及防治 [J]. 浙江林学院学报，7(4): 329-333.

魏美才，聂海燕，2003. 蔺叶蜂科 Blennocampidae[M] // 黄邦侃. 福建昆虫志：第 7 卷. 福州：福建科学技术出版社：127-162.

萧刚柔，1990. 中国叶蜂四新种（膜翅目，广腰亚目：扁叶蜂科、叶蜂科）[J]. 林业科学研究 (6): 548-552.

（撰稿：魏美才；审稿：牛耕耘）

糜子吸浆虫　*Stenodiplosis panici* Plotnikov

一种世界分布，危害糜子籽粒为主的害虫。又名黍蚊、黍瘿蝇等。英文名 millet gall midge。双翅目（Diptera）瘿蚊科（Cecidomyiidae）狭瘿蚊属（*Stenodiplosis*）。国外分布于日本、俄罗斯、乌克兰、哈萨克斯坦、埃及、阿尔及利亚，以及欧洲南部、北美洲等地。中国分布于西北和东北等糜子产区。

寄主　主要危害糜子，也危害稗子。

危害状 以幼虫蛀食尚未开花或正在开花授粉的糜穗花器，初期穗颖仍为绿色，后逐渐褪绿干枯，籽粒呈灰白色的扁平纺锤形。受害的糜子籽粒均不充实，与健康种子极易区别。

形态特征

成虫 暗红色，雄虫较淡，体长2～2.5mm。翅灰色，翅展4.5mm，翅薄，半透明卵圆形，脉纹3条，基部收缩成柄状，平衡棍淡红色，复眼黑色合眼式。触角灰黑色，14节，口器吻状退化，小颚须3节。前胸窄，中胸极大，背板发达。盾片大，颜色暗褐，小盾片圆形突起；侧板发达，延伸成三角形。后胸较小，足细长，灰褐色，着生细毛；跗节5节，第一与第五节等长，第二节最长，其他各节依次渐短。雌虫腹端有1细长产卵管，雄虫腹端生1钳状抱握器。

卵 长椭圆形，白色半透明。末端有1带状物，约与卵长相等。

幼虫 蛆形，橙黄色，老熟幼虫橘红色，长2mm，共13节，表面光滑。前胸与头向下微倾，口器简单退化，其周围有骨化圆片。触角微小，仅1节。气孔向外突出，共9对，前胸1对，腹部8对。越冬幼虫结丝质长圆形淡黄色薄茧于糜子壳内。

蛹 长2mm，裸蛹，初化时橘红色，后红色加深，翅、足变黑。前端有呼吸管1对，头顶有毛2根。雄蛹尾部抱足器明显。

生活史及习性 1年发生2～3代，最后一代老熟幼虫在受害糜子壳内结茧过冬，翌年糜子抽穗前化蛹，蛹期3～7天，16～25°C条件下都能羽化，温度高羽化早。成虫全日内均可羽化，以9：00～14：00时最盛，羽化时头部从内外颖尖伸出，钻出一半而羽化。成虫飞翔力不强，遇风即在糜子旗叶与糜穗间不动，无风情况下早露水干后开始活动，至中午时间最活跃，后渐少，18：00时后很少活动。

成虫寿命4～5天，交配后雌虫头部向上，倒退向糜穗下部活动，以产卵管寻找刚抽穗而未开花的糜粒产卵，将卵产于小穗的第三护颖内，在已开花的糜粒上未见产卵的。产卵时微有惊扰也不飞离。每颖壳内产卵1～2粒，1雌虫可产卵10余粒，最多可达100粒左右。卵期3～4天，幼虫孵化后较活泼，即向子房内钻蛀。幼虫期8～14天，后老熟，在温湿度适合时随即在颖壳内结茧化蛹。完成一代需20天左右，当平均气温为17～18°C时，12～14天就可完成1代。

由于各代化蛹和羽化很不整齐，同一时期存在不同世代的各期虫态，一年内各个体亦很不一致，有的完成1代后越冬，有的则能完成2～3代，故常形成世代重叠。

发生规律 糜子吸浆虫的发生危害主要取决于越冬虫源的多少和播期的早晚。越冬代成虫集中产第一代卵于自生糜苗或早播的整茬糜子上为害，第一代成虫于8月底或9月初出现，集中产第二代卵危害复种糜子，晚播或迟熟的糜子受害更重。若9月气温偏高时可出现第二代成虫，从而发生第三代。末代老熟幼虫一般在9月中下旬越冬。越冬虫粒在田间及打谷场最多，越冬成活率也最高，是翌年发生的主要来源。成虫不活泼，飞行距离短，远距离传播靠带虫的秕糜或稗粒。

糜子吸浆虫成虫只产卵于尚未开花的糜穗，绝不产卵于已开花的糜穗，因此糜穗受害与否和糜子吸浆虫羽化期的糜穗生长情况有密切关系，而糜子生长又与品种与播种期有关。一般小满前播种受害重，小满至芒种播种受害轻，芒种后播种受害最重。正常生长的植株各分蘖只抽一穗，生长整齐则受害较轻；而一些植株分蘖上生出分枝，各分枝的抽穗期不一致，适宜于吸浆虫的繁殖发生，则受害较重。

防治方法 糜子吸浆虫虫体小、发生危害大，隐蔽性强，因此，对吸浆虫的防治一定要贯彻“预防为主，综合防治”的植保方针。

农业措施 轮作倒茬，避免重茬。糜子收获碾场时清洁场地。秋季翻耕，将遗留在田间的有虫糜穗糜壳翻埋入土。消灭野生寄主稗草，精选种子，从而减少虫源。

植物检疫 虫情较轻或无为害的地区要严格检疫，防止虫情蔓延。

化学防治 各糜子产区应根据当地糜子主栽品种、栽培环境和温湿条件对糜子吸浆虫进行适时防治，可按量施用吡虫啉、毒死蜱等农药。

参考文献

刘敢成，1965. 糜子吸浆虫及其为害[J]. 新疆农业科学(7): 268.

魏凯，纳纯，瞿存宣，1964. 糜子吸浆虫研究初报[J]. 宁夏农林科技(12): 18-24

中国农业科学院植物保护研究所，中国植物保护学会，2015. 中国农作物病虫害[M]. 3版. 北京：中国农业出版社.

朱象三，1955. 糜子吸浆虫的初步调查[J]. 农业科学通讯(10): 563-564.

（撰稿：冯佰利；审稿：柴岩）

美国白蛾 *Hyphantria cunea* (Drury)

是外来入侵的对林果植物和农作物危害性极大的害虫。2013年被列入《全国林业检疫性有害生物名单》。又名美国白灯蛾、秋幕蛾。英文名fall weborm。鳞翅目（Lepidoptera）灯蛾科（Arctiidae）白灯蛾属（*Hyphantria*）。原产于北美洲，广布于美国北部、加拿大南部和墨西哥。20世纪40年代，随着货物运输传播到中欧和东亚。在欧洲，于匈牙利首次发现，后该虫相继蔓延至捷克斯洛伐克（1948年）、罗马尼亚（1949年）、奥地利（1951年）、苏联（1952年）、波兰（1961年）、保加利亚（1962年）以及法国、意大利、土耳其等国，引起林木和果树等的毁灭性灾害，造成重大的经济损失，成为全球性的检疫性害虫。亚洲首先在日本东京发现（1945），后传至朝鲜半岛（1958年），1979年传入中国辽宁丹东，后传播到陕西（1984年）、山东（1987年）、安徽和河北（1989年）、上海（1994年）、天津（1995年）和北京（2003年）等地。根据世界范围气候的差异，美国白蛾分布范围在19°～55° N，发生代数从北至南不尽相同。在中国，美国白蛾可能的生存范围为39°～132° E，26°～50° N。

寄主 主要危害果树、行道树和观赏树木等阔叶树以及农作物等。在美国受害的阔叶树达100多种；欧洲被害植物有230种；日本被害植物有317种。中国辽宁被害植物100多种：林木类以糖槭、白蜡、桑、樱花树受害最重，其次是杨、柳、悬铃木、臭椿、榆、栎、桦、刺槐、丁香、连翘、雪柳、山桃、五叶枫、南蛇藤、接骨木、爬山虎、绣球、珍珠梅和落叶松等；果树类以苹果、山楂、桃、李、海棠树受害最重，其次是梨、樱桃、杏、葡萄等。幼虫五龄以后转移分散，可食害树木附近的玉米、大豆、甘薯、向日葵、白菜、萝卜、菜豆、茄子、芝麻、烟草、花卉和多种杂草。

危害状 幼虫取食植物叶片，可将树叶吃光，造成树势衰弱、早期落果，幼树连续受害，导致死亡。

形态特征

成虫 体白色，体长9～12mm。头白色，复眼黑褐色，胸部背面密被白毛，腹部白色。雄虫触角双栉齿状，黑色，长5mm，内侧栉齿较短，约为外侧栉齿的2/3。下唇须外侧黑色，内侧白色。翅展23～34mm，多数为30mm左右，多数前翅散生有几个或多个黑褐色斑，有的无斑，第一代翅面上的斑点密布，第二代翅面上的斑点稀少，不同个体斑点多少变化很大。雌虫触角锯齿状，褐色；翅展33～44mm，多数为40mm左右；前翅为纯白色，后翅通常为纯白色，或近边缘处有小黑点。前足基节、腿节橘黄色，胫节、跗节内侧白色，外侧黑色，胫节端具有1对短齿，中后足腿节白色或黄色，胫节、跗节上常有黑斑，后足胫节有1对端距。雄性生殖器爪形突尖锐，向腹面钩状弯曲，抱器瓣对称，抱器瓣内侧有1齿状突起；阳茎端部较膨大，阳茎基环梯形、板状。雌性肛乳突大而扁平（图①②）。

卵 圆球形，直径约0.5mm。有光泽，初产时为浅黄绿色，有光泽，后变为灰绿色，孵化前呈灰褐色，表面有规则的凹陷刻纹。卵块单层排列，覆盖白色鳞毛。

幼虫 有两个型。红头型，头壳和体背毛瘤红色，仅出现于美国南部。其他地区与中国为黑头型，头壳和体背毛瘤黑色。老龄幼虫体长28～35mm。头壳黑色，具光泽。单眼6个，第一至四个排列成弧形，第五到六与第四单眼远离，后3个排成三角形。体色黄绿至灰黑色，背部两侧线之间有一条灰褐至灰黑色宽纵带，背中线、气门上线、气门下线浅黄色。体侧面与腹面灰黄色，背部毛瘤黑色，体侧毛瘤橙黄色，毛瘤上生有白色长毛丛，混有少数黑毛，有的个体生有暗红色毛丛。气门椭圆形，白色，具黑边；胸足黑色，臀足发达，腹足外侧黑色，腹足趾钩异形单序，横带排列，中间的长趾钩10～14根，两端的短趾钩20～24根（图③）。

蛹 长8～15mm，粗3～6mm。暗红色，头、前胸、中胸有不规则的细皱纹，后胸与各腹节上布满凹刻点，胸部背面中央有一纵向隆脊，第五至第七腹节前缘，第四至六腹节后缘具横向隆脊。臀棘10～17根，每根臀棘端膨大呈喇叭口状，中部凹陷。蛹外包有淡褐色或灰色薄茧（图④⑤）。

美国白蛾（石娟提供）

①雌虫；②雄虫；③幼虫；④雌蛹；⑤雄蛹

生活史及习性 美国白蛾在原产地美国1年发生1代、2代、3代，甚至4～5代。在朝鲜1年发生2代，有3代幼虫，但不能越冬。在中国1年发生2～3代，个别地区发生4代，世代重叠现象严重。以蛹在树皮缝、树洞、墙缝、枯枝落叶和表土层中越冬。翌年3月末到4月上旬越冬代成虫羽化产卵，幼虫4月底开始危害，直至6月下旬，老熟幼虫从树上向下爬到隐蔽处化蛹，越夏蛹则多集中在寄主树干老皮下的缝隙内，部分在树冠下的杂草枯枝落叶层中、石块下或土壤表层内。7月上旬出现第一代成虫，中旬第二代幼虫发生，8月中旬为危害盛期。8月出现世代重叠现象，中旬第二代成虫开始羽化，第三、四代幼虫危害期为9月上旬至11月中旬，10月中旬第三、四代幼虫开始化蛹越冬。成虫喜夜间活动和交尾，清晨落于墙壁、树干、草地等处休息，飞翔力弱，易于人工捕捉。成虫大量发生时白天也交尾产卵。雄蛾有一定的趋光性，雌蛾喜欢在光照充足的植物体上活动、产卵，一般植物体见光多的枝条、叶片受害严重，高大建筑物阴面的植物则受害轻。成虫把卵单层成块产于叶背主脉与支脉之间，500～600粒，最多可达2000余粒，上面覆盖白色鳞毛。幼虫孵出数小时就能吐丝拉网，三、四龄幼虫时，所拉网幕可达1m以上，甚至能扩及整株树。幼虫较少时，多集中在一个枝条上，然后向四周扩展。幼树或低矮灌木被害时网幕能直达地面。低龄幼虫在网下取食，取食叶肉和下表皮，只留上表皮，受害叶呈网状透明。高龄幼虫食尽叶肉仅剩叶脉。低龄幼虫有暂时群集习性，食物不足时分散转移危害。幼虫一般7龄，五龄后则离开网幕，多分散在树冠上部危害。幼虫老熟后停止取食，随风飘落地面、墙头，或沿树干下行，在树干老树皮下或附近适宜的场所化蛹，在地下化蛹则做茧室。幼虫有较强的耐饥饿能力，最长可达15天，老熟幼虫到处化蛹，可附着在木材、货物、包装箱等载体上，随车辆、船舶远距离传播。

发生规律 美国白蛾的发生主要与气候和天敌有关。光照和积温决定了此虫在每一地区能否存活以及可能完成的世代数。冬季温暖能提高美国白蛾的越冬蛹成活率，早春气温回升快能使越冬蛹提前孵化。夏季温度高能加快美国白蛾幼虫的发育进程，使各龄期缩短，最短1个月左右即可完成幼虫期的发育，有利于第三代的早发。秋季气温回落迟缓有利于第三代的大发生，若幼虫还没接近老熟的则不能越冬。越冬蛹对早春的温湿度骤然变化非常敏感，再加上天敌的影响，越冬蛹死亡率可达68%，最高可达90%，美国白蛾在北美洲危害并不严重就是由于受到气候和天敌因子的制约。另外，食物的充足程度也在一定程度上决定了其种群的数量。

暴发成灾的原因 美国白蛾传入新的地区，如不及进行有效防治，很容易暴发成灾，原因在于：寄主范围广，适应性强，有新的充足食物资源。成虫产卵量大，卵孵化率高，繁殖快而量大，种群数量增长快速。为新传入的外来种，无有效的控制天敌，幼虫形成的网幕是一道天然屏障，阻止了天敌的捕食。幼虫的耐饥饿能力很强，最长可达15天，成虫的产卵在多种植物叶片上，幼虫到处化蛹，人为活动很容易将传播害虫。幼虫有暴食性，1头幼虫一生可吃掉10～15片桑树叶或糖槭叶，数量大时，很快把树叶吃光，又能转移危害。

防治方法

严格对外对内检疫措施　划定疫区或防护带，设置检疫哨卡，严格检查由疫区运出的植物及其产品，严格禁止从疫区调出苗木。加强对外检疫，认真执行对外检疫法规。

人工防治　在幼虫发生初期人工剪除网幕，剪下的枝叶集中烧毁或深埋。人工在有虫树干上绑一团稻草，或在树下堆几捆稻草把，诱集老熟幼虫在其中化蛹，于成虫羽化前将稻草集中烧毁。

物理防治　利用电击灭蛾灯、佳多频振式杀虫灯、昆虫诱捕器等灭虫灯诱杀成虫。

生物防治　美国白蛾有多种天敌，扑食性的如蜘蛛、大草蛉、中华草蛉等。寄生性的，蛹期有日本追寄蝇、舞毒蛾黑瘤姬蜂、广大腿蜂。幼虫期感染多种病毒，有核多角体病毒、质多角体病毒、颗粒体病毒，其中以前者毒性最强。1989年杨忠岐在陕西发现了寄生于美国白蛾幼虫和蛹的寄生蜂——白蛾周氏啮小蜂（*Chouioia cunea* Yang），寄生率达80%以上，后在大连等地饲养释放，对控制美国白蛾的种群效果很好。在美国白蛾发生区，保护、饲养和释放白蛾周氏啮小蜂，能有效控制美国白蛾的种群数量。施用苏云金杆菌、核多角体病毒和颗粒体病毒制剂。

性信息素的利用　人工合成的美国白蛾性信息素具有专一性强、灵敏度高、使用方便等特点，可应用于成虫发生期监测，种群动态监测，疫区扩散蔓延趋势监测，防治效果检查及大量诱杀等。

化学防治　常用药剂有：90%敌百虫，80%敌敌畏，50%辛硫，2.5%溴氰菊酯，50%杀螟松，灭幼脲等。喷洒以上药剂应在幼虫四龄以前进行。

植物杀虫剂防治　烟草、鱼藤、苦楝、印楝、巴豆等可被利用。应用植物杀虫剂——绿灵，防治美国白蛾四龄以下幼虫可采用2000倍液。对四龄以上幼虫应加大浓度，以800～1500倍液为宜。

参考文献

方承莱，1985. 中国经济昆虫志：第三十三卷　鳞翅目　灯蛾科[M]. 北京：科学出版社.

方承莱，2000. 中国动物志：昆虫纲　第十九卷　鳞翅目　灯蛾科[M]. 北京：科学出版社.

李玉璠，艾德洪，王景文，等，1980. 美国白蛾研究初报[J]. 辽宁农业科学(2): 44-48.

李玉璠，王景文，艾德洪，等，1981. 美国白蛾生物学特性的观察[J]. 辽宁农业科学(6): 36-42.

屈帮选，等，1987. 美国白蛾预测预报的研究. 西北林学院学报(2): 41-49.

孙益智，马谷芳，花蕾，1990. 苹果害虫防治[M]. 西安：陕西科学技术出版社.

萧刚柔，1992. 中国森林昆虫[M]. 2版. 北京：中国林业出版社.

杨忠岐，1989. 中国寄生于美国白蛾的啮小蜂一新属一新种（膜翅目 姬小蜂科 啮小蜂亚科）[J]. 昆虫分类学报，11(Z1): 117-123.

（撰稿：袁锋、李怡萍；审稿：陈辉）

美洲斑潜蝇　*Liriomyza sativae* Blanchard

一种外来入侵、遍布全国的以危害蔬菜花卉为主的多食性害虫。英文名 vegetable leaf miner。双翅目（Diptera）潜蝇科（Agromyzidae）植潜蝇亚科（Phytomyzinae）斑潜蝇属（*Liriomyza*）。

首先描述于阿根廷的紫花苜蓿叶片上，随后相继在北美、中美和南美洲暴发。20世纪70年代末开始向旧大陆扩散，80年代末扩散至英国、意大利、波兰、澳大利亚和新西兰等国家，90年代开始在欧亚大陆迅速扩散。现分布于北美洲、南美洲、欧洲、非洲、亚洲和大洋洲。中国最先发现于海南（1994年），随后迅速在全国多地暴发，其中包括海南、广东、广西、福建、浙江、上海、江苏、山东、河北、北京、江西、安徽、河南、湖北、四川、云南、贵州、山西。现在全国各地均有分布。

寄主　黄瓜、丝瓜、菜豆、豇豆、葫芦、南瓜、西瓜、甜瓜、葫芦、番茄、扁豆、眉豆、苜蓿、辣椒、茄子、马铃薯、油菜、棉花、蓖麻及花卉等。

危害状　雌虫一般刺穿叶表取食产卵。卵在伤孔中孵化后，幼虫在叶表潜食至幼虫老熟，亦形成蛇形不规则的潜道，但略窄于南美斑潜蝇的潜道。老熟幼虫咬破叶片在叶面上或落地化蛹（图②）。

形态特征

成虫　头部外顶鬃处暗褐色，内顶鬃常着生在头顶黄、暗交界处，外形与南美斑潜蝇相似，但体型较小。中胸背板亮黑色，中鬃较粗长，前后均呈不规则4行（图①）。

雄虫外生殖器骨化较深，基阳体有一段暗色区，射精泵扇状部褐色，两侧常不对称。

卵　椭圆形，乳白色，半透明。大小为0.2～0.3mm×0.10～0.15mm。

幼虫　初孵半透明，渐变为黄色至橙黄色。老熟幼虫体长2～3mm，后气门呈圆锥状突起，顶端三分叉，各具1气孔开口。

蛹　鲜黄色至橙黄色，腹面略扁平（图②）。

生活史及习性　年发生代数一般随纬度增加、海拔增高而逐渐减少。田间自然条件下，在海南每年可发生20代左右，广东、福建、浙江等地15代左右，河南、山西、湖南等地10代左右，河北5～8代，内蒙古3～6代。

美洲斑潜蝇发生高峰期与不同地区的年温度变化、寄主种植等环境条件密切有关。如海南高峰期为11月至翌年4月；广东茂名4～6月（春菜），8～9月（秋菜）及11～12月（冬菜）；广东广州6～7月，9～10月；广西7～9月；四川6～7月，9～10月；安徽4～5月，9～10月；浙

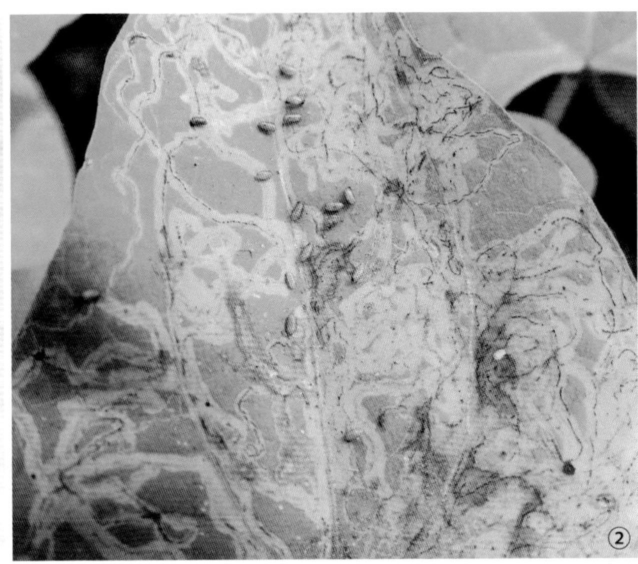

美洲斑潜蝇的成虫、蛹和危害状（雷仲仁提供）

①美洲斑潜蝇成虫；②美洲斑潜蝇危害状和蛹

江杭州 9～10 月；江苏 7～8 月，10～11 月；河北 6～7 月；内蒙古赤峰 5～6 月，8～9 月。

白天活动，晚上常藏匿于叶背休息。雌雄均可多次交配，大部分成虫羽化后 24 小时内即可开始交配，交配一般在白天进行，一般在羽化后第二天开始产卵，每雌一生平均产卵 100 粒左右，产卵量与蛹重呈极显著相关。

北纬 35°以北无法越冬，田间自然环境下山东潍坊、菏泽无法越冬，长江以南一些地区可在残枝落叶或地面、土表缝隙内越冬。广东、海南等地可终年发生。

发生规律

气候条件　发生与温湿度、降水量相关，温度越高发育历期越短；湿度影响斑潜蝇存活率，降水可造成幼虫、蛹和成虫的大量死亡。

种植结构　寄主作物种类对斑潜蝇发育历期、蛹重等都有显著相关性，因此作物布局影响美洲斑潜蝇局部发生程度。

天敌　越冬期以捕食性天敌为主，发生期主要为寄生性天敌。

化学农药　斑潜蝇是典型的由于化学农药的大量应用导致其从次要害虫转为主要害虫的案例。斑潜蝇易产生抗药性，且天敌对广谱性杀虫剂更加敏感，进而导致害虫的再猖獗问题。

防治方法

农业防治　冬耕深翻，春耕浅翻。冬季保护地冷冻处理以减少越冬蛹；蛹期大水漫灌。及时铲除田边杂草等野生寄主。间作、轮作非寄主或趋避作物（如苦瓜、大葱）。

物理防治　应用 30 目左右的防虫网，可以把美洲斑潜蝇、南美斑潜蝇等多种斑潜蝇和比其体积更大的害虫挡在保护地外，可有效预防斑潜蝇的发生与危害；如果有少量斑潜蝇进入温室，可用黄板诱杀。

生物防治　荷兰 Koppert 公司生产防治斑潜蝇的 3 种寄生蜂 4 种产品，已在欧洲广泛应用。保护利用自然天敌，特别是保护利用斑潜蝇寄生蜂，这对持续控制美洲斑潜蝇有很重要的作用。

化学防治　对幼虫防效较好的药剂有阿维菌素类药剂和灭蝇胺等。

参考文献

康乐，1996. 斑潜蝇的生态学与持续控制 [M]. 北京：科学出版社.

卫清波，2013. 美洲斑潜蝇抗药品系的筛选及其抗性机理的研究 [D]. 海口：海南大学.

问锦曾，王音，雷仲仁，1996. 美洲斑潜蝇中国新纪录 [J]. 昆虫分类学报，18 (4): 79-80.

肖铁光，游兰韶，2000. 斑潜蝇研究 [M]. 长沙：湖南科学技术出版社.

KANG L, CHEN B, WEI J N, et al, 2009. Roles of thermal adaptation and chemical ecology in *Liriomyza* distribution and control[M]. Annual review of entomology, 54: 127-145.

（撰稿：雷仲仁；审稿：王海鸿）

门源草原毛虫　*Gynaephora menyuanensis* Yan et Chou

一种中国青藏高原牧区的重要害虫，可取食 40 种以上的草地植物，严重影响牧草生长，造成草原缺草。又名红头黑头虫、草原毒蛾。鳞翅目（Lepidoptera）目夜蛾科（Erebidae）草原毛虫属（*Gynaephora*）。分布于中国青海（门源、祁连、海晏、天峻、大通、互助、乐都、化隆、循化、同仁、贵德、共和、兴海、同德、贵南）、甘肃（民乐、肃南、积石山、夏河）。

寄主　莎草科、禾本科、豆科、蓼科、蔷薇科等 40 余种草地植物。

危害状　地毯式危害，所到之处寄主植物大量被采食，仅留植物根部残茬，甚至连残茬也取食殆尽（图⑥）。

形态特征

成虫　雌雄在外部形态、个体大小和翅的有无方面表现出明显的性二型特征。雄虫翅发达，雌虫无翅。黑色（雄）或黄色（雌），密被黄色长绒毛（雄）或棕灰色短绒毛（雌）；体长7.5～9.2mm（雄）或9.7～16mm（雌），翅展20.5～28mm。触角长度短于前翅1/2，主干土黄色，栉齿栗色。前翅端中横脉内1土黄色或橘黄色斑纹，从翅前缘向后缘呈反"S"形弯曲并到达后缘2/3处；外缘线黑褐色，亚外缘线土黄色或无色；外横线明显，土黄色，锯齿状，从前缘至后缘2/3呈反"S"形弯曲；中室端横脉内1明显土黄色斑，中室基部1同色小斑或偶缺，缘毛与斑纹同色。前翅腹面土黄色，中室端横脉外1模糊黑斑。后翅背面、后缘和端半部黑褐色，翅基半部和缘毛土黄色；横脉纹上1小黑斑；反面与背面同色，仅边缘黑褐色并散布黄色鳞片。腿和跗节被黄色短绒毛。雌性头部扁平，黑色；口器、胸足退化成淡黄色肉瘤状；无翅（图①）。

卵　偏球形，端卵孔端稍微凹。初产时乳白色，随卵成熟渐变为米黄色—灰色—灰黑色；宽1.1～1.4mm，长0.8～1.2mm。受精孔5～8个，受精孔管6～7条；受精孔花饰呈令箭形，3圈；花饰外围的六边形网状花纹6～8层（图②）。

幼虫　性二型。老熟幼虫黑色，被黑长毛，两侧杂有白色长毛，头部红色；体长18～23mm（雄）或25～33mm（雌）。前胸背板前缘1条"一"字形暗红色斑纹。节间膜白色或有橘红色花斑，气门上线白色或橘红色；翻缩腺橘红色或乳黄色；腹足、前胸背板和肛上板黑色（图③）。

该种的幼虫与青海草原毛虫（*Gynaephora qinghaiensis* Chou *et* Yin, 1997）十分相似，两者的主要区别是：前者的足、前胸背板和肛上板黑色，而后者则为黄色。

茧　灰黑色，雄小雌大。

蛹　性二型。初期白色，中后期颜色渐变为红褐色（雄）或黑色（雌），体长9.8～17.1mm，宽4.6～5.8mm（雄性）或宽4.6～8.3mm（雌性），雌性的翅、触角和口器均退化（图④）。

生活史及习性　幼虫7个龄期，雌虫产卵于茧内是该虫颇为特殊的习性。1年发生1代，以一龄幼虫越冬，翌年3月中下旬至4月上旬开始出蛰活动并取食植物幼芽，2～6龄幼虫分别见于4月下旬至5月、5月中下旬、6月上中旬、6月中下旬，七龄幼虫见于7月上中旬，之后至8月上中旬结茧化蛹，8月中下旬至10月初成虫羽化、交配并于8月中下旬至9月上中旬产卵，9月中下旬至10月上中旬一龄幼虫孵化，进入滞育越冬直至翌年。该毛虫各阶段平均发育时间为：成虫15.50±7.34天（雄）或4.20±11天（雌）；卵21±3.32天；幼虫310±5.49天（雄）或324±10.28天（雌）；蛹15.38±1.67天（雄）或4.02±1.46天（雌）。

防治方法

化学防治　在幼龄幼虫期，采用对草原生物污染力小的有机磷胃毒剂农药或触杀性农药喷雾或喷粉。

生物防治　用草原毛虫核形多角体病毒［*Gynaephora ruoergensis* Chou *et* Yin（*Nuchear polyhedrosis virus*, GrNPV）］或白蛾周氏啮小蜂（*Chouioia cunea* Yang）对其进行防治。

参考文献

毛玉花，刘晓鹏，雷明霞，等，2016. 应用周氏啮小蜂防治草原毛虫的试验[J]. 甘肃畜牧兽医，46(5): 81-82.

青海省生物研究所，1972. 草原毛虫及其防治[M]. 西宁：青海人民出版社.

王兰英，2012. 草原毛虫的发生及其防治[J]. 草业与畜牧，204(11): 31-34.

门源草原毛虫（①严林，2006；②～⑤ Zhang et al., 2017）

①雄蛾（具翅）和雌性（无翅）；②卵；③幼虫；④蛹；⑤幼虫危害状

严林，2006. 草原毛虫属的分类、地理分布及门源草原毛虫生活史对策的研究 [D]. 兰州：兰州大学：112.

严林，周尧，刘振魁，1997. 青海省草原毛虫属三新种记述（鳞翅目：毒蛾科）[J]. 高原生物学集刊 (13): 121-126.

郑莉莉，宋明华，尹谭凤，等，2016. 青藏高原高寒草甸门源草原毛虫取食偏好及其与植物 C、N 含量的关系 [J]. 生态学报，36(8): 2319-2326.

周尧，印象初，1979. 草原毛虫的分类研究 [J]. 昆虫分类学报 (1): 23-28.

ZHANG L, ZHANG Q L, WANG X T, et al, 2017. Selection of reference genes for qRT-PCR and expression analysis of high-altitude-related genes in grassland caterpillars (Lepidoptera: Erebidae: *Gynaephora*) along an altitude gradient[J]. Ecology and evolution, 7(21): 9054-9065.

（撰稿：潘昭；审稿：任国栋）

蒙古拟地甲 *Gonocephalum reticulatum* Motschulsky

一种危害多种农林作物及果蔬的地下害虫，主要取食幼根嫩芽。又名网目土甲。鞘翅目（Coleoptera）拟步甲科（Tenebrionidae）土甲属（*Gonocephalum*）。又名蒙古沙潜。国外分布于俄罗斯、朝鲜和蒙古。中国主要分布于华北、东北等地。

寄主 桑、苹果、梨、桃、葡萄、柿、枣、核桃、杨、栗、榆、桐、槐、竹、楸、小麦、花生、甜菜、玉米、棉花、烟草、向日葵、豆类、麻类、花卉、蔬菜等。

危害状 成虫危害嫩芽，幼虫生活于约 15cm 深的土内，危害幼根，主要危害蔬菜、花卉、果树、林木实生苗的幼芽、幼根，造成缺苗断垄。

形态特征

成虫 体长 4.5～6mm，暗黑褐色。头部黑褐色，向前突出。触角棍棒状，复眼小，白色。前胸背板外缘近圆形，前缘凹进，前缘角向前突出，上面有小点刻。鞘翅黑褐色，密布点刻和纵纹，刻点不及网目拟地甲明显；后翅褶平置于鞘翅之下，身体和鞘翅均较网目拟地甲窄。

卵 椭圆形，长 0.9～1.25mm，乳白色，表面光滑。

幼虫 初孵幼虫乳白色，后渐变为灰黄色。老熟幼虫体长 12～15mm，圆筒形。腹部末节背板中央有陷下纵走暗沟 1 条，边缘有刚毛 8 根，每侧 4 根，以此可与网目拟地甲幼虫相区别。

蛹 体长 5.5～7.4mm，体乳白色略带灰白色。复眼红褐色至褐色。羽化前，足、前胸、腹末呈浅褐色。

生活史及习性

以成虫在土中或枯草、落叶下越冬。翌年早春开始活动、交尾。卵产在 1～4cm 的表土中。喜干燥，一般发生在旱地或较黏性土壤中。成虫有假死性，对黑光灯有趋性，寿命较长，后翅退化只能爬行。幼虫早晚在根部表土中活动，中午气温升高，则迁入较深的土中。

1 年发生 1 代，以成虫在 5～10cm 土层、枯枝落叶或杂草丛中越冬。越冬始期较网目拟地甲推迟，往往 11 月上旬仍可见成虫在土面活动。越冬成虫 2 月开始活动，3～4 月间成虫大量出土活动，取食为害严重。夏季高温季节则找隐蔽处活动，并多在夜晚取食。成虫爬行速度较网目拟地甲快。能飞翔，趋光性较强。4 月下旬至 5 月上旬为产卵盛期。每雌产卵 34～490 粒。幼虫孵化后在表土层内取食寄主幼嫩组织。6～7 月间老熟幼虫在土表下 10cm 土层中作土室化蛹。7 月下旬至 8 月上中旬多数蛹羽化为成虫。成虫越夏后 9 月份取食为害，10 月下旬陆续越冬。

发生规律 喜干燥，耐高温，地面潮湿、坚实则不利于其生存。春季雨水稀少，温度回升快，虫口发生量大，为害重。当年降雨量少，翌年发生则重。

防治方法

错峰种植 提早播种或定植，错过沙潜发生期和幼虫为害期。

科学施肥 施用充分腐熟的有机肥，增施磷钾肥，提高植株抗病力。

人工捕杀 在田间作业时，发现蒙古拟地甲各期虫态后及时捕杀。

化学防治 在春季成虫活动为害盛期初夏幼虫为害期及成虫越冬前进行，用 50% 辛硫磷乳油或 90% 晶体敌百虫，加适量水稀释后拌入炒香的麦麸，于傍晚撒于田间，可兼治金针虫。

农业防治 在田间养鸡、养鸭，结合树体保健农业调控措施，在春播或夏播育苗前，进行深耕细耙，通过深耕耙压使虫体被翻到地面后受到鸡、鸭和鸟类天敌啄食等，消灭部分虫源。

参考文献

陈斌，肖关丽，李正跃，等，2001. 烟田小地老虎与蒙古沙潜幼虫的危害症状及防治 [J]. 云南农业科技 (2): 29.

刘军，2018. 林木苗圃拟地甲的发生与防治 [J]. 防护林科技 (3): 83-84.

张洪喜，1985. 蒙古沙潜的研究 [J]. 河北农学报，10(1): 31-33.

张洪喜，1989. 蒙古沙潜（蒙古拟地（蚺）*Gonocephalum riticulatum* Motsh) 生活习性及防治的研究 [J]. 河北农业大学学报 (2): 40-49.

宗先华，刘永恩，1987. 拟地甲幼虫防治试验简报 [J]. 中国烟草 (2): 33, 45.

（撰稿：王庆雷；审稿：刘春琴）

蒙古土象 *Xylinophorus mongolicus* Faust

主要以成虫为害的杂食性害虫。又名蒙古灰象甲、蒙古小灰象等。鞘翅目（Coleoptera）象虫科（Curculionidae）土象属（*Xylinophorus*）。国外分布于俄罗斯远东地区、蒙古、朝鲜、韩国。中国分布于黑龙江、吉林、辽宁、内蒙古、河北、山东、山西和北京等地。

寄主 甜菜、瓜类、花生、大豆、玉米、高粱、向日葵、烟草、果苗等作物。

危害状 成虫取食树体嫩尖、生长点，当树芽刚见萌动、膨大，便上树危害，造成枝干光秃，严重时一株小树上有几十头成虫，最终导致整株果树无生长点而枯死。

形态特征

成虫 体长4.4～6.0mm，宽2.3～3.1mm，卵圆形，体灰色，密被灰黑褐色鳞片，鳞片在前胸形成相间的3条褐色、2条白色纵带，内肩和翅面上具白斑，头部呈光亮的铜光，鞘翅上生10纵列刻点。头喙短扁，中间细，触角红褐色膝状，棒状部长卵形，末端尖，前胸长大于宽，后缘有边，两侧圆鼓，鞘翅明显宽于前胸。卵长0.9mm、宽0.5mm，长椭圆形，初产时乳白色，24小时后变为暗黑色；幼虫体长6～9mm，体乳白色，无足；裸蛹长5.5mm，乳黄色，复眼灰色。

幼虫 乳白色，即将蜕皮时污白色，无足。上颚褐色，并能向后活动。唇基上边有褐色“山”字形。

生活史及习性 在辽宁2年发生1代，以成虫及幼虫在树下土层中越冬。4月中旬前后越冬成虫出土活动，5月上旬成虫产卵于表土中，5月下旬开始出现新一代幼虫，幼虫在地下表土中取食有机质或作物须根。9月末幼虫做成土室休眠。经越冬后继续取食，6月下旬开始化蛹，7月上旬开始羽化成虫。新羽化的成虫不出土，在原土室内越冬，直到第三年4月出土交尾、产卵。成虫一般在早春平均气温10°C时活动。最初活动比较迟缓，此时多隐蔽在土块下或苗根周围的土块缝隙中，食害初萌发的幼苗。随着温度升高，成虫多在上午10：00以后大量出现在地面上寻觅食物。其食性很杂，由于早春地面植物较少，几乎见绿便吃，但尤其喜欢果树的嫩芽。成虫有群栖性，常数头或数十头集中于一起取食危害，有假死性。土壤湿度过大不利于成虫活动。成虫每日取食无间歇现象，直到幼苗（芽）食尽才转移，成虫交尾后10天左右产卵，多半在傍晚或午前产卵于土中，散产，产卵期长达40天左右，平均产卵量每头雌虫200粒左右。

防治方法

树干绑膜法 应注意塑料与树干之间一定要绑紧，防止象甲从其中钻过。

诱杀 采摘鲜嫩的甜菜叶或洋铁酸模（洋铁叶子）用杀虫剂（90%晶体敌百虫500倍液、80%敌敌畏乳油1000倍液）浸泡，取出放于田间诱杀。

耕种措施 秋翻、春翻、灌水。

参考文献

邱强，雷现礼，1987. 蒙古灰象甲在豫西丘陵地大发生[J]. 植物保护(3): 36.

王永俊，2002. 蒙古灰象甲综合防治技术[J]. 果树实用技术与信息(9): 16-17.

王志友，黄爱斌，王帅，等，2008. 五味子蒙古灰象甲的发生及防治[J]. 现代农业科技(24): 140, 146.

杨琦，2002. 辽北地区蒙古灰象甲的发生与防治[J]. 杂粮作物，22(1): 52.

赵养昌，陈元清，1980. 中国经济昆虫志：第二十册 鞘翅目 象虫科(一)[M]. 北京：科学出版社.

（撰稿：马苗；审稿：张润志）

蒙古异丽金龟 *Anomala mongolica* Faldermann

一种成、幼虫均能为害的主要农林地下害虫。又名蒙古丽金龟、蒙异丽金龟。鞘翅目（Coleoptera）金龟科（Scarabaeidae）丽金龟亚科（Rutelinae）异丽金龟属（*Anomala*）。国外主要分布在蒙古国和俄罗斯远东地区。中国分布于黑龙江、吉林、辽宁、内蒙古、河北、山东等地区，一般在半山区、山区发生危害较严重。

寄主 苹果、榆树、花生、甘薯、冬麦苗、山楂、柳、柞、栎等。食性杂，成虫取食果树、林木叶片；幼虫尤喜食花生嫩荚及红薯的嫩薯，危害较重。

危害状 成虫咬食寄主植物的叶片，严重时仅残留叶脉基部。幼虫取食植物的地下部分，咬断幼苗的根颈，切口较整齐，幼苗变黄枯死，也取食种子。

形态特征

成虫 体型中等，体长16～22mm，宽9～12mm，椭圆形，隆起。体色分为：背面深绿色，稍具金属光泽，腹面紫铜色，金属闪光强；背面暗蓝色，稍具金属闪光，腹面蓝黑色，墨绿金属闪光明显。触角10节，鳃片部3节。头小，唇基横椭圆形。前胸背板最宽处在基部；具窄光滑中纵带；前角锐，后角钝；前胸背板除小盾片前方外，均具檐。小盾片三角形，顶端呈弧形。鞘翅有明显肩瘤，纵肋不明显。腹部第一至五节腹板两侧的黄褐色细毛密集成斑。前足胫节外缘仅具1顶齿，跗节5节，端部1对爪，一分叉一不分叉，后跗节的二端距相距很近，后爪均不分叉但大小不等。

幼虫 老熟幼虫体长40～50mm。肛腹片后部覆毛区中间刺毛列由短锥状和长针状刺毛组成。短锥状刺毛每列多为16～20根，约占毛列全长前端2/3；长针状刺毛每列多为12～18根，约占毛列全长后部1/3。在长、短刺毛交界处，常有一段相互隔排的区域，左右俩毛列呈梯形，基部靠近，向端部渐岔开；刺毛排列不整齐，具副列。

生活史及习性 在中国大多数地区1年发生1代，以三龄幼虫越冬。越冬的幼虫，4～5月即上升至耕作层活动为害。5月中旬进入预蛹期，5月下旬开始化蛹，蛹期17～19天。6月中旬始见成虫，7月上中旬为成虫盛发期，成虫期可一直持续至8月中下旬。6月下旬开始产卵，卵期12～15天，7月中旬卵孵化始见幼虫，一龄幼虫期为16～26天，二龄幼虫期28～41天，8月上中旬进入三龄期，10月中下旬三龄幼虫下潜越冬，三龄幼虫期为270～295天。

成虫白天和夜晚均可取食，除受外界震动外，白天多静伏在树叶上不动或取食，只有少数偶然做枝间移动，或雄虫飞寻雌虫交尾。20：00～21：00是成虫飞行、活动高峰，22：00以后又静伏不动。成虫聚集性强，常在1～2棵树上大量聚集。成虫夜间有趋光性，在成虫发生的初、盛和末期雄虫均占总诱虫量的25%～30%。蒙异丽金龟不同于其他金龟子在交尾前有一段婚飞活动时间，而是雄虫在找到雌虫后爬在雌虫背上配对但不立即交尾，交尾一般集中在下午17：00～19：00。成虫在白天和夜间均可产卵，雌虫一生最多可产卵81粒，最少20粒，多数在30～40粒。

初孵幼虫取食土壤中的有机质和作物须根，但食量很小，为害不显著。在花生、甘薯种植区，二、三龄幼虫发生期正值花生荚果期、甘薯嫩薯期，可严重危害花生和甘薯。花生收获后，如种植小麦则可继续危害冬麦苗，直至10月下旬才下潜越冬，翌年4月以后上升继续活动为害。

防治方法

杀虫灯诱杀　在成虫发生期利用黑光灯或其他杀虫灯可进行有效监测和诱杀。

化学防治　幼虫危害期，选用苦参碱水剂、鱼藤酮乳油、白僵菌可湿性粉剂等兑水灌根；成虫危害期，在寄主植物上喷洒高效氯氰菊酯有很好的防治效果。

参考文献

顾纯父，顾耘，谭振天，1985. 蒙异丽金龟生物学观察 [J]. 莱阳农学院学报 (1): 122-128.

胡琼波，2004. 我国地下害虫蛴螬的发生与防治研究进展 [J]. 湖北农业科学 (6): 87-92.

王容燕，范秀华，冯书亮，等，2003. 苏云金杆菌新菌株对金龟子幼虫的毒力比较 [J]. 植物保护学报，30(2): 223-224.

魏鸿钧，张治良，王荫长，1989. 中国地下害虫 [M]. 上海：上海科学技术出版社.

张芝利，1984. 中国经济昆虫志：第二十八册　鞘翅目　金龟总科幼虫 [M]. 北京：科学出版社.

祝长清，朱东明，尹新明，1999. 河南昆虫志　鞘翅目 [M]. 郑州：河南科学技术出版社.

（撰稿：王庆雷；审稿：刘春琴）

梦尼夜蛾　*Orthosia incerta* (Hüfnagel)

农林业害虫，主要食叶和切茎。鳞翅目（Lepidoptera）夜蛾科（Noctuidae）盗夜蛾亚科（Hadeninae）梦尼夜蛾属（*Orthosia*）。国外分布于俄罗斯、蒙古、朝鲜、韩国、日本、哈萨克斯坦、中亚、中东、欧洲、摩洛哥。中国分布于黑龙江、吉林、辽宁、浙江、新疆。

寄主　七瓣莲、异株蝇子草、拳参、夏栎、垂枝桦、桦叶鹅耳枥、胡榛、帚石楠、黑果越橘、笃斯越橘、越橘、银白杨、北美杨树、加杨、钻天杨、欧洲山杨、白柳、耳柳、黄花柳、五蕊柳、东陵山柳、蒿柳、欧洲小叶椴、啤酒花、高山茶藨子、黑茶藨子、沼委陵菜、长柄矮生栒子、单子山楂、锐刺山楂、山楂、苹果、稠李、白桃、欧洲李、黑刺李、野玫瑰、覆盆子、欧洲花楸、千屈菜、柳兰、红车轴草、欧鼠李、繁果忍冬、欧银花、欧洲绣球荚蒾、棕矢车菊、加拿大一枝黄花、毛果一枝黄花、鸭茅、酸模属、山毛榉属、杜鹃花属、安息香属、杏属、腺肋花楸属、草莓属、梨属、槭树属、醉鱼草属、牛蒡属、蒲公英属植物。

危害状　主要危害杨树、榆树、白蜡树、桑树、柳树、槭树等，发生较重时80%以上的叶片受损，叶缘形成严重缺刻。食料不足时，幼虫下树进入棉田，危害棉苗，咬食子叶，咬断茎秆，造成棉花缺苗断垄。

形态特征

成虫　翅展38～42mm。头部灰褐色，额部散布灰白色；触角线状或单栉形。胸部深灰色至深褐色，密被长鳞毛，略有金属光泽。腹部棕红色至棕灰色。前翅底色棕灰色至棕色，色泽多样；基线短弧形褐色；内横线较模糊，仅在前缘可见黑色线斑；中横线多模糊，褐色，有些伴有红色，前后缘处色深；外横线前缘处较深，其余部分纤细，模糊；亚缘线灰色至灰黄色纤细，内侧伴有棕褐色，前缘区呈块斑；外缘线由黑色点斑列组成；环状纹圆形，模糊；肾状纹内斜椭圆形。后翅底色米灰色至灰黄色，具有金属光泽；新月纹褐色可见；翅脉褐色可见；外缘区散布深褐色（见图）。

卵　呈卵块状，集中产于寄主的凹陷处、树皮缝等处，扁圆形，长1.1mm，宽0.9mm。初产卵为白色，后颜色加深，变以深褐色、深灰色，卵外可见到幼虫黑色的头壳。

幼虫　共5龄，老熟幼虫体长40mm左右，绿色，气门上线和亚背线为黄白色，背线为白色，体表光滑。

蛹　体长16mm左右，暗棕色，与白桦尺蠖和中带齿舟蛾的蛹儿等大，臀刺两根，呈“八”字形，端部呈稍弯曲状。

生活史及习性　以石河子地区为例1年发生1代。以蛹在10cm左右较潮湿的土壤中越夏、越冬。2006年3月15～17日在143团调查白蜡树林，越冬蛹量为2.75头/m^2，杨树林为1.23头/m^2，榆树林为0.25头/m^2。3月中、下旬越冬蛹开始羽化，3月底至4月初为羽化高峰期。成虫灯诱始见期3月19～23日，2005年诱蛾盛期为3月30日至4月4日，平均每日诱蛾约400头，最高为4月2日，诱到雌虫208头，雄虫292头，终见期为5月7日。2006年羽化盛期为4月3～5日，平均每日诱蛾200头以上，最高为4月5日，诱到雌虫184头，雄虫243头。羽化初期雄虫多于雌虫，中、后期诱到的雌虫已产过半数的卵。卵成堆产在枝条、树干的疤痕处和芽苞附近，向阳面较多。石河子地区4月18～22日为卵孵化盛期。一、二龄幼虫在叶背面取食叶肉，残留上表皮膜，并有吐丝下垂习性；4月底、5月初，幼虫达四、五龄，进入暴食期，将叶片咬成缺刻或孔洞，有的甚至食光叶片，仅留主脉。5月上、中旬，老熟幼虫陆续下树化蛹，化蛹场所主要在林带附近、田边、地头，部分幼虫下树后进入棉田，危害棉苗，咬断茎秆，形成无头棉。5月中、下旬以后老熟幼虫陆续化蛹，进入越夏直至越冬。

通过实际调查及灯诱，石河子地区卵孵化盛期为4月18～22日，幼虫为害高峰期为4月下旬至5月上旬，最佳

梦尼夜蛾成虫（韩辉林提供）

防治期为4月22～28日。

防治方法

农业防治 秋季及初春结合大田修整对农渠、林带、地边进行铲埂除蛹。实施此项措施，可降低杨梦尼夜蛾越冬基数。

物理防治 利用佳多频振式杀虫灯诱杀成虫。石河子地区开灯时间为3月25日至4月15日。单灯平均日诱杀成虫59头，最高为108头。利用老熟幼虫下树化蛹的时机，在林带边开"U"形渠储蓄水，进行淹杀。

化学防治 在卵孵化盛期，于4月20～22日，用16000 IU/mg苏云金杆菌可湿性粉剂1000～1200倍液喷雾。器械为高压喷枪，树木的上、下、左、右要喷透。4月下旬至5月初，对虫口密度较大、龄期较高的林带，用20%氰戊菊酯乳油（速灭杀丁）2000～4000倍液喷雾。方法同上。5月上旬，在调查的基础上，对棉田及时进行地边封锁。此时正值棉苗现行，天敌未进地之际，可选用35%赛丹1000倍液或速灭杀丁2000～3000倍液喷雾。

参考文献

陈一心，1999. 中国动物志：昆虫纲 第十六卷 鳞翅目 夜蛾科[M]. 北京：科学出版社：463.

杨晓红，张军业，2007. 石河子地区杨梦尼夜蛾发生情况及防治技术[J]. 中国植保导刊，27(3): 22, 37.

MATOV A Y, KONONENKO V S, 2012. Trophic connections of the larvae of Noctuoidea of Russia (Lepidoptera, Noctuoidea: Nolidae, Erebidae, Euteliidae, Noctuidae)[J]. Vladivostok: Dal`nauka: 346.

（撰稿：韩辉林；审稿：李成德）

迷卡斗蟋 *Velarifictorus micado* (Saussure)

一种世界性分布，危害较广的农林地下害虫，食性杂。又名中华斗蟋。直翅目（Orthoptera）蟋蟀科（Gryllidae）斗蟋属（*Velarifictorus*）。国外分布于日本、印度尼西亚、印度、斯里兰卡。中国分布于北京、河北、天津、山西、陕西、山东、江苏、上海、浙江、江西、湖南、福建、台湾、广东、四川、广西、贵州、西藏。

寄主 见蟋蟀。

危害状 见蟋蟀。

形态特征

成虫 体长12.0～18.5mm，雌性产卵瓣长10.5～13.5mm。体褐色。头部颜面大部分褐色，额突两侧及上缘颜色略浅，单侧眼间具黄色横条纹，后头区具6条纵条纹；前胸背板背片褐色且杂有黄色斑纹。头部颜面略扁平，上唇基部中央稍凹陷；上颚正常，不明显加长，是与长颚斗蟋的主要区别；复眼卵圆形；中单眼圆形，侧单眼近半圆形。前胸背板横向，前缘略凹，后缘微呈波形。雄性前翅略不到达腹端，镜膜近长方形，分脉1条，斜脉2条，端域较短；后翅缺。雌性前翅略超过腹部中部，呈不规则网状。前足胫节外侧听器较大，长椭圆形，内侧听器仅有退化的痕迹；后足胫节背面两侧缘各具5枚刺。下生殖板长约等于基部宽，两侧缘明显向上折起。外生殖器阳茎基背片后缘具1对发达的中叶；外侧突粗长，明显超出背片后缘。产卵瓣较长，稍短于体长，端部尖（见图）。

卵 长椭圆形，两端圆，平均长2.50mm，宽0.40mm，表明光滑。产卵于土壤内1.0～1.5cm处，不分块。

刚蜕皮的若虫全身白色，约半小时后逐渐变暗。若虫与成虫近似，早期无翅芽和产卵瓣，随着虫龄增加，中后期翅芽和产卵瓣逐渐明显。成虫后翅为二翅型，有或无。

生活史及习性 通常1年发生1代，南方少量地区可见2代。6月底、7月初发现若虫，8月初发现成虫，9月底至10月中旬产卵。主要生活在稍湿润的旱作物和草丛中，以及砖石下或裂缝中。成虫有好斗习性，鸣声宽宏，音节匀称，是中国蟋蟀文化的核心和主体。7月底至9月底是高龄若虫和成虫的主要危害期，其危害农作物的种类和危害方式也与黄脸油葫芦、多伊棺头蟋近似。

迷卡斗蟋（刘浩宇、王继良提供）

①雄性背面观；②雌性背面观；③头部背面观；④头部正面观；⑤雌性生态照

防治方法 见蟋蟀。

参考文献

曹雅忠，李克斌，2017. 中国常见地下害虫图鉴 [M]. 北京：中国农业科学技术出版社.

吴继传，2001. 中华鸣虫谱 [M]. 北京：北京出版社.

殷海生，刘宪伟，1995. 中国蟋蟀总科和蝼蛄总科分类概要 [M]. 上海：上海科学技术文献出版社.

（撰稿：刘浩宇；审稿：王继良）

猕猴桃准透翅蛾 *Paranthrene actinidiae* Yang et Wang

一种危害猕猴桃的寡食性蛀干害虫。鳞翅目（Lepidoptera）透翅蛾科（Sesiidae）准透翅蛾亚科（Parantheninae）准透翅蛾属（*Paranthrene*）。在中国分布在福建、湖北、四川、贵州。

寄主 中华猕猴桃、毛花猕猴桃、棕毛猕猴桃等猕猴桃科猕猴桃属的一些品种。

危害状 以幼虫蛀食茎蔓髓部造成危害。孵出的幼虫首先蛀食新梢。被蛀嫩茎受害处以上部分凋萎干枯，造成新梢短截枯死，枝干被害成百孔千疮，长势逐渐衰弱，严重者侧枝干枯，甚至全株枯死。

形态特征

成虫 体长约23mm，翅展约38mm，触角长10mm。全体黑色带黄白斑纹，布满鳞片，有光泽。头部在复眼内侧有白色绒毛，头正前部有黄色绒毛。触角扁棒状，红黑色。中胸侧面有黄鳞斑。腹部第四、第五节间有鲜明的黄带圈。腹末端有黑色毛丛。前足黑色，后足节间和连胸处有白色绒毛。前翅黑色，后翅大部分透明，翅的前缘和后缘有蓝黑色鳞片。

幼虫 初孵幼虫黄白色，体长2.8～3mm。老熟幼虫体长24～30mm。头红褐色，胸腹部乳白略带褐色，背血管呈透明状。前胸盾片稍骨化，浅褐色。腹足4对，退化，趾钩为单序二横带；臀足1对，趾钩为双序中带。腹部第八节气门的位置显著高于其他节气门。

生活史及习性 在贵州剑河1年发生1代，是危害猕猴桃枝干的重要害虫，成年树受害率达95%以上。以二龄幼虫在枝条韧皮部（少数髓部）越冬，翌年3月下旬开始活动，5～6月为害最重，7月上中旬成虫陆续羽化，在叶背近缘及缺刻处产卵，卵分多次产出，成单粒散产，卵期10～14天。幼虫6龄，幼虫发育时可转枝2～3次，历期310～320天。预蛹期46天，蛹期25～28天。雌虫寿命8～10天，雄虫6～8天。成虫白天活动，夜间均在枝干或叶背静伏。无趋光性。傍晚及日出前只爬行，不飞翔。雌蛾对雄蛾有明显性诱力。

防治方法

农业防治 冬季清园修剪，剪除部分虫枝，对压低虫源基数有显著作用。

生物防治 蛹期有松毛虫黑点瘤姬蜂寄生，幼虫期和蛹期可采用白僵菌制剂防治。

化学防治 在透翅蛾成虫膨大期，可采用2.5%高效氯氟氰菊酯喷雾；幼虫期采用毒死蜱注射；而蛹期则采用毒死蜱堵住虫孔，熏杀虫蛹。高效氯氟氰菊酯与毒死蜱交替使用。

参考文献

蒋捷，林毓银，吴志远，1990. 猕猴桃准透翅蛾的研究 [J]. 林业科学，26 (2): 117-125.

龙光日，杨昌国，彭芬兰，等，2017. 剑河县猕猴桃主要害虫防治措施 [J]. 植物医生，30 (3): 57-58.

罗明，1995. 中华猕猴桃透翅蛾的形态及为害特点 [J]. 中国植保导刊 (3): 24-25.

田雪莲，尹显慧，龙友华，等，2016. 贵州猕猴桃透翅蛾的发生与防治技术 [J]. 北方园艺 (12): 115-118.

（撰稿：王甦、王杰；审稿：李姝）

米象 *Sitophilus oryzae* (Linnaeus)

一种广泛分布、严重危害禾谷类原粮的害虫。英文名rice weevil。鞘翅目（Coleoptera）象虫科（Curculionidae）谷象属（*Sitophilus*）。最初在拉丁美洲苏里南的大米中采到，现在世界多数国家和地区均有分布。全世界未发现米象的国家有安哥拉、洪都拉斯、马拉维、泰国、哥斯达黎加、朝鲜、塞拉利昂、新加坡和委内瑞拉。中国分布于四川、福建、江西、贵州、湖南、云南、广东、广西、浙江、湖北、河南、山东等地。

寄主 可严重危害各种谷物及种子、谷物加工品，还危害某些豆类、油料、干果和药材等。其中以小麦、玉米、糙米及高粱被害最为严重。

危害状 成虫产卵于寄主内部，幼虫在寄主内蛀食，使寄主产生孔洞。羽化后的成虫爬出寄生，继续取食为害。

形态特征 该种与玉米象极其近缘，外部形态十分相似。

成虫 体长2.3～3.5mm。圆筒状，红褐色至暗褐色，背面不发亮或略有光泽。触角8节，第二至七节约等长。前胸背板密布圆形刻点，在中部有一光滑而狭窄的纵向区域。每鞘翅近基部和近端部各有一个红褐色斑，后翅发达（见图）。

雄虫阳茎背面均匀隆起，雌虫的“Y”形骨片两侧臂末端钝圆，两侧臂间隔约等于两侧臂宽之和。

幼虫 与玉米象幼虫极相似，主要不同点为头部呈宽卵形，内隆脊从端部到基部宽窄一致，长度超过额长的1/2。

生活史及习性 在世界不同国家和地区1年发生4～12代。在贵州，1年4～5代，第一代和第四代的历期为42～52天，第二代和第三代的历期为38～40天。成虫于4月中下旬开始交尾产卵，雌虫每天产卵2～3粒，在适宜条件下雌虫一生产卵多达576粒。幼虫在寄主内蛀食为害，经历4龄。在25°C和相对湿度70%的条件下，卵期4～6.5天，幼虫期18.4～22天，蛹期8.3～14天，预蛹期3天，完成一个发育周期需34～40天。在相对湿度70%的条件下，完成一个发育周期，在30°C下需26天，在21°C下需43天，在18°C

米象（白旭光提供）
成虫（左）；前胸背板（右）

下需96天。成虫寿命7～8个月，最多达2年之久。米象发育的温度范围为17～34°C，最适温度为26～31°C；发育的相对湿度范围为45%～100%，最适的相对湿度为70%。

防治方法

化学防治　可使用储粮防护剂和熏蒸剂。①储粮防护剂可用于基本无虫粮的防护。杀螟硫磷：粮堆有效剂量一般为5～15mg/kg；甲基嘧啶磷：粮堆有效剂量一般为5～10mg/kg；溴氰菊酯：粮堆有效剂量为0.4～0.75mg/kg，最高不得超过1mg/kg。②当大量发生时可采用磷化氢密闭熏蒸杀虫。中国的米象种群普遍对磷化氢具有不同程度的抗药性，因此磷化氢熏蒸时气体浓度要求比玉米象要高，如粮温15～20°C时，采用350ml/m^{3}的浓度，密闭时间不少于21天；粮温20～25°C时，采用350ml/m^{3}的浓度，密闭时间不少于14天；粮温25°C以上时，采用300ml/m^{3}的浓度，密闭时间不少于14天。

物理防治　可使用惰性粉拌粮和氮气气调杀虫。①硅藻土等惰性粉拌粮。一般原粮用量为100～500mg/kg；空仓杀虫用量为3～5g/m^2。②氮气气调杀虫。氮气浓度97%以上，粮温15～20°C时，维持时间105天；粮温20～25°C时，维持时间28天；粮温25°C以上时，维持时间14天。

参考文献

白旭光, 2008. 储藏物害虫与防治[M]. 2版. 北京: 科学出版社: 215-216.

陈耀溪, 1984. 仓库害虫[M]. 增订版. 北京: 农业出版社: 31.

王殿轩, 白旭光, 周玉香, 等, 2008. 中国储粮昆虫图鉴[M]. 北京: 中国农业科学技术出版社: 124.

张生芳, 樊新华, 高渊, 等, 2016. 储藏物甲虫[M]. 北京: 科学出版社: 63-64.

（撰稿：白旭光；审稿：张生芳）

蜜柑大实蝇　*Bactrocera* (*Tetradacus*) *tsuneonis* (Miyake)

专门危害柑橘类果树的重要的检疫性害虫。又名橘实蝇、蜜柑蝇、台湾橘实蝇等。英文名Japanese orange fly。双翅目（Diptera）实蝇科（Tephritidae）果实蝇属（*Bactrocera*）。国外主要分布于日本和越南。中国分布于四川、贵州、广西、湖南、湖北、江苏、台湾等地。

寄主　柑橘类，主要有蜜柑、红橘、甜橙、酸橙、小蜜柑、金橘等。

危害状　以幼虫危害柑橘果实，蛀食果肉，有时也侵害种子。当幼虫发育到三龄时，被害果实的大部分已遭破坏，严重受害的果，通常在收获前则出现落果而导致减产。在严重发生区虫果率通常是在20%～30%，更严重的可高达100%。

形态特征

成虫　体大型。头部黄褐色，单眼三角区黑色，触角黄褐色，触角芒暗褐色，其基部近黄色，中胸背板红褐色，背面中央有"人"形的褐色纵纹，肩胛和背侧板胛以及中胸侧板条均为黄色。中胸侧板条宽，几乎伸抵肩胛的后缘。翅膜质透明，前缘带宽。足近红褐色，胫节色较深。腹部荧褐至红褐色，背面具1暗褐色到黑色中横带，自腹基部延伸到腹部末端或在末端之前终止；第三腹节背板前缘有1暗褐色到黑色横带，与上述中纵带相交呈"十"字形；第四和第五节背板两侧各有1对暗褐色到黑色短带；雌虫第六节背板隐于第五节的下方，第七至九节组成产卵器，产卵器的基节长度约为腹部一至五节长之和的1/2。雄虫第三腹节板具栉毛，第五腹板后缘略凹，阳茎端暗褐色，其上透明的蘑菇状物端半部密生透明小刺。

卵　白色，椭圆形，略弯曲，一端稍尖，另一端圆钝。长1.33～1.6mm。

幼虫　共3龄。一龄幼虫体长1.25～3.5mm。口钩小型，前气门尚未发现，后气门甚小，由2片气门板组成，裂孔马蹄形，气门板周围有气门毛4丛。二龄幼虫体长3.4～8.0mm，口钩发达，黑色，气门具气门裂3个，气门毛5丛。三龄幼虫体长5.0～15.5mm，口钩发达，黑色，前气门"丁"字形，外缘呈直线状，略弯曲，有指突33～35个，体节第二至四节前端有小刺带，腹面仅第二至三节有刺带，后气门具气门裂3个，气门毛5丛。

蛹　体长8.0～9.8mm，椭圆形，淡黄色到黄褐色。

生活史及习性　原产于日本大隅和萨摩的野生橘林中。蜜柑大实蝇是柑橘类的重要害虫，以成虫产卵于果实，幼虫蛀食果实危害。成虫产卵通常在1个产卵孔中产1粒，少数个别的可达6粒，每一头雌虫的产卵数可达30～40粒，被产卵的果实，着卵处表皮周围黄色，卵期一般20天以上。老熟幼虫随被害果落地入土，幼虫入土后一般于当日化蛹。三龄幼虫有弹跳的习性。蛹期200多天。成虫寿命约40～50天。蜜柑大实蝇在日本九州1年发生1代，以蛹在土中越冬。一般于6月上旬初开始羽化，直至7月下旬末，6～8月都能见到成虫。幼虫脱果始期在10月下旬，少数可延至翌年1月上中旬。由于蛹越冬场所处的位置不同，接受阳光而获得的温度高低有异，因此成虫羽化时期有先后，一般以向阳地的蛹羽化最早，故此虫的羽化期一般认为可达2个月。成虫羽化以10：00～12：00最多，午后羽化较少。羽化时刻与天气有关，晴天午前多，阴天次之，雨天午后多。成虫的产卵前期17～26天，于7月中旬开始交尾产卵，盛期在8月上旬。

防治方法

植物检疫　严禁从疫区调运带虫的果实、种子和带土的苗木。一旦发现虫果必须经有效处理方可调运。

农业防治　冬季翻耕，消灭地表10～15cm耕作层的部分越冬蛹；8月下旬及早检查，发现被害果实立即摘除、捡拾并加以处理。为害严重的地区，结果少的年份可于6～8月间摘除全部幼果，彻底消除成虫产卵场所；果实受害前进行套袋处理。

诱杀及化学防治　悬挂黄板或性激素诱虫器诱杀成虫。在成虫产卵盛期前，用90%敌百虫1000倍液或20%甲氰菊酯乳油2000倍液喷施；在幼虫脱果时或成虫羽化前进行地面施药，用48%毒死蜱乳油1000倍液喷洒地面。

参考文献

龚秀泽，陈武恒，白志良，等，2008. 引诱剂对蜜柑大实蝇的诱捕效果[J]. 植物检疫，22 (5): 285-287.

吴佳教，梁帆，梁广勤，2009. 实蝇类重要害虫鉴定图册[M]. 广州：广东科技出版社.

许桓瑜，何衍彪，詹儒林，等，2015. 我国南方实蝇类害虫概述[J]. 热带农业科学，35 (3): 62-69, 76.

（撰稿：王进军、袁国瑞、刘世火；审稿：冉春）

绵山天幕毛虫　*Malacsoma rectifascia* Lajonquiere

一种危害桦树等阔叶树种的食叶性害虫。鳞翅目（Lepidoptera）枯叶蛾科（Lasiocampidae）幕枯叶蛾属（*Malacsoma*）。中国分布于山西、河北、内蒙古等地。

寄主　桦树、白杨、黄刺玫、辽东栎、沙棘、山柳、落叶松、五角枫、柞树等。

危害状　以幼虫取食树叶，危害严重时可将整株树的树叶全部吃光，将树枝压弯。

形态特征

成虫　雌虫体长14～16mm，翅展30～41mm；触角黄褐色，栉齿状；前翅中部具一条深色宽带，带两边颜色较深；后翅黄褐色，基部颜色较深。雄虫体长9～13mm，翅展22～31mm；触角羽状，茶褐色；前翅有与雌虫相同的宽带，外侧有黄褐色，外缘有黑褐色与红褐色相间的毛。

幼虫　初孵幼虫体长约2.8mm，棕褐色；二龄以后体色逐渐加深；老熟幼虫黑色，体长34～52mm，头宽约3.6mm，气门上线为白色，腹足趾钩为单序全环式。

卵　长1.1～1.4mm，长椭圆形，灰白色，上端向内凹陷。卵块为环状，每个卵块有卵150～250粒。

蛹　长14～18mm，褐色，被有黄棕色短绒毛。

生活史及习性　1年1代，以卵在当年生小枝条上越冬。4月下旬开始孵化，5月进入孵化高峰期，5月中旬孵化结束。幼虫期约70天，初孵幼虫结网聚集，2天后开始取食；四龄以后扩散开来，分散危害；六龄食量达到顶峰，危害最大。7月上旬开始下树，于树根、枯枝落叶层下结茧化蛹。7月下旬为化蛹高峰期，蛹期约20天，一般11：00～14：00羽化。成虫羽化后成虫不再取食，7月下旬开始产卵。

防治方法

化学防治　幼龄期用灭幼脲Ⅲ号或喷灭幼脲烟剂进行防治。

人工防治　剪除产卵的枝条并销毁；利用幼虫白天集群不动的特性，用高枝剪剪下幼虫聚集的枝条，集中消灭。

诱杀　用黑光灯或信息素诱集杀灭。

参考文献

李连锁，郜风海，赵志平，2005. 绵山天幕毛虫生物学习性及其防治技术[J]. 河北林业科技(5): 52.

李咏玲，曹天文，王瑞，等，2010. 绵山天幕毛虫求偶和交配行为研究[J]. 安徽农业科学，38(7): 3483-3484, 3505.

李咏玲，曹天文，张金桐，2012. 绵山天幕毛虫形态特征及生物学特性研究[J]. 植物保护，38(3): 67-71.

李咏玲，曹天文，张金桐，2012. 绵山天幕毛虫性信息素分泌腺研究[J]. 华北农学报，27(2): 226-229.

（撰稿：高瑞贺；审稿：宗世祥）

棉长管蚜　*Acyrthosiphon gossypii* Mordvilko

一种分布范围广，以危害棉花、豆类、锦葵科植物为主的杂食性害虫。又名棉无网长管蚜、大棉蚜。英文名large cotton aphid。半翅目（Hemiptera）蚜科（Aphididae）长管蚜属（*Acyrthosiphon*）。首次报道发现于伊比利亚半岛（Iberian Peninsula）和西欧。分布范围从印度、中亚到地中海和大西洋，中间穿过乌克兰南部和中东地区。在中国分布范围相对狭窄，仅分布于新疆和甘肃。20世纪50～70年代为棉区的优势种，广泛分布在新疆的南部、北部棉区，严重影响棉花的生产。

寄主　主要危害豆科、锦葵科、十字花科、蒺藜科、菊科、蔷薇科等植物，具体为棉花、骆驼刺、苦豆子、蚕豆、豇豆、绿豆、圆叶锦葵、甘草等农作物及杂草。

危害状　棉长管蚜以刺吸式口器刺入棉叶背面、嫩枝、花蕾和茎秆上，分散取食危害，吸食汁液。受害叶片出现淡黄色、失绿小斑点。苗期受害，棉叶卷缩，开花结铃期推迟；成株期受害，上部叶片卷缩，中部叶片现出油光，下位叶片枯黄脱落，叶表有蚜虫排泄的蜜露，不仅直接影响棉花正常的光合作用和生理作用，污染棉花纤维，而且还易诱发霉菌寄生，导致棉株发病，可严重影响棉花的产量和品质。蕾铃受害，易落蕾，影响棉株发育。棉长管蚜是重要的传毒昆虫，可以传播60多种作物病毒，如甜瓜病毒病等。

形态特征

成虫　无翅孤雌蚜体长3.7mm，宽1.8mm，草绿色或淡红褐色，被蜡粉；头部中额瘤不显，额瘤外倾，呈“U”型。触角稍长于身体，约1.1倍。触角第六节鞭部长度为基部的3～4倍，第三节基部有小圆感觉圈1～3个。胸部有细微横纹。腹部第一至六节背有微刻点，第七至八节背面有细横纹和微刻点；腹部背面几乎无斑纹；腹管呈绿色或淡红色，很长，约等于触角第四、五节之和，可达体长1/2或1/3；尾片长圆锥形，为腹管长的1/3，有毛8～12根。足长，善爬行，不群集。有假死性，遇振动落地（见图）。

有翅孤雌蚜体长3.5mm，宽1.6mm，草绿色或淡黄绿色，额瘤显著。触角比身体稍短，第三节基部2/3有小圆形次生感觉圈10～20个，位于外侧，排列一行。腹管1.1mm，为触角第三节的1.1倍。触角第一、二节稍骨化淡色，第四至六节黑色，各节间处深黑色；其他附肢色泽同无翅蚜纹。尾片有毛8～12根。尾板毛6～12根。其他特征与无翅型相似。

卵　卵胎生。

若虫　若虫发育历期随着温度升高而缩短。不同温度条件下，若蚜的发育历期显著不同。若蚜的发育历期从最小值6.6天（恒温24°C）逐渐增大到8.4天（每天一个高峰峰值36°C）。峰值温度小于等于32°C时，90%以上棉长管蚜若蚜可以发育到达成蚜。

生活史及习性　以卵在骆驼刺、甘草植物上越冬，春天当气温上升到10°C时越冬卵开始孵化，在越冬寄主上胎生繁殖数代后，产生有翅蚜，向侨居寄主迁飞，5～6月飞入棉田危害，7月上中旬是危害盛期，8月中旬后种群数量下降。秋末迁回越冬寄主。

以新疆北疆为例，在3月底至4月初气温达10°C时，卵孵化；4月底至5月初出现有翅蚜；南疆在4月中旬可见有翅蚜，有翅蚜飞入棉田，在棉花上分散活动。

发生规律

气候条件　棉长管蚜是典型的R-对策者，一般生存于多变的环境中，种群密度很不稳定，很少达到环境容纳水平，以至于进化为目前拥有多样的生活方式和适应机制：孤雌生殖、世代周期短、繁殖力强、扩散力强、食性广等特点，使得种群在短期内可以迅速增长，即使有外界因素的干扰（如大雨冲刷、大风、施药等），也能在短期内迅速恢复种群数量。棉长管蚜发育速率呈现先增长、后下降的趋势，27°C时发育速率最快；若蚜存活率在18～27°C范围内均在80%以上，而30°C条件下仅为27%；产蚜量随着温度升高而降低，30°C时，不能生殖；棉长管蚜增长率在27°C时最大。发生的早晚及数量与当年棉蚜发生时期和为害程度相关。

种植结构　新疆作为重要的棉花种植区，为棉长管蚜的发生、越冬提供了良好的场所，增加了翌年危害的虫源。

天敌　天敌数量的减少是棉长管蚜高发的重要原因之一。棉长管蚜的天敌资源丰富，常见的捕食性和寄生性天敌主要类群有瓢虫、草蛉、食蚜蝇、蜘蛛、螨类、小蜂类、螳螂、蚜霉菌、蚜茧蜂等。

化学农药　目前，尚无针对棉长管蚜对化学农药抗药性的报道。

棉长管蚜（王佩玲提供）

防治方法

农业防治　农药防治的重点是减少虫源，杀死越冬代。冬春两季铲除田边、地头杂草，早春往越冬寄主上喷洒药剂，消灭越冬寄主上的蚜虫。一年两熟棉区，采用麦—棉、油菜—棉、蚕豆—棉等间作套种，结合间苗、定苗、整枝打杈，把拔除的有虫苗、剪掉的虫枝带至田外，集中烧毁。实行棉麦套种，棉田中播种或地边点种春玉米、高粱、油菜等，招引天敌可以缓解对棉田的危害。

物理防治　利用蚜虫对黄色有较强趋性的原理，在田间设置黄板，上涂机油或其他黏性剂进行诱杀。

生物防治　在棉花轻度卷叶的情况下，尽量不要过早施用农药，因为一定数量的蚜虫不仅是引诱天敌进入棉田的基础，也是天敌繁殖扩大的物质基础。在蚜虫危害严重、天敌数量不够的情况下，可以采取人工助迁瓢虫方法，以吸引天敌进入棉田，从而有利于后期棉蚜的生物防治，以达到“以害养益、保益灭害、增益控害”为中心的生态控制目的。

化学防治　可以通过拌种、药液滴心、药液涂茎、药物喷施等方式防治棉长管蚜。拌种时，先浸种后喷施药液至种子表面，最后播种；也可在播种时把颗粒剂施于播种沟内，然后覆土。药液滴心：用喷雾器在棉苗顶心3～5cm高处滴心1秒，使药液似雪花盖顶状喷滴在棉苗顶心上即可。药液涂茎：于成株期把药液涂在棉茎的红绿交界处，不必重涂，不要环涂。3片真叶前，苗蚜卷叶株率5%～10%，4片真叶后卷叶株率10%～20%，伏蚜卷叶株率5%～10%或平均单株顶部、中部、下部3叶蚜量150～200头，及时喷洒药液，必要时将药剂与增效剂混用，可提高防效，延缓抗药性。可使用0.12%灭虫丁可湿性粉剂、10%吡虫啉超微粉剂、EB-82灭蚜菌系（稀释200倍）等防治棉长管蚜。

参考文献

冯丽凯，2015. 温度对棉花蚜虫种群增长及种间竞争的影响效应[D]. 石河子：石河子大学.

高桂珍，吕昭智，孙平，等，2012. 高温对共存种棉蚜与棉长管蚜死亡及繁殖的影响[J]. 应用生态学报，23(2): 506-510.

吕昭智，田长彦，宋郁东，2002. 新疆棉区棉蚜和棉长管蚜关系

的研究 [J]. 中国棉花, 29(3): 11-12.

孟玲, 向龙成, 木盖衣, 等, 1997. 灭蚜菌和天力 II 号对棉田蚜虫的防效试验 [J]. 中国生物防治, 13(2): 90-92.

姚永生, 2017. 新疆南部棉区棉蚜与棉长管蚜种间关系的格局变化及影响因素分析 [D]. 北京: 中国农业大学.

张广学, 1999. 西北农林蚜虫志: 昆虫纲 同翅目 蚜虫类 [M]. 北京: 中国环境科学出版社.

GAO G Z, PERKINS L E, ZALUCKI M P, et al, 2013. Effect of temperature on the biology of *Acyrthosiphon gossypii* Mordvilko (Homoptera: Aphididae) on cotton[J]. Journal of pest science, 86(2): 167-172.

LECLANT F, DEGUINE J P, 1994. Aphids (Hemiptera: Aphididae)[A]// Matthews G, Tunstall J. Insect pests of cotton[M]. CAB International, Oxon (GBR): 285-286

（撰稿：赵春青；审稿：王佩玲）

棉褐带卷蛾 *Adoxophyes orana* (Fischer von Röslerstamm)

一种重要的农林害虫，广泛分布于欧亚地区，危害多种果树及林木。又名苹褐带卷蛾、苹小卷叶蛾、茶小卷叶蛾、远东卷叶蛾、黄小卷叶蛾、溜皮虫、黄卷叶蛾、棉卷蛾。英文名 summer fruit tortrix。鳞翅目（Lepidoptera）卷蛾总科（Tortricoidea）卷蛾科（Tortricidae）卷蛾亚科（Tortricinae）黄卷蛾族（Archipini）褐带卷蛾属（*Adoxophyes*）。在中国，习惯上将分布于北方危害苹果、桃、樱桃、梨等果树上的种类称为苹小卷叶蛾，而将分布于南方危害茶树的称为茶小卷叶蛾。由于棉褐带卷叶蛾寄主差异大，又是一个多型昆虫，因而其分类地位仍存争议。国外分布于德国、瑞士、芬兰、英国、荷兰、意大利、西班牙、希腊、奥地利、匈牙利、保加利亚、爱沙尼亚、立陶宛、瑞典、土耳其、俄罗斯、日本、韩国、朝鲜等地。中国各地均有分布。

寄主 苹果、桃、杏、李、梨、山楂、樱桃、海棠、柑橘、树莓、榛树、龙眼、柿树、栗树、枇杷、荔枝、茶树、枫树、杨树、桦树、橡树、水杉、白蜡树、忍冬、连翘、花生、甜菜、大豆、棉花、绿豆、芝麻等 50 多种植物。

危害状 越冬幼虫于果树发芽时出蛰，先危害新梢、顶芽、嫩叶。幼虫稍大时将 1 个或多个叶片用虫丝缠缀在一起，形成虫苞。当虫苞叶片被取食完毕或叶片老化后，幼虫钻出虫苞，重新缀叶结苞危害。该虫还可危害花和果实，且幼虫有转果危害习性，一头幼虫可转果危害 6～8 果。杨树上的虫苞由 3～5 片叶片构成，虫苞最上面的 1～2 片叶片完好，而下面的 2～4 片叶片，叶柄从基部脱落，枯死变黑，紧贴在完好叶片的背面。水杉上的虫苞由叶片数片至十余片构成，幼虫在虫苞内食叶，虫苞变黄枯死（图 1、图 2）。

形态特征

成虫 体长 7～9mm，翅展 16～20mm，雌虫略大于雄虫。头顶覆盖鳞片；触角丝状，鞭节各亚节略呈锯齿形。翅面上有 2 条深褐色不规则斜纹，自前缘向外缘伸出，外侧的一条较细，双翅合拢后呈“V”字形。前、后翅外缘均具浅棕色缘毛。端纹多呈“Y”状，向外缘中部斜伸；雄虫前翅有前缘褶，基部有 1 基斑，底色淡黄褐色至黄褐色，斑纹深褐色或黑色；后翅淡灰黄色。雌虫土黄或褐色，前翅颜色较雄虫黯淡。雄虫后翅翅缰 1 支，雌虫后翅 3 支。雄虫腹部窄、灰褐色，末端有较长灰黄色毛丛；雌虫腹部黄白色，中部宽而末端尖（图 3）。

卵 椭圆形扁平，多产于叶片光滑面，初产时为淡黄色，中央略隆起，至孵化前变为黑褐色。

幼虫 一般为 5 龄。初孵幼虫体长 1.0～1.5mm，灰白色，随虫龄的增长渐显绿色后又渐变为黄绿色，至五龄幼虫时再变成绿色。五龄幼虫体长约 15mm，近圆柱形。一至五龄幼虫头壳宽度均值分别为 0.22mm、0.32mm、0.50mm、0.77mm 和 1.09mm。幼虫各体节着生刚毛和纤毛，尤以头、胸和末节最甚。雄性幼虫在第五腹节背面近中线两侧隐约可见 1 对

图 1 棉褐带卷蛾危害苹果树叶片症状（孙丽娜提供）

图 2 棉褐带卷蛾危害苹果树果实症状（孙丽娜提供）

图3 棉褐带卷蛾成虫（孙丽娜提供）

①雌、雄成虫背面；②雌、雄成虫腹面

淡黄色肾形生殖腺斑纹。

蛹　长7.0～11mm。初化蛹时翠绿色，羽化前深褐色。腹部2～7节背面各有两横排刺突，前面一排较粗且稀。雄蛹腹面有4节可活动腹节，雌蛹腹面有3节可活动腹节。

生活史及习性　宁夏、甘肃等地1年发生2代；辽宁、河北、山东、陕西、山西、河南等地1年发生3～4代。主要以二龄幼虫在果树裂缝、翘皮下、剪锯伤口等缝隙内和黏附在树枝上的枯叶下结白色丝囊越冬，翌年3月下旬至5月上旬出蛰。四川1年发生3代，越冬幼虫于翌年3～4月、日均气温回升至16°C时开始出蛰；9月上旬，当日平均气温23°C左右时，幼虫开始下树越冬。江苏和安徽1年4～5代，湖北1年5代，浙江、湖南1年5～6代，广东6～7代，以老熟幼虫在枯叶残枝里越冬；越冬幼虫4月底到5月上旬化蛹，5月上、中旬羽化；以后各代成虫分别在6月下旬，8月中、下旬及9月中、下旬羽化。

不同地区各代成虫发生时间、发生高峰期及发生量存在差异，同一地区每年各代成虫发生时间也存在一定差异，夏季世代重叠严重。中国北方地区越冬代及第一代幼虫的发生数量较多，危害较严重。南方地区，春秋多雨，特别是梅雨季节第二代虫口发生明显较多，危害较大，夏季高温干旱，虫口显著较少，危害较轻。

成虫多白天羽化，有趋光性。羽化后1～2天交尾，交尾后1～2天产卵。成虫活动集中于0：00～10：00和18：00～24：00两个时段，白天常静伏于树上遮阴处。其中4：00～6：00活动最频繁，为交尾盛期；18：00～24：00为产卵高峰期。卵多产于光滑的果面或叶片正面，每雌产卵4～11块，每块10～200粒不等。成虫寿命4～13天。卵期5～7天，卵变褐色时，12小时内即孵化。多数雌蛾为单次交配，也有的一生交配多达4次。

防治方法

农业防治　加强清园工作。春季苹果发芽前，彻底刮除树干和剪锯口处的老翘皮，清扫落叶，消灭越冬幼虫。在树木生长期，及时摘除虫苞并消灭害虫。幼果期套专用纸袋，阻碍害虫危害果实。

物理防治　成虫始盛期，安装频振式杀虫灯或者黑光灯诱杀成虫。同时还可利用糖醋液诱杀成虫，糖醋液的比例为糖：酒：醋：水=1：1：4：16，每亩放置3～5个糖醋液罐。

生物防治　在越冬代成虫发生期，待成虫出现高峰后3～5天开始释放松毛虫赤眼蜂。以后每隔5～7天放蜂1次，连续放蜂3～4次，每亩放蜂10万头左右，遇连阴雨天气，应适当缩短释放间隔期或增加释放次数及释放量。也可喷施核型多角体病毒、苏云金杆菌、白僵菌等病原微生物制剂防治幼虫。

化学防治　在越冬幼虫出蛰期及第一代幼虫始盛期开始喷药，连续喷两次，间隔10天。常用药剂有250g/L氯虫苯甲酰胺悬浮剂8000～10000倍液、20%虫酰肼悬浮剂1500～2000倍液、24%甲氧虫酰肼悬浮剂3000～5000倍液等。发生量大的果园，在越冬幼虫即将出蛰时，在剪锯口周围涂抹敌敌畏或毒死蜱，杀灭幼虫，减少虫源。

参考文献

冯明祥，张慈仁，王耀明，等，1991. 棉褐带卷蛾生物学观察[J]. 昆虫知识，28(3): 149-150.

孙丽娜，闫文涛，张怀江，等，2014. 6种杀虫剂对苹果园苹褐带卷蛾的田间防效[J]. 植物保护，40(6): 181-184, 198.

MILONAS P G, SAVOPOULOU-SOULTANI M, 2000. Development, survivorship, and reproduction of *Adoxophyes orana* (Lepidoptera: Tortricidae) at constant temperatures[J]. Annals of the Entomological Society of America, 93(1): 96-102.

（撰稿：孙丽娜、仇贵生；审稿：嵇保中）

棉蝗　*Chondracris rosea* (De Geer)

一种多食性害虫，危害禾本科及其他多种粮食和经济作物，尤其对棉花的危害极大，造成粮、棉及其他经济作物减产。又名大青蝗、蹬山倒。直翅目（Orthoptera）蝗科（Acrididae）斑腿蝗亚科（Catantopinae）棉蝗属（*Chondracris*）。国外分布于缅甸、斯里兰卡、印度、日本、印度尼西亚、尼泊尔、越南、朝鲜。中国分布于内蒙古、河北、山东、陕西、江苏、浙江、湖北、湖南、江西、广东、海南、广西、云南、福建。

寄主 棉蝗食性较杂，成虫和蝗蝻均危害棉花、水稻、玉米、高粱、大豆、粟、绿豆、豇豆、甘薯、马铃薯、苎麻、甘蔗、茶、竹、甘蔗、樟树、柑橘、椰子、木麻黄等。其中最喜欢取食的是黄豆、棉花、花生、苎麻、蒲葵、芭蕉、泡桐等。

危害状 危害特点是取食叶成缺刻或孔洞。

20 世纪 90 年代，棉蝗在中国许多地区严重发生。1989 年在淮北大豆田发生，每平方米虫口密度达到 60 头，减产 5%～20%。1993 年福建长乐沿海木麻黄防护林发生百年不遇的棉蝗虫灾，近百万平方米木麻黄枝叶被蚕食殆尽，犹如火烧一般，有虫株率达 100%，最高虫口密度达每株上千头，虫灾以每日数万平方米的速度危及 500hm^2 木麻黄，最高虫口密度达 500 头 /m^2 以上，2004 年再度暴发成灾，受害面积 1095hm^2，最高虫口密度达 100 头 /m^2 以上。

形态特征

成虫 雄性体长 45～51mm，雌性 60～80mm；雄性前翅长 12～13mm，雌性 16～21mm。身体黄绿色，后翅基处玫瑰色，体表有较密绒毛和粗大刻点。头较大，头顶钝圆，颜面略向后倾斜，较前胸背板长度略短。触角丝状，向后到达后足股节基部，中段一节长为宽的 3.3～4 倍。前胸腹板突为长圆锥形，向后极弯曲，顶端接近中胸腹板。前翅发达，长达后足胫节中部，后翅与前翅近等长。头顶中部、前胸背板沿中隆线及前翅臀脉域生黄色纵条纹。后足股节内侧黄色，胫节、跗节红色，后足胫节上侧的上隆线有细齿，但无外端刺。雄腹部末节背板中央纵裂，肛上板三角形，基半中央有纵沟。雌肛上板亦为三角形，中央有横沟。下生殖板后缘中央三角形突出，产卵瓣短粗（见图）。

卵 圆柱形，中间稍弯，刚产的卵呈黄色，经数天变成茶褐色。

蝗蝻 共 6 龄，个别雌虫可有 7 龄。

一龄蝗蝻体长 1.05～1.18cm，复眼条纹 1，触角 13～14 节，翅芽不明显，前胸背板上下缘长度近似相等，后缘不向后突出。外生殖器难以辨认。

二龄蝗蝻体长 1.21～1.40cm，复眼条纹 2，触角 19 节，

棉蝗成虫（钱珺摄）

翅芽开始可见，但向后突出不明显。前胸背板上下缘变大，后缘不向后突出。外生殖器隐约可辨。

三龄蝗蝻体长 1.70～1.95cm，复眼条纹 2，触角 21 节，翅芽明显，向后突出，前翅芽较尖，后翅芽较宽呈三角形。前胸背板上下缘比二龄大，上缘微隆起，后缘略向后突出。外生殖器较明显。

四龄蝗蝻雌虫体长 2.45～2.90cm，雄虫体长 2.10～2.70cm，复眼条纹 3，触角 23～24 节，多数 23 节，翅芽进一步向后突出，翅芽尖指向斜后方，前翅芽小于后翅芽，翅脉隐约可见。前胸背板上下缘比三龄大，上缘隆起较明显，后缘向后突出明显。外生殖器明显。

五龄蝗蝻雌虫体长 3.30～4.20cm，雄虫体长 3.10～3.30cm，复眼条纹 5，触角 25 节，翅芽开始覆盖于背部，前翅芽在后翅芽内方，翅芽伸达第二腹节背板前缘附近，未盖及听器。中后胸背板已见不到。

六龄蝗蝻雌虫体长 4.20～5.10cm，雄虫体长 3.60～4.10cm，复眼条纹 6，触角 27 节，翅芽伸达第四腹节背板前缘附近，盖及听器，翅脉已具雏形。

七龄蝗蝻雌虫体长 4.56～5.50cm，复眼条纹 6，触角 29 节，仅见雌虫。

一般而言，一至四龄与五、六龄蝗蝻的显著区别是从五龄开始前后翅芽向上翻折，在背部合拢；一、二龄的区别是二龄翅芽模糊可辨而一龄不明显；三、四龄的区别是三龄前后翅芽差异不大，而四龄前翅芽明显小于后翅芽；五、六龄的区别是五龄翅芽伸达第二腹节前缘附近，未盖及听器，而六龄翅芽伸达第四腹节背板前缘附近，盖及听器。

生活史及习性 成虫羽化后取食 10 天左右开始交尾，交尾在白天、晚上均可进行，以 14：00～18：00 常见，有多次交尾的习性，每次历时 3～24 小时。偶受外界骚扰，并不即时离散，交尾后继续取食。产卵高峰在 7 月下旬至 8 月中旬，多在 11：00～13：00 产卵。雌蝗产卵往往选择土质颗粒大，不易黏结，较干燥、地势较高、人类耕作干扰少且向阳的地方，因为这些地方不易被水淹没，渗透性强，土壤通气性好，温度较高，有利于春季幼虫孵出。极少在积水地、杂草地或郁闭度较大、地被物较多的林地产卵。棉蝗繁殖力强，每雌可产 1～2 块卵块，每卵块中有卵 107～151 粒。卵长椭圆形，中间稍变曲，初产时黄色，数日后变为褐色。卵粒通常不规则地沉积于卵块下半部，其上半部为产卵后排出的乳白色胶状物。卵孵化期长达 1 个多月，因为卵囊有保护作用，因此卵的孵化率极高，在 95% 以上。棉蝗完全能够依靠孤雌生殖进行繁殖，孤雌生殖棉蝗体型小、全代生育期短、产卵少、孵化率低。

临近孵化的卵壳透明呈绿色，同一卵块卵粒按先上部后下部顺序孵化，卵孵化多在 7：00～12：00。孵化后，幼蝻先沿着卵块顶部的泡状物借身体的蠕动钻出沙层，留下一段虫道，经 3 分钟左右脱去卵膜，即可跳跃，24 小时后即可取食，有群聚性。

二龄前幼蝻食量小，三龄后食量逐渐增大，以五龄至成虫交尾前食量最大。取食时间一般在 6：00～8：00 叶片露水未干时，幼蝻在叶片表面为害，在 8：00 叶片露水蒸发后，幼蝻转移至叶片背面危害。一龄期的跳蝻，身体较软，少跳

跃，一般取食较低矮的植物：黄豆、花生、绿豆、四季豆、紫苏等。二龄期的跳蝻身体较结实，善跳跃，可取食较高的植物：玉米、泡桐、棉花、苎麻等。取食时，先将叶片咬成小孔，后咬成缺刻。三龄至七龄，食量渐增，可将整片叶吃光，或只留叶脉。虫体随着龄期的增加而增大，跳跃能力增强，活动范围扩大。二龄前蝗蝻群集取食，数百头乃至成千头聚集取食，三、四龄后开始分散活动。

羽化后的棉蝗能够较远地迁移，危害更高的植物，并能异地危害，取食芭蕉芋、菜豆、蒲葵、红蕉、风车草、走马风、芭蕉等。寄主植株受害后，生长缓慢，影响开花结果，严重的植株枯死。

棉蝗一生中的累积总食量，如以大豆叶片为食料时，其新鲜重量为 75～80g。若以干重计为 13.5～14.5g。一般情况下，成虫期的食量为蝻期的 3～4 倍。

发生规律 棉蝗 1 年发生 1 代，以卵块在土中越冬。在河南于 5 月下旬孵化，6 月上旬进入盛期，7 月中旬为成虫羽化盛期，9 月后成虫开始产卵越冬。在广东于 4～5 月开始孵化，6～7 月为成虫羽化盛期，至 10 月中下旬才相继产卵死亡。在福建沿海孵化盛期为 5 月底至 6 月初，7 月下旬至 8 月中旬陆续羽化为成虫，成虫于 8～10 月交尾产卵后逐渐死亡。在武汉于 6 月中旬孵化，蝗蝻的发生期从 5 月中旬到 8 月中旬，成虫期从 8 月上旬到 10 月下旬。

寄主植物 棉蝗食性较杂，取食不同食料的棉蝗生长发育、成活率及生殖力都有差异。四龄蝗蝻取食麻类不能存活，取食芦苇、狗尾草的蝗蝻虽然完成一个龄期，但与用大豆、棉花等食料饲养的蝗蝻对比，分别推迟 3 天、4 天和 2 天才完成一个龄期，且虫体较小，比正常蝗蝻小 1～1.5mm，且不能正常完成各发育阶段，并出现器官残缺现象。饲以不同食料植物，棉蝗的生殖力也有所不同。在饲以栽培作物时，以取食大豆、棉花、山芋等生殖力最强，其次为水稻等。在饲以野生植物时，以水葫芦、莎草者生殖力高，而强迫取食狗尾草、爬根草、芦苇等生殖力最低，有的虽可勉强交配、产卵，但次数少，产卵量极少，有的大部分在地面上产卵，造成无效卵。

棉蝗发生地往往植被丰富，在集约度高的农田或林地发生较轻，而在集约度不高的农田或林地易发生严重。

气候条件 棉蝗卵的发育起点温度为 18.13°C，有效积温为 462.96°C，棉蝗卵的适宜发育为温度 31～34°C、土壤含水量为 8%～12%，而 34°C、12% 土壤含水量组合最有利于卵的孵化和发育，卵发育速率为 0.0346，孵化率为 95%。一至六龄蝻及整个蝻期的发育起点温度分别为 19.04°C、21.28°C、20.23°C、20°C、19.93°C、17.02°C 和 19.78°C，有效积温分别为 87.48°C、59.65°C、70.41°C、76.96°C、86.41°C、178.61°C 和 513.19°C。在 25～34°C 条件下，卵和蝗蝻的发育速率随温度的升高而增大。

若成虫发生期气候干旱，会促使其取食，因为棉蝗取食的食物大部分未经消化即排出体外，它们取食不仅为了获得营养，同时还为了获取水分，因此在干旱年份取食量大，危害特别严重。

土壤条件 土壤条件往往是抑制棉蝗发生的重要因素。棉蝗产卵选择的环境条件也比较严格，选择土质颗粒较大、不易黏结、较干燥、地势较高、人类耕作干扰少的地方，因为这些地方不易被水淹没、渗透性强、土壤通气性好、温度较高，有利于春季幼虫孵出。因此，在农田边缘及田埂的土壤中，聚集密度明显大。极少在积水地、杂草地，或郁闭度较大、地被物较多的林地产卵。

天敌 蝗虫的天敌在减少静态蝗虫群集和群集种群的增长速度方面具有不可忽视的作用。棉蝗的天敌昆虫有蜂虻科、丽蝇科、皮金龟科、食虫虻科、步甲科、拟步甲科、麻蝇科和缘腹细蜂科昆虫。寄生螨有红蝗螨、三角真绒螨、拟蛛赤螨、格氏灰足蹄线螨等，均可寄生在蝗蝻和成虫体表。除此之外，格氏灰足蹄线螨非常喜食蝗卵，还有一些红螨类的其他种类寄生在不同蝗虫的卵囊内。许多鸟类如粉红椋鸟、灰椋鸟、喜鹊、灰喜鹊、百灵鸟、乌鸦、池鹭、小白鹭等都是捕食蝗虫的能手。用鸟类灭蝗虽然不如化学治蝗效率高，但具有较好的经济效益、生态效益，且能有益于蝗灾的可持续治理。

防治方法 在“改治并举，根除蝗害”的治蝗方针指导下，综合采用生态治蝗、生物防治、化学防治等蝗灾治理措施。中国的蝗虫测报、防治和蝗虫发生基地的改造取得了极其显著的成绩。

生态调控 生态治理针对棉蝗的食性和发生特点，有针对性地调整植物群落结构，蝗区植物的多样性会延长蝗虫寻找食物的时间，植物的高覆盖度可减少棉蝗产卵的场所。在蝗虫发生基地大搞植树造林，使其密集成荫，绿化堤岸、道路，改变蝗区的小气候，减少棉蝗产卵繁殖的适生场所。这样既绿化了环境，又减少了蝗虫发生数量。同时，植树造林还有利于鸟类的栖息，提高蝗虫天敌存量和控制蝗虫种群。这是长期控制蝗灾的有效途径。

农业防治 提高复种指数，避免和减少撂荒现象。因地制宜，合理规划农、林、渔等产业。在秋、春季铲除田埂、地边 5cm 以上的土及杂草，把卵块暴露在地面晒干或冻死。在蝗虫产卵后对土地进行深耕翻土，既可将蝗卵深埋于地下，使其无法孵化出土，也可进行浅耕翻土，将产于地表的蝗卵翻出，因暴露而不能孵化或被天敌捕食。

生物防治 生物防治是一种可持续控制蝗灾的新途径，包括微生物农药（如绿僵菌、微孢子虫、痘病毒）、植物源农药（如天然除虫菊酯）、昆虫信息素（如蝗虫聚集素）等。可在棉蝗聚集取食阶段喷洒蝗虫微生物农药，微生物农药还可与氟虫脲等特异性杀虫剂协调应用或混配使用，实现了速效与长效、化防与生防协调治蝗的目的。

对蝗虫有抑制作用的天敌大约有 8 大类 70 余种，包括菌类、线虫、螨类、昆虫类、蜘蛛类、两栖类、爬行类和鸟类。其中昆虫类、菌类、鸟类等已被作为生物防治手段加以研究利用。另外，天敌昆虫在治蝗中具有较大的潜力。

化学防治 化学防治是蝗虫综合治理的重要措施之一，也是在蝗虫大暴发时采取的主要应急方法，其灭蝗率高达 90% 以上。化学农药治蝗具有经济、简便、快速、高效、效果较稳定等特点，特别是应用飞机喷洒农药，速度快、效率高，对于大面积、高密度猖獗发生的蝗虫是必不可少的手段。山东省植物保护总站研究利用 GPS 卫星定位系统和 GIS 地理信息系统进行东亚飞蝗的蝗情侦查、预测预报和包括飞机喷药导航在内的综合治理工作，成效显著。

在蝗蝻尚未分散危害前，可用45%马拉硫磷乳油、80%敌敌畏乳油、2.5%溴氰菊酯乳油、10%氯氰菊酯乳油等制剂加水1000～1500倍液喷雾。也可用90%敌百虫晶体50g拌炒香的麦麸、豆饼5kg制成毒饵撒于田间诱杀。棉蝗的林间防治应在跳蝻上树危害前，即5月下旬及6月上旬进行2次防治，效果好，可控制该虫的发生蔓延。

人工防治　人工防治是最古老、最直接的治蝗方法，现在已很少采用。虫口密度不大时，可组织人工撒网捕杀，变害为宝，饲喂禽类或制成动物性饲料。

参考文献

陈瑞屏，刘清浪，林思诚，1996. 常用化学农药对棉蝗的毒杀作用[J]. 昆虫天敌，18(S4): 11-13.

陈芝卿，林尤洞，李珍华，1982. 棉蝗的初步研究[J]. 动物学研究，3(S2): 209-218.

陈芝卿，吴士雄，1981. 棉蝗蝻期各龄外部形态变化的观察[J]. 热带林业科技(3): 28-38.

郭祥，1998. 棉蝗 *Chondracris rosea rosea* 生物学特性及防治技术研究[J]. 武夷科学，14: 144-146.

刘清浪，陈瑞屏，林思诚，等，1995. 棉蝗的生物学特性观察及其发生环境因子的调查[J]. 广东林业科技，11(2): 37-41.

吴刚，2003. 棉蝗生物学、生态学特性及人工饲料研究[D]. 武汉：华中农业大学.

张怀玉，张贤光，李强，1993. 棉蝗的发生规律及防治技术[J]. 昆虫知识，30(1): 12-14.

（撰稿：崔金杰、王丽、高雪珂；审稿：马艳）

棉尖象甲　*Phytoscaphus gossypii* Chao

一种以成虫危害的多食性害虫。又名棉象鼻虫、棉小灰象。鞘翅目（Coleoptera）象虫科（Curculionidae）尖象甲属（*Phytoscaphus*）。中国分布于黄河领域、长江流域、西北内陆、东北等地。

寄主　除危害棉花外，还危害茄子、豆类、玉米、甘薯、谷子、大麻、桃、高粱、小麦、水稻、花生、牧草及杨树等33科85种植物。

危害状　棉尖象以成虫危害棉苗嫩梢、嫩叶，取食叶片成缺刻或孔洞，有时一株上聚集数十头。咬食叶柄，被害棉叶萎蔫下垂；咬食嫩顶，造成断头；危害苞叶和幼蕾，致使蕾铃脱落或干枯；蛀食蕾铃，使棉铃不能开花而严重减产。

形态特征

成虫　体长4.1～5.0mm，雌虫较肥大，雄虫较瘦小。体和鞘翅黄褐色，鞘翅上具褐色不规则形云斑，体两侧、腹面黄绿色，具金属光泽。喙长是宽的2倍，触角弯曲呈膝状。前胸背板近梯形，具褐色纵纹3条。足腿节内侧具1刺状突起。

卵　体长约0.7mm，椭圆形，有光泽。

幼虫　体长4～6mm，头部、前胸背板黄褐色，体黄白色。虫体后端稍细，末节具管状突起，围绕肛门后方具骨化瓣5片，两侧的略小，骨化瓣间各具刺毛1根，中间2根刺毛长。

蛹　裸蛹长4～5mm，腹部末端具2根尾刺。

生活史及习性　棉尖象是棉花苗期和蕾铃期常发性害虫。棉尖象成虫喜群集，有假死性，怕强光，夜间危害，一株棉花上有时群聚十几头，甚至几十头。咬食叶柄，被害棉叶萎蔫下垂；咬食嫩端，造成断头；危害苞叶和幼蕾，严重时幼蕾脱落。成虫寿命30天左右，羽化后取食10天左右后开始交尾，2～4天后产卵。卵多散产在禾本科作物基部一、二茎节表面或气生根、土表、土块下，每雌平均产卵20粒左右，卵期约8天。幼虫孵化后入土，以作物嫩根为食，秋末气温下降，幼虫即下移越冬。

发生规律　棉尖象在南北棉区均1年发生1代，大多以幼虫在玉米、大豆根部的土壤中越冬。4～5月气温升高，幼虫上升至表土层，黄河流域5月下旬至6月下旬化蛹，6月上旬成虫出现，6月中旬至7月中旬进入危害盛期。长江流域于5月中旬化蛹，5月中下旬成虫出现。成虫喜在发育早、现蕾多的棉田危害。具避光、假死和群迁习性，喜欢群居于草堆和杨树枝把中。温度高、湿度大，幼虫化蛹和成虫羽化相应提前，棉田前茬为玉米和黄豆时，虫量大，受害重。

防治方法

农业防治　成虫出土期在棉田行间挖10cm深的小坑，坑底撒毒土，上边堆放一些青草、树叶等，次日清晨集中杀死。

人工防治　主要利用棉尖象的假死性，可在黄昏时一手持盆置于棉株下面，一手摇动棉株使其落入盆中，然后集中杀死。

化学防治　百株虫量达30～50头，花蕾期百株有虫100头，可选用50%辛硫磷、40%丙溴磷乳油等1000～1500倍液喷雾防治。

参考文献

丁军，张青文，徐静，等，2000. 冀南棉区棉尖象的发生与防治[J]. 植物保护，26(3): 17-19.

集成，1977. 杨树枝把诱杀棉尖象[J]. 新农业(8): 25.

刘立春，1982. 棉尖象的发生与防治[J]. 植物保护，8(5): 24-25.

王朝生，2009. 棉尖象的识别与防治[J]. 农技服务，26(2): 61.

张庆臣，1995. 棉尖象在阳谷县棉田大发生[J]. 植保技术与推广(3): 34.

张治体，1983. 拟除虫菊酯类农药防治棉尖象甲的试验[J]. 河南农林科技(6): 11.

赵养昌，1974. 两种棉花新象虫[J]. 昆虫学报，17(4): 482-486.

（撰稿：崔金杰、王丽、高雪珂；审稿：马艳）

棉卷叶野螟　*Haritalodes derogata* (Fabricius)

主要以幼虫进行危害的螟类害虫。又名棉大卷叶螟。鳞翅目（Lepidoptera）螟蛾总科（Pyraloidea）草螟科（Crambidae）褐环野螟属（*Haritalodes*）。在中国除新疆、青海、宁夏及甘肃西部未见虫源外，其余各棉区均有发现，以淮河以南、长江流域各地发生较多。

寄主 棉花、苘麻、红麻、木槿、木芙蓉、蜀葵、梧桐、冬葵、黄秋葵、扶桑等。

危害状 以幼虫危害棉叶，常使叶片卷曲呈筒状，造成棉叶残缺不全。受害轻的棉籽和纤维不能充分成熟，影响纤维品质；受害重的棉叶全部被吃光，仅留枝、茎，使棉株上部不能开花结铃，影响棉花产量（图1）。

形态特征

成虫 全体黄白色，有闪光。体长8～14mm，翅展22～30mm。复眼黑色，半球形。触角淡黄色，丝状，长度超过前翅前缘的一半。前翅和后翅外缘线、亚外缘线、外横线、内横线均褐色波状纹，前翅中央近前缘处有似OR形的褐色斑纹，翅的边缘生有黑褐色的缘毛。腹部乳白色，各节前缘较深，呈黄褐色带状。雄蛾腹末节基部有1条黑色横纹，雌蛾则在第八腹节后缘具黑色横纹（图2）。

幼虫 共5龄。老熟幼虫体长约25mm，青绿色具闪光，化蛹前变为桃红色。头扁平，赭灰色，杂以不规则的深紫色斑点。胸腹部青绿色或淡绿色。前胸背板褐色。胸足黑色。背线暗绿色，气门线稍淡呈细线状。除前胸及腹部末节外，每体节两侧各有毛片5个。腹足趾钩多序，外侧缺环（图3）。

生活史及习性 在中国辽河流域棉区1年发生2～3代，在黄河流域棉区1年发生3～4代，在长江流域棉区1年发生4～5代。以老熟幼虫在棉秆、地面枯卷叶、老树皮裂缝、树桩孔洞、枯铃及铃壳苞叶里越冬，也有少数在田间杂草根际附近或靠近棉田的建筑物内越冬。翌年春天化蛹，第一代在其他作物上危害，第二代有少量进入棉田。8月中旬至9月上旬是危害盛期。

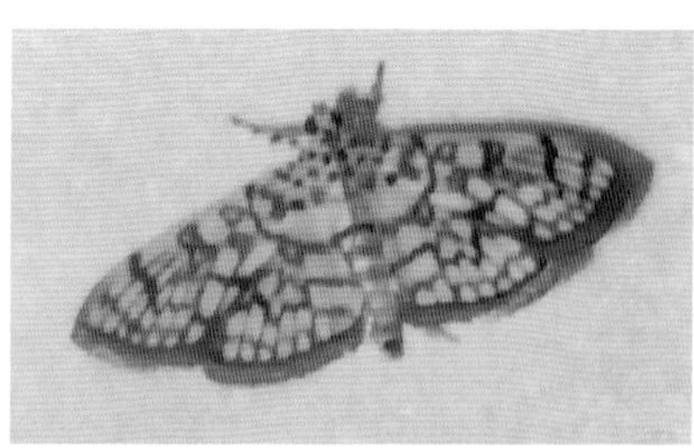

图2 棉大卷叶螟成虫（杨益众提供）

图3 棉大卷叶螟幼虫（杨益众提供）
①低龄；②高龄

图1 棉卷叶野螟危害棉花状（杨益众提供）
①棉花单张叶片被卷食；②棉花整株叶片被卷食

成虫白天活动较弱，多藏在叶背和杂草丛中，夜晚19：00开始活动，21：00～22：00活动最盛，有趋光性。雌蛾在羽化后1天交尾，交尾后1天产卵。卵散产于叶背，靠叶脉基部最多，叶面较少。卵粒多产于主茎中上部叶片。每雌蛾可产卵70～200粒。

一、二龄幼虫大多聚集棉叶背面进行危害，食量小，仅取食棉叶的叶肉，留下正面的表皮呈天窗状，不卷叶。三龄以后开始分散，吐丝将叶片卷成喇叭筒形，在筒内取食危害，叶片成不规则的缺刻和洞孔，并排粪便在卷叶里。发生严重时常3～5头幼虫存于同一卷叶内。幼虫具吐丝下垂随风飘散转移危害习性，常在吃光一片叶之前转移到另一叶片上危害。虫多时可将棉株上的叶片全部吃光。在食料不足时，该虫亦食花蕾和棉铃的苞叶。幼虫老熟后化蛹于卷叶中，吐丝将腹部末端系在叶上。

防治方法

农业防治 冬季进行深耕，把枯枝、落叶及枯铃深埋于土内，5月上旬前将棉秆加以烧毁或沤肥，可杀死大部分越冬幼虫。消灭中间寄主上的虫源。木槿、蜀葵、冬葵、红麻、芙蓉、梧桐、木棉等为棉卷叶野螟第一代幼虫的主要寄主，采用人工捕杀或化学防治，消灭虫源，可减轻棉田危害。棉卷叶野螟初期多发生于郁闭的棉田，可结合中耕锄草、整枝打老叶、施肥等田间管理工作，用手捏杀或木板拍杀卷叶内幼虫、蛹。

化学防治 掌握在幼虫一、二龄末卷叶时进行。一般在防治其他害虫时兼治。如需单独施药防治，可选用有机磷或拟除虫菊酯类农药及其复配剂兑水喷雾。

参考文献

陈建，杨进，陆佩玲，等，2008. 棉大卷叶螟的年生活史与种群动态 [J]. 植物保护，34(3): 119-123.

陈建，杨进，张小丽，等，2008. 越冬代棉大卷叶螟的种群动态 [J]. 昆虫知识，45(5): 735-738.

刘芳，杨益众，陆宴辉，等，2005. 转 Bt 基因棉花品种对棉大卷叶螟种群动态的影响 [J]. 昆虫知识，42(3): 275-277.

康晓霞，杨益众，赵光明，等，2007. 卷叶螟绒茧蜂寄生棉大卷叶螟的行为及其与寄主密度的关系 [J]. 植物保护学报，34(1): 22-26.

（撰稿：杨益众；审稿：吴益东）

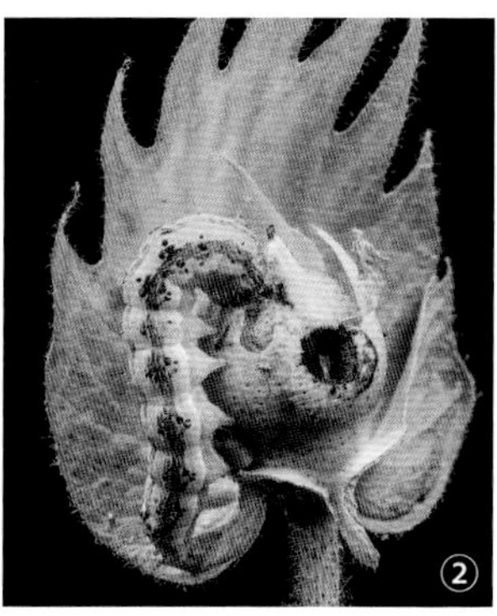

图 1　棉铃虫危害状（耿亭提供）

①棉铃虫幼虫危害棉叶；②棉铃虫幼虫危害棉桃

棉铃虫　*Helicoverpa armigera* (Hübner)

一种危害棉花、玉米、小麦等多种作物的世界性重大害虫。又名青虫、钻桃虫等。英文名 cotton bollworm。鳞翅目（Lepidoptera）夜蛾科（Noctuidae）实夜蛾亚科（Heliothinae）铃夜蛾属（*Helicoverpa*）。

棉铃虫分布于北纬 50°至南纬 50°的欧洲、亚洲、非洲、大洋洲各地。在中国各棉区均有发生，在黄河流域棉区常年发生量大，危害重，是常发区；在长江流域棉区，为间歇性大发生；在其他棉区，每年都有不同程度的发生，在环境条件适宜的年份也可暴发危害。20 世纪 90 年代初，棉铃虫在中国连续大暴发，仅 1992 年，棉铃虫在各种作物上累计发生面积达 2192 万 hm^2，造成直接经济损失逾百亿元，严重制约了棉花与其他多种作物的生产。自 1997 年转基因抗虫棉花在中国商业化种植以来，抗虫棉及其周边其他寄主作物上棉铃虫种群数量明显减少。2010 年以后，随着全国种植业结构调整，玉米、蔬菜等寄主作物种植面积逐年增加，而棉花种植比例不断缩减，导致棉铃虫发生基数逐步回升，在抗虫棉以外的寄主作物上危害程度加重。

寄主　中国已知的有 30 多科 200 余种。除危害棉花外，还危害玉米、小麦、高粱、大豆、花生、番茄、豌豆、蚕豆、豇豆、苕子、苜蓿、芝麻、亚麻、苘麻、黄麻、蓖麻、向日葵、西瓜、南瓜等多种栽培作物及大量的野生植物。

危害状　棉铃虫幼虫主要取食棉茎顶端、嫩叶、蕾、花、铃。棉花顶尖生长点遭破坏后，形成断头棉，随后顶部长出许多分杈，常称为“公棉花”，使棉株严重减产。幼蕾稍受咬伤，苞叶即行张开，变黄脱落。危害花时，从子房基部蛀入，被害花一般不能结铃。危害棉铃时，常从铃基部蛀入取食一至数室，留下的其他各室也引起腐烂，有时取食一空；或形成僵瓣，受害铃容易霉烂脱落。幼虫常转移危害，1 头棉铃虫幼虫一生约危害 10 多个蕾、铃，常从棉株上部向下部转移或转株危害，受害蕾铃脱落，造成减产（图 1）。

形态特征

成虫　体长 14～18mm，翅展 30～38mm，雌蛾赤褐色或黄褐色，雄蛾青灰色。前翅近外缘有一暗褐色宽带，带内有清晰的白点 8 个，外缘有 7 个红褐色小点，排列于翅脉间。环状纹圆形具褐边，中央有 1 褐点。后翅灰白色，外缘暗褐色宽带纹中央常有 2 个相连的月牙形灰白斑。复眼球形，绿色。雄蛾腹末抱握器毛丛呈“一”字形（图 2①）。

卵　近半球形，高 0.51～0.55mm，宽 0.44～0.48mm。中部通常有 24～34 条直达底部的纵棱，每 2 根纵棱间有 1 根纵棱分为二岔或三岔，纵棱间有横道 18～20 根。初产卵乳白色或翠绿色，逐渐变黄色，近孵化时变为红褐色或紫褐色，顶部黑色（图 2②）。

幼虫　一般分为 5～6 个龄期，多数为 6 个龄期。体色变异较大，有绿色、淡绿色、黄白色、淡红色等。初孵幼虫头壳漆黑，身上条纹不明显，随着虫龄增加，前胸盾板斑纹和体线变化渐趋复杂。背线一般有 2 条或 4 条，气门上线可分为不连续的 3～4 条线，其上有连续白纹，体表满布褐色和灰色小刺，腹面有黑色或黑褐色小刺（图 2③）。

蛹　体长 14～23.4mm，宽 4.2～6.5mm，纺锤形。初蛹体色乳白至褐色，常带绿色；复眼、翅芽、足均半透明。后期蛹逐渐变为深褐至黑褐色，直到全身发黑，此时即将羽化。气门较大，围孔片呈筒状突出。第五至七腹节前缘密布比体色略深的刻点。雌蛹生殖孔位于腹部腹面第八节，与肛门距离较远；雄蛹生殖孔位于腹部腹面第九节，与肛门距离较近。尾端有臀棘两枚。滞育蛹在化蛹 3～4 天后，头部后颊部分仍有斜行黑点 4 个（图 2④）。

生活史及习性　中国不同棉区棉铃虫发生的代数不同，由北向南逐渐增多。辽河流域及新疆大部分棉区，1 年发生 3 代，危害较重的是第二代；黄河流域 1 年发生 4 代，其中第二代（6 月中、下旬）和第三代（7 月中、下旬）危害较重；长江流域每年发生 4～5 代，以第三、四代（7 月中至 8 月下旬）危害较重。黄河流域棉区以滞育蛹越冬，4 月中、下旬始见成虫，第一代幼虫危害盛期为 5 月中、下旬，5 月末大量入土化蛹。第一代成虫始见于 6 月上旬末至 6 月中旬初，盛发于 6 月中、下旬，主要危害棉花。幼虫危害盛期在 6 月下旬至 7 月上旬。第二代成虫始见于 7 月上旬末至中旬，盛发于中、下旬。第三代幼虫主要危害棉花、玉米等，始见于 8 月上、中旬，发生期延续的时间长。第四代幼虫继续危害。长江流域棉区四代成虫始见于 9 月上、中旬，以第五代滞育蛹越冬。在新疆，越冬蛹 5 月开始羽化，第一代成虫产卵高峰期南疆在 6 月上旬、北疆在 6 月中旬；第二代产卵高峰期南疆在 7 月上、中旬，北疆在 7 月中旬；第三代产卵高峰均在 8 月。

图 2 棉铃虫各虫态（耿亭提供）

①棉铃虫成虫；②棉铃虫卵；③棉铃虫幼虫；④棉铃虫蛹

棉铃虫成虫多在夜间羽化，羽化后当夜即可交配，一生可交尾 1～5 次。羽化后 2～5 天开始产卵，产卵期一般 5～10 天。成虫交尾、产卵和取食花蜜等活动主要在夜间进行，日出后停止飞翔活动，栖息于棉叶背面、花冠内和玉米、高粱心叶内或其他植物丛间。成虫飞翔能力强，往往在植株的中部或上部穿飞，能借助气流作迁移扩散。对黑光灯和半干的杨柳枝叶有较强趋性。成虫繁殖的最适温度是 25～30°C。雌蛾平均怀卵量超过 1200 粒，产卵率高达 97%。高于 30°C或低于 20°C时，则有不同程度的下降。卵散产在棉株上，产卵部位随寄主种类不同而异。凡长势好、现蕾早而多的棉田着卵量大；棉花生长后期多产卵在贪青晚熟的棉株上。在其他寄主作物上，卵多产于结实器官。卵历期一般 2～4 天。幼虫孵化后常取食卵壳和尚未孵化的卵，幼虫经常在一个部位取食少许即转移到他处危害，常随虫龄增长，由上而下从嫩叶到蕾、铃依次转移为害。一、二龄幼虫危害较轻，三龄以上幼虫取食量增大且有自相残杀习性，三龄后进入暴食阶段。各龄幼虫大致历期为：一龄 2～5 天，二龄 2～4 天，三龄 2～3 天，四龄 2～4 天，五龄 2～3 天，六龄 2～5 天，幼虫历期共计 12～24 天。幼虫老熟后吐丝下坠入地筑土室化蛹。入土深度一般 2.5～6cm，最深达 9cm，仅个别的在枯铃或青铃内化蛹。化蛹前有 1～3 天预蛹期，蛹期 10～14 天。在中国大部分棉区，均以滞育蛹越冬。根据棉铃虫适应当地气候的滞育、抗寒特点，中国棉铃虫被划分为四个地理型：热带型（华南地区），亚热带型（长江流域），温带型（黄河流域），新疆型（新疆）。棉铃虫不能在中国东北越冬，东北棉铃虫种群是从黄河流域迁飞过去的。

发生规律 棉铃虫的发生与气候、天敌以及作物的布局、品种、栽培技术等有密切关系。温度对棉铃虫成虫产卵量、卵孵化率、幼虫死亡率、蛹死亡率等都有显著影响，如棉铃虫发生最适气温为 25～30°C，相对湿度为 70% 左右；成虫繁殖时气温高于 30°C或低于 20°C时，产卵量都有不同程度的下降，气温高过 34°C时产卵量降低或产不育卵。4、5 月间的低温，能减少第一、二代的发生量。空气湿度高，有利于成虫羽化、交配、产卵和孵化，但降雨量大，则不利于卵、初孵幼虫的存活；蛹期连续遇雨，土壤含水量长期处于饱和状态，能导致蛹的大量死亡。

作物种类和布局、栽培管理水平、耕作栽培制度等对棉铃虫种群发生有直接影响。棉铃虫喜食作物种类和面积增加、农田中作物不规则镶嵌式种植格式有利于棉铃虫在不同作物间辗转取食为害，而且由于取食不同植物棉铃虫的发育进度不一致，造成田间种群世代重叠、危害历期延长等。作物布局不同，如实行麦棉套种、麦棉邻作或玉米、大蒜等和棉花套种时，棉铃虫发生危害的程度不同。棉田郁闭、湿度较大，有利于棉铃虫的发生。

天敌、抗性品种等对控制棉铃虫也有重要作用，如第四代棉铃虫发生期由于天敌的作用，一般可不进行防治；转基因抗虫棉对棉铃虫具有较好的抗虫效率，是当前最为有效的防治手段。

防治方法

农业防治　选择种植通过国家审定的、抗虫效率高、在棉花不同生长季抗虫性稳定的转基因抗虫棉品种。对棉铃虫发生严重的棉田在棉花拔秆后进行翻耕或冬灌，杀灭越冬蛹。一代棉铃虫虫口密度大的麦田，在割麦后进行中耕或彻底翻耕以破除蛹室，减少第二代在棉田发生的虫源，田间耕作管理和农事操作可减轻虫口密度。种植玉米、高粱诱集带。在棉田种植诱集作物能较明显地减少棉铃虫在棉花上的落卵量，控制其对棉花的危害。

生物防治　保护利用自然天敌。棉田自然天敌资源十分丰富，寄生性天敌主要有姬蜂、茧蜂、蚜茧蜂、赤眼蜂等，捕食性天敌主要有瓢虫、草蛉、捕食蝽、胡蜂、蜘蛛等，昆虫病原菌有真菌和病毒等，对棉铃虫都有显著的控制作用。因地制宜采用可行措施，保护、增殖和利用自然天敌控制棉铃虫危害是综合治理的重要内容。应用微生物农药防治棉铃虫：使用适当剂量的微生物农药在棉铃虫卵或初孵幼虫高峰期喷施，可有效降低棉铃虫危害。如应用棉铃虫核型多角体病毒、多杀菌素、昆虫生长调节剂类农药等。

物理防治　棉铃虫成虫具有明显的趋光性，可利用黑光灯、频振式杀虫灯诱杀成虫。有条件的地区，可在棉田内插萎蔫的杨树枝把诱集成虫。用这种诱杀防治措施，需大面积连片进行和坚持每天早晨捉蛾捕杀，才可获得较好的、减少棉田卵量的效果。

化学防治　转基因抗虫棉花的前期抗虫性较好，在一般年份能有效地控制二代棉铃虫的发生，基本无需进行化学防治；但后期抗虫性常有所下降，因此转 Bt 基因棉花应加强中后期对棉铃虫的监测，根据防治指标及时补充化学防治。由于转基因棉花的种植使杀虫剂用量减少，棉铃虫田间种群对高效氯氟氰菊酯、辛硫磷和硫丹等的抗性呈明显下降趋势，但由于棉田防治其他害虫及防治三、四代棉铃虫还需要喷施化学农药，因此，在部分地区对高效氯氟氰菊酯等农药还存在较高抗性。因此，在对高效氯氟氰菊酯产生高至极高抗药性的地区，应暂停使用高效氯氟氰菊酯防治棉铃虫，限制辛硫磷防治棉铃虫的使用次数，注意轮换用药，防止其抗药性继续上升；减少甲氨基阿维菌素在棉铃虫防治中的使用次数，降低抗药性风险。Bt 抗虫棉田可根据幼虫发生量确定防治指标，长江流域棉区为二代百株低龄幼虫 15 头，三、四代 8～10 头；黄河流域棉区为二代百株低龄幼虫 20 头，三代 15 头。建议在棉铃虫卵和初孵幼虫高峰期喷洒对棉铃虫防效较高的药剂，如甲氨基阿维菌素苯甲酸盐、茚虫威、虫螨腈（除尽、溴虫腈）、氯虫苯甲酰胺（康宽）、多杀菌素（多杀霉素）等。防治棉铃虫时应考虑兼治棉蚜、棉盲蝽、棉叶螨、烟粉虱、甜菜夜蛾、斜纹夜蛾等，反之亦然。注意交替用药和轮换用药，施药后遇雨要及时补喷。

参考文献

郭予元，1998. 棉铃虫的研究 [M]. 北京：中国农业出版社.

吴孔明，2007. 我国 Bt 棉花商业化的环境影响与风险管理策略 [J]. 农业生物技术学报，15(1): 1-4.

WU K M, 2007. Monitoring and management strategy for *Helicoverpa armigera* resistance to Bt cotton in China[J]. Journal of invertebrate pathology, 95(3): 220-223.

WU K M, LU Y H, FENG H Q, et al, 2008. Suppression of cotton bollworm in multiple crops in China in areas with Bt toxin-containing cotton[J]. Science, 321(5896): 1676-1678.

（撰稿：梁革梅；审稿：陆宴辉）

棉小造桥虫　*Anomis flava* (Fabricius)

一种主要以幼虫危害寄主的作物害虫。英文名 yellow cotton moth。鳞翅目（Lepidoptera）夜蛾科（Noctuidae）桥夜蛾属（*Anomis*）。中国除西藏分布不详、新疆未发现外，其他棉区均有分布。

寄主　棉花、麻类、蜀葵、锦葵、秋葵、木槿、冬苋菜等植物。

危害状　幼虫取食棉花叶片，一、二龄幼虫只吃叶肉，三、四龄幼虫食棉叶成小孔或缺刻，五、六龄幼虫咬食棉叶，甚至取食花、蕾、幼铃和嫩梢。四龄后幼虫的食量占总食叶量的 94.6%。

形态特征

成虫　体长 10～13mm，翅展 26～32mm。前翅内半部淡黄色，外半部暗褐色，有 4 条横行黄褐色的波纹。雌蛾触角丝状，雄蛾触角羽毛状。

幼虫　体长 35mm 左右。体色多样。腹部第一对腹足完全退化，仅留趾钩痕迹；第二对腹足较小，趾钩 11～14；其他腹足正常、趾钩超过 18 个。第一至第三腹节常隆起呈桥状（见图）。

生活史及习性　在长江流域 1 年发生 5～6 代，黄河流域 3～4 代。在南方，以蛹在木槿、冬葵和棉花枯叶或棉铃苞叶间越冬，在黄河流域能否越冬不明。在长江流域第一代幼虫于 5 月中、下旬发生在木槿、冬苋菜及苘麻上。棉田危害的主要是第二代到第五代，以第三、四代危害较重。

成虫寿命 10～12 天，卵期 2～3 天，幼虫历期 14～18 天，蛹历期 6～7 天。成虫的卵大多数散产在棉株中下部叶片背面，每头雌蛾可产卵 200～800 粒。低龄幼虫受惊后会跳动下坠。幼虫共 6 龄。老熟幼虫在叶片苞叶间作薄茧蛹。

棉小造桥虫幼虫（杨益众提供）

防治方法 杨树枝把诱集棉小造桥虫成虫效果明显。棉花拔秆后清除枯枝、落叶可杀灭部分越冬蛹。如单独防治，可用常规剂量的敌百虫、阿维菌素、辛硫磷，或氯氰菊酯、氰戊菊酯以及 Bt 乳剂等稀释喷雾，均有较好防效。

参考文献

中国农业科学院植物保护研究所，中国植物保护学会，2015. 中国农作物病虫害：上册 [M]. 3 版. 北京：中国农业出版社：1243-1245.

（撰稿：杨益众；审稿：吴益东）

棉蚜 *Aphis gossypii* Glover

棉花上的重大害虫之一，棉花苗期到花铃期都危害。半翅目（Hemiptera）蚜科（Aphididae）蚜属（*Aphis*）。国外广泛分布于 60° N 与 40° S 之间的欧洲、亚洲、非洲、大洋洲各地，在全世界棉区均有分布。中国各地均有分布。具有寄主范围广、繁殖能力强和环境适应能力强等特点。

寄主 棉蚜的寄主范围较为广泛，已记载的有 74 科 285 种，包括棉花、石榴、木槿、花椒、黄金树、西瓜、黄瓜、马铃薯等农作物。

危害状 棉蚜在棉花叶片背面、嫩叶上刺吸汁液危害，受害叶片卷缩，叶片向背面卷曲，植株矮缩成拳头状。根系发育不良，棉苗发育迟缓，主茎节数、果枝数、叶数、蕾铃数减少，蕾铃大量脱落，生育期推迟，造成减产和品质下降。另外，棉蚜在吸食的过程中，同时排出大量蜜露，附在茎叶表面，不仅影响光合作用和导致病害的发生，而且在吐絮期污染棉纤维，严重影响皮棉品质。棉蚜在寄主间的迁移不仅造成多种作物受害，而且使病毒病得以传播，从而造成较为严重的间接损失。

形态特征

成虫 体色为淡黄至淡绿色、深绿色、黑绿色、黑色，略被薄蜡粉。触角长度为体长的 3/5～3/4，触角第六节鞭部比基部长，中额隆起，额瘤不明显。腹管为黑色，为体长的 1/5，尾片为圆锥形（见图）。

卵 椭圆形，高 0.5～0.7mm。初产时橙黄色，后变为漆黑色，有光泽。卵产在越冬寄主的叶芽附近。

若虫 一般为 4 个龄期。若虫分有翅若蚜和无翅若蚜。有翅若蚜夏季体淡红色，秋季灰黄色，胸部两侧有翅蚜，在第一至六腹节的中侧和第二至五腹节的两侧各有白色圆斑 1 个。无翅若蚜体色夏季为黄色或黄绿色，春秋为蓝灰色，复眼红色，经 4 次蜕皮变为无翅胎生雌成蚜。

生活史及习性 棉蚜 1 年可发生多代。花卉温室和蔬菜大棚是棉蚜主要越冬场所。室外主要以卵在石榴、木槿、黄金树上越冬，以孤雌胎生进行繁殖，多数棉蚜产生有翅蚜，向过渡寄主或棉田迁飞，是棉田的蚜源基地。春季气温达 10°C时卵孵化。适宜温度为 20～27°C，高温不利于其发生和危害。秋末迁回越冬寄主。与棉长管蚜、叶螨等害虫之间存在同位竞争关系。

发生规律 棉蚜的发生与气候条件、种植结构和防治措施有非常大的关系。温度是棉蚜发生的重要因素。棉蚜的最适宜繁殖的温度是 20～27°C，27～30°C若虫发育历期随温度的升高而缩短，在 35°C的高温下不能正常存活和繁殖。棉蚜发育最适宜的相对湿度为 40%～60%，降水多，田间湿度大，不利于棉蚜的生长发育与繁殖，连续降雨棉蚜种群会迅速降低。

棉蚜群聚（李海强提供）

作物的种类和布局、栽培管理水平、耕作制度等对棉蚜种群发生有直接影响。单一大面积种植棉花，造成棉区天敌群落下降，控害能力减少，是棉蚜频繁爆发的主导因素之一。如实行麦棉邻作，麦收后捕食性天敌进入棉田，可以增加棉田天敌的种类和数量，从而减少棉蚜的种群数量。

防治方法

农业防治 强化棉田管理，合理施肥，促苗壮早发，抑制棉蚜发生数量，减缓棉蚜增殖速度。在施肥技术上，氮、磷、钾肥配合施用，防止氮肥过量。棉蚜主要在温室大棚和石榴、黄金树上越冬。清除越冬寄主上的越冬卵。

生物防治 棉花与小麦、苜蓿、油菜等作物邻作，有利于天敌的繁衍，小麦、苜蓿和油菜收割以后，天敌可以迁移到棉田，增加了棉田天敌的种群数量，有效地减少棉田棉蚜种群数量。

化学防治 棉田棉蚜发生数量大时，可用吡虫啉 5%、啶虫脒 5%，用量 25g～30g/hm^2；50% 氟啶虫胺腈，用量 39～50ml/hm^2 等农药进行喷雾防治。在越冬寄主上用化学药剂消灭越冬虫源。

参考文献

贺福德，陈谦，孔军，2001. 新疆棉花害虫及天敌[M]. 乌鲁木齐：新疆大学出版社.

刘向东，张立建，张孝羲，等，2002. 棉蚜对寄主的选择及寄主专化型研究 [J]. 生态学报，22(8): 1281-1285.

王孝法，1997. 新疆棉区棉蚜分布为害特点及综合防治技术 [J]. 新疆农垦科技，24(4): 5-6.

ZAMANIAA, TALEBIAA, FATHIPOUR Y, et al, 2006. Effect of temperature on biology and population growth parameters of *Aphis gossypii* Glover (Hom., Aphididae) on greenhouse cucumber[J]. Journal of aplied entomology, 130(8): 453-460.

（撰稿：李海强；审稿：李号宾）

棉叶蝉 *Amrasca biguttula* (Ishida)

一种分布于亚洲的主要危害棉花和茄子的多食性害虫，以成、若虫在棉叶背面刺吸汁液进行危害。又名棉叶跳虫、棉浮尘子、棉二点叶蝉等。半翅目（Hemiptera）叶蝉科（Cicadellidae）杧果叶蝉属（*Amrasca*）。国外分布于印度、日本。中国除新疆外均有分布，其北限为辽宁、山西，但极偶见；甘肃、四川西部和淮河以南，密度逐渐提高；湖北、湖南、江西、广西、贵州等长江流域及以南地区发生密度较高、危害较重。

20世纪50年代，中国的棉花栽培管理比较粗放，长江中、下游棉区由棉叶蝉造成的损失常年在10%左右。以后随管理水平的不断提高和有机磷农药的普遍应用，棉叶蝉的发生危害明显减轻，但在棉花生育的中、后期如有所忽视，仍会危害严重。2000年以来，转基因抗虫棉花在各棉区被广泛种植，导致棉铃虫等鳞翅目害虫的发生程度明显减轻，化学农药使用量显著下降，使得棉铃虫以外的其他非靶标害虫发生程度有所上升。棉叶蝉就是其中最突出的。如今，在华南棉区，棉叶蝉已取代棉铃虫，成为该地区棉花最主要的害虫。而在长江流域，棉叶蝉的发生量也较Bt棉花种植以前有显著上升，如2003年安徽棉叶蝉3～4级发生面积达13.33万hm^2。

寄主 棉花、茄子、烟草、番茄、茶树、黄麻、杂草等33科77种，但其最喜欢取食棉花和茄子。

危害状 在危害棉花时，其以成、若虫在棉叶背面吸取棉花汁液。棉叶受害后，叶片的尖端及边缘变黄，并逐渐向叶片中部扩大。严重时叶尖端及边缘由黄变红，甚至变成焦黑色，最后导致叶片卷缩畸形。

形态特征

成虫 体长约3mm，淡黄绿色。头部微呈角状，向前突出，端圆。头冠淡黄绿色，近前处有2个小黑点，小黑点四周环绕淡白色纹。复眼黑褐色，上有淡色斑。前胸背板淡黄绿色，前缘有3个白色斑点，后缘中央有1个白色斑点。小盾片淡黄绿色，基部中央、两侧缘中央各有1个白色斑点。前翅透明，微带黄绿色，末端约1/3处居前、后缘正中有1个黑点，这是棉叶蝉成虫的主要特征。后翅无色透明。足淡黄绿色，自胫节末端以下到整个跗节为黄绿色，爪黑色。雌虫较宽大，腹面尾节正中有1根黑褐色产卵管，雄虫腹面尾节中央处，两旁各有1块狭长并密生细毛的下生殖板（图1）。

卵 长约0.7mm，宽约0.15mm，长肾形，初产时无色透明，孵化前为淡绿色。

若虫 共分5龄。一龄体长约0.8mm，淡绿色，复眼棕黑色。口器长达腹部第七节，中、后胸两侧各有1个乳状突起的翅芽（图2）。

二龄体长约1.3mm，口器长达腹部第五节末端，前翅芽伸至后胸末端，后翅芽长达腹部第二节前缘。

三龄体长约1.6mm，口器长达腹部第一节，前翅芽伸至腹部第一节末端，后翅芽长达腹部第二节末端。在前胸背板后缘有2个淡褐色小点。前后翅芽的内侧各有1个淡色黑点。

四龄体长约1.9mm，口器长达后胸末端，前翅芽伸至腹部第二节末端，后翅芽长达腹部第三节前端。

五龄体长约2.2mm，口器长达中胸后部。头部复眼内侧有2条斜走黄色隆线，胸部淡绿色，中央白色，前胸背板后缘中央有淡黑色小点，小点四周环绕黄色圆纹。前翅翅芽黄色，长达腹部第四节，后翅芽长达腹部第四节末端。

生活史及习性 棉叶蝉在南方热带和亚热带棉区全年均可发生危害。长江以南棉区1年发生十多代。江西中部1年发生13～14代，湖北武汉发生12～14代，南京发生8代以上，河北1年发生4代。在长江流域和黄河流域，棉叶蝉的越冬机制尚不清楚。在广东，有报道认为其以成虫呈半休眠状态在多年生木棉上越冬。但湖南农业大学调查了华南冬季多处的锦葵科、木棉科、茄科多种植物上的棉叶蝉发生数量后发现，棉叶蝉在华南地区可周年发生，冬季各虫态并存，并非以某一特定虫态滞育过冬，而木棉上也未发现棉叶蝉任何虫态。

棉叶蝉入侵棉田的时间和盛发期在不同地方不尽相同，一般南部棉田早于北部棉田。如在长江流域棉区，3～4月间棉叶蝉先在杂草及其他寄主上为害。5月中、下旬开始迁入棉田，7～8月繁殖最快，至9月上、中旬形成危害高峰。9月以后陆续离开棉田迁向其他寄主，并转入越冬。在淮河以南和长江以北，棉叶蝉成虫一般在7月上旬开始迁入棉田，发生危害盛期在8月下旬至9月下旬。10月转移到其他寄主上或在杂草上。在云南棉区，11月到翌年5月主要危害蚕豆、宿根茄子和宿根棉，7～9月主要危害主播棉，9月以后危害茄子。

棉叶蝉成虫白天活动，晴天高温时特别活跃。有趋光性，受惊后迅速横行或逃走。具有迁飞习性，迁飞发生于卵巢成熟前的幼嫩后期。起飞时先从植株上栖息处逐渐向上爬行，直至中上部，稍待片刻，再爬至顶部叶片上静伏待飞。起飞时猛烈蹬动，离开寄主植物，迅速向上空朝光亮处飞去，夏秋季均在日落后起飞。其飞翔起始温度为17.1C。夏季棉叶蝉起飞主要受光照强度影响，秋季则温度影响较大。天完全漆黑时不再起飞，其起飞时间一般为18：30～20：50。据测定，无风或微风（风速小于0.6m/s）时适于起飞，当风速大于lm/s或遇到降雨时不起飞。

成虫羽化后第二日即可进行交配。交配多在太阳初出到中午的一段时间内，午后很少。雄虫向雌虫求爱时，常振其四翅，追逐于雌虫后面。如果雌虫同意，雄虫立即调转身体，尾端迅速与雌虫相连而成“一”字形交配式。交配时雄虫四翅覆于雌虫翅上，静止不动。如遇惊扰，雌雄虫都向同一方向横行或斜走逃避，仍不脱离。如受惊恐太大，则双双跳跃坠地。非经数次惊扰，交配中的雌雄虫很少会互相脱离。雌雄虫交配1次，需时32～83分钟，但一般在45分钟左右即行分离。分离后雄虫慢慢爬开，雌虫则在原地休息。

雌虫交配后的第二天即开始产卵。卵散产于棉株中、上部嫩叶背面组织内，以叶柄处着卵量最多。其次是主脉上，有时也产于侧脉及叶片组织内，每片叶上每次产卵3～4粒以上。产卵前，雌虫先以产卵器在植物上划一裂口，然后将卵产于其内。卵多在白天孵化，卵孵化时棉叶裂口组织枯死。若虫共5龄，每次蜕皮都粘在寄主叶片背面，所以田间是否发生很容易发现。在28～30°C时，棉叶蝉卵历期5～6天，

图1 棉叶蝉成虫（①万鹏提供；②武淑文摄）

图2 棉叶蝉若虫（①万鹏提供；②武淑文摄）

若虫期5.6～6.1天，成虫期15～20天。棉叶蝉喜食幼嫩叶片，其一、二龄若虫常群集于靠近叶柄的叶片基部取食，三龄以上若虫和成虫多在叶片背面取食。夜间或阴天，其若、成虫也常爬到叶片的正面。棉叶蝉在棉田的空间分布属聚集分布，以棉株上部虫口居多，其中以上三台果枝最为集中，占总虫量的73.7%；中部次之；上五台果枝以下的仅占总虫量的6.7%。棉叶被害后，先是叶片的尖端及边缘变黄，逐渐扩至叶片中部。显微镜检查变黄棉叶的切片，可见上表皮已有部分细胞变为鲜红色。危害加重时，棉叶的尖端及边缘由黄色变红，并逐渐向叶片中部扩大，显微镜检查变红棉叶的切片，不仅上表皮绝大多数细胞变红，部分下表皮细胞等也会变红。受害最重时，后期棉叶还会由红色变成焦黑色，最后枯死脱落。棉花遭受棉叶蝉严重为害时，造成棉株果枝瘦小短缩、蕾铃脱落、棉铃成熟延迟，明显降低棉花产量和品质。

发生规律

气候条件　棉叶蝉越冬卵于气温稳定达15°C左右时开始孵化。平均温度在32°C左右时，最适于棉叶蝉大量繁殖，温度降到15°C以下，成虫活动迟钝，当温度降至6°C以下时，即进入休眠状态。

在相对湿度为70%～80%时，最有利于棉叶蝉繁殖。下雨时，成虫多躲避于棉株基部枝叶茂密处，不太活动，大雨或久雨，常阻碍棉株上部棉叶蝉孵化和羽化。

光照强烈、田间温度高有利于棉叶蝉繁殖。在同一块棉田内，往往光照较强的部分，棉叶蝉较多，危害也较重，而在树荫下光照较弱的场所，棉叶蝉较少，危害也较轻。有时在树荫下氮肥施用偏多，也会使棉叶蝉繁殖较多，但危害程度仍然较轻。

寄主植物　不同棉花品种对棉叶蝉的抗性不同。据观察，棉叶背面毛少或毛短而柔软、叶片肥厚的棉花品种，如‘岱字 15 号’等遭受棉叶蝉危害重。而叶背多毛尤其毛长较硬的棉花品种，棉叶蝉发生少，受害轻。

栽培措施　棉花的播种时期、栽培措施及棉田的环境也能影响到棉叶蝉的发生。如早播的棉花，虽然棉叶蝉发生较早，但 7～8 月份虫口密度增大时，由于棉株生长健壮，故受害程度较轻。迟播的棉花，虽然棉叶蝉发生较晚，但 7～8 月份虫口密度增大时，棉株生长较嫩，抵抗力弱，受害反而较重。

密植棉田，在棉叶蝉盛发期间，棉株已经封行，不利其发生。稀植棉田，在棉叶蝉盛发期间，棉株行间通风透光，田间小气候有利于棉叶蝉发生。

棉花长势及棉田环境　棉花长势好坏，对棉叶蝉往往也表现出不同的耐害能力。如平原地区的地势和土质较好，具有较好的保肥保水能力及通气性能，氮、磷、钾等肥料配施也适当，该地区的棉株一般生长健壮，抵抗力强，棉叶蝉的为害较轻。而在丘陵地区，因地势和土质较差，田块的肥水保持能力及透气性能较差，又缺乏灌溉条件时，该地区的棉株往往生长较差，棉叶蝉的危害则较重。

此外，虽然棉叶蝉最喜欢取食棉花，但它也能取食其他众多的寄主植物，包括杂草，故分散种植或邻近多杂草的棉田，受害较重，而集中成片的棉田受害较轻。

天敌昆虫　棉叶蝉的天敌，捕食性天敌有多种蜘蛛、瓢虫、草蛉、隐翅虫、蚂蚁等。寄生性天敌有棉叶蝉柄翅小蜂（*Anagrus*. sp）、红恙螨、寄生菌等。

化学农药　过去棉田使用的化学农药都是广谱性、高毒、高残留品种，对棉叶蝉有很好的兼治效果，使其发生危害普遍很轻，生产上基本无需进行专门防治。但 21 世纪初以来，由于 Bt 棉的大面积种植带来的棉田化学农药使用模式的改变（特别是棉铃虫化学防治力度的降低），给棉叶蝉的种群增长提供了空间，导致其在棉田的发生程度显著上升，成为长江流域及华南棉区的重要害虫。

防治方法

农业防治　农业防治是基础。棉区要统一规划，尽可能采取水旱轮作，棉田宜集中连片，提倡适时早播，育苗移栽，适当密植，注意氮、磷、钾、钙配方施肥，多施有机质肥料，及时防旱抗旱排渍，适时打顶，促进棉株生长健壮，早发早熟，以减轻棉叶蝉危害。

选用多毛品种。清除田间杂草，尤其是冬季和早春清除杂草，以消除其越冬场所。

生物防治　利用有利于天敌繁衍的各种耕作栽培措施，减少施用化学农药，以保护利用多种自然天敌控制棉叶蝉。

物理防治　成虫盛发初期可利用其趋光性用黑光灯诱杀，减少虫口基数。

化学防治　防治棉叶蝉的农药有很多，包括有机磷制剂和拟除虫菊酯类农药。其中生产上使用效果较好的有 50% 马拉硫磷乳油稀释 1000 倍液、44.5% 高效氯氰菊酯乳油 250～300 倍、或 25% 敌杀死（溴氰菊酯）2000 倍液喷雾。

使用化学药剂防治棉叶蝉，必须及时掌握虫情。从棉花开花后开始，选定有代表性的棉田 2～3 块，每 5 天查虫 1 次。每次按 5 点取样法，每点随机调查 20 株，每块田共查 100 株棉花，每株随机抽查上部大叶 1 片，共查 100 片，分别统计棉叶蝉成虫数和若虫数。当百叶成、若虫数达 100 头以上或棉叶尖端开始变黄时，就是施药的有利时机。特别要抓住若虫盛发期施药，防治效果更好。施药时须注意，能兼治的，不专治；能单用药的，不混用药，能用低浓度的，不用高浓度。施药时宜采取打防线，打包围，要求治小面积，保大面积，目的是控害保益（天敌）。

参考文献

陈永年，陆荣生，2001. 棉叶蝉 (*Empoasca biguttula* Shiraki) 迁飞的研究 [J]. 生态学报，21(5): 780-788.

陈永年，陆荣生，马宏英，等，1996. 棉叶蝉越冬习性、为害损失、空间格局初步调查及田间药剂防治试验确良 [J]. 昆虫知识，33(1): 13-16.

崔金杰，夏敬源，2000. 一熟转 Bt 基因棉田主要害虫及其天敌的发生规律 [J]. 植物保护学报，27(2): 141-145.

戴小枫，王武刚，董双林，等，1998. 我国转基因 Bt 棉对棉铃虫的控制效果 [J]. 农业生物技术学报，6(2): 109-115.

方振珍，陈娜珍，1991. 棉叶蝉的发生与防治 [J]. 中国棉花，18(6): 40.

黎鸿慧，崔淑芳，李俊兰，等，2006. 黄河流域棉叶蝉的发生与防治 [J]. 中国棉花，33(11): 31.

刘湘元，梁灿文，何觉民，等，2012. 陆地棉棉叶蝉数量气象预报模型研究 [J]. 广东农业科学，39(6): 84-86.

莫俊杰，何觉民，莫福章，等，2007. 华南棉花优质高产高效栽培研究Ⅱ——不同浓度高效氯氰菊酯对棉叶蝉的防治效果 [J]. 广东农业科学 (7): 61-63

余钟素，黄元辉，1953. 江西棉叶跳虫 (*Empoasca biguttula* Shiraki) 的初步研究 [J]. 昆虫学报 (4): 265-283.

章炳旺，邹运鼎，1989. 棉叶蝉空间分布型的初步研究 [J]. 中国植保导刊 (3): 23-25.

（撰稿：万鹏；审稿：黄民松）

棉叶螨　cotton spider mites

是危害棉花的一类小型节肢动物。又名棉红蜘蛛。在中国危害棉花的叶螨主要有朱砂叶螨［*Tetranychus cinnabarinus*（Boisduval）］、截形叶螨（*Tetranychus truncatus* Ehara）、土耳其斯坦叶螨（*Tetranychus turkestani* Ugarov et Nikolskii）和敦煌叶螨（*Tetranychus dunhuangensis* Wang），均属蛛形纲（Arachnida）蜱螨亚纲（Acari）真螨总目（Acariformes）绒螨目（Trombidiformes）叶螨科（Tetranychidae）。

中国危害棉花的是混合种群，种类组成和优势种在各地不尽相同。长江流域、黄河流域棉区优势种主要是朱砂叶螨。截形叶螨为常见物种，常与朱砂叶螨混合发生。土耳其斯坦叶螨仅在新疆发生，为新疆北疆棉区优势种，敦煌叶螨为甘肃和新疆南疆棉区优势种。近年来，截形叶螨在新疆南北疆棉区数量和发生面积大大增加，已成为棉田常见种类。

参考文献

洪晓月，2012. 农业螨类学 [M]. 北京：中国农业出版社．

王慧芙，1981. 中国经济昆虫志：第二十三册 螨目 叶螨总科 [M]. 北京：科学出版社 .

中国农业科学院植物保护研究所，中国植物保护学会，2015. 中国农作物病虫害：上册 [M]. 3 版 . 北京：中国农业出版社 .

（撰稿：张建萍；审稿：吴益东）

模毒蛾 *Lymantria monacha* (Linnaeus)

欧亚大陆重要的食叶害虫。又名僧尼舞蛾、松针毒蛾。英文名 nun moth、black arched tussock moth。鳞翅目（Lepidoptera）目夜蛾科（Erebidae）毒蛾属（*Lymantria*）。国外分布于日本、俄罗斯、奥地利、德国、捷克、斯洛伐克、波兰。中国分布于北京、河北、山西、辽宁、吉林、黑龙江、内蒙古、浙江、山东、四川、云南、贵州、陕西、甘肃、台湾等地。

寄主 油杉、黄杉、云杉、冷杉、铁杉、赤松、华山松、云南松、落叶松、樟子松、偃松、麻栎、千金榆、水青冈、椴树、桦树、柳树、山杨、山丁子、稠李等。

危害状 以幼虫取食树叶危害，大发生时可使树木片叶不留，连续危害 2 年以上则会造成树木大量死亡。

形态特征

成虫 雌虫体长 25～28mm，翅展 50～60mm；雄虫体长 15～17mm，翅展 30～45mm。雌虫前翅灰白色，上具 4 条黑色锯齿状横带，中室顶端具"人"字形黑色斑纹；后翅灰白色无斑纹。雄虫翅面斑纹与雌虫相似，但比较清晰。成虫胸部和腹部腹面均密生粉红色绒毛（见图）。

卵 大小约 1mm×1.2mm，初产时黄白色，后期变成褐色。

幼虫 老龄幼虫体长 43～45mm。头部黄褐色，足黄色。老龄幼虫体色变化较大，有淡紫色、乳黄色至暗灰色。前胸背面两侧各有 1 个大瘤，上生黑色向前伸的毛束。腹部第六、七节中央各有 1 个小型、黄红色翻缩腺。

蛹 体长 18～25mm。棕褐色具光泽，臀棘末端具小钩。

生活史及习性 1 年 1 代。以完成发育的幼虫在卵内越冬。越冬场所多为枯枝落叶层下和树皮缝处。在云南越冬卵 3 月中下旬陆续孵化；而在北京及东北地区 4～5 月幼虫孵出；在内蒙古阿尔山 5 月下旬开始孵化。初孵幼虫有取食卵壳的习性，常群居于小枝或叶丛中，并可随风迁移。幼虫 5 龄，老龄幼虫 5～6 月寻找树洞、粗皮及树皮缝隙及杂草内结茧化蛹。蛹期 15～20 天后成虫羽化。成虫多产卵于胸径 20cm 以上树干的下部。每雌平均产卵 200 粒，通常以 15～20 粒黏结成块，卵块外被有黄白色胶体。与枯松针色相仿，一般很难发现。干旱的气象条件是模毒蛾大发生的重要原因。模毒蛾发生在落叶松纯林，植物群落单一，林龄整齐，郁闭度较高，有丰富的食料资源，天敌种类少，数量不足，同时林分结构不合理，自控能力差的林分容易大面积发生。模毒蛾常与落叶松毛虫、落叶松鞘蛾和舞毒蛾相伴发生。

防治方法

信息素监测和防治 利用模毒蛾性信息素，借助圆筒型或船型诱捕器进行种群监测和诱杀防治。

模毒蛾成虫（①徐公天提供；②李镇宇提供）

①模毒蛾雌成虫；②模毒蛾雄成虫

物理防治 用黑光灯诱杀成虫。

化学防治 4～6 月幼虫期可用 50% 吡虫啉水分散粒剂稀释 3000～5000 倍液叶面喷雾，也可用木烟碱微囊水悬剂、噻虫啉和 2% 苦参烟碱地面喷洒或飞机超低量喷洒防治。也可采用阿维菌素烟剂喷烟防治幼虫。

参考文献

高泽芬，陈国发，王鹏，等，2020. 模毒蛾性信息素应用技术研究 [J]. 中国森林病虫，39(2): 43-46.

王先礼，2016. 模毒蛾生物学特性及防治研究 [J]. 林业科技情报，48(2): 18-20, 23.

张军生，王鹏，王茜，2014. 飞机超低量喷洒木烟碱防治模毒蛾的研究 [J]. 中国森林病虫，33(5): 37-40.

赵仲苓，1978. 柏毒蛾属一新种 [J]. 昆虫学报 (4): 417-418.

赵仲苓，2002. 毒蛾科幼期的鉴别 [J]. 昆虫知识，39(1): 72-75.

（撰稿：李镇宇、徐公天；审稿：张真）

模式标本 type specimen

在分类学中，当一个新种建立时，用以建立和描述新种的所有标本即为该物种的模式标本（type specimen）。模式标本作为规定的典型标本，代表了作者的新种定义，并作为鉴定比较的依据。模式标本的采用，对每个种的名称都有一个固定的参考，从而使后人能够改正分类工作的错误，修正种级分类单元的范围，而不致引起学名上的混乱。现在实行的命名法规，在植物方面，是以 1753 年林奈（C. von Linnaeus）出版的《植物种志》（*Species Plantarum*）第一版为基准；在动物方面则以林奈《自然系统》（*Systema Naturae*）第 10 版（1758）为基准。模式标本概念是种级分类单元特有的，科和属的模式是指其下各自的低级阶元，而不是实际的标本。即“一个命名种的模式是一个（或组）标本，一个命名属的模式是一个命名种，而一个命名科的模式是一个命名属。”（《国际动物命名法规》，1961）

《国际动物命名法规》给予定义的模式标本的命名术语有 6 种：①正模（holotype）：一个单独标本，由原始命名者在他发表原始描述时指定或指明作为一个命名的种级分类单元的“模式标本”，或者是在原始描述时所提供的唯一标本。②副模（paratype）：在原始描述时，作者所研究的除正模以外的一个或多个，且被指定为模式的标本。③全模（syntype 或 cotype）：在未曾指定正模标本的情况下，一个作者在原始描述时所依据的模式系列内的每个标本，cotype 也曾译作“同模”。④选模（lectotype）：一系列全模标本中的一个，在原始描述发表之后选出，并于此后作为该种的确定模式，此选择必须通过出版物公布于众。⑤副选模（paralectotype）：当一个选模选定之后，在原始的全模标本中留下的任何一个标本。⑥新模（neotype）：在原始描述发表之后，当确实知道原始模式标本均已遗失或已损坏后，新被选出作为模式的标本，这种选择也必须通过出版物公布于众。此外，分类学文献中常用的术语还有以下几种：配模（allotype），与正模相对性别的一个副模标本，被指定或指明为配模。地模（topotype），从模式标本原产地采到的一个或多个标本，它并不属于原始模式标本系列。近模（plesiotype），续后的描述或绘图所依据的一个标本。后模（metatype），经原命名者与该种的模式相比较并确定为同种的一个标本。等模（homotype 或 homeotype），经原命名者以外的一个人，与该种的模式标本相比较，并确定为同种的一个标本。

参考文献

中国农业百科全书总编辑委员会昆虫卷编辑委员会，中国农业百科全书编辑部，1990. 中国农业百科全书：昆虫卷 [M]. 北京：农业出版社.

（撰稿：刘春香；审稿：康乐）

膜翅目 Hymenoptera

膜翅目包含各类蜂和蚁，包括并系的广腰亚目及细腰亚目，已知约 90 个科 115 000 余种。

膜翅目昆虫成虫体型十分多样，有些种类体型微小，可能体长不及 0.15mm，有些种类体长超过 120mm。头为下口式或前口式，口器为咀嚼式口器或特化的嚼吸式口器。复眼通常发达，单眼可能存在 3 枚，或退化，或完全消失。触角长，多节，一些种类的触角成栉状。在广腰亚目中，胸部可见 3 个常规的分节，而在细腰亚目中，第一腹节并入胸部。

图 1 膜翅目树蜂科代表（吴超摄）

图 2 膜翅目叶蜂科代表（吴超摄）

图 3 膜翅目姬蜂科代表（吴超摄）

图 4 膜翅目胡蜂科代表（吴超摄）

图 5 膜翅目蜜蜂科代表（吴超摄）

翅常 2 对，膜质，翅脉简单，在一些小蜂总科中，翅脉几乎完全退化。前翅总是长于后翅，前后翅由成排的翅钩列连锁。各足常为步行足，一些种类前足或后足特化，用于抓捕猎物或攀附寄主。细腰亚目中，腹部第二腹节形成收缩的腹柄；广腰亚目中无此特征。雌性具针状的产卵器，有些种类的产卵瓣特别长，甚至长于身体数倍；在细腰亚目的针尾组中，产卵器特化成与毒腺连接的螫针。

广腰亚目种类常为植食性，幼虫毛虫状，取食植物或者蛀蚀植物茎干。细腰亚目中幼虫生活方式多样，一些类群为寄生性昆虫，幼体在其他昆虫或节肢动物体内发育。部分寄生蜂的卵营多胚生殖。一些种类捕猎其他昆虫或蜘蛛喂养后代。一部分蜜蜂、胡蜂和蚂蚁具社会性，群落成员喂养幼虫，并可有不同的社会分工。

参考文献

GULLAN P J, CRANSTON P S, 2009. 昆虫学概论 [M]. 3 版 . 彩万志 , 花保祯 , 宋敦伦 , 等 , 译 . 北京 : 中国农业大学出版社 : 189.

袁锋 , 张雅林 , 冯纪年 , 等 , 2006. 昆虫分类学 [M]. 北京 : 中国农业出版社 : 539-585.

郑乐怡 , 归鸿 , 1999. 昆虫分类学 [M]. 南京 : 南京师范大学出版社 : 882-977.

（撰稿：吴超、刘春香；审稿：康乐）

母生蛱蝶　*Phalanta phalantha* (Drury)

热带珍贵用材树母生的主要食叶害虫，海南岛尖峰岭地区历年遭受为害。又名珐蛱蝶。鳞翅目（Lepidoptera）蛱蝶科（Nymphalidae）珐蛱蝶属（*Phalanta*）。国外分布于印度、巴基斯坦、缅甸、印度尼西亚、菲律宾、斯里兰卡、尼泊尔、马来西亚、日本、尼日利亚、莫桑比克等国。中国分布于广东、台湾等地。从接近海平面（海南岛尖峰岭）到海拔 2500m（喜马拉雅山）均可见其踪迹。

寄主　母生、老挝天料木、伊桐、刺篱子、柞木、杨树等。

危害状　幼虫喜食嫩叶，白天取食量占全天取食量的 37%，晚上占 63%，以傍晚、早晨和 15：00 为取食高峰。

形态特征

成虫　体长 15～20mm，翅展 45～60mm。翅正面橙黄色，斑纹黑色。前翅中室中部和端部各有 2 条纵向波状纹，中室外各室有 1 条较粗的波状纹，与外边的 1 条细线及 1 列由三角形斑纹组成的缘线相会合。后翅中室中有 1 个新月形小斑，在中室端附近及上、下有 6 个新月形小斑，中线较细，外面有 4 个较大的椭圆形斑点，外缘线由三角形斑组成。前后翅反面斑纹与正面的斑纹相同，前翅中室内的波状纹之间及前后翅的外半部分灰色并闪着蓝紫色的光彩，雌蝶的蓝紫色光尤为显目。复眼咖啡色，体背面黄棕色，腹面灰白色。

幼虫　老龄幼虫体长 20～29mm，体呈圆筒形，中间稍粗，表面光滑，淡棕色或褐色，临近化蛹时变成叶绿色。有 6 条纵向排列的黑色棘刺，每根棘刺长 4～5mm，上生约 1mm 长的小刺若干根，棘刺基部为淡黄色圆斑。头部无棘刺，棕色，两颊黑色，额白色。气门椭圆形，黑色，周围有 1 圈白环。气门下线黄白色。

生活史及习性　在海南 1 年发生 12～13 代。成虫昼夜都进行羽化，其中 0：00～7：00 为雌蛹羽化盛期，7：00～11：00 为雄蝶羽化盛期。雄蝶羽化后约 3 个小时进行交尾活动，雌蝶从蛹壳中爬出，翅还未展开时即可交尾。交尾大都在上午进行，交尾后隔一天产卵。产卵期持续时间 8 天左右。以第一天产卵量最多，以后逐渐减少，平均每只雌虫产卵 220 粒。9：00～12：00 为产卵盛期。卵散在嫩芽、嫩叶或有嫩叶的叶柄和枝条上。雌、雄性比为 1：1。成虫吸食花蜜以 12：00～16：00 为盛。幼虫以 9：00～12：00，16：00～18：00 孵化较多。幼虫喜食嫩叶，傍晚、早晨和 15：00 为取食高峰。幼虫除取食外，一般都在叶片底下静息。三龄后的幼虫，还爬到小枝或与体色相似的枯枝、枯叶下栖息；受惊时身体蜷缩，吐丝下垂。末龄幼虫停止取食后寻找化蛹场所，在化蛹处静息。此时体色变成叶绿色，3～4 小时后开始吐丝作垫，用尾足钩在丝垫上化蛹。纯林或林地周围的刺篱子多，则母生蛱蝶发生多，对母生的危害重，反之则轻。

发生规律　海南 5～10 月是雨季，其余时间为旱季。8～10 月雨水过多，对这种蛱蝶不利；10 月至翌年 2 月，寄主树萌生新叶很少，故虫口数量少。2～3 月刺篱子大量萌生新叶，虫口数量逐渐增多；到 5 月分母生大量萌生新叶时，转移到母生上为害成灾。所以 5 月雨水不多，可以成灾。7 月后，母生叶老化，一般不成灾。若下雨多，母生掉叶少，萌生新叶少，5～6 月就不成灾。

郁闭后的成林与混交林相比，纯林易遭蛱蝶危害，而混交林生态环境较纯林复杂，并且影响产卵，所以受灾轻或不成灾。

天敌种类有蜘蛛、狭额寄蝇、大腿蜂、拒斧螂、瓢虫、蚂蚁等。卵期的主要天敌是蚂蚁，幼虫期的主要天敌是多种蜘蛛。

种型分化　中国只有 1 亚种，即指明亚种母生蛱蝶 *Phalanta phalanta phalanta*（Drury）。

防治方法　母生蛱蝶未造成大面积危害，一般不需要防治。

参考文献

顾茂彬，陈佩珍，1987. 母生蛱蝶的初步研究 [J]. 林业科学 (1): 105-108.

顾茂彬，陈佩珍，1997. 海南岛蝴蝶 [M]. 北京：中国林业出版社：180-181.

萧刚柔，1992. 中国森林昆虫 [M]. 2 版 . 北京：中国林业出版社：1124-1125.

周尧，1884. 中国蝶类志上下册 [M]. 郑州：河南科学技术出版社：461.

Akanbl M O, 1971. The biology, ecology and control of *Phalanta phalantha* (Drury) (Lepidoptera: Nymphalidae), a defoliator of *Populus* spp. in Nigeria[J]. Bulletin of the entomological society of Nigeria, 3(1): 19-26.

（撰稿：袁向群、袁锋；审稿：陈辉）

木橑尺蠖 *Biston panterinaria* (Bremer et Grey)

核桃树等果树的食叶害虫。又名核桃步曲，俗称吊死鬼。鳞翅目（Lepidoptera）尺蛾科（Geometridea）鹰尺蛾属（*Biston*）。国外分布于日本、朝鲜。中国分布于河北、山西、河南、山东、浙江、安徽、台湾、四川等地。

寄主 核桃、柿、桃、杏、葡萄、山楂、木橑、合欢、榆、泡桐、桑、茶、蓖麻等。

危害状 其低龄幼虫啃食叶肉，残留表皮呈白膜状，幼虫稍大食叶成孔洞和缺刻，严重时将叶吃光。

形态特征

成虫 体长 18～22mm，翅展 70～80mm。复眼深褐色，触角雄蛾短羽状，雌蛾丝状。翅白色，有黄褐色斑。前、后翅有大小不一的浅灰色斑（见图）。

幼虫 幼虫共 6 龄，末龄幼虫长 60～79mm，有保护色，体表散布灰白小斑，头部密布乳白、琥珀及褐色小突起，头顶两侧呈圆锥状突起。额面有一浅绿色“人”字形纹，背线和气门随虫体长大由浅草绿变绿，浅褐色或棕黑色。腹足、臀足各 1 对。

木橑尺蠖成虫（韩红香提供）

生活史及习性 浙江每年发生 2～3 代，华北 1 代。以蛹越冬，5～8 月羽化，盛期在 7 月下旬。成虫多在夜间活动，交配产卵，有较强趋光性，寿命 4～12 天。卵多数 10 粒成块产在树皮缝内或石块上，卵期 9～10 天。初孵幼虫活泼，可吐丝下垂借风力传播。先在叶尖危害，二龄后可将树叶吃光，造成灾害。幼虫危害期在 7～8 月间。幼虫期约 40 天，8 月中旬开始入土 30～60mm 深处或在石坝、堰根、树干周围、杂草、碎石等的缝隙中化蛹越冬。在松软土内或潮湿的石隙内常发现数十头乃至数百头聚集在一处化蛹。

防治方法

人工防治 晚秋或春季在蛹较集中的园内，刨树盘挖捡虫蛹，压低虫量。

灯光诱杀 可利用成虫趋光性，设黑光灯或堆火诱杀。

化学防治 三龄前食量小，抗药力差，应适时喷药，可喷灭幼脲 25% 悬浮剂 2000 倍或 5% 高效氯氰菊酯乳油 2000 倍或 3% 高渗苯氧威 3000～5000 倍。

生物防治 木橑尺蠖幼虫发生盛期在 8 月，可用赤眼蜂防治尺蠖幼虫；或以鸟治虫，养鸡治虫；或以微生物苏云金杆菌乳剂治虫。

参考文献

李秋生，王相宏，王巧玲，2008. 木橑尺蠖的生物学特性及防治试验 [J]. 林业实用技术 (8): 28-29.

秦芸亭，1997. 木橑尺蠖发生规律及防治 [J]. 昆虫知识 (1): 18-19.

张兵，2012. 木橑尺蠖的防治技术 [J]. 落叶果树，44(6): 61.

张会恰，2013. 木橑尺蠖的发生与防治 [J]. 落叶果树，45(6): 11.

朱俊庆，郭敏明，张爱兰，1985. 木橑尺蠖生物学特性及防治研究 [J]. 茶叶科学 (1): 51-58.

（撰稿：代鲁鲁；审稿：陈辉）

木麻黄豹蠹蛾 *Zeuzera multistrigata* Moore

一种主要危害木麻黄等防护林树种的蛀干害虫。又名多纹豹蠹蛾、多斑豹蠹蛾。鳞翅目（Lepidoptera）木蠹蛾科（Cossidae）豹蠹蛾属（*Zeuzera*）。国外分布于印度、孟加拉国、缅甸。中国分布于辽宁和华北、华中、华东、西南地区以及陕西、广东、广西。

寄主 木麻黄、细枝木麻黄、粗枝木麻黄、黑荆树、南岭黄檀、台湾相思、大叶相思、银桦、丝棉木、白玉兰、龙眼、荔枝、余甘子、日本柳杉、芭蕉、梨树、栎树、檀香、冬青等。

危害状 成虫和幼虫都具有危害性，幼虫所造成的损失较大，主要危害木麻黄幼林，该虫以幼龄虫钻食木麻黄嫩梢小枝，使枝叶枯萎；中老龄幼虫钻蛀主干、主根，使树木新枝不长，树干畸形，重者引起风折或整株枯死（图 1）。

形态特征

成虫 雌虫体长 25～44mm，翅展 40～70mm，体灰白色。触角丝状，长 9～10mm，浅褐色（图 2①）。前翅翅面上散生有许多大小不等、比较规则的深蓝色斑点，前缘从肩角到顶角排列着10个蓝斑点，中室内斑点较稀疏，有些个体中室有1块较大的、由几个斑点组成的蓝黑斑；后翅灰白色，斑点稀少而色浅，有翅缰9根。胸部背面有三对蓝黑色椭圆形斑点，1～7腹节各有8个蓝黑斑，第八节有3条纵黑带。雄虫体长16～30mm，翅展30～45mm，触角基半部羽毛状，端部丝状，长5～6mm，翅面上有许多大小一致、排列比较规则的浅黑色斑点，前翅前缘也排列着10个小黑点。后翅有翅缰1根（图2②）。

幼虫 老熟幼虫体长30～80mm，头宽4.5～7.0mm，体浅黄色或黄褐色。头部浅褐色，上唇暗褐色，唇基约为头长的2/5，单眼区有褐色小斑；上颌黑色，四齿刻粗钝，前胸背板发达，后缘有一黑斑，生有四列锯齿状小刺和许多小颗粒。体节上各有黄褐色毛瘤。瘤上有灰白色刚毛。胸足黄褐色；腹足赤褐色，趾钩排列为多行环。臀板大部分硬化，上有一大黑斑。

生活史及习性 在福建1年发生1代，以老龄幼虫于12月初在树干基部的蛀道内越冬，翌年2月下旬又重新蛀食，6月上旬为化蛹盛期，蛹期20天，6月下旬为羽化盛期，7月上、中旬为孵化盛期，卵期18天，幼虫期313～321天。

幼虫共19龄。初孵幼虫群集在白色丝幕下取食卵壳，2天后各自分散爬行，吐丝随风飘移，活动敏捷，蛀入木麻黄小枝嫩梢内，被害部有白色粉末状木屑和粪便。40天后以四龄幼虫转移到枝干上，一般从节疤处蛀入；十龄前幼虫有多次转株转位的习性，十龄后幼虫很少转移。蛀入孔多分布在离地面2m以下的树干上，并以此孔为排粪孔，每株木麻黄树大多只有1条幼虫和1个排粪孔。老龄幼虫在枯死树干中也能取食生存，但提前化蛹。

图1 木麻黄豹蠹蛾危害状（骆有庆课题组提供）

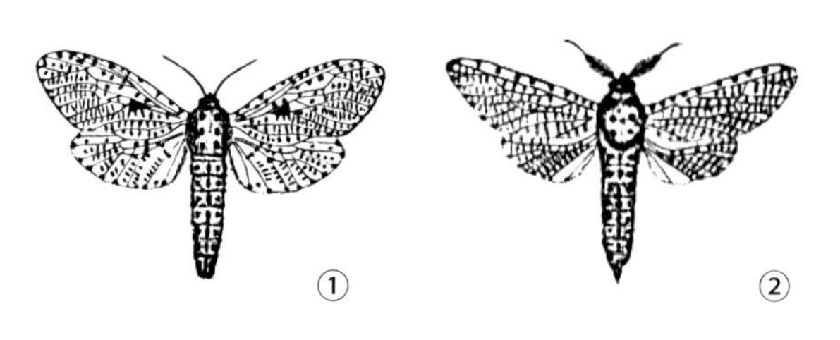

图2 木麻黄豹蠹蛾成虫（引自《中国森林昆虫（第二版）》）

①雌成虫；②雄成虫

成虫羽化高峰期1年可出现2次，主高峰在6月中、下旬，次高峰在5月下旬；雌蛾羽化高峰比雄蛾早3天。雌虫寿命平均6天，雄虫平均4天。成虫白天静伏，傍晚开始活动，以20：00后最活跃。雄蛾有较强的趋光性，扑灯盛期在21：00～23：00。未经交配产卵的雌虫有一定的性诱能力，性引诱高峰在21：30～22：30。

防治方法

白僵菌喷注 用喷注器对准排粪孔喷注5×10^8～5×10^9孢子/ml的白僵菌水溶液，林间大面积防治，害虫死亡率达86.7%～98.3%。

白僵菌黏膏涂孔 将白僵菌黏膏（白僵菌孢子粉与废糖蜜、甘薯粉混合拌匀）用竹签涂进虫孔或装入牙膏管挤入虫孔来防治木麻黄豹蠹蛾，林间大面积防治效果达87.5%～98.4%。

线虫防治 采用泡沫塑料塞孔法施病原线虫（芫菁夜蛾线虫‘北京’品种 *Steinernema feltiae* ‘Beijing’）防治木麻黄豹蠹蛾幼虫，每危害虫孔接线虫500条，害虫死亡率为90%以上。

直插法防治 木麻黄豹蠹蛾蛹期位置固定，可就地从木麻黄上折下一根长10～15cm的小枝，找到羽化孔位置后将小枝直接沿羽化孔向上插入7cm以上，可直接插死蛹或导致其无法羽化出孔。

化学防治 化学药剂防治在苗圃用3%呋喃丹按20～30g/m进行深层施药，防治效果较好。对尚未蛀入主干的初龄幼虫，用2.5%溴氰菊酯3000倍液、40%氧化乐果300倍常规喷雾毒杀小枝叶上的初龄幼虫，林间效果达82.8%～95%。春季（4～5月）使用熏蒸毒签插孔，幼虫死亡率93.3%。

参考文献

何学友，2007. 木麻黄虫害研究概述[J]. 防护林科技(3): 48-51.

黄金水，郑惠成，杨怀文，1992. 应用斯氏线虫防治多纹豹蠹蛾的研究[J]. 林业科学，28(1): 39-46.

萧刚柔，1992. 中国森林昆虫[M]. 2版. 北京：中国林业出版社：770-772.

熊瑜，2011. 木麻黄多纹豹蠹蛾的发生与防治[J]. 防护林科技(1): 68-69, 93.

（撰稿：陶静；审稿：宗世祥）

木麻黄毒蛾 *Lymantria xylina* Swinhoe

一种能对多种经济树种尤其是木麻黄造成危害的广食性害虫。又名木毒蛾、黑角舞蛾、相思树毒蛾、相思叶毒蛾、前黑舞毒蛾等。鳞翅目（Lepidoptera）目夜蛾科（Erebidae）毒蛾属（*Lymantria*）。国外分布于日本、印度。中国分布于福建、浙江、湖南、广东、广西和台湾。

寄主 木麻黄、相思树、榕树、黑荆、刺槐、黄檀、柳、薄壳山核桃、桉树、番石榴、荔枝、龙眼、杨梅、枇杷、柿、石榴、梨、无花果、板栗、杧果、蓖麻、油茶、茶树、枫香、梧桐、重阳木、杜英、杜鹃、杨桃等。

危害状　以幼虫取食寄主小枝或枝条表皮，并逐渐蔓延，大发生时可将整片寄主小枝吃光。

形态特征

雌成虫　体长22～33mm，翅展32～39mm。头顶被红色及白色长鳞毛。翅黄白色，前翅亚基线存在，内横线仅在翅前缘处明显，中横线宽，灰棕色；前后翅缘毛灰棕色与灰白色相间。足被黑毛，仅基节端部及腿节外侧被红色长毛；中、后足胫节各具端距2枚。腹部密被黑灰色毛，第一至四腹节背面被红毛（图①）。

雄成虫　体长16～25mm，翅展24～30mm。触角羽状，黑色。翅灰白色，前翅前缘近顶角处有3个黑点，内横线明显或部分消失，中、外横线明显。足被黑毛，胫节外侧被白色长毛。腹部背面被白毛（图②）。

卵　扁圆形，长径1.0～1.2mm，短径0.8～0.9mm。灰白到微黄色。卵块灰褐到黄褐色，长牡蛎形（图③）。

幼虫　末龄幼虫体长38～62mm，头宽5.2～6.5mm。体色有黑灰色（底色灰白满布黑斑）和黄褐色（底色黄，满布黑斑）二种。头黄色，冠缝两侧具“八”字纹黑斑。亚背线上的毛瘤颜色不同，其中胴部第一、二节蓝黑色，偶有紫红色，第三节黑色，第四至第十一节紫红色，第十二节红褐至黑褐色。翻缩腺红褐色，近圆筒形。气门椭圆形，气门片黑褐色。足黄褐至赤褐色，趾钩单序中带。体腹面黑色（图④⑤）。

蛹　雌蛹长22.3～35.9mm，宽7.9～12.0mm；雄蛹长16.9～24.9mm，宽5.8～9.0mm，棕褐到深褐色。前胸背面有一大撮黑毛及数小撮黄毛。中胸肩角各有一黑色绒毛状圆斑，腹部各节均有数小撮毛。臀棘上有多数钩刺（图⑥）。

生活史及习性　在福建1年发生1代，危害木麻黄时大多以完成胚胎发育的卵块在枝条上越冬，翌年3～4月越冬卵孵化。初孵幼虫群集在卵块表面，阳光强烈或者大风时，躲在卵块的背阳或背风面，经过一至数天后，爬离卵块或吐丝下垂随风扩散到枝条上。初取食小枝使呈缺刻，三龄以后，从小枝中下部向上啃食，直至顶端，先吃去小枝的半边，再从顶端向基部啃食另半边。常从中、下部将小枝咬断，咬断的小枝量超过其食量。幼虫一般7龄，极少数6龄或8龄，历期45～64天。幼虫老熟后，于5月中下旬在木麻黄枝条上、枝干分叉处或树干上，吐少量丝靠臀棘刺钩固定虫体，不结茧，进入预蛹期。经1～3天化蛹。蛹期5～14天。

成虫5月底开始羽化，6月上旬为羽化末期。雌蛾多在12：00～18：00羽化，活动力差，常静伏于枝干或缓慢爬行，有时可作短距离飞行；雄蛾多在18：00～24：00羽化，傍晚后很活跃，能长时间飞舞寻偶，有强趋光性。每卵块平均有卵1019粒。卵大多产在枝条上，少数产在树干上，分布高度最低接近地面，最高达9m，70%左右在2～4m。

木麻黄毒蛾形态特征（黄金水摄）

①雌成虫；②雄成虫；③卵；④初孵幼虫；⑤老龄幼虫；⑥蛹

防治方法

营林措施 对木麻黄毒蛾防控主要是做好林间虫情的预测预报，以营林措施为基础，在二代更新造林中，注意选择种植抗虫能力强的木麻黄品种，并提倡与其他抗风能力强的树种搭配营造混交林，创造有利于天敌繁衍不利于木麻黄毒蛾发生的小生态环境，增强自身对木麻黄毒蛾的控制能力，可避免该虫的大发生。

人工防治 木麻黄毒蛾产卵呈块状，而且比较集中，其一、二龄幼虫有群集取食习性，很容易发现，可以加强整形修剪等，清除在枝叶上的卵块、初孵幼虫和蛹。

物理防治 木麻黄毒蛾成虫有较强的趋光性，可在成虫盛发期，利用黑光灯、高压泵灯或频振式杀虫灯等诱杀，集中消灭，可减少翌年发生基数。

生物防治 当木麻黄毒蛾普遍发生危害时，利用白僵菌、核型多角体病毒、Bt 等生物防治为主，并掌握在四龄前开展防治，以获得最理想的控制效果。其天敌有卵跳小蜂、松毛虫黑点瘤姬蜂等，这些天敌对木麻黄毒蛾的种群有较强的控制作用，要加强保护利用。

化学防治 当其他的防治措施不能有效控制其危害时，可选用一些有机磷、氨基甲酸酯类或拟除虫菊酯类等高效、低毒、低残留农药进行防治，如 10% 天王星乳油、2.5% 敌杀死乳油、2.5% 灭幼脲悬浮剂等，按使用说明施用。

参考文献

黄金水，蔡守平，2020. 木麻黄毒蛾 [M]// 萧刚柔，李镇宇．中国森林昆虫．3 版．北京：中国林业出版社：971-972.

黄芙蓉，2000. 白僵菌与病毒、苏云金杆菌、溴氰菊酯混合防治木麻黄毒蛾的研究 [J]. 福建林业科技，27(3): 55-58.

黄金水，何学友，2012. 中国木麻黄病虫害 [M]. 北京：中国林业出版社：108-152, 图版 4-1 至 4-29.

黄金水，何益良，1988. 几种木麻黄对木麻黄毒蛾抗性的初步研究 [J]. 林业科技通讯 (8): 15-17.

李友恭，陈顺立，谢卿楣，等，1981. 木毒蛾的研究 [J]. 昆虫学报，24(2): 174-183.

萧刚柔，1992. 中国森林昆虫 [M]. 2 版．北京：中国林业出版社：1090-1092.

徐耀昌，2005. 漳州市木麻黄毒蛾综合治理的研究 [J]. 福建林业科技，32(3): 15-19.

张玉珍，翁永昌，1985. 黑角舞蛾之形态、生活习性、猖獗及防治法 [J]. 中华林学季刊（台湾），18(1): 29-36.

朱俊洪，张方平，2004. 热带果树毒蛾类害虫及其防治技术 [J]. 中国南方果树，33(3): 37-40, 42.

（撰稿：黄金水、宋海天；审稿：黄金水、张真）

苜蓿斑蚜 *Therioaphis trifolii* (Monell)

一种主要危害豆科牧草的暴发性害虫。又名为苜蓿斑翅蚜、三叶草彩斑蚜。英文名 spotted alfalfa aphid。半翅目（Hemiptera）斑蚜科（Callaphididae）彩斑蚜属（*Therioaphis*）。国外分布于北美洲、大洋洲等地。中国主要分布于甘肃、北京、吉林、辽宁、山西、河北、云南。

寄主 苜蓿、红豆草、紫云英、三叶草、紫穗槐、柠条、苦草、芒柄草等。豆科牧草、豆科作物等。

危害状 多聚集在苜蓿的嫩茎、嫩叶、幼芽和花器各个部位上，以刺吸方式吸取汁液。植物受害后，叶片卷缩，花蕾变黄脱落，严重影响生长发育、开花结实和牧草产量，甚至在田间出现成片枯死的景象。苜蓿斑蚜也能大量排泄蜜露，引起植物叶片发霉。苜蓿斑蚜能分泌毒素杀死幼苗和成熟的植株。在成株后被害叶片出现黄斑或全叶发黄，叶片易脱落，一般不卷缩。

形态特征

有翅胎生蚜 体长卵形，长 1.8mm，淡黄白色，体毛粗长，有褐色毛基斑。背部有 6 排或多于 6 排的黑色斑。翅脉有昙，各脉顶端昙加宽。腹管短筒形，尾片瘤状，顶端钝，具毛 8～12 根。

无翅胎生蚜 体长 2.0～2.2mm，宽 1.1mm，有明显褐色毛基斑，至少成 6 列。胸部各节均有中、侧、缘斑，触角细长，与体长相等，第三节有长圆形次生感觉圈 6～12 个，翅脉正常；尾片瘤状，有长毛 9～11 根；尾板分裂 2 片，有长毛 14～16 根。其余同有翅胎生蚜。有翅蚜和无翅蚜体色有淡黄色、淡绿色、黄褐色等。

生活史及习性 在北方 1 年发生数代，以卵越冬。在甘肃，苜蓿斑蚜在 4 月上旬气温 10°C左右苜蓿返青时，卵开始孵化，若虫开始活动，5 月上旬苜蓿分枝期蚜量猛增，6 月上旬为害最盛。7 月上旬苜蓿进入结荚期，叶渐枯老，田间出现大量有翅蚜向外迁飞，苜蓿地蚜虫数量逐渐减少。11 月以卵寄生根部越冬。在苜蓿田中，苜蓿斑蚜个体最小。苜蓿斑蚜喜欢在叶片背面和嫩梢取食，一般在植株下部的种群数量最大，也喜欢在茎上取食，特别是在苜蓿种子田，并排泄大量蜜露，使苜蓿梢部皱缩，植株矮化，叶片枯黄。在实际中，温度是影响苜蓿斑蚜繁殖和活动的重要因素，大气湿度和降雨是决定斑蚜种群数量变动的主导因素。在 18～25°C随温度的升高，苜蓿斑蚜发育速度加快，种群净增殖率（Ro）、内禀增长率（r_m）和周限增长率（λ）都增加，世代历期（T）缩短。

防治方法

培育和选用抗蚜苜蓿品种 培育并选用适宜当地种植的抗虫优良品种。

生物防治 在苜蓿田间，蚜虫的天敌种类和数量较多，有瓢虫、草蛉、食虫蝽（如暗色姬蝽）、食蚜蝇、蚜茧蜂、蜘蛛等，自然条件下，天敌发生时间晚于蚜虫，在中后期对蚜虫的抑制作用明显。田间尽可能选用对天敌低毒的农药，尽可能避免杀伤天敌，促进天敌的繁殖，以保持其种群数量。

化学防治 蚜虫发生初期可选用下列药剂防治：40% 乐果乳油、50% 抗蚜威可湿性粉剂、4.5% 高效氯氰菊酯乳油、5% 凯速达乳油、10% 吡虫啉可湿性粉剂等。

参考文献

陈应武，窦彩虹，2008. 5 种恒定温度下苜蓿斑蚜实验种群生命表的研究 [J]. 河南农业科学 (4): 78-82.

王森山，许永霞，曹致中，等，2008. 苜蓿品种（系）对苜蓿斑蚜存活率和生殖力的影响 [J]. 昆虫学报，51(7): 774-777.

杨彩霞，高立原，张蓉，等，2005. 宁夏苜蓿蚜虫的发生与综合防治 [J]. 宁夏农林科技 (2): 4-6, 3.

袁庆华，张卫国，贺春贵，等，2004. 牧草病虫鼠害防治技术 [M]. 北京：化学工业出版社：252-254.

张蓉，杨芳，马建华，2007. 七星瓢虫对苜蓿斑蚜捕食作用的研究 [J]. 植物保护，33(4): 42-45.

（撰稿：谭瑶；审稿：庞保平）

苜蓿盲蝽 *Adelphocoris lineolatus* (Goeze)

一种世界性分布的多食性害虫。英文名 alfalfa plant bug。半翅目（Hemiptera）盲蝽科（Miridae）苜蓿盲蝽属（*Adelphocoris*）。国外分布于前苏联（远东沿海、西伯利亚、土耳其斯坦、高加索）、伊朗、叙利亚、埃及、突尼斯、阿尔及利亚等地，北美洲也有部分分布。中国分布北起黑龙江、内蒙古，西至山西、新疆、甘肃、四川，东达河北、山东、江苏，南至浙江、江西和湖南、湖北等地的北部。

寄主 寄主植物种类繁多，达 47 科 245 种，包括苜蓿、草木樨、棉花、芝麻、向日葵、马铃薯、扁豆、灰菜、地肤、葎草、野胡萝卜等。近年来，苜蓿盲蝽同绿盲蝽等其他盲蝽一样，发生危害逐年加重，是当前中国黄河流域以及西北内陆地区棉花上的一种重要害虫。

危害状 苜蓿盲蝽若虫和成虫对寄主植物的危害状基本同绿盲蝽。

形态特征

成虫 体长 8～8.5mm，宽 2.5mm。全体黄褐色，被细绒毛。头小，三角形，端部略突出。眼黑色，长圆形。触角褐色，丝状，比体长，第一节较粗壮，第二节最长，端部两节颜色较深，第四节最短。喙 4 节，基部两节与体同色，第三节带褐色，端部黑褐色，末端达后足腿节端部。前胸背板绿色，略隆起。胝显著，黑色，后缘带褐色，后缘前方有 2 个明显的黑斑。小盾片三角形，黄色，沿中线两侧各有纵行黑纹 1 条，基前端并向左右延伸。半翅鞘革片前缘、后缘黄褐色，中央三角区褐色；爪片褐色；膜区暗褐色，半透明；楔片黄色；翅室脉纹深褐色。足基节长，斜生；腿节略膨大，端部约 2/3 具有黑褐色斑点；胫节具刺。跗节 3 节，第一节短，第三节最长，黑褐色（图 1）。

卵 长 1.2～1.5mm，宽 0.38mm，长形，呈乳白色。颈部略弯曲。卵盖倾斜，棕色，较厚，比颈部为宽，在卵盖的一侧有 1 突起，卵盖椭圆形，周缘隆起而中央凹入。卵产于植物组织中，卵盖外露。

若虫 全体深绿色，遍布黑色刚毛，刚毛着生于黑色毛基片上，故本种若虫特点为绿色而杂有明显黑点。头三角形。眼小，位于头侧。触角 4 节，褐色，比身体长，第一节粗短，第二节最长，第四节长而膨大。喙有横缝状臭腺开口，周围黑色。足绿色。腿节上杂以黑色斑点，胫节灰绿色，上有黑刺；跗节 2 节，端节长。爪 2 个，黑色。其中，一龄若虫体长 1.28mm，宽 0.38mm，无翅芽；二龄若虫体长 1.87mm，宽 0.82mm，中后胸有翅芽痕迹；三龄若虫体长 2.98mm，宽 1.17mm，中后胸开始露出明显的三角形翅芽，前胸翅芽达后胸翅芽中部，后胸翅芽达第一腹节中部；四龄若虫体长 3.66～4.07mm，宽 1.49～1.80mm，翅芽深绿色，末端达第三腹节；五龄若虫体长 6.30mm，宽 2.13mm，翅芽快羽化时变为黑色，末端可至腹部第五节或第六节（图 2）。

生活史及习性 苜蓿盲蝽在黄河流域棉区 1 年发生 4 代，在西北内陆棉区 1 年发生 3 代。苜蓿盲蝽以卵在苜蓿、杂草、棉秸秆等茎秆内滞育越冬。在黄河流域棉区，第一、第二、第三、第四代成虫发生高峰期分别是 5 月底、7 月上旬、8 月上旬和 9 月上旬。在西北内陆棉区，第一、第二、第三代成虫发生高峰期分别是 6 月上中旬、7 月底至 8 月初、9 月中旬。苜蓿盲蝽同其他盲蝽一样，田间世代重叠现象也较严重。

苜蓿盲蝽成虫飞行扩散能力较强，室内飞行磨测试 24 小时能飞行 26.3km。苜蓿盲蝽成虫也具有强烈的趋花习性，田间常随植物的开花顺序而在不同寄主植物间转移扩散。寄

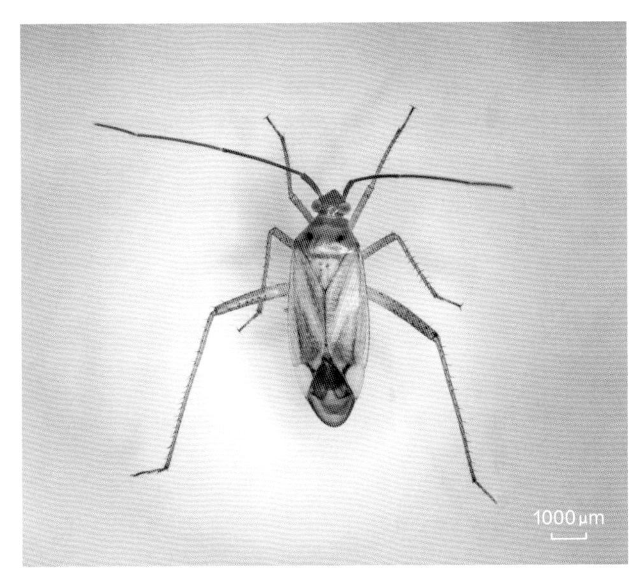

图 1 苜蓿盲蝽成虫（陆宴辉提供）

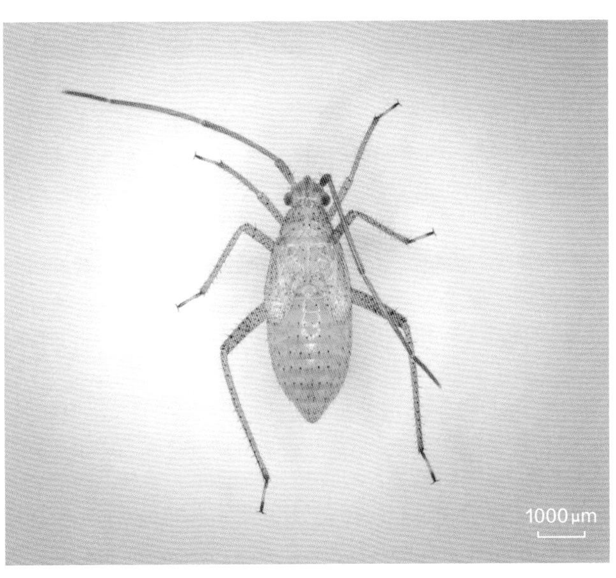

图 2 苜蓿盲蝽若虫（陆宴辉提供）

M

主植物花中释放的间二甲苯、正丁醚、丙烯酸丁酯、丙酸丁酯和丁酸丁酯对苜蓿盲蝽成虫具有明显吸引作用。在不同寄主植物中，苜蓿盲蝽明显偏好紫花苜蓿、草木樨等寄主植物。

苜蓿盲蝽成虫和若虫除了取食寄主植物以外，还能捕食蚜虫、鳞翅目昆虫卵等小型昆虫或昆虫的卵。与其他种类盲蝽一样，苜蓿盲蝽若虫也具有较强的活动能力和隐蔽性。

发生规律

气候条件　苜蓿盲蝽卵的发育起始温度和有效积温分别为 5.58°C 和 231.66 日・度，若虫的分别为 6.23°C 和 291.64 日・度。种群发生的最适温度为 25～30°C。苜蓿盲蝽抗高温能力相对较弱，30°C以上的高温不利于其生长发育。在田间，夏日正午时分常藏于棉花苞叶内、叶片下等阴凉处躲避高温。高湿条件能明显提高苜蓿盲蝽卵和若虫的存活率、延长成虫寿命、增加其产卵量，而低湿不利于种群增长。

寄主植物　不同寄主植物饲养的苜蓿盲蝽间的生命参数具有明显差异，其中，苜蓿是其偏好寄主，其次是棉花，菜豆和芝麻为非偏好寄主。

天敌　苜蓿盲蝽重要的捕食性天敌包括捕食蝽类、草蛉类和蜘蛛类。卵和若虫寄生蜂种类与绿盲蝽相同，但田间自然寄生率均较低。

其余发生规律基本同绿盲蝽。

防治方法　苜蓿地是苜蓿盲蝽的主要虫源地，在棉花与苜蓿混作地区，需做好棉田与苜蓿地苜蓿盲蝽的统防统治。

其他防治方法见绿盲蝽。

参考文献

姜玉英，陆宴辉，曾娟，2015. 盲蝽分区监测与治理 [M]. 北京：中国农业出版社.

陆宴辉，吴孔明，2008. 棉花盲椿象及其防治 [M]. 北京：金盾出版社.

中国农业科学院植物保护研究所，中国植物保护学会，2015. 中国农作物病虫害：上册 [M]. 3 版. 北京：中国农业出版社.

LU Y H, WU K M, JIANG Y Y, et al, 2010. Mirid bug outbreaks in multiple crops correlated with weide-scale adoption of Bt cotton in China[J]. Science, 328(5982): 1151-1154.

（撰稿：潘洪生；审稿：吴益东）

苜蓿实夜蛾 *Heliothis viriplaca* (Hüfnagel)

一种大豆害虫，主要在豆科植物苜蓿、草木犀和大豆上取食叶片。又名苜蓿夜蛾。英文名 marbled clover。鳞翅目（Lepidoptera）夜蛾科（Noctuidae）切根夜蛾亚科（Agrotinae）实夜蛾属（*Heliothis*）。国外分布于日本、朝鲜、印度，以及欧洲等地。中国普遍分布于东北、西北、华北及华中各地。

寄主　苜蓿实夜蛾食性很杂，寄主植物有 70 种之多，在农作物中，主要有大豆、花生、向日葵、甜菜、麻类、棉花和玉米等，特别对豆科植物中的苜蓿、草木樨和其他豆科作物危害较重。

危害状　一、二龄幼虫多在叶面取食叶肉，二龄以后常从叶片边缘向内蚕食，形成不规则的缺刻。幼虫也常喜钻蛀寄主植物的花蕾、果实和种子。影响作物的产量和品质。

形态特征

成虫　体长约 15mm，翅展约 35mm。前翅灰褐色带青色，缘毛灰白色，沿外缘有 7 个新月形黑点，近外缘有浓淡不均的棕褐色横带；翅中央有 1 块深色斑，有的可分出较暗的肾状纹，上有不规则小点。后翅色淡，有黄白色缘毛，外缘有黑色宽带，带中央有白斑，前部中央有弯曲黑斑（图 1）。

卵　半球形，直径约 0.6mm，卵面有棱状纹，初产白色，后变黄绿色。卵壳表面有许多条纵脊，长短不一。

幼虫　体色变化很大，一般为黄绿色，具黑色纵纹；老熟时体长约 40mm；头部绿色、黄色或粉红色，着生许多黑褐色斑点，每 5～7 个 1 组（图 2）。

蛹　淡褐色，体长 15～20mm，身体末端有 2 根刚毛位于 2 个突起上。

生活史及习性　在中国 1 年发生 2 代。苜蓿实夜蛾各代幼虫均在地下化蛹，以蛹在土中越冬。

成虫喜白天在植株间飞翔，吸食花蜜补充营养。对糖蜜和黑光灯均有趋性。幼龄幼虫受惊后有向后退的习性。老熟幼虫具有假死性。

防治方法

农业防治　结合其他害虫的防治，对中耕作物加强中耕。一年生豆科作物或其他寄生作物收割后应立即进行耕翻。

图 1 苜蓿实夜蛾成虫（樊东摄）

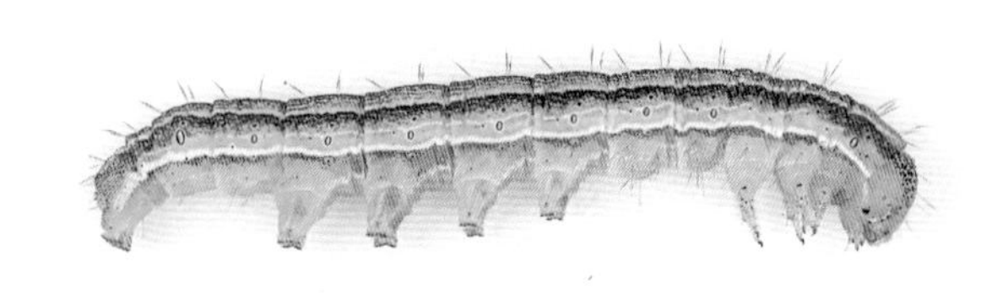

图 2 苜蓿实夜蛾幼虫（樊东摄）

化学防治　利用化学农药防治时应尽量选择在低龄幼虫期防治，可选用氰戊菊酯、甲维盐等杀虫剂。

参考文献

徐公天，2003. 园林植物病虫害防治原色图鉴 [M]. 北京：中国农业出版社.

徐志华，2006. 园林花卉病虫生态图鉴 [M]. 北京：中国林业出版社.

（撰稿：樊东；审稿：赵奎军）

苜蓿叶象甲　*Hypera postica* (Gyllenhal)

一种对多种植物尤其是对苜蓿危害重、毁灭性强的害虫。鞘翅目（Coleoptera）象虫科（Curculionidae）叶象甲亚科（Hyperinae）叶象甲属（*Hypera*）。英文名 alfalfa weevil。国外分布于欧洲、北美洲、北非等地区。中国分布于华北、东北、西北和西南等地。

寄主　主要危害苜蓿，也危害其他豆科、十字花科、菊科、藜科、茄科、禾本科和蔷薇科等植物。

危害状　成虫和幼虫均能危害寄主的生长点、叶和新生嫩芽。成虫取食叶片及茎秆，产卵时雌虫将卵产在茎秆内，用分泌物或排泄物封闭洞口。二龄幼虫潜入苜蓿叶芽和花芽中为害，使花蕾脱落、子房干枯，破坏植物上部的生长点，从而影响苜蓿的生长。三龄和四龄幼虫大量取食枝叶和叶肉，严重时只残留叶片的主要叶脉。

形态特征

成虫　体长 4.5～6.5mm。全身被黄褐色鳞片。头部黑色，喙细长且弯曲；触角膝状，鞭部分 7 节，触角沟直。前胸背板有 2 条较宽的褐色条纹，中间夹有 1 条细的灰线。鞘翅有 3 段等长的深褐色纵条纹（见图）。

卵　长 0.5～0.6mm，宽 0.25mm，椭圆形，亮黄色，近孵化时变为褐色，卵顶发黑。

苜蓿叶象甲成虫（杨定等，2013）

幼虫　老熟幼虫体长 8.0～9.0mm，头部黑色，初孵幼虫乳白色，取食后由草绿变为绿色；背线和侧线白色，背线两侧各有 1 绿色深纵纹。无足，以有刚毛的瘤突行动。

蛹　裸蛹，初为黄色，后变为绿色。茧长 5.5～8.0mm，宽 5.5mm，近椭球形，白色，有丝质光泽，编织疏松呈网状。

生活史及习性　在甘肃一般 1 年发生 2～3 代，成虫有一定数量的个体发生滞育，在残株落叶下或裂缝中越冬；翌年 4 月，成虫取食并再次危害。第一代幼虫盛期在 5 月下旬至 6 月上旬。第一代成虫羽化盛期在 6 月中下旬。第二代卵于 7 月上旬产出，7 月下旬幼虫化蛹，8 月上旬出现第二代成虫。第二代成虫受高温影响有 65% 左右的个体进入滞育。第三代幼虫盛期在 8 月中下旬，化蛹盛期为 9 月中旬，9 月下旬至 10 月上旬为羽化盛期，羽化的成虫进行短暂的取食活动后迅速进入越冬阶段。雌虫产卵时将苜蓿茎秆咬成圆孔或缺刻，并将卵产在茎秆内，用分泌物或排泄物封闭洞口。卵在茎秆内孵化后，就在其内蛀蚀，形成黑色的隧道。

防治方法　使用 50% 可湿性西维因 400 倍液，2% 噻虫啉微囊粉和有机磷类杀虫剂控制苜蓿叶象甲危害；利用该虫的寄生性天敌，如苜蓿啮小蜂（*Tetrastichus incertus*）、短窄象甲姬蜂（*Bathyplectes anurus*）、苜蓿叶象姬蜂（*Bathyplectes curculionis*），以及捕食性天敌七星瓢虫（*Coccinella septempunctata*）均有较好的生物防控效果。

参考文献

王春华，赵莉，王万林，等，2006. 苜蓿叶象甲自然种群生命表的初步研究 [J]. 新疆农业大学学报，29(1): 24-27.

吴志刚，倪文龙，张泽华，等，2011. 基于 CLMEX 的苜蓿叶象甲在我国的适生区分析 [J]. 中国农业大学学报，16(6): 99-103.

张奔，周敏强，王娟，等，2016. 我国苜蓿害虫种类及研究现状 [J]. 草业科学，33(4): 785-812.

张良，张滋林，赵莉，2010. 苜蓿叶象甲的生活习性及防治 [J]. 新疆农业科技 (6): 44.

赵莉，程帅莲，刘芳政，等，1994. 光照周期和温度对苜蓿叶象甲发育及滞育的影响 [J]. 八一农学院学报，17(4): 32-37.

（撰稿：巴义彬；审稿：任国栋）

牧草盲蝽　*Lygus pratensis* (Linnaeus)

一种世界性分布的多食性害虫。英文名 tarnished plant bug。半翅目（Hemiptera）盲蝽科（Miridae）草盲蝽属（*Lygus*）。国外分布于日本、蒙古、西伯利亚及其东部沿海地区，以及土耳其斯坦、高加索、伊朗、中亚细亚、加拿大、美国、墨西哥等地。中国主要分布于新疆等地。

寄主　寄主植物有 22 科 71 种，包括棉花、苜蓿、枣、葡萄、苹果、香梨、苦豆子、黄花蒿、冷蒿、骆驼刺等。牧草盲蝽在新疆一直有发生，但总体程度较轻。近年来，牧草盲蝽危害问题日益突出，已成为新疆棉花上的一种主要害虫，并波及同一种植区域内的枣、香梨等作物。

危害状　牧草盲蝽若虫和成虫对寄主植物的危害状基本同绿盲蝽。

形态特征

成虫 体长5.5～6mm，宽2.2～2.5mm，体绿色或黄绿色，越冬前后为黄褐色。头宽而短，复眼椭圆形，褐色。触角丝状，长3.60mm左右，其第一、第二、第三和第四节比例为1∶3.20∶1.88∶1.36；各节均被细毛，其两侧为断续的黑边，胝的后方有2个或4个黑色的纵纹，纵纹的后面即前胸背板的后缘，尚有2条黑色的横纹，这些斑纹个体间变化较大。小盾片黄色，前缘中央有2条黑纹，使盾片黄色部分成心脏形。前翅具刻点及细绒毛，爪片中央、楔片末端和革片靠爪片、翅结、楔片的地方有黄褐色的斑纹，翅膜区透明，微带灰褐色。足黄褐色，腿节末端有2～3条深褐色的环纹，胫节具黑刺，跗节、爪及胫节末端色较浓。爪2个（图1）。

卵 长约0.9mm，宽约0.22mm，苍白色或淡黄色。卵盖很短，高仅0.03mm左右，口长椭圆形，0.24mm×0.09mm。卵中部弯曲，端部钝圆。卵壳边缘有一向内弯曲的柄状物，卵壳中央稍下陷。

若虫 黄绿色，前胸背板中部两侧和小盾片中部两侧各具黑色圆点1个；腹部背面第三腹节后缘有1黑色圆形臭腺开口，构成体背5个黑色圆点。其中，一龄若虫体长0.72～1.2mm，淡黄绿色，无翅芽；二龄若虫体长1.27～1.39mm，淡绿色，翅芽不明显；三龄若虫体长1.94～2.11mm，绿色，翅芽稍稍突出；四龄若虫体长2.60～3mm，绿色，翅芽达腹部第二节；五龄若虫体长3.00～4.1mm，绿色或黄绿色，被黑色的短绒毛，翅芽黄褐色，上有褐色的云状花纹，即将羽化时末端变为黑褐色（图2）。

生活史及习性 牧草盲蝽在南疆1年发生4代，在北疆1年发生3代。牧草盲蝽以成虫在土缝、墙缝、各种杂草、植物枯枝残叶和树皮裂缝内蛰伏越冬。牧草盲蝽成虫寿命越冬代最长，约200天。另外，产卵期可达25～60天。因此，全年世代重叠现象严重。

牧草盲蝽羽化后不久即可交配，4～6天后开始产卵，每头雌成虫能产300～400粒卵。在棉花上，卵主要产在2～3mm粗的嫩茎、叶柄、花柄、花梗处，而在棉蕾、嫩叶中较少。

牧草盲蝽成虫具有趋绿、趋花习性，常随寄主植物生长发育阶段变化而进行不断迁移，种群发生高峰期与植物花期高度吻合，植物成熟后便迁出。

发生规律

气候条件 牧草盲蝽卵和若虫的发育起始温度和有效积温分别为10.68°C和150.20日·度、12.08°C和208.30日·度。在20°C、25°C、30°C下，卵的历期分别为19.5天、10.0天、7.3天，而若虫历期依次为31.8天、17.2天、11.5天。冬季温度偏高，有助于牧草盲蝽成虫的顺利越冬；早春温度高，牧草盲蝽成虫出蛰活动时间将提前。牧草盲蝽喜湿，降雨丰沛、田间湿度大时，有助于其种群发生为害。

寄主植物 棉花生长茂密、现蕾早、肥力足的棉田，牧草盲蝽发生数量偏高。此外，与甜菜、菠菜、苜蓿、油菜等作物以及枣、梨等果树间（邻）作的棉田，牧草盲蝽发生也较重。

天敌 牧草盲蝽的天敌包括瓢虫、草蛉、蜘蛛、花蝽、姬蝽、隐翅虫等。但这些天敌对牧草盲蝽的控制作用相对较弱。

防治方法 碱包和荒滩生长着大量的藜科等杂草，是牧

图1 牧草盲蝽成虫（陆宴辉提供）

图2 牧草盲蝽若虫（陆宴辉提供）

草盲蝽成虫秋季繁殖的主要场所，应结合田间种植规划对其加以开垦与改良。在开始冻结后地面未积雪之前，彻底清除棉田杂草和枯枝烂叶，减少牧草盲蝽成虫的越冬场所。棉田不要与甜菜、菠菜、苜蓿、油菜等作物以及枣、梨等果树间（邻）作，避免牧草盲蝽在不同作物间交叉危害。

其余防治方法见绿盲蝽。

参考文献

姜玉英，陆宴辉，曾娟，2015. 盲蝽分区监测与治理 [M]. 北京：中国农业出版社.

中国农业科学院植物保护研究所，中国植物保护学会，2015. 中国农作物病虫害：上册 [M]. 3 版 . 北京：中国农业出版社.

LIU B, LI H Q, ALI A, et al, 2015. Effects of temperature and humidity on immature development of *Lygus pratensis* (L.)(Hemiptera: Miridae)[J]. Journal of Asia-Pacific entomology, 18(2): 139-143.

（撰稿：潘洪生；审稿：吴益东）

南华松叶蜂 *Diprion nanhuaensis* Xiao

中国特有的松类食叶害虫，局部地区危害严重。膜翅目（Hymenoptera）松叶蜂科（Diprionidae）松叶蜂亚科（Diprioninae）松叶蜂属（*Diprion*）。分布于陕西、安徽、浙江、贵州、云南，云南和贵州是其主要分布和危害地区。

寄主 幼虫危害松科松属多种植物，包括云南松、华山松、马尾松、湿地松、黑松等。取食华山松完成发育的幼虫结茧更大。

危害状 幼虫松散聚集取食松树针叶（图⑥），严重时可吃光和咬断多数甚至全部松针，导致松树长势缓慢，枝梢大部或全部枯黄。

形态特征

成虫 雌虫体长9～10mm（图①）。头部黑色或黑褐色，唇基、上眶和单眼后区部分深褐色（图④）；触角黑色，第

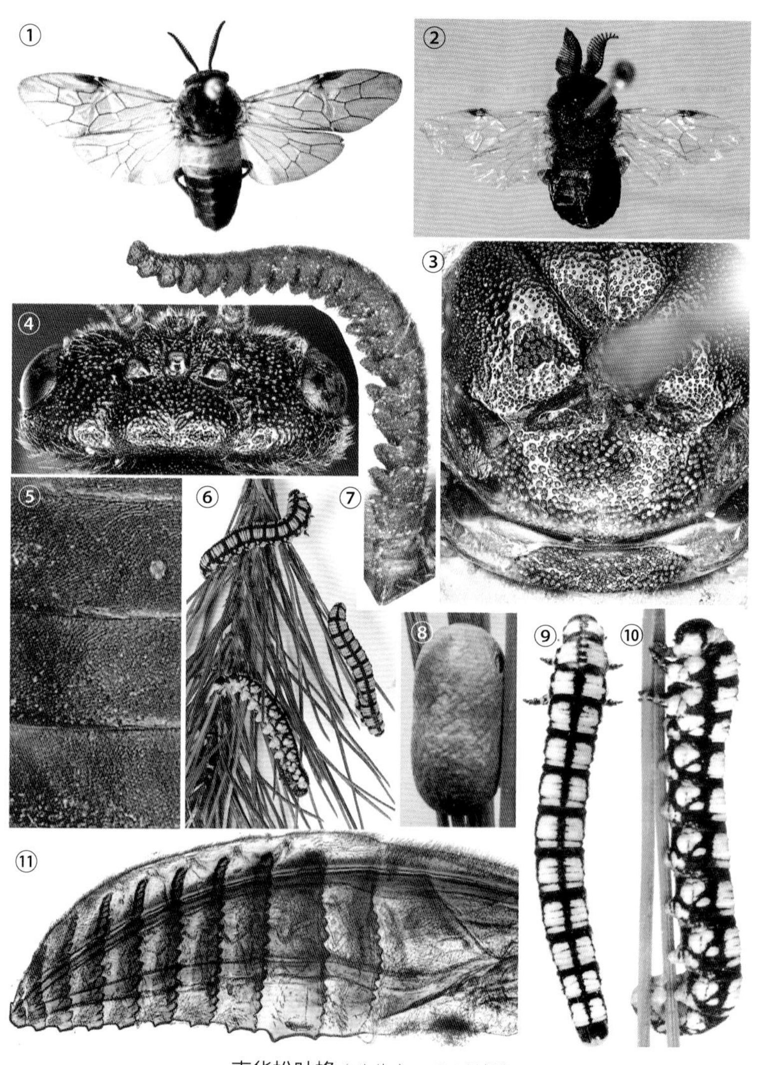

南华松叶蜂（魏美才、王汉男摄）

①雌成虫；②雄成虫；③雌虫胸部背面观；④雌虫头部背面观；⑤雌虫腹部背板刻纹；⑥幼虫取食状；⑦雌虫触角；⑧茧；⑨幼虫背面观；⑩幼虫侧面观；⑪雌虫锯腹片

一节端部、第二节大部浅褐色（图⑦）；胸部黑色，前胸背板全部、中胸背板侧缘、小盾片后缘、后胸背板除小盾片外黄褐色（图①③）；腹部第一、二节背板全部、第三背板大部、第四至六节背板两侧、第二至六腹板黄褐色，腹部其余部黑色；翅透明，端半部微带烟灰色，翅痣基部黑色，端部褐色；足黑色，前中足基节腹面、转节、前足股节端部、前足胫节大部和跗节、中足胫节端部浅褐色。单眼后区宽长比等于1.5，侧沟弧形弯曲（图④）；颚眼距等长于触角第一、二节之和，唇基前缘缺口微弱；触角二十至二十二节，第三、四节几乎等长，第三节端部腹侧稍突出，除第三和末节外的鞭分节端部腹侧明显突出（图⑦）。中胸小盾片宽大于长，前缘圆弧形，微弱突出，后胸淡膜区间距1.5倍于淡膜区长径（图③）。后足胫节端距明显短于基跗节，爪具明显内齿；前翅臀室具横脉，后翅臀室柄明显长于cu-a脉和臀室宽（图①）。头胸部具粗大刻点，刻点间隙明显、十分光滑（图①③）；腹部背板具致密粗刻纹（图⑤），第一背板刻纹稍弱，中部具少许刻点。锯腹片较粗短，11环节，各环节互相近似平行，第一环稍短于第二环，第二环最宽，腹缘浅弧形凹入，长度几乎等长于第三环，第二至七环腹缘整体稍凹入（图 ⑪。雄虫体长7～9mm，体黑色，仅触角第一、二节、上唇、股节端部、胫节、跗节和下生殖板褐色或暗褐色；翅透明，翅脉淡色，翅痣大部黑褐色，端部黄白色（图②）；触角23节，鞭节双栉齿状；阳茎瓣头叶狭长三角形，长宽比大于3，端部窄圆。

卵　长椭圆形或近似肾形，微扁，长1～1.2mm，宽0.4～0.5mm，卵壳软薄；初产卵灰白色，中期乳黄色，孵化前渐变暗褐色至灰黑色。

幼虫　初孵幼虫灰黑色，二龄后体色变淡，逐渐出现花纹；三龄后标志性花纹明显；老熟幼虫体长36～38mm；头部黑褐色，触角4节，胸腹部淡黄白色，具3条黑色纵线纵贯全长，每个体节具1个宽的和多条极细的黑色横带（图⑨⑩），臀板黑色；胸足黄褐色，具黑斑；腹部黄白色，基部具小黑斑。

茧　褐色，圆筒形，中部微微收缩，两端圆钝（图⑧）；雌茧长12～14mm、宽6.5～6.8mm，雄茧长8～10mm，宽4.5～5.0mm。

蛹　初蛹黄褐色，孵化前渐变类似成虫体色。

生活史及习性　云南和贵州地区1年发生2代。以老熟幼虫下地入土结茧，以预蛹越冬。翌年4月中下旬化蛹，5月上旬成虫开始羽化出土，中旬为羽化盛期，并陆续出现第一代幼虫。7月下旬至8月下旬幼虫下地或在松针上结茧化蛹，第一代成虫8月中旬羽化，下旬为羽化盛期。8月下旬第二代幼虫出现，危害到11月下旬，老熟幼虫下地结茧，开始越冬。其中第一代历期100余天，第二代历期260余天。成虫白天羽化，主要在中午前后羽化。羽化时用上颚从茧的上端旋转咬开，然后停留10～15分钟后出茧。活动1～2分钟后即可飞翔，雌虫飞翔能力弱于雄虫。成虫当天在松针上交尾，交尾历时15～80分钟，多数交尾1次，交尾时雄虫倒挂。交配后雌虫在松针上爬行1～3小时寻找合适产卵场所。卵产于2m以下一年生松针的叶肉内，卵粒"一"字形排列，每厘米长松针内有卵6粒。每束针叶可产卵7～20粒，每头雌虫可产卵24～168粒。雌虫寿命3～8天，雄虫寿命3～4天，无趋光性。雌雄虫性比约2∶1。卵期10～14天。幼虫5龄，一~四龄幼虫喜聚集，一、二龄幼虫夜间取食，三、四龄全天可取食，5龄幼虫分散或聚集取食。幼虫更喜欢取食2年生松针，一般取食完2年生针叶才开始取食1年生新针叶。通常第一代幼虫危害较第二代严重。

防治方法

物理防治　利用幼虫聚集习性，可人工捕杀。

营林措施　南华松叶蜂的天敌种类和数量较多，营造针阔混交林，加强森林生态环境保护，有助于提高幼虫的天敌寄生率，控制害虫种群数量。

化学防治　成虫盛发期可在树林内用烟熏剂杀虫。幼虫危害早中期，可用高效低毒农药超低容量喷雾灭杀。

参考文献

方文成，1988. 南华松叶蜂生物学及其防治[J]. 西南林学院学报，8(2): 196-202.

姜明成，郑平，2010. 南华松叶蜂生物学习性观察及防治试验[J]. 江苏林业科技，37(4): 28-30, 40.

萧刚柔，黄孝运，周淑芷，等，1992. 中国经济叶蜂志(I)(膜翅目：广腰亚目)[M]. 西安：天则出版社.

（撰稿：魏美才；审稿：牛耕耘）

南京裂爪螨　*Schizotetranychus nanjingensis* Ma et Yuan

在竹叶正背面刺吸汁液危害的叶螨。蜱螨目（Acarina）叶螨科（Tetranychidae）裂爪螨属（*Schizotetranychus*）。中国主要分布在福建、江西、广东、广西、浙江、四川等地。

寄主　毛竹、刚竹等竹类。

危害状　在竹叶上刺吸汁液，造成叶片干枯脱落，严重影响成竹生长和竹笋产量（图1）。

形态特征　雌螨背面椭圆形，体长460～520mm，宽200～250mm，体色淡绿黄色，体型丰满。越冬螨体为黄橘红色。颚体达到足Ⅰ胫节的远端。背毛表皮纹路纤细，背毛13对，有臀毛。第二对前足体背毛之间以及背中毛之间距离很大，使背面中央光裸无毛。背毛刚毛状，有绒毛。第一对背中毛最长，前者仅为后者的1/4。肛后毛2对，其中一对明显位于背面，另一对位于体侧。足短，爪退化，各着生1对粘毛。爪间突分裂成2个粗状爪（图2）。

雄螨呈菱形，体长320～400mm，淡黄绿色，背毛13对，其长度明显短于雌螨，阳茎无端锤，钩部弯向背面呈"S"形，末体尖利有宽而短的阳茎鞘。幼螨足3对，若成螨足4对（图2）。卵圆球形，直径100～110mm，初产时淡绿色，透明，光泽强。

生活史及习性　南京裂爪螨在杭州地区1年发生6～8代，以成螨和卵在丝网内越冬。翌年3月中下旬，越冬成螨恢复活动并开始产卵，4月上中旬，第一代卵和越冬卵相继孵化，出现幼螨、若螨，5月上旬开始羽化为成螨，5月上中旬开始出现第一代卵，以后世代重叠。10月下旬雌成螨逐渐停止产卵，加厚丝网，准备越冬。11月中旬雌成螨产下少量的卵后与卵一起进入越冬期。

个体发育经卵、幼螨、第一若螨、第二若螨、成螨5个时期。雌成螨、后若螨具吐丝织网特性，整个家族在致密白绢式的丝网幔中营群居生活（图2），发育、交尾、产卵、取食等活动均在网下进行。网大部分织在叶脉间或叶缘凹陷处，一端为排粪处，另一端为开口处。1头雌螨产卵30～35粒，孵化后幼螨在丝网内发育成长，待到网内营养条件恶化雌螨钻出丝网在附近重新吐丝结网营建新居（图3），同时吸引雄螨。老网新网相通，多达25～30个，严重时密布全叶。7～10月高温干燥，南京裂爪螨取食活动速度剧增，造成毛竹大量落叶。林间雌雄比为13∶1。以两性生殖为主，亦营孤雌产雄生殖。

图1 南京裂爪螨危害状（徐云提供）

图2 南京裂爪螨成螨、若螨和卵（徐云提供）

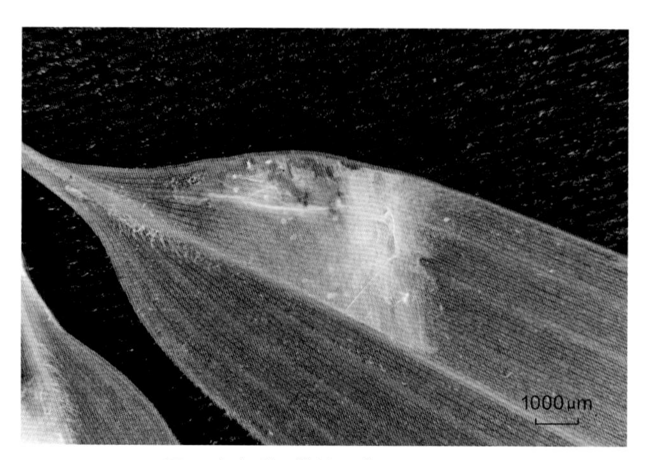

图3 南京裂爪螨丝网膜（徐云提供）

防治方法

营林措施　合理采伐施肥，留养壮笋。在竹子换叶季节清理落叶并集中烧毁。

生物防治　竹林叶螨发生危害时释放捕食螨。

竹腔注射　采用氧化乐果、阿维菌素等杀虫剂于竹秆基部打孔注射。

根施药肥　于每株毛竹竹篼旁挖穴，在穴内均匀撒施药肥后覆土。

参考文献

刘巧云，1999. 毛竹叶螨防治技术[J]. 林业科学，12(3): 315-320.

余华星，石纪茂，1991. 南京裂爪螨的研究[J]. 竹子研究汇刊，9(2): 61-67.

张艳璇，刘巧云，林坚贞，等，1997. 福建省毛竹叶螨种类危害及分布研究[J]. 福建省农科院学报，12(3): 13-17.

张艳璇，刘巧云，宋美官，等，1997. 南京裂爪螨生活习性及防治研究[J]. 植物保护，23(5): 13-16.

（撰稿：刘巧云；审稿：张飞萍）

南美斑潜蝇　*Liriomyza huidobrensis* (Blanchard)

一种外来入侵，以危害高地、温凉地区蔬菜花卉为主的多食性害虫。又名拉美斑潜蝇。英文名 pea leaf miner、serpentine leaf miner。双翅目（Diptera）潜蝇科（Agromyzidae）植潜蝇亚科（Phytomyzinae）斑潜蝇属（*Liriomyza*）。

源自南美洲，直至20世纪80年代末90年代初开始向欧亚大陆扩散，相继传入欧洲的荷兰、英国、丹麦、爱尔兰、德国、法国、意大利、比利时，亚洲的以色列、土耳其、中国等国家，并于20世纪90年代末开始在欧亚大陆暴发危害。现分布于北美洲、南美洲、欧洲、非洲、亚洲和大洋洲。在中国，该虫首先发现于云南（1994年），随后相继在贵州、山东、辽宁、吉林、黑龙江、宁夏、青海、河北、北京、内蒙古、山西、陕西、新疆、甘肃、湖北、福建等地被发现。现在主要分布于高海拔和冷寒地区，但在其他地区的温凉季节也会出来为害。

寄主　番茄、马铃薯、芹菜、菜豆、豇豆、苋菜、茼蒿、生菜、油麦菜、甜菜、菠菜、豌豆、蚕豆、黄瓜、苜蓿、大蒜、甜瓜、莴苣、萝卜、洋葱、亚麻、辣椒、烟草、小麦、大丽花、石竹花、菊花、报春花等。

危害状　以雌虫产卵器刺穿植物组织（一般刺穿叶表，卵单产于叶表或叶背，但幼虫常潜食至叶背），形成白色刻点，在刺伤刻点处产卵和取食进行危害，雄虫亦取食刺伤孔的汁液。卵孵化为幼虫后，发育造成典型的蛇形白色潜道，影响植物光合作用，这可导致幼苗死亡，加速植物落叶，导致减产，降低园艺作物观赏价值。成虫刺穿亦可传播植物病原菌（图 1）。

形态特征

成虫　内、外顶鬃均着生于暗色处。中胸背板黑色有光泽，中鬃散生呈不规则 4 行。

雄虫外生殖器端阳体与中阳体前部之间以膜相连，中阳体前部骨化较强，后部几乎透明，精泵黑褐色，柄短，叶片小。背针突常具 1 齿（图 2）。

卵　椭圆形，乳白色，微透明。大小为 0.27～0.32mm×0.14～0.17mm（图 2）。

幼虫　初孵半透明，渐变淡黄色。老熟幼虫体长 2.3～3.2mm，后气门有短柄状突起，具 6～9 个小泡。

蛹　淡褐至黑褐色，腹面略扁平。大小为 1.3～2.5mm×0.5～0.75mm。

生活史及习性　田间自然条件下，河北唐山 1 年可发生 5～6 代。一般有 2 个高峰期，即春菜和秋菜种植期。云南昆明 4～5 月，8～10 月；云南滇中 3～4 月，10～11 月；四川攀西 2～5 月，9～10 月；四川盆地 6～7 月，9～10 月；四川西昌 2～3 月；四川阿坝 5～8 月；内蒙古赤峰 9～11 月。

成虫在上午和下午各有 1 个日活动高峰，下午活动盛于上午，晚上活动较少，下雨天活动减少。

羽化后第二天是求偶交配的高峰，交配多在上午进行。

图 1 南美斑潜蝇危害状（雷仲仁提供）

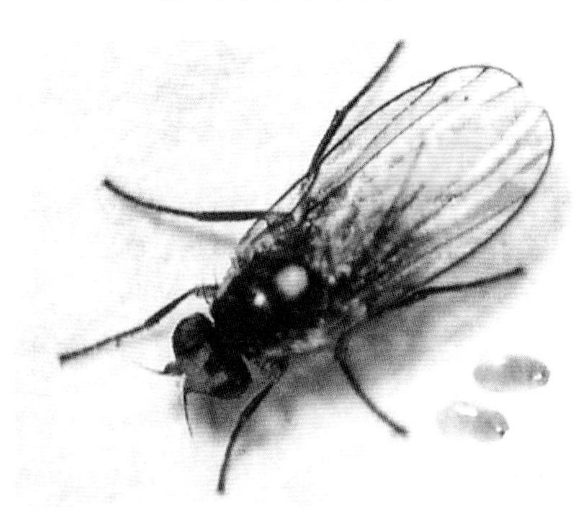

图 2 南美斑潜蝇成虫和卵（雷仲仁提供）

产卵量受温度和寄主植物的影响，芹菜上叶背的产卵量远多于叶表。

1 月 -5°C等温线以北的自然环境下不能越冬。南美斑潜蝇可在云南、贵州、四川一些地区终年发生，在西安、山东潍坊及海拔 2200m 以下的四川阿坝可以越冬。

发生规律

气候条件　温度是南美斑潜蝇种群分布的决定因子。耐低温、不耐高温的特性使其在温凉地区发生较重。

种植结构　南美斑潜蝇寄主选择性很强，这种选择与寄主的理化性质有关，亦与成虫取食产卵经历相关，不同寄主受南美斑潜蝇的危害程度不同。

天敌　寄生蜂对斑潜蝇种群起到周期性控制的作用，甘蓝潜蝇茧蜂是贵州的优势寄生蜂。

化学农药　斑潜蝇是典型的由于化学农药的大量应用导致其从次要害虫转为主要害虫的案例。斑潜蝇对传统农药可快速产生抗药性，而幼虫“躲在”潜道中亦不易防控，因此，使用不杀伤天敌的内吸或系统性农药才能有效控制其种群暴发。

防治方法

农业防治　尽量间作、轮作，避免单作、连作。调整种植结构。清洁田园，深翻。及时处理植株老化叶片。

化学防治　阿维菌素或斑潜净等。

其他防治方法同美洲斑潜蝇。

参考文献

陈兵, 2003. 外来斑潜蝇对温度胁迫的适应：温度、生理机制和生物地理分布 [D]. 北京：中国科学院研究生院, 中国科学院大学.

邓建玲, 2001. 南美斑潜蝇食性分化机理初步研究 [D]. 杨凌：西北农林科技大学.

王音, 雷仲仁, 问锦曾, 1998. 南美斑潜蝇的形态特征及危害特点 [J]. 植物保护, 24 (5): 30-31.

KANG L, CHEN B, WEI J N, et al, 2009. Roles of thermal adaptation and chemical ecology in *Liriomyza* distribution and control[J]. Annual review of entomology, 54: 127-145.

WEINTRAUB P G, SCHEFFER S J, VISSER D, et al, 2017. The invasive *Liriomyza huidobrensis* (Diptera: Agromyzidae): understanding its pest status and management globally[J]. Journal of insect science, 17(1): 1-27.

（撰稿：雷仲仁；审稿：王海鸿）

南色卷蛾　*Choristoneura longicellana* (Walsingham)

一种危害果树、栎等林木的食叶害虫。又名南川卷蛾、苹分卷蛾、黄色卷蛾。英文名 common apple leafroller moth。鳞翅目（Lepidoptera）卷蛾科（Tortricidae）卷蛾亚科（Tortricinae）黄卷蛾族（Archipini）色卷蛾属（*Choristoneura*）。国外分布于日本、俄罗斯。中国分布于辽宁、吉林、黑龙江、宁夏、陕西、甘肃、北京、天津、河北、河南、内蒙古、山东、山西、四川、贵州、湖北、湖南、安徽、江苏、浙江、江西等地。

寄主　苹果、梨、山楂、鼠李、李、杏、桑、栗、栎、山槐。

危害状 越冬幼虫为害新芽、嫩叶、花蕾，稍大后在叶背啃食叶肉。幼虫第二龄后既卷叶又侵食叶肉表面，叶被害后仅残留网状叶脉（图1、图3⑦）。

形态特征

成虫 翅展：雄虫18～24mm，雌虫26～32mm。下唇须、头部和触角黄褐色。雄虫前翅顶端不膨大，中部最宽，前缘基部强烈弯曲，近顶角平直，外缘弧形。前缘褶占前缘2/3，端部最宽。雌虫在顶角前凹陷，顶角凸出，外缘波状。雄虫前翅黄褐，有深色横斑，横斑两侧镶嵌淡色狭边。雌虫底色和横斑浅，无狭边，后翅灰褐到褐色（图2、图3①②③④）。

卵 扁椭圆形，初黄绿色，孵化前褐色。数十粒成块作鱼鳞状排列。

幼虫 体长23～25mm，黄绿到深绿色。头黄褐至褐色，具暗色不规则斑纹，单眼区黑色，侧后部的斑纹明显呈“山”字形。上颚分5齿，其中4齿锐，1齿钝。前胸盾黄褐色，后缘和侧缘色浓，后缘两侧各有1黑斑；胸足黄褐色，足端色深。腹部末端具臀棘（图3⑤）。

蛹 10～13mm，红褐色，胸部背面黑褐色，腹部略带绿色。触角长不过中足的末端，后足末端与翅芽等齐。背线明显绿色，尾端有8枚钩状臀棘，侧面各2枚，末端4枚集中（图3⑥）。

生活史及习性 东北地区、河北、陕西1年发生2代，以幼虫蛰伏在枯叶或枝干伤口、裂隙中越冬。第一代成虫出现在6月份，第二代在8月中旬。春季4月间，幼虫在蛰伏场所活动，加害新芽、新叶、花蕾等。初孵幼虫能吐丝，随风转移至他株，食害叶肉。二龄后，既卷叶片又侵食表面叶肉，叶被害后仅残留网状叶脉。亦能啃食苹果的果皮及蒂洼。幼虫性活泼，稍受惊扰即吐丝下垂；幼虫老熟后，于卷叶内化

图1 南色卷蛾幼虫（赵世文提供）

图2 南色卷蛾成虫（张培毅摄）

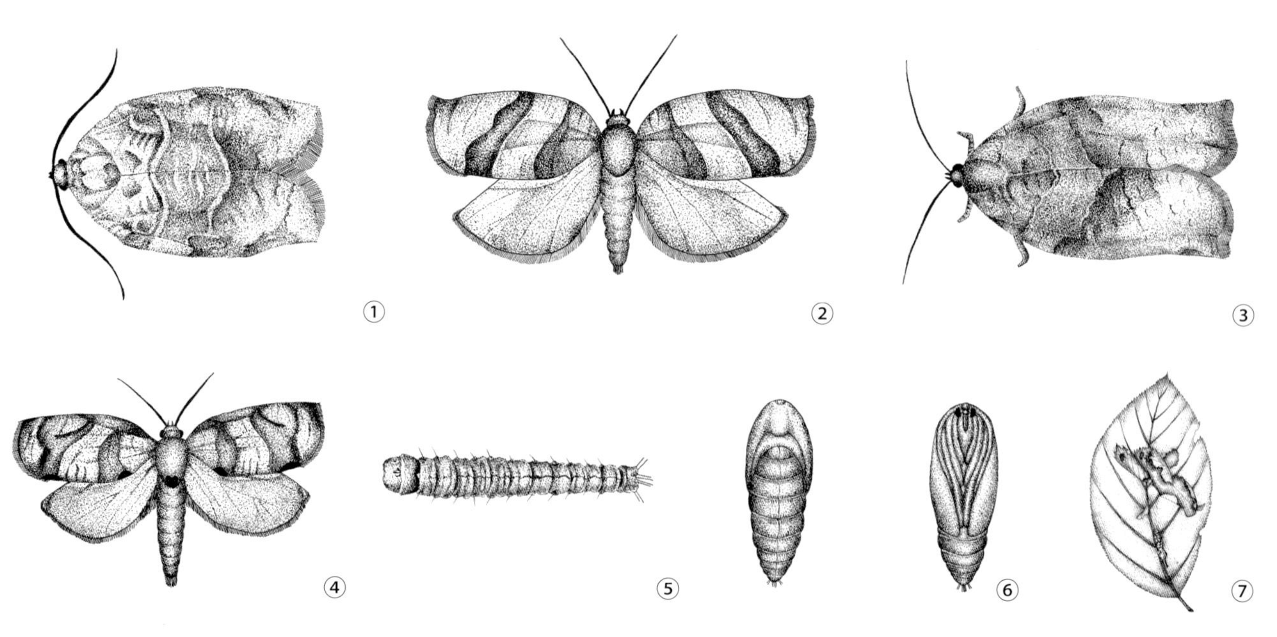

图3 南色卷蛾各虫态及危害状（赵世文提供）

①雌成虫；②雌成虫展翅；③雄成虫；④雄成虫展翅；⑤幼虫；⑥蛹；⑦危害状

蛹，蛹期6～9天。陕西关中地区越冬代成虫于6月上旬至6月下旬羽化，6月中旬为羽化盛期。第一代成虫发生在8月上旬至9月上旬，盛期在8月中旬。成虫有趋光性，白天潜伏，夜间活动。成虫产卵于叶面，呈鱼鳞状块。卵经5～8天孵化。

防治方法

物理防治　在休眠期刮除树木翘皮及爆皮，将碎皮屑集中烧毁或深埋，生长季节发现卷叶及时摘除。成虫羽化期可用黑光灯诱杀。

化学防治　用50%敌敌畏乳油200倍涂抹于剪、锯口消灭其越冬幼虫，以发芽前为宜。在越冬幼虫出蛰后喷25%除虫脲胶悬剂4000～5000倍液或25%灭幼脲2000倍液、10%安绿宝乳油3000倍液、2.5%敌杀死乳油3000倍液、20%灭扫利乳油2000倍液、50%马拉硫磷乳油800～1000倍液、75%辛硫磷乳油2000倍液均可。

参考文献

刘大瑛，赵自成，徐发德，2001. 豫北地区李树6种卷叶小蛾危害观察与防治[J]. 江苏林业科技(3): 42-43.

刘友樵，白九维，1977. 中国经济昆虫志：第十一册　鳞翅目　卷蛾科(一)[M]. 北京：科学出版社.

刘友樵，李广武，2002. 中国动物志：昆虫纲　第二十七卷　鳞翅目　卷蛾科[M]. 北京：科学出版社.

（撰稿：李喜升、赵世文；审稿：嵇保中）

南亚果实蝇　*Bactrocera tau* (Walker)

一种世界性的检疫害虫，也是中国重要的检疫害虫。又名南亚寡鬃实蝇、南瓜实蝇，俗名瓜蛆、蹦蹦虫、黄蜂子。英文名pumpkin fruit fly。双翅目（Diptera）实蝇科（Tephritidae）果实蝇属（*Bactrocera*）。广泛分布于东南亚、南亚、南太平洋地区。国外主要分布于越南、缅甸、老挝、柬埔寨、泰国、马来西亚、菲律宾、印度尼西亚、不丹、印度、斯里兰卡、琉球群岛、韩国等地。中国主要分布于海南、广东、广西、台湾、福建、浙江、江西、湖南、湖北、四川、云南、贵州、河南、山西、甘肃等地。其中，华南地区发生量大，寄主种类多，为害严重。

寄主　寄主范围广，能危害南瓜、黄瓜、香瓜、丝瓜、苦瓜、西瓜、冬瓜、佛手瓜、茄子、番茄、桑椹、番石榴、番木瓜、菠萝蜜、杨桃、西番莲、杧果、人心果、罗汉果等16科的80余种植物，对葫芦科的果蔬作物为害尤为严重。

危害状　主要以幼虫为害。其危害状与瓜实蝇危害状相似。成虫将产卵管刺入果皮并深入瓤部产卵，幼虫孵化后靠取食果肉发育，受害严重的果实常常被食一空，全部腐烂，失去经济价值。受害轻的，生长不良，畸形，质量和商品价值降低。

形态特征

成虫　雌成虫体色黄褐色至红褐色，平均体长7～9mm（图1①）；雄成虫黑色黄色相间，长6～8mm（图1②）。额部黄色，颜面斑黑色，2枚；上侧额鬃1对，下侧额鬃2对或3对（图1③）。中胸背板黄褐色，缝后侧黄色条带2条，终于后翅上鬃之后；缝后中黄条带1条，基部明显扩大（图1④）。中胸小盾片黄色，基部无横条，端部无色斑；小盾基鬃1对，小盾端鬃1对（图1⑤）。腹部黄色至橙褐色，第二节背板有褐色条，第三至五节腹背板黑色中纵条，与第三腹背板长黑色基横带成"T"形斑；第四和第五腹背板前侧部具黑色短带，且前者长于后者（图1⑥）。雄虫第三腹节栉毛黑色，每侧14～17根（图1⑦）。翅前缘带棕褐色，于翅端扩大成1宽阔椭圆形斑，该斑约占据R_5室上部的1/2，径中横脉和中肘横脉无斑块（图1⑧）。足腿节黄色，前、后足胫节褐色，中足胫节淡褐色（图1⑨）。

幼虫　老熟幼虫体长10mm左右，黄白色。圆锥形，前端细长，后端宽圆，口钩黑色。幼虫头部具口脊17～19条，口脊后缘具短齿，齿端钝，附板小而多，同样具齿；具口前叶6～7片，其间有口感器且口钩强大，有端前齿；前气门有17～19个指突，在其中段后方有纽扣状物，其周围放射状沟多而浅；后气门有3对气门裂，中间1对气门裂内侧有1对纽扣状物，气门毛4束；肛区中央的2片肛叶为心形，外角细长，肛叶周缘环绕有3～5列刺（图2）。

生活史及习性　每年发生代数因地区不同而有差异，在最适宜地区（如厦门），每年最多可发生8代，以成虫越冬。在适宜地区（如杭州）每年发生3～4代，多以蛹在土中越冬。在次适宜地区（如甘肃陇东）每年可发生1代，以蛹越冬。

南亚果实蝇在幼虫期很活跃。幼虫自孵化后数秒便开始活动，昼夜不停地在瓜果内部取食、为害，三龄幼虫食量最大，为害最严重。缺乏食物或食物变质时，一龄、二龄幼虫死亡率增大，三龄幼虫则提早化蛹或龄期加长，体型变小。幼虫老熟后，通常会脱离受害果，弹跳落地，钻入泥土、石块、枯枝叶缝中并化蛹，化蛹的入土深度与土质疏松程度有关，一般入土深度为2～3cm，土质疏松时可达10cm。当无法找到合适环境时，可直接裸露化蛹。若没有脱离受害果，则直接在受害果内化蛹。

成虫羽化可全天进行，以9：00～10：00最盛。成虫羽化8～14天后性成熟，雌、雄虫便开始交尾。交尾时间在20：00～21：00或更晚，每次交尾3～5小时，有的长达10小时，可多次交尾。交尾后第三天雌虫便可开始产下可育卵，产卵时间大多在16：00～17：00。

产卵时，雌成虫飞到瓜果上，边取食边寻找合适的产卵部位，多在果实新形成的伤口、裂缝等处产卵。在完好瓜果上产卵时，首先将产卵管伸长，弓起身体，使产卵管弯到腹部底下，然后刺入果皮并深入瓤部，随后把卵产入瓜果内。1头雌虫有时可在多处产卵或在同一产卵孔中多次产卵。每孔产卵几粒至几十粒不等。每头雌虫可产卵89～121粒，平均104粒，产卵期约50天。

防治方法

农业防治　清除被害果蔬的果实、消灭虫源是有效的农业防治措施之一。通过移走被害果实或种子来预防南亚果实蝇，其受害果数逐渐降低到20%。翻耕果园土壤，结合作物生长特点，适时用水浸菜地，杀死土中部分的蛹。在刚刚谢花、花瓣萎缩时，对果实进行套袋处理。

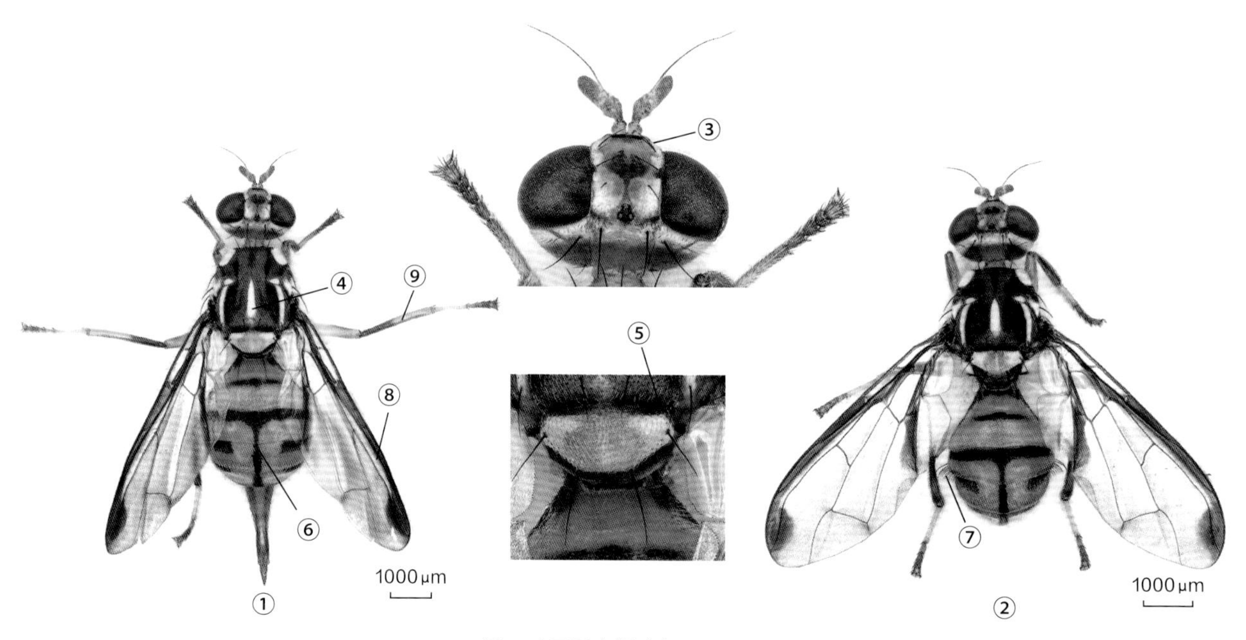

图 1 南亚果实蝇成虫（何余容摄）

①雌成虫；②雄成虫；③头部；④中胸；⑤中胸小盾片；⑥腹部；⑦雄虫腹部栉毛；⑧翅；⑨足

图 2 南亚果实蝇老熟幼虫（何余容摄）

物理防治 可采用灭雄和毒饵喷雾技术相结合的方法来大规模诱杀南亚果实蝇成虫。目前用于防治南亚果实蝇的引诱剂包括化学合成引诱剂和饵剂，如引诱酮、甲基丁香酚等。用瓜实蝇性信息素诱杀危害罗汉果的南瓜实蝇，防治效果可达 68.0%～76.4%。用香薷毛竹提取物能吸引南亚果实蝇雄虫，该提取物的主要成分是樟脑，其诱捕南亚果实蝇的效果与引诱酮（标准引诱剂）的效果相当。此外，大叶蝴蝶兰所释放的覆盆子酮也能吸引南亚果实蝇雄虫，可作为新型的南亚果实蝇引诱剂加以开发。

生物防治 可利用南亚果实蝇的天敌、病原菌、线虫等生物防治方法来减轻其为害，但相关报道很少。

化学防治 防治南亚果实蝇常采用毒饵喷雾技术，所用的化学农药有二嗪农或敌百虫，加适量红糖、诱蝇酮、溴氰菊酯、氟虫腈等，但在果实采收前 10～14 天应停止使用这些高残留的试剂，而应选用一些高效、低残留的农药，如丙溴磷、氯氰菊酯、氟氯氰菊酯、乐斯本等。

参考文献

安坤鹏，吴保锋，申科，等，2011. 南瓜实蝇特性及防治技术的研究进展 [J]. 长江蔬菜 (20): 7-13.

陈海东，周昌清，杨平均，等，1995. 瓜实蝇、桔小实蝇、南瓜实蝇在广州地区的种群动态 [J]. 植物保护学报，22(4): 348-354.

刘丽红，刘映红，周波，等，2005. 南亚实蝇在不同寄主上数量动态及危害研究 [J]. 西南农业大学学报，27 (2): 176-179.

周湾，蒋锡山，邱志刚，等，2010. 南瓜实蝇在杭州地区的种群消长动态 [J]. 浙江农业科学 (2): 355-356.

SINGH S K, KUMAR D, RAMAMURTHY V V, 2010. Biology of *Bactrocera* (*Zeugodacus*) *tau* (Walker) (Diptera: Tephritidae)[J]. Entomological research, 40 (5): 259-263.

（撰稿：何余容；审稿：吕利华）

内禀增长率 innate rate of increase

在给定的物理和生物条件下（即在食物丰富，气候条件适宜，空间无限制，无天敌袭击以及其他物种竞争），具有稳定年龄结构和最适密度的动物种群表现出的最大瞬时增长率。内禀增长率是一个物种内在的重要特征之一，其由物种的遗传组成决定，是自然选择和进化的结果，它不仅考虑了动物的出生率以及死亡率，还考虑了种群的年龄结构、产卵力和发育速率等因素，是影响物种数量的内在因素，通常用 r_m 来表示。测定种群的内禀增长率是一项十分有意义的事情，不仅可以对种群进行理论分析，而且还可以用于自然种群与实验种群的比较以及相同条件下的种间比较。

计算 r_m 的公式有很多种，比较重要和常用的有近似值和精确值两种方法。

r_m 近似值的公式

$$r_m=(\ln R_0)/T$$

该式反映了内禀增长率 r_m 与净生殖率（R_0）和平均世代时间（T）的关系

式中，净生殖率

$$R_0=\begin{cases}\sum l_x m_x & \text{（离散）}\\ \int_0^{\infty} l_x m_x \cdot d_x & \text{（连续）}\end{cases}$$

其中，l_x 为任意一个体存活到年龄为 x 的概率；m_x 为年龄为 x 的雌虫平均产卵率。

平均世代时间：

$$T=\frac{\sum l_x \cdot m_x \cdot X}{\sum l_x \cdot m_x}$$

r_m 精确值的公式

$$\sum e^{-rmx} l_x m_x=1 \text{ 或} \int_0^{\infty} e^{-r_m x} 1_x m_x d_x=1$$

其中，由 0 到无穷为动物的生殖期。

由于不同物种不可避免地受到各种环境的制约，有的研究者提出了实际增长率，以 r/r_m 作为检测内禀增长率的指标，其比值的大小与物种的能量分配模式及利用效率有关。国外普遍采用精确算法。这两种方法求出的 r_m 值，往往相差较大。目前，建立在 r_m 精确值基础上的生命表综合参数统计描述与统计推断，已成为国际上相关领域研究的新动向之一。

参考文献

IRVIN N, HODDLE M S, O'BROCHTA D A, et al, 2004. Assessing fitness costs for transgenic *Aedes aegypti* expressing the GFP marker and transposes genes[J]. Proceedings of national academy of sciences of the United States of America, 101(3): 891-896.

MYERS S W, GRATTON C, WOLKOWSKI R P, et al, 2005. Effect of soil potassium availability on soybean aphid (Hemiptera: Aphididae) population dynamicsand soybean yield[J]. Journal of economic entomology, 98(1): 113-120.

QIU B L, REN S X, 2005. Effect of host plants on the development, survivorship and reproduction of *Encarsia bimaculata* (Hymenoptera:Aphelinidae), a parasitoid of *Bemisia tabaci* (Homoptera:Aleyrodidae)[J]. Acta entomologica sinica, 48(3): 365-369.

WANG J J, ZHAO Z M, ZHANG J P, 2004. The host plant-mediated impact of simulated acid rain on the development and reproduction of *Tetranychus cinnabarinus* (Acari, Tetranychidae)[J]. Journal of applied entomology, 128(6): 397-402.

（撰稿：王慧敏；审稿：孙玉诚）

内骨骼　endoskeleton

昆虫体壁内陷所形成的内脊及各种形状内突的统称。用以加强体壁和着生肌肉。内骨骼因形状及所在部位不同而名称不同。

头部具有特殊的内骨骼称为幕骨，是头壳内部的主要支架，又是口器、触角、前肠部分肌肉的起源处。除内口式的六足总纲成员外（弹尾纲等），其他昆虫均有幕骨。幕骨由1对幕骨前臂和1对幕骨后臂在头壳内部相互愈合，形成骨架。前后幕骨陷是幕骨前后臂在体表内陷留下的痕迹。前幕骨陷位于额唇基沟的两侧，或在额颊沟的腹端与口上沟接近之处，相当于形态学的口。后幕骨陷位于次后头沟两端，而幕骨后臂常相向联成幕骨桥。消化道前端支架在幕骨桥上，向下穿过两幕骨前臂间的空隙。有些昆虫在幕骨前臂上又各发生1个突起，向背面伸到触角附近的头壳内壁上，称幕骨背臂，因不直接由头壁内陷形成，故在头壳表面不留痕迹。

胸部内骨骼主要包括悬骨、侧内突、腹内突及内刺突，

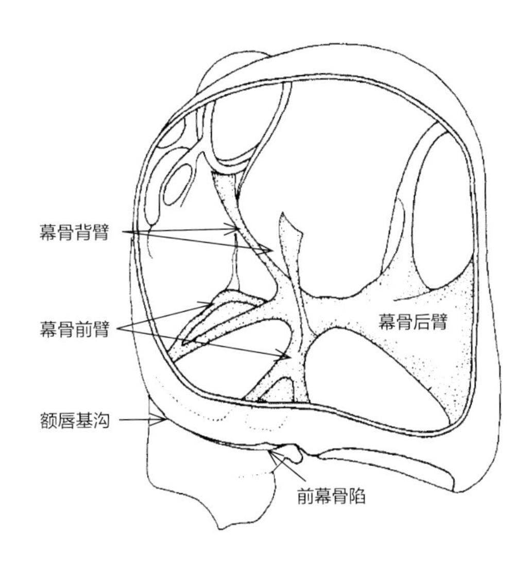

图1 东亚飞蝗的幕骨（侧面观）（仿陆近仁，虞佩玉）

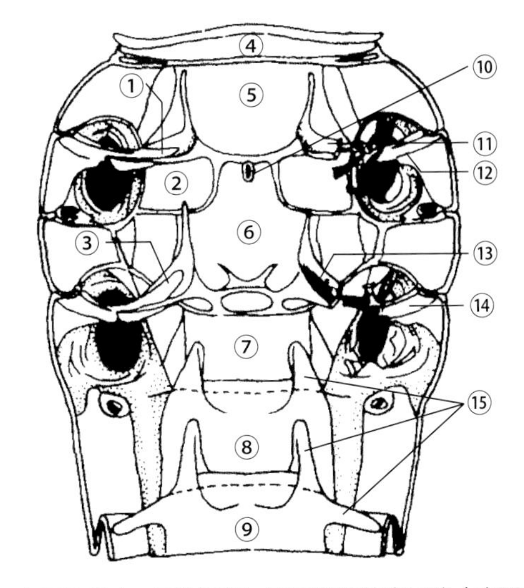

图2 东亚飞蝗中、后胸及第一至三腹节的内骨骼（腹面观）

（仿陆近仁，虞佩玉）

①中胸侧内突；②中胸小腹片；③后胸侧内突；④前腹片；⑤中胸基腹片；⑥腹胸基腹片；⑦第一腹节；⑧第二腹节；⑨第三腹节；⑩中胸内刺突；⑪中胸腹内突；⑫中胸侧内脊；⑬后胸腹内突；⑭后胸侧内脊；⑮腹节表皮内突

N

是活动翅、足、头部、颈部及前胸背板的肌肉起源及着生处。翅胸背板的前内脊扩大为1对或1块板状悬骨，供强大的背纵肌着生。悬骨通常有3对，各位于前胸和中胸之间，中胸和后胸之间，及后胸和第一腹节之间。由于后背片发展的情况不同，悬骨的所属胸节亦有所不同。侧内突是侧内脊向下伸延成臂状的构造。腹内突是腹内脊形成的一对表皮内突，两侧的腹内突在基部常合并，成叉状，又称叉突。叉突两臂与侧内突相接，在体节下方形成支架。前、中胸腹板内尚有内刺突，由间腹片内陷形成。侧板、腹板上发生的脊和表皮内突起到加强侧板及承受背腹肌牵动的作用。活动头部的重要肌肉——前胸腹纵肌，活动足的基节旋肌、收肌均起源于各胸节腹内突上。

腹部内骨骼较头部和胸部内骨骼简单，表皮内突不发达，肌肉着生在腹节的前内脊上；产卵器发达的昆虫，如蝗虫，其产卵瓣基部具有向体内延伸的强大表皮内突，活动腹节及产卵器的重要肌肉均起源于此。

（撰稿：吴超、刘春香；审稿：康乐）

拟菱纹叶蝉　*Hishimonoides sellatiformis* Ishihara

以成、若虫刺吸寄主汁液，并可传播桑树萎缩病。俗称红头菱纹叶蝉。半翅目（Hemiptera）叶蝉科（Cicadellidae）拟菱纹叶蝉属（*Hishimonoides*）。中国分布于华中、华东、华南、西南各蚕区。

桑拟菱纹叶蝉危害特征及成虫形态（林元吉提供）

寄主　桑树、大豆、茶树。

危害状　是桑树萎缩病病原的介体昆虫，刺吸桑树汁液，使叶质下降。

形态特征

成虫　浅黄色，体长4.4～5mm。头部暗红色。前翅后缘中央各具1块黄褐色三角形斑纹，两翅合拢时呈菱状纹，纹中有呈“品”字形排列的3个淡色斑（见图）。

若虫　体长形，背面黄褐色，腹面红色。

生活史及习性　江浙地区每年发生4代，以卵在1年生枝条的木栓层内越冬。翌年越冬卵于4月下旬孵化，5月中下旬羽化为成虫；第二代6月上中旬产卵，6月下旬至7月上旬羽化；第三代于7月中下旬产卵，7月下旬至8月上旬孵化，8月中下旬羽化；第四代于8月下旬至9月上旬产卵，9月中旬孵化，10月中旬成虫产卵越冬。

防治方法　冬季剪梢除卵；夏蚕结束后，喷洒辛硫磷乳油或毒丝本乳油，晚秋蚕结束后，喷速灭杀丁乳油。

参考文献

李子忠，1988. 拟菱纹叶蝉属一新种记述（同翅目：叶蝉科）[J]. 昆虫学报 (4): 412-413.

蒯元章，汤素，邓秀蓉，等，1981. 桑菱纹叶蝉的研究 [J]. 植物保护学报 (1): 1-8.

（撰稿：王茜龄；审稿：夏庆友）

拟态　mimicry

动物在形态和体色上模仿另一种有毒和不可食用的动物而保护自己的安全，这种现象叫作拟态。拟态的概念基于这些有毒或不可食用的动物一般有着鲜艳的警戒色，易于被捕食者识别，因此那些模拟者因形态和颜色类似那些被模拟者而获得安全。

拟态分为多种类型。贝次拟态（Battesian mimicry）是以英国博物学家Henry Walter Bates的名字命名的，指一种无毒或可食的动物模仿一种有毒或不可食用的动物。如无毒的金斑蛱蝶（*Hypolimnas misippus*）在外貌上模拟有毒的金斑蝶（*Danaus chrysippus*）翅膀的斑纹来防御天敌。一般贝次拟态的模拟种和被模拟种生活在同一环境中，且模拟种的数量少于被模拟种。缪勒拟态（Müllerian mimicry）是以德国自然学家Fritz Müller的名字命名，指两个或多个有毒或不可食用的物种间彼此互相模仿。如黑脉金斑蝶（*Danaus plexippus*）与副王蛱蝶（*Limenitis archippus*）有着相似的斑纹，副王蛱蝶的某些亚种就会模仿当地的黑脉金斑蝶的体色。模拟种和被模拟种将共同承担捕食者在学习中所造成的死亡，将各自的风险减半，双方都能得到好处。捕食压力的作用会促使两种具有相似色型的有毒物种发生趋同进化，使它们变得越来越相似。韦斯曼氏拟态（Wasmannian mimicry）指模拟种模拟寄主的体型或者动作，以达到和寄主生活在同一栖息地的目的。这种拟态多出现在社会性昆虫中，如跳蛛（*Cosmophasis bitaeniata*）利用化学信号的模拟被编织蚁

（*Oecophylla smaragdina*）所接受。此外，动物还会模拟非生物，如尺蠖、枯叶蝶、竹节虫等，模拟它们所处的环境中的枝条或落叶来达到隐蔽自己的目的。其特点是动物的外表形态或色泽斑块与环境中其他生物或者非生物的形态极其相似。

参考文献

尚玉昌，1999. 动物的防御行为 [J]. 生物学通报 (6): 4-7.

尚玉昌，2007. 蝶类的拟态现象 [J]. 生物学通报 (7): 14-16.

ALLABY M, 2010. A dictionary of ecology[M]. New York: Oxford University Press.

SMART P, 1976. The illustrated encyclopaedia of the butterfly world[M]. London: Hamlyn.

（撰稿：朱丹；审稿：王宪辉）

黏虫　*Mythimna seperata* (Walker)

一种具迁飞性、暴发性和毁灭性发生特点并以危害玉米、小麦和水稻等粮食作物为主的多食性农牧业重大害虫。又名粟夜盗虫、剃枝虫、五色虫、麦蚕、行军虫、蟥虫、天马。英文名 oriental armyworm。鳞翅目（Lepidoptera）夜蛾科（Noctuidae）黏虫属（*Mythimna*）。黏虫的分布非常广泛，国外主要分布于亚洲各国，包括朝鲜、韩国、俄罗斯、菲律宾、越南、老挝、柬埔寨、泰国、缅甸、印度、阿富汗、孟加拉国、斯里兰卡、巴基斯坦、马来西亚、印度尼西亚、澳大利亚、斐济、巴布亚新几内亚、新西兰等。在中国除新疆外，其他地区均有分布。

寄主　寄主植物较多，可取食危害 16 科 100 多种植物。主要危害玉米、麦类、水稻、谷子、高粱等粮食作物，苜蓿、黑麦草、苏丹草、鸭茅等牧草以及紫云英、苕子等绿肥。大发生时也取食棉花、豆类、白菜、甜菜、甘蔗等作物。

危害状　幼虫主要取食叶片，严重时可将叶片一扫而光，造成植物因不能光合作用而减产。幼虫还可以危害玉米、高粱的雄穗、玉米雌穗的花丝、幼嫩籽粒，咬断麦穗和水稻枝穗，直接造成产量损失。在大发生或食物缺乏时，高龄幼虫还会取食植株的茎秆及表皮，造成作物颗粒无收，并且幼虫还可以群体迁移危害，造成大面积成灾。据记载，公元 482—1360 年的 878 年中，就有 35 项黏虫暴发成灾的记录。前人曾用“食稼殆尽”“米斗千钱”，“伤禾苗、夏无收”的语句来描述黏虫成灾时及成灾后的惨象。新中国成立后，黏虫的危害依然十分严重。1958 年中央政治局曾把黏虫作为主要消灭的 10 种害虫之一，黏虫排在第二位。1950—1989 年的 40 年间，黏虫在全国性暴发成灾的年份就有 17 年，成灾面积 7191 万 hm^2，损失粮食超过 1643 万 t。2012 年，黏虫二代和三代幼虫在东北和华北地区多个地方大发生，发生危害面积超过 1 亿亩次。

形态特征　黏虫为全变态昆虫，一生有卵、幼虫、蛹和成虫 4 种形态。

成虫　体长 17～20mm，翅展 36～45mm（图④）。全体淡黄褐至灰褐色，有的个体稍现红色。另外，也有黑色变异个体。雌雄触角均为线状。前翅前缘和外缘颜色较深，内线不甚明显，常呈现数个小黑点。环形纹圆形黄褐色，肾纹及亚肾纹淡黄色。在中室下角处常有 1 小白点，其两侧各有 1 小黑点。外线亦为 1 条不很连接的小黑点，亚端线从翅尖向内斜伸，在翅尖后方和外缘附近呈 1 灰褐色三角形暗影，端线由 1 列黑色小点所组成。后翅暗褐色，基区色较浅。缘毛黄白色。反面灰白褐色，前缘及外缘色略深。前缘基部有针刺状翅缰与前翅相连，雌蛾翅缰 3 根，均较细，雄蛾只有 1 根，较粗壮。这是区别雌雄性别的重要特征之一。

卵　馒头形，稍带光泽，直径 0.5mm 左右，表面有六角形的网状纹。初产时白色，渐变为黄色至褐色，将孵化前变为黑色。成虫产卵时，分泌胶质将卵粒粘结在植物叶上，排列成 2～4 行，有时重叠，形成卵块。每卵块含卵 10 余粒至 100 余粒，大的卵块可超过 300 粒（图①）。

幼虫　黏虫幼虫（图②）一生需蜕皮 5 次，即有 6 龄。但在某些情况下，幼虫会有增加蜕皮次数现象。进入四龄后，幼虫体色会出现随密度变化而产生的黑化现象：幼虫密度较高时，多呈黑色或灰黑色。反之，呈淡黄褐或淡黄绿色。黑化幼虫的头部为黄褐色至红褐色，头壳有暗褐色网状花纹，沿蜕裂线各有 1 条黑褐色纵纹，略似“八”字形花纹。体背有五条纵线，背线白色较细，两侧各有两条黄褐色至黑色、上下镶有灰白色细线的宽带。幼虫老熟后依然保留着 6 龄幼虫的形态和行为特征，但虫体会比 6 龄初的幼虫明显增大，老熟后便停止取食并排净粪便，然后在寄主根际附近深 1～3cm 表土中结茧化蛹。

蛹　红褐色，体长 19～23mm，腹部第五、六、七节背面近前缘处有横列的马蹄形刻点，中央刻点大而密，两侧渐稀，尾端具 1 对粗大的刺，刺的两旁各生有短而弯曲的细刺 2 对。雄蛹和雌蛹生殖孔分别位于腹部第九和第八节（图③）。

生活史及习性

发生世代　黏虫没有滞育特性，只要环境条件适宜，就可以继续生长、发育和繁殖。中国黏虫每年发生的世代数目以及各世代发生危害时期会因地区或季节的不同而异。总体来说，中国黏虫的发生世代数目有从南向北或从低海拔到高海拔而逐渐递减，而发生危害时期则有从南向北或从低海拔到高海拔而逐步推迟的趋势。例如，中国东半部地区黏虫大体上可以划分为 5 类发生区：北纬 39° 以北，主要包括黑龙江、吉林、辽宁、内蒙古、河北东部及北部、山西中、北部和山东东部等地区。黏虫全年发生 2～3 代，以第二代（当地多称第一代）发生数量较多，6 月中旬到 7 月上旬为幼虫盛发期，主要危害小麦、谷子、玉米、高粱等作物。7～8 月三代（当地多称二代）黏虫发生也较严重，主要危害谷子和玉米等作物。北纬 36°～39°，主要包括山东西、北部，河北中、南、西部，山西东部和河南北部等地区全年发生 3～4 个世代，常以第三代发生数量最多，7～8 月危害谷子、玉米、高粱、水稻等作物。北纬 33°～36°，主要包括江苏、安徽、上海、河南中部及南部、山东南部、湖北北部和西部等地区。黏虫在此区内全年发生 4～5 个世代，以第一代发生数量最多，于 4～5 月发生危害麦类。北纬 27°～33°，主要包括湖北中南部、湖南、江西、浙江等地大部分地区。黏虫在此区全年

黏虫形态特征（江幸福提供）

①卵；②幼虫；③蛹；④成虫

发生5～6个世代，以第四（或五）代发生数量最多，主要于9～10月危害晚稻。局部地区第一代发生危害小麦，有的年份二代黏虫也危害早稻。北纬27°以南，主要包括广东；广西东、南、西部；福建东、南部；台湾等地。黏虫在此区全年发生6～8个世代，主要以越冬代于1～3月危害小麦或玉米幼苗；第五代（或六、七代）于9～10月危害晚稻。有的年份其他世代偶发，危害早稻。

在中国西北、西南地区，黏虫发生世代也是随着纬度与海拔高度的增加而递减，反之，递增。在陕西，陕南地区黏虫全年发生4～5个世代；关中地区黏虫全年发生3～4个世代，而在陕北地区黏虫全年发生2～3个世代。黏虫在中国西南地区的发生危害情况比较复杂。在云南，可将黏虫划分为6个发生世代区：1代区位于北纬27°～29°；海拔3276.1～3592.9m。2～3代区位于北纬25°～29°，海拔1666.7～2393.2m。3～4代区位于北纬24°～28°，海拔1102～2197.2m。4～5代区位于北纬23°～28°，海拔877.3～1768.3m。5～6代区位于北纬21°～29°，海拔413.1～1606.2m。6～8代区位于北纬21°～27°，海拔136.7～1254.1m。

越冬规律　中国黏虫的越冬区划可以大体上分为东部越冬区和西部越冬区。中国东半部地区的黏虫越冬北界位于北纬32°～34°。具体可以北纬33°或1月0°C等温线为界。而在中国西北、西南地区，由于各地海拔高度与气候的差异，黏虫的世代发生及越冬规律变化较大。例如，在云南的6个世代发生区内，黏虫的越冬规律可分为3种情况：在6～8代、5～6代和纬度偏南的部分4～5代区，冬季黏虫仍可看到幼虫取食危害；在4～5代和3～4代区的越冬黏虫多呈零星分布。其中4～5代区越冬数量较多，但达不到成灾的程度；在2～3代区和1代区黏虫不能越冬。在四川、贵州等地，黏虫除了在只发生2～3个世代的高寒山区不能越冬外，其他地区一般都有少量黏虫越冬。而在甘肃和陕西，黏虫在陕西秦岭至甘肃文县一线以北不能越冬，而在其以南的河谷低洼地区虽能越冬，但虫口密度很低。

迁飞规律　中国黏虫每年一般有4次较大范围的南北往返迁飞危害活动，具体为：①在北纬33°以南地区，包括6～8代及5～6代区，越冬代或第一代成虫于2～4月陆续羽化，羽化盛期在3月中、下旬至4月上旬。成虫羽化后，绝大部分成虫向北迁飞至4～5代区，甚至有一部分成虫可能继续北迁至3～4代及2～3代区，形成这些发生区的第一代的虫源。②在4～5代及3～4代区，第一代黏虫一般多发生于3～5月。成虫在5月中旬至6月上旬进入羽化盛期后，除有一小部分留在本区继续繁殖外，大部分成虫又向北迁飞到2～3代区繁殖危害，形成该区主要危害世代（二代）的虫源。③在2～3代区，第二代黏虫多在6月上、中旬至7月上、中旬发生危害。7月上旬至下旬初又陆续化蛹羽化，除有少部分成虫留在本区继续繁殖外，大部分成虫向南迁飞到3～4代区繁殖危害，形成该区主要危害世代（三代）的外来虫源。④在3～4代区，第三代黏虫发生于7～9月，幼虫盛发期多在7月下旬至8月上、中旬，8月下旬至9月上、中旬大部化蛹羽化后（有的年份可延至9月中、下旬），绝大部分成虫再向南飞到5～6代区及6～8代区繁殖为害，形成该区9～10月主要危害世代（5或6代）的外来虫源，以后仍继续繁殖危害或越冬。也有报道认为5～6代区及6～8代区的部分黏虫还可继续向南迁飞到境外繁殖危害。

发生规律

气候条件　环境因子中温湿度是影响黏虫发生世代数量、危害时期、发育速度、交配产卵、存活以及各种行为习性的主要因素之一。黏虫发育与产卵的适宜温度范围为16～30°C，最适温度为19～24°C。在相对湿度较高（90%）的条件下，当平均温度低于15°C或高于25°C时，成虫产卵数量都明显减少。当温度为35°C时，任何湿度条件下成虫均不能产卵。当温度上升到34°C时，不管湿度条件如何变化，卵的孵化率均不到30%。当温度超过35°C时，卵均不能孵化。在35°C以上时，幼虫在任何湿度条件下均不能成活，在30°C、25°C和23°C条件下，幼虫成活率随湿度的降低而下降，在相对湿度为18%的条件下，这3种温度条件的幼虫均不能存活。6龄老熟幼虫在35°C条件下多呈半麻痹状态，失去钻土能力，随后死亡。在温度相同而湿度不同的条件下，幼虫在高湿条件下比在低湿条件下的发育略快。

种植结构　食物营养对黏虫的生长、发育和繁殖影响很大，是影响黏虫种群动态规律的重要因子。黏虫在取食小麦、鸡脚草和芦苇等禾本科植物时，幼虫发育速度较快，成活率高，蛹重大，成虫繁殖力强。其中以小麦对黏虫的营养效果更好。补充营养对黏虫的发生危害规律同样具有重要的影响。取食蔗糖、葡萄糖、蜂蜜等的成虫产卵较多，发育良好；而取食甘露糖、鼠李糖、清水的成虫发育较差，产卵量明显减少。取食不同花蜜的黏虫产卵前期产卵量也有显著的差异。蜜源植物（绿肥作物紫云英）在长江中下游和华南稻区空前的大规模推广和连年种植是1966—1977年黏虫频繁特大暴发的关键因素。

天敌　天敌是控制黏虫发生的重要生态因素之一。黏虫天敌类群有捕食性天敌、寄生性天敌以及病原微生物等。目前已知可以捕食黏虫卵的天敌有蚂蚁、隐翅虫、姬猎蝽、瓢虫、花蛛和狼蛛等。可以捕食黏虫幼虫和蛹的天敌主要有蜘蛛和昆虫等。在蜘蛛中，主要有狼蛛、球腹蛛、蟹蛛和圆蛛类群中的一些种类。而在昆虫中，主要有鞘翅目、半翅目、膜翅目、双翅目和脉翅目中的一些肉食性种类，其中以鞘翅目的种类最多，如步甲、虎甲和瓢虫等。黏虫卵寄生蜂主要有赤眼蜂和黑卵蜂等共5种。赤眼蜂中有拟澳洲赤眼蜂、毒蛾赤眼蜂和黏虫赤眼蜂。而黑卵蜂中仅有黏虫黑卵蜂和广东黑卵蜂。在这5种寄生蜂中，以黏虫黑卵蜂对黏虫卵的寄生率最高，对黏虫的控制作用最大。在东北一般年份的寄生率通常可以达到10%以上，而在黄淮海地区的寄生率通常较高。黏虫的幼虫寄生蜂主要有姬蜂、茧蜂、绒茧蜂和姬小蜂等。其中以姬蜂的种类最多（23种），茧蜂次之（有11种）。寄生蝇也是影响黏虫发生的天敌类群。主要以黏虫幼虫为寄主，但有的种类要到寄主蛹期才完成自身的发育。寄蝇种类很多，中国已知有32种。线虫也是影响黏虫种群动态规律的重要生物因子。中国已知对黏虫影响作用较大或研究较多的有中华卵索线虫和新线虫2种，其中以前者对黏虫种群数量的影响作用最大。导致黏虫感病死亡的其他病原物还有病毒、真菌和细菌等。目前已知的病毒有核多角体病毒、颗粒体病毒、痘病毒和非包涵体病毒等。其中核多角体病毒对黏虫的田间感染率可达77.8%～90%。真菌中主要有白僵菌和绿僵菌，田间感染率在湿度大的地区也较高。苏云金杆菌也对幼虫也有一定的感染作用。

防治方法

农业防治　根据黏虫喜欢在玉米、高粱等农田中的杂草上产卵、生长与发育的习性，除草不仅可以有效防除草害，消除黏虫产卵场所，减少黏虫食源，并可以改善土壤和农田生态条件，使之有利于农作物生长，而不利于黏虫的发育，起到抑制黏虫发生的作用。

物理防治　根据黏虫的趋光性，在黏虫迁飞通道上设置高空探照灯以及在迁入区设置黑光灯可有效进行成虫监测与防治。根据黏虫取食补充营养的习性，可利用糖醋酒混合液（1份酒、2份水、3份糖和4份醋的比例）调匀后，加1份2.5%敌百虫粉剂放入盆内进行诱杀。根据黏虫蛾喜欢在禾本科植物的干叶和叶鞘中产卵的习性，可以使用田间插设小草把诱卵防治（每亩10把）。根据黏虫大发生时高龄幼虫具有群体爬行扩散危害的习性，可在没有虫害的田块挖一条30cm宽、深20cm的沟，并在沟内撒施环保型杀虫剂粉剂，可以有效地防止幼虫扩散危害。

生物防治　中国黏虫天敌资源十分丰富，从卵、幼虫到蛹都有多种捕食和寄生天敌，据不完全统计可达150多种。选择施用对黏虫高效、对天敌安全的农药品种，并推荐使用最低有效剂量施用，可以有效保护利用天敌控制黏虫种群。同时，室内人工扩繁黏虫天敌优势种，如卵期的黑卵蜂、赤眼蜂，幼虫期的寄生蝇和寄生蜂等，并在条件适宜的地区进行人工释放，可有效降低黏虫种群数量。生物农药如Bt制剂、昆虫生长调节剂如灭幼脲等也可对低龄幼虫有很好的防治效果。

化学防治　利用化学农药防治黏虫的效果十分显著，只要做好测报和防治准备工作，掌握防治有利时机，就可迅速将大面积幼虫防治下去，达到控制黏虫危害的目标。化学防治应用掌握防治有利时机，把幼虫消灭在低龄阶段。即在二、三龄盛期施药，才能取得较好的防治效果。另外，根据黏虫暴发危害的特点，化学防治可实行大型药械（无人机防治、高杆自走机等防治）统防统治，可提高防治效果与效率。化学防治的药剂品种应选用高效、经济，对人畜和作物安全，残留时间短、无副作用的杀虫剂。如选用2.5%敌百虫粉剂、5%马拉硫磷粉剂2～2.5kg/亩喷粉防治。选用2.5%敌百虫粉剂2kg对细土10～15kg，拌匀后顺垄撒施，防老龄幼虫扩散；选用 50% 辛硫磷乳油 5000～7000 倍液、2.5% 溴氰菊酯乳油、20% 速灭杀丁乳油 1500～2000 倍液或 50% 西维因可湿性粉剂 300～400 倍液喷雾防治。

参考文献

曹雅忠，黄葵，李光博，1995. 空气相对湿度对黏虫飞翔活动的影响 [J]. 植物保护学报，22(2): 134-138.

江幸福，罗礼智，胡毅，2005. 粘虫产卵前期的遗传特征 [J]. 生态学报，25(1): 68-72.

李光博，1979. 黏虫的综合防治 [M]. 中国科学院动物研究所．中国主要害虫综合防治．北京：科学出版社：301-319.

李光博，1995. 黏虫 [M]// 中国农业科学院植物保护研究所．中国农作物病虫害．2 版．北京：中国农业出版社：657-723.

李光博，王恒祥，胡文绣，1964. 粘虫季节性迁飞为害假说及标记回收试验 [J]. 植物保护学报，3(2): 101-109.

李光博，王恒祥，李淑华，1987. 我国西部地区黏虫迁飞规律及预测预报研究 [M]. 1957—1987 庆祝中国农业科学院建院 30 周年（专辑）: 68-74.

李光博文选编辑组，2007. 李光博文选 [M]. 北京：中国农业出版社．

林昌善，1990. 黏虫生理生态学 [M]. 北京：北京大学出版社．

刘红兵，罗礼智，2004. 黑化粘虫的形态特征及其遗传模式 [J]. 昆虫学报，47(3): 287-292.

罗礼智，江幸福，李克斌，等，1999. 黏虫飞行对生殖及寿命的影响 [J]. 昆虫学报，42(2): 149-157.

罗礼智，徐海忠，李光博，1995. 黏虫幼虫密度对幼虫食物利用率的影响 [J]. 昆虫学报，38(4):428-435.

JIANG X F, LUO L Z, ZHANG L, et al, 2011. Regulation of migration in the oriental armyworm, *Mythimna separata* (Walker) in China: A review integrating environmental, physiological, hormonal, genetic, and molecular factors[J]. Environmental entomology, 40(3): 516-533.

（撰稿：江幸福；审稿：王兴亮）

捻翅目　Strepsiptera

捻翅目昆虫为高度特化的其他昆虫的内寄生者，雌雄成体显著异型。已知 8 个现生科约 550 种。捻翅目的系统发育关系尚有争议，但诸多证据表明，该目可能为鞘翅目的姊妹群。

捻翅目雄性成虫可自由活动。头部较大，复眼突出，由少量且大的小眼组成；无单眼。触角粗壮、发达，扇状或具显著的分支，4～7 节不等。前、中胸较小；后胸发达，背板延长并盖住一部分腹部。前翅粗短，无翅脉，退化成平衡棒状。后翅发达，宽阔，扇形，前缘向前弯曲，具少数放射状的翅脉。各足为步行足，缺失转节，跗节常无爪。腹部较小，近锥形，外生殖器明显。雌性成虫蛴状或蠕虫状；除少数原始类群能离开寄主自由活动外，其余均终生不离开寄主；雌成虫身体的大部分结构藏于寄主体内，仅头部露出寄主体外。

捻翅目昆虫幼虫在雌性成虫体内孵化，并从雌性成虫露出寄主体外的头部开口钻出。一龄幼虫为三爪蚴，具 3 对胸足，无触角及上颚。三爪蚴成功进入寄主体内后开始发育，各龄幼虫蛆状，无口器及附肢。蛹期从寄主体节间露出，蛹为弱颚离蛹，雌蛹包裹在末龄幼虫形成的围蛹之中。

捻翅目昆虫代表（吴超摄）

捻翅目常寄生在半翅目及膜翅目昆虫体内，但也有种类寄生于直翅目、蜚蠊目等其他目昆虫体内。被寄生的昆虫生理结构及形态上多有异常，但通常不会被过早杀死。

参考文献

GULLAN P J, CRANSTON P S, 2009. 昆虫学概论 [M]. 3 版．彩万志，花保祯，宋敦伦，等，译．北京：中国农业大学出版社：281.

袁锋，张雅林，冯纪年，等，2006. 昆虫分类学 [M]. 北京：中国农业出版社：530-537.

郑乐怡，归鸿，1999. 昆虫分类学 [M]. 南京：南京师范大学出版社：653-665.

（撰稿：吴超、刘春香；审稿：康乐）

鸟粪象甲　*Sternuchopsis trifidas* (Pascoe)

一种尚未对茶树造成危害的食叶类害虫。又名三裂根长象、鸟粪胸骨象甲。英文名 bird dropping weevil。鞘翅目(Coleoptera)象虫科(Curculionidae)胸骨象甲属(*Sternuchopsis*)。国外分布于日本和韩国等。中国分布于福建、湖南、浙江、台湾以及华南等低海拔地区。

寄主　茶树、油茶、柑橘、蔷薇、葛藤、五节芒等。

危害状　以成虫取食叶片背面的叶肉，形成长条形的取食斑。

形态特征

成虫　体长 8～10mm，体宽 4～6mm；头部黑色，触角膝状，端部膨大成椭球状；喙粗短；前胸背板宽圆，表面粗糙，白色，中缝附近有不规则黑斑；鞘翅前半部黑色，后半部白色，翅端黑色，肩部有个大的瘤突，翅面具很多凹陷缺刻；足黑色，前足长于中、后足，各足腿节膨大且端部明显缢缩，缢缩处有齿 1 枚，胫节端部有刺 2 枚，跗节伪 4 节，布满灰白色绒毛（见图）。

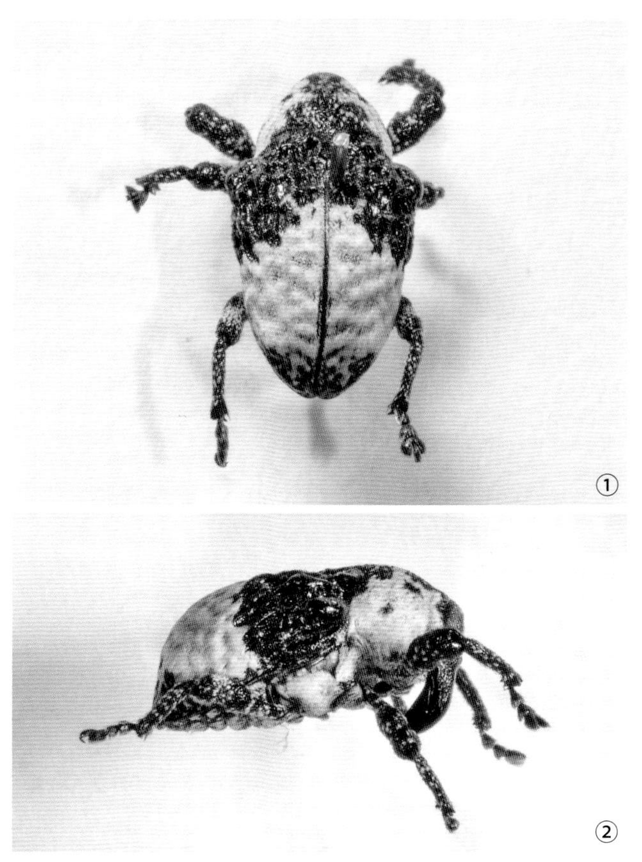

鸟粪象甲成虫（周红春提供）
①背面观；②侧面观

生活史及习性 仅在个别茶园发现，其发生特点有待进一步研究。尚未见该虫对茶叶生产构成影响。

防治方法 不需专门防治。

参考文献

何学友, 2016. 油茶常见病及昆虫原色生态图鉴 [M]. 北京 : 科学出版社 .

肖强, 2013. 茶树病虫害诊断及防治原色图谱 [M]. 北京 : 金盾出版社 .

周红春, 李密, 鲍政, 等, 2010. 湖南发现两种新的茶树象甲害虫 [J]. 生物灾害科学, 33(3): 117-118.

（撰稿：张新；审稿：唐美君）

鸟嘴壶夜蛾 *Oraesia excavata* (Butler)

一种吸取果实汁液的食果性害虫。英文名 frwit piercing moth。鳞翅目（Lepidoptera）目夜蛾科（Erebidae）壶夜蛾亚科（Calpinae）嘴壶夜蛾属（*Oraesia*）。国外分布于朝鲜、韩国、日本。中国分布于辽宁、山东、河南、江苏、浙江、湖北、福建、江西、广东、海南、广西、四川、云南。

寄主 柑橘、苹果、葡萄、梨、无花果、桃、杧果、黄皮、荔枝、龙眼、枇杷、李、柿、番茄等。

危害状 成虫以其构造独特的虹吸式口器插入成熟果实吸取汁液。

形态特征

成虫 翅展 49～51mm。头部赭黄色；触角线状，褐色。胸部赭褐色，领片褐色。腹部赭褐色。前翅底色褐色带淡赭色，散布银白色细裂纹，M 脉黑色粗大明显，顶角强烈外突；基线褐色明显，由前缘斜向内平直延伸至后缘；内横线褐色明显，由前缘斜向内平直延伸至后缘；中横线褐色略明显，可见一暗褐色影带，由前缘斜向内平直延伸至后缘；外横线褐色明显，由前缘向外呈圆弧形外曲，再斜向内延伸至后缘；亚缘线黑褐色明显，由顶角呈与外缘近平行延伸至后缘；外缘线为一条棕褐色细线；饰毛棕褐色；环状纹、肾状纹不明显；顶角一褐色线略弯曲延伸至中室附近。后翅底色黄褐色；新月纹隐约可见，外缘区部分黑色，饰毛黄褐色（见图）。

卵 扁球形，底部平坦，直径 0.72～0.76mm，高约 0.6mm，卵壳上密布纵纹。初产时黄白色，1～2 天后色泽变灰，并出现棕红色花纹。

幼虫 共 6 龄。初孵时灰色，长约 3mm，后变为灰绿色。老熟时灰褐色或灰黄色，似枯枝，体长 46～60mm，体背及腹面均有 1 条灰黑色宽带，自头部直达腹末。头部有 2 个边缘镶有黄色的黑点，第二腹节两侧各有 1 个眼形斑点。

蛹 体长 17.6～23mm，宽约 6.5mm，暗褐色，腹末较平截。

生活史及习性 在贵州晴隆 1 年发生 4 代，以成虫、幼虫或蛹越冬。越冬代在 6 月中旬结束，第一代发生于 6 月上旬至 7 月幼虫中旬；第二代发生于 7 月上旬至 9 月下旬；第三代于 8 月中旬至 12 月上旬。在晴隆危害脐橙 9 月下旬至翌年 1 月中旬为高峰。成虫在天黑后飞入果园为害，喜食好果，以其构造独特的虹吸式口器插入成熟果实吸取汁液，造成大量落果及储运期间烂果。有趋光性、趋化性（芳香和甜味），略有假死性。成虫羽化后需要吸食糖类物质作为补充营养，才能正常交尾产卵。卵多散产于果园附近背风向阳处木防己的上部叶片或嫩茎上。木防己是已知幼虫的唯一寄主。幼虫行动敏捷，有吐丝下垂习性，白天多静伏于荫蔽的木防己顶端嫩叶，吃成网状。三龄后沿植株向下取食，将叶吃成缺刻，甚至整叶吃光。老熟时在木防己基部或附近杂草丛内缀叶结薄茧化蛹。

防治方法

农业防治 在果园边有计划栽种木防己、汉防己、通草、十大功劳、飞扬草等寄主植物，引诱成虫产卵、孵出幼虫，

鸟嘴壶夜蛾成虫（韩辉林提供）

N

加以捕杀。在果实成熟期，可用甜瓜切成小块，并悬挂在果园，引诱成虫取食，夜间进行捕杀。在果实被害初期，将烂果堆放诱捕，或在晚上用电筒照射捕杀成虫。

灯光诱杀　根据果园的面积大小划分为多个小区，每小区在橘园高挂（高出树冠顶端0.5～1m）频振式杀虫灯2～4盏，诱杀夜蛾成虫。也可以用黑光灯、紫外线灯或普通20W的灯泡诱杀，在灯下放木盆，盆内盛水半盆，加几滴柴油或煤油，及时打捞死虫并换水。

化学防治　用瓜果片浸于90%晶体敌百虫20倍液，或40%辛硫磷乳油20倍液，或30%苯睛磷乳油，或40%苯溴磷等药液中10分钟制成毒饵，挂在树冠上诱杀成虫。

参考文献

陈一心，1999. 中国动物志：昆虫纲　第十六卷　鳞翅目　夜蛾科[M]. 北京：科学出版社.

张天鑫，2016. 晴隆县柑橘鸟嘴壶夜蛾发生规律及防治方法[J]. 农技服务，33(12): 78.

（撰稿：韩辉林；审稿：李成德）

蛄目　Psocoptera

蛄目为一类小型昆虫，世界性分布。已知36个科近3000种。半变态发育，有5～6个龄期。

体微小至小型，体长1～10mm。蛄目具较大的可活动的头部，也常具较大的复眼；有翅类群常具3枚单眼，但在无翅类群中单眼缺失。触角常13节，丝状，细长。口器咀嚼式，具不对称的上颚、棒状的下颚内颚叶及退化的下唇须。常具有2对翅，前翅大于后翅，翅脉简单，膜质的前后翅在飞行时连锁在一起；但很多类群中翅或多或少退化甚至消失。前胸背板较小，中后胸发达。足为步行足，一些种类后足膨大。腹部可见10节，第十一节腹板特化为肛上板和肛侧板，尾须常缺失。

蛄目取食各式各样的植物碎屑及真菌、地衣、藻类或昆虫尸体等有机质，部分种类群居。蛄目与虱目显然可以构成一个单系群，但蛄目与虱目的关系尚存在争议；蛄目的书虱与虱目的亲缘关系可能说明蛄目为一个并系群，因为应将虱目包含其中。

蛄目昆虫代表（吴超摄）

参考文献

GULLAN P J, CRANSTON P S, 2009. 昆虫学概论[M]. 3版. 彩万志，花保祯，宋敦伦，等，译. 北京：中国农业大学出版社：236.

李法圣，2002. 中国蛄目志（上、下）[M]. 北京：科学出版社.

袁锋，张雅林，冯纪年，等，2006. 昆虫分类学[M]. 北京：中国农业出版社：221-237.

郑乐怡，归鸿，1999. 昆虫分类学[M]. 南京：南京师范大学出版社：314-349.

MISOF B, LIU S, MEUSEMANN K, et al, 2014. Phylogenomics resolves the timing and pattern of insect evolution[J]. Science, 346(6210): 763-767.

（撰稿：吴超、刘春香；审稿：康乐）

柠檬桉袋蛾　*Eucalyptipsyche citriodorae* Yang

一种严重危害柠檬桉的桉树主要害虫之一。鳞翅目（Lepidoptera）袋蛾科（Psychidae）桉袋蛾属（*Eucalyptipsyche*）。中国主要分布于广东、广西、海南等桉树种植区。

寄主　柠檬桉、洋蒲桃、桃金娘、锡兰橄榄、海南红豆等。

危害状　幼虫在袋口范围内取食叶肉，留叶脉表皮。取食时先咬成一道道痕，然后食尽叶肉，或取食袋口附近叶片的1/3以上叶肉后转移为害。幼虫危害桉树，树叶被吃尽或仅留有布满孔洞的叶，使林木生长缓慢或停止生长，严重影响林业生产的发展。

形态特征

成虫　雄虫体长4～5mm，翅展12mm左右。翅面暗褐色，无斑纹。头部额区白色，触角短，仅为前翅的1/3长，有10对长的双栉状节，端部锯齿状。足暗褐色，基部和跗节白色。休息时腹部上翘。雌虫呈梨形，宽约1.4mm，长7mm，棕褐色。

幼虫　老熟幼虫乳白色，体长6～12mm，宽2～3mm。头部有多根白色长毛。胸部各节背板上有对称的深褐色斑，胸足深褐色。腹足退化呈乳突状的环状趾钩，臀板色略深，生有多根刚毛。雄性幼虫体小色浅。

生活史及习性　1年发生2代，以老熟幼虫越冬，1月上旬化蛹，2月上旬出现成虫，2月中下旬成虫产的卵孵化，3月幼虫开始危害植株，6月上旬老熟幼虫化蛹，第一代成虫6月底至7月上旬羽化。雄虫大多在19：00至翌日5：00羽化，羽化时蛹体向排泄孔移动，雄蛾从蛹壳中爬出后蛹壳半露于袋外。初羽化的雄虫停在袋外上翘腹部，停息一段时间后飞行。雄虫羽化后第二晚与雌虫交尾，交尾时雄虫腹部末端从虫袋的排泄孔插入，交尾时间10～15分钟。雌虫把卵产在卵囊内，平均118粒。幼虫具有转移为害的特性，12月越冬代老熟幼虫大多把袋移到侧枝基部分叉处化蛹，6月第一代老熟幼虫大多在叶背处化蛹。

防治方法

营林措施　通过合理营造混交林、适时抚育来改善林相等措施，可改变害虫发生的环境和生活条件，优化害虫天敌的生存条件。

利用天敌　袋蛾类的天敌比较多，主要有白僵菌、细菌、病毒、小蜂姬蜂、寄生蜂、寄生蝇（如家蚕追寄蝇、伞裙追寄蝇等）等；异色瓢虫也能捕食一龄幼虫。

人工摘除袋囊　袋蛾明显的特征就是幼虫藏身的袋囊，在幼虫孵化前人工摘除虫囊，集中踩死或烧毁。

诱杀成虫　利用害虫趋光性，选择无风、无月光、天气闷热的夜晚在林内用黑光灯诱杀。

化学防治　当袋蛾暴发时，需及时进行化学防治，防治时间选择在害虫低龄幼虫期，在树冠或幼虫栖息取食处喷洒90% 敌百虫晶体、80% 敌敌畏乳油、50% 杀螟松乳油 1000 倍液或喷洒 2.5% 溴氰菊酯乳油、吡虫啉可溶性液剂；在树干离地面 0.5m 处，钻 1 个或数个（以树大小而定）深达木质部的圆孔，随后用注射器注入 35ml 40% 氧化乐果乳油 5 倍液，用黏性黄泥塞孔。

参考文献

邓玉森，郑日红，顾茂彬，等，2000. 柠檬桉袋蛾的生物学特性与防治 [J]. 林业与环境科学，16(2): 27-32.

梁立道，2009. 简析危害桉树的主要袋蛾种类及其防治 [J]. 广东科技 (18): 103-104.

林丽静，陈志云，李奕震，2006. 我国桉树主要食叶害虫的危害及防治 [J]. 桉树科技 (1): 45-48.

杨集昆，1997. 广东柠檬桉袋蛾新属种记述（鳞翅目：袋蛾科）[J]. 环境昆虫学报，19(4): 152-155.

（撰稿：王甦、王杰；审稿：李姝）

柠条豆象　*Kytorhinus immixtus* Motschulsky

一种主要危害柠条荚果和种子的害虫。鞘翅目（Coleoptera）豆象科（Bruchidae）细足豆象属（*Kytorhinus*）。国外分布于俄罗斯、蒙古等地。中国分布于黑龙江、内蒙古、宁夏、陕西、甘肃、新疆、青海等地。

寄主　主要蛀食柠条荚果、种子。

危害状　被害种子的种皮呈黑褐色，表面多有小突起，常有胶液溢出。被害种子的胚多数被破坏，大部分只留光壳，丧失发芽力。

形态特征

成虫　体长椭圆形，长 3.5～5.5mm，宽 1.8～2.7mm。体黑色，触角、鞘翅、足黄褐色。头密布细小刻点，被灰白色毛。触角 11 节，雌虫触角锯齿状，约为体长的 1/2；雄虫触角栉齿状，与体等长。前胸背板前端狭窄，布刻点，被灰白色与污黄色毛，中央稍隆起，近后缘中间有一条细纵沟。小盾片长方形，后缘凹入，被灰白色毛。鞘翅具纵刻点 10 条，肩肿明显，鞘翅末端圆形；翅面大部分为黄褐色，基部中央为深褐色，被污黄色毛，基部近中央处有 1 束灰白色毛；两侧缘间略凹，两端向外扩展。腹部背板 2 节外露，布刻点，被灰白色毛（图 1④）。

幼虫　老熟时体长 4～5mm。头黄褐色，体淡黄色，多皱纹，弯曲成马蹄形（图 1②、图 2①②）。

生活史及习性　此虫 1 年发生 1 代，以老熟幼虫在种子内越冬。翌春化蛹（图 1③），4 月底至 5 月上中旬羽化、产卵，5 月下旬孵出幼虫，8 月中旬幼虫即进入越夏过冬期。老熟幼虫有长达 2 年的滞育现象。成虫出现与柠条开花、结荚相吻合。成虫白天栖息于阴暗处，傍晚飞出活动，不断用头管插入花筒吸取蜜汁，并取食草片或嫩叶作为补充营养。

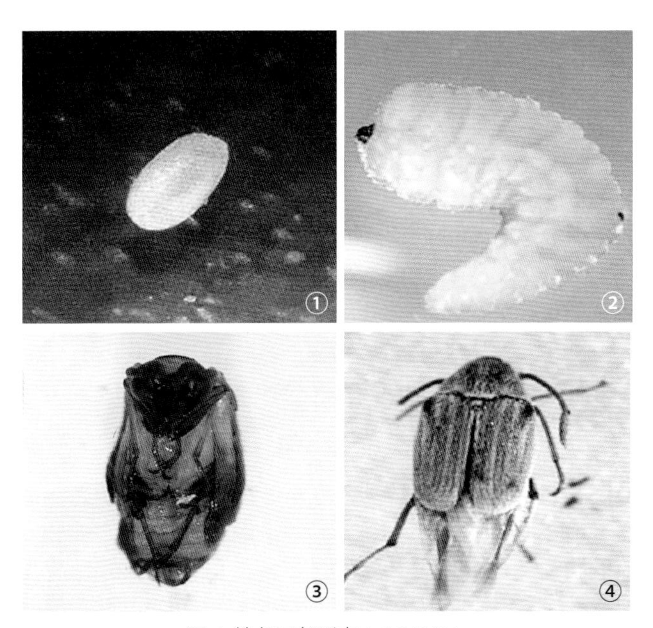

图 1　柠条豆象形态（马茁提供）

①卵；②幼虫；③蛹；④成虫

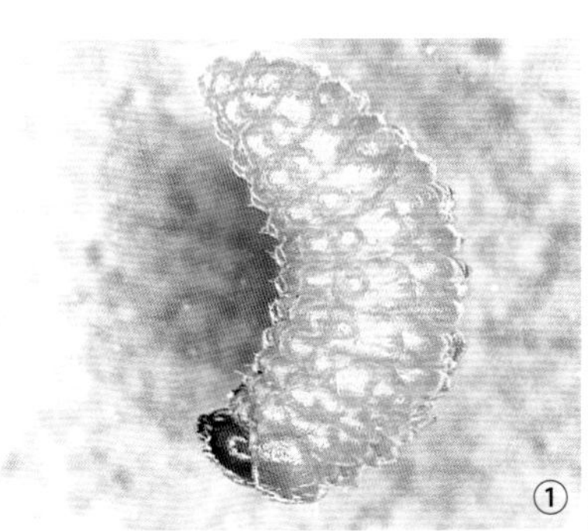

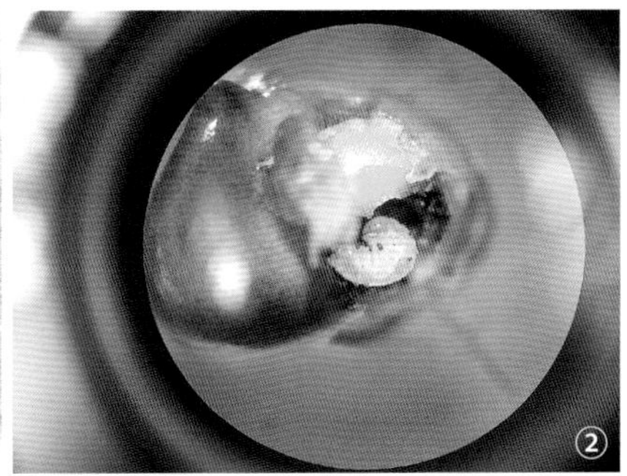

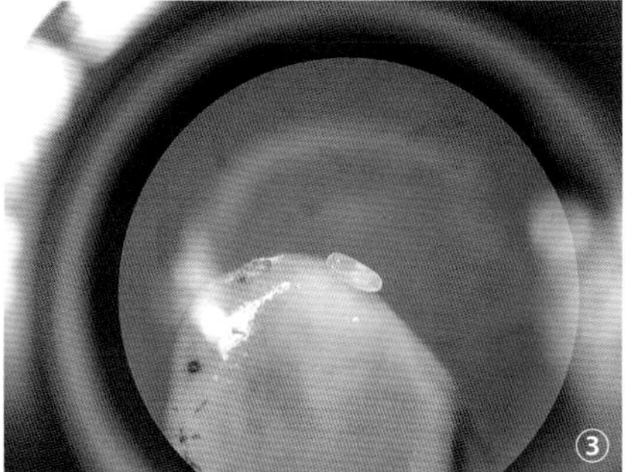

图 2　柠条豆象形态（马茁提供）

①②幼虫；③卵

成虫羽化2～3天后交尾、产卵。雄虫寿命7～8天，雌虫8～12天，最长19天。卵（图1①、图2③）散产于果荚外侧，果荚有卵3～5粒，最多达13粒。卵期11～17天。幼虫多从卵壳下部钻入果荚内，个别幼虫从卵壳旁或爬行一段时间后再钻入果荚，虫道为直孔。幼虫多从种脐附近侵入种子危害。幼虫共5龄，1头幼虫一生只危害1粒种子。

防治方法

严格检疫　严格实施产地检疫和调运检疫，把住种子采收、入库、调运关。

种子处理　采收柠条种子后，用0.5%～1.0%食盐水漂选，将带虫种子去除；或在播种前用50～70°C热水浸烫皂角种子10～40分钟，以歼灭其中害虫。

化学防治　林内喷洒50%杀螟松乳油500倍液毒杀幼虫和卵。或用25%敌百虫粉剂拌种。

参考文献

李后魂，1990. 柠条豆象及其天敌发育起点温度和有效积温的研究[J]. 昆虫知识，27(1): 22-24.

刘占义，1986. 柠条豆象的识别与防治[J]. 内蒙古林业(4): 19.

萧刚柔，李镇宇，2020. 中国森林昆虫[M]. 3版. 北京：中国林业出版社.

（撰稿：马茁；审稿：张润志）

柠条坚荚斑螟 *Asclerobia sinensis* (Caradja)

一种危害柠条、刺槐荚果和种子的重要害虫。又名中国软斑螟。鳞翅目（Lepidoptera）螟蛾总科（Pyraloidea）螟蛾科（Pyralidae）斑螟亚科（Phycitinae）斑螟族（Phycitini）软斑螟属（*Asclerobia*）。国外分布于韩国。中国分布于内蒙古、青海、陕西、宁夏和山东。

寄主　柠条（小叶锦鸡儿）、刺槐。

危害状　幼虫危害柠条的豆荚。幼虫从卵孵出后，在果荚上爬行一段时间，再在荚果上咬1个小孔蛀入果荚内，先取食种子的种脊一边，将种子食一条沟，进一步取食种子其他部分。幼虫将种子全部食光或取食一部分后，转移到其他荚果内危害。转移到新荚果上的幼虫，多在蛀入孔吐丝结一小白囊，随后蛀入并将部分白囊带入孔内。

形态特征

成虫　体长9～11mm，翅展19～20mm。头顶鳞片及下唇须为浅黄色；胸部背面浅黄色。前翅灰黑、灰白、黄色鳞片相间分布，前翅外线的鳞片端部白色，在前翅中部有1横向由灰白色和灰黑色鳞片组成的突起鳞片带。后翅淡灰色。（见图）。

卵　长圆形，长约0.69mm，宽约0.46m，乳白色，接近孵化时为赭红色。

幼虫　体黄白色，头黄褐色。幼龄幼虫前胸背板中部有1具3个尖突的黑色大斑，四龄后呈“人”字形斑，前胸背板两侧各具1个黑斑。

蛹　黄褐色，前胸节三角形，腹节由10节组成，末端有臀棘。

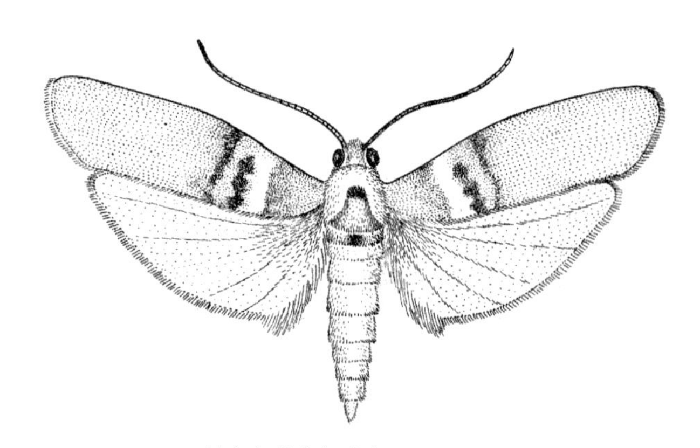

柠条坚荚斑螟成虫（张培毅绘）

生活史及习性　内蒙古西部地区1年1代，个别（约占2%）1年2代。老龄幼虫结茧在土中越冬。翌年4月上旬化蛹，5月上旬成虫出现，5月20日左右为羽化高峰。5月中旬成虫产卵，5月下旬出现第一代幼虫，6月下旬多数幼虫入土结茧，小部分幼虫于7月上旬开始化蛹。7月中旬第二代成虫开始羽化，7月下旬为第二代成虫羽化高峰期，7月中旬第二代成虫产卵，7月下旬出现幼虫，8月中旬幼虫入土结茧。

雌成虫寿命8～10天，雄成虫寿命5～8天。成虫羽化多在14：00～20：00，有趋光性，傍晚较活跃。羽化后，多在次日交尾。交尾多见于18：00左右。交尾后第二天产卵，卵散产于花萼下的果荚皮上。每次产1粒，1天产5粒左右。雌虫产卵量平均30.5粒。卵期12天左右。幼虫5龄，老熟幼虫多集中于树冠垂直投影下1～3cm的土层内结茧越冬。翌年化蛹，蛹期30天左右。该虫发生与林分状况有关。密林发生较疏林重，林中较林缘重，冠丛中部较上、下部重，东、西面较南、北面为重。

防治方法

物理防治　在成虫期，用黑光灯诱杀。在幼虫危害期，人工摘除受害荚果。

化学防治　在低龄幼虫期，采用10%吡虫啉可湿性粉剂2000倍液，对冠丛进行喷雾防治；在成虫期，采用20%除虫脲悬浮剂7000倍液对整株喷雾防治。

参考文献

韩英，2012. 不同时期防治柠条坚荚斑螟试验[J]. 青海农林科技(3): 63-64, 79.

李永良，刘小利，2001. 青海新记述的柠条坚荚斑螟[J]. 青海农林科技(4): 16.

阙秀如，1988. 中国林木种实害虫名录[J]. 森林病虫通讯(3): 30-35.

王涛，李建，宗世祥，2010. 中国西部地区柠条主要害虫及其控制策略[J]. 中国农学通报，26(5): 242-244.

萧刚柔，1992. 中国森林昆虫[M]. 2版. 北京：中国林业出版社：855-856.

邹立杰，刘乃生，贺存毅，等，1989. 柠条坚荚斑螟的研究[J]. 森林病虫通讯(3): 6-8.

（撰稿：王涛；审稿：嵇保中）

柠条种子小蜂 *Bruchophagus neocaraganae* (Liao)

一种危害柠条的害虫。又名锦鸡儿广肩小蜂、柠条广肩小蜂。膜翅目（Hymenoptera）广肩小蜂科（Chalcididae）种子广肩小蜂属（*Bruchophagus*）。中国分布于内蒙古、宁夏、陕西、甘肃等地。

寄主 柠条锦鸡儿。

危害状 主要以幼虫取食种仁，第一代幼虫由于种子幼嫩能将种仁全部食光或取食大部分种仁；第二代幼虫取食种仁的一部分，随后幼虫进入种子越冬；被危害的种子绝大部分由于胚芽破坏不能发芽。

形态特征

成虫 体长2.2～4.5mm。雌成虫体黑色，头黑色，略宽于胸，头部布满小刻点和白色刚毛；雄成虫体色变化较大，一般越冬代大部分为黑色，少部分黄褐色；夏季发生的第一代则大部分黄褐色，或体背带有黑斑，少部分黑色。雌成虫触角膝状，共8节，褐色，第一鞭节长略大于宽，第一棒节较膨大，第二、三棒节逐渐收缩；雄成虫触角10节，黑褐色，各鞭节间隘缩较深，每节中间部分隆起，棒节较鞭节细。雌成虫胸部黑色，翅基片黄色；前胸背板呈横长方形；小盾片稍隆起；下缘圆形，胸腹节上宽下窄，有皱纹；各足基节、后足腿节前端黑色，胫节、跗节黄色，爪黑褐色。腹部黑色，与胸部等宽，稍竖扁，末端延伸成梨头状，第三、四腹节稍长于其他腹节，第四腹节至腹末端及产卵器着生白色刚毛。雄成虫腹部较胸部窄，圆形；腹柄长，第三腹节长于其他腹节（图2）。

幼虫 无足，体肥胖，呈“C”形，头不显，腹末端较头部尖。初孵幼虫黄色透明，逐渐变为灰褐色，化蛹前白色（图1②）。

生活史及习性 在内蒙古1年发生2代，以第二代幼虫在种子内越冬。4月中下旬开始化蛹（图1③），成虫羽化期为5～6月；6月下旬第二代成虫开始羽化；第一代与第二代有明显的世代重叠。

成虫喜光避风，有群集性。成虫羽化后不需要补充营养即可进行交尾，交尾当天或第二天产卵（图1①），一般1粒种子产1粒卵，少数产2粒。第一代雌虫将卵产于种皮与种仁之间，第二代雌虫刺破果皮将卵产于种子子叶表层，个别产于种子表皮上。

防治方法 采用“741”插管烟雾剂熏杀成虫；或应用氧化乐果1：4与柴油混合超低容量喷雾，同时防治成虫、卵和初孵幼虫。

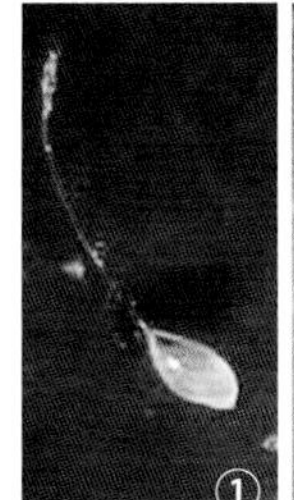
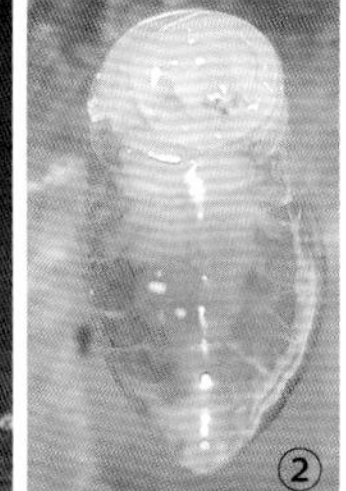
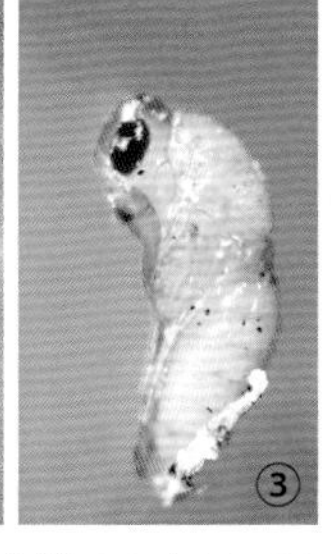

图1 柠条种子小蜂（张燕如提供）

①卵；②幼虫；③蛹；④成虫

图2 柠条种子小蜂（张燕如提供）

参考文献

陈应武，李新荣，张景光，等，2006. 昆虫寄生对柠条种子命运的影响 [J]. 中国沙漠 (6): 1015-1019.

罗于洋，2005. 柠条种子害虫对柠条种子生产的影响及其综合治理研究 [D]. 呼和浩特：内蒙古农业大学.

齐晓英，刘宏波，1993. 柠条种子小蜂特性及防治技术 [J]. 内蒙古林业科技 (4): 33-35.

杨美良，1998. 柠条种子小蜂及其防治 [J]. 内蒙古林业科技 (1): 40.

张大治，2012. 宁夏荒漠草原景观柠条种实害虫的空间生态位 [J]. 生态学杂志，31(11): 2841-2847.

邹立杰，刘乃生，李同生，等，1990. 锦鸡儿广肩小蜂生物学及防治研究 [J]. 森林病虫通讯 (1): 11-13.

（撰稿：陶静；审稿：宗世祥）

牛角花齿蓟马 *Odontothrips loti* (Haliday)

中国北方危害苜蓿的重要害虫之一，严重影响苜蓿的产量与品质。又名红豆草蓟马。缨翅目（Thysanoptera）蓟马科（Thripidae）齿蓟马属（*Odontothrips*）。国外主要分布于美国、俄罗斯、蒙古、日本、欧洲各地。中国主要分布于内蒙古、山西、河南、河北、陕西、甘肃、宁夏等地。

寄主 苜蓿、红豆草、黄花草木樨、三叶草、车轴草、冰草等。

危害状 危害牧草的叶、芽和花等部位，嫩叶被害后呈现斑点，卷曲以至枯死；生长点被害后发黄、凋萎，导致顶

N

芽不能继续生长和开花；花期为害最重，在花内取食，捣散花粉，破坏柱头，吸收花器营养，造成落花落荚，种子皱缩等。苜蓿在田间生长速度很快，幼叶被害后伤口愈合较快，常在叶脉两侧出现两道对称的、纵向排列的黄白色伤痕。当虫量大时，叶片失水严重，从叶缘两侧开始干枯，形成“火烧”状，导致植物生长停止。在室内，叶片被害后，形成白色的叶斑。牛角花齿蓟马对苜蓿造成的危害，可使粗蛋白、粗脂肪、胡萝卜素、钙、磷、植物氨基酸总含量下降，最终导致苜蓿的干草产量严重下降，品质严重变劣。

形态特征

成虫　体长 1.3～1.6mm，体暗黑色，但触角第三节、3 对足的跗节及第一对足的胫节为黄色。前翅有黄色和淡黑色斑纹，前翅基部近 1/4 部分为黄色，形成两个黄色斑，中部为淡黑色，之后为淡黄色，到翅端为淡黑色。胫节端部内侧具有小齿，跗节第二节前面具有两个结节（见图）。

卵　肾形，半透明，微黄色，长 0.2mm，宽 0.1mm。

若虫　共有 4 龄，淡黄色，四龄若虫又称伪蛹。

生活史及习性　在内蒙古 1 年发生 5 代，以伪蛹在 5～10cm 土层中越冬。在内蒙古 4 月中旬气温在 8°C以上羽化，成虫开始活动，6 月中旬到 8 月中旬，当试验平均气温在 19.8～23.2°C、相对湿度在 60%～70% 时，蓟马发育繁殖较快，此时是蓟马发育繁殖的最适时期。7 月中下旬，第四代成虫出现，发育期显著延长。10 月中旬开始化伪蛹越冬。

在陕西关中地区 1 年可发生 11 代，每年 4 月初开始出现，随着温度的升高虫口密度呈波动性变化，在田间出现两个峰段，5 月中下旬至 6 月上旬虫口密度增至约 400 头 / 百株，但到 6 月中下旬，由于天敌和气候（主要是降雨）的影响，以及苜蓿第一茬的刈割，破坏了蓟马的生存环境，虫口密度下降；此后随着气温的上升，新茬苜蓿的生长，虫口密度迅速回升，7 月中旬至 8 月上旬是发生高峰期，虫口密度最多可达 800 头 / 百株。9 月，由于多雨其虫口密度减少，

牛角花齿蓟马（谭瑶提供）

为害减轻。11 月份当日平均气温低于 7°C时，若虫进入 5～10cm 土层中以伪蛹越冬。

室内饲养观察，成虫寿命 6.3～12.2 天，卵期 7～8 天，若虫期 10.3～29.8 天。成虫喜欢在植株顶部活动，产卵主要在未展开的心叶、花穗轴组织内及花蕾中。在温度为 22°C条件下，一头雌虫平均可产卵 91.3 粒。成虫取食有趋嫩习性。

发生常受气候条件的影响。温暖干旱季节有利于其大发生，高温多雨对其发生不利。雨水的机械冲刷和浸泡对牛角花齿蓟马有较大的杀伤作用。牛角花齿蓟马发育繁殖的最适平均气温是 20～25°C，相对湿度 60%～70%。迁移活动的最适温度是 20～30°C，相对湿度 60%～70%。完成一个世代的发育起点温度为 7.9°C，所需的有效积温为 245.3 日度。

防治方法

培育、选用抗虫品种　选育抗虫品种是控制牛角花齿蓟马为害的有效措施。

物理防治　黄色对成虫的诱集能力最强，可选用黄色的诱虫板对其进行诱杀。

生物天敌　主要为捕食性天敌，包括：小花蝽、螨类、赤眼蜂类、草蛉类、蜘蛛类及食虫菌等。

化学防治　在苜蓿草田和种子田的防治时期应有不同。在草田，一般从第二茬草开始严重为害，同时还伴随牧草盲蝽类、叶蝉类、蚜虫类等刺吸口器类害虫的严重为害，力求做到兼治。防治时期应在刈割后再生植株高度在 20cm 以上时进行喷雾防治。在种子田，应在盛花期前进行防治。

可选用的药剂有 10% 溴氰虫酰胺可分散油悬浮剂、1.8% 阿维菌素乳油、10% 多杀霉素悬浮剂、40% 乐果乳油、50% 马拉松乳油、2.4% 阿维 · 高氯微乳剂、5% 阿维 · 啶虫脒微乳剂、4.5% 高效氯氰菊酯乳油、25% 噻虫嗪水分散剂等进行喷雾施药。施药间隔期 7 天，连续用药 2～3 次，可取得较好的防治效果。

参考文献

贺春贵, 2004. 苜蓿病虫草鼠害防治 [M]. 北京: 中国农业出版社.

马琳, 贺春贵, 胡桂馨, 等, 2009. 四个苜蓿品种无性系大田抗蓟马性能评价 [J]. 植物保护, 35(6): 146-149.

王国利, 刘长仲, 王秀芳, 2011. 甘肃省苜蓿害虫种类调查 [J]. 草原与草坪, 31(6): 49-55.

张世泽, 吴林, 许向利, 等, 2006. 小花蝽对牛角花齿蓟马的捕食作用 [J]. 应用生态学报, 17(7): 1259-1263.

（撰稿：谭瑶；审稿：庞保平）

农业防治　agricultural control

从农业生态系统的总体观念出发，抓住病虫、作物、环境关系的关键，以作物增产为中心，改变人力能够控制的诸多因素，通过有意识地运用各种栽培技术措施，创造有利于农业作物生产和天敌发展，不利于害虫发生的条件，直接或间接地消灭病虫害，或把害虫控制在经济损失允许密度以下，培育健壮植物，增强植物抗害、耐害和自身补偿能力，或避

免有害生物危害的一种植物保护措施。

农业防治的主要方法有：①清洁田园。清除作物在田间的残株、枯枝、落叶、落果等。②冬季耕犁。越冬关是害虫防治的关口，把好这一关，翌年害虫的发生基数就会大大减少。③选育抗虫品种。抗病虫品种可以压低某些病虫害。④调节播种期。避开高温高湿季节进行适当早播或晚播，可以有效减少病虫害的发生。⑤耕作制度。间、套作能直接影响病虫的为害程度，水旱轮作对迁移力小、食性单一的害虫有抑制作用。⑥合理密植。合理密植能保证作物具有适当的单株营养面积和较好的通风透光条件，促使植株生长健壮。⑦肥水管理。合理排灌，适时适量施肥，有利于作物的生长发育，提高抗病能力。⑧作物诱集。利用害虫对寄主植物的嗜好性和对不同生育期和长势的选择性，在作物行间种植诱虫作物或设置诱虫田。⑨提前收获。提早收获是降低害虫种群数量的重要措施。

农业防治法伴随种植业的兴起而产生。中国先秦时代的一些古籍中已有除草、防虫的记载。之后，如《齐民要术》等古农书中对耕翻、轮作、适时播种、施肥、灌溉等农事操作和选用适当品种可以减轻病、虫、杂草的为害，都有较详细的论述。农业防治对害虫的防治作用十分明显，除直接杀灭害虫外，其他各种措施主要是恶化害虫的营养条件和生态环境，调节益、害虫的比例，达到压低虫源基数、抑制其繁殖或使其生存率下降的目的。其最大优点是不需要过多的额外投入，且易与其他措施相配套。在绝大多数情况下，农业防治措施同高产栽培措施是一致的，具有经济有效、安全低碳、生态环保、减少污染等优点。此外，推广有效的农业防治措施，常可在大范围内减轻有害生物的发生程度，甚至可以持续控制某些有害生物的大发生。

参考文献

南京农业大学，江苏农业学院，安徽农学院，等，1991. 农业昆虫学 [M]. 南京：江苏科学技术出版社：131-132.

洪渡，丁扣琪，2014. 农作物病虫害的农业防治措施 [J]. 植物医生，27(2): 6-7.

汪浩涛，2015. 作物病虫害农业防治措施 [J]. 现代农业科技 (22): 133, 135.

张静坤，2011. 农作物害虫的农业防治方法 [J]. 现代农村科技 (19): 30.

张宗炳，曹骥，1990. 害虫防治：策略与方法 [M]. 北京：科学出版社：504-562.

（撰稿：崔娜；审稿：崔峰）

农业螨类　agricultural mites

农业螨类，属于节肢动物门蛛形纲（Arachnida）的蜱螨亚纲（Acari）。依据与人类的关系，包括对农林业有害螨类和有益螨类。有害螨类又可分类三类：植食性螨类，取食农作物与林木等，主要有叶螨、瘿螨、跗线螨、粉螨及小部分甲螨；腐食性螨类，取食植物菌类、藻类及腐烂植物与动物尸体等，如粉螨、甲螨等；取食贮藏物品和食物的螨类，如粉螨、尘螨及薄口螨等；一些伴人而居的螨类还能引起人体发炎及哮喘等病。益螨可分为两类：捕食性螨类，捕食植物上的害螨、蚜虫、粉虱、蚧及跳虫等微小昆虫及其卵，也捕食线虫，主要有植绥螨、长须螨、巨螯螨及肉食螨等；寄生性螨类，寄生在农业害虫体上，如蛾螨、绒螨及赤螨等。农业螨类中，对农业为害最严重的是叶螨科，其次是瘿螨科，后者还能传播植物病毒。而植绥螨科是最重要的益螨，它可捕食害螨，在生物防治上极有价值。

参考文献

中国农业百科全书总编辑委员会昆虫卷编辑委员会，中国农业百科全书编辑部，1990. 中国农业百科全书：昆虫卷 [M]. 北京：农业出版社.

（撰稿：吴超、刘春香；审稿：康乐）

女贞尺蛾　*Naxa seriaria* (Motschulsky)

一种主要危害女贞、丁香等多种园林树木的食叶害虫。又名丁香尺蠖。鳞翅目（Lepidoptera）尺蛾科（Geometridae）星尺蛾亚科（Oenochrominae）贞尺蛾属（*Naxa*）。国外分布于朝鲜、日本、俄罗斯（西伯利亚）等地。中国分布于黑龙江、吉林、辽宁、北京、河北、浙江、云南、贵州、福建、陕西等地。

寄主　紫丁香、白丁香、女贞、暴马丁香、水曲柳、花曲柳、白蜡、水蜡、卵叶小蜡、桂花、木犀榄、油橄榄等。

危害状　该虫繁殖速度快，以幼虫取食叶片，从刚出土的幼苗至50年以上的成林都受到不同程度危害。女贞尺蛾幼虫喜吐丝结网，在网内取食。虫口密度大时，网幕长达1m，将叶片全部食光，造成树木枯枝，严重时甚至死亡。当成群幼虫将整株树木叶片吃光时，幼虫便借风力缀丝转移，继续危害。

形态特征

成虫　体长15mm，翅展31～45mm。体白色，无翅缰。复眼黑色，触角双锯形，黑色，有白色鳞片。前翅亚缘线有8个黑点，外缘线有6～8个小黑点；中室上端有1个较大黑点。后翅亚缘线、外缘线和中室上端有和前翅相似的黑点（图1）。

幼虫　老熟幼虫体长23～29mm，身体黑色，亚背线、气门线淡黄色较宽。腹面第一至第五节有3条淡黄色纵带，中间一条最宽，第三至第六节间形成较宽的淡黄色斑。身体每节有多个黑色毛瘤，毛瘤长有1根白色长毛（图2）。

生活史及习性　1年发生1代，以七龄幼虫于雪下越冬。翌年5月中、下旬，随着寄主的展叶，越冬幼虫开始上树取食，幼虫期较长，可达300天左右，6月上旬幼虫开始停食，预蛹期7～10天，室内蛹期17天。6月下旬成虫开始羽化并产卵，卵7月上旬开始孵化，直至8月上旬结束。

幼虫食性较专一，在长白山区仅取食暴马丁香和水曲柳。幼虫有吐丝结网和群栖的习性，取食后即停留在叶片背面或悬在丝网上休息，一受惊动，即吐丝下垂。越冬前幼虫食量均不大，以啃食叶肉为主。越冬幼虫群集在丝缀拢的枯

图 1 女贞尺蛾成虫（南小宁、陈辉、袁向群提供）

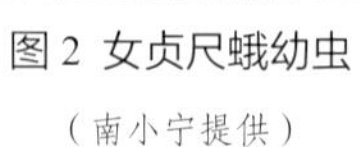

图 2 女贞尺蛾幼虫
（南小宁提供）

图 3 女贞尺蛾蛹
（南小宁提供）

叶中。越冬后幼虫食量增大，从寄主下面的叶片开始取食，逐步向上，直至端部。幼虫在吃光一枝叶后，才逐步向他枝转移。每头幼虫平均能取食 0.45g 叶片。幼虫越冬时死亡较大，温度降到 0°C时，出现死亡，-13°C时大部被冻死。从幼虫的死亡时间看，10 月无死亡，11 月死亡率达 80% 以上，以后月份死亡率增加不大。

成虫在每天 8：00～10：00、15：00～19：00 时段进行羽化，其他时间很少羽化。成虫具有趋光性。雌蛾先羽化，羽化后飞向寄主树种叶背等待交尾。雌蛾羽化后 2～3 天，雄蛾开始羽化，羽化后 24～28 小时开始寻找雌蛾交尾，雄蛾交尾后很快死亡，雌蛾交尾后 2～3 天开始产卵。成虫只交尾 1 次，雌蛾寿命 7～10 天，雄蛾寿命 1～3 天。

防治方法

化学防治　采用溴氰菊酯、乐果乳油、敌百虫可溶性粉剂等喷雾或喷粉防治。

参考文献

龙兰芬，1987. 女贞尺蠖生物学及防治的初步研究 [J]. 江西植保 (2): 6-7.

牛延章，王福维，王贵钧，等，1987. 女贞尺蛾生物学特性的初步研究 [J]. 吉林林业科技 (6): 26-27.

史淑平，2015. 辽宁本溪地区女贞尺蠖生物学观察及防治试验 [J]. 辽宁林业科技 (3): 13-15.

王光民，贺青琴，高九思，2013. 河南省三门峡市行道树大叶女贞害虫发生种类记述 [J]. 园艺与种苗 (7): 17-19.

萧刚柔，1992. 中国森林昆虫 [M]. 2 版 . 北京 : 中国林业出版社 .

徐政贤，周求根，韩海强，1988. 女贞尺蛾与桂花尺蛾的初步研究 [J]. 江西植保 (2): 11-12, 22.

张伟岩，2016. 女贞尺蠖在本溪地区的生活史及习性的观察 [J]. 防护林科技 (5): 105-106.

赵桂兰，1984. 女贞尺蠖的初步研究 [J]. 辽宁林业科技 (3): 29-31.

周善平，孙悦泽，1990. 女贞尺蛾的生活史与防治研究 [J]. 植物保护，16(1): 30.

（撰稿：南小宁；审稿：陈辉）

欧洲玉米螟 *Ostrinia nubilalis* (Hübner)

一种世界性分布、常发性的以危害玉米为主的多食性害虫。又名玉米钻心虫。英文名 European corn borer。鳞翅目（Lepidoptera）草螟科（Crambidae）秆野螟属（*Ostrinia*）。国外分布于欧洲、北非、中亚、西亚和北美等地，19 世纪初从欧洲传入美国，后又传到加拿大。在中国，欧洲玉米螟仅分布于新疆的伊犁。

寄主 主要危害玉米、高粱、谷子等粮食作物，也危害小麦、马铃薯、青椒、大豆、菜豆、青豆、棉花、菊花、苹果等作物；此外还为害葎草、苘麻、毛叶两栖蓼、苍耳、狗尾草等多种杂草。国外报道欧洲玉米螟的寄主植物有 200 多种，在中国新疆伊宁严重危害玉米，被害株率一般达 20%～80%。

危害状 同亚洲玉米螟（图 1）。

形态特征

成虫 雄蛾（图 2）暗黄褐色，翅展 26～30mm。前翅浅黄色，斑纹暗褐色。前缘脉在中部以前平直，然后稍曲向顶端。内横线不明显。有 1 褐色环形斑和 1 肾形的褐斑；环形斑和肾形斑之间有 1 黄色小斑。外横线锯齿状，内折到每条脉上，外折到脉间，外有 1 明显的“Z”形黄窄带。后翅浅黄色，斑纹暗褐色。外横线和暗褐色的亚缘区之间有 1 黄色斑。雄性外生殖器：抱器背有刺区比无刺区稍短。雌蛾（图 3）翅展 28～34mm。较雄体更亮黄，有些个体偏白。前翅黄色内横线、环状斑、肾形斑、肾形斑外侧的不规则形斑、外横线、亚缘线及外缘线均为暗褐色、细长、明显。后翅稍灰，黄白色。外横线稍呈锯齿状，细长。亚缘线深褐色。

卵 椭圆形，长约 1mm，宽约 0.8mm，略有光泽。常 15～60 粒产在一起，呈不规则鱼鳞状卵块。初产卵块为乳白色，渐变黄白色，半透明。

幼虫 共 5 个龄期。初孵幼虫长约 1.5mm，头壳黑色，体乳白色半透明。老熟幼虫体长 20～30mm，头壳深棕色，体浅灰褐色或浅红褐色。有纵线 3 条，以背线较为明显，暗褐色（图 4）。

蛹 黄褐色至红褐色，长 15～18mm，纺锤形。

欧洲玉米螟成虫、卵、幼虫和蛹在外形上无法与亚洲玉米螟区分开来，只能通过雄性外生殖器或分子手段来鉴别。

生活史及习性 在新疆伊犁每年发生 2 代。以老熟幼虫在玉米秸秆、根茬、穗轴中越冬，越冬幼虫 5 月上旬开始化蛹，5 月中下旬为羽化盛期，6 月中旬为越冬代成虫产卵

图 1 欧洲玉米螟危害玉米果穗（汪洋洲摄）

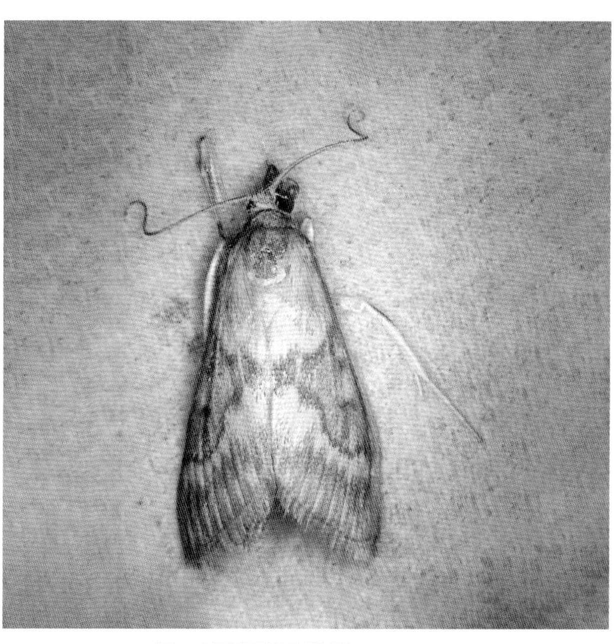

图 2 欧洲玉米螟雄蛾（汪洋洲摄）

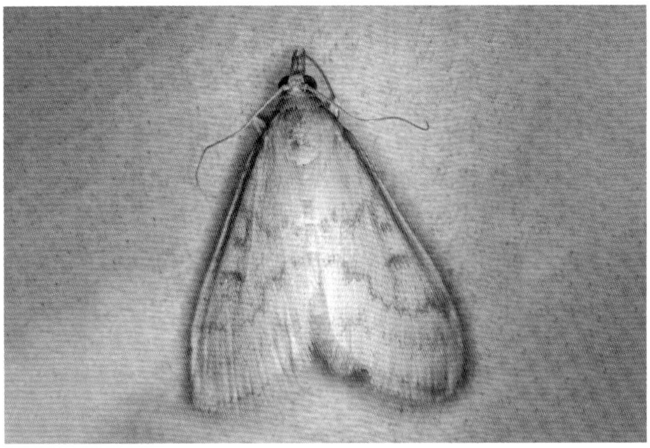

图 3 欧洲玉米螟雌蛾（汪洋洲摄）

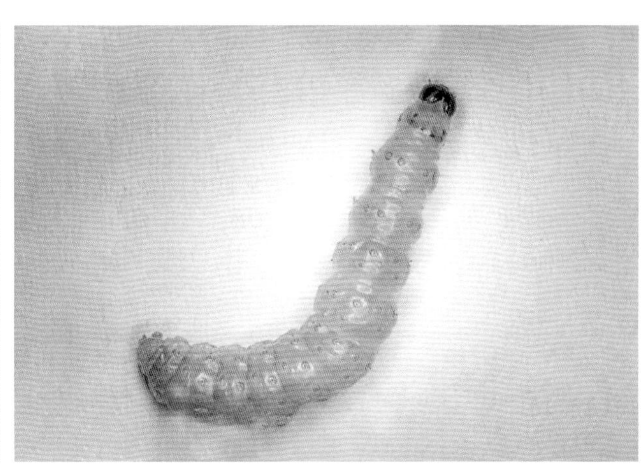

图 4 欧洲玉米螟幼虫（汪洋洲摄）

盛期。第一代成虫 7 月中旬出现，7 月下旬至 8 月上旬为成虫及卵盛期，8 月中旬为幼虫盛期，9 月下旬开始越冬。

发生规律 中国没有有关欧洲玉米螟发生规律相关文献报道。

防治方法 根据田间虫源数量及发育进度，结合气象信息和历史资料，对越冬代发生期和发生量进行预报；利用测报灯或性诱捕器监测当代成虫的始盛期和高峰期，预测产卵盛期和孵化盛期，来指导防治。在防治策略上以农业防治为基础，将秸秆用作饲料，在翌年 5 月上旬越冬代幼虫化蛹前处理完；在产卵初期释放赤眼蜂或在卵孵化盛期喷施苏云金杆菌或白僵菌；田间危害重时可采取化学应急防治，选用高效、低毒、低残留、环境友好型农药，如氯虫苯甲酰胺，在欧洲玉米螟钻蛀前（四龄前）喷雾防治。

参考文献

全国玉米螟综合防治研究协作组，1988. 我国玉米螟优势种的研究 [J]. 植物保护学报，15(3): 145-152.

赵健桐，1987. 新疆玉米螟发生与防治情况 [J]. 新疆农业科技 (2): 45-47.

中国农业科学院植物保护研究所，中国植物保护学会，2015. 中国农作物病虫害：上册 [M]. 3 版. 北京：中国农业出版社.

MASON C E, RICE M E, CALVIN D D, et al, 1996. European corn borer: ecology and management[M]. Publication No. 327, North Central Regional Extension Service, Iowa State University, Ames.

（撰稿：王振营；审稿：王兴亮）

P

排泄系统 excretory system

昆虫将体内新陈代谢过程中产生的废物及有毒物质排出或安全隔离的器官系统。不同于从口到肛门的通便过程，排泄是器官间紧密配合，通过分泌和重吸收两个过程调节体内渗透压动态平衡和维持细胞内外环境相对稳定的生理过程。排尿是昆虫排泄的主要方式，多数陆生昆虫将尿与虫粪一起排出，而水生昆虫和取食液体食物的昆虫通常以液体形式排出。昆虫的排泄器官主要包括马氏管、回肠和直肠，其强大的功能是昆虫能够适应各种不同生态环境而广泛存在的重要原因。马氏管远端和中部分泌形成原尿，决定了尿液的主要成分。原尿的分泌一般由神经肽作用于G蛋白偶联受体而激活腺苷酸环化酶催化ATP环化形成环磷酸腺苷进行调控。游离于血淋巴中的马氏管，由线粒体供能驱动V型氢ATP酶将马氏管细胞内氢离子转运到腔内，然后氢离子将细胞中的钠钾离子置换入腔内，同时细胞中的氯离子因电势差而迁入腔内；由此形成的马氏管腔内的高渗透压，使血淋巴中的水经水通道蛋白跨细胞渗入腔内，并导致代谢废物、毒素以及某些营养物质通过运输蛋白介导的跨细胞转运途径以及细胞旁路转运途径迁入腔内。

马氏管近端、回肠和直肠对原尿进行重吸收最终形成特定渗透压的尿液，有的水生昆虫肠道外的表皮细胞也参与其中。重吸收的调控独立于原尿分泌。氯离子和钠离子被主动吸收，而钾离子随氯离子移动产生的电势差迁入回收。营养物质如葡萄糖、海藻糖、脯氨酸等也被回收。

在不同生境下，为保持血淋巴的渗透压平衡，昆虫排泄系统发生变异。水生昆虫常具有特化的氯离子细胞参与无机离子的交换吸收。生活于咸水中的蚊幼虫，直肠前半部用于再吸收，后半部则富集与生境一致的无机盐离子，从而产生与生境渗透压一致的尿液。某些鞘翅目、膜翅目和鳞翅目昆虫的马氏管的远端紧贴直肠并迂回排列形成隐肾系统，可产生超高渗透压的排泄分泌物，以减少水分的散失。吸血蝽马氏管前端能快速从血淋巴中脱掉水分，基部则行重吸收功能，从而迅速排出吸食的血液中的水分和盐分。双尾目、原尾目、捻翅目、弹尾目和蚜虫中马氏管有退化和缺失的现象，但大部分功能基因仍然保留。蚜虫的这些基因与其特化的肠道配合，使其适应取食植物液体。产尿可随昆虫的需求而发生巨大变化：许多昆虫在蜕皮前，会减少尿液的排出以增加血淋巴量；旧表皮脱离后，尿液分泌加速，血淋巴量降低。这种现象在全变态昆虫的羽化过程中表现得最为明显。

排出的尿液中含有以氮废物为主的代谢终产物和有毒物质等冗余物质。氮废物主要由氨基酸和嘌呤的代谢产生，包括尿酸、尿囊素、尿素和氨。多数昆虫将大量的氮废物以尿酸排出，少量的以尿素排出。水生昆虫和在潮湿环境生活的昆虫可将稀释的氨排出，有些陆生昆虫也可将氨转化为不可溶的铵盐排出。有的昆虫的马氏管还可将尿酸盐转化为尿囊素和尿囊酸排出。氮排泄物组成还伴随发育阶段和取食行为而变化。鳞翅目昆虫蛹便中尿囊酸占比显著高于其他发育阶段中的氮排泄物。枯叶蛾属幼虫取食禾本科植物时，主要排出尿囊酸，但取食桦树枝叶时主要排出尿酸。有时氮废物可以被隔离贮藏到脂肪体内或围心细胞中，称为贮藏排泄。

昆虫的食物中可能含有各类毒素，多数昆虫能将其降解排出。水溶性毒素通常进入生物基本代谢途径而排出。脂溶性毒素一般先由一系列的解毒酶催化降解为水溶性的，后经广谱性的转运蛋白排出体外或隔离。马氏管多存在细胞色素P450酶和ABC转运蛋白高表达，是解毒排泄的重要器官。有些毒素也可被隔离贮存在表皮、腺体或血淋巴等位置，而大分子物质还能被血腔中的肾原细胞通过胞饮机制吸收并降解排回到血淋巴中，后经马氏管排出。

参考文献

BEYENBACH K, SKAER H, DOW J, 2010. The developmental, molecular, and transport biology of Malpighian tubules[J]. Annual Review of entomology, 55: 351-374.

GULLAN P J, CRANSTON P S, 2015. The insects: An outline of entomology[M]. 5th ed. John Wiley & Sons, Ltd: 86-89.

JING X, WHITE T, YANG X, et al, 2015. The molecular correlates of organ loss: the case of insect Malpighian tubules[J]. Biology letters, DOI: 10.1098/rsbl.2015.0154.

SIMPSON S, DOUGLAS A, 2013. The insects: structure and function[M]. 5th ed. Cambridge: Cambridge University Press: 546-587.

（撰稿：靖湘峰；审稿：王琛柱）

泡瘤横沟象 *Pimelocerus pustulatus* (Kôno)

一种危害火力楠的重要害虫。鞘翅目（Coleoptera）象虫科（Curculionidae）魔喙象亚科（Molytinae）皮横沟象属（*Pimelocerus*）。国外该虫仅分布于日本。中国分布于福建、江西、广西、四川、台湾等地。

寄主 主要危害火力楠，其他寄主包括含笑、黄（白）玉兰、细叶楠以及木莲属的灰木莲。

危害状 成虫在树冠啃食嫩芽、嫩枝和叶柄的皮层，致使叶片脱落、枝条干枯。幼虫在土中危害根部皮层。再生新芽连续受害，则整株枯死。

形态特征

成虫 体长12.8～15.2mm，黑色，被覆黄白色鳞毛，从翅坡前至鞘翅端部鳞毛密集并形成斑点。头密布大小刻点；喙短于前胸，略弯，端部放宽，基部拱隆，密布刻点，触角基部之间有1条纵沟。额中间洼，向喙基部两侧分出2条深沟。眼大，较扁平。触角柄节长，索节2短于1，棒节短。前胸背板宽略大于长，中间最宽，基半部两侧平行，前缘略缩窄，中间向前突出，后缘略呈二凹状；中隆线位于中间，特别高隆，前缘散布刻点，前缘后颗粒很发达；颗粒略呈纵向排列，在近外侧的二列颗粒之间有1明显的纵洼；眼叶发达，小盾片近于圆形。鞘翅肩显著，两侧平行，行纹刻点大，行间3、5、7隆起，各具3～5个疱瘤，行间3的疱瘤有时连成纵隆线，翅坡和翅坡前的瘤突处密布鳞毛。腹面刻点较稀，毛也稀。足腿节棒状，各有1齿，前足胫节基部内缘1/3略突起，端部弯。

幼虫 体胖，呈“C”字形。

生活史及习性 在广西1年发生1～2代，以成虫及部分幼虫和蛹在土中越冬。成虫寿命可跨越2年多，世代重叠严重。11月中下旬开始越冬，翌年2月下旬至3月上旬开始活动，越冬成虫3月中旬开始产卵，延至10月中下旬才停止。3月产的卵到6月中旬羽化为成虫，是当年的第一代。第一代成虫到9月下旬产卵，是第二代的开始，第二代成虫与第一代晚期幼虫或蛹混同越冬，翌年3月下旬至4月陆续羽化。

成虫有假死性，飞行能力弱，昼夜都可交尾及取食，傍晚至午夜活动较多。雌虫在松土的土块或实土处挖穴产卵，卵期9～14天。幼虫一生蜕皮5次，历期56～64天（越冬幼虫150天），老熟幼虫于根部啃食木质部。蛹期9～12天（越冬蛹120大左右）。

防治方法

物理防治 在成虫越冬初期，利用成虫集中在树根周围的枯枝落叶层下以及受惊假死的特性，进行人工捕杀；成虫产卵前，将根颈部土壤挖开，涂抹浓石灰浆，然后封土，可阻止成虫产卵。

化学防治 4～6月砍破树皮层涂触杀剂，然后封土，可毒杀幼虫；4～8月喷氰戊菊酯、毒死蜱等药液。

生物防治 从该虫自然死亡虫体分离培养出的白僵菌，感染率可达50%以上。招引和保护该虫的捕食性天敌，包括各种鸟类、树蛙和蚂蚁等。

参考文献

罗桂标，1985. 火力楠的疱瘤横沟象[J]. 广西林业 (1): 27.

（撰稿：徐婧；审稿：张润志）

皮暗斑螟 *Euzophera batangensis* Caradja

一种常见的危害枣、枇杷、木麻黄等果树林木的钻蛀性害虫。又名巴塘暗斑螟。鳞翅目（Lepidoptera）螟蛾科（Pyralidae）斑螟亚科（Phycitinae）暗斑螟属（*Euzophera*）。国外分布于韩国和日本。中国分布于天津、河北、江苏、浙江、福建、山东、湖北、湖南、广东、四川、云南、西藏、陕西、新疆。

寄主 枣、枇杷、木麻黄、甜柿、苹果、梨、柑橘、杏、核桃、相思树、杉木、杨、柳、榆、刺槐、塞浦路斯松、日本栗等。

危害状 以幼虫在树干的韧皮部与木质部之间蛀食，轻者被害处树皮外翘，韧皮部千疮百孔、组织膨胀似肿瘤，蛀孔外虫粪累累，影响林木生长，风力较大时常因虫害而风折。严重时有几百条幼虫群集在寄主韧皮部周围蛀食，绕成一周，切断树木输导系统，引起整株枯死。

形态特征

成虫 翅展12～20.0mm。下唇须上举达头顶。雄蛾触角基节常有坚硬向外弯曲的毛丛。胸部灰褐色。前翅鼠灰色；内横线白色，内、外镶黑褐色边，中部有一向外的尖角；外横线白色，波状或锯齿状，由翅前缘向内倾斜至后缘，内、外镶黑褐色边；两横线间的翅面颜色较其余部分深；中室端斑黑色，相互分离，两斑周围的颜色较浅；外缘线灰白色，缘点黑色；缘毛灰色。后翅浅灰色，半透明，外缘色深（见图）。

卵 扁圆，长径0.5～0.6mm，宽0.35～0.4mm。初产乳白，渐至黄褐色。

幼虫 初孵幼虫体白色或淡黄色，头黑色。三龄后体色转为暗红或淡褐色，头部红褐色。老熟幼虫体略扁，灰白色或褐色，头红褐色；体长8～16mm，头宽约1.2mm；头部冠缝短，前口式；胸部以前胸最宽，中后胸渐窄，各体节背面具毛片4个，排成2行呈梯形，以前行2个大而明显；气门圆形，围气门片黄褐色，气门筛淡黄色；腹足趾钩双序缺环。

蛹 长5.5～9mm。头胸部黄褐色，头部钝圆，尾端较尖，腹部色稍深，翅芽伸达第四腹节，触角和后足同翅芽平齐，尾节末端光滑。

生活史及习性 1年发生4～5代，世代重叠，主要以幼虫在树干被害处的虫道内越冬。第一代平均历时65.2天，

皮暗斑螟成虫（刘家宇提供）

第二代平均51.5天，第三代平均52天，第四代平均56.5天，第五代（越冬代）181.1天。卵期7～13天，平均为8.54天。幼虫五～六龄，一至四代幼虫历期29～40天，越冬代平均128天。一至四代蛹期6～11天，越冬代蛹期33.8天。成虫寿命5～26天。成虫整天都可羽化，以18：00～21：00羽化数量最多，夜间寻找配偶。羽化后一般历经30小时左右开始交尾，凌晨2：00～8：00为交配的高峰时间，雄虫有多次交尾的习性。成虫在寄主主干的树皮裂缝、幼虫蛀害排出的粪便上及天牛为害的坑口边缘处产卵，喜在原危害过的韧皮部肿胀处产卵；每雌产卵10～216粒；卵散产或3～10余粒堆在一起。初孵幼虫在皮层取食，二龄后钻入韧皮部与木质部之间取食，侵入孔多在树皮伤口或裂缝处。幼虫具有群居习性，一般不转移取食场所。幼虫蛀道长约20cm、宽0.15cm，蛀道多转折、纵横交错、互相连通，导致韧皮部与木质部分离或韧皮部增生肿大，其突出部分似一褐色"鸟巢"，外面挂满了丝粘连的黄褐色、砂粒状粪便，部分虫道内也充满着颗粒状粪便。有些幼虫群集绕树干一周，将韧皮部食尽，破坏树木的输导功能，致使整株枯死。幼虫在相对湿度较高时，危害程度明显严重。

防治方法

物理防治　烧毁或者深埋病残枝。刮剥树皮和沿其蛀食部位排出的粪便。挖除其越冬老熟幼虫和蛹，集中烧毁。

引诱剂诱杀　利用人工合成的雌成虫释放的性信息素诱芯，结合配套的诱捕器，诱杀雄成虫。

生物防治　喷洒白僵菌和苏云金杆菌菌液（粉）、斯氏线虫液剂。

化学防治　定期对树干伤口涂抹灭幼脲与高氯菊酯类混配液；全树喷洒氯氰菊酯、灭幼脲等。

参考文献

储春荣，陈绍彬，2012. 枇杷新害虫——皮暗斑螟为害情况初报[J]. 农业灾害研究，2 (6): 11-12.

郭小军，赵志新，2011. 皮暗斑螟防治技术[J]. 河北林业科技(3): 101-102.

黄金水，黄海清，郑惠成，等，1995. 木麻黄皮暗斑螟生物学特性的研究[J]. 福建林业科技，22 (1): 1-8.

任应党，2012. 斑螟亚科[M] // 李后魂，等. 秦岭小蛾类. 北京：科学出版社：288-417.

王思政，黄桔，宋吉皂，等，1993. 中国枣树新害虫——皮暗斑螟研究初报[J]. 华北农学报，3 (1): 80-82.

（撰稿：张丹丹；审稿：庞虹）

枇杷洛瘤蛾 *Meganola flexilineata* (Wileman)

食叶和食果性害虫，非检疫害虫。又名枇杷瘤蛾、枇杷黄毛虫。鳞翅目（Lepidoptera）瘤蛾科（Nolidae）瘤蛾亚科（Nolinae）洛瘤蛾属（*Meganola*）。国外分布于喜马拉雅山周边国家和加里曼丹岛。中国分布于四川、广东、广西、海南。

寄主　枇杷。

危害状　幼虫取食幼芽、嫩叶、老叶、嫩茎表皮和果实，严重时食光全部叶片或大部分叶芽，导致果小、青果多、成熟迟，被害果成腐果或僵果，对产量和品质影响较大。

形状特征

成虫　翅展23～36mm。头部白色；触角丝状，基部白色，其余褐色；下唇须粗壮，黑褐色，向上弯曲。领片和胸部灰白色。腹部灰褐色。前翅灰白色，散布浅褐色；基线不显，仅在前缘脉处呈1小黑点；内横线不清楚，在前缘脉处呈1黑斑点，中室后淡褐色，向内斜至后缘；中横线模糊，淡褐色；外横线黑色，自前缘脉弧形至后缘，Cu_2脉向内突起，2A脉向外突起；亚缘线淡褐色，后半部较粗，锯齿形；缘线褐色，较细；缘毛灰白色，带有淡褐色斑点间断。后翅底色灰白色；缘线褐色；缘毛淡褐色（见图）。

卵　长0.3mm、宽0.04mm左右，瓠瓜形，初期黄白色，其后淡黄色。

幼虫　老熟幼虫体长2.80mm左右，多乳白色，圆柱形，胸腹部约等宽，略呈蛴螬形，第五至十一节侧面隆起呈一条连续的侧脊。

蛹　体长2.80mm左右。初期体色淡黄色，仅复眼暗黑色，其后体色渐深。茧长约3.8mm左右，直径1.50mm左右，通常结于枇杷叶片的背面。

生活史及习性　以蛹越冬。通常4月初羽化，有些年份最晚能延长到5月初。多数在傍晚进行羽化，少数延迟到凌晨至天亮进行。刚羽化的成虫就具备成熟的生殖系统，可交尾。交尾主要在傍晚及清晨进行，极少数在白天进行。交尾后的第三天开始可以产卵，产完卵后成虫就将死亡。各代成虫产卵量有差异。卵主要产在嫩叶、芽头背面的绒毛中，亦有少数产于成叶背面。散产，非呈卵块、列。温度对成虫产卵量影响很大，处于高温、干燥天气的8月间，第三代成虫产卵数量仅为第二代的一半。成虫白天静伏于叶背、枝叶茂盛的叶丛中或杂草丛中。不善飞翔，受惊扰时才飞行数米，尔后又静伏不动。成虫具强趋光性。

卵孵化主要在清晨进行，傍晚或夜间孵化的较少。初孵化的幼虫先啃食部分卵壳，或将整个卵壳啃光，然后在嫩叶、芽头上啃食叶肉。由于枇杷叶片肥厚，被食处呈零星褐色小斑点，不易被察觉。二龄幼虫开始爬行分散到植株各部位取食为害。三龄后食量暴增，将叶片食光，仅留叶脉。在同一处取食时，常先食光叶片，然后到果上啃食。在果实上取食时，常转果为害，所以田间所见被害果大多数是被啃去部分

枇杷洛瘤蛾成虫（韩辉林提供）

或一半，很少有全部果肉被食光。幼虫不取食枇杷种子。中午阳光强烈时，停止取食，匿于浓密枝、叶丛中或叶背。幼虫老熟后停止取食，吐丝将叶片绒毛或枝、叶碎屑缀合做茧，于其内化蛹。化蛹部位在叶背、树疤、裂皮内及靠近土面的树干基部等处。

幼虫对植株不同部位材料取食具选择性，对芽头、嫩叶、成叶取食多于成熟果、青果。

防治方法

物理防治 利用老熟幼虫有下树化蛹的习性，可在树干周围半径 0.5m 的地面上堆集石块诱杀。利用成虫的趋光性，可用黑光灯诱杀成虫。

化学防治 于幼虫发生不害期，喷布 50% 杀螟松乳油 1000 倍液，或 90% 晶体敌百虫 800 倍液、2.5% 溴氰菊酯乳油 6000 倍液、25% 灭幼脲Ⅲ号 2000 倍液等。

生物防治 在卵阶段利用松茸毒蛾黑卵蜂、油茶枯叶蛾黑卵蜂、白跗平腹小蜂、舞毒蛾卵平腹小蜂、松毛虫短角平腹小蜂、拟澳洲赤眼蜂等；幼虫、蛹阶段利用舞毒蛾黑瘤姬蜂、松材离缘姬蜂、黑斑嵌翅姬蜂、广大腿小蜂、刺蛾广肩小蜂、上海青蜂、乌桕毛虫青蜂、松毛虫脊茧蜂、双色真径茧蜂、暗翅拱茧蜂、家蚕追寄蝇、平庸赘寄蝇、多径毛异丛毛寄蝇等多种天敌昆虫进行生物防治。

参考文献

王恩，李学骝，1992. 枇杷瘤蛾绒茧蜂的研究 [J]. 浙江农业大学学报，18(2): 52-57.

王穿才，胡小三，2010. 枇杷瘤蛾生活习性、发生规律及寄生性天敌的观察研究 [J]. 中国植物导报，30(1): 23-25, 23.

中国科学院动物研究所，1983. 中国蛾类图鉴 II[M]. 北京：科学出版社：193.

HOLLOWAY J D, 2003. The moths of Borneo part 18: Nolidae[M]. Kuala Lumpur: Southdene Sdn. Bhd: 14-60.

（撰稿：韩辉林；审稿：李成德）

P

平利短角枝䗛 *Ramulus pingliense* (Chen et He)

一种能取食 20 多科 70 余种植物叶片的重要农林害虫。又名平利短肛棒䗛。䗛目（Phasmatodea）䗛科（Phasmatidae）短角枝䗛属（*Ramulus*）。自 1985 年首次报道该虫在陕西安康地区大发生以来，该虫相继在广西、四川和甘肃等地发生，危害林木或农作物，危害总面积达 4000hm^2。分布于甘肃、陕西、湖北、广西、重庆、四川、贵州等地。

寄主 梧桐、合欢、枫杨、漆树、苹果、玉米、水稻和大豆等植物。

危害状 该虫从一龄若虫开始即危害植物顶芽，自上向下从叶缘开始取食叶肉，直到成虫期，均在树上危害。受害严重的林木叶子被吃光，仅留主脉、枝干，影响树木生长量，甚至造成树木枯死。

形态特征

成虫 雌体长 95～100mm；头椭圆形，无角刺；复眼长约为其后至头后缘的 1/3，复眼间有 1 褐色横纹；触角约为前腿节长的 1/3，第一节扁宽，长约为第二节的 4 倍；前胸背板呈梯形，背中央具“十”字形沟纹，横沟位于中央处；中胸后侧稍宽，后胸（含中节）约为中胸长的 4/5，两端较宽大；中节梯形；前足腿节腹外脊有 4～5 枚黑齿，中、后足腿节近基部外侧有 1 齿，腹中脊端部具数枚小齿。腹部明显长于头、胸部之和，以第五节最长，第四节次之，臀节略长于第九节，后缘三角形凹入；肛上板略长于臀节端部；腹瓣长舟形，背面具纵脊，略超过肛上板；尾须圆柱形，短于腹瓣端部。雄体长 70～88mm，黄褐至深褐色；中、后胸深褐色，侧面具黄色纵线，体背具细中脊。触角超过前足腿节的 2/3，基部两节浅色。腹部第八节后侧与第九节稍加宽；臀节背板深裂成 2 叶，其后缘向下斜切，端部尖窄；下生殖板不超过第九腹节，端尖，背面具中脊；尾须短，中央略弯曲（见图）。

卵 长扁形，黄褐色，密被颗粒。背腹部较平而直，卵背中央具纵隆起，两侧各具 1 纵隆线，卵盖平，具明显边缘，卵盖四周具一圈刺片状突起，卵孔板微凹，椭圆形，位于卵背中下部，约为卵长的 1/4，卵孔位于卵孔板下缘，卵孔上方具 1 纵隆脊，卵孔杯成脊片状突起，中线明显，极短。卵腹中央具纵隆脊，两侧具纵隆线。

生活史及习性 1 年 1 代，以卵在寄主下面的表土层的

平利短角枝䗛（引自萧刚柔和李镇宇，2020）

①雄成虫；②雌成虫

枯枝落叶中越冬。3月下旬至4月上旬孵化，孵化高峰期在4月上旬。6月上旬出现成虫，产卵高峰期为6月中、下旬，成虫在7月下旬开始死亡。卵分布于寄主下面阴湿的表土上，其孵化的迟早受地面的温湿度影响；卵粒分散，颜色与枯枝落叶近似，不易区别。若虫于清晨前孵化较多，当天即可上树；若虫白天多栖息于枝条下侧，头部与梢端为同一方向，多将腹部向上翘起。雄若虫体纤细，栖息时多用后足固定，以左前足右中足，或右前足左中足交替摇动全身，使身体左右晃动。白天几乎不取食。晚上19：00以后便纷纷活动，取食嫩叶，后期可食老叶。未见此虫有断肢再生现象。成虫一般白天不动，栖息于枝条的上侧或下方，晚间取食，也有日夜均取食的。多喜食成片嫩叶，每头成虫每天取食10片以上。交尾多在入夜后进行，也偶有在白天交尾的，历时一个多小时。雌雄性比约5∶8。产卵多由树上似排粪般自由落下。每雌产卵100粒左右，高峰期1头雌虫每天可产15粒卵。

防治方法

化学防治　喷洒触杀性农药，如40%氧化乐果乳油、80%敌敌畏乳油。烟雾剂熏杀。

生物防治　变色树蜥常在若虫期频繁上树活动，捕食若虫，也有极北柳莺等鸟类捕食若虫。高温天气，常有被病毒感染的若虫出现，先是若虫少食、不食，终至发黑死亡，且传染也较快。

人工捕捉　利用其假死习性，可人工振落捕杀成虫及若虫。晚上成虫、若虫在树上活动，用手电照明极易见其活动，为捕捉的好时机。

参考文献

陈树椿，何允恒，1991. 危害我国林木的短肛棒䗛属三新种（竹节虫目：䗛科）[J]. 林业科学，27(3): 229-233.

陈树椿，何允恒，2008. 中国䗛目昆虫[M]. 北京：中国林业出版社：239-241.

萧刚柔，李镇宇，2020. 中国森林昆虫[M]. 3版. 北京：中国林业出版社：63-64.

邹恩鸿，梁宏胜，1991. 短肛棒䗛属两新种的生物学习性及防治研究[J]. 陕西林业科技，19(4): 32-35.

（撰稿：严善春；审稿：李成德）

苹果巢蛾　*Yponomeuta padella* (Linnaeus)

一种危害蔷薇科植物的重要食叶害虫。又名苹果巢虫、苹叶巢蛾、苹巢蛾、网虫。英文名orchard ermine。鳞翅目（Lepidoptera）巢蛾总科（Yponomeutoidea）巢蛾科（Yponomeutidae）巢蛾亚科（Yponomeutinae）巢蛾属（*Yponomeuta*）。国外分布于日本、朝鲜、蒙古，以及欧洲、北美洲等地。中国分布于黑龙江、吉林、辽宁、内蒙古、河北、山东、江苏等地。

寄主　山荆子、苹果、沙果、海棠、山楂、稠李、桑树、樱桃、梨、杏等。

危害状　初龄幼虫潜食嫩叶和花瓣，老龄幼虫在枝梢吐丝做成网巢，暴食叶片，啃食果皮和新梢嫩皮。严重的将植株叶片全部吃光，远看似火烧，所结的果实干枯脱落，严重影响翌年结果。

形态特征

成虫　体长约8.7mm，翅展19～22mm。体白色，有绢丝光泽。头顶和颜面密布白色鳞毛。头部、触角、下唇须白色；胸部背面白色，具5个黑点。前翅白色稍带灰色，前缘中部附近呈现灰白色，翅上有约40个黑点，除翅端区有10～12个黑点外，其余大致分4行排列，中室上边两行，下边两行比较规则，外缘缘毛灰褐色。后翅灰黑褐色，缘毛灰褐色具光泽（见图）。

卵　扁椭圆形，长0.6mm，表面有纵行沟纹，初产为黄色，后为紫红色，最后为灰竭色。

幼虫　老熟幼虫体长约13.7mm。一、二龄幼虫体黑色，头部深黑色而光滑，胸足、前胸背板黑色，肛上板黑褐色，背线黑色，腹部背面各节有2块深黑色斑，腹足黑褐色，全身毛片黑色；老龄幼虫体变为深灰褐色。

蛹　长约10mm，宽约2.5mm，初化蛹时头部、触角及翅芽为黄色，胸部背面及腹部腹面为绿色，腹部背面为暗绿色；成熟蛹为黑褐色，臀棘有6根强刺，呈放射状排列。

生活史及习性　该虫属于专型滞育昆虫，在全国多地均为1年发生1代。以一龄幼虫在卵壳下越冬。5月初开始出壳危害，幼虫共5龄，各龄期4～12天，平均9天。幼虫取食危害约43天。6月初化蛹，蛹期11天，6月中旬为羽化盛期，6月下旬产卵盛期，7月上旬卵陆续孵化。卵期13天，并以第一龄幼虫在卵壳下越夏。一龄幼虫期长达9～10个月。成虫寿命平均约23天。幼虫从卵壳孵出后成群地用丝将嫩叶缚在一起，潜入嫩枝尖端的组织内，在上下表皮间取食叶肉，完成第一龄的发育。然后从残叶内爬出，再吐丝连缀若干新叶片，隐藏其中取食。二至五龄幼虫一般在日落前后取食，其他时间均停留在巢内不动，当巢网内叶片吃光后，开始转移到新位置。四、五龄幼虫进入暴食期。老熟幼虫停止取食，即在网巢内吐丝作茧、化蛹。成虫羽化后，白天潜伏，夜间活动，交尾产卵，卵块状，每块有十几粒到几十粒不等。一般产卵在2年生枝条上，并多位于树冠的上部。

防治方法

营林措施　营造混交林，提高林分郁闭度，创造不利于

苹果巢蛾（郝德君提供）

其发生的环境条件。人工剪除网巢，集中烧毁。

生物防治　用苏云金杆菌溶液喷雾，防治三至五龄幼虫。保护和利用巢蛾多胚跳小蜂，黄柄齿腿长尾小蜂和全北群瘤姬蜂等天敌。

化学防治　一、二龄幼虫可用80%敌敌畏乳油1500～2000倍液，或50%辛硫磷乳油、50%杀螟松乳油1000倍液喷雾。或用飞机低容量、超低量喷洒10%氯氰菊酯乳油，用药量为150ml/hm^2。

参考文献

白九维，1992. *Yponomeuta padella* Linnaeus[M]// 萧刚柔．中国森林昆虫．2版．北京：中国林业出版社：734-735.

哈米提，姚艳霞，赵文霞，等，2011. 新疆额敏县野果林苹果巢蛾主要寄生蜂调查[J]. 中国生物防治学报(1): 128-131.

中国科学院动物研究所，1981. 中国蛾类图鉴Ⅰ[M]. 北京：科学出版社．

赵连吉，赵博，逯成卷，等，2000. 苹果巢蛾生物学特性及防治[J]. 吉林林业科技(3): 12-13, 56.

HENDRIKSE A, 1988. Hybridization and sex-pheromone responses among members of the *Yponomeuta padellus*-complex[J]. Entomologia experimentalis et applicata, 48(3): 213-223.

（撰稿：郝德君；审稿：嵇保中）

苹果顶芽卷蛾　*Spilonota lechriaspis* Meyrick

苹果食叶害虫，主要危害苗圃地和幼龄果园。俗称顶梢卷叶蛾。英文名 apple fruit licker。鳞翅目（Lepidoptera）卷叶蛾科（Tortricidae）白小卷蛾属（*Spilonota*）。国外分布于日本和朝鲜半岛。中国各苹果产区均有发生。

寄主　苹果、海棠、山荆子、花红以及白梨和西洋梨，还可危害山楂，但主要危害苹果。

危害状　幼虫食害新梢顶芽和嫩叶，使枝梢顶端的嫩叶卷缩、包合，危害顶芽后，生长点枯死，将新梢顶芽蛀食后，影响苗木生长和幼树扩张树冠。影响幼树树体发育。特别对于苗圃中的果树苗、果园中的幼树以及管理不良缺乏修剪的果树为害严重，对于成龄果树影响不大（图1、图2）。

形态特征

成虫　体长6～7mm，翅展13～16mm，全体银灰褐色。前翅近长方形，淡灰褐色，距翅基部1/3处及翅中部各有1条暗褐色的弓形横带，后缘部分色深呈三角形，前缘至臀角间具6～8条黑褐色平行短纹，两前翅合拢时后缘的三角斑合为菱形（图3）。

卵　乳白色，渐变淡黄色。扁椭圆形，直径0.7mm，卵壳上有明显花纹。

幼虫　老熟幼虫长约10mm，污白色，体粗而短。头、前胸背板及胸足暗棕色至黑色（图1）。

蛹　长5mm，纺锤形，黄褐色（图4）。

生活史及习性　在辽宁、山西、河北1年发生2代，河南1年发生3代，以二、三龄幼虫在枝梢顶端的卷叶团中结茧越冬。翌年春季苹果树发芽时越冬幼虫出蛰危害嫩芽，最

图1 顶芽卷叶蛾幼虫及危害状（陈汉杰提供）

图2 顶芽卷叶蛾危害状（陈汉杰提供）

图3 顶芽卷叶蛾成虫（陈汉杰提供）

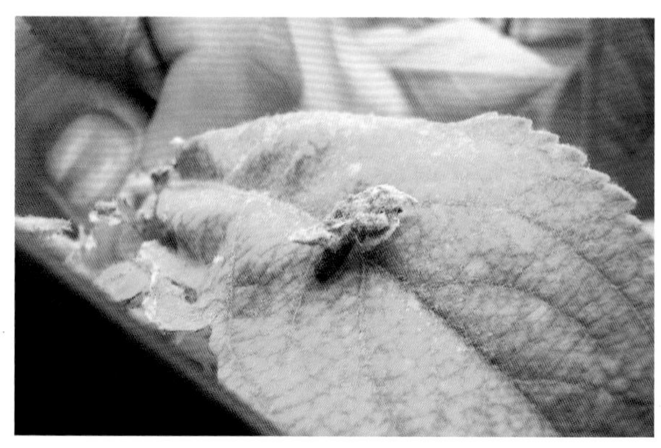
图4 顶芽卷叶蛾蛹（陈汉杰提供）

初大部分转移至顶部第一、二、三芽内，以后逐渐向下扩展。随着新梢抽出和叶簇展开，幼虫将其缀卷成团，并作一新的虫苞。这一时期一个受害的虫苞内一般只有1条幼虫。在华北地区越冬代幼虫5月中旬即开始化蛹，5月下旬成虫开始羽化，化蛹羽化期比较整齐。成虫羽化时部分将蛹壳带出茧外1/2以上，多数将蛹壳全部带出茧外。越冬代成虫6月上旬大量发生。

成虫对糖醋液无趋性。白天不活动，静息在叶枝上或树下杂草上，晚间飞翔交配、产卵。卵单产，多产于当年生枝梢中部的叶片上，以绒毛多的叶背上居多。第一代幼虫大多集中在春梢顶端心叶内为害，第二代和第三代幼虫大多集中在秋梢上为害。第三代小幼虫危害至10月份进入越冬。

防治方法

人工防治　由于苹果顶芽卷蛾幼虫不像苹小卷叶蛾幼虫那样活泼好动，受惊动后也不会吐丝逃逸，非常适宜人工防治。首先结合冬季细致修剪，彻底将虫梢剪掉，由于越冬幼虫为低龄态，将虫苞剪到地面后幼虫不能继续完成发育，不必费工收集销毁虫梢即可达到消灭的目的。其次在春梢生长期，越冬幼虫化蛹、羽化前，进一步摘除漏网的新虫苞并收集烧毁或深埋。经过这两次人工防治，基本可消除顶芽卷叶蛾全年的危害。

药剂防治　在成虫羽化期进行喷药，可选用20%虫酰肼乳油2000倍液、25%灭幼脲悬浮剂1500倍液或40%毒死蜱乳油1500倍液。最好不要喷洒广谱性的菊酯类药剂，防效不高，杀伤天敌严重。

参考文献

北京农业大学，等，1992. 果树昆虫学（下册）[M]. 2版. 北京：农业出版社.

沈长朋，1997. 苹果园越冬代和第一代顶梢卷叶蛾的空间分布 [J]. 昆虫天敌 (1): 22-26.

王源民，赵魁杰，徐筠，等，1999. 中国落叶果树害虫 [M]. 北京：知识出版社.

朱松梅，2004. 苹果顶梢卷叶蛾的生活习性及防治 [J]. 安徽农学通报 (1): 64.

（撰稿：陈汉杰；审稿：李夏鸣）

苹果蠹蛾　*Cydia pomonella* (Linnaeus)

一种重要的严重危害苹果、梨等仁果类果树的检疫性害虫。俗称食心虫，简称苹蠹。英文名 codling moth。鳞翅目（Lepidoptera）卷蛾科（Tortricidae）新小卷蛾亚科（Olethreutinae）小卷蛾属（*Cydia*）。原产于欧亚大陆南部，现已遍布欧洲各国，以及亚洲、大洋洲、美洲以及非洲等地。中国分布于甘肃、新疆、宁夏、内蒙古、黑龙江及辽宁等地。

寄主　苹果、梨、沙果、桃、李、杏、海棠、山楂、榅桲、枣、石榴、板栗属、无花果属、花楸属等植物。

危害状　以幼虫蛀食苹果、梨、杏等的果实，取食果肉及种子，造成大量虫害果，有时果面仅留一点伤疤，多数果面虫孔累累，幼虫入果后直接向果心蛀食。通常1头幼虫可蛀食2～4个果实，而1个果实内仅有1头幼虫，少数情况会出现2头甚至多头。苹果被害后，蛀孔外部逐渐有褐色虫粪排出，堆积于果面上，以丝连成串，挂在蛀果孔之下；梨被蛀后所排出的虫粪为黑色，并有果胶流出。被苹果蠹蛾蛀食的果实容易脱落，造成大量落果，蛀果率普遍在50%以上，严重的可达70%～100%，影响水果的生产和销售。

形态特征

成虫　翅展15.0～22.0mm。头和额棕黄色。触角长约为前翅长1/2；背面暗褐色，腹面灰黄色，每节末端颜色较浅。下唇须背面鳞片平覆，腹面粗糙，外侧淡黄褐色，内侧黄白色；第二节最长，基部较细，末端粗大；第三节着生于第二节末端下方，前伸，鳞片细小而紧密，褐色，末端钝。前翅淡褐色；前缘钩状纹白色；前缘、后缘基部2/3及肛上纹内缘线形成近三角形区域，此区域内混杂有褐色斜形波状纹；翅中部颜色最浅；臀角处有一深褐色椭圆形肛上纹，内有3条青铜色条纹；缘毛灰褐色；雄蛾前翅腹面中室后缘有一黑褐色条斑，雌蛾无。后翅黄褐色，基部颜色较浅，缘毛淡黄色。腹部黄褐色（见图）。

幼虫　初孵幼虫体多为淡黄白色，老熟幼虫体长14～18mm，稍大为淡红色或红色；前胸气门前毛片上有3根毛。腹足趾钩单序缺环，趾钩14～30个。无臀栉。

生活史及习性　发生世代随分布区域的不同而存在差异。在北欧地区1年发生1代，南欧地区1年发生3～4代；中亚地区1年发生4代；俄罗斯北方地区1年发生1代，南方地区1年发生2～3代；美国北方地区（如俄亥俄州）1年发生2代，南方地区（如新墨西哥州）1年发生4代。在中国多数地区1年发生1～3代（以2代为主），但在新疆阿拉尔地区1年发生4代。

苹果蠹蛾以老熟幼虫在树皮下、树干缝隙中、空心树干中及根际树洞中做茧越冬。越冬代成虫5月初开始出现，6月底发生第一代成虫。其发生期可延续到8月底，造成产卵期和幼虫期很不整齐。5月底到7月下旬，为第一代危害期。交尾绝大多数在黄昏以前，个别在清晨进行。产卵前期3～6天。雌虫通常产卵50粒以上，最多可达140粒；卵散产于果面和叶片上，有时也产在枝条上，以上层叶片和果实最多，中层次之，下层最少。成虫盛期后10～14天为卵盛期，第一代卵期为9～16天，第二代为8天左右。刚孵化的幼虫先在果面上四处爬行，从果实蒂部、梗洼或萼洼处蛀入果实，食害果心和种子。幼虫期平均28～30天。发育期受光周期

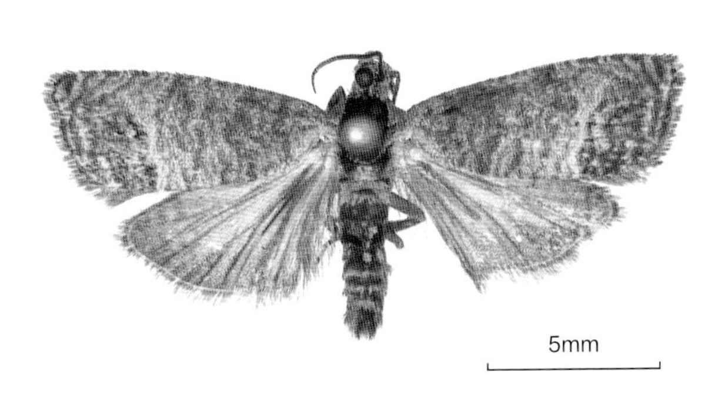

苹果蠹蛾成虫（陆思含摄）

P

影响，属于兼性滞育昆虫。越冬代蛹期12～36天，第一代蛹期9～19天，第二代13～17天。成虫昼伏夜出，具趋光性。

防治方法

信息素防治 ①对于苹果蠹蛾零星发生的区域，可于成虫期利用性信息素和诱捕器诱杀雄性成虫。②迷向剂防治法，利用性信息素醚向散发器干扰苹果蠹蛾雌雄间的交配，减少下一代虫口数量，从而达到防治苹果蠹蛾的效果。

药剂防治 可使用的药剂有3%高渗苯氧威、25%阿维·灭幼脲、胺甲萘（甲萘威、西维因）、虫酰肼（米满、抑虫肼）、氯菊酯（二氯苯醚菊酯）等。

生物防治 积极保护苹果蠹蛾的天敌并促进其种群的增加。苹果蠹蛾的天敌包括鸟类、蜘蛛、步甲、寄生蜂、真菌、线虫等。可通过释放赤眼蜂（*Trichogramma* spp.）、喷施苏云金杆菌（Bt）和颗粒病毒（GV）等生物制剂进行防治。

参考文献

吉林省植物检疫站, 2016. 检疫性有害生物: 苹果蠹蛾 [J]. 吉林农业 (17): 46.

王薛婷, 朴美花, 2012. 我国检疫性害虫: 苹果蠹蛾研究进展 [J]. 黑龙江科技信息 (27): 250, 43.

张润志, 王福祥, 张雅林, 等, 2012. 入侵生物苹果蠹蛾监测与防控技术研究: 公益性行业（农业）科研专项 (200903042) 进展 [J]. 应用昆虫学报, 49(1): 37-42.

张学义, 2013. 苹果蠹蛾为害特点与防治技术初探 [J]. 宁夏农林科技, 54(7): 7-8, 17, 2.

周彦珍, 张志转, 朱永和, 2013. 苹果蠹蛾的识别与防治 [J]. 北方园艺 (21): 143-146.

（撰稿：张爱环；审稿：郝淑莲）

P

苹果褐球蚧 *Rhodococcus sariuoni* Borchsenius

一种严重危害苹果的害虫。又名朝鲜褐球蚧、沙果院球坚蚧、沙果院褐球蚧以及樱桃朝球蜡蚧。英文名Korean lecanium scale、globular apple scale。半翅目（Hemiptera）蜡蚧科（Coccidae）褐球蚧属（*Rhodococcus*）。国外主要分布于韩国。中国分布于山西、新疆、河南、甘肃以及东北、华北及西北地区。

寄主 苹果、杏、李及绣线菊。

危害状 若虫和雌成虫均以刺吸式口器插入寄主植物组织内吸食枝、叶汁液。其排泄的蜜露诱发烟煤病。受害树体生长势弱，枝梢生长不良，重者枝条枯死（图1）。

形态特征

雌成虫 体背面（图2①）：膜质，肛板周围体壁硬化，具有放射状网纹；有圆形或椭圆形亮斑。眼不显或缺。背毛短小，数少。微管腺及管状腺分布于亮斑中。肛板三角形，前、后缘几乎等长，肛板端外侧有4根长毛；肛环小，圆形，无肛环孔及肛环毛。体缘：体缘毛细长，缘毛间距不等。气门凹不显，气门刺1～2根，锥状。体腹面（图2①）：膜质。触角6节，第三节最长；触角间毛3对。足小但正常，胫跗关节处无硬化斑；爪、跗冠毛均细，顶膨大，爪有小齿。腹毛数少；亚缘毛1列；阴前毛3对，短小。胸气门2对，气门盘大，后气门盘直径稍小于后足长；气门路上五孔腺成2～3腺宽排列，气门路上约有气门腺22～28个。多孔腺常为10孔，在阴门周围围绕，可在胸节及腹节中区成横带分布。管状腺形成亚缘带，少数可在口器及触角基附近分布。

雄成虫 体长约2.03mm（图2②）。头部黑褐色（图2③④）。单眼4对，眼周缘骨片和颊具三至六边形网纹，无刚毛。触角10节，各节分布刚毛。前胸背板骨化，暗棕色。气门2对，喇叭形。前翅1对，半透明，长约1.4mm，宽0.6mm。叶片状。足3对。

生活史及习性 1年发生1代，以二龄若虫多在1～2年生枝条上及芽旁、缝隙固着越冬。翌年春季，寄主萌芽期开始为害。在新疆地区6月中下旬为羽化期，最迟到7月上旬，7月中下旬前后开始产卵于体下，7月下旬至8月上旬开始孵化。初孵若虫从母壳下的缝隙爬出分散到嫩枝或叶背面固着为害，发育极其缓慢，入冬前转移到枝上固着越冬。

防治方法

农业防治 冬剪时将剪下的虫枝清出园外集中烧毁，也

图1 苹果褐球蚧危害状（冯玉增摄）

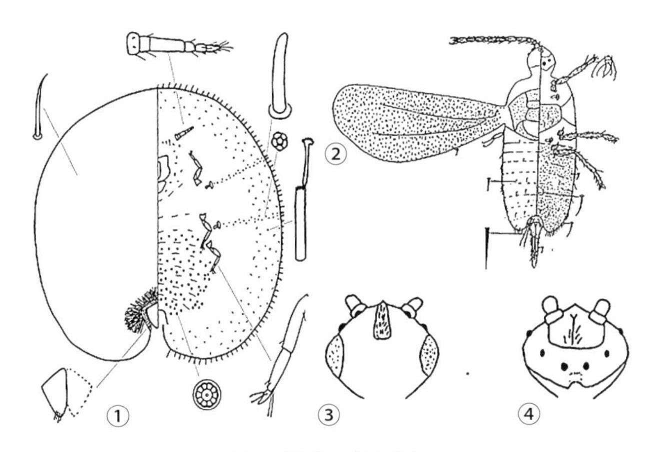

图 2 苹果褐球蚧成虫

①雌成虫（仿王芳）；②雄成虫（仿赵晓燕）；③雄成虫头部背面；④雄成虫头部腹面

可在 3 月中旬至 4 月上旬越冬若虫出蛰期至雌雄分化期，用硬毛刷或钢刷刷去枝条上的虫体。

生物防治　苹果褐球蚧的天敌主要是黑缘红瓢虫，其成虫、幼虫皆能捕食苹果褐球蚧的若虫和雌成虫，瓢虫幼虫的成熟期与雌蚧同步，捕食量很大，应加以保护利用。

化学防治　早春果树发芽前，喷洒 5 波美度石流合剂或含油量 5% 的柴油乳剂，杀灭越冬若虫。在苹果褐球蚧卵孵化盛期至分泌蜡丝之前（5 月中下旬），最晚也应在一龄若虫分泌蜡丝初期（5 月底）喷药防治，常用的药剂有 40% 速扑杀乳油 1500～2000 倍液，或 0.9% 爱福丁乳油 2000 倍液，或 25% 爱卡士乳油 1000 倍液等。各地可根据本地区的实际情况，筛选出新的杀虫剂品种，但应注意保护天敌和减少果实农药残留。

参考文献

韩乃勇，杨莉，沙尼亚，等，2006. 苹果球蚧的发生与防治 [J]. 新疆农业科技 (5): 32.

司克纲，张建文，张文斌，等，1995. 朝鲜褐球蚧生物学特性及防治研究 [J]. 甘肃农业科技 (12): 3.

王芳，2013. 中国蜡蚧科分类研究 [D]. 杨凌：西北农林科技大学.

赵晓燕，2003. 蚧科和粉蚧科部分雄虫形态特征的研究 [D]. 山西晋中：山西农业大学.

（撰稿：魏久峰；审稿：张帆）

苹果卷叶象　*Byctiscus princeps* (Solsky)

一种重要农业害虫，危害苹果、杨树等植物。鞘翅目（Coleoptera）卷象科（Attelabidae）齿颚象甲亚科（Rhynchitinae）金卷象属（*Byctiscus*）。国外分布于俄罗斯、朝鲜、韩国、日本等地。中国分布于北京、河北、山西、辽宁、吉林、黑龙江、山东、河南、四川、西藏、甘肃等地。

寄主　苹果、杨树、山楂、梨等。

危害状　越冬成虫于春季杨树展叶期将一片叶卷折，叶片卷成筒状变黑，造成早期落叶，小枝枯死，树势衰弱，严重影响园林景观。

形态特征

成虫　体长 5.0～7.2mm。头和前胸金绿色，喙的背面至头顶红铜色，鞘翅金绿色且具红铜色金属光泽，两鞘翅基部和端部有显著的紫红色金属光泽斑纹，足金绿色具红铜色的金属光泽，腹面红铜色（图 1①②）；喙较长而粗，触角着生于近中部（图 1③）；头在眼后向基部扩大，额窄；眼较大，不凸隆；触角较粗，触角棒较紧密，末节端部略尖；前胸背板宽大于长，两侧凸圆，背面凸隆，刻点小而稀疏，有浅而细的中沟，雄性前胸两侧基节前有向前的尖齿突；小盾片宽约为长的 2 倍，长方形；鞘翅近长方形，肩发达，鞘翅在小盾片后略凹，中间或中间之后最宽，行纹规则，行纹刻点细而密，行间平坦；臀板外露；腹部凸隆，密布刻点；胫节外缘明显呈脊状；后足基节和后胸后侧片为腹叶所分隔。

幼虫　体长 7～9mm，头褐色，全体乳白色，微弯曲。

生活史及习性　此虫 1 年发生 1 代，以成虫在树下枯枝落叶或表土中越冬。翌年 4 月中旬越冬成虫开始活动，5 月上旬杨树展叶后开始卷叶，在其中产 1～3 粒卵，以 2 粒为多，以后将邻近叶依次卷于其上，每卷一片叶产 1 粒卵，最后将 3～6 片叶卷成 1 个筒状，每片卷叶的接头处都以黏

苹果卷叶象成虫（张润志提供）

①背面观；②侧面观；③喙背面观

液粘着，卷叶后2～3天内叶片萎蔫脱落。5月中旬大量卷叶，部分卷叶开始脱落。产卵前先将叶柄咬伤，使叶凋萎，直到把一丛叶卷完。卵期7～8天，幼虫孵化后于卷叶中蛀食，7月中下旬老熟幼虫从卷叶中钻出入土，幼虫入土深度为1～3cm，从分布范围看，以距树干1m处最多，过近或过远分布逐渐减少。幼虫入土后于8月上旬在土中做土室开始化蛹，8月下旬全部化蛹，蛹期10天左右，到9月上旬蛹全部羽化为成虫。成虫出土上树，啃食叶肉作为补充营养，待天气转寒时，便潜入枯枝落叶层下及表土层越冬。成虫不善飞翔，有假死性，受振动即落下。

防治方法

农业防治　从5月中旬开始清扫落地卷叶，每隔7天清扫1次，并集中烧毁或深埋，防治效果最好。

化学防治　8月下旬成虫羽化期向树下喷药，防止成虫出土可喷洒辛硫磷、氰戊菊酯。

参考文献

陈元清，1990. 我国卷叶象科重要属种的识别[J]. 森林病虫通讯，9(2): 39-45.

高广海，2015. 三种卷叶象甲生活习性及防治技术[J]. 农业与技术，35(24): 152.

贾月梅，吴晓刚，刘海光，2002. 苹果卷叶象在杨树上的危害和防治[J]. 河北林业科技(1): 48.

ALONSO-ZARAZAGA M A, BARRIOS H, BOROVEC R, et al, 2017. Cooperative catalogue of Palearctic Coleoptera Curculionoidea[J]. Monografías electrónicas S.E.A., 8: 729.

（撰稿：任立；审稿：张润志）

苹果绵蚜　*Eriosoma lanigerum* (Hausmann)

以口针在叶片和枝条吸食汁液的小型昆虫，是危害苹果的世界重大检疫害虫。又名苹果棉虫、白絮虫、白毛虫、棉花虫、血色蚜虫。英文名woolly apple aphid。半翅目（Hemiptera）蚜科（Aphididae）瘿绵蚜亚科（Eriosomatinae）绵蚜属（*Eriosoma*）。原产北美洲，已被传播到世界各国。在中国分布于天津、河北、辽宁、山东、河南、江苏、安徽、山西、陕西、甘肃、新疆、云南、贵州、西藏。

寄主　苹果、山荆子、花红、楸子等。

危害状　主要在苹果叶芽、叶柄、果梗洼、萼洼、嫩枝、根部和愈合伤口处为害，受害部位被蜡毛并形成肿瘤。果树受害后根系坏死，地上部生长势变弱，结果量减少且果实品质下降，可减产10%～30%，严重时果树绝收甚至枯死（图1）。

形态特征

无翅孤雌蚜　体卵圆形，体长1.7～2.10mm，宽0.93～1.3mm。活体黄褐色至红褐色，体背有大量白色长蜡毛。玻片标本淡色，头部顶端稍骨化，无斑纹。触角、足、尾片及生殖板灰黑色，腹管黑色。体表光滑，头顶部有圆突纹；腹部第八背片有微瓦纹。体背蜡腺明显，呈花瓣形，每蜡片含5～15个蜡胞，头部有6～10片，胸部、腹部各背片有中蜡片及缘蜡片各1对，第八背片只有侧蜡片，侧蜡片含3～6个蜡胞。复眼有3个小眼面。气门不规则圆形关闭，气门片突起，骨化黑褐色。中胸腹岔两臂分离。体背毛尖，长为腹面毛的2.00～3.00倍。头部有头顶毛3对，头背中、后部毛各2对；前、中、后胸背板各有中侧毛4、10、7对，缘毛1、4、3对；腹部第一至八背片毛数：12，18，16，18，12，8，6，4根，各排为1行，毛长稍长于触角第三节直径。中额呈弧形。触角6节，粗短，有微瓦纹；全长0.31mm，为体长的16%，第三节长0.07mm，第一至六节长度比例：50：54：100：53：78：78+15；各节有短毛2～4根，第三节毛长为该节直径的39%。喙粗，端部达后足基节，第四和第五节长为基宽的1.9倍，为后足跗第二节的1.7倍，有次生刚毛3～4对，端部有短毛2对。足短粗，光滑，毛少，后足股节长0.21mm，为该节直径的3.50倍，为触角全长的68%；后足胫节长0.26mm，为体长的14%，毛长为该节直径的90%。跗节I毛序：3，3，2。腹管半环形，围绕腹管有11～16根短毛。尾片馒状，小于尾板，有微刺突瓦纹，有1对短刚毛。尾板末端圆形，有短刚毛38～48根。生殖突骨化，有毛12～16根（图3）。

有翅孤雌蚜　体椭圆形，体长2.3～2.5mm，宽0.9～

图1 苹果绵蚜危害状（乔格侠摄）

图2 苹果绵蚜（乔格侠摄）

0.97mm，活体头部、胸部黑色，腹部橄榄绿色，全身被白粉，腹部有白色长蜡丝。玻片标本头部、胸部黑色，腹部淡色；触角、足、腹管、尾片及尾板黑色。腹部第一至七背片有深色中、侧、缘小蜡片，第八背片有1对中蜡片。腹部背面毛稍长于腹面毛。节间斑不显。触角6节，全长0.75mm，为体长的31%，有小刺突横纹，第三节长0.35mm，第一至六节长度比例：13：14：100：30：30：19+5；第三节有短毛7～10根，其他各节有毛3或4根，第三节毛长为该节直径的1/6；第五节、第六节各有圆形原生感觉圈1个，第三节至第六节各有环形次生感觉圈17～18、3～5、3或4、2个。喙端部不达后足基节，节第四和第五节尖细，长为基宽的2.2倍，为后足跗第二节的1.4倍。后足股节长0.41mm，为触角第三节的1.20倍；后足胫节长0.70mm，为体长的29%，毛长为该节直径的68%。前翅中脉2分叉。腹管环形，黑色，环基稍骨化，端径与尾片约等长，围绕腹管有短毛11～15根。尾片有短硬毛1对。尾板有毛32～34根。其他特征与无翅孤雌蚜相似（图3）。

生活史及习性　在中国，苹果绵蚜世代重叠，1年可发生10～23代。一般4月初开始为害，5月上旬自越冬处扩散到树体的伤口、新生嫩枝及周围果树为害，5月下旬至7月中旬为第一个发生高峰期，7月中旬到8月气温较高发生量下降，9月初到10月为第二个发生高峰期，10月下旬至11月上旬大批若虫扩散，11月下旬以一、二龄若虫在树干疤痕、地下根茎与肿瘤褶皱等隐蔽部位越冬。

防治方法

植物检疫　加强苗木、种子和接穗等植物的检疫，是防止苹果绵蚜传播的有效控制手段。强化植物检疫执法力度和检疫程序，发现疫情就地销毁，严禁外运。外地调运的苗木、接穗及包装材料用80%敌敌畏乳油1000～1500倍液浸泡2～3分钟消毒。

农业防治　提高果园管理质量，科学修剪，在果树落叶后刨除根蘖，剪锯口涂药保护，再结合冬剪清理老树皮，剪去虫害枝条；加强土肥水管理，施足底肥，适时追肥，合理搭配氮、磷、钾比例，及时冬灌；避免果园同时栽种山楂和海棠，铲除灌木及杂草。

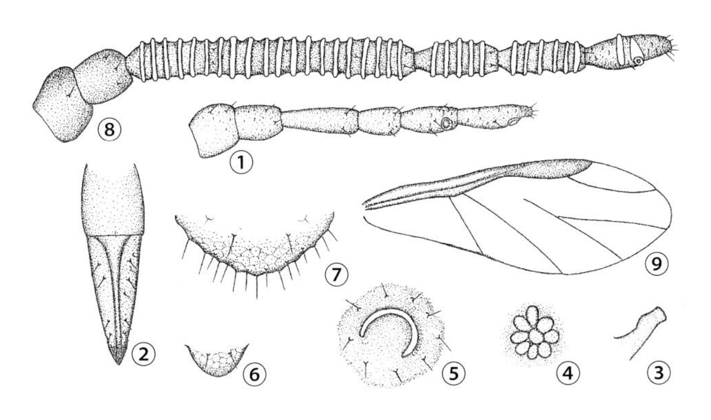

图3 苹果绵蚜（钟铁森绘）

无翅孤雌蚜：①触角；②喙节第四和第五节；③中胸腹岔；④蜡片；⑤腹管；⑥尾片；⑦尾板。
有翅孤雌蚜：⑧触角；⑨前翅。

生物防治　利用和引进天敌，包括蚜小蜂、瓢虫、食蚜蝇、草蛉及蜘蛛，对苹果绵蚜的发生具有一定控制作用，且安全无污染。尽量少喷施农药以利于保护天敌。

化学防治　越冬若蚜开始活动时，在根际四周撒施、喷施或浇灌药剂后覆土，对全树喷柴油乳剂防治。在4月和5月上中旬，树体喷洒药剂防止蚜害蔓延。10月苹果采收后树体喷药，尽可能降低其越冬基数。常用药剂有10%吡虫啉可湿性粉剂2000倍液、48%乐斯本乳油1500倍液、40%蚜灭多乳油1000～1500倍液或1.8%阿维菌素乳油3000倍液等。在果树休眠期，发芽前施用3～5波美度石硫合剂。

参考文献

徐世宏，辛培尧，周军，等，2014. 苹果绵蚜发生危害及抗性资源研究进展[J]. 中国果树(6): 72-75.

张广学，乔格侠，钟铁森，等，1999. 中国动物志：昆虫纲　第十四卷　同翅目　纩蚜科　瘿绵蚜科[M]. 北京：科学出版社.

张广学，钟铁森，1983. 中国经济昆虫志：第二十五册　同翅目　蚜虫类(一)[M]. 北京：科学出版社.

张强，罗万春，2002. 苹果绵蚜发生危害特点及防治对策[J]. 昆虫知识，39(5): 340-342.

（撰稿：姜立云；审稿：乔格侠）

苹果鞘蛾　*Coleophora nigricella* Stephens

一种以幼虫潜叶、主要危害苹果树的害虫。又名苹果筒蛾、苹果黑鞘蛾、黑鞘蛾、筒蓑蛾。鳞翅目（Lepidoptera）鞘蛾科（Coleophoridae）鞘蛾属（*Coleophora*）。中国分布于河南、山西、四川等地。

寄主　苹果、梨、海棠、山楂、桃、李、樱桃等。

危害状　初龄幼虫潜叶为害，稍大后结护鞘居其中附着在叶背或芽上，取食时先咬破表皮成一小孔，并以此孔为中心向周围取食，残留上表皮，日久食痕成为圆形枯斑。

形态特征

成虫　体长4mm，翅展13 mm左右。体灰白至灰黄褐色。头顶被灰白至黄色密鳞毛。触角丝状。前、后翅缘毛长，灰至灰褐色。

幼虫　体长8mm，暗褐色，头部和前胸盾黑褐色。护鞘黄褐至暗褐色长筒形，略竖扁，长9mm左右。

蛹　长4mm，暗褐色。

生活史及习性　1年发生1代。以幼虫在枝干上护鞘内越冬。果树发芽后越冬幼虫开始危害芽叶，4月下旬至5月老熟在护鞘里化蛹。5～6月份成虫羽化，羽化后不久即可交配产卵。初孵幼虫潜叶为害，稍大结护鞘居其中取食叶肉，移动时均携带护鞘而行，粪便从护鞘后端排出，为害至深秋，爬到枝干上越冬。

防治方法

人工捕捉　在幼虫危害初期，及时摘除包裹着幼虫或蛹的受害叶片。

诱杀成虫　根据成虫的趋光性，在重点防治区域设置黑光灯诱杀成虫。

P

生物防治　低龄幼虫期，使用苏云金杆菌可湿性粉剂或乳剂500～1000倍液进行喷雾防治。在越冬幼虫出土始盛期和盛期使用球孢白僵菌喷雾处理地面。

参考文献

程致远，2010. 山西重要小蛾类的种类调查及其分布规律分析[D]. 青岛：青岛农业大学.

郭书普，2010. 新版果树病虫害防治彩色图鉴[M]. 北京：中国农业大学出版社.

吕佩珂，2014. 苹果病虫害防治原色图鉴[M]. 北京：化学工业出版社.

杨文渊，谢红江，陶炼，等，2017. 川西高原苹果主要虫害种类、发生规律及防控技术[J]. 北方园艺(10): 110-113.

（撰稿：王甦、王杰；审稿：李姝）

苹果全爪螨　*Panonychus ulmi* (Koch)

一种重要的果树害螨。又名苹果红蜘蛛。英文名european red mite。蛛形纲（Arachnida）蜱螨目（Acarina）叶螨科（Tetranychidae）全爪螨属（*Panonychus*）。国外分布于日本、朝鲜、印度、美国、加拿大、阿根廷、新西兰以及欧洲等地区。中国主要分布于辽宁、山东、山西、河南、河北、江苏、湖北、四川、陕西、甘肃、宁夏、内蒙古、北京等地。

寄主　苹果、梨、桃、沙果、樱桃、杏、李、山楂、樱花、玫瑰等。

危害状　苹果全爪螨刺吸叶片汁液进行危害，破坏叶绿体，造成叶片失绿斑点，影响光合作用，从而削弱果树树势，降低苹果品质和产量（图①）。

形态特征

成螨　雌螨体阔椭圆形，红褐色，体长0.39mm，宽0.27mm。刚毛13对，粗刚毛状，有粗绒毛，着生在粗结节上，外骶毛约为内骶毛的2/3；臀毛明显短于外骶毛。腹面刚毛数正常。须肢跗节的端感器顶部膨大，爪退化，爪间突爪状，腹面有刺毛簇（图②）。雄螨体呈菱形，长0.33mm，宽0.16mm。红褐色。气门沟末端小球状。须肢跗节的端感器微小。

卵　葱头形，两端略显扁平，直径0.13～0.15mm，夏卵橘红色，冬卵深红色，卵壳表面布满纵纹（图③、图④）。

幼螨　足3对。由越冬卵孵化出的第一代幼螨呈淡橘红色，取食后呈暗红色；夏卵孵出的幼螨初孵时为黄色，后变为橘红色或深绿色。

若螨　足4对。有前期若螨与后期若螨之分。前期若螨体色较幼螨深；后期若螨体背毛较为明显，体型似成螨，已可分辨出雌雄。

生活史及习性　北方果区1年发生6～9代，以卵在短果枝果台和2年生以上的枝条的粗糙处越冬，越冬卵的孵化期与苹果的物候期及气温有较稳定的相关性。越冬卵孵化十分集中，所以越冬代成虫的发生也极为整齐。各世代各虫态并存而且世代重叠。幼螨、若螨、雄螨多在叶背取食活动，雌螨多在叶面活动为害，无吐丝拉网习性；既能两性生殖，也能孤雌生殖，夏卵多产在叶背主脉附近和近叶柄处，以及叶面主脉凹陷处。天敌与山楂叶螨相似。

防治方法

生物防治　保护和引放天敌。尽量减少杀虫剂的使用

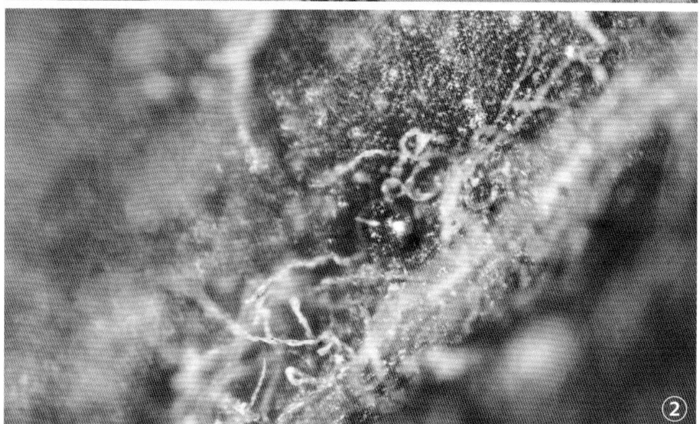

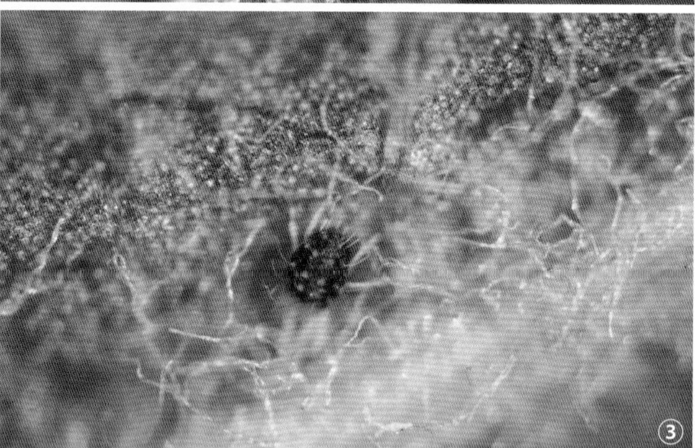

苹果全爪螨（陈汉杰摄）

①叶片危害状；②雌成螨；③卵；④越冬卵

次数或使用不杀伤天敌的药剂以保护天敌。

物理防治　果树休眠期刮除老皮，重点是刮除主枝分杈以上老皮，主干可不刮皮以保护主干上越冬的天敌。

化学防治　使用以下选择性杀螨剂防治：螺螨酯、螺虫乙酯、乙唑螨腈、乙螨唑、苯丁锡、丁醚脲、炔螨特、唑螨酯。

参考文献

曹克强，王春珠，耿硕，2010. 我国苹果主要病虫害及其防治策略[J]. 河北农业科学，14 (8): 72-74, 81.

匡海源，1996. 我国重要农业害螨的发生与防治[J]. 农药，35 (8): 6-11.

谌有光，2011. 我国落叶果树叶螨种群演变和防控技术的变化[J]. 应用昆虫学报，48 (2): 431-434.

（撰稿：王进军、袁国瑞、丁碧月；审稿：冉春）

苹果实蝇　*Rhagoletis pomonella* (Walsh)

一种危害蔷薇科植物果实的检疫性害虫。又名苹绕实蝇。英文名 apple maggot fly。双翅目（Diptera）实蝇科（Tephritidae）绕实蝇属（*Rhagoletis*）。多分布在加拿大、美国、墨西哥。

寄主　山楂类、野生苹果类、杏类、李类、桃类、梨类、樱桃类等。

危害状　新孵化的幼虫咬食成隧道进入果心，用1对口钩刺破细胞壁，吸食细胞液，在果皮下形成暗黑色的通道，使苹果变色且质如海绵。

形态特征

成虫　体长5mm左右，黑色，有光泽，头部背面浅褐色，腹面柠檬黄色。中间背板侧缘从肩胛至翅基有黄白色条纹，背板中部有灰色纵纹4条。腹部黑色，有白色带纹，雌虫4条，雄虫3条。翅透明，有4条明显的黑色斜形带，第一条在右缘和第二条合并，而第二至第四条又在翅的前缘中部合并，因而在翅的中部没有横贯全翅的透明区。

卵　白色，长1mm左右，长椭圆形，前端具刻纹。

幼虫　老熟幼虫近白色，体长7～8mm，蛆形。前气门前缘有指突17～32个，排成不规则的2～3列。在末节后气门腹侧部分，有1对明显的间突。

蛹　体长4～5mm，宽1.5～2mm，褐色。残留幼虫期的前气门和后气门痕迹。在前端前气门之下有1条线缝向后延伸至第一腹节，与该节环形线缝相接，从后胸至腹末各节两侧都有1小节，共9对。

生活史及习性　成虫羽化出土从7月初到11月末或11月初，成虫寿命大概有1个月，羽化后约1周进行交尾，不久后开始产卵，产卵期1～2周，在田间要5～10天孵化，幼虫在果实内成熟，几天内离开果实，爬进5～7cm的土中制蛹室，从幼虫在果内到出来化蛹通常为24小时。化蛹从8月末开始延续至11月末，蛹保持休眠状态直至翌年夏季变为成虫为止，然而，有些蛹一直保持休眠状态2、3或4年才变成成虫出土。

防治方法

检疫措施　对来自疫区的水果，检查包装箱内有无脱果幼虫与蛹，将带有被害症状（如产卵白斑、变形和腐烂）的果实切开检查有无幼虫。对来自疫区的苗木，尤其是苹果、山楂等，对其根部所带土壤也应严格检查是否带蛹，幼虫和蛹都应饲养到成虫鉴定。

物理防治　及时清理落果，集中深埋或烧毁。提倡苹果实蝇产卵前，套袋防虫。

化学防治　抓住羽化后至产卵初期喷洒乐果乳油或灭蝇胺可湿性粉剂。

参考文献

陈乃中，1995. 关于苹绕实蝇的鉴定问题[J]. 植物检疫，9 (2): 115.

ARCELLA T, HOOD G R, POWELL T H Q, et al, 2015. Hybridization and the spread of the apple maggot fly, *Rhagoletis pomonella* (Diptera: Tephritidae), in the northwestern United States[J]. Evolutionary applications, 8 (8): 834-846.

XIE X, RULL J, MICHEL A P, et al, 2007. Hawthorn-infesting populations of *Rhagoletis pomonella* in Mexico and speciation mode plurality[J]. Evolution, 61 (5): 1091-1105.

（撰稿：王进军、袁国瑞、尚峰；审稿：刘怀）

苹果塔叶蝉　*Zyginella mali* (Yang)

一类吸食寄主叶片汁液的叶蝉害虫。又名黄斑小叶蝉、黄斑叶蝉。半翅目（Hemiptera）叶蝉科（Cicadellidae）小叶蝉亚科（Typhlocybinae）塔叶蝉属（*Zyginella*）。中国分布于山西、内蒙古、宁夏等地。

寄主　苹果、海棠、槟子、沙果、葡萄等。

危害状　成虫、若虫于叶背吸食汁液，致使叶面呈现失绿斑点，严重时呈灰黄色斑，状似火烧。

形态特征

成虫　体长3.5～3.8mm。体略呈黄色，具明显斑纹。头部黄色，头冠前缘呈角锥形向前尖伸，雌者长而尖，雄者短而钝。复眼黑褐色；雌虫在两复眼间沿头前缘有2条黑带，一条在头背面，两端粗中间细；一条在头腹面，宽度均匀。雄虫则此两条带中间均断开，每侧只剩下1对黑色短线。头端有1对灰色透斑，排列的角度基本上与头前缘的角度一致。胸部黄色，前胸背板两侧具宽的褐边，内侧较直，基部向内突伸。中胸小盾片基半部褐色，端半部黄色，交界处有宽的黑褐色带，其后缘中央则凹入。前胸侧板黑褐色，中胸侧板则具褐斑。足淡黄色。前翅淡褐色，基半部的大黄斑略呈半圆形，有白色宽边，翅在体背合拢时，与小盾片末端的黄色部分正好组成1个黄色大圆斑，并饰有深褐色边，非常醒目。第四端室中的新月形透明斑，左右两翅相接时也合二为一。翅前缘具有三个黄白色斑，中间的最大，下面伸入径室内；各斑间均隔以深褐色，尤以基部一个与下面大黄斑之间褐色最浓。翅端具透明狭边，但第一与第二端室间则有褐斑隔开；第二端室中具明显的黑褐色圆点。腹部黄色。

卵 长卵形，微弯曲，长0.7～0.8mm，白色近透明。

若虫 共5龄。初孵至一龄白色，略透明，至二龄初现翅芽，三龄翅芽达第三腹节，至五龄体长达2.7～3.1mm，体色近成虫。

生活史及习性 1年生1代，以卵于寄主枝条皮内越冬。翌春开花前约4月中旬孵化；5月底开始羽化为成虫；6月中旬开始交尾；7月中旬至8月中旬产卵；8月底成虫绝迹。成虫和若虫危害期近4个月。成虫极活泼，能飞善跳，受惊扰即逃逸。中午多于背阴处活动，日落前多移向光照处。羽化后7～11天开始交尾，一生可多次交尾。卵多散产在1～3年生枝条节部隆起处的韧皮部内，斜立，枝条表面留0.3～0.4mm长的梭形裂口，偶有2粒并列产在一起者。若虫活泼，稍惊动便横行移动。若虫期36～47天。8月中旬以后成虫渐向杂草上转移，以菊科的蒿类上较多，但不取食，8月底绝迹。

防治方法 以药剂防治为主，发生严重的果园，应加强防治。可用25%扑虱灵可湿性粉剂1000倍液、20%杀灭菊酯2000倍液、10%吡虫啉可湿性粉剂2500倍液、20%叶蝉散乳油800倍液或20%灭扫利乳油2000倍液等喷雾防治。

参考文献

李唐，1988. 苹果塔叶蝉研究初报[J]. 昆虫知识，25(1): 29-31.

吴树森，1980. 苹果塔叶蝉研究初报[J]. 山西果树(1): 43-44.

杨集昆，1965. 为害苹果的两种新叶蝉(同翅目：叶蝉科)[J]. 昆虫学报，14(2): 196-202.

（撰稿：袁忠林；审稿：刘同先）

苹果透翅蛾 *Synanthedon hector* (Butler)

一种在中国分布广泛的果树害虫。又名串皮虫、苹果透羽蛾、苹果小透羽、苹果旋皮虫。鳞翅目（Lepidoptera）透翅蛾科（Sesiidae）兴透翅蛾属（*Synanthedon*）。中国分布在辽宁、吉林、黑龙江、河北、山西、内蒙古、广西、山东、河南、湖北、陕西、甘肃、宁夏。

寄主 苹果、沙果、桃、梨、李、杏、山楂、毛叶枣等果树。

危害状 以幼虫危害苹果树皮，在韧皮部和木质部之间蛀食，形成不规则的虫道。幼虫多在果树主干和主枝枝杈等处皮层中危害，被害处有蛀孔，常有红褐色粪屑及褐色黏液流出。

形态特征

成虫 体长12～14mm，翅展19～20mm。身体黑蓝色，有光泽。前翅前缘和翅脉黑色，中央透明。腹部背面第四、五节有黄色环纹（见图）。

苹果透翅蛾成虫（冯玉增摄）

幼虫 老熟幼虫长22～25mm。头黄褐色，身体黄白色，胴部乳白色，背板、臀部淡黄色，遍体生有稀疏刚毛。

生活史及习性 北方地区1年发生1代，以幼龄幼虫在果树枝干皮层内结茧越冬。翌年4月上旬越冬幼虫开始活动，蛀食危害，5月下旬至6月上旬幼虫老熟化蛹，成虫羽化时，将蛹壳带出一部分，露于羽化孔外。成虫多在树干或大枝的粗皮、裂缝及伤疤边缘处产卵，散产，每处1～2粒，卵期10天左右。幼虫卵孵化后即钻入皮层危害，10月下旬至11月开始结茧越冬。

防治方法

农业防治 加强栽培管理，保持树势健壮，可有效降低发生危害程度。秋季和早春结合刮治苹果树腐烂病刮除粗皮，细致检查主干和主枝，发现有红褐色虫粪和黏液时，用刀挖出幼虫杀死。

化学防治 成虫发生期，在主干、主枝上涂抹白涂剂，可防止成虫产卵；也可喷药防治，药剂可选用氰戊菊酯乳油，喷布树干和主枝枝杈处。

参考文献

冯凯歌，王大清，秦勇，等，2013. 苹果透翅蛾和苹果小吉丁的发生与防治[J]. 现代农村科技(13): 23.

刘惠英，1988. 苹果透翅蛾危害山楂树[J]. 森林病虫通讯(4): 41.

罗兆益，林其漾，罗绍坚，等，2005. 广东大埔毛叶枣上苹果透翅蛾的生物学特性与防治[J]. 中国南方果树，34(4): 53-55.

宁安中，刘明德，2007. 苹果透翅蛾暴发的原因及防治[J]. 北方果树(4): 69.

（撰稿：王甦、王杰；审稿：李姝）

苹果舞蛾 *Choreutis pariana* (Clerck)

主要危害苹果叶片的果树害虫。又名拟苹果雕蛾、苹果雕翅蛾。鳞翅目（Lepidoptera）舞蛾科（Choreutidae）舞蛾属（*Choreutis*）。中国分布在吉林、山西、陕西、甘肃等地。

寄主 苹果、山楂、海棠、山定子、李、桃、杏。

危害状 幼虫初在梢顶危害嫩叶，稍大卷2～3片嫩叶为害，危害老叶先纵卷叶端，逐卷全叶，食叶肉呈纱网状、孔洞或缺刻；粪便黏附丝网上，叶渐枯焦。严重时叶片早期脱落，致使树势衰弱而减产。尤其对幼树的生长发育影响更大。

形态特征

成虫　长5～6mm，翅展12mm左右。体灰褐或紫褐色，触角丝状，为白暗相间环状。前翅宽，棕黄或棕褐色，具4条暗褐色横线，内横线外侧有1条白灰色边，中横线略宽，后半部叉状，两翅相合呈菱形横斑状。跗节1～4节基部白色，端半部及第五节暗灰色。

幼虫　长9～11mm；体黄或黄绿色。中胸至腹部第八节各节背面有黑色毛瘤6个，腹足趾钩单序环，18～20个，臂足趾钩单序缺环16个左右。

生活史及习性　山西中部每年发生3代，以成虫在落叶或杂草、土缝中越冬。3月底开始活动，4月中旬进入成虫交尾产卵高峰期。卵多产于叶上，散产，卵期15天，4月下旬孵化，5月上旬进入孵化盛期。幼虫十分活跃，遇有惊扰即吐丝下垂或转叶为害，幼虫期24～26天，幼虫老熟后在卷叶或果洼处结茧化蛹，5月下旬为化蛹盛期，蛹期9天。6月上中旬是第一代成虫盛发期，中下旬进入幼虫盛发期，7月下旬和9月上旬是二、三代成虫盛发期，10月下旬开始羽化越冬。

甘肃天水一带每年发生4代，以蛹越冬，翌年苹果发芽后出现成虫，一代幼虫盛发于4月下旬至5月上旬；二代幼虫盛发在6月上中旬；7月中旬发生三代幼虫；8月上中旬为四代幼虫发生期。

防治方法

清除果园　果树休眠期落叶及杂草集中处理。

诱杀成虫　利用成虫趋光性，诱捕成虫，降低虫口基数。

化学防治　幼虫发生期结合防治其他害虫施药兼治此虫，如喷施菊酯类农药。

参考文献

曹克强，王春珠，耿硕，2010. 我国苹果主要病虫害及其防治策略 [J]. 河北农业科学，14(8): 72-74, 81.

伊伯仁，康芝仙，李广平，等，1987. 苹果雕蛾发生与防治的初步研究 [J]. 植物保护 (6): 24-25.

（撰稿：王甦、王杰；审稿：李姝）

苹果小吉丁　*Agrilus mali* Matsumura

一种主要以蛀食枝干而导致危害的果木害虫。又名苹果小吉丁虫、金蛀甲、串皮干。英文名 apple buperestid。鞘翅目（Coleoptera）吉丁科（Buprestidae）窄吉丁属（*Agrilus*）。在东北、华北发生普遍；在新疆野苹果林造成严重危害，在新疆新源由于苹果小吉丁危害诱发腐烂病流行，造成连片野苹果林死亡，严重影响野生苹果资源的保存；在辽宁、黑龙江、吉林、内蒙古等地均发生为害。

寄主　主要寄主包括苹果、沙果、海棠秋子、槟子、柰子、榅桲等。

危害状　幼虫在枝干皮层内蛀食，造成皮层干裂枯死，危害部位凹陷，变黑褐色，危害虫疤上常渗出红褐色黏液，俗称"冒红油"。寄主植物受苹果小吉丁为害后，常造成枝条枯死，当湿度大时，易诱发腐烂病流行，导致毁园（图1）。

形态特征

成虫　长6～11mm、宽约2mm。体紫铜色，有金属光泽，头部扁，额垂直，头顶有明显的中脊。复眼长椭圆形，内缘略凹。触角11节，第四至十一节呈锯齿状。前胸背板横长方形，周围镶边。前胸腹板中央微凸，并与中胸嵌合，鞘翅窄，基部明显凹陷。后足胫节外缘有1列刺。腹部背板亮蓝色（图2）。

卵　椭圆形，初产乳白色，逐渐变为橙黄色，长约1mm。

幼虫　老熟幼虫体长16～22mm，体扁平而细长，乳白色或淡黄色，头小，褐色，大部分缩入前胸，前胸特别宽大，其背面和腹面的中央各有1条下陷纵纹，中区密布粒点。中后胸狭小，腹部11节，末端有1对褐色尾铗（图3）。

蛹　长6～10mm，纺锤形，初期乳白色，渐变黄白色，羽化前变为紫铜色。

生活史及习性　苹果小吉丁1～2年发生1代，以不同龄期幼虫在被害枝条内越冬，翌年3月份越冬幼虫开始活动为害，在河北、辽宁从5月中旬开始化蛹，5月下旬开始羽化，但发生期不整齐，一般在6月上旬到7月上旬为成虫羽化高峰期，在新疆新源一般在6月下旬到7月下旬为羽化高峰期，成虫发生期较长，直到9月份田间仍有成虫发生。成虫取食叶片，一般补充营养8～24天后才开始产卵，卵多产在枝干裂缝或者芽的两侧，散产，每头雌虫可产卵20～70粒，卵期一般为10～13天。初孵幼虫在表皮下蛀食，隧道纤细，随着虫龄增大逐渐向皮层深处蛀食，大龄幼虫在枝条形成层处为害，受害部位形成黑褐色坏死伤疤。幼虫老熟后蛀入木质部，形成一个船型蛹室，在其中化蛹，蛹期一般10～20天。

成虫羽化后一般在蛹室内停留8～10天。成虫喜欢阳光，在晴天中午活动，交尾、产卵，在早晨、傍晚或阴雨天隐藏静伏，遇惊扰有假死性。成虫喜欢将卵产在枝干向阳面，大树产在外围枝，小树产在主干、主枝较多，衰弱树势较旺盛树势着卵多，受害重。在新疆新源野苹果林山上树木为害较轻，靠近河谷树体遭受为害严重。苹果小吉丁的天敌以啄木鸟为主要捕食天敌，其次有2种寄生蜂和1种寄生蝇在自然条件下寄生率可达30%。

防治方法

保护利用天敌　在新疆野苹果林加强天敌保护力度，招引啄木鸟，引进天敌寄生蜂和其他类型天敌。增强对苹果小吉丁的自然控制能力。

开展理化诱杀防治　采用色板，结合性引诱剂、植物挥发性引诱物综合诱杀防治试验，提高诱杀效果。

在生产园春季发芽前，发现为害虫斑，采用柴油加敌敌畏涂抹虫斑，按照20份柴油加1份80%敌敌畏乳油配制药液，用刷子涂刷虫斑。普遍发生严重时，在成虫发生期采用喷药防治，在6～7月成虫发生期，可喷洒80%敌敌畏乳油1500倍液或40%毒死蜱乳油1500倍液杀灭成虫。

图1 苹果小吉丁危害状（陈汉杰提供）

图2 苹果小吉丁成虫（陈汉杰提供）

图3 苹果小吉丁幼虫（陈汉杰提供）

参考文献

北京农业大学，等，1992. 果树昆虫学（下册）[M]. 2版. 北京：农业出版社.

陈军，湛玉荣，2007. 苹果小吉丁虫的预防措施及防治方法 [J]. 新疆农业科学 (S2): 186-187.

崔晓宁，刘德广，刘爱华，2015. 苹果小吉丁虫综合防控研究进展 [J]. 植物保护，41(2): 16-23.

李越，2015. 苹果小吉丁虫的发生与防治 [J]. 烟台果树 (3): 56.

刘忠权，陈卫民，许正，等，2014. 新疆天山西部野苹果林分布与苹果小吉丁虫危害现状研究 [J]. 北方园艺 (17): 121-124.

孙益知，梁英英，孙弘. 1979. 陕西苹果小吉丁虫的研究 [J]. 西北农林科技大学学报（自然科学版）(2): 47-56.

王新，韩驰，李影丽，等. 2006. 新疆新源苹果小吉丁虫的发生及防治 [J]. 中国果树 (2): 54-55.

王源民，赵魁杰，徐筠，等，1999. 中国落叶果树害虫 [M]. 北京：知识出版社.

王智勇，2013. 新疆野苹果林苹小吉丁生物防治技术研究 [D]. 北京：中国林业科学研究院.

杨和平，闫学斌，2005. 苹果小吉丁虫的发生及防治 [J]. 落叶果树 (6): 54.

（撰稿：陈汉杰；审稿：李夏鸣）

苹果蚜 *Aphis pomi* De Geer

以口针在叶片上吸食寄主汁液的小型昆虫，是苹果和梨等果树的重要害虫。英文名 green apple aphid。半翅目（Hemiptera）蚜科（Aphididae）蚜亚科（Aphidinae）蚜属（*Aphis*）。国外分布于俄罗斯、韩国、日本、美国、加拿大，以及中亚、欧洲等地。中国分布于内蒙古、新疆、台湾。

寄主 苹果属和梨属植物。

危害状　在苹果叶片取食，叶片卷曲形成伪虫瘿。偶见在未成熟的果实取食导致畸形。常在苗圃繁育的幼树上大量取食，阻碍植株生长，甚至落叶枯死。

形态特征

无翅孤雌蚜　体卵圆形，体长1.2～2.4mm。玻片标本腹管和尾片黑色。缘瘤位于前胸、腹部第一至七背片，各1对，腹部第一、七背片缘瘤最大。触角6节，全长为体长的0.6～0.7，第六节鞭部长为基部的2～2.8倍；无次生感觉圈；第三节毛长为该节基宽的0.9～1.7倍。喙端部达后足基节，第四和第五节长为后足第二跗节的1.3～1.5倍，有次生毛1对。腹管长为尾片的1.2～2.5倍。尾片有毛10～21根（见图）。

有翅孤雌蚜　触角第三、四节分别有次生感觉圈6～11个和0～7个。其他特征与无翅孤雌蚜相似。

生活史及习性　越冬卵在春末孵化，在苹果嫩芽取食，有翅蚜在6月初开始在苹果树之间迁飞扩散，在6～7月形成发生高峰，造成严重危害。

防治方法　苹果蚜常与绣线菊蚜（*Aphis spiraecola*）和苹果绵蚜（*Eriosoma lanigerum*）同时发生，可参考绣线菊蚜和苹果绵蚜的防治方法加以防控。

参考文献

张广学，1999. 西北农林蚜虫志：昆虫纲　同翅目　蚜虫类[M]. 北京：中国环境科学出版社.

（撰稿：姜立云；审稿：乔格侠）

苹果圆瘤蚜　*Ovatus malisuctus* (Matsumura)

以口针吸食寄主幼芽、叶片汁液的小型昆虫，是苹果、海棠和梨等蔷薇科果树的重要害虫。英文名 apple leaf-curling aphid。半翅目（Hemiptera）蚜科（Aphididae）蚜亚科（Aphidinae）圆瘤蚜属（*Ovatus*）。国外分布于朝鲜、日本。中国分布于北京、河北、辽宁、黑龙江、山东、江苏、广西、云南。

寄主　苹果、沙果、海棠、山定子和梨等。

危害状　幼芽、幼叶反面边缘部分首先受害，沿叶反面边缘纵卷，呈双筒状。危害盛期在5～6月间，常使幼枝端部16cm内的幼叶全部卷缩，影响果树开花结果，是苹果、海棠的重要害虫。该种成蚜、若蚜群集叶片、嫩芽，吸食汁液，受害叶片边缘向背面纵卷成条筒状，叶片凸凹不平。被害重的新梢叶片全部卷缩，渐渐枯死。树上被害梢一般是局部发生，只有受害重的树才全树新梢卷缩（图1）。

形态特征

无翅孤雌蚜　体纺锤形，体长1.5mm，宽0.75mm。活体绿褐色、红褐色或黄色微带绿色，有斑纹。玻片标本污灰褐色；触角、喙端部、股节端半部、胫节端部1/5～1/4、尾片及尾板灰黑色；腹管及跗节漆黑色。表皮粗糙，有深色不规则曲条形构造，头部背面前缘和后部及腹面粗糙。中胸腹岔两臂分离。缘瘤不显。体背毛甚短，头顶毛及腹部第二和第八背片毛长为触角节第三节直径的38%～54%。额瘤显著，中额微隆起。触角长0.88mm，为体长的53～55%；第三节长0.21mm，第一至第六节长度比例：33∶23∶100∶65∶52∶33+116；触角毛淡色钝顶，第三节毛长为该节直径1/3。喙端部可达中足基节，第一至第六节为后足第二跗节的1.1～1.3倍，有次生刚毛1对。足短；后足股节长0.41mm，为触角第三节的2倍，有瓦纹；后足胫节长0.66mm，为体长的44%，后足胫节毛长为该节直径1/2，若蚜后足胫节光滑；跗节第一节毛数一般2根，有时3根。腹管长圆筒形，顶端内向，边缘有深锯齿，长0.31mm，为体长的21%。尾片圆锥形，基部不收缩，长0.13mm，与基宽约相等，有曲毛6或7根。尾板半圆形，有毛9～13根。生殖板末端圆形，突出，有毛14～18根（图2①、图3）。

有翅孤雌蚜　体长1.6mm，体宽0.68mm，活体带红褐色。玻片标本头部、触角、喙端部、胸部、足、翅脉、腹部斑纹、腹管、尾片、尾板及生殖板灰黑色至黑色，其余部分淡色。体背表面斑纹部分有微刺突组成的瓦纹。触角长1.30mm，为体长的80%；第三节长0.36mm，有次生感觉圈23～27个，分散于全长，第四节有4～8个，第五节有0～2个。腹管

图1 苹果圆瘤蚜危害状（冯玉增摄）

①危害叶；②苹果叶向背面纵卷

图 2 苹果圆瘤蚜（冯玉增摄）

①无翅蚜；②有翅蚜

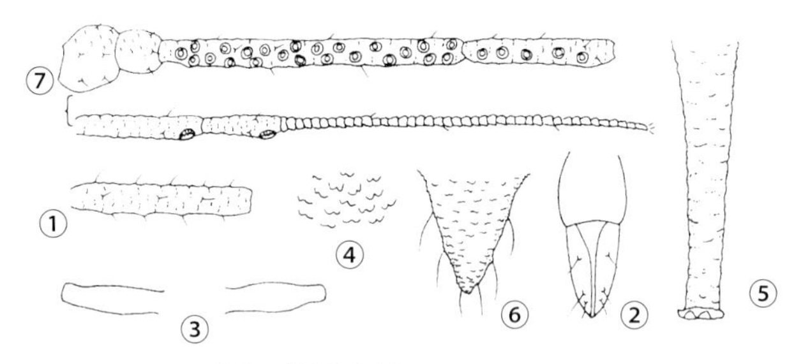

图 3 苹果圆瘤蚜（钟铁森绘）

无翅孤雌蚜：①触角第三节；②喙节第四和第五节；③中胸腹岔；④腹部背纹；⑤腹管；⑥尾片

有翅孤雌蚜：⑦触角

长 0.24mm，为触角第三节的 67%，为尾片的 2.2 倍。尾片圆锥形，有毛 6 或 7 根。尾板有毛 9 或 10 根（图 2②、图 3）。

生活史及习性 1 年可发生 10 余代。以卵在 1 年生新梢、芽腋或剪锯口等部位越冬。翌年 4 月苹果发芽至展叶为越冬卵孵化期。初孵若虫先集中在芽上取食危害，苹果展叶后即爬到小叶上危害，并开始孤雌生殖，虫口密度增大。6 月下旬产生有翅蚜，并开始向其他植物上迁飞，在其上继续繁殖，10 月又飞回果园，产生性蚜，交尾产卵，以卵越冬。苹果圆瘤蚜对果树的种类和品种有比较强的选择性，'元帅''青香蕉''柳玉''醇露''鸡冠''新红玉'等苹果品种及海棠、花红和山荆子受害最重，'国光''红玉'受害较轻。

防治方法

农业防治 冬季结合刮老树皮，进行人工刮卵，消灭越冬卵。果树休眠期结合防治幼虫、红蜘蛛等害虫，喷洒含油量 5% 的柴油乳剂，杀越冬卵有较好效果。

化学防治 苹果树发芽后到开花前是蚜虫危害初期，也是防治的关键时期，可供选择的农药有：新烟碱类杀虫剂（吡虫啉、吡蚜酮、啶虫脒、噻虫嗪），菊酯类杀虫剂（氰戊菊酯、联苯菊酯、氯氟氰菊酯），有机磷类杀虫剂（毒死蜱、敌敌畏），昆虫生长调节剂类农药（氟啶虫酰胺）以及阿维菌素等生物农药。

苹果树开花以后到 6 月份前后，施用药剂防治时应尽量避免杀伤蚜虫天敌。

参考文献

张广学，钟铁森，1983. 中国经济昆虫志：第二十五册 同翅目 蚜虫类（一）[M]. 北京：科学出版社 .

中国农业科学院植物保护研究所，中国植物保护学会，2015. 中国农作物病虫害：中册 [M]. 3 版 . 北京：中国农业出版社 .

（撰稿：姜立云；审稿：乔格侠）

苹褐卷蛾 *Pandemis heparana* (Denis et Schiffermüller)

一种危害多种果树和林木的鳞翅目害虫。又名苹果褐卷蛾。鳞翅目（Lepidoptera）卷蛾科（Tortricidae）褐卷蛾属（*Pandemis*）。中国分布在安徽、湖北、湖南、甘肃、黑龙江等地。

寄主 苹果、梨、桃、杏、樱桃、李、火棘等多种果树和林木。

危害状 幼虫吐丝缀芽、花、蕾和叶取食危害，致使被害植株不能正常展叶、开花结果，严重时整株叶片呈焦枯状。

形态特征

成虫 体长 11mm，翅展 16～25mm。体及前翅褐色，雌成虫前翅前缘稍呈弧形拱起，外缘较直，顶角不突出，翅面具网状细纹，基斑、中带和端纹均为深褐色，中带下半部增宽，其内侧中部呈角状突起，外侧略弯曲。后翅灰褐色。下唇须前伸。腹面光滑，第二节最长。雄成虫前翅前缘呈弧形拱起更明显，中带深褐色前窄后宽，其内缘中部凸出，外缘略弯曲，基斑褐色；雄性外生殖器的爪形突较宽，基部有 1 对耳状突起。

卵 长约 0.9mm，扁圆形。初为淡黄绿色，近孵化时变褐。卵块一般由数十粒排成鱼鳞状，表面有胶状覆盖物。

幼虫 体长 19～22mm。体绿色，头近方形，头及前胸背板淡绿色，大多数个体前胸背板后缘两侧各有 1 黑斑，毛片淡褐色。腹部末端具臀节。头部单眼区黑色，单眼 6 枚。

蛹 长9～11mm。头、胸背面深褐色，腹面稍带绿色。腹部第二节背面有2排横列刺突。腹部第三至七节背面亦有2列刺突，第一列大而稀，靠近节间；第二节小而密。蛹的顶端不太突出，末端细，平扁而齐，具有8枚弯曲而强壮的臀棘，两侧各2枚，末端4枚。

生活史及习性 在淮北地区1年发生4代，湖北宜昌1年发生3代。以幼龄幼虫在树干粗皮裂缝中结白色薄茧越冬。翌年4月中旬寄主萌芽时，越冬幼虫陆续出蛰取食，5月中下旬越冬代成虫出现，6月上中旬第一代幼虫出现，7月下旬第二代幼虫出现，9月上旬第三代幼虫出现，10月中旬第四代幼虫出现，10月下旬开始越冬。雌、雄虫均有多次交尾现象，卵块呈鱼鳞状排列，多产于叶背。成虫白天静伏叶背或枝干，夜间活动频繁，既具有趋光性，也有趋化性。

防治方法

人工捕捉 在幼虫危害初期，及时摘除包裹着幼虫或蛹的受害叶片。

诱杀成虫 根据成虫的趋光性，在重点防治区域设置黑光灯诱杀成虫。

化学防治 掌握幼虫初孵至盛孵时间，及时喷药1～2次。可选择90%晶体敌百虫800～1000倍液、2.5%溴氰菊酯乳油1500～2000倍液、10%氯氰菊酯乳油2000～2500倍液、50%巴丹可湿性粉剂1500～2000倍液、5%高效灭百可乳油1500～2000倍液或30%双神乳油2000～2500倍液。

参考文献

杜良修，杜铖瑾，1999. 苹褐卷蛾的初步研究[J]. 林业科技开发(5): 35-36.

祁光增，常浩祥，蒋玉宝，等，2017. 庆阳市苹褐卷蛾成虫发生规律初报[J]. 甘肃农业科技(3): 9-11.

杨春材，赵益勤，王成阳，等，1997. 苹褐卷蛾发生期的预测预报研究[J]. 应用生态学报，8(2): 185-188.

（撰稿：王甦、王杰；审稿：李姝）

苹黑痣小卷蛾 *Rhopobota naevana* (Hübner)

危害冬青和多种果树，尤其是苹果的害虫。英文名black-headed fireworm。鳞翅目（Lepidoptera）卷蛾科（Tortricidae）新小卷蛾亚科（Olethreutinae）黑痣小卷蛾属（*Rhopobota*）。原产于欧洲，在美国和加拿大是蔓越莓的重要害虫。国外主要分布于蒙古、韩国、日本、印度、斯里兰卡、俄罗斯以及其他欧洲地区、北美地区。中国分布于北京、天津、河北、内蒙古、辽宁、吉林、黑龙江、浙江、安徽、福建、江西、河南、湖北、湖南、广东、四川、贵州、云南、西藏、陕西、甘肃、台湾等地。

寄主 蔓越莓、苹果、海棠、毛山荆子、梨、秋子梨、山楂、杏、梅、花楸、稠李、鼠李、全缘冬青、钝齿冬青、暴马丁香、水曲柳、花曲柳、小蜡、金叶女贞等。

危害状 以幼虫危害植物嫩梢和叶片，幼虫吐丝将嫩梢嫩叶缀合成虫苞在其内取食。每苞1虫，常可在被害的嫩梢下部叶片中发现细小虫粪。剥开虫苞可见白色丝巢。有时可见2个嫩梢缀织在一起为害，也可在叶片重叠处为害。严重受害时嫩枝叶被取食殆尽，抑制植物生长，同时严重影响绿化景观效果。

形态特征

成虫 翅展11～16mm。下唇须前伸，略向下垂，第二节鳞片向前下方扩展而呈三角形。前翅灰褐色，有黑褐色斑纹，顶角突出，呈钩状，外缘在顶角下深凹。基斑明显；中带由前缘1/2处开始斜向后缘近臀角处，在中室末端特别凸出，像一黑痣，前缘有许多白色钩状纹。后翅褐色，基部稍淡。雄性后翅前缘有一块蓝色斑，由反面看近黑色。本种与李黑痣小卷蛾（*Rhopobota latipennis*）非常相似，主要区别是后者雄性后翅前缘无蓝色斑（见图）。

幼虫 老熟幼虫体长9～12mm，黄绿色至绿褐色，略带有红色；头、前胸背板黑色，前胸侧面有2块褐色斑，臀板上有一个"U"形褐斑，臀栉具2～3个深色齿；胸足褐色。

生活史及习性 在加拿大不列颠哥伦比亚省、美国马萨诸塞州和华盛顿哥伦比亚特区1年发生2～3代。在中国1年发生1～8代。

以卵或幼虫越冬。在浙江丽水以卵在小蜡叶片上越冬。翌年3月上旬越冬卵孵化，3月下旬化蛹，4月初第一代成虫出现。其他各代成虫发生盛期分别为：5月中旬、6月上旬、7月上旬、8月中旬、9月中旬、10月中旬、11月下旬，12月上旬产卵越冬。越冬代完成整个世代约需120天，其他各世代所需时间25～40天不等。

成虫白天潜伏在小蜡枝叶丛中，羽化当天即可进行交配。白天、晚上均可进行，交配时间一般为8～12小时。成虫寿命4～7天。卵散产，经常产在老叶上，常见于叶片正面主脉上或叶背主脉两侧。每头雌虫可产卵70粒左右。越冬代卵期80天左右，其他各代卵期3～9天。幼虫共5龄，初孵幼虫先啃食产卵叶片上的叶肉，常将叶肉取食成1条沟，

苹黑痣小卷蛾雄成虫（张爱环摄）

幼虫在沟内取食，后转移到顶梢为害。幼虫有转梢为害的习性，1头幼虫可危害6、7个嫩梢。幼虫期13～18天。幼虫老熟后寻找未被为害的叶片吐丝卷成饺子状在其内织1薄茧化蛹，或在枯枝落叶层上结茧化蛹。蛹期5～12天。

防治方法

药剂防治 可使用的药剂有20%灭幼脲Ⅲ号、1.8%阿维菌素、20%米满、2.5%溴氰菊酯等。

诱杀成虫 在各代成虫发生期，利用黑光灯、糖醋液、性诱剂挂在果园内诱杀成虫。

参考文献

刘友樵，李广武，2002. 中国动物志：昆虫纲 第二十七卷 鳞翅目 卷蛾科[M]. 北京：科学出版社.

邱强，2004. 中国果树病虫原色图鉴[M]. 郑州：河南科学技术出版.

佘德松，冯福娟，2008. 危害小蜡的苹黑痣小卷蛾生物学特性[J]. 林业科学，44(5): 75-78.

SLESSOR K N, RAINE J, KING G G S, et al, 1987. Sex pheromone of blackheaded fireworm, *Rhopobota naevana* (Lepidoptera: Tortricidae), a pest of cranberry[J]. Journal of chemical ecology, 13(5): 1163-1170.

（撰稿：张爱环；审稿：郝淑莲）

苹枯叶蛾 *Odonestis pruni* (Linnaeus)

苹枯叶蛾成虫（武春生提供）

一种以幼虫取食嫩芽和叶片危害的果木害虫。又名苹毛虫。英文名apple caterpillar、plum lappet。鳞翅目（Lepidoptera）枯叶蛾科（Lasiocampidae）苹枯叶蛾属（*Odonestis*）。国外见于朝鲜、日本以及欧洲。中国分布于北京、山西、内蒙古、辽宁、黑龙江、浙江、安徽、福建、江西、山东、河南、湖北、湖南、广西、四川、云南、陕西、甘肃。

寄主 苹果、梨、李、梅、樱桃等。

危害状 幼虫为害嫩芽和叶片，食叶成孔洞和缺刻，严重时将叶片吃光仅留叶柄。

形态特征

成虫 翅展：雄蛾37～51mm，雌蛾40～65mm。全体赤褐色或橙褐色。触角黑褐色，分支红褐色。前翅内、外横线黑褐色，呈弧形；亚外缘斑列隐现，较细，呈波状纹；外缘毛深褐色，不太明显；中室端有1明显的近圆形银白色斑点；外缘锯齿状。后翅色泽较浅，有2条不太明显的深色横纹；外缘锯齿状（见图）。

卵 直径约1.5mm，短椭圆形，初产时稍带绿色，后变为白色，卵表面中间灰白色。

幼虫 老熟幼虫体长50～60mm，头灰色，胸、腹部青灰色或茶褐色。体扁平，两侧缘毛较长，腹部第一节两侧各生1束蓝紫色长毛，第二节背面有蓝黑色横列短毛丛，第八腹节背面有1瘤状突起。气门黄白色，围气门片黑色。

蛹 长25～30mm，初为黄褐色，后变紫褐色。茧纺锤形，灰黄色。

生活史及习性 在东北、华北1年发生1代，华东1年2代，陕西1年1～2代，均以幼龄幼虫紧贴在树干上或在枯枝内越冬。幼虫体色似树皮，故不易被发现。在辽宁，5月幼虫开始活动，夜间爬至小枝上食害叶片，白天则静伏在枝条上。6～7月幼虫老熟化蛹，7月羽化成虫。成虫停息时形似枯叶状，产卵在枝干或叶上，孵化出来的幼虫为害一段时间后，即进入越冬状态。

防治方法 贯彻“预防为主、综合防治”的植保方针，大力推广绿色防控技术，加强建设栽培和农业控害管理，推广生物防治技术，发挥自然控害机制，辅助使用高效、低毒、低残留或无残留的环保型农药品种，采取农业防治、物理机械防治、生物防治和化学防治等多种措施相结合的方法，达到经济、有效、安全地控制病虫危害的目的。

参考文献

刘友樵，武春生，2006. 中国动物志：昆虫纲 第四十七卷 鳞翅目 枯叶蛾科[M]. 北京：科学出版社.

史天冉，姚明辉，李秀文，2014. 冀北山区苹果病虫害的发生与综合防治技术探讨[J]. 农民致富之友(7): 78.

（撰写：武春生；审稿：陈付强）

苹毛丽金龟 *Proagopertha lucidula* Faldermann

丽金龟科的一种重要的果树害虫，主要危害嫩叶和花器。又名苹毛金龟子、长毛金龟子。鞘翅目（Coleoptera）金龟科（Scarabaeidae）丽金龟亚科（Rutelinae）毛丽金龟属

（*Proagopertha*）。国外分布于日本、俄罗斯。中国分布北起黑龙江、内蒙古，南限在长江附近，东接俄罗斯东境、朝鲜北境，西达甘肃、青海，折入四川、云南，止于东经100°附近，华北及内蒙古、甘肃、青海一带密度较大。

寄主　主要危害苹果、梨、桃、李、杏、樱桃、葡萄、板栗、海棠、葡萄、豆类及杨、柳、桑等。

危害状　成虫和幼虫均能危害，其幼虫即蛴螬，在土中危害植物地下部分，毁坏苗木，造成缺苗断垄。成虫群集为害，喜吃花器和嫩叶，取食花蕾时先将花瓣咬成孔洞，然后取食花丝和花柱。对已开放的花则沿花瓣边缘蚕食，食痕呈椭圆形；取食嫩叶时一般沿叶缘蚕食，对较老的叶片则于叶背剥食叶肉，残留主脉和侧脉，食痕呈网眼状（图1）。

形态特征

成虫　成虫体长约10mm，卵圆或长卵圆形。除鞘翅和小盾片外，全体密被黄白色绒毛，头胸部古铜色，有光泽，鞘翅为茶褐色，半透明，有光泽，由鞘翅上可透视出后翅折叠成“V”字形，鞘翅上有纵列成行的细小点刻。腹部两侧生有明显的黄白色毛丛，腹部末端露出鞘翅外（图2①②③④）。

图1 苹毛丽金龟成虫食害叶（冯玉增摄）

幼虫　体长约15mm，头黄褐色，胸腹部乳白色，全身被黄褐色细毛。臀节腹面复毛区中央有刺毛列两列，每列前段为短锥状刺毛，一般为6～12根，后段为长针状刺毛，每列6～10根，相互交错，刺毛列两侧及肛裂前缘为钩状刚毛，刺毛列前缘伸出钩状刚毛区（图2⑤）。

生活史及习性　1年发生1代，以成虫在30～50cm的土层内越冬，成虫于3月下旬至5月中旬出土活动，花蕾期受害最重，苹果谢花后5月中旬成虫活动停止。成虫出土后的活动可分为2个阶段：①地面活动阶段。果树现蕾前成虫在果园周围的田埂、河边、沟边等处的荒草带活动，活动时间短、活动性弱，当气温下降到14°C以下，低温、阴雨和大风天气，成虫很少活动，多潜伏在土壤、落叶和向阳背风处。②上树为害阶段。一般是从果树花蕾开始，苹果、梨初花期是为害盛期。此时成虫活动特点是由分散到集中，密度大，活动性强，也是危害花的严重时期。成虫群集为害，由于喜食花、嫩叶和未成熟的果实，从而明显表现出随各种寄主植物物候迟早的不同而转移为害，成虫先危害杨、柳及发芽早的豆科作物如紫花苜蓿等，后危害梨、李花器，对玉米幼叶为害也较重。4月下旬至5月初集中危害苹果花器和山楂的蕾和花。

成虫均在白天温度升高后取食，但在炎热的中午多潜伏在叶背或叶丛间蔽荫。取食时仅用前足把持寄主植物，中后足腾空，触角伸向斜上方并展开触角的鳃片，而大肆取食。

图2 苹毛丽金龟（①②③赵川德摄；④⑤冯玉增摄）

①②③④成虫；⑤幼虫——蛴螬

P

成虫交尾一般在气温较高时进行，雌虫出现后即行交尾，由于雄虫寿命较短，交尾期只10天左右（4月下旬至5月上旬），每日成虫交尾时间多集中于中午前后。

成虫产卵于土质疏松而植物稀疏的表土层中，多在10～20cm内。多数卵都在午前孵化，尤其在8：00～10：00最多。5月底至6月初为幼虫孵化盛期。幼虫孵化后以植物的微细根系和腐殖质为营养。约取食20日左右开始蜕皮，幼虫期间蜕两次皮，共3龄。温度对幼虫发育有一定程度的影响，但总的来看一龄期较长，二龄期最短、三龄期最长。一、二龄幼虫生活在10～15cm的土层内，三龄后即开始下移至20～30cm深的土层，准备化蛹。8月中下旬为化蛹盛期，9月上旬开始羽化为成虫，9月中旬为羽化盛期。羽化的成虫当年不出土，即在土层深处越冬。

防治方法

农业防治　①做到合理施肥。有机肥料一定隔年充分发酵腐熟后再用。②保证秋翻和春翻地质量，整地时必须清除杂草、枯枝落叶。③铲除水渠、防护林、道路上的各种杂草，保持圃地周围卫生，不给害虫留下栖息安身之地。

人工捕杀　利用成虫取食植物叶片和花器时，人工捕捉，另外也可利用成虫有假死性而无趋光性，可在早晚摇树振落捕杀。

糖醋液诱杀　用红糖1份、醋4份、白酒1份、水4～6份，在金龟子成虫发生期间，将配好的糖醋液装入开口瓶中，悬挂树上，每亩挂8只左右糖醋液桶为宜，诱引金龟子飞入，隔日捞出集中处理。

化学防治　成虫出土前地面施辛硫磷毒土（0.5kg辛硫磷配150kg细土），将毒土撒入地面并耕平。成虫发生期喷80%敌敌畏1000倍液。

生物防治　可以充分利用天敌防治。在沙丘上常发现朝鲜小庭虎甲、深山虎甲、粗尾拟地甲以及条翅拟地甲等捕食苹毛丽金龟成虫。此4种甲虫在一天中常交替活动，粗尾拟地甲和条翅拟地甲多在早晚温度较低时出土，而另两种虎甲则在温度较高时出土。所以苹毛丽金龟成虫在地面活动阶段均有捕食性甲虫活动，无疑在早春此4种甲虫对苹毛丽金龟成虫数量的消长具有一定的影响。另外，苹毛丽金龟成虫在树梢上补充营养时，常被栖居树上的鸟类如灰顶红尾伯劳和黄鹂等捕食。

参考文献

杜玉虎，楚明，吴巍，等，2004. 果园苹毛金龟子成虫取食规律与非农药防治方法报告[J]. 辽宁农业职业技术学院学报，6(4): 9-10.

李亚傑，李賛鸣，薛才，1973. 苹毛金龟子的生活习性观察[J]. 昆虫学报(1): 25-31.

刘广瑞，章有为，王瑞，1997. 中国北方常见金龟子彩色图鉴[M]. 北京：中国林业出版社：29-48.

王秋萍，1997. 苹毛金龟子的发生与防治[J]. 四川果树(4): 38.

徐秀娟，2009. 中国花生病虫草鼠害[M]. 北京：中国农业出版社：222-223.

（撰稿：周洪旭；审稿：郑桂玲）

苹梢鹰夜蛾　*Hypocala subsatura* Guenée

杂食性的食叶害虫，为果园偶发性害虫。又名苹梢夜蛾。鳞翅目（Lepidoptera）夜蛾科（Noctuidae）鹰夜蛾属（*Hypocala*）。国外分布于日本、印度等地。中国分布于华北、东北，南方分布于广东、浙江、云南、贵州、台湾等地。

寄主　北方以危害苹果、李子、梨为主，南方以危害柿子、栎为主。

危害状　以幼虫危害新梢、嫩叶，将新梢生长点咬断，取食嫩叶仅剩主脉，有时还会危害幼果。危害严重时新梢顶部枝秃叶枯，对幼苗和幼树生长影响很大。一般在管理粗放的果园发生严重。

形态特征

成虫　体长18～22mm，翅展30～38mm，全体棕褐色。下唇须发达，斜向下伸，犹如鸟嘴状。头、胸背面及前翅正面一般为紫褐色，腹部、后翅及前翅底面均为黑黄两色构成的花纹，腹部节间为黄色，前翅顶角到翅下半部基角纵贯有褐色镰刀形宽带，后翅有2个黄色圆斑，中室后有1黄色回形条纹，臀角有2个小黄斑（图1）。

卵　馒头形，淡黄色。

幼虫　老熟幼虫体长25～36mm，体宽约5mm。初龄幼虫黑褐色，老熟后头部黄褐色，前胸背板褐色，胴部黄绿色，两侧各具1条淡褐色花纹，有些个体胴部颜色较深（图2）。

图1　苹梢鹰夜蛾成虫（陈汉杰提供）

图 2 苹梢鹰夜蛾幼虫（陈汉杰提供）

蛹　体长约 20mm，红褐色，纺锤形。

生活史及习性　在北方果园每年发生 1 代。在郑州一般在 5 月中下旬田间出现幼虫为害，5 月下旬老熟幼虫入土化蛹，6 月上旬成虫羽化，但田间不再发现幼虫为害。在山西太谷，成虫在 6 月上旬迁入果园，幼虫在 6 月上中旬出现为害，7 月上中旬老熟幼虫入土化蛹。羽化成虫是否迁移到其他寄主目前没有明确结论。但在南方柿子上，苹梢鹰夜蛾在浙江可以发生 3 代，在广西可以发生 6 代，后期世代重叠，在生长季可以持续为害。苹梢鹰夜蛾发生为害和气候关系密切，当发生期降雨较多时，往往发生严重，干旱年份一般发生较轻。

防治方法　在发生不严重时，不需要喷药防治，采取人工捕捉，减少为害，喷洒广谱性杀虫剂往往会引起螨类暴发。

当发生虫量较大时，喷洒 Bt 水剂 400 倍液，或者 20% 虫酰肼悬浮剂 1500 倍液加以控制。

参考文献

北京农业大学，等，1981. 果树昆虫学 [M]. 北京：农业出版社：290-291.

李连昌，1981. 苹梢夜蛾的发生与防治试验 [J]. 山西果树 (2): 41-43.

韦启元，1988. 苹梢鹰夜蛾的初步研究 [J]. 昆虫知识 (5): 284-286.

赵锦年，陈胜，1993. 苹梢鹰夜蛾生物学特性及防治 [J]. 林业科学研究 (3): 341-345.

（撰稿：陈汉杰；审稿：李夏鸣）

苹小食心虫　*Grapholita inopinata* (Heinrich)

一种危害果树的蛀果害虫。又名苹果小果蛀蛾、苹蛀虫、东北苹果小食心虫，简称苹小或东小。鳞翅目（Lepidoptera）卷蛾科（Tortricidae）小食心虫属（*Grapholita*）。国外分布于朝鲜、俄罗斯远东地区及日本。在中国分布于东北、华北、西北及江苏、四川等地。

寄主　苹果、梨、山楂、沙果、李、山荆子和海棠。

1955 年以前，苹小食心虫是中国北方果树产区危害最严重的食心虫之一。由于各种化学杀虫剂的大量使用，果园管理精良，苹小食心虫已经很少见到。目前仅管理粗放的果园以及山野间零星果树可以见到，海棠和沙果受害重。

危害状　幼虫孵化后不久即蛀入果内，初孵幼虫蛀入苹果果皮下浅处，蛀果孔周围呈现红色小圈，随着幼虫长大，被害处向四周扩大。幼虫食害果肉，但一般不深入果心，被害处形成褐色干疤，虫疤上有小虫孔数个，并有少许虫粪堆积在疤上。在鸭梨上，胴部形成下陷干疤，直径约 10mm，蛀果孔外有少量虫粪或无虫粪，孔外有 1 个直径约 2mm 的黑色缘边。苹果、梨受害后，形成略呈下陷的干疤，是苹小幼虫典型的危害状（图 1）。

形态特征

成虫　体长 4.5～4.8mm，翅展 10～11mm。体暗褐色，具紫色光泽。前翅暗褐色，具紫色光泽，前缘具 7～9 组白色斜纹；翅上杂有很多端部为白色的鳞片，形成很多白色的斑点，近外缘处的白点排列整齐（图 2 ①）。后翅灰褐色，腹部和足浅灰褐色。

卵　淡黄白色，半透明，有光泽，扁椭圆形，中央隆起，周缘扁平。长径约 0.66mm，短径约 0.51mm。

幼虫　末龄幼虫体长 6.5～9mm，淡黄色或粉红色，头壳黄褐色，前胸盾淡黄色，较头部颜色浅。腹节的背面有横沟，将背面划为两条红色横带，前带宽而长，后带短而窄（图 2 ②）。腹足趾钩单序环状，趾钩数 15～34 个，臀栉 4～6 根。

蛹　体长 4.5～5.6mm，全体黄褐色。复眼褐色。腹足达第四腹节后缘或超过后缘。第一腹节背面无刺，第二腹节前后缘均有小刺，第八腹节背面只有 1 列较大的刺。腹部末端有 8 根钩状刺毛。

生活史及习性　以老熟幼虫潜伏于树皮裂缝下越冬。越冬的主要树种为晚熟品种，并随果实成熟期的早晚出现明显规律：早熟品种没有越冬幼虫，中、晚熟品种随着时间的推移，越冬幼虫逐渐增多。在树体上的越冬部位也因树龄的大小有差异：树龄老的树，越冬幼虫多在上部枝条的剪锯口及受潜皮蛾危害的卷皮下，小树则多在主干上的粗皮裂缝中。

成虫白天不活动，潜伏在叶片下，傍晚活动最盛。成虫对苹果醋、10% 糖饴 +0.1% 茴香油、10% 糖饴 +0.1% 黄樟油均有一定的趋性。成虫喜在光滑的果面上产卵，大部分卵产在果实的胴部，梗洼和萼洼处产卵很少。卵期 7 天左右。

在苹果上 1 年发生 2 代，在梨树上 1 年发生 1 代，少数个体 1 年发生 2 代。在辽南及河北苹果产区，越冬幼虫在翌年 5 月中下旬开始化蛹，蛹期约 20 天，6 月上中旬出现越冬代成虫和第一代卵，盛期在 6 月中下旬，末期在 7 月中旬。

幼虫在苹果内发育 20 天左右，最早 7 月上旬脱果，大部分在 7 月下旬至 8 月上旬脱果化蛹。再经 10 天左右蛹期，羽化为第一代成虫，第一代成虫开始于 7 月中下旬，末期在 9 月初。第二代卵期约 5 天，幼虫期约 20 天，8 月下旬有幼虫脱果越冬，9 月中旬为脱果盛期，末期至 10 月上旬。

防治方法　苹小食心虫对常用化学杀虫剂很敏感，很

图 1 苹小食心虫苹果危害状（冯玉增摄）

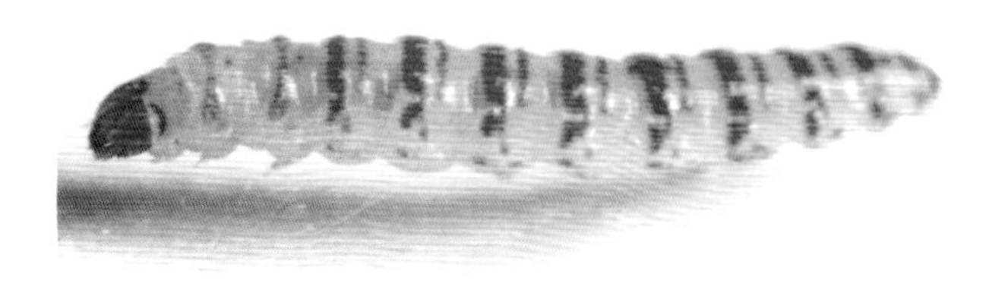

图 2 苹小食心虫形态（①仿张润志、石宝才；②仿石宝才）
①成虫；②幼虫

多果园在防治其他害虫时均可以有效兼治，一般不需要专门防治。

参考文献

刘友樵，李广武，2002. 中国动物志：昆虫纲　第二十七卷　鳞翅目　卷蛾科[M]. 北京：科学出版社.

石宝才，范仁俊，2014. 北方果树蛀果类害虫[M]. 北京：中国农业出版社.

吴维均，黄可训，1955. 苹果果蠹蛾类的鉴别[J]. 昆虫学报，5(3): 335-347, 351-359.

（撰稿：张志伟、马瑞燕；审稿：王洪平）

苹蚁舟蛾　*Stauropus fagi* (Linnaeus)

以幼虫取食叶片来危害寄主的害虫。又名苹果天社蛾。英文名 lobster moth。鳞翅目（Lepidoptera）舟蛾科（Notodontidae）蚁舟蛾属（*Stauropus*）。国外见于日本、朝鲜、俄罗斯（远东）。中国分布于吉林、内蒙古、山西、陕西、甘肃、浙江、四川、广西。

寄主　苹果、梨、李、樱桃、麻栎、赤杨、胡枝子、连香树、菝葜。

危害状　幼虫危害植物叶片，食叶呈缺刻，严重时吃光叶片（图 1）。

形态特征

成虫　雄蛾体长约 24mm，雌蛾 28mm 左右；雄蛾翅展约 58mm，雌蛾 76mm 左右。头和胸部背面灰红褐色；腹部背面灰褐色，第一至五节毛簇棕黑色。前翅灰红褐色；内半

图 1 苹蚁舟蛾幼虫苹果危害状（吴楚提供）

图 2 苹蚁舟蛾成虫（武春生提供）
①雄蛾；②雌蛾

部较暗，基部有 1 红褐色点；内、外线灰白色，内线不清晰，在 A 脉前隐约可见，呈双波形曲线；外线锯齿形，从前缘到中室下角呈弧形外曲，以后稍向外斜伸至靠近臀角；亚端线由 6 个暗红褐色圆点组成，每点内侧衬灰白色；端线由脉间暗红褐色锯齿形线组成，内衬灰白边；横脉纹暗红褐色。后翅灰红褐色，前缘较暗，中央有 1 灰白色斑；端线模糊，暗红褐色衬灰白边；脉端缘毛灰白色，其余灰红褐色（图 2）。

幼虫　第七腹节背面呈 1 大片状突起，全体褐色，头部正面有 2 黑褐色条纹；腹背第一、二节突起侧面暗褐色，气门周围具暗色细斜线，腹面每节各有 1 黑纹，第三至六腹节具暗色气门上线。

生活史及习性　1 年发生 2 代，以蛹在土壤中越冬，翌年春天羽化。第一代幼虫 5 月下旬至 6 月上旬开始出现，7～8 月老熟结茧化蛹。第一代成虫 8～9 月出现，第二代幼虫至秋后老熟入土结茧化蛹。低龄幼虫有群集危害的习性，幼虫白天静伏在枝上，夜间取食为害。

防治方法

人工防治　捕杀低龄群集的幼虫；分散后的幼虫可振落后捕杀。

化学防治　5～10 月幼虫发生期喷洒 20% 灭幼脲 I 号胶悬剂 8000 倍液、3% 高渗苯氧威乳油 5000 倍液或 2.5% 高效氯氰菊酯乳油 1500 倍液。

参考文献

史天冉，姚明辉，李秀文，2014. 冀北山区苹果病虫害的发生与综合防治技术探讨 [J]. 农民致富之友 (14): 78.

武春生，方承莱，2003. 中国动物志：昆虫纲　第三十一卷　鳞翅目　舟蛾科 [M]. 北京：科学出版社 .

（撰写：武春生；审稿：陈付强）

苹掌舟蛾　*Phalera flavescens* (Bremer et Grey)

经济林木的重大害虫之一，该害虫杂食性强，危害树种多，危害严重，造成损失巨大。又名舟形毛虫、舟形蚰蜇、举尾毛虫、举肢毛虫、秋黏虫、苹天社蛾、苹黄天社蛾、黑纹天社蛾。英文名 black-marked prominent。鳞翅目（Lepidoptera）舟蛾科（Notodontidae）掌舟蛾属（*Phalera*）。国外见于朝鲜、日本、俄罗斯、缅甸。中国分布于北京、河北、山西、黑龙江、辽宁、上海、江苏、浙江、福建、江西、山东、湖北、湖南、广东、广西、海南、四川、贵州、云南、陕西、甘肃、台湾等地。

寄主　苹果、杏、梨、桃、李、樱桃、山楂、枇杷、海棠、沙果、榆叶梅、椒、栗、榆等。

危害状　幼虫孵化后先集群叶片背面，头向叶缘排列成行，由叶缘向内蚕食叶肉，仅剩叶脉和下表皮（图 1），呈灰白色透明网状，并逐渐干枯变黄。幼虫四龄末五龄初食量大增，进入暴食期，此时幼虫可取食整个叶片，而且常将寄主叶片全部吃光。

受害树木轻则影响生长，重则影响产品质量及产量，甚至造成林木死亡。

形态特征

成虫 体长雄虫17～23mm，雌虫17～26mm；翅展雄虫34～50mm，雌虫44～66mm。头部和胸部背面浅黄白色。腹部背面黄褐色。前翅黄白色，无顶角斑，有4条不清晰的黄褐色波浪形横线；基部和外缘各有1暗灰褐色斑，前者圆形，外衬1黑褐色半月形小斑，中间有1条红褐色纹相隔，后者为波浪形宽带，从臀角至M_1脉逐渐变细，内侧衬暗红褐色波浪形带。后翅黄白色，具1条模糊的暗褐色亚端带，其中近臀角一段较明显（图2）。

卵 直径约1mm，圆球形（图3）。

幼虫 与榆掌舟蛾近似，但一至三龄时头和臀足黑色，身体紫红色，全身密被长白毛；四龄后体色加深；老熟时身体呈紫黑色，毛灰黄色，亚背线（只有1条）和气门上线灰白色，气门下线和腹线暗紫色，无环线（图4）。

蛹 体长约23mm，中胸背板后缘有9个缺刻，腹部末节背板光滑，前缘具7个缺刻，暗红褐色至黑紫色，纺锤形。腹末有臀棘6根，外侧2个常消失，中间2根较大（图5）。

生活史及习性 在北方1年1代，在浙江黄岩、福建莆田1年1～3代。在北方9月上中旬老熟幼虫在寄主植物根部附近入土化蛹越冬。成虫翌年6月中下旬开始羽化，7月下旬至8月上旬最盛。在南方则化蛹期和羽化期均延迟半个月左右。雌蛾平均产卵300多粒，多者达600余粒。卵产于寄主叶背面，整齐排列成块状，内有卵100～400粒。幼虫7月中旬开始出现，8月中下旬是为害盛期。三龄前群集叶背蚕食叶肉，受惊后可吐丝下垂逃逸；三龄后逐渐分散在邻近枝叶为害。大发生时常常将整株树叶吃光，然后成群下树迁移至邻近植株为害，猖獗异常。幼虫静止时首、尾翘起，并不停地颤动，形如水中龙舟飘荡，故有舟形毛虫或举肢毛虫之称。

图3 苹掌舟蛾卵（庞正轰提供）

图4 苹掌舟蛾幼虫（庞正轰提供）

图5 苹掌舟蛾蛹（庞正轰提供）

图1 苹掌舟蛾危害状（庞正轰提供）

图2 苹掌舟蛾成虫（武春生提供）

防治方法

人工防治 老熟幼虫下树前疏松树干周围表土层，诱集幼虫化蛹后挖蛹。果园结合冬耕或春耕，将土中越冬蛹翻于地表，被鸟啄食或风干而死，减少虫源。在幼虫未分散前，及时剪掉幼虫群集的叶片，可消灭大量幼虫。幼虫分散后，用竹竿或木棍敲打有虫树枝，杀死落地幼虫。

物理防治 在成虫羽化期设置黑光灯或频振式杀虫灯，诱杀成虫。

生物防治 成虫产卵期，释放松毛虫赤眼蜂，对卵的寄生效果较好。低龄幼虫期，喷洒每克含100亿活孢子的青虫菌粉剂800倍液，或25%灭幼脲Ⅲ号悬浮剂1000倍液。保护灰喜鹊、麻雀、黄臀鹎、蜘蛛、马蜂、螳螂、松毛虫赤眼蜂、日本追寄蝇、家蚕追寄蝇等天敌，对控制害虫有一定的作用。

化学防治 幼虫危害期，可用48%乐斯本乳油、50%辛硫磷乳油、50%杀螟松乳油1000倍液，或2.5%敌杀死乳油、20%灭扫利乳油、20%速灭杀丁乳油2000倍液，或10%联苯菊酯乳油3000～4000倍液，在16：00后均匀喷雾，均有很好的防治效果。

参考文献

陈顺秀，庞正轰，杨振德，等，2012. 我国苹掌舟蛾研究进展[J]. 广西科学院学报，28(3): 207-211.

王楠，王炜，2016. 苹掌舟蛾的发生规律及防治对策 [J]. 陕西农业科学，62 (5): 89, 108.

武春生，方承莱，2003. 中国动物志：昆虫纲 第三十一卷 鳞翅目 舟蛾科 [M]. 北京：科学出版社.

（撰写：武春生；审稿：陈付强）

葡萄斑蛾 *Illiberis tenuis* (Butler)

以幼虫危害果树叶片的、中国广泛分布的害虫。又名葡萄星毛虫、葡萄叶斑蛾、葡萄毛虫、葡萄透黑羽。鳞翅目（Lepidoptera）斑蛾科（Zygaenidae）鹿斑蛾属（*Illiberis*）。国外分布于朝鲜、日本、俄罗斯、印度。中国分布于黑龙江、福建、江西、贵州、陕西、甘肃、四川等大部分地区。

寄主 葡萄、苹果、沙果、梨、桃、李、樱桃、梅、海棠等。

危害状 越冬幼虫危害叶芽，造成叶芽萎缩干枯，不能抽枝；继而危害幼叶，形成孔洞；成叶被害时，幼虫光在叶背近叶柄处食去叶肉，留下上表皮，然后全身贴附于叶片上为害，将叶肉食尽剩网状叶脉。花序被害，不能正常开花。幼果被害，先在果肩处咬洞，严重时把果全部吃光。穗轴、叶柄被害，干枯脱落。

形态特征

成虫 体长10mm，翅展25mm左右，全体黑色。翅半透明，略有蓝色光泽。雄成虫触角羽毛状，雌成虫触角锯齿状。

幼虫 初孵幼虫乳白色，头褐色，长大后背部紫褐色，腹面淡黄色，老熟幼虫结茧时，体呈鲜红色，长约10mm，体节背面疏生短毛，每节有4个瘤状突起，在背上有4条黄褐色纵线，纵线边有黑色细纹，瘤状突起上簇生数根灰色短毛和两根白色长毛。

生活史及习性 在河南郑州每年发生2代，以二、三龄幼虫在葡萄老蔓翘皮下结白茧越冬，少数在主干基部的土块下越冬。翌年4月初葡萄芽萌发时出蛰为害，经二、三次蜕皮后，于5月中下旬结白茧化蛹，蛹期8～10天，5月底至6月初越冬代成虫出现，6月上旬达成虫高峰，经15天后，第一代卵出现，卵期5～7天，6月中旬出现第一代幼虫，初孵幼虫在卵壳附近取食叶肉，仅留叶脉和叶的上皮表，以后分散到各绿色部分为害。6月底至7月上旬达为害盛期。此期，由于气候条件适宜，食源丰富，该虫发育较快，至7月上中旬化蛹，8月上旬第二代幼虫孵化，该代幼虫发育至二、三龄时即潜入老皮裂缝内或皮下结3～5mm长的厚茧越冬。有昼夜危害习性，并有假死性、吐丝下垂习性及群集为害的习性。

防治方法

农业防治 于每年12月到翌年1月采取刮除葡萄老粗皮、清除园内枯草落叶集中烧毁及冬翻园地等措施，破坏其越冬场所，可减少虫口基数。

人工捕杀 利用幼虫群集为害性、假死性及吐丝下垂的习性，在5月上旬结合葡萄夏管的摘心、除卷须、处理副梢等，进行人工捕杀。

生物防治 蠋敌捕食幼虫，短胸螳螂和蜘蛛捕食成虫和幼虫。

化学防治 在葡萄星毛虫刚出蛰和幼虫孵化期两个最佳时期，用25%功夫1500倍液效果最好，也可用90%敌百虫、40%氧化乐果800～1000倍液喷洒。

参考文献

程亚樵，孙元峰，夏立，等，1997. 葡萄星毛虫发生规律及防治方法 [J]. 河南农业 (5): 11.

章志英，1985. 葡萄斑蛾生物学的初步观察 [J]. 江西植保 (4): 13.

（撰稿：王甦、王杰；审稿：李姝）

葡萄斑叶蝉 *Arborida apicalis* (Nawa)

一种主要吸食叶片汁液的叶蝉类害虫。又名葡萄二星叶蝉、葡萄二斑叶蝉、葡萄二黄斑小叶蝉、葡萄二点浮尘子等。英文名 grape leafhopper。半翅目（Hemiptera）叶蝉科（Cicadellidae）小叶蝉亚科（Typhlocybinae）阿小叶蝉属（*Arborida*）。国外分布于日本。中国葡萄产区均有发生。

寄主 葡萄、苹果、梨、桃、山楂、樱桃、猕猴桃、蜀葵、蔷薇等。

危害状 以若虫、成虫刺吸叶背汁液，被害叶片出现小白点，严重时叶枯，提前落叶，影响果实的形成。不危害嫩叶，从下部老叶向上蔓延危害。树木枝叶过密、通风不良发生严重。其排出的粪便，落在下面的果实及叶片表面，呈密集褐色粪斑，影响光合作用和降低果色（见图）。

形态特征

成虫 体长3～4mm。有红褐色及黄白色两型，以黄白色种群为多，越冬前的成虫皆为红褐色。复眼黑色，头顶有2个黑色圆斑。前胸背板前缘有3个圆形小黑点，排成1列。小盾片前缘左右两侧各有1个三角形黑斑，所以称作二星叶蝉。前翅半透明，淡黄色，有淡褐或红褐色斑，但个体间差异大，有的无斑，翅端部黑褐色（见图）。

卵 黄白色，长椭圆形，稍弯曲，长0.2mm。

若虫 分2种色型：红褐色型，尾部上举，末龄体长1.6mm；黄白色型，尾部不上举，末龄时体长2mm。初孵化时白色，头大，如钝三角形。

生活史及习性 在河北北部1年发生2代，山东、山西、河南、陕西3代。成虫在果园杂草丛、落叶下、土缝、石缝等处越冬。翌年3月葡萄发芽前，气温高的晴天成虫即开始活动。先在小麦、毛苕子等绿色植物上危害，以及在桃、梨、山楂等果树嫩叶上吸食。葡萄展叶后即转移到葡萄上危害，喜在叶背面活动，产卵在叶背叶脉两侧表皮下或绒毛中。第一代若虫发生期在5月下旬至6月上旬，第一代成虫在6月上中旬。以后世代重叠，第二、三代若虫期大体在7月上旬至8月初、8月下旬至9月中旬。9月下旬出现第三代越冬成虫。此虫喜荫蔽，受惊扰则蹦飞。凡地势潮湿、杂草丛生、副梢管理不好、通风透光不良的果园发生多、受害重。葡萄品种之间也有差别，一般叶背面绒毛少的欧洲种受害重，绒

葡萄斑叶蝉及危害状（吴楚提供）

毛多的美洲种受害轻。

防治方法 ①冬季清除杂草、落叶，翻地消灭越冬虫。②夏季加强栽培管理，及时摘心、整枝、中耕、锄草、管好副梢，保持良好的风光条件。③第一代若虫发生期比较整齐，掌握好时机，防治有利。常用农药参照黑尾叶蝉。

参考文献

李照会，2002. 农业昆虫鉴定 [M]. 北京：中国农业出版社：105-106.

李照会，2004. 园艺植物昆虫学 [M]. 北京：中国农业出版社：222-227.

师光禄，王有年，刘永杰，等，2013. 果树害虫及综合防治 [M]. 北京：中国林业出版社.

徐公天，杨志华，2007. 中国园林害虫 [M]. 北京：中国林业出版社：31.

于江南，2003. 新疆农业昆虫学 [M]. 乌鲁木齐：新疆科学技术出版社：300-301.

（撰稿：袁忠林；审稿：刘同先）

葡萄长须卷蛾 *Sparganothis pilleriana* (Denis et Schiffermüller)

一种果树食叶类害虫，主要危害葡萄、日本落叶松、油桐等植物。又名葡萄卷叶蛾、藤卷叶蛾。英文名 spring worm leafroller。鳞翅目（Lepidoptera）卷蛾科（Totricidae）卷蛾亚科（Tortricinae）长须卷蛾属（*Sparganothis*）。国外分布于韩国、日本、俄罗斯（远东地区）、德国、罗马尼亚、法国、西班牙、比利时、瑞典、波兰、塞尔维亚、匈牙利、捷克等地。中国分布于河北、吉林、黑龙江、陕西等地。

寄主 葡萄、苹果、草莓、东北李、日本落叶松、油桐、东北山樱、美丽胡枝子、万寿菊、景天、珍珠菜、琴柱草、女萎、君影草、白藓等。

危害状 幼虫常将叶片卷成漏斗状，藏在其间危害寄主茎尖、叶和花序，致使叶片不能展开，不能结果。老熟幼虫也可啃食葡萄串。

形态特征

成虫 雄性翅展 18.5～19.5mm，雌性翅展 20.0～21.5mm。下唇须长约为复眼直径的 3.5 倍，外侧黄褐色，内侧黄白色；第二节背面鳞片松散，端部略膨大，第三节细长。额、头顶被黄褐色粗糙鳞片；触角灰褐色。翅基片发达，与胸部均为黄褐色，略带暗褐色。前翅前缘基半部略隆起，其后平直；顶角钝圆；外缘略倾斜；臀角宽圆。前翅底色土黄色，前缘和斑纹暗褐色；无明显的基斑，中带发达，从前缘 1/3 处斜伸至后缘 2/3 处，亚端纹细而短，斑纹的粗细有变异；缘毛较底色略浅。后翅灰白色，外缘略具黄白色；缘毛同底色。足黄白色，前、中足跗节具黑褐色鳞片。腹部背面暗褐色，腹面黄白色。

卵 椭圆形，长轴 0.5～0.7mm，短轴 0.2～0.4mm，初产时淡绿色，渐变淡黄，孵化时为深褐色，卵壳透明。

幼虫 初孵淡黄色，头部黑色，体长 0.7～1.0mm。老熟时暗绿色，体长 18～20mm，头部及前胸背板黑褐色，第一对胸足黑色，其余褐色。腹部背面各节具 4 个横向排列的毛瘤，臀棘 8 个。

蛹 长 10～15mm，椭圆形，暗棕色，具 8 个末端弯曲的臀棘。

生活史及习性 中国北方 1 年发生 1 代，以二龄幼虫在地表落叶或杂草等地被物下结茧越冬。翌年 4～5 月寄主发芽后，越冬幼虫出蛰后爬上寄主开始为害。6 月下旬至 7 月上旬老熟幼虫在卷叶内结茧化蛹，蛹期 14 天左右。成虫盛期为 7 月中下旬，卵期约 13 天，7 月下旬至 8 月中旬幼虫孵化后继续取食危害，9 月幼虫结茧越冬。

卵聚产于葡萄或藤本植物的叶片正面，常于 7：00～10：00 孵化，每块卵量达 150～250 粒。幼虫可吐丝借风传播扩散，老熟幼虫可吐丝结茧。蛹较活泼，遇惊扰腹部常扭动。成虫多在 17：00～20：00 羽化，羽化后 4 天产卵，有补充营养习性，成虫常在树冠 1～2m 处飞行。趋光性强，喜食糖醋液。天敌包括舞毒蛾黑瘤姬蜂、中华茧蜂和食虫虻等。

防治方法

物理防控　将频振式杀虫灯悬挂于葡萄园及周围诱杀成虫；葡萄长须卷蛾性诱剂及诱捕器配合诱杀成虫；糖醋液诱捕成虫；利用迷向剂（丝）干扰成虫交配。

生物防治　苏云金杆菌（Bt）喷雾防治幼虫。

化学防治　一、二龄时用氧化乐果、高效氯氟氰菊酯和灭幼脲等喷雾防治；用烟雾剂防控成虫。

参考文献

刘友樵，白九维，1977. 中国经济昆虫志：第十一册　鳞翅目　卷蛾科(一)[M]. 北京：科学出版社：36.

曾海峰，娇丽君，孙礼，1984. 葡萄长须卷蛾的生活习性及防治的研究 [J]. 林业科学，20(1): 100-103.

SCHIRRA K J, LOUIS F, 1995. Auftreten von natürlichen Antagonisten des Springwurm-wicklers *Sparganothis pilleriana* in der Pfalz[J]. Deutsches weinbaujahrbuch, 46: 129-140.

（撰稿：王新谱；审稿：于海丽）

葡萄短须螨　*Brevipalpus lewisi* (McGregor)

葡萄的重要害螨之一。又名刘氏短须螨、葡萄红蜘蛛。英文名 flat mite。真螨目（Acariformes）细须螨科（Tenuipalpidae）短须螨属（*Brevipalpus*）。广泛分布于北京、河北、辽宁、河南、山东和台湾。

寄主　葡萄、柑橘、核桃及观赏性植物。

危害状　成、若螨吸食叶片汁液，造成叶片枯焦脱落，危害新蔓、副梢、果梗、卷须出现坏死斑，果农称为“铁丝蔓”。危害果粒造成果皮粗糙、龟裂、含糖量下降（图 1、图 3）。

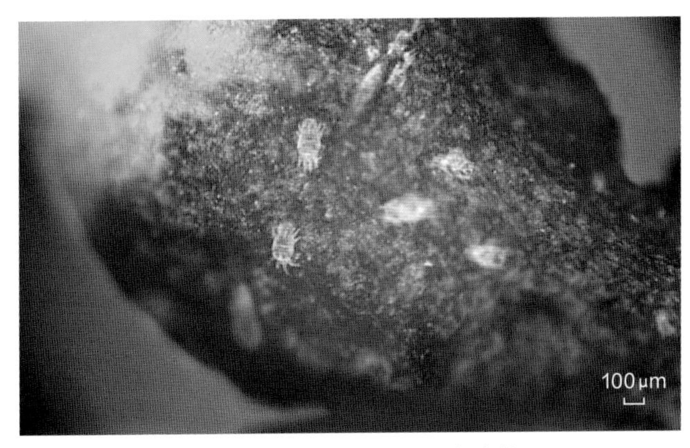

图 1　葡萄短须螨在葡萄果梗和果穗上的危害状（马春森摄）

形态特征

成螨　雌性体长 0.31～0.42mm，宽 0.10～0.14mm。椭圆形，红色。喙长达至足 1 股节中部，喙板中央深凹，两侧各具 1 尖利突起，其外侧有两个低矮的侧突，须肢 4 节，端节具 2 根刚毛和 1 根分枝状毛。前足体背毛 3 对，均短小。后半体背中毛 3 对，微小。肩毛 1 对，6 对背侧毛，短小。后足体部有孔状器 1 对。雄性形态似雌螨，末体与足体之间具 1 收窄的横缝（图 2）。

图 2　葡萄短须螨成螨（马春森摄）

卵　长 0.04mm，卵圆形，鲜红色，有光泽。

幼螨　体鲜红色，足 3 对，白色。体两侧和前后足各 2 根叶片状刚毛。腹部末端围缘有 8 条刚毛，其中第三对为长刚毛，针状，其余为叶片状。

若螨　淡红色或灰白色，有足 4 对。体后部较扁平，末端周缘刚毛 8 根全为叶片状。前足第一对背小毛，第二、三对背毛、肩毛较长，有锯齿。

生活史及习性　山东 1 年发生 6 代，以浅褐色的雌螨在

图 3　葡萄短须螨在果实上的危害状（马春森摄）

P

蔓的裂皮下、芽鳞片、叶痕等处越冬。5月上中旬，气温达20.6°C时开始出蛰，向新芽上转移；6～8月大量繁殖，多在叶背面叶脉处为害，随副梢生长逐渐向上移；9月上旬出现越冬型雌螨，以小群落在裂皮下越冬。

防治方法

生物防治　释放捕食螨、深点食螨瓢虫、塔六点蓟马等。

物理防治　高温高湿是葡萄短须螨繁殖危害的有利条件。改善葡萄棚架的通风透光条件，降低温湿度，可有效抑制该螨的大量发生。

化学防治　春季葡萄发芽前，喷5波美度石硫合剂，夏季喷43%联苯肼酯悬浮剂3000倍液或5%唑螨酯悬浮剂1500倍液、5%噻螨酮乳油1500倍液、73%炔螨特乳油3000倍液，轮换使用吡虫啉。

参考文献

韩俊岭，2000. 葡萄短须螨的防治措施[J]. 安徽农业(2): 20.

许长新，张金平，郝宝锋，等，2008. 新爆发的葡萄短须螨的发生规律和防治措施[J]. 河北果树(6): 23-28.

（撰稿：王进军、袁国瑞、石岩、蒙力维；审稿：冉春）

葡萄根瘤蚜　*Daktulosphaira vitifoliae* (Fitch)

以口针在根部和叶片吸食汁液的小型昆虫，是葡萄的世界性重大检疫害虫。英文名grape phylloxera。半翅目（Hemiptera）根瘤蚜科（Phylloxeridae）葡萄根瘤蚜属（*Daktulosphaira*）。国外分布于加拿大、美国、阿根廷、智利、秘鲁、墨西哥、哥伦比亚、巴西、法国、奥地利、阿尔巴尼亚、比利时、保加利亚、匈牙利、德国、希腊、荷兰、西班牙、意大利、马耳他、卢森堡、葡萄牙、罗马尼亚、俄罗斯、中亚地区、瑞士、阿尔及利亚、南非、突尼斯、摩洛哥、巴基斯坦、叙利亚、土耳其、黎巴嫩、塞浦路斯、澳大利亚、以色列、日本及朝鲜等地区。中国主要分布在辽宁、上海、山东、甘肃、云南、陕西、台湾等地。

寄主　葡萄等葡萄属植物。

危害状　葡萄根瘤蚜是葡萄的重要害虫和世界性检疫害虫，主要危害根部，被害须根肿胀为根瘤，变色腐烂，严重影响水分和养料的吸收，使植株发育不良，结果率显著下降，严重时部分根系甚至整株死亡（图1、图2）。在美洲也能危害葡萄叶，而且只有新生叶片、卷须受害，在葡萄叶背形成许多粒状虫瘿，称为“叶瘿型”，罕见在欧洲和亚洲品种的葡萄上形成虫瘿。

形态特征

无翅孤雌蚜　体卵圆形，体长1.15～1.5mm，宽0.75～0.9mm。活体鲜黄色至污黄色，有时淡黄绿色。玻片标本身体淡色至褐色，体表及腹面明显具有暗色鳞形至棱形纹隆起，体缘包括头顶具有圆形微突起，胸部背面和腹部背片各有1个横行深色大瘤状突起。气门6对，圆形。中胸腹岔两臂分离。体背毛短小，不明显，毛长为触角第三节最宽直径的1/5。头顶弧形。复眼由3个小眼面组成。触角3节，粗短，有瓦纹，为体长的14%，第三节长为第一和第二节之和的3

图1 葡萄根瘤蚜（上海市农业技术推广服务中心提供）

图2 葡萄根瘤蚜危害状（上海市农业技术推广服务中心提供）

P

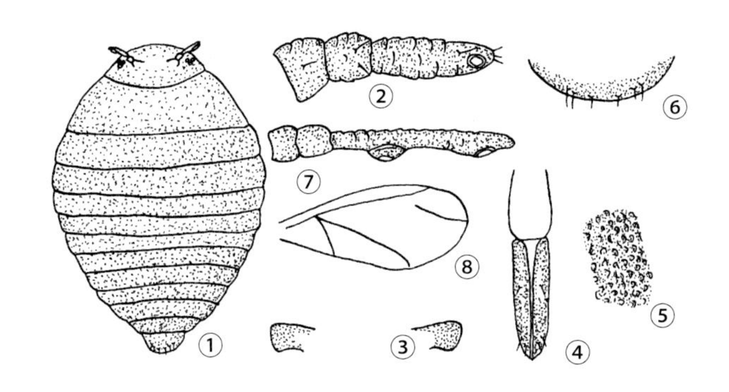

图 3 葡萄根瘤蚜（钟铁森绘）

无翅孤雌蚜：①身体背面观；②触角；③中胸腹岔；④喙端部；⑤腹部背纹；⑥尾片

有翅孤雌蚜：⑦触角；⑧前翅

倍，第三节顶端有 1 个圆形感觉圈。喙粗大，端部伸达后足基节，第四和第五节长锥形，长为基宽的 3 倍，为后足跗第二节的 2.2 倍，有 2 或 3 对极短刚毛。第一跗节毛序：2、2、2。无腹管。尾片末端圆形，有毛 6～12 根。尾板末端宽圆形，有毛 9～14 根（图 3）。

有翅孤雌蚜　体长 0.90mm，体宽 0.45mm。触角 3 节，第三节有 2 个纵长圆形感觉圈，近基部的扁圆形，近端部的扁长圆形。前翅翅痣很大，只有 3 根斜脉，其中 Cu_1 和 Cu_2 共柄；后翅缺斜脉；静止时翅平叠于体背。

性蚜　雌性蚜无翅，喙退化，身体褐黄色，触角 3 节，第三节长约为第一、二节和的 2 倍，第三节端部有 1 个圆形感觉圈，跗节仅 1 节。雄性蚜无翅，喙退化。

生活史及习性　各龄若蚜都可在根部越冬。在根部，每个孤雌卵生蚜可产卵 100～150 粒。成块有裂缝的土壤便于该蚜虫的传播，砂土地则不适宜生存。

发生规律　葡萄根瘤蚜的生活史比较复杂，分为有性和无性两个阶段：卵经孵化为第一龄若蚜，一龄若蚜的活动能力特别强，孵化后就开始移动到邻近根系或叶片上为害，一旦找到合适的部位开始为害，蚜虫便不再移动，为害后形成根瘤或叶瘿。以孤雌卵生方式繁殖后代。在夏末秋初，部分葡萄根瘤蚜在根部蜕皮 3 次后成为有翅型，转移到葡萄地面部分并产卵，孵化出的若蚜不取食，蜕皮 3 次后发育为无翅性蚜并在 24 小时内完成交配，1 头雌性蚜仅产 1 个越冬卵。翌年春天，越冬卵孵化为干母，并转移到葡萄植株或叶片上，待其发育至成蚜开始产卵，进行无性繁殖。葡萄根瘤蚜只有在适宜的气候和寄主条件下才有完整的生活周期。

防治方法

选用抗性砧木　这是目前防治葡萄根瘤蚜的首选办法，据估计世界上 85% 以上的葡萄园采用了抗根瘤蚜的砧木。在使用抗砧之后，葡萄根部以上完全没有被根瘤蚜为害。

生物防治　白僵菌、绿僵菌和拟青霉菌能够侵染葡萄根瘤蚜，尤其是侵染卵粒的效果更明显。

检疫措施　葡萄根瘤蚜可通过土壤黏附在机械、农具、鞋底等载体上进行短距离传播，同时通过已侵染的枝条和种苗进行远距离传播。及时清洗粘有蚜虫的相关物品能有效控制其传播。

化学防治　自从 19 世纪末葡萄根瘤蚜在法国大暴发以来，化学药剂防治葡萄根瘤蚜的进展不明显，目前尚无彻底防治根瘤蚜的化学方法。

参考文献

吕军，王忠跃，王振营，等，2008. 葡萄根瘤蚜生物学特性及防治研究进展 [J]. 江西植保 (2): 51-56.

张广学，1999. 西北农林蚜虫志：昆虫纲　同翅目　蚜虫类 [M]. 北京：中国环境科学出版社 .

张广学，钟铁森，1983. 中国经济昆虫志：第二十五册　同翅目　蚜虫类（一）[M]. 北京：科学出版社 .

（撰稿：姜立云；审稿：乔格侠）

葡萄脊虎天牛　*Xylotrechus pyrrhoderus* Bates

一种蛀食葡萄藤蔓的钻蛀性害虫。又名葡萄枝天牛、葡萄虎斑天牛、葡萄斑天牛、葡萄天牛。英文名 grape tiger longicorn。鞘翅目（Coleoptera）天牛科（Cerambycidae）脊虎天牛属（*Xylotrechus*）。国外分布于日本。中国分布于黑龙江、吉林、辽宁、山西、河北、山东、河南、安徽、江苏、浙江、湖北、陕西、四川等地。

寄主　葡萄。

危害状　以幼虫蛀食嫩枝和 1～2 年生枝蔓，初孵幼虫多从芽基部蛀入茎内，多向基部蛀食，被害处变黑，隧道内充满虫粪而不排出，因横向切蛀，形成了一极易折断的地方。设施栽培葡萄上 3 月份开始出现萎蔫的新梢，露地葡萄每年 5～6 月间会大量出现新梢凋萎的断蔓现象，对葡萄生产影响较大（图 1、图 2）。

形态特征

成虫　体长 15～28mm。头部和虫体大部分黑色，前胸及后胸腹板和小盾片赤褐色。鞘翅黑色，基部具“X”形黄色斑纹，近末端有一黄色横纹（图 3）。

卵　椭圆形，长约 1mm，乳白色。

图 1 葡萄脊虎天牛危害枝条（吕兴摄）

幼虫 老熟幼虫体长约17mm。头小、黄白色，体淡黄褐色，无足。前胸背板宽大，淡褐色，后缘具“山”字形细凹纹，中胸至第八腹节背腹面具肉状突起，即步泡突（图4）。

蛹 长约15mm，体淡黄白色，复眼淡赤褐色（图3）。

生活史及习性 葡萄虎天牛1年发生1代，以幼虫在葡萄枝蔓内越冬。翌年露地葡萄园一般5～6月开始受害，出现萎蔫新梢，有时将枝横向切断，枝头脱落，向基部蛀食。保护地葡萄园在3月初就发现该虫危害导致的萎蔫新梢，并且多集中在葡萄4～5叶期。7月老熟幼虫在被害枝蔓内化蛹，蛹期10～15天。7、8月间成虫羽化，成虫白天活动，寿命7～10天。卵散产于芽鳞缝隙、芽腋和叶腋的缝隙处，卵期约7天。初孵幼虫多先在芽附近浅皮下为害，然后蛀入新梢木质部内纵向蛀食为害，虫粪充满蛀道，不排出枝外，故从外表看不到堆粪情况，这是与葡萄透翅蛾的主要区别。落叶后，被害处的表皮变为黑色，易于辨别。11月开始越冬。葡萄虎天牛以危害1年生结果母枝为主，有时也危害2年生枝蔓。

图2 葡萄脊虎天牛危害后萎蔫的枝梢（吕兴摄）

图3 葡萄脊虎天牛成虫和蛹（吕兴摄）

图4 葡萄脊虎天牛幼虫（吕兴摄）

防治方法

剪除虫枝 结合冬季修剪，剪除表皮变黑的虫枝。葡萄萌芽后，凡枝蔓不能萌发或萌发后萎蔫的多为虫枝，应及时剪除并杀死其中的幼虫。

捕捉成虫 利用成虫活动能力弱的特性，在7～8月成虫期早晨露水未干时，人工捕杀成虫。

药剂防治 大面积严重发生时，在7、8月份成虫发生期，喷施辛硫磷、高效氯氟氰菊酯或氰戊菊酯。

参考文献

北京农业大学，1992. 果树昆虫学：下册[M]. 2版. 北京：农业出版社.

黄可训，胡敦孝，1979. 北方果树害虫及其防治[M]. 天津：天津人民出版社.

王忠跃，2009. 中国葡萄病虫害与综合防控技术[M]. 北京：中国农业出版社.

（撰稿：王勤英；审稿：张帆）

葡萄浆瘿蚊 *Contarinia johnsoni* Felt

一类危害葡萄的小型昆虫。又名葡萄瘿蚊、葡萄食心虫。英文名grape blossom midge。双翅目（Diptera）瘿蚊科（Cecidomyiidae）浆瘿蚊属（*Contarinia*）。华北各地均有分布，主要在陕西与山西发生，目前发生面积不大，但为害损失较大。

寄主 葡萄、山葡萄等。

危害状 葡萄浆瘿蚊以幼虫在幼果内蛀食，葡萄被害后，致使果粒不能正常生长，果实内充满虫粪不能食用，使果粒失去食用价值，直接影响葡萄产量，降低产值。幼虫在幼果内蛀食后，品种不同被害果症状不一，如‘龙眼’‘巨峰’盛花后被害果迅速膨大，呈畸形，较正常果大4～5倍，花后10天比正常果大1～2倍，呈扁圆形，果顶略凹陷、浓绿色有光泽，萼片和花丝均不脱落，果梗细，果蒂不膨大，多不能形成正常种子，毫无经济价值。‘郑州早红’被害果同正常健果无明显差异，到后期被害果稍小，果面有圆形羽化孔，多不能食用。

形态特征

成虫 体长3mm，暗灰色被淡黄短毛，似小蚊。头较小，复眼大，黑色，两眼上方接合；触角细长，呈丝状，14节，各节周生细毛，雄触角较体略长，雌较体略短，末节球形。

中胸发达，翅1对膜质透明、略带暗灰色疏生细毛，仅有4条翅脉，后翅特化为淡黄色的平衡棒。足均细长，各节粗细相似，胸节5节。腹部可见8节，雄性较细瘦，外生殖器呈钩状略向上翘；雌腹部较肥大，末端呈短管状，产卵器针状褐色，伸出时约有两个腹节长。

幼虫　体长3～3.5mm，乳白色，肥胖略扁，胴部12节，胸部较粗大向后渐细，末节细小圆锥状；两端略向上翘呈舟状。头部和体节区分不明显，仅前端有1对暗褐色齿状突起，齿端各分2叉。前胸腹面剑骨片呈剑状，其前端与头端齿突相接。气门圆形，9对，于前胸和第一至八腹节。

蛹　长3mm，裸蛹、纺锤形，初黄白渐变黄褐色，羽化前黑褐色。头顶有1对齿状突起；复眼间近上缘有1较大的刺突，下缘有3个较小的刺突。触角与翅等长伸达第三腹节前缘。前后足伸达第五腹节前缘，中足伸达第四腹节后缘。腹部背面可见8节，二至八节背面均有许多小刺，腹部末端两侧各具较大的刺2～3个。

生活史及习性　在葡萄上只发生1代，葡萄显序花蕾膨大期越冬代成虫出现产卵，产卵器刺破蕾顶将卵产于子房内。山西晋城成虫产卵期为5月中下旬，正是山楂、洋槐初花期，卵期10～15天。葡萄花期幼虫孵化，于幼果内为害20～25天老熟化蛹，蛹期5～10天。羽化时借蛹体蠕动之力顶破果皮呈1圆形羽化孔，蛹体露出一半羽化，蛹壳残留羽化孔处，有的蠕动力过强而蛹体落地后羽化。羽化后爬到僻静处栖息，1～3小时后可飞行。羽化孔多在果实中部。7月初为羽化初期，7月上中旬为盛期，此后发生情况不明。成虫白天活动，飞翔力不强；成虫产卵较集中，产卵果穗上的果实多数都着卵，葡萄架的中部果穗落卵较多。每果内只有1头幼虫。品种之间受害程度有差异，'郑州早红''巨峰''龙眼'受害较重，'保尔加尔''葡萄园皇后''玫瑰香'次之。

防治方法

物理防治　成虫羽化前彻底摘除被害果穗，集中处理消灭其中幼虫和蛹为经济而有效的措施，认真进行2～3年基本可消灭其为害。有条件者可在成虫出现前（山楂或洋槐开花前），花序套袋阻止成虫产卵，葡萄开花时取掉套袋效果极好。可用塑料薄膜袋或废纸袋。

化学防治　成虫初发期药剂防治，可用40%水胺硫磷乳油1000倍液混5%氯氰菊酯1500倍液或两者单独使用均有良好效果。

参考文献

吕佩珂，苏慧兰，高振江，2014. 葡萄病虫害防治原色图鉴[M]. 北京：化学工业出版社.

庞震，周汉辉，龙淑文，等，1981. 葡萄食心虫：葡萄瘿蚊[J]. 山西果树(4): 41-43.

（撰稿：王进军、袁国瑞、景田兴；审稿：刘怀）

葡萄十星叶甲　*Oides decempunctata* (Billberg)

葡萄上主要的食叶害虫。又名葡萄金花虫、葡萄花叶虫、十星瓢萤叶甲。英文名grape leaf beetle。鞘翅目（Coleoptera）叶甲科（Chrysomelidae）萤叶甲属（*Oides*）。分布于河北、河南、山东、山西、江苏、安徽、浙江、湖南、江西、福建、广东、广西、四川、贵州、陕西、吉林、辽宁等地。

寄主　葡萄、野葡萄、爬山虎、黄荆等。

危害状　该虫以成、幼虫取食葡萄叶片，形成孔洞或缺刻，大量发生时全部叶片被吃光，仅残留主脉。芽被啃食后不能发育，是葡萄产区的重要害虫之一。

形态特征

成虫　体长约12mm，椭圆形，土黄色。头小，隐于前胸下。触角丝状，淡黄色，末端3节及第四节端部黑褐色。前胸背板及鞘翅上布有细点刻，两鞘翅上共有10个黑色圆斑，呈4－4－2横行排列，但常有变化（图1）。

卵　椭圆形，直径约1mm，初产时草绿色，以后渐变褐色，表面多具不规则的小突起（图2）。

幼虫　共5龄。老熟幼虫体长12～15mm，近长椭圆形。头小，黄褐色，胸腹部土黄色或淡黄色，除尾节无突起外，其他各节两侧均有肉质突起3个，突起顶端呈黑褐色。胸足小，前足退化（图3）。

蛹　体长9～12mm，金黄色，腹部两侧具齿状突起。

图1　葡萄十星叶甲成虫（王勤英摄）

图2　葡萄十星叶甲卵（王勤英摄）

图3 葡萄十星叶甲幼虫（桂柄中摄）

生活史及习性 该虫在长江以北1年发生1代，在江西、四川等地1年发生2代，均以卵在根际附近的土中或落叶下越冬，南方有以成虫在各种缝隙中越冬的。在1代发生区，越冬卵在翌年5月下旬孵化，6月上旬为孵化盛期。幼虫沿蔓上爬，先群集危害芽叶，后向上转移，三龄后分散为害。早、晚喜在叶面上取食，白天隐蔽，有假死性。6月下旬幼虫老熟入土，多在3～7cm深处做土茧化蛹。成虫7月上中旬羽化，8月上旬开始产卵，8月中旬至9月中旬为产卵盛期，卵多产在距植株35cm范围内的土面上，卵块产，每雌可产卵700～1000粒，以卵越冬。成虫寿命60～100天。2代区越冬卵于4月中旬孵化，5月下旬化蛹，6月中旬羽化，8月上旬产卵，8月中旬孵化，9月上旬化蛹，9月下旬至10月下旬羽化，直接越冬或交配后产卵，以卵越冬。

防治方法

冬季清园 清除枯枝落叶及根际附近的杂草，集中烧毁或深埋，消灭越冬卵。在化蛹期及时进行中耕，可消灭蛹。

人工捕捉成虫和幼虫 利用成虫和幼虫的假死性，以容器盛草木灰或石灰接在植株下方，振动茎叶，使成虫落入容器中，集中处理。人工摘除幼虫密集的葡萄叶。

化学防治 喷药时间应在幼虫孵化盛末期、幼虫尚未分散前进行。可喷施高效氯氰菊酯、高效氯氟氰菊酯、马拉硫磷等。

参考文献

黄可训，胡敦孝，1979. 北方果树害虫及其防治[M]. 天津：天津人民出版社.

李桂亭，田玉龙，邹运鼎，等，2010. 江淮丘陵和黄河故道不同施肥处理葡萄园葡萄十星叶甲 *Oides decempunctata* 与其天敌的关系[J]. 中国生态农业学报，18(5): 1046－1053.

王忠跃，2009. 中国葡萄病虫害与综合防控技术[M]. 北京：中国农业出版社：180-181.

（撰稿：王勤英；审稿：张帆）

葡萄天蛾 *Ampelophaga rubiginosa* Bremer et Grey

葡萄上常见的食叶害虫。又名葡萄车天蛾、葡萄轮纹天蛾、背中白天蛾等。英文名grape horn worm。鳞翅目（Lepidoptera）天蛾科（Sphingidae）葡萄天蛾属（*Ampelophaga*）。主要分布在吉林、辽宁、黑龙江、河北、天津、北京、江苏、浙江、上海、福建、江西、山东、安徽、广东、广西、云南、台湾等地。

寄主 葡萄、野葡萄、爬山虎、乌蔹莓、黄荆等植物。

危害状 该虫以幼虫蚕食叶片，暴食期大龄幼虫能将整枝、整株树叶吃尽，只残留叶柄和枝条，严重影响产量。

形态特征

成虫 体长约45mm，翅展约90mm。体肥硕纺锤形，茶褐色。体背中央从前胸至腹端有1条白色纵线，复眼后至前翅基有1条较宽白色纵线。前翅各横线均为暗茶褐色，前缘近顶角处有1暗色近三角形斑。后翅中间大部分黑褐色，周缘棕褐色，中部和外部各具1条茶色横线（图1）。

卵 球形，直径1.5mm，淡绿色。

幼虫 老熟幼虫体长约80mm，绿色，体表多横纹及小颗粒，头部有2对黄白色平行纵线，胴部背面两侧各有1条黄白纵线，中胸至第七腹节两侧各有1条线由下向后上方斜伸，第八节背面具尾角（图2）。

蛹 长45～55mm，纺锤形，棕褐色。

生活史及习性 葡萄天蛾1年生1～2代，以蛹在土中越冬。翌年5月中旬成虫羽化，6月上中旬进入羽化盛期。成虫夜间活动，有趋光性。卵多散产于嫩梢或叶背，每雌产卵155～180粒，卵期6～8天。幼虫白天静止，夜晚取食叶片，受触动时从口器中分泌出绿水。幼虫期30～45天。7月中旬开始在葡萄架下入土化蛹，夏蛹具薄网状膜，常与落叶黏附在一起，蛹期15～18天。7月底8月初可见一代成虫，8月上旬可见二代幼虫为害，9月下旬至10月上旬老熟幼虫化蛹越冬。

防治方法

人工捕杀幼虫 根据地面和叶片的虫粪、碎片，人工捕杀树上幼虫。

灯光诱杀成虫 利用天蛾成虫的趋光性，在成虫发生期用黑光灯、频振式杀虫灯等诱杀成虫。

图1 葡萄天蛾成虫（王勤英摄）

图 2 葡萄天蛾幼虫（王勤英摄）

葡萄透翅蛾幼虫（李晓荣提供）

药剂防治 发生量较大时，在低龄幼虫期可喷施灭幼脲、虫酰肼、高效氯氰菊酯、甲氨基阿维菌素苯甲酸盐等。

参考文献

北京农业大学，等，1981. 果树昆虫学：下册 [M]. 北京：农业出版社.

黄可训，胡敦孝，1979. 北方果树害虫及其防治 [M]. 天津：天津人民出版社.

王忠跃，2009. 中国葡萄病虫害与综合防控技术 [M]. 北京：中国农业出版社.

（撰稿：王勤英；审稿：张帆）

葡萄透翅蛾 *Nokona regale* (Butler)

危害葡萄枝蔓的重要害虫之一。又名葡萄透羽蛾、葡萄钻心虫。英文名 grape clearwing moth。鳞翅目（Lepidoptera）透翅蛾科（Sesiidae）诺透翅蛾属（*Nokona*）。中国分布于山东、河南、河北、陕西、山西、内蒙古、吉林、四川、贵州、江苏、浙江等地。

寄主 葡萄、野葡萄。

危害状 以幼虫蛀食葡萄枝蔓髓部，使受害部位肿大，叶片变黄脱落，枝蔓容易折断枯死，影响当年产量及树势。

形态特征

成虫 体长 18～20mm，翅展 30～36mm，全体蓝黑色。头部颜面白色，头顶、下唇须前半部、颈部以及后胸的两侧均黄色。前翅红褐色，前缘及翅脉黑色，后翅膜质透明。腹部有 3 条黄色横带，以第四节的一条最宽，第六节的次之，第五节上的最细，粗看很像一头深蓝黑色的胡蜂。

卵 椭圆形，略扁平，红褐色。

幼虫 幼虫共 5 龄。老熟幼虫体长约 38mm，全体呈圆筒形，头部红褐色，胴部淡黄色，老熟时带紫色，前胸背板上有倒“八”字纹（见图）。

蛹 长约 18mm，红褐色，呈椭圆形。

生活史及习性 1 年发生 1 代，10 月以后以老熟幼虫在受害枝蔓蛀道内越冬。翌年 4～5 月越冬幼虫在被害枝条内侧先咬一个圆形羽化孔，然后作茧化蛹，5 月上旬至 7 月上旬成虫羽化、产卵。成虫行动敏捷，飞翔力强，有趋光性，雌雄成虫交配 1～2 日后即产卵。卵多产在直径 0.5cm 以上新梢的葡萄嫩茎、叶柄及叶脉处，卵多散产，1 头雌虫一生可产卵 79～91 粒。幼虫孵化多从叶柄基部钻入新梢内危害，也有在叶柄内串食的，最后均转入粗枝内危害。幼虫有转移危害习性，幼虫为害期一般为 6～10 月，老熟幼虫 10 月即在枝条内越冬。被害枝条的蛀孔附近常堆有褐色虫粪，被害部逐渐肿大而成瘤状，叶片变黄，长势衰弱。

发生规律 葡萄透翅蛾的发生主要和树龄、品种、天敌有关。随树龄增加株蛀害率加重。因为成虫喜欢在长势旺盛、枝叶茂密的植株上产卵，随树龄增加，主干增粗，枝梢生长旺盛，营养丰富，为害加重。同一品种，不同生育期受害不同。从萌芽生长期开始为害，以开花期和浆果期受害最重，浆果成熟采收期，为害逐渐减轻。室内饲养和野外调查均发现该虫蛹的寄生蜂有松毛虫黑点瘤姬蜂，幼虫期和蛹期有白僵菌寄生。

防治方法

人工捕杀幼虫 冬季结合修剪，将被害枝蔓剪除，集中烧毁，消灭越冬幼虫。6 月上中旬幼虫发生初期，及时摘除虫梢；7 月上中旬对已经转梢危害的幼虫，可根据虫粪等症状找到蛀入孔，用细铁丝刺入将虫刺杀。

诱杀成虫 成虫具有趋光性，生产上可采用频振式杀虫灯进行诱杀。成虫具有强烈趋化性，可于成虫羽化盛期，用糖醋液诱杀。

药剂防治 发现被害状，用注射器将 80% 敌敌畏乳剂 800 倍液注入蛀孔，杀死幼虫。发生严重的年份，在成虫期和幼虫孵化期（葡萄抽卷须期和孕蕾期），喷施高效氯氟氰菊酯、辛硫磷等防治成虫和初孵幼虫。

参考文献

凤舞剑，强承魁，胡长效，等，2012. 6 种杀虫剂对葡萄透翅蛾的防治效果 [J]. 江苏农业科学，40(12): 135-136.

胡长效，苏新林，2002. 葡萄透翅蛾发生及防治研究进展 [J]. 植保技术与推广，22(8): 39-41.

王忠跃，2009. 中国葡萄病虫害与综合防控技术 [M]. 北京：中国农业出版社：160-161.

周祖琳, 1991. 葡萄透翅蛾的习性与防治策略探讨 [J]. 植物保护学报, 18(1): 45-48.

（撰稿：王甦、王杰；审稿：张帆）

葡萄修虎蛾　*Sarbanissa subflava* (Moore)

一种食叶非检疫性害虫。又名葡萄虎蛾。鳞翅目（Lepidoptera）夜蛾科（Noctuidae）虎蛾亚科（Agaristinae）修虎蛾属（*Sarbanissa*）。国外分布于俄罗斯、日本、朝鲜、韩国。中国分布于黑龙江、吉林、辽宁、北京、河北、山东、湖北、浙江、江西、贵州。

寄主　葡萄、山葡萄、爬山虎、常春藤。

危害状　幼虫取食叶片为害。

形状特征

成虫　翅展47～52mm。头部黑褐色；触角黑色。胸部黑褐色带紫色，领片黑色。腹部黑色带黄色。前翅外缘及后缘暗棕色带淡紫色，其他部分黄褐色；基线不明显；内横线明显，由前缘先斜向后折后延伸至后缘；中横线不明显；外横线明显，由前缘略斜向外延伸后强烈内曲，于Cu_1脉处形成1突起；亚缘线为1列淡紫色近三角形斑；外缘线由1列翅脉间的近三角形深色斑组成；饰毛棕褐色；环状纹明显，为1棕褐色椭圆形斑；肾状纹棕褐色明显，为1大型近肾形斑。后翅底色艳黄色；新月纹黑色明显，外缘区部分黑色，臀角带黄色不规则斑；饰毛黑褐色（见图）。

卵　宽1.8mm，高0.9mm，半球形，红褐色，顶端有1黑点。

幼虫　老熟时体长32～42mm，头橙黄色，密布黑斑。胸、腹部黄色，前胸背板及两侧黄色，身体每节有大小不一的黑色斑点，疏生白毛。身体前细后粗，腹部第八节背面稍隆起。臀板橙蓝色，毛突淡褐色，褐斑连成1横宽带。

蛹　长约20mm，红褐色，尾端齐，略呈方形，两侧有角状突起，端部着生3对钩刺。

生活史及习性　在辽宁1年发生2代，以蛹在葡萄根部附近或葡萄架下的土中越冬。5月下旬成虫羽化，卵产在叶背或嫩梢上。6月下旬幼虫孵化，危害葡萄叶片，7月中旬化蛹。7月下旬出现第二代成虫，8月中旬至9月中旬为第二代幼虫危害期。9月中旬幼虫老熟后入土化蛹越冬。北京地区1年发生2代，以蛹在寄主根部附近土壤中越冬。翌年5月中旬成虫羽化，有趋光性。日伏夜出，白天潜伏在叶背或杂草丛中，夜间交尾产卵，卵散产在叶片上，卵期为8天左右。6月中旬至7月中旬为第一代幼虫为害期，幼虫喜食嫩芽和新叶，造成缺刻和孔洞，严重时，只留下粗叶脉和叶柄。7月幼虫老熟化蛹，蛹期约7天。7月中旬至8月上旬为成虫期。8月中旬至9月中旬为第二代幼虫危害期。9月中下旬幼虫陆续老熟入土化蛹越冬。

葡萄修虎蛾成虫（韩辉林提供）

防治方法

农业防治　结合整枝捕捉幼虫。结合葡萄埋土与出土挖越冬蛹。

化学防治　幼虫期喷洒80%敌敌畏乳剂或90%敌百虫1000倍液。在发生量大的地区可喷2000倍速灭杀丁、敌杀死、杀灭菊酯、功夫菊酯、灭扫利等高效低毒的菊酯类农药。

参考文献

曹友强, 韩辉林, 2016. 山东省青岛市习见森林昆虫图鉴 [M]. 哈尔滨: 黑龙江科学技术出版社: 315.

陈一心, 1999. 中国动物志: 昆虫纲　第十六卷　鳞翅目　夜蛾科 [M]. 北京: 科学出版社: 1596.

（撰稿：韩辉林；审稿：李成德）

朴童锤角叶蜂　*Agenocimbex maculatus* (Marlatt)

东亚特有的朴树主要食叶害虫。又名沙朴叶蜂。英文名 hackberry sawfly。膜翅目（Hymenoptera）锤角叶蜂科（Cimbicidae）锤角叶蜂亚科（Cimbicinae）童锤角叶蜂属（*Agenocimbex*）。国外分布于日本。中国分布于陕西、北京、安徽、江苏、浙江、福建、江西、湖南、广东、云南。

本种的拉丁名曾经使用 *Agenocimbex jucunda* Mocsáry，国内相关研究文献目前还经常使用，但该名是 *A. maculatus*（Marlatt）的次异名。

寄主　危害榆科朴属的植物，确定的寄主植物包括朴树（*Celtis sinensis* Pers.）、珊瑚朴（*Celtis juliane* Schneid）等。虽然本种俗名沙朴叶蜂，但沙朴 *Aphananthe aspera*（Thunb.）Planch.（糙叶树）是否是本种的寄主还需要确认。

危害状　种群较小时，本种幼虫单个取食朴树叶片。危害严重时有一定聚集性，可吃光多数树叶，仅留残枝叶柄。

形态特征

成虫　雌虫体长12～16mm（图②）。头胸部和足黑色，头部（图①）、小盾片和足具较弱的蓝色光泽，前胸背板大部和中胸前侧片大部（图⑤）黄色；腹部黄色，第一背板基部和后缘两侧斑点、第二背板中部大斑、第三至六节背板中间纵向排列成的小圆斑、第三至八节背板两侧纵向排列的小圆斑、第四至六节腹板两侧、下生殖板和锯鞘黑色；翅淡黄色透明，翅脉黄褐色，部分翅脉暗棕色，前缘脉端部和翅痣大部暗褐色至黑褐色。头部和胸部侧板具密集黄色长毛（图

④⑤)，中胸背板（小盾片除外）具密短黑毛，小盾片长毛淡黄色至黄白色，腹部被毛很短。头部显著窄于胸部，后头很短，两侧强收缩，单眼后区宽显著大于长（图①）；复眼内缘向下明显收敛，间距窄于复眼长径；唇基和唇基上区合并，端缘缺口浅弧形，上唇小，三角形，端部狭窄（图④）；颚眼距稍宽于单眼直径；触角明显长于头宽，第三节细，稍短于第四至六节之和，棒状末端部弱度膨大（图⑦）。中胸小盾片前缘平截，后部变窄；后胸小盾片后侧无尖突；中胸前侧片下缘具钝横脊。前翅臀室基部 1/4 处具短横脉，cu-a 脉与 1M 脉顶接；后翅轭区无横脉。足的股节细长，腹侧无齿突；胫节距端部尖；爪中裂式，内齿显著。腹部第一背板无中纵脊和侧纵脊，后侧膜区宽大。产卵器短宽，锯背片和锯腹片如图⑪；中部锯刃显著突出，亚基齿内侧 3 个，外侧 4 个（图⑬）。雄虫体长 11～15mm，体色和构造类似雌虫，下生殖板黑色，阳茎瓣头叶近似三角形，端部渐变狭窄（图⑥）。

卵　肾形，稍弯曲，长径 3mm，宽约 1mm。翠绿色，半透明，孵化前渐变深色。

幼虫　老龄幼虫体长 35～40mm；头部黑色，体淡黄色，背侧具灰白色粉被和多列不规则黑斑，黑斑大小和形态稍有变化（图⑩），胸足和腹足淡黄绿色；胸足 3 对，腹足 8 对，

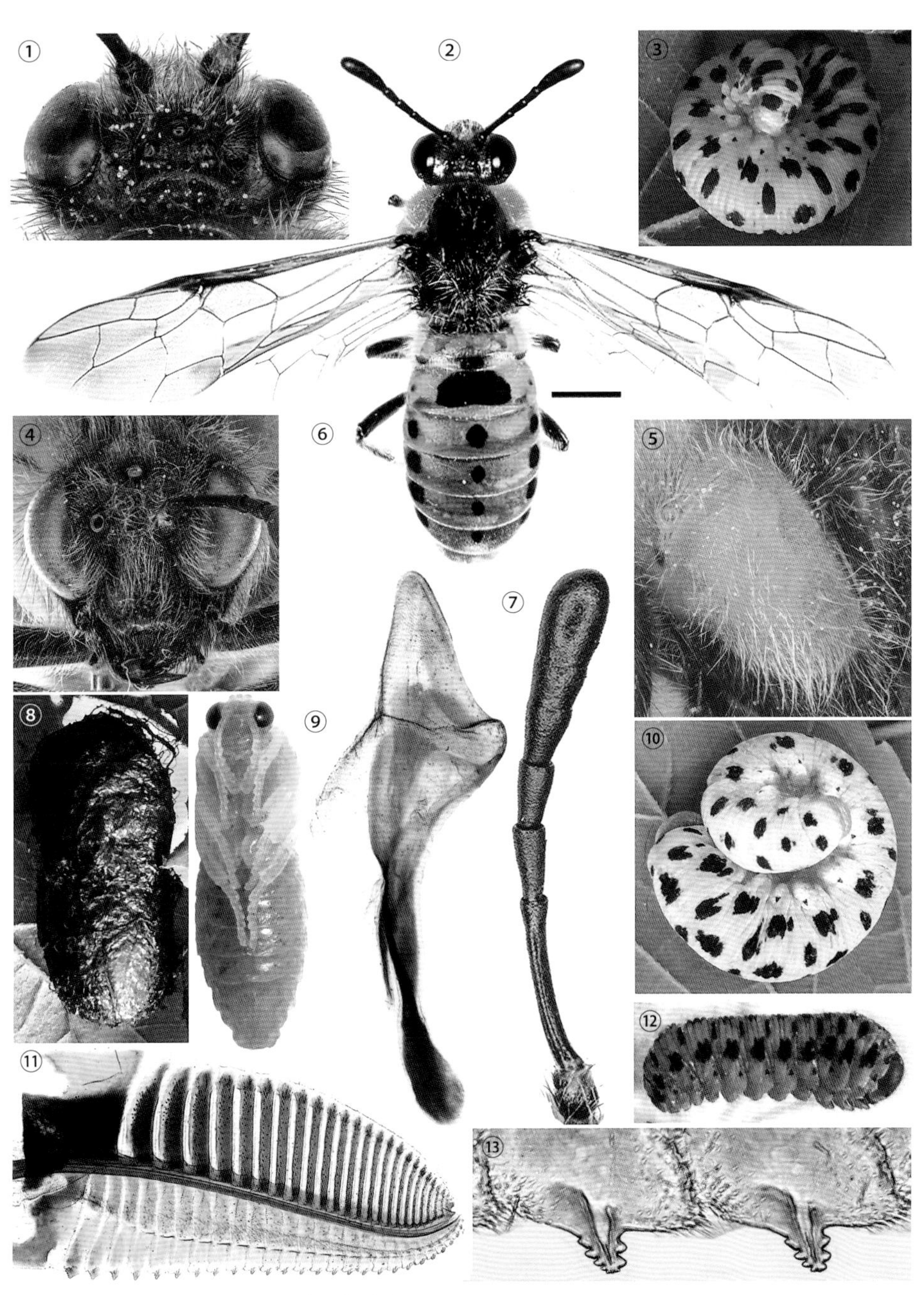

朴童锤角叶蜂（魏美才、晏毓晨、李泽建摄）

①雌虫头部背面观；②雌成虫；③初蜕皮末龄幼虫；④雌虫头部前面观；⑤雌虫中胸前侧片；⑥雄虫阳茎瓣；⑦雌虫触角；⑧茧；⑨初蛹；⑩老熟幼虫；⑪雌虫锯背片和锯腹片；⑫预蛹；⑬锯腹片中部锯刃

臀足稍大。最后一次蜕皮后幼虫体黄褐色具黑斑，背侧无白色粉被（图③），预蛹体明显短缩，黄褐色具黑斑（图⑫）。

茧　椭圆形，头部稍粗，长约25mm，宽约10mm，牛皮质，内壁光洁，外部稍粗糙（图⑧）。初茧红褐色，渐变黑褐色。

蛹　初蛹嫩黄色（图⑨），其后头胸部部分渐变黑色，羽化前体色与成虫十分近似。

生活史及习性　1年发生1代。广州地区成虫在3月初即可羽化出土。浙江天目山低山地区成虫于3月下旬至4月上旬羽化出土，成虫飞行较活跃，需要取食花蜜等补充营养。羽化后1～3天交尾、产卵。成虫交配时呈"一"字形，雌虫立于叶片正面，雄虫可站立或处于飞行状态进行交尾。卵单产于当年生或一年生的朴树嫩茎皮下，外观该处明显鼓起。卵经5～7天孵化。初孵化幼虫取食嫩叶，4龄后食量大增，可取食老叶。幼虫活动性较弱，单个取食叶片，未见聚集习性，经26天左右老熟。5月中下旬老熟幼虫下树，以预蛹形态在树下枯枝落叶内结茧越夏、越冬。幼虫也可以在寄主的枝杈或叶片上结茧化蛹。蛹期10天左右。

本种雄虫十分少见，繁殖主要以孤雌生殖为主。成虫体色鲜明，斑纹特殊、醒目，具有一定观赏性。

防治方法

营林措施　5月中下旬清理林下地表枯枝落叶，摘除虫茧，可以破坏其越夏、越冬环境，导致该虫直接死亡或被天敌取食。营造混交林，可有效减轻危害。

化学防治　局部危害比较严重时，在幼虫低龄期使用一般的高效低毒农药喷雾，可以有效控制种群数量。

参考文献

萧刚柔，黄孝运，周淑芷，等. 1992. 中国经济叶蜂志 (I)[M]. 西安：天则出版社.

TAKEUCHI K, 1949. A list of the food-plants of Japanese sawflies[J]. The transactions of the Kansai Entomological Society, Osaka, 14: 47-50.

（撰稿：魏美才；审稿：牛耕耘）

栖北散白蚁 *Reticulitermes speratus* (Kolbe)

一种危害木制品、纤维制品和农林植物的害虫。又名黄胸散白蚁。英文名 Japanese subterranean termite。等翅目（Isoptera）鼻白蚁科（Rhinotermitidae）异白蚁亚科（Heterotermitinae）散白蚁属（*Reticulitermes*）。国外分布于日本、朝鲜、韩国、俄罗斯。中国分布于河北、北京、天津、山东、河南、江苏、上海、浙江、福建、安徽、江西、湖北、湖南、广西、云南、四川、台湾等地。

寄主 木材及木质纤维制品，松、柏、杉、槐、柳树、枫杨、悬铃木、泡桐、板栗、桃树、无花果、玉米、小麦、谷子等农林植物。

危害状 木材及木构件被害失去使用价值，受害植物逐渐失去活力并导致死亡。

形态特征

有翅成虫 头壳深栗褐色，前胸背板灰黄色，后颏、上唇、后唇基和足腿节栗褐色，胫节灰黄色，翅淡褐色半透明。头壳圆形而稍短。囟小点状，距额前缘 0.51～0.53mm。复眼近圆形，复眼和头下缘间距小于复眼长径。单眼近圆形，单、复眼间距约和单眼端径相等。触角 16～17 节。头背缘丘状，后唇基几未凸起，低于头顶，高于单眼。前胸背板宽为长的 1.60～1.65 倍，前缘近平直，中央浅切入，后缘呈两弧状相交，凹切较深。前翅长 7.04～7.26mm，宽 1.84～1.99mm；后翅长 6.88～7.04mm，宽 1.84～1.91mm。Cu 脉各 8～10 分支。

兵蚁 体长 5.66mm。头黄褐色，上颚紫褐色；长 1.80mm，宽 1.06mm；两侧缘平行，略呈弧线状；后缘宽圆。上唇舌状，唇端钝圆，两侧缘较直；端毛 1 对，亚端毛几不可见，缺侧端毛。上颚稍粗，颚端稍弯；上颚长约为头壳长的 0.6 倍，约为头宽的 0.9 倍。触角 15～16 节。后颏宽区位于前段 1/5 处，前侧边近梯形，中段稍凹，腰区两侧近平行。前胸背板近梯形，宽为长的 1.50～1.66 倍，前后缘近平直，前缘中央浅凹，后缘中央稍凹，中区毛稀，4～8 根。

生活史及习性 不筑大巢，多散居于潮湿的树木伐根和地下的腐木中，常在土壤和木材中钻蛀孔道。蚁后和蚁王居住在宽敞的孔道内。每巢群体数量 2000～3000 头。一般容易产生补充型繁殖蚁，成熟巢内常有多对蚁后和蚁王。分飞多发生在温暖的雨后晴朗天气，常在 12: 00～14: 00 时进行。飞行不久即降落地面，雄虫追逐雌虫，接触后即脱翅，寻觅隐身场所，筑巢繁殖后代。在上海地区约 3 月分飞，落地成虫配对营巢后，经 10～19 天开始产第一粒卵，此后每隔 1～6 天，又可产下 1 粒卵。在此阶段，产卵期可持续 20～70 天，一般可产卵 20 粒。卵经 27～38 天孵化为幼蚁，刚孵出的幼蚁可自由活动，新巢内最初的幼蚁由蚁王、蚁后哺育。自幼蚁孵化到发育为五龄工蚁需时 121～146 天，发育为五龄兵蚁需 50～70 天。一般在第一、二龄发育历期较短，之后各龄所需发育时间较长。新巢群体中工蚁和兵蚁的发育龄期比成熟巢群体的少，一般只发育至第五龄。新建巢群体，在前 1、2 年只产生工蚁与兵蚁，在新建成群体中一般只有 1 头兵蚁，一般由第一粒卵发育形成。

防治方法

预防措施 木质材料在土中易被白蚁蛀蚀，可对木材或环境处理预防白蚁危害。工业化的木材防腐处理是将木材放入压力罐，注入木材防腐剂，通过真空加压，使木材防腐剂渗透至木材内层，再真空抽水出罐干燥而成。其防腐防蚁性能优越，能持久保护木材。对木材表面炭化、涂沥青或机油等也有一定的防白蚁效果。在木构件周围的土壤里撒拌联苯菊酯等长效杀虫剂，也能起到预防的作用。

化学防治 在蚁道和木材表面施药，常用有机磷或菊酯类农药。粉剂具有药效较慢有利于传递的特点，在白蚁严重危害部位、分飞孔或主蚁道上施药，常具有较好效果。如氟虫腈粉剂等。

食饵诱杀 用嗜食材料（如一些真菌感染的木块）制成饵料，引诱采食工蚁取食，待数量较多时，再以药剂处理使其染毒传毒，起到杀灭效果。

参考文献

蔡邦华，陈宁生，1964. 中国经济昆虫志 第八册 白蚁 [M]. 北京：科学出版社.

黄复生，朱世模，平正明，等，2000. 中国动物志：昆虫纲 第十七卷 等翅目 [M]. 北京：科学出版社.

孙渔稼，1988. 黄胸散白蚁的生物学特性及其防治 [J]. 山东林业科技 (4): 56-57.

夏凯龄，1962. 黄胸散白蚁的发育和群体形成的初步研究 [J]. 中国昆虫学会 1962 年学术讨论会会刊.

萧刚柔，1992. 中国森林昆虫 [M]. 2 版. 北京：中国林业出版社.

朱海清，赵刚，1982. 关于黄胸散白蚁与黄肢散白蚁的形态区别及天津散白蚁种类 [J]. 昆虫知识 (3): 36-38.

NGUYEN T T, KANAOKI K, HOJO M K, et al, 2011. Chemical identification and ethological function of soldier-specific secretion in Japanese subterranean termite *Reticulitermes speratus* (Rhinotermitidae)[J]. Biosci biotechn biochem, 75: 1818-1822.

TOKORO M, YAMAOKA R, HAYASHIYA K, et al, 1990.

Evidence for trail-pheromone precursor in termite *Reticulitermes speratus* (Kolbe) (Rhinotermitidae: Isoptera)[J]. Journal of chemical ecology, 16: 2549-2557.

（撰稿：文平；审稿：嵇保中）

桤木叶甲 *Linaeidea adamsi* (Baly)

一种危害桤木的害虫。又名红胸里叶甲、桤木金花虫。鞘翅目（Coleoptera）叶甲总科（Chrysomeloidea）叶甲科（Chrysomelidae）叶甲亚科（Chrysomelinae）里叶甲属（*Linaeidea*）。中国分布于四川、云南、安徽。

寄主 桤木。

危害状 桤木叶甲成虫、幼虫同时进行为害。严重受害林区桤木叶片及嫩枝皮被食一光，受害林似火烧过一般，一片焦黄，新梢枯死，林木生长停滞。

形态特征

成虫 长椭圆形，背面隆起。体长 6.0～8.0mm，平均 7.00mm；体宽 3.2～4.5mm，平均 3.8mm。头部扁圆形，蓝色，有金属光泽，窄于前胸前缘；额区凹入深，复眼球形黑色。触角锤状 11 节，第一至七节为黄褐色，最后 4 节为黑色，顶端一节呈桃形。下颚须黄褐色。前胸背板长方形，黄色，宽为长的 2 倍，中央有 1 个大的绿色圆形斑，外缘中部也有 1 个小的绿色圆点，部分个体的大圆形斑两侧向外扩展，与外缘的小圆点相接合。胸部腹板绿色。鞘翅绿色至蓝色，有金属光泽，基部宽于前胸，肩瘤发达，缘折平整，鞘翅上密布许多刻点，排列成纵行，四周有饰边。腹部 5 节。第一至第四节亦为绿色，但其侧缘、第五节腹板和足等为黄褐色（见图）。

卵 长椭圆形，长 1.5mm 左右，宽约 0.7mm，卵初产时为乳白色，后变为黄白色。

幼虫 纺锤形，老龄幼虫体长 6～11mm。头壳近于圆形，较坚硬。单眼 6 个，其中背群 4 个，腹群 2 个。触角着生于头前方，共 3 节。体上具许多着生有刚毛的毛片。前胸盾片和腹部第七至第九节的毛片联合成单一的背片。

中、后胸和腹部第一至七节气门线上各有 1 对乳头状突起，顶端有翻缩腺的开口。中、后胸背中线附近有 2 对四方形毛片，靠近乳头状突起有 1 个小的毛片，第一至六腹节背中线两旁有 1 对四方形毛片，胸部各节气门线上有大小不一的 2 个毛片。腹部第一至八节气门线下各有 1 个突起。足上线也各有 1 个毛片。

蛹 浅黄色，翅芽和腹部两侧为黑褐色。长 5～6mm，宽 3mm 左右。

生活史及习性 1 年 3 代，成虫于 7 月于隐蔽物下越夏并越冬。卵期 4～6 天，幼虫期 10 天，预蛹期 1～3 天，蛹期 3～6 天，成虫可生活 2～3 月。有明显的世代重叠现象。越冬成虫于春天桤木发叶后出蛰活动，经一段时间取食后开始交尾和产卵。幼虫孵出后多静伏于卵壳上，不食不动。三龄幼虫出现变形，一为全体皆黑色，一为中、后胸及腹部各节背中线附近毛片呈黄褐色，如同两条纵的黄褐色带纹。幼虫受惊扰或侵害时，从中、后胸及腹部第一至第七节乳头状突起上的翻缩腺孔中伸出白色球状腺体，借以恫吓御敌。

幼虫经常间歇性大发生，1 株树上常以千、万头计，2～3 天就可将全株树叶吃光，只残留叶脉。幼虫老熟后，分泌黏液将身体末端黏附于叶表或其他物体上准备化蛹。预蛹和蛹静止不动，但在受到蚂蚁、瓢虫或其他昆虫侵袭时，预蛹自胸部乳头状突起伸出 2 行白色球状腺体以驱敌，蛹则上下不停地扑动。蛹经 3～6 天羽化。新羽化成虫，经 1 周左右进行补充营养后，才开始交尾。有多次交尾的习性。成虫一般都有假死习性。成虫具有发达的翅，善于飞翔。成虫和幼虫均食性专一，仅取食桤木。

防治方法

人工防治 冬季清除林间的枯枝落叶、地被物，或进行土地翻耕。成虫期振落捕杀。

化学防治 喷洒敌百虫、敌敌畏乳剂等 800～1000 倍液防治幼虫或新羽化的成虫。

参考文献

李亚杰，1962. 杨树的新害虫——杨潜叶金花虫 [J]. 林业科学，7(3): 238-239.

粟安全，1991. 桤木叶甲生物学特性及防治试验初报 [J]. 四川林业科技 (4): 50-53.

吴次彬，1959. 四川灌县地区桤木害虫调查及防治意见 [J]. 昆虫知识 (7): 226-227.

萧刚柔，李镇宇，2020. 中国森林昆虫 [M]. 3 版 . 北京：中国林业出版社：377.

曾垂惠，1991. 四川省桤木叶甲成灾 [J]. 中国森林病虫 (4): 52.

（撰稿：李会平；审稿：迟德富）

①　②　③

桤木叶甲成虫（熊鑫鑫提供）

①背面观；②侧面观；③腹面观

漆树叶甲 *Podontia lutea* (Olivier)

一种主要危害漆树的害虫。又名漆跳甲、漆黄叶甲、漆树金花虫、野漆宽胸跳甲、黄色凹缘跳甲、大黄金花虫。鞘翅目（Coleoptera）叶甲总科（Chrysomeloidea）叶甲科（Chrysomelidae）跳甲亚科（Alticinae）凹缘跳甲属（*Podontia*）。国外分布于越南、缅甸等。中国分布于浙江、福建、广东、湖南、江西、湖北、陕西、四川、贵州、云南。

寄主 漆树属、黄连木属等。

危害状 初孵幼虫群集取食叶肉，后分散沿叶缘取食；白天多静栖，取食多在夜间。严重时吃光全部叶片，仅剩主脉，对树木生长和生漆产量都有很大影响。

形态特征

成虫 体椭圆形，橙黄色。雌虫长 12.5～15.5mm，宽 7.0～8.5mm；雄虫长 12.0～15.2mm，宽 6.5～8.0mm。头部隐于前胸下；触角 11 节，基部二至三节黄色，其余各节黑色；复眼黑色；前胸背板具点刻；鞘翅橙黄色，有 11 条点刻列。足基部 3 节黄色，端部 3 节均黑色。雌虫腹部末节腹板后缘两侧有较深的凹陷，雄虫无（图 1①、图 2）。

卵 椭圆形，长约 1.5mm，初产时为白色，逐渐变为灰黄至黄褐色，每 20 粒左右聚集成块（图 1②）。

幼虫 初龄为乳黄色。老龄幼虫微胖，橘黄色，长约 20mm，体背面有 6 行黑点。一龄幼虫头宽 2.0～2.5mm。二龄幼虫头宽 2.5mm 左右。三龄幼虫头宽 3.0mm 左右（图 1③）。

蛹 圆锥形，长约 15mm，乳白或黄白色。腹部末端具黑色尾刺 1 对。

生活史与习性 在湖北和云南均 1 年完成 1 代，以成虫越冬。在湖北翌年 4 月中、下旬上树活动，取食嫩叶，并在叶背产卵；每雌平均产卵 270 粒。5 月上、中旬为产卵盛期；6 月下旬和 7 月上旬为孵化盛期；初孵幼虫多集中于叶背尖端；幼虫共 3 龄。幼虫取食后将排泄的条状粪便附于背上。6 月中、下旬为化蛹盛期。化蛹时幼虫脱掉背上的附着物，坠地入土，做蛹室化蛹。7 月上、中旬为羽化盛期。

成虫羽化出土约 1 小时后飞翔上树、取食。取食 10～15 天后交尾；雌雄虫均多次交尾。成虫交尾后，一般当年不产卵。于 11 月上、中旬下树入土、枯枝落叶、杂草灌木丛或石缝中越冬。

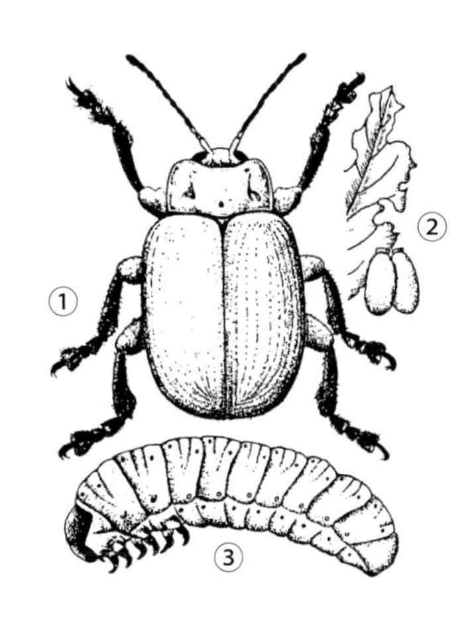

图 1 漆树叶甲（引自萧刚柔和李镇宇，2020）

①成虫；②卵；③幼虫

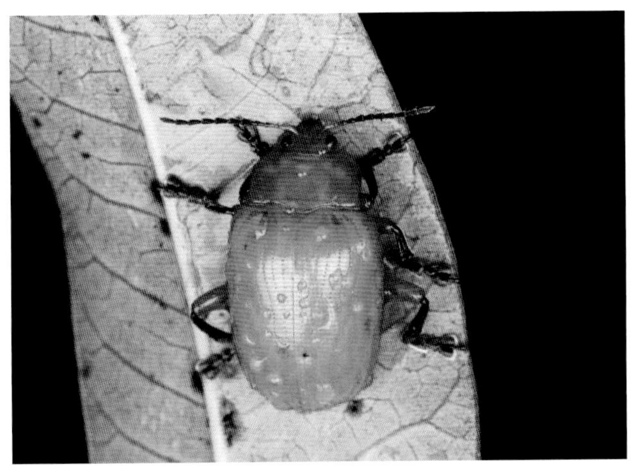
图 2 漆树叶甲成虫（李琨渊提供）

防治方法

营林措施 冬季清除枯枝落叶和杂草丛，堆积焚烧或积肥；在蛹期对漆树林地进行深翻，破坏土茧。

人工防治 对低矮的漆树品种，4～5 月间在卵期，摘取叶片卵块杀灭。或在漆树下铺草诱杀成虫，也可以振落成虫捕杀。

生物防治 漆树叶甲天敌有小黄蚁、大黑蚁、小黑蚁、食虫虻等应注意保护。

化学防治 成虫期和幼虫期喷洒 25% 敌杀死乳剂 5000～6000 倍液。

参考文献

马归燕，1986. 漆树黄叶甲的初步研究 [J]. 贵州农学院学报 (1): 93-98.

萧刚柔，李镇宇，2020. 中国森林昆虫 [M]. 3 版. 北京：中国林业出版社：393-394.

熊自起，贾冬，2015. 漆树叶甲不同处理防治效果试验研究 [J]. 中国林副特产 (6): 49-50.

郑怀书，1995. 漆树叶甲的初步研究 [J]. 安徽林业科技（森防专辑）: 18-19.

（撰稿：迟德富；审稿：骆有庆）

脐腹小蠹 *Scolytus schevyrewi* Semenov

一种危害多种阔叶树的钻蛀性害虫。英文名 banded elm bark beetle。鞘翅目（Coleoptera）象虫科（Curculionidae）小蠹亚科（Scolytinae）小蠹属（*Scolytus*）。国外分布于美国、加拿大、俄罗斯、蒙古、哈萨克斯坦、乌兹别克斯坦、吉尔吉斯斯坦、土库曼斯坦、塔吉克斯坦等国家。中国分布于新疆、陕西、青海、宁夏、黑龙江、辽宁、北京、河北、山西、河南、山东等地。

寄主 白榆、春榆、黑榆、黄榆、美国榆、欧洲白榆、沙枣、垂柳、柠条锦鸡儿、杏、桃、樱桃、梨、苹果等。

危害状 脐腹小蠹钻蛀寄主树木的韧皮部，在树皮上形成密布的虫孔（1.5～2mm）。其母坑道为单纵坑道，长 3～9cm；子坑道稠密，40～70 条，自母坑道向两侧水平伸出，部分再转弯沿树干向上或向下伸展，子坑道长 4～6cm，蛹室位于坑道尽头，呈椭圆形（图 1）。虫口密度大时，子坑道纵横交错，韧皮部呈碎屑状，难以辨认。

形态特征

成虫 体长 3～4mm（图 2①）。触角锤状。体色及斑

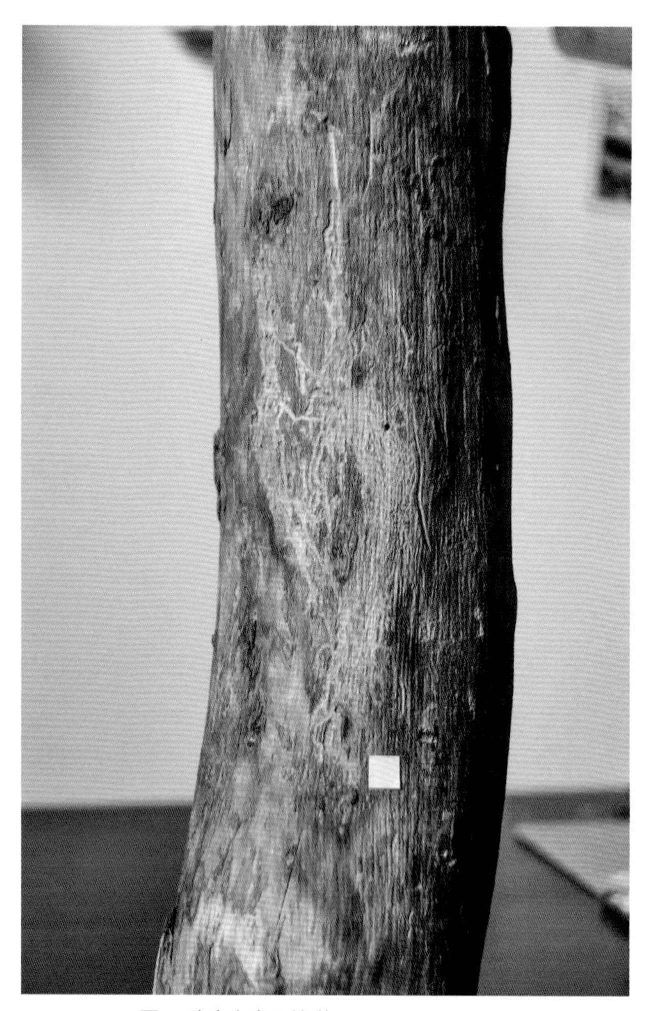

图 1 脐腹小蠹母坑道（骆有庆课题组提供）

图 2 脐腹小蠹成虫（任利利提供）

①成虫；②成虫鞘翅；③雄虫腹部第七背板刚毛；④示脐突

纹有变化；头黑色，前胸背板前半部分或大部分为黑色，后缘红褐色，鞘翅红褐色，常在鞘翅中部有黑褐色横带；背面有整齐的刻点呈竖条排列且有细毛着生，反面光滑无刻点（图 2②）。雌雄虫大小无区别，区别在额面，雄虫额部低凹，有棱角，额毛浓密；雌虫额部较凸出，额毛稀疏。雌雄两性第二腹板中部均具瘤突（脐突，图 2④）。雄虫腹部第七背板近后缘具 1 对强大刚毛（图 2③），雌虫无此类刚毛。

幼虫　初孵幼虫白色，二龄后略带肉色，无足，"C" 形，幼虫口器深褐色。

生活史及习性　在宁夏盐池县 1 年发生 2 代，以老熟幼虫或蛹越冬。越冬幼虫于 5 月上旬气温升高时开始化蛹，5 月中旬达化蛹盛期，5 月下旬开始羽化，6 月上旬为羽化盛期。另一代幼虫于 6 月底、7 月初开始化蛹，7 月下旬为羽化高峰，8 月上旬羽化结束，成虫产卵后孵化出幼虫，幼虫发育为老熟幼虫或蛹准备越冬。9 月到 10 月上旬还能偶见成虫，少部分老熟幼虫筑蛹室继续化蛹进入越冬期。由于成虫寿命以及幼虫和蛹的越冬期长，所以脐腹小蠹有世代重叠现象。脐腹小蠹优先钻蛀衰弱木，当虫口密度达到一定值时，进而蛀害健康木。雌成虫与雄成虫交尾后在寄主韧皮部的坑道内产卵，雌成虫仅交尾一次，雄成虫可连续与数头雌成虫交尾。

防治方法

人工防治　及时拔除受脐腹小蠹危害的濒死木及枝干，焚烧或水中浸泡处理。

生物防治　保护利用天敌，如榆痣斑金小蜂、广肩小蜂、小蠹蒲螨等。

化学防治　在成虫羽化盛期，对树冠和树干喷洒化学药剂。

参考文献

范丽华，张金桐，李月华，等，2011. 脐腹小蠹形态特征和生物学特性 [J]. 应用昆虫学报，48(3): 657-663.

王占亭，陈满英，2000. 脐腹小蠹发生规律的研究 [J]. 新疆农业科学 (S1): 146-149.

殷蕙芬，黄复生，李兆麟，1984. 中国经济昆虫志：第二十九册　鞘翅目　小蠹科 [M]. 北京：科学出版社.

虞国跃，胡亚莉，王合，等，2014. 榆树脐腹小蠹的识别与防治 [J]. 植物保护 (6): 196-198.

朱晓锋，徐兵强，阿布都克尤木・卡德尔，等，2016. 杏园脐腹小蠹空间分布型及易受害寄主生长性状研究 [J]. 植物保护，42(5): 80-85.

HUMBLE L M, JOHN E, SMITH J, et al, 2010. First record of the banded elm bark beetle, *Solytus schevyrewi* Semenov (Coleoptera: Curculiondae: Scolytinae), in British Columbia[J]. Journal of the Entomological Society of British Columbia, 107: 21-24.

JOHNSON P L, HAYES J L, RINEHART J, et al, 2008. Characterization of two non-native invasive bark beetles, *Scolytus schevyrewi* and *Scolytus multistriatus* (Coleoptera: Curculionidae: Scolytinae).[J]. Canadian entomologist, 140(5): 527-538.

（撰稿：任利利；审稿：骆有庆）

器官芽　imaginal disc

全变态昆虫幼虫体内的囊状上皮细胞组织，是成虫翅、眼、足等体外附肢的前体，又名成虫盘。在胚胎发育早期，胚胎特定部位的上皮细胞以细胞团的形式分离出来，在幼虫期通过细胞增殖和分化形成器官芽。器官芽位于幼虫内部并与幼虫体壁保持连接，蛹期从幼虫内部穿过体壁移动到蛹壳下的自由空间，并通过外翻和拉长等步骤最终形成对应的器官。

荷兰生物学家 Jan Swammerdam 于 17 世纪末期通过解剖及显微观察首次发现全变态昆虫幼虫体内存在器官芽，并指出器官芽最终发育为成体的对应器官。在器官芽的发育过程中，由几十个细胞组成的前体组织快速增殖为数万个细胞。在此过程中，由器官发育的组织者（organizer）分泌器官成形素来整体性控制每个细胞的存活、生长、分化和形貌发生，形成特定的器官三维构造（又称为图示）。对器官芽在发育不同阶段的形态变化及细胞增殖、细胞形貌相关调控机制研究已较为深入，目前研究着重解析器官芽发育的动态过程及细胞分化和图示形成的分子机制。

双翅目昆虫黑腹果蝇（*Drosophila melanogaster*）是研究昆虫器官发育的模式生物，其翅芽的发育机制具有代表性。果蝇的飞行翅是由幼虫体内的翅芽发育而来，翅芽呈囊状结构，由两层细胞组成，包括鳞片状细胞组成的围肢膜（peripodial epithelium，PE）和柱状细胞组成的翅细胞层（disc proper，DP）。翅芽在初孵幼虫时仅由 50 个左右细胞组成，到老熟幼虫时增殖到 5 万个左右细胞。整个发育阶段翅芽经历了复杂的形貌改变过程（图 1）。幼虫二龄早期之前，翅芽所有的细胞都是立方体。随后 DP 细胞开始拉伸成柱状细胞，PE 中间区域细胞拉伸成鳞片状细胞，两层细胞之间的连接细胞仍保持立方体。从三龄早期开始，DP 细胞层特定区域细胞由顶端处缩短并内陷形成形貌沟，将翅细胞层划分为背板、铰链和翅囊 3 个区域。到三龄末期，翅芽形貌发生和细胞增殖完成，随后进入蛹期变态发育。进入蛹期后，翅囊区沿背 / 腹隔间边界折叠，随后大部分 PE 细胞被降解，一小部分 PE 细胞与幼虫表皮融合，翅芽外翻到幼虫表皮外。待蛹壳脱去后，翅囊区发育为成虫的飞行翅，背板区成为成虫胸部背板（图 2）。

在器官的发育过程中，细胞不仅不断地生长和增殖，而且还进一步划分为一些不同的小区域，这种划分方式是多细胞生物塑造自身构造的基础。细胞在同一区域内可以混合，但在两个相邻区域的边界处，来自不同区域的细胞相互分离，导致在相邻区域之间形成一条相对较直的边界。这条边界不仅可以阻止细胞在此处混合，而且细胞分裂增殖后在此处仍然相互分离。具有这种细胞谱系限制功能的隔离区域就被称为隔间，相邻隔间之间形成的边界就被命名为隔间边界。果蝇的跗肢被划分为前和后以及背和腹 4 个隔间，隔间边界细胞充当器官发育的组织者，负责指导跗肢的构造形成。在果蝇翅的发育过程中，翅芽在起始阶段就被分化为前和后两个隔间，然后又在幼虫二龄期进一步分化出背和腹两个隔间。前 / 后和背 / 腹的隔间边界设立了各自的边界细胞作为组织者，来控制翅的构造形成。组织者通过分泌信号分子来决定周围细胞的命运从而控制图示形成。选择者基因 *engrailed*（*en*）决定后隔间的细胞特性，指导 *hedgehog*（*hh*）基因在后隔间细胞内特异表达并抑制该区细胞对 Hh 分子的反应。这样使得只有前隔间细胞才能对 Hh 做出反应。Hh 作为短程信号，跨过前 / 后隔间边界，把前隔间边界细胞设立为组织者，并诱导组织者细胞产生 TGF-β 家族的同源物 decapentaplegic（Dpp）。

Dpp 作用为器官成形素，由组织者细胞中分泌出来，可以穿越靶标细胞而传播，并形成长距离的沿着前后轴线的浓度梯度来控制翅的图示形成。Dpp 的连续浓度梯度受到破坏或者直接的活力缺失都会导致细胞凋亡和细胞形貌的改变。Dpp 信号通路调控细胞增殖速率和细胞命运分化，参与指导翅脉的构造形成。Dpp 的功能主要由其下游靶标基因介导。作为 Dpp 的下游靶标基因之一，*spalt*（*sal*）编码一种锌指转录因子，对翅的第二条纵脉的构造形成非常重要。*sal* 在翅芽的 DP 细胞中表达，在 PE 细胞中不表达，这种不对称表达能够确保 PE 细胞形成鳞片状细胞、DP 细胞形成柱状细胞。如果在 PE 细胞层中异位表达 *sal*，会导致 PE 细胞高度增加变成类似柱状或立方体形状细胞。如果 DP 细胞丧失 Sal 活力，会缩短及内陷。此外 Sal 促进果蝇翅芽细胞的增殖，这一功能在飞蝗翅发育中也是保守的。Dpp 另一个主要的下游靶标基因是 T-box（Tbx）基因家族的 *opotomotor-blind*（*omb*）。Dpp 的诸多功能都需要 *omb* 的参与调节，包

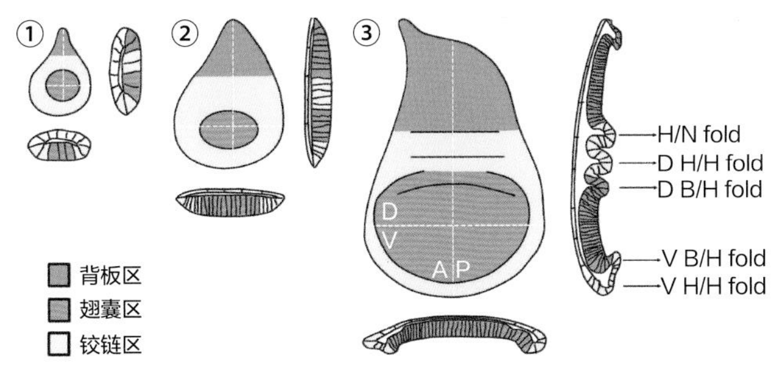

图 1 果蝇翅芽细胞形貌示意图（刘素宁绘）

①一龄幼虫翅芽的平面图及其横切面（下）和纵切面（右）；
②二龄幼虫翅芽的平面图及其横切面（下）和纵切面（右）；
③三龄幼虫翅芽的平面图及其横切面（下）和纵切面（右）。成虫的背板、飞行翅和连接翅与身体的翅铰链分别由对应颜色标记的翅芽区域发育而来

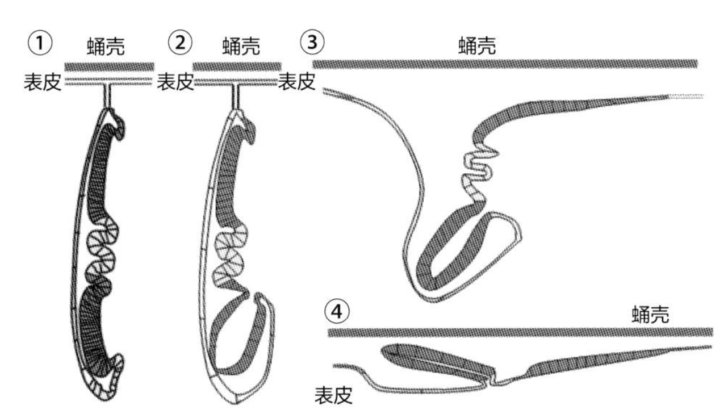

图 2 果蝇蛹期翅芽外翻过程（刘素宁绘）

①老熟幼虫翅芽的纵切面示意图；②在早期蛹期，翅囊区折叠成双细胞层；③ PE 细胞层发生降解并与幼虫表皮融合；④翅芽外翻到幼虫表皮外

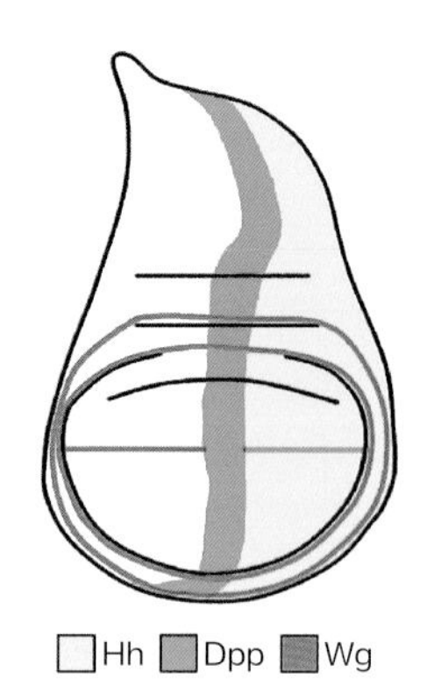

图 3 三种器官成形素在三龄翅芽上的表达部位（刘素宁绘）

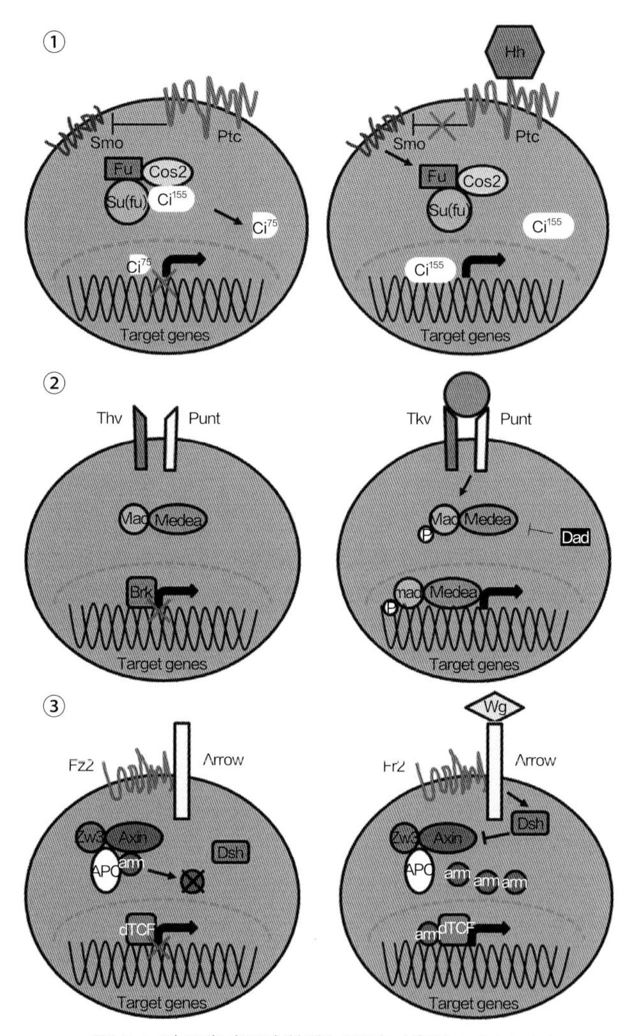

图 4 三种器官成形素的信号通路示意图（刘素宁绘）

① Hh 信号分子通路图；② Dpp 信号分子通路图；③ Wg 信号分子通路图

括 Dpp 其他靶标基因 *sal* 和 *vestigiale*（*vg*）的激活，Dpp 受体的抑制，Dpp 活力梯度的调节等。Omb 的活力直接介导 Dpp 信号在调控 DP 细胞增殖速率中的作用，具有区域化的特异性，在 DP 细胞层的中间区域抑制细胞增殖，在 DP 细胞层的两侧区域促进细胞增殖。DP 细胞丧失 Omb 功能会缩短并内陷，如果后隔间细胞丧失 Omb 功能，会导致前 / 后隔间边界细胞内陷形成沟并在蛹期开叉，最终导致成虫翅中间分叉。Dpp 的另一靶标基因 *Doc* 在翅芽上呈现条带状表达谱，促进翅芽形貌沟的发生，在变态发育时促进翅囊区的折叠以及促进胸腔闭合。如果缺少 *Doc* 功能，翅发育畸形、铰链不能活动、胸部背板不能愈合而开裂。

沿翅芽的背腹轴线也存在类似的调控机制。背 / 腹隔间边界形成于二龄期，使翅芽进一步划分成小区域。选择者基因 *apterous*（*ap*）在背隔间表达，决定背隔间细胞的命运，并为背 / 腹隔间边界提供位置信息，而腹隔间则不表达 ap。背 / 腹隔间边界细胞通过两种配基复杂的交互反应激活 Notch（N）信号，从而激活第二种器官成形素 Wingless（Wg）在背 / 腹隔间边界细胞内表达。在幼虫二龄中期，Wg 最先在前隔间与腹隔间重叠的呈楔形的一小团细胞中表达，随后在二龄末期，背 / 腹隔间边界细胞被 N 信号激活而表 Wg。在三龄早期，第一个 Wg 表达环在远端铰链区形成，称为 Wg 内环。在三龄晚期，第二个表达环在近端铰链区形成，称为 Wg 外环。背 / 腹隔间边界细胞表达并向外分泌 Wg，长距离传递，形成连续的 Wg 浓度梯度，控制靶标基因的表达、翅细胞的增殖与形貌发生。如果在果蝇的翅芽上制造克隆细胞来异位表达 Wg，这些细胞就可以诱导翅缘的结构以及次生翅的形成。如果细胞缺失 Wg 信号活力，会诱导翅囊区的细胞凋亡、细胞命运改变和细胞形貌变化，并导致成虫的翅缘发生缺刻及翅结构缺失。

除了 Dpp 和 Wg 这两种经典器官成形素之外，短距离信号分子 Hh 也被认可为一种器官成形素，它在 *en* 的指导下由后隔间细胞合成并分泌，通过受体和下游信号传递者介导信号活力并调控靶标基因表达。Hh 通路参与了 PE 细胞层的细胞形貌发生，如果 *hh* 基因发生突变，应该发育成鳞片状细胞的立方体细胞将不能转换成鳞片状细胞。Hh 功能的丧失会导致翅芽 DP 细胞层中间区域的细胞发生凋亡和增殖变慢，导致翅中间区域的构造不正常。

Dpp、Wg、Hh 这三种器官成形素在三龄翅芽上的表达部位如图 3 所示，它们的信号通路如图 4 所示。这些信号通路中的关键基因在其他昆虫如玉米螟和飞蝗的翅发育中都是高度保守的。其他全变态昆虫如玉米螟和小地老虎等鳞翅目昆虫的幼虫翅芽结构与果蝇也有差别。果蝇幼虫的翅芽是由单层翅细胞和单层围肢膜组成，蛹期才折叠成双层翅细胞；而小地老虎的幼虫翅芽已经是由围肢膜包裹着的双层翅细胞组成，除了外翻至体外，在蛹期只拉伸而无需折叠，翅的变态发育不明显。飞蝗和蟑等不完全变态昆虫的翅是完全在体外发育的，从若虫开始也是由双层翅细胞组成，逐渐生长无变态发育。

参考文献

彩万志，庞雄飞，花保祯，等，2011. 普通昆虫学 [M]. 2 版 . 北京：中国农业大学出版社：215-224.

HELD L I, 2002. Imaginal discs, the genetic and cellular logic of pattern formation[M]. Cambridge: Cambridge University Press.

SCOTT F GILBERT, MICHAEL J F BARRESI, 2020. Developmental biology[M]. 11th ed. New York: Oxford University Press.

（撰稿：沈杰；审稿：王琛柱）

迁移 migration

昆虫成群地由一个发生地长距离转移到另一个发生地的现象。又名迁飞。这种迁移并不是偶然发生的，而是某些昆虫系统发育过程中形成的一种遗传特性。迁飞现象并不普遍存在，而是发生在昆虫个体发育过程中某些不适生存环境来临前，一般为成虫产卵以前，从而使该种群迁移到新的发生地繁殖新一代。因此，迁移是一种适应特性，有助于种的延续。

根据昆虫迁移特征可将其划分为3种类型：①简单迁移。迁飞的成虫寿命短，通常在一个季节内，从发生地迁移到新的地区产卵繁殖，随后死亡，一般为单程迁移，不返回原地区，但可连续几代发生。多数迁飞性农业害虫属于此种类型，沙漠蝗（*Schistocerca gregaria*）是此种类型最为典型的代表昆虫。②与摄食相关的迁移，迁飞成虫寿命较短，从发生地飞到适宜地点后取食，并进行体内卵巢发育，随后又迁移到原来的或者新的生殖区域繁衍后代，代表性昆虫金龟子甲虫（*Melolontha melolontha*）。③休眠前的长距离迁移，迁飞成虫的寿命较长，在越冬或者越夏前成虫从发生地迁飞到休眠地区以滞育阶段度过环境恶劣时期，在下一季后又迁移到原来的发生地进行产卵繁殖。帝王蝶（*Danaus plexippus*）的远距离迁移是此种类型的卓越代表，每年秋季，它们自美国、加拿大向南飞行数千千米，抵达墨西哥中部的丛林过冬，又在翌年春季飞回原地。

昆虫的迁移需要准确的导航与定位。昆虫的定向机制包括太阳罗盘定向、地磁定向、星空标志定向、偏振光定向、风定向及对风漂移的补偿。白天迁飞的昆虫可以利用时间补偿太阳罗盘进行定向，但夜行性迁飞昆虫的定向机制还有待研究。迁飞是昆虫区域性灾变的重要因素之一，明确迁飞性害虫的定向机制对发展迁飞害虫预警体系有重要意义。

参考文献

高月波，翟保平，2010. 昆虫定向机制研究进展 [J]. 昆虫知识 (6): 1055-1065.

吴先福，封洪强，薛芳森，等，2006. 昆虫迁飞过程中的定向行为 [J]. 植物保护，32(5): 1-5.

张国权，1973. 昆虫的迁移 [J]. 科技简报 (18): 30-34.

SRYGLEY R B, OLIVEIRA E G, DUDLEY R, 1996. Wind drift compensation, flyways, and conservation of diurnal, migrant Neotropical Lepidoptera[J]. Proceedings of the royal society of London. series B: Bioloical sciences, 2639: 1351-1357.

WILLIAMS C B, 1957. Insect migration[J]. Annual review of entomology, 2 (1): 163-180.

（撰稿：侯丽；审稿：王宪辉）

翘鼻华象白蚁 *Sinonasutitermes erectinasus* (Tsai et Chen)

一种危害树干和木质材料的白蚁。等翅目（Isoptera）白蚁科（Termitidae）象白蚁亚科（Nasutitermitinae）华象白蚁属（*Sinonasutitermes*）。中国分布于广东、海南、湖南。

寄主 木质材料以及樟树、锥栗等树木。

危害状 被害木段常被取食成薄片状。喜在较粗的树干内营巢，造成树干腐朽中空，树势衰弱。

形态特征

有翅成虫 头暗赤褐色，前胸背板黄褐色，腹板中段浅黄色，足黄色，翅淡黄褐色。复眼长圆形，外凸。单眼椭圆形，与复眼距离小于单眼宽径。后唇基不隆起，宽4倍于长，前、后缘平直，微弓出。上唇前端圆形，中间无淡色横纹。囟位于两复眼中央，具淡色“Y”形斑。触角15节，第二、三、四、五节几等长。前胸背板前缘近平直，中央略隆起，后缘较窄，中央具凹刻。前翅鳞大于后翅鳞。前翅M脉在肩缝处独立伸出，分支有或无。M脉与Cu脉间距小于M脉与Rs脉间距，Cu脉具10分支。后翅M脉由Rs脉分出，其余脉序同前翅。翅毛短小。

兵蚁 大兵蚁：头、触角暗赤褐色，鼻前段更深，胸、腹部淡黄色。头几近赤裸，腹背面具微细毛，腹面毛较长，各节背板及腹板后缘具1列直立长毛。头似横置的椭圆形，中点之后最宽，后部宽圆。鼻圆锥形，鼻基粗，鼻与头顶的连接线显著弯曲，与唇基间的夹角大于90°，上翘，上颚前侧端具1根刺，触角13节，第二，四节等长，第三节较长，第五节略长于第四节。前胸背板前后部相交成直角，前缘中央微凹入。小兵蚁：体色与毛序同大兵蚁，但头具稀少毛。头近圆形，鼻圆锥形，不显著上翘，鼻与唇基之间的夹角大于90°。上颚前外端具1尖刺，触角12节，第三节等于二节或为其1.5倍。前胸背板前缘中央不凹入。

工蚁 大工蚁：头黄色，具淡色“T”形头缝。胸、腹部白色。头介于圆形和方形之间，两侧平行，后方略合拢，后缘弓形。头顶平。后唇基隆起，长不及宽之半。囟在“T”形缝交叉点正后方，为圆形小凹坑。触角14节，第二、三节等长，第四节较短。前胸背板前部直立，前、后部大小相等，前缘中央有缺刻。头长至唇尖1.70～1.81mm，头宽1.36～1.45mm，前胸背板宽0.77～0.81mm。小工蚁：体色较浅，头形似大工蚁，“T”形缝不明显。前胸背板前缘无缺刻，宽0.54～0.61mm。头长至唇尖1.15～1.27mm，头宽0.95～1.04mm。

生活史及习性 木栖性白蚁，主巢多筑在树干基部1m以下的树干中，常造成树干空心。该白蚁多发生于高山原始次生林区，多危害阔叶树种。营巢树树龄都在20年以上。在湖南，成虫多在6月下旬分飞，分飞时间都在傍晚闷热气候下进行，无特殊“候飞室”。初期繁殖蚁多从树干伤口侵入，逐渐向心材部蛀食，并在心材处定居营巢逐步向四周蛀食，随着蛀食面的大小而扩大巢体。大型巢宽50cm，长1m左右。“王室”在巢体中央。有大、小二型兵、工蚁，兵蚁受惊即迅速返回到“王室”附近，以保卫蚁王蚁后。剖巢时，兵蚁最集中的地方即“王室”所在之处。营巢树外部常见到简单的蚁路和排泄物、羽化孔等外露迹象。主巢结构复杂，由排泄物粘结而成，新鲜巢湿润、松脆；巢体干燥后坚硬。

防治方法 见小象白蚁。

参考文献

蔡邦华，陈宁生，1963. 中国南部的白蚁新种 [J]. 昆虫学报 (2):

Q

167-198.

黄复生，朱世模，平正明，等，2000. 中国动物志：昆虫纲 第十七卷 等翅目 [M]. 北京：科学出版社：

李桂祥，平正明，1986. 中国象白蚁亚科华象白蚁新属及三新种(等翅目：白蚁科)[J]. 动物学研究，7(2): 89-98.

平正明，徐月莉，黄熙盛，1991. 中国华象白蚁属的分类(等翅目：白蚁科：象白蚁亚科)[J]. 白蚁科技 (3): 1-16.

CHUAH C H, GOH S H, THO Y P, 1989. Interspecific variation in defense secretions of Malaysian termites from the genus *Nasutitermes* (Isoptera, Nasutitermitinae)[J]. Journal of chemical ecology, 15(2): 549-563.

MIURA T, ROISIN Y, MATSUMOTO T, 2000. Molecular phylogeny and biogeography of the nasute termite genus *Nasutitermes* (Isoptera: Termitidae) in the Pacific tropics[J]. Molecular phylogenetics and evolution, 17(1): 1-10.

（撰稿：文平；审稿：嵇保中）

鞘翅目 Coleoptera

鞘翅目是昆虫纲中最大的一个目，俗称甲虫，已知4亚目近500个科及亚科350 000余种。发育为完全变态。

鞘翅目昆虫体型从小至极大型，通常情况下，整体均高度骨化。口器为咀嚼式。复眼或十分发达至或完全消失，单眼通常缺失。触角常11节或更少，但有些种类触角超过20节。前胸发达；中胸较小，背面观只有小部分可见，与后胸愈合成着生翅的翅胸。前翅特化为坚硬的鞘翅，翅脉常不可见，部分种类前翅退化或缩短；后翅常宽大，膜质，有不同程度退化的翅脉。一些种类翅退化，尤其在花萤总科的一些雌性中，仅保留甲壳状的前翅，或前后翅均缺失。足的形态较为多变，跗节原始为5节，但在不同类群中或多或少减少；对应于不同的生活环境，足可特化为开掘足、抱握足、游泳足等。腹部腹面比背面骨化程度更强，节数多样。尾须缺失。

幼虫形态变化很大，但可根据骨化的头壳、发育良好的上颚和5节的胸足来识别。幼虫可能有多种生活方式，植食性、捕食性、腐食性甚至寄生性；水生或陆生；独立活动或被亲代照料。蛹为离蛹，在极端的例子中，如一些成虫幼态的红萤缺乏蛹期。

成虫可见于各种环境，包括水下及少数海洋环境。食性广泛，几乎占据各个生态位。鞘翅目通常认作为脉翅总目的姊妹群，这得到了一些分子及形态证据的支持。

参考文献

GULLAN P J, CRANSTON P S, 2009. 昆虫学概论 [M]. 3版. 彩万志，花保祯，宋敦伦，等，译. 北京：中国农业大学出版社：236.

袁锋，张雅林，冯纪年，等，2006. 昆虫分类学 [M]. 北京：中国

图1 鞘翅目步甲科代表（吴超摄）

图2 鞘翅目吉丁科代表（吴超摄）

图3 鞘翅目金龟科代表（吴超摄）

图4 鞘翅目天牛科代表（吴超摄）

图 5 鞘翅目象虫科代表（吴超摄）

图 6 鞘翅目叶甲科代表（吴超摄）

农业出版社 : 331-383.

郑乐怡，归鸿，1999. 昆虫分类学 [M]. 南京：南京师范大学出版社 : 219-263.

GULLAN P J, CRANSTON P S, 2004. The insects: An outline of entomology[M]. 3rd ed. New Jersey: Wiley-Blackwell.

（撰稿：吴超、刘春香；审稿：康乐）

茄二十八星瓢虫 *Henosepilachna vigintioctopunctata* (Fabricius)

一种危害茄科和葫芦科植物的主要害虫。又名酸浆瓢虫。英文名 28-spotted ladybird beetle。鞘翅目（Coleoptera）瓢虫科（Coccinellidae）食植瓢虫亚科（Epilachninae）裂臀瓢虫属（*Henosepilachna*）。国外分布于澳大利亚、北美、东印度群岛、东亚、中亚、斯里兰卡、马来西亚和印度。中国各地广泛分布，但以长江以南发生为多。

寄主 有茄子、马铃薯、番茄、龙葵、辣椒等 40 余种寄主植物。

危害状 成虫和幼虫喜群集于叶片背面为害，啃食下表皮和叶肉，残留上表皮，形成许多不规则的透明锯齿形网状斑，后干枯，变褐色，严重时仅剩残茎。有时还危害嫩茎、花和幼果。花被害后提前脱落，不能结果。果实被害后表皮成痂，果皮变硬，无法食用（图 1）。

形态特征

成虫 雌雄成虫体长分别为 8.03mm 和 6.28mm，体宽分别为 7.46mm 和 6.05mm。半球形，黄褐色，体表密生黄色细毛（图 2①）。口器咀嚼式（图 2④）。足跗节为隐 4 节，其腹面着生浓密的刚毛（图 2⑤⑥⑦）。雌成虫腹部末端外生殖部位呈沟状凹陷（图 2②），雄成虫则凸起（图 2③）。前胸背板上有 6 个黑点，每侧各 2 个，中央 2 个，中间的 2 个常连成 1 个横斑；每个鞘翅上有 14 个黑斑，其中鞘翅基部第二列 4 个黑斑呈一直线，这一特征与马铃薯瓢虫显著不同（图 2①）。

茄二十八星瓢虫和马铃薯瓢虫在鞘翅细微结构上存在明显差异。茄二十八星瓢虫鞘翅表面的凹陷明显地比马铃

图 1 茄二十八星瓢虫危害状（华登科提供）

①茄子大面积受害状；②茄子叶片受害状；③番茄叶片受害状；④土豆叶片受害状；⑤龙葵叶片受害状

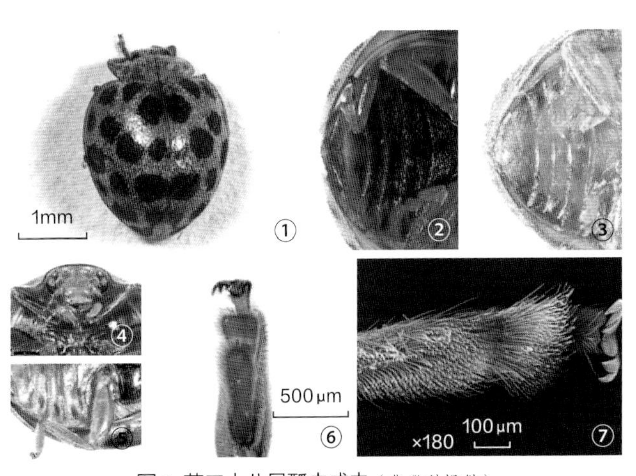

图 2 茄二十八星瓢虫成虫（华登科提供）

①成虫；②雌成虫外生殖器；③雄成虫外生殖器；④成虫口器；⑤成虫足；⑥成虫足跗节；⑦成虫足跗节刚毛（扫描电镜）

图 3 茄二十八星瓢虫卵、幼虫和蛹（华登科提供）

①卵；②幼虫；③蛹

薯瓢虫的浅，鞘翅体毛的着生位置也不同，茄二十八星瓢虫的鞘翅体毛着生于凹陷边缘，马铃薯瓢虫则着生于凹陷中心。

卵 长 1.01mm，宽 0.39mm。集中产于叶背，卵块中卵粒排列紧密且整齐。卵呈弹头形，直立，初产白色，1～2 天后变黄（图 3 ①）。

幼虫 一至四龄幼虫体长分别为 2.96mm、5.25mm、6.57mm 和 7.32mm，体宽分别为 1.09mm、2.30mm、2.75mm 和 3.77mm。体背生有白色枝刺，枝刺基部有黑褐色环纹（图 3 ②）。

蛹 体长 7.09mm，体宽 4.48mm。黄白色，背面有较浅的黑色环纹（图 3 ③）。

生活史及习性 北方 1 年发生 2 代，长江流域 1 年发生 3～5 代，世代重叠现象明显。发育历期 13～32 天。产卵前期 3～13 天，平均单雌产卵量为 32 粒。卵的平均孵化率为 86.77%，幼虫期 16～19 天，蛹期 3～8 天。越冬群集现象不明显，以成虫在土块下、树皮缝或杂草间越冬。翌年成虫出蛰后，先在茄科杂草上取食，后陆续转移至茄科蔬菜上为害，以茄子受害最严重。成虫具假死性、自残性和一定趋光性，但畏强光，昼夜取食，常在叶背和其他隐蔽处活动。卵多产在叶片背面，常 15～40 粒直立成块，也有少量产在茎、嫩梢上。老熟幼虫多在植株中、上部的叶片背面化蛹。该虫第二至四代为长江流域的主害代，此期正值夏季茄科蔬菜的生长盛期；8 月底至 9 月初，茄科作物陆续收获，成虫和幼虫均向野生寄主植物上转移，10 月上中旬，成虫开始飞向越冬场所。发生适温 22～28°C，相对湿度 76%～84%。

防治方法

农业防治 清洁田园，轮作。

化学防治 采用高效氯氰菊酯或辛硫磷乳剂全面喷施于叶片背面。

参考文献

华登科, 2016. 茄二十八星瓢虫在茄子叶片上的抓附能力及其机理 [D]. 荆州: 长江大学.

任顺祥, 王兴民, 庞虹, 等, 2009. 中国瓢虫原色图鉴 [M]. 北京: 科学出版社: 312-313.

司升云, 望勇, 周利琳, 等, 2007. 茄二十八星瓢虫的识别与防治 [J]. 长江蔬菜 (4): 28, 65.

张迎春, 刘慧娟, 郑哲民, 2002. 马铃薯瓢虫和茄二十八星瓢虫体表细微结构的比较研究 [J]. 昆虫知识, 39 (2): 132-135.

周雷, 王香萍, 李传仁, 等, 2014. 不同温度下茄二十八星瓢虫的实验种群生命表 [J]. 环境昆虫学报, 36 (4): 494-500.

（撰稿：华登科；审稿：桂连友）

茄黄斑螟 *Leucinodes orbonalis* Guenée

一种主要危害茄子、马铃薯等茄科作物的钻蛀性害虫。又名茄子钻心虫、茄白翅野螟、茄螟等。英文名 eggplant fruit and shoot borer。鳞翅目（Lepidoptera）螟蛾科（Pyralidae）白翅野螟属（*Leucinodes*）。国外分布于亚洲的越南、新加坡、泰国、马来西亚、柬埔寨等国家，非洲的埃及、埃塞俄比亚、加纳、肯尼亚、莱索托、马拉维、莫桑比克等国家，北美洲的美国佛罗里达州、路易斯安那州、马萨诸塞州、密西西比州、宾夕法尼亚州等地。在中国，湖北、湖南、江西、广西、广东、福建、四川、浙江、山东和上海等地均有发生危害的记载。

寄主 茄子，其他茄科植物如马铃薯、多皮刺茄、刺天茄、水茄、番茄、辣椒，以及杂草龙葵等。

危害状 在热带适生区域如印度，幼虫蛀食茄子幼根，使植株长势衰弱，果实发育不良而降低产量；更重要的是幼虫钻蛀果实，导致收获时无法上市或商品率降低。在中国南方亚热带地区，茄黄斑螟为间歇性发生害虫，幼虫取食茄子花蕾、花蕊、子房，蛀食嫩茎、嫩梢和果实，引起枝梢枯萎、断梢、落花、落果及烂果（图 1）。

形态特征

成虫 长 6.5～10mm，翅展 18～32mm，多数 20mm 左右，一般雌蛾比雄蛾稍大。体、翅均为白色，前翅有 4 个鲜明的大黄色斑，中室顶端下侧与后缘相接成 1 红色三角形纹，翅基部浅黄褐色，翅顶角下方有 1 黑色眼形斑。后翅中室有 1 小黑点，有明显的浅褐色后横线及 2 个浅黄色斑。复眼黑色，触角丝状，头、颈、前胸白色，夹有灰黑色鳞片。中、后胸及腹部第一节背面呈浅灰褐色，其余各腹节背面呈灰白色或灰黄色。成虫栖息时两翅伸展，腹部向上翘起，腹部两侧节间的毛束直立，前足向前伸并弯曲交叉盖于下唇须之上（图 2）。

幼虫 共 5 龄，末龄幼虫体长 16～18 mm，粉红色，初龄期黄白色，中龄期灰黄色。头及前胸背板黑褐色，背线浅褐色，各节均有 6 个黑褐色疣状毛斑，前 4 个大，后 2 个小，各节背区两侧各有 2 个毛瘤，上着生 2 根刚毛。腹末端黑色，腹足趾钩双序缺环，腹足外侧上方具 3 根刚毛（图 3）。

生活史及习性 在长江中下游地区 1 年发生 4～5 代，以老熟幼虫结茧在残株枝杈、枯卷叶中、杂草根际、石块和土表缝隙、墙壁等处滞育越冬。越冬幼虫常年在 3 月中旬开始化蛹，4 月中旬至 5 月上旬越冬代成虫开始羽化，5 月下旬至 6 月下旬进入发生始盛期，7～9 月温度 25～32°C 进入为害盛期，以 8 月下旬至 9 月中旬（温度 25～28°C）虫口密度最大，秋茄受害重。10 月中下旬温度下降至 15°C 左右，会产生滞育的越冬老熟幼虫。

成虫多数在午夜前羽化和交配，白天不活动，在阴雨天、低温时成虫夜间活动较弱。成虫寿命的长短受温度影响较大，最适温度为 20～28°C，寿命为 7～12 天。雌蛾产卵量也受温度的影响，在高温下产卵量下降，甚至不产卵即死亡；温度 20～28°C、相对湿度在 70%～80% 时，一头雌蛾最多可产卵 200～300 粒，平均产卵量可达 150 多粒。卵绝大多数

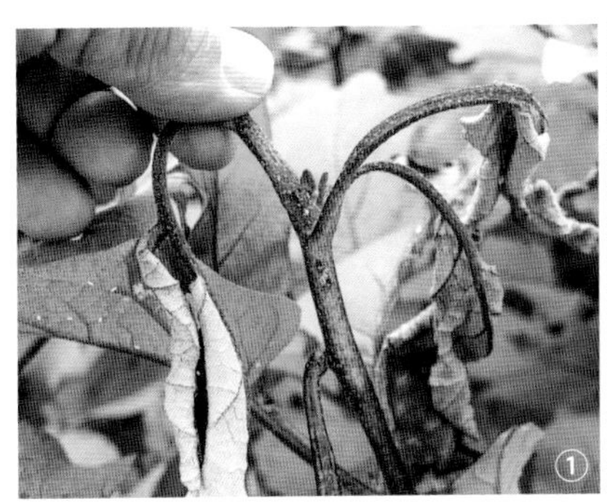

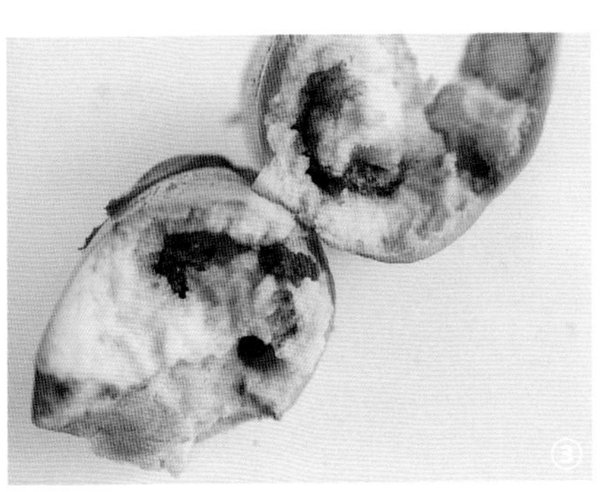

图 1 茄黄斑螟危害状（李惠明提供）

①叶梢被害状；②茎部被害状；③果实被害状

图 2 茄黄斑螟成虫（李惠明提供）

图 3 茄黄斑螟幼虫（李惠明提供）

单粒散产在茄株上部嫩梢初展的小叶反面、蕾、叶腋间、幼果的萼片上。幼虫是钻蛀性害虫，不危害叶片。初孵幼虫常蛀入嫩茎、蕾、花蕊、子房，受害后大多变黑脱落；高龄幼虫多数蛀食茄果，一旦蛀入茄果后则不再转移，通常可寄生发育到老熟。当幼虫发育到五、六龄时，历期的长短相差较大，造成世代重叠。幼虫老熟后爬出虫道或蛀害果外，多数在植株的枝杈、卷叶、果柄附近或两叶相靠的地方吐丝缀合薄茧化蛹；秋季多数在阴暗的枯枝落叶、杂草基部、土缝、砖石块凹陷处作茧化蛹。

发生规律 高温多湿季节，较适宜茄黄斑螟的发生。当温度稳定在 25～32°C（7～9 月）间是发生盛期，当温度高于 35°C以上时，发生量会受到一定的抑制，而温度回降至 25～28°C时，是年度危害的最盛期（8 月下旬至 9 月中旬），当温度下降至 15°C左右（10 月下旬）起会产生滞育的越冬老熟幼虫虫态。另因茄黄斑螟在大风、有雨时会减少活动。在露地生产中，东南沿海地区夏秋季多台风、暴雨，卵粒也会受田间风雨的影响，当产卵盛期时遇大风大雨，易将卵粒击落，因此过度多雨的年份（7～8 月累计雨量超过 400mm）也明显抑制发生。在相同的发生季节，不同的田块间，产卵量有明显的区别，植株生长势差、早衰的田块着卵量很少，而生长旺盛的田块着卵量要明显高出数倍。茄子的品种很多，长条形的品种最抗虫，有虫株率比卵圆形的品种降低 5～10 倍。

上海菜区 2006～2013 年的茄黄斑螟灯下诱蛾虫情发生动态系统调查，与环境要素用三元互作项逐步回归法的数理统计学通过相关性检测，满足利于茄黄斑螟重发生的主要灾变要素是始见至 7 月下旬累计灯下蛾量超过 50 头；6～7 月的旬均温度高于 26.5°C；7～8 月累计雨量 100～200mm；其灾变的复相关系数为 R^2=0.8786。

防治方法

农业防治 ①清洁田园。在夏秋季的茄子生长期，坚持每间隔 10 天左右，定期剪除田间被害植株嫩梢、虫枝及茄果，带出田外无害化处理灭虫；茄子采收完毕后及时清除残株落叶和杂草，清洁田园，机耕整地灭虫，并在冬前处理完茄子的秸秆，减少越冬虫源。②选栽抗虫品种。南方重发生区域，夏秋二季的盛发期尽可能选种条形茄品种，减轻茄黄斑螟的危害。

物理防治 ①防虫网防治。保护地设施生产基地，可以利用防虫网栽培，阻隔成虫在植株上产卵，从而有效降低成虫种群密度及后代发生数量。②高温闷棚。在保护地栽培基地，可实行深沟、高畦栽培，沟内灌水，关棚提温（闷棚）至 35～40°C高温高湿条件下，不仅可以控制茄黄斑螟的危害，还可以抑制蓟马、蚜虫、烟粉虱和褐纹病、绵腐病、煤霉病等多种病虫害。

化学防治 在夏秋季节的幼虫孵化始盛期、盛期用药 1～2 次。可选茚虫威悬浮剂、虫螨腈、甲氨基阿维菌素苯甲酸盐、高效氯氰菊酯等喷雾防治。

参考文献

陈方景, 2005. 茄黄斑螟的发生及综合防治 [J]. 长江蔬菜 (3): 28.

李惠明, 赵康, 赵胜荣, 等, 2012. 蔬菜病虫害诊断与防治实用手册 [M]. 上海: 上海科学技术出版社: 582-584.

李雅珍, 俞懿, 陈杰, 等, 2014. 上海地区茄黄斑螟虫态发育历期研究及发生影响因子分析 [J]. 中国植保导刊, 34 (8): 51-54.

吴寒冰, 鞠中安, 李雅珍, 等, 2013. 茄黄斑螟在上海的发生新动态及其绿色防控技术 [J]. 中国植保导刊, 33 (12): 30-32.

中国农业科学院植物保护研究所, 中国植物保护学会, 2015. 中国农作物病虫害: 中册 [M]. 3 版. 北京: 中国农业出版社: 497-502.

（撰稿：常文程、李惠明；审稿：吴青君）

青蛾蜡蝉 *Salurnis marginella* (Guérin-Méneville)

一种分布范围较广、在茶树上较为常见的杂食性刺吸式害虫。又名褐缘蛾蜡蝉。半翅目（Hemiptera）蛾蜡蝉科（Flatidae）缘蛾蜡蝉属（*Salurnis*）。国外分布于印度、马来西亚、印度尼西亚等。中国分布于福建、江苏、安徽、浙江、广东、广西、四川等地。

寄主 茶、油茶、桑、柑橘、苹果、梨、荔枝、龙眼、杧果等。

危害状 以成、若虫吸食茶树茎杆汁液，导致新梢生长迟缓。若虫固定取食后，四周分泌白色蜡质絮状物，影响茶树的光合作用，造成树势衰弱；成、若虫分泌蜜露，会引起煤污病。

青蛾蜡蝉成虫（周孝贵提供）

形态特征

成虫 体长 5～6mm，展翅 15～17mm，全体黄绿色。前翅臀角较锐，前缘、后缘与外缘熟褐色，后缘离臀角 1/3 处有一深褐色斑块（见图）。

若虫 绿色，胸背有 4 条赤褐色纵纹，腹末有 2 束白色蜡质长毛。

生活史及习性 1 年发生 1 代，以卵越冬。成虫静止时呈屋脊状，能弹跳飞翔，喜湿畏光。卵多产于茶树枝梢皮层下或叶柄、叶背主脉的组织中，外覆白色绵状物。若虫常群聚吸食茶树枝杆汁液，在叶背蜕皮，一生蜕皮 4 次。虫体分泌白色絮状物，较碧蛾蜡蝉少。

防治方法 增进茶园通风透光，春季修剪、冬季清园，剪除带有越冬虫卵的枝条。在成虫盛发期悬挂黄色粘板诱杀成虫。药剂防治见碧蛾蜡蝉。

参考文献

谭世喜, 钟英, 李新, 等, 2007. 褐缘蛾蜡蝉的发生及防治措施 [J]. 蚕桑茶叶通讯 (5): 39.

唐美君, 肖强, 2018. 茶树病虫及天敌图谱 [M]. 北京: 中国农业出版社: 91.

张汉鹄, 谭济才, 2004. 中国茶树害虫及其无公害治理 [M]. 合肥: 安徽科学技术出版社.

（撰稿：孙晓玲；审稿：肖强）

青脊竹蝗 *Ceracris nigricornis* Walker

一种竹类食叶害虫。又名青脊角蝗、青草蜢。直翅目（Orthoptera）蝗科（Arcididae）斑翅蝗亚科（Oedipodinae）竹蝗属（*Ceracris*）。国外分布于越南、缅甸。中国分布于海南、福建、江西、浙江、广东、广西、湖南、陕西、甘肃、云南、贵州、四川、重庆、台湾等地。

形态特征

成虫 体翠绿或暗绿色。雌虫体长 32.0～37.0mm，雄虫体长 21.0～25.0mm。触角线状，20 节，黑褐色，雌虫触角长 17.0～18.5mm，雄虫触角长 15.5～17.0mm。头颜面隆起额侧缘明显，头顶突出呈锐角形，侧窝极小，三角形，有时不明显。由头顶至前胸背板以及延伸至两前翅的前缘中域均为翠绿色。前胸背板中隆线低，侧隆线明显，前缘平直，后缘呈钝角，沟前区明显长于沟后区，沟后区具密刻点。中、后胸腹板侧叶明显分开。自头顶两侧至前胸两侧板，以及延伸至两前翅的前缘中域内外缘边均为黑褐色。静止时两侧面似各镶了 1 个三角形的黑褐色边纹。额与前胸粗布刻点。后足胫节淡青蓝色，基部黑色，中间夹有淡色环。前翅超过后足股节的顶端。前翅褐色，雌虫翅长 23.0～31.0mm，雄虫翅长 15.0～23.0mm。腹部背面紫黑色，腹面黄色。雄性肛上板三角形，尾须柱状，超过肛上板顶端，下生殖板短锥形，顶端钝圆。雌性产卵瓣短粗（图 1）。

若虫 又名跳蝻，共5龄，体长9.0～31.0mm。初孵化时胸腹背面黄白色，没有黑色斑纹，身体黄白与黄褐相间，色泽比较单纯，头顶尖锐，额顶三角形突出，触角直而向上。二龄后跳蝻翅芽显而易见。末龄跳蝻体黄绿色，体长20.0～24.0mm，触角直而向上，黑色，顶端淡黄色，中段节长为宽的2倍；前胸背板黄棕色，侧隆线明显，头背面黄绿色，后翅芽三角形，长6.5～7.0mm，且覆盖于前翅芽，前后翅芽均为棕黄色；后足股节长13.5～14.0mm，黄绿色，膝部淡黑色，膝前具淡色环，膝前黑色环处具明显的黑色块状物；胫节淡青蓝色，基部黑色，中间夹有淡色环（图2）。

生活史及习性 1年发生1代，以卵越冬。越冬卵4月下旬开始孵化，5月中旬至6月中旬为孵化盛期。成虫7月中旬开始羽化，7月下旬为羽化盛期，8月下旬开始交尾，10月上旬开始产卵，10月中旬至11月上旬为产卵盛期。青脊竹蝗喜光，多栖息于林缘杂草或道路两旁的禾本科植物上，很少栖息于竹林阴湿地。跳蝻或成虫嗜好人粪尿及其他腐臭咸味的物质。该虫发育期比黄脊竹蝗稍长，其活动和耐高温、抗严寒的能力都较强。当气温降至3°C时，成虫大多不食不动，状似昏迷麻醉，甚至会冻死。当气温升至11～15°C时，处于休眠状态的成虫逐渐活动。雌成虫多选择杂草和灌木较少、土壤松实适宜、地势平坦、向阳山腰、斜坡空地或道路两旁进行交尾产卵。雌虫交尾后经15～25天后产卵。卵产在土中，入土深度约3cm。

图1 青脊竹蝗成虫（吴建勤提供）

图2 青脊竹蝗若虫（林曦碧提供）

防治方法

人工挖卵 在11月至翌年3月底前结合竹林抚育，挖除卵块。

化学防治 跳蝻上竹前于地表喷洒25%灭幼脲胶悬剂或印楝素；跳蝻上竹后施放1%阿维菌素与柴油按1∶15～20比例配制成的油烟剂；或用40%氧化乐果进行竹腔注射。

诱杀 将18∶1的尿液和杀虫双混合液装入竹槽或浸润稻草，放到林间诱杀跳蝻和成虫。

生物防治 在林间或林缘套种桤木或泡桐等植物，吸引红头芫菁捕食蝗卵；在一至二龄跳蝻期施放白僵菌菌粉。

参考文献

高文利，刘军剑，2010. 黄脊竹蝗的综合防治技术 [J]. 湖南林业科技，37(3): 57-58.

黄复生，2002. 海南森林昆虫 [M]. 北京：科学出版社：90-91.

李天生，王浩杰，2004. 中国竹子主要害虫 [M]. 北京：中国林业出版社：54-55.

饶如春，2002. 黄脊竹蝗生物学特性及防治试验 [J]. 华东昆虫学报，11(1): 109-111.

吴建勤，2005. 青脊竹蝗产卵习性及卵块调查方法 [J]. 华东昆虫学报，14(4): 311-314..

萧刚柔，1992. 中国森林昆虫 [M]. 北京：中国林业出版社：17-23.

张太佐，1994. 红头芫菁防治竹蝗的研究 [J]. 林业科学，30(4): 369-375.

（撰稿：魏初奖；审稿：张飞萍）

青胯舟蛾 *Syntypistis cyanea* (Leech)

主要危害山核桃等植物的食叶害虫。又名山核桃天社蛾。鳞翅目（Lepidoptera）舟蛾科（Notodontidae）蚁舟蛾亚科（Stauropinae）胯舟蛾属（*Syntypistis*）。国外分布于日本、朝鲜、越南。中国分布于浙江、江西、湖北、福建、广东、云南、陕西、台湾。

寄主 山核桃、核桃楸、核桃、青冈等。

危害状 该虫一旦发生，危害速度快，损失重，幼虫食叶"上午一片青，下午一片黄"，仅留叶柄和枝干，使山核桃提早落果，引起枝干枯死。重者3～5年不结实，导致山核桃树枯死。

形态特征

成虫 体长20～25mm，雄蛾略小；翅展雄39～46mm，雌50mm左右。头和胸背灰白掺有褐色；腹背灰褐色。前翅暗浅红褐色掺有灰白和黄绿色鳞片，沿前缘到基部灰白色，内外线暗褐色很不清楚；后翅灰褐色，前缘较暗，有一模糊外带。触角羽毛状，端部羽栉消失呈丝状（图④）。

卵 圆形，直径0.85mm，如油菜籽大小。初产时黄色，孵化时黑色（图①）。

幼虫 体长25～40mm。三龄前青绿色，四龄后黄绿色，头部粉绿色，上有白色小点粒，头胸间有一黄色环，老熟幼虫背线红色或紫红色，两侧衬白边，每节具浅黄色斑点，气门红色，肛上板红色（图②）。

蛹　长 20～30mm，黄褐色或黑褐色（图③）。

生活史及习性　杭州市临安区 1 年 4 代。9 月下旬至 10 月上旬老熟幼虫下树在地表 17mm 处化蛹过冬，翌年 4 月中旬越冬成虫开始羽化，第一代成虫 7 月中、下旬羽化，第二代成虫 7 月下旬至 8 月中旬羽化，第三代成虫 8 月下旬至 9 月中旬羽化。。

成虫昼夜都能羽化，以傍晚至 22：00 为最多，晴天比雨天多。成虫具有较强趋光性，白天静伏在树干上，晚上交配，交配后的雌蛾选择健康或受害轻的林子产卵，每只雌蛾产卵 50～500 粒不等。雌蛾产卵时分散块产，每块卵 10～150 粒。成虫寿命，雄为 2～8 天，雌为 2～10 天。1983 年、1984 年调查，越冬代蛹和第二代蛹雌性分别为 73.9% 和 62.4%。

卵产在叶背面，少数产在枝干树皮上，平铺成块，表面光滑无覆盖物，初为黄色，近孵化时变黑色。卵期平均为 9.2 天。孵化率 4 代分别为 51.9%、12.6%、61.2% 和 28.7%。

幼虫 4 龄，一龄 5 天，二龄 10 天，三龄 3 天，四龄 7 天。幼虫期共 25 天左右。初孵幼虫在卵块周围群集危害，食叶缘成缺刻，7～10 分钟后开始爬行分散危害，三龄后食量增大，暴食全叶，仅留叶柄。一至三龄有吐丝下垂习性，在食料缺乏时吐丝下垂借风力传播或靠爬行转移危害。转迁时间主要在上午 8：00～10：00，从开始爬动到停止爬动历时 1.5～2 小时左右。幼虫昼夜都能取食，以晚上取食为主。四龄幼虫 24 小时内平均食叶 $250cm^2$。幼虫老熟时下树在土中 17mm 处先结一薄茧，经 1～2 天的预蛹期然后化蛹。蛹期 9 天左右。

防治方法

人工防治　人工挖蛹。

物理防治　灯光诱蛾。

生物防治　卵期可释放赤眼蜂。

化学防治　用杀灭菊酯、氧化乐果、敌百虫等喷雾或喷烟防治；用高效低毒的农药进行打孔注射防治；利用幼虫 8：00～10：00 时上下爬动或化蛹下树习性，在树干涂毒环防治。

参考文献

胡国良，楼君芳，章江龙，1997. 青胯白舟蛾生物学特性及防治研究 [J]. 森林病虫通讯 (1): 30-32.

胡国良，俞彩珠，2005. 山核桃病虫害防治彩色图谱 [M]. 北京：中国农业出版社.

王义平，李镇宇，2020. 青胯白舟蛾 [M]// 萧刚柔，李镇宇. 中国森林昆虫. 3 版. 北京：中国林业出版社：904-905.

武春生，方承莱，2003. 中国动物志：昆虫纲　第三十一卷　鳞翅目　舟蛾科 [M]. 北京：科学出版社：338-339.

（撰稿：王义平；审稿：张真）

青胯舟蛾（胡国良提供）

①卵；②幼虫；③蛹；④成虫

青杨脊虎天牛　*Xylotrechus rusticus* (Linnaeus)

一种严重危害杨属、柳属等树木的钻蛀性害虫。又名青杨虎天牛。英文名 grey tiger longicorn。鞘翅目（Coleoptera）天牛科（Cerambycidae）脊虎天牛属（*Xylotrechus*）。国外分布于欧洲地区以及朝鲜、日本、蒙古、伊朗、土耳其、俄罗斯（西伯利亚）等地。中国分布于黑龙江、吉林、辽宁、内蒙古、江苏等地。

寄主　杨属、柳属、桦属、榆属、椴属、栎属和山毛榉属等。

危害状　低龄幼虫常常数头、数十头在韧皮部、木质部之间钻蛀为害，留下明显且典型的“刀砍”状刻痕。受青杨脊虎天牛蛀食的主干外表，树皮干瘪、塌陷、伴有变色。中龄幼虫开始蛀食木质部形成坑道并在其中越冬；越冬后，幼虫蛀食至紧邻韧皮部处开始化蛹；羽化后树皮外可观察到密集的近圆形羽化孔。虫口密度较大时，被危害的树干内部几乎被蛀空。在春夏两季，若遇大风，被害木极易在“刀砍”处折断，呈现“折头树”的典型被害状（图 1）。

形态特征

成虫　体黑色，长 11～22mm，宽 3.1～6.2mm。头部与前胸色较暗，额具 2 条纵脊，额至后头有 2 条平行的黄绒毛纵纹，后头中央头顶有一条纵脊线，两侧缘亦各有稍成弧形的淡黄色纹斑。前胸球状隆起，宽度略大于长度，密布不规则细皱脊；小盾片半圆形。鞘翅两侧近平行，内外缘末端呈圆形；翅面密布细刻点，具淡黄色的模糊细波纹3或4条，其前半部呈“北”字型，后半部呈倒“W”字型，在波纹间无显著分散的淡色毛；脊部略呈皱脊。体腹面密被淡黄色绒毛，腹部末节常露出鞘翅之外（图2）。

卵　乳白色，长卵形，长约2mm，宽约0.8mm（图3①）。

幼虫　初孵幼虫白色，老熟时黄白色，长15～45mm，

图1 青杨脊虎天牛典型危害状（任利利提供）

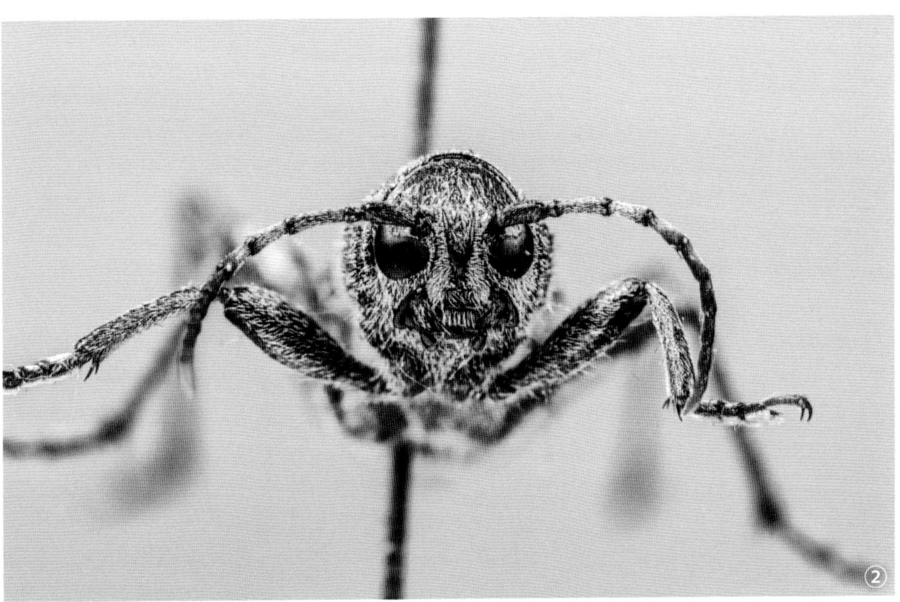

图2 青杨脊虎天牛成虫（任利利提供）

①成虫背面观；②成虫额面

图3 青杨脊虎天牛卵、幼虫（任利利提供）

①卵；②幼虫

体生短毛。头淡黄褐色，缩入前胸内。前胸背板上有黄褐色斑纹。腹部除末节短小外，自第一节起逐渐变窄而伸长，2～6节背部有硬斑。腹部两侧具气门9对（图3②）。

蛹 裸蛹，黄白色，体型似成虫，长18～32mm。头部下倾于前胸之下，触角由两侧曲卷于腹下。羽化前复眼、口器、附肢及翅芽颜色逐渐加深变黑。

生活史及习性 东北地区1年1代，10月下旬开始以老龄幼虫在干、枝的木质部深处蛀道内越冬。翌年4月上旬越冬幼虫开始活动，继续钻蛀危害。化蛹前蛀道达木质部表层，并在蛀道末端堵以少量木屑，4月下旬开始在此化蛹。5月下旬成虫开始羽化，6月初为羽化盛期。羽化孔圆形，孔径达4～7mm。成虫羽化后即可交尾产卵。卵成堆产在老树皮的夹层或裂缝中，卵期10～20天。幼虫孵化后先在产卵处的皮层内蛀食，并通过产卵孔向外排出较纤细的粪便。7天后，幼虫开始向内蛀食，在木质部表层群栖钻蛀，排泄物均堆积在蛀道内，不向外排出。随着虫体的增长，幼虫继续在木质部表层钻蛀，蛀道逐渐加宽，此时幼虫由群栖转向分散危害，各蛀其道。7月下旬，幼虫达中龄后，开始由表层向木质部深处钻蛀，呈不规则的弯曲蛀道，各蛀道不相通。10月下旬幼虫开始在蛀道内越冬。幼虫只危害树木的健康部位，已经遭到危害的枝干，翌年便不再被危害。

防治方法

化学防治 可用杀螟硫磷涂干，灭幼脲、溴氰菊酯、西维因等药剂喷洒。

物理防治 树干涂白，人工捕杀成虫。

营林措施 选择抗性树种，并营造杨树与樟子松等混交林。

生物防治 人工招引啄木鸟。释放管氏肿腿蜂防治老龄幼虫和蛹。

参考文献

丁俊男，宇佳，迟德富，2016. 利用寄生性天敌防治青杨脊虎天牛研究[J]. 南京林业大学学报（自然科学版），40(4): 107-112.

李珏闻，任利利，李淳，骆有庆，2013. 青杨脊虎天牛 *Xylotrechus rusticus* L. 危害特性的精细观察[J]. 应用昆虫学报，50(5): 1270-1273.

王志英，刘宽余，张国财，等，2006. 青杨脊虎天牛防治技术[J]. 东北林业大学学报，34(5): 1-3.

萧刚柔，李镇宇，2020. 中国森林昆虫[M]. 3版. 北京：中国林业出版社.

（撰稿：任利利；审稿：骆有庆）

青缘尺蠖 *Bupalus piniarius* (Linnaeus)

一种主要危害云杉和冷杉的食叶害虫，又名松粉蝶尺蛾。鳞翅目（Lepidoptera）尺蛾科（Geometridae）*Bupalus*属。主要分布于中国青海黄南藏族自治州及甘肃白龙江林区。

寄主 紫果云杉、青海云杉和冷杉。

危害状 幼虫取食针叶，老熟幼虫常常将针叶吃光。

形态特征

成虫 体灰白色，体长10～12mm，翅展29～34mm。触角细栉齿状。胸背黑色，杂生橙色鳞毛，前胸有一橙黄色毛环。翅缘带黑色，前翅缘带暗区伸至中室端，雌蛾暗区内常有1～3个不定型灰白斑，翅脉上被有黑色鳞毛，缘毛黑色，间或灰白色；后翅中室端具有1个小形灰黑斑。腹背灰色，各节中、侧线上有灰黑斑。臀毛橙色（见图）。

幼虫 体长20～25mm。头黑褐色，胸、腹部浅绿色，有3条暗色细线。

生活史及习性 在青海黄南2年1代，以幼龄幼虫和蛹越冬。6～8月出现成虫，7月中旬为羽化盛期。成虫趋光性弱，一般多在上午羽化，羽化后1～2小时即展翅飞离。

青缘尺蠖成虫（袁向群、李怡萍提供）

11：00～15：00在林中飞舞，有一定的群飞性。羽化次日交尾产卵，卵散产在新发针叶的背面，极少产于叶面。每雌虫产卵52粒左右。产卵期4天多。成虫寿命4～6天。卵于当年7月下旬开始孵化，幼龄幼虫在9～10月附于针叶或枝杈间越冬。翌年4～5月出蛰，取食量逐龄增加，一头老熟幼虫每昼夜可食针叶7～12枚。8月底老熟幼虫由树枝上吐丝坠落树下并潜入苔腐层5～8cm深处化蛹越冬。

防治方法

化学防治　施放“621”烟剂。

参考文献

黄南藏族自治州麦秀林场，农林科学院林业研究所，1976. 青缘尺蠖的生物学及“621”烟剂防治 [J]. 昆虫知识 (4): 128.

萧刚柔，1992. 中国森林昆虫 [M]. 2版. 北京：中国林业出版社.

（撰稿：代鲁鲁；审稿：陈辉）

蜻蜓目　Odonata

蜻蜓目昆虫世界性分布，已知3亚目23科超过6000种，绝大多数的种类分属于豆娘型的均翅亚目及蜻蜓型的差翅亚目中，尽管前者很可能是一个并系群。

成虫中至大型，体长1.5～15cm，一些大型豆娘的翅展可达17cm。蜻蜓目昆虫头部较灵活，可自由活动；复眼非常发达，复眼在头部相接或远离，在一些差翅亚目种类中，复眼几乎占据头部大半的面积；单眼3枚。触角短小，不显著，短鬃状。口器咀嚼式，具发达的上颚。胸部发达，各胸节近愈合在一起，称为合胸。2对强壮的翅，膜质但坚实，翅脉丰富。各足为步行足，多长刺或鬃状刺，用于捕获飞行中的猎物。腹部细长，长于头胸部，具10节，雄性尾须特化为坚硬的抱握器官。雄性在第二至三腹节腹面具次生交配器官，精子由腹端的原生生殖器中转移至此，再经过交配传递到雌性腹端的生殖系统内。

蜻蜓目昆虫的幼体水生，称为稚虫，最多可具有20个龄期。水生的稚虫具咀嚼式口器，捕食性，以可伸缩的抓捕式下唇捕猎。稚虫气管系统封闭式，无气门，在水下以外露的气管鳃或直肠中的内褶进行气体交换。均翅亚目稚虫的腹端常具宽大的片状气管鳃，差翅亚目稚虫缺失这个结构，但

图1　蜻蜓目差翅亚目代表（吴超摄）

图2　蜻蜓目均翅亚目代表（吴超摄）

图3　蜻蜓目稚虫（吴超摄）

可靠肛门快速喷水来进行推进式运动。

蜻蜓生活在各式各样的临近水的环境，但一些种类的成虫可以远离水环境生活，甚至具有长距离迁飞的能力。卵产于水中，或经切刺产于水边植物组织内。孵化后的前若虫立即进行一次蜕皮，之后开始在水中捕食其他小动物为生。蜻蜓目是好的单系群，或许为除蜉蝣目外的其他现生有翅昆虫的姊妹群。

参考文献

GULLAN P J, CRANSTON P S, 2009. 昆虫学概论 [M]. 3版. 彩

万志，花保祯，宋敦伦，等，译．北京：中国农业大学出版社：205.

袁锋，张雅林，冯纪年，等，2006. 昆虫分类学 [M]. 北京：中国农业出版社：120-131.

赵修复，1990. 中国春蜓分类 [M]. 福州：福建科学技术出版社：1-468.

郑乐怡，归鸿，1999. 昆虫分类学 [M]. 南京：南京师范大学出版社：129-145.

（撰稿：吴超、刘春香；审稿：康乐）

蛩蠊目　Grylloblattodea

蛩蠊目为少见的孑遗类群，中等体型的蛩蠊目仅已知 1 个科 25 种。其分布局限在北美洲西部和东亚北部至中亚。一些种类非常耐寒，可以在高海拔的冰川环境中生活。

蛩蠊身体细长；单色，黄白色至米黄色；身体柔软且多毛；完全无翅。头前口式，复眼退化或消失，无单眼；触角丝状，多节；咀嚼式口器。各胸节近乎方形，但前胸明显大于中胸或后胸。各足为步行足，足的基节较大，各足跗节具 5 分节。腹部前十节可见腹板，第十一节残余，部分可见；腹端尾须细长，可分为 5～9 节。雌性产卵器短弯刀状，雄性外生殖器不对称。

蛩蠊目昆虫较为少见，在低温环境的石下或落叶层中生活，卵在极端情况下可滞育 1 年孵化。若虫类似成虫，发育缓慢，具 8 龄。蛩蠊通常在夜间活动，取食死去的节肢动物或其他有机碎屑。

参考文献

GULLAN P J, CRANSTON P S, 2009. 昆虫学概论 [M]. 3 版．彩万志，花保祯，宋敦伦，等，译．北京：中国农业大学出版社：190.

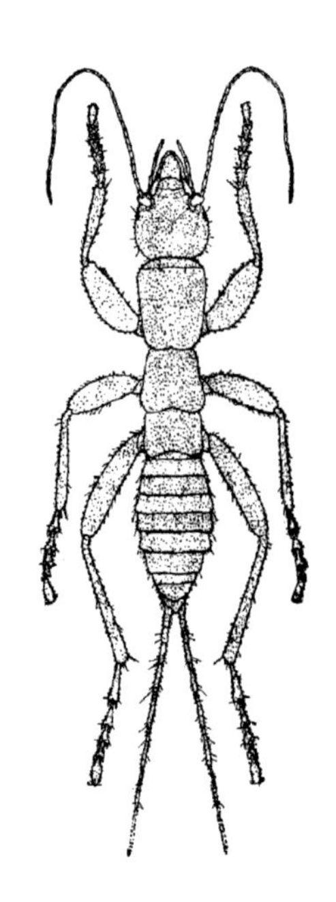

蛩蠊目代表，中华蛩蠊（仿王书永）

袁锋，张雅林，冯纪年，等，2006. 昆虫分类学 [M]. 北京：中国农业出版社：214-216.

郑乐怡，归鸿，1999. 昆虫分类学 [M]. 南京：南京师范大学出版社：219-230.

（撰稿：吴超、刘春香；审稿：康乐）

楸螟　*Sinomphisa plagialis* (Wileman)

一种危害楸树等林木的钻蛀性害虫。又名楸蠹野螟、梓野螟蛾。英文名 Manchurian catalpa shoot borer。鳞翅目（Lepidoptera）螟蛾总科（Pyraloidea）草螟科（Crambidae）斑野螟亚科（Spilomelinae）楸蠹野螟属（*Sinomphisa*）。国外分布于日本、朝鲜。中国分布于辽宁、北京、河北、山西、河南、山东、陕西、甘肃、湖南、湖北、四川、重庆、贵州、安徽、江苏、浙江、福建等地。

寄主　楸树、梓树、桐树。

危害状　以幼虫钻蛀寄主树枝嫩梢及幼干，被害部呈瘤状突起，造成枯梢、风折、枝条丛生、树势衰弱、干形弯曲（图 1）。

形态特征

成虫　体长 13～17mm，翅展 32～34mm。体浅灰褐色，头部褐色，胸部及腹部褐色略带白色。翅白色，前翅基部具黑褐色锯齿状的二重线，内横线黑褐色，中室内和端部各具一黑褐色斑点，中室下方有 1 近方形的黑褐色大斑。外横线黑褐色，波纹状弯曲，近肘脉向内屈折与黑褐色的亚外缘线相遇。翅脉黑色，缘毛白色。后翅具黑褐色横线 3 条，外横线黑褐色波状纹在肘脉附近向内弯曲，与黑褐色的亚外缘线在中室下角附近连接（图 2①）。

卵　扁椭圆形，长约 1mm，宽约 0.6mm。卵初产时乳白色，后变为红白色，卵壳上布满小凹陷。

幼虫　老熟幼虫灰白色，体长 18～22mm。前胸背板黑褐色，分为两块，每节亚背线处具 2 个黑褐色斑点，气门上线及下线处各有 1 斑点，其上生有细毛（图 2②）。

蛹　纺锤形，黄褐色，长 13～15mm。

生活史及习性　河南 1 年发生 2 代，以老熟幼虫在被害枝梢内越冬。翌年 3 月下旬开始化蛹，4 月上旬为化蛹盛期。成虫 4 月中旬羽化，4 月下旬至 5 月上旬为羽化盛期。4 月下旬出现第一代卵，5 月上旬出现第一代幼虫，5、6 月达盛期。7 月第一代成虫羽化，7 月上旬出现第二代幼虫，危害至 10 月中下旬越冬。

成虫白天栖息于叶背面阴暗处，飞翔能力强，有趋光性。成虫寿命 2～8 天。成虫羽化后当晚即可交尾。雌蛾一生交尾一次。每雌产卵量 60～140 粒。卵多产于嫩枝上端叶芽或叶柄基部隐蔽处，少数产于嫩果、叶片上。一般单粒散产，或 2～4 粒产在一起，卵期平均 9 天。幼虫孵化后，在距顶芽 5～10cm 处蛀入，随着虫龄的增大，开始由下向上危害，枝梢髓心及大部分木质部被蛀空，极易风折。通常 1 头幼虫仅危害 1 个新梢，如遇风折等干扰时也转枝危害。部分第二代幼虫后期从苗梢部转移至苗干下部蛀食，甚至向

图 1 楸螟危害状（引自《上海林业病虫》）

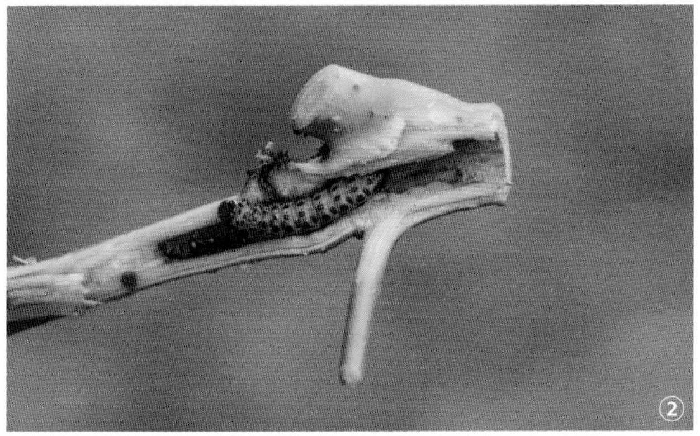
图 2 楸螟形态（郝德君提供）
①成虫；②幼虫

下蛀入根际部位。被害枝形成直径 1.5～2.6cm 的椭圆形虫瘿，严重时虫瘿相连。幼虫危害期，不断将虫粪及蛀屑从蛀入孔排出，堆积孔口或成串地悬挂于孔口。幼虫 5 龄，第一代幼虫期 17～47 天，平均 29 天，第二代幼虫于 9 月末开始越冬，至 10 月末全部进入越冬状态。翌年老熟幼虫在虫道下端咬一圆形羽化孔，然后在羽化孔上方吐丝粘结木屑封隔虫道，筑成蛹室化蛹。第一代蛹期平均 14 天，第二代蛹期平均 27 天。

防治方法

物理防治　设置诱虫灯诱杀成虫。

营林措施　营造混交林。尽可能截干造林，将带虫苗干烧毁。结合春季整枝和冬季修剪，彻底剪除病虫枝并烧毁。

生物防治　保护长距茧蜂等天敌。喷施白僵菌粉，然后耙松土层，可杀死入土幼虫。招引益鸟除治害虫，或用苏云金杆菌乳剂 100 倍液加 3% 苦棕油喷雾防治。

化学防治　成虫和初孵幼虫期，交替喷洒 40% 氧化乐果 2000～3000 倍液、50% 杀螟松、90% 敌百虫、80% 敌敌畏 1000 倍液，或采用 10% 氯氰菊酯 1200 倍液、20% 甲氰菊酯 1200 倍液喷雾，每隔 7～10 天喷药 1 次，连续防治 2～3 次。

参考文献

郭从俭，邵良玉，尹万珍，1992. 楸螟生物学特性及防治研究 [J]. 林业科学，28(3): 213-219.

李成德，2004. 森林昆虫学 [M]. 北京：中国林业出版社.

陆红尘，2014. 楸螟的发生规律与防治措施 [J]. 现代农村科技 (7): 29.

王焱，2007. 上海林业病虫 [M]. 上海：上海科学技术出版社.

QI C J, LI D W, ZHANG B X, 1994. Bionomics of the Manchurian catalpa shoot borer, *Sinomphisa plagialis* (Lepidoptera: Pyralidae) in Shandong, China[J]. Bulletin of entomological research, 84: 533-540.

（撰稿：郝德君；审稿：嵇保中）

球果角胫象　*Shirahoshizo coniferae* Chao

一种严重危害华山松球果的害虫。又名华山松球果象。鞘翅目（Coleoptera）象虫科（Curculionidae）角胫象属（*Shirahoshizo*）。中国分布于四川、云南、陕西等地。

寄主　华山松、云南油杉。

危害状　成虫取食寄主嫩梢，使之呈枯萎状。幼虫蛀食球果鳞片及种子，受害果呈灰褐色，表皮皱缩，松软易破碎。种子受害后，种仁被蛀食一空，种壳上留一近圆形虫孔，孔口堵有丝状木屑。因而严重影响树木的正常生长、天然更新及造林用种。

形态特征

成虫　体长 5.2～6.5mm。体壁黑褐或红褐色，被黑褐色鳞片。前胸背板有白色鳞片构成的 4 个小斑点。在鞘翅第四、五行间中间前方各有 1 个白色鳞片斑。另外，在前胸背板和鞘翅上还有一些散生的白色鳞片。黑褐色鳞片集中于额区，前胸背板前端，中线两侧和外缘附近，以及鞘翅行间。

幼虫 老熟幼虫体长 6～8mm，体黄白色，头淡褐色。

生活史及习性 1 年 1 代。以成虫在土内或球果的种子内及果鳞内侧越冬。翌年 5 月中旬成虫大量出现，6 月上旬开始产卵，卵堆产于 2 年生球果鳞片上缘的皮下组织，外观呈蜡黄色，有流脂溢出。每个球果上一般有卵 1～3 堆，多者达 6 堆，每堆卵数 10 粒左右，最多 28 粒。6 月下旬孵出幼虫，从球果鳞片上缘皮下组织成排地、自上而下地蛀食，至鳞片基部再分头蛀入种子及其他鳞片内侧，继续取食至 8 月化蛹于其中。

防治方法

人工防治 摘除虫害果集中烧毁。

加强检疫 对带有害虫的种子用磷化铝熏蒸。

化学防治 幼虫初孵期，飞机喷洒杀螟硫磷乳油 30～50 倍液；或用噻虫・高氯氟悬浮剂 1000 倍液从心部喷淋直至树干流液，喷淋后若结合薄膜封包树干，防治效果更好。

参考文献

李宽胜，张玉岱，李养志，1964. 三种油松球果害虫的鉴别 [J]. 昆虫知识 (5): 211-213.

武春生，1988. 球果角胫象 (*Shirahoshizo coniferae* Chao) 生物学特性的初步研究 [J]. 西南林学院学报 (1): 83-87.

萧刚柔，李镇宇，2020. 中国森林昆虫 [M]. 3 版 . 北京：中国林业出版社 .

赵养昌，陈元清，1980. 中国经济昆虫志：第二十册 鞘翅目 象虫科 (一)[M]. 北京：科学出版社 .

（撰稿：马茁；审稿：张润志）

曲纹稻弄蝶 *Parnara ganga* Evans

中国水稻生产上的重要害虫之一。鳞翅目（Lepidoptera）弄蝶科（Hesperiidae）稻弄蝶属（*Parnara*）。中国分布于北纬 30° 以南稻区，主要分布于云南、四川、湖北、湖南、贵州、江西及华南等地。

形态特征

成虫 体中型偏小，体长 14.0～16.0mm，前翅长 13.0～16.0mm，前翅白色斑纹一般 5 枚，排成直角状，中室一般无斑，个别雌蝶具 1 枚下斑纹，中域斑纹 3 枚，从大至小分位于 Cu_1、M_3、M_2 室，翅顶斑纹 2～3 枚，多数个体仅具 2 枚，分位于 R_3、R_4、R_5 室，Cu_2+1A 室无斑纹，个别 M_2 室斑及翅顶斑 3 枚均消失；后翅中域 4 枚白斑，分位于 M_1+M_2 室内 2 枚，M_3、Cu_1 各 1 枚，呈锯齿状紧密排列，故名“曲纹”，有些 3 枚斑大小一致，最后 1 枚十分细小，中室端具不透明斑 1 枚。雌蝶第八腹节的长柄状前突起与三角形几丁质板腹缘相连接处，腹缘深洼成弧形；外生殖器交配囊近椭圆，囊底稍突出，囊导管短。雄蝶外生殖器抱握器瓣片背缘内凹，基部与外端大小一致，阳茎短棍棒状。

卵 半圆球形，略扁，卵心微凹，侧看卵顶略圆，卵底平直，卵径 0.72～0.84mm，卵高 0.39～0.43mm，正看卵长、短两轴差距较小，故似圆，卵心纹花朵状，甚大，长轴 0.07mm 左右，由 8～13 瓣组成。卵孔大而明显，四周具辐射状侧枝 5～8 条，侧枝长度差异较小，最短的略与卵孔径等长，最长的侧枝约为卵孔径 3 倍。卵初产淡灰褐色，后渐呈草绿色。

幼虫 一龄幼虫头宽 0.506～0.537mm，老熟幼虫头宽 2.12～2.48mm，头色甚淡而头纹较深，常显有红棕色泽，“人”字形纹、二纵走平行纹和黄白色半月形斑较清晰。体黄绿色，黄泽极浓。气门（孔）略突于体壁之外，第四腹气门长轴为 0.19mm 左右。各龄幼虫臀板上均无黑斑。幼虫一至五龄体型变化很大，二龄比一龄、三龄比二龄体长成倍增加。一龄幼虫头大于胴部，二龄幼虫头与胴部同大，三龄幼虫颅面正中初现“山”字褐纹，四龄幼虫头转棕红色，左右两臂下伸甚长，末端开阔。五龄体长 34.0mm，将化蛹时体长缩短至 25mm。

蛹 蛹长 16～18mm，头宽 3～3.5mm，初蛹体淡黄色，后由黄灰色变黄褐色，喙黑色，胸背深肉色，后胸及翅芽黑褐色。蛹体背面微具皱纹，第五、六腹节腹面中央各有 1 倒“八”字形褐纹；刚毛基部不具疣突。前胸气门纺锤形，通常狭窄，两端尖瘦，长轴为 0.4～0.56mm，前足尖端远或略短于触角尖端。

生活史及习性 曲纹稻弄蝶幼虫孵化后取食卵壳，随即爬到叶尖或叶缘处卷叶成苞，幼虫取食稻叶，以早晚取食居多，雨天可整天取食，幼虫换苞转移多达 6～7 次，老熟幼虫多数转移到植株下部茎秆间化蛹，水稻生长至孕穗期，幼虫多在叶片上结苞化蛹，以幼虫在游草或其他杂草和干枯树叶上结苞越冬。在华南 1 年发生 6～7 代，以第六、七代幼虫在杂草中越冬，无滞育现象。在温度较低条件下，成虫寿命较长，反之则短。成虫羽化时刻随着温度的变化而有差异。成虫具有趋蜜习性，羽化后 0.5 小时即飞翔觅食花蜜以补充营养。成虫性比在初发生期雄蝶多于雌蝶，盛发高峰及盛末雌蝶多于雄蝶。

发生规律

气候条件 多雨季节、相对湿度高、温度偏高年份，田间虫口密度大。

种植结构 水稻栽培制度对曲纹稻弄蝶的发生有很大影响，如在双季稻区，第二、四代成虫发生量占混合种群数量比例小，而田间幼虫发生比例占混合种群幼虫虫口比例多。

天敌 曲纹稻弄蝶幼虫、蛹的天敌多，主要寄生蜂有稻苞虫凹眼姬蜂（*Casinaria pedunculata pedunculata* Szepaligeti）、螟蛉悬茧姬蜂［*Charops bicolor*（Szepligeri）］、稻苞虫五节茧蜂（*Aleiodes mythimnae*）、弄蝶绒茧蜂（*Apanteles baorus* Wilkinson）、广大腿小蜂（*Brachymeria lasus* Walker）等，寄生蝇有银颜筒寄蝇（*Halydaia luteicornis* Walker）、稻苞虫鞘寄蝇（*Thecocarcelia parnarus* Chao）等。20 世纪 60 年代寄生率很高，70 年代后因稻田普遍大量施用化学农药后，寄生率显著降低。

防治方法 见直纹稻弄蝶。

参考文献

方正尧，1986. 常见水稻弄蝶 [M]. 北京：农业出版社：93-104.

方正尧，1989. 常见水稻弄蝶的鉴别 [J]. 病虫测报 (4): 1-9.

李传隆，1975. 中国稻弄蝶属三个亲缘种的幼期鉴别 [J]. 昆虫学报，18(1): 105-110.

EVANS W H, 1937. Indo-Australian Hesperiidae[J]. Entomologist, 70: 82-83.

（撰稿：原鑫、祝增荣；审稿：张传溪）

趋性 taxis

即生物应激性趋向，是生物适应环境变化得以生存的一种基本属性。根据刺激种类的不同，趋性可分为趋化性、趋氧性、趋光性、趋触性、趋渗透压性、趋湿性、趋地性、趋电性、趋温性、趋流性、趋音性等。其中以趋化性、趋光性最为重要。根据对刺激源的反应方向又可分为正趋性和负趋性。昆虫的趋性是指昆虫通过神经活动对外界环境的刺激所表现的"趋""避"行为，是物种在长期进化过程中自然选择的结果，对于昆虫的生存和繁殖有重大意义。

趋化性 对化学刺激的定向反应，是一个普遍存在的趋性，多见于昆虫释放性外激素（信息素）以吸引异性交配。很多植食性昆虫对寻找和取食特定植物或植物的特定部位的特性是昆虫趋化性的具体表现。植物散发出的气味成分比例构成了一种化学信息，当这种化学信息被昆虫察觉时就对其运动类型起着指导作用，使昆虫有效地探索到寄主植物并取食危害寄主植物，这表现为昆虫对食物的选择性。例如桉树叶甲对王桉具有很强的趋性，倾向在王桉树上取食和产卵。性引诱剂则是利用昆虫的性外激素来诱杀害虫。

趋光性 一种生物对光靠近或远离的习性，是长期自然选择的结果。夜行性昆虫的趋光性多数非常明显，如夜蛾、金龟子，大家耳熟能详的"飞蛾扑火"就是典型的例子。而有些动物如蜗牛、鼠妇、马陆、赤杨毛虫等则对光呈反向趋性（负趋光性）。不同种类的昆虫对光强度和光性质的反应不同。昆虫的趋光性已被广泛应用于害虫的防治和测报上。目前投入使用的黑光灯、双色灯、水银灯、荧光灯、金属卤素灯、频振式诱虫灯等等，利用它们来诱杀夜行性害虫，而人造隐蔽场所诱集害虫则是对负趋光性的利用。

参考文献

曹涤环，2015. 利用昆虫趋性巧治害虫 [J]. 农药市场信息 (12): 68-69.

陈崇征，2000. 昆虫趋化性及其应用 [J]. 广西林业科学，29(3): 119-121.

（撰稿：俞金婷；审稿：王宪辉）

缺翅目 Zoraptera

缺翅目是一个相对少见的小目，仅已知 1 科 1 属 30 多种。缺翅目昆虫世界性分布，见于除澳大利亚外的热带及温带地区。体小型，通常不大于 5mm，形态上与白蚁较为相似。头近梨形，下口式；单眼和复眼在有翅型中自若虫期即可见，但在无翅型中缺失。触角短，9 节，念珠状，多毛；口器为咀嚼式，有具 5 分节的下颚须和具 3 分节的下唇须。各胸节形状相似，近方形，但前胸显著大于中或后胸。成虫翅多型，同种两性均可能出现无翅型，也均可能出现有翅型。对于有翅型，通常体型较小于无翅型，并且体色更深；翅简单，桨状，翅脉退化，后翅显著小于前翅。有翅型个体的翅会像白蚁一般脱落，脱翅后，与无翅型个体仍可以通过有无复眼及单眼的特征来区分。各足为步行足，具发达的基节，后足股节通常膨大，并且在内缘具粗的刺或齿；各足具 2 分节的跗节，端部具 2 爪。腹部短，筒状，膨胀；具 11 节；尾须 1 对，仅 1 节。雄性外生殖器不对称。

缺翅目昆虫代表——墨脱缺翅虫（吴超摄）

缺翅目昆虫生活在林相良好的环境，在倒木的树皮下活动，或见于落叶层中；取食真菌和小节肢动物。缺翅目的系统发育位置尚存争议，但核酸特征显示，可能为革翅目的姊妹群，并在网翅总目起源之前开始分化。

参考文献

GULLAN P J, CRANSTON P S, 2009. 昆虫学概论 [M]. 3 版 . 彩万志，花保祯，宋敦伦，等，译 . 北京：中国农业大学出版社：191.

袁锋，张雅林，冯纪年，等，2006. 昆虫分类学 [M]. 北京：中国农业出版社：217-220.

郑乐怡，归鸿，1999. 昆虫分类学 [M]. 南京：南京师范大学出版社：310-313.

LIU S, KAREN M, et al, 2014. Phylogenomics resolves the timing and pattern of insect evolution[J]. Science, 346: 763-767.

（撰稿：吴超、刘春香；审稿：康乐）

群落 community

群落亦称为生物群落（biological community），是指一定时间内居住在一定空间范围内的生物种群的集合，包括动物、植物、微生物等各个物种的种群，共同组成生态系统中有生命的部分。

生物在自然界的分布不是杂乱无章的，而是有一定的规律。组成群落的各种生物种群不是任意地拼凑在一起的，而是存在各种形式的相互联系，组成具有一定结构与功能的统一整体，才能形成一个稳定的群落。如在农田生态系统中的各种生物种群是根据人们的需要组合在一起的，而不是由于它们的复杂的营养关系组合在一起，所以农田生态系统极不稳定，离开了人的因素就很容易被草原生态系统所替代。

群落的结构 群落结构是由群落中的各个种群在进化过程中通过相互作用形成的。主要包括垂直结构和水平结构。

垂直结构指群落在垂直方向上的分层现象。①植物的分层与对光的利用有关，群落中的光照强度总是随着高度的下降而逐渐减弱，不同植物适于在不同光照强度下生长。如森林中植物由高到低的分布为：乔木层、灌木层、草本层、地被层。②动物分层主要是因群落的不同层次提供不同的食物，其次也与不同层次的微环境有关。如森林中动物的分布由高到低为：猫头鹰（森林上层），大山雀（灌木层），鹿、野猪（地面活动），蚯蚓及部分微生物（落叶层和土壤）。

水平结构指群落中的各个种群在水平状态下的格局或片状分布。由于在水平方向上地形的变化、土壤湿度和盐碱度的差异、光照强度的不同、生物自身生长特点的不同，以及人与动物的影响等因素，不同地段往往分布着不同的种群，同一地段上种群密度也有差异，它们常呈镶嵌分布。在热带高山植物群落中，不同海拔地带的植物呈垂直分布，从上到下依次分布的植物是：高山草甸、针叶林、落叶阔叶林、常绿阔叶林、热带雨林。这种分布主要是由于不同海拔温度不同造成的，所以属于群落的水平结构。

群落的基本特征 具有一定的种类组成。不同物种之间相互影响：有规律的共处，有序状态下生存。形成群落生境。群落生境是群落生物生活的空间，一个生态系统则是群落和群落生境的系统性相互作用。具有一定的结构：包括形态、生态、营养结构。具有一定的动态特征：季节动态、年际动态、演替与演化。具有一定的分布范围。群落的边界特征。群落中各物种具有不等同的群落学重要性（优势种、稀有种等）。

参考文献

陈光磊，2015. 生态与生存 [M]. 南京 . 东南大学出版社 .

（撰稿：李京；审稿：崔峰）

群落多样性 diversity of community

群落中所包含的个体数目和种类成分在种间的分布特征。即群落的多样化。生物群落是在相同时间聚集在同一地段上的各物种种群的集合。生活在一定空间和时间内的多种多样的活的生命体彼此依赖、相互依存所组成的稳定的生态综合体，不仅仅包括动、植物，还包括微生物。不同的种类构成不同的群落类型。一个群落中种类成分以及每个种个体数量的多少是度量群落多样性的基础。

物种多样性可以从4个方面体现出来，分别是遗传多样性、物种多样性、生态系统多样性、景观多样性。其中，物种多样性是四个方面中的关键，既体现了生物与生物之间和生物与环境之间的复杂关系，又体现了大自然具有丰富的资源。

群落多样性包含两方面的含义：物种丰富度（species richness）：指一群落或生境中物种数目的多寡。物种均匀度（species evenness）：指一群落或生境中全部物种个体数目的分配状况，反映各物种个体数目的分配均匀程度。

测度多样性的 3 个范畴：

α 多样性：测度栖息地或群落中的平均物种多样性。

β 多样性：测度在地区尺上物种组成沿着某个梯度方向从一个群落到另一个群落的变化速率。

γ 多样性：测度最大地理尺度上的多样性，体现一个地区或许多地区内穿过一系列群落的物种多样性总和。

参考文献

孙儒泳，李庆芬，牛翠娟，等，2008. 基础生态学 [M]. 北京：高等教育出版社 .

（撰稿：俞金婷；审稿：崔峰）

群落稳定性 community stability

受到干扰后，群落具有保持和恢复原状的能力。包含 3 个方面：①抵抗力稳定性，群落在受到干扰后维持其原来结构和功能状态的能力。②恢复力稳定性，群落受到干扰后回到原来状态的能力。③群落在达到演替顶级后进行自我更新和维持，并使群落的结构、功能长期保持在一个较高水平的能力。群落稳定性主要受环境变化、物种侵入和人为活动的影响。MacArthur 根据能流路线来计算群落的稳定性指数 Is（index of stability）：

$$\text{Is} = -\sum_{i=1}^{s} p_i lg_e pi$$

式中，S 为能流路线数；p_i 为第 i 个能流路线占食物链中总能量的比率。

多样性、复杂性和稳定性是群落的三大重要属性，它们之间的相互关系和相互影响是研究热点。生态界关于群落复杂性或多样性与稳定性的关系存在对立的观点。较多的生物生态学家认为多样性或复杂性越高，群落稳定性越强。而较多的理论生态学家认为复杂系统比简单系统更不稳定。目前，一个得到较多认可和支持的观点认为，群落复杂性或多样性与稳定性之间不存在简单的线性关系，而是可能存在一个阈值，在阈值以下多样性或复杂性的增高有益于稳定性，而阈值以上这种益处就不再明显。

参考文献

王长庭，龙瑞军，丁路明，等，2005. 草地生态系统中物种多样性、群落稳定性和生态系统功能的关系 [J]. 草业科学，22(6): 1-7.

张继义，赵哈林，2003. 植被（植物群落）稳定性研究评述 [J]. 生态学杂志，22(4): 42-48.

SENNHAUSER E B, 1991. The concept of stability in connection with the gallery forests of the Chaco Region[J]. Vegetatio, 94(1): 1-13.

（撰稿：陈小芳；审稿：崔峰）

群落相似性 community similarity

不同群落之间，在结构特征上具有不同程度的相似，如种组成相似、共有种相似、优势种相似。群落相似性的测度有多种计算公式。

① Jaccard 二元相似系数

$$S_j = \frac{a}{a+b+c}$$

式中，S_j 为群落 A 和 B 之间的 Jaccard 二元相似系数；a 为群落 A、B 共有物种数；b 为群落 A 独有物种数；c 为群落 B 独有物种数。

② 欧几里得距离

$$\triangle_{jk} = \sqrt{\sum_{i=1}^{n}(x_{ij}-x_{ik})^2}$$

式中，$\triangle_{jk}$ 为群落 j 和 k 之间的欧几里得距离；x_{ij} 为群落 j 中物种 i 的个体数；x_{ik} 为群落 k 中物种 i 的个体数；n 为群落 j 和 k 中物种总数。

③ 相关系数

$$r = \frac{\sum xy}{\sqrt{(\sum x^2)(\sum y^2)}}$$

式中，r 为群落 j 和 k 之间的相关系数。

$$x = x_{ij} - \frac{\sum_i^n x_{ij}}{n}$$

$$y = x_{ik} - \frac{\sum_i^n x_{ik}}{n}$$

式中，x_{ij} 为群落 j 中物种 i 的个体数；y_{ik} 为群落 k 中物种 i 的个体数；n 为群落 j 和 k 中物种总数。

④ Morisita 相似性指数

$$C_\lambda = \frac{2\sum X_{ij}X_{ik}}{(\lambda_1+\lambda_2)N_jN_k}$$

式中，C_λ 为群落 j 和 k 之间的 Morisita 相似性指数。

$$\lambda_1 = \frac{\sum[X_{ij}(X_{ij}-1)]}{N_j(N_j-1)}$$

$$\lambda_2 = \frac{\sum[X_{ik}(X_{ik}-1)]}{N_k(N_k-1)}$$

式中，X_{ij} 为群落 j 中物种 i 的个体数；X_{ik} 为群落 k 中物种 i 的个体数；N 为群落 j 和 k 中物种总数。

参考文献

李秉华，王贵启，樊翠芹，等，2013. 对两种群落相似性测度方法的初步探讨 [C]// 中国植物保护学会杂草学分会. 第十一届全国杂草科学大会论文摘要集.

王伯荪，彭少麟，1985. 鼎湖山森林群落分析——Ⅳ. 相似性和聚类分析 [J]. 中山大学学报 (自然科学版) (1): 31-38.

WORDA H, 1981. Similarity indices, sample size and diversity[J]. Oecologia, 50: 296-302.

（撰稿：陈小芳；审稿：崔峰）

群落演替 community succession

由一种群落类型转变为另外一种群落类型的演变过程。生物群落具有发生、形成和发展的过程，从简单到复杂，从低级到高级，最终成为相对稳定的顶级群落。在这个动态变化过程中，群落中一些物种逐渐消失，另一些物种不断侵入，整体结构和环境都朝另一方向发生有序的改变。1983 年，E. P. Odum 提出演替中的群落和顶级群落的特征如表 1 所示。群落演替的时间跨度可以是几十年，也可能是几百万年。

最初，演替的研究主体是群落里的植被变化。Clements 认为植被是一个有机体，演替是植被通过几个离散阶段发展为顶级的过程。与此相反，Gleason 认为植被是由大量植被个体组成的，植被的发展和维持是植被个体发展和维持的结果，从而应把演替看成是个体替代和个体进行变化的过程。自第十三届国际植物学大会（1981 年）后，演替理论的研究扩大到微生物、动物和人类活动以及整个生物界的物流和能流，强调个体的生命史特征、进化对策、干扰等因素的作用，并试图以此为基础走向新的综合。现在认为，演替的发生常由以下原因引起：①群落与环境的相互作用发生变化。②植物繁殖体的散布。③群落内种群间的相互作用发生变化。④新的物种、亚种、变种或新生态型的产生。

在演替的研究过程中，形成了如下几种主要的理论或学说：①促进作用理论，认为演替是有一定的方向的，演替过程是可预见的，可分为裸地的形成、迁徙、定居、反应、演替、稳定六个阶段。②初始植物区系学说，认为演替不仅是原来群落对环境的改变，也取决于哪些物种或个体最先占据已经存在的有效资源。替代是种间的，而不是群落的，演替系列是连续的而不是离散的。③接力植物区系学说，认为群落中的植物总是不停地对不断改变的资源进行竞争，竞争的胜者成为优势种，但一段时间后，新进入的种竞争力更强而成为新的优势种。④适应对策演替学说，根据生活史将植物划分为 R、C、S 对策种，R 对策种因适应于临时性资源丰富环境而多为先锋种；C 对策种因一直处于资源丰富环境而多生于演替中期，为竞争种；S 对策种因忍耐力强而多生于演替后期，为耐胁迫种。⑤资源比率理论，认为物种在限制性资源比率中的竞争力强弱变化而引发更替。⑥ Odum-Margelef 生态系统发展理论，从整体论观点出发，强调群落和生态系统在功能方面的共同特征而不是在结构和种类组成方面的具体差异。⑦ Mcmahon 系统概念模型，认为群落演替在环境和干扰影响下速率和方向会改变，而且演替不收敛于顶级。⑧变化镶嵌体稳态学说，认为在小尺度上，群落通过重组、加积、过渡和稳定态等级块存在，在大尺度上，它们形成一个镶嵌体。⑨等级演替理论，从 3 个层次解释演替的原因和机制。最高层次为演替的一般性原因，中间层次为不同生态过程，最低层次是每一生态过程的详细原则，有利于演替分析结果的解释。⑩螺旋式上升演替理论，认为群落内在生理

表1 生物群落演替的特征变化（Odum，1983）

	生物群落的特征	演替中的群落	顶极群落
能量学	总生产量 / 总消耗量（群落呼吸）	>1 或 <1	P/R ≈ 1
	总生产量 / 现存生物量	高	低
	生物量 / 单位能流量	低	高
	净生产量（收获量）	高	低
	生态链（食物链）	线状，以牧食链为主	网状，以腐屑链为主
组织结构	总有机物质	较少	较多
	无机营养物质的贮存	环境库	生物库
	物种多样性——种类多样性	低	高
	物种多样性——均匀性	低	高
	生化物质多样性	低	高
	结构多样性——分层性和空间异质性	组织较差	组织较好
个体生活史	生态位宽度	广	狭
	有机体大小	小	大
	生活史	短、简单	长、复杂
物质循环	矿质营养循环	开放	封闭
	生物和环境间的交换率	快	慢
	营养循环中腐屑的作用	不重要	重要
	对物质的利用	不充分	充分
自热选择压力	增长型	增长迅速（对策）	反馈控制（对策）
	生产	数量增长	质量增长
稳态	内部共生	不发达	发达
	营养物质保存	不良	良好
	稳定性（对外扰动的抗性）	弱，不良	强，良好
	熵值	高	低
	信息	低	高

机制的反作用超过外力破坏作用时，为进展演替。群落内在生理机制决定了群落在达到气候顶级时会回到原来演替的某一阶段，产生新的生物群落，使得群落对环境的作用越来越强，呈螺旋式上升趋势。⑪Connell-Slatyer 三重机制学说，认为种群通过促进、抑制和忍耐三重机理进行替代和演替。

群落演替的类型是多种多样的，根据基质的性质和变化趋势可分为水生基质演替和旱生基质演替；按时间的发展可分为世纪演替、长期演替和快速演替；按主导因素可分为群落发生演替、内因生态发生演替、外因生态发生演替和地因发生演替；按演替开始状况可分为原生演替和次生演替；按演替的方向可分为进展演替和逆行演替。

参考文献

任海，蔡锡安，饶兴权，等，2001. 植物群落的演替理论 [J]. 生态科学，20(4): 59-67.

肖化顺，陈端吕，2006. 植物群落的现代演替理论浅析 [J]. 中南林业调查规划，25(3): 60-62.

ODUM E P, 1983. Basic ecology[J]. Quarterly review of biology(1): 34.

SAHNEY S, BENTON M J, 2008. Recovery from the most profound mass extinction of all time[J]. Proceedings biological sciences, 275(1636): 759.

（撰稿：陈小芳；审稿：崔峰）

R

热调节 thermoregulation

热调节是生物体在一定的环境温度波动范围内保持体温的能力。机体内热调节过程是稳态（homeostasis）的一个方面，即一种生物体内部环境的动态稳定状态，以维持不受外部环境的热平衡过程的影响。如果身体无法维持正常的体温，导致体温高于正常水平，会出现体温过高或者过热（hyperthermia）现象；反之，如果体温低于正常水平时，会出现体温过低（hypothermia）现象。

昆虫的热调节 昆虫和其他节肢动物是一种外温动物（ectotherm），与内温动物（endotherm）采取很大不同的热调节策略和机制。变温动物又称为冷血动物（cold-blooded animal）或者变温动物，很大程度使用外部温度源来调节体温。在调节内部温度时，与内温动物相反，外温动物内部的生理热源的重要性是微不足道的；它们保持体温的最大影响因素是环境。即使这样，有些昆虫能够耐受的最高温度超过了大多数脊椎动物的致死温度。比如来自世界上 3 个不同地区的 3 种（属）沙漠蚂蚁，能够在白天最热时间超过 50°C 高温下捕食。

热调节策略之行为的热调节 昆虫的活动能力较强，通过行为调整身体热量是普遍的方式。一方面是降温，采取的方法有：①挥发，即体表液体蒸发带走热量。②对流，即增加体液流向身体表面，以最大程度的跨平流梯度传热。③传导，即通过接触较冷的表面而失去热量，例如，躲在阴凉的地方，在河流、湖泊或海洋中保持湿润。④辐射，即通过体表物种或者结构反射释放热量，使其远离身体。另一方面是增热或减少热量损失，采取的方法有：①传导，如攀登到更高的地面上的树木、山脊、岩石，进入温暖的水或气流，建造一个隔热的巢穴或洞穴，或者躺在热的表面上。②辐射，如躺在太阳下（这种方式的加热受与太阳有关的身体角度的影响），折叠皮肤以减少暴露，隐藏翅膀表面；蝴蝶和飞蛾可以将它们的翅膀定向到最大程度地照射到太阳辐射，以便在起飞前建立热量。③隔热，如调整身体形状以改变曲面 / 体积比，扩大身体表面积等。昆虫的昼夜活动节律也和热调节相关。④通过肌肉运动和震颤产热。在寒冷的天气，蜜蜂通过震颤产热，同时拥挤在一起，以保持热量。蜜蜂和黄蜂在飞行之前，通过振动它们的飞行肌肉，而不是翼的剧烈运动来产生热量。

热调节策略之生理和发育的热调节 前面提到昆虫通过肌肉运动活动体内热量，也是机体通过能量代谢获得热量的一种行之有效的方式，特别是应对环境低温时。除了代谢产热，昆虫还运用一些生化的机制进行热调节。如体液在温度低于冰点的情况下，通过过冷却作用（supercooling）而获得极低的过冷却点，避免体液结冰，从而耐受极端寒冷温度。有的昆虫细胞能产生抗冻蛋白（antifreeze protein）来抵抗组织中冰晶的形成。细胞还能诱导表达大量的不同分子量的热激蛋白分子（heat-shock protein），这些分子能够作为分子伴侣蛋白，减少细胞的热伤害，增强细胞对胁迫温度的抵抗能力。生理上，昆虫的特定发育阶段能够通过进入休眠（hibernation）或者滞育（diapause），减缓个体的发育和能量需求，增强对不利热环境的抵抗力。

参考文献

FEDER M E, HOFMANN G E, 1999. Heat-shock proteins, molecular chaperones, and the stress response: evolutionary and ecological physiology[J]. Annual review physiolology, 1(61): 243-282.

HEINRICH, BERND, 1981. Insect thermoregulation[M]: New York: John Wiley & Sons, Inc.: 328.

KANG L, CHEN B, WEI J, et al, 2009. Roles of thermal adaptation and chemical ecology in *Liriomyza* distribution and control[J]. Annual review of entomology, 54: 127-145.

（撰稿：陈兵；审稿：王琛柱）

人纹污灯蛾 *Spilarctia subcarnea* (Walker)

主要以幼虫危害桑叶，成虫具有趋光性。又名红腹灯蛾、黄毛虫、人字纹灯蛾。鳞翅目（Lepidoptera）目夜蛾科（Erebidae）污灯蛾属（*Spilarctia*）。中国各蚕区都有分布。

寄主 桑、蔷薇、月季、榆树。

危害状 低龄幼虫群集桑叶背面啃食叶肉，稍大后分散危害，吃成缺刻（图 1）。

形态特征

成虫 长约 20mm。胸部和前翅白色，前翅上有黑点 2 排，两翅合并时黑点呈“人”字形。腹部背面红色，腹面黄白色，背中、两侧和腹面各有 1 列小黑斑（图 2）。

幼虫 幼虫老熟时长约 40mm，黄褐色，长有红褐色长毛。中胸及腹部第一节背面各有横列的黑点 4 个，腹面黑褐色，气门、胸足、腹足黑色（图 1）。

生活史及习性 在中国每年发生 2～6 代，世代重叠，均以蛹越冬。翌年 5 月开始羽化，第一代幼虫出现在 6 月下

图 1 人纹污灯蛾幼虫食害桑叶（华德公摄）

图 2 人纹污灯蛾成虫（华德公提供）

旬至 7 月下旬，发生量不大，成虫于 7～8 月羽化；第二代幼虫期为 8～9 月，发生量较大，危害严重。成虫具有趋光性。卵成块产于叶背，单层排列成行，每块数十粒至一二百粒。

防治方法 一般不需要大面积单独防治。

参考文献

华德公，胡必利，阮怀军，等，2006. 图说桑蚕病虫害防治 [M]. 北京：金盾出版社.

黄尔田，彭宜红，2005. 人纹污灯蛾的虫态及其天敌绒茧蜂研究 [J]. 蚕桑通报 (3): 12-15.

朱均权，2010. 人纹污灯蛾的生物学特性及防控技术 [J]. 长江蔬菜 (1): 45-46, 3.

（撰稿：王茜龄；审稿：夏庆友）

仁扇舟蛾 *Clostera restitura* (Walker)

一种危害杨、柳、桦等树木的食叶害虫。又名银波天社蛾、山杨天社蛾、杨树天社蛾。鳞翅目（Lepidoptera）舟蛾科（Notodontidae）扇舟蛾属（*Clostera*）。国外分布于阿富汗、巴基斯坦、印度、斯里兰卡、尼泊尔、越南、马来西亚、印度尼西亚等地。中国分布于安徽、江苏、浙江、江西、上海、福建、湖南、广东、广西、云南、海南、台湾、香港等地。

寄主 杨属、柳属和桦属植物。

危害状 以幼虫取食叶片造成缺刻，严重时在短期内将叶吃光，仅留叶柄，致使树木生长势下降，抗病虫害能力减弱（图 1）。

形态特征

成虫 体长 11～19mm，翅展 30～41mm。体灰褐至暗灰褐色；头顶到胸背中央黑棕色（图 2①）。前翅灰褐至暗灰褐色，顶角斑扇形，红褐色；3 条灰白色横线具暗边；中室下内外线之间有 1 斜的三角形影状斑；外线在 M_2 脉前稍弯曲；亚端线由 1 列脉间黑色点组成，波浪形，在 Cu_1 脉呈直角弯曲，Cu_1 脉以前其内侧衬 1 波浪形暗褐色带；端线细，不清晰；横脉纹圆形暗褐色，中央有 1 灰白线把圆斑横割成两半。后翅黑褐色。雄虫腹部较瘦弱，尾部有长毛一丛。

卵 馒头形，直径约 0.8mm，竖径约 0.6mm。表面具 2 条灰白色条纹（图 2②）。初产时淡青色，孵化前呈红褐色，卵成片状单层排列，每片数量不等。

幼虫 老熟幼虫圆筒形，体长 28～32mm。头灰色，具黑色斑点；体灰色至淡红褐色，被淡黄色毛，胸部两侧毛较长；中、后胸背部各有 2 个白色瘤状突起；第一、八腹节背面各有一杏黄色大瘤，瘤上着生 2 个小的馒头状突起，瘤后生有 2 个黑色小毛瘤；第一腹节的两侧各着生 1 个大黑瘤；第二、三腹节背部各有黑色瘤状突起 2 个，其他腹部各节具白色突起 1 对（图 2③）。

蛹 长 10～15mm。黄褐色，具光泽，近圆锥形，背部无明显的纹络；尾部有臀棘（图 2④）。

生活史及习性 上海地区 1 年发生 6～7 代，以卵在杨树枝干上越冬。越冬卵翌年 4 月下旬开始孵化，幼虫啃食嫩树皮或芽鳞。初孵幼虫群集叶片取食，三龄分散取食全叶，白天爬到叶柄上；5 月上旬开始化蛹，5 月中旬至 6 月上旬成虫羽化，成虫昼伏夜出，有趋光性，交尾后当天产卵，卵聚产叶背或叶面，平铺成块，每块 100～300 粒。以后基本每月 1 代，连续不断繁殖危害。到 11 月部分幼虫生长缓慢，以高龄幼虫在枯枝落叶中滞育，但不能正常越冬；而另一部分幼虫正常生长，在 11 月中旬至 12 月初成虫羽化产卵，以卵越冬。各代卵的发生盛期，第一代为 5 月下旬，第二代为 6 月下旬，第三代为 7 月下旬，第四代为 8 月下旬，第五代为 9 月下旬，第六代为 10 月下旬。卵块大多数产于叶背，少数产于叶面，每块 100～300 粒，平均 181.6 粒。卵的孵化率受天敌寄生影响明显。越冬代幼虫发生盛期为 5 月上旬，第一代为 6 月上旬，第二代为 7 月上旬，第三代为 8 月上旬，第四代为 8 月下旬，第五代为 9 月下旬。蛹期 6～10 天。成虫白天不活动，傍晚行动活跃，具有较强的趋光性，受惊可假死。羽化数小时即交尾，当日便可产卵。一般产卵于叶背，少数可产于叶正面或枝干。各代发生的高峰期分别为：越冬代为 5 月中旬，第一代为 6 月中下旬，第二代为 7 月下旬，第三代为 8 月下旬，第四代为 9 月下旬，第五代为 10 月上旬。

防治方法

管理措施 冬季摘除越冬卵。营造混交林，从源头上减少虫害发生。

物理措施 成虫期在林间悬挂杀虫灯诱杀成虫。

图 1 仁扇舟蛾危害状（郝德君提供）

图 2 仁扇舟蛾各虫态形态（郝德君提供）

①成虫；②卵；③幼虫；④蛹

生物防治 卵期释放赤眼蜂。

化学防治 低龄幼虫期喷洒20%杀灭菊酯2000倍液。喷洒1%阿维菌素6000倍液、20%除虫脲6000倍液或25%灭幼脲1000倍液。

参考文献

武春生，方承莱，2003. 中国动物志：昆虫纲 第三十一卷 鳞翅目 舟蛾科[M]. 北京：科学出版社：804-808.

吴文杰，申维新，孙兴全，2006. 上海地区杨分月扇舟蛾生物学特性[J]. 上海交通大学学报（农业科学版），24(4): 394-397.

郑茂灿，吴小芹，钱范俊，等，2006. 上海地区分月扇舟蛾生物学特性和发生规律[J]. 南京林业大学学报，30(3): 117-120.

SANGHA K S, 2011. Evaluation of management tools for the control of poplar leaf defoliators (Lepidoptera: Notodontidae) in northwestern India[J]. Journal of forestry research, 22(1): 77-82

SINGH G, SANGHA K S, 2012. Ovipositional preference and larval performance of poplar defoliator, *Clostera restitura* on different poplar clones in northwestern India[J]. Journal of forestry research, 23(3): 447-452.

（撰稿：郝德君；审稿：张真）

忍冬细蛾 *Phyllonorycter lonicerae* (Kumata)

发生较频繁、危害较严重的金银花潜叶害虫。又名金银花细蛾。鳞翅目（Lepidoptera）细蛾总科（Gracillarioidea）细蛾科（Gracillariidae）潜细蛾亚科（Lithocolletinae）小潜细蛾属（*Phyllonorycter*）。国外分布于日本。中国分布于陕西、山东、河南、安徽、重庆、广东。

寄主 忍冬。

危害状 以幼虫潜入叶内，取食叶肉组织，严重影响光合作用，使金银花产量和品质降低。

形态特征

成虫 体长2.5～3.0mm，翅展6～7mm。体黄褐色，下唇须直长，略向前上方弯曲。头部白色，顶部有2丛长鳞毛。触角丝状，明显长于体，鞭节各节基半部灰白色，端半部棕褐色。复眼黑色。翅狭长，端部尖锐。前翅黄棕色，间有金黄色和银白色鳞片，有3条银白色横带将翅面近四等分，在各银白色横带前端或两侧有棕褐色鳞片，翅端部有金黄色鳞斑，后缘毛长。后翅窄，基半部银灰色，端半部深棕褐色，后缘毛甚长。足细长，除胫节、转节部分褐色外，其余黄白色。后足胫节端部有2距。

卵 扁椭圆形，长径约0.3mm，乳白色，半透明，具光泽，孵化前变为淡褐色。

幼虫 细纺锤形，体稍扁。头部棕褐色，口器淡褐色。一至三龄体乳白色；四、五龄腹中部淡褐色，其余部分乳白色。三、四、五龄幼虫体长分别为3.0～3.2mm、4.1～4.2mm、5.0～5.2mm。腹足3对，着生于第三、四、五腹节。

蛹 长3.5～4.5mm，梭形。初化蛹时淡黄褐色，复眼黑褐色，腹部第八节明显比其余节长，中部两侧各有1个褐色突起。翅、触角及第三对足先端裸出，长达第八腹节。羽化前呈深红棕色。

生活史及习性 河南封丘1年发生4代，以幼虫在老叶内越冬。翌年春季3月中下旬越冬幼虫开始活动，以后陆续化蛹，4月中旬开始羽化。成虫羽化时，蛹前半露出虫斑外。羽化期约20天。成虫多在傍晚活动、交尾，有一定趋光性。产卵于金银花嫩叶背面。卵半透明，单粒散产。卵期一、四代为10～15天，二、三代为7～8天。幼虫孵化后从卵壳下咬破叶下表皮潜入危害，初期与叶上表皮紧连的叶绿素组织未被破坏，叶片正面观正常，但叶片背面可见许多大小不等的白色囊状椭圆形虫斑。随着虫龄的增加，叶正面的叶绿素组织部分被破坏，下表皮失水皱缩，使叶片向背面弯折，内有黑色虫粪，叶正面被虫危害部分则形成黑色斑。老熟幼虫在虫斑内化蛹。幼虫期第一代30天左右，二、三代20～25天，四代（越冬代）5～6个月。蛹期一、四代8～10天，二、三代6～8天。

防治方法

营林措施 秋冬季结合修剪，清除落叶，并将剪下的枝条销毁，以压低越冬虫源基数。

化学防治 在越冬代、第一代成虫盛期，可用25%灭幼脲Ⅲ号胶悬剂3000倍液喷雾。在各代卵孵化盛期，可用1.8%阿维菌素2000～2500倍液喷雾。金银花为丛生藤本灌木，枝叶茂密，喷雾时应尽可能将药液喷匀、喷透。

参考文献

任应党，刘玉霞，申效诚，2003. 忍冬细蛾——危害金银花的中国昆虫新记录[J]. 昆虫分类学报，25(3): 235-236.

任应党，刘玉霞，申效诚，2004. 忍冬细蛾生物学特性及防治[J]. 昆虫知识，41(2): 144-146, 图版Ⅰ之图6.

翟爱勇，周凌云，2018. 金银花病虫害发生规律与防治技术[J]. 河南农业(4): 39-40.

（撰稿：嵇保中；审稿：骆有庆）

日本长白盾蚧 *Lopholeucaspis japonica* (Cockerell)

一种茶树上常见并偶有危害的蚧类害虫。又名长白介壳虫、梨长白介壳虫、茶虱子等。英文名Japanese maple scale。半翅目（Hemiptera）蚧总科（Coccoidea）盾蚧科（Diaspididae）白片盾蚧属（*Lopholeucaspis*）。国外分布于日本、澳大利亚等。中国各茶区均有分布，主要分布于浙江、湖南、湖北、江西、安徽等地。

寄主 茶、苹果、梨、柑橘、柿、樱桃、丁香、槭树、无花果、山楂等。

危害状 以若虫、雌成虫刺吸茶树汁液危害。被害茶树生长势逐渐衰退，发芽减少、对夹叶增多，连续危害2～4年导致枝干枯死，甚至整株死亡（图1）。

形态特征

成虫 雌成虫介壳为纺锤形、暗棕色，上覆灰白色蜡质（图2①），介壳直或略弯，壳点1个，突出在前端。雌成虫淡紫色，体长在0.8mm左右。雄虫介壳长形，上覆白色蜡质（图2②）；雄成虫淡紫色，翅白色透明，触角丝状，

图 1 日本长白盾蚧田间危害状（郭华伟提供）

图 2 日本长白盾蚧成虫（郭华伟、周孝贵提供）
①雌介壳；②雄介壳

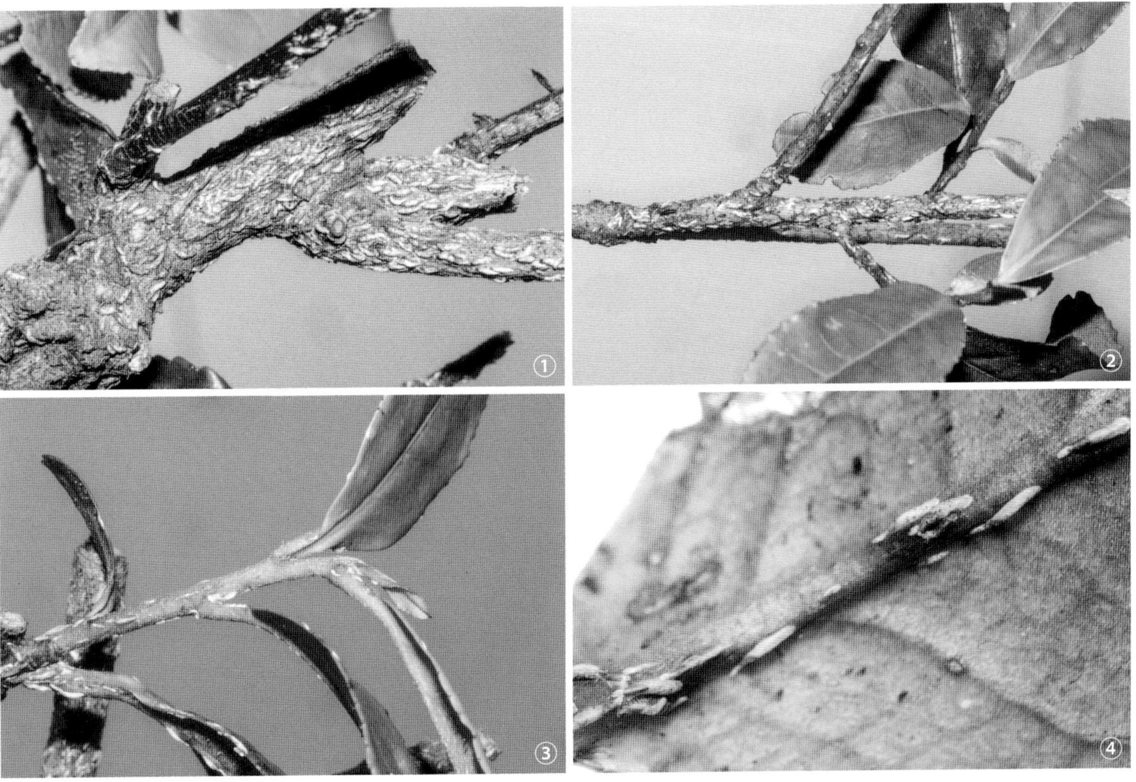

图 3 日本长白盾蚧在茎干和叶片上的分布（周孝贵提供）
①~③分布在茎干上；④分布在叶片上

具白色、半透明前翅1对，后翅退化，体长在0.6mm左右。

若虫　雄若虫共2龄，雌若虫共3龄。一龄若虫椭圆形，淡紫色，体背覆有白色蜡质；二龄若虫有淡紫、淡黄或橙黄色，披白色蜡，介壳前端附一个浅褐色的一龄若虫蜕皮壳；三龄（雌）若虫淡黄色，梨形。

生活史及习性　一般1年发生3代，以第三代的老熟若虫（雌）及预蛹（雄）越冬。雄成虫飞翔能力弱，仅能在茶树枝干上爬行，交配后即死亡。雌成虫交配后陆续孕卵，卵产于介壳内、虫体末端，产卵结束后，雌成虫也随之干瘪死亡。初孵若虫活泼善爬，经2～5小时，即在茶树枝叶上选择适合部位固定，并逐渐分泌白色蜡质，覆于体背。一般枝干上虫数最多，雄性若虫大多分布在叶片边缘锯齿间。第一代卵盛孵期在5月下旬，第二代卵盛孵期在7月中、下旬，第三代卵盛孵期在9月上旬。雌虫产卵第一代平均20粒，第二代平均16粒，第三代平均30粒。

日本长白盾蚧各代虫口在茶树上的分布略有不同，据统计，第一代虫口叶片上。枝杆上约为3∶2，第二代约为1∶1，第三代几乎全部在枝干上；雌雄虫的分布情况亦有不同，第一、二代雄虫多寄生于叶片上，很少危害茎杆；雌虫则多寄生于枝杆的上部。第三代雌雄虫则绝大部分寄生于茶树枝干中、下部（图3）。

防治方法

农业防治　及时修剪台刈。受害重、茶树树势衰败的茶园，可采取深修剪或台刈措施恢复茶树树势。保持茶树通风透光，及时排水降低田间湿度，修整茶树中下部枝条，清理茶园杂草。

药剂防治　防治适期掌握在田间卵孵化盛末期，药剂可选用吡虫啉可湿性粉剂、联苯菊酯水乳剂或矿物油等。

参考文献

唐美君，肖强，2018. 茶树病虫及天敌图谱[M]. 北京：中国农业出版社.

张汉鹄，谭济才，2004. 中国茶树害虫及其无公害治理[M]. 合肥：安徽科学技术出版社.

赵启民，张觉晚，1963. 长白蚧的发生规律及其防治研究初报[J]. 浙江农业科学(8): 349-356.

朱俊庆，1965. 长白蚧发生与环境条件关系及其防治[J]. 茶叶科学(3): 55-61.

（撰稿：郭华伟；审稿：肖强）

日本巢红蚧 *Nidularia japonica* Kuwana

一种卵囊似鸟巢、危害栎类枝干的蚧虫。又名日本巢绛蚧。英文名 Japanese nestlike kermes。半翅目（Hemiptea）蚧总科（Coccoidea）红蚧科（Kermesidae）巢红蚧属（*Nidularia*）。国外分布于日本和韩国。中国分布于北京、河北、辽宁、山东、江苏、浙江、湖南、四川、贵州。

寄主　槲栎、麻栎、枹栎、白栎、波罗栎。

危害状　以雌成虫和若虫群居在枝、干的皮缝、伤疤、芽基，以及露在地面的根上吸食汁液，被害植株长势弱、发育慢，细枝枯死。

形态特征

成虫　雌成虫孕卵前卵圆形，长3～4mm，宽2.5～3.5mm，灰褐色；腹面平，背面略隆起，被有龟裂状分布的白色透明蜡质物；产卵前体膨大，呈梨形，硬化，每体节有瘤状突4～5个；触角短小，足退化；腹面亚缘管腺每侧12或13簇，放射状排列。雄成虫体长0.6～0.8mm，紫红色，单眼黑色，胸部背面有黑斑；触角10节，丝状；前翅白色、透明，后翅棒状；交尾器锥状；腹末有1对白蜡丝。

卵　长椭圆形，长约0.5mm，橘黄色，位于雌成虫腹下由雌成虫分泌的鸟巢状白色蜡质卵囊内。

若虫　初孵若虫椭圆形，长约0.5～0.6mm，红褐色，单眼黑色，触角6节，足发达，跗节长为胫节长的1.8倍；臀板发达，腹末有2条长刚毛。

生活史及习性

1年发生1代，以受精雌成虫在枝干上越夏、越冬。在山东泰安，翌年3月初越冬雌虫恢复取食，3月中旬孕卵，并在身体侧下面及周缘分泌白色绵状蜡质物，形成有纵肋的鸟巢状卵囊（见图）。4月下旬为产卵盛期。每雌产卵398～769粒，平均632粒。5月初为若虫孵化盛期。一龄若虫很活跃，在寄主上爬行，寻找合适位置，固定、取食。雌若虫多寄生在木质化枝干的皮缝、伤疤、芽基、枝杈等处，雄若

日本巢红蚧雌成虫蜡壳及卵囊（武三安摄）

虫则多固定于幼嫩绿枝、叶柄、芽基。5月下旬蜕皮进入二龄期。雄若虫二龄后期爬至枝干、绿叶、叶苞等处做绒质茧，并在茧内化蛹。雌若虫在原处固定不动，经三龄若虫期，于6月中旬羽化为成虫。交尾后雄成虫死去，受精雌成虫危害一段时间后，于8月中旬进入滞育状态。天敌有红点唇瓢虫（*Chilocorus kuwanae* Silvestri）和蒙古光缘瓢虫（*Exochomus mongol* Borousky）。

防治方法 雄成虫羽化盛期前喷洒敌敌畏乳油等药剂杀灭雄成虫。若虫爬行期，利用杀螟松乳油喷雾防治。

参考文献

胡兴平，李士竹，周朝华，1990. 日本巢红蚧研究初报 [J]. 中国森林病虫 (4): 3-4.

刘永杰，刘玉升，石毓亮，等，1997. 日本巢绛蚧形态学研究 [J]. 华东昆虫学报，6(1): 15-19.

（撰稿：武三安；审稿：张志勇）

日本稻蝗 *Oxya japonica* (Thunberg)

世界范围内重要的农业害虫之一，对水稻等粮食造成严重危害。直翅目（Orthoptera）蝗总科（Acridoidea）斑腿蝗科（Catantopidae）稻蝗属（*Oxya*）。国外分布于韩国、菲律宾、新加坡、马来西亚和越南等东南亚国家。日本稻蝗飞行能力较弱，且对生境中水分和湿度要求较高，但局部暴发仍对禾本科农作物造成严重危害。广泛分布于中国低海拔地区，主要栖息环境多为稻田，在中国除新疆和西藏等少数地区未见报道以外，全国大多数水稻种植区均有分布。

寄主 水稻、玉米等禾本科作物。

危害状 日本稻蝗多栖息于稻田和湿地等湿度较高的地方，主要危害水稻、玉米等禾本科作物。其取食习性与中华稻蝗相似，其若虫和成虫均啃食水稻嫩叶，取食具有趋嫩绿性，造成叶片受损，影响植物生长。

形态特征

雄性 体长16～20mm，前胸背板长3～4mm，前翅长11～13mm，后足股节长11～12.5mm。

雌性 体长21～24mm，前胸背板长4.8～5mm，前翅长13～16mm，后足股节长16～17mm。

日本稻蝗体型中等，其体色一般呈绿色或者褐绿色，眼后带黑褐色，后足股节黄绿色或绿色，膝部褐色或淡褐色，后足胫节黄绿色，体表具有细小刻点。触角较短，短于或刚到达前胸背板后缘。头顶宽短，其在复眼之间的宽度等于或略宽于其颜面隆起在触角之间的宽度。复眼较大，卵圆形。前胸背板略平，两侧缘几乎平行，中隆线呈线形且明显，中胸腹板侧叶间之中隔较狭。前翅较长，超过后足股节顶端。后足胫节匀称，跗节爪间中垫较大，常超过爪长（图1）。肛上板呈圆三角形，侧缘略凹。雄性阳茎基背片桥部较狭，缺锚状突；外冠突粗大，呈钩状；内冠齿状，与外冠突相距较近。雌性体型较雄性为大。触角略短，常不到达前胸背板的后缘。上、下产卵瓣的外缘皆具齿；下生殖板腹面具深纵凹沟，后缘较宽，两侧各具1条发达的纵脊，后缘中央具1对齿（图1、图2）。

图1 日本稻蝗成虫（李涛提供）

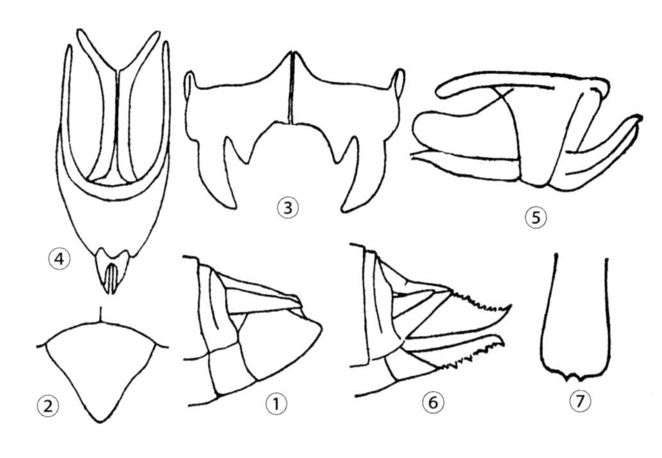

图2 日本稻蝗分类特征（仿郑哲民，张晓洁绘）

①雄性腹端侧面；②雄性肛上板；③阳茎基背片；④阳茎复合体背面；⑤阳茎复合体侧面；⑥雌性腹端侧面；⑦雌性下生殖板

生活史及习性 日本稻蝗生活史包括卵期、若虫期和成虫期。以卵期越冬，卵粒呈长圆柱状；成虫与若虫生活习性相同，根据气候和地域划分，长江以北平均每年发生1代，长江以南平均每年发生2代，其生活史规律与中华稻蝗相近。

发生规律 发生规律基本与中华稻蝗相同。

引起日本稻蝗大发生的主要原因有：蝗虫的繁殖速度快；气候变暖，使蝗卵越冬死亡率低，蝗蝻发生期提前；对当地水情、旱情和气候变化的监测不足，对日本稻蝗的预测预报不够准确及时。

防治方法 见小稻蝗。

参考文献

刘举鹏，1990. 中国蝗虫鉴定手册 [M]. 西安：天则出版社.

张建珍，马恩波，郭亚平，2008. 日本稻蝗部分种群遗传多样性研究 [J]. 四川动物，27(5): 758-760.

郑哲民，1985. 云贵川陕宁地区的蝗虫 [M]. 北京：科学出版社：128-129.

郑哲民，1993. 蝗虫分类学 [M]. 西安：陕西师范大学出版社：79.

（撰稿：李涛；审稿：张建珍）

R

日本龟蜡蚧 *Ceroplastes japonicus* Green

常见的多食性果树害虫。又名枣龟蜡蚧、日本蜡蚧、龟蜡蚧，俗称树虱子。英文名 Japanese wax scale。半翅目（Hemiptera）蜡蚧科（Coccidae）蜡蚧属（*Ceroplastes*）。国外分布于保加利亚、克罗地亚、法国、德国、匈牙利、意大利、日本、俄罗斯、斯洛文尼亚、韩国、土耳其和英国。中国分布于黑龙江、辽宁、内蒙古、甘肃、北京、河北、山西、陕西、山东、河南、安徽、上海、浙江、江西、福建、湖北、湖南、广东、广西、四川、贵州、云南等地。

寄主 该虫寄主植物广泛，为多食性害虫，取食至少28科40余种植物，如地中海荚蒾、夹竹桃、枸骨冬青、全缘冬青、常春藤、小檗、淫羊藿、黄杨、冬青卫矛、山茱萸、苏铁、柿、胡颓子、杜英、绣球花、绣线菊、月桂、红楠、石榴、广玉兰、无花果、香桃木、柃木、海桐、竹柏、枣、木瓜、榅桲、枇杷、苹果、杏、樱桃、月桂、梅、桃、樱花、梨、柠檬、柑、枳、大叶柳、河柳、垂柳、喜树、杉、板栗、悬铃木、榆树、罗汉松、五针松、马尾松、雪松、黑松、紫薇、花石榴、重阳木、白玉兰、石楠、毛豆梨、碧桃、火棘、贴梗海棠、月季、樱花、连翘、水蜡、迎春、女贞、桂花等。

危害状 日本龟蜡蚧在植物的叶、枝上刺吸汁液。该虫繁殖速率快，虫口数量多，每年3～4月就开始取食。它分泌的蜜露沉积在植物叶及果实上，可诱发煤烟病的发生，使植株密被黑霉，直接影响光合作用，并导致植株生长不良，削弱树势重者导致枝条枯死（见图）。

形态特征

雌成虫 蜡壳半球形，灰白色。成虫初期蜡壳周围被大量湿蜡包围，背部分块形成龟背状，蜡帽在背顶，湿蜡形成的缘褶上有蜡芒，头部蜡芒3分叉，体侧气门路处各1个，后侧区每侧各2个。去壳虫体椭圆形，多褐色。

体背面：若虫虫体膜质，肛板周强烈硬化；老熟虫体硬化。眼明显。背刺小锥状，散布，背中区较少。二、三、四格腺均匀分布，在亚缘密集成带分布；丝状腺在背中后部成群，亚缘区成列。无腺区头部1个，背两侧各3个，背中无。肛板近三角形，前缘远短于后缘，且前缘常弯曲，外角圆；肛板有背毛和亚背毛4根，肛筒缨毛8根，肛环毛6根。

体缘：体缘毛在虫体前端和后端成列分布，在臀裂顶端有4根长刺缘毛。气门凹宽，气门刺短粗圆锥形，顶端尖锐，成群分布在气门凹内，并沿体缘向前后延伸，前、后气门刺群相连，在其间夹杂生有5～6根体缘毛与气门刺相间排列；气门凹内常有2～3列气门刺，其中央位置的2～3根气门

日本龟蜡蚧危害状（吴楚提供）

①～③枣树危害状；④⑤柿树危害状；⑥梨树危害状；⑦～⑨茶树危害状

刺又显著大于其余气门刺。

体腹面：膜质。触角6节，第三节最长，偶有5节或7节者；触角间毛2～3对。足小但分节正常，胫跗关节不硬化；跗冠毛细长，爪冠毛同粗，顶端均膨大，爪无小齿。腹毛端尖常弯曲，在亚缘区成列；阴前毛1对。扁圆十字腺在胸、腹部亚缘区成带分布。气门路多由五孔腺组成宽带；多孔腺10孔，在腹部直至胸部成横带分布，少数可在足基侧分布。管状腺内管膨大，形成1列亚缘带。

雄虫　体长1～1.4mm，深褐色或棕色，头和胸部背板较深。眼黑色，触角丝状，1对翅白色透明，具2条粗脉，足细小，腹部末端略细。

卵　椭圆形，长0.2～0.3mm，初淡橙黄色，后为紫红色。

生活史及习性　在中国1年发生1代，以受精雌虫主要在1～2年生枝条上越冬。翌年春天寄主发芽时开始危害，虫体迅速膨大，成虫产卵于腹下。产卵期，在中国各地不一：南京5月中旬，山东6月上中旬，河南6月中旬，山西6月中下旬。卵期10～24天，每头雌虫产卵1000～3000粒。初孵若虫多爬到嫩枝、叶柄及叶面上固着取食，8月初期雌雄开始性分化，8月中旬至9月为雄虫化蛹期，蛹期8～20天，羽化期为8月下旬至10月上旬，雄虫寿命1～5天，交配后即死亡；雌虫陆续由叶转到枝条上固着危害，至秋后越冬。可行孤雌生殖，子代均为雄性。一般海拔较高地区虫口数量小于海拔较低地区。该虫最佳发育条件为温度24～27°C，湿度75%～80%。

防治方法

检疫措施防治　加强苗木、砧木等的检疫消毒。

生物防治　保护引放天敌，天敌主要有瓢虫、草蛉、异色瓢虫及寄生蜂等。

人工防治　剪除虫枝或使用钢丝或竹刷刷除虫体，并集中烧毁，减少越冬害虫虫口基数。

化学防治　初孵若虫分散转移期喷洒40%氧化乐果500～1000倍液、50%马拉硫磷乳油600～800倍液、25%亚胺硫磷或杀虫净、30%苯溴林等乳油400～600倍液、50%稻丰散乳油1500～2000倍液。也可用矿物油乳剂，夏秋季用含油量0.5%，冬季用3%～5%；或松脂合剂夏秋季用18～20倍液，冬季用8～10倍液。

参考文献

贺军，2017. 日本龟蜡蚧发生规律及防治药剂实验[J]. 上海农业科技(2): 129-130.

邱宁宏，王家品，詹宗文，等，2016. 日本龟蜡蚧寄主植物种类及危害程度调查[J]. 湖南林业科技，43(4): 44-49.

王芳，2013. 中国蜡蚧科分类研究[D]. 杨凌：西北农林科技大学.

王永祥，薛翠花，张浩，等，2008. 杨树日本龟蜡蚧发生规律及危害特点[J]. 中国森林病虫，27(4): 12-14.

（撰稿：魏久峰；审稿：张帆）

日本金龟子　*Popillia japonica* Newman

一种重要检疫的害虫。鞘翅目（Coleoptera）金龟科（Scarabaeidae）丽金龟亚科（Rutelinae）弧丽金龟属（*Popillia*）。日本金龟子原产于日本，1916年该虫随苗木传入美国东部，现广泛分布于美国东部的康涅狄格、纽约、佐治亚、俄亥俄、新泽西、田纳西、弗吉尼亚、马萨诸塞、密歇根、伊利诺伊、印第安纳、北卡罗来纳、密苏里、艾奥瓦、肯塔基、缅因、新罕布什尔、宾夕法尼亚、南卡罗来纳、佛蒙特、华盛顿、西弗吉尼亚、威斯康星、马里兰等州。目前在中国尚未发现。

寄主　在美国，记载的可取食植物多达435种，其中有约300种是日本金龟子喜食的。其严重危害的植物包括：日本槭树、芦笋、野核桃、小苹果、苹果、杏、甜樱桃、酸樱桃、桃、油桃、毒藤、蔷薇、美洲酸橙、美洲榆、榆、黄樟、葡萄和玉米等。

危害状　在美国受害最重的是草皮、牧草和高尔夫球场的草坪，幼虫喜食柔嫩的草根，也能取食坚韧的草。当每平方米有10头以上幼虫时，雨后就会在地面发现成片草皮死亡。幼虫也取食玉米、大豆等粮食作物根系，成虫喜食将熟果实和含糖量少的植物，当苹果将成熟时，成虫可大量取食。还喜食大豆和玉米的叶片及雄穗，但甜玉米雌穗对它更有吸引力，对芦笋的危害也十分严重，取食嫩叶和主茎表皮。对观赏的蔷薇花和嫩芽以及叶片均能暴食殆尽。

形态特征

成虫　体色泽漂亮，椭圆形，长11.2mm，宽8.0mm，体亮绿色，腿暗绿色，鞘翅直至腹末均为铜褐色，腹末臀板上有2撮白毛，腹侧各有5撮白毛。成虫外部形态与中国常见种四纹丽金龟（*Popillia quadriguttata* Fabricius）近似，在外部形态上，前者前胸背板刻点较后者粗而大。雌、雄区别在于前足胫节上距的形态，雌性长而钝圆，雄性锐而尖（见图）。

卵　刚产的卵乳白色，呈圆形，直径1mm，之后变成长卵形，长1.5mm，宽1mm，颜色也渐加深。

幼虫　体白色，呈“C”形弯曲，体长18～25mm，上颚极发达，黑褐色，尾节极膨大，蓝色或黑色；腹毛区具1横弧状肛裂，且具2列相向短刚毛，每列6根。幼虫3个龄期，头壳宽度分别为1.2mm、1.9mm、3.1mm。

蛹　阔纺锤形，长14mm，宽7mm，灰白色至黄褐色，

日本金龟子成虫（张帅摄）

附肢活动自如，离蛹。

生活史及习性　据在美国新泽西州观察，6月中旬成虫出土，羽化高峰在7月底。雄成虫比雌性早几天羽化。在起飞觅食前，日本金龟子常停息于植物基部近地表处。新羽化的雌成虫产生1种对雄成虫有很强吸引作用的性信息素。不久便雌、雄交尾并多次在植物上或地面上交尾达30多天，当成虫密集时，常滚成团，每团有1头雌虫，吸引多达300余头雄虫在一起滚动。尾后甚至尚未取食，就可开始产卵。产卵时，雌虫钻入土中数厘米深，用产卵器掘出一个凹陷，将卵产入其中，再将凹陷封闭，使卵周围形成一土室。雌成虫常连续将3～4粒卵产在附近，产完一批卵后，雌虫可滞留在土壤中长达4天，然后回到寄主植物上取食和交尾，再入土产卵。雌成虫一生可入土产卵十几次，单雌产卵40～60粒。卵在合适温度下经2周孵化，卵孵化后，幼虫就开始取食附近寄主植物的细根，顺着细根取食，直至吃完为止；然后水平移至另一细根继续取食。幼虫在其身体周围保留有一个小室，在土壤中移动时，用上颚挖掘，并将土向身后堆积。越冬虫态以二、三龄幼虫为主，一龄幼虫只有在大量取食、积累能量后方可越冬，2/3越冬幼虫在深度12cm以上土壤中，个别在18cm以下越冬。

成虫食性极杂，主要取食叶肉、花瓣和果实。当气温达21°C时便开始取食，超过35°C停止，取食高峰期一般为9：00～15：00，晚间阴雨天取食少或不取食，甚至一片浮云暂时遮日，成虫也纷纷寻找栖息的地方。夏季晴天、气温21°C，相对湿度低于60%时，成虫无方向性飞行，对取食植物有趋性。羽化起始时，首先在低矮植物如玫瑰、百日草和葡萄上取食，2周后转向果树或高大树木。特别喜欢取食将熟果实和含糖量少的植物。日本金龟子产卵地点的选择受取食处的远近、地表覆盖物的有无和土壤条件影响。雌成虫通常选择离取食处近、地表有草的土壤产卵。同时，土壤必须潮湿以防产出的卵脱水，土质要疏松以利挖掘。湿润的高尔夫球场落卵更多，耕地比非耕地更易落卵。

发生规律　日本金龟子的发生受土壤温湿度的影响，幼虫在土壤中有时也垂直移动。在夏季，幼虫大多集中在地表至5cm深的土层中。年末，当土温下降时，幼虫向深处移动，直至10°C时停止活动。幼虫喜欢生活在具有大面积杂草的砂质或壤质土，年均降雨不少于254mm，夏季土温17.5～27.5°C，冬季土温-9.4°C以上。少雨或无雨的干热夏季将严重影响幼虫的生存，40°C以上的高温1小时并伴以高湿度，一般会杀死幼虫、前蛹、蛹或成虫。在土壤条件不适合时，成虫会移动到比较适宜的小生境去。

日本金龟子传播媒介靠成虫飞翔和人为携带。成虫飞翔能力很强，在植物间或地块间逆风飞行2500m，在发生高峰期成群飞行迁移能力达18km以上。在美国，每年向外扩展速度为8～16km。

日本金龟子能否在一地带固定繁殖后代，除了食物因素外，土壤温湿度也非常重要。10cm土壤温度16～27.3°C时适宜卵孵化及低龄蛴螬生存及发育，二、三龄幼虫抗逆性稍强，但也不能低于10°C、高于35°C。土壤湿度必须充足才能使卵膨大孵化，低龄蛴螬体壁薄嫩，移动能力差，水分失重50%则引起死亡，但是过高的湿度反而抑制蛴螬取食。

防治方法

信息素诱杀　用昆虫信息素或引诱剂防治害虫是一种治虫新技术，它具有高效、无毒、没有污染、不伤天敌等优点。研究发现植物挥发物丙酸苯乙酯和丁子香酚（7∶3）混合物对日本金龟两性成虫有强烈引诱作用，美国农业部从20世纪70年代初期开始用丙酸苯乙酯和丁子香酚（7∶3）混合物作诱饵，对该虫的分布和虫口密度进行监测。随后Tumlinso等鉴定并合成日本金龟子性信息素（*R*,*Z*)-5-(-)-(1-癸烯基）二氢呋喃酮-2，与诱饵混用，不但诱虫量成倍增加，而且能同时诱杀雄虫和雌虫。

生物防治　已发现有许多种寄生蜂、寄生蝇寄生于日本金龟子和近似种。其中有38种寄生物引入了美国，5个主要种已经在美国定居。日本金龟子对许多病原微生物敏感，其中最著名的是乳状病原日本金龟子芽孢杆菌（*Bacilus popiliae*）。该菌专化性强，侵染幼虫并在体内进行营养生长并形成芽孢，芽孢在土壤中能长期存活，感病死亡后的幼虫又会不断增加土壤中的芽孢数量，从而达到长期控制的效果。但由于此菌不能达到根除效果，因而只能作为长期防治日本金龟子的措施。

参考文献

陈宏，1997. 美国的日本金龟子[J]. 植物检疫，11(4): 29-33, 37.

孟宪佐，闫晓华，韩艳，1999. 金龟子化学通讯与信息化学物质[J]. 生命科学，11(5): 230-234.

杨西安，1992. 日本金龟子在美国的发生与防治[J]. 植物检疫，6(1): 34-37.

章士美，赵泳祥，1996. 中国农林昆虫地理分布[M]. 北京：中国农业出版社.

（撰稿：尹姣；审稿：李克斌）

日本卷毛蚧　*Metaceronema japonica* (Maskell)

体被卷曲状蜡丝的吸食茶树枝叶汁液的蚧虫。又名日本卷毛蜡蚧、油茶绵蚧、油茶刺绵蚧、茶瘤毡蚧、茶蚁绵介壳虫。英文名curling thread scale。半翅目（Hemiptera）蚧总科（Coccoidea）蚧科（Coccidae）卷毛蚧属（*Metaceronema*）。国外分布于日本、韩国、印度和孟加拉国。中国分布于浙江、江西、湖南、贵州、四川、云南、台湾。

寄主　茶、油茶、山茶、柃木、山矾、猫儿刺、钝齿冬青、全缘冬青、小叶黄杨。

危害状　以雌成虫和若虫在叶背或小枝上刺吸汁液危害，分泌蜜露诱发煤污病，受害植株发黑，花果不生，枝枯、叶落，甚至死亡。

形态特征

成虫　雌成虫（见图）体卵圆形，长1.8～4.5mm，宽1.2～3.0mm；腹面扁平，背部隆起，被2块弹簧状白色卷曲蜡丝覆盖；触角8节；足中等大；体背中区有2列大锥状刺，腺瘤分布全体背，但背中区无。雄成虫体橙黄色，触角、足和交尾器深褐色；翅灰褐色；尾部有1对白蜡丝。

卵　椭圆形，淡黄色，堆叠在雌成虫分泌的白色蜡质卵

日本卷毛蚧雌成虫（武三安摄）

囊中，卵囊长 3.0～6.5mm。

若虫　初孵若虫淡黄色，近梨形，前端稍宽，体缘在前、后气门处缺刻陷入。腹部末端有 1 对长尾毛。二龄雌若虫背脊出现两块弹簧状卷曲蜡丝；雄若虫分泌带有白色卷曲蜡毛的蜡壳。

雄蛹　体长形，橙黄色，单眼紫褐色；触角芽后达中足基节；翅芽存在；交尾器圆锥状向后突出。

生活史及习性　1 年发生 1 代，以受精雌成虫主要在主干基部，其次在小枝、叶片上越冬。在浙江青田，翌年 3 月中旬开始活动，爬行至枝干、叶片上取食，靠近新梢的隔年生老叶上数量居多。4 月下旬，虫体开始分泌蜡丝，形成白色卵囊，并产卵其中。每雌产卵量相差很大，最少 376 粒，最多 1876 粒。卵期 30～35 天。5 月中旬若虫开始出现，6 月上旬为孵化盛期。初孵若虫活动力强，是扩散蔓延的主要虫期。一般爬行至新梢，后固定在叶片背面的叶脉两侧，插入口针，刺吸汁液。7 月中旬开始蜕皮进入二龄，雌、雄明显可分。雌性体背出现白色的蜡毛块，雄性体背分泌出长而卷曲的蜡毛。10 月上旬雄虫化蛹，预蛹期 3～6 天，蛹期 26～38 天，11 月上旬为羽化盛期。雄成虫有多次交尾现象，寿命 5～9 天。在严冬来临前，寄居在叶片上的受精雌成虫向枝干迁移、越冬。1 年中 3～4 月和 9～11 月是该蚧的取食、危害高峰，排泄蜜露多，导致煤污病大发生。

天敌有 30 余种，其中黑缘红瓢虫（*Chilocorus rubidus* Hope）、中华显盾瓢虫［*Hyperaspis sinensis*（Crotch）］、食蚧蚜小蜂（*Coccophagus* sp.）、双生座壳孢菌（*Aschersonia duplex* Berk），均具有良好的抑制能力。

防治方法

营林措施　及时清除树干基部的萌芽枝、冠下枝，消灭越冬场所。

生物防治　人工助迁放养黑缘红瓢虫；林间喷施座壳孢菌液。

化学防治　若虫发生期利用乐果等内吸性药剂对树干基部涂干施药。

参考文献

孙德友，1985. 油茶刺绵蚧种群发生规律及数量变化 [J]. 浙江林业科技，7(2): 26-29.

孙德友，1989. 日本卷毛蜡蚧的发生预测和防治探讨 [J]. 浙江林学院学报，6 (1): 50-56.

赵仁友，沈毓玲，吴庆禄，等，1989. 日本卷毛蚧生物学特性与防治研究 [J]. 浙江林业科技，9 (6): 50-52.

（撰稿：武三安；审稿：张志勇）

日本链壶蚧　*Asterococcus muratae* (Kuwana)

一种起源东亚、蜡壳外形似藤壶的蚧虫。又名藤壶镣蚧、藤壶链蚧、日本壶链蚧。英文名 Japanese ornate pit scale。半翅目（Hemiptera）蚧总科（Coccoidea）壶蚧科（Cerococcidae）链壶蚧属（*Asterococcus*）。国外分布于日本、格鲁吉亚和俄罗斯。中国分布于上海、福建、浙江、江苏、江西、湖南、湖北、四川、贵州、西藏、陕西等地。

寄主　珊瑚、广玉兰、白玉兰、重阳木、二球悬铃木、海棠、香樟、厚朴、天竺桂、冬青、枇杷、柑橘、榕树、蔷薇、梨、山茶、月季、栀子、阴香等 17 科 40 余种植物。

危害状　雌成虫和若虫聚集在枝干上吸食汁液危害，造成树势减退，不能开花。诱发的煤污病使树冠发黑，影响花木的观赏价值。

形态特征

成虫　雌成虫蜡壳（见图）藤壶形，约 3～5mm 长，2～4mm 高，红褐色，横向有 8～9 圈螺旋状环纹，纵向有 6 条放射状白蜡带，从壶顶发生直至壶底，壶嘴短小，壳顶有 1 红褐色若虫蜕皮壳。雌虫体倒梨形，末端尖，长 2～4mm，黄褐色，膜质，背面突起略呈半球形，腹面平坦；触角 1 节，瘤突状，足全缺；胸气门 2 对发达；腹部末端有 1 对发达的圆锥状尾瓣。雄介壳长条形，长 1.25mm，宽 0.27mm。

卵　长椭圆形，长约 0.5mm，初产橙黄色，后渐变为灰色。

若虫　一龄若虫长椭圆形，长约 0.6mm，宽 0.3mm，初孵时黄褐色，后渐变为红褐色；触角和足发达；单眼明显；腹部末端具有长而大的尾瓣 1 对和长刚毛 1 对。二龄若虫长卵形，长 1.23mm，宽 0.66mm。触角变短，足消失，口器发达；体背分泌许多白蜡丝。

雄蛹　长梭形，末端较尖，具翅芽，杏黄色。

生活史及习性　1 年发生 1 代，以受精雌成虫在被害枝

日本链壶蚧雌成虫蜡壳（武三安摄）

条上越冬。在陕西西安，翌年4月初越冬雌成虫开始产卵，4月中旬为产卵盛期。卵产于雌蜡壳下，每雌平均产卵415粒。卵期约40天，5月中旬开始孵化。初孵若虫从母蜡壳壶嘴处爬出后，多固定在1～2年生枝条和新生的芽、叶柄和叶片上。1周后体背侧开始分泌白色蜡丝，15天左右覆盖整个虫体。一龄历期约18天，二龄历期约25天。经过两次蜕皮后，雌雄分化，雌雄比为1.0∶2.4。雄蚧于6月下旬化蛹，7月上旬羽化为雄成虫。雌蚧于6月底7月初蜕皮变为雌成虫。雌雄交配后，雄虫死去，雌虫则继续吸食汁液，身体不断长大，介壳也不断硬化，直至越冬。

捕食性天敌有龟纹瓢虫［*Propylea japonica*（Thunberg）］、红环瓢虫（*Rodolia limbata* Motschulsky）、异色瓢虫［*Harmonia axyridis*（Pallas）］和大草蛉［*Chrysopa pallens*（Rambur）］等。寄生性天敌有蜡蚧啮小蜂（*Tetrastichus ceroplasteae*）、柯氏花翅跳小蜂（*Microterys clauseni*）、后缘花翅跳小蜂（*M. postmarginis*）和赵氏花翅跳小蜂（*M. zhaoi*）等。

防治方法

园艺防治　越冬期剪除虫枝或刮除枝上蚧虫，以减少越冬虫源。加强养护管理，增强花木的抵御能力。

化学防治　于初孵若虫扩散期喷洒40%速扑杀乳油每50ml兑水50～75kg液，或20%速克灭乳油每50ml兑水50kg液。在若虫发生盛期，以吡虫啉可湿性粉剂40～60g/株进行根部施药，或采用氧化乐果在树干直接涂药。

参考文献

李枷霖，毛安元，蔡平，2013. 日本壶链蚧发生及防治技术进展[J]. 安徽农业科学，41 (4): 1521-1523, 1525.

李枷霖，梅晓东，谢亚可心，等，2014. 日本壶链蚧野外化学防治试验研究[J]. 江苏农业科学，42 (5): 120-122.

李枷霖，秦帆，谢亚可心，等，2015. 苏州地区日本壶链蚧寄主种类及危害程度研究[J]. 上海农业学报，31 (2): 150-152.

惠兴茂，薛小娟，刘丽娟，等，2011. 日本壶链蚧的发生及综合防治[J]. 现代园艺 (22): 43-44.

（撰稿：武三安；审稿：张志勇）

日本双棘长蠹　*Sinoxylon japonicum* Lesne

一种以成虫和幼虫危害树木的钻蛀性害虫。严重危害槐树、刺槐、栾树等树木。又名二齿茎长蠹、双齿长蠹。鞘翅目（Coleoptera）长蠹科（Bostrichidae）双棘长蠹属（*Sinoxylon*）。国外分布于日本和印度。中国分布于北京、河北、天津、云南、江苏、山东、福建、广东、广西、陕西、宁夏等地。

寄主　槐树、刺槐、栾树、葡萄、板栗、侧柏、柿树、合欢、白蜡、海棠、鸡血藤、云南樟等。

危害状　该虫以成虫和幼虫危害树苗主干和大树枝条，一般危害直径3cm以下枝条。早春时，多以成虫从被害枝的侧芽周围钻进枝条内，紧贴韧皮部蛀食木质部一周，形成横切枝条的圆环形坑道。枝条外可清晰看到圆形侵入孔。初孵幼虫沿枝条纵向蛀食初生木质部，随着虫龄的增大逐渐蛀食心材。成虫转移危害时，蛀入枝干后紧贴韧皮部环蛀一周形成环形坑道，并在其中越冬。环形坑道破坏输导组织，切断了枝条的水分、养分输导（图1）。

形态特征

成虫　体长4.2～6.3mm，黑褐色。触角棕褐色，10节，末端3节单栉齿状。上颚发达，粗而短。头顶有分散的小颗

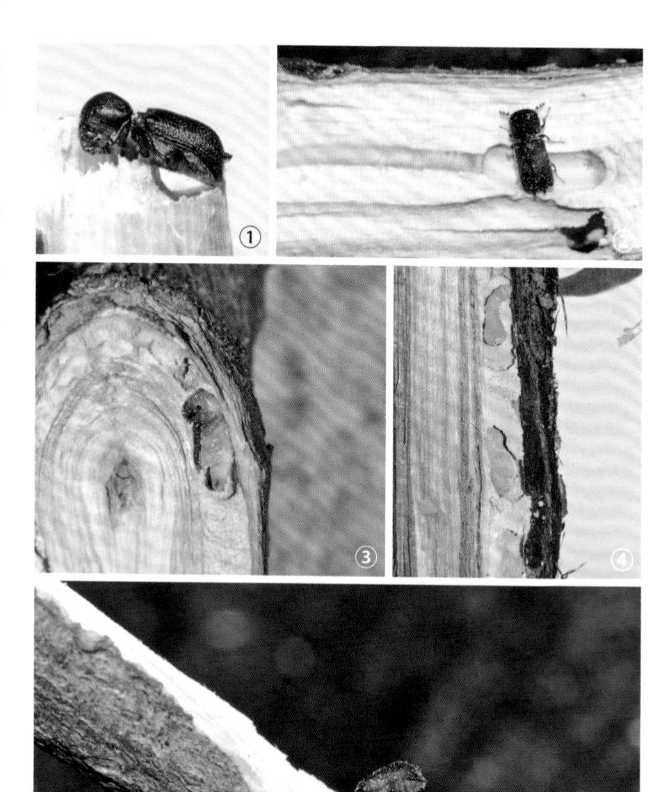

图1　日本双棘长蠹成虫及危害状（任利利提供）

①成虫；②成虫及坑道、蛹室及危害状；③蛹及危害状；④幼虫危害状；⑤初羽化成虫及羽化孔

图 2 日本双棘长蠹幼虫（任利利提供）

粒，无单眼，前额上方中央有一半圆形黄色斑，边缘具黄色刚毛。前胸背板发达，帽状，覆盖头部，前半部有齿状突起，两侧各具 4 个较大并略向后弯的齿状钩。鞘翅密布细刻点，后端急剧向下倾斜，两个鞘翅斜面上各具一刺状突起。足棕红色，前足基节突出，胫节及跗节均有黄色长毛。中、后胸及腹面均密布黄白色细毛，腹部可见 5 节（图 1⑤）。

幼虫　乳白色，头部黄褐色，体弯曲，胸部发达，胸部后端较粗且弯向腹面。老熟幼虫体长约 4mm，蛴螬型，足 3 对（图 2）。

生活史及习性　该虫在北京 1 年 1 代，以成虫在枝干中越冬。越冬成虫在 3 月底到枝干表面活动，成虫可多次交尾。幼虫 6 月上旬开始化蛹，7 月上旬第一代成虫羽化出孔，7 月下旬出孔结束，成虫多转至半干枯枝上取食危害，少量在死枝上危害。10 月上旬成虫转移到 1～5 年生枝条蛀孔危害，并在蛀孔内越冬。

防治方法

营林措施　及时清理枯枝和有虫枝条。

化学防治　在越冬代成虫危害期之前和第一代成虫羽化期用高效氯氰菊酯乳油或绿色威雷进行枝干喷雾防治。

诱集防治　利用愈创木酚进行林间诱集防治。

参考文献

安聪敏，戴秀云，陈汝新，1990. 日本双棘长蠹的生物学及其防治研究初报 [J]. 植物保护，16(4): 27-28.

曹诚一，1981. 双齿长蠹——中国新记录 [J]. 昆虫分类学报 (2): 118.

顾军，2010. 5 种药剂对葡萄园日本双棘长蠹田间控制效果比较试验 [J]. 中国果树 (2): 32-34.

王建华，秦勤，汪敏捷，等，2013. 日本双棘长蠹成虫对 8 种植物挥发物的 EAG 和行为反应 [J]. 天津师范大学学报（自然版），33(3): 75-78.

杨丽丽，刘薇薇，张辉元，等，2014. 发生在葡萄上的蠹虫种类及成虫分类检索表 [J]. 植物保护，40(1): 110-113.

赵化奇，贺春玲，2000. 日本双棘长蠹的新寄主及其生活习性 [J]. 应用昆虫学报，37(5): 293-294.

朱耿平，刘晨，李敏，等，2014. 基于 Maxent 和 GARP 模型的日本双棘长蠹在中国的潜在地理分布分析 [J]. 昆虫学报，57(5): 581-586.

（撰稿：任利利；审稿：骆有庆）

日本松干蚧　*Matsucoccus matsumurae* (Kuwana)

一种危险性的检疫害虫，严重危害松科植物。又名黑松松干蚧。英文名 Japanese pine bast scale。半翅目（Hemiptera）松蚧科（Matsucoccidae）松干蚧属（*Matsucoccus*）。国外分布于日本、韩国、美国、瑞典。中国分布在吉林、辽宁、河北、山东、安徽、江苏、浙江、上海等地。

寄主　赤松、油松、马尾松、黑松、黄山松、美人松、琉球松、脂松等。

危害状　主要以二龄若虫寄生在 3～4 年生枝条的轮枝处及 10 年生以下主干阴暗面的树皮缝隙处刺吸树液危害，造成树干向阴面倾斜弯曲或枝条软化下垂，树皮翘裂，针叶枯黄，芽梢萎蔫，进而整株衰亡。一般以 10～15 年生树木受害最重。

形态特征

成虫　雌成虫（图 1）体卵圆形，腹末肥大，体长 2.5～3.3mm，橙褐色；体壁柔软，虫体分节不明显；触角 9 节，基部 2 节粗大，其余各节呈念珠状，其上生有鳞纹；口器退化；足 3 对，转节三角形，胫节弯曲，生有鳞纹；腹部 2～7 节背面有圆形疤排成横列；腹末有 1“Λ”形臀裂。雄成虫（图 2）体长 1.3～1.5mm，翅展 3.5～3.9mm；头胸部黑褐色，腹部淡褐色；复眼大而突出，紫褐色；触角丝状，10 节；前翅发达，膜质半透明，翅面上有明显的羽状纹；腹部第七节背面有 1 马蹄形的硬化片，其上排列 12～18 个腺管，分泌白色长蜡丝。

卵　椭圆形，长约 0.24mm，初产时橙黄，后变为暗黄色，包被于白絮状卵囊中。

若虫　初孵若虫长 0.26～0.34mm，长椭圆形，橙黄色；触角 6 节；单眼 1 对，紫黑色；胸足发达；腹末具长短尾毛各 1 对。一龄寄生若虫梨形或心脏形，虫体背面有成对白色蜡条。二龄若虫触角和足退化，因而称作无肢若虫（图 3）；口器特发达，虫体周围有长的白蜡丝，末端有一龄若虫的蜕皮存在。雌雄分化明显，无肢雌虫体较大，圆珠形或扁圆形，橙褐色；无肢雄虫体较小，椭圆形，黑褐色。三龄雄若虫体长约 1.5mm，橙褐色，口器退化，触角和足发达。外形与雌成虫相似，但腹部较窄，无背疤，末端无“Λ”形臀裂。

雄蛹　雄预蛹与雄若虫相似，唯胸部背面隆起，形成翅芽。蛹为裸蛹，长 1.4～1.5mm，褐色。外被椭圆形白色蜡茧。

生活史及习性　1 年发生 2 代，以一龄寄生若虫在树皮缝隙、翘裂皮下越冬、越夏。发生期因南北方气候不同而有差异。越冬代一龄若虫出蛰、成虫期南方比北方早 1 个多月，第一代一龄寄生若虫越夏时间也较长，第一代成虫期南方比

图 1 日本松干蚧雌成虫（武三安摄）

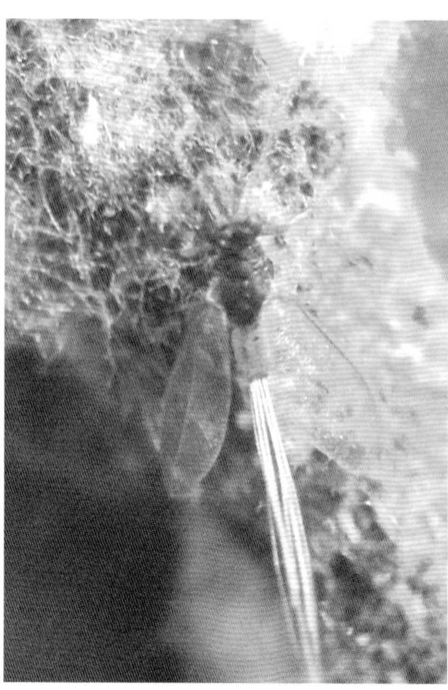
图 2 日本松干蚧雄成虫（武三安摄）

图 3 日本松干蚧无肢若虫（武三安摄）

北方晚 1 个多月，第二代一龄寄生若虫进入越冬期南方比北方也晚约 1 个半月。在山东青岛，越冬代寄生若虫于翌年 3 月开始取食，4 月下旬至 6 月上旬出现茧蛹，5 月上旬至 6 月中旬发生成虫；5 月下旬至 6 月下旬第一代若虫寄生，7 月中旬至 10 月中旬出现第一代成虫；第二代若虫寄生后于 12 月上旬越冬。若虫孵化后沿树干向上爬行，扩散于树皮缝隙、翘裂皮下和叶腋处，插入口针开始固定寄生。寄生后的一龄若虫头、胸愈合增宽，背部隆起，体型由长椭圆形变为梨形或心脏形。一龄寄生若虫蜕皮后，触角和足等附肢全部消失，成为无肢若虫。此时，雌雄已分化。无肢雌虫再次蜕皮后进入成虫期，交配后喜沿树干向下爬行，于枝丫下、粗皮裂缝及球果鳞片等隐蔽处，分泌白色蜡丝包被虫体形成卵囊，产卵于其中。单雌平均产卵 223～268 粒，最多者可达 499～621 粒。卵期 15 天左右。无肢雄虫蜕皮后变成具附肢的三龄雄若虫，沿树干爬行寻找皮缝、球果鳞片、树干根际及地面杂草、石块等隐蔽处，分泌蜡质絮状物结茧化蛹。蛹期 6～14 天。雄成虫羽化后寻找雌成虫，并与之交尾，然后死去。一龄若虫虫体很小，且又在枝皮缝中寄生，不易发现，称为“隐蔽期”。二龄以后虫体迅速增大，且由气门分泌蜡粉组成的长蜡丝显露于皮缝外，易被发现，称作“显露期”。若虫多寄生在 3～4 年生枝条，阴面较多。

捕食性天敌有 14 科 59 种，其中以异色瓢虫、蒙古光瓢虫、隐斑瓢虫、松干蚧花蝽、松蚧益蛉、大赤螨等为主，捕食作用较大。

防治方法

加强检疫　严禁从疫区调运苗木，一经发现应立即进行消毒处理，防止远距离传播。可用熏蒸剂防治。

营林措施　引进抗虫树种，营造混交林，及时修枝和清除有虫枝干，创造不适于松干蚧繁殖的生态条件。

生物防治　可于若虫发生期，采集蒙古光瓢虫、异色瓢虫等天敌，进行人工助迁释放。

化学防治　显露期可应用杀螟松乳油或高渗苯氧威乳油进行干枝喷雾，或采用氧化乐果乳油在树干基部实施打孔注药或涂抹。

参考文献

高峻崇，山广茂，任力伟，等，2003. 日本松干蚧防治技术综述 [J]. 吉林林业科技，32 (2): 16-19.

刘卫敏，谢映平，薛皎亮，等，2015. 日本松干蚧（同翅目：松干蚧科）发育过程中的形态、习性及天敌 [J]. 林业科学，51 (7): 69-83.

BOOTH J M, GULLAN P J, 2006. Synonymy of three pestiferous *Matsucoccus* scale insects (Hemiptera: Coccoidea: Matsucoccidae) based on morphological and molecular evidence[J]. Proceedings of the Entomological Society of Washington, 108 (4): 749-760.

（撰稿：武三安；审稿：张志勇）

日本竹长蠹　*Dinoderus japonicus* Lesne

一种重要的竹材蛀虫，危害当年采伐的竹材。又名日本长蠹或日本竹蠹。鞘翅目（Coleoptera）长蠹科（Bostrichidae）竹长蠹属（*Dinoderus*）。国外分布于日本、澳大利亚、印度等热带、亚热带和温带地区产竹国家。中国分布于江西、湖南、河南、江苏、浙江、广东、广西、福建、四川、云南、贵州、香港、台湾等地。

寄主　刚竹、毛竹和苦竹的竹材及竹制品等，也可危害中药材、玉米、木材等。

危害状　成虫和幼虫均能为害，一般危害当年采伐的竹材，隔年砍伐的陈竹不危害。刚被成虫蛀食的竹材表面可见 1.5mm 的蛀孔，有竹粉从蛀孔排出。待成虫产卵，幼虫孵化后，新一代幼虫排出物排在隧道内，竹材表面不再出现竹粉。危害严重的，一年后竹材及竹制品被蛀空成为粉末。

形态特征

成虫　体黑褐色，密布小刻点及棕黄色刚毛。有时翅基部有红色斑，须、触角及跗节褐色或红黄色。长4.0～4.5mm，宽1.5～1.8mm。头部黑褐色，隐于前胸背板之下。触角11节，中间六节较细，形似串珠，末三节向内侧膨大。前胸背板向前突出，近基部无凹窝，靠近前缘边缘部分有1排较大的钝状齿钩，其后有3排较小的齿钩。鞘翅黑褐色，长为前胸背板的2倍，覆盖腹部两侧和末端，第二中脉M_2伸达翅的外缘，第一臀脉A_1和第二臀脉A_2的端部相距较远。足黑褐色，跗节5节，第一跗节长于第二、三或四节，第五节最长。雄虫外生殖器较瘦长，两侧叶端部向内弯曲，膨大呈球拍状（见图）。

幼虫　体粗壮，有3对胸足，无腹足。一龄幼虫体呈棍棒形，长1.8mm左右，头部较大，腹部较长而不弯曲，乳白色。二龄以后变为蛴螬型；老熟幼虫体长4.0～4.5mm，乳白色，头、胸部黄褐色，头部着生1对坚硬的上颚，胸部较大，腹部向腹面弯曲。

生活史及习性　在长江以南大部分地区1年发生1代，少数为不完整的2代。主要以成虫和少数幼虫在被蛀竹材隧道内越冬，少数发生第二代的以幼虫在被蛀竹材隧道内越冬。产卵期持续时间长达60天，5月上旬可见卵；5月中旬可见孵化的幼虫，幼虫历期100天左右；7月上旬幼虫开始进入前蛹期和蛹期，前蛹期3～5天，蛹历期50多天。成虫羽化最早于7月上旬开始，8月下旬羽化终了。早期羽化的少数成虫，仍可交配产卵，并孵化为幼虫，以幼虫越冬；大量成虫羽化后进入越冬，成虫历期长达200天左右。

翌年4月中旬，当气温升高到21°C以上时，越冬成虫开始离开上年被蛀的陈竹材。成虫具有避光性，可做1m内短距离飞行，转到新砍伐的竹材主干为害。一般在砍去枝条的伤痕处或节间蛀直径约1.5mm蛀孔，成虫蛀入后，先蛀一斜形虫道，然后在竹黄部位蛀一较大的椭圆形空室及与空室相通的环形隧道，其排出物从蛀孔口撒出。大多数每1蛀孔内有2只成虫，雌雄各一，成虫在空室内进行交尾，一生可交尾数次，卵单个散产，产在环形隧道壁内，距边缘1mm，每雌产卵量32～142粒。幼虫孵化后，顺着竹黄部分向前蛀食，将其排出物（竹粉）排在隧道内，老熟幼虫逐渐向靠近竹青的表皮处蛀食，然后蛀1椭圆形蛹室化蛹，成虫羽化后，咬破竹青表皮钻出。

防治方法

热水处理　将受害的竹材或竹制品放入热风型干燥窑或温水蒸煮，竹材中心温度达50°C以上，持续10分钟即可有效杀灭。

日本竹长蠹成虫（舒金平提供）

熏蒸防治　采用保安谷等熏蒸剂进行常规熏蒸。

清理虫源　彻底消毒仓库后进仓，冬季清理被蛀虫源竹，把害虫消灭在越冬阶段。

参考文献

陈志粦，向才玉，余道坚，等，2009. 进口竹藤中竹长蠹五近似种的鉴别（鞘翅目：长蠹科）[J]. 昆虫分类学报，31(2): 115-120.

张丽峰，陈熙雯，朱志民，等，1979. 日本竹长蠹的生物学及其防治 [J]. 昆虫学报，22(2): 127-132.

中国林业科学研究院，1983. 中国森林昆虫 [M]. 北京：中国林业出版社：237-239.

朱其才，1985. 竹蠹和日本竹蠹的鉴别 [J]. 粮食储藏 (4): 17-18.

（撰稿：王玲萍；审稿：舒金平）

绒星天蛾　*Dolbina tancrei* Staudinger

一种以幼虫危害木樨科植物叶片的食叶害虫。鳞翅目（Lepidoptera）天蛾科（Sphingidae）面形天蛾亚科（Acherontiinae）星天蛾属（*Dolbina*）。国外分布于朝鲜、日本、印度。中国分布于河北、河南、黑龙江、山东、陕西、四川、西藏等地。

寄主　水蜡、女贞等木樨科树种。

危害状　初龄幼虫沿叶缘食成缺刻，三龄后食量增大，可食尽全叶。

形态特征

成虫　体长26～34mm，翅展50～82mm。体翅灰黄色，有白色鳞毛混杂，肩板有两条中部向内的弧形黑线；腹部背线由一列较大的黑点组成，尾端黑点成斑，两侧有向背线倾斜的黑条纹；胸、腹部的腹面黄白色，中央有几个比较大的黑点。前翅灰褐色，中室端部有1个白色斑点，斑外有黑色晕环，内、外横线各由3条锯齿状褐色横纹组成，翅基也有褐色带纹，亚外缘线白色，外缘有褐斑列，顶角处褐斑最大，后翅棕褐色（图1）。

幼虫　老熟幼虫体长64～70mm。头翠绿色，近三角形，两侧有白色边。胸部深绿色，各节背面有两横排白色微刺，腹部各节有斜向尾角的白色条纹，尾角黄绿向后方直立，腹部腹面深绿色。胸足赭色，外侧有小红斑，腹足深绿色（图4）。

生活史及习性　在四川1年发生4代，以蛹（图3）在土中越冬。翌年4月上、中旬羽化为成虫。第一代成虫出现于6月上、中旬；第二代成虫出现于7月下旬和8月上旬；第三代成虫出现在9月上、中旬。有世代重叠现象，从7～9月分别可见到不同世代或同一世代的卵（图2）、幼虫、蛹和成虫等各虫态。卵期一般为6天，幼虫期20～30天，蛹期12～15天，越冬代蛹期长达160余天。成虫羽化、交尾、产卵多于夜间进行，有趋光性。单雌产卵量100～300余粒，卵多散产于叶背面。幼虫共5龄，幼虫孵化后有吃卵壳以及蜕皮后吃蜕的习性。

防治方法

农业防治　利用幼虫受惊易掉落的习性，在幼虫发生期

图 1 绒星天蛾成虫（陈辉、袁向群、魏琮提供）

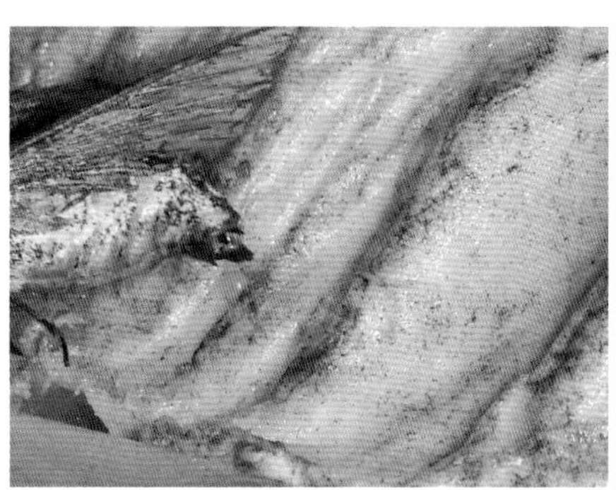

图 2 绒星天蛾卵（魏琮提供）

图 3 绒星天蛾蛹（魏琮提供）

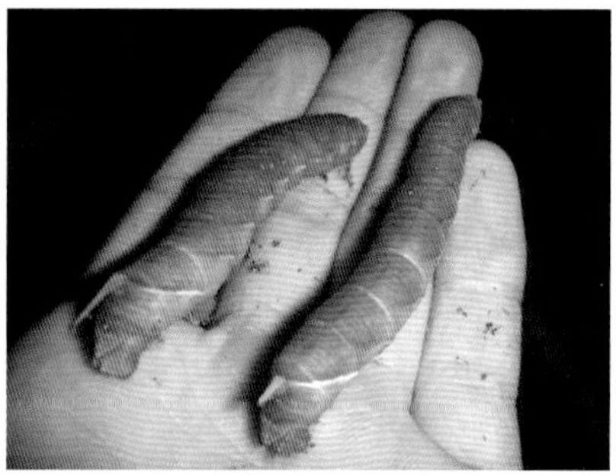

图 4 绒星天蛾幼虫（魏琮提供）

将其击落，或根据地面粪粒捕捉树上的幼虫；在树木周围耙土、除草或翻地，消灭虫蛹。

物理防治 用黑光灯诱杀成虫。

生物防治 保护利用天敌，如广斧螳螂、绒茧蜂等；利用昆虫病原微生物防治。

化学防治 可喷施溴氰菊酯乳油、苏云金杆菌等防治三、四龄前幼虫。

参考文献

吴次彬, 1982. 星绒天蛾生物学特性的研究 [J]. 四川大学学报 (1): 89-98.

萧刚柔, 1992. 中国森林昆虫 [M]. 2 版. 北京: 中国林业出版社: 1006.

张立, 1995. 北京地区天蛾的种类、寄主植物及防治 [J]. 北京师范大学学报: 自然科学版, 31(4): 509-512.

中国科学院动物研究所, 1983. 中国蛾类图鉴Ⅳ [M]. 北京: 科学出版社: 392.

朱弘复, 1973. 蛾类图册 [M]. 北京: 科学出版社: 137.

朱弘复, 王林瑶, 1997. 中国动物志: 昆虫纲 第十一卷 鳞翅目 天蛾科 [M]. 北京: 科学出版社: 52, 216.

朱弘复, 王林瑶, 方承莱, 1979. 蛾类幼虫图册(一)[M]. 北京: 科学出版社: 72.

（撰稿：魏琮；审稿：陈辉）

肉桂突细蛾 *Gibbovalva quadrifasciata* (Staintion)

一种危害樟树、肉桂、天竺桂等樟科植物叶的害虫。鳞翅目（Lepidoptera）细蛾科（Gracillariidae）细蛾亚科（Gracillariinae）突细蛾属（*Gibbovalva*）。国外分布于澳大利亚、印度、印度尼西亚、日本、缅甸和斯里兰卡。中国分布于广东、海南、云南、台湾、香港等地。

寄主 樟、天竺桂、鳄梨、肉桂、越南清化桂、红润楠、披针叶楠、木姜子属等植物。

危害状 仅危害当年生新叶，以初孵幼虫潜入叶面表皮，啃食叶肉，形成黄褐色虫道，随着虫龄的增加，被害虫道逐渐扩大成虫斑，1个叶片通常有3～5个虫斑，多者可达6～8个，并能相互连通，虫斑面积可占叶面的1/2以上，严重影响肉桂的生长和结实。

形态特征

成虫 前翅长2.5～3.5mm。头部白色，头顶后缘赭黄色，颜面深褐色。下唇须灰白色，第二节基部、端部和第三节中部有褐色环。触角鞭节基部6～7节白色，其余各节褐色；柄节白色，略带赭黄色，鳞片簇赭黄色或基部黑色，末端白色。胸部、翅基片灰褐色至褐色，翅基片末端白色。前翅深棕色，有4条近等距离平行排列的雪白色横带，各横带内有大而清晰的褐色斑点；第三条横带中部间断；第三和第四横带之间前缘有1枚外斜至翅宽2/3处的雪白色条形斑，后缘有1个小白点；缘毛黑褐色。后翅及缘毛黑褐色。前足基节白色，近基部和端部黑褐色，腿节和胫节黑褐色，胫节背面基半部灰白色；中足和后足白色；中足腿节腹面中部和末端黑褐色，胫节中部和近末端各有1个白环，前一条较宽；后足腿节基部、中部和胫节基部、中部和端部黑褐色；所有跗节白色，有黑褐色环。

幼虫 初孵幼虫体扁，乳白色，上颚黄色发达，体色随虫龄的增加而变深。老熟幼虫体长5.0～6.5mm，宽0.7～1.1mm，胸足3对，腹足3对，位于3～5腹节，臀足1对。

生活史及习性 在福建华安1年发生8代，世代重叠。以蛹于12月中下旬在地表落叶、杂草和树皮缝中结茧越冬。翌年2月底、3月初羽化后上树交配产卵。卵散产于当年生初展的嫩叶表面，幼虫孵化后立即潜入叶表皮下取食叶肉。3月上中旬为成虫羽化盛期。

成虫羽化时将蛹壳留在茧的孔口，成虫全天可羽化，但以夜间20：00～24：00数量最多。刚羽化时触角不断颤动，对光照反应敏感。成虫羽化3小时后可飞翔，但更喜跳跃。无补充营养习性，1天后开始交配产卵，2～4天后死亡。卵散产于当年嫩叶叶面的表皮下，每叶产2～4粒，多则达6粒。幼虫孵化后立即潜入叶片组织啃食叶肉，仅留表皮和叶脉，随着虫龄的增大，被害叶虫斑由线状扩大成块状，每叶常具2～4个虫斑，后期虫斑可相互连成一个大块斑。老熟幼虫咬破叶面表皮虫斑爬出，吐丝下垂至地表枯叶等处结茧化蛹。茧初为白色，后渐变黄。室内饲养幼虫多将茧结于培养皿边缘角落，室外多将茧结于肉桂落叶或杂草叶秆分叉部，在湿地松树基干裂树皮缝内亦发现有茧蛹。通常卵期3～5天，幼虫期18～38天，蛹期3～12天，越冬蛹33～45天，成虫期2～4天。

防治方法

化学防治 用氧化乐果乳油、杀灭菊酯乳油、敌敌畏乳油喷雾或树干注射。

参考文献

张斌，黄金水，陈如英，等. 2000. 肉桂突细蛾生物学特性及防治技术[J]. 森林病虫通讯(3): 2-5.

KUMATA T, KUROKO H, 1988. Japanese species of the *Acrocercops*-group (Lepidoptera: Gracillariidae) part II[J]. Insecta Matsumurana, New Series, 40: 77-81.

（撰稿：白海艳；审稿：张帆）

蠕须盾蚧 *Kuwanaspis vermiformis* (Takahashi)

一种寄生于竹类植物的介壳虫。又名毛竹介壳虫。半翅目（Hemiptera）盾蚧科（Diaspididae）竹盾介壳虫属（*Kuwanaspis*）。国外分布暂不明确。中国分布于福建、台湾等地。

寄主 毛竹、凤尾竹、箣竹、麻竹、绿竹等。

危害状 危害毛竹的蠕须盾蚧是若虫和雌成虫，主要危害竹秆，少量亦危害枝条。多密集于竹秆第三节至十二节上，为害严重的竹秆表面布满排列整齐的虫体，虫体背部分泌灰白色的蜡质介壳，使受害竹秆被有粉状蜡物，后逐渐变成黑褐色污垢；严重的受害率可达70%～90%，受害竹林叶片变黄，逐渐脱落，甚至整株或成片枯死，受害竹秆竹腔积水，材质变脆，翌年不发笋或少发笋，严重影响竹林生长（见图）。

形态特征

成虫 雌成虫体狭而长，线状，两侧平行，长约11㎜，

蠕须盾蚧危害状（刘巧云提供）

宽约0.2mm，橘黄色，触角互相接近，各有1长毛和1短毛，长的略弯曲；最后3个臀前腹节分节明显，侧缘不突出，边缘有腺管和刺状腺瘤；肛门大，半圆形，位于接近臀叶基部；雌介壳狭长，两侧平行，线状，通常弯曲，背面隆起，无脊线；第一蜕皮部分伸出在第二蜕皮的前端，第二蜕皮几乎为整个介壳长度的一半，狭长，略弯曲，均为淡黄褐色。雄成虫体淡黄褐色，长约0.31mm，翅1对，透明，翅脉1条分2叉，翅展约1.47mm；触角10节，柄节短，其余各节较细长，节上着生刚毛，末节刚毛丛生；单眼4个，背单眼和侧单眼各2个，褐黑色；交配器针形，橘黄色；雄介壳狭长，两侧平行，蜕皮位于前端，淡黄褐色，分泌物松脆，蜡质状，背面有3条脊线，白色。

若虫 一龄若虫体长椭圆形，长0.24～0.30mm，宽0.12～0.15mm，扁平，背部隆起，橘黄色，触角6节，末节长而尖，头部前端有2根刚毛在触角内侧，1对侧单眼，位于触角的侧下方，口器无力。前体段与后体段愈合，中间无明显的缝，腹部分节；足3对，发达；肛毛2根，长而细。二龄若虫体型和体色似成虫，头胸部较短，发育到后阶段雌二龄若虫足完全消失，触角退化只留遗迹，腹末出现臀板，外形似雌成虫。雄二龄若虫常比雌虫狭，臀板边缘的附属物较雌性更加退化。

生活史及习性 在福建尤溪、南平、建瓯等地1年发生2代，以大量的雌成虫和少量的卵在雌介壳下越冬。翌年3月上旬越冬雌成虫开始孕卵，孕卵期约20天，4月中旬开始产卵，5月中旬为产卵盛期。以卵越冬的，4月下旬至5月下旬为卵孵化盛期，5～6月为害最为剧烈。第二代雌成虫7月中旬孕卵，孕卵期约30天，8月中旬开始产卵，9月上旬为产卵盛期，10月下旬进入成虫期，11月下旬交尾，部分产卵进入越冬阶段。第一代卵期4～5天，第二代卵期3～4天。第一代一龄若虫生长发育15天左右蜕皮进入第二龄，第二代一龄若虫生长发育20天左右蜕皮进入二龄。雄成虫羽化高峰在9月下旬。世代重叠严重。

初孵若虫大部分向上爬行4～15cm，寻找适合的场所，将口针刺入竹秆吸食汁液，并开始分泌蜡质，绝大多数虫体头部朝上，排列整齐。若虫蜕皮时先将腹面皮胀破，而背面的皮组成介壳的一部分，随着吮吸的进行，虫体不断生长发育，介壳越来越长。雄成虫羽化后即行交尾，雌若虫经蜕皮2次到三龄进入成虫阶段，多数经交尾后产卵于介壳下。

防治方法

化学防治 应用氧化乐果等内吸性杀虫剂竹腔注射或涂秆。

营林措施 砍去受害严重的竹秆，减少虫源。

参考文献

林毓银，1990. 毛竹蚧虫：蠕须盾蚧的观察研究 [J]. 竹子研究汇刊，9(2): 72-77.

庄孟能，吴兴德，1993. 蠕须盾蚧对毛竹林的危害及防治 [J]. 西南林学院学报，13(4): 280-284.

（撰稿：梁光红；审稿：张飞萍）

锐剑纹夜蛾 *Acronicta aceris* (Linnaeus)

以幼虫危害林木、果树的鳞翅目食叶害虫。鳞翅目（Lepidoptera）夜蛾科（Noctuidae）剑纹夜蛾亚科（Acronictinae）剑纹夜蛾属（*Acronicta*）。国外分布于西亚、俄罗斯远东地区以及欧洲。中国分布于内蒙古、宁夏、甘肃、新疆。

寄主 悬铃木、栎属植物、旱柳、小叶杨、白蜡、榆、苹果等。

危害状 初龄幼虫啃食叶肉，二龄开始由叶缘取食，造成缺刻，三龄前期不吃侧脉，后期可吃侧脉顶端，四龄、五龄取食量不断增大，被食叶片仅留主脉和侧脉基部，形似枯枝，不少树木叶片全被吃光，仅剩枝条，有的还啃食树皮。后期若食物缺乏还蔓延到果园、菜园等处。

形态特征

成虫 翅展45mm左右。头部青灰色。触角褐色。胸部青灰色，散布灰白色。腹部青灰色，背部多淡灰棕色长鳞毛。前翅灰色，散布灰白色和棕色；基线黑色，仅在前缘可见；基纵线黑色，基部二分叉，端部三分叉，伸达中室近半；内横线在前缘黑色短粗，其外淡棕色双线，后缘区黑色明显；中横线仅在前缘黑色可见；外横线淡黑色至烟棕色，由前缘外斜至中室后端，再内折至后缘，在后缘呈黑色；亚缘线锯齿状双线，双线间灰白色明显，内侧线色似同外横线，外侧线黑色；外缘线呈黑色点斑列；环状纹黑色圆环；肾状纹半圆形，具黑色边框；臀角纹黑色细线。后翅底色乳白色；翅脉可见，外半部褐色渐深；新月纹隐约可见（见图）。

卵 直径为1.4～1.7mm，初产为米黄色，以后颜色渐加深为紫黑色，上面布满许多不规则的紫色隆脊和小点。

幼虫 初龄为灰黄色，老熟后体长44.38～49.76mm。头部黑色，上唇及唇基黑褐色，旁额片黄白色，冠缝黑色，背线由中央为白条的三角形黑斑组成，正背线至腹线均为黄色。气门椭圆形黑色，各体节的毛片上着生黄白色至棕黄色长毛。胸足黑色，腹足浅黑色，趾钩为单序环。

蛹 赤褐色，稍向腹面弯曲，蛹长15～18.8mm，翅芽达腹部第五节末，腹部末端有臀棘3～8根，化蛹前结成椭圆形淡褐色茧。

生活史及习性 1年发生1代。羽化期为5月中旬到7

锐剑纹夜蛾成虫（韩辉林提供）

月中旬，5月下旬至6月上旬为成虫羽化盛期，盛期雌虫多，始末期雄虫多。成虫寿命2～5天。每日从10：00～20：00都有羽化，以12：00～18：00最多。成虫羽化时，蛹体在茧内摆动，借助腹部的列刺将身体推出，腹部各节不时伸缩摆动，数分钟后成虫从蛹之背裂线钻出。初羽化的成虫静伏不动，约半小时前后翅展开，合拢竖立于体背，再经10分钟，翅全贴于腹部背面，呈屋脊状。

成虫白天静伏于墙角或枝条上不动，晚间开始活动。该虫趋光性很强，飞行速度较慢。成虫在20：00～1：00交尾，以21：00～22：00为多。交尾时间50～60分钟，交尾呈"一"字形，交尾后30～50分钟开始产卵。卵散产，少数2粒在一起。一雌产卵量最多334粒，最少97粒，平均160粒。不交尾也能产卵，但不能孵化。产卵多在被害树20～80mm粗的枝条上，叶片和过粗过细的枝条上极少。卵期最短6天，最长12天，平均9.2天。

幼虫发生在5月下旬至8月下旬，共5龄，发育期为42天左右。初孵幼虫取食叶肉，一、二龄幼虫常吐丝下垂随风飘移到新的寄主上。幼虫取食主要在夜间，上午9：00前后常见大量幼虫下树寻找新的寄主。

老熟幼虫从7月上旬开始寻找场所化蛹。化蛹场所多在树木周围的墙缝、门窗缝及屋檐下缝隙，个别在树干基部的老皮裂缝内。7月中旬到8月上旬为化蛹盛期，蛹期260～280天。化蛹十分集中，常在一个墙缝内群集数十个蛹。

防治方法

物理防治　于5月中旬至6月中旬成虫活动盛期，广泛发动群众，利用一切光源，在街道、机关、庭院进行灯光诱杀。在7月上旬于墙角堆积砖块、土块，诱集老熟幼虫入内化蛹，以便集中消灭。

化学防治　在6月中旬，当幼虫一至三龄时，喷洒50%杀螟松1000倍和50%敌敌畏乳油1000倍混合液，可达到良好效果。

抗性树种　为了抑制该虫的发生和蔓延，在今后城镇绿化时，应多栽植一些抗虫性较强的园林树种，如五角枫、新疆杨、槐等，并可适当混栽一些刺柏、桧柏等针叶树种。

参考文献

陈一心，1999. 中国动物志：昆虫纲　第十六卷　鳞翅目　夜蛾科[M]. 北京：科学出版社.

王兆玺，胡忠朗，陈孝达，等，1984. 锐剑纹夜蛾防治研究[J]. 陕西林业科技(3): 54, 60-64.

（撰稿：韩辉林；审稿：李成德）

瑞典麦秆蝇　*Oscinella frit* (Linnaeus)

麦类作物的重要害虫。又名黑麦秆蝇、燕麦蝇。英文名frit fly。双翅目（Diptera）短角亚目（Brachycera）秆蝇科Chloropidae）秆蝇亚科（Chloropinae）长缘秆蝇属（*Oscinella*）。国外分布于亚洲、北美洲和欧洲。中国分布于新疆、甘肃、青海、宁夏、内蒙古、陕西、山西、河南、山东等地。

寄主　小麦、大麦、玉米、谷子、黑麦、燕麦等禾本科作物，金色狗尾草、稗草、黑麦草、早熟禾、看麦娘、鹅观草、画眉草等杂草。

危害状　幼虫钻蛀苗心叶，可形成枯心苗、心叶破损、环形株、畸形、死穗等，严重发生时，枯心苗率达90%，可造成毁种。

形态特征

成虫　雄成虫体长1.3～2.0mm，前翅长1.3～1.9mm；雌成虫体长2.1～2.7mm，前翅长2.0～2.1mm。头部黑色被灰白粉。触角黑色，无粉，端圆。中胸背板密被黑色短毛，胸侧亮黑色，无粉。后背片黑色。小盾片黑色，被灰白粉。足腿节黑色，但端部有少许黄色。茎节、跗节黄毛。翅透明，翅脉褐色；R-M位于距中室基部2/3处。平衡棒黄色，腹部黑色，腹面黄色，被灰白粉，毛为黑色。

卵　乳白色，梭形，长约0.7mm，宽0.2～0.3mm，稍弯，一端较尖，表面有纵脊。

幼虫　蛆状。初孵幼虫体白色透明，但口钩黑色；老熟幼虫黄白色，体长约4.5mm，前端有不明显的扇状前气门，后端有1对短圆柱形的后气门突。

蛹　黄褐色，长约3mm，前段有4个乳状突起，后端有2个圆柱形突起。

生活史及习性　华北及黄淮海小麦-玉米连作区1年发生4～5代，以幼虫在冬小麦枯心苗内越冬。翌年3月上旬越冬幼虫开始活动，部分幼虫可转株危害造成新的枯心苗株。3月下旬化蛹、羽化。第一代幼虫继续危害小麦，造成枯心或死穗；第二代幼虫危害小麦无效蘖和春玉米苗；第三代、第四代主要危害夏玉米、谷子、高粱、自生麦苗及禾本科杂草；第五代再次转移至冬小麦上产卵、危害、越冬。在山东，5～11月其发育历期一般为卵期3～5天，幼虫期8～38天，蛹期8～21天，成虫期12～44天。成虫对腐鱼有较强趋性。一般在羽化1～3天后交尾，可多次交尾产卵，在交尾后次日产卵。卵散产，成虫密度大时卵粒可黏结聚集，产卵部位多在近地面的芽鞘或叶鞘内侧、茎秆及叶片上。幼虫一般凌晨孵化，沿叶片边缘或茎秆向上，爬入心叶卷逢处潜入，呈螺旋状向下取食，直达生长点，形成枯心。

在新疆北部乌鲁木齐、新疆南部喀什地区及长城以北的春麦区1年发生3～4代。越冬代幼虫4月中旬开始在麦秆内化蛹，4月底开始羽化，5月中旬为羽化盛期。在新疆南部4月上旬即有成虫。乌鲁木齐一带，第一代成虫在冬麦及春麦上产卵危害，使春麦主茎不能抽出。卵多产在叶片内侧靠近叶鞘处，第二代在禾本科杂草上寄生，第三代幼虫8月底危害早播冬麦，9～10月危害冬麦主茎，造成心叶枯黄或分蘖丛生，并在冬麦内越冬。

平均温度在10°C以上时，越冬幼虫开始化蛹，气温在16.1～23.6°C适宜成虫产卵，相对湿度60%～80%时适宜活动。在通风透光的环境条件下危害严重，播种量少、麦苗稀疏的麦田有利于成虫的活动、栖息、产卵。地势低洼、湿度大的地区发生重，丘陵山区危害轻。小麦和玉米轮作增加了黑麦秆蝇的寄主连续性，危害也更加明显。

防治方法　小麦适期晚播，可有效减轻其危害。

农业防治　在危害严重的区域，可通过人工释放天敌寄生蜂进行防治。

物理防治 利用黑麦秆蝇对腐鱼气味的趋性，在成虫发生期设置腐鱼诱杀盆，可以减少田间产卵量。

化学防治 可在小麦播种前进行种子处理，常用药剂有噻虫嗪、吡虫啉等。小麦出苗后 2～3 叶期进行叶面喷雾，常用药剂有噻虫嗪、高效氯氟氰菊酯、吡虫啉等。

参考文献

郭满库，谢志军，1999. 瑞典麦秆蝇在春玉米上的发生与为害调查 [J]. 甘肃农业科技 (7): 38-39.

刘积芝，1987. 瑞典麦秆蝇的生物学研究 [J]. 山东农业科学 (3): 17-21.

（撰稿：武予清；审稿：乔格侠）

三叉地老虎 *Agrotis trifurca* Eversmann

一种具潜土习性的夜蛾类多食性害虫。又名黑三条地老虎。鳞翅目（Lepidoptera）夜蛾科（Noctuidae）切根夜蛾亚科（Agrotinae）地夜蛾属（*Agrotis*）。国外分布于俄罗斯西伯利亚到蒙古一带。中国分布于东北地区、内蒙古、山西、青海和新疆等地。

寄主 危害甜菜、大豆、小豆、高粱、马铃薯以及多种茄科作物。

危害状 见小地老虎。

形态特征

成虫 体长20mm左右，翅展42mm左右（图1）。头部及胸部褐色，下唇须及颈板杂有黑色，颈板中部有1黑横线，翅基片内侧有1黑纵纹。腹部灰褐色，前翅褐色或淡褐色带紫色，翅脉黑色，两侧衬以淡褐灰色。基线双线黑色，向外弯至第一脉；内线双线黑色，后端外凸，剑纹稍窄尖，具黑边；外端连1黑色纵条。环状纹黑边，肾状纹褐色；中央有黑褐窄圈。环状纹与肾状纹之间黑色或暗褐色。外线黑褐色，锯齿形；亚端线灰白色，锯齿形，两侧均有1列黑齿纹，端线为1列黑色三角形点（图2①）。后翅褐黄色，端区及翅脉褐色。

卵 扁圆形，高0.55mm左右，宽0.8mm左右，顶部较隆起，底部较平，卵孔不显著，自顶部直达底部的纵棱11～13条，横道细弱，不明显，约呈砌瓦状。

幼虫 体长50～60mm。体粗壮，多皱纹，全体布满密集的细小颗粒，体灰褐色或灰黑色，背线灰白色有淡黑色边，亚背线为不明显的灰白色阔带，背线与亚背线间灰褐色，夹有灰白色网纹，气门下线以下浅灰色。前胸盾黄褐色，臀板深褐色，多皱纹，上有黄褐色连成"M"形的块状斑（图2②）。头部黄褐色，颅侧区散有黑褐色网纹，另在额缝外侧有1对黑褐色纵阔带，从正面看排成"八"字形（图2③）。冠缝极短，两额区直达颅顶，不在颅中沟相遇，使额顶部突出成双峰状。后唇基等腰三角形，中间有一大块三角形褐斑。体刚毛黄褐色，着生于褐色圆形毛片上。气门黑色椭圆形（图2④）。

蛹 体长22mm，宽6mm左右，下唇须细长，纺锤形，中足末端与下颚末端齐平，下颚末端近达前翅末端，触角末端近达中足末端，后足部分可见，前翅末端近达第四腹节后缘，第五至七腹节背面前缘有刻点，腹端部有1对粗刺，背面末端两侧有1对刺。

生活史及习性 三叉地老虎1年1代，以二龄幼虫在土内越冬，在延边地区于翌年3月下旬气温回升后开始活动，6月与7月上旬危害最严重。成虫在8月上旬开始羽化，8月中旬进入盛期，同时进入盛卵期。在黑龙江多以三至四龄幼虫越冬，入冬前不造成明显的危害状，翌年4月恢复活动，至四龄后进入暴食期，对5月上中旬出苗的甜菜威胁最大，危害期一直持续到7月初。6～7月间陆续化蛹，成虫于8

图1 三叉地老虎成虫（张云慧提供）

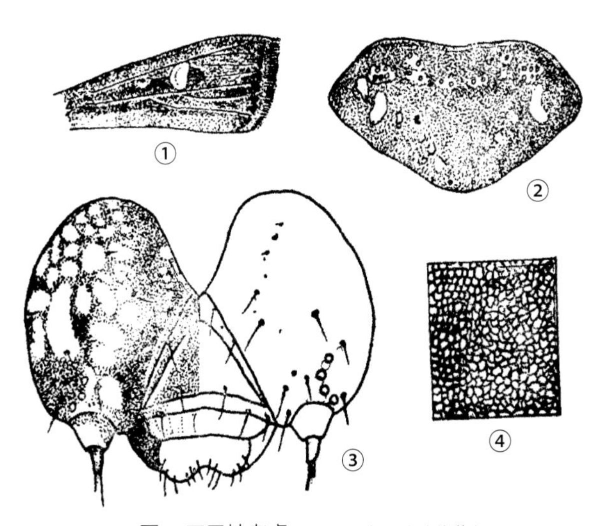

图2 三叉地老虎（仿贾佩华、魏鸿钧等）

①前翅；②臀板；③幼虫头部；④表皮外观

S

月上旬开始羽化，8月中旬进入盛期，同时进入产卵盛期。在内蒙古后山地区，成虫7月下旬至9月上旬出现。

在延边，成虫寿命10.4天；卵期20.8天；幼虫期长达326天，共7龄，自一龄至七龄各龄历时分别为16.9天、196.1天、13.8天、15.6天、11.1天、15天与58天；蛹期32.3天，全世代390天。在黑龙江，卵期7～10天；蛹期15天。

发生规律 三叉地老虎田间虫量消失与上年作物布局有关，凡成熟早的夏熟作物如小麦或亚麻，收获之后又尚能在产卵前及时耕翻，田间卵量就少，翌年危害也轻；反之，玉米茬或大豆茬，在蛾子产卵时尚未收割，落卵量就多，翌年危害就重。

防治方法 见小地老虎。

参考文献

陈一心，1985. 几种地老虎的鉴别[J]. 病虫测报(1): 8-17, 65.

傅天玉，1983. 黑三条地老虎的初步观察[J]. 昆虫知识，20(3): 16-17.

魏鸿钧，张治良，王荫长，1989. 中国地下害虫[M]. 上海：上海科学技术出版社.

中国农业科学院植物保护研究所，中国植物保护学会，2015. 中国农作物病虫害：中册[M]. 3版. 北京：中国农业出版社.

（撰稿：陆俊姣；审稿：曹雅忠）

三点盲蝽 *Adelphocoris fasciaticollis* Reuter

一种中国特有的多食性害虫。又名三点苜蓿盲蝽。英文名three point alfalfa plant bug。半翅目（Hemiptera）盲蝽科（Miridae）苜蓿盲蝽属（*Adelphocoris*）。中国主要分布于陕西、山西、河北、河南等地，江苏北部、安徽、四川等地也有少量分布。

寄主 寄主植物达32科127种，包括棉花、蚕豆、枣、葡萄、马铃薯、扁豆、向日葵、芝麻、苜蓿、葎草等作物。过去，三点盲蝽在棉田属于次要害虫。进入21世纪以来，随着Bt棉花的大面积种植以及棉田广谱性化学农药使用量的减少，三点盲蝽同其他种类盲蝽一样，种群发生呈逐年加重趋势。目前，三点盲蝽是黄河流域棉区棉花上的一种重要害虫，但其发生危害程度较绿盲蝽轻。

危害状 三点盲蝽若虫和成虫对寄主植物的危害状基本同绿盲蝽。

形态特征

成虫 体长6.5～7mm，宽2～2.2mm，体褐色，被细绒毛。头小，三角形，略突出。眼长圆形，深褐色。触角褐色，4节，以第二节为最长，第三节次之，各节端部色较深。喙4节，基部两节黄绿色，端节黑色。前胸背板绿色，颈片黄褐色，胝黑色，背板前缘有两黑斑。后缘中线两侧各有黑色横斑1个，有时此两斑合而为一，形成1黑色横带。小盾片黄色，两基角褐色，使黄色部分呈菱形。前翅爪区为褐色，革区前缘部分为黄褐色，中央部分呈深褐色。楔片黄色，膜区深褐色。足黄绿色。腿节具有黑色斑点，胫节褐色，具刺（图1）。

卵 长1.2～1.4mm，宽0.33mm，淡黄色。卵盖椭圆形，暗绿色，中央下陷，卵盖上有1指状突起，周围棕色。

若虫 全体橙黄色，体被黑色细毛。头黑褐，有橙色叉状纹，眼突出于头侧。触角4节，黑褐色，被细绒毛；第二节近基部，第三、第四节基部均黄白色，形成黑白相间。喙与体同色，尖端黑色，末端达腹部第二节。前胸梯形，中胸和后胸因龄期不同，翅芽有不同程度的发育。背中线色浅，比较明显。腹部10节，在第三节背中央后缘有小型横缝状臭腺开口。足深黄褐色，腿节稍膨大，近端部处有1浅色横带，前足和中足胫节近基部与中段黄白色，后足胫节仅近基部处有黄白色斑，其余呈黑褐色。其中，一龄若虫体长1.12mm，宽0.57mm，无翅芽；二龄若虫体长1.87～2mm，宽0.93～1.03mm，中、后胸微显翅芽痕迹；三龄若虫体长2.25mm，宽1.19mm，翅芽显著，末端抵达腹部第一节中部；四龄若虫体长3.4～3.75mm，宽1.27～1.7mm，翅芽末端抵达腹部第三节；五龄若虫体长4mm，宽2.4mm，翅芽末端抵达腹部第五节（图2）。

生活史及习性 三点盲蝽在黄河流域棉区1年发生3代，以卵在洋槐、加拿大杨、柳及榆、桃、杏等树皮内滞育越冬。越冬卵5月上旬开始孵化，第一、第二、第三代成虫的出现时

图1 三点盲蝽成虫（陆宴辉提供）

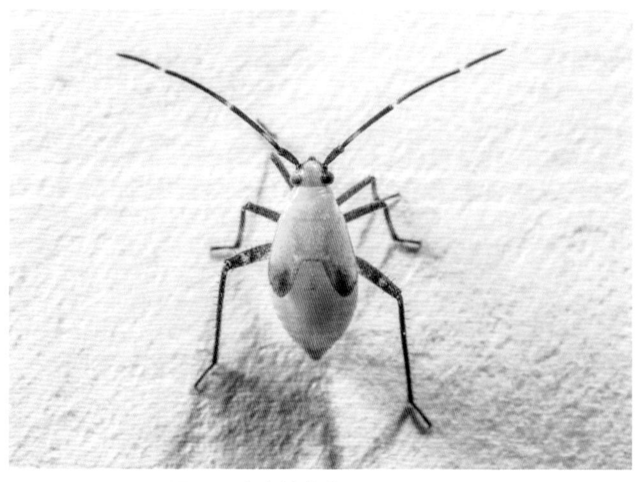

图2 三点盲蝽若虫（陆宴辉提供）

间分别在6月下旬到7月上旬、7月中旬和8月中下旬。三点盲蝽成虫寿命和产卵期较长，因此田间世代重叠现象明显。

三点盲蝽成虫具有较强的飞行能力，在室内昆虫飞行磨上10日龄成虫24小时内的平均飞行距离为38.7km。三点盲蝽成虫具有强烈的趋花习性，当棉株现蕾开花时成虫即飞来，蕾和花盛期成虫数量达到最大值。寄主植物花中释放的丙烯酸丁酯、丙酸丁酯和丁酸丁酯对三点盲蝽成虫具有明显吸引作用。

三点盲蝽成虫主要在寄主植物叶柄顶端和叶片相连处产卵，占全株卵量的51.2%。卵常散产，整个卵埋在植物组织里，仅留卵盖在植物表面，且产卵多在夜间进行。25°C下，卵的发育历期约10天，若虫的发育历期为16.5天。若虫活动迅速，隐蔽性强，常藏于棉花苞叶和花中。

三点盲蝽成虫和若虫同其他盲蝽一样，也是杂食性。除取食危害棉花等寄主植物以外，还能捕食棉蚜、棉铃虫卵等多种小型昆虫或昆虫的卵。

发生规律

气候条件　三点盲蝽卵的发育起始温度和有效积温分别为6.26°C和188.81日·度，若虫的分别为3.04°C和366.73日·度。15～30°C范围内，卵和若虫的发育速率随着温度上升而加快。20～30°C最有利于三点盲蝽成虫的寿命与繁殖，35°C高温下寿命明显缩短、繁殖力显著下降。在田间，中午时分成虫常藏在植物叶片背面等阴凉处，以躲避高温的不利影响。

寄主植物　三点盲蝽偏好将卵产在枣、桃、梨等果树上越冬。因此，与单作棉田相比，果棉混作模式更有利于这种害虫的种群增长。

其余发生规律基本同绿盲蝽。

防治方法　田间作物布局时，要避免果棉间作或邻作，降低三点盲蝽在寄主间的交叉危害。5月上旬越冬卵孵化时，重点防治棉田周围果树上的三点盲蝽初孵若虫，压低后续转入棉田的虫源基数。

其他防治方法见绿盲蝽。

参考文献

姜玉英，陆宴辉，曾娟，2015. 盲蝽分区监测与治理[M]. 北京：中国农业出版社.

陆宴辉，吴孔明，2008. 棉花盲椿象及其防治[M]. 北京：金盾出版社.

中国农业科学院植物保护研究所，中国植物保护学会，2015. 中国农作物病虫害：上册[M]. 3版. 北京：中国农业出版社.

LU Y H, WU K M, JIANG Y Y, et al, 2010. Mirid bug outbreaks in multiple crops correlated with weide-scale adoption of Bt cotton in China[J]. Science, 328: 1151-1154.

（撰稿：潘洪生；审稿：吴益东）

三化螟　*Scirpophaga incertulas* (Walker)

一种钻蛀性的单食性水稻害虫。又名钻心虫。鳞翅目（Lepidoptera）草螟科（Crambidae）禾螟亚科（Schoenobiinae）白禾螟属（*Scirpophaga*）。国外分布于南亚次大陆、东南亚和日本南部。中国广泛分布于长江以南大部分稻区，特别是沿江、沿海平原等地区，北界为山东烟台附近。

寄主　三化螟食性专一，水稻是唯一食物。

危害状　以幼虫钻蛀为害，分蘖期形成枯心，孕穗至抽穗期可导致"枯孕穗"或"白穗"，转株为害还能形成虫伤株。"枯心苗"及"白穗"是其为害后稻株主要症状（图1）。

形态特征

成虫　三化螟成虫雌雄的颜色和斑纹都不同。雄蛾体灰色，头、胸和前翅灰褐色，下唇须很长，向前突出。腹部上下两面灰色。在中室下角有1个很不明显的黑斑，顶角有1条褐色斜纹走向后缘，外缘有1列7～9个小黑点。雌蛾体淡黄色，前翅黄白色，中室下角有1明显黑斑。后翅白色，靠近外缘带淡黄色，腹部末端有黄褐色绒毛，产卵时，陆续脱落，粘盖于卵块上面（图2①）。

卵　长椭圆形，密集成块，每块几十至一百多粒，堆积在一起，多数形成三层。卵块上覆盖着褐色绒毛，像半粒发霉的大豆。初产为乳白色，后逐渐加深成黑色（图2②）。

幼虫　多数4龄，个别5龄。初孵幼虫称蚁螟，灰黑色，胸腹部交接处有一白色环。老熟时头淡黄褐色，身体淡黄绿色或黄白色。从三龄起，背面正中背血管清晰可见，腹足退化，趾钩1行单序全环，五龄腹足趾钩29～32个。

蛹　初期为乳白色，渐变为黄绿色，羽化前变为黄褐色。雄蛹长约12mm，雌蛹长约15mm，较粗大，腹部末端圆钝。

生活史及习性

三化螟原以江浙一带1年发生3代而得名，实际上在

图1 三化螟危害状（杨琼提供）

①白穗受害状；②枯心受害状

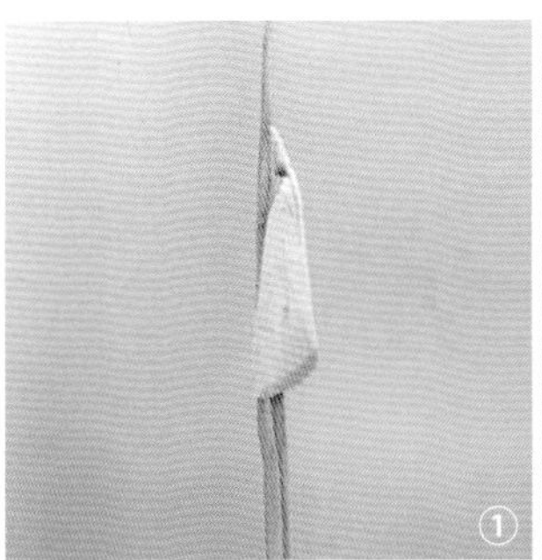

图2 三化螟不同虫态（杨琼提供）

①成虫；②卵块

中国各地，随着温度的高低1年发生2～7代不等。三化螟以老熟幼虫在稻桩中滞育越冬，越冬幼虫在春季温度回升到16°C左右时化蛹，17～18°C开始羽化，羽化多在晚间。羽化当晚即开始交尾，次日产卵，每雌可产卵1～7块，平均2～3块。螟卵多在清晨和上午孵化。初孵蚁螟在孵化后30～50分钟内蛀入稻茎，在分蘖期取食幼嫩而呈白色的组织，将心叶咬断，使心叶纵卷而逐渐凋萎枯黄。幼虫老熟后移至稻茎基部近水面处或土下1～2cm的稻茎中，先咬掉茎秆内壁留下一层薄膜，后经过预蛹，然后化蛹。

发生规律 三化螟喜温怕湿，因此，温度高、降雨少将有利于三化螟的发育。三化螟的种群增长与水稻的耕作制度也密切相关，由于混栽稻区为三化螟提供了充足的食物和适宜的环境，所以混栽稻区为害更为严重。

防治方法

农业防治 ①齐泥割稻、锄劈或拾毁冬作田的外露稻桩。②春耕灌水，淹没稻桩7～10天进行灭蛹。③选择螟害轻的稻田或旱地作绿肥留种田。④减少水稻混栽，选用良种，调整播期。⑤提高种子纯度，合理施肥和水浆管理。

化学防治 目前化学防治仍是防治三化螟的主要手段。常用药剂有阿维菌素、杀螟威等。

生物防治 三化螟的天敌种类很多，寄生性的有稻螟赤眼蜂、黑卵蜂和啮小蜂等，捕食性天敌有蜘蛛、青蛙、隐翅虫等。还可使用生物农药Bt制剂、白僵菌等。

参考文献

方继朝，杜正文，1998. 江淮稻区三化螟灾变规律和防治技术[J]. 西南大学学报(自然科学版)(5): 516-522.

洪晓月，丁锦华，2007. 农业昆虫学[M]. 2版. 北京：中国农业出版社.

孙俊铭，夏骞，2003. 三化螟种群动态、大发生原因及防治对策[J]. 应用昆虫学报，40(2): 124-127.

（撰稿：杨琼；审稿：祝增荣）

三角璃尺蛾 *Trigonoptila latimarginaria* (Leech)

一种危害樟树的食叶害虫。又名三角尺蛾、樟三角尺蛾、三角枝尺蛾。鳞翅目（Lepidoptera）尺蛾科（Geometridae）灰尺蛾亚科（Ennominae）三角尺蛾属（*Trigonoptila*）。国外分布于日本、朝鲜等地。中国分布于江苏、浙江、江西、湖北、福建、四川、云南、上海等地。

寄主 樟树。

危害状 幼年树受害较重，叶片和嫩头常被食一空，严重影响植株的生长和成材。

形态特征

成虫 体长16～18mm，翅展35～41mm。体灰黄色或浅灰褐色。前、后翅各有1条斜线，由翅后缘斜向近顶角的前缘伸出，前后翅相连接形成三角形的两边。前翅顶角有1个卵形浅斑，中室下方由内横线至斜线间有1个粉色三角斑；后翅斜线内侧粉褐色，外侧褐黄色，顶角凹缺（图1、图2）。

幼虫 老熟幼虫体长35～38mm。头灰黄褐色，体上散布少量小黑点；第一、五腹节两侧各有1个三角形浅黑褐色纹，有的个体在胴部各节两侧各有1个红褐色斑。静息时，用臀足握持枝杆，斜立如枝杈状。

生活史及习性 江西南昌1年发生5～6代，以5代为主，世代重叠。在福建南平、龙溪1年发生5代。以蛹在树冠周围的表土中越冬。翌年3月成虫开始羽化。第一代幼虫3月中旬孵化，4月下旬开始化蛹，5月上旬始见成虫，5～10月，各态并存。灯下自2月中旬至12月上旬均可诱到成虫。在江西南昌，越冬蛹于翌年2月中旬至4月上旬羽化，3月上旬至4月中旬产卵。第五代幼虫于10月中旬化蛹的，年内尚可正常羽化，继续繁殖；10月下旬化蛹的，虽有相当一部分在11月上旬至12月上旬羽化，但对繁殖无效；11月上旬化的蛹，除极少部分年内羽化外（对繁殖无效），大部分即以此虫态越冬，部分第六代幼虫在11月下旬仍来不及化蛹的，则被冻死。卵期4～8天；幼虫期17～27天。蛹期7～10天，越冬蛹长达3.5～5个月。成虫寿命一般8～13天，第五、第六代越冬后羽化的，最长29天。

成虫多在17：00～21：00羽化，以18：00～19：00为最多，成虫羽化后先在土表下潜伏，或在树干周围的地表物中静伏1～2小时，然后开始飞翔活动，日伏树荫叶背或草丛间，夜晚活动，全夜扑灯，以上半夜为盛。羽后第二、三天交尾，多在19：00～22：00进行，交尾后第二天开始产卵。卵多在20：00～22：00产出，散生，黏附在寄主叶背或嫩茎上。每雌一生可产卵127～649粒。幼虫多在8：00～10：00及15：00～17：00孵出，10：00前和16：00后及夜间取食较盛；高龄幼虫具有明显的假死性，老熟后吐丝坠落地面，钻入附近土中及草丛基部化蛹。

一般情况下，靠近路旁、房屋周围的樟树受害较重；梅

图1 三角璃尺蛾成虫（南小宁提供）

图 2 三角璃尺蛾成虫（韩红香提供）

雨较少，早春温度较高的年份有利于发生和危害。

防治方法 天敌主要有小茧蜂一种，寄生率约 17%。

参考文献

陈顺立，李友恭，等，1989. 樟翠尺蛾的初步研究 [J]. 森林病虫通讯 (3): 14-15.

陈顺立，李友恭，等，1990. 三角尺蛾的初步研究 [J]. 森林病虫通讯 (1): 26-27.

胡梅操，章士美，1986. 南昌郊区 16 种尺蛾科昆虫生物学记述 [J]. 江西农业大学学报 (1): 25-36.

（撰稿：南小宁；审稿：陈辉）

三叶草斑潜蝇 *Liriomyza trifolii* (Burgess)

一种外来入侵、以危害蔬菜花卉为主的多食性害虫。又名三叶斑潜蝇。英文名 American serpentine leaf miner, chrysanthemum leaf miner, celery leaf miner。双翅目（Diptera）潜蝇科（Agromyzidae）植潜蝇亚科（Phytomyzinae）斑潜蝇属（*Liriomyza*）。

源于北美洲，20 世纪 70 年代初其危害范围已跨越美国东部向北延伸至安大略湖，南至巴哈马、圭亚那和委内瑞拉。至 70 年代末已扩散至整个欧洲大陆，并蔓延至亚洲和非洲。现分布于北美洲、南美洲、欧洲、非洲、亚洲和大洋洲。

在中国，台湾于 1988 年就发现三叶斑潜蝇的危害，但大陆至 2005 年底才在广东发现，随后逐步扩散至海南、广西、福建、浙江、上海、江苏、安徽、江西、湖北、山东、河南和河北。现在主要危害东南沿海地区的蔬菜作物和花卉植物。

寄主 豇豆、菜豆、西瓜、黄瓜、丝瓜、甜瓜、冬瓜、芹菜、茼蒿、莴苣、白菜、甜菜、生菜、油菜、菠菜、油麦菜、番茄、扁豆、豌豆、辣椒、茄子、苜蓿、马铃薯、棉花及花卉等。

危害状 和美洲斑潜蝇危害特点类似。但种群密度高时，除叶片外，幼虫在寄主其他部位亦具较高生长发育的潜力。

形态特征

成虫　双顶鬃着生处黄色，体型与美洲斑潜蝇相似。中胸背板灰黑色，大部分无光泽，后角黄色，中鬃很弱，前方不规则 3～4 行，后方 2 行，或缺失。

雄虫外生殖器端阳体淡色，分为 2 片，外缘明显缢缩，中阳体狭长，后段常透明，基阳体前段淡色，背针突具 1 齿，精泵叶片狭小，两侧对称，呈透明状。

卵　椭圆形，乳白色，半透明。大小为 0.2～0.3mm×0.10～0.15mm。

幼虫　初孵半透明，随虫体长大渐变为黄色至橙黄色。老熟幼虫体长 2～3mm，后气门突末端 3 分叉，其中两个分叉较长，各具 1 气孔开口（图①）。

蛹　鲜黄色至橙黄色，腹面略扁平（图②）。

生活史及习性 江苏地区 1 年发生 6～7 代。不同地区危害高峰期：海南 2～4 月；广州 7～10 月；杭州 9～10 月；扬州 4～5 月，8～10 月；南京 5～6 月，9～10 月。三叶斑潜蝇白天活动，11：00～19：00 是最活跃的时间。日活动规律雌雄无差异。大部分成虫羽化后 24 小时内交配，一次交配即可使全部卵受精，雌雄均可多次交配。产卵量随温度和寄主植物而差异较大，从几十粒到几百粒不等。广东、广西、福建、海南等地区可终年发生。

发生规律

气候条件　温度可能是限制其种群分布的重要因子之一。

种植结构　单作豇豆有利于三叶斑潜蝇暴发和取代美洲斑潜蝇。

天敌　无人为干扰情况下三叶草斑潜蝇难以达到经济危害水平，其中最主要的原因就是自然条件下存在着大量的寄生性天敌。

化学农药　斑潜蝇是典型的由于化学农药的大量应用导致其从次要害虫转为主要害虫的案例。尤其是三叶斑潜蝇对农药的抗性相对最强，也是其难以控制的根本原因，同时农药的不合理使用亦是导致其暴发、扩散和取代美洲斑潜蝇的主要原因之一。

防治方法

农业防治　及时铲除田边杂草等野生寄主；经常清理残枝落叶。冬耕深翻，春耕浅翻。蛹期大水漫灌。间作、轮作趋避作物。

化学防治　阿维菌素或灭蝇胺。

其他防治方法见美洲斑潜蝇。

参考文献

常亚文，2017. 江苏地区斑潜蝇发生危害及三叶斑潜蝇 HSP70

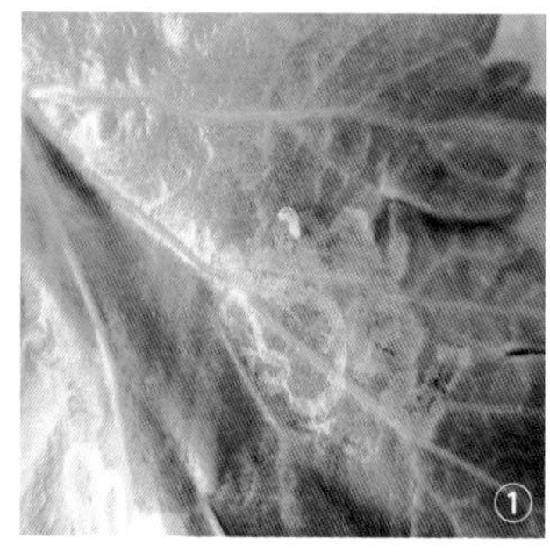

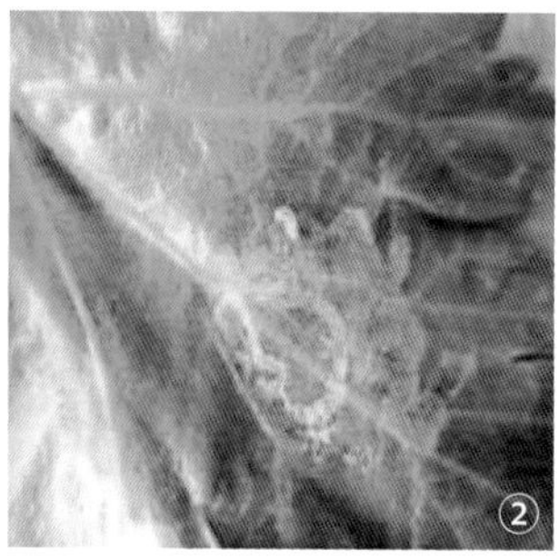

三叶草斑潜蝇的幼虫和蛹（雷仲仁提供）

①幼虫；②蛹

家族基因克隆与表达 [D]. 扬州：扬州大学 .

康乐，1996. 斑潜蝇的生态学与持续控制 [M]. 北京：科学出版社 .

汪兴鉴，黄顶成，李红梅，等，2006. 三叶草斑潜蝇的入侵、鉴定及在中国适生区分析 [J]. 昆虫知识，43 (4): 540-545, 589.

益浩，2014. 美洲斑潜蝇和三叶斑潜蝇不同虫态间的竞争研究 [D]. 西安：陕西师范大学 .

GAO Y L, REITZ S R, XING Z L, et al, 2017. A decade of leafminer invasion in China: lessons learned[J]. Pest management science, 73 (9): 1775-1779.

（撰稿：雷仲仁；审稿：王海鸿）

桑白毛虫 *Acronycta major* (Bremer)

以幼虫食害桑叶的害虫，又名桑夜蛾、桑白毛虫、桑剑纹夜蛾、剑蛾。鳞翅目（Lepidoptera）夜蛾科（Noctuidae）剑纹夜蛾属（*Acronycta*）。中国分布于吉林、辽宁、黑龙江、河北、北京、陕西、山东、安徽、江苏、浙江、江西、湖北、湖南、四川、贵州、云南等地，在四川北部和云南危害严重。

寄主 除危害桑树外，还危害桃、杏、梅、香椿等。

危害状 以幼虫食害桑叶，初孵幼虫取食下表皮及叶肉，留一层上表皮，长大后咀食叶片，仅留主脉，危害严重时可使整株桑树不见一叶，尤以第二代最为严重，影响秋蚕饲料。

形态特征

成虫 灰白色，雌蛾体长 20mm，翅展 60mm，雄蛾体略小。复眼黑色，触角丝状，黄色。前翅灰白色，近翅基有黑色剑状纹，中室中央有 1 圆形纹，中室横脉上有 1 肾形纹，前缘有数个褐色条纹，外缘有黑色小点。后翅暗褐色，翅基色淡，内缘有缘毛。

幼虫 成长幼虫体长 55mm 左右。头黑，胸腹部背面淡绿色，腹面绿褐色，体侧及足基节簇生白色长毛，老熟时变黄色。第二胸节以后各节背线两侧有天鹅绒样之深蓝色短毛，蓝毛中间生有同长的黄毛。气门和足黑色（见图）。

桑白毛虫幼虫（华德公提供）

生活史及习性 桑白毛虫在江苏、浙江和四川、江西等地 1 年 1 代或 2 代，以蛹越冬。翌年羽化最早在 4 月下旬，最迟在 9 月上旬。羽化早者为二化性蛾，以 5 月下旬最盛。羽化迟者为一化性蛾，以 8 月中旬最盛。成虫多在日中羽化，当晚 21：00 至次晨 4：00 交尾最盛，羽化后经 1～3 天即开始产卵，多散产在枝梢嫩叶背面，2～5 天产完，一雌产卵可多达千粒以上。成虫寿命 3～10 天。卵期第一代 3～5 天，第二代 3～4 天。幼虫期第一代 18～25 天，平均 21 天，第二代 30～32 天，平均 31 天。幼虫在结茧前 1～3 天体色变黄，向下移动，在根际隙缝、土中或桑园附近的墙壁、屋檐下成群作坚硬之茧化蛹其中。

防治方法

人工捕捉 冬季采除蛹茧，幼虫发生期捕杀幼虫。

化学防治 见桑毛虫。

参考文献

白海燕，马建列，陈毅仁，2006. 桑毛虫的发生、危害及防治方法 [J]. 特种经济动植物，9(1): 42-42.

华德公，胡必利，阮怀军，等，2006. 图说桑蚕病虫害防治 [M]. 北京：金盾出版社 .

蒋燕萍，1992. 桑剑纹夜蛾的发生规律及其防治 [J]. 病虫测报 (3): 52-54.

吴开明，张袁松，王志文，等，1998. 桑白毛虫生物学特性研究 [J]. 蚕学通讯 (2): 6-10.

（撰稿：王茜龄；审稿：夏庆友）

桑波瘿蚊 *Asphondylia moricola* (Matsumura)

一种刺吸汁液，主要危害桑树的昆虫。又名桑吸浆虫、桑瘿蚊。双翅目（Diptera）瘿蚊科（Cecidomyiidae）波瘿蚊属（*Asphondylia*）。中国分布于广东、广西、四川等蚕区。

寄主 桑树。

危害状 幼虫在桑树顶芽的幼叶间，以口器锉伤顶芽组织，吸食汁液，使顶芽枯萎。连续危害后，桑树侧枝丛生，枝条短小（图 1）。

形态特征

成虫 体型与桑橙瘿蚊相似。体长 1.5～2.0mm，不同点主要有：雄虫触角每一鞭节的端部也略有膨大，与前一节基部的球形膨大部相连成长椭圆形，故每个鞭节分大小 2 个膨大部（大者长椭圆形，小者球形），各节相间成串珠状。前翅无淡暗灰色的阔横带。雌虫产卵器长，与体长大致相等。雄虫钳状交配器粗壮（图 2②③）。

幼虫 体型、体色与桑橙瘿蚊幼虫基本相同，但剑骨片的两个分叉较短，叉端钝圆（图 2①）。

生活史及习性 广东 1 年发生 3～4 代，以休眠体（囊包幼虫）在土下 3～10cm 处越夏、越冬。翌年 1 月上中旬冬芽萌动期，解除休眠化蛹。1 月中下旬为第一代幼虫危害期，经 25～30 天发生 1 代，4 月末、5 月初以最后 1 代幼虫入土越夏、越冬。生活习性与桑橙瘿蚊相似。

防治方法 见桑橙瘿蚊。

图 1 桑波瘿蚊危害状（余茂德提供）

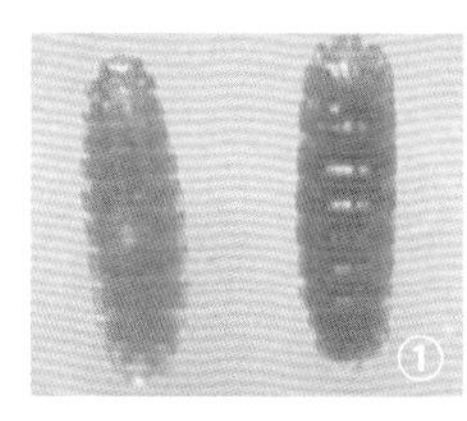
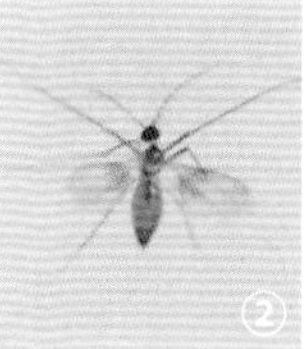
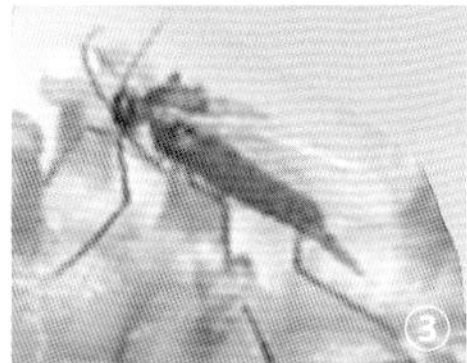

图 2 桑波瘿蚊形态特征

①幼虫（余茂德提供）；②成虫（华德公提供）；③自然态成虫（余茂德提供）

参考文献

陈臻毅, 2020. 桑瘿蚊的防治方法 [J]. 河南农业 (22): 11.

郭海美, 蔡国祥, 2009. 桑橙瘿蚊防治及预测预报研究进展 [J]. 江苏蚕业, 31(3): 18-20.

黄志君, 谭炳安, 陈新芳, 等, 2004. 桑吸浆虫 *Contarinia* sp. 成虫触角扫描电镜观察 [J]. 华南农业大学学报（自然科学版）(2): 123-124.

（撰稿：王茜龄；审稿：夏庆友）

桑橙瘿蚊 *Diplosis mori* Yokoyama

一种危害桑葚的重要害虫。又名桑红双瘿蚊。英文名 mulberry shoot gall midge。双翅目（Diptera）瘿蚊科（Cecidomyiidae）双瘿蚊属（*Diplosis*）。国外分布于日本、韩国。中国分布于江苏、安徽、江西、湖南、湖北、广东、广西、云南、贵州、陕西、四川、重庆。

寄主 桑树。

危害状 以幼虫在桑枝顶芽幼叶间，用口器锉伤顶芽组织，吸食其汁液，造成顶芽弯曲凋萎，变黑后脱落，枝条封顶，严重时导致桑树侧枝丛生分权，枝条矮短，造成减产。

形态特征

成虫 体长 2.5mm，展翅 5.25mm，橙黄色。腹部中间有黄绿色暗斑。雌虫产卵器较粗短，雄虫交配器钳状。前翅匙形，翅基和外缘密布深色刚毛，中部灰白透明。

卵 长椭圆形，长径 0.2mm。初产卵无色透明，次日变成淡褐色，孵化前转紫褐色，有金属光泽。

幼虫 蛆状，“Y”形胸骨片较凹，尾部有 4 个尾突。初孵幼虫无色透明，有暗红色背线，次日呈乳白色半透明状，暗红色背线消失，刺吸桑芽汁液后变成天蓝色，经 2～3 天老熟变成橙黄色。

蛹 体长 2mm，宽 0.6mm，初化蛹时翅芽和腹足淡黄色，复眼无色；2 天后翅淡褐色，复眼红色，至羽化前复眼变成黑褐色，翅芽深褐色。

生活史及习性 1 年发生 6～7 代，以囊包幼虫在土下 3～10cm 处越冬或越夏。翌年 4 月中旬桑芽萌动时解除休眠化蛹，5 月下旬进入一代幼虫危害期，5 月下旬至 6 月上旬以一代幼虫越夏，之后每隔 25～30 天发生一代。成虫羽化多在黄昏之后，喜夜间活动，白天多静止于桑叶背面或杂草丛中，飞翔能力极弱。成虫具较强的性吸引能力，1 雌成虫可引诱数千头雄虫。羽化当天即交尾产卵，多产于顶梢开叶内侧中下部折皱处或产在叶柄、叶脉及托叶内里面；1 雌成虫产卵约 30 粒，最多可产 70 粒，卵期 2～3 天。雌成虫寿命 3～5 天，雄成虫寿命 2～3 天。初孵幼虫活动能力较弱，常聚集危害，2～8 头聚在一起，最多可达 20 头。幼虫经 7～14 天发育成为老熟幼虫，后入土化蛹，蛹期 12～16 天，在长期干旱时，桑橙瘿蚊休眠体在地下可以长期不化蛹、不羽化。最后一代老熟幼虫以休眠体在地下越冬。

防治方法

翻耕除草 老熟幼虫入土越冬、越夏后，要及时进行桑田的冬耕和夏耕，将休眠体及蛹翻到地面，通过冷冻、暴晒或直接触杀蛹体，控制其越冬基数，降低虫口密度。勤除杂草，田间表土晒白、干燥，使部分虫蛹失水而死，减轻危害。

土壤撒药 老熟幼虫入土化蛹前后，用 5% 的甲基异柳磷颗粒剂拌细土，或 40% 的甲基异柳磷乳油均匀撒施在桑树株、行间，并立即浅锄。

顶芽喷药 桑虫清喷湿、喷透顶芽，隔 3～4 天喷 1 次。

参考文献

程淑红, 2011. 桑橙瘿蚊的发生与防治 [J]. 四川蚕业 (3): 44, 51.

周晨曦, 李文兵, 陈正亚, 等, 1993. 桑橙瘿蚊生物学特性及防治技术研究 [J]. 蚕业科学, 19(3): 139-143.

ENDO H, SAKURAGI T, SUMI N. 1982. Studies on the ecology of mulberry shoot gall midge (*Diplosis mori* Yokoyama) and its contro[J]. Bulletin of the tokushima sericultural experiment station (16) : 1-31.

LI D K, AN S K. 1995. Study on the biological character of mulberry shoot gall midge and its control method[J]. Acta of academy of agricultural sciences, 1: 95-98.

（撰稿：姚艳霞；审稿：宗世祥）

桑尺蠖 *Phthonandria atrineata* (Butler)

主要以幼虫危害桑树的害虫。鳞翅目（Lepidoptera）尺蠖蛾科（Geometridae）痕尺蠖属（*Phthonandria*）。中国分布于江苏、浙江、安徽、山东、河北、辽宁、吉林、湖南、湖北、广东、广西、云南、四川、贵州、台湾等地。

寄主 除桑以外，未发现其他寄主。

危害状 幼龄幼虫群集叶背食害叶表皮组织和叶肉，龄期增大，叶吃成缺刻。越冬幼虫在早春桑芽萌发时，将桑芽

S

图 1 桑尺蠖危害状（华德公提供）

图 2 桑尺蠖形态特征（华德公提供）
①成虫；②幼虫

内部吃空仅留苞片，严重时整株桑芽吃尽，使桑树不能发芽，影响春叶产量，因此早春危害桑园更为突出（图 1）。

形态特征

成虫　翅均灰褐色，翅面上还散生黑色短纹。雌蛾体长 20mm，雄蛾体长 16mm。前翅外缘呈不规则齿状，翅面中央有 2 条不规则的波浪形黑色横纹，两纹间及其附近色泽较深。后翅具 1 条波浪形黑线，线外方色深（图 2①）。

幼虫　成长幼虫长 52mm，体圆筒形，向后逐渐粗大。初龄绿色，后变灰褐色，与树皮色近似，不易察觉。背面散生小黑点，第一、五腹节背面各有 1 横形突起，腹足 2 对着生在第六、十腹节上（图 2②）。

生活史及习性　在辽宁 1 年发生 2 代，山东 3 代，江苏、浙江 4 代，四川 4～5 代，江西 5 代，广东 5～6 代。江苏、浙江以第四代的三、四龄幼虫于 11 月上中旬潜入树皮裂隙或平伏枝条背风面越冬。日中气温上升，往往又食害冬芽，严寒时期常相互叠起，群集一堆。翌年早春 3、4 月间又开始活动。广东各代幼虫发生期分别在 4 月上旬、5 月上旬、6 月中旬、7 月中旬、8 月下旬和 10 月上旬，以 6 月中旬至 7 月下旬危害最烈。幼虫共 5 龄，各代各龄历期也不同。第一代幼虫期 7～8 天；二龄 3～5 天，三龄 3～4 天，四龄 4～5 天，五龄 7～11 天。幼虫老熟后，在近主干土面或桑株裂隙及折叶中吐丝结薄茧化蛹。成虫羽化以晚间居多。羽化后不久即交尾，以夜间 0：00 以后最盛，交尾约 1 小时。交尾后次日开始产卵，产卵期短者 2～3 天，长者 7～13 天。每雌产卵最多可达 1130 粒，一般在 600 粒以上，产出率 90% 左右。雌蛾寿命较长，最长可达 16 天，最短 4 天。雄蛾比雌蛾短，最长 9 天。

防治方法

农业防治　人工捕捉，束草诱杀。

化学防治　喷用 80% 敌敌畏乳油或者 50% 辛硫磷乳油或者 90% 敌百虫晶体有效杀灭幼虫。晚秋蚕结束后，喷洒 20% 速灭杀丁等拟除虫菊酯农药。

参考文献

华德公，胡必利，阮怀军，等，2006. 图说桑蚕病虫害防治 [M]. 北京：金盾出版社.

孙绪艮，李恕廷，郭慧玲，2000. 桑尺蠖越冬幼虫的耐寒性研究 [J]. 蚕业科学，26(3): 129.

王泽林，1999. 桑尺蠖生活规律及防治方法 [J]. 四川蚕业 (4): 27-28.

吴福安，程嘉翎，2000. 桑园专用杀虫剂桑虫清对桑尺蠖防治效果 [J]. 蚕业科学，26(1): 51-52.

张辉，2007. 桑尺蠖的发生原因与防治技术 [J]. 农技服务，24(12): 45.

（撰稿：王茜龄；审稿：夏庆友）

桑船象甲　*Baris deplanata* Roeloffs

以成虫危害冬芽和嫩心降低发芽率的桑树害虫。又名桑象虫。鞘翅目（Coleoptera）象虫科（Curculionidae）船象甲属

(*Baris*)。中国分布于江苏、浙江、四川、山东、安徽、贵州、辽宁、广东、台湾等地，江苏、浙江尤其普遍。

寄主　除危害桑以外，未发现其他寄主。

危害状　成虫在春季食害冬芽及萌发后的嫩芯，有时候也吃叶片、叶柄及嫩梢基部，降低发芽率，影响春叶产量。夏伐后继续危害截口的定芽和新梢（图1）。

形态特征

成虫　头管状，向下弯曲形如象鼻。体长椭圆形，黑色，稍有光泽。口器咀嚼式，触角膝状。鞘翅漆黑，上有10条纵沟，沟间有1条刻点，后翅膜质，灰黄色，半透明，隐于前翅下。前后足较中足大，基节及腿节黑色有刻点，跗节红褐色，密生白毛（图2①）。

幼虫　体柔软粗肥，圆筒状，稍弯曲，似新月形，无足。初孵化时乳白色，成熟后淡黄色。头部咖啡色。成长幼虫5.6～6.6mm（图2②）。

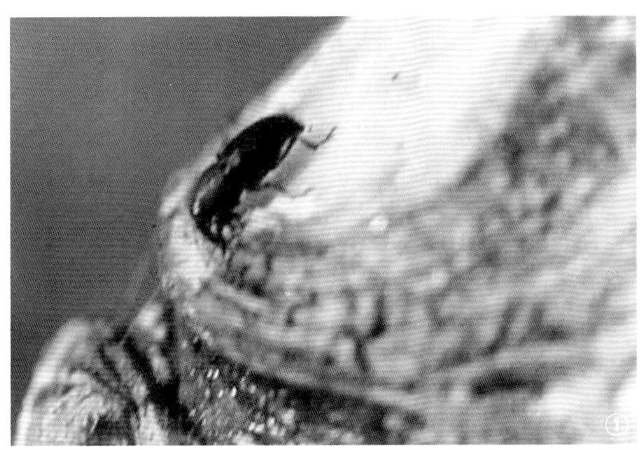

图1 桑船象甲危害状（华德公提供）

①危害冬芽；②危害嫩芯

图2 桑船象甲形态特征（华德公提供）

①成虫；②幼虫

生活史及习性　1年发生1代，多数以成虫在半截枝皮下的化蛹穴内越冬。翌年3、4月间气温15°C以上，开始从枯桩上化蛹穴内钻出，在枝上爬行，日夜蛀食冬芽，吃成深洞。成虫5、6月间产卵于剪伐后半截枝第一成活芽的上部（已枯死或未剪伐的健枝一般不产卵，即使产卵，幼虫也不能成活）。产卵时先以头管将半截枝的皮孔内蛀成小洞，然后产卵其中，少数卵产在芽苞或叶痕内，每洞1粒。卵期5～9天，孵化后幼虫就在半截枝皮下生活，蛀食成细狭的隧道。失去生活力的半枯半湿润状态的形成层及其附近组织则是幼虫生长发育的最适条件。经过29～72天，老熟后，即咬食木质部，营造一个上盖细木丝的椭圆形化蛹穴，深1.3～3.8mm。化蛹其中，6～10月间化蛹。成虫不善飞翔，主要靠爬行活动，有假死习性，一碰即落地。4月下旬开始即有成虫交尾，交尾后两周产卵，产卵期长达4个月左右。一雌产卵数最多112粒，产完后10天左右即死，寿命前后共达7个月。雄虫寿命可长达10个月左右。

防治方法

加强管理　冬春进行严格整株，彻底修除枯枝、枯桩，及时烧毁，合理剪伐。

化学防治　伐条后1～2天喷药防治。

参考文献

冯跃平，王泽林，2011. 桑象虫的测报与防治[J]. 蚕学通讯(2): 23-24.

华德公，胡必利，阮怀军，等，2006. 图说桑蚕病虫害防治[M]. 北京：金盾出版社.

林小兵，2013. 桑象虫被害株与桑叶产质量的关系[J]. 四川蚕业，41(4): 21-23.

王祥，单步明，刘兆华，等，2010. 桑象虫生物学特性及防治技术研究[J]. 蚕桑茶叶通讯(1): 13-14.

周德美，杨新军，汪云好，2003. 桑象虫发生规律及防治措施[J]. 安徽农学通报(4): 84.

（撰稿：王茜龄；审稿：夏庆友）

桑大象甲　*Episomus kwanshiensis* Heller

主要以成虫危害桑叶的害虫。又名桑大象、大灰象、灌县癞象。鞘翅目（Coleoptera）象虫科（Curculionidae）癞象甲属（*Episomus*）。中国分布于四川、广西、浙江、江苏、福建等地。

寄主　除危害桑外，还取食榆、构、无花果、黄桷、沙桐、柠麻、洋槐、野地瓜等。

危害状　以成虫取食叶片，沿叶缘吃成缺刻，更以幼龄幼虫取食桑根皮层，壮龄时深达木质部，在桑根表皮作纵横不规则的蛀食道，严重的可吃净桑根皮层，使筛管和形成层丧失机能，叶片黄化，树势衰弱，渐致死亡。

形态特征

成虫　体灰褐色，两侧白色。雌虫体长13～14mm，雄虫略小。触角膝状，12节，柄节长过眼后缘。复眼大而突出。前胸背板前缘截断形，后缘面凹形，中沟不中断，两侧具皱纹。鞘翅向前凸起为圆形。有退化的后翅，后翅长10mm，宽3mm。雄虫腹面末端有1黑斑。

幼虫　蠕虫型，无足，体白色。头黄色，前胸背板浅黄色，头部有“爪”形白纹。初孵时体长2mm，生长最长时24mm，老熟幼虫体缩短，乳白色。

生活史及习性　桑大象甲有1年1代和2年1代2种类型。1年发生1代的，成虫8～9月出土产卵，幼虫孵化后入土危害，并以幼虫越冬，翌年5月化蛹，6月羽化后又于8～9月出土产卵，完成一个世代。2年发生1代的，成虫4～5月出土产卵，幼虫孵化后入土危害，当年以幼虫越冬，次年6月化蛹、羽化，以成虫在土下第二次越冬，第三年4～5月出土危害，完成一个世代。

防治方法

诱集成虫　利用成虫喜趋地面干瘪桑叶的习性，在羽化期后约半个月内，可将多余的干瘪叶或树上的脚叶撒在桑园内诱集成虫，及时处理。

化学防治　50%的辛硫磷乳油，80%敌敌畏乳油，在夏伐后雀口期前喷洒。

参考文献

华德公，胡必利，阮怀军，等，2006. 图说桑蚕病虫害防治[M]. 北京：金盾出版社.

顾文锷，1990. 怎样防治桑象虫[J]. 陕西蚕业(2): 44.

张芝惠，1994. 成林桑园桑象虫的防治[J]. 农村科技(11): 21.

（撰稿：王茜龄；审稿：夏庆友）

桑粉虱　*Parabemisia myricae* (Kuwana)

主要危害桑树的刺吸式害虫。又名杨梅类伯粉虱、桑虱、白虱、杨梅粉虱。半翅目（Hemiptera）粉虱科（Aleyrodidae）类伯粉虱属（*Parabemisia*）。中国分布于江苏、浙江、四川、广东、广西、安徽、贵州等蚕区。

寄主　除桑外，还危害杨梅、桃、李、梅、茶、垂柳、铁篱笆、枹树、柑橘、无花果等。

危害状　桑粉虱成虫群集桑树顶部嫩梢产卵，幼虫吸食中部叶汁，出现很多黑色斑点。并分泌蜜露滴于下部叶面，易诱发烟煤病，致被害桑苗及桑树枝梢均无健叶（图1）。

图1 桑粉虱危害状（华德公提供）

图2 桑粉虱成虫（陈端豪摄、华德公提供）

形态特征

成虫　体黄色，体翅均附着白粉，雄体长0.8mm，雌体较长。头小，球形，复眼黑褐色，肾脏形。触角鞭状7节，第一节小，三节特大。口器刺吸式。前胸小，中后胸大。前后翅均乳白色，具黄色翅脉1条。足淡黄，先端有1对爪。腹节5节淡黄色（图2）。

幼虫　体椭圆形扁平，体长0.25mm，背面淡黄，有半透明蜡质物质覆盖体上，末端背面有乳房状突起，两侧排列36根硬毛，口吻长，足短小。

生活史及习性　一年发生代数不详。但已知以蛹在落叶中越冬，发生期长，约生活7个月。浙江、江苏在4月桑树发芽时，即发现成虫，9月下旬最盛。四川3月中旬即发现成虫，广东蚕区终年可见，5～6月大量发生。各虫态经过日期因各地气候而异，一般卵期3～6天，幼虫期3～4周，蛹期7天，成虫期3～6天，越冬蛹经过日期较长。成虫多在上午羽化，平均雌虫率达97.25%，因此繁殖迅速容易成灾。成虫羽化后经数小时，在中午前后，多围绕桑树枝梢飞舞，寻觅配偶交尾。每一雌虫平均产卵30粒左右，多者200粒。一般5月中旬发现产卵，经多代繁殖，发展到8～9月，可造成严重灾害。

防治方法

人工防治　清除落叶。摘梢头，8月上旬，为桑粉虱繁殖盛期，摘去梢头1～5叶，可杀死大量卵和幼虫。

化学防治　施用敌百虫、乐果乳油等药剂防治。

参考文献

华德公，胡必利，阮怀军，等，2006. 图说桑蚕病虫害防治[M]. 北京：金盾出版社.

王向东，罗林军，2007. 攀西桑粉虱的形态研究[J]. 西南师范大学学报(自然科学版), 32(3): 121-125.

王卫明，李晋南，钮菊林，等，2002. 桑粉虱的生物学特性调查研究[J]. 蚕业科学(4): 56-60.

杨妙，苏艳环，黄胜，等，2015. 广西桑园桑粉虱发生及综合防治技术[J]. 广西蚕业，52(1): 23-25.

余虹，张志钰，芮开宁，等，1998. 桑粉虱形态研究[J]. 昆虫学报，41(2): 157-162.

（撰稿：王茜龄；审稿：夏庆友）

桑虎天牛 *Xylotrechus chinensis* (Chevrolat)

一种以幼虫蛀食枝、干，主要危害桑树的害虫。又名虎天牛、虎斑天牛。鞘翅目（Coleoptera）天牛科（Cerambycidae）脊虎天牛属（*Xylotrechus*）。国外主要分布于韩国、日本。中国主要分布于河北、山东、江苏、浙江、安徽、湖北、四川、广东、台湾等地及辽宁的西部地区。

寄主 除桑外，还危害苹果、柑橘、葡萄等。

危害状 幼虫蛀食桑树韧皮部和木质部，形成宽大隧道，树皮龟裂，阻断营养和水分的传导。危害轻时，桑树枝细叶小，产量不高；危害严重时，造成桑树大量枯死（图1）。

形态特征

成虫 体长16～28mm。触角短，仅达鞘翅基部。前胸背板近球形，有黄、赤褐及黑色横条斑。鞘翅基部宽阔，翅上有黑色和黄色相间的斜带。雌虫前胸背板前缘鲜黄，腹部末端尖，裸露鞘翅之外。雄虫前胸背板前缘灰黄或褐色，腹部末端为鞘翅覆盖（图2①）。

幼虫 老熟幼虫体长30mm，淡黄色，圆筒形。头小，隐匿在第一胸节内。第一胸节膨大，背面前缘左右及两侧各具1褐色块状斑纹。腹部各节的背、腹两面各具有黄褐色步泡突（图2②）。

生活史及习性 1～2年发生1代，以幼虫越冬，每年4月上、中旬开始活动。老熟的越冬幼虫于5月上旬到6月中旬相继化蛹，6月下旬成虫羽化，6月下旬至7月上旬为羽化高峰。成虫出孔不久即交尾产卵。孵化后的幼虫蛀食到11月上旬越冬，翌年继续蛀食危害至7月下旬到8月间成虫羽化出孔，完成一个世代，前后约14个月的时间。成虫再产孵化的幼虫要越冬2次，在第四年的6月间再羽化，共约经22个月才能完成一个世代发育。在桑树生长发育期间成虫、卵、幼虫、蛹均有发生，各龄幼虫终年可见，世代重叠现象极为显著。初孵幼虫蛀入韧皮部，然后沿形成层由上向下蛀食。同时每隔一段距离向外蛀食一个小米粒大小分布不规则的通气孔。虫粪常由通气孔排出呈条状，堆积于树干表面很像蚯蚓粪堆，以7～8月间最为明显。幼虫经5～6次蜕皮而老熟。老熟幼虫调头向上蛀食，经蛀入孔深入木质部，咬很多木屑堵住隧道上方形成蛹室，在其内化蛹。蛹经21天左右羽化为成虫。雌虫产卵在树干的缝隙及裂口内（包括剪口、锯口、伤口、树皮裂缝等）。每次产卵1粒，一头雌虫一生可产卵104（21～272）粒。成虫有较强的飞翔能力，不取食，仅以水分维持生命。雌虫寿命平均18.6天，雄虫寿命平均24.8天。

图1 桑虎天牛危害状（华德公提供）

图2 桑虎天牛形态特征（华德公提供）

①成虫；②幼虫

防治方法 人工捕杀或参照桑天牛的药剂防治方法。

参考文献

呼声久，孙丽娜，任炳生，1975. 桑虎天牛的初步研究[J]. 昆虫学报(1): 57-65.

华德公，胡必利，阮怀军，等，2006. 图说桑蚕病虫害防治[M]. 北京：金盾出版社.

任炳生，1979. 桑虎天牛防治试验初报[J]. 蚕业科学(3):179-181.

孙永军，2011. 桑虎天牛防治试验[J]. 湖北农业科学，50(10): 2003-2004, 2010.

（撰稿：王茜龄；审稿：夏庆友）

桑黄叶甲 *Mimastra cyanura* (Hope)

以成虫咀食新梢叶。在重庆、四川，成虫除尾部是蓝色外，其余部分均是黄色，称作蓝尾叶甲，而在浙江成虫整个身体均是黄色，无蓝尾，叫黄叶虫。鞘翅目（Coleoptera）叶甲科（Chrysomelidae）米萤叶甲属（*Mimastra*）。中国分布于主要蚕区，四川、江苏、浙江、广东以及江西、湖南、福建、贵州等地。特别在丘陵地区危害更重。

寄主 除桑外，已知有梧桐、榆树、朴树、枸杞、无刺槐、黄桷树等。

危害状 主要以成虫咀食成长新梢嫩叶，轻者将叶食成缺刻，重者将梢叶食光仅留主脉。由于该虫在梢端爬行飞舞和取食时，排出大量粪便污染梢芽及下部成熟叶，严重影响叶的质量（见图）。

形态特征

成虫 土黄色，体长8～12mm，长椭圆形。头部黄色，头顶后缘有黑色“山”字形斑纹和1条中缝线。复眼大，黑褐色。触角线状共11节，为体长的2/3。前胸板长方形，两侧各有1个三角形浅凹，污褐色。中后胸黑色，有黑色绒毛。翅鞘全黄色，布满刻点，外缘黑色。腹部肥大，背面可区分为5团褐色斑，尾节多露翅鞘外，蓝黑色有刚毛，腹面黑褐色，以黄色横带将其分为5节，并满布白毛。

幼虫 成长幼虫体长10mm，圆筒形稍扁，略弯曲。第五、

桑黄叶甲危害状（华德公提供）

六腹节较肥大。头部黑色，胸腹部土黄色，前胸盾及末节硬皮板均黑色有光。其余各节具深茶褐色瘤突。胸足3对，黑色。第十腹节还有“肛足”1个，端部具吸盘，能分泌黏液，可伸缩以助行动，乳白色。

生活史及习性　1年发生1代，以成熟幼虫在较干燥的砂质壤土背坎、石坎泥土中，或者山坡苔藓下表土中越冬。4月上旬始现成虫，中旬达高峰期。羽化后首先飞至发芽较早的朴、榆、黄桷等树上危害，在嫩叶基本吃光或桑树新梢生长到8～10叶片时，才陆续迁至桑树上取食。成虫白天活动，日落后至次晨早露未干前及阴雨天和傍晚不活动。具假死性，受惊下落地面后即展翅起飞，飞翔力强，可高达15m。羽化后6～7天补充营养，即开始交配，1雌可交配2次。5月上旬开始，不论白天、夜间均可产卵。产卵期一般10天，长的可达32天。卵主要产在有苔藓砂石侧面或近地面，也有产于石缝中者，多是片产。一雌一生产卵最多171粒。不交配的雌虫也可产卵，但不能孵化。凡成虫取食桃叶、槐叶者均不能完成世代，取食桑、朴、榆、黄桷、梧桐等都能产卵和孵化。寿命雌虫38.3天，雄虫31.7天，一般产卵后5～15天死亡。

防治方法

人工捕杀　在虫口密度最大的树冠下，早晨露水未干时，用网捕或振落捕杀成虫。

化学防治　喷敌百虫或敌敌畏或乐果乳油。

参考文献

苏政荣，罗太明，1997. 桑黄萤叶甲的发生与防治[J]. 蚕学通讯(3): 14-15.

张家亮，王毅，丁建清，2015. 乌桕害虫名录[J]. 中国森林病虫(5): 25-35.

（撰稿：王茜龄；审稿：夏庆友）

桑螨　*Rondotia menciana* Moore

一种以幼虫危害桑叶的害虫。又名白蚕、洋白蚕、松花蚕、蝗虫。鳞翅目（Lepidoptera）蚕蛾科（Bombycidae）桑螨属（*Rondotia*）。中国分布于辽宁、河北、河南、甘肃、山东、陕西、山西、安徽、江苏、浙江、福建、湖南、湖北、广东、江西、四川、重庆等地。

寄主　桑、构。

危害状　以幼虫危害桑叶，吃去叶肉，仅留叶脉，使成孔洞。严重年份的7、8月间，常见满叶虫孔。螨茧累累，叶黄如麻而不能饲蚕。群众有“一年螨、两年荒，树上螨、家中光”的农谚，可见桑螨危害之严重（图1）。

形态特征

成虫　体和翅均豆黄色。雌蛾体长8.0～10.08mm，翅展39～47.1mm。触角双栉齿形，黑褐色。前翅外缘顶角下方呈弧形凹入。翅面有2条波浪形黑色横纹，两横纹间有1黑色短纹，后翅也有2条黑色短纹。腹部肥大，向下垂。产越冬卵者腹面被有深茶褐色毛。雄蛾体较小，长8.6～9.6mm，翅展29.4～30.7mm。体色较深，向上举，末端具黑毛（图2①②）。

幼虫　成长幼虫体长24mm。头部黑色，胸腹部乳白色，各环节多横皱，皱纹间有黑斑，老熟时消失。初龄幼虫体上有白粉，3次蜕皮后，粉变成豆黄色。腹部第八节背面有1黑色臀角（图2③）。

生活史及习性　桑螨有一化性、二化性及三化性。均以有盖卵块在桑枝、干上越冬。第一代幼虫于翌年6月下旬盛行孵化，称头螨，7月中旬化蛹，下旬羽化产卵，此时 化性蛾产有盖卵块越冬，而二化性、三化性蛾则产无盖卵块。8月上旬无盖卵块的卵盛行孵化，即为第二代幼虫，称二螨。二螨至8月下旬化蛹，9月上旬羽化产卵。二化性蛾产有盖卵块越冬，三化性蛾产无盖卵块，并于9月中旬孵化为第三代幼虫，称三螨。三螨10月上旬化蛹，下旬羽化，全部产

图1 桑螨危害状（华德公提供）

图 2 桑蟥的形态特征（华德公提供）

①雌成虫；②雄成虫；③幼虫

有盖卵块越冬。成虫白天羽化，飞翔力夜间较强，有趋光性。羽化后一般经 3 小时交尾，但也有迟至第六天才交尾的。交尾后隔 2 小时产卵，以 10：00～14：00 最多，无盖卵块多产在叶背，少数产在枝干上，有盖卵块几乎全部产在桑树主干、支干和 1 年生枝条上。大多数卵都产在倾斜枝的下侧或直立枝的外侧。每一有盖卵块有卵 120～140 粒，每一无盖卵块有卵 280～300 粒。成虫寿命第一代 4 天，第二代 5 天，第三代 10 天。雄蛾寿命比雌蛾长，产有盖卵块的比产无盖卵块的长。卵期第一代 9 天，第二代 12 天，越冬卵一化性 338 天，二化性 286 天，三化性 246 天。无盖卵孵化率可达 95%～100%，有盖卵最高可达 81%，平均为 60.57%。幼虫共 5 龄，全龄经过最短 18 天左右，最长达 33 天。老熟幼虫一、二代结茧于叶背，三代结茧于枝干上。蛹期 6～17 天。

防治方法

人工捕捉　刮蟥卵、采蟥茧。

化学防治　幼虫盛孵高峰后 2～5 天，用 80% 敌敌畏或者 50% 辛硫磷喷杀。

参考文献

华德公，胡必利，阮怀军，等，2006. 图说桑蚕病虫害防治 [M]. 北京：金盾出版社.

何春华，1996. 桑蟥生物学特性的调查研究 [J]. 江苏蚕业 (2): 52-54.

钱文春，白锡川，1997. 桑蟥的特性调查及防治对策 [J]. 蚕桑通报 (3): 51-52.

许梅，王培生，章晔，等，1994. 桑蟥生物学特性与防治方法 [J]. 蚕业科学，20(3): 136-140.

（撰稿：王茜龄；审稿：夏庆友）

桑蓟马　*Pseudodendrothrips mori* (Niwa)

以成、若虫刺吸式危害的桑树害虫。缨翅目（Thysanoptera）蓟马科（Thripidae）伪棍蓟马属（*Pseudodendrothrips*）。中国分布于江苏、浙江、四川、广东、安徽、山东、辽宁、山西、台湾等地。

寄主　桑树。

危害状　成虫、若虫均以锉吸口器刺破叶背或叶柄表皮吮吸汁液，使成无数褐色小凹点。被害叶因失水而提早硬化。高温干旱季节危害更烈。成片桑园枝条上、中部适熟叶全部干瘪卷缩，叶质降低，不能饲蚕（图①）。

形态特征

成虫　淡黄色，纺锤形，大小 1mm 左右。复眼 1 对，暗褐色。单眼 3 枚，红色。触角 8 节。口器锉吸式。翅细而狭长，灰白透明，边缘具长毛。跗节 2 节，末端有显著突出而可伸缩的圆胞，并具 2 爪。雌虫腹部末端狭长，产卵管短向下弯曲，两侧有锯齿状突起，翅仅达腹末。雄虫体色较深，腹部末节钝圆，翅盖过腹末（图②③）。

若虫　初孵化时体长 0.2mm，体型与成虫相似，白色透明，老熟时体长 0.7mm，淡黄色（图④）。

生活史及习性　桑蓟马 1 年发生 10 代，在桑树上终年可见。春季约 1 个月 1 代，夏秋季 15～20 天 1 代。以成虫在枯枝、落叶、树皮、裂缝、杂草中越冬，翌年春叶开放时开始活动，在叶背危害，爬行时常把尾端上举，能飞善跳，一遇惊动即翘尾而逃。雌虫羽化后，春经 7、8 天，夏经 3、4 天在新梢顶端 1～3 叶上爬行，寻找适当产卵部位，以锯齿状产卵器在嫩叶背面主、侧脉分叉间，及其附近的叶肉组织表皮内产卵，每处 1 粒，一生产卵 50～70 粒。寿命 7 天左右。雄虫交尾 3～5 天即死。卵期 5～7 天。若虫蜕皮 3 次共经 10～13 天羽化为成虫。

防治方法　清洁桑园；用乐果、敌敌畏、敌百虫等药剂防治。

参考文献

冯跃平，王泽林，2010. 桑蓟马生活习性及防治对策 [J]. 蚕学通讯 (3): 28-29.

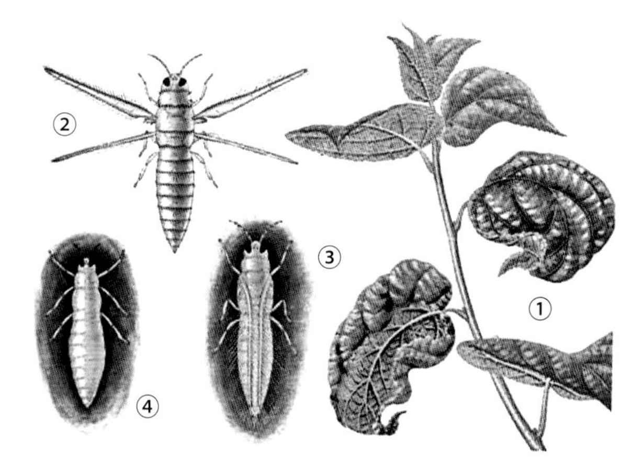

桑蓟马危害状及成虫幼虫形态特征（林元吉提供）

①危害状；②成虫；③自然态成虫；④若虫

王泽林，2009. 桑蓟马被害叶对家蚕茧质及卵质的影响 [J]. 蚕桑通报，40(2): 24-26.

章攀，游春平，2018. 广东省桑树害虫害虫种类调查与鉴定 [D]. 广州：仲恺农业工程学院.

（撰稿：王茜龄；审稿：夏庆友）

桑毛虫　*Sphrageidus similis xanthocampa* (Dyar)

食害桑叶和桑芽的害虫。又名黄尾白毒蛾、桑褐斑毒蛾、桑毒蛾、金毛虫、毒毛虫、花毛虫、狗毛虫、洋辣子等。鳞翅目（Lepidoptera）目夜蛾科（Erebidae）环毒蛾属（*Sphrageidus*）。国外分布于欧洲、亚洲各地。中国分布于北起黑龙江、内蒙古，西至陕西、四川、贵州、云南，南迄广东、广西，东达沿海和台湾等地。

寄主　除危害桑外，也危害桃、李、苹果、梨、梅、杏、枣、樱桃、海棠、栗及柳、枫、杨、白杨等多种树木。

危害状　幼虫食害桑树芽、叶，以越冬幼虫剥食桑芽危害最重，可将整株桑芽吃尽，以后各代幼虫危害夏、秋叶，吃成大缺刻，仅剩叶脉，严重时全园桑叶都可吃光（图1）。

图1　桑毛虫幼虫食害桑叶（华德公摄）

形态特征

成虫　体、翅白色。雌蛾体长18mm，翅展36mm，雄蛾体长12mm，翅展30mm。触角双栉齿形，土黄色。前翅内缘近臀角处有黑褐色斑纹，雄蛾除此斑外，在内缘近基部尚有1黑褐色斑。后翅无纹。雌蛾腹部粗大，末端具较长的黄色毛丛，雄蛾腹部小，尾端尖，自第三腹节开始即着生短小的毛（图2①）。

幼虫　成长幼虫体长26mm。一龄幼虫灰褐色，二龄出现彩色和黄毛，三龄幼虫头壳上黄色八字纹隐约可见，从四龄开始，八字纹明显。头黑色，胸腹部黄色，背浅红色，亚背线、气门上线和气门线黑褐色，均断续不相连，前胸背面有2对黑褐色纵纹，两侧各生1红色大毛瘤，上生黑色长毛。第六、七腹节背面各有1个红色盘状的翻缩腺（图2②③）。

生活史及习性　桑毛虫1年发生的代数依地区气候有不同，内蒙古1年1代，辽宁2代，山东3代，江苏、浙江、四川3代为主，间有不完全4代，江西4代，广东6代，均以幼虫越冬。越冬龄期不一，以三龄为多。翌年早春气温上升到16°C以上时，越冬幼虫破茧而出，开始危害桑芽，一般与冬芽萌发期相吻合。成虫日间停伏桑叶间，傍晚飞翔，有趋光性。夜间产卵于叶背，成卵块，4～10天产完。一般雌虫寿命7～17天，雄虫4～14天。卵期内蒙古8～9天，江苏、浙江4～7天。幼虫蜕皮5～7次，经20～37天老熟化蛹，蛹期7～21天。在长江以南地区至10月间（初霜之前）幼虫即寻找枝干裂隙、蛀孔等吐丝作茧蛰伏越冬。初结的茧疏松，随气温下降不断吐丝加厚，并把体毛蜕下，加在茧上。

防治方法　人工摘除"窝头毛虫"叶片。喷洒33%桑保青乳油或者桑虫清。晚秋可喷洒药效期长的速灭杀丁等拟除虫菊酯类农药。

图2　桑毛虫形态特征（华德公摄）

①成虫；②一龄幼虫；③成长幼虫

参考文献

华德公，胡必利，阮怀军，等，2006. 图说桑蚕病虫害防治 [M]. 北京：金盾出版社.

谷山林，吕金凤，2019. 桑毛虫的发生与防治技术 [J]. 农村科技，408(6): 33-34.

郭石生，2009. 桑毛虫、桑尺蠖发生规律及防治研究 [J]. 云南农业科技 (1): 5-8.

王泽林，2013. 桑毛虫的测报及防治 [J]. 蚕桑茶叶通讯 (2): 13.

（撰稿：王茜龄；审稿：夏庆友）

桑螟　*Glyphodes pyloalis* Walker

一种以幼虫食害桑叶的害虫，吐丝卷在桑叶中危害。鳞翅目（Lepidoptera）螟蛾科（Pyralidae）绢丝野螟属（*Glyphodes*）。中国各蚕区均有发生。

寄主　除危害桑外，尚未发现其他寄主。

危害状　幼虫吐丝缀成卷叶或叠叶，虫藏其中，咀食叶肉，仅留叶脉及上面表皮，形成灰褐色透明薄膜，久之则破裂成孔，群众称为“开天窗”。桑螟排泄物污染叶片，影响桑叶品质及饲蚕，还易导致蚕病发生（图 1）。

图 1　桑螟危害状（①华德公摄；②陈伟国摄）
①桑螟危害较轻症状；②田间大暴发症状

形态特征

成虫　体茶褐色，被有白色鳞毛，有绢丝闪光。体长 10mm，翅展 20mm。头小，两侧具有白毛。复眼大，黑色卵圆形。触角鞭状灰白色。前后翅白色带紫色反光，前翅有 5 条淡茶褐色横带，中央一条的下方有 1 白色圆孔，孔内有 1 褐点。后翅沿外缘有宽阔的茶褐色带，近臀角处又有 1 茶褐色斑点。雌蛾腹部粗大，尾端圆形。雄蛾腹部瘦长，尾端尖略向上举，有 1 簇白毛（图 2 ①）。

幼虫　初孵化幼虫淡绿色有光泽，密生细毛。成长幼虫长 24mm。头淡赭色，胸腹部淡绿色，背线深绿色，胸腹各节有黑色毛片，毛片上还剩 1～2 根刚毛。越冬幼虫体呈淡红色，背线不明显（图 2 ②）。

图 2　桑螟的形态特征（华德公摄）
①成虫；②幼虫

生活史及习性　浙江、江苏和四川 1 年发生 4～5 代，山东 3～4 代，广东顺德 1 年 6～7 代，均以老熟幼虫越冬；台湾 1 年发生 10 代，广东湛江 1 年 10～11 代，世代重叠严重，无明显越冬现象。江浙一带，翌年 4 月中旬开始化蛹，5 月中旬出现成虫，第一代幼虫 6 月中旬开始孵化，6 月下旬盛孵，每月一代幼虫，第四代幼虫 9 月中旬开始蛰伏，大部以第五代幼虫在 11～12 月陆续蛰伏。成虫清晨羽化多，羽化率约 86%，日中隐伏叶下及杂草中，夜间活动，有趋光性，飞行迅速。寿命一般 3～4 天，最长可达 11 天。雌成虫卵多产在枝顶 1～9 叶的背面，沿叶脉一处产卵 2～3 粒，一叶卵数可多达 22 粒。每蛾平均产卵 186 粒，最多产 500 粒。卵期一般为 5～6 天，孵化多在日中，孵化率为 75% 左右，气候多湿可全部孵化。初孵幼虫在叶背叶脉分叉处取食下表皮及叶肉组织，仅留上表皮。三龄后吐丝折叶，伏内取食，也有数头在折叶内食害，并排泄物在其中。一叶食光，再移至他叶，全株食光，则吐丝下垂，随风飘至他株。幼虫历期因气温而异，非越冬代短，全龄 11.5～13.2 天，越冬代长

190～206天，共蜕皮5次而老熟。蛹期8～22天。

防治方法　捏杀幼虫。用频振式杀虫灯诱杀成虫。

化学防治　在幼虫二龄末，喷布40%桑宝或辛硫磷。晚秋蚕上簇后，可用拟除虫菊酯类农药。

参考文献

白锡川，杨海江，柳丽萍，等，2003. 桑螟对氨基甲酸酯类农药的抗性调查[J]. 蚕桑通报(1): 20-23.

华德公，胡必利，阮怀军，等，2006. 图说桑蚕病虫害防治[M]. 北京：金盾出版社.

钱祥明，洪志英，王卫明，等，1995. 桑螟的生物学特性研究[J]. 蚕业科学(1): 50-52.

王泽林，2010. 桑螟的生活规律及防治措施[J]. 蚕桑茶叶通讯(2): 14-15, 3.

吴重光，1997. 桑螟发生规律及规范防治的研究[J]. 江苏蚕业(3): 21-23.

（撰稿：王茜龄；审稿：夏庆友）

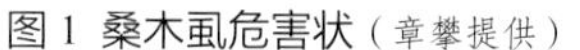

图1 桑木虱危害状（章攀提供）

图2 桑木虱成虫（章攀提供）

图3 桑木虱若虫（章攀提供）

桑木虱　*Anomoneura mori* Schwarz

以成、若虫刺吸汁液，主要危害桑树幼嫩组织的害虫。半翅目（Hemiptera）木虱科（Psyllidae）桑木虱属（*Anomoneura*）。中国分布于江苏、浙江、四川、湖北、贵州、陕西、辽宁、台湾等主要蚕区。

寄主　主要危害桑树，在桑树无叶时，也迁移到柏树上危害，称为"转株寄生"。

危害状　桑木虱成虫、若虫均能危害，在枝梢上部叶背吸食桑芽和叶片叶汁，使桑芽不能萌发，桑叶卷缩，呈"耳朵"叶或"筒状"叶。枝叶满布白色蜡丝，并在卷叶内分泌蜜露，使被害叶和下部叶片均受污染，且诱发烟煤病和诱集蚂蚁，严重影响叶质，同时蜡丝和蜜露飞扬下落，树下间作物也发生黑斑，生长不良。桑木虱危害桑叶及芽的症状不很明显，但在密集时期常见脉黄叶薄，提早硬化脱落（图1）。

形态特征

成虫　体长3～3.5mm，翅展9mm，体型似蝉。初羽化时淡绿色，一周后变为黄褐色。头短阔，复眼半球形，赤褐色，位于头之两侧，单眼2个，淡红色，在复眼内侧。触角黄色，针状共10节，末节黑褐色具刚毛2根成分叉状。口器刺吸式，由3节组成。前翅长圆形，半透明，有黄褐纹及黑褐纹，后翅透明。腹节10节，第九、十节愈合，各节背板有黑纹带，产卵时，雌虫腹下呈红黄色（图2）。

若虫　长2.24mm，宽0.88mm，体扁平，初孵化时灰白色，后变为淡黄色。复眼球形，赤色。触角初3节，四龄后增至10节。翅芽初成突起状，四龄后特别肥大。腹末有蜡丝（又称白毛），三龄前3束，三龄后变为4束，最长可达25mm（图3）。

生活史及习性　1年1代，以成虫越冬，若虫期危害最重，成虫期危害最长。桑芽开始萌发时，越冬成虫即飞至嫩芽交尾、产卵，卵经20天左右开始孵化。若虫经4次蜕皮22～29天羽化成虫。成虫在桑柏间往返取食成长。冬季气温下降到4°C以下，即在桑、柏裂隙或蛀孔中越冬。柏树上越冬最多。寿命几乎达一年。

越冬成虫交尾产卵以日中最盛，最喜产卵于脱苞或未展开幼叶背面，就一株而言，以上部枝产卵多，下部渐少，每枝也以1～3芽卵粒最多。每一雌虫最多可产卵3196粒，平均2126粒。产卵期约40天，产卵期成虫破坏新芽组织，致嫩芽发育不均衡，叶缘向背卷缩，故形成"耳朵"叶，很易识别。

防治方法　避免桑、柏混栽。可用乐果乳油进行防治。

参考文献

绕文聪，罗永森，丁文华，等，2006 乐扫防治桑木虱的药效试验[J]. 广东蚕业，40(2): 28-30.

新井裕，高德三，1988. 桑木虱的防治[J]. 江苏蚕业(3): 60-62.

曾爱国，1981. 桑木虱的防治[J]. 陕西蚕业(2): 50-51.

章攀，游春平，2018. 广东省桑树害虫害虫种类调查与鉴定[D]. 广州：仲恺农业工程学院.

（撰稿：王茜龄；审稿：夏庆友）

桑梢小蠹　*Cryphalus exignus* Blandford

以成、幼虫蛀害枝条，主要危害桑树的害虫。又名桑梢小蠹虫、桑小蠹、桑枝小蠹虫、黑蠹虫。鞘翅目（Coleoptera）象虫科（Curculionidae）梢小蠹属（*Cryphalus*）。中国有桑之地皆有分布。

寄主　桑树。

危害状　桑梢小蠹的成虫、幼虫都蛀食枝条韧皮部和木质部边材，形成菊花状坑道，致使桑芽的养分通道阻断而形成哑芽，同时还诱发桑树枝芽真菌病害和桑芽细菌病害。尤

S

以越冬成虫在早春季节危害严重，每一桑芽聚集成虫20头以上，从芽褥下向芽中心蛀食，将桑芽基部全部吃空，严重影响春叶产量（图1）。

形态特征

成虫　黑褐色，密生淡褐色短毛。体长1.5～1.8mm，短圆柱形。触角锤状，末端膨大呈卵形。胸部大，占全身的2/5。前胸背板隆起，有许多盘状突起。鞘翅黑色，有10条明显的纵列刻点沟。雄虫腹部末端扁平，雌虫较膨大。初羽化时体黄白色，逐渐转深，最后成黑色（图2）。

幼虫　成长幼虫体长1.5～1.8mm，圆筒形，常弯曲，初孵化时乳白色，后变淡黄色，体表散生短毛。头部浅褐色，无胸足。

生活史及习性　桑梢小蠹1年发生3代，少数2代，以成虫（少数有幼虫或蛹）在枝条坑道内越冬。越冬成虫在越冬前后均有一段补充营养时期，春期在冬芽基部，危害枝条韧皮部，多从剪锯后的枝干破皮处或枯梢、枯桩皮下开始蛀食，危害韧皮部及木质部边材，形成粗细一致的辐射状坑道。繁殖期成虫有趋半枯枝和干的习性。在半枯枝、干上构筑交尾穴，雌、雄一对同栖一坑道内，产卵块其中。每一卵块有7～22粒，每雌产卵15～47粒。卵期12～15天。幼虫第一代20～25天，第二、三代18～20天，在坑道末端作化蛹穴化蛹。蛹期5～7天，羽化时在蛹室上方咬1圆形羽化孔走出。9月底10月初迁至活树上越冬，越冬穴一般筑在树皮缝隙处、休眠芽附近。成虫不善飞翔，有假死性。寿命第一代20～23天，第二、三代18～20天，一般雄虫较长。

图1 桑梢小蠹危害状（华德公提供）

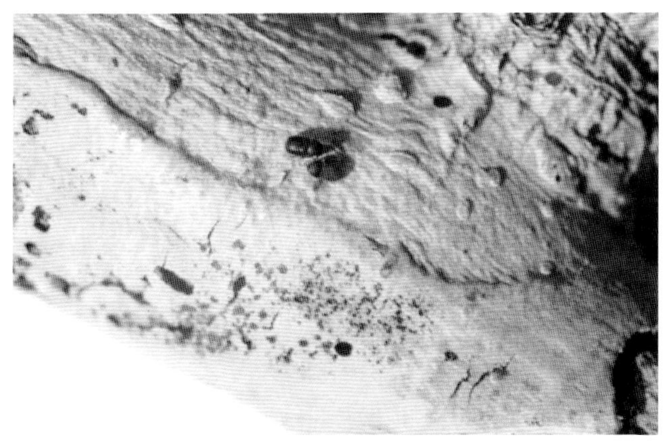
图2 桑梢小蠹成虫形态特征（华德公提供）

防治方法　剪除虫枝干。诱杀，2月中下旬选一些枝条，刮破树皮，诱集桑梢小蠹危害。

化学防治　早春发芽前及晚秋喷敌敌畏乳油，晚秋还可混用甲基托布津可湿性粉剂。

参考文献

华德公，胡必利，阮怀军，等，2006. 图说桑蚕病虫害防治[M]. 北京：金盾出版社.

郭石生，2009. 桑毛虫、桑尺蠖发生规律及防治研究[J]. 云南农业科技(S1): 5-8.

李晨霖，叶可可，黄志君，2014. 桑树鞘翅目主要害虫的研究进展[J]. 广东蚕业，48(1): 39-42.

王军，1981. 桑梢小蠹虫及其防治[J]. 华北农学报(2): 69-72.

吴健，金海华，顾兵，1988. 桑梢小蠹虫为害桑树调查[J]. 江苏蚕业(2): 35.

（撰稿：王茜龄；审稿：夏庆友）

桑虱　*Drosicha contrahens* Walker

一种吸取汁液，主要危害桑树的害虫。又名桑鳖、乌龟虫、蚀芽虫、桑壁虱、桑臭虫等。半翅目（Hemiptera）绵蚧科（Margarodidae）履绵蚧属（*Drosocha*）。中国辽宁、吉林、河北、山东、浙江、江苏、福建、广东、台湾等地均有发生。

寄主　除桑以外，还危害红叶李、桃、葡萄、无花果、榔榆、白榆、女贞、白杨、枫杨、蚕豆、柑橘等。

危害状　若虫密集于1年生枝条上，特别是冬芽基部四周，以刺吸式口器刺入皮层吸取汁液，致使桑芽枯竭不能萌发，发芽后的幼嫩叶片枯焦而死，如低温冻害症状。雌成虫还危害叶片（图1）。

形态特征

成虫　雌虫无翅，足特别短小，体椭圆形，长11～13mm。背面隆起多皱纹，边缘橘黄色，足、口器黑色。触角8节，各节有毛，各气门窝内及肛筒基端都有圆盘腺的孔口，为泌蜡腺。雄体较小，长3～4mm，紫红色，前胸背面具黑斑，口器退化，前翅黑色，翅面具浪纹，后翅退化成匙状平衡棒，末端有4个曲沟。触角10节，3～9节各节有3圈轮生褐色长毛，腹部末端两节侧面各有1对棍状突起，前面两节也有较小突起（图2）。

若虫　体型如雌成虫，但略小，初孵化时色稍淡，触角节数各龄不同，一龄5节，二龄6节，三龄7节。雌虫蜕皮3次，即成无翅成虫。

生活史及习性　1年1代，以卵在卵囊内于土壤中越冬。越冬卵于翌年2月中旬孵化出土为多，但随气候而定，从2月前后开始，前后可达2个月。卵期一般8个月。孵化以10：00最盛。出土不久即爬上寄主植物的主干部分，在树皮裂缝或背风处密集。口针不但取食，还有固着体躯的作用。一龄若虫初期一般固定一处取食，很少活动，并逐渐分泌蜡

图 1　桑虱危害状（华德公提供）　　图 2　桑虱成虫（华德公提供）

质粉，初时无色透明。雌虫若虫期平均 120 天，雄虫 105 天，以第一龄为最长，可达 60～70 天。4 月初开始蜕第一次皮，蜕皮前，虫体上白色蜡质粉末特多。蜕皮后多数爬到桑芽基部取食。4 月下旬初期蜕第二次皮，此时已分别扩散到植株各枝条的节间或叶片上吮吸取食。于 5 月上旬蜕第三次皮，雌虫为无翅成虫，雄虫羽化为有翅成虫，羽化后第二天开始交尾，交尾后 1～3 天即死。无翅成虫经 3～10 天进行交尾，交尾多在上午进行，每次历时 15～30 分钟。交尾后仍需继续取食，经 14～28 天于 5 月中下旬，沿桑枝下走，入土产卵。产卵期经 4～5 天完毕，虫体逐渐干瘪收缩，再经 6～7 天死于卵囊下面，寿命一般 30～32 天。

防治方法

农业防治　夏耕挖出卵囊；抹杀若虫；春伐。

化学防治　早春发芽前，喷马拉硫磷乳油，桑芽脱苞到开放 2～3 叶时，喷敌百虫和乐果乳油。

参考文献

白克明，李玉平，薛忠民，2006. 桑虱的生活习性与防治方法 [J]. 北方蚕业 (3): 74-75.

陈少堂，1998. 桑虱的防治技术及效果分析 [J]. 蚕桑通报 (3): 53.

华德公，胡必利，阮怀军，等，2006. 图说桑蚕病虫害防治 [M]. 北京：金盾出版社.

周昌平，梅亚军，杨吟曙，2015. 桑虱的发生与防治 [J]. 北方蚕业，37(2): 25-26.

（撰稿：王茜龄；审稿：夏庆友）

桑始叶螨　*Eotetranychus suginamensis* (Yokoyama)

以刺吸式口器刺入寄主叶片吸食汁液的害螨。又名红蜘蛛、桑东方叶螨，俗名火龙、红砂。真螨目（Acariformes）叶螨科（Tetranychidae）始叶螨属（*Eotetranychus*）。国外分布于日本和印度。中国在北京、陕西、江苏、浙江、四川均有发生。

寄主　除桑外，还危害枸杞、枹树。

危害状　成螨、幼螨和若螨多在叶背沿叶脉处吸食桑叶汁液，被害处出现许多斑点，初呈白色半透明状，渐次变黄色至黄褐色；并在叶面相应处出现变色斑，严重时全叶红褐枯焦，远观如火烧状。春季桑树萌发至落叶止均有发生，夏秋季发生多而危害重。高温干旱最易成灾（图 1）。

形态特征

成螨　体黄白色，越冬时呈橙黄色。雌螨椭圆形，后部圆钝，长约 0.4mm。雄螨纺锤形，长约 0.35mm，背面两侧有暗绿色污斑。前体部背面有 2 对红色球状单眼和 3 对刚毛，雌螨后体部有刚毛 5 横列，依次为 3、2、2、2、1 对，共 20 根。雄螨的依次为 3、2、2、2 对，共 22 根。足各节短，雌螨爪 4 分叉，雄螨爪 2 分叉（图 2 ①②）。

幼螨　体淡黄色或柠檬色，有足 3 对（图 2 ③）。

若螨体淡黄色，逐渐加深，有足 4 对。

生活史及习性　1 年发生 10 代左右，在日平均温度 21～25°C下，15～17 天发生 1 代，在日平均温度 26～28°C下，10～13 天发生 1 代。以受精雌螨在落叶、枝干裂隙或土隙中越冬。春季桑芽展叶时（一般在 4 月上中旬，日平均温度达到 14°C以上时）即开始活动，直至 11 月间均可相继繁殖，以夏秋季繁殖最盛。喜栖息叶背，沿叶脉危害，在叶脉分叉处吐丝结网，常雌、雄两三头栖伏其下取食、繁殖。每处产卵两三粒至四五粒不等。产卵期 1～2 周。每雌产卵 10～40 粒。

防治方法

农业防治　铲除杂草，及时翻耕。早春及夏伐后及时铲

图 1　桑始叶螨危害状（王茜龄提供）

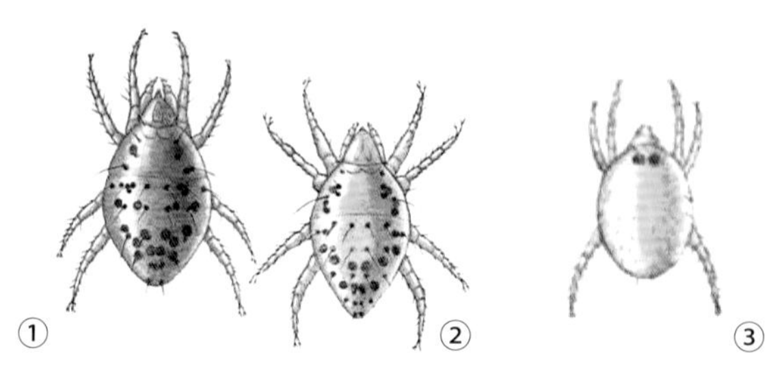

图 2　桑始叶螨的形态特征（林元吉提供）

①雌成螨；②雄成螨；③幼螨

S

除杂草。摘除螨叶。

化学防治　螨净乳油、乐果乳油、杀螨特乳油等药剂防治。

选栽抗性品种。

参考文献

孙绪艮, 周成刚, 刘玉美, 等, 1995. 桑始叶螨 *Eotetranychus suginamensis* (Yokoyama) 生物学特性研究 [J]. 蚕业科学 (3): 184-185.

唐以巡, 龙淑珍, 胡国洪, 等, 1990. 桑始叶螨 *Eotetranychus suginamensis* (Yokoyama) 发生规律与防治研究Ⅳ发生规律与防治研究 [J]. 蚕学通讯 (4): 9-15.

唐以巡, 王湘君, 张明阶, 等, 1988. 桑始叶螨 *Eotetranychus suginamensis* (Yokoyama) 发生规律与防治研究——Ⅲ、生物学的研究 [J]. 蚕学通讯 (2): 30-35.

唐以巡, 张明阶, 胡国洪, 等, 1987. 桑始叶螨 *Eotetranychus suginamensis* (Yokoyama) 发生规律与防治研究 Ⅱ、分布为害与形态研究 [J]. 蚕学通讯 (4): 28-31.

（撰稿：王茜龄；审稿：夏庆友）

桑树斑翅叶蝉　*Tautoneura mori* (Matsumura)

一种刺吸式危害的杂食性害虫。又名桑叶蝉、桑斑叶蝉、血斑浮尘子。半翅目（Hemiptera）叶蝉科（Cicadellidae）红斑叶蝉属（*Tautoneura*）。在中国蚕区普遍发生，山东、安徽、江苏、浙江发生严重。

寄主　桑、桃、李、梅、葡萄、柑橘等。

危害状　成虫、若虫均在桑叶背面刺吸汁液，被害初期叶面呈现许多小白斑，以后逐渐变黄褐色，造成叶质下降并提前硬化（图 1）。

形态特征

成虫　浅黄色，体长 2～2.5mm，头、胸、前翅都有血红色纵向斑纹，头、胸各有 2 条，但斑纹数及大小变化很大，常减少甚至全部消失。头冠向前成钝角前突，前翅半透明，后翅略带黄色，透明无斑纹（图 2）。

若虫　末龄若虫比成虫稍小，浅绿色，有对称斑点和条纹。

图 1 桑树斑翅叶蝉危害状（华德公提供）

图 2 桑树斑翅叶蝉成虫（华德公提供）

生活史及习性　在浙江每年发生 4 代，以成虫在落叶、杂草、裂缝中越冬。春芽萌动后，越冬成虫开始活动，5 月下旬产卵，卵产在叶脉组织里，每处 1 粒，6 月中旬孵化，经 5 次蜕皮后于 7 月上旬羽化；第二代 7 月中旬产卵，下旬孵化，8 月上旬羽化；第三代 8 月中旬产卵，下旬孵化，9 月上旬羽化；第四代 9 月中旬产卵，下旬孵化，10 月中旬开始越冬。成、若虫喜欢栖息在叶背面。若虫不大活动。秋季危害重，春季发生少，夏季较多。

防治方法　秋、冬清洁桑园。若虫发生盛期，喷洒敌敌畏乳油或者乐果乳油。晚秋蚕结束后，立即喷布 20% 速灭丁乳油。

参考文献

华德公, 胡必利, 阮怀军, 等, 2006. 图说桑蚕病虫害防治 [M]. 北京: 金盾出版社.

李学新, 1988. 蜘蛛在桑园中的天敌作用 [J]. 植物保护, 14(1): 46.

王照红, 杜建勋, 阎盛兴, 等, 2003. 夏季桑园主要害虫化学防治 [J]. 山东蚕业 (2): 10.

章攀, 游春平, 2018. 广东省桑树害虫害虫种类调查与鉴定 [D]. 广州: 仲恺农业工程学院.

（撰稿：王茜龄；审稿：夏庆友）

桑透翅蛾　*Paradoxecia pieli* Lieu

主要以幼虫蛀食 1 年生枝干的桑树害虫。又名桑蛀虫、蛀虫、桑条虫、条割、小老母虫等。鳞翅目（Lepidoptera）透翅蛾科（Sesiidae）桑透翅蛾属（*Paradoxecia*）。中国分布于江苏、浙江、四川、重庆、贵州等地。

寄主　除危害桑树外，尚未发现其他寄主。

危害状　幼虫蛀食 1 年生桑枝，受害枝长势衰弱，叶小而薄，蛀孔附近春芽也枯死。孵化幼虫沿叶柄下爬，在叶柄基部两侧蛀成小裂孔，逐步深入木质部，致该腋芽变成黑枯芽。蛀食孔道垂直，每隔一定距离（3～5cm）向枝外开排泄孔（图 1）。

S

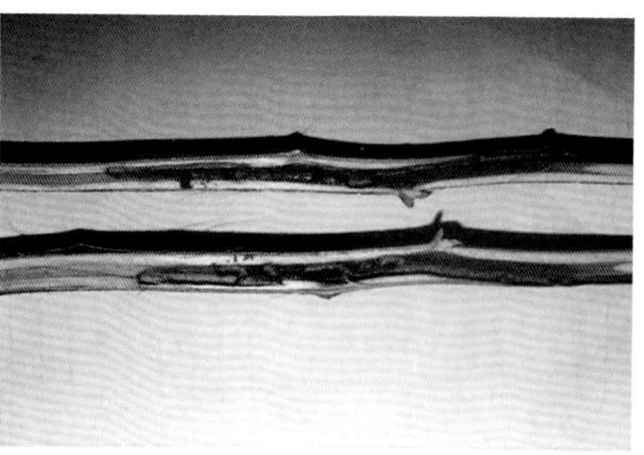

图 1 桑透翅蛾危害状（陈端豪摄、华德公提供）

图 2 桑透翅蛾成虫（陈伟国摄）

形态特征

成虫 全体深酱色，雌蛾体长 13～16mm，翅展 29～35mm，雄蛾体略小。头部黑色，后缘有白毛。触角黑褐，雌锯齿形，雄双栉齿状。胸部前缘两侧各有 1 条黄色横纹，其他部分均有黑褐色毛覆盖。前翅狭长具紫黑色鳞片，缘毛灰褐色，后翅短而透明，具紫黑色稀疏鳞片。腹部黑褐色，第一节背面两侧各有 1 条黄色纵纹，第二、四、五各节后缘各有 1 条黄色横带，腹面第二至五节后缘也各有 1 条淡黄色横带，故外形似胡蜂（图 2）。

幼虫 圆筒形黄白色，成长幼虫体长 33～45mm。头棕色，口器强大坚硬，第一胸节硬皮板棕黄色斜置头上，第八腹节也具棕黄色硬皮板斜置尾端，其后缘有锯齿 1 列，四周具刚毛。胸足 3 对较小，腹足退化，仅留痕迹。

生活史及习性 桑透翅蛾在江浙及四川均是 1 年 1 代。成虫多在上午羽化，正午前后交尾，次日下午温度最高时产卵。成虫喜白天活动，静止时四翅竖起，栖息于桑叶或花草上。每雌蛾最多产卵 38 粒，多在叶背沿主脉一侧，1 叶上仅产 1 粒，弱枝较多。卵期长短不一，早者 6 月中旬所产，经 19～21 天，迟者 7 月初所产，只 12 天即孵化。幼虫蛀孔，孔口多同一方向，不分昼夜，一生可蛀排泄孔 9～20 个，平均 13 个。幼虫老熟前，在最下排泄孔上方蛀 1 长方形羽化孔，长宽 10.5mm×4.8mm，头转上，并以木屑填塞，然后退至孔道底部，经 8～9 天化蛹。幼虫期共 310 天。10 月下旬开始蛰伏。寿命雌蛾 3～4 天，雄蛾 2 天左右。

防治方法

农业防治 加强肥培管理，促进枝条粗壮，加强修枝工作，剪去未入拳虫枝。

化学防治 用各种油，如植物油、柴油、煤油，以注油器从最下孔注入，以杀死幼虫。

参考文献

华德公，胡必利，阮怀军，等，2006. 图说桑蚕病虫害防治 [M]. 北京：金盾出版社.

毛建萍，缪桂芳，浦冠勤，等，1996. 桑蛀虫的生物学特性研究 [J]. 江苏蚕业 (4): 8-10.

王尚俊，杨增群，2004. 桑蛀虫的发生与防治技术 [J]. 广西蚕业 (4): 28-29.

王泽林，宋友全，2015. 桑蛀虫为害对桑叶产量的影响 [J]. 蚕桑通报 (2): 27-29.

（撰稿：王茜龄；审稿：夏庆友）

沙葱萤叶甲 *Galeruca daurica* (Joannis)

一种严重危害沙葱、多根葱、野韭等百合科葱属植物的草原害虫。鞘翅目（Coleoptera）叶甲科（Chrysomelidae）萤叶甲亚科（Chrysomelinae）萤叶甲属（*Galeruca*）。国外主要分布于蒙古、俄罗斯（西伯利亚）、朝鲜和韩国等。中国分布于内蒙古、新疆和甘肃等地。

寄主 沙葱、多根葱、野韭等百合科葱属牧草。

危害状 成虫和幼虫均能危害，但主要以幼虫危害沙葱、多根葱、野韭等百合科葱属牧草的叶部，幼虫趋于片状分布，在危害边际 1～2m 宽幅内高密度聚集，并以 3～5m/天的速度从丘陵草原顶部向四周逐渐蔓延，导致危害面积逐步增大，危害程度逐渐加重（图 1）。

形态特征

成虫 体长约7.50mm，体宽约5.95mm，长卵形，雌虫体型略大于雄虫（图2④）。羽化初期虫体为淡黄色，逐渐变为乌金色，具光泽。触角11节，7~11节较2~5节稍粗。复眼较大，卵圆形，明显突出。头、前胸背板及足呈黑褐色，前胸背板横宽，长宽之比约为3：1，表面拱突，上覆瘤突。小盾片呈倒三角形，无刻点。鞘翅缘褶及小盾片为黑色。鞘翅由内向外排列5条黑色条纹，内侧第一条紧贴边缘，第三、四条短于其他3条，第二和第五条末端相连。端背片上有1条黄色纵纹，具极细刻点。腹部共5节，初羽化的成虫腹部末端遮盖于鞘翅内，取食生活一段时间以后腹部逐渐膨大，腹末端外露于鞘翅，越夏期间收缩于鞘翅。雌虫腹末端为椭圆形，有1条“一”字型裂口，交配后腹部膨胀变大。雄虫末端亦为椭圆形，腹板末端呈两个波峰状凸起。

卵 初产为淡黄色，后逐渐变为金黄色，呈椭圆形（图 2①）。长约 1.3mm，宽约 1.1mm。

幼虫 共 3 龄，一龄头壳宽 0.75～0.82mm，体长约 3.15mm；二龄头壳宽 1.45～1.58mm，长约 5.98mm；三龄头壳宽 2.09～2.14mm，长约 11.22mm（图 2②）。初孵化的幼虫淡黄色，随发育体色逐渐变为黑色。体躯呈长形，体表具有毛瘤和刚毛，腹节有较深的横褶。胸部共 3 节，各具 1 对足。腹部共 9 节，前 5 节较胸部略微膨胀，后 3 节较胸部略微缩小，腹末端呈近圆形。幼虫化蛹前体躯缩成“U”形。

蛹 离蛹，体长约 3.81mm，体宽约 2.62mm（图 2③）。

图1 沙葱萤叶甲危害状（庞保平提供）

图2 沙葱萤叶甲（庞保平提供）

①卵；②幼虫；③蛹；④成虫

初化蛹为淡黄色，后渐变为金黄色。体表分布不均匀的刚毛，复眼、触角及足的末端呈黑褐色。触角从复眼之间向外伸出，包裹住前中足，前、中足外露，后足大部分被后翅所覆盖。前后翅位于体躯两侧，前翅附在后翅上。前端为前胸背板，后胸背板大部分可见。腹部共7节，1～5节各有气门1对。土茧为近圆形，虫体末端常附着蜕皮。常见于动物粪便及石块下。

生活史与习性 1年发生1代，以卵在牛粪、石块及草丛下越冬。在内蒙古锡林浩特和阿巴嘎旗草原，越冬卵的孵化时间很不一致，跨度较大，最早4月上旬开始孵化，最晚5月下旬孵化，盛期在4月下旬。幼虫大量取食新鲜的沙葱、多根葱及野韭等百合科葱属植物。5月中旬老熟幼虫开始建造土室化蛹。6月上旬成虫开始羽化，刚羽化成虫大量取食以补充营养，随后进入蛰伏期越夏。8月下旬雌雄成虫开始交配产卵，期间取食量较大。至9月下旬成虫基本在草原消失，个别成虫见于牛粪、石块及草丛下。

幼虫共分3龄，随龄期增大取食量也随之增加，三龄幼虫期食量约占幼虫期总食量的65%。幼虫仅取食百合科葱属植物，喜取食较嫩的叶茎，取食野韭菜时沿叶面边缘啃食，寄主为沙葱、多根葱时，啃食植物叶茎。该虫幼虫期危害严重，可将沙葱等百合科葱属植物地上部分取食殆尽，仅剩根茬。取食过后多附在植物根部。幼虫在上午10：00后较活跃，气温较高时常躲在寄主基部。具有较强爬行能力，当寄主食物缺少时，有群体迁移现象。幼虫具有假死性，在寄主植物上有群集性。老熟幼虫停止取食后，在牛粪及石块下结土室化蛹。

羽化初期成虫大量取食，危害百合科葱属植物。7月上旬进入蛰伏期，在牛粪、石块下及草丛基部越夏。成虫有群集性，整个成虫期为3～4个月，夏季高温季节很少取食，以滞育状态越夏。8月下旬再次取食补充营养。据室内观察，24°C条件下，成虫取食5～9天后开始交配产卵。雌雄可多次交尾，雌虫一生产卵1～2次，直至死亡。交尾时雄虫前足附在雌虫背上，交配时间为50～90分钟。交尾后3～6天开始产卵，常产于牛粪、石块及针茅丛下，卵粒成块，每次产卵37～80粒。成虫仅取食百合科葱属植物，成虫初期食量较大，但取食周期较短且在夏季发生滞育，总取食量低于幼虫期。

防治方法 主要采用地面大型机械喷药的方法，防治适期在幼虫三龄以前，常用药剂有0.3%印楝素乳油、1.3%苦参碱水剂、1.2%烟碱·苦参碱乳油和4.5%高效氯氰菊酯水乳剂，制剂用量为30ml/亩。

参考文献

马崇勇，伟军，李海山，等，2012. 草原新害虫沙葱萤叶甲的初步研究[J]. 应用昆虫学报，49(3): 766-769.

吴翔，周晓榕，庞保平，等，2014. 寄主植物对沙葱萤叶甲幼虫生长发育及取食的影响[J]. 草地学报，22(4): 854-858.

吴翔，周晓榕，庞保平，等，2014. 沙葱萤叶甲的形态特征和生物学特性[J]. 草地学报，22(4): 854-858.

杨星科，黄顶成，葛斯琴，等，2010. 内蒙古百万亩草场遭受沙葱萤叶甲暴发危害[J]. 昆虫知识，47(4): 812.

（撰稿：庞保平；审稿：郝树广）

S

沙蒿木蠹蛾 *Deserticossus artemisiae* (Chou et Hua)

一种以幼虫危害根、茎的钻蛀性害虫，主要危害沙蒿类植物。又名沙蒿线角蠹蛾。鳞翅目（Lepidoptera）木蠹蛾科（Cossidae）漠木蠹蛾属（*Deserticossus*）。主要分布区为宁夏、内蒙古、陕西、甘肃等地。

寄主 黑沙蒿、白沙蒿、骆驼蓬等。

危害状 主要以幼虫危害沙蒿的主茎和根部。初孵幼虫先钻蛀根部的韧皮部，之后蛀食根部的木质部，大部分木质部被蛀空，导致枝条部分枯死，严重时整株枯死，受害根部松散干枯，易从土中拔出。

形态特征

成虫 雄虫体长19.2～23.9mm，平均21mm；翅展36.3～47mm，平均42.9mm。体翅灰褐色。触角线状，黄褐色，扁平无栉节，伸达前翅前缘的2/3。下唇须较长，黄褐色，端部黑色钝圆，沿复眼方向弯曲，可达复眼1/2。头顶毛丛、翅基片及胸前部灰褐色，靠近翅基部有两条黑色毛丛，呈“八”字形，胸后部有前白后黑两条横带，腹部浅灰褐色。前翅顶角钝圆，前缘黄褐色，有一列小黑点，臀前区中央微凹。前翅黄褐色至灰褐色，翅基暗褐色；中室之后、2A脉之前有一大的卵形白斑，较为明显，1A脉从白斑中间穿过；2A脉之后暗褐色；端半部的网状条纹极细，端部翅脉间有数条暗色纵条纹；缘毛短，有黑褐色纹。后翅褐灰色，基部黄褐色，无条纹，缘毛上黑褐色纹不明显。前翅反面暗灰色，前缘的一列黑点明显，端半部和缘毛的条纹隐约可见，后翅反面无条纹。中足胫节1对距，足后胫节2对距，中距位于胫节端部2/5处，后足基跗节稍膨大，中垫退化。雌成虫体长19.3～27.1mm，平均23mm；翅展42.6～57.5mm，平均48.4mm。腹部较粗，圆筒形，极长，末端有突出的产卵管。翅形和斑纹与雄虫相似，卵形白斑及黑色翅脉不如雄虫清晰，触角较短，仅伸达前翅前缘1/3（图①②）。

卵 椭圆形，长轴长1.7～1.8mm，短轴长1.4～1.5mm，卵壳上有横纵脊纹。初产时卵壳外层裹附着黑褐色黏着物，与沙蒿根部颜色相近。

幼虫（图③） 初孵幼虫体长4.8～5.2mm。体色初为淡红色，之后颜色逐渐加深。老龄幼虫化蛹前红色体色褪去，变为黄白色略带粉色，散布紫红色斑块。头部深褐色，前盾片黄色，背线黄白色，每体节背线两侧有1对近方形的紫红色斑，上生1根褐色刚毛，体侧至气孔线之间分布不规则紫红色斑。腹面淡色，胸足黄色，腹足趾钩为单序全环式，其中有少数趾钩长短相间。

蛹 蛹长23.1～34.1mm，宽10.6～15.1mm，深褐色。头、胸及翅芽黑褐色，头部前面有3个小突起。腹部褐色，背面具成排锯齿，第一至五节，每节上有2行齿，前行齿粗大，后行齿细小，第六至八节，每节有1列齿，腹端齿突1对（图④）。

茧 长23.1～34.1mm，最粗处直径10.6～15.1mm，土褐色。由丝与砂土缀合而成，长椭圆形，中间略弯曲。靠近蛹头部的一端，茧的厚度较薄，方便成虫羽化而出，靠近蛹

沙蒿木蠹蛾各虫态（骆有庆提供）

①雌成虫；②雄成虫；③幼虫；④蛹壳

尾部的茧较厚，依据此可以判断茧内蛹的位置。

生活史及习性 在宁夏2年发生1代，以各龄幼虫在坑道内越冬。老龄幼虫于翌年5月中旬从受害黑沙蒿根部钻出，在周围的砂土中吐丝结茧、化蛹。成虫始见于6月初，终见于8月末，期间经历3个高峰期，分别是6、7、8月的上旬。卵初见于6月中旬，初孵幼虫初见于6月下旬，各龄幼虫于10月中旬开始越冬。成虫夜间活动，白天隐于沙蒿根颈部或土缝中，羽化后不久即交配产卵，晚上20：00后开始活动，雌蛾一生只交尾一次，交尾并产卵后的雌蛾在次日仍可展现召唤行为，但不能吸引雄蛾。交尾后，雌蛾寻找合适产卵地开始产卵。成虫趋光性强，在距发生为害区1000～2000m处用黑光灯仍可诱到成虫。

卵散产于沙蒿周围1～2cm深的砂土中，个别粘在根基部。初孵幼虫就近潜到沙蒿根部，首先在韧皮部或在木质部与韧皮部之间蛀食危害，虫体长大后移至根颈部较粗大的部位为害，蛀食木质部，形成隧道。幼虫老熟后，从沙蒿根部的蛀食部位钻入根部附近的砂土中，紧贴根附近的表面，以砂土结茧化蛹。

防治方法

营林措施 地上枝叶有部分发黄枯萎者，多半地下有木蠹蛾，应拔除，集中烧毁，可降低虫口密度。

物理防治 利用成虫的趋光性，每年6～8月在虫口密度较大地区用200W黑光灯诱杀，可消灭大量成虫。

生物防治 幼虫期利用天敌蒲螨，具有较好防治效果。

性信息素 利用沙蒿木蠹蛾性信息素诱芯诱杀雄成虫，是最为有效的监测和控制措施。

参考文献

陈孝达, 1989. 陕西木蠹蛾分布及沙蒿木蠹蛾生物学研究 [J]. 陕西林业科技 (4): 71-73.

高兆宁, 1999. 宁夏农业昆虫图志 (第三册)[M]. 北京：中国农业出版社.

花保祯, 周尧, 方德齐, 等, 1990. 中国木蠹蛾志 (鳞翅目：木蠹蛾科)[M]. 西安：天则出版社.

徐柱, 2004. 中国牧草手册 [M]. 北京：化学工业出版社.

姚艳芳, 杨芹, 郭海岩, 等, 2009. 危害沙蒿的两种蛀干害虫调查 [J]. 内蒙古林业调查设计, 32(4): 103-104.

张金桐, 骆有庆, 宗世祥, 等, 2009. 沙蒿木蠹蛾性诱剂的分析合成与生物活性 [J]. 林业科学, 45(9): 106-110.

甄常生, 1988a. 沙蒿木蠹蛾的初步研究 [J]. 中国草地 (1): 40-42.

甄常生, 1988b. 沙蒿钻蛀性害虫的初步研究 [J]. 内蒙古农牧学院学报, 9(2): 4-81.

ZHANG J T, JIN X Y, LUO Y Q, et al, 2009. The sex pheromone of the sand sagebrush carpenterworm, *Holcocerus artemisiae* (Lepidoptera, Cossidae)[J]. Z. Naturforsch., 64c: 590-596.

YAKOVLEV R V, 2006. A revision of carpenter moths of the genus *Holcocerus* Staudinger, 1884 (sl)[J]. Eversmannia, 1: 1-04.

YAKOVLEV R V, 2011. Catalogue of the family Cossidae of the Old World (Lepidoptera)[J]. Neue entomologische nachrichten, 66: 1-30.

（撰稿：陶静；审稿：骆有庆）

沙棘木蠹蛾 *Eogystia hippophaecola* (Hua et Chou)

一种严重危害沙棘、榆、苹果等的钻蛀性害虫。英文名 seabuckthorn carpenterworm，sandthorn carpenterworm。鳞翅目（Lepidoptera）木蠹蛾科（Cossidae）*Eogystia* 属。主要分布区为辽宁、宁夏、内蒙古、河北、陕西、山西、甘肃等地。

寄主 沙棘、榆、苹果、梨、桃、沙柳、山杏、沙枣等。

危害状 主要以幼虫危害寄主的主干和根部。主干受害处挂满了絮状的虫粪，常造成树木表皮干枯；受害根基部周围多见有被推出地面的粪屑，树根大部分被蛀空，导致整株枯死（图1）。

形态特征

成虫 灰褐色，雄虫长21～36mm，翅展49～69mm；雌虫体长30～44mm；翅展61～87mm。雌雄触角均为线状，伸至前翅中央。头顶毛丛和领片浅褐色，胸中央灰白色，两侧及后缘、翅基片暗黑色。前翅灰褐色，前缘有一列小黑点，整个翅面无明显条纹，仅端部翅脉间有模糊短纵纹；后翅浅褐色，无任何条纹，翅反面似正面。中足胫节1对距，后足胫节2对距，中距在胫节3/5处，跗节腹面有许多黑刺，每一跗分节的末端为黑色，前跗节无爪间突（图2①、图3）。

幼虫 扁圆筒形，初孵幼虫体长2.02mm，头宽0.44m；老龄幼虫体长60～75mm。头部黑色，胸腹部背面桃红色，前胸背板橙红色，并有一橙黄色“W”纹，腹足趾钩双序全环状，臀足趾钩双序中带状（图2②③、图3）。

生活史及习性 该虫在辽宁建平县4年1代，以幼虫在被害沙棘根部的蛀道内越冬，极少数初龄幼虫在主干韧皮部和木质部之间越冬。老熟幼虫于5月上中旬入土化蛹，成虫始见于5月末，终见于9月初，期间经历两次羽化高峰：第一次在6月中旬，第二次在7月下旬。初孵幼虫6月上旬始见，10月下旬开始越冬。

成虫羽化多集中在16：00～19：00。羽化后先在地面上静伏不动，至20：00左右开始活动。羽化当日即可交配，交配高峰在晚上21：30左右。雌虫一生只交尾1次，而雄虫有多次交尾现象。雌虫昼夜均可产卵，但以夜间居多。卵常成块堆集（图2④、图3），十几粒至上百粒不等。

幼虫常十几头至上百头聚集危害，初孵幼虫孵化后先取食部分卵壳，然后开始蛀食树干的韧皮部。小幼虫常于同年入冬前由树干表面转移至基部和根部进行危害。幼虫共16龄。老熟幼虫在树基部周围10cm深的土壤中化蛹（图2⑤、图3），化蛹前先结一土茧（图2⑥），然后在茧内经过预蛹期，再进入蛹期。

防治方法

营林措施 平茬更新，在11月至翌年3月间，将沙棘主干连同地表以下20cm的垂直根系一起挖出。

性信息素诱杀 利用沙棘木蠹蛾性信息素诱芯诱杀雄成虫，是最为有效的监测和控制措施（图4）。

图1 沙棘木蠹蛾危害状（骆有庆、宗世祥提供）

①枯死沙棘林；②主干基部虫粪堆

图 2　沙棘木蠹蛾各虫态（骆有庆、宗世祥提供）

①初羽化成虫；②③幼虫；④卵块；⑤⑥蛹和茧

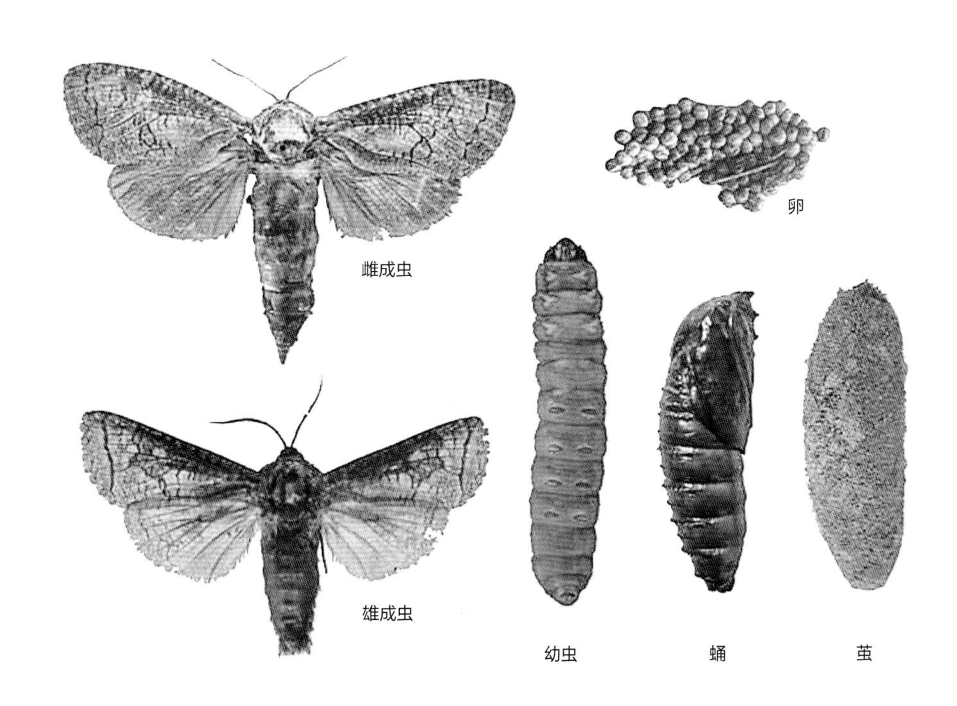

图 3　沙棘木蠹蛾形态（宗世祥提供）

S

图4 性信息素诱捕

物理防治 用黑光灯诱杀成虫，明显降低虫口密度。

化学防治 幼虫期根部施用熏蒸剂进行熏蒸，用化学药剂等灌根，具有较好的防治效果。

参考文献

花保祯，周尧，方德齐，等，1990. 中国木蠹蛾志（鳞翅目：木蠹蛾科）[M]. 西安：天则出版社.

路常宽，宗世祥，骆有庆，等，2004. 沙棘木蠹蛾成虫行为学特征及性诱效果研究 [J]. 北京林业大学学报，26(2): 79-83.

骆有庆，路常宽，许志春，2003. 暴发性新害虫沙棘木蠹蛾的控制技术 [J]. 国际沙棘研究与开发 (1): 31-33.

骆有庆，路常宽，许志春，2003. 林木新害虫沙棘木蠹蛾的控制策略 [J]. 中国森林病虫，22(5): 25-28.

宗世祥，2006. 沙棘木蠹蛾生物生态学特性的研究 [D]. 北京：北京林业大学.

宗世祥，贾峰勇，骆有庆，等，2005. 沙棘木蠹蛾危害特性与种群数量的时空动态的研究 [J]. 北京林业大学学报，27(1): 70-74, 2-6.

宗世祥，骆有庆，路常宽，等，2006. 沙棘木蠹蛾生物学特性的观察 [J]. 林业科学，42(1): 102-107.

宗世祥，骆有庆，许志春，等，2006. 沙棘木蠹蛾性信息素林间诱蛾活性试验 [J]. 北京林业大学学报，28(6): 109-112, 3-5.

宗世祥，骆有庆，许志春，等，2006. 沙棘木蠹蛾蛹的空间分布 [J]. 生态学报，26(10): 3232-3237.

宗世祥，骆有庆，许志春，等，2006. 沙棘木蠹蛾幼虫龄期结构的研究 [J]. 昆虫知识，43(5): 626-631.

YAKOVLEV R V, 2006. A revision of carpenter moths of the genus *Holcocerus* Staudinger, 1884 (sl)[J]. Eversmannia, 1: 1-04.

YAKOVLEV R V, 2011. Catalogue of the family Cossidae of the Old World (Lepidoptera)[J]. Neue entomologische nachrichten, 66: 1-30.

（撰稿：陶静；审稿：宗世祥）

沙棘象 *Curculio hippophes* Zhang

一种专食沙棘种实的害虫。鞘翅目（Coleoptera）象虫科（Curculionidae）象甲属（*Curculio*）。国外分布于日本。中国主要分布于辽宁、陕西、甘肃。

寄主 沙棘。

危害状 主要危害4年生以上的大树，树龄愈大，被害愈重。1～3年生刚挂果的沙棘被害极其轻微。幼虫蛀食种仁引起大量落果，成虫以取食沙棘幼果的种仁补充营养，并非取食果汁补充营养。取食时，成虫以喙管穿入果皮，身体前倾，进而使喙管全部插入果内，直达种胚，并以喙管插入点为中心，不断转动身体方向，以啃食幼嫩种仁。每粒果实只取食1次，每次取食10～20分钟。每头成虫每天取食4～9粒果实，平均5.6粒。雌虫取食次数明显多于雄虫。

形态特征

成虫 雄虫体长2.67～2.83mm，宽1.21～1.50mm。身体长卵形。喙、触角、鞘翅、胫节和跗节红褐色，前胸背板深棕色。雄虫的喙远短于体长（1∶1.93），雌虫的喙与体长之比为1∶1.49，喙从触角窝到基部有数条隆线。触角着生在喙的中部（雄）或基部1/3处（雌），柄节细长，等于索节基部6节（雌）或全部7节之和（雄），索节1长1.2倍于索节2，第三至第七节等长，长等于第一节的1/2，触角棒等于索节端部4节之和。头顶被覆稀疏的白色毛状鳞片，在眼的内缘鳞片较宽。前胸宽大于长（1.34∶1），基部最宽，基部后缘二凹形，没有中隆线；前胸背板被覆倒向中间的白色和浅红褐色毛状鳞片；前胸腹板具浅横沟，密被倒向横沟的较宽的乳白色鳞片。中胸前侧片、腹板和足被覆稀疏的黄白色毛，中胸后侧片密被白色毛状鳞片。小盾片明显，密被白色鳞片。鞘翅在凸圆的肩处远宽于前胸背板，向后变窄；行纹较宽，等于行间宽的1/2，鞘翅上白色和红褐毛状鳞片相间，分别组成数条不规则的斜带。所有毛状鳞片的顶端截断形。臂板端部具黄白色刚毛。足的腿节具齿。该种与*Curculio hilgendorfi*（Harold）近缘，区别在于本种体长小得多；后者体长6～9mm，触角柄节较长，鞘翅上白色和红褐色鳞片相间，组成不规则的斜带。

幼虫 老熟幼虫体长3～4mm，呈镰刀形弯曲，无足；头黄褐色，口器黑褐色，胸、腹部乳白色。体多横皱，疏生黄细毛。气门8对，位于第一至八腹节两侧。

生活史及习性 沙棘象在陕西陇县1年发生1代，以老熟幼虫在地下筑土室越冬。翌年6月上中旬开始化蛹，7月上旬为化蛹盛期，8月中旬为末期。7月下旬至8月上旬为成虫羽化盛期，9月中旬为末期。幼虫孵化始于8月中旬，9月上中旬为为害盛期，10月中旬老熟幼虫随种实掉落地下或在树上果实中咬穿种壳钻出直接掉地后，入土筑室越冬。

老熟幼虫在土室内化蛹后，经20～25天羽化为成虫。初羽化的成虫不马上出土，在土室里停留3～5天，待体壁硬化后，用头管将土室钻破，爬出地面上树。成虫出土与气温关系密切，平均气温22～26°C为出土盛期。成虫具假死性，受惊时立即坠落地面。成虫迁移能力很弱，上树后一般仅作近距离爬行，躲在果枝叶丛间，偶尔作短距离飞行。一般一次飞行距离最长约5m，最短约1m。在关山地区一日内以1：00～20：00最活跃，成虫只在沙棘雌树上活动，雄树上无虫。羽化后的成虫先进行补充营养，数日后才交尾产卵。补充营养时成虫把口器钻入幼嫩浆果中取食果汁，一般一粒果上只取食 1 次。一头成虫可连续取食达 1 小时。雌虫交尾后 2～3 天产卵，产卵部位多在浆果侧面。幼虫共 4 龄，在种实内取食时间为 15～20 天。老熟幼虫随落果或直接掉地后，先在地面活动一段时间，再入土筑室越冬。在疏松土壤内一般入土深度为 9～11cm，土质坚硬处为 3～5cm。土室为长椭圆形，内壁光滑，约为虫体长的 2 倍。

防治方法

剪枝　冬季沙棘落叶后或早春萌动前，砍掉沙棘地上部分。

化学防治　喷施溴氰菊酯防治。

物理诱杀　冬天翻土捕杀。

参考文献

陈孝达，党心德，李锋，等，1990. 沙棘象生物学特性及防治的研究 [J]. 森林病虫通讯 (4): 1-2.

陈孝达，党心德，张润志，1993. 沙棘象生物学特性及防治的研究 [J]. 林业科学 (1): 72-76.

郭中华，2001. 沙棘象甲成虫取食及产卵行为观察初报 [J]. 昆虫知识 (6): 464.

萧刚柔，李镇宇，2020. 中国森林昆虫 [M]. 3 版. 北京：中国林业出版社.

张润志，陈孝达，党心德，1992. 危害沙棘种子的新象虫：沙棘象 [J]. 林业科学 (5): 412-414, 27.

（撰稿：范靖宇；审稿：张润志）

沙漠蝗　*Schistocerca gregaria* (Forskål)

一种栖息在沙漠的蝗虫。英文名 desert locust。直翅目（Orthoptera）蝗总科（Acridoidea）斑腿蝗科（Catantopidae）刺胸蝗亚科（Cyrtacanthacridinae）沙漠蝗属（*Schistocerca*）。因为快速繁殖能力、远距离迁飞能力和对多种农作物的危害能力，沙漠蝗被认为是世界上最危险的迁徙性昆虫。它们主要分布于非洲、阿拉伯半岛、西亚和南亚部分地区。沙漠蝗为适应沙漠严酷生存条件会进行生态型的转变。在大部分时间里，沙漠中稀少的植被只能维持少数沙漠蝗虫的生命，个体间是各自分散生活。当集中了大量雨水，植物骤然生长，于是以此为食的沙漠蝗也随之大量繁殖，其数量增加呈指数增长，种群形成群居型。沙漠蝗是半变态昆虫，从卵孵化到成虫羽化经历 5 次蜕皮，形成 5 个龄期。成虫身体长 7～8cm，体重可达 2g 左右，成虫每天可摄入等体重植物作为食物。沙漠蝗通常能以农作物和非农作物为食，包括玉米、高粱、水稻、牧草、甘蔗、棉花、果树、蔬菜甚至杂草等，是一种世界性农业害虫，蝗群的破坏潜力巨大，爆发时能给世界上多个国家带来极为严重的经济损失。

沙漠蝗属（*Schistocerca*）是一个较大的属，有 50 多种，主要分布在中、南美洲。因此，沙漠蝗（*Schistocerca gregaria*）是沙漠蝗属中唯一一个分布于旧大陆的种，剩余其他种均分布于新大陆。早先的分类学家认为，沙漠蝗是从美洲迁飞到旧大陆的，这就是沙漠蝗的新大陆起源学说。近年来，有越来越多的科学家认为沙漠蝗是新大陆沙漠蝗属中其他物种的祖先。主要因为 1988 年爆发的一次沙漠蝗灾害，沙漠蝗成功从西非跨越大西洋，入侵至加勒比海以及南美洲邻近区域。据推算，短期内要达到如此长距离迁飞，沙漠蝗至少要连续飞行 5000km。这种跨越大西洋的长距离迁飞还是首次被报道。此次大迁飞改变了很多直翅目学家的观点，他们认为由于沙漠蝗体型通常很大，前翅很长，且具有远距离迁飞的习性。因此，非洲，印度、太平洋和澳大利亚的属极有可能是直接从非洲向东迁移而来。这一结果与许多半翅目昆虫和植物的迁移扩散结果一致。旧大陆沙漠蝗跨越大西洋而迁飞到达新大陆，从而产生了新大陆其他沙漠蝗属的物种，这就是旧大陆起源学说。在旧大陆起源学说基础上还发展出多次跨越假说，即旧大陆沙漠蝗多次穿越大西洋到达新大陆，产生了一系列新大陆沙漠蝗属的物种。这个学说是旧大陆起源学说的另一种形式，但还没有被广泛认可和接受。最近的一项进化树分析研究中，科学家利用相对全面的外部和内部形态学指标，对多地区来源的标本就形态学观察研究，用简约法建立合意树，认为从非洲起源的祖先蝗虫达到新大陆后，有一支跨越大西洋而达到旧大陆，形成现在的沙漠蝗种，即支持新大陆起源学说。近年来，线粒体基因和和基因的分子标记证据证明沙漠蝗属（*Schistocerca*）起源于非洲，祖先种跨大西洋的迁飞，使更多的亲缘种在新世界得到分化。由此可见，沙漠蝗起源问题较为复杂，目前还未形成统一定论，还需要利用现代分子生物学手段，进行更加深入的进化分析。

处于相对静止的衰退期沙漠蝗，一般分布在从毛里塔尼亚穿过北非的撒哈拉沙漠，跨越阿拉伯半岛一直到达印度西北部的地区。此时它们散在分布，种群密度很低，对农作物并没有危害性，被称为散居型。散居型沙漠蝗体色为绿色或浅绿色，环境湿度较低时呈米褐色。当连续干旱过后，时逢集中的降雨并且气候条件适宜时，沙漠蝗栖息地植物开始增长，沙漠蝗在一个地区快速繁衍，并且开始相互竞争抢夺食物。例如，连续暴雨能够利于沙漠蝗繁殖产卵，种群数量能在短期内迅速增加，甚至每隔 3 个月数量能增加 16～20 倍。而一旦它们的栖息地气候开始变干燥，大批沙漠蝗被迫到有绿色植物的地方寻找食物。它们开始相互接触、群聚，行为也变得一致，从小群的蝗蝻逐渐演变成成群的成虫。它们在一定区域内聚集在一起，形成密度较大种群，称为群聚，这种处于群聚状态的沙漠蝗称为群居型蝗虫。幼虫体色是通常是黄底黑斑，当然也会呈现绿色、棕褐色等。成虫在性成熟之前是棕灰色带花纹，性成熟之后体色变为亮黄色。这个过程就是从散居型转变成群居型状态。由于沙漠地区不定期发生大雨的特点，沙漠蝗并没有固定的群居化区域，只有当两代蝗虫在短期内迅速繁殖起来才有可能形成群居化沙漠蝗。群聚后的沙漠蝗入侵至周边国家，北部可达西班牙和中亚南部地区，南至尼日利亚和肯尼亚，东至印度和亚洲西南部。受灾国家多达 60 多个。一次集群就可覆盖 1200km^2，集群密度可达 4000 万～8000 万头虫/km^2。

沙漠蝗迁飞受到外部气候条件和内部种群两方面因素影响。外部气候条件主要是风。从沙漠蝗迁飞的季节性和地理位置分布来看，风是决定长距离迁飞的关键因素。与短距离飞行运动不同，长距离迁飞是多种复杂运动产生的合力的结果。虽然风向主导的迁飞和蝗虫自身主导的迁飞都影响长距离迁飞方向，但由蝗虫自身主导的飞行也是受风影响的。风通过影响蝗虫飞行高度影响迁移，蝗虫飞得越高，就越难抵御风浪。由蝗虫控制形成的迁移是逆风，而风控制的迁移是顺风。在风向稳定、风力不大、气温适度的条件下，完全成熟且活力强的蝗虫倾向于逆风飞行，而当处于疾风、强风、强对流、高气温的环境条件下，较年轻的蝗虫倾向于顺风而行。当干旱季节出现新一代蝗虫时，高温和新生蝗虫的相对较弱活力两个因素致使它们形成大规模顺风迁移。沙漠蝗一天之内能迁飞 100～200km，飞行高度能达到海平面 2km 左右。然而由于太高海拔的低气温，导致它们不能跨越阿特斯山脉、兴都库什山脉以及喜马拉雅山脉。它们也不能进入非洲或者中欧和南亚地区热带雨林。影响迁飞的种群内部因素是沙漠蝗种群的增殖和死亡，二者决定了开始聚集迁飞的地点和结束迁飞的地点。种群的增殖和死亡又受到环境因子尤其是降雨和气温的影响，由此可见气候因素不仅是在行为上机械性地影响迁飞，而且从生物学内部影响蝗虫迁飞。是否成功迁飞取决于环境条件是否有利于蝗虫形成新的繁殖地。另外，沙漠蝗迁飞是否受到内部生理物质的影响目前还不清楚。总而言之，沙漠蝗长距离迁飞运动不仅仅是生理运动行为，而更是一系列生态因子复杂作用的结果。

由于沙漠蝗具有强大的生殖能力，远距离迁移能力以及对农作物的严重损害，因此被认为是世界上最危险的害虫之一。1915 年沙漠蝗袭击中东地区，导致大约 536 000t 粮食损失；根据联合国粮农组织报道，在 2003—2004 年蝗灾中，每天大约要花费 3 千万美金用于一个典型受灾的非洲国家抵抗蝗虫。2020 年东非暴发沙漠蝗，多个国家受到严重危害，其中受灾最严重的几个国家包括埃塞俄比亚、肯尼亚、索马里、南苏丹、乌干达和坦桑尼亚。截至 2020 年 4 月，这些国家约有 2000 万人面临粮食短缺，同时他们也遭受巨大损失，约 3500 万人缺少食物。联合国表示，这是索马里和埃塞俄比亚 25 年来最大的蝗虫群。同时，邻国肯尼亚已经有 70 年没有遭受过如此严重的蝗灾威胁。

根据沙漠蝗爆发的严重程度，联合国将蝗灾进行了分级。总共分为 3 级：爆发（outbreak）、激增（upsurge）和灾害（plague）。沙漠蝗在当地种群数量增加并形成群居化的高密度蝗蝻带，此阶段称为爆发。爆发只限于相对较小的区域，通常一个国家内有 100km^2 受影响。当发生进一步降雨，蝗虫数量继续增加，形成两代或连续多代群居化，这称为激增。激增能够影响多个国家甚至一个或多个大洲。而当一年或多年大范围粮作物严重受灾，大部分区域都已形成高密度蝗虫带时，称为灾害。灾害形成通常需要连续几年内蝗虫数量稳步增加，本地的爆发和区域性的激增才能导致灾害。

现在，沙漠蝗的危害已受到高度重视，人们发展出多种手段控制蝗灾。这其中包括早期监测预警系统、生物制剂如微生物制剂、信息素、化学农药等。但是，减少杀虫剂使用、降低经济成本，发展环境友好型蝗灾防控系统是目前联合国粮农组织对沙漠蝗防治策略。

参考文献

AMEDEGNATO C, 1993. African-American relationships in the acridians (Insecta, Orthoptera)[J]. Oxford monographs on biogeography, 7: 59-75.

CRESSMAN K, 2015. Desert locust[A] // John F Shroder, Ramesh Sivanpillai. Biological and environmental hazards, risks, and disasters[M]. Amsterdam: Elsevier: 87-105.

FOSTER Z J, 2014. The 1915 Locust attack in Syria and Palestine and its role in the famine during the first world war[J]. Middle Eastern studies, 51: 370-394.

KEVAN D K M, 1989. Transatlantic travellers[J]. Antenna, 13: 12-15.

LOVEJOY N R, MULLEN S P, SWORD G A, et al, 2006. Ancient trans-Atlantic flight explains locust biogeography: molecular phylogenetics of *Schistocerca*[J]. Proceedings of the rolyal society B: Biological science, 273: 767-774.

RITCHIE M, PEDGLEY D, 1989. Desert locusts across the Atlantic[J]. Antenna, 13: 10-12.

ROFFEY J, POPOV G, 1968. Environmental and behavioural processes in a desert locust outbreak[J]. Nature, 219: 446.

ROFFEY J, POPOV G, HEMMING C F, 1970. Outbreaks and recession populations of the desert locust, *Schistocerca gregaria* (Forsk.)[J]. Bulletin of Entomological Research, 59: 675-680.

SCUDDER S H, 1899. The Orthopteran genus *Schistocerca*[J]. Proceedings of the American Academy, 34: 441-476.

SHOWLER A T, 2002. A summary of control strategies for the desert locust, *Schistocerca gregaria* (Forskal)[J]. Agriculture ecosystems & environment, 90: 97-103.

SONG H J, 2004. On the origin of the desert locust *Schistocerca gregaria* (Forskal) (Orthoptera: Acrididae: Cyrtacanthacridinae)[J]. Proceedings of the rolyal society B: biological science, 271: 1641-1648.

SONG H J, MOULTON M J, HIATT K D, et al, 2013. Uncovering historical signature of mitochondrial DNA hidden in the nuclear genome: the biogeography of *Schistocerca* revisited[J]. Cladistics, 29: 643-662.

（撰稿：何静；审稿：康乐）

沙枣白眉天蛾 *Celerio hippopaes* (Esper)

沙棘的主要害虫之一，以幼虫危害沙棘叶片。鳞翅目（Lepidoptera）天蛾科（Sphingidae）斜纹天蛾亚科（Choerocampinae）白眉天蛾属（*Celerio*）。国外分布于德国、法国、西班牙、前苏联区域。中国分布于内蒙古、宁夏、陕西、西藏、新疆等地。

寄主 沙棘、沙枣。

危害状 常在叶片背面取食叶片。

形态特征

成虫 体、翅黄褐色。体长 31～39mm，翅展 66～70mm。触角背面白色，头顶与颜面间至肩板两侧有白色鳞毛，腹部较胸部色淡，腹部 1～3 节两侧有黑、白色斑。前翅前缘茶褐色，外缘部分呈深褐色的近三角形带，翅基部黑色，自顶角上半部至后缘中部呈污白色斜带，中室端有一黑色条斑。后翅基部黑色，中部红色，其外为褐绿色，外缘淡褐色，臀角处有1个大白斑。前、后翅反面灰黄色，前翅端可见黑条斑（图1）。

幼虫　体长60～70mm，背面绿色，密布白点。胸、腹部两侧各有1条白纹，纵贯前后。腹面淡绿色。尾角较细，其背面为黑色，上有小刺，腹面淡黄色（图2）。

生活史及习性　1年发生2代，以蛹在土内越冬。6月中旬越冬蛹羽化，6月下旬为幼虫危害盛期，老熟幼虫于7月上中旬下树入土化蛹。7月下旬第二代幼虫开始危害，8月上旬危害盛期，9月入土化蛹越冬。

成虫具有趋光性，交尾后多选择在沙棘嫩芽或中下部小叶片背面产卵，每雌产卵约500粒。幼虫5龄，常躲在叶片背面取食。成虫羽化时间、产卵数量、幼虫孵化时间、龄期、取食危害程度和入土化蛹时间因海拔高度和气候条件不同而有差异。持续高温和降雨量少可造成沙枣白眉天蛾产卵量和世代数增加，危害加重。

防治方法

农业防治　加强监测和预报，加强水肥管理，增强树势。

物理防治　人工捕捉幼虫，灯光诱杀成虫，深翻树盘，消除虫蛹。

化学防治　幼虫三龄前喷施3%高渗苯氧威。

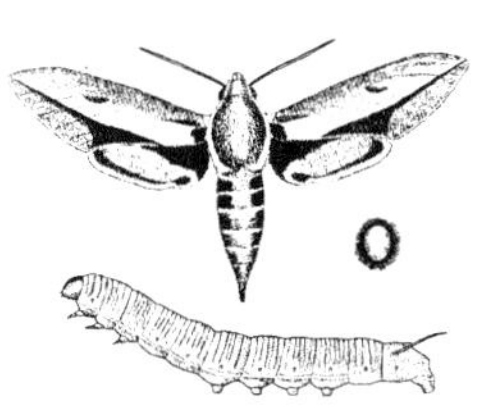

图1 沙枣白眉天蛾（魏琮提供）

图2 沙枣白眉天蛾幼虫（魏琮提供）

参考文献

萧刚柔，1992. 中国森林昆虫[M]. 2版. 北京：中国林业出版社：1004.

尹萍，魏治国，2016. 沙枣白眉天蛾发生危害及防治措施探析[J]. 林业科技通讯(3): 45-48.

中国科学院动物研究所，1983. 中国蛾类图鉴Ⅳ[M]. 北京：科学出版社：403.

朱弘复，1973. 蛾类图册[M]. 北京：科学出版社：135.

朱弘复，王林瑶，1997. 中国动物志：昆虫纲　第十一卷　鳞翅目　天蛾科[M]. 北京：科学出版社：344-345.

（撰稿：魏琮；审稿：陈辉）

沙枣后个木虱　*Metatriozidus magnisetosus* (Loginova)

一种果园常见的刺吸性害虫。又名沙枣木虱。英文名jujube wood lice。半翅目（Hemiptera）个木虱科（Triozinae）后个木虱亚科（Metatriozidinae）后个木虱属（*Metatriozidus*）。国外分布于蒙古、土耳其、哈萨克斯坦、格鲁吉亚、土库曼斯坦、塔吉克斯坦、亚美尼亚、吉尔吉斯斯坦、阿塞拜疆、乌兹别克斯坦、爱沙尼亚、立陶宛、拉脱维亚、白俄罗斯等。中国分布于北京、山西、内蒙古、陕西、甘肃、宁夏、新疆、青海。

寄主　沙枣。

危害状　以若虫、成虫刺吸叶片和嫩梢汁液，被害叶片轻者呈灰白色的小点，重者引起叶片、新梢卷曲和干枯，导致枝梢死亡、削弱树势，提早落叶落果，直到全株枯死。

形态特征

成虫　体黄绿色，具褐斑。头顶凹下部分褐色，中缝黑色；颊锥黄绿色；单眼橘黄色，复眼褐色；触角黄褐色，第一、二节黄色，九、十节黑色。中胸前盾片前端具2块褐纹或斑，盾片具5条褐纵带，小盾片中央具黑褐色纹；中胸侧面和腹面具黑斑。足黄色至黄绿色，腿节具褐色斑纹。前翅透明，脉黄绿色，三条纵脉各分2叉。腹部黄色，背板具褐斑。

卵　纺锤形，长0.25mm，短0.125mm，上端稍尖，其上附有为卵长3/5的短丝。卵初产时无色半透明，成熟后微黄色。

若虫　共5龄。一、二龄胸腹部近似等宽；三龄胸宽于腹部，胸部翅芽出现，四、五龄后翅芽覆盖腹部1～2节。老熟若虫体长2.6mm，体宽2.1mm，体型如龟甲，扁平似介壳虫，虫体上覆盖一层蜡质。体色随不同虫龄而变化，由淡黄绿色逐渐变成玉绿色，羽化前为灰黄色。喙端部黑色，复眼赤色，触角淡黄色。翅芽半透明，浆白色。胸部背面有3块黄斑，前胸1块，中胸2块，呈"品"字形。腹部背面每节沿中线左右及两侧均有凹陷褐色横斑纹，排成纵列。腹部第六节以后愈合成一体。

生活史及习性　1年发生1代，以成虫在沙枣卷叶内、树皮裂缝、落叶杂草间和房舍墙缝中越冬，翌年4月上旬产卵，5月中下旬若虫大量取食，6月上旬开始羽化，成虫在沙枣叶背面或附近的林带、果园等处吮食补充营养危害，10月上旬开始越冬。

防治方法

营林措施　平茬复壮、清理林下杂草和枯枝落叶、营造混交林等。

保护和利用天敌　主要有啮小蜂、丽草蛉、大草蛉、异色瓢虫等，其中，啮小蜂的寄生率可高达30%以上。

化学防治　若虫期施用有机磷类农药1000倍液、菊酯类农药3000倍液、40%氧化乐果乳剂1000倍液进行喷雾；用杀虫净、杀虫快、乐果乳油与农用柴油1∶1混合进行超低量喷雾。

参考文献

李法圣, 2011. 中国木虱志[M]. 北京: 科学出版社: 1595-1598.

王克让, 1978. 沙枣木虱研究初报[J]. 新疆农业科学(1): 27-30.

席勇, 任玲, 刘纪宝, 1996. 沙枣木虱的发生及综合防治技术[J]. 新疆农业科学(5): 228-229.

张玉良, 2008. 生物农药防治沙枣木虱[J]. 中国森林病虫, 27(6): 41-42.

赵宏斌, 2010. 沙枣木虱在陕北风沙滩区的发生及综合防治技术[J]. 陕西林业科技(2): 52-53.

（撰稿：侯泽海；审稿：宗世祥）

筛豆龟蝽　*Megacopta cribraria* (Fabricius)

杂食性害虫，主要危害豆科作物及其他多种植物。又名豆圆蝽、臭金龟。英文名 kudzu bug。半翅目（Hemiptera）龟蝽科（Plataspidae）豆龟蝽属（*Megacopta*）。国外分布于美国、日本、澳大利亚、印度、印度尼西亚、马来西亚、巴基斯坦等国家。中国已知分布于山东、河南、江苏、浙江、江西、福建、广东、广西、陕西、四川、云南等地。

寄主　大豆、菜豆、扁豆、绿豆、葛根、刺槐、杨树、桃等。

危害状　筛豆龟蝽成虫、若虫均造成危害，并且具有群集性。它们群集于幼嫩的主茎、分枝、豆荚和叶柄上刺吸汁液，后转移到叶片上危害，特别是主叶脉和叶柄的交界处更甚，造成植株枯瘦，叶面上形成大的枯斑和小的紫斑。除此以外，成虫、若虫的排泄物引起霉菌发生，造成主茎、分枝和叶柄上附着大量黑色霉层，影响植株的光合作用，导致花荚脱落，荚果枯瘪不实，甚至植株提前衰老死亡（图④）。

形态特征

成虫　体扁卵圆形，黄褐色或草绿色。雌成虫体长4.5～7.0mm，宽4.5～5.0mm；雄成虫体长4.0～4.5mm，宽3.5～4.0mm。头小，复眼红褐色，触角5节。前胸背板前部有两条弯曲的暗褐色横纹，前胸及小盾片密布粗刻点，小盾片发达，几乎将腹部及翅全部覆盖。腹部腹面中区黑色，两侧具宽阔的黄色辐射状带纹（图①）。

幼虫　若虫共5龄。一龄长0.6～1.3mm，初孵时橘红色，取食后肉黄色，腹背有一“丁”字形纹，密被淡褐色细毛。二龄长1.8～2.3mm，宽1.3～1.6mm，米黄色，密被褐色细毛，腹背有4个橘红色短条斑。三龄长2.7～3.1mm，

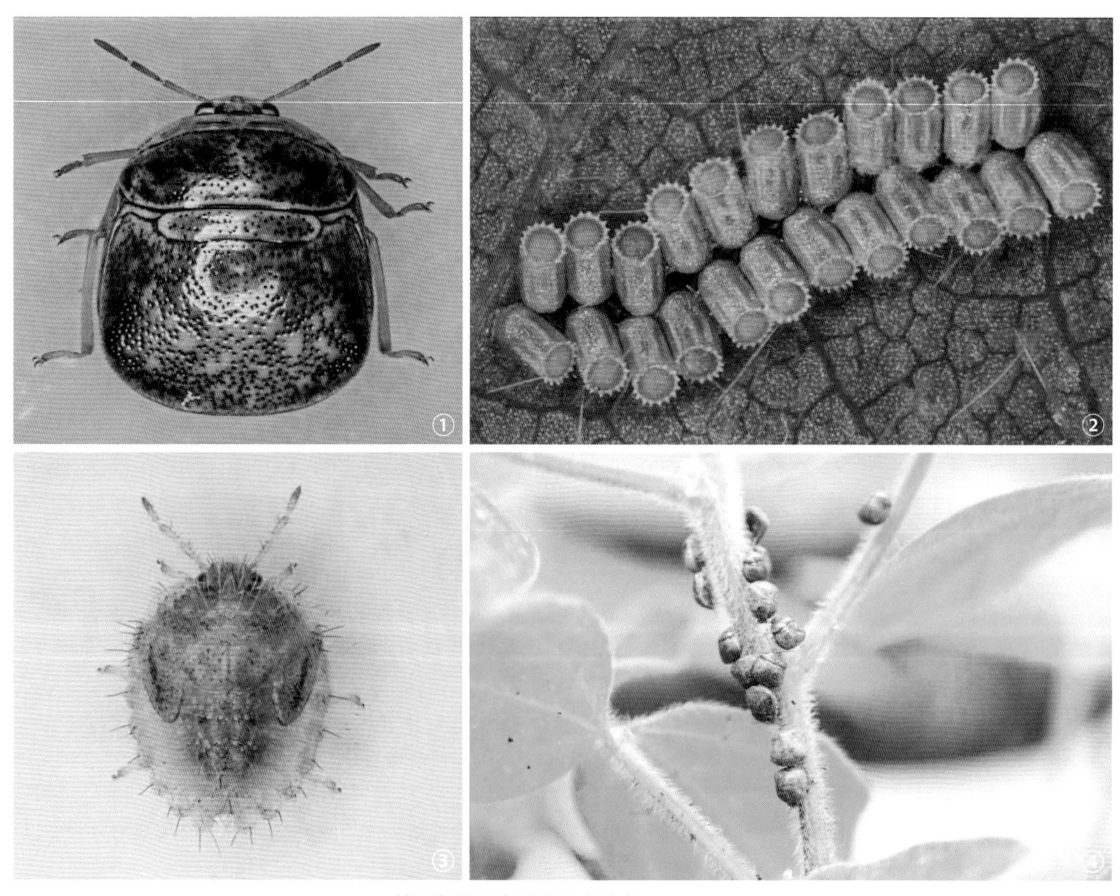

筛豆龟蝽形态特征及危害状（崔娟摄）

①成虫；②卵；③若虫；④危害状

宽 2.0～2.2mm，已成龟形，中胸背板后缘伸至第一腹节前缘，胸腹周边长出齿状肉突，上有 1 根黑褐色细毛。四龄长 3.6～4.4mm，翅芽棕褐色，伸达第二腹节，前胸背板淡褐色，有小刻点，中后胸背或腹背有 1 红色横纹。五龄长 4.6～5.0mm，宽 3.5～4.4mm，翅芽伸达第三腹节，腹背有条红色横纹（图③）。

生活史及习性 在中国河南及长江以南大部分地区 1 年发生 2～3 代，少数 1 代，世代重叠，以成虫在寄主植物附近的枯枝落叶下或向阳土坡的缝隙处越冬。翌年 4～5 月越冬成虫交配产卵，卵（图②）产于叶片、叶柄、托叶、荚果和茎秆上呈 2 纵行。卵期 5～9 天。若虫期 40 天左右，一代若虫从 5 月初到 7 月下旬先后孵化，6 月上旬到 8 月下旬羽化为成虫，6 月中下旬至 8 月底交尾产卵。二代若虫从 7 月上旬到 9 月上旬孵出，7 月底到 10 月中旬羽化，10 月中下旬陆续潜居越冬场所。第二代是主害代，在夏大豆上发生。危害盛期为 8 月中下旬。成虫有假死性、群集性、迁飞性，能分泌臭液。筛豆龟蝽的天敌有卵寄生蜂、蜘蛛等。

防治方法

农业防治 根据筛豆龟蝽越冬的习性，秋、冬季可采取深翻土壤，清除田间、路边、沟边杂草等措施，压低越冬虫源，能有效减轻翌年筛豆龟蝽的危害。

化学防治 适期一定要在若虫盛发期，二至三龄若虫盛发期为防治适期。防治筛豆龟蝽以高效氯氰菊酯等菊酯类农药为宜，提倡交替使用。筛豆龟蝽成虫期药剂防治，小面积防治效果差，要组织大面积统一防治。

参考文献

陈菊红，毕锐，黄佳敏，等，2018. 不同蝽类为害对大豆生长发育及产量影响的差异性分析 [J]. 大豆科学，37(4): 585-589.

吴梅香，吴珍泉，华树妹，2006. 筛豆龟蝽及其 2 种卵寄生蜂若干生物学特性的初步研究 [J]. 福建农林大学学报（自然科学版），35(2): 147-150.

邢光南，赵团结，盖钧镒，2006. 大豆资源的筛豆龟蝽抗性鉴定 [J]. 作物学报，32(4): 491-496.

（撰稿：崔娟；审稿：史树森）

山茶象 *Curculio chinensis* Chevrolat

危害油茶和茶树果实的重要害虫。又名油茶象（虫、甲）、茶籽象甲。英文名 camellia weevil。鞘翅目（Coleoptera）象虫科（Curculionidae）象甲属（*Curculio*）。仅在中国分布，分布区包括陕西、上海、江苏、安徽、浙江、江西、湖北、湖南、福建、广东、广西、四川、贵州及云南等地。

寄主 山茶科的茶和油茶等。

危害状 成虫幼虫都能危害，成虫吸取茶果汁液，幼虫蛀食种仁，常引起大量落果。

形态特征

成虫 体长 6.7～8.0mm。雌虫体壁黑色，略发光，背面被覆白色和黑褐色鳞片。前胸背板后角、小盾片的白毛密集成白斑，鞘翅中间以后的白毛密集成白带，其他处的白毛集成斑点，腹面完全散布白毛，中胸前后侧片和腹板 1、2 两侧的毛很密而且呈鳞片状。喙暗褐色，光滑，唯基部散布刻点，弯成弧形，长与体长之比为 62∶68，触角着生于喙基部的 1/3，柄节等于索节前四节之和，索节 1 等于 2，3 短于 2，4～7 约相等，棒细长而尖；眼圆形。前胸背板基部二凹形，中叶钝圆，围绕近中央的一个颗粒散布许多前端有缺口的皱隆线。鞘翅三角形，肩钝圆，行纹明显，行间扁平，沿行间 1 的后半端有一行近于直立的毛，臀板露出，密被毛。腹部末节端部中间密被毛。雄虫喙较短，仅为体长之 2/3，中间以前较弯，腹板末节中间近端部洼，洼以后密被毛。

幼虫 体长 10～20mm。初孵化幼虫乳白色，老熟幼虫淡黄色，头赤褐色，体弯曲，多横皱。背部及两侧疏生黑色短刚毛。

生活史及习性 在广西、江西和湖南等地 2 年 1 代，跨 3 个年头，在树上可见到成虫、卵、幼虫，在土壤内可找到上一代的滞育幼虫、蛹和成虫及当年入土的幼虫，世代重叠，参差不齐。一般当年幼虫入土筑土室滞育，以幼虫越过第一个冬天，至第二年 8～11 月化蛹，蛹期 25～30 天。羽化成虫在土室内越过第二个冬天，到第三年 4 月下旬、5 月上旬钻出土室。出土盛期在 5 月中旬至 6 月上旬。出土后随即爬行上树为害。

成虫喜阴湿环境，上午 6：00～9：00，下午 16：00～18：00 时较为活跃，交尾多在这段时间内进行，有假死性。成虫为害期 200 天左右，出土后 6～7 天开始交尾，7～10 天后即行产卵。产卵盛期在 6 月中旬至 7 月上中旬，卵一般产于油茶果的果仁内，部分产在果皮和种仁之间；田间每果一般只有 1 粒卵。单雌产卵最多 120 余粒，最少 28 粒。幼虫孵化后即在果实内蛀食种仁，种壳内留有大量虫粪，幼虫在胚乳内生长，随茶果成长，取食果仁，终至蛀空种子。老熟幼虫陆续出果入土，出果前在种壳和果皮上咬一圆形出果孔，孔径约 2mm；出果幼虫落到地面即钻入土中，在深 10～20cm 处造一长圆形土室越冬。

防治方法

营林措施 选育抗虫油茶品种。抚育幼林，改造老林，垦复培育；及时采果；捡拾落果对其集中焚烧；减少小年发生。

物理防治 利用金银花和白背桐可成功引诱山茶象。将特定配比的糖醋液挂在植株上，对山茶象也有很好的诱集作用。

化学防治 可选用绿色威雷、乐果乳油、醚菊酯乳油等药剂进行喷雾，密集油茶林可使用烟雾剂熏杀。幼虫出果期于地面撒施药粉、石灰或喷洒 90% 敌百虫 500 倍液对其灭杀。

参考文献

何立红，2014. 油茶象危害与果实特征相关性研究 [D]. 长沙：湖南农业大学.

马玲，朱桂兰，曾爱平. 2017. 油茶象甲研究进展 [J]. 湖南林业科技，44(3): 84-89.

赵丹阳，秦长生，徐金柱，等，2015. 油茶象甲形态特征及生物学特性研究 [J]. 环境昆虫学报. 37(3): 681-684.

赵养昌，陈元清，1980. 中国经济昆虫志：第二十册 鞘翅

S

目 象虫科 [M]. 北京 : 科学出版社 .

（撰稿：徐婧；审稿：张润志）

山稻蝗 *Oxya agavisa* Tsai

是中国南部中高海拔地区旱稻田内重要的农业害虫之一，对旱稻粮食作物危害严重。直翅目（Orthoptera）蝗总科（Acridoidea）斑腿蝗科（Catantopidae）稻蝗属（*Oxya*）。为中国特有种，分布地仅限于中国南部的丘陵山区，如广东、广西、海南、贵州、福建、浙江、湖南、湖北和四川等地。

寄主 海拔较高的旱稻。

危害状 山稻蝗主要分布于中国长江以南的丘陵山区，分布地海拔在 800～1600m。其生境与大多数稻蝗属种类不同，主要生活在中高海拔的旱稻田中，对水和潮湿环境的依赖性相对较小。自若虫起取食旱稻鲜嫩叶片。由于生态环境的限制以及地理隔离的原因，山稻蝗难以大范围地对水稻等农作物进行为害，但种群密度大时对旱稻的为害相对严重。

形态特征

成虫 山稻蝗体型粗壮，其体色一般呈绿色或褐绿色，有明显的黑褐色眼后带，后足股节绿色或黄绿色，膝部黑色，后足胫节绿色，体表密布细小刻点。触角细长，超过前胸背板后缘，头顶宽短，其在复眼之间的宽度等于或略宽于其颜面隆起在触角之间的宽度。复眼较大，卵圆形。前胸背板略平，两侧缘几乎平行，中隆线呈线形且明显，中胸腹板侧叶间之中隔较狭。前翅较短，不到达或刚到达后足股节顶端（图 1）。

图 1 山稻蝗（李涛提供）

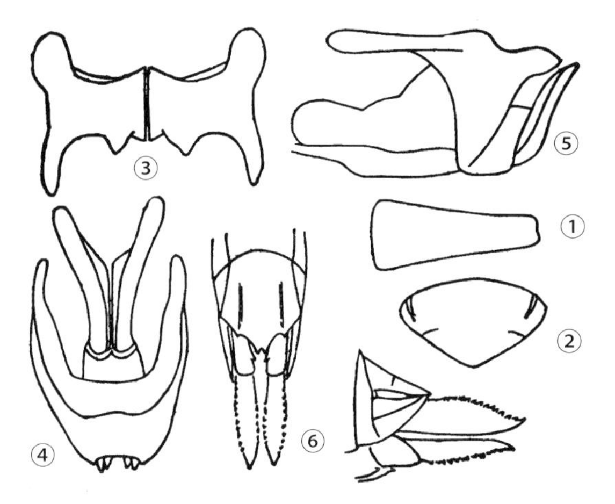

图 2 山稻蝗分类特征（仿郑哲民，张晓洁绘）

①雄性尾须；②雄性肛上板；③阳茎基背片；④阳茎复合体背面；⑤阳茎复合体侧面；⑥雌性腹端腹面

雄虫体长 21～24mm，前胸背板长 4～5mm，前翅长 13～16mm，后足股节长 12.5～15mm。尾须圆锥形，基部较粗，顶端斜切。肛上板三角形，宽大于长。阳茎基背片无锚状突，外冠突细钩状，内冠突齿状，与外冠突相距较远。

雌虫体长 25～29mm，前胸背板长 6～7mm，前翅长 17～20mm，后足股节长 16～20mm。腹部第三节背板后下角具锐刺，下生殖板腹面具有 1 对明显的纵隆基，隆脊之间较低凹，隆脊的上缘具细齿，后缘中央三角形突出，顶端具 2 锐齿，两侧缘各具 1 个侧齿（图 2）。

卵 虫卵长 5～6mm，直径约 1mm，卵圆形，每 18～25 枚卵形成 1 个卵囊。

若虫 通体浅绿色，形态除翅长外，与成虫基本相同。

生活史及习性 由于栖息地海拔较高，大部分地区山稻蝗平均每年发生 1 代，仅个别地区可发生 2 代。山稻蝗生活在中高海拔的旱稻田中，一般 5 月中下旬蝗卵开始进入孵化期，6 月中旬为孵化旺盛期，7 月上中旬孵化基本完成。7 月中旬成虫开始羽化，8 月中旬进入羽化盛期，羽化后 15 天进行交尾，9 月中下旬为产卵旺盛期。10 月中下旬成虫基本死亡，11 月中旬绝迹。

发生规律 由于旱稻种植方法与水稻存在较大区别，对稻田管理相对粗放，容易导致越冬蝗卵大量存活，在幼虫孵化初期比例高于其他稻蝗物种，且旱稻田大部分存在于经济较为不发达的山区，对农业管理和害虫防治造成较大困难。

防治方法 见小稻蝗。

参考文献

刘举鹏 , 1990. 中国蝗虫鉴定手册 [M]. 西安 : 天则出版社 .

任竹梅 , 马恩波 , 郭亚平 , 2002. 山稻蝗及相关物种 Cytb 基因序列及其遗传关系 [J]. 遗传学报 (6): 507-513.

郑哲民 , 1985. 云贵川陕宁地区的蝗虫 [M]. 北京 : 科学出版社 : 129-130.

郑哲民 , 1993. 蝗虫分类学 [M]. 西安 : 陕西师范大学出版社 : 81.

（撰稿：李涛；审稿：张建珍）

山东宽广翅蜡蝉 *Pochazia shantungensis* Chou et Lu

是杜英、樟树等绿化树种上的重要害虫之一。又名山东广翅蜡蝉。半翅目（Hemiptera）广翅蜡蝉科（Ricaniidae）宽广翅蜡蝉属（*Pochazia*）。国外分布于韩国。中国分布于浙江、山东、重庆。

寄主 杜英、樟树、杨梅、柑橘、桃、山楂、红叶李、香椿、臭椿、苦丁茶、桂花、含笑、水蜡、喜树、枫香、马褂木、水杉等。

危害状 以若虫和成虫聚集在植株的叶片、枝条上刺吸汁液为害。叶片受害后反卷、扭曲，失去光泽，以致脱落；嫩枝萎蔫或枯萎，树势衰弱，生长受影响。成虫产卵于当年生枝条、叶片中脉内，致产卵部位以上枯死。排泄物可引起煤烟病发生。

形态特征

成虫 体褐色至黑褐色，背面和前端稍深，常被锈褐色蜡粉，腹面和后端略呈黄褐色。头宽稍小于胸部，复眼红褐色或黑褐色，触角刚毛状，着生在复眼下方。前胸背板具中脊，二边点刻甚明显；中胸背板长，具纵脊3条，中脊长而直，侧脊从中部向前分叉，二内叉内斜端部互相靠近，外叉短，基部略断开。前翅淡褐色至黑褐色，被锈褐色蜡粉，前缘域与外缘域色较深（因蜡粉分布稀少）；前缘外方1/3处有一狭长的半透明斑。后翅淡烟褐色或褐色，半透明，后缘色稍浅，前缘基部呈黄褐色。后足胫节外侧具刺2个。

卵 卵长椭圆形，微弯，一端稍尖，卵初产时为白色或乳白色，近孵化时变为褐红色。

若虫 老熟若虫（五龄），体乳黄色并具褐色斑。复眼红褐色。胸背具6个黑点，前4个明显，后2个色稍淡；前胸背板小；中胸背板发达，后缘色深。腹部末端具蜡丝，成束蜡丝连片向四周张开，呈孔雀开屏状，其中向上张开的一束蜡丝较长，是体长的2倍，其余蜡丝与体长相等。胸足基、腿节青绿色或乳黄色，跗节色稍深为淡褐色，爪黑褐色。

生活史及习性 在浙江余姚1年发生2代，以卵在寄主枝条内越冬。由于不同年份气温变化，生活史中各虫态有提前或延后的情况，根据2005年的生活史观察，越冬卵于4月上旬开始孵化，4月中旬为孵化盛期，5月下旬始见成虫，6月中旬为成虫羽化盛期；第一代卵始见于6月上旬，6月中旬为产卵盛期；第一代若虫于6月下旬开始孵化，7月上旬为若虫孵化盛期；第一代成虫于8月下旬开始羽化，9月上旬为羽化盛期，9月下旬第一代成虫开始产卵，10月上旬为产卵盛期，10月底仍可见少量雌成虫产卵。有些年份的若虫存在世代重叠现象。老熟若虫多在晚上和凌晨羽化，白天未见有羽化现象；羽化初期以雄成虫较多，后期以雌虫较多。成虫羽化后需在寄主嫩枝上刺吸汁液补充营养，经十多天后开始交尾，雌成虫需再经十多天补充营养后开始产卵。成虫产卵多于6：00～16：00进行，晚上不产卵。成虫产卵具群集性，往往在同一株寄主植物上可见几百头雌成虫聚集产卵的现象，而相邻寄主植物上少有成虫产卵。产卵时雌虫用产卵器在枝条上划一长条形的深达木质部的产卵痕，将卵成排产在寄主枝条内，产卵时从枝条下部开始，逐渐往上部移动。雌虫产卵前尾部分泌大量的白色蜡粉，产卵完毕即将蜡粉覆盖在产卵痕上。在叶片及其他部位未见有产卵现象。成虫产1卵块需2小时左右，每头雌成虫1天产卵2块，同一枝条上的卵块，一般为同一雌成虫所产。初孵若虫善爬行，受惊时即迅速跳跃逃逸，刚孵化的若虫尾部的蜡丝较短，经6小时后尾部的蜡丝可分泌较长。山东宽广翅蜡蝉成虫、若虫均喜在寄主枝条茂密处活动、危害，由于成虫产卵集中，初孵若虫亦具群集性，群集在寄主叶片背面和嫩枝丛中。

防治方法

营林措施 结合冬季修剪，剪除带有卵块的细弱枝条，刮除枝干上的卵块，将剪下的枝条集中深埋或烧毁，可减少越冬的虫口基数。铲除林地周围与绿化无关的零星寄主植物。在同一林带或林地内避免同时种植该虫喜食的寄主，如杜英、樟树、香椿等应避免同区域内种植。

化学防治 4.5%高效氯氰菊酯乳油1000倍液、20%杀灭菊酯2000倍液、3.2%虫杀净1000倍液喷洒若虫。

生物防治 天敌包括晋草蛉、大草蛉、中华草蛉、小花蝽、猎蝽、步甲、异色瓢虫、大腹圆蛛、黄褐新圆蛛、八斑球腹蛛、三突花蛛等。

参考文献

江伟林, 2013. 山东广翅蜡蝉在莲都区的发生及综合防治 [J]. 浙江柑橘, 30(1): 35-36.

李苏萍, 陈秀龙, 韩国柱, 等, 2006. 山东广翅蜡蝉生物学特性及防治措施 [J]. 中国森林病虫 (3): 36-38.

沈强, 王菊英, 柳建定, 等, 2007. 山东广翅蜡蝉的生物学特性及防治 [J]. 昆虫知识 (44): 116-118.

孙丽娟, 衣维贤, 王思芳, 等, 2021. 山东广翅蜡蝉在青岛地区的发生规律及产卵习性 [J]. 植物保护, 47(1): 199-202, 217.

BAEK S, KIM M J, LEE J H, 2019. Current and future istribution of *Ricania shantungsis* (Hemiptera: Ricaniidae) in Korea: Application of spatial analysis to select relevant environmental variables for MaxEnt and CLIMEX modeling[J]. Forests, 10(6): 490.

BAEK S, LEE J H, 2021. Spatio-temporal distribution of *Ricania shantungensis* (Hemiptera: Ricaniidae) in chestnut fields: Implications for site-specific management[J]. Journal of Asia-Pacific entomology, 24(1): 409-414.

（撰稿：侯泽海；审稿：宗世祥）

山核桃刻蚜 *Kurisakia sinocaryae* Zhang

一种木本油料树山核桃的主要害虫。英文名 carya kurisakia aphid。半翅目（Hemiptera）蚜科（Aphididae）群蚜亚科（Thelaxinae）刻蚜属（*Kurisakia*）。中国分布于浙江、安徽。

寄主 山核桃。

危害状 主要刺吸山核桃幼芽、嫩梢和幼叶，严重时盖满嫩梢和幼叶，导致山核桃雄花序、雌花芽脱落，叶芽、嫩枝萎缩，甚至整株死亡。

形态特征

干母 体大型，宽卵形，体长2.02～2.71mm，体宽1.38～2.07mm。玻片标本头部与前胸愈合，头部背面有额中缝。整个身体骨化，深褐色，胸部各节背板及腹部各节背片的圆斑黑褐色。中、后胸背板各有1对大圆形中斑及侧斑，

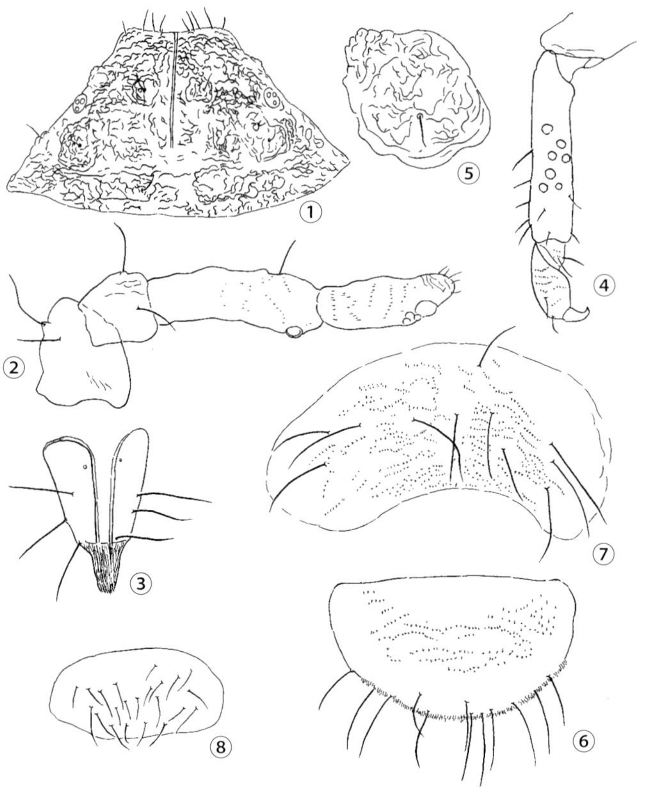

图 1 山核桃刻蚜（张东绘）

干母：①头部背面观；②触角；③喙末节端部；④后足胫节；⑤腹部背片Ⅰ中斑；⑥尾片；⑦尾板；⑧生殖板

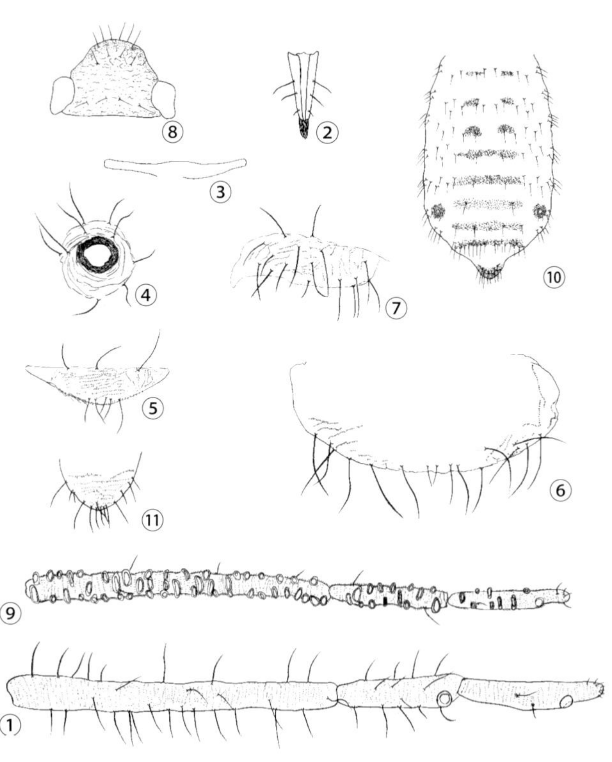

图 2 山核桃刻蚜（张东绘）

无翅孤雌蚜：①触角节Ⅲ～Ⅴ；②喙末节端部；③中胸腹岔；④腹管；⑤尾片；⑥尾板；⑦生殖板

有翅孤雌蚜：⑧头部背面观；⑨触角节Ⅲ～Ⅵ；⑩腹部背面观；⑪尾片

腹部背片Ⅰ～Ⅷ各有1对中斑，胸部各节及腹部背片Ⅰ～Ⅶ有2或3对小圆形节间斑。体表密布皱褶，触角节Ⅲ、Ⅳ有短横瓦纹，胫节、股节内侧及跗节Ⅱ有稀疏小刺突短纹；头部腹后面、胸部腹面及腹部腹面各有小刺突短纹；尾片、尾板有小刺突；生殖板有小刺突横纹。体背毛粗硬，短而稀疏，顶端尖。额平直。复眼由3个小眼面组成。触角4节，全长0.27～0.32mm，为体长的11%～14%；节Ⅲ长0.10～0.12mm，末节鞭部长为基部的25%～33%；节Ⅰ～Ⅳ毛数：2，2，1，0+0根，末节鞭部顶端有短钝毛4～6根；节Ⅲ毛长0.03～0.05mm，为该节最宽直径的0.87～1.25倍。喙端部达中胸中部，节Ⅳ、Ⅴ分节明显；节Ⅳ+Ⅴ短楔状，长0.07～0.10mm，为基宽的1.07～2.00倍，为后足跗节Ⅱ的0.78～1.00倍；节Ⅳ有次生毛2对。足短，跗节Ⅰ毛序：3，3，3。腹管不显。尾片末端宽圆形，长0.07mm，为基宽的30%～43%；有毛10～12根。尾板有长毛11～13根。生殖板横卵形，有毛19～23根（图1）。

无翅孤雌蚜　体椭圆形，体长2.90～3.16mm，体宽1.30～1.44mm。活体黄绿色，腹部各节背片侧域有明显翠绿色三角形斑纹，腹部末端宽大。玻片标本淡色，无斑纹。体背表皮稍粗糙，头部、胸部各节背板及腹部各节背片缘域有刻纹。体被长毛。中额隆起，额瘤微隆。触角5节，有明显小刺突瓦纹；全长1.00～1.22mm，为体长的34%～41%，节Ⅲ长0.51～0.57mm，节Ⅰ～Ⅴ毛数：4或5，3或4，30～33，11或12，2+0根，末节鞭部顶端有毛6根；节Ⅲ毛长为该节直径的1.20～1.67倍。喙短，端部达中足基节，节Ⅳ+Ⅴ长锥状，长为基宽的2.12～2.63倍，为后足跗节Ⅱ的0.86～1.30倍，有原生毛1对，次生毛3或4对。足各节有小刺突横纹，各足跗节Ⅰ有毛7～9根。腹管淡色，截断状，端径与触角节Ⅰ相等，基部有长毛14～17根。尾片半圆形，有长短毛14～18根。尾板半圆形，有长毛18～25根。生殖板有长毛22～27根（图2）。

有翅孤雌蚜　体椭圆形，体长1.76～2.51mm，体宽0.65～1.08mm。活体头部及中胸背板黑色；前胸背板灰褐色，有1对黑色圆形斑；腹部背片有三角状翠绿色斑及黑褐色横斑。玻片标本头部、胸部黑褐色，前胸背板前部有中断横带横贯全节，后部中央淡色。体表光滑，斑纹处有小刺突横瓦纹。腹部背片Ⅰ～Ⅳ各有中斑1对，背片Ⅴ～Ⅷ有中横带，缘斑小或不显。体背毛长。触角5节，全长0.93～1.21mm，为体长的48%～53%，节Ⅲ长0.42～0.57mm，节Ⅲ有长毛13～21根，毛长为该节直径的1.14～1.80倍；触角节Ⅲ～Ⅴ各有次生感觉圈39～51，9～13，3～7个。翅灰褐色，翅脉有黑色镶边，前翅中脉2分叉，亚前缘脉有刚毛24～29根；后翅1斜脉。腹管截断状，有长毛8或9根。尾片瘤状，中部收缩，有长毛11～14根。尾板末端圆形，有毛18或19根（图2）。

生活史及习性　以卵在山核桃芽苞上、叶痕以及枝干裂缝中越冬，每处1粒至数百粒。2月孵化，在芽苞上取食，2月下旬则在嫩梢取食；3月中下旬无翅干母发育成熟，开始孤雌卵胎生。无翅干雌（即第二代）继续危害嫩梢，4月上中旬发育成熟，开始孤雌生殖；第三代在4月中下旬发育成熟为有翅蚜，并开始繁殖。第四代为越夏型，可从5月上中旬开始滞育越夏，直到9月中下旬才开始发育，10月下旬至11月上旬发生雌蚜与雄蚜，两个型均无翅，交配后产卵，再以卵越冬。由于3月中下旬到5月上中旬正是山核桃出芽、春梢生长和开花期，适逢山核桃刻蚜繁殖危害，尤以4月是危害盛期。每头有翅孤雌蚜腹内胚胎可达20～30个，每头产卵雌蚜可产越冬卵1～2粒。

防治方法

生物防治　保护和利用蚜茧蜂、食蚜蝇、异色瓢虫、草蛉、绒螨等天敌寄生或捕食，蚜茧蜂野外自然寄生率高达50%。

化学防治　若越冬虫口基数较大，可使用5000倍20%吡虫啉可溶性水剂、吡虫清，或10～20倍松脂合剂喷雾防治；在3月中下旬防治关键期，使用0.2%苦参碱水剂、20%吡虫啉可溶性水剂以及阿维菌素类等药剂进行喷雾防治；4月上旬可使用20%吡虫啉可溶性水剂或吡虫清稀释20～40倍，刮皮涂干或注干防治；在条件许可的山场，可使用阿维油烟剂防治。

参考文献

陈良龙，吴志辉，章德生，2002. 山核桃刻蚜的发生与防治[J]. 安徽林业(5): 26.

金保华，1982. 山核桃刻蚜的生物学特性及其种群动态[J]. 昆虫知识，19(1): 24-25.

张广学，钟铁森，1979. 为害经济树木的刻蚜属三新种[J]. 昆虫分类学报(1): 49-54.

张广学，钟铁森，1983. 中国经济昆虫志：第二十五册　同翅目　蚜虫类（一）[M]. 北京：科学出版社.

（撰稿：乔格侠；审稿：姜立云）

山槐新小卷蛾　*Olethreutes ineptana* (Kennel)

一种危害山槐等豆科植物的食叶害虫。又名山槐条小卷蛾。鳞翅目（Lepidoptera）卷蛾总科（Tortricoidea）卷蛾科（Tortricidae）新小卷蛾亚科（Olethreutinae）新小卷蛾族（Olethreutini）新小卷蛾属（*Olethreutes*）。国外分布于俄罗斯、朝鲜、韩国、日本。中国分布于黑龙江。

寄主　山槐等豆科植物。

危害状　幼虫危害时形成不规则卷叶，将许多叶甚至叶柄用丝集结成苞，每苞有叶20～30片。幼虫在其中栖居取食，严重时虫苞累累，影响寄主植物生长（图④）。

形态特征

成虫　翅展：雄蛾19mm，雌蛾23mm。头上鳞毛黄色。胸部深褐色，腹部灰褐色，尾端有黄色长毛。下唇须黄色，前伸。前翅前缘略弯曲，外缘平直但稍有弧度，暗灰绿色杂有白色条斑；近前缘顶角有5对钩状短细纹。后翅灰褐色，缘毛黄色，呈不规则四边形，外线在顶角之下稍凹陷（图①）。

卵　初产时黄白色，以后变为乳白色。

幼虫　体长15mm。头部黑色。前胸背板及胸足黑褐色；毛片和趾钩褐色；肛上板和臀栉褐色或黑褐色（图②）。

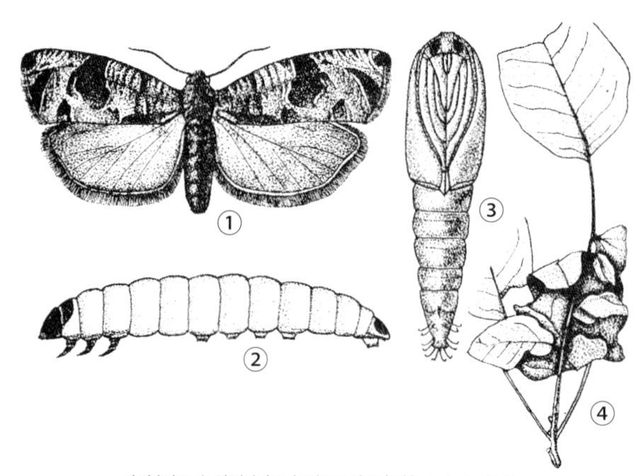

山槐新小卷蛾各虫态及危害状（白九维绘）

①成虫；②幼虫；③蛹；④危害状

蛹 长12.5mm，宽3.3mm。黄褐色或棕黄色。臀棘8根，近中央的4根弯曲度较强。除末端8根之外，在上方肛门两侧还各有2根较短而细的棘（图③）。

生活史及习性 黑龙江1年发生1代，以幼龄幼虫越冬。5月中旬越冬幼虫开始活动，6月中旬化蛹，6月下旬成虫羽化，卵产在叶背面。7月上旬第一代幼虫孵化，蜕1～2次皮后即越冬。幼虫不活跃，在叶苞内栖居取食，粪便亦排泄在内，无迁移取食现象。成虫在8：00左右羽化，傍晚活动，趋光性强。

防治方法

物理防治 人工摘除虫苞，杀灭其中的幼虫。用黑光灯诱杀成虫。

化学防治 越冬幼虫活动期喷洒50%敌敌畏乳油1000倍液、50%杀螟松乳油1000倍液、50%马拉硫磷乳油800～1000倍液、75%辛硫磷乳油2000倍液等。

参考文献

刘友樵，白九维，1992. 山槐条小卷蛾 *Argyroploce ineptana* Kennel[M]// 萧刚柔. 中国森林昆虫. 2版. 北京：中国林业出版社：813.

刘友樵，白九维，张时敏，1974. 带岭林区几种卷叶蛾的调查研究[J]. 昆虫学报，17(2): 166-174, 图版Ⅰ～Ⅳ.

BYUN B K, KIM D S, 2015. Review of genus *Olethreutes* (Lepidoptera, Tortricidae) from North Korea[J]. Journal of Asia-Pacific biodiversity, 8(1): 95-101.

（撰稿：嵇保中；审稿：骆有庆）

山林原白蚁 *Hodotermopsis sjostedti* Holmgren

一种体型较大、危害活树和伐倒木的白蚁。等翅目（Isoptera）草白蚁科（Hodotermitidae）原白蚁属（*Hodotermopsis*）。国外分布于越南、日本。中国分布于台湾、广东、广西、云南、湖南、浙江、贵州、江西、福建、海南。

寄主 槠、栎、松、楠、桤、中华五加、紫荆、狭叶泡花树、梧桐、乌饭树、冬青、金叶含笑、长苞铁杉、杉、木荷等。危害活树或蛀食树桩，甚至危害民房和古建筑。

危害状 山林原白蚁营巢于树木内，取食树木的木质部，并形成不定形的蛀道，影响树木的生长，同时使木材失去经济价值，严重时可导致树木死亡（图1）。

形态特征

有翅成虫 体长12～13.5mm，头赤褐色，胸、腹部黄褐色。触角及足腿节、跗节暗黄色。足胫节黄褐色。全身被有稀疏毛。头近似圆形，前缘稍平，后缘及两侧圆。复眼大而圆，无单眼。上唇褐色，唇基灰黄色，微隆起，呈横条状，长度约等于宽度的1/4。触角22～24节，除第一节外，皆呈念珠状，第三至五节较短并大致相等，以后各节稍增大，最末二、三节逐渐细小。前胸背板前宽后狭，前缘平直，后缘较圆，前、后缘中央具不明显的缺刻。前翅鳞显著大于后翅鳞。当翅合拢时，前翅的肩缝可达后翅鳞前端。

兵蚁 头后部赤褐色，前部黑色。上颚及触角黄褐色。胸、足黄色，节间杂有褐色；腹部黄白色，隐约透出腹腔内黑褐色物质。头部扁，近卵形，最宽处在头的中段，往前逐渐狭窄。头后缘向后方作弧形突出，头顶扁，中央有1微凹坑。无囟、无单眼。上唇两侧圆形，前缘平直。复眼明显，肾状。

图1 山林原白蚁危害状（陆春文提供）

①危害活树，取食其木质部；②蛀空伐倒木

上颚粗壮，左右基本对称，前端尖锐并弯向中线。左上颚有4枚形状不规则的大齿，各齿的根部互相并连。第一齿较尖锐，第二齿端部小而锐，基部膨大，两边略呈弧状。右上颚有齿2枚，第一齿分为两叶，中间形成一叉，朝向中前方。触角22～25节，除第一、二节外，皆呈念珠状；第三至六节大致相等，以后各节稍增大，最末4、5节逐渐缩小。前胸背板略狭于头，呈半月形，前缘略向后方凹入，侧缘与后方连成半圆形，在半圆形后端中央无缺刻。前足胫节具端刺3枚；中足胫节具端刺3～4枚，侧刺1～2枚；后足胫节具端刺3枚，侧刺3枚，第三刺约在前端1/3处。跗节由背面观为4节，腹面观为5节。尾须4～5节。腹刺较细长（图2①）。

工蚁　体黄褐色，腹部色较淡。体长10～14mm（图2②）。

生活史及习性　木栖性白蚁。一般筑巢于朽树或活树内。多发生于海拔700m以上的林区。有的虽有明显蚁道与地下相通，但巢并不建在泥土内。活树从根部或根颈部侵入，逐渐向内向上蛀蚀。伐倒木从两头截面伤痕处或靠地面处侵入。蚁王、蚁后、蚁卵和幼蚁均在树内生活。

幼龄巢一般为1王1后，但也有2王2后或2王3后的，均为原始蚁王、蚁后，其卵量一般几十粒，多者100～200粒堆集一处；在成年巢中未见原始蚁王、蚁后，只有无翅补充蚁王、蚁后，其数量较多，少则3～5对居住一起，多者达30对以上，多栖居在营巢木内的硬木部分或靠近节疤的宽敞空腔内。卵粒集中，一般有200～300粒，多者7000～8000粒至数万粒堆放在一起。

图2 山林原白蚁（陆春文提供）
①兵蚁、工蚁；②工蚁体呈黄褐色，腹部颜色较淡

山林原白蚁比较害怕阳光，所以常在阴暗潮湿的溪边、山沟或林内建巢危害，很少在山顶建巢危害。有时除少数工、兵蚁出巢活动外，一般都是躲在树木内取食，就是迁巢他处，也往往是借由蛀空的朽树根或地下蚁道。当建巢树受到震动或被破坏时，一部分兵蚁立即赶到出事地点进行警卫并不断发出"啦、啦"的响声以示御敌，工蚁则迅速逃到王室周围潜伏不动，而另一部分兵蚁则在王室四周通道进行守卫。其建巢之木如果震动过大，则全巢白蚁可迅速从地下蚁道逃遁他处，并在几十天内不再返回原处危害。当两个蚁巢遭破坏，异群白蚁相遇时，兵蚁会发生搏斗，有时工蚁也踊跃参战，互相攻击。当山林原白蚁巢群发育到一定程度后，群体内就开始产生大量的有翅繁殖蚁进行分飞，脱翅配对，扩建新巢。山林原白蚁的卵约经一个月左右孵化出幼蚁，二龄以后幼蚁开始品级分化，一部分变为工蚁和兵蚁，一部分变为若蚁。若蚁经8个月后变为老熟若蚁，当年11～12月开始产生翅芽，于翌年7月中、下旬羽化为成虫，8月中、下旬群飞进行繁殖。

防治方法　山林原白蚁的防治应以处理蚁巢为主。可采用氟虫腈等粉剂喷杀、烟雾剂熏杀、化学农药灌巢毒杀，并加强木材检疫。

参考文献

黄复生，朱世模，平正明，等，2000. 中国动物志：昆虫纲　第十七卷　等翅目[M]. 北京：科学出版社.

李参，1982. 山林原白蚁栖居地及各品级记述[J]. 昆虫学报，25(3): 311-314, 79.

ISHIKAWA Y, OKADAWA, ISHIKAWA A, et al, 2010. Gene expression changes during castespecific neuronal development in the damp-wood termite *Hodotermopsis sjostedti*[J]. Biomed central genomics, 11: 314.

（撰稿：陆春文；审稿：嵇保中）

山西品粉蚧　*Peliococcus shanxiensis* Wu

一种吸食危害女贞类绿篱的园林蚧虫。英文名privet mealybug。半翅目（Hemiptera）蚧总科（Coccoidea）粉蚧科（Pseudococcidae）品粉蚧属（*Peliococcus*）。国外无记录。中国分布于北京、河北、河南、山西、陕西、湖北等地。

寄主　金叶女贞、小叶女贞、紫叶小檗、丁香、桑、连翘、黄杨等。

危害状　以雌成虫和若虫主要在枝条、其次在叶片上刺吸汁液危害，轻时致使植物叶片萎蔫、生长势衰弱，重时枝条干枯甚至整株死亡。分泌的蜜露诱发煤污病。

形态特征

成虫　雌成虫（见图）体椭圆形，长2.1～3.1mm，粉红或黄绿色，背面覆盖一层薄蜡粉，常显露体节，并生有稀疏的玻璃状长蜡丝，周缘有18对细棒状短蜡突；触角9节；

山西品粉蚧雌成虫（武三安摄）

足细长，爪下有齿；刺孔群18对；背孔2对，腹脐1个；大管腺与2～3个多格腺在体背面和腹面缘区成小群。雄成虫长约1.25mm，翅展2.8mm；触角10节；足3对；前翅膜质，后翅退化成平衡棒，端部有1根长钩状毛；腹部末端有1对长蜡丝。

卵　椭圆形，淡黄色至黄色。

若虫　一龄若虫体椭圆形，刚孵化时淡黄色，后变为黄褐色。触角6节，足发达。

生活史及习性　年发生代数因地而异。在陕西西安1年2代，以雌成虫和末龄若虫在土表下根蘖上、枝条翘皮裂缝中、卷曲的枯叶内等处越动；在河北任丘，1年3代，以卵及成虫在枝干及卷叶内过冬。在西安3代区，越冬虫于4月下旬至5月上旬开始活动，雌成虫短暂取食后开始产卵；若虫发育为成虫后也开始产卵，产卵期持续30～40天。6月上旬若虫出现，6月中旬至8月上旬为一年中的为害高峰期。第二代的产卵高峰期在8月上旬。9月下旬雌、雄成虫交配后，于10月上旬以受精雌成虫和发育晚的若虫陆续越冬。营两性和孤雌生殖。雌成虫产卵前分泌稀疏蜡质卵囊包裹虫体，并产卵其中。卵囊主要分布在枝条分杈处、翘皮裂缝中、干枯卷叶内。每雌产卵176～350粒。

防治方法

营林措施　加强养护管理，保持绿篱通风透光。及时清除枯枝、落叶。结合修剪，剪除有虫枝条。

化学防治　冬季喷洒5波美度的石硫合剂。若虫期，特别是第一代若虫孵化盛期，利用速扑杀乳油、吡虫啉可湿性粉剂喷雾防治。

参考文献

董如义，张颖，2008. 山西品粉蚧对金叶女贞的为害及防治措施[J]. 河北林业科技(6): 89.

郭平，郭小侠，2014. 山西品粉蚧在小叶类绿篱上的发生规律及防治对策[J]. 陕西农业科学，60(11): 26-27.

武三安，1999. 山西品粉蚧属二新种及一新记录种记述[J]. 动物分类学报，24(2): 178-182.

（撰稿：武三安；审稿：张志勇）

山香圆平背粉虱　*Crenidorsum turpiniae* (Takahashi)

一种近年新记录的茶树刺吸性害虫。又名柿平背粉虱。半翅目（Hemiptera）粉虱科（Aleyrodidae）粉虱亚科（Aleyrodinae）平背粉虱属（*Crenidorsum*）。中国分布于湖北、安徽、台湾、广西、贵州等地。

寄主　茶、柿、红背山麻秆、台湾山香圆、山龙眼、阿里山女贞、狗骨柴、台湾水锦树等。

危害状　以若虫固着于茶树叶片背面吸汁危害，排出"蜜露"诱发煤烟病，影响茶树树势和茶叶产量与品质；成虫亦可吸食茶树叶片汁液，具一定的趋嫩性，密集取食时可造成嫩叶失水卷叶（图1）。

形态特征

成虫　体长1.0～1.3mm，虫体淡黄色，复眼暗红色，体及前翅表面具蜡粉，前翅具3浅褐斑，分别位于近端部、中部和后缘近基部（图2①）。

若虫　椭圆形，共4龄（图2②～⑥）。一龄若虫浅黄色，头部具有1对红色眼点；二龄和三龄若虫黄绿色，体缘有一层蜡质分泌物，中央稍隆起，胸部腹部分节明显，管状孔近圆形，舌状突不发达，尾刚毛存在；四龄若虫即伪蛹，其蛹壳黄白色，椭圆形，长0.56～0.71mm，宽0.32～0.53mm。体缘周围有带状的蜡质分泌物，体缘锯齿状，较尖；前缘刚毛和后缘刚毛存在，较短；亚缘区不明显，跟背盘不分离，分布有很多整齐排列脊状褶皱，从亚中区延伸到体缘；脊之间有很多小乳突分布；头胸部有1条中央脊延伸到体缘，两侧还各有1纵褶分布，从前胸斜外延伸至中胸，内弯至于第二腹节；头胸部具有3对长刚毛；胸气管褶不明显；横蜕裂缝不达体缘，纵蜕裂缝达体缘；腹部分节明显，显著隆起；第八腹节上有1对长刚毛；管状孔近圆形，两侧增厚；盖瓣心形，尾端内缘有2～3对小齿，几乎充塞了整个管状孔区域；包含了舌状突，舌状突不外露，顶端有绒毛；尾沟不存在；尾刚毛较长。山香圆平背粉虱形态特征与含笑平背粉虱 *Crenidorsum micheliae*（Takahashi）非常相似，但前者伪蛹呈长椭圆形，体型较之更小，其盖瓣充塞了整个管状孔区域；后者伪蛹近圆形，体型稍大，其盖瓣充塞约管状孔2/3区域。

生活史及习性　年发生代数尚不明确，在贵州湄潭茶园4月中旬至5月上旬、8月中旬至9月上旬成虫发生量大；5月为卵孵化盛期。成虫在茶丛上、中、下层均可产卵，在嫩叶上产卵至多可达500粒以上。成虫喜群集于叶片背面取食、交配和产卵，趋黄性明显。

防治方法

农业防治　修枝、整枝，保持茶园良好的通风透光性，有利于控制其发生。

物理防治　成虫发生前期即布置黄板诱杀粉虱成虫。

化学防治　抓住防治适期，在考虑茶园国内外农药残留限量标准的基础上，于卵孵化盛末期喷洒联苯菊酯或茚虫威等进行防治，采用侧位喷药，尽量喷透茶树中、下部枝叶；于成虫羽化盛期喷施茚虫威或溴虫腈等进行防治，以蓬面扫喷为宜。

图 1　山香圆平背粉虱危害状（孟泽洪提供）

①受害茶行；②聚集叶片背面的若虫；③成虫吸食嫩叶汁液造成叶卷；④成虫聚集嫩叶叶背取食

图 2　山香圆平背粉虱成虫和若虫（李帅、王吉锐提供）

①成虫；②伪蛹电镜图；③一龄若虫；④二龄若虫；⑤三龄若虫；⑥四龄若虫（伪蛹）

参考文献

孟泽洪，王吉锐，周孝贵，等，2017. 茶树新害虫——山香圆平背粉虱 *Crenidorsum turpiniae* (Takahashi) 的鉴定与初步观察 [J]. 茶叶科学，37(6): 638-644.

闫凤鸣，白润娥，2017. 中国粉虱志 [M]. 郑州：河南科学技术出版社.

（撰稿：孟泽洪；审稿：肖强）

山杨绿卷叶象 *Byctiscus omissus* Voss

一种主要危害山杨的害虫。又名山杨卷叶象。鞘翅目（Coleoptera）卷象科（Attelabidae）金象甲属（*Byctiscus*）。国外分布于蒙古、俄罗斯。中国分布在陕西、甘肃、宁夏、新疆等地。

寄主 山杨及其他杨树。

危害状 主要以成虫、幼虫危害山杨、叶片和嫩枝，使其萎蔫枯死。成虫产卵前，将叶柄或嫩枝基部咬伤，致使萎蔫后，再将同一枝上的3～4片叶子紧密地卷成叶筒，产卵于叶筒中，之后叶筒呈现枯萎状，极易识别。

形态特征

成虫 体椭圆形，长6～7mm。体绿色，略带紫色金属光泽，喙、腿节、胫节均为紫金色。喙伸向头的前方，微弯曲，长约3mm。额部稍下凹，具粗皱褶。触角暗黑色，着生于喙的中部两侧，微弯曲，端部呈纺锤状。前胸背板具细而密的刻点，前部收缩较窄，中后部向外突出，中央有1条浅纵沟。鞘翅上有粗大的刻点，排列不太整齐，肩部稍隆起，后部向下圆缩。足具细刻点，着生灰白色和褐色绒毛。

幼虫 体弯曲，长7～8mm，体乳白色，头赤褐色，体表疏生短毛，无足。

生活史及习性 1年发生1代，以成虫在枯枝落叶层、地面杂草或地下土室中越冬，翌年4月杨树展叶后出现。以成虫危害为主。成虫出现后先吃杨树嫩叶，叶展开后即4月中下旬成虫开始产卵。产卵时，先将叶柄或嫩枝基部咬伤，使叶片失水凋萎后随即开始卷叶，通常是将同一短枝上的3～4片叶紧密地卷成叶筒状，然后在叶筒中产卵3～4粒，卵期一般6～7天。幼虫在卷叶中取食，待卷叶干落后，幼虫老熟后钻入土中，在5cm深处筑室化蛹，8月上旬羽化为成虫，8月下旬部分成虫从土中钻出到杂草中越冬，翌年继续危害。成虫具有飞翔能力，以成虫飞翔方式进行传播。

防治方法

营林措施 选用抗性树种营造速生丰产林和农田防护林网，加强抚育管理，合理施肥、灌水、中耕、修枝等。

加强虫情监测 在虫害发生区，森防部门应根据林分类型、地貌特征、危害规律，设立固定监测样地进行系统调查与监测。

化学防治 采用40%氧化乐果乳油、2.5%敌杀死乳油1500倍、10%溴氰菊酯2000倍液进行叶面喷雾防治。

参考文献

萧刚柔，李镇宇，2020. 中国森林昆虫 [M]. 3版. 北京：中国林业出版社.

闫海科，李海强，张耀增，等，2007. 山杨卷叶象的发生规律及其防治 [J]. 陕西林业科技 (3): 81-82.

（撰稿：马茁；审稿：张润志）

山榆绵蚜 *Eriosoma ulmi* (Linnaeus)

一种榆属植物的重要害虫。英文名elm currant aphid。半翅目（Hemiptera）蚜科（Aphididae）瘿绵蚜亚科（Eriosomatinae）绵蚜属（*Eriosoma*）。国外分布于俄罗斯、蒙古、土耳其、黎巴嫩、伊拉克，以及欧洲，近期被传入加拿大。中国分布于黑龙江、河北、浙江、四川、贵州。

寄主 原生寄主为榆树；次生寄主为沙梨。国外记载有茶藨子属。

危害状 在榆树叶片取食，被害叶片向背面卷缩肿胀，变为黄色或白绿色。

形态特征

无翅干母蚜 体椭圆形，体长2.11mm，体宽1.11mm。活体深绿色，被白粉。玻片标本体淡色，头背黑斑呈"口"形，前胸背板中域有1个大方形黑斑。体表光滑。头背有1对淡色蜡胞群，有明显皱纹；胸部、腹部背板各有不甚明显蜡胞群，腹部背片Ⅰ～Ⅶ有缘蜡片，背片Ⅶ、Ⅷ有明显中蜡片。体背毛尖锐。中额及额瘤不隆。触角5节，节Ⅰ、Ⅱ光滑，其他节有微刺突横瓦纹；全长0.40mm，为体长的19%；节Ⅲ长0.19mm，节Ⅰ～Ⅴ毛数：3或4，3，5～10，4，6～8根，节Ⅲ毛长0.02mm，为该节端部最宽直径的58%。喙粗短，节Ⅳ+Ⅴ楔状，长0.09mm，为基宽的1.70倍，为后足跗节Ⅱ的1.50倍；有原生毛3对，次生毛2对。足粗，股节两缘有粗颗粒突起，其他光滑，跗节Ⅰ毛序：2，2，2。无腹管。尾片月牙形，光滑，长0.06mm，为基宽的43%，有短毛1对。尾板宽圆形，有长毛14～16根。生殖板椭圆形，有毛14～16根，有前部长毛1对（见图）。

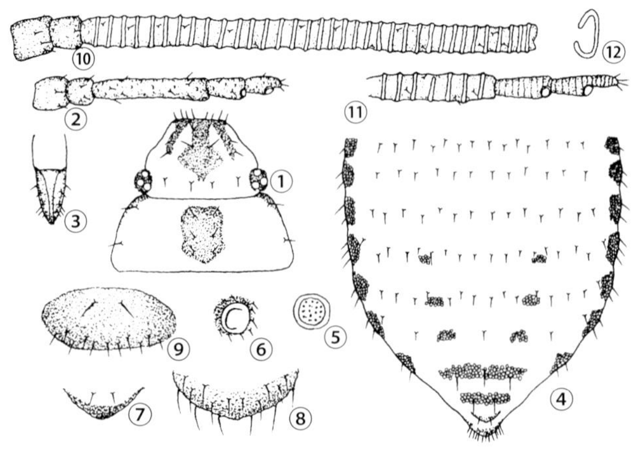

山榆绵蚜（钟铁森绘）

无翅干母蚜：①头部与前胸背面观；②触角；③喙节Ⅳ+Ⅴ；④腹部背面观；⑤蜡胞；⑥腹管；⑦尾片；⑧尾板；⑨生殖板

有翅干雌蚜：⑩触角节Ⅰ～Ⅲ；⑪触角节Ⅳ～Ⅵ；⑫次生感觉圈

有翅干雌蚜　体长1.63mm，体宽0.69mm。玻片标本头部、胸部黑色，腹部淡色，无斑纹。各附肢黑褐色。体表光滑。腹部背片各缘域有褐色圆形蜡胞群。触角6节，节Ⅰ～Ⅳ光滑，节Ⅴ、Ⅵ有小刺突横纹；全长1.23mm，为体长的0.75%；节Ⅲ长0.77mm，节Ⅲ有毛20～35根，毛长为该节最宽直径的1/6；节Ⅲ、Ⅳ各有开环状次生感觉圈：30～39，5～9个，分布于全节，有睫毛。喙端部不达中足基节；节Ⅳ＋Ⅴ楔状，长0.13mm，为基宽的2.20倍，为后足跗节Ⅱ的79%；有原生毛3对，次生毛2对。跗节Ⅰ毛序：3，3，2。前翅中脉2分叉，2肘脉基部共柄。腹管短截状，内半环形缺，周围有尖锐毛12～15根，端径与触角节Ⅲ直径约相等。尾片有长毛1对。尾板有毛18～28根。

生活史及习性　5月中旬至6月下旬产生有翅孤雌蚜迁飞至沙梨根部，9～11月性母蚜回迁至榆树。

防治方法　5月上旬，在有翅干雌成蚜从榆树向果园迁飞之前，在果园采用全田覆盖地膜的办法，可有效阻隔其入土，进而使果树根部免受其危害，防治效果达100%。

5月中旬至6月下旬，在有翅蚜迁入期进行地面喷药；7～9月，主要危害果树根梢时，采用地下投放磷化铝片剂进行熏蒸，均可有效控制其危害。

参考文献

胡作栋，张富和，王建有，等，1999. 苹果和梨根部的绵蚜及其防治研究[J]. 植保技术与推广，19(3): 23-25.

张广学，乔格侠，钟铁森，等，1999. 中国动物志：昆虫纲　第十四卷　同翅目　纩蚜科瘿绵蚜科[M]. 北京：科学出版社.

（撰稿：姜立云；审稿：乔格侠）

山楂绢粉蝶　*Aporia crataegi* (Linnaeus)

苹果、山楂等果树的重要害虫。又名绢粉蝶、山楂粉蝶、苹粉蝶、梅粉蝶、树粉蝶。英文名 black veined white butterfly。鳞翅目（Lepidoptera）粉蝶科（Pieridae）绢粉蝶属（*Aporia*）。国外分布于朝鲜、日本、俄罗斯，以及欧洲、非洲北部、中亚等地。中国分布于北京、黑龙江、吉林、辽宁、新疆、青海、甘肃、陕西、山西、河北、河南、浙江、江苏、安徽、湖北、四川、西藏等地。

寄主　苹果、山楂、海棠、花红、杏、梨、李、樱桃、杜梨、山荆子、楸子、栒子、绣线菊、珍珠梅等。

危害状　幼虫取食危害寄主芽、花蕾及叶片，受害重者常由于芽、叶被害而不能结果。

形态特征

成虫　体长22～25mm，翅展63～75mm。体黑色，头胸及足被淡黄白色至灰白色鳞毛。触角棒状，端部淡黄色。翅白色，翅脉黑色，前翅外缘除臂脉外各脉末端均有烟黑色的三角形斑纹。前翅鳞粉分布不匀，有部分甚稀薄、呈半透明状。后翅的翅脉黑色明显，鳞粉分布较前翅稍厚，呈灰白色。雌虫触角末端淡黄色部分较长，且虫体较肥大，雄虫触角末端淡黄色部分较雌虫短，且虫体瘦小（见图）。

山楂绢粉蝶成虫（袁向群、李怡萍提供）

幼虫　共5龄。初龄幼虫灰褐色，头部、前胸背板及臀部黑色。老熟幼虫体长39～43mm，体上有疏稀淡黄色长毛间有黑色，体背有3条黑色纵带，其间夹有2条黄褐色纵带，体两侧和腹面灰色，气门环黑色，腹足趾钩单序中带。

生活史及习性　1年发生1代，2～3龄幼虫越冬，在树冠1～2年生枝条上吐丝缀卷1个叶片或联缀2～3个叶片而成虫巢，以11～17头三龄幼虫群集于巢内越冬。越冬幼虫于翌年4月中旬陆续出巢活动，初群集取食花芽和叶芽，而后取食花蕾、叶片及花瓣，夜间和阴雨刮风等低温天气仍躲入巢中。幼虫进入四龄后食量大增，离巢分散活动，此时果树受害最重。5月上旬五龄幼虫开始化蛹，5月中旬为化蛹盛期，蛹期15～23天，平均18.5天，化蛹场所是树干或老枝条，蛹体颜色随化蛹的场所而变化，在果树主干上化蛹为黑型蛹，黑蛹占总蛹量的30%左右；在树枝或叶柄处化蛹为黄型蛹，约占总蛹量的70%。成虫于5月下旬开始羽化，6月上旬为羽化盛期。成虫在8：00～17：00活动，以中午活动最盛。成虫羽化后不久即交尾产卵，单雌产卵量190～510粒，卵成块状产于嫩叶上，每块38～56粒。卵孵化盛期为6月下旬，卵期11～18天，平均14.6天。初孵幼虫群集啃食叶片，仅残留表皮，每食尽一叶，群体另转叶危害，陆续转害十余片叶后，三龄幼虫于7月下旬开始营巢越冬。

天敌种类较多，幼虫天敌有菜粉蝶绒茧蜂［*Apanteles glomeratus*（Linn.）］，一至三龄幼虫可被产卵寄生，以二龄幼虫寄生率高，寄生率可高达28%～50%，每头幼虫可出蜂11～38头。患一种细菌性病害，感病幼虫萎靡不振，吐黑水，虫体软化变黑，头尾下垂，发病率一般为10%～21%。另外，卵期寄生性天敌有凤蝶金小蜂（*Pteromalus puparum* Linn.）、舞毒蛾黑瘤姬蜂［*Coccygomimus disparis*（Vierck）］和一种寄蝇（*Exorista* sp.）。捕食性天敌主要有白头小食虫虻（*Philodieus albi-ceps* Meigen）、蠋蝽［*Arma custos*（Fabricius）］和胡蜂、蜘蛛、步甲等种类。

种型分化　中国有4个亚种，①天山亚种 *Aporia crataegi tianschanica* Ruhi，分布于新疆，中亚天山山脉。②东北亚种 *Aporia crataegi meinhardi* Krulikowsky，分布于内蒙古、辽宁、吉林、黑龙江；俄罗斯远东地区，中亚。③华北亚种 *Aporia crataegi* subsp.（亚种名未定），分布于北京、河北、河南、江苏、湖北、陕西、山西、宁夏。④川藏亚种 *Aporia crataegi atomosa*（Verity），分布于四川、西藏。

S

防治方法

人工摘除虫巢　秋季果树落叶后，春季发芽前，结合冬季果园管理，摘除树枝枯叶上的越冬虫巢。

药剂防治　施用20%杀灭菊酯乳油和2.5%溴氰菊酯乳油2000倍稀释液田间喷药，48小时后的平均校正防效均在91.83%以上，成本低廉。

参考文献

姜婷，黄人鑫，2004. 绢粉蝶和朱蛱蝶在新疆危害林木的初步观察[J]. 昆虫知识，41(3): 238-240.

武春生，2010. 中国动物志：昆虫纲　第五十二卷　鳞翅目　粉蝶科[M]. 北京：科学出版社.

萧刚柔，1992. 中国森林昆虫[M]. 2版. 北京：中国林业出版社.

周尧，1994. 中国蝶类志（上下册）[M]. 郑州：河南科学技术出版社.

（撰稿：袁向群、袁锋；审稿：陈辉）

山楂叶螨　*Tetranychus veinnensis* (Zarcher)

一种重要的农业害螨。又名山楂红蜘蛛。英文名hawthorn spider mite。蛛形纲（Arachnida）蜱螨目（Acarina）叶螨科（Tetranychidae）叶螨属（*Tetranychus*）。国外主要分布在英国、俄罗斯、中亚地区、保加利亚、德国、葡萄牙、澳大利亚、朝鲜和日本等地。中国主要分布在北京、天津、河北、辽宁、山西、陕西、宁夏、甘肃、青海、河南、湖北、山东、江苏、江西、西藏和广西等地。

寄主　山楂、苹果、沙果、杏、桃、梨、李、刺李、海棠、樱桃李、樱桃、欧洲甜樱桃等。

危害状　山楂叶螨一般在叶背为害，口针刺入叶细胞，吸取汁液和叶绿素。被害叶初期症状表现为局部褪绿斑点，而后逐步扩大成褪绿斑块，为害严重时，整张叶片发黄、干枯，造成大量落叶、落花和落果，严重抑制果树的生长（图1）。

形态特征

成螨　雌螨体卵圆形，背部隆起，暗红色，体背两侧有黑色纹；体长0.54～0.59mm，宽约0.36mm；气门沟端膝膨大，分裂成束状，形成数室，位于口针鞘两侧，须肢有胫节爪，趾节锤突较大，端部较圆；背刚毛24根，背刚毛长而具绒毛，刚毛状，不着生在疣突上；足的跗节爪呈条状，端部有黏毛1对，爪间突端部分裂成3对刺，第四对足的跗节刚毛有10根。雄螨体较小，平均体长约0.31mm，末端略尖；阳茎钩部几乎曲成直角，端锤小，须部端突长而尖，向上伸（图2）。

卵　圆球形，半透明，初产卵黄白色或浅橙黄色，孵化前为橙红色，即将孵化的卵呈现有两个红色斑点。

幼螨　体近圆形，取食前淡黄白色，取食后为黄绿色，体侧有深绿色颗粒斑，眼红色，足3对。

若螨　足4对，体椭圆形，黄绿色。

生活史及习性　年发生代数因地区、营养条件而异，由北向南年发生代数逐渐增加。山楂叶螨完成一代的时间长

图1　山楂叶螨危害状（①②③冯玉增摄，④陈汉杰摄）
①危害山楂叶正面；②危害山楂叶正面初期；③结丝网；④危害叶片状

图2 山楂叶螨（①②冯玉增摄，③④陈汉杰摄）

①成螨；②生态图；③成螨及卵；④越冬成螨

短，取决于当时所处的环境条件。一般而言，温度适宜而干燥，对其发育有利。山楂叶螨是以交尾的滞育雌螨越冬，越冬场所主要在树干缝隙、树皮下、枯枝落叶中以及寄主植物附近的表土下和其他隐蔽场所。

防治方法

生物防治　保护田间天敌，以发挥天敌作用。

物理防治　清洁果园，清除杂草，实行果园秋耕。冬季刮除粗老树皮，对主干涂白，涂白剂里可加入杀螨剂；秋末或者翌年春，在果树主干涂抹虫胶，粘死越冬螨。

化学防治　花前是进行药剂防治叶螨和多种害虫的最佳施药时期。开花前可选用24%螺螨酯5000～6000倍液、22.4%螺虫乙酯4000～5000倍液、30%乙唑螨腈3000～5000倍液、11%乙螨唑5000～6000倍液等药剂；20°C以上可选用50%苯丁锡2500倍液、50%丁醚脲1500～2000倍液、73%炔螨特2500～3000倍液、5%唑螨酯2000～2500倍液、99%矿物油200倍液等，为避免抗药性产生，注意杀螨剂交替使用。

参考文献

曹子刚，张蕴华，刘微，等，1990. 山楂叶螨和苹果全爪螨抗药性的研究[J]. 昆虫知识，27(6): 346-349.

焦蕊，许长新，于丽辰，等，2012. 山楂叶螨试验种群生命表的组建与分析[J]. 河北农业科学，16(9): 44-46.

（撰稿：王进军、袁国瑞、李刚；审稿：冉春）

山楂萤叶甲　*Lochmaea crategi* (Förster)

一种山楂上重要的蛀果类害虫。又名黄皮牛。鞘翅目（Coleoptera）叶甲科（Chrysomelidae）萤叶甲亚科（Galerucinae）绿萤叶甲属（*Lochmaea*）。在山西、河南、陕西等地有分布。

寄主　山楂。

危害状　幼虫危害幼果，造成幼果脱落，严重影响产量。成虫只有取食补充营养后才能产卵，常取食山楂的芽、花、叶片、花蕾及花瓣，能够造成一定的危害。成虫取食叶片时，可将叶片啃咬成孔洞和缺刻，取食芽和花蕾时，常在一侧咬成小孔洞，深达5mm，直径约4mm，造成虫害芽或虫害花（图1）。

形态特征

成虫　体长5～7.6mm。长椭圆形，后部略膨大，橙黄色。复眼黑褐色，椭圆形，微突起。触角丝状，黑褐色，11节，基部第一节稍长，着生于头部前端。鞘翅较薄，其上密生细小刻点，覆盖整个腹部，小盾片三角形，雌虫为橙黄色，雄虫为黑色。足黑褐色，胫节较细长，略呈圆柱形。雄虫触角、前胸背及胸腹面均为黑色（图1）。

幼虫　体长8～10mm。头部黑色，前胸背板黑褐色。胸足3对，黑色。胴部米黄色，各节具黑色毛瘤（图2）。

生活史及习性　1年发生1代，以成虫在土中越夏越冬，翌年4月上旬开始出土，4月中旬为出土盛期。4月下旬及5月上旬为交尾产卵盛期，5月中旬卵开始孵化，5月下旬为孵化盛期。一般6月下旬开始化蛹，一直延续到7月中旬初。蛹期10天左右。成虫羽化后，留在蛹室越夏越冬，直到翌年4月上旬才出土，整个蛰伏期280天左右。7月中旬成虫开始羽化，并直接在土中越夏越冬。以成虫在树冠下土中越冬，深度为1～13cm，其中以土层6.6cm以上最多，占整个越冬虫量的80%。越冬的自然死亡率一般在20%左右，主要是低温致死和菌类寄生。成虫白天活动，特别是在晴日、无风、温度高的天气条件下，活动最剧烈。成虫有假死性，一遇惊动即坠地假死，而后逃逸。成虫寿命与取食补充营养及环境条件有关。雌虫寿命比雄虫长，雌虫寿命多为24～28天，雄虫寿命多为13～18天。幼虫有转果危害的习性，转果时，先从被害果的胴部咬孔爬出，再从健果的萼洼处蛀入，幼虫一生可转害1～2果。

图1 山楂萤叶甲成虫危害花蕾（冯玉增摄）

图2 山楂萤叶甲幼虫（冯玉增摄）

防治方法

农业防治　秋季深翻树盘，可破坏成虫越冬场所及机械消灭部分成虫。幼虫危害期及时清理落果，集中销毁，可消灭没有脱果的幼虫。

生物防治　野外调查发现大山雀、山麻雀等鸟类捕食刚出土的山楂萤叶甲成虫，捕食率较高。

参考文献

冀修业，魏玉杰，1994. 橙红色山楂萤叶甲生物学特性及其防治研究[J]. 甘肃农业科技(2): 34-35.

王运兵，鲁传涛，刘红彦，等，2004. 山楂萤叶甲的发生危害及综合防治[J]. 河南农业科学，33(11): 65-66.

（撰稿：王勤英；审稿：张帆）

山竹缘蝽　*Notobitus montanus* Hsiao

一种常见的竹类害虫，主要危害刚竹、白夹竹、寿竹、水竹等竹类植物。半翅目（Hemiptera）缘蝽科（Coreidae）竹缘蝽属（*Notobitus*）。中国分布于浙江、四川、云南、甘肃、福建等地。

寄主　刚竹、白夹竹、寿竹、水竹、毛竹、苦竹、雷竹、淡竹、玉米、小麦等。

危害状　若虫和成虫吸取竹类幼嫩部分的汁液（图①②），常使竹笋、嫩竹生长衰弱，成竹后各竹节间缩短，竹材硬脆，利用率下降。严重时竹笋死亡，嫩竹立枯。

形态特征

成虫　体长20.5～22.5mm，宽5.5～6mm。体黑褐色，被黄褐色细毛。触角第一节短于或等于头宽，第四节基半部红褐色或黄褐色，端半部色稍深。喙达中胸腹板中央。前胸背板中、后部色稍淡。后足腿节粗大，其顶端约2/5处具1个大刺，大刺前后各具数个小刺；后足胫节基部稍向内弯曲。腹部背面基半部红色，向端部渐呈黑色。侧接缘淡黄褐色，两端黑色，基部及端部具黑色斑点。雄虫生殖节后缘中央突起狭窄，两侧突起宽阔，顶端圆形，距中央突起较近，由腹面看呈窄“山”字形（见图）。

若虫　初孵若虫粉红色，触角与足细长，胸部小，腹部大。各龄若虫腹背中央第三、四节和第四、五节之间，各具1个椭圆形突起。老熟若虫体长15～18mm，体略柔软，翅芽明显，腹部背面第三、四节间和第四、五节间具臭腺孔，椭圆形，略突起。

生活史及习性　在中国南方1年发生1代，以成虫越冬。4月下旬、5月初恢复活动，常在地旁残林的早发竹笋上集

S

山竹缘蝽成虫及其危害状（张巍巍提供）
①②成虫危害竹子；③成虫伏于叶片

中取食危害。成虫补充营养后开始交尾，于5月上中旬开始产卵，卵期15～20天。若虫于5月中旬出现，经30～50天发育为成虫。成虫寿命为330～350天。个别发育早的成虫，经过一段时间取食，还可交尾产卵。卵可孵出若虫，但因缺乏营养及被天敌捕食，一般不能发育为成虫。7月底到9月初成虫陆续越冬。成虫白天活动，天气晴好时飞翔能力强，但清晨、夜晚或遇雨天活动能力弱。7月份，竹笋长成竹子，成虫便群集于附近干燥岩石上或山洞中。晴天在岩石上爬行，遇到刺激，一哄起飞；傍晚在集中地几米至几十米高的空中逆风飞翔，极为活跃。交尾常在晴天，以10：00～16：00最盛。雌雄成虫均可多次交尾，交尾后飞往竹林，将卵产于竹叶背面，极少产在竹秆或杂草上。卵粒与卵料呈“人”字形嵌合，组成“广”字形卵块。卵块一般为20～30粒，少数卵散产。每头雌虫可产卵20～70粒，产卵后2～3天便爬入枯枝落叶松土中死去，也有少数还能取食危害达半月之久。卵经15～20天孵化，孵化率在90%以上，初孵若虫头向内集中围在卵壳四周，3小时左右变成灰黑色，3～5天后分散取食。

防治方法

人工防治　成虫和若虫大面积危害时，人工振落捕杀。

化学防治　成虫产卵期、若虫孵化期喷洒90%敌百虫晶体或50%马拉硫磷乳油2000倍液。

参考文献

和秋菊，易传辉，杨松，2011. 云南竹林蝽次目昆虫种类与区系分析[J]. 中国农学通报，27(22): 55-65.

胡荣达，蔡燕玉，潘洪青，等，2002. 山竹缘蝽生物学特性初步观察[J]. 浙江林业科技，22(4): 62-63, 76.

曾林，1981. 山竹缘蝽生物学特性及其防治方法[J]. 应用昆虫学报(1): 26-27.

（撰稿：张晓、陈卓；审稿：彩万志）

杉木迈尖蛾　*Macrobathra flavidus* Qian et Liu

一种杉木球果的专食性害虫。又名杉木球果尖蛾、杉木球果织蛾。英文名Chinese fir cone cosmet moth。鳞翅目（Lepidoptera）尖蛾科（Cosmopterigidae）尖蛾亚科（Cosmopteriginae）迈尖蛾属（*Macrobathra*）。仅在中国广东、福建、河南有分布记录。

寄主　杉木。

危害状　幼虫自苞鳞缝隙处钻入球果，在苞鳞基部危害。球果被害初期无明显症状，后被害苞鳞局部变红褐色，后期苞鳞全部变为褐色。球果受害苞鳞由几枚至数十枚不等，受害严重的整个球果苞鳞完全变色。球果被杉木迈尖蛾危害后，还容易导致病原菌侵入感染，加速球果变色。幼果受害严重会导致停止生长发育，形成枯果（图 1）。

形态特征

成虫　翅展 12～14mm，头、胸、腹背面灰褐色，复眼红褐色。前翅黑褐色，由基部 1/6～1/2 有一条淡橘黄色宽条斑；后翅淡灰褐色，狭长，顶角尖。足灰褐色，胫节和跗节上有白斑，距明显。

幼虫　体长 8～13mm，玫瑰红色或浅紫红色，节间有白色环（图 2）；头部、前胸背板及臀板淡褐色。臀栉有四齿突（图 2、图 3）。

蛹　长 3～4mm。淡黄褐色，翅覆盖体长的 3/4，肛门孔处具圆形凹陷，两侧边缘具黑褐色骨化区。臀棘黑褐色，具 8 根黄色长刚毛。

生活史及习性　广东和福建 1 年发生 1 代，以幼虫在枯萎的雄球花序（图 3）或被害球果的蛀道中越冬。翌春 2～3 月份，越冬幼虫转移到当年已经撒粉的枯萎雄球花中结茧化蛹，5 月初，成虫开始羽化，中下旬为羽化盛期。成虫产卵于雄花序或幼果基部等处，新幼虫先潜藏于当年枯萎雄球花序中，6～10 月相继钻入球果危害苞鳞。该虫越冬幼虫不整齐，导致成虫羽化期较长，自 5～8 月均可见到成虫。

防治方法　3～4 月，喷施灭幼脲Ⅲ号于雄球花序上，可有效防治该害虫的发生和危害。

参考文献

廖仿炎，赵丹阳，秦长生，等，2015. 杉木种子园果实主要害虫发生为害及林间防治研究 [J]. 广东林业科技，31(6): 71-75.

钱范俊，刘友樵，1997. 危害杉木球果种子的织叶蛾一新种（鳞翅目：织叶蛾科）[J]. 林业科学，33(1): 66-68.

图 1　杉木迈尖蛾危害状（赵丹阳提供）

图 2　杉木迈尖蛾幼虫（赵丹阳提供）

图 3　杉木雄球花序中的杉木迈尖蛾幼虫（赵丹阳提供）

S

魏初奖，王旺进，2014. 中国杉木害虫名录（一）(昆虫纲：直翅目，等翅目，半翅目，双翅目，鳞翅目，膜翅目；蛛形纲：蜱螨目)[J]. 武夷科学，30: 9-25.

（撰稿：赵丹阳；审稿：嵇保中）

杉木球果棕麦蛾 *Dichomeris bimaculatus* Liu et Qian

危害杉木球果的主要害虫。又名衫木球果麦蛾。英文名 Chinese fir cone borer。鳞翅目（Lepidoptera）麦蛾总科（Gelechioidea）麦蛾科（Gelechiidae）棕麦蛾亚科（Dichomeridinae）棕麦蛾族（Dichomeridini）棕麦蛾属（*Dichomeris*）。分布于福建、浙江、安徽、江西、湖南、湖北、广东、广西等地。

寄主 杉木。

危害状 幼虫钻蛀危害球果、种子。球果受害后主要症状有：①球果变色。这是最常见的症状。幼虫通常自球果苞鳞缝隙间钻入球果，蛀食苞鳞基部，并围绕果轴危害周边的苞鳞及种子。被害初期球果无明显症状，之后苞鳞局部变红褐色，变色区逐步扩大，后期苞鳞全部变色，由红褐转棕褐直至枯黄色。在苞鳞缝隙间可见少量棕褐色虫粪及丝黏附外露（图1①②）。②畸形。幼果一侧受害后，可形成畸形球果，在受害一侧可见变色苞鳞及苞鳞缝隙间有虫粪及丝黏附外露（图1③）。③干枯。幼果受害后停止生长发育，形成小枯果（图1④）。

形态特征

成虫 体长4～7mm，翅展10～13mm。头黄褐色。触角黄褐色，具暗褐色环；近丝状，末端锯齿状，长度约为前翅的2/3。下唇须外侧具暗褐色鳞片，内侧黄褐色；第二节粗长，向前直立，多毛；第三节圆柱状，向上超过头部。胸部暗褐色。前翅狭长，翅面银灰色混有暗褐色鳞片，鳞片有光泽，有2个黑色斑点。缘毛暗褐色。后翅狭长梯形，翅顶强烈突出，具暗灰色长缘毛（图2①②、图3①）。

卵 椭圆形，半透明，长0.6mm。初产卵淡黄色，孵化前呈黑色。

幼虫 体长8～12mm。白色。头、前胸背板及臀板褐色，胸、腹各节近前缘红褐色，虫体似红白相间环状。腹足趾钩单序环；臀足趾钩单序缺环，具趾钩13枚（图2③④⑤、图3②）。

蛹 体长4.5～6.2mm。浅黄褐色。臀棘浅褐黑色，具8根黄色长钩状刚毛（图2⑥、图3③④）。

生活史及习性 福建1年发生1代，以幼虫越冬。翌年3月部分老熟幼虫在越冬场所化蛹。3月中旬至5月下旬为成虫发生期，5月中旬为成虫羽化盛期。4月出现新幼虫，开始在当年生枯萎雄球花序中，6～7月可钻蛀发育不良的小幼果，8月后陆续转移钻蛀当年生球果。4～5月其他尚未老熟的幼虫从越冬场所转移进入当年生枯萎的雄球花序中或滞留原越冬场所直至化蛹。越冬幼虫虫龄极不整齐。11月中、下旬幼虫在被害球果蛀道及当年生枯萎雄球花序中越冬。在未采种林分，在球果中越冬的幼虫占60.8%；在枯萎雄球花序中占39.2%。在已采种林分，在残存球果中越冬的幼虫为47.2%；在枯萎雄球花序中越冬的幼虫占52.8%。

成虫在1天中不同时间均可羽化，但主要集中在午后至傍晚（12：00～20：00），其次为凌晨至上午（4：00～10：00）。成虫大多在白天活动，晚上及阴雨天则静伏针叶背面。成虫飞行能力不强。有趋光性。成虫羽化后次日即可交尾，其中在一周内交尾的占82.6%。成虫在3：00～7：00进行交尾，其中4：00～6：00交尾的占91.6%。交尾后当日即可产卵，卵单粒散产于针叶背面、雄球花序及幼果基部短针叶上。产卵期可延续到交尾后第六天。初产卵半透明，淡黄色，孵化前呈黑色，卵期8天左右。

幼虫6龄，各龄幼虫头宽值：一龄：0.25mm；二龄：0.38mm；三龄：0.54mm；四龄：0.67mm；五龄：0.77mm；六龄：0.85mm。幼虫在一年中有三次明显的转移现象：

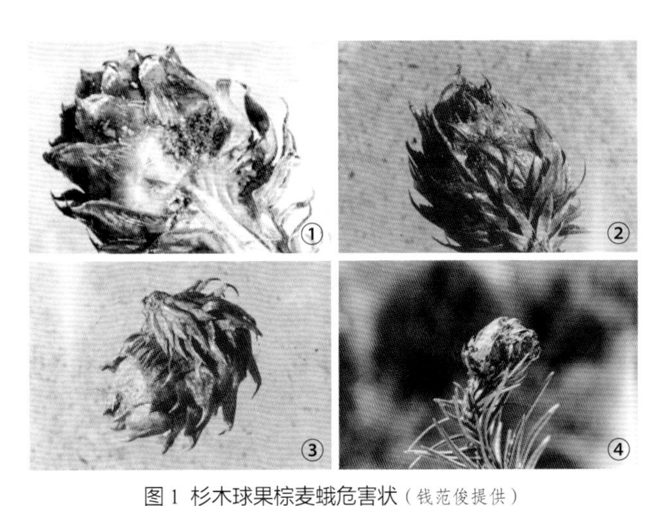

图1 杉木球果棕麦蛾危害状（钱范俊提供）

①球果变色：幼虫蛀食苞鳞基部；②球果变色干枯；③畸形球果；④幼果干枯：可见虫粪及丝黏附外露

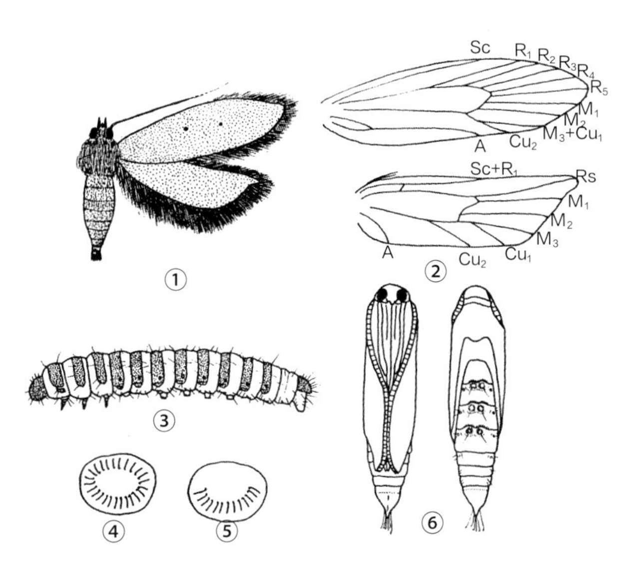

图2 杉木球果棕麦蛾形态特征（钱范俊提供）

①成虫；②成虫翅脉；③幼虫；④幼虫腹足趾钩；⑤幼虫臀足趾钩；⑥蛹

S

①越冬前转移。每年8～11月幼虫逐渐从枯萎雄球花序中转移至当年生球果或枯果中，转移高峰出现在11月上旬，此时在球果中和在雄球花序中的有虫比例分别为78.1%和21.9%。②越冬后转移。越冬后部分尚未老熟的幼虫3月下旬起爬行或吐丝下垂，从越冬场所（去年的枯萎雄球花序及干枯虫害果中）转移进入当年已撒粉的雄球花序中。③危害球果转移。转移到当年枯萎雄球花序中幼虫的一部分，可在雄球花序中发育到老熟化蛹。而另一部分幼虫则从6～7月起开始转移进入当年发育不良的小幼果中，从8月起逐渐转移危害当年生球果。幼虫在危害过程中亦可出现转移现象，一般每虫转移1～2次。10月中、下旬平均虫害球果无虫率为62.9%。老熟幼虫在被害球果蛀道中作一白色薄丝茧化蛹；在枯萎雄球花序中，老熟幼虫先咬一椭圆形蛹室，然后吐丝作一白色薄茧化蛹；但也有无蛹室或无薄丝茧化蛹的。越冬幼虫虫龄极不整齐，三至六龄均有，但以五至六龄为多（占67.5%）。

平均温度19°C时，蛹平均发育历期14天（12～20天），以13～14天最多（占64.2%）。

发生规律　①天敌。幼虫可被长尾小茧蜂 *Bracow* sp. 寄生。幼虫转移期间为蜘蛛等捕食性天敌捕食。②坡向坡位。在低山丘陵区，阳坡球果虫害率明显高于阴坡；山坡的下坡球果虫害率高于上坡。③空间分布。幼虫和蛹在杉木种子园内的空间分布型均为聚集分布，分布的基本成分为个体群。聚集原因均与栖境（越冬场所及越冬后转移）有直接关系。④树冠位置。不同树冠部位的球果虫害率存在一定差异，依次为下部 > 中部 > 上部。⑤不同无性系。不同杉木无性系间的球果虫害率存在一定差异。

防治方法

营林措施　选育及营造杉木抗虫无性系种子园。结合采种摘尽虫害球果，可有效降低翌年的球果虫害率。强度修枝：对树龄偏大的12～15年生以上的母树实施强度修枝（从侧枝近主干1m处修枝），可有效降低林内杉木球果棕麦蛾等球果害虫的种群数量。

物理防治　5～6月成虫发生期，在受害林分内设置黑光诱虫灯，可诱杀部分成虫。

化学防治　内吸剂注干：每年11月用吡虫啉乳油在树干基部（离地10～15cm）打孔注药。喷烟防治：5～6月成虫发生期，用烟雾机喷施0.05%溴氰菊酯油烟剂灭杀成虫，在成虫发生初期及盛期各处理1次。

参考文献

钱范俊，翁玉榛，余荣卓，等，1990. 摘尽球果好处多[J]. 中国林业 (10): 35.

钱范俊，翁玉榛，余荣卓，等，1991. 杉木种子园球果害虫的防治试验研究[D]. 南京：南京林业大学.

钱范俊，翁玉榛，余荣卓，等，1992. 杉木种子园的主要害虫及其为害情况的研究[J]. 中南林学院学报，12(2): 152-156.

钱范俊，余荣卓，张福寿，等，1995. 杉木球果麦蛾生物生态学

图3　杉木球果麦蛾形态（钱范俊提供）
①成虫；②幼虫；③蛹（在被害球果中）；④蛹（在枯萎雄球花序中）

特性的研究 [J]. 南京林业大学学报 , 19(4): 27-32.

薛贤清 , 钱范俊 , 余荣卓 , 等 , 1994. 杉木球果麦蛾空间分布型的研究 [J]. 南京林业大学学报 , 18(2): 19-24.

余荣卓 , 1997. 应用菊酯油烟剂喷烟防治杉木种子园害虫试验 [J]. 福建林业科技 (1): 86-88.

余荣卓 , 钱范俊 , 郑孝丑 , 等 , 1998. 杉木种子园种实害虫的综合治理 [J]. 森林病虫通讯 (1): 28-30.

LIU Y Q, QIAN F J, 1994. A new species of the genus *Dichomeris* injurious of China fir (Lepidoptera: Gelechiidae)[J]. Entormologia sinica (4): 297-300.

（撰稿：钱范俊；审稿：嵇保中）

杉梢花翅小卷蛾 *Lobesia cunninghamiacola* (Liu et Bai)

一种危害杉木、云杉嫩梢顶芽的重要害虫。又名杉梢小卷蛾。鳞翅目（Lepidoptera）卷蛾总科（Tortricoidea）卷蛾科（Tortricidae）小卷蛾亚科（Olethreutinae）小卷蛾族（Olethreutini）花翅小卷蛾属（*Lobesia*）。分布于中国福建、江西、广东、广西、浙江、江苏、安徽、湖北、湖南、贵州、四川、重庆、云南、河南、台湾等杉木产区和青海。

寄主 杉木、云杉、油杉。

危害状 幼虫蛀食主、侧梢的顶芽，致使顶芽枯萎，顶梢丛生，干形弯曲，影响树木的生长和材质（图 1）。

形态特征

成虫 体暗灰色，长 4.5～6.5mm，翅展 12～15mm。触角丝状，各节背面基部杏黄色，端部黑褐色；下唇须杏黄色，前伸，第二节末端膨大，外侧有褐色斑，末节略下垂。前翅深黑褐色，基部有 2 条平行斑，向外有“X”形条斑，沿外缘还有 1 条斑，在顶角和前缘处分为三叉状，条斑都呈杏黄色，中间有银条。后翅浅黑褐色，无斑纹，前缘部分浅灰色。前、中足黑褐色，胫节有灰白色环状纹 3 个，跗节 4 节；后足灰褐色，跗节有 4 个灰白色环状纹。

卵 扁椭圆形，长 1mm，宽 0.7～0.8mm。初产呈乳白色、胶滴状。近孵化时黑褐色。

幼虫 体长 8～10mm，头、前胸背板及肛上板棕褐色。体紫红褐色，每节中间有白色环纹（图 2①）。头部侧面有两块深色斑，一块位于单眼中间，一块位于其后方。趾钩单序环。

蛹 褐色，长 5～7mm。腹部各节背面有两排大小不同的刺，前排的刺较大；腹末具大小、粗细相近的 8 根钩状臀棘（图 2②）。

生活史及习性 江苏、安徽、湖南、福建 1 年发生 2～3 代，江西、广东、广西 1 年发生 3～5 代，均以第一、二代危害严重，以蛹在枯梢内越冬。翌年 3 月底 4 月初羽化。成虫羽化多在 10：00～12：00，羽化后蛹壳留在羽化孔上，一半外露。成虫白天多隐蔽，遇惊飞逃；夜间活动，有趋光性。羽化后次晚交尾，第三日晚开始产卵。卵多产在阳光充足、生长良好、林分密度较小、树高 2.5～5m、树龄 4～5 年生的幼林中。卵散产于嫩梢叶背主脉边，每梢 1 粒，偶见产 7～10 粒者，每雌产卵量 40～60 粒。卵经 5～8 天孵化，多在 5：00～6：00 孵化。幼虫共 6 龄。初孵幼虫先在嫩梢上爬行 10 多分钟后，蛀入嫩梢内层叶外缘取食，也有孵化后即蛀入内层取食的。一、二龄期间，食叶 2～3 枚，只取食部分叶缘，食量小、排粪少、粪粒细。三龄后幼虫蛀入梢内取食，食量增大，粪量增多，粪粒大，呈暗红褐色，堆集在梢尖上。一般每梢只有 1 头幼虫，危害严重时可达 2～3 头。三、四龄幼虫行动敏捷，爬行迅速，幼虫有转移危害习性。每代幼虫一生需转移 2～3 次，危害 2～3 个嫩梢。转移多在 14：00～16：00，先从梢内爬出，沿枝条上行，爬到另一嫩梢上蛀入，也可吐丝下垂随风飘荡转移到另一枝条嫩梢上，幼虫蛀入新梢需 2～3 小时。五、六龄行动缓慢。幼虫在被害梢内蛀食，蛀道长约 2cm。幼虫老熟后于离梢尖 6mm 处咬一羽化孔，在孔下部吐丝结 8mm 长薄茧化蛹，被害梢枯黄、火红色。

在青海 1 年发生 1 代，以蛹在树冠下土层内做土室化

图 1 杉梢花翅小卷蛾危害状（①杨林提供；②宁超斌提供）

①嫩梢顶芽受害状；②幼虫蛀食顶芽危害状

图 2 杉梢花翅小卷蛾各虫态（①孙大友提供；②何学友提供）
①嫩梢内的幼虫；②蛹

蛹越冬，翌年 5 月下旬成虫陆续羽化，5 月下旬至 6 月下旬成虫交配产卵，6 月中旬出现产卵盛期，7 月为危害盛期，9 月下旬老熟幼虫吐丝下垂到树冠下的土层中化蛹越冬。

发生与环境 多发生于海拔 300m 以下平原丘陵区、4～5 年生幼树、3～5m 高的杉木林；海拔 500m 以上、10 年生以上杉木林受害轻。一般阳坡重于阴坡，林缘重于林内，疏林重于密林，纯林重于混交林。天敌资源较为丰富，卵有拟澳洲赤眼蜂、松毛虫赤眼蜂和杉卷赤眼蜂寄生；幼虫有广大腿小蜂、小茧蜂、扁股小蜂（数量较少）、桑螨聚瘤姬蜂、广肩小蜂、寄生蝇寄生，以及蜘蛛捕食；蛹期寄生性天敌有大腿蜂、绒茧蜂。此外，白僵菌和黄曲霉菌在各代均有寄生，以越冬代最为常见。

防治方法

物理防治 成虫羽化盛期设置诱虫灯诱杀成虫或采用人尿诱杀雄蛾。

营林措施 营造混交林，加强营林培育，促进幼树生长，促进提早郁闭成林；及时剪除被害梢，降低主梢被害率。如发现害虫天敌寄生率高，可将剪下的枝梢置于天敌保护器内，让寄生蜂安全飞出。

生物防治 在第一代和第二代卵期释放赤眼蜂，放蜂量 150 万头 /hm^2，分 4 次释放，连续放蜂 2 年。或在幼虫期林间喷洒 200 条 /ml 芫菁夜蛾线虫北京品系线虫液或 1×10^9 孢子 /ml 的白僵菌菌液。

化学防治 在幼虫二龄前喷洒 50% 杀螟松乳剂 200～400 倍液或 20% 甲氰菊酯 2000～4000 倍液或 80% 敌敌畏乳油 1000 倍液。或喷施滑石粉与菊酯类农药和苏云金杆菌原粉混匀的复合粉剂防治。

参考文献

付觉民，2011. 信阳市主要林业有害生物及天敌普查初报 [J]. 现代农业科技 (16): 190-191, 194.

黄邦侃，2001. 福建昆虫志（第五卷）[M]. 福州：福建科学技术出版社：44.

刘永忠，郭国寿，王宗银，2007. 杉梢小卷蛾生物学特性观察 [J]. 青海农林科技 (3): 37-38.

刘友樵，白九维，1977. 杉梢小卷蛾新种记述（鳞翅目：卷蛾科）[J]. 昆虫学报，20(2): 217-220.

漆波，杨德敏，任本权，等，2007. 重庆市林业有害生物种类调查 [J]. 西南大学学报（自然科学版），29(5): 81-89.

萧刚柔，1992. 中国森林昆虫 [M]. 2 版. 北京：中国林业出版社：832-834.

张金发，2000. 杉梢小卷蛾生物学特性及其防治 [J]. 华东昆虫学报，9(1): 57-60.

中国农林科学森工研究所，等，1978. 利用赤眼蜂防治杉梢小卷蛾的试验 [J]. 浙江林业科技 (2): 25-27.

朱贵华，2017. 师宗县速生杉木的种植与管理 [J]. 绿色科技 (3): 134-135.

BAE, Y S, LIU Y Q, 1995. A new subgenus of *Lobesia* (Lepidoptera, Tortricidae), with redescription of *cunninghamiacola* Liu et Bai, 1977. Japanese journal of entomology, 63 (1): 107-113.

（撰稿：魏初奖；审稿：嵇保中）

蛇蛉目 Rhaphidioptera

蛇蛉目是脉翅类昆虫中的一个小类群，已知 2 个现生科不到 200 种。成虫具 1 延长的头部，头部可灵活活动，前口式；具 1 对复眼，单眼有或无；触角丝状细长，多节；咀嚼式口器。前胸延长且灵活，中后胸较紧密贴合。2 对翅，形态近似，具简单的网状翅脉，臀叶不发达。各足为步行足，较短。腹部筒状，雌性腹部末端具 1 长的产卵器。幼虫体狭长，头与各胸节分节明显，扁平；胸足 3 对；腹部柔软，狭长，无附肢。

蛇蛉目昆虫均为陆生，幼虫及成虫均为捕食性。幼虫在树皮缝隙间活动，捕食其他昆虫。蛹为裸蛹可活动甚至爬行。成虫捕食性，但无明显趋光性。

参考文献

GULLAN P J, CRANSTON P S, 2009. 昆虫学概论 [M]. 3 版. 彩万志，花保祯，宋敦伦，等，译. 北京：中国农业大学出版社：280.

袁锋，张雅林，冯纪年，等，2006. 昆虫分类学 [M]. 北京：中国农业出版社：388-391.

图 1 蛇蛉目蛇蛉科代表（吴超摄）

郑乐怡，归鸿，1999. 昆虫分类学 [M]. 南京：南京师范大学出版社：530-540.

WINTERTON S L, et al. 2018. Evolution of lacewings and allied orders using anchored phylogenomics (Neuroptera, Megaloptera, Raphidioptera)[J]. Systematic entomology, 44(3): 499-513.

（撰稿：吴超、刘春香；审稿：康乐）

神泽叶螨 *Tetranychus kanzawai* Kishida

以成螨、幼螨、若螨群集叶背吸取汁液的杂食性害虫。又名神泽氏叶螨。蜱螨目（Acarina）叶螨科（Tetranychidae）叶螨属（*Tetranychus*）。食性广，寄主种类多，分布广，国外分布于日本和菲律宾。中国在吉林、辽宁、山东、陕西、江苏、浙江均有发生。

寄主 寄主非常广泛，桑、茶、梨、桃、苹果、柑橘、葡萄、樱桃、柳、槐、玉米、水稻、棉、大豆、蚕豆、绿豆、茄子、草莓、青芋、瓜类、木薯、苜蓿等多种花木、蔬菜、杂草。

危害状 幼、若、成螨群集桑叶背面吸取汁液，使叶脉间出现大小不等的黄褐色斑块。成螨活动性较强，能分散到全叶危害，使整片桑叶都布满黄褐色斑，导致落叶。成螨又具趋嫩行，常转移到嫩叶上危害、繁殖，故使整株桑叶枯焦，无一好叶。神泽叶螨危害茶树也很严重，以被害叶制成的干茶沏茶，汤色变成红黑色，茶味变苦，品质显著降低。

形态特征

成螨 雌螨体紫红色或紫黑色，冬季休眠时呈鲜红色，椭圆形或卵圆形，长0.45mm。雄螨淡黄色或淡红色，纺锤形，体长0.34mm。雌螨后体部刚毛4列，依次为3、2、2、2对，共18根；雄螨的5列，依次为3、2、2、2、1对，共20根。

幼螨 体近圆形，长0.21mm，淡黄色，足3对。

若螨 足4对，第一若螨体长0.27mm，卵圆形，微红色。第二若螨长圆筒形，雌雄有别，雌螨体长0.33mm，淡红色，雄螨体略小，黄红色。

生活史及习性 江苏全年最少发生11代，最多可达25代，一般为16～18代。以雌成螨在土隙、杂草中越冬。一般于10～11月间开始进入越冬，翌年2～3月间越冬结束。越冬雌成螨在休眠期中（12月间），若将之置于25°C下，并持续照明12小时，经10天左右则可解除休眠。在日本静冈县1年约发生9代，自第一代后即时代重叠。

雌成螨形成后不久即开始产卵，整个成螨期均持续产卵。产卵前期在25°C时为2～3天，12°C时4～5天。每雌平均产卵40～50粒，日平均产卵2～2.5粒，产卵期在20°C时约20天。发育期温度20°C时卵期8天，幼螨期3～4天，若螨期5～6天。成螨寿命随温度和性别而异，在7月份雄螨为17天，雌螨20天；10月雄螨35天，雌螨40天。通常两性生殖，也可孤雌生殖。孤雌生殖的子代全部为雄螨。变为成螨后立即交尾。交尾充分的雌螨产下的卵大部分为雌性卵，交尾不充分的，前期产下的为雌性卵，后期产下的多为雄性卵。

防治方法 见桑始叶螨。

参考文献

华德公，胡必利，阮怀军，等，2006. 图说桑蚕病虫害防治 [M]. 北京：金盾出版社.

苏州蚕桑专科学校，1998. 桑树病虫害防治学 [M]. 2版. 北京：农业出版社.

余茂德，楼程富，2016. 桑树学 [M]. 北京：高等教育出版社.

（撰稿：王茜龄；审稿：夏庆友）

生命表 life table

生命表是记载个体从出生随时间推移直至死亡的统计表。最初起源并应用于人口统计学的范畴。Pearl 和 Parker（1921）首次将生命表方法应用于黑腹果蝇的实验种群研究；Morris 和 Miller（1954）利用生命表技术对云杉卷叶蛾自然种群进行研究，作为第一个自然种群生命表样本。此后，昆虫生命表技术得到迅速发展，被广泛应用于森林、果树和大田农作物上各类害虫种群动态的研究。

生命表作为研究昆虫种群动态的重要科学方法之一，将昆虫种群按照不同年龄阶段系统地观察并记录种群存活率和相应的生殖率所编制成一览表，可以简单而直观地反映不同种群不同龄期的存活、生殖和寿命等生命特征。生命表具有系统性、阶段性、综合性和关键性等特点，是用来研究种群动态、揭示种群数量变动机制和组建种群测报模型的有效方法。由于构建生命表的目的不同，研究的对象不同，因此生命表的形式、类型、项目格式的复杂性等也随之产生。

传统生命表

特定时间生命表 又名垂直或静态生命表，是假设昆虫种群是静止而世代重叠的，在稳定年龄组配的前提下，以特定时间（如天、周、月、年等）为单位间隔，系统调查并记载在时间 x 开始时的存活数和 x 期间的死亡数，适用于世代完全重叠的昆虫，特别适用于实验种群的研究。

特定年龄生命表 又名水平或动态生命表，以种群的年龄阶段作为划分时间的标准，对一定数量的同龄个体群进行连续观察，跟踪其全过程，直到最后一个个体死亡为止。它系统观察并记录特定发育阶段或年龄区组的存活率和繁殖数，适用于世代离散的昆虫种类，更多地应用于自然种群的研究。

世代平均生命表 适用于世代半重叠的昆虫种群动态的研究。世代平均生命表的参数受年龄分布的影响较小，因此适合于年龄分布不稳定的种群。其中平均世代时间是主要的种群参数。

传统生命表的缺陷 在传统生命表中，通常是采用Leslie 矩阵或 Birch 方法计算特定年龄存活率和繁殖力，在各龄期统一发育作为前提的情况下来计算，但是忽略了种群各个体之间以及雌雄成虫间的发育速率不同这一普遍现象。另外，大多数传统生命表仅仅考虑雌虫种群，以雌虫种群为出发点计算整个种群的生存和繁殖情况，而大多数昆虫均为雌雄两性，雌雄之间的发育速率是不同的，并且对外界环境、化学或生物防治介质的敏感性反应也不同。因此，传统生命表忽略雄虫种群和个体间发育速率的不同，会导致计算存活率和繁殖率的错误，影响精密生命表的构建。

年龄－龄期两性生命表 Chi 和 Liu（1985）、Chi（1988）提出了年龄－龄期两性生命表理论和数据分析方法，该方法充分考虑个体间发育速率的不同，使结果更加精确，并且处理了整体种群（雄虫、雌虫以及未发育到成虫期便死亡的个体），还可以模拟种群中完整的年龄结构分布情况。不仅如此，还可以进一步计算捕食率和取食量，模拟未来种群的发生动态。数据分析计算出各种种群动态参数，如内禀增长率 r、周限增长率 λ、净生殖率 R_0、世代平均周期 T 等，用来分析不同昆虫的生命特征。

生命表的应用 昆虫生命表主要针对害虫发生的预测预报、科学评价各种防治措施对控制害虫数量的作用，以及为害虫种群的科学管理提供理论支持。通过生命表技术可将害虫对作物的取食、害虫生命表、天敌对害虫的捕食及天敌生命表加以量化、系统化，在害虫综合治理中用于数量预测预报、科学管理以及对各种防治措施的防效评价，为制定正确的防治策略和措施提供理论基础。

参考文献

戈峰，2008. 昆虫生态学原理与方法 [M]. 北京：高等教育出版社：63-65, 203-211.

CHI H, 1988. Life-table analysis incorporating both sexes and variable development rates among individuals[J]. Environmental entomology, 17(1): 26-34.

CHI H, LIU H, 1985. Two new methods for the study of insect population ecology[J]. Bulletin of the institute of zoology academia sinica, 24(2): 225-240.

MORRIS R F, MILLER C A, 1954. The development of life tables for the spruce budworm[J]. Canadian journal of zoology, 32(4): 283-301.

PEARL R, PARKER S L, 1921. Experimental studies on the duration of life. I. Introductory discussion of the duration of life in *Drosophila*[J]. The American naturalist, 55: 481-509.

YU L Y, CHEN Z Z, ZHENG F Q, et al, 2013. Demographic analysis, a comparison of the jackknife and bootstrap methods, and predation projection: a case study of *Chrysopa pallens* (Neuroptera: Chrysopidae)[J]. Journal of economic entomology, 106(1): 1-9.

（撰稿：卢虹；审稿：崔峰）

生态对策 ecological strategy

昆虫在进化过程中，经自然选择获得的对不同生境的适应方式。美国皮亚恩卡（E. R. PianKa）于 1970 年首先提出 r 选择和 K 选择概念，用以描述生物种间的适合度（fitness）差异。适合度指生物物种在某种环境条件下适应性的大小，种群通过改变它们的个体大小、年龄组配、寿命长短、扩散能力等特性来调整自己，以最大限度适应和利用环境。这些对策要通过生物在进化过程中所形成的特有的生活史表现出来，因此又称为生活史对策。属于 r 选择者的生物繁殖能力很强，个体小，早熟，寿命短，死亡率高，种群密度不稳定，这类动物通常具有较强的扩散能力；属于 K 选择者的生物种群比较稳定，这类动物个体大，寿命长，发育慢，迟生育，出生率低，具有较完善的保护后代的机制，故子代死亡率低。

r 选择者和 K 选择者是两个进化方向不同的类型，在这两种生态对策类型之间，还有各种不同程度的中间类型。目前 r-K 对策的概念也被广泛应用于昆虫的进化对策。在农业生态系统中，害虫多有较高的生殖和扩散能力，例如黏虫［*Mythimna separata*（Walker）］和褐飞虱［*Nilaparvata lugens*（Stål）］等都是 r 选择者。飞蝗可被看作两种对策交替的特殊类型，群居型是 r- 对策，散居型是 K- 对策。在选择拟寄生物作为害虫的防治手段时，就必须考虑 r 选择者和 K 选择者不同的反应。

K 选择者适宜栖息在稳定的环境内，它们的种群稳定在环境容量上下，生存力强，竞争力也强，能有效地防御敌害，保护自身和幼体，生命长，能较充分地利用能量资源。其弱点在于，一旦遭遇过度死亡或环境变化后，由于繁殖力低，种群密度的恢复能力较差。在昆虫中，典型的 K 选择者如苹果蠹蛾［*Cydia pomonella* Linnaeus］。与 K 选择者相反，r 选择者的栖息生境多变，种群数量常会大起大落。r 选择者的繁殖力高，当种群密度降到很低程度时，也有可能很快恢复。飞虱、蚜虫、红蜘蛛、小地老虎等害虫一般为 r 选择者。

就大的分类单元来看，可以把脊椎动物视为 K 选择者，而将昆虫视为 r 选择者，若把昆虫纲作为一个整体，大多数属于 r 选择者或都接近 r- 对策的一端，但不同类群的昆虫或不同栖境下的昆虫采取的生态对策也有不同。一般说来，在热带地区生存的物种，更接近于 K- 对策，例如热带雨林中的某些蝶类是典型的 K 选择者。而在温带和寒带地区生存的物种，常趋于 r- 对策。褐飞虱和黑尾叶蝉（*Nephotettix cincticeps* Uhler）是两种常见的水稻害虫。褐飞虱没有种群的自我调节，以致发生严重时单株可达数百头。而黑尾叶蝉则有很好的调节机制，即使密度高时也稳定在每株 20 头以下。相对而言，褐飞虱是 r 选择者，黑尾叶蝉则可被认为是 K 选择者。

参考文献

张金平，2016. 昆虫的生态对策与防治策略 [J]. 农药市场信息 (25): 76.

张学祖，1986. 生态对策与防治策略——一、昆虫种群生态对策 [J]. 新疆农业科学 (1): 12-15.

（撰稿：王炜；审稿：崔峰）

生态平衡 ecological balance

见自然平衡。

（撰稿：任妲妮；审稿：孙玉诚）

生态适应性 ecology adaptation

生物改变自己的形态、结构、生理生化，甚至是基因来响应生态因子（温度、食物、氧气、光照等）变化以维持机体平衡，以便于适应环境的特性。生态适应是长期自然选择的结果，是生物在环境胁迫下繁衍后代的必要条件。生态适应能力强的祖先群体成功地繁殖后代，处于劣势的群体在历史进程中被淘汰。高度特化的生物，遗传多样性往往较低，生态适应性差。

相似环境会选择出所有没有亲缘关系但处在相同生态位的物种，使之在独立进化的过程中出现相同的表现型，称为趋同适应。昆虫口器的趋同进化取决于口器的功能。蜜蜂和花金龟是咀嚼式口器，都进化成了象鼻。蚊子和跳蚤都靠吸血为食，进化成了刺吸式口器。

同一个物种在不同环境中产生不同的表现型，称为趋异适应。北极熊由棕熊进化而来，全身白色同北极环境一致利于捕食；肩部为流线型，掌部有刚毛，利于在冰上行走而不滑倒。而棕熊不具备这些适应北极环境的特点。

温度是对生物体影响最大的环境因子之一。温度过高或过低都会打破有机体的正常代谢，生物通过改变行为、生理活动来应对环境变化。动物对寒冷环境的适应包含逃避和抵抗两大策略。逃避策略包括迁徙、冬眠、滞育、集群等。飞蝗冬季产卵，温度回升时孵化出幼虫。抵抗策略包括增加产热，减少散热，抗冻保护剂。越冬期间许多昆虫体内聚集低分子量的糖或醇作为抗冻保护剂，提高昆虫体内结合水的比例，或者直接与酶及其他的蛋白质相互作用起到保护生物系统的作用。高温适应过程筛选出 *Hsps* 基因，对高温产生的损伤进行修复和保护正常的细胞代谢过程。

昆虫的多型现象是适应生态环境变化的一种策略，如飞蝗群散两型，蚜虫翅两型。蚜虫在卵巢成熟和飞行肌的发育、维持间存在着一种资源配置的平衡，即所谓的 trade-off。无翅蚜不具备飞行能力，能量主要用于繁殖。当宿主植物营养不良，种群密度高，天敌攻击时，无翅蚜会产生有翅后代，飞离恶劣环境，寻找良好的栖息地扩繁种群。种内无翅蚜和有翅蚜并存，可提高蚜虫对环境的适合度。

成功入侵的外来入侵物种对入侵地生态环境有较强的适应性。入侵前稳定的遗传变异和入侵后新出现的遗传变异都能使入侵种快速适应新环境。与本地物种杂交能带来杂种优势，并且能将本地种自适应特征基因整合到自身基因组内，提高入侵种的适应性。多倍体植物入侵性和适应性相对于二倍体来说更强。入侵物种经常受到新的生物（病原菌）和非生物（UV）压力影响，引起基因组或转录组修饰变化，产生新的能经受入侵地自然选择的表型变化。昆虫与携带的微生物，当地昆虫互作，能提高各自的生态适应性。红脂大小蠹（*Dendroctonus valens*）从北欧传到中国导致 4 个省 775.5 万株油松枯死，是一种极具毁灭性的外来入侵害虫。红脂大小蠹携带的长梗细帚霉（*Leptographium procerum*）能使寄主油松患病，抗性降低，进一步诱导油松产生使虫聚集的信息物质 3-carene，引诱本地种黑根小蠹（*Hylastes parallelus*）的进攻，黑根小蠹进攻寄主后，释放信息素又吸引新的红脂大小蠹进攻，相互协助危害寄主，促进红脂大小蠹成功入侵。

参考文献

WILHELMI A P, KRENN H W, 2012. Elongated mouthparts of nectar-feeding Meloidae (Coleoptera)[J]. Zoomorphology, 131 (4): 325-327.

LU MIN, MILLER DANIEL R, SUN JIANG-HUA, 2007. Cross-attraction between an exotic and a native pine bark beetle: A novel invasion mechanism?[J]. PLoS ONE, 2(12): e1302.

PRENTIS P J, WILSON J R, DORMONTT E E, et al, 2008. Adaptive evolution in invasive species[J]. Trends in plant science, 13(6): 288-294.

STEPHEN J S, GREGORY A S, NATHAN L, et al, 2011. Polyphenism in insects[J]. Current biology, 21(18): 738-749.

（撰稿：桂婉莹；审稿：王宪辉）

生态型 ecotype

同一物种因长期适应不同生境而表现出形态或生理差异的不同类群，是同一生物种群生态分类的最小单位。生态型是遗传变异和自然选择的结果，代表不同的基因型，且型间可保持稳定差异，但不足以作为物种分类的标志，不同生态型之间可以杂交，产生可育的后代。

该词由瑞典植物学家约特·蒂勒松（Göte Turesson）于 1921 年提出，他认为这是物种对某一特定生境发生基因型反应的产物，由于长期受到不同环境条件的影响，同一物种在生态适应过程中发生了特定的形态、生理和生化方面的变异，形成了它对环境条件的新的适应性，这些变异在遗传性上被固定下来，构成了不同种群之间的差异，从而分化成为不同的种群类型。种内分化出生态型的原因主要有两个：物种扩散到新的生境，或者原生境条件发生改变；物种系统发育历史越悠久，分化的机会就越多。一般来说，物种分布区域越广，分布区生境差异越大，产生的生态型就越多；反之，形成的生态型就越少。生态型的产生可由多种因素引起，根据其形成的主要因子类型可将其分为气候生态型、土壤生态型、生物生态型、品种生态型、温度生态型等。

生态型与生态位相对应，可作为研究种内生态适应性发生机制的重要模型。生态型的分化同时也是物种进化的基础，所以研究物种生态型的分化机制是研究新物种形成的重要内容。不同生态型间杂交产生的后代具有更强的适应性，因此对生态型的研究和划分，在资源开发、引种栽培、品种培育、适生性的形成、种的演化等方面均有重要的理论和实际意义。

参考文献

GREGOR W J, 1944. The ecotype[J]. Biological Reviews, 19: 20-30.

TURESSON G, 1922. The species and the variety as ecological units[J]. Hereditas, 3(1): 100-113.

TURESSON G, 1925. The plant species in relation to habitat and climate, contributions to the knowledge of genecological units[J].

Hereditas, 6(2): 147-236.

TURRILL M B, 2006. The ecotype concept: a consideration with appreciation and criticism, especially of recent trends[J]. New Phytologist, 45(1): 34-43.

（撰稿：侯丽；审稿：王宪辉）

生态锥体 ecological pyramid

生态系统中各个营养级的生物个体数目、生物量或能量按照营养级高低由下而上叠在一起构成的成比例分布图形。又名生态金字塔。生态锥体指食物链中各个营养级之间的数量关系，这种数量关系可采用个体数量单位、生物量单位、能量单位来表示，采用这些单位所构成的生态锥体分别被称为数量锥体、生物量锥体和能量锥体。

数量锥体 根据每个营养级的生物个体数量绘制的生态锥体。每一台阶表示每一营养级生物个体的数目。通常来讲，在食物链中，始端生物个体数目最多，沿着食物链向后的各个营养级的生物个体数量逐渐减少，位于食物链顶端的肉食动物数量更少。因此，数量锥体呈上窄下宽的金字塔状。但是，有时会出现高营养级的生物数量多于低营养级的生物数量的情况。例如，百十只昆虫生活在一棵大树上。在这个生态系统中，生产者大树是初级营养级，消费者昆虫是二级营养级，前者的数量远远小于后者的数量，锥体因而倒置。此外，在寄生食物链中，数量锥体也呈金字塔倒置状。因此，数量锥体具有简单明了的特点，但是不能反映食物链中各营养级之间的能量传递实际情况。

生物量锥体 以各营养级的生物量为指标绘制的生态锥体。每一台阶表示每一营养级现存生物有机物的干重。一般情况下，生物量锥体呈上窄下宽的锥体状。例如，绿色植物的生物量要大于取食它们的植食性动物的生物量，植食性动物的生物量要大于以它们为食的肉食性动物的生物量。即从低营养级到高营养级，生物量总是逐级减少的。因此，根据此生态系统中生物量绘制的生态锥体呈金字塔状。但是，生物量锥体有时也会出现倒置的情况。例如，在海洋生态系统中，根据某一时刻的调查，浮游植物的生物量常低于浮游动物的生物量，此时生物量锥体呈金字塔倒置状。当然，这并不是说在生产者的环节流过的能量比消费者环节流过的低，而是由于浮游植物个体小，代谢快，寿命短，不断地被浮游动物所食。即便它们在某一时刻的现存量可能比浮游动物少，但一年中的总能流量还是较浮游动物多，它们在生态系统能量转化中所起的作用远远大于它们显示的生物量。

能量锥体 根据单位时间单位面积内各个营养级所得到的能量数值绘制的生态锥体。能量锥体每一台阶代表食物链中每一营养级生物所含能量多少。在生态系统中，能量是以食物的形式传递的，当后一营养级取食前一营养级时，它所获得能量的大部分用于自身的生命活动被消耗掉，只有很少一部分才能作为潜能储存下来。美国生态学家林德曼（R.L. Lindeman）通过对美国的天然湖泊和实验室水族箱中营养级和能量流动的研究，于1942年提出了食物链中能量流动的“十分之一定律”，又称林德曼效率。十分之一定律指出，食物链中各营养级之间能量的传递效率平均约为10%，其余90%都在传递过程中以热能的形式散失掉了。营养级别越低，占有的能量越多；反之，营养级别越高，占有的能量就越少。能量锥体表明能量流动沿食物链流动过程具有逐级递减的特征。因此，能量锥体永远呈金字塔形状，绝不会倒置。能量金字塔不仅可以表明流经各个营养级的能量值，而且表明了各营养级的生物在能量转化中所起的实际作用。

参考文献

刘子波，1988. 浅谈生态金字塔[J]. 生物学通报(6): 20-21.

牛翠娟，娄安和，孙儒泳，等，2007. 基础生态学[M]. 北京：高等教育出版社：212-214.

LINDEMAN R L, 1942. The trophic-dynamic aspect of ecology[J]. Ecology, 23(4): 399-417.

PAULY D, CHRISTENSEN V, 1995. Primary production required to sustain global fisheries[J]. Nature, 374: 255-257.

TREBILCO R, BAUM J K, SALOMON A K, et al, 2013. Ecosystem ecology: size-based constraints on the pyramids of life[J]. Trends in Ecology & Evolution, 28(7): 423-431.

（撰稿：李贝贝；审稿：孙玉诚）

生物发光 bioluminescence

是指生物体发光的现象，其本质是一种化学发光。

发光生物体种类和数量繁多，如许多海洋无脊椎和脊椎动物，菌类，微生物，陆生无脊椎动物如萤火虫等。在一些发光生物中，发光是由与其共生的微生物如发光细菌引起的；另外的生物发光体则自身发光。生物发光的作用为伪装、照明、拟态、警戒、吸引猎物和求偶等。

昆虫中最常见的发光生物体是萤火虫，全世界约有2 000多种，中国约有200种。萤火虫属昆虫纲（Insecta）鞘翅目（Coleoptera）萤科（Lampyridae）。萤火虫最独特的特征是腹部具有特化的发光器。中国萤科昆虫有3个亚科（熠萤亚科、萤亚科和弩萤亚科），其中具有节律性闪光的熠萤亚科是萤科中种类和数量最多的一个亚科。萤亚科则个体较大，一般发光恒定或者雄萤不发光。弩萤亚科多数种类成虫不发光，其成虫前胸背板象古代的弓弩，因此称为“弩萤”。凹眼萤科（Rhagophthalmidae）是一类比较特殊的昆虫，根据形态系统发育，凹眼萤科是与萤科并列的一类发光昆虫。

形态特征

成虫 成虫个体一般较小，大多数体长1cm，少数种类可以达到3cm。雌性个体要略微大于雄性个体。萤火虫和其他昆虫一样，分为头、胸和腹三部分。萤火虫的头几乎都被复眼所占据，复眼由许多个小眼组成，一般雄萤的复眼比雌萤发达。萤火虫的触角生长在两个复眼中间，一般11节。萤火虫的触角形状相差较大，有丝状、锯齿状、栉齿状等形状之分。成虫头部有一对尖锐的弯曲上颚，下面还着生有一对下颚须和下唇须。和触角一样，下颚须和下唇须都是萤火虫的感觉器官。前胸背板发达，一些萤火虫的前胸背板可以完全遮挡住头部，如窗萤属、短角窗萤属和扁萤属等，而另一些萤火虫的前胸背板则无法全部遮挡住头部，如熠萤亚科的大部分种类。雄萤一般生长有发达的鞘翅和膜翅。有些萤火虫的雌萤因为鞘翅或膜翅退化，而无法飞行，如窗萤属的一些种类雌萤仅有一对小的翅牙，三叶虫峨眉萤雌萤鞘翅完好但膜翅退化，短角窗萤属的一些种类完全无鞘翅和膜翅。萤火虫最显著的特点在于腹部特化的发光器。不同萤火虫之间发光器区别很大，也是萤火虫分类的重要特征之一。雄萤一般生长两节乳白色发光器，位于第六及第七腹节；雌萤一般生长一节乳白色发光器，位于第六腹节，也有一些萤火虫种类的雌萤生长有四点发光器，如窗萤属、短角窗萤属等。

幼虫　萤火虫幼虫的头很短小，可以完全缩进前胸背板。幼虫生长有1对侧单眼。幼虫触角3节，最末一节旁边生长有1个圆形的感觉锥。幼虫具有锋利、弯曲且中空的上颚，上颚的末端具有孔或槽。下颚须3节，粗大，具有嗅觉探测能力。幼虫头部还生长有1对内颚叶和下唇须。幼虫的胸分为前胸、中胸和后胸3节，分别长有1对胸足。前胸背板略长于中胸及后胸背板，呈梯形。腹部共有9节。水栖萤火虫如雷氏萤、黄缘萤、武汉水萤等种类幼虫腹部第一至八节两侧着生一对牛角状呼吸鳃。一对乳白色的发光器位于第九腹节两侧或者腹面。在幼虫的第9腹节腹面生长有发达的腹足，腹足上有许多整齐排列的小钩，可以辅助幼虫爬行或者捕食。

生活史及习性　萤火虫的生活周期一般是1年，也有的种类为2年，也有的种类1～2年。胸窗萤有大约90%的个体当年10月羽化，而另外10%的个体则越冬并继续生长直至第二年10月才羽化，与90%个体的后代于第二年10月交配。萤火虫的大部分种类为陆生，有极少种类的萤火虫水生，中国发现了6种水栖萤火虫。陆生萤火虫幼虫一般取食蜗牛、蛞蝓（鼻涕虫）、小型昆虫或生物尸体，水栖萤火虫幼虫一般取食淡水螺类或生物尸体。老熟幼虫会在土中做一个蛹室，不吃不动化蛹，许多种类的蛹能发出淡淡的荧光。萤火虫一般4～8月羽化，有的种类在10～11月羽化。成虫的寿命很短，一般为两周，少数种类如多光点萤的雌萤可以存活1个月。大多数萤火虫成虫不取食固体食物，可以取食少量的花蜜或果实的汁液，而北美的女巫萤属（*Photuris*）雌萤可以模拟其他属萤火虫的雌萤求偶信号，吸引其他属萤火虫的雄萤过来并将其捕食。萤火虫的幼虫发光频率不规则，闪光时间和闪光间隔不固定。成虫发光特点差异较大，熠萤亚科的萤火虫雄成虫发出种特异性的闪光信号（单脉冲或多脉冲），而雌萤则一般在草丛中发出单脉冲闪光信号；窗萤属及短角窗萤的种类雌、雄均发出持续光。萤火虫发光的颜色为黄绿混合光，有的偏绿，有的偏黄。萤火虫成虫靠发光或者性信息素进行求偶，雌虫交配后产卵在湿润土壤缝隙，水栖萤火虫会将卵产在靠近水边的苔藓或者水草上。卵一般两到三周孵化。幼虫的天敌较少，成虫的主要天敌有蜘蛛、蚰蜒、蜈蚣、盲蛛等。

经济意义　萤火虫长久以来被误认为是危害农作物的害虫，其实是有益的天敌昆虫。萤火虫幼虫主要捕食蜗牛、蛞蝓（鼻涕虫）等危害农作物及园林植物的有害生物。有些种类则是捕食蚯蚓、小型昆虫或腐食性的。大多数的萤火虫在夜晚可以发出美丽的闪光，是重要的观赏昆虫，可与蝴蝶相媲美。在泰国、马来西亚、日本、韩国、美国及中国台湾均有萤火虫观赏景区。泰国和马来西亚具有世界上最美的萤火虫——同步发光的曲翅萤，夜晚乘坐小木船，慢慢划进红树林，树上缀满了同步发光的萤火虫，宛如棵棵圣诞树。萤火虫也可以和农业相结合，形成特色的观光农业。萤火虫最重要的意义在于，它是生态指标生物。萤火虫生长在湿润、洁净的环境，对各种污染非常敏感，尤其是水污染和光污染。萤火虫利用闪光进行求偶，在光污染的干扰下无法求偶，从而迅速消亡。萤火虫数量多的地方，是生态最洁净的象征，如果萤火虫数量下降或者消失，则代表此环境受到某种程度的污染和破坏。

武汉水萤

学名 *Aquatica wuhana* Fu, Ballantyne et Lambkin。广泛分布在湖北等地，属于鞘翅目（Coleoptera）萤科（Lampyridae）熠萤亚科（Luciolinae）水萤属（*Aquatica*）。

形态特征

雄萤　体长0.8cm（图1①②）。头黑色，无法完全缩进前胸背板。触角黑色，锯齿状，11节。复眼发达。前胸背板橙黄色，中央有1大型黑斑。鞘翅黑色，较为光滑。胸部腹面橙黄色，中胸腹板中央有1黑色斑纹；前、中足的基节、腿节及胫节基部为黄褐色，胫节及跗节黑色；后足腿节及胫节基部为黄褐色，基节、胫节及跗节黑色。腹部黑色，发光器两节，乳白色，带状，位于第六及第七腹节的上半部。

雌萤　体长1.0cm（图1③④）。体色与雄萤相同。发光器一节，乳白色，带状，位于第六腹节。

幼虫　体长2cm（图1⑤）。黑色。前胸背板梯形，前缘角有一大型浅黄褐色斑点，后缘角至后缘中央有1大型浅黄色月牙形斑点；中胸及后胸背板后缘有1大型浅黄色月牙形斑点。背中线不明显。背板上密布淡黄褐色小刻点。第一至七腹节背板后缘有两对相邻的小型黄褐色斑点；第八、九腹节背板两侧有1对大型浅黄褐色斑点。腹部一至八节两侧生长有一对“牛角形”呼吸鳃。发光器1对，乳白色，位于第八腹节两侧。

生活习性　幼虫水生，捕食小型淡水螺类及取食死亡生物尸体。成熟幼虫上陆建造蛹室并化蛹。每年4月底至6月，成虫羽化。雄萤在夜晚飞行发光，雌、雄萤均发出固定频率的闪光。雌萤只交配一次。卵产在水边的苔藓等植物上。卵

图1 武汉水萤

①雄萤背面观；②雄萤腹面观；③雌萤背面观；④雌萤腹面观；⑤幼虫

期20天。一年发生一代。

三叶虫峨眉萤

学名*Emeia pseudosauteri*（Geisthardt）。广泛分布在四川、湖北等地，属于鞘翅目（Coleoptera）萤科（Lampyridae）熠萤亚科（Luciolinae）峨眉萤属（*Emeia*）。

形态特征 雌雄二型性。

雄萤 体长1cm（图2①②）。头黑色，突出于前胸背板。触角黑色，丝状，11节。复眼发达，几乎占据整个头部。前胸背板淡粉色，两侧半透明；前缘圆形，两侧近乎平行，后缘角接近90°。鞘翅黑色，末端边缘粉红色。胸部腹面黑褐色，足均为黑色。腹部黑色，发光器两节，乳白色，带状，位于第六及第七腹节，第二节发光器较第一节短且宽。

雌萤 体长0.7cm（图2③④）。体色与雄虫相似。膜翅退化，仅有一对浅褐色短小翅牙。发光器乳白色，两点，位于第六腹节。

幼虫 体长1.6cm（图2⑤⑥⑦）。褐色。前胸背板尖梯形，前胸背板至后胸背板依次加宽。腹部侧面急剧延长，末端尖锐。发光器乳白色，小，圆形，位于第八腹节。

生活习性 幼虫陆生，捕食小型蜗牛。每年4月中旬至6月，成虫羽化。雄萤在夜晚飞行发光，雌萤无法飞行，在草尖爬行。雌、雄萤均发出单脉冲的闪光。16°C时，雄萤闪光0.6秒，间隔0.5秒；雌萤闪光0.2秒，间隔0.3秒。卵期27天。

边褐晦萤

学名*Abscondita terminalis*（Olivier）。广泛分布在福建、广东、云南、湖北、河南、香港、台湾等地，属于鞘翅目（Coleoptera）萤科（Lampyridae）熠萤亚科（Luciolinae）晦萤属（*Abscondita*）。

形态特征

雄萤 体长0.9cm（图3①②）。头黑色，无法完全缩进前胸背板。触角黑色，丝状，11节。复眼非常发达，几乎占据整个头部。前胸背板橙黄色，后缘角尖锐。鞘翅橙黄色，鞘翅末端黑色，密布细小绒毛。胸部腹面橙黄色，各足基节及腿节黄褐色，胫节及跗节黑褐色。腹节背板黑色；腹部淡黄色，腹板两侧有对称黑斑，但不相连，不同地区种群的腹节腹板两侧黑斑变化很大。发光器两节，乳白色，第一节带状，位于第六腹节腹板，第二节半圆形，位于第七腹节腹板。

雌萤 体长1.3cm（图3③）。体色与雄萤相同。发光器一节，乳白色，带状，位于第六腹节。

幼虫 体长2cm（图3④）。黑褐色。前胸背板前缘角有1个月牙形黄褐色斑点，前缘及外缘均长有长刚毛。背中线明显，黑色。前胸背板至第八腹节背板后缘有4个左右对称的向后延伸的突起。发光器1对，乳白色，位于第8腹节两侧。

生活习性 多发生在稻田田埂或者荒废的田野。幼虫陆生，捕食蚂蚁等小型昆虫，也取食死亡的昆虫尸体，缺乏食物时，有互相残杀行为。幼虫6龄。25°C，光暗比12∶12时，一龄17天，二龄16天，三龄27天，四龄30天，五龄39天，六龄160天。成熟幼虫做蛹室化蛹，蛹室高于地面。蛹全身发出淡淡荧光。蛹期10天。每年5～6月，成虫羽化。成虫盛发期为5月底至6月中旬。日落后27分钟，第一只萤火虫发光；33分钟，第一只雄萤起飞发光。雄萤在离地面约2m的距离飞行，同时发出4～8个多脉冲的闪光信号。20.2° C和湿度94.4%时，雄萤单个脉冲的闪光时间0.2秒，相邻两个脉冲间隔0.1秒，特征性多脉冲闪光信号间隔为1.5秒。雌萤通常躲藏在草丛中发出单脉冲的闪光信号，当空中飞行闪光的雄萤减少时，雌萤会爬上草尖闪光。19° C和湿度95%时，雌萤闪光时间0.2秒，间隔0.4秒。萤火虫闪光求偶持续2小时后，空中很少有雄萤在飞行闪光，然而许多雄萤却静止在草尖，利用第一节发光器发出缓慢的单脉冲发光，闪光时间0.2秒，间隔0.8秒（18° C和相对湿度95%），然后伴随着两节发光器发出的明亮的、快速单脉冲闪光（闪光时间0.3秒，间隔0.2秒）。这种在草尖上的静止闪光行为持续1～2分钟后，停止闪光20～30秒后，再次重复闪光。这种雄萤静止在草尖上的独特闪光行为作用

图2 三叶虫峨眉萤

①雄萤背面观；②雄萤腹面观；③雌萤背面观；④雌萤腹面观；⑤幼虫背面观；⑥幼虫腹面观；⑦幼虫

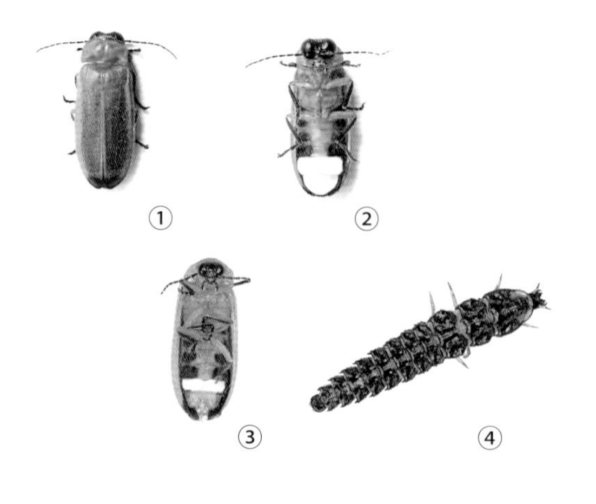

图3 边褐晦萤

①雄萤背面观；②雄萤腹面观；③雌萤腹面观；④幼虫

未知。雌、雄萤均发出黄色光（波峰 560nm）。雌萤单雌产卵量 48 粒。卵期 20 天。

黄脉翅萤

学名 *Curtos costipennis*（Gorham）。广泛分布在上海、北京、湖南、湖北、四川、浙江、江苏、江西等地，属于鞘翅目（Coleoptera）萤科（Lampyridae）熠萤亚科（Luciolinae）脉翅萤属（*Curtos*）。

形态特征

雄萤　体长 0.5cm（图 4 ①②）。头黑色，无法完全缩进前胸背板。触角黑色，丝状，11 节。复眼发达，几乎占据整个头部。前胸背板橙黄色，近长方形；前缘略呈弧形，后缘近平直，后缘角突出。鞘翅橙黄色，鞘翅末端黑褐色，有一条显著隆脊自肩角延伸至鞘翅中部。胸部腹面黄褐色，各足除基节及腿节基部黄褐色外，均为黑褐色。腹部第二至五节黑褐色。发光器两节，乳白色，带状，位于第六及第七腹节。

雌萤　体长 0.7cm（图 4 ③）。体色与雄萤相同。发光器一节，乳白色，带状，位于第六腹节。

幼虫　体长 1.5cm（图 4 ④）。淡黄色。前胸背板梯形。发光器一对，小，圆形，乳白色，位于第八腹节。

生活习性　幼虫陆生，捕食蜗牛（图 4 ⑤）。每年 5～9 月，成虫羽化。成虫盛发期为 6 月。雄萤在夜晚飞行发光，发出持续的闪光。雌萤只交配 1 次。

香港曲翅萤

学名 *Pteroptyx maipo* Ballantyne。其主要分布在香港米埔保护区、深圳市福田红树林自然保护区、广东江门恩平市镇海湾红树林、海南文昌八门湾红树林、海南海口美兰区演丰镇东寨港红树林保护区等地，属于鞘翅目（Coleoptera）萤科（Lampyridae）熠萤亚科（Luciolinae）曲翅萤属（*Pteroptyx*）。

形态特征

雄萤　体长 0.7cm（图 5 ①②）。头黑色，无法完全缩进前胸背板。触角黑色，丝状，11 节。复眼发达。前胸背板橙黄色，两侧平行，近似长方形；后缘角约 90°。鞘翅橙黄色，鞘翅末端黑色，圆形，向腹部急剧弯曲。胸部腹面橙黄色，各足除跗节黑色外，均为橙黄色。腹部淡黄色，发光器两节，乳白色，带状，位于第六及第七腹节。

雌萤　体长 0.8cm（图 5 ③④）。体色与雄萤相同。发光器 1 节，乳白色，带状，位于第六腹节。

幼虫　体长 1.5cm。黑褐色。前胸背板尖梯形。背板上密布淡黄褐色小刻点，背中线宽，淡黄色。第八腹节背板黄褐色。发光器 1 对，乳白色，位于第八腹节两侧。

生活习性　香港曲翅萤为红树林中特有的萤火虫。幼虫陆生，捕食沼泽里的螺类（图 5 ⑤）。蛹期 4 天。每年 5～9 月，成虫羽化。成虫盛发期为 5 月及 8 月。8 月中旬，在香港湿地公园，25°C，88% 湿度，日落后 28 分钟后第一只萤火虫闪光，32 分钟后，第一只雄萤起飞发光。雄萤没有聚集、同步闪光行为，而是飞行发出缓慢单脉冲闪光信号，闪光时间 0.9 秒，间隔 5 秒。雌萤发出较快的单脉冲闪光信号，闪光时间 0.2 秒，间隔 0.1 秒。

穹宇突尾熠萤

学名 *Pygoluciola qingyu* Fu et Ballantyne。广泛分布在香港、湖南、湖北、海南、重庆、江西、云南、广东、广西、贵州等地，属于鞘翅目（Coleoptera）萤科（Lampyridae）熠萤亚科（Luciolinae）突尾熠萤属（*Pygoluciola*）。

形态特征

雄萤　体长 1.3cm（图 6 ①②）。头黑色，无法完全缩进前胸背板。触角黑色，丝状，11 节。复眼较发达。前胸背板粉红色，前部具有两个对称的深红色三角形斑点；后缘角尖锐。鞘翅黑色。胸部腹面黄褐色，前足基节及腿节基部 1/4 黄褐色，其余部分均为黑褐色；中足颜色和前足相似，但腿节自基部至 3/4 处为黄褐色；后足几乎全部为黄褐色。腹部第二至五节褐色。发光器两节，乳白色，第一节为带状，位于第六腹节；第二节为半圆形，位于第七腹节。第八节背板末端有两个圆形凸起。

雌萤　体长 1.4cm（图 6 ③④）。体色与雄萤相同。发光器一节，乳白色，带状，位于第六腹节。

幼虫　体长 2.5cm（图 6 ⑤）。黑褐色，光滑。前胸背板向前延伸，呈帐篷状。前胸背板至第八腹板后缘着生 4 个对称的向后的凸起。背中线明显。发光器 1 对，小，圆形，

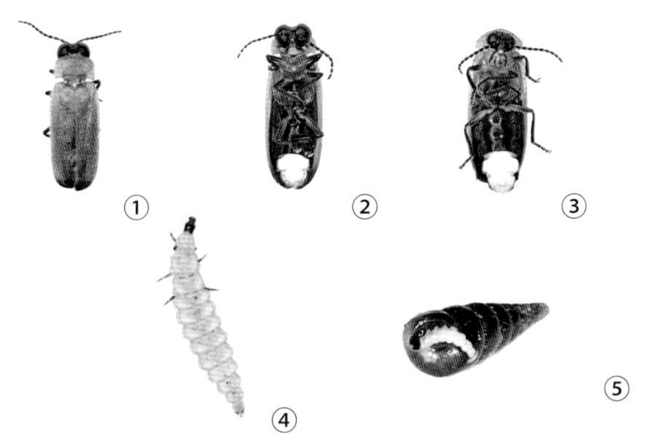

图 4 黄脉翅萤

①雄萤背面观；②雄萤腹面观；③雌萤腹面观；④幼虫；⑤幼虫捕食蜗牛

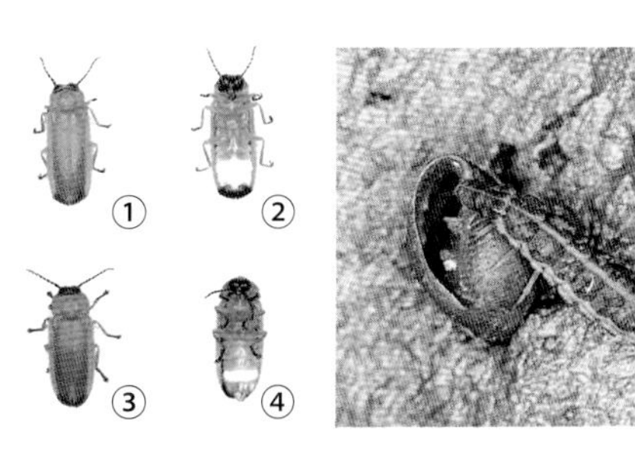

图 5 香港曲翅萤

①雄萤背面观；②雄萤腹面观；③雌萤背面观；④雌萤腹面观；⑤幼虫捕食螺类

乳白色，位于第八腹节两侧。

生活习性 幼虫半水栖，生活在非常潮湿的地方，如河流、小溪、瀑布附近。捕食淡水螺类、蚂蚁等小型昆虫以及取食死亡生物尸体（图6⑥）。每年7～8月，成虫羽化。成虫盛发期为7月。雄萤聚集在垂下的藤蔓或者树叶末端快速同步发光，雌萤闪光频率较慢。雌萤飞行寻找雄萤。雌、雄萤火虫发光颜色不同，雄萤发光偏黄而雌萤发光偏绿。雄萤易被人工光源所刺激发光，如手电、汽车前灯，甚至红色激光笔。雌萤只交配1次。

付氏背萤

学名 *Sclerotia fui* Ballantyne。广泛分布在上海、湖北、浙江等地，属于鞘翅目（Coleoptera）萤科（Lampyridae）熠萤亚科（Luciolinae）背萤属（*Sclerotia*）。

形态特征

雄萤 体长0.8cm（图7①）。头黑色，无法完全缩进前胸背板。触角黑色，丝状，11节。复眼发达，几乎占据整个头部。前胸背板橙黄色，后缘角尖锐。鞘翅橙黄色，鞘翅内缘有黄色条带，密布细小绒毛。胸部腹面橙黄色，各足除跗节为黑褐色，其余部位黄褐色。腹部橙黄色，第五节腹节腹板有1条黑色条带。发光器两节，乳白色，第一节带状，位于第六腹节腹板；第二节“V”形，位于第7腹节腹板，不全部占据第七腹节腹板；两节发光器之间有1个小型的黄褐色三角形空隙。

雌萤 体长1.1cm（图7②）。体色与雄萤相同。发光器1节，乳白色，带状，位于第六腹节。

幼虫 体长1.8cm（图7③④）。黑褐色。非常扁平。幼虫具两种形态。一至二龄浅褐色；前、中、后腹节背板两侧均生有长的呼吸毛；腹部两侧生长有多毛的呼吸鳃，第八腹节末端两侧各生长有1个大型气门。三至六龄幼虫深褐色；体光滑且无呼吸毛及呼吸鳃；中胸至第七腹节腹板两侧有1对气门，第八腹节末端两侧各生长有1个大型气门。发光器1对，乳白色，位于第八腹节中央。

生活习性 栖息地为湖泊或者废弃鱼塘。幼虫水生，捕食淡水螺类（图7⑥）。幼虫6龄。成熟幼虫上岸做蛹室化蛹。蛹期6天。每年6～8月，成虫羽化。成虫盛发期为7月中旬。雄萤在夜晚飞行发光，雌、雄萤均发出固定频率的闪光。成虫期9天。交配过的雌萤将卵产在浸没在水中的浮萍背面。卵期11天。

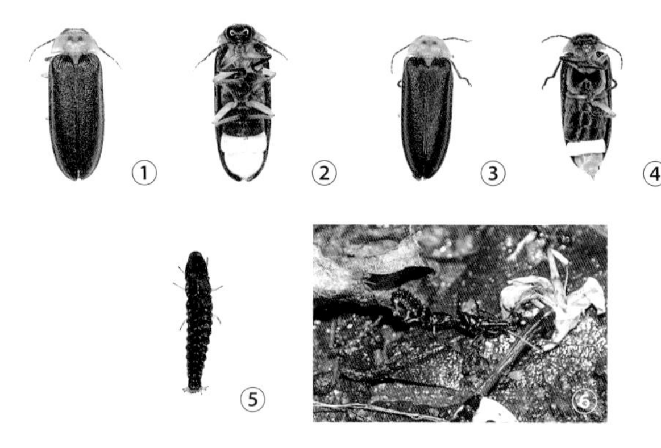

图6 穹宇突尾熠萤

①雄萤背面观；②雄萤腹面观；③雌萤背面观；④雌萤背面观；⑤幼虫；⑥幼虫捕食蚂蚁

胸窗萤

学名 *Pyrocoelia pectoralis* Oliver。主要分布在湖北等地，属于鞘翅目（Coleoptera）萤科（Lampyridae）萤亚科（Lampyrinae）窗萤属（*Pyrocoelia*）。

形态特征 雌雄二型性。

雄萤 体长1.4cm（图8①②）。头黑色，完全缩进前胸背板。触角黑色，锯齿状，11节，第二节短小。复眼较发达。前胸背板橙黄色，宽大，钟形；前缘前方有1对大型月牙形透明斑，后缘稍内凹，后缘角圆滑。鞘翅黑色。胸部腹面橙黄色，足均为黑色。腹部黑色，发光器两节，乳白色，带状，位于第6及第7腹节。

雌萤 体长2.3cm（图8③④）。体淡黄色，后胸背板橙黄色。翅退化，仅有1对褐色短小翅牙。发光器乳白色，4点。

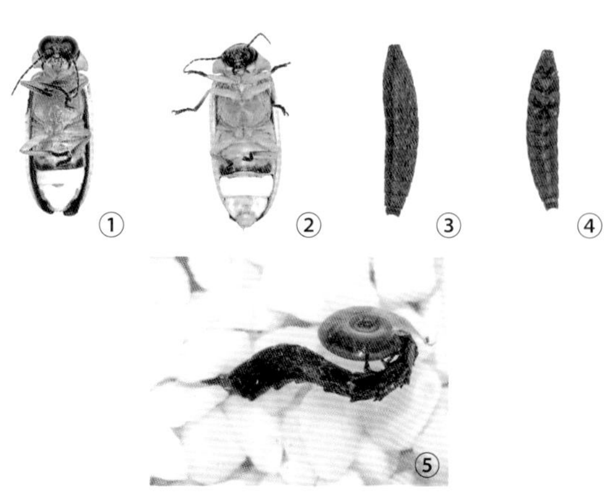

图7 付氏背萤

①雄萤腹面观；②雌萤腹面观；③幼虫背面观；④幼虫腹面观；⑤幼虫捕食螺类

图8 胸窗萤

①雄萤背面观；②雄萤腹面观；③雌萤背面观；④雌萤背面观；⑤幼虫捕食蜗牛

幼虫　体长4～5cm。黑色，背中线淡黄色。前胸背板尖梯形。前胸背板至第七腹节背板前缘及后缘角均有淡黄色斑，第八腹节背板两侧有1对三角形淡黄褐色斑点。发光器乳白色，位于第八腹节两侧。

生活习性　幼虫陆生，捕食蜗牛（图8⑤）。蛹期10天左右。每年10月，成虫羽化。雄萤在夜晚飞行发光，雌、雄萤均持续发出绿色光。成虫具有反射性出血防卫行为。卵和幼虫越冬，卵第二年5月孵化。

参考文献

付新华，2014. 中国萤火虫生态图鉴[M]. 北京：商务印书馆.

BALLANTYNE L, FU X H, LAMBKIN C L, et al, 2013. Studies on South-east Asian fireflies: *Abscondita*, a new genus with details of life history, flashing patterns and behaviour of *Abs. chinensis* (L.) and *Abs. terminalis* (Olivier) (Coleoptera: Lampyridae: Luciolinae)[J]. Zootaxa, 3721(1): 1.

FU XINHUA, BALLANTYNE L, LAMBKIN C L, 2012. *Emeia* gen. nov, a new genus of Luciolinae fireflies from China (Coleoptera: Lampyridae) with an unusual trilobite-like larva, and a redescription of the genus *Curtos* Motschulsky[J]. Zootaxa, 3403: 1-53.

FU X H, BALLANTYNE L, 2006. *Luciola leii* sp. nov, a new species of aquatic firefly from mainland China (Coleoptera: Lampyridae: Luciolinae)[J]. Canadian entomologist, 138(3): 339-347.

FU X H, BALLANTYNE L, 2008. Taxonomy and behaviour of lucioline fireflies (Coleoptera: Lampyridae: Luciolinae) with redefinition and new species of *Pygoluciola* Wittmer from mainland China and review of *Luciola* LaPorte[J]. Zootaxa, 1733: 1-44.

FU X H, BALLANTYNE L, LAMBKIN C L, 2010. *Aquatica* gen. nov. from mainland China with a description of *Aquatica wuhana* sp. nov. (Coleoptera: Lampyridae: Luciolinae)[J]. Zootaxa, 2530: 1-18.

FU X H, MEYER-ROCHOW V B, 2013. Larvae of the firefly *Pyrocoelia pectoralis* (Coleoptera: Lampyridae) as possible biological agents to control the land snail *Bradybaena ravida*[J]. Biological Control, 65(3): 176-183.

FU X H, NOBUYOSHI O, VENCL F V, et al, 2006. Life cycle and behavior of aquatic firefly, *Luciola leii* (Coleoptera: Lampyridae) from mainland China[J]. Canadian entomologist, 138(6): 860-870.

LEWIS S M, C K, CRATSLEY, 2008. Flash signal evolution, mate choice and predation in fireflies[J]. Annual review of entomology, 53: 293–321.

WILSON T J, HASTINGS W, 2013. Bioluminescence: living lights, lights for living[M]. Cambridge: Harvard University Press.

（撰稿：付新华；审稿：王琛柱）

生物防治　biological control

利用生物物种间的相互关系，用一种生物对付另外一种生物的方法。生物防治具有安全、有效、无残留等生产优点，具备可持续、环保、简便与低能耗等技术优势，是保障农业可持续发展和粮食生产的有效措施，更是降低化学农药使用量，保障蔬菜、水果、大宗农产品安全生产的根本手段。目前生物防治技术包括以虫治虫、以微生物治虫和生物防治植物抗虫等。①以虫治虫主要是发掘和利用寄生性和捕食性天敌昆虫来控制害虫，例如中红侧沟茧蜂大规模释放控制棉铃虫，椰甲截脉姬小蜂在海南防治椰心叶甲等成功方案。②以微生物治虫主要是利用微生物种间或种内的抗生、竞争、重寄生、溶菌作用，或者通过微生物代谢产物诱导植物抗病性等，来抑制某些病原物的存活。这些微生物主要有真菌、细菌、病毒。目前已在生产上得到应用的主要有白僵菌、绿僵菌、拟青霉、莱氏野村菌、汤普森被毛孢、蜡蚧轮枝菌等，而应用最广的是白僵菌、绿僵菌、蜡蚧轮枝菌和虫瘟霉。例如，利用绿僵菌防治东亚飞蝗，杀蝗绿僵菌COMa102已获临时农药登记许可，白僵菌孢子悬浮液和沙蚕毒素类似生物农药混合防治小菜蛾。细菌中应用范围最广和研究最深入的是苏云金杆菌（Bt），中国第一个杀蚊微生物球形芽孢杆菌 *Bacillus sphaericus* C3-41菌株做成的微生物杀蚊剂在中国进行了连续20年成功应用。昆虫病毒中能用于农作物防治害虫的主要是杆状病毒科的核型多角体病毒（NPV）和颗粒体病毒（GV）以及呼肠孤病毒科的质型多角体病毒（CPV）。③生物防治植物主要有抗虫植物、诱集植物、拒避植物、杀虫植物、载体植物、养虫植物以及显花（虫媒）植物等。有的植物是具有天然抗虫性或具有天然抗虫基因的转基因作物，称为抗性作物。植物所含营养成分的质和量及产生的次生代谢产物，都对害虫选择寄主植物有很大的影响，这种影响表现在昆虫行为方面，大体可分引诱和拒避，对害虫有高效率的引诱或抗拒作用的植物称为诱集植物或拒避植物。有些植物直接具有杀虫作用称为杀虫植物，可加工成杀虫剂。有些植物被引进到作物系统中，携带有益生物，或携带有益生物和非目标的害虫，称为载体植物。还有些植物花期较长，可以为天敌提供花粉或花蜜，从而提高天敌的控制作用，被称为显花植物。

参考文献

王兴民，任顺祥，徐彩霞，2006. 引进天敌越南斧瓢虫的形态特征和生物学特性[J]. 昆虫知识，43(6): 810-813.

杨怀文，2007. 我国农业病虫害生物防治应用研究进展[J]. 科技导报，25(7) :56-60.

HU X M, FAN W, HAN B, et al, 2008. Complete genome sequence of the mosquitocidal bacterium *Bacillus sphaericus* C3-41 and comparison with those of closely related *Bacillus* species[J]. Journal of Bacteriology, 190(8): 2892-2902.

LI J C, YAN F M, COUDRON T A, et al, 2006. Field release of the parasitoid *Microplitis mediator* (Hymenoptera: Braconidae) for control of *Helicoverpa armigera* (Lepidoptera: Noctuidae) in cotton fields in northwestern China's Xinjiang Province[J]. Environmental entomology, 35(3): 694-699.

TIAN L, FENG M G, 2006. Evaluation of the time-concentrationmortality responses of *Plutella xylostella* larvae to the interaction of *Beauveria bassiana* with a nereistoxin analogue insecticide[J]. Pest Management Science, 62 (1): 69-76.

（撰稿：童希文；审稿：崔峰）

生物型 biotype

是分类学上种以下的一个阶元。其广义的概念可包括很多方面，如由遗传或非遗传引起的多型现象，由于地理分布或寄主隔离引起的不同宗系等，同时还包括尚未确定下来的种的含义。狭义的概念指基因型相同，但彼此之间在生理生化特性上存在明显差异的种群类型。

昆虫由于适应外界环境的需要，来自不同种群或不同地区的群体的发育、存活、寄主选择或产卵量等方面存在较大差异，从而导致不同群体间的季节活动、生物节律、体型大小、颜色、抗药性、迁飞势能、性激素、同工酶谱、基因型频率等出现明显差别，但在外观形态上却非常相似，所有这些种下分化的类群，除亚种外都可以归纳为生物型。以烟粉虱为例，其典型入侵生物型可分为B型和Q型，两种生物型的群体具有不同的生理生态特征，如遗传结构、形态发生、发育过程、传毒效率均显著不同。

生物型的鉴定或区分包括了生物学鉴定、酶谱鉴定以及分子标记鉴定等方法。其中，分子标记包括RAPD、AFLP、rDNA-ITS1、mtDNA COI以及SSR等。

参考文献

BROWN J K, COATS S A, BEDFORD I D, et al, 1995. Characterization and distribution of esterase electromorphs in the whitefly, *Bemisia tabaci* (Genn.) (Homoptera: Aleyrodidae)[J]. Biochemical genetics, 33: 205-214.

HOROWITZ A R, ISHAAYA I, 2014. Dynamics of biotypes B and Q of the whitefly *Bemisia tabaci* and its impact on insecticide resistance[J]. Pest management science, 70: 1568-1572.

RABELLO A R, QUEIROZ P R, SIMÕES K C C, et al, 2008. Diversity analysis of *Bemisia tabaci* biotypes: RAPD, PCR-RFLP and sequencing of the ITS1 rDNA region[J]. Genetics and molecular biology, 31: 585-590.

（撰稿：赵婉；审稿：崔峰）

生物钟 circadian clock

是生命对地球光照以及温度等环境因子周期变化经长期适应而演化出的内在自主计时机制。是生物体一个重要的基本特征。生物钟赋予生命预测时间和环境变化的能力，以协调体内的生命过程如代谢、生理和行为等。

生物钟普遍存在于多种生物当中，从低等的细菌到真核的真菌、植物、动物甚至于人类都存在生物钟的调控系统。地球自转而导致光照等环境因子以大约24小时为周期的循环变化，塑造了生命过程以大约24小时为周期的近昼夜节律，称为近日生物钟。但每个人的周期长短不一，比如正常人平均为24.2小时，而盲人平均为24.5小时。比24小时周期更短的超日节律和比24小时周期更长的亚日节律包括月节律、潮汐节律及年节律等不同类型也属于生物节律范畴。

生物钟的特点 ①由各参与因素协调完成。②外界刺激消失后仍可循环进行。③这种循环可以自主运行。④有自己的固有周期。⑤自主周期不依赖于体温。

生物钟的两大核心特点为 ①不论是否有外源性刺激干预，比如光照、温度等等，其保持大致不变的内源性周期，这个周期为24小时左右。②当受到外源性刺激后，有自身调节功能以适应刺激。大多数人们相信，生物钟是由于地球的自转和公转导致的日夜交替、冷暖波动引起，这就形成了生物自身的“生物昼”和“生物夜”。需要注意的是，“生物夜”不一定是夜晚，而是根据生物固有的生理活动而定，比如，多数生物是昼间活动夜间休息，那么它的生物夜与地球夜一致；而部分夜行性生物在夜间活动昼间休息，那么它的“生物夜”就应当是地球昼夜轮回中的白天。同样的方法，用相反的标准，我们可以定义出“生物昼”。“生物昼”和“生物夜”的交替出现引起了生物体内生理活动的重大变化，比如，就哺乳动物而言，“生物夜”是褪黑素浓度升高的时间，而在生物钟昼夜交替中褪黑素、皮质醇以及核心温度的变化都十分明显。

在哺乳动物及人当中，生物钟是一个复杂的生理活动系统，下丘脑的视交叉上核以及外围组织中，其能感受外界节律的变化。视交叉上核的生物钟为主生物钟，而其他组织中的生物钟为外周生物钟。

生物钟调控分子、生化、细胞、生理及行为等各种水平的昼夜节律，生物钟的紊乱会对生物的生存和健康造成严重损害，对人类而言，生物钟的紊乱可导致睡眠障碍、情感性疾病、肿瘤发生率增加、代谢性疾病以及免疫系统疾病等。

参考文献

BELL-PEDERSEN D, CASSONE V M, EARNEST D J, et al, 2005. Circadian rhythms from multiple oscillators: lessons from diverse organisms[J]. Nature reviews genetics, 6(7): 544-556.

DUNLAP J C, LOROS J, DECOURSEY P, 2003. Chronobiology: biological timekeeping[M]. Sunderland: Sinauer Associates.

EDMUNDS L N, LAVALMARTIN D L, GOTO K, 1987. Cell division cycles and circadian clocks[J]. Annals of the New York Academy of Sciences, 503(1): 459-475.

MAZZOCCOLI G, PAZIENZA V, VINCIGUERRA M, 2012. Clock genes and clock-controlled genes in the regulation of metabolic rhythms[J]. Chronobiology international, 29(3): 227-251.

（撰稿：张夏；审稿：孙玉诚）

虱目 Anoplura

虱目为一类高度特化的、无翅的外寄生性昆虫，已知17科约5000种。

虱目昆虫身体扁平、结实，以适应庞大的寄主身体的挤压。虱目昆虫为半变态发育，虱亚目昆虫具鸟喙一样的刺吸式口器，而另一些类群则具咀嚼式口器。复眼无或退化。触角藏在沟槽之中或外露。胸节具不同程度的愈合，而虱亚目

虱目昆虫代表，某种食毛虱（吴超摄）

的胸部完全愈合。各足发达，强壮，短粗的足具发达的爪，可紧紧攀附寄主的毛发。腹部扁平，无尾须。

虱目昆虫是专性的外寄生昆虫，自孵化后即在寄主体表活动，以寄主的皮肤碎屑、皮肤衍生物或血液为食。寄主范围常十分专一，虱目昆虫内的单系群常对应着寄主的单系群，但种与寄主的种未必一一对应。虱目昆虫是少有的包含专营人体寄生的昆虫，体虱和阴虱还可传播疾病。虱目起源于能独立生活的啮目，与啮目的关系尚需要进一步研究才能确定。啃食鸟类羽毛的类群曾被单称为食毛目，但现在的研究表明，这类热血动物的寄生物只是虱目的一个分支。

参考文献

GULLAN P J, CRANSTON P S, 2009. 昆虫学概论 [M]. 3 版 . 彩万志，花保祯，宋敦伦，等，译 . 北京：中国农业大学出版社：311.

袁锋，张雅林，冯纪年，等，2006. 昆虫分类学 [M]. 北京：中国农业出版社：238-248.

郑乐怡，归鸿，1999. 昆虫分类学 [M]. 南京：南京师范大学出版社：350-369.

（撰稿：吴超、刘春香；审稿：康乐）

湿地松粉蚧 *Oracella acuta* (Lobdell)

原产美国的危险性检疫蚧虫。又名火炬松粉蚧。英文名 loblolly pine mealybug。半翅目（Hemiptera）蚧总科（Coccoidea）粉蚧科（Pseudococcidae）松粉蚧属（*Oracella*）。国外分布于美国。中国分布于广东、广西、福建、湖南、江西等地。

寄主 湿地松、火炬松、萌芽松、长叶松、矮松、裂果沙松、黑松、加勒比松、马尾松。

危害状 以雌成虫和若虫刺吸树液危害（见图），造成针叶基部大量流脂，变色坏死，严重被害树木针叶全部脱落；新梢丛枝、短化。分泌的蜜露引发煤污病，影响树木光合作用。

形态特征

成虫 雌成虫体梨形，中后胸最宽，腹部向后尖削，粉红色，长 1.5～1.9mm，宽 1.0～1.2mm；触角 7 节；单眼有；前、后背孔存在；刺孔群 4～7 对，在腹末几节背面两侧，末对刺孔群由 2 根锥刺、几根附毛和少数三格腺组成，且位于浅硬化片上，其余各对无附毛，也不在硬化片上；足 3 对，正常发达，爪下无齿；腹脐 1 个，椭圆形，位于第三、四腹节腹板间；三格腺和短毛散布背、腹两面；多格腺分布于第三至八腹节腹板和第四至八腹节背板上。雄成虫有有翅型和无翅型 2 种。有翅型粉红色，触角基部和复眼朱红色，中胸黄色；前翅白色，脉纹简单；腹末有 1 对白色长蜡丝；体长 0.88～1.06mm，翅展 1.50～1.66mm。无翅型浅红色，第二腹节上有 1 明显的白色蜡质环，腹末无白色蜡丝。

卵 长椭圆形，浅黄色至红褐色，长 0.32～0.36mm，宽 0.17～0.19mm。

若虫 椭圆形至梨形，浅黄色至粉红色，长 0.44～1.52mm，宽 0.18～1.03mm；足 3 对，腹末有 3 条白蜡丝。中龄若虫体上分泌白色颗粒状蜡质物；高龄若虫营固着生活，分泌的蜡质物包盖虫体。

雄蛹 体粉红色，眼朱红色，足浅黄色；长 0.89～1.03mm，宽 0.34～0.36mm。

生活史及习性 湖南郴州 1 年发生 3～4 代，以 3 代为主，广东 1 年 4～5 代，以 4 代为主，以一龄若虫在老针叶的叶鞘内越冬。全年的种群数量消长规律表现为：上半年虫态整齐，种群密度大；下半年世代重叠，种群密度小。5 月中旬虫口密度最大，7 月下旬至 9 月上旬虫口密度最小。在广东台山市、鹤山市，越冬代历期分别为 177（167～182）天和 185（182～197）天，其余各代历期为 54～82 天。雌成虫寄生在松针基部或叶鞘内取食，分泌的蜡质物形成蜡包覆盖虫体，并将卵产在蜡包内。产卵期 20～24 天。产卵量因代而异，越冬代最多，为 213～422 粒，它代 52～372 粒。卵期 8～18 天。初孵若虫先在蜡包停留 2～5 天，然后从蜡包边缘的裂缝爬出，于松梢上四处爬动。1～4 天后，主要聚集、固定在老针叶束的叶鞘内，少数寄生在球果靠松梢侧、未展开的春梢新针叶束之间。一龄若虫发育 10～13 天后蜕皮变为二龄若虫。二龄若虫发育 7～10 天后，群体开始表现雌雄分化。雌若虫爬向松梢顶端，在梢顶新针叶基部固定寄生，泌蜡形成蜡包。雄若虫则虫体变长，在老针叶束的叶

湿地松粉蚧危害状（黄少彬摄）

鞘间或枝条、树干上爬行，二龄末期聚集在老针叶叶鞘内或枝条、树干的裂缝等隐蔽处，分泌蜡丝形成白色绒团状茧，并在其中经预蛹和蛹羽化为雄成虫。无翅型雄成虫仅于越冬代出现。有翅型雄成虫在非越冬代均可见到，体弱，寿命1～3天。可随苗木、接穗、鲜球果、枝条的调运人为传播，亦可在一龄若虫爬动阶段随风扩散。

天敌有孟氏隐唇瓢虫（*Cryptolaemus montrouzieri* Mulsant）、圆斑弯叶毛瓢虫［*Nephus ryuguus*（Kamiya）］等31种捕食性天敌，粉蚧长索跳小蜂［*Anagyrus dactylopii*（Howard）］、火炬松短索跳小蜂（*Acerophagus coccois* Smith）等5种寄生蜂及蜡蚧轮枝菌等2种致病微生物。

防治方法

严格检疫　禁止从疫区向非疫区调运苗木、原木等。

营林措施　及时间伐，剪除有虫枝条，集中销毁。

生物防治　扩繁、释放孟氏隐唇瓢虫、粉蚧长索跳小蜂等天敌。或在粉蚧发生高峰期，喷洒蜡蚧轮枝菌孢子液。

化学防治　环刮树冠基部树皮，涂抹氧化乐果乳油。

参考文献

金明霞，刘晓华，李桂兰，等，2011. 我国湿地松粉蚧研究进展[J]. 安徽农业科学，39(25): 15365-15367.

金明霞，易伶俐，刘晓华，等，2013. 赣南地区湿地松粉蚧生物学特性研究[J]. 生物灾害科学，36(3): 251-253.

徐家雄，余海滨，方天松，等，2002. 湿地松粉蚧生物学特性及发生规律研究[J]. 广东林业科学，18(4): 1-6.

（撰稿：武三安；审稿：张志勇）

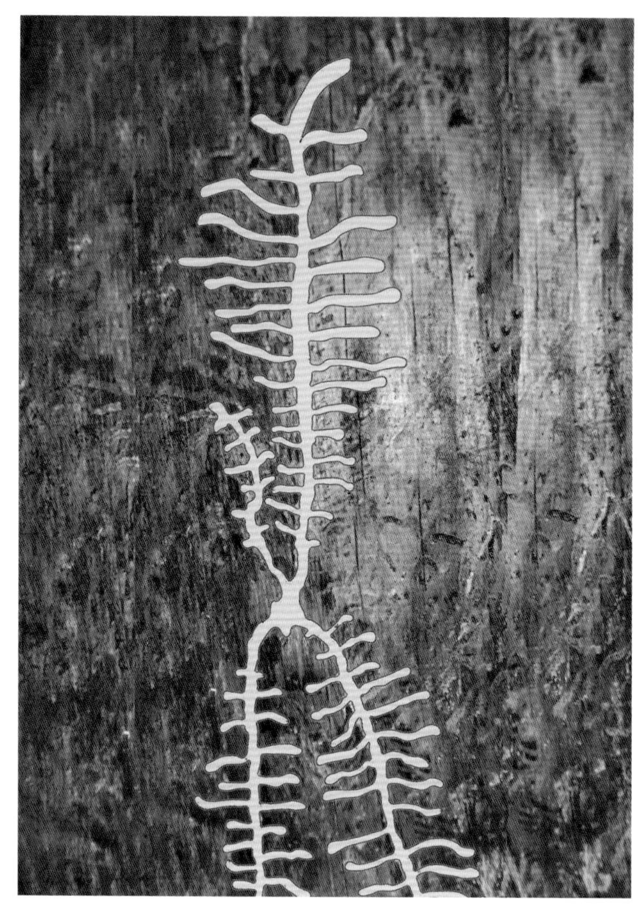
图1 十二齿小蠹坑道
（任利利、张红提供）

十二齿小蠹　*Ips sexdentatus* (Börner)

古北区重要松树蛀干害虫，严重危害红松、油松、樟子松、华山松等树种。又名松十二齿小蠹。英文名 six toothed bark beetle。鞘翅目（Coleoptera）象虫科（Curculionidae）小蠹亚科（Scolytinae）齿小蠹属（*Ips*）。国外分布于欧洲、俄罗斯远东及西伯利亚地区、土耳其、朝鲜、韩国等地。中国分布于黑龙江、吉林、辽宁、内蒙古、陕西、四川、云南等地。

寄主　云杉、红松、樟子松、华山松、高山松、油松、云南松、思茅松、欧洲赤松、欧洲白皮松、欧洲冷杉等。

危害状　该虫属于次期性害虫的先锋种。坑道主要印在韧皮部中，边材上仅留下浅痕。母坑道复纵坑，在立木上一般是一上二下，包括交配室在内全长约40cm，最长可超过1m；子坑道横向，短小稀少，迅速增宽；蛹室位于子坑道的末端；补充营养坑道不规则（图1）。

本种个体借助鞘翅末端斜面翅盘，不断地从侵入孔清除蛀屑，所以母坑道内始终保持清洁通畅。蛀屑红褐色，当清晨或湿润天气堆在树干基部和根颈，像漏斗状一般。

侵害时，树冠最初为橙棕色，针叶脱落后变为灰色。新一代羽化时，寄主树皮会脱落。携带的真菌会导致木材蓝变。

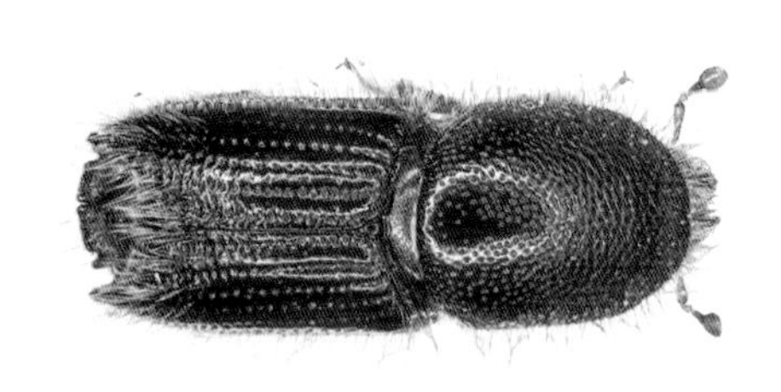

图2 十二齿小蠹成虫特征（任利利提供）
①成虫背面观；②成虫侧面观

形态特征

成虫　体长 5.8～7.5mm。圆柱形，褐色至黑褐色，有强光泽。额面平隆，下部点粒细小稠密，上部点粗大疏散。额面有一横向隆堤，突起在两眼之间的额面中心。瘤区中的颗瘤低平微弱，前部圆小细碎，分布疏散；后部形如鳞片，分布稠密。瘤区的绒毛细弱，稀疏散布，刻点区无毛。刻点区刻点稀疏散布。刻点沟微陷，沟中刻点等距排列，圆大深陷。沟间部宽阔平坦，无点无毛，一片光亮。鞘翅绒毛散布在翅盘前缘、鞘翅尾端和鞘翅侧缘上（图 2①）。翅盘底深陷光亮，底面上散布着刻点。翅盘两侧各有 6 齿，前 4 齿等距排列，第五齿与第六齿略疏散。形状并不相同，一、二、三、五锥形，四如镖枪头，六圆钝（图 2②）。

卵　乳白色，椭圆形，长 1.2mm，宽 0.8mm。

幼虫　体长 6.7mm，圆柱体，体肥硕，多皱褶，向腹面弯曲呈马蹄状。

蛹　乳白色，体长约 7mm。

生活史及习性　十二齿小蠹喜光，一般侵害倒木的向阳面，常发生在日照良好的阳坡和林缘。

在无伐倒木的情况下，十二齿小蠹可以直接侵染活立木。在干旱、低温的气候条件下，主要发生在衰老、生长势差的疏林、火烧迹地等。猖獗危害时能直接侵害健康的活立木。

在黑龙江林区 1 年 1 代，生活史不齐。越冬成虫于 5 月下旬开始活动，迁飞持续较久，然后筑坑繁殖，7 月中旬至 8 月成虫羽化，早期羽化成虫可迁飞至远处取食，晚期羽化的成虫就在蛹室附近取食越冬；越冬时咬筑盲孔，深达 2～3cm，头里尾外，潜伏其中。

防治方法

饵木诱杀　使用十二齿小蠹引诱剂，设置饵木诱杀成虫。

营林措施　清除片林中的衰弱木、风折枝及有虫株。

参考文献

孙静双，卢文锋，曹宁，等，2012. 松十二齿小蠹成虫种群数量动态研究 [J]. 中国森林病虫，31(4): 6-7.

萧刚柔，1992. 中国森林昆虫 [M]. 2 版 . 北京：中国林业出版社 .

殷蕙芬，黄复生，李兆麟，1984. 中国经济昆虫志：第二十九册　鞘翅目　小蠹科 [M]. 北京：科学出版社 .

JEGER M, BRAGARD C, CAFFIER D, et al. 2017. Pest categorisation of *Ips sexdentatus*[J]. European food safety authority, 15(11): 4999.

（撰稿：任利利；审稿：骆有庆）

石蛃目　Archaeognatha

石蛃目是仅有的两个现生原生无翅昆虫目之一，仅已知两个现生科，约 500 种。幼体至成体形态无显著变化。体型小至中等，完全无翅；通常体长 6～25mm，近梭形或纺锤形，细长，头胸部较粗壮，向腹端逐渐收缩。头为下口式，复眼发达且大，并在头背面相接触；有 3 个单眼；触角丝状，细长且多节。口器部分缩于头内。胸部隆起，足有大的基节，基节上具 1 刺突，跗节具 2～3 分节。腹部向端部逐渐收缩，第二至九腹节的腹面具含肌肉的刺突，腹部端部具 1 对多节且细长的尾须，和 1 枚长于尾须的中尾丝（见图）。

石蛃目昆虫在树干、岩石、石下及落叶层多种环境中生活，通常在夜间更为活跃。其取食植物碎屑、藻类、地衣、苔藓等。石蛃可以用弓形的胸部和弯曲的腹部弹跳相当长的距离，可以在遇到惊扰后迅速逃脱。

参考文献

GULLAN P J, CRANSTON P S, 2009. 昆虫学概论 [M]. 3 版 . 彩万志，花保祯，宋敦伦，等，译 . 北京：中国农业大学出版社：189.

袁锋，张雅林，冯纪年，等，2006. 昆虫分类学 [M]. 北京：中国农业出版社：100-104.

郑乐怡，归鸿，1999. 昆虫分类学 [M]. 南京：南京师范大学出版社：81-90.

（撰稿：吴超、刘春香；审稿：康乐）

石蛃目代表（吴超摄）

石榴绢网蛾 *Herdonia osacesalis* Walker

石榴主要蛀食性害虫之一。又名石榴茎窗蛾、花窗蛾、钻心虫。鳞翅目（Lepidoptera）网蛾科（Thyrididae）绢网蛾属（*Herdonia*）。中国分布于山东、陕西、河南等石榴种植区。

寄主 石榴。

危害状 幼虫蛀食当年新梢及多年生枝，造成枝条大量死亡，树势衰弱，产量下降（图4）。

形态特征

成虫 体长10～17mm，翅展30～41mm。前翅乳白色，微黄，稍有灰褐色的光泽，前缘约有11～16条茶褐色短斜线，前翅顶角有深褐色晕斑，下方内陷，弯曲呈钩状，顶角下端呈粉白色，外缘有数块深茶褐色块状斑。后翅白色透明，稍有蓝紫色光泽，亚外线有一条褐色横带，中横线与外横线处的两个茶褐色几乎并列平行，两带间呈粉白色，翅基部有茶褐色斑。腹背板中央有3个黑点排成一条线，腹末有2个并列排列的黑点，腹部白色，腹面密被粉白色毛。足内侧有粉白色毛，各节间有粉白色毛环（图1）。

幼虫 体长23～33mm，长圆柱形。头褐色，前胸背板发达，浅褐色，后缘有3列褐色弧形带，上有小钩。腹部末端坚硬，深褐色，背面向下倾斜，末端分叉，叉尖端成钩状，第八腹节腹面两侧各有一深褐色楔形斑，中间夹一尖楔状斑。有4对腹足，臀角退化，趾钩单序环状（图2）。

生活史及习性 在山东枣庄1年发生1代，以幼虫在蛀道内越冬，于翌年3月底活动，蛀食危害。5月下旬开始化蛹（图3），蛹期20天左右。6月下旬至7月上旬为化蛹盛期，6月中旬出现成虫，7月中下旬达到羽化盛期。8月上旬为卵孵化盛期，卵期13～15天，幼虫孵化后蛀入新梢危害至11月上旬，并在蛀道内越冬。成虫趋光性不强，昼伏夜出，晚间20：00～23：00最为活跃，雌雄成虫多在此时交尾，交尾后1～2天雌成虫即开始产卵，卵散产，产卵部位多在顶端芽腋处，可连续产卵3～4天，平均单雌产卵量41.3粒，成虫寿命5～7天。

图1 石榴绢网蛾成虫（冯玉增摄）

图2 石榴绢网蛾幼虫（冯玉增摄）

①低龄幼虫；②幼虫

图3 石榴绢网蛾蛹（冯玉增摄）

防治方法

农业防治 人工剪除虫梢，4月中下旬石榴发芽后开始，发现未发芽的枯枝应彻底剪除，消灭其中的越冬幼虫。发现枯萎的新梢应及时剪除，以消灭蛀入新梢的幼虫。

人工捕杀 幼虫发生期用磷化铝片堵虫孔，先仔细查找最末一个排粪孔，将1/6片磷化铝放入孔中，然后用泥封好。

图 4 石榴绢网蛾枝梢危害状（冯玉增摄）

图 5 石榴绢网蛾蛹被寄生蝇寄生（冯玉增摄）

化学防治　在孵化盛期，选用敌马合剂 1000 倍液、敌敌畏 1000 倍液或 20% 速灭杀丁、2.5% 敌杀死 3000 倍液、80% 敌百虫可湿性粉剂 1000 倍液喷雾防治，效果良好。

参考文献

李庆元，石祥，王占中，2000. 石榴茎窗蛾生物学特性及防治研究 [J]. 落叶果树，32(3): 51-52.

刘香坤，2008. 石榴茎窗蛾发生规律及综合防治 [J]. 河北果树 (6): 55-55.

王玉堂，2014. 石榴茎窗蛾的发生与防治 [J]. 农药市场信息 (20): 46.

（撰稿：王甦、王杰；审稿：李姝）

石榴条巾夜蛾　*Parallelia stuposa* (Fabricius)

石榴树上常见的食叶害虫。又名石榴巾夜蛾。英文名 pomegranate worm。鳞翅目（Lepidoptera）夜蛾科（Noctuidae）巾夜蛾属（*Parallelia*）。国外分布在日本、朝鲜、印度、斯里兰卡、菲律宾、印度尼西亚等国家。中国分布在山东、河北、江苏、浙江、湖北、湖南、江西、四川、广东、云南、台湾等地。

寄主　石榴、月季、蔷薇等植物。

危害状　成虫吸食桃、苹果、梨等果实的果汁，被吸食部分呈海绵状，蛀孔引起腐烂；幼虫危害石榴嫩芽、幼叶和成叶，发生较轻时咬成许多孔洞和缺刻，发生严重时能将叶片吃光，最后只剩主脉和叶柄，严重时影响树势和产量。

形态特征

成虫　体褐色，长 20mm 左右，翅展 46～48mm。前翅中部有一灰白色带，中带的内、外均为黑棕色，顶角有两个黑斑。后翅中部有一白色带，顶角处缘毛白色（图 1）。

卵　灰色，形似馒头（图 2）。

幼虫　老熟幼虫体长 43～50mm，头部灰褐色。第一、二腹节常弯曲成桥形。体背茶褐色，布满黑褐色不规则斑纹（图 3）。

蛹　体黑褐色，覆以白粉，体长 24mm。茧粗糙，灰褐色（图 4）。

生活史及习性　1 年发生 2～4 代，世代很不整齐，以蛹在土壤中越冬。翌年 4 月石榴展叶时，成虫羽化。成虫昼伏夜出，有趋光性，口器较为发达，常刺入熟果内或有伤口的果内吸食汁液，被吸食部分呈海绵状，并围绕刺孔开始腐

图 1 石榴条巾夜蛾成虫（王勤英提供）

S

图 2 石榴条巾夜蛾卵（王勤英提供）

图 3 石榴条巾夜蛾幼虫（王勤英提供）

图 4 石榴条巾夜蛾蛹（王勤英提供）

烂，造成大量落果。被害果以桃为主，其次是苹果和梨。卵散产在叶片上或粗皮裂缝处，卵期约 5 天。幼虫取食叶片和花，幼虫体型及体色极似石榴树枝条，白天静伏于枝条上，不易被发现。幼虫行走时似尺蠖，遇险吐丝下垂。夏季老熟幼虫常在叶片和土中吐丝结茧化蛹，蛹期约 10 天，秋季在土中做茧化蛹。5～10 月为华北地区幼虫为害期，10 月下旬老熟幼虫陆续下树入土化蛹。

防治方法

诱杀成虫　在果实近熟期，用食糖 8%、食醋 1%、敌百虫 0.2% 的比例配成糖醋药液；或用烂瓜果汁 1 份、敌百虫 1 份、水 20 份配成瓜果汁药液，于黄昏放在果园诱杀成虫。

化学防治　大发生时在低龄幼虫期喷药防治。防治时可选用氰戊菊酯、甲氨基阿维菌素苯甲酸盐、灭幼脲等药剂。

参考文献

石祥，任思伦，郝兆祥，等，2005. 石榴巾夜蛾生物学特性及防治试验 [J]. 昆虫知识，42(1): 77-78.

张英俊，1991. 石榴巾夜蛾的生物学特性及防治 [J]. 昆虫知识，28 (4): 228-230.

（撰稿：王勤英；审稿：张帆）

石榴小爪螨　*Oligonychus punicae* (Hirst)

一种严重危害石榴、葡萄和樟树的重要害螨。又名石榴红蜘蛛、石榴叶螨。英文名 avocado brown mite。蛛形纲（Arachnida）蜱螨目（Acarina）叶螨科（Tetranychidae）*Oligonychus* 属。中国分布于浙江、四川、海南、江西、广西等地及其周边石榴产区。

寄主　石榴、葡萄、樟树等。

危害状　以成、若螨在叶面吸食汁液危害，严重时叶背也有，主要聚集在主脉两侧；卵壳在被害部位呈现一层银白色蜡粉。被害叶上的螨量，由数头到数百头不等。叶片先出现褪绿斑点，进而扩大成斑块，叶片黄化，质变脆，提早落叶。

形态特征

成螨　雌螨卵圆形，紫红色，体长 0.41～0.43mm，宽 0.29～0.32mm，前足色浅。背毛 13 对，较长，不着生在疣突上，前列背毛的 1/3～1/2 达下列背毛的基部，外腰毛和内腰毛、外骶毛和内骶毛几乎等长，背面可见短的尾毛。口针鞘长 0.11mm，宽 0.079mm，前缘中央微凹陷。气门沟无端膝，末端呈小球状。须肢锤突发达，长 3.75μm，宽 3.1μm。轴突长 4.4μm，轴突长 4.4μm，刺突 3.75μm。雄螨体红褐色，菱形腹部末端略尖，前足色浅。

卵　扁圆形，直径 0.14mm，卵顶略凹陷，着生一淡色刚毛。夏卵浅橙色至橙红色，越冬卵紫红色。

幼螨　足 3 对，体型略大于卵粒，体长约 0.16mm。

若螨　足 4 对，体型和成螨相似，但较小，活泼。

生活史及习性　石榴小爪螨属亚热带种类，冬季能生长繁殖，冬季滞育卵和非滞育卵同时存在。以两性生殖为主，繁殖的后代，其雌雄性比因季节而异，早春和初冬的活动虫态以雌性为主，其雌雄性比约 10～15：1。雌螨也能营产雄孤雌生殖，且能再次与亲代回交，重新获得两性个体。

防治方法

生物防治　害螨达到每叶平均 2 头以下时，每株释放捕食螨 200～400 头，放后 45 天可控制害螨为害。当捕食螨与石榴小爪螨虫口达到 1：25 左右时，在无喷药伤害的情况下，有效控制期在半年以上。

物理防治　做好冬季清园工作，包括中耕除草、树干涂白等，以降低越冬虫口密度。

化学防治　发生初期叶面喷洒螺螨酯、螺虫乙酯、乙唑螨腈、乙螨唑、苯丁锡、丁醚脲、炔螨特、唑螨酯等。

参考文献

匡海源，1983. 石榴小爪螨在樟树上的生物学特性和种群动态 [J]. 昆虫学报，26 (1): 63-68, 70.

匡海源，1986. 农螨学 [M]. 北京：农业出版社：76.

赵利敏，2013. 石榴小爪螨分类学特征的亚显微观察（螨目：叶螨科）[J]. 西北农业学报，22 (8): 87-91.

（撰稿：王进军、袁国瑞、丁碧月；审稿：冉春）

时滞 time lag

即时间滞后。指种群或其他系统对于环境变化反应的时间延迟。

昆虫的种群数量与状态不仅仅受限于当下的环境，还与之前的环境、状态和数量有关系。在相对恶化的外部环境下（如食物不足、光照不足、极端温度等），昆虫成虫变小，生育力下降，影响下一代的种群增长率；在相对适宜的外部环境下，对于生活史较长的昆虫种群，若幼虫期密度过高，个体间对食物和空间的竞争激烈，昆虫的死亡率也会增加，种群数量发生改变。任何种群的后代发育至成年均需要时间，在此期间种群本身不具有防御、捕食和繁殖等能力，因此受外部环境和内部竞争等因素作用到影响种群数量有一个时间差，即时滞。

时滞可分为作用时滞和生殖时滞两种。作用时滞是指环境变化引发影响种群增长率产生相应变化的时滞。生殖时滞是指环境因素影响种群生育力下降效应推迟出现的时滞。

生态学家 E. M. Wright 于 1945 年首先引入时滞逻辑斯蒂（logistic growth model）：

$$\frac{dx}{dt}=rx\left[1-\frac{x(T-\tau)}{k}\right]$$

式中，τ 是与 t 无关的常数，称为时滞效应。

时滞方程理论的引入，对种群动力学的研究至关重要，它改变了人们建立研究模型的思维方式，推动了种群动力学的理论和实践研究，解决了对很多种群动态事件的分析。如 1957 年 Wangersky 和 Cunningham 建立的捕食者—猎物模型、B. G. Zhang 等提出的时滞 Richards 模型以及 C. Damgaard 等提出的多种群 Richards 模型。

参考文献

DAMGAARD C, WEINER J, NAGASHIMA H, 2002. Modelling individual growth and competition in plant populations: growth curves of Chenopodium album at two densities[J]. Journal of ecology, 90: 666-671.

WANGERSKY, PETER J, W J CUNNINGHAM, 1957. Time lag in prey-predator population models[J]. Ecology, 38: 136-139.

WRIGHT E M, 1945. On a sequence defined by a non-linear recurrence formula[J]. Journal of the London mathematical society, 20: 68-73.

ZHANG B G, GOPALSAMY K, 1988. Oscillation and nonoscillation in a nonautonomous delay logistic equation[J]. Quarterly Applications of applied mathematics, 46: 267-273.

（撰稿：任妲妮；审稿：孙玉诚）

食物网 food web

反映了处于生态系统中的众生物之间所存在的取食与被取食的复杂营养关系，是一种由多条食物链彼此交错形成的网络状营养关系。又名食物链（food chain）。

处于生态系统中的众生物，在能量和物质代谢过程中具有不同的作用。贮存于有机物中的化学能通过一系列取食和被食的关系在系统中依次传递，这种生物之间以食物营养关系彼此联系起来的链状序列，在生态学上被称为食物链。

在真实的生态系统中，绝大多数生物拥有不同的食物来源，同时也被不同的生物所捕食，生物间甚至还会出现相互取食、互为食物的关系。这些复杂的营养关系无法通过单一的食物链概括，而是包含了众多食物链。这些食物链彼此交叠、相互联系，形成了一个无形的、庞大的食物关系网，这就是食物网的概念。食物网反映了各物种间的营养互作，通常简化为物种间的能量传递网。食物网既是生态系统中的结构形式，又是实现生态系统功能过程的载体，被视为许多生态学理论的根基。它为我们提供了一个自然的框架，用于理解物种间的生态作用，以及生物多样性影响生态系统功能的机制。

在不同的生态系统中，由于组成生态系统的生物种类以及众生物间的营养关系不同，食物网的构成也是千差万别。一般认为，食物网越复杂的生态系统越稳定。因为食物网越复杂，其包含的生物种类就越多，当某一生物类群出现剧变或消失时，该生物类群的位置即可由相近的生物类群所代替，从而使该生态系统的能量和物质传递可以正常运行。

参考文献

DUNNE J A, WILLIAMS R J, MARTINEZ N D, 2002. Food-web structure and network theory: the role of connectance and size[J]. Proceedings of the National Academy of Sciences of the United States of America, 99: 12917-12922.

PEARSON D E, 2010. Trait- and density-mediated indirect interactions initiated by an exotic invasive plant autogenic ecosystem engineer[J]. The American naturalist, 176: 394-403.

PIMM S L, 1979. The structure of food webs[J]. Theoretical population biology, 16:144-158.

THE´BAULT E, LOREAUGOR M, 2003. Food-web constraints on biodiversity–ecosystem functioning relationships[J]. Ecology, 100: 14949-14954.

（撰稿：赵婉；审稿：崔峰）

柿长绵粉蚧 *Phenacoccus pergandei* Cockerell

一种危害柿子树的害虫。又名柿粉蚧、柿虱子。英文名 elongate cottony scale。半翅目（Hemiptera）粉蚧科（Pseudococcidae）绵粉蚧属（*Phenacoccus*）。国外分布于日本。中国分布于河南、河北、山东、江苏等地。

寄主 梨、玉兰、八角金盘、连香树、柿、日本吊钟花、月桂、无花果、天仙果、枇杷、榉树、日本樱花、紫杉和桑树。

危害状 若虫和成虫聚集在植物嫩枝、幼叶及果实上吸取植物汁液危害。枝、叶被害后，失绿而枯焦变褐；果实受害部位初呈黄色，逐渐凹陷变成黑色，受害重的果实，最后变质脱落。受害树轻则造成树体衰弱，落叶落果；重则引起枝梢枯死，甚至整株死亡，严重影响果树产量和果实品质（图1）。

形态特征

成虫　雌成虫体长3～4mm，宽约3mm，扁平椭圆形，身体腹面后半端略膨大，黄色至深褐色，体表覆盖白色蜡粉，雌成虫成熟后分泌白色绵状卵囊，形似长口袋，长6～22mm（图2①）。雄成虫体长2～3mm，淡黄色，触角10节；翅1对，发达；足3对，细长多毛，胫节末端内侧有1大刺；腹部为8条较整齐的横带状毛片区；腹部末端2节体侧各具1丛长毛，每丛2根，尾瓣突针状。

卵　呈现淡黄色至橙色，位于卵囊内（图2②③）。

若虫　初孵若虫体长0.6mm，宽约0.3mm，长椭圆形，体淡黄色，半透明，被蜡粉很少，足和触角发达；二、三龄若虫体长1～1.5mm，宽0.5～0.8mm，体色淡黄色，被透明蜡质。

茧　呈长袋状，似大米粒，丝质蜡茧，雄蛹化蛹在茧内。

生活史及习性　在河北每年发生1代，陕西1代。以三龄若虫在枝条上和树干皮缝中结大米粒状的白茧越冬。翌年春柿树萌芽时，越冬若虫开始出蛰，转移到嫩枝、幼叶上吸食汁液。长成的三龄雄若虫蜕皮变成蛹，再次蜕皮而进入蛹期；雌虫不断吸食发育，约在4月上旬变为成虫。雄成虫羽化后寻找雌成虫交尾，后死亡，雌成虫则继续取食，约在4月下旬开始爬到叶背面分泌白色绵状物，形成白色带状卵囊，长达20～70mm，宽5mm左右，卵产于其中，每雌成虫可产卵500～1500粒，橙黄色。卵期约20天。5月上旬开始孵化，5月中旬为卵孵化盛期。初孵若虫为黄色，成群爬至嫩叶上，数日后固着在叶背主侧脉附近及近叶柄处吸食危害。6月下旬蜕第一次皮，8月中旬蜕第二次皮，10月下旬发育为三龄，陆续转移到枝干的老皮和裂缝处群集结茧越冬。

防治方法

人工防治　结合冬剪，剪除虫枝；刮树皮后集中烧毁。

化学防治　若虫越冬量大时，可于初冬或树发芽前喷1次5波美度石硫合剂、95%机油乳剂、15%～20%柴油乳剂或8～10倍的松脂合剂，消灭越冬若虫，效果好，药害也轻；在卵孵化盛期和第一龄若虫发生期，连续喷2次40%速扑杀1500～2000倍液，防治效果即可达99%，且无药害，对人畜、天敌安全。另外，喷40%水胺硫磷1000倍液，防治效果也比较好。

生物防治　柿长绵粉蚧的主要天敌为跳小蜂科昆虫，主要有柿粉蚧长索跳小蜂、日本纹翅跳小蜂和长崎原长缘跳小蜂。在天敌发生期，注意保护天敌，应该尽量少用或不用广谱性杀虫剂。

参考文献

靳爱荣，2011. 柿长绵粉蚧的防治技术[J]. 北方果树(6): 8.

图1 柿长绵粉蚧危害状（冯玉增摄）
①危害柿果；②危害枝状

图2 柿长绵粉蚧（冯玉增摄）
①雌成虫；②卵囊；③卵囊及内部卵粒

张迎然，2009. 柿长绵粉蚧的发生与防治[J]. 果树实用技术与信息(12): 31-32.

赵晓燕，2003. 蚧科和粉蚧科部分雄虫形态特征的研究[D]. 晋中：山西农业大学.

周琳，马俊青，王俊超，2008. 柿长绵粉蚧的生物学特性及药剂防效[J]. 昆虫知识，45(5): 808-810.

（撰稿：魏久峰；审稿：张帆）

柿举肢蛾　*Stathmopoda massinissa* Meyrick

一种以幼虫钻蛀咬食柿果肉的害虫。又名柿蒂虫、柿食心虫、柿实蛾、钻心虫，俗称“柿烘虫”。英文名persimmon fruit moth。鳞翅目（Lepidoptera）举肢蛾科（Heliodinidae）举肢蛾属（*Stathmopoda*）。国外分布于日本。中国分布于河北、山西、陕西、河南、山东、江苏、安徽、台湾等地。

寄主　柿、君迁子等。

危害状　幼虫从柿蒂处蛀入果心，食害果肉，蛀孔有虫粪和丝混合物，造成幼果干枯，俗称“小黑柿”。大果提前变黄早落，俗称“红脸柿”“旦柿”（图③）。

形态特征

成虫　雌成虫体长约7mm，翅展15～17mm；雄成虫体长约5.5mm，翅展14～15mm。头黄褐色，复眼红褐色，触角丝状。体紫褐色，胸背中央黄褐色，腹部和前后翅紫褐色。翅狭长，缘毛较长，前翅近顶角有1条斜向外缘的黄色带状纹。足和腹部末端黄褐色。后足胫节具长毛，静止时向后上方伸举（图①）。

卵　近椭圆形，乳白色，长约0.5mm，表面有细微纵纹和白色短毛。

幼虫　初孵时体长0.9mm，头部褐色；老熟体长约10mm，头黄褐色，胸足浅黄。前胸背板及臀板暗褐色，其余各节背面淡紫色，中、后胸及腹部第一节色较浅，各腹节背面有1横皱，毛瘤上各生1根白色细毛（图②）。

蛹　长约7mm，褐色。茧呈长椭圆形，污白色，附有虫粪、木屑等。

生活史及习性　柿举肢蛾在河南西部、河北1年发生2代，以老熟幼虫在树皮裂缝或树干基部附近1～3cm土中以及残留在树上的干果中结茧越冬，翌年4月下旬至5月中旬化蛹，5月中旬至6月上旬成虫羽化，羽化盛期为5月下旬。第一代幼虫发生于5月下旬至7月上旬，盛期在6月中旬；成虫在7月中旬至8月上旬羽化，盛期在7月下旬。第二代幼虫7月下旬为始发期，8月下旬幼虫老熟，开始脱果结茧越冬。

柿举肢蛾平均卵期7天，幼虫期34天，蛹期22天，成虫产卵前期约3天。初羽化的成虫飞翔力差，白天停留于叶背面，夜晚进行交尾、产卵的活动，有一定的趋光性。每雌虫产卵10～40粒，卵产于果柄与果蒂之间，卵期5～7天。第一代幼虫自5月下旬开始蛀果，先吐丝将果柄与柿蒂缠住，使柿果不脱落，后将果柄吃成环状，从果柄皮下钻入果内，

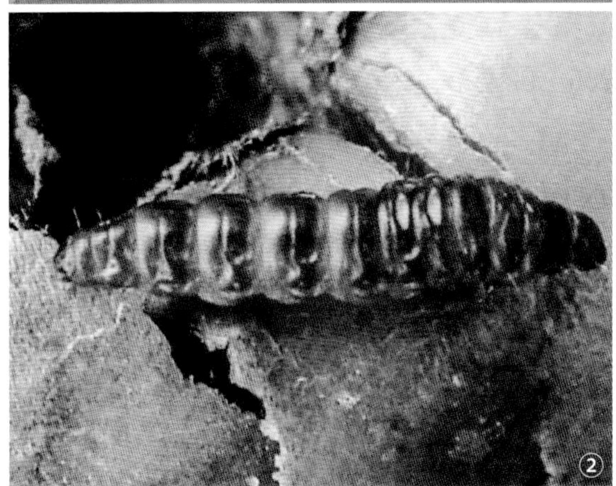

柿蒂虫（冯玉增摄）

①成虫；②幼虫；③幼虫害果状

粪便排于果外。有转果为害的习性，1头幼虫可为害5～6个果。6月下旬至7月下旬幼虫老熟，部分留在果内，部分爬到树皮下结茧化蛹。第二代幼虫于8月上旬至9月中旬在柿蒂下为害果肉，被害果一般由绿变黄、变软，并大量脱落。8月中旬幼虫陆续老熟。

防治方法

农业防治　果园冬季刮除树干老翘皮，进行树干涂白；及时摘除虫果，收集落地虫果，集中深埋。

物理防治　成虫发生期设置黑光灯，诱杀成虫。

化学防治　每年的5月下旬至6月上旬、7月下旬至8

月中旬为幼虫发生高峰期，实时观察监测，发现低龄幼虫为害时，可选用 25% 灭幼脲Ⅲ号 2000 倍液、20% 甲氰菊酯乳油 2500～3000 倍液、2.5% 溴氰菊酯乳油 3000 倍液或者 4.5% 高效氯氰菊酯 2000～2500 倍喷雾，间隔 10～15 天再喷 1 次。

参考文献

靳海军，王长占，王明国，1991. 柿蒂虫发生规律及防治技术 [J]. 河北果树 (1): 16-17.

明广增，2001. 柿蒂虫的发生与防治 [J]. 北方果树 (6): 18-19.

徐勖，王洪，杨向东，等，1996. 柿蒂虫 (*Kakivoria flavofasciata* Nagano) 防治技术研究 [J]. 河北农业大学学报 (1): 68-72.

（撰稿：周祥；审稿：张帆）

图 3　柿拟广翅蜡蝉分泌白色棉絮状覆盖物（金银利提供）

柿拟广翅蜡蝉　*Ricania sublimbata* (Jacobi)

严重危害柑橘、柚、李和柿等果树的一种害虫。又名柿广翅蜡蝉。半翅目（Hemiptera）广翅蜡蝉科（Ricaniidae）拟广翅蜡蝉属（*Ricanula*）。中国特有种，分布于黑龙江、湖北、湖南、河南、山东、安徽、浙江、江苏、江西、福建、台湾、四川、广东和广西等地。

寄主　柑橘、柚、金橘、枳壳、梨、石榴、柿、李、桃、枣、板栗、山楂、樟、梓、黄檀、盐肤木、构树、桂花、黄杨、广玉兰、杜仲、黄栀子、枫杨、女贞、金银花、虎刺、茉莉、玫瑰、丝瓜、佛手瓜、苎麻、棉花、刺儿菜、加拿大蓬等。

危害状　成、若虫均刺吸寄主嫩梢、叶芽和花蕾的汁液，导致新梢生长发育不良、叶芽发黄脱落、花蕾枯萎。成虫和若虫分泌蜜露，污染叶片、枝梢和果柄，常导致煤烟病的大量发生，严重影响植株生长和产量。

形态特征

成虫　体长 6.5～10mm，翅展 24～36mm。头、胸呈黑褐色，腹部呈黄褐至深褐色。前翅深褐色，前缘 1/3 处稍凹入，并有一个半圆形淡黄褐色斑。后翅暗黑褐色，半透明，翅面散生绿色蜡粉（图 1、图 4）。

卵　长 1.13mm，长肾形，顶端有微小乳状突起。初产乳白色（图 2），逐渐变成白色至浅蓝色，近孵时为灰褐色。

图 1　柿拟广翅蜡蝉成虫（金银利提供）

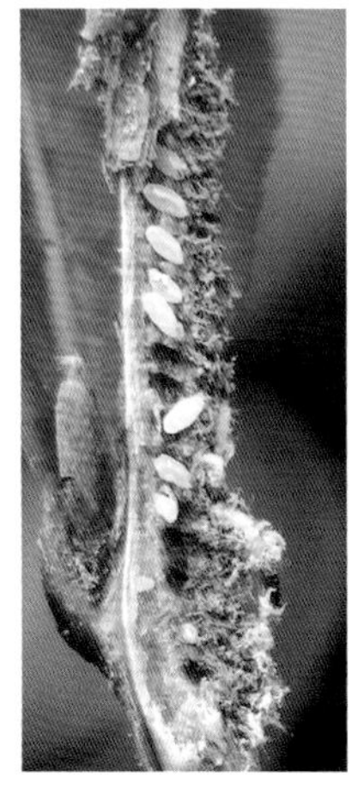

图 2　柿拟广翅蜡蝉卵（金银利提供）

图 4　柿拟广翅蜡蝉成虫（张培毅摄）

若虫　初孵若虫体长 1.20～1.32mm，体色淡黄绿色，胸部背板上有 1 条淡色中纵脊，腹末有 4 个无色透明的泌腺孔，蜡丝丛白色上翘，可将腹部覆盖。老龄若虫体长 4.95～5.33mm，体色淡黄色，前、中胸背板中纵脊两侧各有 1 个黑点，后胸背板因翅芽覆盖仅可见 2 个黑点，蜡丝丛淡黄色间有紫色斑。

生活史及习性 1年发生2代，以卵在寄主枝条、叶脉或叶柄内越冬。越冬卵于3月下旬至5月下旬孵化，第一代成虫5月中旬至6月下旬羽化，6月上旬至7月上旬产卵；第二代若虫6月中旬至7月下旬孵化，8月上旬至9月上旬成虫羽化，8月下旬至11月上旬成虫产卵越冬。成虫全天均可羽化，以21：00至次日10：00羽化最多，成虫羽化后3～11天开始交配，雌虫一生可交配1～3次，配后次日可产卵。雌虫产卵时，先用产卵器将嫩梢、叶柄或叶背主脉的皮层刺破，然后将1粒卵产入木质部，再分泌白色棉絮状覆盖物（图3）；卵聚产，呈条状双行互生倾斜排列。若虫孵化时间为8：00～23：00，以13：00～17：00最多，初孵若虫常群集于卵块周围的叶背或嫩枝上，经数小时后，腹末即分泌出雪花状的蜡丝丛覆盖于体背，犹如孔雀开屏，并开始跳跃活动，晴天和阴天甚为活跃，稍遇惊扰即跳跃它处，雨天和晚上多栖息于树条或叶背。

防治方法

农业防治 冬季至初春，清洁果园，合理增施基肥，促进被害果树的生长，增强树势。结合冬季和夏季修剪，及时清除着卵的枝条和叶片，并携出园外集中烧毁。

保护和利用天敌 充分发挥中华草蛉、两点广腹螳螂、异色瓢虫优势天敌的抑制作用。

化学防治 若虫孵化盛期，用蚌虫灵或敌敌畏15倍液注干，氧化乐果、亚胺硫磷或水胺硫磷30～50倍液涂干，24%万灵水剂800倍液、5%卡死克乳油2000倍液、90%敌百虫晶体1200倍液、50%多灭灵乳油1500倍液等喷雾，均可获得良好效果。

参考文献

胡梅操，祝柳波，袁嗣良，等，1998. 柿广翅蜡蝉的生物学及预测预报试行办法[J]. 江西植保，21(1): 8-11.

金银利，马全朝，张方梅，等，2019. 信阳茶区柿广翅蜡蝉越冬种群的发生与为害规律[J]. 茶叶科学，39(5): 595-601.

林江，2017. 柿广翅蜡蝉生物学及其与相近种类的形态学比较研究[D]. 杨凌：西北农林科技大学.

刘曙雯，嵇保中，张凯，等，2007. 柿广翅蜡蝉越冬卵刻痕的分布与危害特点[J]. 南京林业大学学报（自然科学版）(3): 57-62.

刘永生，张清良，2001. 柿广翅蜡蝉生物学特性及防治初报[J]. 亚热带植物科，30(2): 39-41.

罗晓明，罗天相，刘莎，2004. 柿广翅蜡蝉的发生与防治[J]. 河南农业科学(3): 41-42.

汪篪，张国宝，刘进，等，2000. 柿广翅蜡蝉危害柑桔的特点与控制技术[J]. 中国南方果树(3): 12.

汪荣灶，程根明，2016. 柿广翅蜡蝉发生规律调查[J]. 中国茶叶，38(7): 18.

俞素琴，徐爱珍，汪荣灶，2018. 柿广翅蜡蝉寄主植物的初步研究[J]. 安徽农学通报，24(23): 55-56.

张汉鹄，2004. 我国茶树蜡蝉区系及其主要种类[J]. 茶叶科学(4): 240-242.

赵丰华，吕立哲，任红楼，等，2011. 豫南茶园柿广翅蜡蝉生物学特性[J]. 中国茶叶，33(5): 18-19, 27-28.

（撰稿：金银利；审稿：宗世祥）

柿树白毡蚧 *Asiacornococcus kaki* (Kuwana)

一种重要的林木、果树、农作物和观赏植物害虫。又名柿绒粉蚧。半翅目（Hemiptera）毡蚧科（Eriococcidae）白毡蚧属（*Asiacornococcus*）。该种为中国特有物种，分布于安徽、黑龙江、吉林、辽宁、北京、河北、山西、山东、河南、陕西、江苏、浙江、湖北、江西、湖南、广东、广西、四川、贵州、云南和西藏。

寄主 柿树科植物、大叶紫薇、无花果、杏、油茶及茶等。

危害状 该虫发生严重时，虫株率可达70%，果实减产30%～40%，诱发的煤污病使寄主植物布满煤污，严重影响植株生长与景观。该蚧若虫和雌成虫固定在寄主叶片、寄主主干、嫩枝、嫩茎、叶柄、叶背和果实上，以刺吸式口器吸食汁液，柿果受害最严重。叶片受害后出现多角形黑斑，质硬而凹陷，呈畸形扭曲早落；叶柄被害，变黑而畸形，遇风早落；果实被害后，果面初现黄绿色小斑点，后变成黑斑，提前软化，不能食用。该虫多密集于果蒂处，易造成严重落果。

形态特征

雌成虫 体椭圆形，红色，长约1.08mm，宽约0.63mm。触角3节，各节依次长为30μm，20μm，45μm；各节上均有细长刚毛，第二节有1圆形感觉孔，第三节有4根粗感觉毛。单眼1对，位于触角外侧。口器发达，喙2节。气门附近有少量五格腺。足发达，胫、跗节近等长；爪下有1齿，爪、附冠毛各1对，均超过爪端且顶端膨大；后足基节无透明孔。肛环圆形，有1～2列环孔和8根环毛。尾瓣粗锥状，每侧背刺2根，靠内缘的较细小，靠外缘的较粗壮；腹面有端毛、亚端毛、肛位毛各1根，长度分别约为120μm、25μm、40μm。

腹面：五格腺直径4μm，散布在整个腹面，胸、腹部的缘区偶尔出现三格腺。暗格孔在头部、足与边缘的狭带及腹部缘区有分布。杯状管分大、小两种，端丝无，主要散布于胸腹部。腹毛有两种大小，分别长95μm和35μm，在腹面不规则稀疏分布。腹刺短锥状，在体缘区成纵列。背面：杯状管分大、中、小三种。大杯状管散布于整个背面，其间杂有少量中杯状管和小杯状管。刺粗锥状，散布于整个体背，并在腹部呈横带（见图）。

雄成虫 体长椭圆形，腹部略宽，红色。翅1对，污白色。体长约0.78mm，宽约0.03mm，翅展1.51mm。腹末有1对白色长尾丝（见图）。

头部两颊宽40μm。围眼片硬化。触角8节，长约285μm。各节上均有细毛。单眼3对，侧单眼位于头部外缘背单眼后外侧。头部背面有小刺，腹面密生细长毛。胸部长85μm。腹部腹面：小刺在每腹节成1横列。侧尾瓣刺2根，内侧一根长。背面：缘刺1列。第一至五节每侧3根刺，第六节每侧2根刺。第七节中区2根刺。腺对刺每侧2根，长75μm，自圆锥形凹陷的五格腺群中伸出。生殖节背面观基部呈矩形，端部呈三角形。阳茎鞘长110μm，宽52.5μm。背面刺在近尾片处每侧2根。尾片近末端每侧2根。阳茎鞘腹面的凹形处有4～5根刺。基部每侧有4根刺。

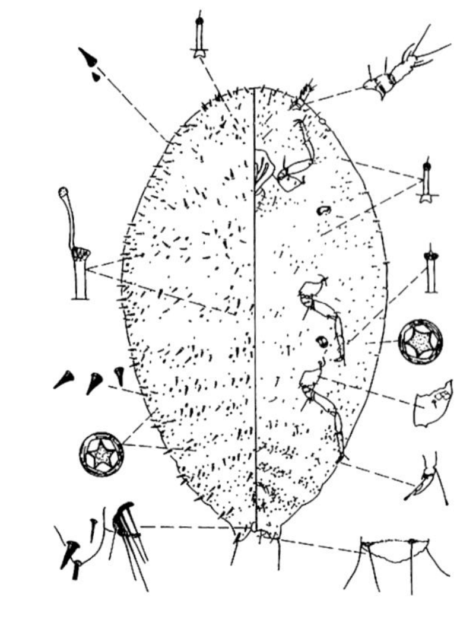

①

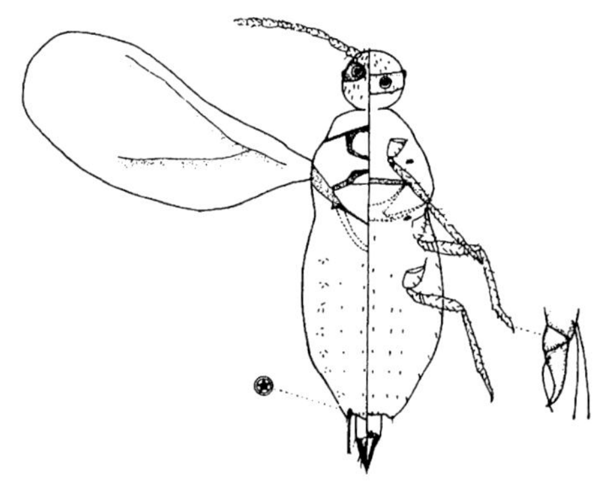

②

柿树白毡蚧特征图（仿魏筱）

①雌成虫；②雄成虫

生活史及习性 1年发生数代，北京、山东和河南为4代，江苏和浙江为4～5代，广西为5～6代。雄虫羽化时，雌成虫体表开始产生白色蜡丝，交配后卵囊逐渐形成，并由纯白变暗白色，即开始产卵，卵囊后缘稍微翘张则为产卵盛期，后缘大张并微露红色则为孵化盛期，卵囊出现红色小点、外翻呈脱落状、边缘牵连丝状物及果实上有小红点则为孵化末期和若虫固定期。

该虫以被有薄蜡粉的若虫在寄主枝杈、芽腋及3～4年生的枝条裂皮缝中越冬。翌年树液流动开始取食，4月上中旬爬至寄主新梢、嫩叶上固定取食为害。4月中旬出现雄蛹。4月下旬至5月上旬成虫出现，5月上旬为成虫盛期。雄虫受精后腹部膨大，虫体包藏于白色毡状蜡质卵囊内。5月中下旬至6月上中旬第一代若虫孵化，母体干缩死亡。5月下旬、6月上旬为若虫孵化盛期。6月上中旬为第一代蛹期，6月中下旬至8月初第一代雄成虫羽化，6月下旬、7月上旬为羽化盛期。受精后的雌成虫于6月下旬开始产卵。7月上旬起孵化，7月中下旬为若虫孵化盛期，孵化期一直持续到8月。7月中下旬为雌雄羽化开始期，8月上中旬为羽化盛期，羽化末期在8月下旬至9月初。8月上中旬至9月上旬雌蚧产卵，8月中下旬为产卵盛期。8月下旬至9月上中旬为第四代雌蚧产卵。9月上旬至10月上旬为第四代若虫孵化。

防治方法

农业防治 加强苗木引进的检测工作。引进和调出苗木、接穗、果品等植物材料时，要严格检测，严格执行植物检疫措施，切断虫源传播，可有效地控制该虫的扩散。对于带有检疫对象的植物材料应立即进行消毒处理。也可熏蒸处理。

人工防治 在虫口数量少时，结合修剪，剪除带虫枝条。或用麻布刷、钢丝刷等工具刷去虫体。

生物防治 4～5月份尽量避免喷洒化学农药，保护和利用天敌资源。柿绒粉蚧的天敌昆虫有多种瓢虫、草蜻蛉、寄生蜂，以黑缘红瓢虫和红点唇瓢虫为主。

化学防治 早春柿树发芽前，喷5波美度石硫合剂、45%晶体石硫合剂20～30倍液、95%机油乳剂50倍液、洗衣粉200倍液，使树体呈淋洗状态。6月上中旬，在第一代卵孵化期和初孵若虫沿枝条爬行时，选用45%晶体石硫合剂50倍液、0.6%苦参碱水剂800倍液、0.65%茼蒿素水剂600倍液细致喷雾。6月中下旬一龄若虫主要在枝条、叶片上固着为害，虫体表面只有一层很薄的蜡质介壳，可选用24%亩旺特（螺虫乙酯）悬浮液4000～5000倍液、70%艾美乐（吡虫啉）水分散粒剂6000～8000倍液、25%吡虫啉可湿性粉剂2000～3000倍液喷雾，务必均匀周到。10月中旬后，若虫从各部位向枝干上转移，寻找越冬场所、尚未进入越冬状态时，可选用48%乐斯本（毒死蜱）乳油2000～2500倍液、24%亩旺特悬浮液4000～5000倍液等喷雾。可先喷洒洗衣粉100～200倍液，待稍干后立即喷洒农药，达到既破坏介壳虫虫体表面的蜡质介壳，又增强农药在虫体表面的黏着性和渗透性的双重效果。

参考文献

胡作栋, 2014. 柿绒粉蚧的发生规律与综合防治技术 [J]. 西北园艺 (1): 11-12.

南楠, 2014. 中国毡蚧科昆虫分类研究 (半翅目, 胸喙亚目, 蚧总科)[D]. 北京: 北京林业大学.

魏筱, 2004. 四种毡蚧的形态学研究 (同翅目: 蚧总科)[D]. 北京: 北京林业大学.

岳克兴, 2001. 柿绒蚧的发生与防治 [J]. 华东昆虫学报, 10(1): 98-99.

MILLER R D, RUNG A, PARIKH G, 2014. Scale insects, edition 2, a tool for the identification of potential pest scales at U. S. A. ports-of-entry (Hemiptera, Sternorrhyncha, Coccoidea)[J]. ZooKeys, 431: 61-78.

（撰稿：魏久峰；审稿：张帆）

柿星尺蠖 *Percnia giraffata* (Guenée)

柿树、黑枣树上重要食叶害虫之一。又名柿星尺蛾、大斑尺蠖、柿豹尺蠖、柿大头虫、蛇头虫。英文名 large black-spotted inchworm。鳞翅目（Lepidoptera）尺蛾科（Geometridae）点尺蛾属（*Percnia*）。中国分布于河北、山西、河南、安徽、四川、台湾等地。

寄主 柿、黑枣、苹果、梨、木橑。

S

危害状　以幼虫啃食叶片成缺刻或孔洞，严重时将叶食光。

形态特征

成虫　体长约25mm。头部黄色，触角雌虫丝状，雄虫短羽状。前胸背面黄色，胸背有4个黑斑。前后翅均为白色，上面分布许多大小不等的黑褐色斑点，以外缘部分较密，中室处各有1近圆形较大的斑点，前翅顶角处几乎成黑色。腹部金黄色，背面每节两侧各有1个灰褐色斑纹，腹面各节均有不规则的黑色横纹（图1）。

卵　椭圆形，直径约0.9mm。初产出时翠绿色，孵化前变为黑褐色，20～60粒成块，密集成行。

幼虫　初孵幼虫漆黑色，胸部稍膨大。老熟幼虫长约55mm，头部黄褐色，布有许多白色颗粒状突起。胴部第三、

图3 柿星尺蠖大龄幼虫（王勤英摄）

图1 柿星尺蠖成虫（王勤英摄）

图2 柿星尺蠖低龄幼虫（王勤英摄）

四节特别膨大，其背面有椭圆形的黑色眼状斑1对，斑外各有1月牙形黑纹，固有“大头虫”之称。背线呈暗褐色宽带，两侧为黄色宽带，上有不规则的黑色曲线。气门线下有由小黑点构成的纵带（图2、图3）。

蛹　长约25mm，棕褐至黑褐色，尾端有1刺状突起。

生活史及习性　柿星尺蠖1年发生2代，以蛹在土块下或梯田石缝内越冬。翌年5月下旬开始羽化，7月中旬为羽化末期，成虫羽化后不久即可交尾产卵。第一代幼虫孵化期为6月上旬至8月上旬，为害盛期为7月中下旬。7月中旬前后老熟幼虫开始吐丝下垂入土化蛹，蛹期15天左右。第一代成虫羽化期为7月下旬至9月中旬，第二代幼虫为害盛期为9月上中旬，9月上旬开始老熟幼虫陆续入土化蛹过冬。成虫昼伏夜出，有趋光性。卵产于叶背面，排列成块，每雌蛾可产卵200～600粒，卵期约8天。初孵幼虫在柿叶背面啃食叶肉，幼虫长大后分散在树冠上部及外部取食，受惊扰吐丝下垂，幼虫期约28天。幼虫老熟后，吐丝下垂，在寄主附近疏松、潮湿的土壤中或阴暗的岩石下化蛹。

防治方法

人工防治　晚秋或早春结合翻地挖越冬蛹。利用幼虫受惊扰吐丝下垂的习性，幼虫发生期振落捕杀。

化学防治　防治适期为卵孵化期至三龄之前的幼虫期。目前常用药剂有灭幼脲、虫酰肼、高效氯氰菊酯、甲氨基阿维菌素苯甲酸盐等。

参考文献

北京农业大学，等，1992. 果树昆虫学：下册[M]. 2版. 北京：农业出版社.

黄可训，胡敦孝，1979. 北方果树害虫及其防治[M]. 天津：天津人民出版社.

邱强，2012. 果树病虫害诊断与防治彩色图谱[M]. 北京：中国农业科学技术出版社：389.

孙益知，孙光东，庞红喜，等，2013. 核桃病虫害防治新技术[M]. 北京：化学工业出版社：81-82.

（撰稿：王勤英；审稿：张帆）

舐吸式口器 sponging mouthparts

双翅目蝇类特有的口器类型。上颚和下颚皆退化，口器主要由下唇特化而来，且上唇和舌特化成具特殊功能的结构。

口器主要为1个由下唇形成的粗短的喙，喙由基喙、中喙（或吸喙）和端喙组成，中喙末端分成2瓣，为端喙（即唇瓣）。基喙是头壳的一部分，大部膜质，前壁有马蹄形的唇基及1对不分节的下颚须。中喙由下唇的前颏形成，前壁凹陷成唇槽，后壁骨化为唇鞘。端喙（或唇瓣）由2个大椭圆形瓣组成，可作前、后活动或展开成盘，两唇瓣间的基部有1小孔，称为前口，真正的口位于喙基部。唇瓣的腹面为膜质，上面排列有规则的环沟，又称拟气管；每个唇瓣上的环沟连接到一条通向前口的纵沟或直接通至前口。环沟由无数的骨化环组成，每环两端间形成空隙。

上唇为1长形骨片，内壁凹陷，基部由2根上唇内骨支接。舌呈刀片状，紧贴在上唇下，二者闭合成食物道；唾道由舌内通过。

蝇类只有食窦唧筒，在唧筒的侧缘与唇基两边向内褶入的唇基脊愈合，形成1个特殊的蹬器。取食时，二唇瓣展开平贴在食物上，液体和微粒食物通过骨化环的空隙进入环沟，流入前口而后进入食物道；略大的食物不经环沟，直接进入前口或以前口边缘的齿挤碎进入前口。

图1 双翅目昆虫的舐吸式口器（示唇瓣）（吴超提供）

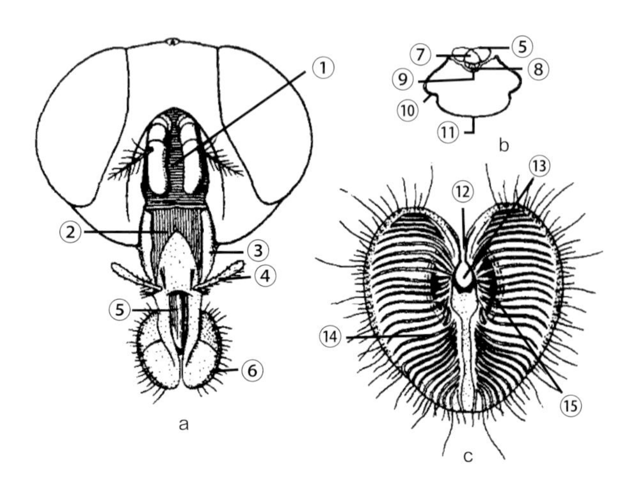

图2 舐吸式口器的结构（仿R.E.Snodgrass）

a家蝇头部外面观；b家蝇喙的横切面；c丽蝇唇瓣腹面观

①额；②唇基；③基喙；④下颚须；⑤上唇；⑥唇瓣；⑦食物道；⑧舌；⑨唾道；⑩下唇；⑪唇鞘；⑫唇瓣裂；⑬前口；⑭环沟；⑮唇瓣齿

参考文献

中国农业百科全书总编辑委员会昆虫卷编辑委员会，中国农业百科全书编辑部，1990. 中国农业百科全书：昆虫卷[M]. 北京：农业出版社.

（撰稿：吴超、刘春香；审稿：康乐）

嗜卷书虱 *Liposcelis bostrychophila* (Badonnel)

一种常见储藏物害虫，主要危害储藏物，如粮食、纸张、中药材、烟草以及生物标本等。又名纸虱、米虱。啮目（Psocoptera）书虱科（Liposcelididae）书蛄属（*Liposcelis*）。世界性分布，国外主要发生在意大利、捷克、斯洛伐克、芬兰、突尼斯、爱尔兰、瑞士、丹麦、荷兰、英国、美国、加拿大、智利、澳大利亚、新西兰、日本、印度尼西亚、马来西亚、新加坡、菲律宾、泰国、印度、尼日利亚等地。中国分布于北京、河北、山西、陕西、河南、山东、安徽、江西、四川、重庆、云南、广西、广东、海南等地。

寄主 主要危害小麦、玉米、稻谷、书籍、档案、纸张、中药材、烟草、生物标本等储藏物。

危害状 在粮库中，虽然不能直接取食原粮，但可取食原粮中的破碎粒和粉尘杂质而在原粮中大量发生，导致原粮发热霉变；若不及时处理，原粮将严重损失。该虫可随粮食等储藏物的贸易、调运等，在全球范围内进行传播、扩散。

形态特征

成虫（图1⑥） 体长0.87～1.16mm，头顶宽度244～265μm。体色为均匀褐黄至棕色，触角、下颚须、跗节浅黄色，复眼黑紫色。小眼7个，触角15节。头顶具有鳞状副室，内具清晰的中型瘤。头顶毛相当细小（3～5μm），毛间距为毛长的2～3倍。前胸背板肩刚毛SI相当短小，仅比周围小毛长少许，无侧叶突长刚毛PNS，小毛5～6根（图2③）。前胸腹板刚毛5～6根，分布较规则，3～4根位于腹板前缘，2根侧面的刚毛着生在腹板后半部（图2④）。合胸背板肩刚毛SII与SI长度相近，盾侧沟小毛3～5根（图2③）。合胸膜板刚毛6～8根，几乎形成朝向前缘的一横排（图2⑤）。腹部背板第一及二节各具1排毛，第三至七节各具不规则的2～3排毛；腹末具大量的短毛，末端略膨大。腹末两侧刚毛仅第十节的腹板侧缘毛Mv10和背板侧缘毛Md10可区分，几乎等长（图2⑥）。腹末不具第十节中域刚毛D毛；肛上板上最长的1对刚毛Se圆筒型（图2⑦）。下颚须端节上的感受器r、s细长，r比s短（图2①）；内颚叶外齿比内齿长（图2②）。生殖突主干纤弱，末端分叉（图2⑧）；下生殖板具倒"T"形骨片，基部宽（图2⑨）。环节型腹部（腹部背板第三节、第四节后缘具节间膜），第一节再分为5块骨片，前方3块，后方2块；第二节再分为 4 块骨片，前后方各 2 块（图 1 ⑥）。

卵（图 1 ①）　一般为卵圆形，白色。表面光滑，具珍珠光泽，而在高倍镜观察时可发现其表面有大量密集程度不同的絮状突起花纹。卵平均长度 345μm，平均宽度 182μm。

若虫　有 4 个龄期。一龄若虫（图 1 ②）虫体白色；复眼紫红色，小眼 3 个；触角 9 节，第五至八节每节各具 2 个感受器；头顶宽度 156～159μm，平均为 158μm。二龄若虫（图 1 ③）头部、胸部浅红色，腹部浅黄色；复眼棕褐色，小眼 3 个；触角共 15 节，第六、七、九、十一、十三节各具 1 个感受器，第八、十、十二、十四节各备具 2 个感受器；头顶宽度 168～172μm，平均为 168μm。三龄若虫（图 1 ④）头部、胸部浅紫红色，腹部黄色。复眼深棕褐色，小眼 4～5 个；触角 15 节，第五节较二龄若虫多 1 个感受器，其他节感受器数目同二龄若虫。头顶宽度 185～193μm，平均 189μm。四龄若虫（图 1 ⑤）虫体浅红棕色；复眼黑褐色，小眼 8 个；触角及感受器数目同三龄若虫；头顶宽度 201～211μm，平均为 208μm。

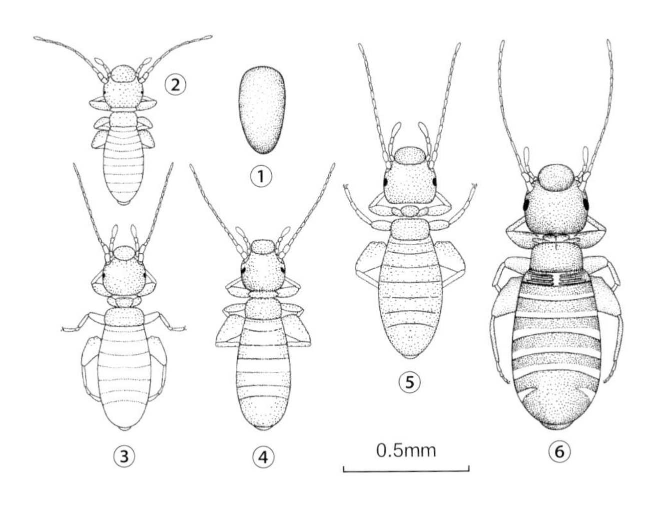

图 1　嗜卷书虱各虫态示意图（李志红提供）

①卵；②一龄若虫；③二龄若虫；④三龄若虫；⑤四龄若虫；⑥成虫（若虫跗节 2 节，成虫跗节 3 节）

生活史及习性　嗜卷书虱喜群集生活，喜高温、高湿，且对温、湿度较敏感。发育温度范围为 17.5～38°C，相对湿度大于 50%；最适温度范围为 28～30°C，最适相对湿度为 80% 左右。书虱完成一个世代所需时间随着温湿度的变化而改变，最短约 21 天，最长约 38 天。当温度、湿度达到其生存需要的时候，书虱种群数量开始增加，而其暴发最主要集中于高温高湿的夏季。一天内，书虱在粮库中的活动主要随着温度的升高而活跃。嗜卷书虱通过孤雌生殖繁育后代。在粮仓中，书虱主要聚集于粮堆上层，且呈现明显的趋西性和趋南性。

防治方法　在粮库中控制嗜卷书虱的方法有多种：磷化氢熏蒸、气调处理、植物源农药喷施、昆虫生长调节剂防治、温湿度控制以及生物防治等。磷化氢熏蒸是目前粮仓中最常用的杀虫方式，对任何虫态的书虱都有杀灭效果，但要求粮仓有较好的气密性以及保证足够的熏蒸时间。随着粮仓条件的逐渐提高，气密性的提高使得利用气调技术控制书虱种群成为可能，而利用二氧化碳、氮气等针对书虱进行控制成为实用的方法。无毒或低毒的植物源农药、昆虫生长调节剂可以较为安全、有效地控制书虱种群数量。科学控制粮仓温度和湿度可以使其生境恶化，利于控制书虱种群。此外，生物防治，如利用捕食螨对书虱种群进行控制也取得了很好的效果。

进行储粮书虱的防治，要注意采用综合的防治手段。首先要设置防虫线，阻止书虱从仓库外部进入，并且要对空仓进行灭虫，消除残留于粮仓的书虱。尽量选择温湿度较低的时间入仓，在入仓前坚持过筛除杂；而在入仓后要严格密闭粮仓，加强对粮情的监控。一旦发现虫情超过防治标准，选择最适合本仓库的消杀方法，或利用不同的消杀方法相结合，

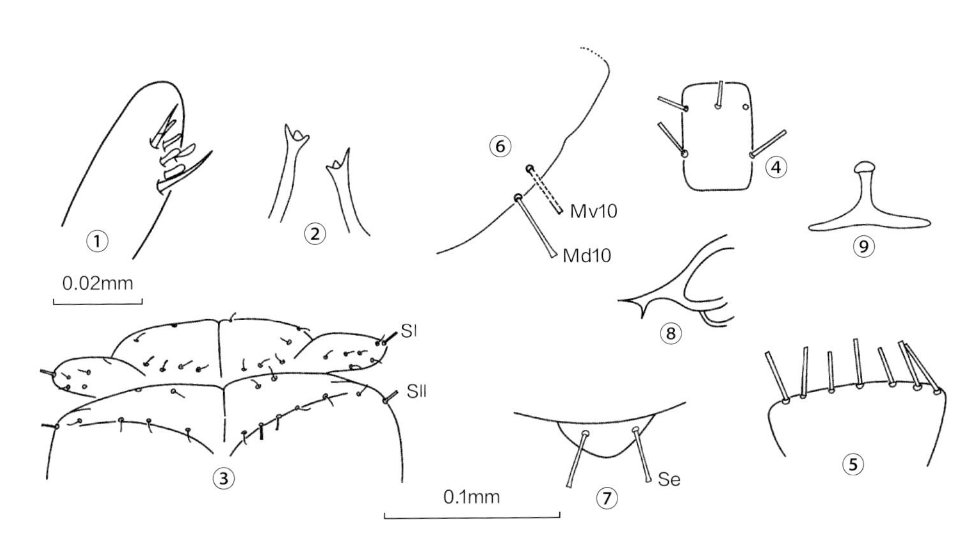

图 2　嗜卷书虱形态特征图（李志红提供）

①下颚须端节感受器（r 细长）；②内颚叶；③前胸及合胸背板毛序；④前胸腹板毛序（后半部具 1 对刚毛）；⑤合胸腹板毛序；⑥腹侧缘刚毛（仅 Mv10 及 Md10 可分）；⑦腹部末端刚毛（无 D 毛）；⑧生殖突主干（末端分叉）；⑨下生殖板

甚至结合书虱在粮仓中的分布规律进行综合防治。

参考文献

丁伟，赵志模，王进军，等，2003. 储粮环境中书虱猖獗发生的因子分析 [J]. 粮食储藏 (2): 12-17.

李志红，1994. 中国虱啮属的分类研究 [D]. 北京：中国农业大学.

李志红，李法圣，张宝峰，1999. 中国虱啮属分类研究Ⅰ. 研究历史与现状 [J]. 植物检疫 (2): 15-17.

李志红，李法圣，张宝峰，1999. 中国虱啮属分类研究Ⅱ. 分类研究的方法及分类特征 [J]. 植物检疫 (3): 13-17.

李志红，李法圣，张宝峰，1999. 中国虱啮属分类研究Ⅲ. 分类与检索 [J]. 植物检疫 (4): 2-5.

李志红，李法圣，张宝峰，1999. 中国虱啮属分类研究Ⅳ. 常见的几种仓储虱 [J]. 植物检疫 (5): 266-271.

刘若思，杨倩倩，张丽杰，等，2016. 嗜卷书虱的检疫及其近缘种的检索 [J]. 北京农学院学报，31(2): 30-33.

齐艳梅，伍祎，汪中明，等，2015. 稻谷粮堆表层害虫活动和发展规律初探 [J]. 粮油食品科技 (6): 105-110.

孙冠英，曹阳，姜永嘉，等，1999. 书虱在粮堆中分布的研究 [J]. 粮食储藏 (6): 16-21.

王进军，赵志模，李隆术，1999. 嗜卷书虱的实验生态研究 [J]. 昆虫学报 (3): 277-283.

喻梅，谢令德，唐国文，2006. 书虱综合防治技术研究进展 [J]. 武汉工业学院学报 (4): 18-22.

（撰稿：李志红；审稿：张生芳）

蜀柏毒蛾 *Parocneria orienta* Chao

一种柏木林最主要的食叶害虫。又名柏毛虫、小柏毛虫。鳞翅目（Lepidoptera）目夜蛾科（Erebidae）毒蛾亚科（Lymantriinae）柏毒蛾属（*Parocneria*）。中国分布于四川、重庆、福建、湖北、浙江等地。

寄主 柏木、侧柏、桧柏、千头柏。

危害状 以幼虫危害，仅取食鳞叶或嫩枝，受害鳞叶枯萎变黄，并逐渐脱落，影响柏木的正常生长发育，重则细枝嫩皮也被啃食，柏木鳞叶被成片吃光，造成林木死亡（图1①），大范围发生严重时，远看形似火烧（图1②③）。

蜀柏毒蛾幼虫被家禽和牲口取食后可直接致死，其粪便掉进水源后导致用水村民腹泻，幼虫毒毛可引起人的手、眼等处红肿。

形态特征

成虫 体长16～22mm，翅展35～42mm。雄蛾触角羽毛状，头和胸部灰褐色，有白色毛；腹部黑褐色，基部颜色较浅，足灰褐色，有白色斑；前翅白色，中区和外区由黑褐色鳞片组成月牙形模糊斑纹，缘毛白色和褐色或黑褐色相间；后翅褐色，基半部色浅，缘毛白色和黑褐色相间（图2②）。雌蛾与雄蛾相似，触角栉齿状，颜色较浅，斑纹较雄蛾清晰，后翅白色，缘毛黑褐色，腹部透出绿色（图2①）。

卵 扁圆形，直径0.8mm左右，背部中央有一凹陷。卵由绿到浅黄至孵化前的灰白色（图3）。

幼虫 体长22～42mm。幼虫7龄，头部褐黑色，颜色从肉色至浅绿色，随虫龄增加背面灰褐色，肉疣红色，瘤上生灰白色和黑色毛，体侧黑白夹杂（图4）。

蛹 体长12～18mm，绿色或灰绿色，腹部有黄白色斑（图5）。

生活史及习性 蜀柏毒蛾1年发生2代，以幼虫或卵越冬。翌年4月下旬至5月中旬是越冬代幼虫的暴食期，成虫5月中旬开始羽化，羽化盛期为5月下旬至6月上旬，6月中旬为羽化末期。第一代蜀柏毒蛾在9月上旬开始羽化，羽化盛期在9月下旬至10月上旬，10月中旬为羽化末期。10～12月越冬代陆续孵化，以初孵幼虫（或卵）越冬。

成虫白天静伏叶间，黄昏活动，多在林冠、树干上交尾，雄虫一生交尾一次。雄蛾比雌蛾早羽化1～2天，羽化盛期雌雄数基本相近。成虫具有强烈趋光性。越冬代雌虫产卵240～320粒；第一代180～260粒。卵多产于树冠中、下部鳞叶背面，部分产于柏木小枝或小枝分杈外，一般不产在球果上。卵聚产，呈不规则块状，少则几粒，多则上百粒，一般40～60粒。

幼虫在卵壳的侧旁成群静伏，经过2天或更多的时间才开始取食。最初吃去卵壳的一部分，以后逐渐分散，开始取食鳞叶的尖端。一至三龄幼虫取食甚微，四龄以后取食量逐日增加。在化蛹前3天，幼虫的取食又会逐日下降，直到化蛹时才停止取食。第一代蜀柏毒蛾的幼虫各龄期不整齐。越冬代比第一代幼虫危害猖獗，整个幼虫取食危害期为110～130天。

幼虫停止取食后，身体逐渐缩短，吐出少量的丝粘结枝叶，做成简单的蛹室，准备化蛹。经过预蛹期1.3天，即蜕皮化蛹。蜕皮后即将简单的蛹室破坏，仅余极少量的丝钩粘在尾刺上，使蛹体倒悬于枝叶上。

蜀柏毒蛾多发生在一些四旁零星分布的柏木林带上，此类林一般面积小，斑块分布零散，郁闭度小。而郁闭度大、面积大片分布的柏木林，生态系统相对稳定，因此不容易发生蜀柏毒蛾的危害。

防治方法

人工防治 采用人工击蛹控制虫口基数。

物理防治 采用灯光诱捕器可对蜀柏毒蛾进行监测和诱杀，波长340nm、功率8W诱虫灯诱集效果较好，能在60分钟内诱集距离在180m范围内的蜀柏毒蛾成虫。

生物防治 以防治越冬代幼虫为主，采用蜀柏毒蛾核型多角体病毒（NPV）、白僵菌、苏云金杆菌乳剂等人工喷雾或飞机喷雾防治。

化学防治 采用25%甲维·灭幼脲悬浮剂、1.2%苦参碱·烟碱乳液等喷施树体。

参考文献

贾玉珍，张鑫，周建华，2017. 基于主成分分析法的蜀柏毒蛾灾害发生影响因子筛选研究 [J]. 四川林业科技 (5): 58-62.

李孟楼、曾垂惠、李远翔，2020. 蜀柏毒蛾 [M]// 萧刚柔，李镇宇. 中国森林昆虫. 3版. 北京：中国林业出版社：989-990.

罗群荣，1998. 蜀柏毒蛾 *Parocneria orrienta* 的初步研究 [J]. 武夷科技 (0): 116-119, 123.

图1 蜀柏毒蛾典型危害状（肖银波提供）
①柏木针叶被吃光；②大范围受害呈火烧状；③柏木受害针叶变黄

图2 蜀柏毒蛾成虫（肖银波提供）
①雌虫；②雄虫

图3 蜀柏毒蛾卵（肖银波提供）

萧刚柔，1992. 中国森林昆虫 [M]. 2 版 . 北京：中国林业出版社：1103-1104.

曾垂惠，1992. 四川省蜀柏毒蛾预测预报方法 [J]. 四川林业科技 (2): 67-71, 73, 75.

赵仲苓，1978. 柏毒蛾属一新种 [J]. 昆虫学报，21(4): 417-418.

周建华，贾玉珍，范成志，等，2013. 不同波长诱虫灯对蜀柏毒蛾成虫的诱集研究 [J] 四川林业科技，34(6): 69-71.

周建华，唐孟佳，秦严昌，等，1992. 蜀柏毒蛾核型多角体病毒杀虫剂防治效果研究 [J]. 四川林业科技 (4): 55-56.

（撰稿：贾玉珍；审稿：张真）

蜀云杉松球蚜 *Pineus sichuananus* Zhang

一种严重危害云杉属植物的重要害虫。英文名 Sichuan spruce woodlly aphid。半翅目（Hemiptera）球蚜科（Adelgidae）松球蚜属（*Pineus*）。中国分布于四川、云南。

寄主 丽江云杉、川西云杉、紫果云杉及麦吊云杉。

危害状 主要危害幼树和树梢部，常造成梢顶畸形、坏死干枯，严重影响抽枝和生长，形成蒂状、火炬状或棒状虫瘿，虫瘿先端抽梢或不抽梢，造成枝梢枯死，严重时造成树干分杈。

形态特征

越冬停育型成蚜 体长 1.80mm，体宽 1.40mm。活体黑褐色，厚被蜡丝。体背有骨化蜡片，蜡孔小圆形，头部背面有 12 个大小蜡孔群，各由 5～120 个蜡孔组成，前胸背板有 30～34 个蜡孔群，各由 20～100 余个蜡孔组成，腹部背片Ⅰ～Ⅵ各有中侧蜡孔群 4～8 对、缘蜡孔群 2～4 对，背片Ⅶ仅有 1 对缘蜡孔群，各由 4～50 个蜡孔组成。触角长 0.13mm，节Ⅲ毛长为该节宽度的 17%，顶端有毛 3 或 4 根（见图）。

有翅瘿蚜 体长 1.90mm，体宽 0.97mm。活体棕红色至棕褐色，被长蜡丝。体背有小圆形蜡孔群分布，头部背面有 2 对，腹部背片Ⅰ～Ⅴ分别有中、侧、缘蜡孔群各 1 对，背片Ⅵ有 2 对，背片Ⅶ有 1 对。触角长 0.36mm。

生活史及习性 营不全周期生活。以第二龄若蚜越冬。虫瘿内第四龄有翅若蚜爬出瘿外蜕皮展翅。蜀云杉松球蚜 1 年发生越冬和瘿蚜 2 代，无有性蚜和次生寄主，以停育型若虫在云杉叶基和芽基部越冬。

防治方法

人工防治 在虫瘿形成后、开裂前，摘除虫瘿果并集中处理。

化学防治 在由无翅成蚜、孤雌生殖产卵孵化出来的若蚜在入嫩梢前、瘿窐开裂后的有翅蚜迁飞产卵前与无翅蚜产卵前施放烟剂，防治效果达 85%。

参考文献

孟永成，王志平，1984. 蜀云杉松球蚜的生物学特性及防治 [J]. 四川林业科技 (1): 41-43.

张广学，钟铁森，田泽君，1980. 四川球蚜科两新种及一新亚种（同翅目：球蚜总科）[J]. 动物学研究 (3): 381-384.

章友绪，高明，2011. 高原丘原林区蜀云杉松球蚜发生规律观察初报 [J]. 现代农业科技 (7): 146-147.

（撰稿：姜立云；审稿：乔格侠）

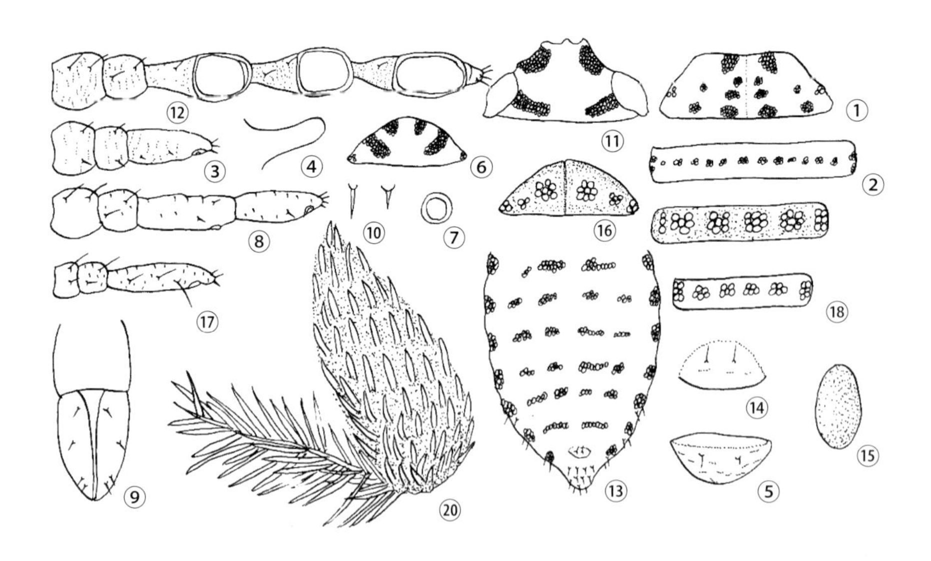

蜀云杉松球蚜（钟铁森绘）

越冬停育型成蚜：①头部背蜡片；②腹部背片Ⅱ蜡片；③触角；④中胸腹岔右侧；⑤尾片

无翅瘿蚜：⑥头部背蜡片；⑦头部背蜡片蜡胞；⑧触角；⑨喙端部；⑩腹部背片刚毛

有翅瘿蚜：⑪头部背蜡片；⑫触角；⑬腹部背蜡片；⑭尾片；⑮卵

越冬停育型一龄若蚜：⑯头部背蜡片；⑰触角；⑱腹部背片Ⅱ蜡片

越冬停育型二龄若蚜：⑲腹部背片Ⅱ蜡片；⑳虫瘿

S

数值反应 numerical response

指捕食者密度随猎物密度变化而做出的反应。数值反应往往会有时滞，且并不会随着猎物密度的增加而等比例增加。数值反应存在两种反应：种群参数的反应（demographic response）和聚集反应（aggregational response）。

种群参数的反应是指捕食者繁殖力和存活率随着猎物密度改变而改变。在洛特卡—沃尔泰勒的捕食模型里，捕食者增长率为$\frac{dP}{dt}=-\theta cNP-rP$。其中，$\theta$为转化效率，即取食猎物后的能量转化为捕食者的强度；P为捕食者密度；N为猎物密度；r为捕食者的死亡率；c为捕获猎物的概率。在生活史策略中，由于能量的限制，生物个体往往会权衡存活和繁殖的关系。如果猎物密度高，即拥有充足的能量，捕食者则会投入更多的能量到繁殖中去。

聚集反应是指当某生境中猎物密度变高后，捕食者会迁移到该生境，导致捕食者密度也随之增高的现象。聚集反应对害虫的生物防控有重要意义，还可增加捕食者—猎物系统在空间上的稳定性。

参考文献

READSHAW J L, 1973. The numerical response of predators to prey density[J]. Journal of applied ecology, 10: 342-351.

SOLOMON M E, 1949. The Natural control of animal populations[J]. Journal of animal ecology, 19: 1-35.

（撰稿：李国梁；审稿：孙玉诚）

栓皮栎波尺蠖 *Larerannis filipjevi* Wehrli

一种主要危害栎类、刺槐、杨、桑、榆等多种树木的食叶害虫。又名三带栎尺蠖。鳞翅目（Lepidoptera）尺蛾科（Geometridae）拟花尺蛾属（*Larerannis*）。国外分布于日本。中国分布于陕西、河南。

寄主 主要危害栓皮栎、辽东栎、麻栎、槲栎、刺槐、毛白杨、山杨、桑、榆、核桃、苹果、杏、胡枝子等。

危害状 幼虫孵化24小时后钻入栎树芽苞内取食嫩叶。二、三龄幼虫危害叶片，多呈不规则缺刻，四、五龄幼虫危害最重，能将全部叶片吃光或仅残留叶脉，状如火烧。

形态特征

成虫 雄蛾体长8～10mm，翅展20～30mm，灰褐色。前后翅粉白色，各有3条黑褐色波状横带。雌蛾体长7～10mm，体较粗，黑褐色。体背有2条黑褐色纵纹。翅退化为狭长小翅，前翅约为后翅的1/2。前翅亚基线、外缘线、后翅中横线处有黑色波状纹各1条（见图）。

幼虫 老熟幼虫体长23～28mm，黑褐色，腹部第二至第三节两侧生有2个黑色圆形突起，体背有4条黄褐色线。

生活史及习性 在河南1年1代，以蛹在土内越冬（越夏）。成虫1月下旬开始羽化，交尾产卵，2月上中旬为羽

栓皮栎波尺蠖成虫（甘田提供）

化盛期，3月下旬幼虫开始孵化，4月上中旬为幼虫危害盛期，4月下旬至5月上旬幼虫老熟开始落地化蛹，蛹期长达9个月。

卵期30～35天，孵化率为89%，未经交尾的雌虫也可产卵，但不孵化。幼虫共5龄。初孵幼虫24小时后开始钻入栎树芽苞内取食嫩叶。幼虫活动能力随虫龄增大而增强，受到振动，立即吐丝下垂，悬于空中，稍停后仍可沿丝爬回，或借助风力飘移到另一植株上危害。老熟后，通常直接落地，入土化蛹，深度一般不超过6cm。

成虫羽化与温度、湿度关系很大，一般是温度高。湿度小时羽化数量多，相反则降低，甚至不羽化。成虫羽化多在13：00～19：00，上午及夜间羽化很少。雄蛾多在地面杂草或树干周围飞行，一般离地面不超过2m，很少高达林冠。成虫白天隐蔽在草丛内，傍晚外出活动，交配产卵。雌蛾有强烈的性诱现象，一头雌蛾可引诱到多头雄蛾，每雌平均产卵176.3粒，最多达280粒。卵多产于树干的粗皮裂缝中。雄蛾交配后12天死亡，雌蛾产卵后17天死亡。

防治方法

人工防治 在雌虫临羽化前，在树干基部堆细沙、涂胶环、扎纸裙或者绑塑料薄膜，阻隔雌蛾上树。

化学防治 幼虫危害期，施放“敌马”烟雾剂熏杀，或喷洒50%杀螟松乳油1000倍液。

生物防治 中华金星步甲、灰喜鹊、麻雀、大黑蚂蚁等天敌主要捕食栓皮栎波尺蠖的幼虫。应加以保护利用。或可喷洒苏云金杆菌、白僵菌每毫升含1亿孢子的菌液。

参考文献

曹旭红，孙新杰，杨君，等，2011. 栓皮栎波尺蛾防治指标研究初报[J]. 现代农业科技(1): 163, 165.

封光伟，杨炳志，何洪中，等，1998. 栓皮栎波尺蛾形态特征及防治技术研究[J]. 河南林业科技(2): 22-24.

孙新杰，陈明会，范培林，等，2010. 栓皮栎波尺蛾生命表研究初报[J]. 林业科技，35(6): 28-30.

萧刚柔，1992. 中国森林昆虫[M]. 2版. 北京：中国林业出版社.

杨炳志，封光伟，张文亮，等，1997. 栓皮栎波尺蛾生物学特性观察及防治研究[J]. 森林病虫通讯(4): 31-33.

（撰稿：代鲁鲁；审稿：陈辉）

S

双斑锦天牛 *Acalolepta sublusca* (Thomson)

危害大叶黄杨和金边黄杨等树木的钻蛀性害虫。鞘翅目（Coleoptera）天牛科（Cerambycidae）沟胫天牛亚科（Lamiinae）锦天牛属（*Acalolepta*）。国外分布于日本、韩国、越南、柬埔寨、马来西亚、老挝等地。中国分布于北京、山东、陕西、安徽、上海、浙江、江西、福建、四川、湖南、贵州等地。

寄主 大叶黄杨、金边黄杨、算盘子等。

危害状 主要以幼虫蛀食树根和干基，直至蛀空，严重时造成植株枯死。受害初期树叶失水失绿，之后逐渐枝枯叶黄，根部腐烂（图 1）。成虫也造成一定的危害，其补充营养时啃食嫩梢枝干，易致嫩梢折断而枯死。

形态特征

成虫 体长 11～23mm，栗褐色。头、前胸密被具丝光的棕褐色绒毛，小盾片被较稀疏淡灰色绒毛；鞘翅密被光亮、淡灰色绒毛，具有黑褐色斑纹，体腹面被灰褐色绒毛；触角自第三节起每节基部 2/3 被稀少灰色绒毛。触角基瘤突出，彼此分开较远；头正中有一条细纵线，额宽大于长，表面平，头具细密刻点，仅在额区散生几粒较粗大刻点；雄虫触角长度超过体长 1 倍，雌虫触角超过体长 0.5 倍，柄节端疤内侧微弱，稍开放，第三节长于柄节或第四节。前胸背板宽大于长，侧突刺短小，基部粗大，表面微皱，稍呈高低不平状，中区两侧分布有粗刻点。小盾片近半圆形。鞘翅肩宽，向端末收窄，端缘圆形；每个鞘翅基部中央有 1 个圆形或近方形的黑褐斑，肩侧缘有 1 个黑褐小斑，中部之后从侧缘向中缝呈棕褐较宽斜斑，翅面有较细的稀刻点。雄虫腹部末节后缘平切，雌虫腹部末节后缘中央微凹。足中等长，粗壮（图 2）。

图 2 双斑锦天牛成虫（任利利提供）

图 1 双斑锦天牛幼虫危害状（任利利提供）

幼虫 体圆柱形，较瘦长。老熟幼虫长 30～36mm，前胸背板宽可达 5mm。前胸背板“凸”字斑暗红棕色，前深后浅，斑纹表面密布颗粒，前方粗，后方细密。足退化，仅具痕迹，呈小乳突状，具数支刚毛。腹部背步泡突具 2 横沟，4 列瘤突，互相衔接成条状，表面有微刺（图 1）。

生活史及习性 在中国一般 1 年发生 1 代，以幼虫越冬。在浙江常山，以老熟幼虫在受害植株离地面 20cm 以内的干基或根部蛀道中做一蛹室越冬，翌年 4 月上旬开始化蛹，中、下旬化蛹盛期，6 月中旬末期，蛹期长 15～20 天。5 月上旬成虫羽化，中、下旬羽化盛期，7 月上旬末期。5 月上旬雌成虫开始产卵，5 月中旬至 6 月上旬幼虫孵化盛期，卵期 20 天，11 月幼虫停止取食进入越冬。成虫羽化后滞留蛹室约 7 天，后咬一直径 6～10mm 的圆形羽化孔飞出，时间多在晚上或早晨，羽化孔位于树干基部。成虫活泼，昼夜在树冠活动，有啃食新梢、嫩枝、树皮补充营养的习性，受惊则迅速落入草丛中隐藏。雌成虫于晚间爬至树干与土壤交界附近产卵，产卵时咬一直径 4～5mm 的近圆形的窝，用木屑在窝中做一巢，巢中间产 1 粒卵，并用胶状物封粘住。成虫有趋光性，平均寿命约 25 天。

防治方法

人工防治 加强检疫，禁止使用带虫苗木造林绿化。在幼虫活动期判断受害的黄杨，带根挖除，减少虫源。

生物防治 成虫羽化期播撒白僵菌，作用可一直延续至幼虫出现，与化学防治一同实施效果更佳。

参考文献

蒲富基，1980. 中国经济昆虫志：第十九册 鞘翅目 天牛科（二）[M]. 北京：科学出版社.

肖勇，2011. 双斑锦天牛的生物学特性和综合防治 [J]. 河北林

业科技 (2): 106.

余黎红，陈国利，刘国军，2007. 双斑锦天牛的生物学特性及防治 [J]. 植物保护 (2): 108-110.

（撰稿：袁源、任利利；审稿：骆有庆）

双斑长跗萤叶甲 *Monolepta hieroglyphica* (Motschulsky)

一种中国分布较广的、严重危害玉米、棉花等多种植物的多食性害虫。又名双斑萤叶甲。鞘翅目（Coleoptera）叶甲科（Chrysomelidae）萤叶甲亚科（Galerucinae）长跗萤叶甲属（*Monolepta*）。国外分布于俄罗斯（西伯利亚地区）、朝鲜、日本、越南、印度、新加坡、菲律宾、马来西亚、印度尼西亚等国家。中国主要分布于甘肃、宁夏、黑龙江、吉林、辽宁、内蒙古、河北、山西和陕西等地。

寄主　玉米、棉花、高粱、丝瓜、甘薯、水稻、落花生、青麻、马铃薯、酸模叶蓼、狗尾草、青菜、荠菜、毛樱桃、重瓣玫瑰、秋子梨、卫矛、沙枣、蚕豆、树锦鸡儿、粗毛甘草、刺儿菜、新疆杨和垂柳、西伯利亚杏、榆叶梅、白榆、欧洲大叶榆、灰藜、甜菜、油菜、平车前、大麻、向日葵、暖木条荚蒾、芍药、黄刺玫、马齿苋、月季、天竺葵、芍药、新疆野百合、番茄等多种植物。

危害状　该虫成虫主要危害棉花上部叶片，初危害时，取食上表皮及叶肉，形成凹陷，随后凹陷由绿色变成黄褐色，形成花叶；后期，被害部位变为枯斑，甚至为网状叶脉，严重影响叶片的光合作用，导致棉花叶片生长发育受阻，形成弱苗。也可危害玉米的叶片和新鲜雌穗、马铃薯茎叶，以及豆类、向日葵、花卉、蔬菜、杂草、乔木、灌木等植物的根、叶片、花和果穗等部位。幼虫主要取食玉米、棉花、大豆、杂草的根系（图 1）。

形态特征

成虫　长 3.6～4.8mm，宽 2.0～2.5mm。长卵形，棕黄色，具光泽。头部三角形的额区稍隆，额瘤横宽。复眼较大，卵圆形，明显突出。触角 11 节，线状，长度约为体长的 2/3，第一至三节褐黄色，其余为黑色。前胸背板横宽，长宽之比约为 2∶3，表面拱突，密布细刻点，四角各具毛 1 根，颜色较深，有时橙红色；小盾片三角形，无刻点。鞘翅淡黄色，每个鞘翅基半部有 1 个近于圆形的淡色斑，周缘为黑色，淡色斑的后外侧常不完全封闭，它后面的黑色带纹向后突伸成角状，有些个体黑色带纹模糊不清或完全消失。足胫节端半部与跗节黑色。后足胫节端部具 1 长刺，后足跗节第一节较长，超过其余 3 节之和（图 2）。雄虫腹末节腹板后缘分为 3 叶（图 3），雌虫完整（图 4）。

卵　椭圆形，有些为红色，有些为黄色，长约 0.6mm，宽约 0.4mm。卵壳表面有近等边的六角形网纹（图 5）。经室内饲养观察，以棉叶饲养双斑长跗萤叶甲成虫，其产卵为棕红色，以白菜饲养时，其卵颜色为淡黄色。

幼虫　初产为淡黄色，随着龄期增加逐渐变为黄色。体表具有排列规则的瘤突和刚毛，前胸背板骨化，颜色较深。末腹节黑褐色，为一块铲形骨化板，端缘具较长的毛。共 3 龄，三龄幼虫长 6.0mm，宽 1.2mm（图 6）。

生活史及习性　在中国大部分地区 1 年发生 1～2 代，以卵在距土表 10cm 土中越冬。卵期较长，70 天左右。幼虫共 3 龄，30 天左右，均生活在土中。蛹期 8 天左右。雌雄

图 1　双斑长跗萤叶甲危害状（周继军摄）

图 2　双斑长跗萤叶甲成虫（陈静摄）

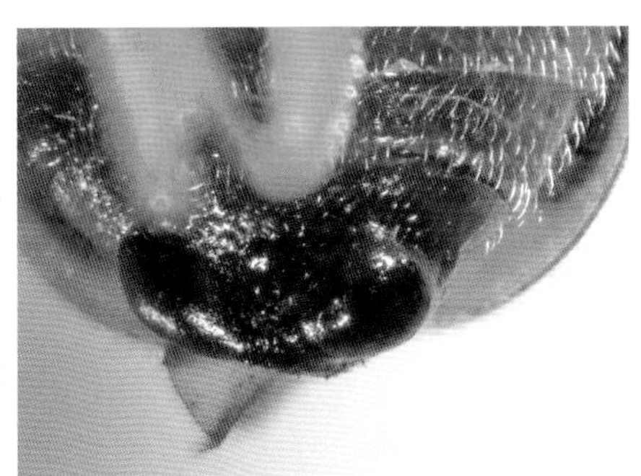

图 3　双斑长跗萤叶甲雄虫腹部末端（张志虎摄）

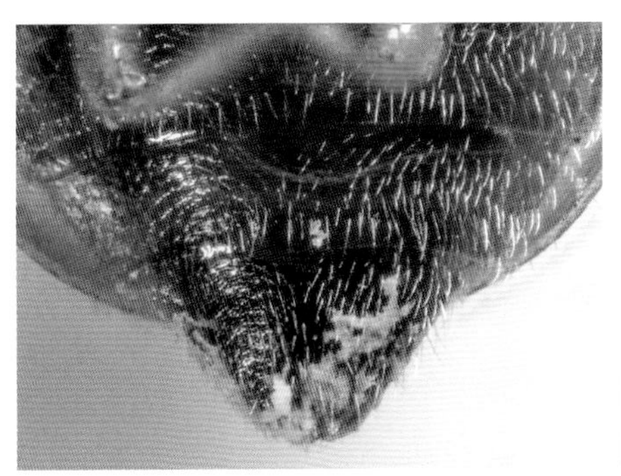

图 4　双斑长跗萤叶甲雌虫腹部末端（张志虎摄）

图 5　双斑长跗萤叶甲卵（张志虎摄）

图 6　双斑长跗萤叶甲老熟幼虫（张志虎摄）

成虫寿命存在明显差异，雄虫平均寿命41.3天，雌虫66.9天。完成1个世代需要127.4天。产卵前，雌虫腹部变粗膨大，各节节间伸展，腹部长度明显超过鞘翅。产卵时，雌虫喜将卵产在湿度大的土壤中，腹部末端插入植物根系附近的土中缝隙，偶尔也将卵产在棉花叶片上。卵散产或粘在一起，每雌产卵量为22～207粒，平均产卵量为93.8粒。孵化后，幼虫以植物根系为食，待幼虫老熟时在土中以土室化蛹。成虫有群集性，自上而下取食，飞翔力弱，一般只能飞2～5m，早晚气温较低时或风雨天喜躲藏在植物根部或枯叶下。随温度升高会越来越活跃，但日光强烈时，常隐蔽在下部叶背或花穗中。一般羽化2周后开始交尾，交尾大部分集中在白天，持续30～50分钟。

发生规律 在新疆北疆，双斑长跗萤叶甲成虫5月中旬在棉田出现，6下旬或7月上旬达到高峰期，7月中旬（棉田花铃期阶段）虫口开始减退，并陆续进入越冬场所。在山西长治地区和陕西岐山县，7月上旬始见成虫，8月下旬至9月上旬达到高峰期。

防治方法

农业防治 清除杂草，减少过渡寄主，秋季灌溉，冬季深翻，合理轮作。

生物防治 田间释放蠋敌（*Arma chinensis*）进行生物防控。

化学防治 4.5%高效氯氰菊酯悬浮剂1000倍液或1.8%阿维菌素2500倍液喷洒于叶面。

参考文献

陈光辉，尹弯，李勤，等，2016. 双斑长跗萤叶甲研究进展[J]. 中国植保导刊，36(10): 19-26.

陈静，张建萍，张建华，等，2007. 蠋敌对双斑长跗萤叶甲成虫的捕食功能研究[J]. 昆虫天敌，29 (4): 149-154.

陈静，张建萍，张建华，等，2007. 双斑长跗萤叶甲的嗜食性[J]. 昆虫知识，44(3): 357-360.

虞佩玉，王书永，杨星科，1996. 中国经济昆虫志：第五十四册 鞘翅目 叶甲总科（二）[M]. 北京：科学出版社：169.

中国科学院动物研究所昆虫分类区系室叶甲组，河北省张家仪地区坝下农业科学研究所植保组，河北省蔚县农业局植保站西合营公社技术站，1979. 双斑萤叶甲研究简报[J]. 昆虫学报，22(1): 115-117.

（撰稿：陈静；审稿：吴益东）

双翅目 Diptera

双翅目包含了各类蚊、蝇、蚋、虻等医学昆虫。传统上，双翅目分为并系的长角亚目及短角亚目，已知约130科125 000余种。全变态发育。

双翅目的成虫十分易于识别，体型微小至大型，形态多样，除去无翅类群，均只有1对前翅，后翅退化成平衡棒。口器类型多样，常为刺吸式或舐吸式，头部复眼发达或退化；触角多样，刚毛状、丝状、栉状、羽状等。胸部各节紧密贴合，发达，为快速振翅的飞行提供动力。各足常为步行足，

图1 双翅目大蚊科代表（吴超摄）

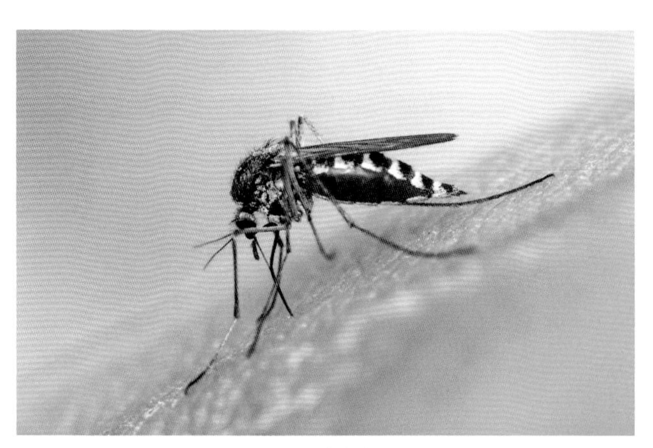

图2 双翅目蚊科代表（吴超摄）

图3 双翅目虻科代表（吴超摄）

图4 双翅目丽蝇科代表（吴超摄）

图 5 双翅目食蚜蝇科代表（吴超摄）

一些脊椎动物的外寄生者，爪常特别发达以适于在动物体表攀爬，但一些种类前足特化为捕捉足。前翅膜质，翅脉较为退化，一些种类翅缩短或消失。腹部多样，无尾须。

幼虫没有真正意义的足，蛆状，可在多种环境下生活，水生、陆地、腐败物内、昆虫体内寄生，甚至生活在脊椎动物的组织内。幼虫生活方式非常多样，寄生性、植食性、腐食性或捕食性等。蛹为无颚离蛹、被蛹或围蛹。成虫食性同幼虫一样多样，一些吸食血液的种类是重要的疾病传播者。

参考文献

GULLAN P J, CRANSTON P S, 2009. 昆虫学概论 [M]. 3 版 . 彩万志 , 花保祯 , 宋敦伦 , 等 , 译 . 北京 : 中国农业大学出版社 : 207.

袁锋 , 张雅林 , 冯纪年 , 等 , 2006. 昆虫分类学 [M]. 北京 : 中国农业出版社 : 490-529.

郑乐怡 , 归鸿 , 1999. 昆虫分类学 [M]. 南京 : 南京师范大学出版社 : 674-756.

MARSHALL S, 2012. Flies-the natural histroy and diversity of Diptera[M]. New York: Firefly Books.

（撰稿：吴超、刘春香；审稿：康乐）

双重抽样　two-phase sampling

在抽样时分两步抽取样本的方法。一般情况下，无法预知总体的信息时，先从总体中抽取一个较大的初始样本，称为第一重（相）样本，对之进行调查以获取总体的某些辅助信息，为下一步的抽样估计提供条件；然后进行第二重抽样，即从初始样本中抽取一个子样本，成为第二重（相）样本。第二重样本相对较小，但是第二重抽样调查才是主调查。由于样本是分两次抽取的，因此称作双重抽样，又称二重抽样、复式抽样、二相抽样。如果整群是均匀的，双重抽样通常可以在第一重抽样阶段选择更多的整群，从而增加了精准度。当第一重样本大小变异很大时，此法可以对样本大小有更好的操作性；在样本大小差异小时，双重抽样通常比成团抽样花费更多，但比分层抽样花费更少。然而，从精准度上来看，双重抽样会比成团抽样更精准，但不如分层抽样精准。在较大范围进行指标调查时，样本量的选取通常会因为对估计精度的要求不同等原因而产生差异，可在保证一定精度的前提下节约调查费用。

实施步骤　双重抽样一般分前后两个步骤：第一步先从总体（N）中抽取一个规模较大的样本（n'），即第一重样本；第二步以第一重样本为“抽样总体”，从中再抽取一个规模较小的样本（n），即第二重样本。

应用

双重分层抽样　在分层抽样中，如果各层权重未知，可采用成数点法从总体中抽取一个较大的样本，以此估计出各层的权重；然后再从第一重样本中随机抽取第二重样本，以此估计出总体的特征数。

双重比估计抽样　使用比率估计的前提是已知辅助变量的有关信息，在实际调查的过程中，如果辅助变量的信息未知，可以利用双重抽样先知道有关辅助变量的总值或均值。

双重回归估计抽样　与双重比估计抽样相似，在辅助信息未知时可以采用双重抽样进行回归估计。

用于经常性的调查，在连续抽样中，利用连续时间序列样本不同时间的指标值之间的相关性可以提高估计的精度，在样本轮换问题的研究中二重抽样方法有很好的应用。

参考文献

陈金萍 , 刘宇辉 , 2015. 基于双重抽样的抽样方法探讨 [J]. 统计与决策 (17): 32-34.

贺建风 , 2011. 基于双重抽样的抽样估计方法研究 [J]. 统计研究 , 28(12): 89-96.

BANNING R, CAMSTRA A, KNOTTNERUS P, 2012. Sampling theory, sampling design and estimation methods[M]. Hague: Statistics Netherlands: 38-39.

（撰稿：张洁；审稿：孙玉诚）

双肩尺蠖　*Cleora cinctaria* (Denis et Schiffermüller)

一种主要危害各种落叶松的食叶害虫。鳞翅目（Lepidoptera）尺蛾科（Geometridae）霜尺蛾属（*Cleora*）。国外分布于西班牙、前苏联区域、日本。中国分布于辽宁、黑龙江。

寄主　主要危害兴安落叶松、长白落叶松和日本落叶松，其次危害鼠李、胡枝子、毛赤杨、核桃楸、山梅花、五味子、忍冬等。

危害状　初孵幼虫取食林冠下其他幼树嫩叶，此时在落叶松的树冠中很少发现幼虫。随着虫龄的增加，食量增大，便逐渐转移到落叶松树冠上，由下而上取食针叶。幼虫在三龄以前只食叶肉，残留叶脉，四龄以后则可将整个叶片吃光。

形态特征

成虫　灰白色，胸部被有灰白色鳞毛，前足和中足具黑白斑。翅灰白色杂有微细黑点，前翅近三角形，具 3 条横线；翅基内横线黑褐色，双线半弧形；中横线黑色，外侧白色锯齿形半弧，外横线白色锯齿形。后翅中横线明显与前翅中横线相接，外横线白色隐约可见。前后翅外缘具 7 个排列较整齐的小黑点，并具有微细的缘毛。腹部前端色较深，第一节具有黑色横带。雄蛾体长 11～15mm，翅展 31～36mm，触角羽毛状，腹部末端具有丛毛。雌蛾体长10～14mm，翅展31～37mm，腹部较肥大。

幼虫　初孵化时黄色，体背两侧具黑色纵带。老熟幼虫头部黄褐色，胸、腹部多为绿色，少数为黄褐色或黑褐色，体面光滑，有微毛。

生活史及习性　在辽宁1年发生1代，以蛹在枯枝落叶层下15cm深的土层中越冬。翌年5月成虫羽化出土，5月下旬为羽化盛期。成虫羽化后经4～5天产卵，6月上旬幼虫出现，7月下旬老熟幼虫入土化蛹越冬。

成虫羽化期从5月中旬到6月上旬，5月下旬为羽化盛期。以21：00～24：00羽化最多，白天几乎没有羽化。成虫羽化后经30～60分钟即可飞翔，羽化初期雄蛾较多，羽化盛期则雌蛾较多。成虫有趋光性。成虫羽化后平均须经48小时才进行交尾。产卵期约25天。

平均每个雌蛾产卵117粒。卵多产于树干中部的老翘皮缝里，块产。每块9～60粒卵，最多可达100粒。雌蛾寿命3～11天，平均9天；雄蛾寿命3～5天，平均3.5天。

卵经6～7天孵化，6月中旬为孵化盛期。越冬蛹的分布一般以阴坡为多，阳坡较少，上部次之，下部最少；但下部蛹的成活率高于上部。

防治方法

生物防治　已知蛹寄生蜂（属于姬蜂科）有4种：*Habronyx* sp.，*Darachosia* sp.，*Eccoptosage* sp.和杂姬蜂族（Joppini）的1种；幼虫有1种虫霉属真菌寄生于幼虫体内，使幼虫倒挂而死，并长出灰白色的霉层，覆盖在虫体表面，可以加以利用。

参考文献

萧刚柔，1992. 中国森林昆虫[M]. 2版. 北京：中国林业出版社.

岳书奎，王志英，方宏，等，1994. 黑龙江省三种落叶松尺蠖的研究[J]. 东北林业大学学报(6): 1-6.

（撰稿：代鲁鲁；审稿：陈辉）

双列齿锤角叶蜂　*Odontocimbex svenhedini* Malaise

中国特有的危害刺五加的食叶害虫。构造十分独特，属于十分珍稀的大型叶蜂。膜翅目（Hymenoptera）锤角叶蜂科（Cimbicidae）锤角叶蜂亚科（Cimbicinae）齿锤角叶蜂属（*Odontocimbex*）。中国记载仅分布于甘肃，但其寄主植物刺五加在中国北方分布比较广泛，本种的分布可能不限于甘肃。

寄主　五加科的刺五加。

危害状　幼虫单独活动，取食刺五加叶片。偶尔局部危害较重，可吃光刺五加植株的叶片（图⑩）。

形态特征

成虫　雌虫体长14～18mm（图①）。体和足黑色，前胸背板大部、翅基片、腹部第三、四背板全部、第五背板侧缘和第六背板两侧小斑黄白色，上唇和锯鞘黄褐色，触角黑褐色，胫节端部和胫节距浅褐色；翅基部3/5左右透明，端部2/5烟褐色，翅痣下烟斑和翅痣黑褐色。体毛双色，与体壁色相同。虫体大部分刻纹细密，暗淡无光，刻点不明显。头部小，显著窄于胸部；复眼大，间距窄于眼高，唇基上区和唇基合并，三角形，上唇短小，长大于宽，颚眼距0.5倍于复眼长径，上颚强壮，无明显内齿（图⑦）；触角8节，第三节细长，稍弯曲，稍长于其后3节之和（图④）；颜面和单眼后区细毛长约1.2倍于触角第四节长，小盾片和侧板细毛长约等于单眼后区宽。足强壮，后足基跗节短于其后2节之和，跗垫发达，第一、二跗垫间距0.3倍于第一跗垫长。腹部第一、二背板具长毛，第八背板后缘具1排弯曲的长毛，其余背板被毛极短。锯腹片十分窄长，锯背片亚端部明显宽于中基部（图⑨）；锯刃腰鼓形，中部收缩，端部圆钝，亚基齿细小、尖锐（图⑫）。雄虫体长18～22mm，体色和构造类似雌虫，但腹部第三、四节背板中部黑色，颚眼距0.6倍于复眼长径，中后足基节内侧具窄高纵脊，股节腹缘具2排齿突（图③）；阳茎瓣头叶宽大，横型，几乎与柄部垂直（图⑧）。

卵　椭圆形（图⑥），长径2.5 mm，宽约1mm。嫩绿色，半透明，孵化前渐变深色。

幼虫　初孵幼虫灰色，头部亮黑色，长约7mm；二、三龄幼虫体呈灰色至灰绿色，胸腹两侧各节气门板及胴节末端锈红色，体背中央具1条细而明显的深黑色背中线；4龄后幼虫体灰色至浅黄绿色，背中线明显，且逐渐变宽，宽0.5～2mm，胸腹两侧各节气孔带上侧由4条黑色纵斑和两体节间不规则"凹"形黑色斑组成气孔上线，胸足基节外侧各具一黑色瘤突，跗节及爪黑色，腹足基节外侧基部各具3个黑色点斑，跗节外侧具一黑色小斑。老龄幼虫体长23～47mm（图⑤）。

茧　椭圆形，皮革质，长20～27mm，宽10～14mm，内壁光洁，外部稍粗糙。初茧浅黄绿色，渐变灰褐色（图⑪），老茧黑灰色，并逐渐硬化。

蛹　初蛹乳黄色，长18～22mm，宽约10mm，腹部各节侧缘砖红色。后期蛹的头、触角、翅、足的跗节、腹部1～2背板和其余腹节黑色，翅基片乳白色。

生活史及习性　在甘肃1年发生1代。翌年4月上旬幼虫开始化蛹，4月中旬为化蛹盛期，蛹期13～15天。4月中旬成虫开始羽化，5月上旬为成虫羽化盛期，5月下旬成虫期结束。成虫羽化后在茧内停留5～6天（雌虫）或7～8天（雄虫）。成虫寿命10～26天，雌虫寿命较长。性比1.25∶1。成虫飞行能力较弱，喜光，无假死性，中午前后较活跃，并进行交尾和产卵。卵散产，一叶1～2粒。卵产于叶片表皮下，外观有白斑，微鼓起（图⑥）。5月上旬幼虫开始孵化，5月下旬为孵化高峰期，卵期9～11天。幼虫5龄，无聚集习性，4、5龄幼虫食量大，5龄幼虫1天可取食刺五加叶片8～10枚，发生量大时可将树冠叶片食光，仅余枝条（图⑩）。7月中旬幼虫期结束，幼虫历期29～46天。老熟幼虫爬行迅速，寻找适合的结茧场所，在寄主枝条上或寄主周围其他植物的枝条上结茧越夏、越冬。老熟幼虫停食2天后结茧，吐丝结茧过程约需要1.5小时。

防治方法

营林措施　冬春季至成虫羽化前人工摘除越冬茧，可以

S

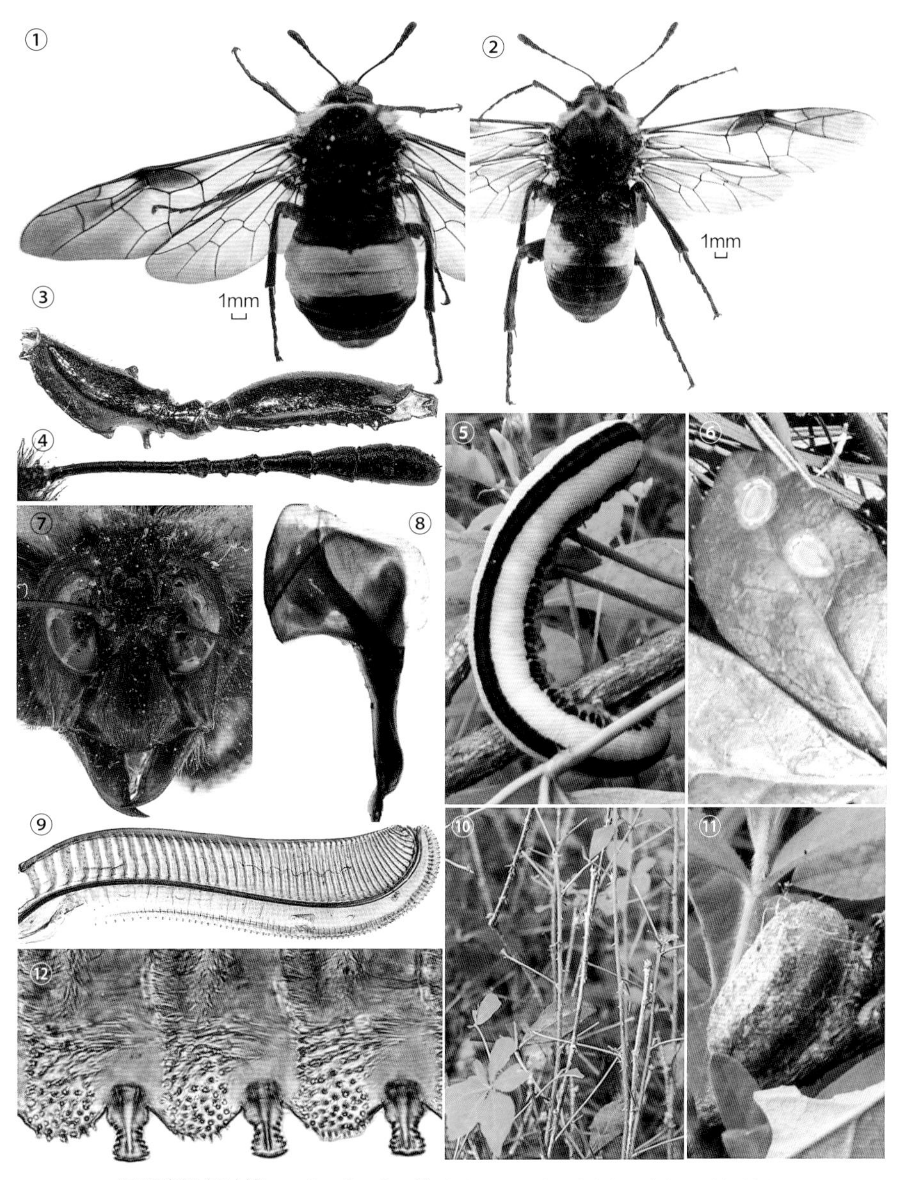

双列齿锤角叶蜂（图⑤、⑥、⑩、⑪ 由武星煜提供，其余为魏美才、晏毓晨摄）

①雌成虫；②雄成虫；③雄虫后足基节和股节；④雌虫触角；⑤老熟幼虫；⑥卵；⑦雌虫头部前面观；⑧雄虫阳茎瓣；⑨锯背片和锯腹片；⑩危害状；⑪茧；⑫锯腹片中部锯刃

有效降低虫源基数。

化学防治 局部危害比较严重时，在幼虫低龄期使用一般的高效低毒农药喷雾可以有效控制种群数量。

参考文献

李永刚，武星煜，辛恒，等. 2014. 双齿锤角叶蜂生物学特性及药剂防治 [J]. 植物保护，40(2): 156-160.

MALAISE R, 1934. Schwedisch-chinesische wissenschaftliche Expedition nach den nordwestlichen Provinzen Chinas. 23. Hymenoptera. 1. Tenthredinidae[J]. Arkiv för Zoologie, 27(9): 1-40.

WEI M C, WU X Y, NIU G Y, et al, 2012. Rediscovery of *Odontocimbex svenhedini* Malaise (Hymenoptera: Cimbicidae) from China with description of the female and a key to Asian genera of Cimbicidae[J]. Entomotaxonomia, 34(2): 435-441.

（撰稿：魏美才；审稿：牛耕耘）

双条杉天牛 *Semanotus bifasciatus* (Motschulsky)

一种危害侧柏、圆柏等柏类植物的常见钻蛀性害虫。英文名 juniper bark borer。鞘翅目（Coleoptera）天牛科（Cerambycidae）天牛亚科（Cerambycinae）杉天牛属（*Semanotus*）。国外分布于日本和朝鲜半岛。中国分布于山东、北京、河南、山西、江苏、浙江、湖北、湖南、江西、安徽、贵州、四川、福建、广东、广西、陕西、甘肃、河北、内蒙古、辽宁等地，属东亚特有种。

寄主 扁柏属、圆柏属、侧柏属、翠柏属、罗汉柏等柏类树种。在中国，主要危害侧柏，其次是圆柏、扁柏等。

危害状 主要以幼虫危害衰弱木、枯立木、新伐倒木，

图 1 双条杉天牛典型危害状（骆有庆课题组提供）

在韧皮部和木质部蛀食，切断或破坏输导组织而影响水分、养分运输。轻者影响生长势，针叶失绿变黄，受害处流出树胶，重者整株枯死（图 1）。

形态特征

成虫 体型较小，黑褐色，雄虫体长 7～19mm，雌虫体长 9～21mm；鞘翅基部刻点较细小，中部黑色横斑内刻点比其后淡黄色斑内刻点密 2～3 倍。鞘翅表面较平滑细腻，色较暗，基部色较深；两鞘翅中部黑斑常相连（图 2②）。

幼虫 老熟幼虫体长 20～25mm，宽 4～5mm，乳黄色或淡黄色，圆筒形，略扁，头部黄褐色；前胸扁平，背板有一个“小”字形凹陷及 4 块黄褐色斑纹，其上密生红褐色刚毛（图 2①）。

生活史及习性 双条杉天牛在山东和陕西 1 年发生 1 代；在北京和大连大部分 1 年 1 代，少数为 2 年 1 代；主要以成虫在树干边材的虫道内越冬，也有部分以蛹和幼虫越冬。翌年 2 月末至 5 月上旬成虫出现，3 月中旬至 5 月为出孔盛期。外出成虫当天即可交尾产卵，交尾的雌成虫 3～4 天后开始产卵，卵多产在树干 2m 以下的缝隙或伤疤处，少数产在根基部的树皮缝中。4 月上旬至 6 月中旬幼虫进入木质部，7 月中旬至 10 月中旬化蛹，8 月下旬后陆续羽化为成虫越冬。

防治方法

营林措施 及时进行卫生伐和疏伐。成虫期进行饵木诱杀。

化学防治 在成虫羽化前一周使用触破式微胶囊剂——绿色威雷进行防治；于二、三龄幼虫期树干基部打孔注射药杀灭幼虫。

天敌防治 捕食性鸟类如大斑啄木鸟、绿啄木鸟等；天敌昆虫有肿腿蜂科和茧蜂科的昆虫；中华甲虫蒲螨；病原菌有白僵菌。

植物源引诱剂可用于监测与诱杀。

图 2 双条杉天牛幼虫及成虫（骆有庆课题组提供）
①幼虫；②成虫

参考文献

丁冬荪, 施明清, 1997. 双条杉天牛和粗鞘双条杉天牛的区别 [J]. 植物检疫 (5): 38-41.

郭鑫, 2010. 中华甲虫蒲螨对双条杉天牛的控制作用研究 [D]. 北京: 北京林业大学.

李波, 尹淑艳, 孙绪艮, 2003. 双条杉天牛研究概述 [J]. 中国森林病虫, 22(1): 38-40.

孙月琴, 2008. 双条杉天牛成虫的感受器及对侧柏挥发物的行为反应 [D]. 北京: 北京林业大学.

萧刚柔, 1992. 中国森林昆虫 [M]. 2 版. 北京: 中国林业出版社.

（撰稿：任利利；审稿：骆有庆）

双尾纲 Diplura

曾为昆虫纲中的一个目，即双尾目，后提升为一个单独的纲。已知 2 亚目 6 科约 600 种，中国记载有 40 余种。

双尾虫成虫身体细长，柔软，体长 5～10mm，但最大种类的体长可达 50mm。白色、灰黄色或褐色，体表一般无

图 1 双尾纲代表，双尾虫（吴超摄）

鳞片。头部无单眼及复眼。触角细长多节，线状或念珠状。口器咀嚼式，上颚尖端有齿列；口器陷入头部，为内口式。前胸小，中胸和后胸相似，较大。足具 5 分节，跗节 1 节，有 2～3 个爪。腹部 10 节，多数腹节上生有成对的针突和泡囊，腹末节有 1 对尾须，尾须细长多节或短而粗硬。马氏管退化或消失，背管显著。身体气门数量不定，不同类群具 3 对、4 对、10 对或 11 对，一些物种在前胸上也有气门。

参考文献

GULLAN P J, CRANSTON P S, 2009. 昆虫学概论 [M]. 3 版 . 彩万志 , 花保祯 , 宋敦伦 , 等 , 译 . 北京 : 中国农业大学出版社 : 189.

中国农业百科全书总编辑委员会昆虫卷编辑委员会 , 中国农业百科全书编辑部 , 1990. 中国农业百科全书 : 昆虫卷 [M]. 北京 : 农业出版社 .

（撰稿：吴超、刘春香；审稿：康乐）

双线盗毒蛾 *Somena scintillans* Walker

主要以幼虫进行危害的食叶害虫。又名棕衣黄毒蛾。鳞翅目（Lepidoptera）目夜蛾科（Erebidae）毒蛾亚科（Lymantriinae）盗毒蛾属（*Somena*）。国外分布于缅甸、马来西亚、新加坡、巴基斯坦、印度、斯里兰卡、印度尼西亚等国。中国分布于华南地区、台湾、福建、浙江、湖南、云南、四川、陕西等地。

寄主 油茶、油桐、龙眼、荔枝、杧果、柑橘、梨、桃、茶、乌桕、大叶相思、刺槐、枫香、泡桐、栎、蓖麻、玉米、棉花、豆类等。

危害状 以幼虫危害树叶、嫩芽，影响生长。

形态特征

成虫 体长 12～14mm；翅展，雄蛾 20～26mm，雌蛾 26～38mm。触角干浅黄色，栉齿黄褐色；下唇须、头部和颈板橙黄色；胸部浅黄棕色；腹部褐黄色；肛毛簇橙黄色；体腹面和足浅黄色。前翅赤褐色微带浅紫色闪光；内线、外线黄色，有的个体不清晰；前缘、外缘和缘毛柠檬黄色；外缘及缘毛的黄色区域，部分被赤褐色斑纹分隔成 3 段。后翅黄色（图 1）。

幼虫 大龄幼虫体长可达 21～28mm。头部浅褐色至褐色，胸腹部暗棕色。前、中胸和三至七及第九腹节背线黄色，其中央贯穿红色细线，后胸红色，前胸侧瘤红色，后胸背面红色。第一、第二和第八腹节背面有黑色绒球状短毛簇，其余毛瘤污黑色或浅褐色；腹部第六、七节背面翻缩线乳白色（图 2）。

生活史及习性 在福建每年发生 3～4 代，以幼虫、蛹等越冬，冬季天暖时幼虫仍可取食活动；在广西、广东每年发生 4～5 代。在广西，第一代卵于 4 月上中旬孵化，4 月中下旬为第一代幼虫危害盛期，4 月下旬至 5 月上旬化蛹。在两广地区南部，油茶春季苗期及油茶树嫩叶受害较重；油桐春季嫩叶、嫩梢期受害较重；桉林嫩叶、嫩梢全年都有害虫发生；荔枝、龙眼等秋梢发生期受害较重。初孵幼虫有群集性，在叶背取食叶肉，残留上表皮呈透明状；第二、三龄幼虫开始分散活动危害，常将叶片咬成缺刻、孔洞，或取食花器及幼果。幼虫老熟后或吐丝下垂落地，或沿树干爬到地面，再钻入表土层结茧化蛹。成虫多在傍晚或夜间羽化，有趋光性。成虫产卵于叶背或花穗枝梗上。

防治方法

诱杀成虫 使用黑光灯或频谱式杀虫灯诱杀成虫。

图 1 双线盗毒蛾成虫（韦维摄）

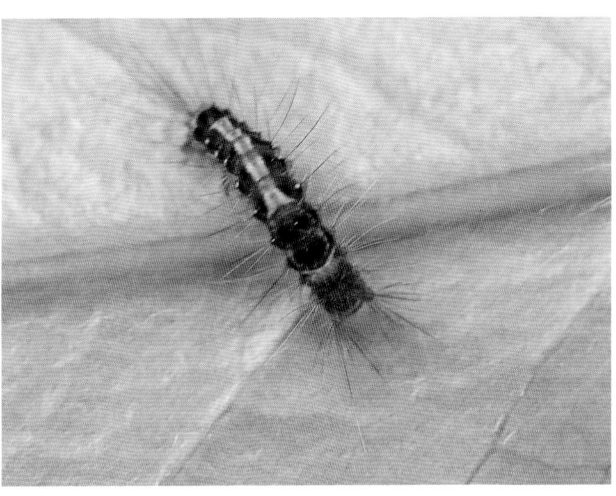

图 2 双线盗毒蛾幼虫（莫颖颖摄）

S

化学防治　于低龄幼虫期喷洒敌百虫或吡虫啉等。

参考文献

陈顺立, 李友恭, 黄昌尧, 1989. 双线盗毒蛾的初步研究 [J]. 福建林学院学报 (1): 1-9.

吴耀军, 奚福生, 等, 2010. 中国油茶油桐病虫害彩色原生态图鉴 [M]. 南宁: 广西科学技术出版社.

赵仲苓, 2003. 中国动物志: 昆虫纲　鳞翅目　第三十卷　毒蛾科 [M]. 北京: 科学出版社.

（撰稿：韦维；审稿：奚福生）

双枝黑松叶蜂　*Nesodiprion biremis* (Kônow)

中国特有的松类食叶害虫。膜翅目（Hymenoptera）松叶蜂科（Diprionidae）松叶蜂亚科（Diprioninae）黑松叶蜂属（*Nesodiprion*）。中国分布于辽宁、陕西、安徽、山东、河南、湖北、四川、浙江、福建、江西、湖南、贵州、广东、广西、云南、香港等地。本种分布很广，但一般危害性较低，局部有时大发生，可造成严重危害。

本种习用名为浙江黑松叶蜂（*Nesodiprion zhejiangensis* Zhou et Xiao），但该名是双枝黑松叶蜂的次异名，应弃用。

寄主　幼虫危害松科的松属多种植物，包括马尾松、湿地松、火炬松、晚松、黑松等。

危害状　幼虫可数百头聚集取食松针，每群幼虫可危害2～3根松树枝条。松树严重被害时树冠枯黄似火烧状，显著影响松树生长。

形态特征

成虫　雌虫体长7～8mm（图①）。体黑色，前胸背板侧缘、中胸小盾片中央、腹部第七、八背板两侧斑（图⑨）白色，触角柄节和梗节部分黄褐色；足黑色，前中足基节端部、各足转节、各足股节端部、前中足胫节和跗节全部、后足胫节基部2/3和跗节全部黄褐色。翅近透明，端部稍暗，翅痣和翅脉大部黑褐色。体毛银褐色。头部背侧刻点较粗大密集，刻点间隙明显，表面光滑（图②）；小盾片和后小盾片刻点粗大密集，间隙狭窄；胸部侧板刻点粗大、致密；腹部第一背板中部具少量粗大刻点，表面光滑（图⑧）；腹部第二、三背板几乎光滑，刻点细小、稀疏，其余背板向后刻点逐渐变大、密集。头胸部覆盖密集短柔毛。颚眼距明显窄于单眼直径（图③）；OOL：POL：OCL=1：1：1；单眼后沟和单眼后区侧沟明显，无明显中沟。触角鞭节除基部2节及端部3节外为重栉齿状，端节不为锯齿状，鞭分节1的栉齿较长，稍短于鞭分节2的栉齿；中胸小盾片前缘钝角状，约呈150°，小盾片的附片线形，明显外露；后胸淡膜叶狭长，间距约为淡漠叶长径的0.5倍（图⑧）；后翅臀室柄长等于臀室宽；后足胫节内距长约为外距的2.0倍，与基跗节和跗垫总长度相等（图④）；爪小型，具中位小型内齿（图⑤）。锯鞘短小，后腹面观仅具微小侧突。锯腹片较窄长，第一锯节栉突未伸抵腹缘，第二节栉突列最长，弧形弯曲，腹缘锯刃明显突出，第二、三锯节栉突列向腹缘微弱分歧（图⑮）。雄虫体长5～6mm；体色和雄虫类似，但腹部腹侧较淡；触角长双栉齿状（图⑭）；下生殖板端部圆钝；阳茎瓣头叶明显弯曲，端缘弯曲，背缘强烈凹入（图⑦）。

卵　香蕉形，长1.2～1.5mm，宽0.3mm，初产时淡黄色，后渐变灰黑色。

幼虫　初孵幼虫黑褐色，三龄后幼虫头部背侧具倒“U”形黑斑。老熟幼虫体长19～26mm；头壳蓝色具光泽，触角黑色、3节，眼区黑色；胸部和腹部黄绿色，背部颜色很淡，亚背线褐色，气门上线黑色；胸足基节和转节基部、股节、胫节、跗节外侧亮黑色；胸部各节具4个小环节，腹部各节具6个小环节；体毛不明显；腹足7对，臀足1对（图⑩）。

茧　丝质，圆筒形，初茧乳白色，渐变褐色；长6.5～10.6mm，宽2.7～5.0mm（图⑫）。

蛹　初蛹黄白色，触角和足白色（图⑪），羽化前变黑色。雌蛹长7.0～7.6mm，宽约2.5mm，额区有3个弯月形排列的深色突起；雄蛹长5.0～6.2mm，宽约2.0mm，额区有4个三角形突起，排列成方形。

生活史及习性　长江流域1年发生3～4代。通常1、2代危害较重，3、4代危害较轻。本种以老熟幼虫在松针上结茧越冬。成虫翌年5月上旬左右羽化。一至三代幼虫危害盛期分别为6月上中旬、7月下旬至8月上旬、9月上中

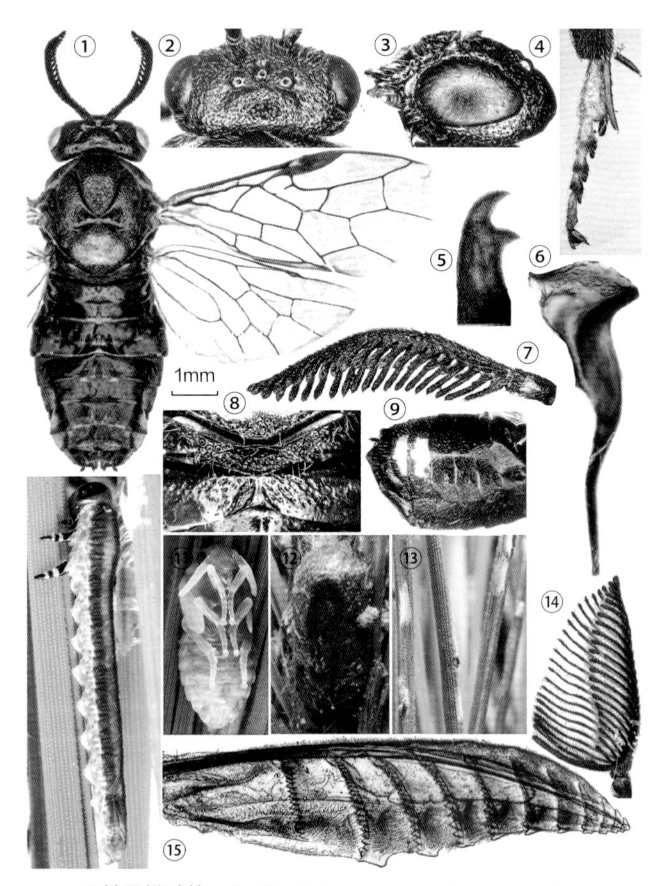

双枝黑松叶蜂（⑩～⑬何学友提供，其余魏美才、王汉男摄）

①雌成虫；②雌虫头部背面观；③雌虫头部侧面观；④雌虫后足跗节；⑤爪；⑥雄虫阳茎瓣；⑦雌虫触角；⑧后胸淡膜区和腹部第一背板；⑨雌虫腹部侧面观；⑩幼虫；⑪蛹；⑫茧；⑬产卵痕；⑭雄虫触角；⑮雌虫锯腹片

旬。成虫昼夜均可羽化，以夜间羽化为多。羽化时成虫用上颚沿茧一端环割一周，破茧而出。刚羽化的成虫不太活跃，静伏1～2小时后开始活动。雌虫不善飞翔，雄虫较活跃，可短距离飞行。成虫多在7：00～9：00交尾，交尾后即可产卵。产卵时雌虫静伏于针叶上。雌成虫寿命4～6天，雄成虫寿命3～4天，不需补充营养。室内饲养成虫羽化率为33.5%～56.8%，雌雄性比为1：1.7，有孤雌生殖现象。卵产于松针表皮内，每一针叶产卵2～3粒（图⑬），每头雌虫可产卵14～21粒。初产卵外观不易发现，4～6天后产卵处针叶组织膨大、发黄，再过3～4天后，膨大处裂开，可见即将孵化的黑色小幼虫。幼虫一般5龄，少数6龄，具群集性。一龄幼虫只取食当年生针叶顶端叶肉组织，二龄幼虫从针叶顶部往下啃食叶肉，三龄幼虫可啃食至叶鞘，并可吃完全部松针。老熟幼虫结茧前食量明显减少。1头幼虫可取食针叶近1000mg，其中四龄后取食量占80%左右。幼虫有越夏现象，高温季节可停食5～7天。老熟幼虫在针叶上结茧化蛹，结茧速度很快，结1茧耗时仅1～2小时。化蛹前幼虫体缩短，体色变为深黄绿色，无光泽。预蛹期2～4天。

防治方法　成虫盛发期可在柏树林内用烟熏剂杀虫。幼虫危害期，可用高效低毒农药超低容量喷雾灭杀。发生早期也可在林内施放白僵菌粉炮进行生物防治。

改善林分结构，提倡营造混交林，采取封山育林措施，控制马尾松等树种的纯林面积，可有效控制本种危害。越冬代茧期可以采用人工去除针叶上的虫茧，减少虫口数量。

参考文献

萧刚柔，黄孝运，周淑芷，等，1992. 中国经济叶蜂志(I)[M]. 西安：天则出版社.

余培旺，1998. 浙江黑松叶蜂生物学特性研究[J]. 福建林业科技，25(2): 15-19.

曾建新，2014. 浙江黑松叶蜂危害特征及风险分析[J]. 生物灾害科学，37(3): 244-246.

HARA H, SMITH D R, 2012. *Nesodiprion orientalis* sp. nov., *N. japonicas* and *N. biremis*, with a key to species of *Nesodiprion* (Hymenoptera, Diprionidae)[J]. Zootaxa, 3503: 1-24.

（撰稿：魏美才；审稿：牛耕耘）

霜天蛾　*Psilogramma menephron* (Cramer)

一种以幼虫危害泡桐、梧桐等多种树木叶片的食叶害虫。又名泡桐灰天蛾、梧桐天蛾、灰翅天蛾。鳞翅目（Lepidoptera）天蛾科（Sphingidae）面形天蛾亚科（Acherontiinae）霜天蛾属（*Psilogramma*）。国外分布于澳大利亚、巴基斯坦、朝鲜、菲律宾、缅甸、日本、斯里兰卡、印度、印度尼西亚等地。中国分布于华北、华东、华南、西南、中南等地区。

寄主　泡桐、梧桐、楸树、梓树、丁香、女贞、楞树、楝树等。

危害状　以幼虫取食寄主的叶片，发生严重时，常将叶片吃光，严重影响树木生长，在泡桐幼苗期及栽植初期危害性最大；大龄时蚕食叶片，咬成大的缺刻或空洞。

形态特征

成虫　体长45～50mm，翅展105～130mm。体翅灰褐色，混杂霜状白粉。胸部背板两侧及后缘有黑色纵纹，腹部背面中央及两侧各有1条灰黑色纵纹；从前胸至腹部背线棕黑色，腹面灰白色。前翅内线不明显，中横线呈双行波状棕黑色，中室下方有黑色纵条2根，下面1根较短，顶角有1条黑色曲线；后翅棕色，后角有灰白色斑（图1）。

幼虫　体长92～110mm。体色有两型，第一种，体绿色，腹部第一至第八节两侧各有1条白色斜纹，斜纹上缘紫色，尾角绿色；另一种，体绿色，上有褐色斑块，胸腹之间和腹部第七节背面的褐色斑块较大，尾角褐色，上有短刺（图2）。

生活史及习性　河南1年发生2代，以蛹（图3）在土中过冬。翌年4月初开始羽化，5月为产卵盛期。第一代幼虫5月下旬出现，6月下旬至7月上旬老熟幼虫下树入土化蛹。第二代成虫从7月上旬开始出现，盛期出现在10月，9月下旬至11月中旬幼虫相继老熟入土作室化蛹越冬。

成虫趋光性强，产卵于叶背边缘，初产卵嫩绿色，孵化前黄绿色。低龄幼虫喜群栖在叶片上危害，吃完一叶再转移危害。老熟幼虫下树，在寄主附近选择疏松土质，钻入10cm左右深处，形成一个内壁光滑的椭圆形蛹室化蛹，越冬蛹期长达8个月。

天敌　灰喜鹊、白头翁、鹁鸪等常在叶丛间捕食幼虫；老熟幼虫下树时，常被家禽及蛤蟆捕食；胡蜂和螳螂也会捕食低龄幼虫。

图1　霜天蛾成虫（陈辉、袁向群、魏琮提供）

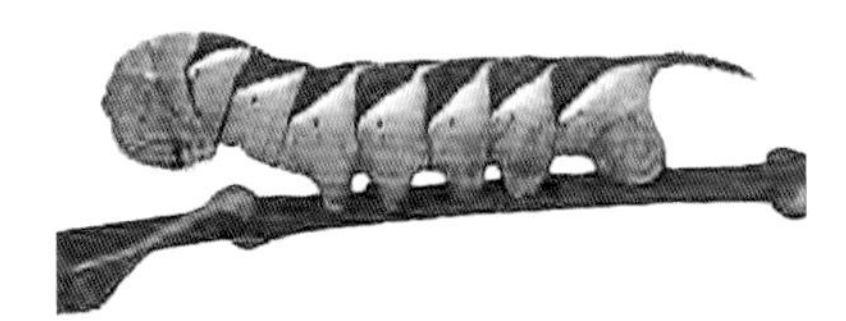

图 2 霜天蛾幼虫（魏琮提供）

图 3 霜天蛾蛹（魏琮提供）

防治方法

农业防治　在受害严重的树下挖蛹。

物理防治　可在 5 月至 9 月上旬，用黑光灯诱杀成虫。

生物防治　保护生态环境中已有天敌，并设置人工鸟巢以招引天敌鸟类；使用苏云金杆菌杀虫剂杀虫。

化学防治　在幼虫虫口密度高时，喷洒灭幼脲悬浮剂、溴氰菊酯、吡虫啉等药剂。

参考文献

陈森，1982. 霜天蛾生活习性初步观察 [J]. 江苏林业科技 (2): 27-28.

戴美学，张红梅，等，1994. 苏云金杆菌 SD-5 菌株的生物毒力研究 [J]. 山东农业科学 (6): 36-28.

萧刚柔，1992. 中国森林昆虫 [M]. 2 版. 北京：中国林业出版社：1008.

杨有乾，周亚君，1974. 危害泡桐的二种害虫 [J]. 昆虫知识，11(4): 27-28.

中国科学院动物研究所，1983. 中国蛾类图鉴Ⅳ [M]. 北京：科学出版社：391.

朱弘复，1973. 蛾类图册 [M]. 北京：科学出版社：139.

朱弘复，王林瑶，方承莱，1979. 蛾类幼虫图册（一）[M]. 北京：科学出版社：75.

朱弘复，王林瑶，1997. 中国动物志：昆虫纲　第十一卷　鳞翅目　天蛾科 [M]. 北京：科学出版社：50, 210.

（撰稿：魏琮；审稿：陈辉）

水稻负泥虫　*Oulema oryzae* (Kuwayama)

黑龙江水稻田常发性害虫，主要危害苗期水稻。又名背粪虫、秧虫。鞘翅目（Coleoptera）负泥虫科（Crioceridae）禾负泥虫属（*Oulema*）。在中国分布很广，多为局部发生，以多山阴凉之地发生最多。主要分为两大发生区，其一是东北三省，其二是中南部地区。如黑龙江、吉林、辽宁、陕西、浙江、湖北、湖南、福建、台湾、广东、广西、四川、贵州、云南等山区水稻，是黑龙江稻田重点防治对象。此外在朝鲜和日本也有分布。

寄主　除危害水稻外，受害作物还有粟、黍、小麦、大麦、玉米；除此之外还有游草、茭白、芦苇、糠稷、碱草、马唐、双穗雀稗和甜茅等禾本科杂草嫩芽。

危害状　水稻负泥虫以成虫和幼虫危害水稻叶片。成虫将叶片吃成纵行透明条纹，幼虫咬食叶肉，残留表皮，严重时全叶发白干枯，叶尖逐渐枯萎，全叶枯焦破裂，妨碍营养生长。秧苗期和分蘖期受害最重。一般情况下可减产 5%～10%，严重时达 30%（见图）。

形态特征

成虫　体长 4～4.5mm，头黑色。触角丝状，11 节。前胸背板略呈钟罩形红褐色，后部略有缢缩。鞘翅青蓝色，略有金属光泽，每个翅鞘上有 11 条纵行刻点。3 对足均为黄色，跗节黑色。腹面黑色，雌成虫较突出，雄成虫较平。

卵　长椭圆形，长 0.7mm，宽 0.8mm，表面有微细刻点。初产淡黄色，后变黄色、褐绿色，孵化前为墨绿色。通常由数粒至十余粒排列于叶片表面，个别亦有散产的。

幼虫　共 4 龄。老熟幼虫体长 4～6mm，近半梨形。初孵幼虫头部橘红色，身体淡黄色，老熟幼虫头黑色。腹部背面隆起，以第三节特别膨大，第四节后渐小，全体各节具有黑毛疣 10～11 对。幼虫的肛门开口向背，排出的灰黄色到墨绿色粪便堆积在体背上，负泥虫的名称即由此而来。

蛹　体长 4～4.5mm。黄色，复眼红褐色，将羽化时，鞘翅颜色变深，呈红褐以至青色，头部也渐变黑色。蛹茧为灰白的绵状物。

生活史及习性　在中国各地均每年发生 1 代。以成虫越冬，其蛰伏场所主要是稻田附近背风向阳的山边、塘边、沟边、河流堤岸的禾本科杂草丛及其根际土缝。

在东北，越冬成虫约在 5 月中下旬恢复活动，此时如无稻秧，成虫就群集于李氏禾等杂草上取食，并交尾产卵。当稻秧长至 3～4 叶露出水面时，成虫亦飞来繁殖为害，沿着叶脉，纵食叶肉，把稻苗咬成丝状，甚至形成茬子，插秧后扩大到本田。成虫在6月上中旬交尾产卵，每个雌虫可产卵150粒。卵经一周即孵化为幼虫，幼虫为害盛期约在6月中下旬至7月上旬，这时稻苗被幼虫食掉叶肉，只剩下一条条白色的薄片，甚至成片枯白。幼虫在7月上中旬开始作茧化蛹，7月下旬羽化为成虫。8月中旬以后成虫转移到山边附近或田埂禾本科杂草上越冬。

在南方稻区，越冬成虫约在3月至4月下旬恢复活动。初期于附近的游草等禾本科杂草上取食，随后迁入稻田繁殖为害，4～6月是为害期，5月中下旬幼虫盛发，为害早稻田。5月下旬、6月初开始化蛹，6月上中旬当年羽化的新成虫渐多。新成虫当年不交尾产卵，稍取食水稻后，即陆续向田边迁移，找寻蛰伏场所。因此，只有早、中稻受害，晚稻不受害。

成虫有假死性，飞翔力弱。成虫喜选择生长嫩绿的秧苗产卵，待秧苗长大即飞离或随水漂迁。卵产于杂草或稻叶正面距尖端3cm左右处，亦有产于叶鞘及叶背。多双行排列，呈块状，亦有散产的。成虫一生可交尾多次，产卵期平均18天，卵期7～13天，成虫寿命平均在300天以上。

卵在上午孵化为幼虫，幼虫于清晨露重时最为活跃，集中于稻叶的正面及叶尖，阳光猛烈时则隐蔽于背光处。幼虫除了蜕皮前后外，经常背负粪块。幼虫共4龄，历期一般为10～15天，老熟幼虫脱去体表粪便后，爬到适宜处所，例如健叶尖端正面及叶鞘外侧，吐出白色胶状物作茧，藏身其中，经2～4天（前蛹期）即化成蛹。蛹通常历期为8～12天。

发生规律　成虫在晴天暖和的天气比较活跃，而幼虫怕干燥，多于早晨或傍晚由心叶内上升到叶片上造成许多白色纵痕，严重时全叶变白，以至破裂、腐烂，造成缺苗。一般山区、半山区比平原区稻田发生重；稻苗生育期间阴雨连绵有利于成虫和幼虫的发生与为害。

防治方法

农业防治　铲除路边和沟边的杂草，并且堵住田埂、沟渠中的一些缝隙，消灭越冬的成虫；适当地提早插秧，并培育抗性较好的幼苗。

化学防治　防治标准应在田间幼虫卵孵化率为70%～80%时，或幼虫米粒大小时用90%的晶体敌百虫、50%杀螟松可溶性粉剂等药剂进行防治；或2%阿维因菌素3000～5000倍液、70%吡虫啉6000～7500倍液。

水稻负泥虫危害状（王丽艳提供）

人工防治　秧田灌水，捞除越冬成虫。在越冬成虫迁移到秧田盛期，清晨灌水，迫使成虫爬向秧尖，再在水上撒一些 7～10cm 长的干稻草，继续灌水淹没秧尖，最后用竹竿或草绳连草带虫拉集田角，集中处理完后，立即排水。

参考文献

顾淑丽, 2012. 黑龙江寒地水稻负泥虫可持续控制技术研究 [J]. 农民致富之友 (15): 46.

仝玉金, 2007. 水稻负泥虫的防治 [J]. 农村实用科技信息 (5): 29.

徐船波, 杜德印, 2009. 水稻负泥虫的防治方法 [J]. 农村实用科技信息 (5): 46.

许传红, 2007. 水稻负泥虫生物学特性及其防治 [J]. 北方水稻 (l): 50-51.

袁继有, 张泽生, 2011. 水稻负泥虫发生规律及防治技术 [J]. 农民致富之友 (17): 38.

张秀玲, 2017. 水稻潜叶蝇与水稻负泥虫的识别与防治 [J]. 农业开发与装备 (6): 156.

（撰稿：王丽艳；审稿：张传溪）

水稻叶夜蛾　*Spodoptera mauritia* (Boisduval)

一种世界性分布、间歇性大发生的以危害禾本科作物和杂草为主的多食性害虫。又名剃枝虫、禾灰翅夜蛾和履带式毛虫。鳞翅目（Lepidoptera）夜蛾科（Noctuidae）灰翅夜蛾属（*Spodoptera*）。国外主要分布于东洋区与大洋洲区，如日本、菲律宾、婆罗洲、爪哇、越南、缅甸、马来西亚、印度、巴基斯坦、尼泊尔、毛里求斯、斯里兰卡、夏威夷、斐济，非洲、大洋洲及南美的秘鲁等。中国主要分布于台湾、江苏、广东和海南。1899 年首次在美国夏威夷莎草上发现，在当地也危害水稻。印度于 1935 年首次报道。中国于 1958 年也有相关记载。

寄主　种类繁多，主要涉及禾本科、十字花科、莎草科和百合科植物。禾本科主要有玉米、小麦、大麦、水稻、高粱、粟、甘蔗、偃麦草、阔叶地毯草、巴拉草、铺地黍、野牛草等；十字花科植物主要有甘蓝、羽衣甘蓝、菜花、油菜、芥菜、西兰花、萝卜等；莎草科的莎草等；百合科的吊兰等。

危害状　水稻叶夜蛾食性杂，具有暴食性、间歇性大发生等特点。以食叶为主，白天幼虫隐藏在植株基部。在水田中，幼虫则蛰伏在近水面梢茎上，缺水田块则藏于植株附近的泥土裂缝中。幼虫喜欢阴天取食，但在高龄幼虫暴食期白天也照样取食。遇上暴发期，作物危害率达到 100%。

形态特征

成虫　体长 15～20mm，翅展 30～40mm。雄性头胸部暗褐色，前翅灰黑色，斑纹复杂；亚外缘线波状线纹，其内侧有灰白色外横线与亚外缘线平行；肾形纹黑褐色，周围灰白色；环状纹灰白色而中央灰褐色；内横线灰白色；前翅内横线之前有 1 不明显灰白色斜带，经环状纹延伸至外横线末端；前翅外缘各翅脉间有细小黑点。后翅白色，翅外缘及后缘暗褐色。跗节黑色并具白色环。前足胫节外饰有硕大黄褐色毛丛。雌性前翅灰褐色，比雄蛾色浅，前翅缺少白色斜带。

卵　扁球形，直径 0.47～0.51mm，卵壳有放射状隆起线，并有多条细横断线。卵成块集中产，其上布有黄褐色绒毛。

幼虫　高龄幼虫（五、六龄）体色绿色至暗褐色，体长 35～40mm。腹部各节在亚背线内侧有黑斑 1 个，黑斑大小相同。一至四龄幼虫体色青绿，气门线附近紫红色，头部淡棕色至古铜色；颅侧区具暗褐色网状纹。蜕裂线侧臂外有 1 黑褐色粗纹，此纹延伸至颅中沟处逐渐模糊，尾端具 1 对强大弯沟。

蛹　长 13～17mm，呈深褐色，腹部顶端伸出两个细长的钩状刺。

生活史及习性　在广东湛江 1 年发生 8 代，第一代幼虫在谷雨前后，危害早稻秧苗、玉米等；第二代发生在立夏前后，危害早稻本田；第三代发生于芒种至夏至间，危害早稻本田及晚稻秧苗；第四代发生于大暑前后，危害晚稻秧田及本田；第五代于处暑前后，危害晚稻本田；第六代发生于秋分前后；第七代发生于霜降前后；第八代为幼虫越冬代。

在印度，一般在 4～5 月、6～8 月和 8～10 月 3 个明显的时期，分别危害当地不同的水稻品种。

中国广州地区室内饲养记录表明，水稻叶夜蛾幼虫 1 年可发生 6 个世代。完成 1 个世代平均最短需要 37 天，最长为 114 天。一代幼虫发生在 4～5 月，二代幼虫于 6 月初至 7 月初，三代幼虫由 7 月中旬至 8 月中旬，四代幼虫由 8 月下旬至 9 月上旬，五代幼虫由 9 月下旬至 11 月上旬，六代为越冬幼虫，由 12 月上旬至翌年 2 月下旬。越冬幼虫于 2 月下旬至 3 月中旬化蛹，在 3 月下旬羽化出第一代成虫。

幼虫 5～6 龄。一般于清晨孵化，刚孵化出的幼虫较为活跃，喜取食叶尖部分，留下白色膜状痕迹，三龄以后造成叶片缺刻，五、六龄幼虫食量大，为暴食期，严重时候危害状如牛羊吃过一样；一般在夜间危害，白天躲藏在植株或叶片下，遇到阴天也能照常活动。幼虫在受到惊扰可蜷缩成环形，在种群密度较高时，体色呈暗褐色；偶尔借助吐出的丝悬垂在叶片下面，以便借助风力转株危害。末龄幼虫排出粪便量为前一幼虫的 5 倍之多。老熟幼虫头壳蜕裂线由浅色逐渐变深，体色因不同地区各异，一般在田间或田埂土中做室化蛹。成虫一般夜间活动，飞行能力强，可远距离飞行产卵，白天一般藏于土壤缝隙中或者植物下部；成虫羽化后交配 1～2 天即可产卵，一般喜欢在水量充足的秧田或者直播田产卵，卵产于垂直叶片叶尖处，产卵期为 5～6 天，单雌产卵 5～6 片，呈方形，每片 150～200 粒，单头产卵总量为 1300～2700 粒，其中交配后第一晚单雌产卵量最大，为 500～1000 粒不等。

发生规律　其发生与田间积水有一定关系，一般多发生在有水的秧田，沿河两岸易受水浸或者地势低洼田块发生较为严重。广东西部部分县市凡是 5 月降雨量多则 6 月危害严重；8 月下旬至 9 月初雨水偏多则 9～10 月发生危害明显严重。

气候条件　在中国，水稻叶夜蛾的发生与降雨有一定的关系，前期的降雨有利于水稻叶夜蛾的产卵和幼虫发育。国外如斐济岛，水稻叶夜蛾的发生常在洪水之后。在毛里求斯干热地区则发生较少。在印度，旱稻则发生较少，而过于潮

S

湿的稻田则易于其产卵。在菲律宾，水稻叶夜蛾的发生常从雨季开始。在澳大利亚昆士兰，水稻叶夜蛾的大发生则表现为前期会有两个时期的高温和数天大雨。

种植结构　稻田注意控制田间水量，连续阴雨天气注意排水；作物要适当减少氮肥使用量，避免密植，加强田间通风，实行旱田水田轮作，破坏越冬场所。

天敌　在卵期和幼虫期要发挥天敌的作用，自然界各种寄生蜂和寄蝇大量存在，而且种类丰富；一些水禽如鹭鸶、乌鸦等鸟类也可捕食，因此也可结合稻田养鸭，在雨季到来季节适度放入鸭群也可以控制其种群数量；一些水稻叶夜蛾核多角体病毒也在自然界普遍存在，因此要发挥生物农药、天敌的主要作用，既可保护环境和天敌，又可有效控制害虫暴发、稳定生态环境。

化学农药　水稻叶夜蛾易形成局部性爆发，主要以化学药剂控制为主。目前国外已经使用的有效化学农药有毒死蜱、喹硫磷和三唑磷等，一般喷施；也可以使用毒死蜱喷粉。及时进行田间幼虫调查，在低龄幼虫期使用农药效果显著，但要避免误伤天敌。

防治方法

农业防治　改变耕作制度或者耕作方式，实行水稻轮作、水稻直播技术或稻田翻耕，影响水稻叶夜蛾的生存环境。水稻种植后期放水晾田，创造不利于幼虫在潮湿土壤缝隙中化蛹的条件，破坏其化蛹环境，减少化蛹率。减少田间地头杂草，使其不利于成虫产卵，切断其转移途径，减少早期虫源。秧苗期适当加大灌水量，迫使幼虫露出水表，以便鸟类天敌捕食；有条件的地区可以结合稻田养鸭。在危害严重的田块，可以将其点片隔离移除。

物理防治　在成虫发生盛期，使用黑光灯、高压汞灯或者频振式诱虫灯来诱杀成虫，同时与性诱剂结合使用；也可利用其成虫对糖醋液的趋性来集中诱杀。接近水稻成熟期，可在稻田周围设置杂草庇护所，将害虫转移至庇护所集中杀死。加强预报预测工作，由于成虫产卵位置不固定，因此根据不同地区气候和田间情况，提早调查田间最适寄主光头稗和莎草科植物，根据其被危害程度（在幼虫严重取食情况下，寄主植物仅剩叶脉）可以估算出害虫发生量。根据幼虫在水田中被迫集中在水面附近的习性，可以 2L/hm^2 的剂量喷洒适量煤油，然后两人横跨田块，拉起一段绳索将水面叶片附近的幼虫振落掉入水中、将其杀死。

生物防治　充分发挥田间天敌的优势作用。在田间，卵期被黑卵蜂寄生也是控制幼虫暴发的主要自然因素。在夏威夷岛，自然条件下卵被黑卵蜂寄生率在 80%～90%；幼虫也可被多种寄生蜂寄生，如螟蛉绒茧蜂等绒茧蜂、螟蛉悬茧姬蜂、稀网姬小蜂、黏虫缺须寄蝇、黏虫短须寄蝇和软毛斑赘寄蝇等几十种膜翅目和双翅目天敌寄生。其中菜粉蝶绒茧蜂可以内寄生幼虫多个龄期，尤其偏好寄生一龄幼虫。其次，乌鸦、鹭鸶、池鹭、白胸苦恶鸟、家八哥等鸟类也可以捕食幼虫。

在病毒制剂方面，也在水稻叶夜蛾中发现了核多角体病毒。低龄幼虫感染病毒后，一般四龄前死亡，死亡前 2～4 天虫体颜色变浅，一旦死亡，颜色迅速黑化。

化学防治　目前国外已经使用的有效化学农药有 20% 高渗毒死蜱乳油、25% 喹硫磷乳油和 40% 三唑磷乳油等，一般喷施。也可以使用 1.5% 的毒死蜱喷粉。及时进行田间幼虫调查，在低龄幼虫期使用农药效果显著。

参考文献

徐健，陈晓光，成文，2003. 草坪地灰翅夜蛾的发生与防治药剂筛选 [J]. 昆虫知识，40(2): 182-184.

吴荣宗，1959. 水稻叶夜蛾 *Spodoptera mauritia* Boisd 生活习性观察及其防治 [J]. 华南农业大学学报（自然科学版）(2): 19-28.

（撰稿：安世恒；审稿：张传溪）

水曲柳伪巢蛾　*Prays alpha* Moriuti

一种危害水曲柳等林木嫩梢、新芽、叶片的害虫。又名水曲柳巢蛾。鳞翅目（Lepidoptera）巢蛾总科（Yponomeutoidea）菜蛾科（Plutellidae）伪巢蛾亚科（Praydinae）伪巢蛾属（*Prays*）。国外分布于日本。中国分布于黑龙江、北京、山东、湖北、青海。

寄主　水曲柳、白蜡树、核桃楸等。

危害状　幼虫蛀食水曲柳嫩梢、新芽和叶柄基部，多自芽鳞蛀入，然后转入新芽或嫩梢，也有直接蛀入新芽、嫩梢或叶柄基部膨大部分的。蛀孔外有丝和褐色虫粪附着，受害新芽和嫩梢逐渐发黑、枯萎，影响幼树正常生长，形成多梢，俗称"五花头"。

形态特征

成虫　体长 4～6mm，翅展 12～18mm，前翅长 7mm。雄虫体型较小。头部密被灰白色丛毛，头顶丛毛多为灰色，颜面白色丛毛较多。触角灰褐色。下唇须"八"字形，圆柱状，向两侧伸出，第一节灰白色；第二节褐色，末端有白色环；第三节褐色，末端尖，略上曲。胸部灰白色。足银白色，有灰褐色斑。腹部腹面银白色，背面灰白色。前翅以中室肘脉为界，近前缘部分灰褐色，近后缘部分呈白色，由中室肘脉中部向后缘 2/5 处有 1 大三角形褐色斜斑，臀角处有一小三角形褐色斜斑。近外缘有几条弧形点线，近后缘只有分散褐条斑。后翅基角银白色，向外缘臀角颜色逐渐加深至褐色，缘毛长、褐色。另有一种类型个体，前、后翅皆呈灰褐色，无明显斑纹。雄虫外生殖器尾突宽，弯曲呈镰刀形，边缘锯齿状，抱器背狭长条状，抱器腹略长于抱器背的 1/2，阳茎粗长，有明显刺状阳茎针 1 枚。雌虫外生殖器后阴片形成 1 对大半圆体。交配管不太长，全部几丁质化；交配囊大，囊突呈一大块长卵圆形片，边缘齿状（图①）。

卵　长 0.62mm，宽 0.42mm，椭圆形，中央隆起。初产时白色，半透明，孵化前透过卵壳可见橙黄色虫体及褐色头部（图②）。

幼虫　老熟幼虫体长 10～11mm。淡黄绿色。头部淡黄褐色，有深褐色散斑，上唇凹陷较深。背中线细，砖红色。每体节背面两侧前半部各有 1 块不规则的砖红色斑。气孔圆形，周围凸出。肛上板淡黄褐色，上面只有深褐色散斑。腹足趾钩为双序环，臀足趾钩双序半环（图③）。

蛹　初化蛹时绿色，背部仍可见砖红色斑。羽化前复眼

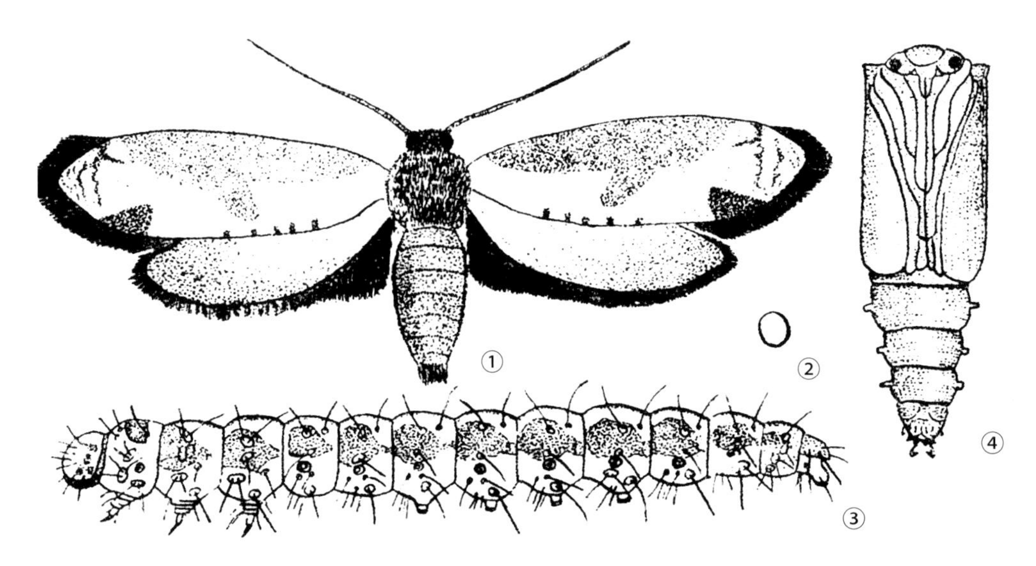

水曲柳伪巢蛾（钱范俊绘）

①成虫；②卵；③幼虫；④蛹

黑色，翅黑褐色。体长 5.0～6.5mm（图④）。

生活史及习性 黑龙江 1 年发生 2 代，以初龄幼虫越冬。翌年 5 月中旬越冬幼虫开始活动，5～6 月蛀食水曲柳嫩梢、新芽和叶柄基部。7 月间树冠上被害部分明显可见。6 月中旬幼虫老熟，爬出蛀道，在叶柄间、小枝杈间或叶片上，吐丝做稀疏网状薄茧化蛹。越冬代成虫及第一代幼虫在 6 月下旬前后至 7 月上旬出现，7～8 月间在叶片上危害，吐丝缀叶呈微卷状。幼虫在丝网下取食叶肉和上表皮，剩留下表皮，使叶片上形成不规则褐色斑，最后形成穿孔，叶片干缩或枯萎。7 月下旬幼虫老熟，在叶片上吐丝做薄茧化蛹。7 月下旬到 8 月中旬第一代成虫出现。雌虫在枝、叶上产卵，卵单产。8 月中旬后第二代幼虫出现，在顶芽或侧芽的芽鳞等处潜伏越冬。室内饲养在平均室温 21.6°C时，蛹期 7～9 天，平均 7.8 天。幼虫有转移危害现象。水曲柳纯林受害重，落叶松和水曲柳混交林受害轻；受害部位以主、侧梢为主，叶柄受害轻。

防治方法

物理防治 人工剪除卵块枝条和网巢枝叶，集中销毁。

营林措施 营造混交林，适当提高林分郁闭度，创造有利于林木生长而不利于巢蛾发生的环境条件。新进苗木进行严格检疫，严禁带虫苗木向外地调运。

生物防治 幼虫期天敌有蜘蛛、茧蜂、松毛虫埃姬蜂、寡埃姬蜂等。蛹期天敌有绒茧蜂、瘤姬蜂和黑基瘤姬蜂，以绒茧蜂寄生较普遍。应保护利用。

化学防治 对转移危害期的越冬幼虫，或一、二龄幼虫，可用敌百虫、辛硫磷、杀螟松等 1000～2000 倍液常量喷雾；或采用氯氰菊酯超低量喷雾防治。

参考文献

萧刚柔，1992. 中国森林昆虫 [M]. 2 版 . 北京：中国林业出版社 .

于海丽，2001. 中国巢蛾科系统分类初步研究 [D]. 天津：南开大学 .

井上寛，1982. 日本産蛾類大図鑑 [M]. 日本株式会社講談社 .

LI S, LEI G, REN S, et al, 2014. Hosting major international events leads to pest redistributions[J]. Biodiversity and conservation, 23(5): 1229-1247.

SOHN J C, WU C S, 2011. A taxonomic review of *Prays* Hübner, 1825 (Lepidoptera, Yponomeutoidea, Praydidae) from China with descriptions of two new species[J]. Tijdschrift voor entomologie, 154(1): 25-32.

（撰稿：高宇；审稿：嵇保中）

丝棉木金星尺蠖 *Abraxas suspecta* (Warren)

一种主要危害丝棉木、冬青卫矛等多种树木的食叶害虫。又名丝棉木金星尺蛾、大叶黄杨尺蠖。鳞翅目（Lepidoptera）尺蛾科（Geometridae）*Abraxas* 属。国外分布于日本、朝鲜、前苏联区域。中国分布于东北、华北、华中、华东、西北等地区。

寄主 丝棉木、冬青卫矛、杜仲、女贞、银杏等。

危害状 初孵幼虫群集危害，嚼食叶肉只残留上表皮，群居取食幼嫩叶片，呈透明斑状，三龄后分散危害，从叶缘取食，食叶成大小不等的孔洞或缺刻，有时亦取食嫩芽。该虫严重危害时能吃尽叶片、嫩枝，导致整株枯死。

形态特征

成虫 雌虫体长 13～15mm，翅展 37～43mm。翅底色银白，具淡灰及黄褐色斑纹。前翅外缘具 1 行连续的淡灰斑；外横线成 1 行淡灰色斑，上端灰斑分叉，下端灰斑大，中有 1 圈形斑；翅基有深黄、褐、灰三色相间花斑。后翅外缘有 1 行连续的淡灰斑，外横线成 1 行较宽的淡灰斑。前后翅平展时，前后翅上的斑纹相连接。腹部金黄色，有 7 行由黑斑组成的条纹；后足胫节内侧有 1 丛黄毛（图 1、图 2①）。

幼虫 老熟幼虫体长 28～32mm。初孵幼虫黑色，蜕 1

次皮后显出细条纹，三龄后身体两端及气门线、腹线变黄。刚毛黄褐色，背线、亚背线、气门上线、亚腹线为蓝白色，气门线及腹线黄色较宽。前胸背板黄色，有5个近方形黑斑；臀板黑色，胸部及第六腹节以后的各节上有黄色横条纹。胸足黑色，基部淡黄色。趾钩为双序中带（图2②）。

生活史及习性 哈尔滨1年2代，陕西西安、辽宁营口1年2～3代，北京1年3代，均以蛹在土中越冬。幼虫于9月下旬至10月初化蛹。翌年5月中旬羽化，越冬代蛹期长达223～250天。

图1 丝棉木金星尺蠖成虫（袁向群、李怡萍提供）

图1 丝棉木金星尺蠖（张培毅摄）
①成虫；②幼虫

卵一般在同一时间内孵化，孵化后留下白色卵壳。幼虫共5龄，初孵幼虫群居，一龄最短4天，最长8天；二龄最短3天，最长6天；三龄最短3天，最长8天；四龄最短4天，最长7天；五龄最短9天，最长11天；第二代幼虫期平均28.81天。老熟幼虫在树冠下的土内化蛹，预蛹期1天，入土深度3cm左右。

成虫多在夜间羽化，白天多栖息于树冠、枝、叶间。成虫在夜间或黄昏活动范围最大，可在寄主植物200～300m外的灯下见到，黑光灯能诱到一定数量的成虫。成虫羽化后即进行交尾，交尾时间多在黄昏，少数在白天进行。一般羽化后的第二天即行产卵，少数在第三天开始产卵；每头雌蛾产卵2～7次，每次产卵少则1粒，最多为191粒；每头雌蛾一生产卵92～442粒，平均产卵248粒。成虫在丝棉木叶背面产卵，产卵成块，一般排列整齐。雄成虫寿命为3～2天，平均7.5天；雌成虫为5～11天，平均7.16天。

防治方法

人工防治 冬季清除杂草、落果、枯枝、落叶等工作的同时，松土灭蛹。

化学防治 当第一代卵孵化达50%时或幼虫发生初期及时喷药防治。药剂可选用2.5%溴氰菊酯乳油3000倍液、90%晶体敌百虫800～1000倍液、20%杀灭菊酯乳油1000倍液、4.5%高绿宝乳油1500倍液、40%毒死蜱乳油1000倍液、55%杀苏可湿性粉剂700倍液、40%辛硫磷乳油1000倍液、45%乐胺磷乳油500倍液等进行喷雾防治，均有较好的防治效果。或用1.3%苦参碱水剂进行喷雾防治。

生物防治 现已发现丝棉木金星尺蠖的天敌有：寄生卵的松毛虫赤眼蜂，寄生幼虫的黄赤茧蜂、螟蛉绒茧蜂，寄生蛹的费氏大腿蜂等，应加以保护和利用。

参考文献

晁文龙，吕永财，李长波，2012. 陕南杜仲林丝棉木金星尺蠖虫害调查及其预报方法初探[J]. 中国农业信息(13): 69.

黄伟，杨筠文，胡德具，2003. 丝棉木金星尺蠖幼虫螟蛉绒茧蜂的寄生调查[J]. 内蒙古农业科技(S2): 248.

李强，沈龙元，马惠民，等，2006. 丝棉木金星尺蠖发生与防治技术研究[J]. 上海农业科技(1): 96-97.

萧刚柔，1992. 中国森林昆虫[M]. 2版. 北京：中国林业出版社.

印福女，2014. 丝棉木金星尺蠖在银杏上的危害及防治[J]. 果树实用技术与信息(1): 30-31.

周静，2015. 苦参碱防治丝棉木金星尺蠖的田间药效试验[J]. 现代化农业(11): 7-8.

（撰稿：代鲁鲁；审稿：陈辉）

思茅松毛虫 *Dendrolimus kikuchii* Matsumura

一种分布于长江以南各地的重要针叶林食叶害虫。在有些地区与云南松毛虫或者马尾松毛虫或者文山松毛虫混合发生危害。又名赭色松毛虫。鳞翅目（Lepidoptera）枯叶蛾科（Lasiocampidae）松毛虫属（*Dendrolimus*）。中国分布于云南、贵州、四川、湖南、湖北、安徽、江西、浙江、江苏、福建、广东、广西和台湾等地。

寄主 云南松、思茅松、华山松、马尾松、黄山松、海岸松、湿地松、海南五针松、云南油杉、雪松、金钱松、落叶松等。

危害状 以幼虫群集取食松树针叶，轻者常将松针食光，呈火烧状，重者致使松树生长极度衰弱，连续2～3年持续危害会造成松树大面积死亡（图1）。

形态特征

成虫 雄蛾体长22～41mm，翅展53～78mm；棕褐色至深褐色；前翅基至外缘平行排列4条黑褐色波状纹，亚外缘线由8个近圆形的黄色斑组成；前翅中室白斑显著，白斑至翅基角1/5处有1肾形大而明显黄斑。雌蛾体长25～46mm，翅展68～121mm；黄褐色到棕褐色，体色较雄蛾浅；近翅基处无黄斑，中室白斑明显，4条波状纹也较明显（图2①）。

幼虫 幼龄幼虫与马尾松毛虫极相似。一龄幼虫体长5～6mm，前胸两侧具两束长毛，其长度超过体长之半，头、

图1 思茅松毛虫危害状（刘悦提供）

①危害枝条；②危害状远景

图2 思茅松毛虫各虫态（①扬中武、②③张真、④孔祥波提供）

①成虫；②卵；③幼虫；④茧

前胸背呈橘黄色，中、后胸背面为黑色，中间为黄白色，背线黄白色，亚背线由黄白色及黑色斑纹所组成，气门线及气门上线黄白色。二至五龄斑纹及体色更为清晰。六龄以前除体长逐龄增长外，体色无多大变化，从六龄开始各节背面两侧开始出现黄白毛丝，七龄时背两侧毒毛丛增长，并在黑色斑纹处出现长的黑色长毛丛，背中线由黑色和深橘黄色的倒三角形斑纹组成，全体黑色增多，至老熟时全身呈黑红色，中后胸背的毒毛显著增长（图2③）。

蛹 长椭圆形，初为淡绿色，后变栗褐色，体长32～36mm，雌蛹比雄蛹长且粗，外被灰白色茧壳（图2④）。

卵 长1.89～2.25mm，宽1.64～2mm，近圆形，咖啡色，卵壳上具有3条黄色环状花纹，中间纹两侧各有1咖啡色小圆点，点外为白色环（图2②）。

生活史及习性 年发生代数因地而异。在云南普洱1年2代，昆明周边地区1年1代，福建福州1年2代，浙江1年2代，广东1年3代。以幼虫在针叶丛中或树皮缝隙中越冬，越冬幼虫在翌年3月上旬开始活动取食，4月下旬至5月上旬化蛹，5月下旬至6月上旬羽化，6月上中旬出现第一代卵，6月中下旬出现第一代幼虫，6～7月是第一代幼虫危害期，幼虫发育时间短，取食快，食量大，常造成严重损失。8月下旬结茧，9月中下旬羽化，9月下旬开始产卵，10月中旬出现第二代幼虫，至11月下旬开始越冬。各地不同虫态发生时间有差异。

幼虫善爬行，老熟幼虫多在林内外灌木杂草丛中结茧化蛹，少数在幼树下针叶上结茧，结茧前1日停食不动。成虫多在18：00～22：00羽化，羽化后当天即可交尾产卵。成虫白天静伏于隐蔽场所，夜晚活动，有一定趋光性。卵成堆产于寄主叶上，初孵幼虫群集危害，以夜间取食为主，六龄后食叶量猛增，昼夜可以取食。幼虫受惊即吐丝下坠、弹跳落地，老熟幼虫受惊后立即将头卷曲，竖起胸部毒毛。

防治方法

营林措施 营造混交林和封山育林是抑制松毛虫发生的根本技术措施。

性信息素监测与诱杀 利用思茅松毛虫性信息素诱芯结合大船型诱捕器能够有效监测林间种群数量，在低种群密度时可诱杀防控。

物理防治 在成虫羽化期，设置黑光灯诱杀成虫，将成虫消灭在产卵之前，可预防和除治。

生物防治 在幼虫大发生期，可施用苏云金杆菌、芽孢杆菌、白僵菌粉剂和松毛虫质型多角体病毒进行生物防控。

化学防治 在种群暴发成灾时，选用高效低毒类化学药剂进行防控，且应尽量选择在低龄幼虫期防治。

参考文献

孔祥波，张真，王鸿斌，等，2006. 枯叶蛾科昆虫性信息素的研究进展[J]. 林业科学，42(6): 115-123.

刘友樵，1963. 松毛虫属(*Dendrolimus* Germar)在中国东部的地理分布概述[J]. 昆虫学报，12(3): 345-353.

刘友樵，武春生，2006. 中国动物志：第四十七卷 鳞翅目 枯叶蛾科[M]. 北京：科学出版社：170-173.

吴钜文，1979. 赭色松毛虫的初步研究[J]. 浙江林业科技(3): 1-12.

张永安，陈昌洁，2020. 思茅南松毛虫[M]// 萧刚柔，李镇宇. 中国森林昆虫. 3版. 北京：中国林业出版社：793-794.

KONG X B, SUN X L, WANG H B, et al, 2011. Identification of components of the female sex pheromone of the Simao pine caterpillar moth, *Dendrolimus kikuchii* Matsumura[J]. Journal of Chemical Ecology, 37: 412-419.

（撰稿：孔祥波；审稿：张真）

斯诺德格拉斯·R. E. Robert Evans Snodgrass

斯诺德格拉斯·R. E.（1875—1962），美国昆虫学家，昆虫形态学的奠基人。1875年7月5日生于密苏里州圣路易斯。1895年入斯坦福大学学习动物学，1901年获学士学位后到华盛顿州立大学任教。1903年重返斯坦福大学任教。1906年起在美国昆虫局工作。1924—1945年在马里兰大学任教。1945年退休后在美国国家博物院工作。1962年9月4日在华盛顿逝世。

斯诺德格拉斯主要从事昆虫解剖学和形态学研究，最先在概念上提出解剖学与形态学的区别。早在大学期间就从事羽虱的研究，发表了“食毛目的口器”（1896）和“食毛目的解剖”（1899）两篇论文。1903年开始研究蜜蜂的解剖并发表多篇论著，1910年出版第一部专著《蜜蜂的解剖》，1925年又出版了《蜜蜂的解剖和生理学》。他深入研究了昆虫结构上的同源与演变关系，以及昆虫的肌肉—骨骼系统，为各种结构名称的规范化和昆虫功能形态学奠定了基础。发表论文76篇，专著6部，其中《昆虫的生存之道》（1930）是美国史密森学会推荐的经典科普读物之一，《昆虫形态学原理》（1935）被公认为昆虫形态学的奠基之作，昆虫形态学也由此作为一门独立的昆虫学分支学科出现。

斯诺德格拉斯于1960年获马里兰大学荣誉博士学位，

斯诺德格拉斯·R. E.（陈卓提供）

S

1961 年获费城自然科学院莱迪奖。

（撰稿：陈卓；审稿：彩万志）

斯坦豪斯・E. A. Edward Arthur Steinhaus

斯坦豪斯・E. A.（1914—1969），美国昆虫学家和微生物学家，昆虫病理学的奠基人。1914 年 11 月 7 日生于北达科他州马克斯。1932 年入北达科他农业学院（现北达科他州立大学），1936 年获该校学士学位。同年入俄亥俄州立大学，1939 年获该校博士学位。1940—1944 年任美国公共卫生局落基山研究室助理研究员、副研究员。1944—1948 年任加利福尼亚州大学伯克利分校助教授和助理研究员，1948—1954 年任副教授和副研究员，1954 年晋升为教授，1957—1963 年任昆虫病理学系副主任和主任，1963 年任无脊椎动物病理学部主任。1963—1967 年任加州大学欧文分校任生命科学学院院长，1968 年任病理学研究中心主任。曾任美国公共卫生局、美国太平洋科学委员会、联合国世界卫生组织、总统科技办公室、美国农业部等多家机构的顾问。1969 年 10 月 20 日逝世。

斯坦豪斯从事昆虫病理微生物学研究，在昆虫病原真菌、细菌、病毒、立克次体和原生动物方面做了大量工作，发现了杆状病毒的基本特性和苏云金杆菌的复壮。同时他在昆虫诊断病理学、昆虫流行病学、昆虫微生物防治等领域也贡献卓著。1959 年创办了《昆虫病理学杂志》（现《无脊椎动物病理学杂志》）并任主编。发表论文 160 多篇，出版《昆虫微生物学》（1946）、《昆虫病理学原理》（1949）等多部专著，后者已成为国际昆虫病理学的经典著作。

斯坦豪斯于 1955—1961 年任《昆虫学年鉴》主编。1963 年任美国昆虫学会会长，1967—1968 年任无脊椎动物病理学会会长。1968 年当选为美国国家科学院院士。他是美国昆虫学会、美国科学促进会和美国微生物学会会员，以及苏联昆虫学会、印度科技协会和多家学术团体的外籍会员。1959 年获美国昆虫学会创始人纪念奖。

斯坦豪斯・E. A.（陈卓提供）

（撰稿：陈卓；审稿：彩万志）

四点象天牛 *Mesosa myops* (Dalman)

一种分布广，主要危害杨树、柳树、榆树等树木的钻蛀性害虫。鞘翅目（Coleoptera）天牛科（Cerambycidae）沟胫天牛亚科（Lamiinae）象天牛属（*Mesosa*）。国外分布于俄罗斯、日本、朝鲜、蒙古等。中国分布于辽宁、吉林、黑龙江、内蒙古、河北、河南、陕西、甘肃、青海、新疆、湖北、安徽、贵州、四川、浙江、广东、台湾等地。

寄主 杨、柳、榆、槭、水曲柳、柏、漆树、核桃、苹果等。

危害状 幼虫在树皮下钻蛀危害，蛀道不规则，内有粪屑，羽化后咬圆形羽化孔出树干，致使被害树木树势衰弱或枯死。

形态特征

成虫 体长 7.0～16.0mm。体黑色，全身被灰色短绒毛，并杂有许多火黄色或金黄色的毛斑。前胸背板中区具丝绒般的黑斑纹 4 个，每边两个，前后各一，排成直行，前斑长形，后斑较短，近乎卵圆形，两者之间的距离超过后斑的长度；每个黑斑的左右两边都镶有相当宽的火黄或金黄色毛斑。鞘翅饰有许多黄色和黑色斑点，每翅中段的灰色毛较淡，在此淡色区的上缘和下缘中央，各具一个较大的不规则黑斑，其他较小的黑斑大致圆形；黄斑形状异，遍布全翅。

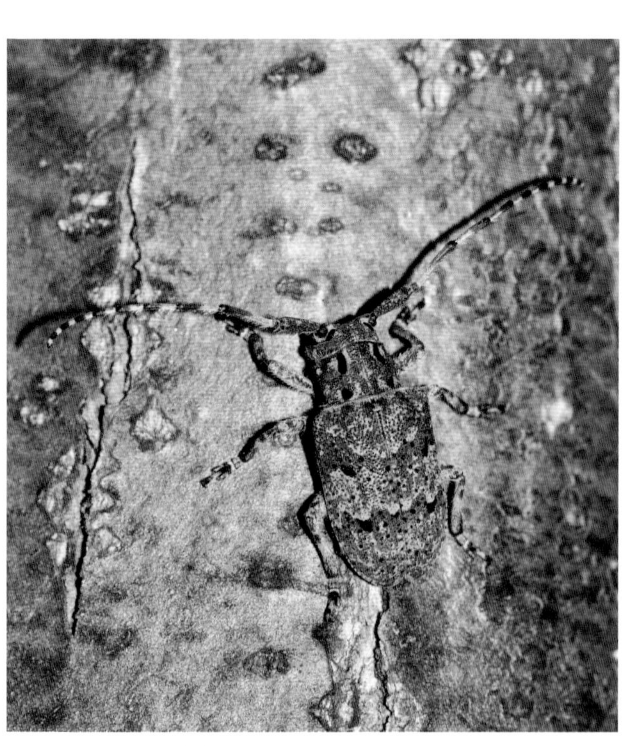

四点象天牛成虫（任利利提供）

小盾片中央火黄或金黄色，两侧较深。鞘翅沿小盾片周围的毛大致淡色。复眼很小，分成上下两叶，其间仅有一线相连（见图）。

幼虫　老熟幼虫体长25mm，乳白色，长筒形，前胸显著粗大。腹部步泡突具1个横沟和2个横列瘤突，第九腹节背中有1根尾刺。

生活史及习性　在黑龙江2年1代，以幼虫或成虫越冬。翌年5月初越冬成虫开始活动取食并交配产卵。卵多产在树皮缝、枝节、死节处，尤喜产在腐朽变软的树皮上。5月底孵化，初孵幼虫蛀入皮层至皮下于韧皮部与木质部之间蛀食。秋后于蛀道内越冬。越冬幼虫于翌年危害至7月下旬以后开始老熟化蛹，蛹期10余天，羽化后咬圆形羽化孔出树，成虫于落叶层和干基缝隙内越冬。

防治方法

化学防治　成虫期，采用绿色威雷微胶囊剂或溴氰菊酯喷洒树干防治。

参考文献

贺萍，1990. 实验室饲养四点象天牛 [J]. 北京林业大学学报 (1): 104-106.

萧刚柔，1992. 中国森林昆虫 [M]. 北京：中国林业出版社.

CHEREPANOV A.I, 1990. Cerambycidae of northern Asia, Volume 3 - Laminae Part I[M]. New Delhi: Amerind Publishing.

（撰稿：任利利；审稿：骆有庆）

四纹豆象　*Callosobruchus maculatus* (Fabricius)

一种进境植物检疫潜在危险性三类害虫，国内检疫性有害生物，主要危害豆类植物。鞘翅目（Coleoptera）豆象科（Bruchidae）瘤背豆象属（*Callosobruchus*）。原产东半球的热带或亚热带地区，但在美国最早发现。国外主要分布于朝鲜、日本、越南、缅甸、泰国、印度、伊朗、伊拉克、叙利亚、土耳其、俄罗斯、匈牙利、比利时、英国、法国、意大利、塞尔维亚、保加利亚、希腊、阿尔及利亚、塞内加尔、加纳、尼日利亚、苏丹、埃塞俄比亚、坦桑尼亚、刚果（金）、安哥拉、南非、美国、洪都拉斯、古巴、牙买加、特立尼达和多巴哥、委内瑞拉、巴西等地。中国分布于广东、福建、云南、湖南、江西、山东、河南、天津、浙江、湖北、广西等地，但基本得到了控制和消灭。

寄主　豇豆、赤豆、绿豆、鹰嘴豆、大豆、豌豆、蚕豆、金甲豆、扁豆等多种豆科植物。

危害状　四纹豆象主要危害豆类种子，幼虫从豆类种子内部将其蛀蚀成壳，从而使得被危害的豆类种子不具备食用性与种子性。

形态特征

成虫　椭圆形，体长2.49～2.79mm，体宽1.34～1.45mm。触角为锯齿状，从柄节到鞭节逐渐变粗，鞭节由11个鞭小节组成，鞭小节向一侧突出，呈三角形，近似一条锯片。环节呈现为棒状，有2节，索节共8节，形状为三角形，棒节呈梭形，触角前5节颜色透明呈黄色，后6节黄褐色，各鞭节周围均环生1圈细毛，触角位于复眼侧下方。四纹豆象在位于头部两侧的地方共有1对卵圆形复眼，黑色，向上凸起，复眼由无数个圆形小眼组成。咀嚼式口器，口器着生于头部下方，与头部成90°角，为下口式口器。前胸背板黑褐色，前窄后宽，近似H角形，稀疏分布着黄色圆点并被金色细毛，前胸背板中央和两侧有1黄色毛斑。鞘翅斑纹、颜色变化大，雌成虫与雄成虫的鞘翅斑纹有所差异，雌成虫翅背面有3个黑斑，侧缘黑斑呈梯形，肩部黑斑较小；雄成虫翅纹颜色深，多为深褐色，肩部黑斑不明显。此外四纹豆象成虫具有飞翔型和非飞翔型两型。

幼虫　椭圆形，头部略尖，尾部钝圆，白色或乳白色，表皮有透明性，虫体内脂肪可见，幼虫常弯曲呈“C”字形。幼虫头部小，近似三角形，黑色，往前胸内缩，口器黑褐色，触角很小，其背部有1条浅浅的脊线将虫体分为两半，表面多褶皱。头部以下共13节，每节都有气门，中间几节的气门稍小。两侧胸足可见，为圆形凸起，分节不明显。

生活史及习性　1年发生代数因温度和食料而异。在绿豆、赤豆上，广东西部、广西10～11代，浙江、福州7～8代；豌豆、蚕豆上，福州5～6代；大豆上，福州4～5代。以幼虫、蛹和成虫在豆粒内越冬。当日平均温在17～19°C时，成虫开始活动，19～25°C时大量出现。成虫羽化后几分钟即可交配、产卵。每头成虫能多次交配。在仓内，喜欢产在饱满的豆粒表面，每一豆粒产卵1～3粒，多至8粒。在田间，卵产于豆荚表面或开裂豆荚的豆粒上。每雌虫一生平均产卵82粒，最多达196粒。成虫不取食，只摄取水或液体食物。在31～34°C、湿度为56%～65%时，成虫寿命为5～7天。喂水后的成虫平均多活10天。幼虫孵化后，咬破种皮或豆荚进入种子内取食，1粒豆子即可完成一生。最喜食绿豆、赤豆，存活率较高，发育周期较短。幼虫4龄，幼虫期18～64天。化蛹前老熟幼虫在豆粒里做一直径为2～2.5mm的蛹室，并预先将种皮咬成一个圆形羽化孔盖，准备化蛹，预蛹期1～2天。蛹期第三代为4～6天，第八代为36～74天。

防治方法

物理防治　常用方法包括灯光诱杀法、冷冻法、辐射处理、微波加热法、高温杀虫法等。植物熏避除虫，用草木灰、花生油或者黑胡椒拌种可减少四纹豆象危害。

化学防治　仓库内四纹豆象主要采用熏蒸的方法。常用的熏蒸剂有磷化铝、硫酰氟。

生物防治　用纹翅赤眼蜂防治四纹豆象效果较好。

参考文献

刘璇，2015. 四纹豆象对不同寄主豆危害程度及其生长繁殖特征的研究 [D]. 长沙：湖南农业大学.

张一凡，2015. 不同温度下四纹豆象实验种群生命表 [D]. 长沙：湖南农业大学.

朱磊，2014. 菜豆象等4种豆象的识别及其防治 [J]. 安徽农业科学，42(23): 7812-7813.

（撰稿：郭巍、陆秀君；审稿：董建臻）

四纹丽金龟 *Popillia quadriguttata* Fabricius

重要农林害虫。又名中华弧丽金龟、豆金龟子。鞘翅目（Coleoptera）金龟科（Scarabaeidae）丽金龟亚科（Rutelinae）弧丽金龟属（*Popillia*）。中国分布于辽宁、内蒙古、宁夏、甘肃、青海、陕西、山西、北京、河北、山东、江苏、浙江、福建、台湾、湖南、广西、四川等地。

寄主 成虫主要危害葡萄、苹果、梨、山楂、桃、李、杏、樱桃、柿、栗等多种果树。幼虫危害花生、大豆、玉米、高粱等农作物。

危害状 成虫食害花蕾、花瓣、花蕊及叶片，造成花、叶残缺不全，严重的仅残留叶脉，幼虫为害地下组织。

形态特征

成虫 体长 7.5～12mm，宽 4.5～6.5mm，椭圆形。翅基宽，前后收狭，体色多为深铜绿色；鞘翅浅褐至草黄色，四周深褐至墨绿色。足黑褐色。臀板基部具白色毛斑 2 个，腹部 1～5 节腹板两侧各具白色毛斑 1 个，由密细毛组成。头小点刻密布其上。触角 9 节鳃叶状，棒状部由 3 节构成。雄虫大于雌虫。前胸背板具强闪光且明显隆凸，中间有光滑的窄纵凹线，小盾片三角形，前方呈弧状凹陷。鞘翅宽短略扁平，后方窄缩，肩凸发达，背面具近平行的刻点纵沟 6 条，沟间有 5 条纵肋。足短粗；前足胫节外缘具 2 齿，端齿大而钝，内方距位于第二齿基部对面的下方；爪成双，不对称，前足、中足内爪大，分叉，后足则外爪大，不分叉（见图）。

卵 椭圆形至球形，长径 1.46mm，短径 0.95mm，初产乳白色。

幼虫 体长 15mm，头宽约 3mm。头赤褐色，体乳白色。头部前顶刚毛每侧 5～6 根成 1 纵列；后顶刚毛每侧 6 根，其中 5 根成 1 斜列。肛背片后部具心脏形臀板；肛腹片后部覆毛区中间刺毛列呈“八”字形岔开，每侧由 5～8 根，多为 6～7 根锥状刺毛组成。

蛹 长 9～13mm，宽 5～6mm。唇基长方形，雌雄触角靴状。

生活史及习性 在中国北方 1 年发生 1 代，在南方 1 年发生 1～2 代。以成虫或幼虫在土中越冬。一般幼虫翌春 4 月上移至表土层危害，6 月老熟幼虫开始化蛹，蛹期 8～20 天，成虫于 6 月中下旬至 8 月下旬羽化，7 月是危害盛期。6 月底开始产卵，7 月中旬至 8 月上旬为产卵盛期，卵期 8～18 天。幼虫至秋末达三龄时，钻入深土层越冬。成虫白天活动，适温 20～25°C，飞行力强，具假死性，晚间入土潜伏，无趋光性。成虫出土 2 天后取食，群集危害一段时间后交尾产卵，卵散产在 2～5cm 土层里，每头雌虫可产卵 20～65 粒，一般为 40～50 粒，分多次产下。成虫寿命 18～30 天，多为 25 天。成虫喜于地势平坦、保水力强、土壤疏松、有机质含量高的果园和田园产卵，一般以大豆、花生、甘薯地落卵较多。初孵幼虫以腐殖质或幼根为食，稍大危害地下组织。

四纹丽金龟成虫（史树森提供）

发生规律 幼虫在土中主要受地温变化影响而移动。当 10cm 土层均温低于 6.7°C时，幼虫开始向深土层活动，老熟幼虫多在 3～8cm 土层里做椭圆形土室化蛹，成虫羽化后稍加停留就出土活动。当 10cm 深土壤平均温度达 19.7°C时，成虫开始羽化，气温 20°C以上进入羽化出土盛期，高于 29.5°C成虫多静伏不动。

防治方法

化学防治 成虫出土前或潜土期，可于地面施用 5% 辛硫磷颗粒剂 2.5kg/ 亩，加土适量做成毒土，均匀撒于地面并浅耙。成虫危害叶片时，可喷施 50% 辛硫磷乳油 1500 倍液、10% 吡虫啉可湿性粉剂 1500 倍液进行防治。

人工捕杀 利用其假死性特点，在清晨或傍晚振落、捕杀。振前在树盘地面喷散 4.5% 甲敌粉或 4% 敌马粉效果更好。或当中午金龟子危害严重时，可用白色塑料袋，慢慢套在有虫的葡萄串上，并抖动葡萄串，成虫便落入袋中，然后将塑料袋取下，集中杀灭成虫。

诱杀成虫 利用金龟子成虫有趋食酸甜味的特性，把快成熟的烂葡萄摘下，装在塑料袋内封好口，放在烈日下暴晒 2～3 天后取出，分别装入罐头瓶中，然后加半瓶水再加少许食醋，即制成诱杀剂。把罐头瓶挂在葡萄架上，每 $10m^2$ 挂 1 个瓶。挂上后要每天捞出瓶中的金龟子，每周换 1 次诱杀剂，保持味鲜，诱杀效果好。

参考文献

商学惠, 1979. 四纹丽金龟发生规律和防治研究 [J]. 昆虫学报, 22(4): 478-480.

王会玲, 2001. 葡萄四纹丽金龟的防治 [J]. 中国农技推广 (6): 45.

（撰稿：张帅；审稿：李克斌）

松阿扁蜂 *Acantholyda posticalis* Matsumura

欧亚大陆北部重要松树食叶害虫。又名松阿扁叶蜂。英文名 stellate web-spinning sawfly。膜翅目（Hymenoptera）扁蜂科（Pamphiliidae）腮扁蜂亚科（Cephalcinae）阿扁蜂属（*Acantholyda*）。国外广泛分布于韩国、朝鲜、日本、蒙古、俄罗斯（西伯利亚）、欧洲。中国分布于黑龙江、辽宁、甘肃、宁夏、山西、陕西、河南、山东等地。

松阿扁蜂有 3 个亚种，中国分布的亚种是松阿扁蜂欧亚

亚种 *Acantholyda posticalis pinivora* Enslin，该亚种幼虫取食多种二针松类植物，广泛分布于欧亚大陆北部；松阿扁蜂的另外两个亚种，高丽亚种 *A. p. koreana* Shinohara 仅分布于韩国，指名亚种 *A. p. posticalis*（Matsumura）分布于日本。

寄主 松科松属多种植物，已报道的有油松、赤松、欧洲赤松、樟子松、华山松等种类。

危害状 幼虫取食松针，有结网聚集习性。幼虫在林间分布不均匀。在阳坡或避风处以及山沟里土壤条件较好的林分虫口密度较高。林下高 3～4m、立地条件好、郁闭度小的林分和次生林危害严重，其次是间伐后郁闭度小的中龄林，树干枝叶稠密、幼林以及林相整齐、生长势旺盛、郁闭度大、通透性差的松林受害较轻。危害严重时，幼虫发生量大，可将成片的松林针叶吃光，松林外观火烧状。

形态特征

成虫 雌虫体长 13～15mm（图①）。头部黄白色，触角窝围沟、中窝、额窝、头部背侧宽“T”形斑、上眶弧形斜斑、后眶上部弧形斑黑色（图⑤⑧），触角黄褐色，基节背侧具黑斑，末端数节黑褐色（图⑥）；胸部大部黑色，前胸背板后缘、翅基片、中胸背板前叶后角、侧叶中部斜斑、小盾片中部、中胸前侧片大部黄白色（图①⑨）；腹部背板两侧、腹板大部黄褐色或黄白色；足大部黄褐色，基节大部、转节、股节后侧黑色。翅淡烟褐色透明，端缘稍暗，翅痣大部和翅脉大部黄褐色（图①）。头部刻点浅弱、稀疏，触角侧区高度光滑，无毛、无刻点（图⑤⑧）；中胸前盾片无刻点，中胸盾片刻点细小稀疏，前侧片无明显刻点或刻纹，后侧片具细密刻纹（图⑨）；腹部背板具微弱刻纹。后眶具显著后颊脊；额脊突起，中窝显著，长椭圆形，横缝、冠缝、侧缝明显；头部具疏短黄色细毛（图⑤⑧）；触角 35～38 节，第一、三、四 + 五节长度比为 0.88∶0.81∶0.79。雄虫体长 10～11mm；头部大部黑色，唇基、触角侧区、额脊及与之相连之中窝两侧 2 个叶状斑、后颊大部分和抱器黄色。中胸盾片及小盾片无白斑；头部刻点较雌虫稍密而粗，细毛

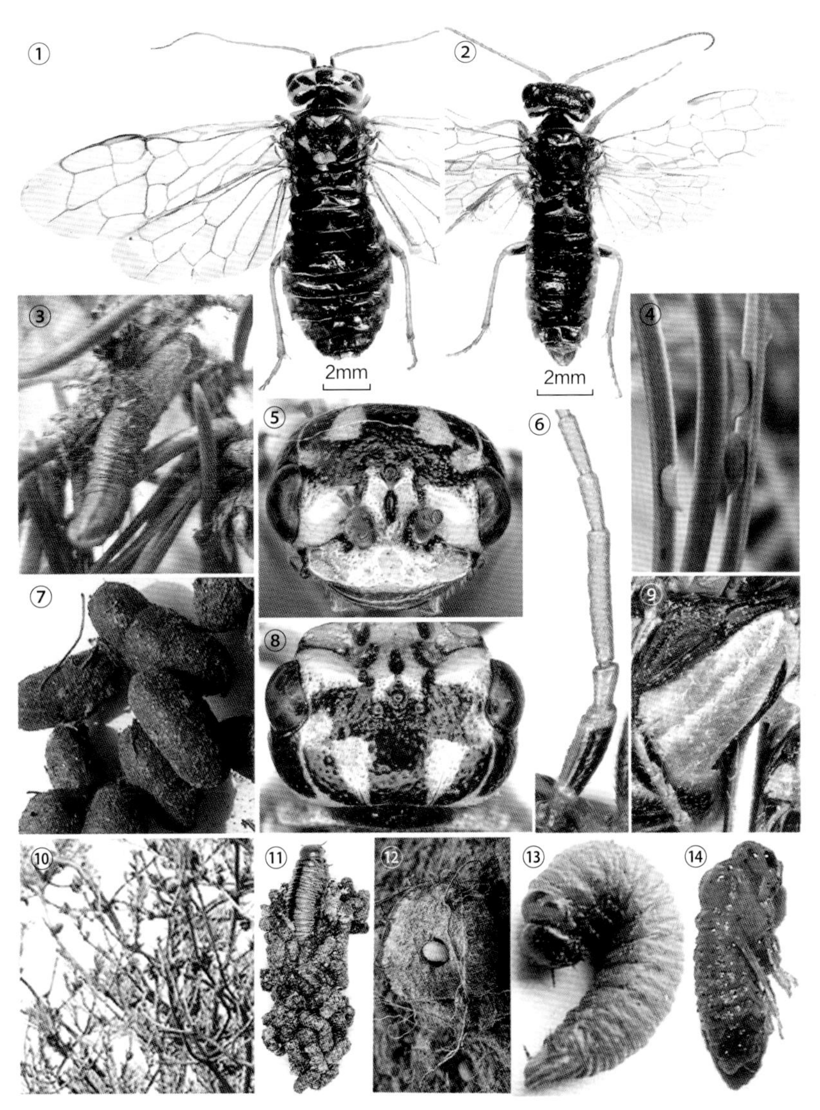

松阿扁蜂（图③、④、⑦、⑩～⑭由阳泉林业局提供，其余为魏美才摄）

①雌成虫；②雄成虫；③幼虫危害状；④卵；⑤雌虫头部前面观；⑥雌虫触角基部 5 节；⑦茧；⑧雌虫头部背面观；⑨雌虫中胸侧板；⑩松树被害状；⑪幼虫和粪巢；⑫蛹室和预蛹；⑬预蛹；⑭蛹

较长，中胸前侧片刻点较粗密，触角33～36节，第一、三、四+五节长度比为0.77∶0.69∶0.72；生殖板宽大于长，端部圆钝。

卵　舟形，初产时乳白色，具光泽，2～3天后为污白色，孵化前肉红色；长3.5～4mm（图④）。

幼虫　老熟幼虫体长15～23mm（图③⑪）。初孵幼虫头黄绿色，胸部乳白色，微带红色，后变污白色；4龄幼虫背线和气门线显著，呈紫红色，老熟时为浅黄色至褐黄色。预蛹体短缩，初黄绿色，渐变黄色，斑纹消失（图⑬）。

蛹　初蛹黄绿色（图⑭），渐变褐黄色，羽化前大部黑色；雌蛹长15～29mm；雄蛹长10～11mm。

茧　黑褐色，椭圆形（图⑦），风干后变灰褐色。

生活史及习性　1年发生1代，幼虫共4～6龄（有报道5～7龄）。以老熟幼虫在树冠下3～20cm深的土壤中做土室越冬。甘肃天水和山东淄博地区均在翌年3月下旬开始化蛹，4月中旬为化蛹盛期，蛹期11～15天。成虫4月中旬开始羽化，4月下旬至5月上旬为羽化盛期。4月中旬成虫开始产卵，5月上旬为产卵盛期，卵期12～20天。5月中旬幼虫开始孵化，下旬为孵化盛期。6月中旬幼虫进入危害盛期，且幼虫开始下树，6月下旬幼虫全部下树，入土越夏、越冬，幼虫历期35～40天。越夏幼虫多为草绿色，越冬幼虫多为浅黄绿色。

成虫羽化后在土茧中停留1至数天，选择晴朗天气的中午前后出蛰，羽化早期雌虫为主，盛期雌雄比例相若，末期雄虫为主。初羽化的成虫活动能力较弱，在地面草丛中静伏或爬行，3～5分钟后即可飞行、寻偶交尾。交尾时雌雄成前后“一”字形，雌雄均可交尾多次，一次交尾约20秒。雌成虫寿命6～19天，平均14天；雄虫3～18天，平均12天。雌雄性比约为1∶0.8。交尾后雌虫即可产卵，卵散产于针叶上。当雌成虫选择适宜的产卵部位后，头朝向针叶尖端方向，腹部末端紧贴针叶，先排出卵的较秃的一端，使之朝向针叶尖端方向，随后排出较尖细的另一端，朝向针叶基部。产1粒卵持续时间约30秒。卵期15～19天。幼虫孵化时，咬破位于叶尖端卵的顶部破壳而出。初孵幼虫首先以背部蠕动至叶基，群居在新嫩枝与旧枝交接处，无新梢的在枝条的顶端，先吐丝结网隐蔽其中，3～5小时后开始咬食叶基，并把咬断的针叶拖入网内取食，其中部分针叶丝网交织在一起。随着虫体的长大，丝网越来越紧密。一般三龄以前的幼虫营群居生活，食量小，从四龄起开始分散危害，食量大增。幼虫取食先咬叶基，然后逐渐食向叶尖，加之取食时有许多针叶落地损失，对针叶的损害相当严重。四龄幼虫分散危害时，首先吐丝做一圆筒形的虫巢，虫巢丝质白色，多贴于树枝上，长约2.3cm，直径0.3～0.5cm，内面光滑，前口大为取食口，后口小为排粪口，头部受惊则从后口退出，尾部受惊则从前口爬出。静伏巢内的幼虫多背向树枝，腹向上面，头向枝头。幼虫食尽周围的针叶后有转移取食的习性，并且重新吐丝做巢。末龄幼虫停食后排出体内粪便，体色多变为深红色，少数为金黄色，坠落地面后经5～8分钟后即可入土做一土室越冬（图⑫）。土室内面光滑细致，呈椭圆形。

防治方法

物理防治　成虫盛发期，可在4月中旬至5月上旬用绿色、黄色粘虫板、黄绿色胶带诱杀成虫，可有效灭杀成虫。在林地内离地面40cm左右的树干上布置黄绿色黏虫胶带，或在接近地面的位置水平放置诱虫板，可以诱集大量成虫，但雄虫占比较大。

营林措施　松阿扁蜂分布广泛，部分地区危害十分严重。在危害不明显的林区，采取营造混交林、加强森林抚育管理，改善生态环境，提高林木抗虫能力以及保护天敌等措施，可预防或减轻其危害。在秋末冬初进行松树林地垦山翻土，破坏其越冬的场所，人工挖除越冬幼虫，也可有效减少虫源。

综合防治　对于危害较轻的林区，一般采用生物防治为主、化学防治为辅的综合措施。对严重危害的林区采用化学防治为主，来保护林分安全。生物防治可采用Bt悬浮剂稀释100～300倍液，加5%的溴氰菊酯10000倍弥雾防治，或用白僵菌稀释液进行弥雾防治；也可采用高效低毒农药采取地面喷雾、喷粉和撒施药剂等方式防治出蛰成虫。发生面积较大、危害严重时可采用飞防技术控制。

参考文献

党政武，周书剑，2010. 松阿扁叶蜂生物学特性及防治技术研究[J]. 陕西林业科技(3): 44-46.

高锋，仲伟元，于新社，等，2011. 不同颜色粘虫板诱捕松阿扁叶蜂技术研究[J]. 中国森林病虫，30(3): 33-35.

武星煜，辛恒，马虽有，2003. 松阿扁叶蜂发生规律及防治技术研究[J]. 甘肃林业科技，30(1): 20-23, 49.

萧刚柔，黄孝运，周淑芷，等，1992. 中国经济叶蜂志(I)(膜翅目：广腰亚目)[M]. 西安：天则出版社.

张涛，孙宽莹，2020. 松阿扁叶蜂生物学特性及防治技术探讨[J]. 农业开发与装备(3): 228, 230.

SHINOHARA A, 2000. Pine-feeding webspinning sawflies of the *Acantholyda posticalis* group (Hymenoptera, Pamphiliidae)[J]. Bulletin of the National Science Museum. series A: Zoology, 26(2): 57-98.

（撰稿：魏美才；审稿：牛耕耘）

松长足大蚜　*Cinara pinea* (Mordvilko)

一种危害松属植物的重要害虫。英文名large pine aphid。半翅目（Hemiptera）蚜科（Aphididae）大蚜亚科（Lachninae）长足大蚜属（*Cinara*）。国外分布于前苏联区域、罗马尼亚、荷兰、土耳其、葡萄牙、捷克、斯洛伐克、英国、法国、德国、挪威、波兰、瑞士、瑞典、奥地利、匈牙利、加拿大及美国。中国分布于内蒙古、辽宁、吉林、黑龙江、浙江、山东、四川、贵州、云南、西藏、陕西、甘肃、青海、新疆、台湾等地。

寄主　油松、黑松、马尾松、樟子松、云南松、地盘松、欧洲赤松、南欧黑松、日本赤松、短叶松及落叶松等。

危害状　以成虫、若虫群集在松树幼嫩枝干吸食汁液危害。严重危害时，松针尖端发红变干，针叶上出现黄红色斑，枯针、落针明显；松针上出现蜜露，远处可见明显亮点，顺松针或枝干流黏水，大量黏水可沾染烟尘和煤粉，使松树受煤污菌侵染，诱发煤污病，造成树势衰弱、甚至死亡

（图 3）。

形态特征

无翅孤雌蚜　体卵圆形。体长 3.73mm，体宽 2.30mm。活体褐色。玻片标本头部、胸部褐色，腹部淡色；触角节Ⅰ、节Ⅱ、节Ⅴ端部、节Ⅵ黄褐色，其余淡色；喙深褐色；股节褐色，胫节基部和端部 1/2、跗节深褐色，其余黄褐色；腹管、生殖板、尾片、尾板黄褐色。腹部背片Ⅷ有 1 横斑贯全节。体表光滑。节间斑黑褐色。中胸腹岔有长柄。触角长 1.66mm，为体长 45%，节Ⅲ长 0.60 mm，节Ⅰ～Ⅵ长度比例：19∶18∶100∶44∶54∶29+12；节Ⅰ～Ⅵ毛数：6 或 7，6～8，19～33，7～11，8～15，5～7+2～4 根，节Ⅵ鞭部有 3 根亚端毛。喙端部达腹部腹板Ⅲ，有次生毛 3～6 根。后足股节长 1.55mm，为触角节Ⅲ的 2.58 倍；后足胫节长 2.31mm，为体长的 12%；各足跗节Ⅰ有毛约 20 根。腹管位于多毛的圆锥体上。尾片宽圆形，有刺突，有长短毛 21～35 根。尾板宽圆形，有粗长毛 35～40 根。生殖板有毛 22～40 根（图 1）。

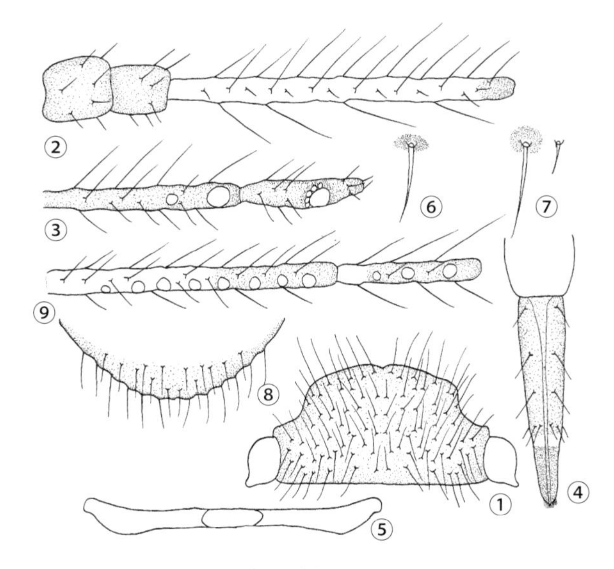

图 1　松长足大蚜（钟铁森绘）

无翅孤雌蚜：①头部背面观；②触角节Ⅰ～Ⅲ；③触角节Ⅴ～Ⅵ；④喙节Ⅳ+Ⅴ；⑤中胸腹岔；⑥腹部背片Ⅷ背毛；⑦体背毛；⑧尾片
有翅孤雌蚜：⑨触角节Ⅲ～Ⅳ

有翅孤雌蚜　触角节Ⅲ～Ⅵ长度比例：100∶52∶52∶22+1；节Ⅲ、Ⅵ有圆形次生感觉圈 7～10 及 0～2 个。前翅中脉弱，分为 3 支。其他特征与无翅孤雌蚜相似。

生活史及习性　以卵在松针上越冬。翌年 3 月底 4 月初，若蚜开始孵化，刚孵化出的若蚜多在松梢的松针基部刺吸危害，逐渐向枝干上扩展。4 月中旬出现成熟干母，并开始进行孤雌生殖。6 月上旬出现有翅孤雌蚜，并迁飞扩散到其他树枝孤雌生殖，一次可产若蚜 10 多头，累计达 30 多头，6 月中下旬有翅孤雌蚜明显增多，是松长足大蚜危害的最严重季节。从 4 月中旬到 10 月上旬均可危害，以 5～6 月和 9～10 月危害最为严重。10 月中下旬出现性蚜（有翅雄、雌性蚜），此时雌成虫腹末分泌白色蜡粉。成虫交配后，于 11 月初雌蚜产卵在松针上，并把蜡粉涂抹到卵粒上加以保护。卵常 8 粒，最多 22 粒，整齐排列在松针上越冬，两卵之间有丝状物连接。

图 2　松长足大蚜生态照（陈睿摄）

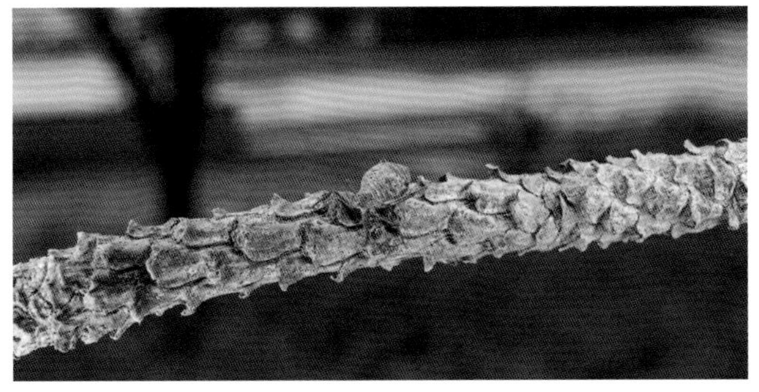

图 3　松长足大蚜危害状（陈睿摄）

防治方法

物理防治　冬季剪除附卵针叶，集中烧毁，消灭越冬虫源。干旱时，用高压水枪喷射清水冲刷虫体进行集中防除。

化学防治　在越冬代卵孵化盛期和严重危害期，采用 20% 氰戊菊酯乳油 3000 倍液、10% 吡虫啉可湿性粉剂 1000 倍液、50% 啶虫脒水分散粒剂 3000 倍液、40% 啶虫・毒乳油 1500～2000 倍液、啶虫脒水分散粒剂 3000 倍液 +5.7% 甲维盐乳油 2000 倍混合液等进行喷雾防治；同时，在公园、街道、广场等公众场所可用 1% 苦参碱可溶性液剂 1000 倍液或 1.2% 烟碱・苦参碱乳油 1500 倍液等植物源农药喷雾防治。

参考文献

刘香娃, 2017. 松大蚜发生规律与综合防治 [J]. 南方农机, 48(12): 87.

张广学, 1999. 西北农林蚜虫志：昆虫纲　同翅目　蚜虫类 [M]. 北京：中国环境科学出版社.

（撰稿：姜立云；审稿：乔格侠）

松村松年　Shōnen Matsumura

松村松年（1872—1960），日本昆虫学家，日本近代昆虫学的奠基人。1872 年 3 月 5 日生于兵库县明石市。1888 年入札幌农学校，1895 年农科毕业并在该校攻读昆虫学研究生，1896 年在该校任助教授。1899—1902 年在柏林大学和匈牙利国立博物馆留学。1902 年返日，任札幌农学校教授。

松村松年（陈卓提供）

1903年获东京帝国大学理学博士学位。1907年任东京帝国大学农科大学教授。1918年任北海道大学农科大学教授，翌年获该校农学博士学位；1934年退休并被授予名誉教授称号。1960年11月7日在东京逝世。

松村在昆虫分类学领域涉猎广泛，命名了日本本土和中国台湾的超过1200种昆虫，涵盖昆虫纲的大部分目，且以鳞翅目和半翅目为最多。创立了日文昆虫名称体系并得到长期沿用。1926年创办了昆虫学期刊《松村昆虫》（*Insecta Matsumurana*）并一直刊行至今。发表论文240多篇，出版著作35部，其中最负盛名的当属1898年出版的《日本昆虫学》和1904—1921年间出版的《日本千虫图解》系列。松村一生中进行了大量采集活动，1906—1907年赴中国台湾调查甘蔗害虫并出版《中国台湾甘蔗害虫编附·益虫编》（1910），1920—1921年、1931—1932年两度赴欧考察并在意大利、北非采集，1940—1943年赴中国东北各地进行害虫调查，1934年退休后与捷克动物学家鲍姆（J. Baum）作世界采集旅行，他采集的标本与收藏的图书保存在北海道大学。

松村曾任日本昆虫学会会长与日本应用昆虫学会会长，1950年当选为日本学士院会员，1954年获评文化功劳者，1959年获评明石市荣誉市民，1960年被追授一等瑞宝勋章。

（撰稿：陈卓；审稿：彩万志）

松果梢斑螟 *Dioryctria pryeri* Ragonot

一种针叶树蛀食类害虫，严重危害油松、马尾松等松属植物。又名果梢斑螟、油松球果螟、松球果螟。英文名splendid knot-horn moth。鳞翅目（Lepidoptera）螟蛾总科（Pyraloidea）螟蛾科（Pyralidae）斑螟亚科（Phyeitinae）斑螟族（Phycitini）梢斑螟属（*Dioryctria*）。国外分布于日本、朝鲜、巴基斯坦、土耳其、法国、西班牙、意大利。中国分布于黑龙江、吉林、辽宁、内蒙古、山东、河北、北京、河南、山西、陕西、甘肃、青海、新疆、安徽、江苏、浙江、四川、贵州、台湾等地。

寄主 油松、马尾松、黄山松、赤松、黑松、白皮松、红松、樟子松、落叶松、华山松、火炬松、云杉等。

危害状 幼虫钻蛀危害球果、嫩梢和花序。2年生球果受害后，轻者局部组织变褐枯死，种子量少而质劣；重者则整个球果被毁，种子颗粒无收，仅残存外果鳞，干缩枯死，紧闭不开，严重影响当年采种和天然更新。当年生球果受害后，输导组织被破坏，养分正常供应被切断，球果干缩枯死，提早脱落，影响种子产量。枝梢受害后，常形成大量枯梢，侧梢丛生、树干弯曲。雄花枝遭蛀后大量折断，引起雄花枯萎，形响雌花受粉（图1）。

形态特征

成虫 体长9～13mm，翅展20～26mn。前翅赤褐色，近翅基有1条灰色短横线，内、外横线波状、银灰色，两横线间有暗赤褐色斑，靠近翅前后缘有浅灰色云斑，中室端部有1新月形白斑，缘毛灰褐色。后翅浅灰色，外缘暗褐色，缘毛淡灰褐色（图2①）。

卵 椭圆形。长径0.8～1.0mm，短径0.5～0.8mm。初产乳白色，孵化前变为黑色。

幼虫 老熟幼虫体长14～22mm。体漆黑色或蓝黑色，具光泽。头部红褐色。前胸背板及腹部第九、十节背板黄褐色。体上具较长的原生刚毛。腹足趾钩为双序环，臀足趾钩为双序缺环（图2②）。

蛹 纺锤形。赤褐色或暗赤褐色。体长10～14mm，宽3～4mm。腹末具6根钩状臂棘，中间的2根略长，每侧的2根等长呈扇状左右对称排列（图2③）。

生活史及习性 松果梢斑螟在中国1年发生1代，以幼虫在雄花序、受害球果或梢内越冬，也有少数在枝干树皮缝隙中内越冬。翌年4月中旬越冬幼虫开始活动，迁移危害，蛀入新雄花枝、新梢或2年生球果内取食危害。幼虫老熟后，即在被害的第二年生球果或当年生枝梢内化蛹。5月下旬至8月上旬为蛹期，化蛹盛期为6月下旬至7月中旬，蛹期17～22天。5月上旬成虫开始羽化，盛期为7月中旬至8月上旬，末期为8月下旬。成虫多在白天羽化，在陕西以8：00～12：00羽化最多，在浙江则以16：00～20：00最多。蛹壳遗留于原坑道内。成虫具较强趋光性。成虫寿命7～13天，平均9.4天，雌蛾和雄蛾比例1：4。成虫羽化后经7～9天开始产卵，卵多散产于聚生雄花的被害枝或球果的鳞片上、两鳞片中间处、嫩梢及伤口处、果痕处。卵期6～8天，7月上旬至9月中旬在林间可采集到卵。初龄幼虫取食残存而干枯的被害枝、果，取食量较少，发育迟缓。临近越冬前在虫道内吐丝结网，封住虫道口，并在其中越冬。

防治方法

物理防治 人工摘除虫害果；在成虫羽化盛期进行灯光诱杀。

生物防治 可在林间释放赤眼蜂、长距茧蜂或布撒器抛

图 1　松果梢斑螟危害状（徐芳玲提供）

①枝梢受害状；②花序受害状；③二年生球果受害状；④当年生球果受害状

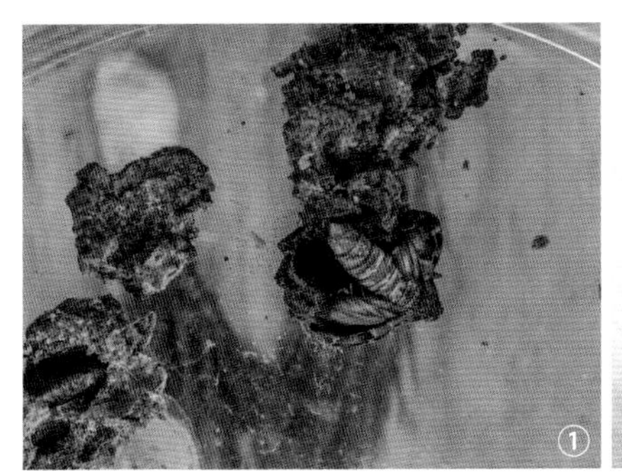

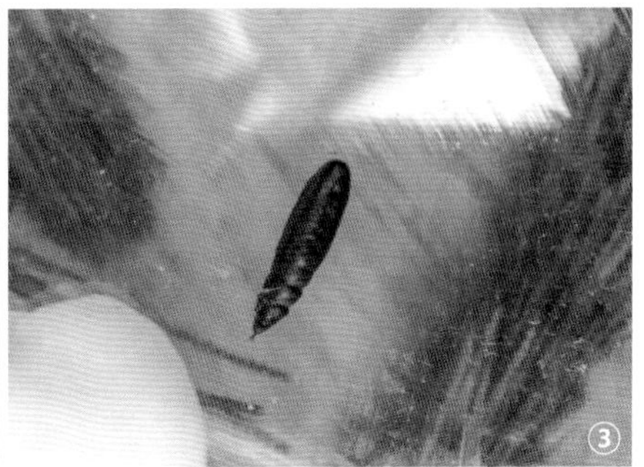

图 2　松果梢斑螟各虫态（徐芳玲提供）

①新羽化成虫；②球果内幼虫；③蛹

撒白僵菌药包，也可采用 25% 苏云金杆菌（Bt）乳剂 200 倍液喷洒。

化学防治　采用 1.2% 苦参烟碱烟剂放烟，或采用 45% 拟除虫菊酯微乳剂等喷雾。

参考文献

杜秀娟，宋丽文，高长启，等，2010. 松果梢斑螟不同危害期红松挥发性物质及与寄主选择的关系 [J]. 林业科学 (8): 107-113.

李新岗，刘惠霞，刘拉平，等，2006. 影响松果梢斑螟寄主选择的植物挥发物成分研究 [J]. 林业科学 (6): 71-78.

毛宝居，周胜利，徐清山，等，2006. 果梢斑螟生物学特性的研究 [J]. 吉林林业科技 (2): 29-31.

萧刚柔，1992. 中国森林昆虫 [M]. 2 版 . 北京 : 中国林业出版社 : 868.

袁荣兰，来振良，吴英，等，1990. 松果梢斑螟生物学特性的研究 [J]. 浙江林学院学报 (2): 54-59.

赵锦年，陈胜，1990. 两种松梢斑螟的重要天敌——长距茧蜂 [J]. 昆虫天敌 (4): 164-166.

（撰稿：徐芳玲；审稿：嵇保中）

松黑天蛾　*Sphinx caligineus* (Butler)

一种以幼虫危害油松、樟子松、赤松等针叶树的食叶害虫。鳞翅目（Lepidoptera）天蛾科（Sphingidae）面形天蛾亚科（Acherontinae）松天蛾属（*Sphinx*）。国外分布于日本、前苏联区域。中国分布于河北、黑龙江、浙江、上海。

寄主　油松、樟子松、赤松等。

危害状　取食针叶造成缺刻。

形态特征

成虫　翅展 60～80mm，体翅暗灰色，胫板及肩板呈棕褐色；腹部背线及两侧有棕褐色纵带。前翅内线及外线不明显，中室附近有倾斜的棕黑色条纹 5 条，顶角下方有 1 条向后倾斜的黑纹；后翅棕褐色，缘毛灰白色（图 1、图 2④⑤）。

幼虫　老熟幼虫体长 47～50mm，头椭圆，冠缝两侧有顶部连接的黑色宽带两条。上唇及触角灰黑色，上唇宽而浅，刚毛 12 根；上颚有条状白齿 5 枚，内侧中下部有峰状齿 2 个，各齿间有龙脊。身体灰褐色，前胸背板骨化强，每侧有 3 条较宽的黑色纵带，各体节均有断续的黑色斜纹形成的背线、侧背线及气门上线。前胸分节不明显，中胸分为 6 个小节。臀板及后足外侧有污黄色斑 1 块，上面密布深色散纹。尾角分叉，黄褐色。3 对胸足淡黄色，端部黑色；腹足褐色，基部有白斑。初孵幼虫灰黑色，三龄后色斑逐渐加深（图 2①～③）。

生活史及习性　1 年发生 2 代，以蛹越冬，成虫 5～7 月间出现，主要危害松树。

防治方法

农业防治　人工捕杀幼虫，挖土灭蛹。

物理防治　灯光诱杀成虫。

化学防治　幼虫盛发期，使用 25% 灭幼脲Ⅲ号悬浮剂、2% 巴丹粉剂、10% 吡虫啉可湿性粉剂、2.5% 溴氰菊酯乳油等进行喷杀。

参考文献

胡玉山，王志明，皮忠庆，等．吉林省害虫一新亚种——松黑天蛾 [J]. 吉林林业科技 (3): 35.

中国科学院动物研究所，1983. 中国蛾类图鉴Ⅳ [M]. 北京：科学出版社：391.

朱弘复，王林瑶，1997. 中国动物志：昆虫纲　第十一卷　鳞翅目　天蛾科 [M]. 北京：科学出版社：47, 201.

图 2　松黑天蛾虫态（张培毅摄）
①②幼虫；③老熟幼虫；④⑤成虫

图 1　松黑天蛾成虫（袁向群、李怡萍提供）

（撰稿：魏琮；审稿：陈辉）

松尖胸沫蝉　*Aphrophora flavipes* Uhler

一种主要危害松 1～3 年生嫩梢的害虫。又名松沫蝉、吹泡虫。英文名 pine spittlebug。半翅目（Hemiptera）尖胸沫蝉科（Aphrophoridae）尖胸沫蝉属（*Aphrophora*）。国外分布于朝鲜半岛、日本和俄罗斯。中国分布于黑龙江、吉林、辽宁、河北、山东、安徽、浙江等地。

寄主　赤松、黑松、樟子松、油松、红松、马尾松、落叶松等。

危害状　成虫和若虫均危害松梢，嫩梢受害后缢缩变细，呈灰黑色，严重影响树液正常流动；受害严重时，会造成松树针叶枯黄。若虫在危害时，常由腹部排出白色泡沫以保护虫体（图 1），故又名“吹泡虫”。被刺吸过的嫩梢缢缩变细，呈灰黑色，如种群密度过大，会造成树液过度损失、松针枯黄。

形态特征

成虫　体长 9～10mm，头宽 2～3mm。头部向前突出，中央呈黑褐色，两侧黄褐色。复眼 1 对，黑褐色；单眼 2 对，红色。触角短，呈刚毛状。前胸背板淡褐色，前缘中央为黑褐色，中线隆起。小盾片近三角形，黄褐色，中部颜色较暗。翅灰褐色，基部和中部具褐色宽横带，外部具褐色斑纹。跗节 3 节，后足腿节外侧有 2 个明显的棘刺（图 2）。

卵　长 1.9mm，宽 0.6mm，长茄形或弯披针状。初产时乳白色，后变为淡褐色，尖端有 1 纵向的黑色斑纹。

若虫　初龄若虫头胸部黑色或黑褐色，腹部淡红色，末龄若虫黑褐色或黄褐色，复眼赤褐色。触角刚毛状，位于复眼的前方。胸部背面有翅芽，头胸部背面的中央有 1 条黄褐色中线。腹部 9 节，末端较尖。足的跗节端部有爪（图 3）。

生活史及习性　1 年发生 1 代，以卵越冬。在山东崂山，卵 4 月下旬开始孵化，5 月上旬为孵化盛期，若虫龄期 60～70 天；在日本东京，卵 4 月底开始孵化，若虫期 60～62 天；在辽宁阜新，卵 5 月中旬孵化，若虫期约 61 天。若虫孵化多集中在 6：00～8：00，孵出后喜群居，常 3～5 头聚集在一起，多者达 30 多头；若虫老熟后，爬至针叶上部静止不动，准备羽化。在山东崂山，成虫 6 月下旬开始羽化，7 月上旬为羽化盛期，10 月以后陆续死亡；羽化多集中在清晨 4：00～6：00，约占总羽化量的 80%；成虫多栖息于小枝上，受惊扰时即行弹跳或短距离飞行；成虫羽化后需进行较长时间的营养补充，吸食嫩梢针叶基部树液，分散危害，不再排泄泡沫，对树的危害也比若虫轻；成虫寿命平均 20～30 天，雌虫最长 138 天，雄虫最长 126 天；8 月中旬开始交配、产卵，卵产于当年生的松针鞘内。

图 1 松尖胸沫蝉危害状（王建军提供）

图 2 松尖胸沫蝉成虫（王建军提供）

图 3 松尖胸沫蝉若虫（王建军提供）

防治方法

化学防治　若虫期可使用氧化乐果、溴氰菊酯、吡虫啉、氟啶虫胺腈、高效氯氰菊酯、苦参碱、高渗苯氧威、阿维菌素等药剂进行涂干、注射和喷雾，在大部分成虫羽化后、产卵前，使用“林敌”烟剂防治，成虫的死亡率可达到 100%。

参考文献

高宇，张睿，遇文婧，2018. 不同药剂对樟子松松沫蝉防治效果 [J]. 东北林业大学学报，46(9): 93-97.

高宇，张睿，遇文婧，2018. 松沫蝉在牡丹江地区樟子松林的分布与发生规律 [J]. 中国森林病虫，37(6): 10-12, 26.

李红丹，张日升，刘敏，等，2015. 樟子松人工林松沫蝉药剂防治研究 [J]. 防护林科技 (3): 31-33.

刘桂荣，宋晓东，徐贵军，等，2000. 松沫蝉与松枯梢病的关系及其防治 [J]. 北华大学学报：自然科学版 (4): 347-350.

马国林，洪振环，刘辉军，等，2001. 氧化乐果涂干防治松沫蝉试验 [J]. 吉林林业科技 (3): 21-22.

王建军，栾庆书，邢礼国，等，2017. 松沫蝉若虫和成虫林间防治技术研究 [J]. 辽宁林业科技 (5): 15-17, 33.

邢礼国，王建军，栾庆书，等，2017. 松沫蝉在辽宁阜新地区的发育动态 [J]. 辽宁林业科技 (1): 7-10.

徐桂莲，刘修英，韩秀霞，等，1997. 松沫蝉防治试验初报 [J].

吉林林业科技 (3): 24-27.

张日升，宋鸽，刘敏，等，2015. 章古台地区樟子松人工林松沫蝉分布规律研究 [J]. 防护林科技 (10): 19-21.

周江山，沈延新，2001. 氧化乐果打孔注药防治松沫蝉试验 [J]. 吉林林业科技 (2): 11-12, 15.

（撰稿：侯泽海；审稿：宗世祥）

松瘤象 *Sipalinus gigas* (Fabricius)

一种危害树干的重要害虫。鞘翅目（Coleoptera）象虫科（Curculionidae）松瘤象属（*Sipalinus*）。国外分布于朝鲜、日本等地。中国分布于江苏、福建、江西、湖南等地。

寄主 马尾松等。

危害状 在树干下面1m范围内的树干基部，有明显蛀孔和蛀屑，在马尾松林内呈团状危害，受害树1～2月即可枯死，少的有幼虫四条，多的达15条，衰弱木受害重（图1）。该虫种能在原木贮存期继续蛀害，制成板材后仍有危害。

图1 松瘤象羽化孔危害状（任利利提供）

形态特征

成虫 体长15～25mm。体壁坚硬，黑色，具黑褐色斑纹。头部呈小半球状，散布稀疏刻点；喙较长，向下弯曲，基部1/3较粗，灰褐色，粗糙无光泽；端部2/3平滑，黑色具光泽。触角沟位于喙的腹面，基部位于喙基部1/3处。前胸背板长大于宽，具粗大的瘤状突起，中央有一条光滑纵纹。小盾片极小。鞘翅基部比前胸基部宽，鞘翅行间具稀疏，交互着生有小瘤突。足胫节末端有1个锐钩（图2①）。

卵 长3～4mm，白色，产于树皮裂缝中。

幼虫 老熟时体长8～27mm，乳白色，肥大肉质；头部黄褐色，足退化，腹末有棘状突3对（图2②）。

蛹 体长15～25mm，乳白色，腹末有二向下尾状突。

生活史及习性 该虫在重庆渝北区1年发生1代，以幼虫在木质部坑道内越冬。翌年5月上旬开始化蛹，5月中旬为化蛹盛期，蛹期15～25天，5月下旬初始见成虫，6月上旬为羽化盛期。成虫羽化后需8～11天时间补充营养，在6月上旬始见产卵痕，6月中旬为产卵盛期。卵期12天左右，在6月末始见初孵幼虫，7上旬为幼虫孵化高峰期。幼虫孵化后即蛀食韧皮部和木质部表层，以后逐渐向木质部危害，可穿蛀于心材部分，蛀屑白色颗粒状，量大，排出堆积在被害材外面，以中、老熟幼虫越冬。

羽化后成虫先呆在树干蛀道内，经1～2天后飞出树干蛀道啃食嫩枝取食以补充营养，喜欢聚集在壳斗科植物溢出的树液处。成虫具假死性和较强的趋光性。成虫羽化后5～8天进行交尾，10～12天开始产卵。

防治方法

人工防治 对受松瘤象危害的树木实行全面锯伐，伐桩不高于5cm；将伐除的树木运出林区空阔地集中烧毁；对伐桩先用刀砍“十”字形，“十”字达2cm以上，再用药液1∶20的虫线清水溶液喷淋，每伐桩10ml，最后用白色塑料袋罩住伐桩，防止药液挥发。

①

②

图2 松瘤象形态（任利利提供）

①成虫；②幼虫

物理防治　利用成虫具有较强趋光性的特性，在成虫期设置黑光灯等诱杀成虫，可有效降低虫口密度，减轻危害。

参考文献

何志华，柴希民，章今方，等，1993. 松瘤象生物学研究 [J]. 浙江林业科技，13(5): 36-37, 52.

萧刚柔，李镇宇，2020. 中国森林昆虫 [M]. 3 版. 北京：中国林业出版社.

（撰稿：范靖宇；审稿：张润志）

松墨天牛　*Monochamus alternatus* Hope

一种严重危害马尾松、黑松等松属植物的钻蛀性害虫。又名松褐天牛、松天牛。鞘翅目（Coleoptera）天牛科（Cerambycidae）沟胫天牛亚科（Lamiinae）墨天牛属（*Monochamus*）。国外分布于日本、朝鲜、老挝、越南、韩国等。中国分布于福建、江西、安徽、河南、陕西、山东、湖南、湖北、江苏、浙江、广东、广西、四川、云南、贵州、台湾、香港等地。

寄主　马尾松、黑松、赤松、云南松等。

危害状　幼虫钻蛀树干，成虫是松材线虫的主要传播媒介。受害松木树皮外有刻槽（图 1），并有少量新鲜排粪或流胶劈开木质部可见"C"字形坑道。成虫羽化孔圆形。

形态特征

成虫　体长 15～30mm，宽 4.5～9.5mm，赤褐或暗褐色。触角栗色，雄虫触角超过体长 1 倍多，雌虫触角约超出体长 1/3。前胸宽大于长，多皱纹，前胸背板有 2 条橘黄色纵纹，两侧各具 1 刺状突起，小盾片密生橘黄色绒毛。鞘翅上各具 5 条方形或长方形黑斑与灰白绒毛斑相间组成的纵纹。腹面及足杂有灰白色绒毛（图 2）。

幼虫　乳白色、扁圆筒形，体长 25～33mm，老熟时体长可达 43mm。头部黑褐色，前胸背板褐色，中央有波形横线（图 3①②）。

蛹　为离蛹，乳白色，略黄，圆筒形，腹末狭长（图 3）。头、足腿节端部和跗节末端，以及腹部背面均密生小刺，以腹部末端的小刺为最大。体长 20～28mm。

卵　长 4mm，乳白色，略呈镰刀形。

图 1　松墨天牛危害状（任利利提供）
①被害木产卵后可见流脂；②刻槽；③刻槽内卵

图 2　松墨天牛（任利利提供）
①成虫；②前胸背板及中胸小盾片；③成虫交配

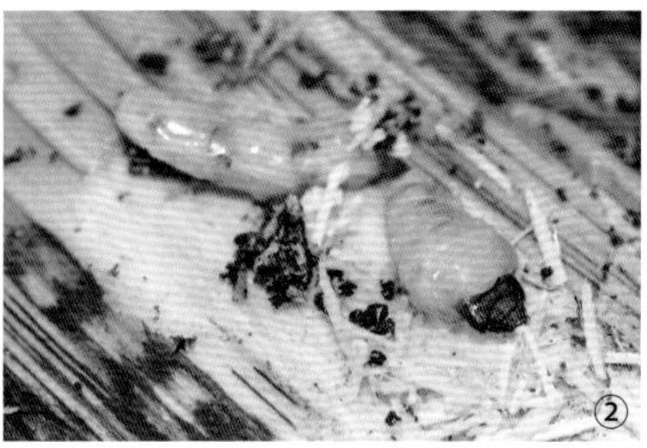

图 3　松墨天牛的幼虫和蛹（任利利提供）

①幼虫背面；②幼虫腹面；③蛹

生活史及习性　在中国北方及南方部分地区 1 年发生 1 代，南至广西、广东地区后 1 年可发生 2 代，海南等地区 1 年可发生 3 代。由北至南 1 年的发生代数在增加。

在 1 代区，越冬幼虫一般在翌年 4 月上旬至 5 月上旬开始化蛹，成虫 5 月上旬至 5 月下旬羽化，6 月产卵，幼虫 6 月下旬至 7 月上旬孵化，危害至 11 月开始越冬。2 代区（以广西贺州为例），越冬幼虫翌年 4 月上旬开始羽化，4 月下旬羽化高峰，羽化 20 天左右开始产卵，7 月上旬 1 代成虫开始羽化，8 月上旬产卵，8 月中旬幼虫孵化，入木取食，并以幼虫在树干木质部越冬。

成虫羽化后活动分为移动分散期、补充营养期、交配期和产卵期。成虫大都取食当年生树枝补充营养。大多数成虫补充营养 10 天才进行交配，雌雄均有多次交配习性。雌虫产卵时先沿树干垂直方向咬一锥形或横椭圆形刻槽，再将产卵管由刻槽向上插入树皮与边材间产卵。卵多产在衰弱木或新伐木上。每槽产卵 1 粒。幼虫一般 5 龄，初龄幼虫在韧皮部取食，排出褐色粉状粪便；二龄后期在皮层与边材间取食，咬蛀成弯曲浅平的不规则蛀道，道内充满白色纤维状蛀屑和虫粪；三龄幼虫沿边材钻凿呈扁椭圆形的侵入孔，进入木质部继续向斜上方蛀食，将咬出的长纤维木丝排于树皮下的蛀道内，再向上蛀成肾形蛹室。11 月中旬前后幼虫在蛹室内越冬。该虫属于次期性害虫，因其他病虫危害、干旱、低温冻害等造成松树生长势衰弱或林内卫生条件不好，有风倒木、濒死木、过高的伐根等没有及时清理的树木，都是该虫繁殖的良好场所。

防治方法

生物防治　通过向林间释放肿腿蜂、花绒寄甲、姬蜂等，或喷洒白僵菌液来寄生或感染松墨天牛，以降低虫口密度。也可用植物源及性信息素引诱剂诱捕。

营林措施　清理枯死木与衰弱木。

化学防治　成虫期喷洒化学药剂防治。

参考文献

安榆林，1992. 南京地区松褐天牛生物学特性的初步研究 [J]. 植物检疫 (2): 57-59.

蒋丽雅，朋金和，周健生，等，1997. 松褐天牛引诱剂 Mat-1 号的研究 [J]. 森林病虫通讯 (3): 5-7.

来燕学，张世渊，黄华正，等，1996. 松墨天牛在松树枯萎中的作用 [J]. 浙江林学院学报 (1): 75-81.

唐伟强，吴沧松，吴银海，2000. 几种诱捕松墨天牛方法的效果分析 [J]. 浙江林学院学报，17(3): 106-108.

王陈，2015. 松墨天牛的生物学特性及综合防治技术 [J]. 安徽农学通报 (9): 101-102.

徐克勤，徐福元，王敏敏，等，2002. 应用管氏肿腿蜂防治松褐天牛 [J]. 南京林业大学学报（自然科学版），26(3): 48-52.

KOBAYASHI F, YAMANE A, IKEDA T, 1984. The Japanese pinesawyer beetle as the vector of pine wilt disease[J]. Annual review of entomology, 29: 115-135.

（撰稿：任利利、李佳星；审稿：骆有庆）

松皮小卷蛾　*Cydia pactolana* (Zeller)

一种危害落叶松、云杉、油松等的枝干害虫。又名落叶松皮小卷蛾。鳞翅目（Lepidoptera）卷蛾总科（Tortricoidea）卷蛾科（Tortricidae）小卷蛾亚科（Olethreutinae）小食心虫族（Grapholitini）小卷蛾属（*Cydia*）。国外分布于欧洲。中国分布于黑龙江、辽宁、吉林、青海等地。

寄主　落叶松、云杉、油松。

危害状　一、二龄幼虫食害树木表层，形成浅而细的坑道。三龄幼虫取食韧皮部，形成较宽的坑道，排出黄褐色颗粒状虫粪并伴有流脂现象，虫粪遇树胶贴在侵入孔处，不易脱落，被害严重的树干上挂满黄褐色成堆的虫粪，成为识别松皮小卷蛾幼虫危害的重要特征（图 1）。

形态特征

成虫　翅展 12～13mm。头部有较长的白色鳞片，复眼黑色（少数红色），下唇须略上弯。前翅灰黑色，前缘钩状纹明显。基斑杂乳白色鳞片，呈灰褐色，中部外凸；基斑和中带间为白色，近前缘处窄，近后缘处宽，翅中部为最窄或间断并向外缘弯曲，其中混杂一些黑色短条斑；中带偏下方有 1 个黑色圆形斑纹，圆斑外侧有 2 条断续银灰色具金属光泽的条纹，2 条纹间中央有 4 个黑斑点；外缘黑色，有上、中、下 3 个白斑点。后翅暗灰褐色。近基部色淡。缘毛白色，缘毛比前翅长（图 2）。

卵　扁椭圆形，长 0.5～0.6mm，宽 0.3～0.4mm。初产时乳黄色，很快变成鲜红色，孵化前暗紫红色。

幼虫　老熟幼虫长约 15mm，乳白色。头部黄褐色。前胸背板及臀板灰褐色，头壳 1/2 处有裂缝，中下背部有 1 个

图 1 松皮小卷蛾危害状（于春梅提供）

图 2 松皮小卷蛾成虫（于春梅提供）

黑点。趾钩单序环（图 3）。

蛹　体长约 10mm，黄褐色，羽化前为黑褐色，头部有 2 个黑色刺突，腹末有 8 根臀棘，中间 4 根较长（图 4）。

生活史及习性　青海西宁 1 年发生 1 代，以二、三龄幼虫在树皮下越冬，翌年开始取食，3 月下旬越冬幼虫开始活动，4 月中旬陆续在黄褐色颗粒状虫粪中化蛹，4 月下旬进入化蛹盛期，5 月下旬成虫陆续羽化，6 月上旬羽化结束。成虫羽化后将蛹壳的 2/3 留于树皮表面（图 5），倾斜或下垂。成虫无趋光性，一生只交尾 1 次。交尾后 1 天即产卵，卵产于树干基部 1m 以下的翘皮内。卵散产。每翘皮上产卵 1～7 粒。每雌虫平均产卵 28 粒。卵期 10 天左右。初龄幼虫十分活跃，到处爬行，不久即钻入树皮裂缝蛀食，并吐丝作网隐藏其中，取食时将头伸出。一、二龄幼虫取食树皮表层，三龄后蛀食韧皮部和木质部浅层，形成不规则蛀道，蛀道内壁光滑。幼虫有转移取食的习性，喜绕枝条基部、轮枝节周围取食，阳面多于阴面，多危害 0.5～4m 高的树干。严重时蛀道连片，于树皮开裂处流脂致使树势衰弱，老熟幼虫隐藏于带胶的虫粪中化蛹，头部一般多向上。此虫在幼树上发生重于老树，幼树中又以 7～12 年生的重于 5 年生以下的。疏林重于密林，林缘重于林内。

防治方法

检疫措施　加强苗木检疫，严禁带虫苗木栽植，防止传播蔓延。

物理防治　蛹羽化盛期，蛹外移露于树干表面，可用小刀或剪刀挖除或剪除虫蛹。

化学防治　幼虫期用吡虫啉或 4.5% 氯氰菊酯乳油涂干以毒杀幼虫。成虫期采用高渗苯氧威、烟碱、苦参碱、高效氯氰菊酯乳油等进行喷雾防治，每 7 天施药 1 次，连续 3

图 3 松皮小卷蛾幼虫（钱晓澍提供）

①幼虫；②幼虫头部

S

图 4 松皮小卷蛾蛹（钱晓澍提供）

图 5 松皮小卷蛾羽化后的蛹壳（钱晓澍提供）

次。清晨或傍晚施药，喷雾时以树干或树冠全湿药液下滴为宜。

参考文献

陈桂云，卢秀兰，逄春华，等，1992. 松皮小卷蛾生活史及防治对策初探 [J]. 东北林业大学学报 (S1): 189-192.

关庆伟，刘振陆，1988. 松皮小卷蛾及其天敌盲蛇蛉空间分布型的研究 [J]. 森林病虫通讯 (3): 8-9.

张贵有，高航，1993. 松皮小卷蛾寄生蜂生物学观察 [J]. 森林病虫通讯 (1): 22-23.

张时敏，1975. 松皮小卷蛾初步研究 [J]. 昆虫学报 (3): 307-310.

（撰稿：于春梅、钱晓澍；审稿：嵇保中）

松梢小卷蛾　*Rhyacionia pinicolana* (Doubleday)

一种危害松树、云杉枝梢的害虫。英文名 orange-spotted shoot moth。鳞翅目（Lepidoptera）卷蛾总科（Tortricoidea）卷蛾科（Tortricidae）小卷蛾亚科（Olethreutinae）花小卷蛾族（Eucosmini）梢小卷蛾属（*Rhyacionia*）。国外分布于欧洲、俄罗斯、日本、韩国。中国分布于北京、天津、河北、河南、山西、内蒙古、辽宁、吉林、黑龙江、福建、江西、贵州、陕西、宁夏、甘肃等地。

寄主　油松、欧洲赤松、偃松、地中海松、欧洲黑松、青海云杉。

危害状　以幼虫蛀食新梢为主，林木连年受害后树冠被害新芽梢部常向被害面弯曲下垂成钩状逐渐枯死，易于风折，严重影响树木生长。

形态特征

成虫　体长 6～7mm，翅展 19～21mm。体红褐色。前翅狭长，红褐色，翅面分布 10 余条银色横条斑，前缘有银色钩状纹。后翅深灰色，无斑纹，有灰白色的缘毛（图 1①）。

卵　橙黄色，扁椭圆形，长径 1.0～1.2mm，短径 0.8～0.9mm（图 1②）。

幼虫　老熟幼虫体长约 10mm。头部及前胸背板黄褐色，胴部红褐色（图 1③、图 2①②）。

蛹　黄褐色，长 6～9mm，羽化前变为灰黑色。腹部二至七节背面具齿突 2 列，腹末端具臀棘 12 根（图 1④、图 2③）。

生活史及习性　甘肃 1 年发生 1 代，以幼虫在被害梢内越冬。翌年 4 月中旬至 5 月中旬越冬幼虫开始活动，大多数聚集在雄花序上取食，5 月中下旬为危害盛期，至 6 中旬幼虫全部蛀入当年新梢内取食髓部，在蛀孔处常吐丝粘连松脂构成白色网状覆盖物，外面常带有虫粪。1 梢仅有 1 虫。6 月上旬至 7 月上旬，幼虫于被害梢内化蛹，蛹期 20～28 天。6 月下旬始见成虫羽化，7 月上中旬为羽化盛期，成虫羽化 2 天后便可交尾，交尾 2 天后即产卵。趋光性强。成虫寿命 7～15 天。卵单产于松针内侧中间，个别 3～4 粒成排，1 根针叶上一般产 1 粒，每雌产卵 30～80 粒，卵期约 10 天。7 月下旬至 8 月上旬幼虫孵化，8 月上中旬为孵化盛期，至 10 月上中旬幼虫开始陆续越冬。

防治方法

物理防治　利用成虫的趋光性，在林间设置黑光灯诱杀。

化学防治　低龄幼虫期用 2.5% 敌杀死乳油 5000 倍液，

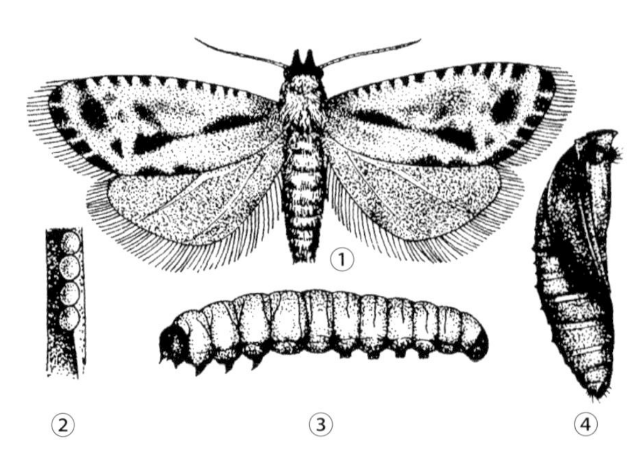

图 1 松梢小卷蛾形态（于长奎绘）
①成虫；②卵；③幼虫；④蛹

图 2 松梢小卷蛾形态（张培毅摄）

①②幼虫；③蛹

或 40% 氧化乐果乳油 1000 倍液喷雾，每隔 7 天喷 1 次，连续喷雾 2 次。也可用 2.5% 溴氰菊酯 0.5～1g/ 亩、20% 杀灭菊酯 8000～10 000 倍液（每亩 10~20ml）常规喷雾。

参考文献

李成德 , 2004. 森林昆虫学 [M]. 北京 : 中国林业出版社 .

施泽梅 , 2006. 甘肃兴隆山保护区松梢小卷蛾生物学特性研究 [J]. 甘肃林业科技 (2): 54-55.

中国科学院动物研究所 , 1981. 中国蛾类图鉴 [M]. 北京 : 科学出版社 .

SEVEN S, OZDEMIR M, OZDEMIR Y, et al, 2005. On the species of *Rhyacionia* Hübner[1825] (Lepidoptera: Tortricidae) in Turkey[J]. Phytoparasitica, 33(2): 123-128.

（撰稿：郝德君；审稿：嵇保中）

松实小卷蛾 *Retinia cristata* (Walsingham)

一种危害多种松树和侧柏枝梢、球果的钻蛀性害虫。英文名 pine shoot and cone tortrix。鳞翅目（Lepidoptera）、卷蛾总科（Tortricoidea）卷蛾科（Tortricidae）小卷蛾亚科（Olethreutinae）花小卷蛾族（Eucosmini）实小卷蛾属（*Retinia*）。国外分布于日本、韩国、朝鲜、泰国、俄罗斯、欧洲多个国家。中国分布于北京、黑龙江、辽宁、河北、山西、山东、江苏、江西、浙江、广东、广西、云南、湖南、四川、河南、安徽等地。

寄主 马尾松、黄山松、黑松、油松、湿地松、赤松、晚松、火炬松、长叶松、思茅松、侧柏。

危害状 以幼虫蛀食松树嫩梢或球果，导致新梢出现枯黄并弯曲呈钩状，球果枯死或种实数量减少。

形态特征

成虫 体长 4～9mm，翅展 11～19mm。体黄褐色，头深黄色，有土黄色冠丛；触角丝状，静止时贴伏于前翅上。前翅有黄褐色及银灰色斑纹，近基部 1/3 处有较淡的银灰色纹 3～4 条；翅中央有 1 宽约占全翅 1/3 的银灰阔带；前缘近顶角处有数条短银灰色钩状纹，靠臀角处有 1 银灰色肛上纹，内有 3 个小黑点；后翅暗灰色，无斑纹（图①）。

卵 椭圆形，长约 0.8mm，黄白色，半透明，近孵化时为红褐色。

幼虫 老熟长约 10mm，淡黄、光滑，无斑纹。头与前胸背板黄褐色（图②）。

蛹 纺锤形，长 6～9mm，宽 2～3mm，茶褐色。腹部末端具 3 个小齿突（图③）。

生活史及习性 辽宁 1 年发生 2 代，结薄茧以蛹在枯梢和球果中越冬，翌年 5 月上旬至 6 月上旬为成虫期，5 月中旬始见第一代幼虫危害松梢和刚膨大的 2 年生球果，在被害梢基部凝结松脂成套；6 月下旬至 8 月上旬出现第一代成虫，7 月中旬始见越冬代幼虫危害膨大后期至成熟期的球果，9

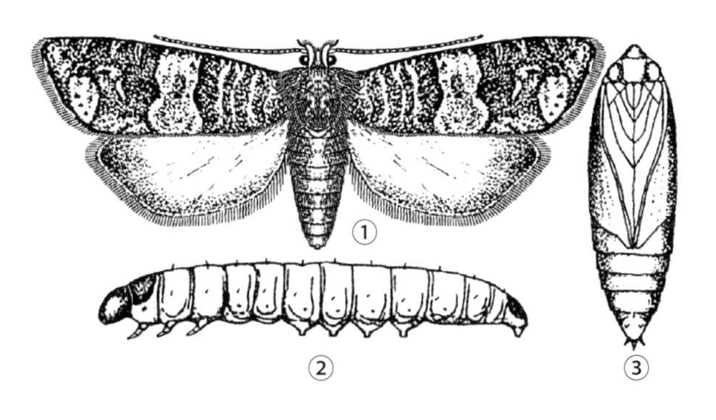

松实小卷蛾虫态（田恒德绘）

①成虫；②幼虫；③蛹

月中旬始见化蛹越冬。浙江1年发生4代，各代成虫出现时期分别为3月上旬至4月下旬，5月下旬至7月中旬，7月下旬至8月下旬，9月初至9月下旬。

成虫白天隐伏不动，夜晚活动。羽化当天傍晚即可交尾，交尾时间可长达20小时。卵产于针叶及球果基部鳞片上，散产，每雌平均产卵30余粒。成虫寿命3～9天。卵期15～20天。初龄幼虫爬行迅速，蛀食当年生嫩梢上半部。蛀食前先吐丝，然后啃咬表皮，并将啃下的碎屑粘于丝上，3～4天后逐渐向内蛀食髓心，蛀成长10cm，直径0.4cm的蛀道。每梢内有幼虫1～3头。6月大部分幼虫爬到2年生的球果上危害，从中部咬入，先啃食果皮，在啃咬处四周吐丝1圈，将咬下的碎屑粘于丝上。待咬成孔洞，爬入洞内，向上继续蛀食，不断吐丝，将碎屑及粪便推出洞口并与洞口的松脂凝集成漏斗状物。每个球果有幼虫1～3条不等；被害球果开始变黄，最后枯死。幼虫共5龄，发育历期约29天。老熟幼虫在被害枝梢或球果中咬食1个羽化孔，然后在孔下部吐丝，做长约1cm的光滑蛹室，静伏其中，2～3天后化蛹，蛹期约7天。每年10月中旬，蛹开始越冬。

防治方法

物理防治　利用成虫的趋光性，设置诱虫灯诱杀成虫。

营林措施　适当密植，营造混交林，加强抚育管理，使幼林提早郁闭，可减轻危害。人工摘除被害球果、蛀梢，集中销毁。

生物防治　在林相整齐，郁闭度0.5以上，地被物茂密，林间湿度相对较大林分，可以喷施白僵菌高孢粉。卵期释放赤眼蜂。

化学防治　幼虫在枝梢外活动时，利用2%的甲维盐、20%氯氰菊酯等药剂喷雾；当其蛀入梢内或果内后，可喷施吡虫啉、噻虫嗪、噻虫啉等药剂。

参考文献

萧刚柔，1992. 中国森林昆虫[M]. 2版. 北京：中国林业出版社：836-837.

许潜，周刚，沈金辉，等，2013. 松实小卷蛾的研究进展[J]. 湖南林业科技(3): 74-76, 80.

中国科学院动物研究所，1981. 中国蛾类图鉴[M]. 北京：科学出版社.

（撰稿：郝德君；审稿：嵇保中）

松树蜂　*Sirex noctilio* Fabricius

一种严重危害樟子松、欧洲赤松等松科树种的高危性害虫。英文名European woodwasp，horntail，steel blue，sirex wasp，woodwasp。膜翅目（Hymenoptera）树蜂科（Siricidae）树蜂属（*Sirex*）。国外分布于俄罗斯、蒙古、南非、乌拉圭、德国、法国、西班牙、希腊、新西兰、澳大利亚、阿根廷、巴西、智利、美国、加拿大等国家。中国分布于黑龙江、内蒙古、吉林、辽宁。

寄主　国内：樟子松

国外：欧洲赤松、海岸松、辐射松、欧洲黑松、火炬松、湿地松等。

危害状　主要以幼虫及其携带的共生菌网隙裂粉韧革菌（*Amylostereum areolatum*）协同危害树木。幼虫钻蛀树木主干，在木质部钻蛀虫道。产卵过程中将自身分泌的毒素和体内的共生真菌随同卵一起注入寄主树木木质部内，毒素和共生菌能够严重影响树木的生理代谢过程，降解木质素、纤维素等，从而破坏树体内部结构，加速树势的衰弱甚至造成树木死亡。受松树蜂危害的树木，针叶颜色从绿色变浅、变黄甚至红棕色，一般伴随针叶萎蔫或脱落，树木最终逐渐死亡。松树蜂产卵后会在寄主主干上产生泪滴状流脂点；松树蜂的羽化孔是正圆形孔洞。劈开木段可见弯曲的虫道，且虫道被木屑和虫粪紧实填充（图1）。

形态特征

成虫　松树蜂成虫体长为10～44mm，雌性与雄性成虫相比体型略大体，圆柱形，触角鞭状，黑色；雌虫头部、胸腹部蓝黑色，有金属光泽，胸足橘黄色，仅末跗节和爪黑色，腹部末端呈现角突状，雌性产卵管腹面中部刻点间距与本身直径近等长，后足跗节第二节跗节垫是第二跗节的0.3～0.4倍长；雄虫头胸部蓝黑色，有金属光泽，腹部基部及末端呈黑色，第三至七腹节橘黄色，前中足橘黄色，后足腿节橘黄色，后足胫节黑色，基部1/6橘黄色（图3）。

卵　卵呈白色，表面光滑，长椭圆形，约1.55mm长，0.28mm宽（图2①）。

幼虫　松树蜂幼虫乳白色且为圆筒形，老熟时其体长10～20mm，头宽3～5mm，胸足3对，较短；腹部末端有黑色尾突（图2②）。

蛹　乳白色，颜色逐渐变深接近成虫（图2③）。

生活史及习性　一般1年1代。在黑龙江地区，成虫一般在7月至同年9月羽化，羽化盛期集中在8月中旬，雄虫一般早于雌虫3～5天羽化。成虫期寿命较短。阳光充足、温暖的天气（＞21°C）有利于雌雄虫的交配。交配过的雌虫可产雌性后代，也可产雄性后代，未交配的雌虫孤雌生殖，所产后代均为雄虫。

通过一系列的探测行为选择好合适的寄主后，雌虫在树干上产卵，产卵器穿过树皮形成一个产卵孔中，继而插入木质部，形成1～3个的产卵道。在一个产卵孔，雌虫至多产3粒卵，且每粒卵分别产于各自产卵道内；在产卵的同时，雌虫将体内的昆虫毒素和贮藏的共生菌菌丝片段或分节孢子通过产卵器注入产卵道内。松树蜂的幼虫虫龄数不固定，一般有6～12个虫龄。幼虫生长发育离不开共生菌，三龄之前幼虫活动在产卵道附近以共生菌菌丝为食，三龄及后的幼虫开始向木质部深处钻蛀，也只能取食被共生菌侵染过的木材。幼虫虫道弯曲，在距树皮约3cm左右处形成蛹室。成虫飞行能力较强。在中国仅危害樟子松，主要危害树势衰弱、胸径较小的树木，林分密度过大的区域易受危害，林间虫口密度大时也会集中危害健康树木。

防治方法　早期监测、控制种群。通过针叶失绿萎蔫、泪滴状流脂点圆形羽化孔判断是否有松树蜂危害，及时伐除虫害木并集中销毁，有效防止爆发和扩散。

保护和利用天敌　其中黑背皱背姬蜂指名亚种 *Rhyssa persuasoria persuasoria*（L.）、黑色枝跗瘿蜂指名亚种 *Ibalia*

图1 松树蜂典型危害状（骆有庆课题组提供）

①羽化孔；②虫道；③林分受害状；④产卵导致树木流脂

表1　松树蜂和新渡户树蜂简易辨别

	松树蜂		新渡户树蜂	
	雌	雄	雌	雄
腹部颜色	蓝黑色	腹部2-8节橘黄色，基部和末端蓝黑色	蓝黑色	全为橘黄色
足颜色	均为橘黄色	前中足橘黄色，后足胫节黑色，基部约1/6红褐色	均为黑色	前中足橘黄色，后足胫节黑色，基部约1/12红褐色
产卵器	刻点间距与产卵器直径近等长		刻点间距比产卵器直径长	
跗节	后足跗节第二节跗节垫是第二跗节的0.3～0.4倍长		后足跗节第二节跗节垫是第二跗节的0.8倍长	

图2 松树蜂各虫态（任利利提供）

①卵；②幼虫；③蛹；④雌虫

S

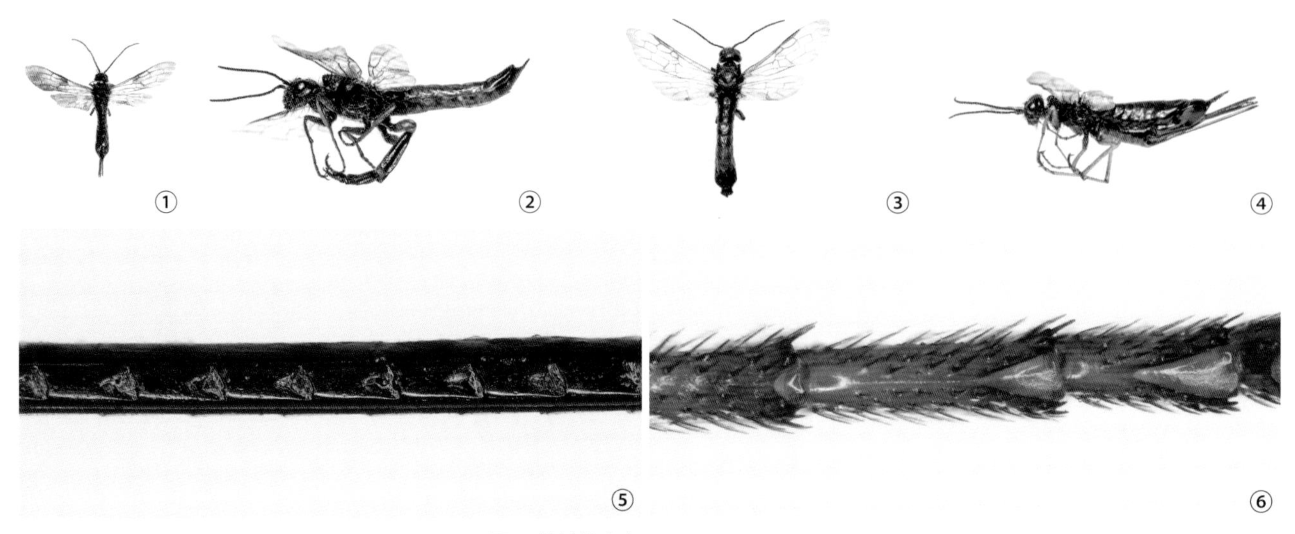

图3 松树蜂成虫（骆有庆团队提供）

①松树蜂雌虫正面；②松树蜂雌虫侧面；③松树蜂雄虫正面；④松树蜂雄虫侧面；⑤松树蜂产卵器；⑥松树蜂雌虫足跗节

leucospoides leucospoides（Hochenwarth）及马尾姬蜂属的 *Megarhyssa nortoni* 较有效，可以在一定程度上控制松树蜂种群密度。使用线虫防治是目前最有效的生物防治措施，松树蜂寄生性线虫 *Deladenus*（*Beddingia*）*siricidicola* 会使雌虫绝育，可人工繁殖并接种到虫害木中。在南半球，该线虫对松树蜂的侵染率可达 90%，防控效果较好。

营林措施　拔点除源，伐除虫害木；林分密度调整，间伐密度过大的林分，提高树势；卫生伐除，去除病枯木。特别注意的是营林措施实施应避开松树蜂羽化期。

诱饵木和信息素诱集　环割健康树木及注射除草剂（50% 的草甘膦等），伐倒衰弱木，人工制造适合松树蜂危害的衰弱木，引诱松树蜂集中危害，羽化期后集中处理销毁。或使用信息素搭配胶环型或漏斗型诱捕器，诱杀成虫。

严格木材及货物包装检验检疫。

参考文献

李大鹏，石娟，骆有庆，2015. 松树蜂与其共生真菌的互利共生关系 [J]. 昆虫学报，58(9): 1019-1029.

刘晓博，任利利，石娟，等，2020. 我国松树蜂雌虫的生殖潜力研究 [J]. 环境昆虫学报，42(5): 1076-1083.

孙雪婷，2020. 基于入侵遗传学的松树蜂中国种群扩散研究 [D]. 北京：北京林业大学.

王郑通，杨华巍，李碧鹰，等，2021. 松树蜂毒素腺解剖结构和毒素成分 [J]. 东北林业大学学报，49(3): 148-153.

徐强，2020. 外来入侵种松树蜂的生物生态学特性、监测与营林控制技术研究 [D]. 北京：北京林业大学.

AYRES M P, PENA R, LOMBARDO J A, et al, 2014. Host use patterns by the European woodwasp, *Sirex noctilio*, in its native and invaded range[J]. PLoS ONE, 9: e90321

BEDDING R A, 2009. Controlling the pine-killing woodwasp, *Sirex noctilio*, with nematodes use of microbes for control and eradication of invasive arthropods[M]. Springer Science Business Media B.V., 213- 235

DODDS K J, COOKE R R, HANAVAN R P, 2014. The effects of silvicultural treatment on *Sirex noctilio* attacks and tree health in northeastern United States[J]. Forests, 5, 2810-2824

HURLEY B P, SLIPPERS B, WINGFIELD M J, 2007. A comparison of control results for the alien invasive woodwasp, *Sirex noctilio*, in the southern hemisphere[J]. Agricultural and forest entomology, 9 (3): 159-17.

MADDEN J L, 1988. *Sirex* in Australasia[A] // Berryman A A. ed. Dynamics of forest insect populations: patterns, causes, implications[M]. Dordrecht: Springer: 407-429.

SLIPPERS B, DE GROOT P, WINGFIELD M J, 2012. The *Sirex* woodwasp and its fungal symbiont[M]. Dordrecht, Heidelberg, London, New York: Springer.

（撰稿：任利利、刘晓博；审稿：骆有庆）

松树皮象　*Hylobius haroldi* (Faust)

一种危害松树的重要害虫。鞘翅目（Coleoptera）象虫科（Curculionidae）树皮象属（*Hylobius*）。国外分布于俄罗斯（西伯利亚）、朝鲜、日本等地。中国分布在黑龙江、吉林、辽宁、河北、山西、陕西、四川、云南等地。

寄主　落叶松、红松、油松、樟子松、云杉等。

危害状　咬食树干中上部韧皮部造成树干块状疤痕，并流出大量树脂。疤痕过多时，将树干围成一环，梢头便枯死。

形态特征

成虫　体长 8～18mm，深褐色。头部背面布满不规则的、大小不等的圆形刻点。触角膝状，着生于喙的前半部。前胸前部较狭，具明显的脊和不规则的粗刻点，并且有由金黄色鳞片构成的圆点4个（背中线两侧各2个）。鞘翅深棕色，较前胸宽，上有近长方形的成虚线排列的刻点和金黄色鳞片构成的花纹，形成3条不规则的横带或构成“X”形。雌虫腹部背面7节，第一腹节腹面微凸；雄虫腹部背面8节，第一腹节腹面不凸。

卵 椭圆形，长约15mm。白色微黄、透明。

幼虫 老熟时体长可达15mm。白色，无足，微弯。头部红褐色或黄褐色。有2个强大的齿形上颚。第一胸节与第一至第八腹节上各有1对椭圆形气门。

蛹 长度与成虫相等。除上颚与复眼黑色外，全体白色。身体上布满对称排列的刺。腹端方形，并有1对大的保护刺。

生活史及习性 在塞罕坝地区，松树皮象1年发生1代，偶有跨年度现象。以成虫或老熟幼虫在树根或枯枝落叶层中越冬。翌年5月中旬越冬成虫出蛰，集中于落叶松更新地取食和交尾，危害2年生以上的幼树。咬食树干中上部韧皮部作为补充营养。6月中旬以后，成虫自更新地扩散到新鲜伐根下产卵，将卵产在伐根皮层中。

卵产下后，经2～3周孵化为幼虫。新孵化幼虫从产卵处沿伐根向下或沿侧根扩展取食，产生的粪便和木屑充塞虫道。幼虫约5龄，其发育的时间长短在很大程度上取决于温度、湿度和营养物的质量。幼虫沿主干取食深可达30cm，沿侧根取食延伸超过40cm。到9月末，大部分幼虫已经老熟，在皮层、皮层与边材间或全部在边材内做椭圆形蛹室休眠，少数孵化较晚的幼虫越冬时尚未老熟，越冬后需再取食一段时间。上年秋末已经老熟的休眠幼虫，经越冬阶段后，于7～8月化蛹。蛹期通常14～21天。

成虫7月末开始羽化。大部分新成虫羽化后，要在蛹室中潜伏15天（即8月中旬）才羽化出土，寻找幼树取食危害。羽化较晚的成虫并不出土，在蛹室内越冬。

防治方法

营林措施 在松树皮象危害严重的地块，针对发生与造林年限的关系，有计划地调整造林时间。

化学防治 将新鲜的落叶松树皮里面向地压在地面上，诱集皮象，集中销毁。在皮象的高发期，每年的8月上、中旬采用高效有机磷制剂喷洒幼林地旁边的成林，并且用绿色威雷100～200倍液喷洒幼树（主要是干部）进行保护。

参考文献

国志锋, 2004. 松树皮象生物学、生态学特性及综合控制对策[J]. 河北林果研究, 19(3): 213-215.

赵养昌, 陈元清, 1980. 中国经济昆虫志: 第二十册 鞘翅目 象虫科(一)[M]. 北京: 科学出版社.

（撰稿：范靖宇；审稿：张润志）

松突圆蚧 *Hemiberlesia pitysophila* Takagi

危害松树的危险性森林检疫蚧虫。又名松栉圆盾蚧、松栉盾蚧、松炎盾蚧。英文名pine-needle scale。半翅目（Hemiptera）蚧总科（Coccoidea）盾蚧科（Diaspididae）栉圆盾蚧属（*Hemiberlesia*）。国外分布于日本、韩国。中国分布于福建、江西、台湾、广东、香港、澳门。

寄主 马尾松、火炬松、南亚松、裂果沙松、黑松、湿地松、晚松、光松、加勒比松、卵果松、展叶松、短针松等松科植物。

危害状 雌成虫和若虫群集于叶鞘基部、针叶、嫩梢和球果上吸食汁液，被害处缢缩变黑，针叶枯黄。严重时针叶脱落，新抽枝条变短发黄，甚至整株死亡（见图）。

形态特征

成虫 雌成虫介壳孕卵前近圆形，扁平，灰白色，蜕皮位于中央，或略偏，橘黄色；孕卵后介壳变厚，呈雪梨状。雌成虫体阔梨形，长0.7～1.1mm，宽0.5～0.9mm，淡黄色；第二至四腹节侧缘向外稍突；触角疣状，上有刚毛1根。臀板硬化，臀叶2对，中臀叶突出，宽略大于长，端圆，每侧各有1缺刻；第二臀叶小；硬化棒1对，位于中臀叶和第二臀叶间。腺刺细且短，其长度不超过中臀叶，在中臀叶间有1对，中臀叶与第二臀叶间各1对，第二臀叶前各3对；背腺管细长，中臀叶间有1个，中臀叶与第二臀叶间每侧各3个，第二臀叶前有2纵列，分别为4～8个和5～7个；腹腺管细小，分布在头胸部和前5腹节边缘；肛孔位于臀板基部；围阴腺无。雄介壳长椭圆形，灰白色，蜕皮褐色，突出于一端。雄成虫体纺锤形，橘黄色，长约0.8mm，翅展1.1mm；触角10节；单眼2对；前翅膜质，有2条翅脉；

松突圆蚧危害状（黄少彬摄）

后翅退化为平衡棒，顶端有钩状毛1根；腹末交尾器发达，长而稍弯曲。

若虫 初孵若虫体椭圆形，长0.2～0.3mm，宽0.1～0.3mm，淡黄色；单眼1对；触角4节，端节最长，其长约为基部3节之和的3倍；足和口器发达；中胸到体末的背缘有管腺分布；臀叶2对，中臀叶发达，外缘有缺刻，第二臀叶小；中臀叶间有长、短刚毛各1对。

生活史及习性 福建福清1年发生4代，广东南部5代，无明显越冬期。世代重叠严重。每年3～5月是该蚧发生的高峰期，9～11月为低谷期。3月中旬至4月中旬，6月初至6月中旬，7月底至8月中旬，9月底至11月中旬是初孵若虫出现的高峰期。各世代雌蚧完成1代所需要的时间分别为：52.9～62.5天，47.5～50.2天，46.3～46.7天，49.4～51.0天，114.0～118.3天。该蚧卵胎生，产卵和孵化几乎同时进行。初孵若虫一般先在母体介壳内停留一段时间，待环境条件适宜时从介壳边缘的裂缝爬出。出壳时间，以10：00～14：00为最多，天气闷热时，出壳高峰可提前到8：00左右，阴晦天气则推迟到15：00～16：00，雨天一般不出壳。刚出壳的若虫非常活跃，在松针上来回爬动，找到合适的寄生部位后，即将口针插入针叶内固定取食。一般从出壳到固定需经1～2小时。固定后5～19小时开始泌蜡，20～30小时可遮盖全身，再过1～2天蜡被增厚变白，形成圆形介壳。二龄若虫后期，雌雄开始分化，一部分若虫蜡壳颜色加深，尾端伸长，虫体前端出现眼点，继续发育为预蛹，再蜕皮成为蛹，进而羽化为雄成虫；另一部分虫体和蜡壳经继续增大，不显眼点，蜕皮后成为雌成虫。寄生在叶鞘内的蚧虫多发育为雌虫，寄生在针叶上和球果上的则多发育为雄虫。羽化后的雄成虫一般要在介壳内蛰伏1～3天，出壳后经数分钟，待翅完全展开后，沿松针爬行或做短距离飞翔，寻找合适雌虫并与之交尾，交尾后数小时即死去。雄虫有多次交尾的习性。雌成虫一般于交尾后10～15天后开始产卵，产卵期因季节而异，少则1个月，多则3个月以上；产卵量亦随季节、代别不同而不同，以第一代和第五代为最多，64～78粒，第三代最少，约39粒。气温是影响松突圆蚧种群数量消长的主要因子。

天敌20余种，捕食性天敌以红点唇瓢虫（*Chilocorus kuwanae* Silvestri）为优势种，寄生性天敌以花角蚜小蜂（*Coccobius azumai* Tachikawa）最为重要。

防治方法

加强检疫 严格控制从疫区调运苗木、盆景及松科植物枝条、针叶及球果，防止人为传播。

营林措施 适当修枝间伐，保持冠高比2∶5，侧枝保留6轮以上。

生物防治 保护和利用本地天敌。引进、释放花角蚜小蜂。

化学防治 喷洒松脂柴油乳剂或利用毒死蜱乳油注干。

参考文献

李文禄，黄宝灵，吕成群，2011. 松突圆蚧研究进展[J]. 中国森林病虫，30 (2): 33-37, 41.

李意德，王宝生，1990. 松突圆蚧危害与森林植被特征关系的研究[J]. 广东林业科技 (4): 6-9, 13.

潘务耀，唐子颖，陈泽藩，等，1989. 松突圆蚧生物学特性及防治研究[J]. 森林病虫通讯 (1): 1-6.

潘务耀，唐子颖，谢国林，等，1993. 引进花角蚜小蜂防治松突圆蚧的研究[J]. 森林病虫通讯 (6): 1-8.

徐世多，谢伟忠，陈纪文，等，1992. 松突圆蚧传播及控制的研究[J]. 林业科技通讯 (1): 5-8.

（撰稿：武三安；审稿：张志勇）

松线小卷蛾 *Zeiraphera griseana* (Hübner)

一种危害较为严重的松、杉食叶害虫。又名落叶松灰卷叶蛾。英文名grey larch tortrix。鳞翅目（Lepidoptera）卷蛾科（Tortricidae）小卷蛾亚科（Olethreutinae）花小卷蛾族（Eucosmini）线小卷蛾属（*Zeiraphera*）。国外分布于俄罗斯、日本、朝鲜、韩国及欧洲、北美洲。中国分布于新疆、甘肃、陕西、内蒙古、吉林、河北等地。

寄主 华北落叶松、兴安落叶松、朝鲜落叶松、欧洲落叶松、云杉、冷杉、欧洲赤松、瑞士五针松。

危害状 松线小卷蛾以幼虫危害针叶，一、二龄幼虫食叶量很小，取食嫩芽心叶基部，使芽心干枯，放叶迟缓。四、五龄为暴食期，由树冠下部转移到中、上部危害。危害严重时，单株虫口可达数万条。叶片食光后还可取食生长点和幼嫩枝皮。林木被害后一片枯黄，枝梢干枯，林内丝网密布（图1）。

形态特征

成虫 翅展18～24mm。下唇须前伸，第二节末端显著膨大，末节稍下弯。前翅灰色，基斑黑褐色，约占前翅的1/3，斑纹中间外凸，呈箭头状；基斑和中带之间银灰色，上下宽，中间窄；中带由4个黑斑组成，从前缘中部延伸至臀角；顶项角银灰色，近顶角和外缘处各有大小不等的3个黑斑。后翅灰褐色，缘毛黄褐色。静止时全体呈钟状，两前翅和中带之间合成1个银灰色三角形（图2）。

卵 扁平，椭圆形；长0.6～0.8mm，宽0.5～0.6mm。卵块小片状，每卵块有卵1～20粒。

幼虫 老熟幼虫体长12～17mm。体暗绿色，头、前胸背板毛瘤和胸足黑褐色，肛片褐色，毛片黑色。二龄幼虫体黄白色，肛上板全部淡褐色。三龄体黄色，毛片和肛上板全部棕黑色。四龄体灰色，略带深绿色，毛片和肛上板棕黑色。五龄灰褐色，略带绿色，头、前胸背板、胸足、毛片和肛上板棕黑色（图3）。

蛹 体长7.0～11.0mm。淡黄褐色，有光泽、略暗，初期杏黄色，后变为棕色。第二至七腹节背面各有2排刺突。蛹末端略平，有短的臀棘9～11枚（图4）。

生活史及习性 1年1代。以卵越冬。翌年5月下旬开始孵化，并潜入针叶丛中取食。吐丝黏缀针叶呈圆筒状巢，栖息其中，取食时头部伸出筒巢外取食附近叶丛或筒巢叶丛的上半部。以后将筒巢食至不能隐身时则另转入其他叶簇中，同样危害。枝条上针叶被食光后，则吐丝下垂，随风飘至其他树上继续危害。幼虫4～6龄。老熟幼虫不再黏缀针叶，而是在枝条上吐丝结网，暴食针叶，多咬断针叶基部，3～5

图 1 松线小卷蛾危害状（毕华明提供）

①危害时呈筒状；②幼虫二至四龄时虫巢；③中度被害状；④中度被害状；
⑤重度发生区丝网密布危害状；⑥重度发生区幼虫振动受惊扰后吐丝下垂

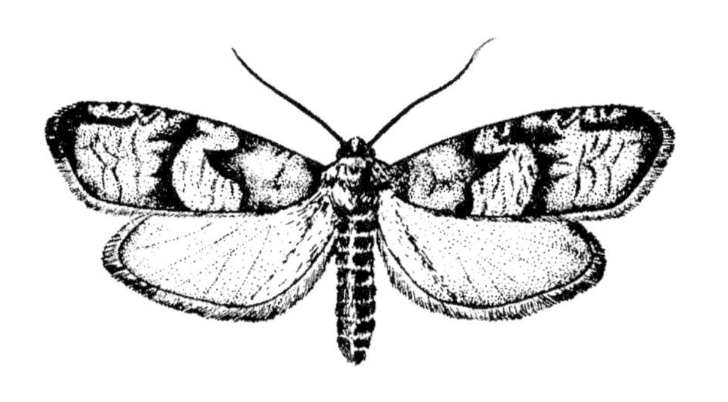

图 2 松线小卷蛾成虫（瞿肖瑾绘）

图 3 松线小卷蛾幼虫（毕华明提供）

①老熟幼虫；②老熟幼虫危害状

日即将大片森林危害成一片焦黄。6 月下旬老熟幼虫吐丝下垂，在落叶层下结薄革化蛹，前蛹期 4～6 天，蛹期约半个月。成虫 7 月下旬羽化，羽化后经 4～5 天交尾，雌虫交尾 1～5 次，平均 2 次，每次交尾历时 7.5 小时，第一次交尾至产卵平均 2.2 天，产卵盛期在第一次交尾后 4～15 天，每雌虫产卵平均 171 粒，雌虫寿命 14～34 天，平均 27 天，雄虫寿命 8～31 天。成虫善飞，多将卵产在树顶端芽苞的空心内，也有产在短枝鳞片下。

发生与环境 主要发生在高海拔林区。河北塞罕坝林区海拔 1500～1700m 落叶松纯林为重灾区。在阿尔泰山青河林区（北纬 46°以北），分布在海拔 1850m 以上的落叶松纯林，海拔 2050～2300m 林分严重受害。在与落叶松毛虫同时发生的落叶松林中，松毛虫发生在山下部林分，而松线小卷蛾多发生在山上部林分。松线小卷蛾大发生呈现周期性特点。每次严重危害 2～3 年后就自然衰落。此后间隔 6～13 年或更多年份后再次暴发。大发生年份食光针叶后嗑食林木生长点和枝条嫩皮，甚至取食林下杂草。6 月下旬至 7 月中旬可再萌生新叶，但针叶短小黄绿或畸形。纯林发生尤为严重。松线小卷蛾的天敌主要有 4 种，其中卵有赤眼蜂寄生，幼虫寄生天敌有显姬蜂和松线小卷蛾革腹茧蜂，蛹期寄生天敌有

图4 松线小卷蛾蛹和蛹壳（毕华明提供）

①羽化后蛹壳；②蛹和蛹壳

松线小卷蛾厚唇姬蜂。应注意保护利用。

松线小卷蛾常与落叶松线小卷蛾［*Zeiraphera improbana*（Walker）］混合发生，两种小卷蛾形态和习性相近，一般很难区分。但松线小卷蛾各虫态的发育期稍晚于落叶松线小卷蛾5～8天，习性亦有不同。应注意协调防治。

防治方法　加强测报，强化监测。注重防早、防小，防患于未然。海拔超1500m、13年生以上的华北落叶松林，作为虫源地林分，进行常年定点监测；海拔低于1500m、13年生以上的华北落叶松林，作为主要发生林分，进行重点监测；海拔1500～1600m、13年生以上的华北落叶松林，作为边缘发生区，进行常规监测；兴安落叶松、朝鲜落叶松、海拔1500m以下的华北落叶松林、12年生以下的华北落叶松林等，作为安全型林分，进行不定期监测。

营林措施　加快人工林抚育步伐，及时进行修枝和抚育间伐。虫源地林分郁闭度控制在0.7以下，主要发生区林分控制在0.7左右，成林下草灌植被迅速得到恢复，严格管理虫源地林副产品，防止人为传播扩散。在适地适树的基础上营造带状、块状混交林，选择抗虫树种，如兴安落叶松等。

化学防治　在害虫种群上升期尚未全面暴发时进行航空或人工防治，以全面压低虫口密度。防治最佳时间是孵化结束至三龄幼虫期，此时物候期（河北北部塞罕坝林区）是山杏始花至盛花，华北落叶松展叶，一般年份为5月下旬至6月上旬。可采用3%高效苯氧威乳油或烟·参碱乳油，航空喷雾或使用烟雾机人工喷烟防治。

参考文献

聂俊青，孙静，张玉梅，等，2003. 松线小卷蛾生物学特性及防治[J]. 青海农林科技增刊：68.

刘晓丽，王新谱，2010. 宁夏卷蛾新纪录属、种名录（鳞翅目：卷蛾科）[J]. 农业科学研究，31(1): 13-18.

刘友樵，1989. 危害落叶松的两种小卷蛾[J]. 森林病虫通讯(1): 45-46.

刘友樵，1991. 为害林木种实的小蛾类外生殖器识别[J]. 昆虫知识，28(1): 47-53.

萧刚柔，1992. 中国森林昆虫[M]. 2版. 北京：中国林业出版社：847-848.

张时敏，1985. 落叶松害虫及防治[M]. 北京：中国林业出版社：51-52.

（撰稿：毕华明、于贵朋、张大伟、王洪力、李娟；审稿：嵇保中）

松小毛虫　*Cosmotriche inexperta* (Leech)

一种广泛分布于中国南方的重要针叶林食叶害虫。又名松小枯叶蛾。鳞翅目（Lepidoptera）枯叶蛾科（Lasiocampidae）小枯叶蛾属（*Cosmotriche*）。中国分布于浙江、安徽、江西、福建。

寄主　主要危害黄山松，其次危害金钱松、马尾松、黑松。

危害状　以一、二龄幼虫取食针叶边缘，造成针叶弯曲枯死，三龄以后取食整个针叶。

形态特征

成虫　雌蛾体长15～21mm，翅展32～39mm；雄蛾体长16～22mm，翅展35～42mm。头部暗红褐色，腹部棕灰色。雄蛾触角羽状，雌蛾栉状。胸部两侧各被1簇灰白色鳞毛，胫节外侧鳞毛较长，为足的其他部位鳞毛长度的3倍左右，跗节有棕、白相间的环纹。前翅褐色，内横线白色波状，中横线在Cu脉以上不明显，Cu脉以下呈白色波状，中室端白点新月形，外横线呈浅灰色不明显的宽带，双翅外缘毛均为黑褐色和灰白色相间。雄蛾体、翅颜色比雌蛾为浅，前翅基部呈明显灰白色（图①②）。

卵　卵圆形，长径1.5～2.0mm，短径1.1～1.4mm。初产时翠绿色，3～5天后变黄，孵化前变为黑色（图③）。

幼虫　老熟幼虫体长39～59mm，头部棕黄色，唇基灰白色，额中部有1条黑褐色纵纹，蜕裂线淡黄色。体暗红褐色，并镶嵌紫红色的斑纹。前胸两侧各有1束向前伸的蓝黑色长毛丛；中、后胸背面各有1束黑灰色向上竖起的毛丛。腹部第一至第七节背面均有1个近似菱形的蓝黑色大斑，斑上散生着较长的鳞毛；亚背线橙黄色；气门上线灰褐色，其

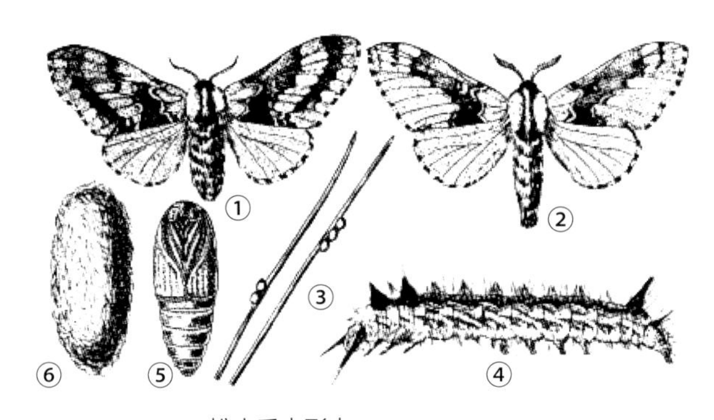

松小毛虫形态（袁荣兰绘）

①雌成虫；②雄成虫；③卵；④幼虫；⑤蛹；⑥茧

下方着生褐、红、黄色相间的斜纹；腹面浅紫红色（图④）。

蛹　体长15.5～21.0mm，暗红褐色。茧长椭圆形，长18.0～23.5mm，灰棕色，外有散生的黑色毒毛（图⑤⑥）。

生活史及习性　在浙江1年发生2代，老熟幼虫于10月中旬至11月上旬下树结茧化蛹，以蛹越冬。翌年4月中旬至6月下旬成虫羽化，5月上旬为羽化盛期。第一代卵出现期为4月下旬至6月中旬，盛期为5月中下旬。5月上旬至8月上旬为第一代幼虫危害期。老熟幼虫于7月中旬开始化蛹，止于8月下旬。第一代成虫羽化期为8月上旬至下旬。第二代卵的发生期为8月上旬至9月上旬；第二代幼虫危害期为8月中旬至11月上旬。

成虫多在针叶上产卵，多为单产，少数2粒在一起，3粒以上连在一起的极少。卵期长短与温度有关：平均温度18°C左右，卵期平均12.8天；平均温度25°C左右，卵期平均7.4天。孵化率平均为96.2%。幼虫多数5龄，少数6龄。幼虫多在清晨孵出，孵出后先啃食卵壳，然后爬至老针叶端部危害。一、二龄幼虫从上向下啃食针叶边缘，造成针叶弯曲枯死；三龄以后食全叶。幼虫四龄前食量较小，仅占整个幼虫期食量的5.4%，四龄后食量渐增，末龄幼虫的食量为整个幼虫期食量的60.6%以上。幼虫老熟后爬至地面石块下、枯枝落叶层内、杂草丛中结茧化蛹，第一代蛹的历期为20天左右。

成虫多于白天羽化，通常以13：00～16：00为最盛。成虫羽化后，停息在灌木、杂草等枝叶背面，白天不活动。雌蛾大多数一生只交尾1次，少数2次；雄蛾多数能进行2次交尾，最多可达7次。交尾持续时间最短为3小时，最长为7小时25分，平均为5小时8分。交尾后雌虫即产卵，每头雌蛾最少产卵55粒，最多215粒，平均113.6粒。喜产于树冠下部针叶上，其次是树冠中部，树冠上部较少。树冠下部的卵粒占整个树冠的60%以上。多发生于高山地区，最喜食黄山松，其次金钱松，再次黑松。阳坡比阴坡重。

防治方法

营林措施　营造混交林和封山育林是抑制松毛虫发生的根本技术措施。

物理防治　在成虫羽化期，设置黑光灯诱杀成虫，将成虫消灭在产卵之前，可达到预防和除治。

生物防治　在幼虫大发生期，可施用苏云金杆菌、白僵菌粉剂进行生物防控。

化学防治　低龄幼虫期选用高效低毒类化学药剂进行喷洒或烟雾剂防治。

参考文献

侯陶谦，1987. 中国松毛虫[M]. 北京：科学出版社.

刘友樵，武春生，2006. 中国动物志：第四十七卷　鳞翅目　枯叶蛾科. 北京：科学出版社：96-98.

袁荣兰，1992. 松小毛虫 *Cosmotriche inexperta* (Leech)[M]// 萧刚柔. 中国森林昆虫. 2版. 北京：中国林业出版社：938-939.

张永安，袁荣兰，2020. 松小枯叶蛾[M]// 萧刚柔，李镇宇. 中国森林昆虫. 3版. 北京：中国林业出版社：786-787.

（撰稿：张永安；审稿：张真）

松瘿小卷蛾　*Cydia zebeana* (Ratzeburg)

一种危害落叶松枝梢的害虫。英文名larch bark moth。鳞翅目（Lepidoptera）卷蛾总科（Tortricoidea）卷蛾科（Tortricidae）小卷蛾亚科（Olethreutinae）小食心虫族（Grapholitini）小卷蛾属（*Cydia*）。国外分布于欧洲、俄罗斯（西伯利亚）等地。中国分布于黑龙江、吉林、华北地区。

寄主　落叶松。

危害状　主要危害3～20年生落叶松人工林的当年生主梢和主干上新生侧梢基部的皮层及韧皮部，一般以危害幼树为主，被害部位组织畸形生长，引起流脂和膨大，严重时造成幼树从被害部以上枯死，或者导致主干分叉，干形不良。

形态特征

成虫　翅展13～17mm。前翅橄榄绿褐色到灰绿褐色，前缘有4对黑白相间的钩状纹，顶角有1条黑色斑纹。肛上纹区有4块小黑斑，中室顶端有1近三角形的黑斑，外缘毛蓝色；后翅颜色为深褐色，外缘毛绿色。

卵　半球形。米黄色，逐渐变为橘黄色（图1）。

幼虫　体长6.9mm，头宽0.9mm。污白色。头和前胸背板暗褐色，有光泽。小盾片呈凸形，褐黄色（图2）。

蛹　雌蛹长8mm，雄蛹长7mm。米黄至黄褐色。腹部第二至八节背面各有2列刺，第九腹节有1列刺。腹末有臀棘8根（图3）。

生活史及习性　在黑龙江2年发生1代跨3个年头，以幼虫在被害部位蛀道中作灰白色丝囊越冬，翌年4月中旬越冬幼虫开始活动，自侵入孔或排粪孔排出棕褐色蛀屑及虫粪，并造成流脂，一直危害到10月初，随着天气变冷，进行第二次越冬。翌年5月初，已越冬2次的幼虫老熟化蛹，化蛹前先在虫瘿内吐白色丝状物作茧，蛹期25天左右。5月下旬成虫开始羽化，羽化时蛹体在坑道里摆动，借其腹部上的倒刺将蛹体推出羽化孔。直到蛹体大部分（约2/3）伸出后，蛹壳头部裂开，成虫爬出，蛹壳留在羽化孔处。羽化时间以18：00～19：00活跃。成虫羽化后绕树冠做短距离飞翔，寻找寄主和配偶。羽化不久即可交尾，交尾历时1～2小时。成虫寿命3～5天，雌雄性比1∶1。成虫6月上旬开始产卵，产卵于当年生或2年生主梢或侧枝基

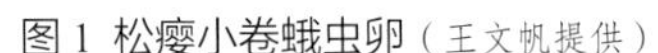

图1 松瘿小卷蛾虫卵（王文帆提供）

图2 松瘿小卷蛾幼虫（王文帆提供）

图3 松瘿小卷蛾虫蛹（王文帆提供）

部或近基部第一、二簇针叶的背面，卵单产，每雌产卵量40～56粒。卵期为12～15天。幼虫6月中、下旬孵化，初孵幼虫活跃，反复爬行寻找侵入部位，2天后首先在当年新梢近顶端蛀入髓心，受害新梢上部变黄干枯，待受害梢完全干枯后，幼虫又复钻出，向下爬行至新梢基部，1天左右即可侵入基部嫩皮，侵入处出现少量松脂。约1周后，受害部位叶枯黄脱落，幼虫再次爬出，转移到1年生或2年生主梢或侧枝分叉处，很快蛀入皮层，横向蛀食，韧皮部及边材均受害。初侵入处有灰白色或淡绿色的松脂流出。7～8月有明显的木屑和虫粪排出，当年不形成膨大明显的虫瘿，只有小的松脂隆起。9月末10月初天气转冷时，幼龄幼虫第一次越冬。翌年4月中旬初越冬幼虫开始活动，危害逐渐加重，在皮层中蛀食出宽阔的坑道。坑道横向延伸，有的环绕枝梢一周，后期可达边材，但不蛀入木质部。被害处形成淡绿色不十分规则的松脂虫瘿，其中有1～2个排粪孔。幼虫一旦形成虫瘿，不再转移危害，终生在此虫瘿内生活，直到成虫羽化。此虫多在阳坡、林缘及疏林发生。高10m左右的树木中、下部嫩枝受害多，幼树以主梢受害最烈。

防治方法

检疫措施　要严格检疫制度，杜绝带虫苗木的调运和栽植，防止害虫的传播扩散。

物理防治　利用黑光灯诱杀成虫。

营林措施　营造针、阔混交林，强化抚育管理，促进树冠提前郁闭。冬春季节人工剪除虫瘿并销毁。

生物防治　应用25%复方苏云金杆菌（Bt）乳剂200倍液喷杀幼虫；应用0.5亿孢子/ml青虫菌毒杀幼虫；应用50亿孢子/g白僵菌粉，每亩1～1.5kg喷杀柳杉长卷蛾幼虫有效；保护利用寄生蜂，可在卵期释放赤眼蜂，每亩3万～5万头，抑制虫害大发生。

化学防治　在落叶松幼林，松瘿小卷蛾幼虫初龄阶段，用吡虫啉涂干防治。先用刀将树干划几道伤口或轻轻将树皮表层刮去，露出韧皮部，然后用毛笔将已配好的吡虫啉10～30倍药液刷在伤口处。

参考文献

李成德, 2003. 森林昆虫学[M]. 北京: 中国林业出版社: 235-236.

李杰, 2003. 松瘿小卷蛾发生规律及其寄生蜂生物学和无公害化学控制[D]. 哈尔滨: 东北林业大学.

萧刚柔, 1992. 中国森林昆虫[M]. 2版. 北京: 中国林业出版社: 829-830, 848.

邵景文, 王永强, 刘世清, 2001. 松瘿小卷蛾幼虫众数龄期的测定[J]. 东北林业大学学报, 29(5): 45-47.

王文帆, 迟德富, 宇佳, 等, 2014. 松瘿小卷蛾发生与林分因子的关系研究[J]. 安徽农业科学, 42(35): 12522-12525.

张家利, 王永强, 田福仁, 等, 2005. 松瘿小卷蛾幼虫空间分布型的研究[J]. 林业科技, 30(1): 21-23.

张执中, 1993. 森林昆虫学[M]. 北京: 中国林业出版社: 110-111.

（撰稿：王文帆；审稿：嵇保中）

松针小卷蛾　*Epinotia rubiginosana* (Herrich-Schäffer)

发生较频繁、危害较严重的一种松树食叶害虫。又名松叶小卷蛾、松针卷蛾、松针卷叶蛾。鳞翅目（Lepidoptera）卷蛾总科（Tortricoidea）卷蛾科（Tortricidae）新小卷蛾亚科（Olethreutinae）花小卷蛾族（Eucosmini）叶小卷蛾属（*Epinotia*）。国外分布于欧洲、日本。中国分布于内蒙古、辽宁、陕西、甘肃、山西、北京、河北、河南、安徽、重庆、云南。

寄主　意大利五针松、欧洲赤松、美国白松、马尾松、火炬松、黄山松、华山松、油松、黑松、冷杉、红松、赤松、偃松。

危害状　幼虫危害分为单针和粘叶两个阶段。初孵幼虫多选择2年生老叶危害，潜入部位多在针叶近顶端处，针叶被害后变成空筒，逐渐枯黄脱落。幼虫长大后，向外咬孔钻出转移到当年生针叶上，常将6～7束针叶吐丝缀在一起，在内取食，被害针叶不久枯萎脱落。危害严重时，树冠一片枯黄（图⑤）。

形态特征

成虫　体长5～6mm，翅展15～20mm。体背面灰褐色，腹面银灰色。前翅有深褐色基斑、中横带和端纹，但界限不太清楚，中带至外缘间密被锈色鳞片，其中有4～5条很不清楚的银灰色纹，顶角处的1条比较明显，前缘的白色钩状纹清楚，外缘黑色；肛上纹里有6条黑纹。后翅淡灰褐色，外缘色较深，缘毛淡黄色。雌虫翅缰3根，雄虫1根（图①）。

卵　初产时水泡状，后渐变为黄褐色，近孵化时灰白色。

长椭圆形，长 1mm，宽 0.4mm 左右（图②）。

幼虫　老熟幼虫体长 8～10mm。头部淡褐色。前胸背板暗褐色，近后缘中间色泽较浅。臀板黄褐色，上有许多小黑点和 8 根长毛（图③）。

蛹　长 5～6mm。浅褐色。第二至七腹节前、后缘各有小刺 1 列。腹部末端钝截，有 10 个角质齿突，并有 4 根明显而弯曲的臀棘，近肛门两侧还有 4 根较弱的棘（图④）。

茧　长 7～8mm，土灰色，长椭圆形，由幼虫吐丝缀土粒、杂草和枯叶而成。

生活史及习性

在西北、华北、华东地区 1 年发生 1 代，以老熟幼虫在地面茧内越冬。翌年 3 月底 4 月初化蛹。成虫 3 月下旬开始羽化，4 月中旬为盛期，5 月上旬为末期。成虫多在 6：00～8：00 羽化。羽化前，蛹借腹部摆动出茧，成虫羽化后蛹壳前部 2/3 遗留在茧外。成虫在傍晚前后活动最盛，常成群围绕树冠飞舞，夜晚多集中在松蚜所排出的蜜露上取食。成虫趋光性不强。成虫喜在 15～25 年生幼树、林缘或稀疏的林木上产卵，成虫多在 20：00～20：30 开始交尾，交尾后的雌蛾于次日夜晚开始产卵。成虫寿命 5～12 天。卵产在 2 年生以上的两针叶之间近叶鞘处，每叶产卵 1～3 粒。每雌产卵 46 粒左右。卵期 3～7 天。

初孵幼虫沿针叶爬向端部，在针叶近端部咬孔蛀入，多选择 2 年生老叶危害。侵入后，一般先由侵入孔向上部蛀食，几乎蛀食到针叶顶端，然后再向下蛀食。幼虫经常清除蛀道内的碎屑和粪便，清除后再吐丝将口缀封。1 个针叶一般有 1 个排粪孔。幼虫在针叶内很少转移，重新侵入另一针叶时新老叶均可侵入。幼虫长大后则向外咬孔钻出，吐丝缀叶，在内取食，使针叶变黄枯萎脱落。9 月初幼虫老熟后吐丝下垂，在地面吐丝连缀杂草、土粒或碎叶结茧越冬。

发生与环境　纯林受害程度重于混交林，中幼林重于幼林（5 年生以下）。对不同松树有选择性，如在华山松与油松混交林，华山松受害重；在安徽六安该虫可危害马尾松、黑松、火炬松等，但主要危害马尾松。该虫危害与坡向的关系明显，不仅阳坡受害重于阴坡，在同一株树上阳面受害的也重于阴面。林分郁闭度越小受害越重。山顶重于山底，林缘重于林内，树冠上部重于下部。5 年生以上的幼树均可受害，但以 10～20 年生的最重。生长越差的植株受害越重。

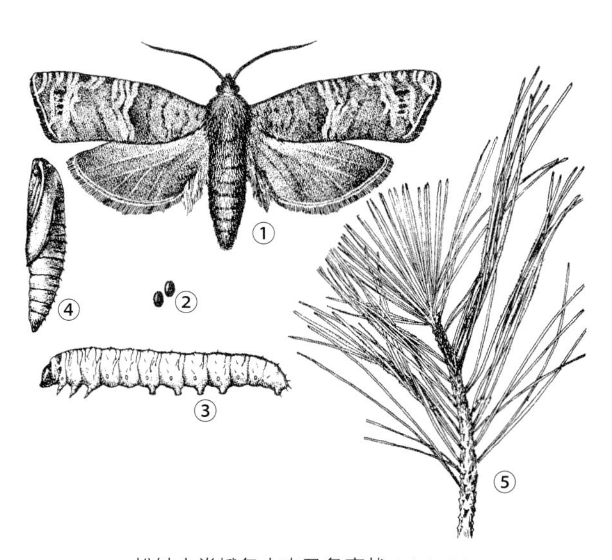

松针小卷蛾各虫态及危害状（张翔绘）

①成虫；②卵；③幼虫；④蛹；⑤危害状

防治方法

营林措施　松针小卷蛾食性单一，幼虫扩散借助风力，营造混交林特别是针阔混交林可以阻隔食料带，阻止其蔓延危害。对已造松林，应加强幼林抚育，促进林分尽快郁闭，增强树势，提高林分的抗虫能力。

生物防治　幼虫和蛹期天敌有长距茧蜂、甲腹茧蜂、长须茧蜂、卫姬蜂、高缝姬蜂，卵期有松毛虫赤眼蜂。应注意保护利用。

化学防治　幼虫单叶危害初期，即幼虫孵化初、盛期，用 1.8% 阿维菌素、3% 高渗苯氧威、40% 氧化乐果、80% 敌敌畏、2.5% 溴氰菊酯药液喷雾。粘叶危害后期，特别是接近下地越冬期，由于幼虫裸露机会较多，进行喷雾防治效果亦很明显，可以减轻翌年危害的虫口基数。

参考文献

胡忠朗，党心德，张平发，等，1980. 松叶小卷蛾初步研究 [J]. 陕西林业科技 (S1): 42-50.

聂书海，张恩生，李桂兰，等，2017. 松针小卷蛾在河北的生物学特性研究 [J]. 河北林业科技 (3): 32-35.

聂书海，张恩生，宋洪普，等，2018. 松针小卷蛾防治试验初报 [J]. 中国森林病虫，37(1): 31-34.

申耀堂，张平发，陈宜生，等，1975. 松针小卷蛾的初步研究 [J]. 陕西林业科技 (2): 15-23.

萧刚柔，1992. 中国森林昆虫 [M]. 2 版 . 北京：中国林业出版社：818-819.

（撰稿：嵇保中；审稿：骆有庆）

松枝小卷蛾　*Cydia coniferana* (Saxesen)

一种危害松、杉等针叶树韧皮部的蛀干害虫。鳞翅目（Lepidoptera）卷蛾总科（Tortricoidea）卷蛾科（Tortricidae）新小卷蛾亚科（Olethreutinae）小食心虫族（Grapholitini）小卷蛾属（*Cydia*）。国外分布于欧洲、蒙古、朝鲜、美国。中国分布于黑龙江、吉林、辽宁。

寄主　落叶松、樟子松、油松、赤松、红松、云杉、冷杉。

危害状　以幼虫危害树干韧皮部，造成大量流脂，使树势衰弱，引起其他蛀干害虫和病原真菌侵入，致使林木枯死。

形态特征

成虫　体灰黑色。雌蛾体长 6.0～7.0mm，翅展 12～14mm；雄蛾体长 5.5～6.0mm，翅展 11～12mm。头、胸部有较长的灰黑色鳞片。前翅灰黑色，夹杂白色鳞片；基斑不明显，中带灰黑色，两边镶有“《”形白纹。中横带外上方具 2 条白色短钩状纹，端纹白色；肛上纹明显，具 4 条黑白相间的横纹。后翅浅灰黑色，基部色较淡，顶角和外缘色较深。Cu 脉具栉状毛；缘毛灰黑色（图①）。

卵　扁椭圆形。长 0.97mm，宽 0.54mm。初产时乳白色，渐变为乳黄色，孵化时粉红色。

幼虫　老熟幼虫乳白色，体长 9.8mm。头黄褐色，前胸背板及臀板灰褐色（图②）。

蛹　黄褐色。长 6.5～7.0mm，宽 1.8～2.4mm。腹部二至七节背面各有 2 列横刺。八、九腹节只 1 列横刺。臀棘 8 根，中间 4 根较长（图③）。

生活史及习性　辽宁 1 年发生 1 代，以三、四龄幼虫在蛀道内吐丝做网巢越冬。翌年 4 月中旬幼虫开始取食，5 月下旬老熟幼虫于原坑道或老翘皮下吐丝结茧化蛹。6 月中旬为化蛹盛期，蛹经 11～15 天羽化。6 月下旬为羽化盛期，6 月末至 7 月上旬为成虫产卵盛期。卵于 6 月下旬开始孵化，9 月末至 10 月初幼虫开始越冬。成虫羽化后，蛹壳上部约 2/3 留于树皮表面。成虫羽化多发生在 6：00～10：00，羽化当日或 1～2 天后交尾。成虫产卵于树木的翘皮内，以 1m 以下干基较多。每块翘皮上产卵 1～7 粒。每雌平均产卵 28 粒。雌蛾寿命平均 11 天，雄蛾平均为 5 天，雌、雄性比 1∶1。卵期 10～15 天。初龄幼虫活跃爬行，不久即钻入树皮裂缝取食形成蛀道，并吐丝作网隐藏其中，取食时将头部伸出。一、二龄取食嫩皮，坑道浅而细；三龄以后取食韧皮部，坑道的形状大小不一，随虫体的增大而加宽。坑道光滑，将褐色粪粒和蜕皮推至坑道外。幼虫取食有转移习性。被害部位流出大量树脂，构成明显的被害状。幼虫 6～7 龄，幼虫期 310～330 天。

发生与环境　纯林重于混交林。郁闭度小的林分发生重。林缘重于林内，南坡、东坡重于西坡和北坡。8～15 年生的油松和 13 年生以上的红松，树皮较嫩，基部开裂程度较大，既便于成虫产卵，又便于幼虫取食，故受害较重。20 年生以上的油松，虽然树皮全部开裂，但因木栓层较厚，受害较轻。

防治方法

物理防治　成虫期，可采用灯光诱杀。

营林措施　营造混交林，加强抚育促进林分郁闭，提高林分抗虫能力。

化学防治　初孵幼虫期，可向树干喷洒 40% 氧化乐果乳油 1500～2000 倍液、50% 敌敌畏乳油 1000 倍液、50% 马拉硫磷乳油 800～1000 倍液。

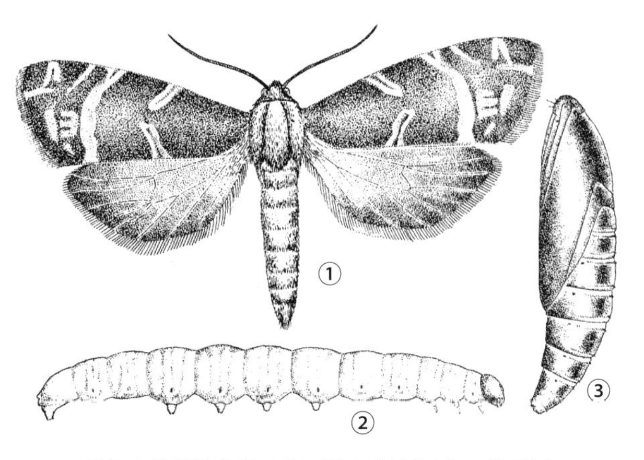

松枝小卷蛾各虫态（引自《中国森林昆虫》，第 2 版）

①成虫；②幼虫；③蛹

参考文献

宋友文，孙力华，1981. 松枝小卷蛾初步研究 [J]. 林业科技通讯 (8): 24-27.

萧刚柔，1992. 中国森林昆虫 [M]. 2 版 . 北京：中国林业出版社：827-828.

LAGASA E, PASSOA S, 2007. First report of the palearctic species *Cydia coniferana* (Tortricidae) in the western United States[J]. Journal of the Lepidopterists society, 61(3), 172-175.

UMPICH J, LIKA J, DVOÁK I, 2011. Contribution to knowledge of the butterflies and moths (Lepidoptera) of northeastern Poland with a description of a new tineid species from the genus *Monopis* Hübner, 1825[J]. Polish journal of entomology, 80(1): 83-116.

（撰稿：嵇保中；审稿：骆有庆）

苏铁白轮盾蚧　*Aulacaspis yasumatsui* Takagi

吸食危害苏铁的危险性检疫害虫。又名苏铁白盾蚧、泰国轮盾蚧。英文名 cycad scale、Asian cycad scale、cycad aulacaspis scale。半翅目（Hemiptera）蚧总科（Coccoidea）盾蚧科（Diaspididae）白轮盾蚧属（*Aulacaspis*）。国外分布于印度、印度尼西亚、泰国、马来西亚、越南、菲律宾、巴哈马、巴巴多斯、英国（百慕大）、保加利亚、哥斯达黎加、法国、德国、匈牙利、荷兰、新加坡、斯洛文尼亚、美国、墨西哥。中国分布于广东、香港、福建、台湾、贵州等地。

寄主　拳叶苏铁、大籽苏铁、密克罗尼西亚苏铁、攀枝花苏铁、苏铁、华南苏铁、塞曼苏铁、四川苏铁、台东苏铁、光果苏铁、韦德苏铁、厥苏铁、双子苏铁、全绿叶泽米等苏铁类植物。

危害状　可寄生包括苏铁球果、根部等各个部位，造成叶片失绿、发黄，植株生长势减弱。严重时，羽叶上布满白色介壳，可导致整株枯死。

形态特征

成虫　雌成虫介壳（见图）梨形，长 1.5～2.2mm，宽 1.2～2.0mm，白色；蜕皮 2 个，黄褐色，突出于介壳前端；虫体长梨形，长约 1.0mm，宽 0.6mm，黄色，前体部近半圆形，后体部锥状，后胸处最宽；中臀叶基部桥连，内缘叉开并具细齿列；侧臀叶双分，几乎同大同行；缘管腺 5 群，背管腺分大小两种，大管腺在第三至六腹节成 4 亚中列和 3 个亚缘列；小管腺分布于中胸至第三腹节亚中部，成 5 横列；围阴腺 5 群。雄介壳长条形，长约 0.9mm，白色，前端有 1 个前黄褐色的蜕皮。雄成虫橙红色，翅 1 对，交尾器针状。

卵　长椭圆形，约 0.2mm 长，橙黄色或橙红色。

若虫　一龄若虫体长椭圆形，扁平，黄色，触角和足发达，腹末有 1 对细长尾毛。二龄若虫体浅黄色，触角退化，足消失。

生活史及习性　福建厦门 1 年发生 7 代，广东深圳 1 年 7～8 代，世代重叠，无明显越冬现象。卵期约 10 天，一龄

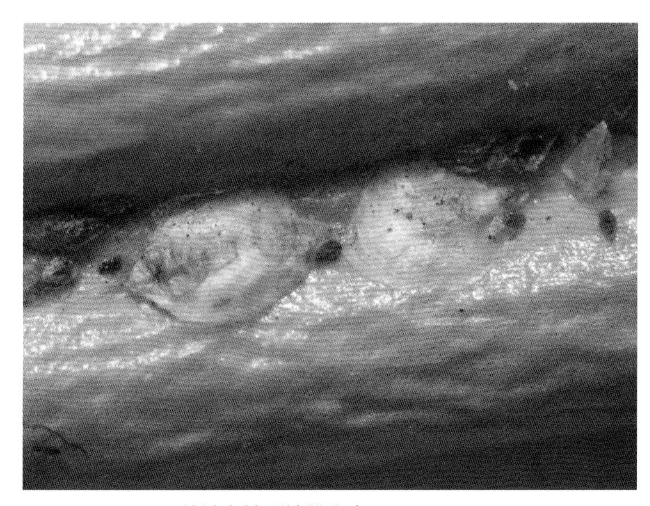
苏铁白轮盾蚧雌介壳（武三安摄）

若虫 8～19 天，二龄若虫 6～7 天，雌成虫产卵前期 7～8 天，雄蛹期 7～8 天，雄成虫 1～2 天。夏季 1 个月就能完成 1 个世代，冬季完成 1 代就需要超过 2 个月。厦门各代若虫的出现期在 3、5、6、7、8、9、11 月。卵产在介壳下，每雌产卵量 32～134 粒，平均 79 粒。一龄若虫可通过风传播，但长距离传播主要靠苗木运输等人为活动。

天敌主要有日本方头甲、岭南蚜小蜂、褐黄异角蚜小蜂。

防治方法

检疫防治　对调运的苗木和繁殖材料进行严格检疫，防止该虫向非疫区传播。

生物防治　保护和利用天敌。台湾曾从泰国引进日本方头甲，虽已在室外立足，但控制效果有限。

化学防治　苏铁新发叶或开花期是药剂防治的关键阶段，可利用速扑杀、吡虫啉、吡丙醚喷雾。

参考文献

阮志平，2005. 苏铁白盾蚧发生规律及综合治理的研究 [J]. 现代农业科技 (12): 38-39.

吴跃开，李晓红，罗在柒，2008. 贵州苏铁白盾蚧的发生与防治 [J]. 植物医生，21 (2): 27-28.

杨伟贤，吴伟东，焦根林，等，2009. 苏铁白盾蚧生物学及防治试验 [J]. 福建林业科技，36 (4): 127-129.

（撰稿：武三安；审稿：张志勇）

粟凹胫跳甲　*Chaetocnema ingenua* (Baly)

一种亚洲分布，以危害谷子为主的害虫。又名粟茎跳甲、谷跳甲，俗称土跳蚤、地蹦子。昆虫纲（Insecta）鞘翅目（Coleoptera）叶甲科（Chrysomelidae）粟凹胫跳甲属（*Chaetocnema*）。国外主要分布于日本、朝鲜等地。中国分布于东北、华北、西北、华东等地。粟凹胫跳甲是春谷区谷子（粟）苗期的主要害虫，近几年在山西、内蒙古、河北北部、辽宁西部等地发生严重。

寄主　除危害谷子外，还危害糜、黍、高粱、玉米、小麦及狗尾草等禾本科作物或杂草。

危害状　以幼虫和成虫为害刚出土的幼苗。幼虫由茎基部咬孔钻入，造成枯心致死，或不能正常生长，形成丛生，俗称"芦蹲"或坐坡，发生严重年份，常造成缺苗断垄，甚至毁种（图 1）。成虫取食幼苗叶片的表皮组织，形成条纹，白色透明，甚至干枯致死（图 2）。

形态特征

成虫　体长 2.6～3.0mm，宽 0.8～1.5mm，卵圆形。青铜色或蓝绿色，带有金属光泽。雌虫较雄虫肥大。头部密布刻点，漆黑色。触角 11 节，基部 4 节黄褐色，其余各节暗褐色。前胸背板密布刻点，鞘翅上有由刻点整齐排列而成的纵线。各足基部及后足腿节黑褐色，余均黄褐色。后足腿节粗大，后足胫节显著膨大，外侧有凹刻，并生有整齐的毛列。腹部腹面褐色，可见 5 节，具有粗刻点（图 3）。

卵　长椭圆形，米黄色，长约 0.75mm，宽约 0.35mm。

幼虫　圆筒状。末龄幼虫体长 5～6mm，宽约 1mm。头部及前胸背板黑色。胸、腹部白色，体面有椭圆形褐色斑点。胸足 3 对，呈黑褐色（图 4）。

蛹　为裸蛹，椭圆形，长约 3mm，宽约 1mm，乳白色，翅芽明显，体被白色短毛，腹端有 2 个赤褐色分叉。

生活习性　粟凹胫跳甲以成虫在表土层 5～10cm 处土块下、土缝中或杂草根际越冬。

内蒙古喀喇沁旗、吉林中南部地区 1 年发生 1 代，少数 2 代。5 月上旬越冬成虫开始活动，中旬开始产卵，6 月上旬孵化，6 月下旬至 7 月上旬为第一代幼虫为害盛期。第一代成虫于 7 月初始见，7 月中旬为盛发期，9 月初开始越冬。8 月间可见少数二代幼虫在稗草等杂草上为害，幼虫期和蛹期均较第一代短，9 月中旬第二代成虫羽化。

在宁夏固源、甘肃中部、山西雁北、内蒙古黄灌区 1 年发生 2 代。当 5 月上旬气温高于 15°C时，越冬成虫在麦田出现，6 月中旬迁移至谷田产卵。第一代幼虫盛期在 6 月中旬至 7 月上旬。第一代成虫 6 月下旬开始羽化，7 月中旬产第二代卵，第二代幼虫为害盛期在 7 月下旬至 8 月上旬。第二代成虫 8 月下旬出现，10 月入土越冬。

河北中南部 1 年发生 3 代。越冬成虫于 4 月上中旬开始活动，5 月上中旬开始产卵，第一代幼虫为害盛期在 5 月中下旬，第一代成虫于 6 月上中旬出现，第一代成虫产卵盛期在 6 月中下旬。第二代幼虫盛期在 6 月下旬至 7 月上旬。第二代成虫在 7 月下旬至 8 月上旬，第二代成虫产卵期在 8 月上中旬。第三代幼虫盛期在 8 月中、下旬。8 月下旬至 9 月上旬出现第三代成虫，10 月中下旬陆续在田间枯叶、杂草根际或土块下越冬。

成虫能跳会飞，跳起落地常翻身假死，以每日 9：00～16：00 最活跃，中午烈日或阴雨天，多潜伏于叶片背阴处、心叶中或土块下。成虫咬食叶肉，残留表皮，形成与叶脉平行的白色断续条纹，严重者造成叶片撕裂或枯萎。成虫一生多次交尾，并有间断产卵习性。清晨或傍晚交尾，产卵多在 15：00～20：00，散产或 2～3 粒一起，多产在谷子根际地表土中 1～2cm 深处，在谷苗基部和叶鞘产卵较少。每头雌虫一生可产卵 100 粒左右，卵期 7～11 天。幼虫孵化后，沿地面或叶基爬行，在谷茎接近地面部位咬小孔钻入，蛀孔

图 1 粟凹胫跳甲幼虫危害造成枯心苗（董志平摄）

图 2 粟凹胫跳甲成虫危害造成断续白条（董志平摄）

图 3 粟凹胫跳甲成虫（董立摄）

图 4 粟凹胫跳甲幼虫（董立摄）

似针刺黑色小孔，无虫粪。一般 1 株有虫 1～2 头，多者可达十余头。幼虫蛀入谷苗内，破坏生长点，3 天后植株萎蔫出现枯心，后期被害株矮化，叶片丛生，不能抽穗结实。以苗高 6～7cm 受害较重，40cm 以上谷苗不再发现枯心。幼虫有转株为害习性，1 头幼虫危害谷苗 2～7 株，平均 3 株。幼虫老熟后在被害株基部咬孔蜕出，钻入谷苗附近 1.5～4cm 土壤中作土室化蛹，蛹期 8～12 天。第二、三代幼虫发生期，谷子已拔节抽穗，幼虫极少蛀茎，大部在叶鞘或心叶丛里潜藏为害。

发生规律 粟凹胫跳甲的发生和危害程度与地势、气候条件等因素相关，特别是降水量和温湿度对粟凹胫跳甲发生为害影响较大。粟凹胫跳甲喜干燥，一般在干旱少雨年份该虫发生重，尤其在成虫发生盛期，如遇高温干燥，则为害加重。丘陵、山坡、干旱地区发生较重，旱坡地重于水浇地。

粟凹胫跳甲的为害程度与谷子播期密切相关。一般早播为害较重，适期晚播为害轻，晚播 10 天左右被害率可降低 4%～7%。据喀喇沁旗调查，1997 年谷子播期较常年偏晚近 20 天，被害株率仅为 2%～3%，而 1998 年播种较往年偏早，被害率达到 9%～12%。

粟凹胫跳甲的为害程度还与前茬作物有关。重茬谷田受害重，轮作谷田受害轻。据张新德等调查，喀喇沁旗地区重茬谷田被害株率为 20.3%，而轮作谷田则为 8.9%。

另外，田间或地边杂草较多的地块为粟凹胫跳甲提供了有利的越冬和栖息场所，虫口密度大，为害较重。

防治方法 粟凹胫跳甲的防治要将农业防治与化学防治有机地结合起来，在做好种子处理的基础上抓住成虫羽化盛期施药，在产卵盛期前消灭成虫，才能达到预定的防治效果。

农业防治 实行轮作倒茬，并根据粟凹胫跳甲的越冬习性，秋季深翻土地，破坏越冬场所；拔除地头及田埂杂草，集中烧毁或深埋，减少越冬虫源；结合间苗、定苗及时拔除枯心苗，带出田外烧毁或深埋。调整播期，适当晚播，躲过成虫发生盛期，减轻危害。

化学防治 ①种子处理：可在播种前用 70% 吡虫啉可湿性粉剂或 70% 噻虫嗪湿拌种剂 15～20g 兑水 500ml，拌种 5kg；或用 20% 甲基异柳磷乳油按种子量 0.2% 拌种，可有效降低成虫及幼虫为害。②喷雾防治：重点防治越冬代成虫，在一代幼虫蛀茎前进行喷雾防治。可选用 4.5% 高效氯氰菊酯乳油 1000～1500 倍液、12.5% 溴氰菊酯乳油 1000 倍液、2.5% 高效氯氟氰菊酯乳油 2000 倍液等菊酯类药剂，或

2% 阿维菌素乳油 2000～3000 倍液、10% 吡虫啉可湿性粉剂 1000 倍液、48% 毒死蜱乳油 500～800 倍液等，任选其一进行幼苗和封地面喷雾。喷药时倒退施药，避免破坏药土层，可有效防治初孵幼虫，效果更佳。

参考文献

董立，马继芳，董志平，等，2013 谷子病虫草害防治原色生态图谱 [M]. 北京：中国农业出版社.

刘建军，1989. 粟茎跳甲生活习性的观察 [J]. 昆虫知识 (5): 275-276.

张新德，张晓辉，1998. 喀喇沁旗粟茎跳甲危害严重的原因浅析及综合防治技术 [J]. 内蒙古农业科技 (S1): 161-162.

章彦俊，李鑫娥，屈俊成，2008. 冀西北粟茎跳甲发生规律及防治措施 [J]. 河北农业科技 (14): 26.

中国农业科学院植物保护研究所，中国植物保护学会，2015. 中国农作物病虫害：上册 [M]. 3 版. 北京：中国农业出版社.

（撰稿：马继芳；审稿：董志平）

粟负泥虫 *Oulema tristis* (Herbst)

一种亚洲地区分布，以危害谷子、黍子为主的害虫。又名粟叶甲、舔虫、白焦虫。鞘翅目（Coleoptera）负泥虫科（Crioceridae）禾谷负泥虫属（*Oulema*）。国外分布于朝鲜、日本及欧洲、俄罗斯的西伯利亚等地。中国主要分布于黑龙江、吉林、辽宁、内蒙古、甘肃、陕西、山西、河北、河南、山东、江苏、浙江、湖北、四川、贵州等地。

寄主 该虫主要危害谷子，也危害糜、黍、大麦、小麦、高粱、玉米、陆稻等作物及多种禾本科杂草。

危害状 以成虫和幼虫在谷子苗期至心叶期危害叶片。成虫沿叶脉咬食叶肉，受害叶片形成白色断续条斑。幼虫多藏在心叶内取食嫩叶，使叶面出现白色条斑。受害严重时，造成枯心、烂叶或整株枯死（图 1、图 2）。

形态特征

成虫 体长 3.5～4.5mm，体宽 1.6～2mm。复眼黑褐色，大而向外侧突出。触角丝状，11 节，黑褐色，基半部细于端半部，第一节膨大，长度与第三、四节接近，第二节最短，第五至八节几乎相等，大于第九和十节，第十一节最长，端末收狭。头、前胸背板、小盾片及体腹面钢蓝色，有金属光泽，足黄色，但基节钢蓝，爪节黑褐。前胸背板长大于宽，两侧于中部之后内凹，中央有 1 短纵凹，基部横凹明显。刻点多集中于两侧及基凹中，前部两侧的刻点较粗大，基凹中的较细密。中纵线有 2 行排列不整齐的刻点，中部之后仅见 1 行，于基部前消失。鞘翅平坦，各有整齐较大的纵列刻点 10 行，第一和六至八行距及鞘翅外缘有细刻点。腹部腹面有银灰色绒毛（图 3）。

卵 椭圆形，长 0.8～1.5mm。初产时为淡黄色，孵化前黑色。

幼虫 末龄幼虫体长 5～6mm，圆筒形，腹部膨大，背面隆起。头部黑褐色，口器和单眼深红褐色，胸腹部黄白色，有稀疏短毛。前胸背板有 1 排不规则的黑褐色小点（图 4）。

图 1 幼虫严重危害造成苗枯（董志平摄）

图 2 成虫危害造成断续白条（董立摄）

图 3 粟负泥虫成虫（董志平摄）

S

图 4 粟负泥虫幼虫（董志平摄）

蛹 为裸蛹，长约 5mm，黄白色。结灰色茧。

生活史及习性 粟负泥虫在华北、西北和东北每年发生 1 代。均以成虫潜于杂草根际、作物残株内、谷茬地土缝中或梯田地堰石块下越冬，且在田间分布有一定的选择性，一般离山丘越近，越冬虫口密度越大。背阴地埂斜坡要比向阳地埂斜坡的越冬虫口密度大。华北和西北越冬成虫于翌年 5 月上旬和中旬开始活动，东北则在 5 月下旬和 6 月上旬开始活动。

越冬成虫出蛰后，先在杂草上为害。谷子出苗后，即成群转迁到谷田为害。成虫有假死性，受惊后即落地假死，并有一定的趋光能力，飞翔力不强。出蛰后的 5～6 月间及秋季，中午前后活跃；仲夏中午高温时活动变缓，一般白天不取食，只作短距离飞翔，多在谷苗叶背面或心叶内栖息。傍晚爬出叶心在植株叶片上求偶、交尾、产卵或取食。成虫顺叶脉取食叶肉，只留表皮，形成断续的白色条状食痕，严重为害可使叶片焦枯破碎。越冬代成虫经过充分取食，交尾产卵。成虫将卵散产于谷苗第一至第六叶的背面近中脉处。卵粒常 1～4 粒呈“一”字形排列。初产时为浅黄色，孵化前黑色。卵耐干旱，耐雨水冲刷，孵化率很高。卵期约 7 天。雌成虫多次交配，一生产卵 5～11 次，每次可产卵 3～29 粒。初孵幼虫爬行缓慢，陆续潜入谷苗心叶或接近心叶的叶鞘为害。一般一株有虫 3～5 头，多至二十几头潜入同 1 株谷苗心叶里取食叶肉，残留叶脉及表皮，致使叶片呈现白色焦枯纵行条斑，严重为害可导致枯心、烂叶或整株枯死。

幼虫有自相残杀现象，二龄后食量增大。粪便排于心叶内或叶鞘，并有部分粪便常背于体背末端。幼虫共 4 个龄期，一、二龄幼虫期一般各 6 天，三、四龄幼虫期一般各 5 天。幼虫期约 20 天。幼虫为害盛期，华北和西北地区一般在 5 月下旬至 6 月中下旬，东北地区则在 6 月中旬至 7 月。老熟幼虫多在晚上从谷苗心叶内爬至叶尖，坠落地面，选择疏松湿润土壤，钻入 1～2cm 深处作茧化蛹。茧外黏沾细土，因此茧色与土壤颜色不易区别。6 月下旬至 9 月上旬都有化蛹，但化蛹盛期在 7 月上旬。蛹期 16～21 天，一般 18 天左右。7 月上旬出现当代成虫。成虫羽化时将茧咬一小孔爬出。刚羽化的成虫 1 日内体色由淡黄色变为金黄色、淡褐色、深褐色，最后呈蓝黑色。羽化盛期为 7 月下旬。当年羽化的成虫不进行交尾产卵，取食为害一段时间后，于 9 月上中旬随天气变冷而逐渐越冬。

发生规律 冬季和早春气温对粟负泥虫发生程度有显著影响。如果 12 月至翌年 2 月气温低，则越冬成虫死亡率增加，危害轻；反之若冬春气温高，有利于越冬成虫的存活，春季虫源基数高，发生偏重。在北方旱作区，如果 5～6 月间降雨偏少或遇春旱持续无雨，对粟负泥虫卵孵化有利，并且干旱造成作物长势弱、抗性低，也会加重虫害发生。如降雨偏多，则丘陵坡地发生较重。5～6 月气温高也有利于成虫活动为害。

随着免耕技术的推广，土壤深耕次数减少，给粟负泥虫安全越冬提供了有利的条件，因此，连作田块较轮作田块发生重。粟负泥虫一般在山坡旱地、早播田、谷苗长势好的地块发生严重。而平川水浇地、晚播田、谷苗长势差的地块发生较轻。干旱少雨的年份发生重。

防治方法

农业防治 秋后或早春，结合耕地，清除田间农作物残株落叶和地头、地埂的杂草，集中烧毁，破坏成虫越冬场所，减少越冬虫源。

人工防治 在成虫盛发期，利用成虫的假死性，人工捕杀成虫。可在谷子垄间轻震植株，使成虫坠落，并踩死。另外，可在幼虫发生盛期人工捕杀幼虫。当发现谷子心叶有枯白斑症状时，用手从下到上捏心叶或叶鞘，可消灭大量幼虫。

化学防治 抓住种子处理，以消灭越冬代成虫为主，兼治幼虫；化学防治掌握成虫发生高峰期和卵孵化盛期用药。种子处理：可在播种前用 70% 吡虫啉可湿性粉剂或 70% 噻虫嗪湿拌种剂 15～20g 兑水 500ml，拌谷子 5kg。喷雾防治：可用 4.5% 高效氯氰菊酯乳油 1000～1500 倍液、2.5% 溴氰菊酯乳油 1000 倍液、20% 氰戊菊酯乳油 2000 倍液、20% 速火威乳油 2000 倍液、10% 吡虫啉可湿性粉剂 1000 倍液、48% 毒死蜱乳油 500～800 倍液、90% 敌百虫晶体 800 倍液，任选其一全田喷雾；用 80% 敌敌畏乳油与 40% 辛・氯乳油按 1：2 混合 1500 倍液，防治幼虫效果较好。另外，在防治时，田间地头的杂草上也要喷药。

参考文献

董立，马继芳，董志平，2013. 谷子病虫草害防治原色生态图谱 [M]. 北京：中国农业出版社.

洛泾惠，1988. 粟叶甲生物学观察简报 [J]. 昆虫知识 (1): 63.

中国农业科学院植物保护研究所，中国植物保护学会，2015. 中国农作物病虫害：上册 [M]. 3 版. 北京：中国农业出版社.

（撰稿：王永芳；审稿：董志平）

粟灰螟 *Chilo infuscatellus* Snellen

一种欧亚地区分布、以危害谷子、甘蔗为主的蛀茎害虫。在中国北方主要危害春谷区谷子（粟），称粟灰螟；在中国南方主要危害甘蔗，称甘蔗二点螟。昆虫纲（Insecta）鳞翅目（Lepidoptera）草螟科（Crambidae）禾草螟属（*Chilo*）。国外分布于朝鲜、缅甸、马来西亚、菲律宾、印度尼西亚、印度、阿富汗、塔吉克斯坦、意大利等国家。中国广泛分布于北方谷子产区和南方甘蔗产区，如黑龙江、吉林、辽宁、内蒙古、甘肃、陕西、山西、河北、河南、山东，以及安徽、福建、台湾、广东、海南、广西、湖南、湖北、四川、云南等地。

寄主　植物除谷子、甘蔗外还有糜、黍、玉米、高粱等作物，以及稗草、狗尾草、香根草等杂草。

危害状　粟灰螟历年在各地都有不同程度发生。第一代危害春谷，造成枯心苗，大发生年可造成严重缺苗断垄，甚至毁种。第二、三代危害晚春谷、夏谷，前期仍造成枯心苗，后期则蛀茎危害，被害谷子形成白穗，莠而不实，遇风雨而倒折。未倒折的，也因害丧失营养和水分，穗小粒秕，影响产量和品质（图1）。

图1 粟灰螟田间危害状（甘耀进摄）

形态特征

成虫　雄蛾体长8.5mm，翅展18mm左右；雌蛾体长10mm，翅展25mm左右。头部及胸部淡黄褐色或灰黄色，触角丝状。前翅近长方形，外缘略呈弧度，淡黄而近鱼白色，杂有黑褐色细鳞片，中室顶端及中脉下方各有1个暗灰色斑点，沿翅外缘有成列的小黑点7个（偶有6个），缘毛色较淡，翅脉间凹陷深。后翅灰白色，外缘略淡黄色。足淡褐色，中足胫节上有距1对，后足胫上有距2对（图2）。

图2 粟灰螟成虫（甘耀进摄）

卵　扁平椭圆形，长0.8～1.5mm，宽0.6～0.8mm，壳面有网纹。初产时乳白色，临孵化时灰黑色。卵2～4行呈鱼鳞状排列，与玉米螟卵块相比，卵粒较薄，卵粒间重叠部分较小，排列较松散。

幼虫　末龄幼虫体长15～25mm。头部赤褐色或黑褐色，前胸盾板近三角形，淡黄或黄褐色。体背部有茶褐色纵线5条，其中背线暗灰色，亚背线及气门上线淡紫色，最下一条在气门上面，不通过气门（可与二化螟区别）。腹部1～8节，各节背面气门之间中央有1细皱纹，其前方毛片各4个，排列成一梯形横列，后方有毛片2个，较小，各在前方1对毛片之间，毛片上均生毛1根。腹足趾钩为三序缺环（图3）。

图3 粟灰螟幼虫（甘耀进摄）

蛹　长12～20mm，略带纺锤形，初为淡黄色，后变黄褐色。幼虫期背部的五条纵线，依然明显。腹部第八节以后，骤然瘦削，末端平。第五、六、七节背面和六、七节的腹面近前缘处，均有横列不规则的片状突起和齿状突起数个，其中第六节腹面较不明显，第五、六节腹面有腹足痕迹。

生活史及习性　粟灰螟发生世代随纬度和海拔高度不同而异。长城以北地区1年发生1～2代，黄淮海地区1年3代，珠江流域4～5代，海南6代。黄土高原河谷盆地1年2代，高海拔山地则1年1代。发生时期各地有别。在年种一茬的春谷地区，主要以第一代幼虫危害谷苗，造成减产。第一代危害盛期在6月下旬至7月上旬；第二代在7月下旬至8月上、中旬。在种植春谷和夏谷的地区，春谷遭受第一代幼虫为害，盛期在6月下旬；夏谷遭受第二代为害，盛期在8月中下旬。

在三代区，以河北衡水为例，越冬代幼虫一般在4月下旬开始化蛹，盛期5月中旬。5月中旬末到下旬是羽化盛期。第一代即5月中旬始见，盛期在5月下旬中至6月初，末期

6月中旬。由化蛹盛期到羽化盛期为10～12天，由化蛹盛期到产卵盛期约为15天。第一代幼虫5月下旬开始为害，6月中旬进入危害盛期，6月中旬末开始化蛹，化蛹盛期6月下旬至7月上旬。第一代成虫羽化盛期在7月上中旬，第二代6月下旬开始产卵，7月上中旬为产卵盛期。第二代幼虫危害盛期为7月中下旬，7月下旬至8月上旬，为化蛹盛期，第二代成虫羽化始期为7月下旬至8月上旬，羽化盛期8月上旬末，8月中旬羽化基本结束。第三代产卵由7月下旬至8月上旬开始，盛期在8月上中旬。第三代幼虫由8月上旬开始，危害盛期为8月中下旬，8月下旬至9月上旬先后转入根茎内开始越冬，有部分二代幼虫可直接越冬。

粟灰螟以幼虫在谷子、糜、黍根茬里越冬。一般年份越冬幼虫地表的死亡率占70%以上，地表下死亡率占30%左右。地表下不同深度的土层内越冬幼虫死亡率也不一样。谷茬存放的场所不同，越冬死亡率高低也不一样。在室外堆放谷茬死亡率达75.5%，而堆放室内的死亡率为31.8%。春季多雨，地面草多覆盖度大，谷茬虽露于地面，死亡率也小。根据以上根茬内越冬幼虫的不同环境，可采取不同的越冬防治措施。越冬幼虫化蛹前，先在根茬上咬一羽化孔，以便成虫爬出。而埋在土下根茬内的越冬幼虫，化蛹前会脱茬而出，在表土下作一薄茧化蛹，成虫羽化后也可以顺利出土。因此，利用深翻埋茬，对消灭越冬幼虫的作用不大。

成虫羽化多在18：00～22：00，白天藏在谷子叶背、植株的茎基部、杂草深处、土块下或地裂缝等处，20：00后开始活动，午夜后活动较少。成虫羽化后，当日即交尾产卵，产卵前期1～2天，21：00～22：00产卵最多，一头雌蛾产卵20～30块，每块卵有3～5粒至20～30粒，共计200粒左右，最高可达300～400粒，成虫寿命6～8天。第一代卵多产在谷子幼苗下部第二至五片叶背面中部叶脉附近。第二、三代卵除产在夏谷上外，在晚春谷或抽穗后，则多产在基部小叶片上或中部叶片上，有的地区曾在谷田土面上发现产卵现象。卵期平均4天左右。

谷田初孵幼虫，行动活泼，爬行迅速，顺风吐丝，或落于地面转移到其他植株。部分留于本株者，第一天便爬至叶鞘或根际，第三天则转移至茎基部，并开始蛀入茎内部，第五天即开始出现青枯苗。所以对粟灰螟的防治，应抓住它未蛀茎前的关键时期。一至三龄幼虫有群栖为害的习性，每株幼虫4～5头至十几头不等。三龄后分散为害，后期则每株多为1头。幼虫由茎基部蛀孔钻入秆内，蛀孔排有少量虫粪和嚼碎残屑。幼虫蛀茎后14天左右（视植株大小），即外出转株为害。每头幼虫可转株2～3次，谷苗较小时，营养不足，转株较多；幼苗高大时，取食时间较长，转株较少。第二代幼虫为害夏谷或晚春谷，如果幼虫为害速度不及植株发育速度则不表现枯心和白穗症状。幼虫在茎内先顺茎向上取食，后向下转移，近老熟时转入基部，并作茧化蛹。

发生规律

气候条件　干旱环境是粟灰螟发生为害的显著特征之一。陕西北部、山西大部和河北北部黄土深厚、地势高，丘陵起伏、岭谷交错、沟壑纵横，海拔800～1200m，春秋降水少，易干旱，发生为害十分严重。河北渤海沿岸地区，河南、山东黄河沿岸地区也是重发区。其中衡水东部，海拔高度虽然只有16～25m，但来自南方沿海的潮湿空气，受沂蒙山脉的阻隔，形成华北平原的少雨干旱中心；开封、聊城等地，历代黄河泛滥改道，多干沙丘与岗地，受害也非常严重。北方越冬幼虫的死亡原因主要是冬季低温，1月平均温度低则越冬死亡率高。越冬幼虫对低湿干燥具有相当强的忍耐力，但其化蛹除需要一定的积温外，还取决于湿度条件，在相对湿度70%～100%范围内，湿度越大化蛹率越高。越冬代成虫产卵和幼虫孵化的有利气象条件是温度20～25°C和相对湿度75%左右。如遇干旱，越冬代幼虫化蛹推迟，之后遇雨则会集中化蛹，羽化整齐，加之适宜产卵及孵化的温湿度条件，谷苗也会因为春旱而生长缓慢，受害严重。

寄主植物　谷苗株色浅、茎秆细硬、叶鞘绒毛浓密、分蘖力强和后期早熟等品种，在一定程度上能减轻受害。在越冬代成虫产卵盛期，成虫选择早播谷大量产卵为害，而迟播谷区谷苗矮小，错开了受害期，着卵量、茎内幼虫数及枯心苗数均显著减少。

天敌昆虫　粟灰螟的天敌昆虫主要是寄生性天敌小蜂及寄生蝇，对于控制其种群繁殖有一定作用。已知天敌有螟甲腹茧蜂、螟黑纹茧蜂、螟黄足绒茧蜂、寡节小蜂、赤眼蜂及寄生蝇等。其中，螟甲腹茧蜂为卵至幼虫的跨期寄生蜂，在山西北部寄生率很高。此外，在福建、台湾等局部地区，红蚂蚁的捕食作用显著，都应注意保护和利用。

防治方法

农业防治　①彻底处理越冬寄主，减少田间虫源。北京延庆处理谷茬较彻底，使粟灰螟为害率压低到1%以下。陕西榆林花园沟大队彻底处理谷茬，历年粟灰螟为害率不超过2%。拾茬方法，一般是在谷子收获后，进行串耙，使茬子全部露于地表，彻底拾净。河北邢台、陕西榆林等地区有的谷子收获时，采取连根拔的做法。对根茬处理的时间，要掌握在成虫羽化前完成，如黄淮地区以4月下旬前完成为宜。②调整播期。利用粟灰螟趋向谷子早播高苗产卵的习性，调整谷子播期，诱集产卵集中消灭。河北衡水地区的谷子早播诱集带，山西晋东南地区的围墙谷，就是在大面积适期播种的谷田里，提前10～15天，用5%～10%的小面积，隔离播下或谷地周围播下，把第一代粟灰螟卵诱集到早播或围墙谷上，集中消灭，可减轻大面积的危害和减少防治次数。③轮作倒茬。利用粟灰螟的飞翔力和趋光性都不强的习性，实行谷子远距离轮作倒茬的办法，使谷田与虫源自然隔离，减轻和控制为害。陕西延安枣园经验，谷子种在与上年谷田相邻的山上，粟灰螟危害重，种在远距离上年谷田的山上，虽雨水气象条件等适宜，螟害也轻。一般谷田离虫源800m，可显著减轻危害，离2000m，效果更突出。④拔除枯心苗。谷田出现枯心苗要结合定苗及时拔除，防止幼虫转移为害。

生物防治　利用有利于天敌繁衍的耕作栽培措施，选择对天敌较安全的选择性农药，并合理减少施用化学农药，保护利用天敌昆虫来控制粟灰螟种群。如使用苏云金杆菌可湿性粉剂（100亿活芽孢/g），每亩50g，兑水稀释2000倍液喷雾防治。

化学防治　掌握防治适期。田间防治应在搞好预测预报，调查越冬基数、化蛹羽化进度和田间查卵的基础上进行。防治期，要掌握在产卵盛期。黄淮海地区一般春谷防治在5

月末、6月初为宜，夏谷防治在7月上旬末到中旬为宜，北方春谷区应在6月上旬为宜。防治指标，1000茎有卵2～3块时立即防治。有效药剂有90%晶体敌百虫800～1000倍液；50%辛硫磷乳油、50%杀螟硫磷乳油、50%杀螟丹乳油1000～1500倍液喷雾；或2.5%溴氰菊酯乳油、2.5%高效氯氟氰菊酯乳油、4.5%高效氯氰菊酯乳油2000～2500倍液喷雾。每亩喷药液75～100kg。

参考文献

曹骥，1979. 利用栽培方法防治粟灰螟的探讨[J]. 植物保护学报，6(1): 51-56.

曹骥，李光博，贾佩华，1953. 京郊粟灰螟生活史研究 *Diatraea shariinensis* Eguchi，鳞翅目 螟蛾科[J]. 昆虫学报，3(1): 1-14.

崔娜珍，白秀娥，高燕平，等，2012. 吕梁山区粟灰螟发生世代的探讨[J]. 农业技术与装备(2): 13.

董立，马继芳，董志平，等，2013. 谷子病虫草害防治原色生态图谱[M]. 北京：中国农业出版社.

李文江，1985. 螟甲腹茧蜂对粟灰螟的寄生率调查[J]. 中国生物防治(4): 41.

中国农业科学院植物保护研究所，中国植物保护学会，2015. 中国农作物病虫害：上册[M]. 3版. 北京：中国农业出版社.

（撰稿：马继芳；审稿：董志平）

粟鳞斑肖叶甲 *Pachnephorus lewisii* (Baly)

一种亚洲地区分布，以危害谷子为主的害虫。又名谷子鳞斑肖叶甲、粟鳞斑叶甲、粟灰褐叶甲。鞘翅目（Coleoptera）肖叶甲科（Eumolpidae）鳞斑肖叶甲属（*Pachnephorus*）。国外分布于西伯利亚、日本、越南、老挝、柬埔寨、缅甸、泰国、印度尼西亚、印度等。中国分布于黑龙江、吉林、辽宁、内蒙古、新疆、甘肃、宁夏、山西、河北、江苏、江西、浙江、福建、台湾、广东、海南、广西、湖北、四川等地。

寄主 主要危害谷子（粟）、玉米、高粱、小麦、豆类、甘蔗等，尤其危害谷子最严重。

危害状 在谷子发芽出土前以成虫咬断生长点，或出苗后咬断茎基部造成缺苗断垄（图1）。

形态特征

成虫 近椭圆形。雌虫体长2.5～3mm，雄虫体长2～3.5mm。初羽化时为黄白色，渐变淡褐色，最后变为灰褐色，具铜色光泽。头向下伸，从背面看，不甚明显。上唇、触角和足棕红色，触角长达前胸后缘，11节，第一节膨大成球形，第二至六节细，末端5节扁宽，略呈念珠状，常呈黑褐色。体背密被淡褐色和白色两色鳞片，腹面和足被白色鳞片。前胸圆柱形，背板表面密布细小刻点和鳞片。鞘翅刻点较大于前胸刻点，排列呈纵行，部分刻点排列不规则；刻点的行间有细小刻点，中缝两侧的行距较宽。翅面白色鳞片组成不规则的白斑，褐色鳞片均匀地分布于全翅。中、后足胫节端部外侧呈半月形凹切。腹部5节，第一节最长，近于后面4节长的总和（图2）。

卵 椭圆形，长0.5～0.6mm，初产时乳白色，渐变为淡黄色，表面光滑。将孵化时，由透明变暗。卵壳多被细微的土颗粒覆盖。

幼虫 初孵幼虫为米黄色，后变为乳白色，头部淡黄。胸足3对，腿节与胫节不甚明显，略呈弯曲形。上有刚毛4～5根，头部有刚毛5～6根，胸、腹部各节有刚毛2根。末龄幼虫体长5mm左右。

蛹 裸蛹，初为白色，将羽化时颜色变浓，尾端有2刺，蛹长3mm左右。

生活史及习性 粟鳞斑肖叶甲在山西和河北北部、辽宁南部1年发生1代，以成虫在田边、土块缝隙及杂草根际5～6cm土中越冬。越冬成虫4月中下旬开始活动，5月中旬大部出土，此时也是田间为害盛期。5月下旬开始交尾，6月中旬开始产卵，直至7月下旬，由7月上旬至8月下旬为幼虫期。老熟幼虫7月下旬至9月上旬化蛹，同时出现成虫；9月下旬至10月初成虫陆续越冬。

在河北中部地区1年发生1～2代，以成虫越冬。越冬成虫早在2月末即开始活动，4月下旬至5月上旬为成虫活动为害盛期。4月中旬开始产卵，5～6月间为第一代幼虫活动盛期，6月下旬开始化蛹，7月上旬羽化为第一代成虫，7月上中旬为羽化盛期。成虫羽化后，即开始交尾产卵。第

图1 粟鳞斑肖叶甲危害茎基部（董立摄）

图2 粟鳞斑肖叶甲成虫（董志平、董立摄）

S

二代幼虫期为7月上旬到8月中下旬。老熟幼虫从8月下旬至9月上、中旬，先后化蛹羽化，10月下旬开始越冬。第一代羽化较晚的成虫，即以一代成虫直接越冬。

早春，谷子出苗前，越冬成虫先在莎草科的菅草上取食。苍耳、野蓟发芽后，便从菅草上转移到苍耳、野蓟上去。4月间谷子开始发芽出土，即由杂草上扩散到谷田为害。10月中下旬，谷子收获，便由谷田向地边、坟场、荒草坡等杂草多的地方转移，在土块下、土缝里、烂叶下面和杂草的根际越冬。所以，耕作粗放、杂草多的地方，虫口密度大，谷子受害重。

粟鳞斑肖叶甲主要以成虫危害谷子嫩芽。随着谷子的播期和幼芽发育的早晚，其危害部位和程度也不同。谷子萌芽出土时，成虫咬食嫩芽生长点，使幼苗未出土即死亡，俗称“劫白”；谷苗出土后，多从茎基部齐土咬断，造成死苗，俗称“劫青”，可致缺苗断垄，甚至毁种；待叶片展开后，成虫则咬食叶片，造成叶片残缺不全，影响幼苗生长。另外，粟鳞斑肖叶甲幼虫也可危害寄主的幼根。

粟鳞斑肖叶甲成虫有假死性、群集性、趋光性，能远距离迁飞。盛发期，昼夜活动，19：00～22：00时黑光灯下能大量诱到成虫。粟鳞斑肖叶甲成虫寿命较长，可达240～430天。产卵期可延续3个多月，最长达162天，最短33天，平均92天，故田间世代发生不整齐。温度达16°C以上时，开始产卵。每雌最多能产140粒，平均38粒。成虫卵多产在谷子和杂草附近0.5～3cm的表土层中，以1～2cm深处最多，占80%以上。初产下的卵，外被黏液，多黏着落叶屑和微细土粒，形成土壳，状如土粒不易辨识。

发生规律 粟鳞斑肖叶甲多发生在山地、坡地或砂壤土地带，一般坡地比平地发生重，旱田比灌区重，砂壤地比黏土地重。在低坡山地中，以背风向阳的山根谷田被害严重，阴面山根谷田相对减轻。一般耕作粗放，杂草多的地方，虫口密度大，为害重。

粟鳞斑肖叶甲喜干燥、干旱，尤其是春旱，是造成大发生的主要气候条件。同时由于气候干旱，土壤墒情不良，因而加大播种深度，造成种子发芽出土时间较长，也是造成严重为害的主要原因。

成虫食性杂，可危害的寄主植物有禾本科、豆科、菊科、旋花科、唇形科、藜科、毛茛科、伞形花科、莎草科、夹竹桃科、车前子科等13科34种以上。山西调查记录危害7科21种植物，其中最喜食禾本科和菊科。在天敌中，已发现成虫有寄生蜂，且寄生率很高。

防治方法 由于粟鳞斑肖叶甲主要以出苗前后对谷子造成的危害较大，为害时期相对集中，因此，对于该虫的防治，要在清洁田园，灭杀越冬虫源的基础上，做好种子处理，出苗后及时喷雾防治可有效控制该虫的为害。

农业防治 ①精耕细作，秋季耕翻土地，春季及时耕耙保墒，提高播种质量：在耕作粗放的地方，往往土地不平整，坷垃和杂草多，保墒不良，播种困难，势必加深播种深度，延长种子发芽出土时间，增加其危害的时间。所以，精耕细作，保好墒情，播种深度适宜，可促使种子快速发芽出土，减轻虫害。②清洁田地，消灭杂草：田间及周边杂草是粟鳞斑肖叶甲的越冬场所，来年可成为虫源基地，早春开始清除田边、地头、地埂杂草，可杀灭大量越冬成虫。③提早播种，避开为害。河北衡水地区群众的经验，在“清明”节前后，完成春谷的播种工作，待发生危害盛期，因谷子已发芽出土，可避过为害盛期。

物理防治 粟鳞斑肖叶甲成虫有着明显的趋光性，生产上可以利用频振式杀虫灯或黑光灯进行诱杀，从而有效降低成虫种群密度及后代发生数量，减轻危害。

化学防治 ①种子处理：可在播种前用70%吡虫啉可湿性粉剂或70%噻虫嗪湿拌种剂15～20g兑水500ml，拌谷种5kg。②撒毒土：可用48%毒死蜱乳油250～300ml，兑水3～5kg。用喷雾器喷洒于25～30kg细砂土，边喷边搅拌，混匀后于出苗前后顺垄撒施。③喷雾防治：还可在出苗前后进行全田喷雾防治。可用药剂有4.5%高效氯氰菊酯乳油1000～1500倍液、12.5%溴氰菊酯乳油1000倍液、10%吡虫啉乳油1000倍液、20%速灭威乳油2000倍液、48%毒死蜱乳油500～800倍液、90%敌百虫晶体1000倍液等。

参考文献

董立，马继芳，董志平，等，2013. 谷子病虫草害防治原色生态图谱[M]. 北京：中国农业出版社.

中国农业科学院植物保护研究所，中国植物保护学会，2015. 中国农作物病虫害：上册[M]. 3版. 北京：中国农业出版社.

（撰稿：刘磊；审稿：董志平）

粟芒蝇 *Atherigona biseta* Karl

一种亚洲地区分布，在谷子幼苗至抽穗前危害嫩心或幼穗为主的谷子害虫。粟芒蝇是中国东北、华北及西北谷子（粟）产区的重要害虫。又名双毛芒蝇、粟秆蝇。双翅目（Diptera）蝇科（Muscidae）芒蝇属（*Atherigona*）。国外分布于俄罗斯远东地区、日本、朝鲜。中国分布于黑龙江、吉林、辽宁、河北、河南、山西、山东、陕西、宁夏、甘肃、内蒙古、四川、台湾等地，普遍发生。

寄主 除谷子以外，还有狗尾草、大狗尾草、金色狗尾草、莠狗尾草（谷莠子）等狗尾草属杂草。

危害状 粟芒蝇幼虫孵化后从植株上部的喇叭口爬入心叶内部为害，外部无蛀孔。谷子从幼苗三叶期至抽穗前都易受害，并在不同生育期依次形成枯心苗、畸形株和死穗（白穗）三种典型症状。在后两种症状出现之前，都先表现为枯心苗，之后逐渐演变为畸形株和死穗（白穗）（图1）。枯心苗和死穗（白穗）的产量损失率为100%，畸形株虽有一定产量，但在株高、穗长、穗粒重和千粒重等经济性状上分别比健株减少43%、66.3%、84%和30%，产量损失率达80.57%。

形态特征

成虫 体长3～4.5mm，复眼、间额及下颚须棕黑色，眼眶及胸侧板铅灰色，胸背灰绿色，前足大部黑色，仅基节和股节基部1/4黄色，中、后足黄色，跗节较暗。腹部近圆锥形，暗黄色。雄蝇第一、二腹节和背板有1对不明显暗斑，第三腹节背板有1对三角形大黑斑，第四腹节背板有1对小圆形黑斑，腹末端背面可见三分叉的尾节突起，正中突与侧突大小相仿，肛尾叶的三叶突中叶棱形，顶端有“U”形缺刻，上无针刺。雌蝇第二、三、四腹节背面各有1对黑斑。黑须芒蝇（*Atherigona atripalpis* Malloch）成虫和粟芒蝇相似，但雄蝇前足股节基部约1/2黄色，尾节突起3个分叉的正中突很小，两侧突较大，三叶突中叶无“U”形缺刻，上具1列针刺（图2）。

卵　乳白色，细长略弯，表面有纵棱。长约1.5mm，宽约0.4 mm。在将孵化的卵中，一龄幼虫已发育，卵前端可透见黑色口咽器影迹。

幼虫　蛆状。初孵幼虫透明，无色，渐变为乳白色。老熟时鲜黄色，长约5.5mm，可见11节。尾端圆钝，具1对后气门突，其基座较扁，黑色，气门环以内棕褐色，口钩黑色（图3）。

蛹　圆筒形，褐色，长约5mm，前端平截具盖，尾端稍圆，上有1对黑色气门突。

生活史及习性　粟芒蝇在中国北方1年发生1～3代，均以老熟幼虫在土中越冬。在一年一作的春谷区，以第一代危害谷苗主茎，第二代危害分蘖及未抽穗茎。在春、夏谷混作区，以第一代危害春谷，第二代主要危害夏谷，如有第三代发生则主要危害夏谷的分蘖和未抽穗茎。夏谷区第一代主要寄生在狗尾草上，第二、三代均危害夏谷。例如，在年平均气温9°C的春谷生态区承德，粟芒蝇一年发生二代。第一代幼虫发生于6月，主要危害春谷和狗尾草等植物，第二代幼虫发生于7～8月，主要危害夏谷和晚播春谷。第二代老熟幼虫除少数在8～9月间化蛹羽化外，绝大多数幼虫在8～9月离株入土越冬。在年平均气温13.2°C的夏谷生态区石家庄，粟芒蝇1年发生3代。第一代幼虫发生在5月下旬至6月间，主要危害春谷和狗尾草等植物；第二代和第三代幼虫发生在6月下旬至7～8月间，主要危害晚播春谷和夏播谷；第三代老熟幼虫在8～9月间，老熟后离株入土越冬。由于夏谷区的气温较高，因此，粟芒蝇各虫态历期略短于春谷生态区，各代单雌产卵量亦低于春谷区。

成虫多在清晨羽化，羽化2天后开始交尾，在气温22～26°C、相对湿度60%～80%时最活跃。夏天以清晨和傍晚，或雨后天晴时活动最盛。取食花蜜和蚜蜜，喜趋向发酵有机物，尤其是对腐鱼气味趋性强烈，其次是腐烂昆虫、发酵苹果、糖醋酒混合液等，也有较弱的趋光性。通常羽化后5～7天开始产卵。每雌一生产卵20～30粒。卵散产，一般一株一粒。产卵部位有明显的趋湿性，干旱时产在贴近

图1 粟芒蝇危害状（甘耀进摄）

①枯心苗；②白穗；③畸形穗

图2 粟芒蝇成虫（甘耀进摄）

图3 芒蝇幼虫（甘耀进摄）

S

地面的谷苗基部，潮湿条件下产卵部位较高，但谷苗基部仍有一定卵量，其余产在叶鞘内外。卵经过2～4天孵化。初孵幼虫由心叶卷缝爬入心叶基部，呈螺旋状咬断幼嫩心叶或生长点，使心叶枯萎，不能抽穗。幼虫蛀入后一般1～2天出现枯心，谷株较大，心叶外层较硬时，可延至7天才显现枯心。

幼虫一般入土化蛹，深度可达20cm。越冬代以在土层10cm左右处最多，其他各代以5cm左右处最多。但在田间湿度条件差、土壤特别干旱的情况下可直接在秆内化蛹。土壤湿度影响幼虫的入土深度，1975年北京昌平越冬幼虫一般入土深度10cm，但在湿度较差的砂土地，入土深度达15cm。幼虫离株入土越冬与当时的气温变化也有密切关系，气温在21.3°C时，幼虫离株率只有16.4%；当气温下降到16.1°C时，幼虫离株率达64.0%；当气温下降到12.9°C时，幼虫离株高达98%，幼虫离株越冬与温度呈极显著的负相关关系（$r=-0.99633^{**}$）。入土后的幼虫，随气温下降，深度会逐渐加深。山西沂州9月20日入土深度5～8cm，10月中旬入土深度5～10cm最多，11月上旬8～10cm最多，11月下旬后多在12～14cm处，最深可达25cm。翌春，随气温升高，越冬幼虫逐渐向地表土层转移，4月下旬至5～10cm浅土层化蛹。

发生规律

气候条件　粟芒蝇的繁殖、为害与湿度关系密切。首先，湿度对卵孵化有明显影响，相对湿度59%以下时卵不能孵化，相对湿度60%～69%、70%～79%、80%～89%、90%～99%、100%时卵的孵化率分别为13.20%、21.81%、57.53%、86.76%、94.98%。其次，幼虫化蛹和成虫羽化出土对土壤湿度要求较高，当土壤含水量20%～30%时化蛹、羽化率最高，低于5%幼虫不能化蛹。成虫羽化期间土壤含水量在15%～19%时羽化率为57.61%，含水量19%～24%时羽化率81.96%。因此，成虫羽化期间在田间湿度较低的情况下，如遇降雨或浇水，成虫数量会骤增。成虫交尾也要求高湿条件，高温干燥羽化多日也不交尾，遇阴雨天气除新羽化的成虫外，均盛行交尾。卵多在后半夜谷子叶鞘布满露珠时孵化，无露水时一般不孵化。孵化的幼虫需在谷茬布满露水，相对湿度高于80%时才能爬入嫩心为害。相对湿度低于60%时，谷茎上露珠很快蒸发，幼虫爬行困难，最后失水死亡。因此，粟芒蝇在降水量少、气候干旱、相对湿度小的年份，或田间小气候湿度小时发生轻；在降水量多、气候湿润、相对湿度大的年份，或田间小气候湿度大时发生重。如1982年，承德粟芒蝇一代发生期遇到天气干旱的情况，春谷枯心率为2.58%，而附近麦田浇水致使田间湿度大，使畦埂谷苗枯心率高达62.3%。同样由于天气干旱，二代粟芒蝇也属轻度发生年，同在麦茬地复种同一品种夏谷，在水浇地和旱地的夏谷被害枯心率分别为79.4%和23.9%，粟芒蝇的发生轻重与田间生态环境中的湿度密切相关。二代发生区的夏播谷多在6月下旬至7月初播种，8月中旬抽穗。7月中旬至8月上旬是第二代粟芒蝇为害夏谷的关键时期。承德1976—1985年7月中旬至8月上旬，平均相对湿度在80%以上时，二代粟芒蝇发生危害严重，相对湿度在70%以下时发生轻，相关性极显著（$r=0.81426^{**}$）。涉县中原乡1991年、1992年7月份降水量分别为57.3mm和121.2mm，粟芒蝇为害率分别为4.01%和26.83%。因此，6～8月多雨年份，粟芒蝇发生为害严重，同时低洼地、水浇地、树荫下等生态环境发生为害也较重；反之，则较轻。

种植结构　谷子不同播种期与粟芒蝇发生为害有密切关系，无论是春谷还是夏谷均表现为早播被害轻，晚播被害重。1978年河北承德5月5日、5月20日和6月5日播种，被害率分别为10.1%、16.1%和28.8%；河北石家庄6月6日、6月20日和6月30日3个播种期的被害率分别为26%、86%和90%；河北涉县5月30日、6月10日、20日、30日、7月10日播种夏谷，被害率分别为4.32%、15.88%、34.33%、46.50%和46.12%。

谷子不同留苗密度对粟芒蝇发生为害有明显差别。1978年承德春播谷子调查，每公顷留苗30万株、60万株和90万株3种密度的平均被害枯心率分别为11.8%、18.3%和25%，密度越大被害越重，这与粟芒蝇喜欢在郁闭阴湿的环境中活动的习性有关。

谷子的种植形式一般分为单作和间作2种。大多为玉米与谷子间作，也有少数高粱与谷子间作。一般间作的带距在2～5m。由于玉米、高粱等高秆作物比谷子株高，间作的带距越窄，谷子受遮阴的面积越大，被害就越重。如1985年在承德县中磨村调查，同在7月上旬播种的304号夏谷，单作谷子枯心率31.8%，而在玉米和谷子间作（2.3m带距）情况下的夏谷枯心率高达95.8%。即使是间作带距较宽的夏谷，受遮阴部分被害情况仍较重；1982年河北滦平四道河村调查，夏谷（304谷）、玉米（中单2号）间作带距5m，其中与玉米相邻的第一行（距玉米0.33m）谷子平均被害率为87.67%，距玉米1m远的第三行谷子枯心率为82.33%，第五行（距玉米1.65m）谷子枯心率78.66%，第七行（距玉米行2.31m）谷子的枯心率为69.33%。受到树林和建筑物等遮阴的单作谷子，受粟芒蝇为害的程度也重于未遮阴的谷子。

天敌　寄生蜂是粟芒蝇的主要天敌，在春、夏谷区均有分布。目前已知以下3种：其一，为芒蝇赘须金小蜂［*Halticoptera atherigona*（Huang）］，属金小蜂科柄腹金小蜂亚科赘须金小蜂属，主要分布于吉林、河北、晋东南等春谷区，自然寄生率3.03%～7.20%，蝇量大时寄生率可达18.56%。第二种为茧蜂科茧蜂属的小茧蜂（*Bracon* sp.），体长3.5～4.0mm、黄褐色，1年发生2代，发生时期大致与粟芒蝇幼虫发生期吻合，该蜂将卵产于粟芒蝇幼虫体内，孵化出的小蜂幼虫附着在粟芒蝇幼虫体表取食寄主虫体，老熟后在干瘪死亡的寄主幼虫尸体附近作长形白色丝茧化蛹；吉林调查寄生率1.9%～18.6%，河北调查寄生率7%～8%。还有一种*Neotrichoporoides* sp.小蜂，主要分布于夏谷区。自然寄生率4.55%～14.05%，最高可达46%。

防治方法

农业防治　适期早播，避免间、混、套种。粟芒蝇喜欢在阴湿的环境中活动，因此，在种植地点的选择上应避免种植在底洼潮湿的地方。在种植形式上，由于间作和混作，尤其是与高秆作物间作或混作，会使谷子生长期间易受遮阴，形成有利于粟芒蝇活动的生态环境，而且间作距离越窄，谷子遮阴率越大，粟芒蝇的发生危害越重，所以，在种植形式上应选择单作，避免间混套作。同时在管理上及时拔除被害株，带出田外深埋或烧毁，多中耕除草促进谷子的生长，造成不利于粟芒蝇繁殖的生态环境，都可以减轻谷子受害。

选种抗虫耐害品种。谷子品种对粟芒蝇的抗虫性主要表现在以下方面：部分谷子品种由于具有生长发育速度快的特性，其受害敏感期与粟芒蝇的盛发期错开，从而可以避免或减轻受害程度；还有部分品种具有分蘖性强的特性，当主茎受到粟芒蝇的为害后很快就可以分蘖或分枝，并能正常开花结实，这类品种虽然受害，但能够自动补偿以减少损失；有些品种因其具有特殊的组织形态结构或含有相关的生化物质而被害较轻。因此，利用作物抗虫性选育抗虫良种来控制害虫的为害是防治虫害最经济有效的措施。1990—1992 年河北涉县对 56 个谷子品种进行的抗性鉴定结果显示，凡生长期长、发育慢、拔节阶段长的晚熟种受害重，各品种抽穗前的生育天数与受害程度呈极显著正相关（r=0.765**）。

生物防治　保护利用天敌。从已发现的粟芒蝇寄生性天敌的寄生情况来看，二代发生区寄生蜂种类丰富，自然寄生率 6%～26.8%。三代发生区河北涉县，1985 年田间调查总寄生率在 49% 左右。天敌小蜂对控制粟芒蝇种群数量，减少虫源基数是不可忽视的因素。

物理防治　根据粟芒蝇对腐鱼具有强烈趋性反应的特性，可于二、三代粟芒蝇成虫盛发期，在谷田放置腐鱼诱杀盆，每盆腐鱼用量 0.75～1kg，每公顷放置 15 盆，盆间距 30m 左右，并在盆内喷洒杀虫剂。腐鱼诱集的成虫 90% 左右为雌蝇，可以大大减少田间落卵量，减轻谷子被害率。

化学防治　掌握成虫高峰期，用菊酯类药剂进行喷雾防治。山西在成虫始盛期用 25% 氰戊菊酯乳油 10ml/ 亩微量喷雾，防治效果可达 89%；承德用 25% 氰戊菊酯乳油 20 ml/ 亩（加水 0.5kg），在粟芒蝇成虫盛发期用手持电动离心喷雾机进行行间超低量喷雾，10 天后防治第二次，防治效果分别为 85.71% 和 93.51%。也可选用 4.5% 高效氯氰菊酯乳油 1000～1500 倍液，或 2.5% 溴氰菊酯乳油 4000 倍液常规喷雾。

参考文献

甘耀进，董志平，2007. 粟芒蝇 [M]. 北京：科学出版社 .

中国农业科学院植物保护研究所，中国植物保护学会，2015. 中国农作物病虫害：上册 [M]. 3 版 . 北京：中国农业出版社 .

（撰稿：马继芳；审稿：董志平）

粟穗螟　*Mampava bipunctella* Ragonot

一种亚洲地区分布，主要危害谷子、高粱的一种害虫，目前生产上很难见到。又名粟缀螟、粟实螟。鳞翅目（Lepidoptera）螟蛾科（Pyralidae）实螟属（*Mampava*）。国外主要分布于日本、印度、加里曼丹岛等国家和地区。中国东北、华北、华东、中南、华南、西南地区都曾有分布，包括辽宁、河北、山西、山东、河南、江苏、浙江、四川、台湾、广东等地。但是，近年来该虫极少，东北、西北和华北谷子产区难以见到，20 世纪 80 年代曾是四川高粱的主要害虫，常年产量损失 5%～20%。穗紧、穗大的品种受害重。

寄主　谷子（粟）、高粱、玉米等作物。

危害状　一种间歇性大发生的害虫。幼虫在穗内吐丝结网，在网中蛀食籽粒（图 1），从谷子、高粱乳熟期开始为害，直到收获期。严重发生年，一个谷穗里有虫 5～10 头，多达 60 余头。高粱穗里有虫多达七八十头。幼虫有时随着收获谷穗、高粱穗带入仓内，在仓内继续为害。受害谷穗颜色污黑，籽粒空瘪，布满丝网，并有大量虫粪，对产量和品质都有很大的影响。

形态特征

成虫　微红色。雄蛾体长 7～8mm，翅展 20～22mm；雌蛾体长 9～11mm，翅展 25～27mm。前翅长形，略带红白色，前缘及外缘颜色较深，外缘有 5 个不明显的小黑点，中部有 2 个小黑点。后翅半透明，白色，无纹斑。腹部带白色。

卵　长 0.6mm，椭圆形，初产黄白色，1～2 天后变淡黄色，孵化前为灰褐色。

幼虫　体长 20mm 左右，淡黄白色。头部黑褐色，胸腹部背面有两条淡红褐色纵线，气门周围黑色，胸足淡褐色，腹足趾钩双序全环，共 6 龄（图 2）。

蛹　长 10～12mm，黄褐色，翅芽伸达腹部第四节末端，胸背及腹背第一至第八节中央有一纵向隆起线，第八节背面中央还有一横向隆起线，腹部末端无臀刺。

生活史及习性　粟穗螟在华北、华东地区一年发生 2 代。以老熟幼虫在高粱、谷子穗内、场院、仓库、大树干皮裂缝、谷草下部切口等隐蔽处越冬。越冬幼虫 6 月下旬化蛹，7 月上旬为羽化盛期，7 月下旬为羽化末期。第一代卵盛期在 7 月中旬，第一代幼虫为害盛期在 7 月中下旬。7 月末开始化蛹，8 月上旬为化蛹盛期，蛹期 6～7 天，8 月中旬为第一代蛾盛发期。第二代卵于 8 月中旬开始孵化，第二代幼虫为害盛期在 8 月下旬。第一代主要为害春谷，第二代主要危害夏谷、高粱及夏玉米，9 月中旬幼虫开始结茧越冬。

粟穗螟在四川泸州等西南地区 1 年可发生不完全的 1～3 代，以发生 2 代为主。越冬幼虫最早可于 5 月中旬化蛹，下旬即可羽化，一般 6 月中下旬为越冬代成虫盛发期，7 月底 8 月初仍可见。6 月中旬至 7 月中旬为一代幼虫盛发期，危害玉米和早熟高粱。部分个体滞育，1 年只发生 1 代，大多数继续发育进入第二代。一代成虫 7 月上旬开始羽化，7 月下旬至 8 月中旬为二代幼虫盛发期，危害中、晚熟高粱。绝大多数以滞育或老龄幼虫越冬，少数可于 8 月底羽化出二代成虫，并产卵于更晚熟或分蘖的高粱穗上为害；三代幼虫在食料满足的条件下可正常发育，一般至三龄即死亡。在四川泸州地区，幼虫只有随寄主收获进入室内才能安全越冬，主要转移到用具和墙壁缝隙及张贴物背面，也可留在寄主上越冬。

成虫白天躲藏在作物深处叶片的背面，20：00 左右开始活动交尾，有较强的趋光性，羽化后 2～3 天即开始产卵。卵主要产在乳熟期的谷穗、高粱穗部的籽粒、颖壳翻入裂缝处或小穗间，上部叶及叶鞘上极少。据河北调查，在乳熟期产的卵占总卵量的 72%，在黄熟期产的卵仅占 28%。产卵成块，每块有卵 2～8 粒不等，呈平面排列，形状不一。每

图 1 幼虫钻入谷穗内结网危害（董立摄）

图 2 粟穗螟幼虫（董立摄）

头雌蛾能产卵 200～300 粒，卵期 3～4 天。孵化后幼虫开始咬食谷子乳熟期籽粒，并在谷穗内吐丝结网，把小穗缀在一起，在网内串通取食。一般中等大小的谷穗，有 2～3 头幼虫，即可被吃光大部。在高粱上，初龄幼虫先在籽粒顶端咬一小洞，钻入粒内为害，并吐丝作网，封住洞口。二龄后即转粒为害，并吐丝拉网，三龄开始结一薄茧，将附近儿粒或 10 余粒高粱粘在一起，活动为害于茧内。一头幼虫一生为害高粱 30～40 粒。幼虫共 6 龄，幼虫期 24～28 天。有避光性，平时多暗藏于穗内，幼虫老熟后，在穗内化蛹，蛹期 6～7 天。

发生规律

气候条件　粟穗螟卵、幼虫期、越冬代蛹、第一或第二代蛹、产卵前期的起点温度分别为 19.9°C、20.1°C、20.3 °C、23.9 °C 和 23.1 °C，有效积温分别为 28.1 °C、107.9°C、35.4°C、21.4°C和 7.4°C；全世代的发育起点温度为 19.1°C，有效积温 211.9°C。粟穗螟的越冬代幼虫不仅需要一定的温度，更需要适宜的光周期才能解除滞育状态，其解除滞育的临界光周期为 14 小时以上光照；在 25°C下，导致 50% 个体解除滞育的临界光周期为 14 小时 33 分钟。室内饲养研究表明粟穗螟成虫产卵的适温范围为 25～29°C，以 27～28°C为最适温度。粟穗螟的发生与气象条件也有密切关系。据河南新乡观察，7 月下旬至 8 月上旬的降水量大于 100mm，降雨次数超过 5 次，就可能大发生。山东利津根据 9 年资料分析得出，冬季温度偏高，初夏雨量多，8 月下旬雨量适中，暴雨少，就会大发生。四川南充地区的调查则显示，7 月中下旬的高温伏旱会严重影响粟穗螟第一代成虫产卵量和第二代初孵幼虫的存活率，大大减少了第二代的幼虫量。河北调查，冬季低温 - 20°C，越冬幼虫 100% 的死亡，而在住房内越冬幼虫死亡率仅为 14.5%。

粟穗螟喜湿，初孵幼虫在相同温度下，湿度越大则死亡率越小；低湿环境下成虫寿命短，产卵少，死亡率高，相对湿度 90% 以上，寿命延长，死亡少，产卵增多；卵和蛹对湿度的要求较小，在相对湿度 60% 以上时，卵的孵化率在 90% 以上。

种植结构　通过室内外控制饲养和田间调查发现，粟穗螟在谷子、高粱和玉米上能够完成整个生活史，成虫虽然可以在狗尾草上产卵，幼虫还可取食稗草，但野外调查尚未发现任何杂草受害。粟穗螟的田间寄主只有谷子、高粱和玉米等作物，并且选择趋性依次为谷子、高粱和玉米。粟穗螟成虫产卵趋性与寄主植物生育期密切相关。粟穗螟主要将卵产于谷穗上，因此，谷子扬花期是成虫产卵最适时期，高粱抽穗至灌浆乳熟期均适宜成虫产卵，但扬花期最适。对于玉米，粟穗螟产卵的最适时期则是抽雄散粉期，产卵部位主要在雄穗。此外，粟穗螟的为害程度还与谷子、高粱品种的穗形有关。一般紧穗品种发生最重，中散穗型品种次之，散穗型品种发生轻，大散把高粱一般不发生。在同一块地里，穗大的植株较穗小的植株受害重。

天敌　粟穗螟幼虫期有捕食性天敌蜘蛛，寄生性天敌金小蜂、白僵菌、绿僵菌；卵期有寄生性天敌玉米螟赤眼蜂。这些天敌昆虫对粟穗螟的种群数量有一定控制作用。例如，在谷子吐穗至灌浆前这段时间连续 7 次释放玉米螟赤眼蜂，对粟穗螟的田间防效可达 87.5%。

防治方法

农业防治　选用抗虫品种。尽量选用穗型稀密适中的、较抗病虫而丰产的良种。适当调整播期，使粟穗螟成虫盛发期与作物适宜粟穗螟产卵的生育期错开，减少落卵量。

物理防治　诱杀法。把剪下的谷穗、高粱穗放在场内暴晒，并在四周放一圈谷草，晚间用谷草把穗子盖上。由于太阳的暴晒和盖草，使温度上升，这样就会诱幼虫爬进谷草中躲藏起来然后把谷草烧掉或用石滚子轧死其中幼虫。或春季晚上用席盖在谷穗堆上，使幼虫爬到席上，早晨把幼虫集中在一起加以消灭。

生物防治　利用有利于天敌繁衍的耕作栽培措施，选择对天敌较安全的选择性农药，并合理减少施用化学农药，保护利用天敌昆虫来控制粟穗螟种群，亦可在其产卵期，多次释放大量玉米螟赤眼蜂控制其种群数量。

化学防治　做好虫情调查。从谷子、高粱抽穗开始，每 3 天进行一次系统调查，于扬花末期，掌握好卵孵盛期或幼虫二龄前喷洒 2.5% 溴氰菊酯乳油 4000 倍液、50% 辛硫磷乳油 800 倍液、40% 福戈水分散剂（20% 氯虫苯甲酰胺 + 20% 噻虫嗪）4000 倍液。

参考文献

董立，马继芳，董志平，2013. 谷子病虫草害防治原色生态图谱 [M]. 北京：中国农业出版社 .

潘学贤，程开禄，汪远宏，等，1989. 粟穗螟生物学生态学特性研究 [J]. 西南农业学报，2(3): 72-77.

潘学贤，程开禄，汪远宏，等，1993. 粟穗螟滞育的形成和解除与环境条件的关系 [J]. 昆虫学报，36(4): 451-458.

汪远宏，潘学贤，程开禄，等，1989. 粟穗螟发生危害与寄主种类及其生育期的关系 [J]. 西南农业大学学报，11(4): 355-359.

王志明，潘学贤，程开禄，等，1990. 粟穗螟为主的高粱穗部害虫综合防治技术 [J]. 四川农业科技 (5): 18.

中国农业科学院植物保护研究所，中国植物保护学会，2015. 中国农作物病虫害：上册 [M]. 3 版 . 北京：中国农业出版社 .

（撰稿：王永芳；审稿：董志平）

粟缘蝽　*Liorhyssus hyalinus* (Fabricius)

一种世界性分布，可危害谷子、高粱、玉米等多种作物的杂食性害虫。又名粟小缘蝽。半翅目（Hemiptera）姬缘蝽科（Rhopalidae）粟缘蝽属（*Liorhyssus*）。国外主要分布于日本、俄罗斯、智利，以及北非、北美洲。中国主要分布于黑龙江、内蒙古、甘肃、宁夏、陕西、山西、河北、北京、天津、山东、安徽、江西、江苏、福建、广东、广西、湖北、四川、贵州、云南、西藏等地。

寄主　谷子（粟）、糜子、高粱、水稻、玉米、苘麻、大麻、红麻、烟草、向日葵、莴苣等

危害状　以成虫和若虫刺吸作物的汁液，尤其粟和高粱穗部受害，造成秕粒，严重影响产量（图 1）。

图 1　粟缘蝽危害状（董立和马继芳摄）

形态特征

成虫　体长 6～7mm，草黄色，密被浅色细毛。头略呈三角形，头顶、前胸背板前部横沟及后部两侧、小盾片基部均有黑色斑纹，触角和足常具黑色小点。腹部背面黑色，第五背板中央有 1 块卵形黄斑，两侧各具 1 块小黄斑；第六背板中央有 1 条黄色纹，后缘两侧和第七背板端部中央及两侧黄色。前翅超出腹末（图 2）。

图 2　粟缘蝽成虫（董立和马继芳摄）

卵　长 0.8mm，宽 0.4mm，肾形，卵盖椭圆形，布满小突起，其中央微凸，近端部中央具 2 个白色疣突。初产时暗红色，近孵化时黑紫色，每一卵块有卵十余粒。

若虫　初孵若虫暗红色，长椭圆形，触角棒状，4 节，前胸背板较小，腹部圆大。5～6 龄时体型似成虫，灰绿色。触角 4 节，头近三角形。翅芽显著。腹末背面紫红色（图 3）。

图 3　粟缘蝽若虫（董立和马继芳摄）

生活史及习性　粟缘蝽一般在 7 月谷子抽穗后开始侵害，主要以成、若虫刺吸谷子穗部未成熟籽粒的汁液，形成秕粒。田间通常会出现成、若虫共同为害谷穗的现象，有时卵、若虫、成虫可同时出现在同一穗上，造成秕粒并孳生灰黑色杂菌，严重影响谷子的产量和品质。粟缘蝽成、若虫均活泼，遇到惊扰会立即飞逃。成虫夜间有一定趋光性，白天无风时常在穗外向阳处活动；若虫常潜于谷穗内，晴天可爬至穗外活动，受惊即钻入穗内。

S

粟缘蝽食性杂，一生可转换几种寄主，但喜食禾本科植物。早熟品种能避过受害盛期；紧穗型品种，不利于成、若虫钻入隐蔽，也不利于成虫隐蔽产卵，而有利于天敌捕食，因此受害轻。

发生规律 在北京、山西1年发生2～3代，在河北和山东1年发生3代，以成虫在树皮下、墙缝和杂草丛中越冬。翌年4月下旬开始活动，为害蔬菜和杂草，5～6月转向谷子和高粱田为害，春谷抽穗后，成虫多转向穗部为害和产卵。卵产在小穗间，单雌可产40～60粒，卵期3～5天。若虫期10～15天，共6龄。8～9月产第二代卵，主要产在夏谷和高粱穗上。由于该虫世代重叠严重，至8～9月虫口大增，谷子和高粱常严重受害。10月成虫陆续进入越冬场所。在云南西双版纳，9月下旬成、若虫群集危害苘麻，卵常产于花托、蒴果或叶背面，每块卵20～47粒，不规则排列。在昆明11月中旬仍见该虫为害锦葵科植物，并将卵产于花托处。

防治方法

农业防治 选用抗虫品种：早熟品种或谷穗细长、小穗排列紧密的品种，虫害较轻。出苗后及时浇水，可消灭大量若虫。

物理防治 成虫盛发期，用网捕杀成虫。

化学防治 灌浆初期，喷撒1.5%乐果粉剂，每亩2kg。或用40%乐果乳油1500倍液、4.5%高效氯氰菊酯乳油1500倍液、50%杀螟丹可溶性粉剂1500倍液、10%吡虫啉可湿性粉剂1500倍液，或20%甲氰菊酯乳油3000～4000倍液喷雾。

参考文献

董立，马继芳，董志平，2013. 谷子病虫草害防治原色生态图谱[M]. 北京：中国农业出版社.

中国农业科学院植物保护研究所，中国植物保护学会，2015. 中国农作物病虫害：上册[M]. 3版. 北京：中国农业出版社.

（撰稿：王永芳；审稿：董志平）

算盘子蛱蝶 *Athyma perius* (Linnaeus)

危害算盘子等植物的害虫。又名玄珠带蛱蝶。鳞翅目（Lepidoptera）蛱蝶科（Nymphalidae）带蛱蝶属（*Athyma*）。国外分布于印度、缅甸、斯里兰卡、印度尼西亚、马来西亚。中国分布于海南、广东、福建、浙江、江西、广西、四川、台湾等地。

寄主 毛果算盘子、艾胶树、白背算盘子、渐尖算盘子等。

危害状 幼虫取食叶片，造成缺刻，食尽一叶转移危害，可把寄主叶片吃光。

形态特征

成虫 体黑色；中胸背面有6～7个、后胸背面有3～4个大小不一的白底浅蓝色小斑。翅黑色，前翅有3排大小不等的白斑；后翅有两排白斑，近外缘一排斑内端各有1个小黑斑，外缘有1条白色波状纹。前后翅反面均为橙黄色，斑纹与翅面相似；前翅白斑有黑色边缘，后翅大斑端部有黑边，5个外缘白斑内端有黑圆点（见图）。

幼虫 老熟幼虫体长20～25mm。头褐紫色，其上布有数十根淡黄色小棘刺，头顶部一排为褐紫色棘刺。体翠绿色。中胸背面有4根较长的棘刺；后胸至腹部每节背面有2根红紫色棘刺，棘刺端部为紫褐色刺；中、后胸棘刺较长，腹部背面第八节棘刺较短；臀节有数根短棘刺；腹部第一至第八节气门下方各有1根淡紫红色短棘刺；体背面刺瘤淡蓝紫色，体腹面、腹足淡紫色，胸足褐黑色。

生活史及习性 在福州1年5代。每季4种虫态都有，以卵与幼虫数量较多。越冬幼虫无明显的休眠状态，气温低时幼虫弯着头或卷曲着伏在叶面或近叶柄的主脉上，暖天中午又继续取食。越冬幼虫于3月下旬开始化蛹。4月上旬成虫羽化，4月下旬为羽化末期。4月下旬到5月中旬为第一代卵发生期，幼虫发生期从5月上旬至6月下旬，蛹发生期6月上旬到6月下旬，成虫发生期6月中旬到7月上旬。第二代卵发生期6月下旬到7月中旬，幼虫发生期6月下旬到8月中旬，蛹发生期7月中旬到8月下旬，成虫发生期7月上旬到9月上旬。第三代卵发生期8月上旬到9月中旬，幼虫发生期8月上旬到9月下旬，蛹发生期9月上旬到10月中旬，成虫发生期9月中旬到10月下旬。第四代卵发生期9月中旬到10月下旬，幼虫发生期9月下旬到11月中旬，蛹发生期11月上旬到11月下旬，成虫发生期11月中旬到12月中旬。第五代卵出现于11月下旬到12月中旬，幼虫12月上旬开始出现，直到翌年3月下旬。

卵散产于叶片上，以叶背为多，一般在1片叶上产卵1～2粒。幼虫孵化后先取食卵壳，仅留与叶面黏着的部分，此后在寄主叶片尖端沿主脉两边取食，将叶片食成缺刻，即在叶的主脉尖端以丝缠绕粪粒联接成一小棒，取食后伏在小棒上休息。幼虫将粪粒排在食过的叶面上端，取食时将粪粒向叶柄方向推移。幼虫食尽一叶转移至另一叶取食时不再做小棒。虫口多时可将寄主叶片全部食光，只留下叶片的主脉。同时可见到叶柄或小枝上以丝缠绕着的虫粪。老熟幼虫化蛹前一天，身体由翠绿变为黄绿色，以腹部末端固定在寄主叶背或枝条上，或附近其他植物的叶背。预蛹期1天，蜕皮后蛹带金属光泽。蛹在10月份历期1周左右，个别越冬蛹的

算盘子蛱蝶（袁向群、李怡萍提供）

历期可达3个多月。蛹羽化前数小时体色变黑。成虫羽化后，飞舞花丛间，吸食花蜜作为补充营养，然后雌雄成虫在草丛里交尾。

防治方法 算盘子蛱蝶未造成大面积危害，一般不需要防治。

参考文献

伍有声，董祖林，刘东明，等，2000. 华南植物园蝶类名录[J]. 广东林业科技(3): 41-47.

萧刚柔，1992. 中国森林昆虫[M]. 2版. 北京：中国林业出版社：1117.

周尧，1994. 中国蝶类志：(上下册)[M]. 郑州：河南科学技术出版社：514.

（撰稿：袁向群、袁锋；审稿：陈辉）

随机抽样 random sampling

是指严格按照随机原则来抽取样本，要求调查总体中每个单位都有同等被抽中的可能。又名概率抽样。由随机抽样所抽取的样本称为随机样本，这类样本具有较高的代表性。随机抽样法又分为下列5种不同的抽样方法。

简单随机抽样 又称单纯随机抽样或纯随机抽样。是指按照随机原则从总体单位中直接抽取若干单位组成样本。它是最基本的概率抽样形式，也是其他几种随机抽样方法的基础。简单随机抽样的做法有直接抽选法、抽签法与随机数表法。

等距随机抽样 又称机械随机抽样或系统随机抽样，是指按照一定的间隔，从按照一定的顺序排列起来的总体单位中抽取样本的一种方法。具体做法是：首先将总体各单位按照一定的顺序排列起来，编上序号；然后用总体单位数除以样本单位数得出抽样间隔；最后采取简单随机抽样的方式在第一个抽样间隔内随机抽取一个单位作为第一个样本，再依次按抽样间隔做等距抽样，直到抽满N个单位为止。

分层随机抽样 又称类型随机抽样。指先将调查对象的总体单位按照一定的标准分成各种不同的类别（或层），然后根据各类别（或层）的单位数与总体单位数的比例确定从各类别（或层）中抽取样本的数量，最后按照随机原则从各类别（或层）中抽取样本。

整群随机抽样 又称聚类抽样。先把总体按一定标准划分为若干个子群，然后一群一群地抽取作为样本单位进行实际调查。它通常比简单随机抽样和分层随机抽样更为实用，如分层随机抽样那样，它也需要将总体分成类群，而不同的是，这些分类标准经常是特殊的。具体做法是：先将各子群体编码，随机抽取分群数码，然后对所抽样本群或组实施调查。因此，整群随机抽样的单位不是单个的元素，而是成群成组的。凡是被抽到的群或组，其中所有的成员都是被调查的对象。

分段随机抽样 又称多段随机抽样或阶段随机抽样。是一种分阶段从调查对象的总体中抽取样本进行调查的方法。它首先将总体按照一定的标准划分为若干群体，作为抽样的第一级单位；再将第一级单位分为若干小的群体，作为抽样的第二级单位；以此类推，可根据需要分为第三级或第四级单位。随后，按照随机原则从第一级单位中随机抽取若干单位作为第一级单位样本，再从第一级单位样本中随机抽取若干单位作为第二级单位样本，以此类推，直至获得所需要的样本。分段随机抽样成本低且处理方便，应用范围较广。

参考文献

董奇，2004. 心理与教育研究方法[M]. 北京：北京师范大学出版社.

袁荃，2012. 社会研究方法[M]. 武汉：湖北科学技术出版社：61-62.

CHAMBERS R L, SKINNER C J, 2003. Analysis of survey data[M]. Hoboken, New Jersey: Wiley.

DEMING W, EDWARDS, 1975. On probability as a basis for action[J]. The American statistician, 29(4), 146-152.

KORN E L, GRAUBARD B I, 1999. Analysis of health surveys[M]. Hoboken, New Jersey: Wiley.

（撰稿：郭晓娇；审稿：孙玉诚）

索斯伍德 · T. R. E. Thomas Richard Edmund Southwood

索斯伍德 · T. R. E.（1931—2005），英国动物学家、生态学家与教育家。1931年6月20日生于肯特郡格雷夫舍姆。1949年入伦敦大学帝国理工学院，1952和1955年分别获该校学士和博士学位。1952—1955年在洛桑试验站工作。1955—1964年任伦敦大学帝国理工学院助理研究员、讲师，1964年晋升为高级讲师，1967年晋升为教授。1979年任牛津大学教授，1989年任该校动物系主任，1987—1989年及

索斯伍德 · T. R. E.（陈卓提供）

S

1993—1998年两度担任该校副校长。1998年退休。2005年10月26日在牛津逝世。

索斯伍德早年研究昆虫（尤其是蝽类）的分类学，后以研究昆虫种群与群落生态学为主。他16岁时就在《昆虫学家月刊杂志》发表了关于肯特郡当地昆虫的论文。1959年出版《英国本土陆生和水生蝽类》（与D. Leston合作）。1966年出版《生态学研究方法》，成为公认的生态学经典著作。20世纪80年代作为主要负责人明确阐释了铅对人体的危害，推动英国无铅汽油的使用。2003年出版《生命的故事》，对生命的起源和演化进行了精辟的概述。发表论文50多篇，涉及害虫生态学、害虫治理的生态—经济学问题、生活史的生态对策、昆虫与植物的关系等，代表性专著除上述提及的，还有《植物上的昆虫》（1984）。

索斯伍德于1981—1985年任英国皇家环境污染委员会主席，1982—1984年任英国皇家学会副主席，1985—1994年任国家放射防护委员会主席。他是英国皇家学会会员（1977），美国生态学会（1985）、英国生态学会（1988）、英国皇家内科医学会（1991）、皇家放射学会（1996）和皇家昆虫学会（1999）荣誉会员，英国医学科学院（1998）、欧洲科学院（1989）和罗马教皇科学院（1992）院士，美国艺术与科学院（1981）、挪威科学与文学院（1987）、美国国家科学院（1988）、荷兰皇家艺术与科学院（1995）、匈牙利科学院（1998）外籍院士。1962年获赫胥黎奖章，1969年获动物学会科学奖章，1988年获林奈学会金质奖章，1997年获帕维亚大学特蕾莎奖章。1984年获封爵士。他还曾获多所大学的荣誉博士学位。

（撰稿：陈卓；审稿：彩万志）

S

塔里木鳃金龟　*Melolontha tarimensis* Semenov

中国新疆塔里木河流域的特有虫种，是危害粮棉果菜的重要害虫之一。英文名cockchafer、May bug。鞘翅目（Coleoptera）金龟科（Scarabaeidae）鳃金龟亚科（Melolonthinae）鳃金龟属（*Melolontha*）。国外分布于哈萨克斯坦。中国分布于新疆，尤其在库尔勒地区危害严重。

寄主　小麦、玉米、大豆、马铃薯、苜蓿、棉花、榆、杏、油菜、苜蓿及多种树苗。

危害状　成虫和幼虫都可危害，以幼虫危害为主。成虫主要咬食榆、杏、油菜、苜蓿等植物的嫩叶，叶片被咬成缺刻，出现不规则的孔洞，严重时整片叶被吃光，或仅残留叶脉，影响植物的长势。幼虫在地下危害植物的根茎，咬断幼嫩的须根，甚至啃食未发芽的种子，根系老化时受害轻，但块根块茎作物以及晚播作物受害严重。发生严重时可使小麦减产20%～30%，林木亦可枯死。

形态特征

成虫　体长16.9～27.5mm，宽8.1～14.1mm，雌虫略大。体棕褐色。触角10节，雌虫第五至十节鳃片状，较短；雄虫第四至十节鳃片状，较长。前胸背板横宽，前缘弧形前伸，后缘波浪形后伸，侧缘及后缘均有窄边，背板中央有纵向的线纹，表面有圆形小刻点。鞘翅有4条纵肋，第一、二条略粗，后端汇合处有隆起；第三、四条较细，前端愈合处有肩疣突。前足短粗，胫节外侧具3齿，第一、二齿发达，第三齿较小，端部内侧有1枚距；中后足细长，爪分叉。腹部七、八节为较硬的骨片，末节外露（图①）。

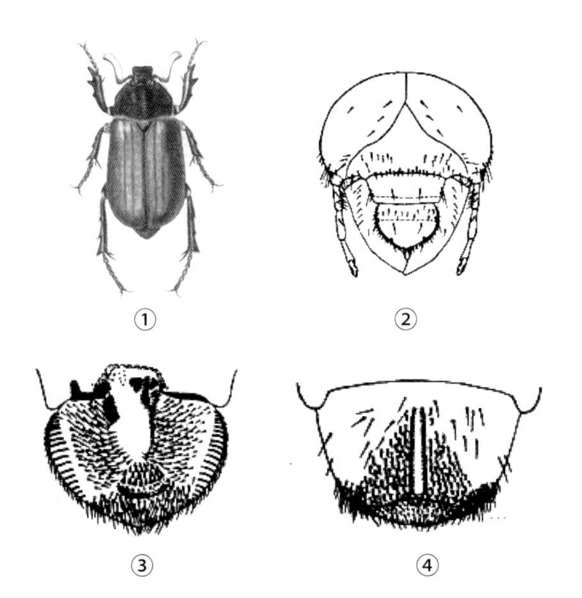

塔里木鳃金龟成虫、幼虫形态特征

（①仿刘广瑞等、②③④仿张芝利）

①成虫；②幼虫头部；③幼虫内唇；④幼虫肛腹片

幼虫　蛴螬型，体长31～48mm，宽10～12mm。头壳红褐色，前顶毛每侧3～4根，纵向排列，位置常靠下，后顶毛每侧1根（图②）。触角4节，第一节具刚毛8～11根，第二节仅1根，第三节齿状突内侧有感觉器1个，第四节有感觉器3个。上唇心形，内唇两侧有缘脊12～16条，无亚缘脊，端感区有11～16根感觉锥，锥前缘有5～6个感觉器（图③）。覆毛区刺毛列由尖端微弯的短锥状刺毛组成，每列21～26根，两列间近于平行，刺毛尖端不接触或交叉（图④）。肛门孔纵裂不明显，呈一痕迹状。

生活史及习性　在新疆3～4年发生1代，以成虫和二、三龄幼虫在地下30～85cm处做土室越冬。越冬成虫4月上中旬出土，中下旬为盛期。5月上旬见卵，卵产于地下10～35cm处，平均每雌产卵量17.9粒，5月中下旬卵孵化，6月初为孵化盛期。幼虫以植物根系为食，亦可取食腐殖质。10月下旬开始越冬，耐寒能力强，大部分幼虫在冰土层临界区越冬。蛹期7月下旬至9月上旬，当年羽化的成虫在30～85cm土层内越冬。

成虫出土后白天活动，喜食植物嫩叶，有趋光性和假死现象，夜间栖息于杂草丛或潜伏在地表浅土层内。成虫多在17：00～22：00觅偶交尾，交尾后雌虫即迅速返回地下，在湿润土层内做土室产卵。初孵幼虫有取食卵壳的习性，在浅土层活动。

防治方法

物理防治　利用趋光性进行黑光灯诱杀；利用假死性摇振树冠，振落捕杀。

生物防治　利用绿僵菌、白僵菌等微生物农药拌入土中防治幼虫。

化学防治　成虫发生高峰期采用菊酯类农药叶面喷雾防治成虫；辛硫磷颗粒剂地下拌土防治幼虫；用种衣剂进行种子包衣防治幼虫。

参考文献

李江霖，1984. 塔里木鳃金龟发生规律及其防治[J]. 新疆农业科学(3): 17-18.

李江霖，1985. 塔里木鳃金龟发生规律和防治研究[J]. 昆虫知识(4): 156-158.

刘广瑞，章有为，王瑞，1997. 中国北方常见金龟子彩色图鉴[M]. 北京：中国林业出版社.

罗益镇，崔景岳，1995. 土壤昆虫学[M]. 北京：中国农业出版社：216-217.

农业大词典编辑委员会，1998. 农业大词典[M]. 北京：中国农业出版社：1605.

张芝利，1984. 中国经济昆虫志：第二十八册 鞘翅目 金龟总科幼虫[M]. 北京：科学出版社：64.

（撰稿：刘守柱；审稿：周洪旭）

台湾蝼蛄 *Gryllotalpa formosana* Shiraki

禾本科作物的重要害虫。又名拉拉蛄、地拉蛄、土狗崽、地狗子、水狗、草狗。英文名 Taiwan mole cricket。直翅目（Orthoptera）蝼蛄科（Gryllotalpidae）蝼蛄属（*Gryllotalpa*）。中国分布于台湾、广东、广西等地。

寄主 甘蔗、稻子、粟等禾本科植物。

危害状 危害蔗苗时，节间穿孔或食害蔗芽，嚼食幼蔗或成蔗，致地下部产生枯心。

形态特征 成虫体长 20～30mm，后翅较前翅略长，达第三、第四腹节。前足发达，其跗节适于掘土，后腿节粗大，腹部末端具 1 对尾毛。

生活史及习性 年生 1 代，栖息在较潮湿地方，成虫于 4～7 月间出现，若虫期 150～300 天。

防治方法

农业防治 改进耕作栽培制度。春、秋耕翻土壤，实行精耕细作。有条件的地区进行水旱轮作。合理施肥。施用厩肥、堆肥等有机肥料要充分腐熟，施入土壤内。

物理防治 ①灯光诱杀成虫。蝼蛄具有趋光性强的习性，在成虫盛发期，在田间地头设置黑光灯诱杀成虫。②挖窝灭卵。夏季结合夏锄，在蝼蛄盛发地先铲表土，发现洞口后往下挖 10～18cm，可找到卵，再往下挖 8cm 左右可挖到雌虫。

化学防治 ①土壤处理。在蝼蛄重发区，可结合播种，用3% 米乐尔颗粒剂 15～30kg/hm^2，或 10% 二嗪农（二嗪磷）颗粒剂 30～45kg/hm^2，或 5% 辛硫磷颗粒剂 30kg/hm^2 与 450～750kg 的干细土混匀后撒于苗床上、播种沟或移栽穴内后覆土。药剂拌种。用 50% 辛硫磷乳油 1kg 加水 60kg，拌种子 600kg；也可用 50% 乐果乳油 0.5kg，加水 20kg，拌种子 250～300kg，可有效防治蝼蛄等地下害虫。②毒饵诱杀。在成虫盛发期，选晴朗、无风、闷热的夜晚，用 50% 巴丹（杀螟单）可溶性粉剂与麦麸按 1：50 比例拌成毒饵；也可用 40% 乐果乳油或 90% 晶体敌百虫 10 倍液 0.55kg，拌炒香的谷糠 5kg；或用 90% 敌百虫 0.15kg 兑水 30 倍，拌炒香的麦麸或豆饼 5kg，傍晚撒在苗床上或田间，诱杀蝼蛄，同时可兼治蟋蟀等地下害虫。田间施用时，在傍晚每隔 3～4m 挖一碗大的浅坑，放 1 捏毒饵再覆土，每隔 2m 挖一行，每公顷施毒饵 30～45kg。③药液灌根。与蛴螬防治方法中的药液灌根同。

参考文献

雷仲仁，郭予元，李世访，2014. 中国主要农作物有害生物名录[M]. 北京：中国农业科学技术出版社.

（撰稿：武予清；审稿：乔格侠）

台湾乳白蚁 *Coptotermes formosanus* Shiraki

一种危害面广，具有很强的扩散和适应能力的世界性害虫，也是中国危害房屋建筑最严重的一种白蚁。又名家白蚁。英文名 Formosan subterranean termite。等翅目（Isoptera）鼻白蚁科（Rhinotermitidae）乳白蚁属（*Coptotermes*）。国外分布于日本、菲律宾、斯里兰卡、南非、美国南部各州及夏威夷等地。中国分布于长江以南各地。

寄主 房屋建筑、埋地电缆、经济作物、仓储物资及野外树木等。

危害状 台湾乳白蚁在较为温暖的地区，是最具经济重要性的白蚁之一，不仅危害房屋和其他建筑物，还危害电杆、船只、地下管线、其他制成品（书籍、纸张、织品）及多种林木、作物和观赏植物，造成房屋坍塌，树木空心、树势减弱甚至倒伏或死亡，电力或通讯中断（图 1）。

形态特征

有翅成虫 体长约 8mm，翅长 11～12mm。头背面深黄色。胸、腹部背面黄褐色，较头色浅，腹部腹面黄色。翅淡黄色。复眼近圆形，单眼椭圆形。前唇基白色，长于后唇基，后唇基极短，横条状，略隆起，长度不足宽度的 1/3。上唇淡黄色，前端圆形。触角 19～21 节，多数第三或第四节较短。前胸背板扁平，前宽后狭，前后缘向内凹。前翅鳞大于后翅鳞，翅面密布细小短毛（图 2②）。

兵蚁 体长约 5.5mm，头及触角浅黄色，腹部乳白色。头部卵圆形，最宽处位于中段。囟孔具大型孔口，为上窄下宽的卵圆形，位于头前端的一个微突起的短管上，朝向前方，背面观孔口不可见。囟孔两侧各具 2 根刚毛，囟孔与触角窝之间各具 1 根刚毛。上颚镰刀形，前部弯向中线，左上颚基部有 1 深凹刻，其前中点之后另有 4 个小突起，越靠前越小。上唇近舌形，伸达闭拢上颚长度的一半。触角 14～15 节，多数第三或四节较短。前胸背板平坦，较头部狭窄，前缘及后缘中央有缺刻（图 2①）。

生活史及习性 发育成熟的健壮巢群每年均会产生有翅成虫，并进行分飞扩散。台湾乳白蚁有翅成虫当年羽化当年分飞，分飞一般在 4～6 月，纬度愈低，分飞愈早。分飞前，蚁群先兴建分飞蚁道和分飞孔。分飞孔的位置多筑在离巢 10m 以内的范围，一般多在蚁巢的上方，分飞孔呈断断续续的条状和点状，也有成片状。分飞通常在黄昏时进行。分飞期一般可分为 3 个时期。分飞始期：巢群内的若虫已有相当多数量羽化为有翅成虫，在外界环境条件适宜时，就有部分有翅成虫开始试探性地外飞，这时发生分飞的巢群不甚多，只有少量虫飞出。分飞高峰期：当巢群内绝大多数若虫已羽化为有翅成虫，当环境条件适宜时，绝大多数巢群的有翅成虫便大量飞出，显示出分飞的高峰期。分飞高峰期与始

图 1 台湾乳白蚁危害状（陆春文提供）

①白蚁蛀蚀使树木空心；②超市商品遭台湾乳白蚁危害；③④被台湾乳白蚁危害过的酒店客房

飞期仅隔 1～2 天，有时可间隔 10 天左右。每年分飞高峰期有 2～5 次。这个时期的特点是分飞时对环境条件要求极为严格，分飞的数量大，分飞的巢群面广。分飞末期：分飞高峰期后，飞出的数量零零星星，飞出的时间断断续续，飞出的巢群参差不齐，分飞的环境条件也不太严格，这样的延续时间可达 30～50 天。分飞的有翅成虫，经过一段时间的求偶、配对便爬向适宜场所钻入建巢。兵蚁的出现是新群体建立的重要标志，从此群体具备了长时间生存的各项基本功能。新建巢初期发展很慢，随着巢龄的增大，蚁群个体数量增加。刚脱翅的雌雄虫，体型相差不大，随着群体年龄的增大，雌虫腹部逐渐膨胀，节间膜清楚。发育为膨腹蚁后，行动缓慢，专司生殖，产卵能力惊人。当巢中原始蚁王、蚁后衰老或死亡后，群内就会产生短翅补充生殖蚁接替原始蚁王、蚁后进行繁殖。

防治方法　建筑物一般采用化学药剂防治，可选用新型高效药剂，如用联苯菊酯乳油等进行喷施。冬季白蚁高度集中于巢内，此时挖巢可收一网打尽之效。采用专用引诱灭杀材料，使其对白蚁本身引诱强，取食率高，能以最快速度把大量白蚁引诱过来，使其取食毒饵而中毒死亡。或者先用引诱装置引诱集中白蚁，通过反复检查，待白蚁引诱集中一定数量时再用药剂处理。

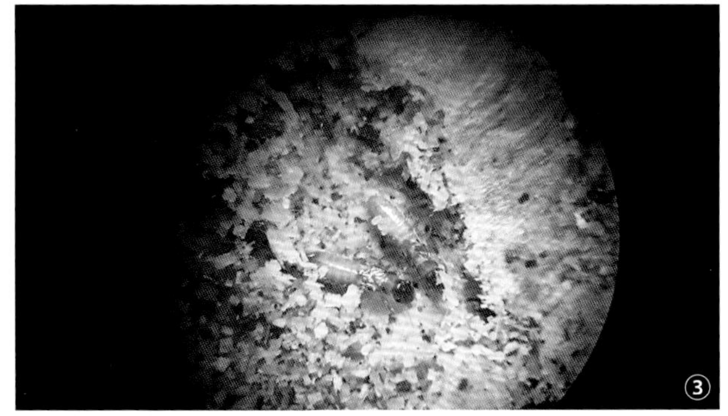

图 2 台湾乳白蚁（陆春文提供）

①兵蚁；②各品级（有翅成虫、兵蚁、工蚁）；③新建蚁巢

T

参考文献

何复梅，戴自荣，梁锦英，等，1997. 家白蚁跟踪信息素类似物及其利用研究 [J]. 昆虫天敌，19(2): 70-74.

胡寅，2012. 乳白蚁和散白蚁的种群生态学研究 [D]. 杭州：浙江大学.

黄复生，朱世模，平正明，等，2000. 中国动物志：昆虫纲 第十七卷 等翅目 [M]. 北京：科学出版社.

（撰稿：陆春文；审稿：嵇保中）

泰加大树蜂 *Urocerus gigas taiganus* Benson

严重危害落叶松、云杉和冷杉等针叶树种的钻蛀性害虫。又名冷杉大树蜂、枞树蜂。膜翅目（Hymenoptera）树蜂科（Siricidae）大树蜂属（*Urocerus*）。国外分布于欧洲、俄罗斯、日本、朝鲜、蒙古等国家和地区。中国分布于黑龙江、河北、山东、山西、甘肃、青海、新疆、辽宁、四川等地。

寄主 落叶松、云杉、冷杉。

危害状 成虫对伐倒木有趋性。一般不危害健康的活立木，只危害濒死木、枯立木、新伐倒木及伐根上（图1①）。新孵幼虫沿树干纵轴向上斜行钻蛀虫道，蛀入心材后又返回向外钻蛀，蛀道内充满紧密的细木屑（图1②）。老熟幼虫在蛀道末端筑室化蛹，成虫咬圆形羽化孔从干内飞出。

形态特征

成虫 雌成虫体长20.2～34.1mm，翅展34.1～54.2mm，圆筒形，黑色有光泽。头胸部密布刻点，仅颊和眼上区刻点稀疏。触角丝状，22节，深黄色或黄褐色，端部色较深。复眼棕褐色，眼后有2块黄褐色斑。胸部黑色。翅膜质透明，淡黄褐色，翅脉茶褐色。足的基节、转节、腿节黑色，胫节、跗节黄褐色，爪黑褐色。腹部黑色，但背板第一节后半部，第二、七、八节及角突为深黄色。产卵管锯鞘褐色，产卵管长12～18mm，平均15.3mm。腹部末节两侧多数个体具黄色圆斑，但也有全部黑色者（图2）。

雄成虫体长12.5～33.0mm，翅展22.5～51.5mm。体色与雌虫相似，但触角柄节黑色，其余各节红褐色。腹部颜色变化较大，第一、二节及第六、七节至第九节背板黑色，第三至第六节背板为红褐色，第八节背板后缘中央黑色，第九节背板两侧各具一大块黄色圆斑，其余特征同雌成虫。

卵 长0.7～1.1mm，宽0.2～0.25mm。近圆锥形，淡乳白色，头部圆钝，尾部尖削。

幼虫 老熟幼虫体长16～28mm，头宽2.4～3.3mm。体圆筒形，乳白色。头部淡黄色，略向下弯曲。触角短，3节。胸足退化，短小不分节。腹末角状突起褐色，基部两侧及中央上方有小齿（图3①）。

蛹 体长12.5～30.0mm。乳白色，头部淡黄色，复眼及口器淡褐色。触角、足和翅紧贴于身体腹面。触角长达第六腹节后缘，翅盖于后足腿节上方（图3②）。

生活史及习性 抚顺地区1年发生1代，以二至五龄幼虫在木质部蛀道内越冬，翌年4月下旬越冬幼虫开始活动，

图1 泰加大树蜂典型危害状（阿地力提供）

①寄主受害状；②幼虫坑道

图2 泰加大树蜂雌成虫（阿地力提供）

图 3 泰加大树蜂幼虫和蛹（骆有庆课题组提供）
①幼虫；②蛹

5 月上旬老熟幼虫开始化蛹，化蛹盛期在 5 月下旬至 6 月上旬，化蛹末期在 8 月上旬。成虫 5 月下旬开始羽化，羽化盛期在 6 月中旬至 7 月中旬，羽化末期为 8 月中旬。7 月下旬以后虽然有成虫羽化，但量非常小。成虫历期约 90 天，成虫羽化后马上开始交尾产卵，6 月下旬为产卵盛期。6 月中旬出现初孵幼虫，幼虫孵化高峰期在 7 月上中旬，末期在 7 月下旬，幼虫 10 月中旬停止取食开始越冬。

防治方法 清除虫源木；饵木诱集成虫产卵并杀灭初孵幼虫；采用熏蒸剂对泰加大树蜂疫材进行熏蒸处理；保护和利用寄生天敌马尾姬蜂。

参考文献

冯世强，王焱冰，高阿娜，2013. 泰加大树蜂综合防治技术 [J]. 湖北林业科技 (2): 85-86.

王英敏，张英伟，孙建文，2000. 伐根涂药防治泰加大树蜂试验 [J]. 中国森林病虫，19(3): 20-22.

叶淑琴，孙建文，许水威，等，2003. 泰加大树蜂生物学特性的研究 [J]. 中国森林病虫，22(3): 19-20.

（撰稿：任利利；审稿：宗世祥）

弹尾纲 Collembola

曾作为昆虫纲的一个目，即弹尾目，后提升为一个单独的纲，通称跳虫或蛾。

弹尾纲代表——跳虫（吴超摄）

跳虫成虫体节少，腹部最多仅 6 节。这一特性与昆虫纲昆虫不同。体长 0.2～10mm。体色多样。多数种类体被细毛或鳞片。无复眼，但头两侧有由 8 个或 8 个以下小眼组成的小眼群，有些种类无小眼。触角长短不一，短于头部或长于体躯，一般 4 节或 6 节，末二节常具各种形态的感觉器。头部在触角后方有特殊的感觉器，称角后器。口器咀嚼式或刺吸式，上颚细长，尖端有齿，下颚尖端呈球状，下唇退化；口器陷入头部颇深，为内口式。胸部 3 节，一般相似，但在长角蛾中前胸常退化。一些类群的胸部和腹部密切结合，几无分节痕迹。足的胫节和跗节常愈合成胫跗节。足端 1 爪，有些种类的爪里面有一爪型的垫，称为小爪（unguiculus）。腹部最多 6 节，第一、三、四节的腹面有特化的附肢，第一节腹面生有腹管，或称粘管（collophore），第三节生有握弹器（tenaculum），第四节生有弹器（furcula）；生殖孔开口于第五节腹板的后缘，肛门位于第六腹板后。无马氏管，排泄功能主要由脂肪体代行。以体壁呼吸或在头胸间有一对气门。

参考文献

GULLAN P J, CRANSTON P S, 2009. 昆虫学概论 [M]. 3 版 . 彩万志，花保祯，宋敦伦，等，译 . 北京 : 中国农业大学出版社 .

中国农业百科全书总编辑委员会昆虫卷编辑委员会，中国农业百科全书编辑部，1990. 中国农业百科全书 : 昆虫卷 [M]. 北京 : 农业出版社 .

（撰稿：吴超、刘春香；审稿：康乐）

螳螂目 Mantodea

螳螂目为中至大型昆虫，所有已知的螳螂均为捕食者，食物范围可涵盖各类节肢动物，甚至小型脊椎动物。螳螂目包含 16 个现生科及 3 个化石科，超过 2500 种。

螳螂常具一个近三角形且灵活的头部，复眼发达，具 3 枚单眼；触角通常丝状，偶有栉状。前胸或多或少地延伸，中后胸正常。前足为典型的捕捉足：基节显著延长；粗壮

螳螂目昆虫代表（吴超摄）

的股节和胫节的腹缘具粗壮的刺，这些刺在不同类群中的数量差异很大，少数类群中退化到极少；胫节端部通常具有延伸尖锐的爪。中后足为步行足；各足跗节通常为5节。前后翅发达，或缩短，或甚至完全退化。前翅常近革质，臀域不发达；后翅宽阔，膜质，长脉不分支，且具较多的横脉。一些种类的翅会配合昆虫的拟态有显著的变形或具复杂的色彩。腹部通常窄长或宽阔，具1对分节的形态多样的尾须。雄性下生殖板宽阔，包含着1套不对称的复杂的外生殖器系统。

螳螂目昆虫卵产于泡沫质的卵鞘之中，少数种类有守护卵鞘的习性。若虫孵化后即进行1次蜕皮，经3～12龄转变为成虫。螳螂常有明显的性二型现象，通常雌性粗壮而雄性瘦弱。在一些属中，雄性体长甚至不及雌性一半。雌性在交配过程中的食夫现象并不普遍，且即使雄性螳螂在交配过程中被雌性吃掉头胸部，它仍可继续完成交配。螳螂目为蜚蠊目的姊妹群，与已经包含着蜚蠊目之内的白蚁一同构成网翅总目。

参考文献

GULLAN P J, CRANSTON P S, 2009. 昆虫学概论 [M]. 3版 . 彩万志，花保祯，宋敦伦，等，译 . 北京：中国农业大学出版社：278.

袁锋，张雅林，冯纪年，等，2006. 昆虫分类学 [M]. 北京：中国农业出版社：186-191.

郑乐怡，归鸿，1999. 昆虫分类学 [M]. 南京：南京师范大学出版社：205-218.

（撰稿：吴超、刘春香；审稿：康乐）

螳䗛目　Mantophasmatodea

螳䗛目是最晚被确定的一个现生昆虫的目。目前已知3个科10个现生属13个现生种。目前仅在非洲西南部、南非及坦桑尼亚分布。螳䗛目昆虫为中等大小的不完全变态昆虫，头为下口式，咀嚼式口器。触角丝状细长，多节。前胸发达，前胸侧板大且外露，不被前胸背板侧叶覆盖。每一节胸节互相重叠，且小于前节。所有种均完全无翅。各足步行足，但前、中足股节具明显的刚毛和刺，可用于捕捉猎物；跗节5分节，具爪垫。后足相对细长，具一定的跳跃能力。雄性尾须显著；雌性尾须短小，仅1节，产卵器伸出下生殖板。对于螳䗛目的生物学尚不清晰，但已观察到卵会以卵荚的形式产于表土中。基于分子生物学及形态学证据，螳䗛目为蛩蠊目的姊妹群。

参考文献

GULLAN P J, CRANSTON P S, 2009. 昆虫学概论 [M]. 3版 . 彩万志，花保祯，宋敦伦，等，译 . 北京：中国农业大学出版社：279.

袁锋，张雅林，冯纪年，等，2006. 昆虫分类学 [M]. 北京：中国农业出版社：192-196.

WIPFLER B, THESKA T, PREDEL R, 2017. Mantophasmatodea from the Richtersveld in South Africa with description of two new genera and species [J]. ZooKeys, 746: 137-160.

（撰稿：吴超、刘春香；审稿：康乐）

桃白条紫斑螟　*Calguia defiguralis* Walker

核果类食叶害虫。又名桃白纹卷叶蛾。英文名 white strip purple。鳞翅目（Lepidoptera）螟蛾科（Pyralidae）紫斑螟属（*Calguia*）。国外分布于日本、缅甸、斯里兰卡及印度等地。中国在山西、河北、河南等地均有分布。

寄主　以危害桃树为主，还可危害杏、李子等核果类。

危害状　小幼虫孵化后取食叶片下表皮和叶肉，仅剩上表皮。稍大后幼虫开始吐丝拉网将梢部叶片缀连，常常数头幼虫在网内危害，有时网内会有大小不一的多条幼虫危害，后期叶片被取食得残缺不全，幼虫用丝将残叶和虫粪粘连在一起。近年成为桃树生长后期的主要害虫，可将桃树新梢顶部叶片吃成残缺不全，干枯后脱落，造成新梢光秃。对桃树新梢生长影响很大。

形态特征

成虫　体长8～10mm，翅展18～20mm。体灰褐色。触角丝状。前翅暗紫色，基部2/5处有1条白色横带，后翅灰褐色（图1）。

图1 桃白条紫斑螟成虫（陈汉杰提供）

图 2　桃白条紫斑螟幼虫紫红色型（陈汉杰提供）

图 3　桃白条紫斑螟幼虫绿色型（陈汉杰提供）

卵　扁长椭圆形，初产淡黄色，逐渐变为淡紫红色。

幼虫　老熟幼虫体长 15～20mm。体色多变，头灰绿色有黑斑纹，有些个体为紫红色（图 2），有些个体为淡紫色和绿色相间的条纹。低龄幼虫颜色较浅，多为淡绿色（图 3）。

蛹　体长 8～10mm，头胸和翅芽翠绿色，腹部黄褐色，背线深绿色。茧灰褐色，纺锤形。

生活史及习性　在山西每年发生 2 代，多以茧蛹在树冠下表土层中越冬，少量可在树皮缝中越冬。春季越冬代成虫在 5 月上旬羽化，成虫喜欢将卵产在枝条上部叶片背面近主脉附近，第一代卵期大约 15 天左右。幼虫老熟后入土结茧化蛹，蛹期大约 15 天左右。一般 6 月下旬出现第一代成虫，第二代卵期大约 12 天左右。幼虫为害到 8 月中下旬老熟后入土结茧化蛹越冬。估计在黄河故道地区每年可以发生 3 代，前期发生数量较少，一般在桃采收完毕后，桃园大量发生，造成严重为害。

防治方法

农业防治　冬季深翻土壤，消灭越冬蛹。

化学防治　生长季幼虫危害期，喷洒 25% 灭幼脲悬浮剂 1500 倍液或 20% 虫酰肼悬浮剂 1500 倍液。

物理防治　利用成虫趋光性，悬挂黑光灯诱杀成虫，或者用糖醋液诱杀。

参考文献

曹克诚，李润临，庞震，1982. 桃白条紫斑螟 [J]. 植物保护 (4): 21.

吕佩珂，等，1993. 中国果树病虫原色图谱 [M]. 北京：华夏出版社：287-288.

（撰稿：陈汉杰；审稿：李夏鸣）

桃粉大尾蚜　*Hyalopterus arundiniformis* Ghulamullah

以口针吸食寄主叶片汁液的小型昆虫，是蔷薇科果树和芦苇的重要害虫。英文名 peach mealy aphid。半翅目（Hemiptera）蚜科（Aphididae）蚜亚科（Aphidinae）大尾蚜属（*Hyalopterus*）。世界范围广泛分布。

寄主　原生寄主为杏树、梅花、桃树、李树、榆叶梅等蔷薇科植物。次生寄主为禾本科的芦苇等。

危害状　该虫以成、若蚜群集叶背或嫩梢上刺吸汁液，受害叶片向背面卷成匙状，造成嫩梢生长缓慢或停止，重者枯死；叶片和嫩梢布满其分泌的白色蜡粉，不但影响叶片光合作用，还影响果实品质；排泄的蜜露常致霉污病的发生（图 1、图 2）。

形态特征

无翅孤雌蚜　体狭长卵形，体长 2.30mm，体宽 1.10mm。活体草绿色，被白粉。玻片标本体淡色，触角 5～6 节、喙顶端、胫节端部、跗节灰黑色，腹管端部 1/2、尾片端部 2/3 及尾板末端灰黑色，其他淡色。体表光滑，无网纹，腹面微瓦纹。缘瘤小、半圆形；高与宽约相等，位于前胸及腹部第一和第七节。中胸腹岔有短柄。体背淡色，有长尖毛，头顶毛 2 对，头背毛 6～8 根；前胸中、侧、缘毛各 1 对；腹部第一背片有中侧毛 6 或 7 根，缘毛 1 对，第八背片有毛 1 对；腹部第八背片毛长为第三节触角直径的 1.6 倍，头顶及腹部第一背片毛长为其 1.5～1.7 倍。中额及额瘤稍隆。触角 6 节，较光滑，微显瓦纹，全长 1.70mm，为体长的 0.74%；第三节长 0.45mm，第一至六节长度比例：19：17：100：70：57：25+79；触

图 1　桃粉大尾蚜在原生寄主桃树的危害状，显示蓝黑色僵蚜（乔格侠摄）

角各节有硬尖毛，第一至六节毛数：5、5、14～16、9～11、9或10、3+4根；第三节毛长为该节直径的74%。喙粗短，端部不达中足基节，第四和第五节短圆锥形，长为后足跗第二节的1/2。足长大，光滑，股节微显瓦状纹；后足股节长0.63mm，为触角第三节的1.4倍；后足胫节长1.10mm，为体长的48%，毛长为该节直径的1.1倍；第一跗节毛序：3、3、2。腹管细，圆筒形，光滑，基部稍狭小，全长0.18mm，长大于宽的4倍以上，无缘突，顶端常有切迹。尾片长圆锥形，全长0.21mm，为腹管的1.2倍，有长曲毛5或6根。尾板末端圆形，有长毛11～13根。生殖板淡色，有毛13～15根（图3）。

有翅孤雌蚜　体长卵形，体长2.20mm，体宽0.89mm。玻片标本头部、胸部黑色，腹部淡色，有斑纹。触角基本黑色，第三至五节基部淡色，喙节3～5节，足股节端部1/2～2/3、胫节、跗节、腹管端部2/3、尾片端部1/2、尾板及生殖板灰褐色至灰黑色。表皮有不明显的横纹构造。腹部背片第六至八各有1个不甚明显圆形或宽带斑。触角6节，

图2 桃粉大尾蚜在次生寄主芦苇的危害状，显示蓝黑色僵蚜

（乔格侠摄）

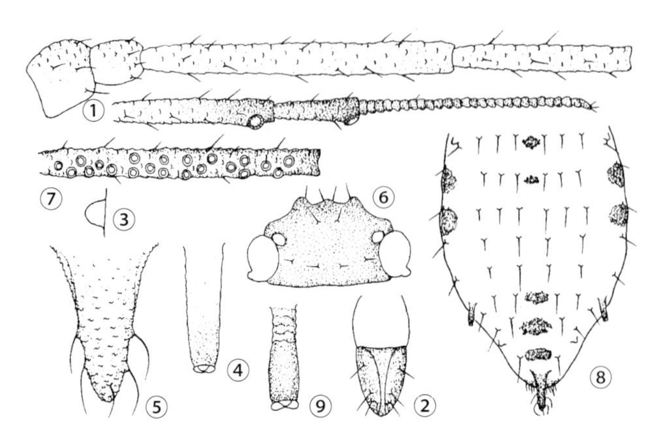

图3 桃粉大尾蚜（钟铁森绘）

无翅孤雌蚜：①触角；②喙节第四和第五节；③缘瘤；④腹管；⑤尾片

有翅孤雌蚜：⑥头部背面观；⑦触角第三节；⑧腹部背面观；⑨腹管

全长1.50mm，为体长的68%；第三节长0.42mm，第一至第六节长度比例：17∶16∶100∶71∶57∶26+74；第三节有圆形次生感觉圈18～26个，分散于全节，第四节有0～7个；第三节有毛9～13根，毛长为该节直径2/3。喙粗大，端部不达中足基节，第四和第五节约为后足第二跗节的1/2。后足股节长0.57mm，为触角第三节的1.4倍；后足胫节长1.10mm，为体长1/2，毛长为该节直径的84%；第一跗节毛序：3、3、3。腹管短筒形，基部收缩，收缩部有槽曲纹，全长0.13mm，长为基宽的5倍，缘突不显，有明显切迹。尾片长圆锥形，长0.15mm，为腹管的1.2倍，有4或5根曲毛。尾板半球形，有毛14～16根（图3）。

生活史及习性　在北方1年发生10多代，南方20余代。生活周期类型属乔迁式，以卵在冬寄主的芽腋、裂缝及短枝杈处越冬。在北方，4月上旬越冬卵孵化为若蚜，危害幼芽嫩叶，发育为成蚜后，进行孤雌生殖，胎生繁殖。5月出现胎生有翅蚜，迁飞传播，继续胎生繁殖。5～7月繁殖最盛为害严重，此期间叶背布满虫体，叶片边缘稍向背面纵卷。8、9月迁飞至其他植物上为害，10月又回到冬寄主上，为害一段时间，出现有翅雄蚜和无翅雌蚜，交配后进行有性繁殖，在枝条上产卵越冬。在南方2月中下旬至3月上旬，卵孵化为干母，危害新芽嫩叶。干母成熟后，营孤雌生殖，繁殖后代。4月下旬至5月上旬是雌蚜繁殖盛期，也是全年危害最严重的时期。5月中旬至6月上旬，产生大量有翅蚜，迁移至其他寄主上继续胎生繁殖。10月下旬至11月上旬又产生有翅蚜，迁回越冬寄主上。11月下旬至12月上旬进入越冬期。

防治方法　化学防治应掌握在桃叶未卷缩以前及时进行。即桃树萌芽后至开花前，若虫大量出现时，喷第一次药；谢花后蚜虫密集叶背、嫩梢时，喷第二次。可供选择的农药有：新烟碱类杀虫剂（吡虫啉、吡蚜酮、啶虫脒、噻虫嗪），菊酯类杀虫剂（氰戊菊酯、联苯菊酯、氯氟氰菊酯），有机磷类杀虫剂（毒死蜱、敌敌畏），昆虫生长调节剂类农药（氟啶虫酰胺）以及阿维菌素等生物农药。由于桃粉蚜体表有蜡粉层，所用药剂中应加适量中性皂粉或牛皮胶以增强药液黏着力。桃树发芽前可喷洒5%柴油乳剂或5波美度石硫合剂，杀死越冬卵。

参考文献

于江南，2003. 新疆农业昆虫学[M]. 乌鲁木齐：新疆科学技术出版社：298-300.

张广学，钟铁森，1983. 中国经济昆虫志：第二十五册　同翅目　蚜虫类（一）[M]. 北京：科学出版社.

张仁福，王登元，王华，等，2013. 杏树桃粉大尾蚜及其天敌种群动态研究[J]. 植物保护，39(1): 141-143, 147.

（撰稿：姜立云；审稿：乔格侠）

桃红颈天牛　*Aromia bungii* (Faldermann)

一种严重危害桃、杏和李等树种的钻蛀性害虫。又名红颈天牛、水牛、铁炮虫、木花、哈虫。英文名称peach longicorn beetle或red-necked longicorn。鞘翅目（Coleoptera）

天牛科（Cerambycidae）沟胫天牛亚科（Lamiinae）颈天牛属（*Aromia*）。国外分布于朝鲜、韩国、越南和俄罗斯等国家。中国除新疆和西藏外广泛分布，河北、陕西等地较为严重。

寄主 桃、杏、樱桃、李、苹果、青梅、枣、柑橘、栗、茶、枇杷、柿、核桃等。

危害状 以幼虫在韧皮部与木质部蛀食，并形成扁宽不规则隧道。蛀孔外排出大量红褐色虫粪及碎屑，堆满树干基部地面。受害严重树木主干基部伤痕累累且会因主干被幼虫全部蛀食而死亡，受害较轻的也会引起受害的枝干流胶，生长衰弱或被腐朽病菌侵染而易折易断（图1）。

形态特征

成虫 有2种色型，一是身体黑色发亮和前胸棕红色的“红颈”型（图2①）；一是全体黑色发亮的“黑颈”型。长江以北只有“红颈”个体。成虫体长28～37mm，宽8～10mm，体黑色发亮，前胸背面大部分为光亮的棕红色或完全黑色。头黑色，头顶部两眼间有深凹。触角及足蓝紫色，雄虫触角超过虫体4至5节，基部两侧各有1叶状突起；雌虫触角超过虫体2节。前胸背面前后缘呈黑色并收缩下陷密布横皱，两侧各有角状刺突1个，背面有4个瘤突（图2②）。雌虫腹面有许多横皱，雄虫身体比雌虫小，前胸腹面密布刻点。身体两侧各具1分泌腺，受惊或被捕捉时射出具特殊气味的白色液体。鞘翅表面光滑，基部较前胸为宽，后端较狭。与杨红颈天牛外形相似，但杨红颈偏墨绿色，且危害寄主不同，后者常危害杨柳，易区分。

图1 桃红颈天牛典型危害状（骆有庆课题组提供）

①寄主受害状；②幼虫粪便

图2 桃红颈天牛成虫（骆有庆课题组提供）

①雌成虫；②前胸背板

图3 桃红颈天牛幼虫（任利利提供）

①幼虫；②幼虫前胸

幼虫 初龄幼虫乳白色，近老熟时稍带黄色。初孵幼虫体长10mm，老熟幼虫体长40～52mm（图3①）。头小，黑褐色。前胸较宽广（图3②），身体前半部各节略呈扁长方形，后半部稍呈圆筒形，体两侧密生黄棕色细毛，胸足退化极短小。前胸背板淡色，前半部横列4个黄褐色斑块，背面的2个各呈横长方形，前缘中央有1处椭圆形凹缺，有纵皱纹，位于两侧的黄褐色斑块略呈三角形。

生活史及习性 一般2年（少数3年）发生1代，以低龄幼虫和老熟幼虫越冬。成虫于5～8月间出现；各地成虫出现期自南至北逐渐推迟，福建和南方各地于5月下旬成虫盛见；湖北于6月上、中旬成虫出现最多；成虫终见期在7月上旬。河北7月上、中旬盛见；山东于7月上旬至8月中旬出现；北京7月中旬至8月中旬出现。成虫羽化后在树干中停留3～5天开始活动。雌虫遇到惊扰即飞行逃走，雄虫则多走避或自树上坠下，落入草中。成虫羽化2～3天后开始交尾产卵，常见于午间在枝条上栖息或交尾，可交尾多次。卵产在枝干树皮缝隙中。幼壮树仅主干上有缝隙，老树主干和主枝基部都有裂缝可以产卵，一般近土面35cm以内树干产卵最多。

防治方法 涂白树干，4、5月间，可在树干和主枝上涂刷“白涂剂”。局部熏杀幼虫、蛹和未出洞的成虫。

包扎树干，6月底成虫产卵前用厚塑料薄膜包扎树干主要着卵部位。

天敌的保护利用，如管氏肿腿蜂，昆虫病原线虫等。

参考文献

蒋书楠，等，1989. 中国天牛幼虫[M]. 重庆：重庆出版社.

萧刚柔，1992. 中国森林昆虫[M]. 2版. 北京：中国林业出版社.

徐公天，杨志华，等，2007. 中国园林害虫[M]. 北京：中国林业出版社.

余桂萍，高帮年，2005. 桃红颈天牛生物学特性观察[J]. 中国森林病虫(5): 15-16.

BURMEISTER E G, HENDRICH L, BALKE M, 2012. Der asiatische Moschusbock *Aromia bungii* (Faldermann, 1835) erstfund für Deutschland (Coleoptera: Cerambycidae)[J]. Nachrichtenblatt der Bayerischen Entomologen, 61(1/2): 29-32.

（撰稿：任利利、李呈澄；审稿：宗世祥）

T

桃剑纹夜蛾 *Acronicta intermedia* Warren

杂食性食叶害虫。又名苹果剑纹夜蛾。英文名 apple dagger moth。鳞翅目（Lepidoptera）夜蛾科（Noctuidae）剑纹夜蛾属（*Acronicta*）。中国分布于东北、华北、西南、西藏等区域。一般该虫呈零星分布。

寄主 以桃、苹果、梨、杏、樱桃、柳树。

危害状 幼虫孵化后在叶背面取食，仅留表皮呈纱网状，稍大后将叶片取食呈圆孔或缺刻，有时幼虫还啃食果皮，造成果面伤疤。

形态特征

成虫 体长 18～22mm，翅展 40～45mm。体灰褐色，触角丝状。翅内横线黑色双条，呈锯齿形，内条较黑，外横线黑色，双条锯齿状，外横线至外缘灰褐色，外缘脉间各有1三角形黑斑，翅面有3个剑纹，均为黑色，基剑纹树枝状，2端剑纹分别位于外横线中、后部达翅外缘，翅前缘有7～8条斜短线，环纹灰白色，肾状纹淡褐色，后翅灰白色（图1）。

幼虫 老熟幼虫体长 37～43mm，灰色略带粉红色，具黑色细长毛，毛端为白色。头部红棕色，具黑色斑纹，背线橙黄色，气门下线灰白色，胸节背线两侧各有1个黑色毛瘤，腹节背线两侧各有1个中间白色、周围黑色的毛瘤，腹部第一至六节毛瘤下侧各有1个白点。第一腹节背面中央有1柱状突起，密生黑色短毛和散生长毛，突起后有黄白色毛丛；第八腹节背面微突起，有4个倒梯形黑色毛瘤。各节气门线处有1粉红色毛瘤（图2）。

蛹 长约 20mm，初期黄褐色，渐变棕褐色。

生活史及习性 该虫在北方每年发生2代，以茧蛹在土中或者树皮缝处越冬，成虫在5～6月羽化，多在夜间活动，有趋光性。成虫产卵于叶背面，5月上中旬幼虫开始孵化，6月下旬开始化蛹，7月份出现第一代成虫，8～9月发生第二代幼虫，到9月份老熟幼虫结茧化蛹越冬。在土壤湿度低的条件下蛹羽化率低。

防治方法

农业防治 冬季果园深翻土壤，可以杀灭部分越冬虫源。

图1 桃剑纹夜蛾成虫（陈汉杰提供）

图2 桃剑纹夜蛾幼虫（陈汉杰提供）

药剂防治 发生数量大时，可以喷洒 25% 灭幼脲悬浮剂 1500 倍液，或者 20% 虫酰肼悬浮剂 1500 倍液防治。

参考文献

张亚玲，王保海，2015. 拉萨市桃剑纹夜蛾调查研究初报 [J]. 西藏科技 (6): 32.

中国农业科学院果树研究所，1994. 中国果树病虫志 [M]. 北京：中国农业出版社：264.

（撰稿：陈汉杰；审稿：李夏鸣）

桃瘤头蚜 *Tuberocephalus momonis* (Matsumura)

以口针在芽孢和幼叶吸食寄主汁液的小型昆虫，是桃树的重要害虫，在中国各桃产区均有分布。英文名 peach scurl-leaf aphid。半翅目（Hemiptera）蚜科（Aphididae）蚜亚科（Aphidinae）瘤头蚜属（*Tuberocephalus*）。国外分布于朝鲜、日本。中国分布于北京、河北、辽宁、山东、河南、江苏、浙江、江西、福建、甘肃、台湾等地。

寄主 桃、山桃、菊科植物等。

危害状 该种危害果树的芽苞和幼叶，引起叶片边缘向下卷缩，肿胀扭曲，形成肥厚的红色伪虫瘿。在桃叶反面边缘为害，叶片向反面纵卷、肿胀扭曲为绿色和红色伪虫瘿（图1）。

形态特征

无翅孤雌蚜 体卵圆形，体长 1.70mm，宽 0.68mm。活体灰绿色至绿褐色。玻片标本体背全骨化，头背黑色，胸部、腹部背片有斑纹；触角、喙端部、胫节端部、跗节、腹管、尾片、尾板、生殖板、气门片及体表斑纹灰黑色至黑色。体表粗糙，有粒状刻点组成的网纹，体侧缘有微锯齿。腹管后几节背片有横瓦纹。中胸腹岔两臂分离或一带相连。缘瘤不见。体背毛短、钝顶。头部背毛 14～16 根；前胸背板中、侧、缘毛各2根；腹部第一背片有毛 16～18 根，第八背片有毛4根。体背毛长 0.01～0.02mm，为触角第三节直径的 38%～96%。额瘤圆，内缘圆外倾、中额微隆起。触角长 0.65mm，为体长的 37%～41%；第三节长 0.17mm，第一至六节长度比例：36∶24∶100∶51∶41∶41+81；有明显瓦纹，边缘有锯齿突；第一至六节毛数：3或4、3或4、4～8、3～5、2或3、2+1根；触角毛尖锐，第三节毛长为该节直径的38%。喙端部可达中足基节，喙节第四和第五节长为基宽的1.7～2.1倍，为后足第二跗节的1.3～1.5倍，有刚毛3对。足短粗，粗糙有明显瓦纹；后足股节长0.33mm，为触角的1/2；后足胫节长0.48mm，为体长的28%，毛长为该节直径的50%；第一跗节毛序：3、3、2。腹管圆筒形，由粗刺突组成瓦纹，边缘有微锯齿及明显缘突和切迹，长0.16mm，为尾片的1.6倍；有短毛3～6根。尾片三角形，有长曲毛6～8根。尾板末端圆形，有长毛5～7根（图2）。

有翅孤雌蚜　体长1.70mm，体宽0.68mm。玻片标本头部、胸部骨化，黑色，腹部淡色，有骨化稍淡斑纹。触角、喙、股节端部1/2、胫节端部约1/4、跗节、腹管、尾片、尾板稍骨化，灰黑色至灰色。翅脉粗黑色。体背除头部背面及缘斑有刻点纹外，其余光滑。触角长1.00mm，为体长的59%；第三节长0.35mm，有短尖毛6～8根，长毛为该节直径的37%；第三节有圆形次生感觉圈19～30个，分散于全长，第四节4～10个，第五节0～2个。腹管为尾片的2.2倍，有短毛5或6根。尾片毛8～12根。尾板毛8～12根。

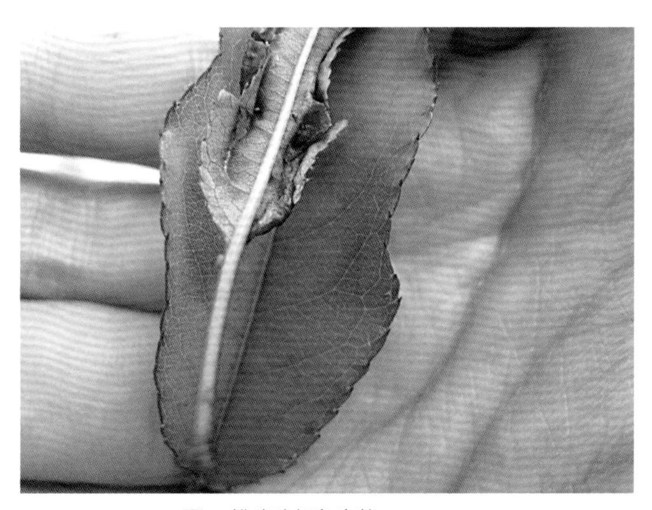

图1 桃瘤头蚜危害状（刘征摄）

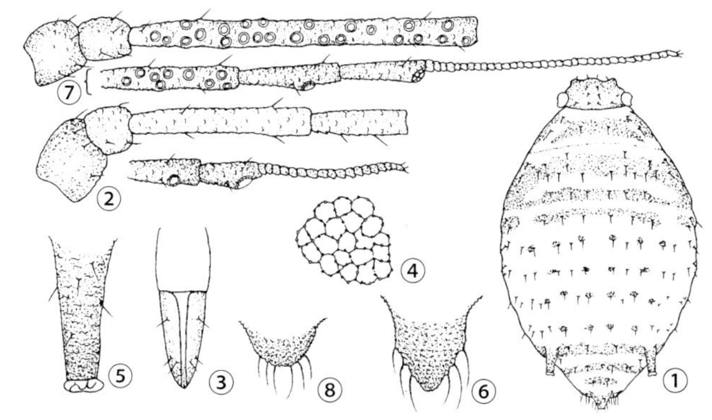

图2 桃瘤头蚜（钟铁森绘）

无翅孤雌蚜：①身体背面观；②触角；③喙节第四和第五节；④体背纹；⑤腹管；⑥尾片

有翅孤雌蚜：⑦触角；⑧尾片

生殖板毛14～16根（图2）。

生活史及习性　该种蚜虫以卵越冬，在桃树芽苞膨大期孵化。干母危害芽苞，幼叶展开后危害叶反面边缘，叶片向反面沿叶缘纵卷，肿胀扭曲，被害部变肥厚，红色，形成伪虫瘿。有些植株大量叶片被害，部分被害叶变黄或枯萎。桃瘤头蚜1年发生十余代，有世代重叠现象。以卵在桃、樱桃等果树的枝条、芽腋处越冬。翌年寄主发芽后孵化为干母。群集在叶背面取食为害，形成上述为害状，大量成虫和若虫藏在伪虫瘿里为害，给防治增加了难度。5～7月是桃瘤蚜的繁殖、为害盛期。此时产生有翅胎生雌蚜迁飞到艾草等菊科植物上为害，晚秋10月又迁回到桃、樱桃等果树上，产生有性蚜，交尾产卵越冬。

防治方法

农业防治　修剪虫卵枝，早春要对被害较重的虫枝进行修剪，夏季桃瘤头蚜迁移后，要对果园周围的菊科寄主植物等进行清除，并将虫枝、虫卵枝和杂草集中烧毁，减少虫、卵源。

化学防治　防治桃瘤头蚜必须掌握"农药对口、防治及时、方法得当"的原则。根据桃瘤头蚜的为害特点，防治宜早，在芽萌动期至卷叶前为最佳防治时期。

保护天敌　在天敌的繁殖季节，要科学使用化学农药，不宜使用触杀性广谱型杀虫剂。

参考文献

杨茂发，廖启荣，汪廉敏，1996. 桃瘤头蚜 *Tuberocephallus momonis* (Matsumura) 发生规律及防治 [J]. 贵州农学院学报，15(2): 46-50.

张广学，钟铁森，1983. 中国经济昆虫志：第二十五册　同翅目　蚜虫类（一）[M]. 北京：科学出版社.

（撰稿：姜立云；审稿：乔格侠）

桃六点天蛾　*Marumba gaschkewitschi* (Bremer et Grey)

桃、杏等果树上常见的食叶害虫。又名枣桃六点天蛾、枣天蛾、枣豆虫、桃雀蛾等。英文名 peach horn worm。鳞翅目（Lepidoptera）天蛾科（Sphingidae）六点天蛾属（*Marumba*）。中国分布于北京、陕西、内蒙古、河北、山西、河南、山东、江苏、湖北等地。

寄主　桃、杏、李、樱桃、苹果、海棠、葡萄、梨、枣、碧桃、樱花等植物。

危害状　以幼虫蚕食叶片，造成缺刻和孔洞，严重时可将叶片吃光，严重影响树势。

形态特征

成虫　体长36～46mm，体肥大，深褐色至灰紫色。头小，触角栉齿状。前翅狭长，灰褐色，有数条较宽的深浅不同的褐色横带，外缘有1深褐色宽带，后缘臀角处有1块黑斑，前翅反面具紫红色长鳞毛。后翅近三角形，上有红色长毛，翅脉褐色，后缘臀角有1灰黑色大斑（图1）。

卵　扁圆形，绿色，直径约1.6mm。

图 1 桃六点天蛾成虫（王勤英摄）

图 2 桃六点天蛾幼虫（王勤英摄）

幼虫 老熟幼虫体长 80mm，黄绿色，体光滑。头部呈三角形。第一至八腹节侧面有黄白色斜线 7 对，通过气门上方，胸部各节有黄白色颗粒，气门黑色，胸足淡红色，尾角较长（图 2）。

蛹 长 45mm，黑褐色，尾端有短刺。

生活史及习性 在北方果区 1 年发生 1～2 代，以蛹在地下 4～7mm 深处的蛹室中越冬。越冬代成虫于 5 月中下旬出现，成虫昼伏夜出，有一定趋光性。卵散产于树枝阴暗处、树干裂缝内或叶片上。每雌蛾产卵量为 170～500 粒，卵期约 7 天。第一代幼虫在 5 月下旬至 6 月发生为害；6 月下旬幼虫老熟后，入地做穴化蛹；7 月上旬出现第一代成虫。7 月下旬至 8 月上旬第二代幼虫开始为害；9 月上旬幼虫老熟，入土作茧化蛹越冬。

防治方法

人工防治 根据地面和叶片的虫粪、碎片，人工捕杀树上的幼虫。

药剂防治 发生量较大时，在幼虫三龄前，可喷施灭幼脲、高效氯氰菊酯、甲氨基阿维菌素苯甲酸盐等药剂。

参考文献

北京农业大学，等，1996. 果树昆虫学：下册 [M]. 北京：农业出版社 .

黄可训，胡敦孝，1979. 北方果树害虫及其防治 [M]. 天津：天津人民出版社：184.

（撰稿：王勤英；审稿：张帆）

桃鹿斑蛾 *Illiberis nigra* (Leech)

一种以幼虫蛀食花、叶的果树主要害虫。又名桃斑蛾、梅薰蛾。鳞翅目（Lepidoptera）斑蛾科（Zygaenidae）翅叶斑蛾属（*Illiberis*）。中国主要分布在山西、河北、山东等果树种植区。

寄主 桃、杏、李、梅、樱桃、山楂、梨、柿、葡萄等。

危害状 幼虫食芽、花、叶，早春蛀食萌芽，导致树枯死。发芽后，危害花、嫩芽和叶，食叶呈纱网状斑痕、缺刻和孔洞，严重的将叶片吃光（图 1 ①）。

形态特征

成虫 体长 7～10mm，翅展 21～23mm。体黑褐具蓝色光泽。前翅第一径分脉至第二径分脉的距离短于二、三径分脉的距离，翅半透明，布黑色鳞毛，翅脉、翅缘黑色。雄虫触角羽毛状，雌虫短锯齿状（图 1）。

幼虫 体长 13～16mm，体胖近纺锤形，背暗赤褐色，

图 1 桃鹿斑蛾成虫（冯玉增摄）

①成虫及危害状；②成虫交尾

图 2 桃鹿斑蛾幼虫（冯玉增摄）
①中龄幼虫；②老熟幼虫

腹面紫红色。头小黑褐色，大部分缩于前胸内，取食或活动时伸出。腹部各节具横列毛瘤 6 个，中间 4 个大，毛瘤中间生很多褐色短毛，周生黄白长毛。前胸盾片黑色，中央具 1 淡色纵纹，臀板黑褐色（图 2）。

生活史及习性　山西 1 年发生 1 代，以初龄幼虫在剪锯口的裂缝中和树皮缝、树杈及贴近枝叶下结茧越冬。寄主萌动时开始出蛰活动，先蛀芽，后危害蕾、花及嫩叶，此间如遇寒流侵袭，则返回原越冬场所隐蔽。三龄后白天下树，潜伏到树干基部附近的土、石块及枯草落叶下、树皮缝中。老熟幼虫于 5 月中旬开始在树干周围的各种覆被物下、皮缝中结茧化蛹，蛹期 21～25 天。成虫飞翔力不强，交配时间长。6 月上旬成虫羽化交配产卵，多产在树冠中、下部老叶的叶背面，块生，每块有卵 70～80 粒，卵粒互不重叠，中间常有空隙，每雌平均产卵 170 粒。成虫寿命 9～17 天，卵期 10～11 天。幼虫于 6 月中旬始见，啃食叶片表皮或叶肉，被害叶片呈纱网状斑痕，受惊扰吐丝下垂，幼虫稍经取食后于 7 月上旬结茧越冬。

防治方法

清洁果园　在落叶后及时清除杂草、落叶、枯枝、僵果，刮除老翘皮，减少害虫越冬基数，以控制虫的发生量。

诱捕成虫　使用黑光灯、糖醋液诱杀成虫，减少产卵量。

生物防治　寄生性天敌有金光小寄蝇、梨星毛虫黑卵蜂、潜蛾姬小蜂等。

化学防治　在落叶后至发芽前树体喷布石硫合剂，可大量杀伤越冬的虫卵。蛾量急剧上升时，即刻使用奥得腾可湿性粉剂，茎叶均匀喷雾。

参考文献

曹克诚，李润临，1980. 桃斑蛾的生活习性观察 [J]. 昆虫知识 (6): 258.

王宽建，丁新录，贺静，等，2011. 桃树优质高产栽培技术 [J]. 现代农业科技 (2): 147-148.

王田利，1998. 危害大樱桃的病虫害及综合防治 [J]. 烟台果树 (4): 21-22.

王艳辉，张健，于芝君，等，2009. 平谷区桃园病虫害综合防治技术的示范应用效果 [J]. 中国植保导刊，29 (4): 24-26.

（撰稿：王趔、王杰；审稿：李姝）

桃潜蛾　*Lyonetia clerkella* (Linnaeus)

一种以幼虫蛀食叶肉的主要危害蔷薇科植物的害虫。英文名 peach leafminer、Clerck's snowy bentwing moth。鳞翅目（Lepidoptera）潜蛾科（Lyonetiidae）潜蛾属（*Lyonetia*）。国外见于日本、印度、俄罗斯，以及中东、欧洲、非洲北部。中国分布于黑龙江、吉林、辽宁、内蒙古、山西、河北、山东、河南、江苏、安徽、浙江、上海、福建、江西、台湾、湖北、陕西、甘肃、青海、宁夏、四川、贵州、云南、西藏、新疆。

寄主　桃、李、杏、樱桃、苹果、梨、山楂、稠李等植物。

危害状　桃潜蛾幼虫在叶肉里蛀食呈弯曲隧道（图 1），致叶片破碎干枯脱落。发生严重的区域，桃树 5 月下旬开始落叶，8 月下旬大量落叶，个别地块落叶达 70% 以上，严重影响桃的产量和质量，造成很大的经济损失。

形态特征

成虫　体长 3mm、翅展 8mm 左右，银白色。触角丝状，黄褐色，基节的眼罩白色。前翅白色，狭长，翅端尖细，缘毛长；中室端部有 1 椭圆形黄褐色斑，来自前、后缘的 2 条黑斜线汇合在它的末端，外侧具黄褐色三角形端斑 1 个；前缘缘毛在斑前形成黑褐线 3 条，端斑后面具黑色端缘毛，并

图 1 桃潜蛾危害状（武春生摄）

图 2 桃潜蛾成虫（武春生拍摄）

有长缘毛形成的黑线 2 条，斑的端部缘毛上生 1 黑圆点及 1 黑色尖毛丛，在中室端黄褐斑与翅尖黑点之间，有 4～5 条黑褐色弧形横线；后翅灰色缘毛长（图 2）。

卵 圆形，长 0.5mm，乳白色。

幼虫 体长 6mm，淡绿色，头淡褐，口器与单眼黑色，胸足短小，黑褐色，腹足极小。

蛹 长 3～4mm，细长淡绿色，腹末具 2 个圆锥形突起。

茧 长椭圆形，白色，两端具长丝，黏附叶上。

生活史及习性 河南 1 年生 7～8 代，以蛹在被害叶上的茧内越冬，翌年 4 月桃展叶后成虫羽化。北京平谷 1 年生 6 代，以成虫越冬。越冬代成虫 3 月上旬至 4 月下旬出蛰活动，4 月下旬至 5 月上旬产卵，5 月上中旬出现第一代幼虫，这一代幼虫为害很轻，叶子被害率一般在 20% 以下。5 月下旬至 6 月初为第一代成虫发生盛期。6 月上中旬第二代幼虫发育历期 10 天左右，在这个时期前虫态发生期相对比较整齐，防治起来比较容易。在这以后发生的几代幼虫和成虫，田间世代重叠交错，发生期很不整齐，给防治带来很大困难。春季为害轻，夏季和秋季为害严重。

防治方法 ①越冬代成虫羽化前清除落叶和杂草，集中处理消灭越冬蛹和成虫。②花前防治。北京地区在 3 月底至 4 月初桃树花芽膨大期，叶芽尚未开放，这时越冬代成虫已出蛰群集在主干或主枝上，但还没产卵，喷洒 50% 敌敌畏乳油 1000 倍液，对压低当年虫口数量起有决定性作用。③防治 1 代幼虫，于 4 月底至 5 月初正值桃树春梢展叶期，叶片少，新梢短，喷洒 52.25% 农地乐乳油 1500～2000 倍液或 25% 喹硫磷乳油 1500 倍液。5 月下旬出蛾高峰期喷 25% 灭幼脲Ⅲ号悬浮剂 1500 倍液。④ 8 月中下旬虫卵叶率超过 5% 时，喷洒 25% 灭幼脲Ⅲ号悬浮剂 2000 倍液加 80% 敌敌畏 1000 倍液或 5% 高效氯氰菊酯乳油 1500 倍液。⑤防治成虫和幼虫用 20% 灭扫利效果最好，防治蛹用敌敌畏效果最好。

参考文献

中国科学院动物研究所 , 1981. 中国蛾类图鉴Ⅰ [M]. 北京 : 科学出版社 .

吴艳玲 , 李凡建 , 汤继更 , 2012. 桃潜叶蛾发生及防治技术 [J]. 中国果蔬 (7): 56.

KUROKO H, 1964. Revisional studies on the family Lyonetiidae of Japan (Lepidoptera) [J]. Esakia, 4: 13-34.

（撰稿：武春生；审稿：陈付强）

桃条麦蛾 *Anarsia lineatella* Zeller

一种危害桃、李、杏等果树芽、梢、果实的钻蛀害虫。又名桃果蛀虫、桃梢蛀虫、沙枣蛀梢虫。英文名 peach twig borer。鳞翅目（Lepidoptera）麦蛾总科（Gelechioidea）麦蛾科（Gelechiidae）棕麦蛾亚科（Dichomeridinae）蛮麦蛾族（Chelariini）条麦蛾属（*Anarsia*）。国外分布于美国、加拿大、中亚、意大利、摩洛哥、以色列、捷克、波黑、克罗地亚、土耳其、俄罗斯、欧洲中南部、地中海东部。中国分布于西北、华北地区。

寄主 乌荆子李、甜樱桃、巴旦杏、沙枣、樱桃、刺李、杏梅、核桃、沙果、苹果、扁桃、油桃、杏、桃、李、梨、柿。

危害状 幼虫蛀食芽、嫩梢和果实，有时也危害花和嫩叶。被害芽失去开放能力，虫害梢蛀孔上部萎蔫下垂，终至枯焦。随着新梢的老化和幼果的膨大，幼虫转而危害幼果，造成直接经济损失。

形态特征

成虫 体长 6～7mm，翅展 12～14mm。体背面灰黑色，腹面灰白色。触角基部周围至头顶有灰白色毛簇。雄蛾下唇须第二节膨大，下方具毛丛；第三节隐藏于第二节的鳞毛中。雌蛾下唇须第一、二节略小，第三节细长而突出头顶，明显可见。前翅披针形，加缘毛则呈桨形，灰黑色；前缘中间有长条形黑褐斑，中室处有纺锤形黑褐斑，此外还有黑褐色及灰白色不规则条纹。后翅灰色，后缘及外缘具长缘毛。后足胫节具长的灰白色毛（图①②③）。

卵 椭圆形，长 0.5mm。初产时白色，后为淡黄色，孵化前灰紫色。卵表面有皱纹（图④）。

幼虫 初孵幼虫体长 0.7～0.8mm，白色。老熟幼虫体长 10～12mm，头宽 0.8～1.0mm，头、前胸背板和胸足黑褐色，肛上板褐色，臀部污白色。腹足趾钩全环，双序占 3/4，单序占 1/4；臀足趾钩双序缺环（图⑤）。

蛹 体长 5.5～7mm，胸宽 1.4～1.9mm。褐黄色，体表布满绒毛，臀棘 24 根，呈小钩状（图⑥）。

生活史及习性 新疆 1 年 4 代，以幼龄幼虫在芽内越冬。越冬代幼虫于早春 3 月中旬冬芽膨大时出蛰，开始进行转芽为害，被害芽既失去开放能力，及至花芽开绽和开放有时也

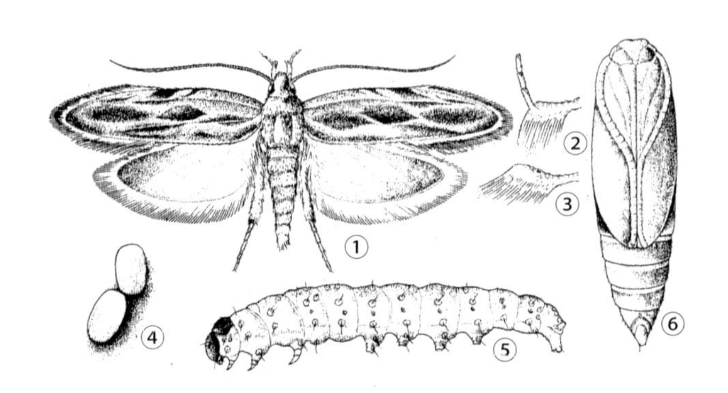

桃条麦蛾各虫态（朱兴才绘）

①成虫；②雌蛾下唇须；③雄蛾下唇须；④卵；⑤幼虫；⑥蛹

咬食嫩叶。第一代幼虫为害期在5月中旬~6月中旬。前期主要蛀食新梢，新梢蛀孔上部逐渐萎蔫下垂，终至枯焦和流胶，后期的幼虫多直接危害幼果。第二代幼虫危害期在6月下旬~7月下旬，全部蛀果，桃上排除的桃胶较多。第三代危害期在8月，除继续蛀果外，还加害秋梢。一般一个桃内只有幼虫一头。此次危害最严重。第四代（即越冬代）于9月下旬开始蛀芽越冬。

成虫于后半夜羽化，白天躲藏在叶背或其他隐蔽处，夜间活动飞翔。趋光性不强。对糖、醋气味有趋性。雌虫寿命7~8天，雄虫寿命3~4天。羽化后2~3天即可产卵。卵期为4~9天。蛹期约10天。每一个世代寿命超过一个月。

防治方法

检疫防治　加强检疫，严格检查引进和调运的接穗。

物理防治　晚秋和春季抓好果园清洁，收拾清除地下落果，填补树开裂干及枝条裂缝。落叶后刮老树皮，桃树生长期剪去蛀梢并销毁。按砂糖：醋：水=1：2：15比例配制糖醋液，放在树干1~1.5m处诱杀成虫。利用性信息素诱芯引诱，干扰正常交配。

化学防治　幼虫期喷洒80%敌敌畏乳液1000~1500倍液或40%乐果1500~2000倍液。

参考文献

白九维，赵剑霞，马文梁，1980. 桃条麦蛾生物学特性的初步研究[J]. 林业科学，16 (s1): 127-129, 156, 图版Ⅰ.

姑丽巴哈尔·麦麦提，阿曼姑·艾力，努日曼姑·那买提，2007. 桃条麦蛾的防治措施[J]. 新疆农业科技 (2): 35.

刘友樵，1987. 为害种实的小蛾类[J]. 森林病虫通讯 (1): 30-35.

马文梁，1992. 桃条麦蛾 *Anarsia lineatella* Zeller [M]// 萧刚柔. 中国森林昆虫. 2版. 北京：中国林业出版社：749-751.

MAMAY M, YANIK E, DOĞRAMACI M, 2014. Phenology and damage of *Anarsia lineatella* Zell. (Lepidoptera: Gelechiidae) in peach, apricot and nectarine orchards under semi-arid conditions [J]. Phytoparasitica, 42(5): 641-649.

（撰稿：嵇保中；审稿：骆有庆）

桃蚜 *Myzus persicae* (Sulzer)

该种是桃、李、杏等的重要害虫，也是非常重要的农业害虫和温室害虫。又名烟蚜、马铃薯蚜。英文名green peach aphid、peach-potato aphid。半翅目（Hemiptera）蚜科（Aphididae）蚜亚科（Aphidinae）瘤蚜属（*Myzus*）。该种全球广布。

寄主　桃、李、杏、萝卜、白菜、甘蓝、油菜、芥菜、芜青、花椰菜、烟草、辣椒、茄、枸杞、芝麻、棉、蜀葵、甘薯、马铃薯、蚕豆、南瓜、甜菜、厚皮菜、芹菜、茴香、菠菜、人参、三七和大黄等多种经济植物和杂草。

危害状　该种是多食性。被害桃、李、杏叶向反面横卷或不规则卷缩。幼叶背面受害后向反面横卷或不规则卷缩，使桃叶营养恶化，甚至变黄脱落。蚜虫排泄的蜜露滴在叶上，诱致煤病，影响桃的产量和品质。桃蚜也是烟草的重要害虫，烟株幼嫩部分受害后生长缓慢，甚至停滞，影响烟叶的产量和品质。十字花科蔬菜、油料作物芝麻、油菜及某些中草药常遭受桃蚜的严重为害。温室中多种栽培植物也常严重受害，所以又叫温室蚜虫。桃蚜还能传播农作物多种病毒病。本种是常见多发害虫，成蚜和若蚜以群集方式在菜叶和嫩茎上刺吸汁液，可使叶片卷缩变形，植株生长不良和萎缩，严重时全株枯死，蚜虫的分泌物蜜露还影响作物光合作用，引发煤污病，污染蔬菜，同时还可传播多种病毒病，直接影响蔬菜、果品等的食用品质，并造成大量减产（图1）。

形态特征

无翅孤雌蚜　体卵圆形，体长2.20mm，宽0.94mm。活体淡黄绿色、乳白色，有时赭赤色。玻片标本淡色，头部、喙端部、原生感觉圈着生处、触角第六节鞭部端半部、胫节端部1/4、跗节、腹管顶端、尾片及尾板稍深色。头部表皮

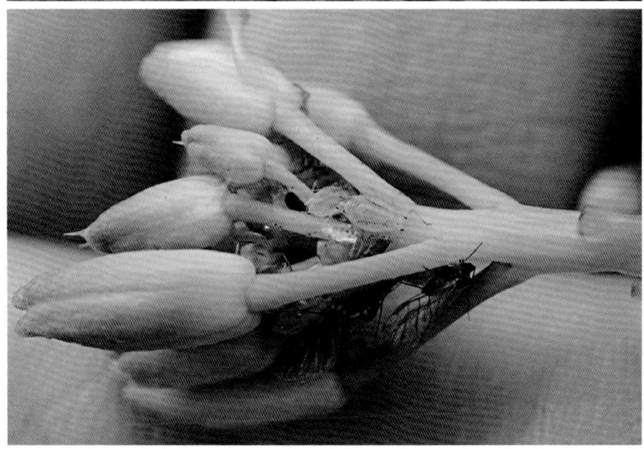

图1 桃蚜危害状（计江峰摄）

T

粗糙、有粒状结构，但背中区光滑；体侧表皮粗糙，胸部背板有稀疏弓形构造，腹部背片有横皱纹。中胸腹岔无柄。体背毛淡色尖顶，粗短，长约为触角第三节直径1/3～2/3；头顶毛2对，头部背面毛8～10根，前胸背板毛8根；腹部第一背片有毛8根，第八背片有毛4根。额瘤显著，内缘圆，内倾，中额微隆起。触角6节，长2.10mm，为体长的80%；第三节长0.50mm，第一至第六节长度比例：24∶16∶100∶80∶64∶30+108；第三至第六节有瓦纹；第一至第六节毛数：5、3、16、11、5、3+0根，第三节毛长为该节直径1/4～1/3。喙端部达中足基节，第四和第五节为后足跗节第二节的0.92～1.00倍。后足股节长0.73mm，为触角第三节的1.50倍。后足胫节长1.30mm，为体长的59%，毛长为该节直径的70%；股节端半部及跗节有瓦纹；第一跗节毛序：3、3、2。腹管圆筒形，向端部渐细，有瓦纹，端部有缘突；长0.53mm，为体长的20%，为尾片的2.3倍。尾片圆锥形，近端部2/3收缩，有曲毛6或7根。尾板末端圆形，有毛8～10根。生殖板有短毛16根（图2、图3）。

有翅孤雌蚜　体长2.20mm，体宽0.94mm。活体头部、胸部黑色，腹部淡绿色。玻片标本头部、胸部、触角、喙、股节端部1/2、胫节端部1/5、跗节、翅脉、腹部横带和斑纹、腹管、尾片、尾板和生殖板灰黑色至黑色，其余淡色。腹管前斑窄小，腹管后斑大并与第八背片横带相接，第八背片有1对小中瘤。触角长2.00mm，为体长的78%～96%；第三节长0.46mm，有小圆形次生感觉圈9～11个，在外缘全长排成一行。后足股节长0.66mm，为第三节触角的1.4倍；后足胫节长1.30mm，为体长的59%，毛长为该节直径的69%。腹管长0.45mm，为体长的20%，约等于或稍短于第三节触角。尾片长为腹管的0.47%，有曲毛6根。尾板有毛7～16根。

图2 桃蚜群居（张荣娇摄）

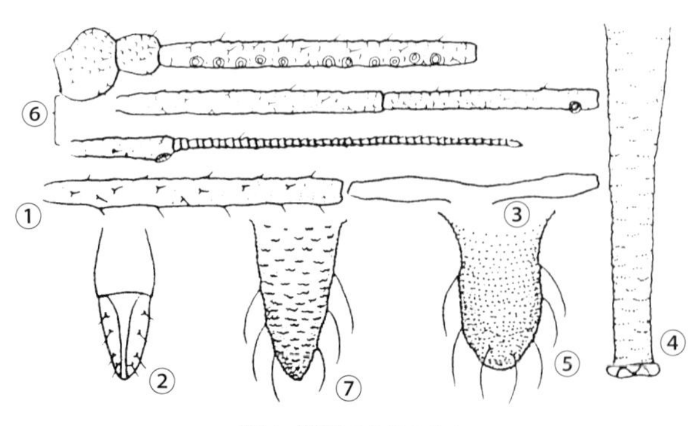

图3 桃蚜（钟铁森绘）

无翅孤雌蚜：①触角第三节；②喙节第四和第五节；③中胸腹岔；④腹管；⑤尾片.

有翅孤雌蚜：⑥触角；⑦尾片.

生活史及习性　桃蚜一般营全周期生活，早春，越冬卵孵化为干母，在冬寄主上营孤雌胎生，繁殖数代皆为干雌。当断霜以后，产生有翅胎生雌蚜，迁飞到十字花科、茄科作物等寄主上为害，并不断营孤雌胎生繁殖出无翅胎生雌蚜，继续进行为害。直至晚秋当夏寄主衰老，不利于桃蚜生活时，才产生有翅性母蚜，迁飞到冬寄主上，生出无翅卵生雌蚜和有翅雄蚜，雌雄交配后，在冬寄主植物上产卵越冬。越冬卵抗寒力很强，即使在北方高寒地区也能安全越冬。桃蚜也可以一直营孤雌生殖的不全周期生活，比如在北方地区的冬季，仍可在温室内的茄果类蔬菜上继续繁殖为害。

防治方法

清除虫源植物。播种前清洁育苗场地，拔掉杂草和各种残株；定植前尽早铲除田园周围的杂草，连同田间的残株落叶一并焚烧。

黄板诱蚜。在地块周围设置黄色诱虫黏板，诱杀有翅蚜。

银膜避蚜。蚜虫是黄瓜花叶病毒的主要传播媒介，用银灰色地膜覆盖畦面。

药剂防治是目前防治蚜虫最有效的措施，可供选择的农药有：新烟碱类杀虫剂（吡虫啉、吡蚜酮、啶虫脒、噻虫嗪），菊酯类杀虫剂（氰戊菊酯、联苯菊酯、氯氟氰菊酯），有机磷类杀虫剂（毒死蜱、敌敌畏），昆虫生长调节剂类农药（氟啶虫酰胺）以及阿维菌素等生物农药。

利用天敌昆虫防治蚜虫。桃蚜的捕食性天敌有草间小黑蛛、隐翅虫、食蚜蝇、瓢虫、草蛉、广腹螳螂、花蝽、华姬蝽及环斑猛猎蝽等种类，其中瓢虫和草蛉属于后期的天敌种群，对蚜虫种群控制起了一定作用。寄生性天敌主要是蚜茧蜂和食蚜异绒螨，尤其是蚜茧蜂，该种天敌是田间的优势种群，对控制蚜虫种群具有十分重要的作用。

参考文献

樊昌密，荆广心，2014. 桃蚜在桃树上的发生规律与综合防治[J]. 西北园艺(2): 29.

张广学，钟铁森，1983. 中国经济昆虫志：第二十五册　同翅目　蚜虫类（一）[M]. 北京：科学出版社.

（撰稿：姜立云；审稿：乔格侠）

桃一点叶蝉　*Watara sudra* (Distant)

一类吸食叶、花、果汁液的危害广泛的害虫。又名桃小绿浮尘子、桃一点斑叶蝉等。英文名 peach leafhopper。半翅目（Hemiptera）叶蝉科（Cicadellidae）小叶蝉亚科（Typhlocybinae）拟赛叶蝉属（*Watara*）。国外分布于印度。中国在全国各地普遍发生。

寄主　桃、杏、李、梅、葡萄、苹果、梨、桂花、月季、蔷薇、海棠、山茶、海桐等。

危害状 成虫和若虫危害花萼及花瓣，形成半透明的斑点；在叶片上吸食汁液，被害叶呈失绿白斑，严重时整叶苍白，提前落叶，导致树势衰弱，同时影响来年花芽分化和树体生长，易诱发流胶病等病害；受害果实膨大受阻，形成小果、僵果，果味涩、淡，木栓化程度严重；所排出的虫粪污染叶片和果实，造成黑褐色粪斑，对产量和品质影响较大。

形态特征

成虫 体长3.1～3.3mm，淡黄、黄绿或暗绿色；头部向前成钝角突出，端角圆；头冠及颜面均为淡黄或微绿色，在头冠的顶端有1个大而圆的黑色斑，黑点外围有1晕圈；复眼黑色；前胸背板前半部黄色，后半部暗黄而带绿色；前翅半透明淡白色，翅脉黄绿色，前缘区的长圆形白色蜡质区显著，后翅无色透明，翅脉暗色；足暗绿，爪黑褐色；雄虫腹部背面具有黑色宽带，雌虫仅具1个黑斑。

卵 长椭圆形，一端略尖，长0.75～0.82mm，乳白色，半透明。

若虫 共5龄。末龄体长2.4～2.7mm，全体淡墨绿色，复眼紫黑色，翅芽绿色。

生活史及习性 1年发生4～6代，世代重叠。以成虫在杂草丛、落叶层下和树缝等处越冬。翌年桃树等花木萌芽后，越冬成虫迁飞到其上危害与繁殖。卵多散产在叶背主脉组织内，少数产于叶柄中，雌虫可产卵46～165粒，一叶最多有卵40粒。若虫孵化后留下褐色长形裂口。前期危害花和嫩芽，花落后转移到叶片上危害。若虫喜欢群居在叶背，受惊时横行爬动或跳跃。北方地区危害期为4～9月，以7～8月危害严重。南方地区危害期在3～11月，以8～9月发生严重。

防治方法

农业防治 秋后彻底清除落叶和杂草，集中烧毁，以减少虫源。

药剂防治 防治上必须掌握3个关键时期：一是3月间越冬成虫迁入期，二是在5月中下旬的第一代若虫孵化盛期，三是在7月中下旬第二代若虫孵化盛期。药剂选用对半翅目昆虫有特效而对天敌安全的高选择性药剂25%扑虱灵可湿性粉剂1000倍液、20%杀灭菊酯2000倍液、10%吡虫啉可湿性粉剂2500倍液、20%叶蝉散乳油800倍液、20%灭扫利乳油2000倍液等喷雾防治。

参考文献

韩召军，杜相革，徐志宏，2008. 园艺昆虫学[M]. 北京：中国农业大学出版社：119.

黄其林，田立新，杨莲芳，1984. 农业昆虫鉴定[M]. 上海：上海科学技术出版社：82.

李照会，2004. 园艺植物昆虫学[M]. 北京：中国农业出版社：222-227.

吴时英，2005. 城市森林病虫害图鉴[M]. 上海：上海科学技术出版社：147-148.

北京农业大学，华南农业大学，福建农学院，等，1999. 果树昆虫学：下册[M]. 2版. 北京：中国农业出版社.

（撰稿：袁忠林；审稿：刘同先）

桃蛀果蛾 *Carposina sasakii* Matsumura

中国北方果树生产中危害最大、发生最普遍的蛀果害虫之一。又名桃小食心虫，简称桃小。英文名peach fruit moth。鳞翅目（Lepidoptera）蛀果蛾科（Carposinidae）蛀果蛾属（*Carposina*）。在国外分布于朝鲜、日本、蒙古、俄罗斯。在中国除西藏外均有分布。

寄主 苹果、梨、枣、山楂、桃、梅、花红、海棠、杏、李、木瓜、榅桲、酸枣和欧李。其中以苹果、梨、枣、山楂受害最重。

危害状 该虫以老熟幼虫在树冠下3～6cm深的土壤中结越冬茧越冬。山西、山东、河北越冬代幼虫在5月中下旬开始出土，出土时间可持续近两个月，盛期在6月中下旬，出土后多在树冠下靠近树干的石块和土块下、裸露在地面的果树老根和杂草根旁隐蔽处做纺锤形夏茧（图1①），并在其中化蛹。越冬代成虫羽化后数小时交尾，1～3天后产卵，绝大多数卵产在果实绒毛较多的萼洼处。初孵幼虫先在果面上爬行数十分钟到数小时，选择好部位，咬破果皮，蛀入果中。蛀食果肉，直至果核，使果实畸形，并在孔道和果核周围残留大量虫粪，严重影响果品的产量和质量。低龄幼虫为害时，在果面上形成针状大小的蛀果孔。蛀果孔呈黑褐色凹点，四周浓绿色，外溢出泪珠状果胶，干涸呈白色蜡质膜；此症状为该虫早期为害的识别特征。幼虫蛀入果实内后，在果皮下纵横蛀食果肉，随年龄增大，向果心蛀食，前期蛀果的幼虫在皮下潜食果肉，使果面凹陷不平，形成畸形果，即所谓的"猴头果"（图1②）。幼虫发育后期，食量大增，在果肉

图1 桃蛀果蛾危害状（张志伟提供）

①老熟幼虫结纺锤形夏茧；②被害"猴头果"

纵横潜食，排粪于其中，造成所谓的“豆沙馅”。幼虫老熟后，在果实表面咬一直径2～3mm的圆形脱落孔，孔外常堆积红褐色新鲜的虫粪。该虫在山西疏于管理的枣园虫果率可达80%以上。在安徽怀远石榴产区，虫果率也可达80%左右。近些年来，湖北长阳、五峰、秭归、巴东和鹤峰等地发现该虫严重危害木瓜，引起果实未熟落果，影响产量。

形态特征

成虫 体长5～8mm，体灰白色或浅灰褐色。前翅近前缘中部有1个蓝黑色近三角形大斑（图2①）。翅基部及中央有7簇黄褐色或蓝褐色的斜立竖鳞。雌雄有差异：雄虫触角每节腹面两侧具纤毛，雌虫触角无此纤毛；雄虫下唇须短，稍向上翘，雌虫下唇须长而直，略呈三角形。后翅灰色，缘毛长，浅灰色。复眼红褐色。

卵 深红色（图2②），椭圆形，以底部黏附于果实上。卵壳上具有不规则、略呈椭圆形的刻纹。卵端部环生2～3圈“Y”状刺突。

幼虫 老熟幼虫体长13～16mm，体桃红色（图2③）。头部黄褐色，颅侧区有深色云状斑纹。前胸盾黄褐至深褐色；前胸气门前方毛片上具2根毛（图2④）。第八腹节气门大而靠近背中线。第九腹节上2根D_2毛位于同一毛片上，D_1毛位于D_2毛下方。臀板黄褐色，无臀栉。腹足趾钩单序环状，趾钩数10～24个；臀足趾钩9～14个。

蛹 体长6.4～8.6mm，体淡黄色至黄褐色。复眼黄色或红褐色。体壁光滑无翅。

茧 冬茧扁椭圆形，长5～6mm，宽4～5mm，由幼虫吐丝缀合土粒做成，质地十分紧密。夏茧为纺锤形的“茧蛹”，长8～10mm，宽3～5mm，质地疏松，一端留有羽化孔。

生活史及习性 1年发生1～3代。在苹果上，甘肃和四川1年发生1代，云南大理1年发生1代，云南昆明1年发生2代，河南黄河故道、辽宁南部、浙江、江苏等地1年发生1～3代。梨、山楂、杏和李上1年发生1代。枣上1年发生1～2代。石榴上1年发生3代。在桃上，浙江1年发生3代，山西1年发生1代或2代。第一代成虫在7月下旬至9月下旬出现，盛期在8月中下旬。成虫产卵对苹果选择性不强。第二代卵发生期与第一代成虫的发生期大致相同，盛期在8月中下旬。

桃蛀果蛾是一种兼性滞育的害虫，外界环境的温度、湿度以及光照均对生长发育有明显影响，能够影响成虫寿命、交尾和产卵。越冬幼虫发育出土也与气温、地温、地湿关系密切。幼虫脱果期最早在8月下旬，盛期在9月中下旬，末期在10月。此外除了10月收获的苹果外，在红肖梨上也有部分幼虫在储运过程中继续取食，并陆续脱果。成蛾具有趋光性，但是对光的波长具有一定的选择性，对白炽灯波段敏感。

防治方法

农业防治 在果实膨大期套袋，防止成虫产卵。在果实成熟采摘前3周，先摘除树上漏套袋的被害虫果、僵果和畸形果2次，每次间隔7～10天，时间需掌握在未脱果前。在越冬幼虫开始出土前2周，在树干周围1.5m半径灌水至饱和状态后，覆盖双层普通地膜压实，阻止幼虫出土。

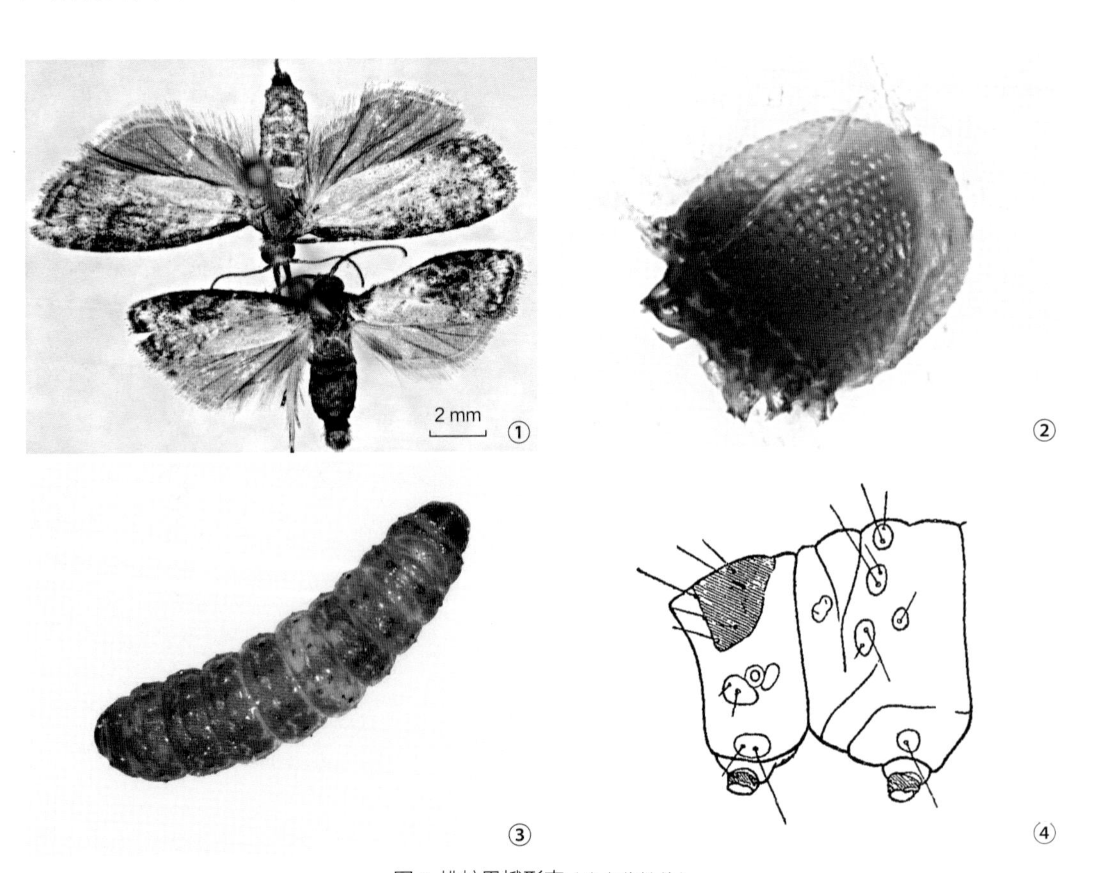

图2 桃蛀果蛾形态（张志伟提供）

①成虫；②卵；③老熟幼虫；④幼虫前中胸刚毛排列

生物防治　①寄生性天敌昆虫。不同的寄主上桃蛀果蛾寄生蜂的种类不同，苹果上有章氏小甲腹茧蜂；酸枣和枣上有章氏小甲腹茧蜂、中国齿腿姬蜂和桃小齿腿姬蜂。使用化学农药时应选择对寄生性天敌伤害小的种类。②昆虫病原微生物。应用苏云金杆菌在桃蛀果蛾低龄幼虫期防治。地面喷洒白僵菌，侵染出土时的越冬幼虫效果显著。③昆虫病原线虫。地面使用异小杆线虫 H06 悬浮液，对桃小越冬出土期幼虫和一代脱果期老熟幼虫致死率可达 90% 以上。泰山 1 号线虫，每亩用量为 1 亿条，1 个月以内对桃蛀果蛾可保持很高的致死效果，幼虫被寄生致死率达 98%。

诱杀和迷向法　该方法连续多年应用比小面积间隔应用效率好。诱杀法包括性引诱剂诱杀和糖醋液诱杀。各地区要根据实际情况选择不同类型诱捕器，每亩悬挂 3 个诱捕器为宜，悬挂高度为 1.5m，挂在靠近外缘的枝干上。干旱山区和平原应用无水诱捕器，水源方便地区采用加水诱捕器或加糖醋诱杀液诱杀，注意每隔 7～10 天按时添加水和更换诱杀液，每隔 30 天更换诱芯。迷向法的使用方法是 6 月上旬在田间树上悬挂迷向丝，每亩放置 50～60 根。

化学防治　在蛾高峰期开始喷药，首先选用杀卵效果好的药剂，如 2.5% 溴氰菊酯乳油 2000 倍液、2.5% 高效氯氟氰菊酯乳油 2000 倍液、24% 螺虫乙酯悬浮剂 1500 倍液；将杀卵效果好的药剂与昆虫蜕皮抑制剂混合使用效果更显著，如 25% 灭幼脲Ⅲ号悬浮剂 2500 倍液、20% 除虫脲悬浮剂 1500 倍液，与 6% 乙基多杀菌素悬浮剂 1500 倍液交替使用效果更好。蛾高峰期使用 35% 氯虫苯甲酰胺 8000～10 000 倍液喷雾，效果可达 95%，且持效期长。在越冬幼虫出土前 3～5 天地面用药，使用 1.8% 阿维菌素 1000 倍液、25% 辛硫酸微胶囊剂 200 倍液、40% 毒死蜱乳油 1000 倍液，均匀喷洒树冠下方地面，喷湿表层土壤，然后耕松，再覆盖地膜，覆盖半径 1.5m 的树盘，防治出土幼虫。

参考文献

石宝才，范仁俊，2014. 北方果树蛀果类害虫 [M]. 北京：中国农业出版社.

吴维均，黄可训，1955. 苹果果蠹蛾类的鉴别 [J]. 昆虫学报，5(3): 335-347, 351-359.

尹河龙，刘贤谦，马瑞燕，等，2011. 影响桃小食心虫性诱剂田间诱捕效率的几种因子的研究 [J]. 中国生物防治学报，27(1): 63-67.

ZHANG Z W, LI X W, XUE Y H, et al, 2017. Increased trapping efficiency for the peach fruit moth, *Carposina sasakii* (Matsumura) with synthetic sex pheromone [J]. Agricultural and forest entomology, 19(4): 424-432.

（撰稿：张志伟、马瑞燕；审稿：王洪平）

桃蛀螟　*Conogethes punctiferalis* (Guenée)

一种严重的蛀害果实的害虫。鳞翅目（Lepidoptera）草螟科（Crambidae）多斑野螟属（*Conogethes*）。又名桃蛀野螟、桃多斑野螟、豹纹斑螟、桃蠹螟、桃斑螟、桃实螟蛾、豹纹蛾、桃斑蛀螟，幼虫俗称蛀心虫等。英文名 durian fruit borer、yellow peach moth。国外见于朝鲜、日本、印度尼西亚、印度、斯里兰卡。中国分布于辽宁、北京、河北、天津、山西、陕西、江苏、浙江、福建、江西、山东、河南、湖北、湖南、广东、广西、四川、云南、贵州、西藏、台湾等地。

寄主　幼虫取食高粱、玉米、粟、向日葵、蓖麻、姜、棉花、桃、柿、核桃、板栗、无花果等 100 多种植物。

危害状　桃蛀螟在中国果树上危害十分严重，以幼虫蛀入果内，严重时造成“十果九蛀”，造成大量落果、虫果，严重影响食用和商品价值，影响水果出口外销。

形态特征

成虫　体长 12mm，翅展 22～29mm，黄至橙黄色，体、翅表面具许多黑斑点，似豹纹：胸背有 7 个；腹背第一和三至六节各有 3 个横列，第七节有时只有 1 个，第二、八节无黑点；前翅 25～28 个，后翅 15～16 个。雄蛾第九节末端黑色，雌蛾不明显（图 1）。

卵　椭圆形，长 0.6mm，宽 0.4mm，表面粗糙布细微圆点，初乳白渐变橘黄、红褐色。

幼虫　体长 22mm，体色多变，有淡褐、浅灰、浅灰蓝、暗红等色，腹面多为淡绿色。头暗褐，前胸盾片褐色，臀板灰褐，各体节毛片明显，灰褐至黑褐色，背面的毛片较大，第一至八腹节气门以上各具 6 个，成 2 横列，前 4 后 2。气门椭圆形，围气门片黑褐色突起。腹足趾钩不规则的 3 序环（图 2）。

蛹　长 13mm，初淡黄绿后变褐色，臀棘细长，末端有曲刺 6 根（图 3）。茧长椭圆形，灰白色。

生活史及习性　桃蛀螟在中国东北各地年发生 2～3 代，华北 3～4 代，西北 3～5 代，华中 5 代。主要以老熟幼虫在树皮裂缝、被害僵果、坝堰乱石缝隙、向日葵盘、高粱和玉米茎秆越冬，少数以蛹越冬，而马尾松上的桃蛀螟属针叶树型，以三至四龄幼虫在虫苞中越冬。

防治方法

农业防治　调控作物、害虫和环境因素，创造一个有利于作物生长而不利于桃蛀螟发生的农田生态环境。例如，处理越冬寄主、改革耕作制度、种植抗虫品种、种植诱集田等措施。

化学防治　具有速效、简便和经济效益高的特点，特别

图 1　桃蛀螟成虫（武春生提供）

图 2 桃蛀螟的幼虫（武春生提供）

图 3 桃蛀螟的蛹（武春生提供）

是在大发生情况下，是必不可少的应急措施。由于桃蛀螟钻蛀性为害的特点，在果实被害初期单从外面一般不易判断是否已受害。因此，在进行化学防治前，应做好预测预报。可利用黑光灯和性诱剂预测发蛾高峰期，在成虫产卵高峰期、卵孵化盛期适时施药。

生物防治　利用一些商品化的生物制剂，如昆虫病原线虫、苏云金杆菌和白僵菌来防治桃蛀螟。采用人工合成的性信息素或者拟性信息素制成性诱芯放于田间，诱杀雄虫或干扰雄虫寻觅雌虫交配，使雌虫不育而达到控制桃蛀螟的目的。

物理防治　桃蛀螟成虫趋光性强，可从其成虫刚开始羽化时（未产卵前），晚上在果园内或周围用黑光灯或糖醋液诱集成虫，集中杀灭，还可用频振式杀虫灯进行诱杀，达到防治的目的。

总之，在合理利用农业方法的基础上，适时进行化学防治和生物防治，可以有效控制桃蛀螟的为害。

参考文献

艾鹏鹏，杨瑞，张民照，等，2014. 桃蛀螟各虫态形态学特征观察 [J]. 北京农学院学报，29(3): 53-55.

鹿金秋，王振营，何康来，等，2010. 桃蛀螟研究的历史、现状与展望 [J]. 植物保护，36(2): 31-38.

王平远，1980. 中国经济昆虫志：第二十一册　鳞翅目　螟蛾科 [M]. 北京：科学出版社.

（撰稿：武春生；审稿：陈付强）

体壁外长物　external processes of the body wall

为体壁表面的向外突出物，如刻点、刻纹、突起、瘤、脊及刚毛、鳞片、刺或距等。

组织学上，将体壁外长物可分为两大类。一类为非细胞性外长物，指突起部分单纯由表皮形成，没有皮细胞参与，包括微毛、小刺、皱褶、条脊及棘。

另一类为细胞性外长物（cellular processes），指突起部分有皮细胞参与，又可分为多细胞和单细胞外长物两类。多细胞外长物是由体壁向外凸出而成的中空刺状物，其内壁含有一层皮细胞。如刺和距；刺不能活动，基部固着在体壁上；距可以活动，基部和周围表皮间有膜质相连。单细胞外长物主要指刚毛和鳞片，刚毛有的为刺状，或端部分叉，或分支作羽毛状，有的锥状或端部片状。形成刚毛的细胞为毛原细胞。毛原细胞向外突时，总要从邻近的一个皮细胞穿出，使后者套在刚毛基部，成为刚毛与表皮相接的一圈膜，该细胞称膜原细胞。围膜有时向里凹陷而成毛窝，有时凸出而成为毛突。一般刚毛形成后毛原细胞中不再有细胞质。但有些刚毛里面与毒腺相通而成为毒毛。这种毛较脆，折断时，毒液即从断口溢出，很多鳞翅目幼虫身上有这种毒毛。另有些刚毛里面与感觉细胞相连，成为具有感觉功能的感觉毛。

一般昆虫体表均有刚毛，双翅目成虫、鳞翅目及鞘翅目

图 1 双翅目昆虫体表被丰富的刚毛（吴超摄）

图 2 石蛃目昆虫体表被鳞片（吴超摄）

幼虫的各体节常有排列规则的刚毛。鳞片和刚毛同出于单细胞，只是向外长时成为囊状，最后扁缩成鳞片，鳞片的两壁间残留有血液中的色素，外壁有十分复杂的微细沟纹及脊纹，受光照产生反射，鳞片闪耀出不同色泽。鳞翅目成虫整个体表被有鳞片，这在其他一些类群中也可能见到。

参考文献

中国农业百科全书总编辑委员会昆虫卷编辑委员会，中国农业百科全书编辑部，1990. 中国农业百科全书：昆虫卷[M]. 北京：农业出版社.

（撰稿：吴超、刘春香；审稿：康乐）

体节 somite

体节（somite）是昆虫的体躯环节。昆虫的体节由前向后集合成头、胸、腹3个体段。头是第一体段，各体节愈合，使节间消失，外壁形成坚硬头壳，是感觉和取食的中心。头部包括触角、复眼及口器等结构。胸部是第二体段，胸部可划分为前、中、后3个分节，各具1对足；通常在中、后胸各具1对翅，但也常见退化。胸部内含大量肌肉，为运动中心。腹部是第三体段，分为多节，为内脏活动及生殖中心。按体节形成的方式，分初生节（primary segment）和后生节（secondary segment）。昆虫的各体节之间由节间膜连接。

初生节是以节间褶为分节界限的体节。体内的纵肌着生在节间褶上，纵肌收缩使虫体蠕动。这种原始的分节方式称初生分节（primary segmentation），与胚胎时期的分节方式一致，仅见于一些昆虫的幼期，也与环节动物（Annelida）、有爪类（Onychophora）等相同。

后生节是以节间膜为分节界限的体节；即在体壁骨化时，原初生节的节间褶也骨化，但是骨化区并不与初生节完全一致，在节后部（节间褶之前）有1条未经骨化的部分。骨化的节间褶内部所形成的内脊上，着生的纵肌收缩时，不仅能使骨化节作相互活动，还能使两个邻节作部分的套叠。这种分节方式一般发生在节肢动物门，如昆虫成虫期的体节。头部各节已愈合，一般不存在节间痕迹。翅胸由于飞行的需要，骨板紧密相连，节间膜也不明显，唯腹部保留明显的节间膜。各节节间褶骨化在体节背面形成背板，腹面形成腹板。原节间褶在体表形成的沟称前脊沟，背板沟前的狭片称端背片，沟后的大块骨片称主背片；腹板沟前的狭片称端腹片，沟后的部分称主腹片。

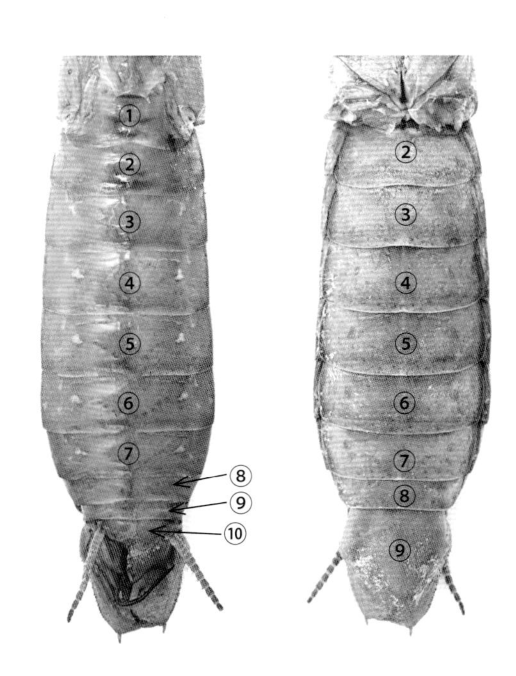

昆虫腹部的体节，以螳螂目为例（吴超提供）

（左图为背侧观，右图为腹侧观）

（撰稿：吴超、刘春香；审稿：康乐）

天蚕 *Antheraea yamamai* (Guérin-Méneville)

一种较有经济价值的野生绢丝昆虫。又名山蚕、半目大蚕、日本柞蚕。英文名Japanese oak silkwoth。鳞翅目（Lepidoptera）大蚕蛾科（Saturniidae）巨大蚕蛾亚科（Attacinae）目大蚕蛾属（*Antheraea*）。国外分布于朝鲜、日本。中国分布于广西、贵州、黑龙江、吉林、辽宁、四川、云南等地。

寄主 栎属蒙古栎、辽东栎、栓皮栎、槲栎、麻栎等。在辽宁喜食蒙古栎，在广西喜食栓皮栎。

危害状 幼虫喜在叶片上穿洞取食，一般先取食下部叶，再取食上部叶，最后取食中部叶

形态特征

成虫 雌蛾体长32～40mm，翅展130～150mm；雄蛾体长30～50mm，翅展120～130mm。体色多变，有黄褐、浅黄、灰黄、浅红等。复眼浓褐色。前后翅中央均有一透明眼状斑，周围有红、黄、黑色环线（图1）。

幼虫 初孵幼虫，体黄绿色，头褚褐色，背面具有5条天蓝色细线；三龄幼虫，体青绿色，背面较淡，腹面纹深。气门上线疣状突起为淡黄色，气门下线疣状突起为天蓝色（图2）。

生活史及习性 1年1代，以胚胎发育完成的前幼虫在卵壳内滞育越冬。在辽宁于翌年5月上、中旬孵化，幼虫多5龄，散居于叶背面取食，在气温16.2°C和湿度65%条件下，幼虫期46～50天。老熟幼虫于6月下旬到7月上旬结茧化蛹（图4），蛹期30～35天。7月下旬当气温在25°C

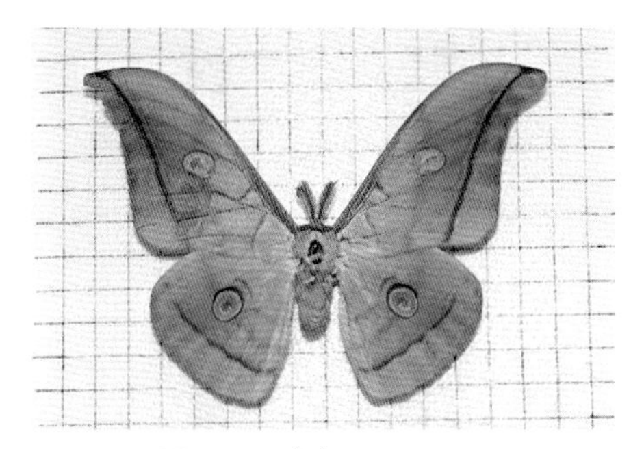

图1 天蚕成虫（贺虹提供）

图 2 天蚕幼虫（贺虹提供）

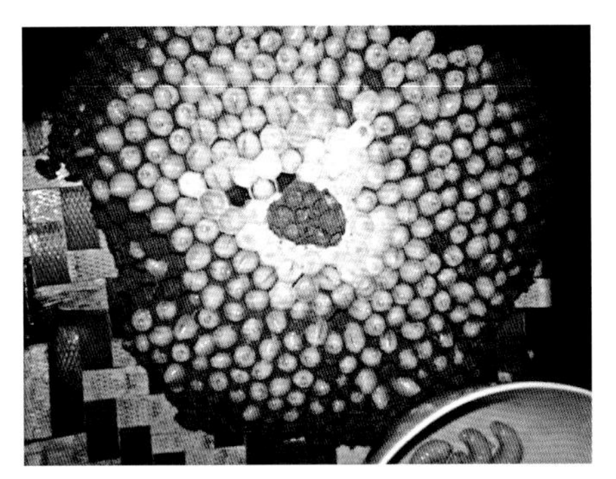

图 3 天蚕卵（贺虹提供）

图 4 天蚕化蛹（贺虹提供）

左右时成虫开始羽化，每雌蛾一生产卵 120～190 粒，平均 170 粒（图 3）。卵在 25°C左右时经 1 周左右完成胚胎发育，但并不孵化，留在卵中越冬。

刚孵化的蚁蚕喜吃卵壳。刚孵化的幼虫具有强烈的趋光性，随着蚕体增大而逐渐减弱。天蚕的卵和幼虫耐热性差，一般气温达 25°C时，幼虫则开始下树。

防治方法 天蚕可作为具有经济价值的绢丝昆虫进行饲养，一般情况下不需要防治。如需防治时，可参考其他蚕蛾的防治方法。

参考文献

李树英，2014. 野蚕系列之一——天蚕 [J]. 中国蚕业，35(1): 77-80.

刘忠云，2006. 天蚕形态及生物学特性初探 [J]. 北方蚕业，108 (27): 3, 15.

萧刚柔，1992. 中国森林昆虫 [M]. 2 版. 北京：中国林业出版社：993.

（撰稿：贺虹；审稿：陈辉）

天山重齿小蠹 *Ips hauseri* Reitter

严重危害天山云杉、新疆落叶松等树木的钻蛀害虫。英文名 Hauser's engraver 或 Kyrgyz mountain engraver。鞘翅目（Coleoptera）象虫科（Curculionidae）小蠹亚科（Scolytinae）齿小蠹属（*Ips*）。国外分布于俄罗斯、哈萨克斯坦、吉尔吉斯斯坦、塔吉克斯坦等国家。中国主要分布于新疆。

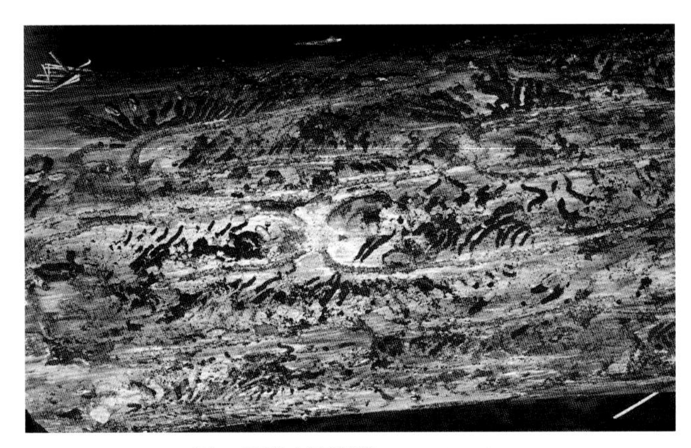

图 1 重齿小蠹坑道（任利利提供）

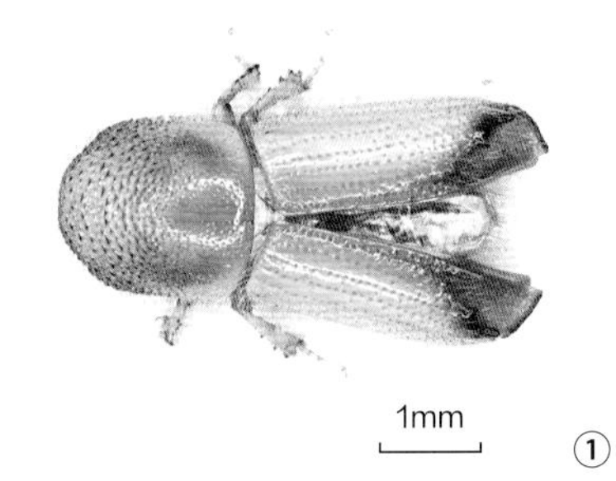

图 2 天山重齿小蠹成虫（任利利提供）

①成虫背面；②成虫侧面；③翅盘

重齿小蠹与天山重齿小蠹特征比较

种名	额		前胸背板		鞘翅	
	额面	额毛	瘤区	刻区	翅盘底	翅盘齿
重齿小蠹	刻点均匀散布，额心有1小瘤	稠密，细长舒直	颗瘤细小圆钝。绒毛刚劲，前长后短，遍布颗瘤之间	刻点细小稠密。绒毛短小，分布在背板两侧	凹陷较深。翅缝两侧较为稠密，排成纵列，其余部分散乱分布	第二齿距第一齿较远。第二、三、四齿的端头等距排列。前3齿尖锐，第四齿圆钝。两性翅盘相同
天山重齿小蠹	刻点上疏下密，额心偏下有1大瘤	疏散，长短不一	颗瘤圆小低平。绒毛细长，倒“U”字分布在背中部前半部和背板两侧	刻点小，两侧稠密中间疏散。无毛	凹陷不深。遍布稠密刻点	4齿端头距离较远，等距排列。雄虫第一齿锥形，第二齿扁三角形，第三齿如镖枪端头，最为粗大，第四齿呈锥形，最小。雌性4齿均为锥形

寄主　天山云杉、新疆落叶松、欧洲黑松、欧洲赤松。

危害状　坑道主要印入韧皮部。母坑道为复纵坑，3～5条，自交配室向上下方伸展（图1）。卵多产在母坑道一侧，孵化的幼虫从母坑道侧缘卵室向外咬子坑道，子坑道排成扇形。补充营养坑道不规则。

天山重齿小蠹在树上垂直分布，自露出根部至顶梢直径3mm和粗枝基部都有分布，但以中部和薄皮处最多。

形态特征

成虫　体长4.0～5.0mm，褐色（图2①）。额部刻点上松下密；额心偏下有一大瘤；额毛纤细，疏散竖立，长短不一。前胸背板瘤区颗瘤圆小低平稠密，绒毛细长稠密，呈倒“U”字形分布在背中部的前半部和背板两侧的全部。刻点区刻点圆小，两侧稠密中部疏散，无毛。刻点沟不凹陷，由一列圆小浅弱的刻点组成，距离稠密；沟间部宽阔平坦。在背中部沟间部的刻点很少，在鞘翅两侧和鞘翅尾端刻点较多，稠密散乱；鞘翅绒毛细柔，分布在刻点稠密区（图2②）。翅盘底凹陷不深，翅缝突起；盘底面光泽适中，遍布稠密的刻点，点心有短毛散布（图2③）；翅盘两侧各有4齿，其中第二齿和第三齿着生在一共同的基部上，但两齿的端头距离较远，与第一第四两齿的端头等距排列；雄虫第一齿呈锥形，第二齿呈扁三角形，第三齿形如镖枪端头，最为粗壮，第四齿最为细小。雌虫4齿呈锥形，等距排列。

卵　卵圆形，初产时为乳白色，孵化时变为暗灰色。

幼虫　老熟幼虫体长4.0～4.8mm，头部褐色，初孵化时为乳白色，后变为棕红色。

蛹　体长4.0～4.5mm，乳白色，羽化前变为淡黄色。

生活史及习性　在新疆乌鲁木齐南山1年发生1代，入树皮内产卵，卵期7～15天。6月中旬孵化为幼虫，幼虫期22～25天。7月上旬开始化蛹，蛹期4～6天。7月中旬羽化为新成虫，新成虫约经40天补充营养后，于8月下旬开始越冬。

防治方法　清除片林或火烧迹地中的衰弱木、风折枝及有虫株。设置诱饵木诱杀。成虫入土越冬后和翌年成虫出土前，在被害木周围喷洒农药防治。利用白僵菌进行生物防治，保护隐翅虫、郭公虫、啄木鸟等其他天敌。

参考文献

萧刚柔，1992. 中国森林昆虫[M]. 2版. 北京：中国林业出版社.

萧刚柔，李镇宇，2020. 中国森林昆虫[M]. 3版. 北京：中国林业出版社.

殷蕙芬，黄复生，李兆麟，1984. 中国经济昆虫志：第二十九册　鞘翅目　小蠹科[M]. 北京：科学出版社.

（撰稿：任利利；审稿：骆有庆）

甜菜大龟甲　*Cassida nebulosa* Linnaeus

一种危害甜菜的鞘翅目害虫。又名甜菜龟甲、甜菜龟叶甲。鞘翅目（Coleoptera）铁甲科（Hispidae）龟甲亚科（Cassidinae）龟甲属（*Cassida*）。国外分布在西伯利亚地区，朝鲜、日本以及欧洲等地。中国分布在黑龙江、吉林、辽宁、内蒙古、宁夏、甘肃、新疆、河北、北京、天津、山西、山东、陕西、上海、江苏、湖北、四川。

寄主　包括甜菜、藜属、滨藜属、苋属、旋花属、蓟属。

危害状　甜菜大龟甲幼虫多聚集于灰藜、甜菜等植株叶片背面刮食叶肉，仅留一层表皮，严重时叶面呈筛网状。成虫主要咬食甜菜叶片，将叶片咬成黄豆大小的孔洞，少数孔洞连成拇指大的孔口，危害严重时叶面孔洞少则几十个，多的可达上百个，甚至将新老叶片全部吃光，严重破坏了甜菜叶片光合作用，影响块根膨大和糖分积累，导致减产和品质降低（图1）。

形态特征

成虫　体长6～7.8mm，体宽4～5.5mm，雌虫体型大于雄虫。体扁平，椭圆形，体背色泽变异较大，草绿、橙黄或棕赭色，有不规则黑斑。前胸背板和鞘翅边缘扩大，呈盾状，半透明，形如龟甲覆盖体背，头与足隐于其下方。鞘翅背面黑斑小而分散如麻点，鞘翅敞边外缘中段特别粗厚，十分显著（图2①）。

卵　乳白色，椭圆形，长约0.59mm，宽约0.45mm。产在寄主植物叶的背面，卵块在叶上排列整齐，常附有黏液，凝结成半透明的薄膜状物（图2②）。

幼虫　幼虫5龄。初孵幼虫体色淡嫩绿。随着虫龄的增加，体色多转为黄绿色。一至四龄幼虫平均体长分别为2.41mm、2.50mm、4.68mm、6.30mm，末龄幼虫体长约

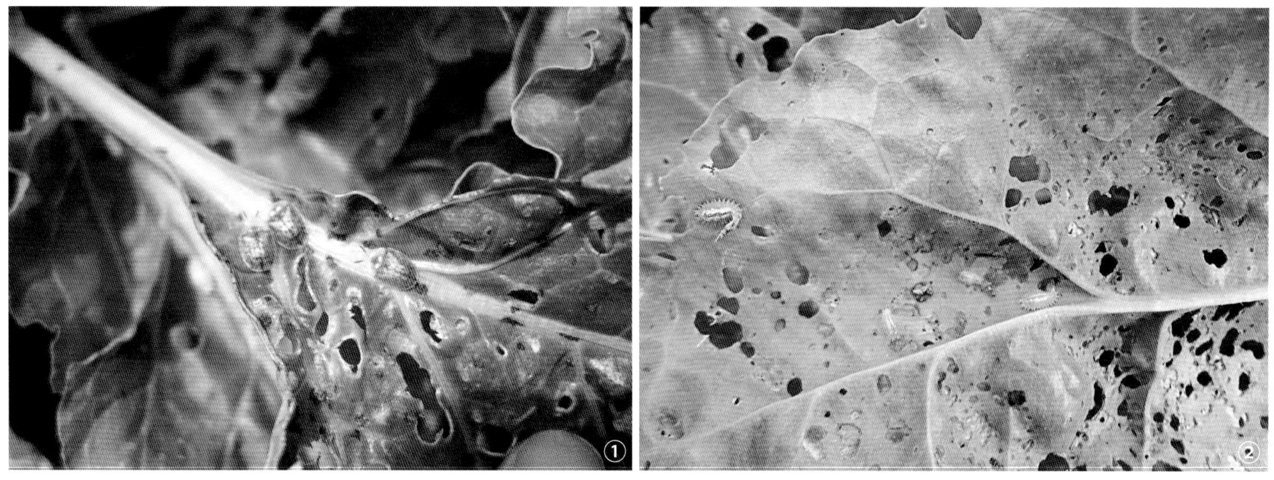

图 1　甜菜大龟甲危害状（杨安沛提供）

①成虫危害状；②幼虫危害状

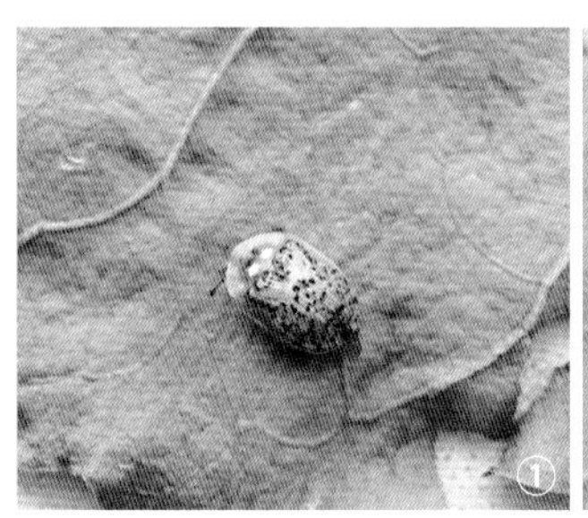
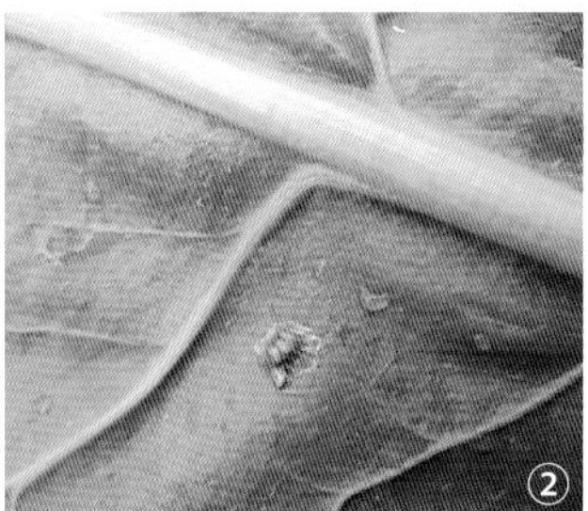

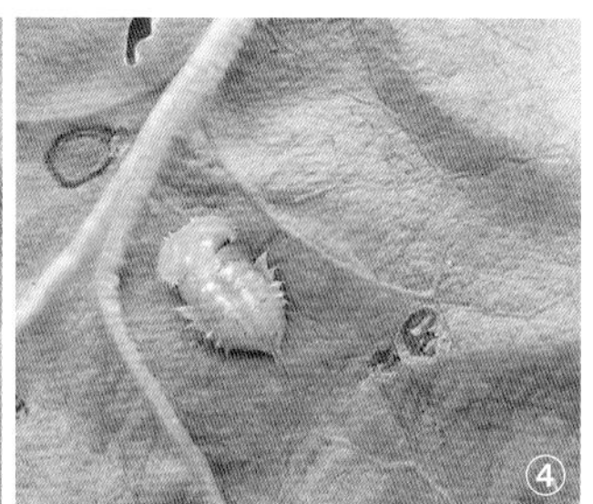

图 2　甜菜大龟甲（杨安沛提供）

①成虫；②卵；③幼虫；④蛹

8mm，略呈长椭圆形，体侧有 16 对小刺，体末端具 1 对直长尾刺，黄褐色（图 2③）。

蛹　蛹为裸蛹，体长6～6.5mm，鲜绿色至黄绿色，体扁平，头宽尾窄，两侧各有 5 个有缺刻的翼状突起物（图 2④）。

生活史及习性　甜菜大龟甲在黑龙江和新疆 1 年均发生 2 代。在新疆伊犁地区，越冬代成虫 5 月底至 6 月上旬开始活动，7～10 天后交尾产卵。卵多产在藜科、苋科杂草上，极少产在甜菜与其他杂草上。卵多产于植株中、上部幼嫩叶背，极少数在叶正面。单头雌成虫每天产卵 1～2 块，每块有卵 10～15 粒。雌成虫一生最多产卵 200 粒左右。卵期 5～7 天，温度低时可延续到 10～15 天。幼虫孵化后即可取食灰藜叶片。幼虫期 15～25 天，共 5 龄。随虫龄增大，体色由嫩绿逐渐转为橙黄或黄褐色，并转移至甜菜叶片上为害。老熟幼虫在甜菜植株中、上部叶面上化蛹，蛹期 5～12 天。第一代成虫于 7 月上中旬出现，即可取食为害，半个月后开始产卵。第二代成虫 8 月下旬出现，一般危害不重，不再产卵即进行越冬。在伊犁地区，每年有 2 次为害高峰，分别在 6 月中下旬，7 月下旬至 8 月上旬。

甜菜大龟甲以成虫在杂草或植物残体下越冬。成虫飞翔力较弱，只具短距离飞翔能力，多靠爬行迁移。甜菜大龟甲成虫一般先为害杂草，然后转移到甜菜上为害。在甜菜、灰藜、滨藜等藜科植物之间，甜菜大龟甲产卵选择和取食选择更偏好灰藜、滨藜等杂草。在自然条件下，甜菜大龟甲很少为害与甜菜同属于藜科的菠菜，刚羽化尚未取食过其他植物的甜菜大龟甲可以为害菠菜，但取食过红心藜的甜菜大龟甲则不会取食菠菜。

发生规律　甜菜大龟甲发生和危害程度与田间藜科、苋科杂草生长状况密切相关，田间藜科、苋科杂草多，则发生重。

甜菜大龟甲的发生与温度也有一定的关系，开春气温偏高，越冬代成虫可提前出现为害，6～8 月气温高有利甜菜大龟甲的大面积发生。

防治方法

农业防治　甜菜收获后，及时深翻掩埋甜菜茎叶、残根，清除田间及田埂四周杂草，并结合深施化肥，适时冬灌，可破坏甜菜大龟甲的越冬场所，减少越冬虫口基数；及时清除田间杂草，尤其是藜科、苋科杂草，可减少甜菜大龟甲产卵场所，除去喜好食源，减轻大龟甲的危害。

化学防治　甜菜大龟甲为害高峰期均为成虫、幼虫混合发生，化学防治应选择在甜菜大龟甲产卵高峰期之前实施。可采用溴氰菊酯、氰戊菊酯、高效氯氟氰菊酯等药剂喷雾防治。

参考文献

陈世骧，1986. 中国动物志：昆虫纲　第二卷　鞘翅目　铁甲科 [M]. 北京：科学出版社：482-483.

李征杰，周莉，刘艳琼，等，2004. 伊犁地区甜菜大龟甲的发生规律与防治对策 [J]. 中国植保导刊，24(5): 30-31.

刘宏杰，苏贵林，王献军，等，1997. 甜菜龟叶甲的生物学特性及防治 [J]. 中国甜菜糖业，7(4): 46-47.

T

张秀荣，宋东宝，张艳贞，1998. 甜菜大龟甲与寄主植物的关系[J]. 植物保护学报，25(2): 137-140.

NAGASAWA A, MATSUDA K, 2005. Effects of feeding experience on feeding responses to spinach in *Cassida nebulosa* L. (Coleoptera: Chrysomelidae)[J]. Applied entomology and zoology, 40(1): 83-89.

REDZEPAGIC H, 1983. Biological and ecological investigations of *Cassida nebulosa* L. as a basis for the establishing of its control[J]. Poljoprivredna znanstvena smotra, 64: 75-87.

（撰稿：王锁牢、杨安沛；审稿：蔡青年）

甜菜潜叶蝇类 *Pegomya* spp.

以幼虫主要危害甜菜的蔬菜害虫。双翅目（Diptera）花蝇科（Anthomyiidae）。主要包括两个重要的种，即甜菜潜叶蝇（又名甜菜潜蝇）和肖藜泉蝇（又名菠菜潜叶蝇）。在松辽平原、黄河中下游及其河套等甜菜栽培区均有发生。

寄主 甜菜、菠菜、萝卜等。肖藜泉蝇的寄主除甜菜和菠菜外，还有藜科、茄科、石竹科植物等。

危害状 以幼虫（蛆）在叶片上、下表皮之间穿食叶肉，为害后形成块状隧道，只剩表皮，呈白色泡状，内留虫粪，破坏了甜菜叶绿素而影响光合作用，导致甜菜产量和含糖量下降。

甜菜潜叶蝇 *Pegomya hyoscyami* (Panzer)

形态特征

成虫 体长一般6～8mm。土灰色。头半圆形，侧视三角形，下颚须基部褐色，端部黑色。中胸背板和腹板灰色或褐色，有时两侧呈红色，在腹部上面有黑色纵带，雌虫腹部较宽，色较灰白，雄虫腹部较狭，色较灰黑，腹部上面的黑色纵带更为明显。雌、雄蝇前翅暗黄色，翅脉黄色半透明。足的胫节、腿节黄色，跗节黑色，雌虫触角刺毛的基部显著增大。

卵 菱形，白色，表面具六角形不规则纹，长0.8mm，宽0.3mm，一端较平，有很小的黑斑。

幼虫 暗黄色，体壁较薄，半透明，从外面可以看透体内的心脏。无足，头部不明显，前端尖，生有2个黑色的心钩，末端膨大，并生有许多三角形的齿状突，在身体的每一节上有排列成行的小刺，以作行动，后气孔具有3个小孔。老熟幼虫体长7～7.5mm。

蛹 围蛹，长4.5～5mm，椭圆形，红褐色或黑色，头部较窄，尾部较平。

生活史及习性 甜菜潜叶蝇在黑龙江、辽宁、内蒙古每年发生2～3代，在新疆库尔勒1年发生3～5代，北疆玛纳斯、沙湾一带发生2～4代。通常各代滞育蛹都在翌年春季羽化为成虫，造成了一年中危害最重的阶段。在东北及内蒙古，一般5月份为成虫发生高峰期，6月上中旬进入幼虫为害高峰期。因此，通常第一代为害重，二、三代为害较轻。以蛹在土壤中5cm深土层越冬。

越冬代成虫最早在灰藜上产卵，随后转到甜菜、菠菜上，在甜菜上产卵时，主要分布在叶背面，卵粒成堆排列，多为3～8粒。每头雌蝇产卵40～100粒不等。通常第二代成虫于6月中旬在甜菜上产卵。成虫在日均温低于10°C时将停止产卵。卵和幼虫期的长短随温度而变化，卵期20～25°C时1～3天，16～20°C时3～4天，幼虫期8～10°C时25～30天，10～15°C时16～25天，15～18°C时11～16天，18～24°C时7～10天。幼虫耐较低温度，8°C时仍可发育，但不耐高温，气温超过25°C时死亡率较高。幼虫共4龄，幼虫期11～21天。老熟幼虫在叶背或根际土中化蛹。蛹期为12～19天。各代均有部分滞育蛹。一个世代34～46天。该虫喜温暖湿润的环境，一般高温干燥的夏季，幼虫会大量死亡。

发生规律 农田环境可以较大地影响其发生。植株密度大、株行间郁蔽，通风透光不好，地势低洼积水、排水不良、土壤潮湿，氮肥施用太多，易发生虫害。重茬地，杂草丛生的地块，肥料未充分腐熟的地块易发生虫害。潜叶蝇天敌很多，捕食螨如赤螨、绒螨等的成虫可捕食潜叶蝇的卵。还有多种寄生蜂能寄生幼虫和蛹。

肖藜泉蝇 *Pegomya cunicularia* (Rondani)

形态特征

成虫 体长5～6mm，分浓色、淡色两型。全体背面灰黄色或灰褐色，有的具褐纵条。头部几乎全为棕黄色，胸部黑色。小盾片中央无毛。

卵 长小于1.0mm，长卵形，白色无光泽，表面具不规则的六角形刻纹。

幼虫 末龄幼虫污黄色，长7.5mm，前气门有分叉7～11个，多为8个；腹部末端具肉质突起7个。

蛹 围蛹长4.5～5mm，黄褐色或黑褐色。

生活史及习性 以北京为例，肖藜泉蝇一般每年发生3～4代，以蛹在土中滞育越冬，各代均有部分蛹进入滞育，这样会出现越冬代成虫较多，且第一代为害严重的现象。成虫多在叶背产卵，常常4～5粒卵成扇状排列，一般不喜欢在已受害植株上产卵。幼虫孵化后即潜入叶肉中为害，潜入时间长达10小时，新孵化的幼虫不喜欢从已有隧道的叶片潜入。

发生规律 气温和农田环境影响其发生与危害。通常秋、冬温暖，雨雪少，易发生虫害；植株高密度、行间荫蔽、通风透光不好、地势低洼、排水不良、土壤潮湿等田间条件下，极易发生肖藜泉蝇的危害。此外，重茬和杂草丛生的地块，施用未充分腐熟的有机肥等都有利于该害虫的发生。

防治方法

农业防治 播种或移栽前或收获后，清除田间杂草，集中烧毁或沤肥，促使病残体分解，减少虫卵寄生地。甜菜收获后，秋耕时，深翻灭茬，破坏部分土壤中的蛹或杀灭虫蛹，减少田间虫源。合理密植，增强田间通风透光性。选用排灌方便地块，开好排水沟渠，保证雨停无积水，降低田间湿度。潜叶蝇对未充分腐熟的有机肥有较强的趋性，提倡使用酵素菌沤制或充分腐熟的农家肥。田间施用粪肥时应即时埋入土下，以减少对成虫的诱惑。科学施用好基肥和追肥，以降低作物受害。

生物防治 利用寄生蜂如姬小蜂等天敌防治有良好的效果。在卵高峰期，可以释放捕食螨控制卵量。在农事操作中，应该重视天敌的保护与利用，充分发挥天敌的控害作用。

物理防治 在成虫盛期，用糖醋液诱杀成虫或采用灭蝇纸或黄板诱杀成虫。用糖醋液诱集成虫，也可用甘薯或胡萝卜煮液，加0.5%敌百虫制成食诱剂。每隔3～5天点喷1次，共喷5～6次，有一定的诱杀成虫效果。黄板诱杀的设置参照蔬菜害虫斑潜蝇黄板诱杀方法。

化学防治 药剂防治主要集中在成虫发生盛期和幼虫孵化初期，一般需要连续防治两三次。可用药剂有阿维菌素、吡虫啉、环丙氨嗪、溴虫腈、毒死蜱、喹硫磷、氰戊菊酯、高效氯氟氰菊酯。

参考文献

雷仲仁，郭予元，李世访，2014. 中国主要农作物有害生物名录[M]. 北京：中国农业科学技术出版社：194-204.

吕佩珂，李明云，吴文矩，1992. 中国蔬菜病虫原色图谱[M]. 北京：中国农业出版社.

中国农业大学，2014. 甜菜主要病虫害简明识别手册[M]. 北京：中国农业出版社：121-125.

中国农业科学院植物保护研究所，中国植物保护学会，2015. 中国农作物病虫害：下册[M]. 3版. 北京：中国农业出版社：939-940.

（撰稿：蔡青年；审稿：王锁牢）

甜菜青野螟 *Spoladea recurvalis* (Fabricius)

一种以危害藜科植物为主的多食性害虫。又名甜菜白带螟、甜菜白带野螟。鳞翅目（Lepidoptera）螟蛾总科（Pyraloidea）草螟科（Crambidae）斑野螟亚科（Spilomelinae）青野螟属（*Spoladea*）。国外分布在澳大利亚、日本、朝鲜、以及东南亚、南亚、非洲、北美洲、南美洲等地。中国分布在黑龙江、吉林、辽宁、北京、宁夏、青海、陕西、内蒙古、河北、天津、山西、山东、广东、广西、云南、四川、重庆、贵州、福建、台湾、江西、浙江、河南、安徽、江苏、湖北、湖南、西藏。

寄主 甜菜、藜、苋菜、向日葵、大豆、玉米、甘薯、辣椒、棉花、甘蔗、茶等。

危害状 初孵幼虫从叶背取食叶肉。幼虫聚集在叶背面取食叶肉，留下叶面表皮，呈独有的圆镜状，以后随着龄期的增长和食量的增加连同叶表皮也可食光，只剩叶脉，进而可食掉整个叶片。

形态特征

成虫 体长约10mm，翅展17.0～23.0mm。体翅棕褐色，具白色斑纹，头复眼两侧和头后具白纹，腹部具白色环纹；前后翅中部具横带，前翅外横线处具1短白带及2个小白点；前翅缘毛与翅同色，中、后部各具1白斑；后翅缘毛端半部白色，基半部棕褐色，中、后部各具1白斑（图①）。

卵 扁椭圆形，大小为0.2mm×0.12mm左右。白色有光泽，卵壳上有网纹，但不清晰。

幼虫 初孵化时体长1mm左右，白色，当体长3mm时变为透明的淡黄色，头部比胸部稍大，中龄时体长6～10mm，体色由淡黄色变为绿色，扁圆桶形。中龄后虫体变成两端细中间粗。头部黄褐色，龄期越大颜色越深，头顶有灰黑色蝴蝶形花斑1个，其他部位也有一些斑点，中胸背面两侧有1对月牙形黑斑，各节都有几个瘤状突起，着生1～2根透明的细毛，胸、腹足发达，均为透明色。老熟幼虫由绿色逐渐变成淡红色以至橘红色，头部变成深褐色（图②）。

蛹 纺锤形，体长6～10mm。开始化蛹时蛹色呈黄褐色，以后逐渐变深，越冬蛹外包有黄白色薄茧，茧外粘着土粒，形似蛹室，而非越冬蛹和室内饲养的蛹，一般蛹外无薄茧。复眼和触角处突起明显，腹面可见4节，末节圆锥形。

生活史及习性 在陕西关中地区春播甜菜区，1年发生4代，第一代自7月上旬开始发生，第二代的发生高峰期在8月上旬，第三代在9月上旬发生，第四代在10月上旬，10月下旬幼虫开始入土做土茧越冬。在湖北、山东等地1年发生3代以上。越冬蛹于翌年7月下旬开始羽化。各代幼虫危害期：第一代在7月下旬至8月上旬，第二代在8月下旬至9月上旬，第三代9月下旬至10月上旬。甜菜青野螟世代重叠严重。

甜菜青野螟（引自Hildegard Stalder，2014；Christian Siegel，2016）

①成虫；②幼虫

甜菜青野螟成虫寿命一般5～10天，如蜜源丰富可更长一些；卵期2～10天；幼虫期9～16天。室内饲养观察，幼虫共有4个龄期，一龄3天左右，二龄2～4天，三龄3天左右，四龄3～4天（包括前蛹期1天）；蛹期7～20天（非越冬蛹）。

成虫一般在夜间羽化，翌日早晨散栖地面或叶丛中，飞翔力较弱，一日后飞翔能力增强，便成群聚栖，趋光性较弱，喜栖于弱光或黑暗处，温度在20～25°C范围内最活跃，30°C以上20°C以下活动显著减弱。成虫有两个与危害关系密切的习性，一是群飞群栖，虽然一次飞翔距离不远，但可间歇长距离迁飞；二是选择叶片繁茂的植株产卵。卵一般散产在甜菜下部叶片背面的叶脉附近，一般2～6粒。三龄后部分幼虫蜕皮时吐丝拉网把叶片折叠成虫室栖居其中，振动后有假死习性。化蛹时老熟幼虫有向地表爬行寻找缝隙化蛹的习性，甜菜青野螟的化蛹场所主要在甜菜叶柄间和地表2～3cm深的土缝以及地面残叶的下面，越冬蛹多在土表下20cm的干湿土层交界处。

发生规律 甜菜青野螟具有长距离迁飞能力，可由澳大利亚入侵至新西兰，也可在夏季初由中国向日本跨海迁飞，在中国东部地区也观察到甜菜青野螟在秋季向南方回迁的现象。

甜菜青野螟的发生危害程度与8～9月平均气温关系密切，如果平均气温达到23°C以上，相对湿度为70%～90%时，便可能大发生。65%湿度下，15.0～35.0°C范围内，除15°C甜菜青野螟发育到二龄幼虫时全部死亡，其他温度下，温度越高，甜菜青野螟发育历期越短，从卵到成虫羽化前，在17.5°C需51.0天，在35°C需14.6天，结合幼虫死亡率和成虫羽化率，甜菜青野螟生长较适宜的温度为25.0～30.0°C。

寄主作物连作，或寄主作物邻近地块有蜜源作物，常会加重发生。

防治方法

农业防治 与非寄主作物轮作；清除田间藜、苋等杂草；秋耕翻地，可压低虫口基数。

化学防治 低龄幼虫期，可选择氯氰菊酯、高效氯氟氰菊酯、溴氰菊酯、联苯菊酯等菊酯类药剂及阿维菌素等喷雾防治。

参考文献

李后魂，任应党，2009. 河南昆虫志 鳞翅目 螟蛾总科[M]. 北京：科学出版社：295-296.

司升云，李芒，杜凤珍，2017. 甜菜白带野螟的识别与防治[J]. 长江蔬菜(1): 49-50.

虞国跃，2015. 北京蛾类图谱[M]. 北京：科学出版社：188.

张恒泰，田涛，1993. 甜菜白带螟的生物学特性及防治研究[J]. 中国糖料(3): 30-34.

LEE S K, KIM J, CHEONG S S, et al, 2013. Temperature-dependent development model of Hawaiian beet webworm *Spoladea recurvalis* Fabricius (Lepidoptera: Pyraustinae) [J]. Korean journal of applied entomology, 52(1): 5-12.

RILEY J R, REYNOLDS D R, SMITH AD, et al, 1995. Observations of the autumn migration of the rice leaf roller *Cnaphalocrocis medinalis* (Lepidoptera: Pyralidae) and other moths in eastern China[J]. Bulletin of entomological research, 85(3): 397-414.

（撰稿：王锁牢、李广阔；审稿：蔡青年）

甜菜筒喙象 *Lixus subtilis* Boheman

一种幼虫钻蛀甜菜叶柄的鞘翅目害虫。鞘翅目（Coleoptera）象虫科（Curculionidae）筒喙象属（*Lixus*）。国外分布在欧洲、中亚地区，以及叙利亚、伊朗、日本。中国分布在黑龙江、吉林、辽宁、北京、河北、山西、陕西、甘肃、上海、江苏、安徽、浙江、江西、湖南、四川、新疆。

寄主 包括甜菜、苋菜、藜、藜麦等。

危害状 甜菜筒喙象成虫取食甜菜等寄主植物叶片，幼虫沿叶柄内部输导组织蛀食为害，使叶片失绿变黄，继而萎蔫、枯焦，严重影响甜菜的光合作用，导致产量低、含糖量少。此外，幼虫还可为害越冬采种甜菜主花茎或侧枝花茎，引起花而不实或遇到风时，花枝折断，给种子产量造成严重损失（图1）。

形态特征

成虫 体壁黑色，密被锈黄色鳞片，但黄色鳞片易脱落，体色可呈现出锈红色、棕褐色、黑褐色。身体修长，体长9～12mm，覆有灰色细毛，鞘翅背面具有不明显的灰色毛斑，腹部两侧亦散布有灰色或浅黄色毛斑，触角和跗节锈赤色。喙弯，散布距离不等的显著皱刻点，通常有隆线，一直到端部，被覆倒伏细毛，雄虫的喙长为前胸的2/3，雌虫喙长为前胸的4/5，几乎不粗于前足腿节；触角位于头部中间靠前，不很粗，索节1略长而粗于索节2，索节2长略大于粗，其他各节粗大于长；额洼，有1长圆形窝；眼不很大，卵圆形。前胸圆锥形，两侧略拱圆，前缘后未缢缩，两侧被覆略明显的毛纹，背面散布大而略密的刻点，刻点间散布小刻点。鞘翅的肩不宽于前胸，基部有1明显的圆洼，两侧平行或略圆，行纹明显，刻点密，行间扁平，端部突出成短而

图1 甜菜筒喙象危害状（杨安沛提供）

钝的尖，略开裂。腹部散布不明显的斑点。足很细。初羽化成虫乳白色，喙、口器、前胸背板侧缘以及足的腿节和胫节端部均为棕红色，复眼棕褐色，在茎秆中停留一段时间以后，体色渐变为棕褐色（图2①②③）。

卵　圆柱形，大小约为1mm×0.6mm，具有光泽，初产为淡橘黄色，即将孵化时为浅棕色，且前端出现小黑点（幼虫头部）（图2④）。

图2 甜菜筒喙象各虫态（杨安沛提供）

①②成虫；③刚羽化成虫；④卵；⑤幼虫；⑥蛹

幼虫　一龄和二龄幼虫半透明，比较活跃，稍触即迅速扭动，体长分别约为1.8mm和3.1mm。三龄和四龄幼虫乳白色，头部为淡棕黄色，明显较胴部颜色深，体长分别约为5.1mm和9.6mm。老熟幼虫虫体柔软，弯曲呈"C"字形，乳白色，多皱纹，体长约为11.6mm；头部发达，棕黄色；上颚发达，颜色略深；单眼1对；前胸背板骨化（图2⑤）。

蛹　离蛹，长10.5mm、宽2.9mm，初期为乳白色，翅芽、足、喙及触角半透明，眼点浅棕褐色；之后，头部和腹部背面渐变为浅棕黄色（图2⑥）。

生活史及习性　在新疆和内蒙古1年发生1～2代，山西1年发生2代，江苏1年发生2～3代。各地以成虫在杂草中、土块下越冬。

在新疆伊犁地区，甜菜筒喙象越冬代成虫4月下旬开始产卵，产卵高峰期为5月中下旬，在8月上旬田间仍可见卵。4月下旬幼虫孵出，高峰期为6月中旬至7月上旬，此时期幼虫量占当代总虫量85.25%～95.30%，占比最高，个体数量也最多，是田间为害的最高峰。化蛹从6月中下旬开始，化蛹数量逐渐增加，7月中旬进入最高峰，化蛹高峰期为7月中旬至7月底，高峰期蛹量占当代总虫量的40%，此时幼虫占比量下降，在田间从6月中下旬至8月底一直有蛹存在。当代成虫在7月上旬开始羽化，8月上旬达到羽化高峰，当代成虫高峰期为8月上旬至8月底，此期间当代成虫量占各虫态总量的75.56%～80.49%（图3）。

在江苏苏北沿海地区，越冬代成虫出土后2～4天即可交尾。成虫交尾多在16：00至20：00。越冬代成虫交尾后，雌成虫通常选择在露地越冬采种甜菜主花茎或侧枝花茎上产卵。第一、二代雌虫则多数选择在大田甜菜植株的叶柄或野苋菜主茎上产卵。一般1个产卵孔只产1粒卵。产卵孔周围的叶柄或茎秆壁1天后形成圆形或菱形的黑色疤。成虫寿命较长，越冬代成虫寿命30～40天，第一、二代成虫可生活40～60天。成虫具有假死性，畏强光，飞翔能力不强。

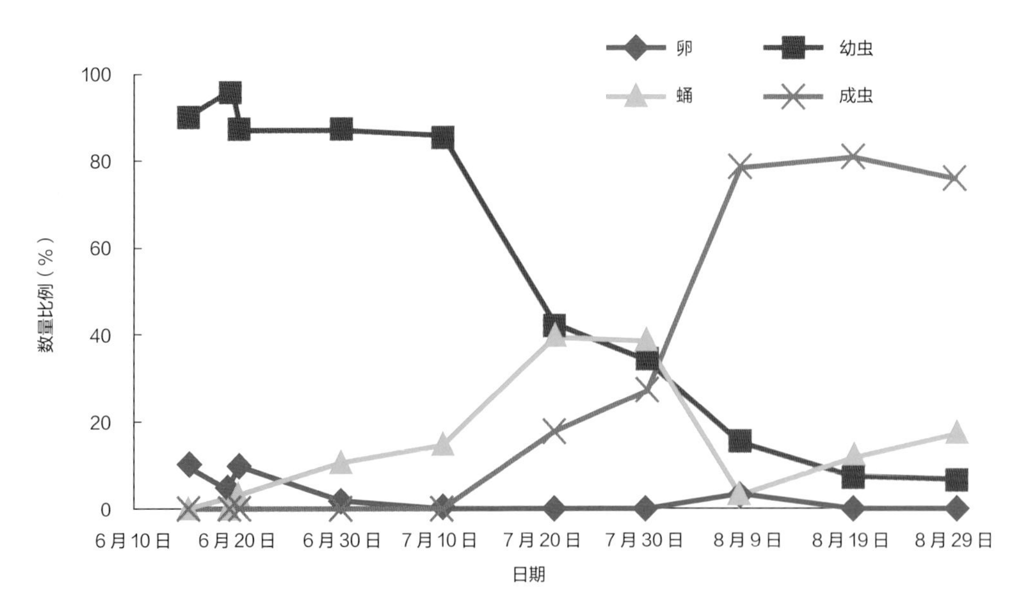

图3 甜菜筒喙象当代各虫态在甜菜田个体比例动态（伊犁，2014）

因成虫寿命长，除第一代幼虫为害相对集中外，其他各世代重叠。幼虫共有4龄，第一、二龄幼虫多在产卵孔附近取食，第三龄以后向叶柄或花茎的两端蛀食。且幼虫的整个发育期均在叶柄或花茎内取食为害。幼虫历期为15～23天。

发生规律 甜菜筒喙象喜高温低湿，这样的年份常造成猖獗为害。平均温度达25～27°C、相对湿度达85%以上时成虫取食减少，寿命缩短。甜菜植株、花枝体液过多时，幼虫和蛹的死亡率较高，特别是初孵幼虫死亡率更高。甜菜田周边邻近杂草多的地块受害重。

防治方法

农业防治 秋季铲除田边地角的杂草，尤其要清除甜菜筒喙象的寄主杂草，如野苋菜和藜科植物等。适时冬灌可减少越冬虫口密度，减轻危害。

化学防治 应重点防治成虫，以成虫高峰期用药为好，在幼虫蛀入叶柄后用药对幼虫防治效果不佳。可选用氯虫苯甲酰胺、毒死蜱、噻虫嗪等杀虫剂进行防治。

参考文献

杨安沛，曹禹，孙桂荣，等，2015. 甜菜筒喙象田间危害规律及消长动态[J]. 中国糖料，37(6): 28-29, 32.

杨安沛，王锁牢，张航，等，2015. 5种杀虫剂对甜菜茎象甲的防治效果研究[J]. 新疆农业科学，52(11): 2093-2096.

张金良，杨建国，岳瑾，等，2018. 藜麦田甜菜筒喙象生物学特性初步研究[J]. 植物保护(4): 162-166, 182.

赵养昌，陈元清，1980. 中国经济昆虫志：第二十册 鞘翅目 象虫科（一）[M]. 北京：科学出版社：122-123.

周传金，1989. 苏北沿海甜菜筒喙象初步观察[J]. 中国甜菜(3): 29-32.

（撰稿：杨安沛、王锁牢；审稿：蔡青年）

甜菜象 *Bothynoderes punctiventris* Germar

一种危害甜菜的鞘翅目害虫。鞘翅目（Coleoptera）象虫科（Curculionidae）甜菜象属（*Bothynoderes*）。国外分布在欧洲中部、东部及哈萨克斯坦、吉尔吉斯斯坦、乌兹别克斯坦、土库曼斯坦、土耳其等国。中国分布在黑龙江、吉林、辽宁、北京、河北、山西、陕西、内蒙古、宁夏、甘肃、新疆等地。

寄主 包括甜菜、萹蓄、滨藜属、藜属、地肤属、猪毛菜属、碱蓬属、苋属。

危害状 成虫为害甜菜幼苗，有时直接咬食幼苗生长点，造成毁种。幼虫为害甜菜根部，影响甜菜后期生长，严重时引起枯萎（图1）。

形态特征

成虫 身体长椭圆形，体长12～16mm，体宽4.9～5.6mm。体壁黑色，密被分裂为2～4叉的灰至褐色鳞片，唯喙端部被覆线形鳞片。前胸和鞘翅两侧以及足和身体腹面的鳞片之间散布灰白色毛。

喙长而直，端部略向下弯，并略变粗，中隆线细而隆，长达额，两侧有相当深的沟，背面隆线明显，在中间以后分成两叉；索节2远长于1；额隆，中间有小窝；眼半圆形，扁平。前胸宽大于长，向前猛缩窄，基部最宽，前端仅约为基部的2/3，两侧缢缩，前缘中间较突出，呈深二凹形，后缘中间略向后突出，两侧前端有明显的眼叶，背面后端中间洼，中隆线明显，散布小刻点，小刻点间散布大刻点；背面的鳞片形成5个条纹，中纹最宽，较暗，向前猛缩窄，其余四纹较淡，里面的两纹细而弯曲，延长到鞘翅第四行间基部，外面的两纹宽。小盾片三角形，往往被周围的鳞片遮蔽。鞘翅长小于宽的二倍，中间后最宽，肩和翅瘤明显，中间有1暗褐色短斜带，第四行间基部两侧和翅瘤外侧较暗。行纹细，不太明显，散布较细的二叉形鳞片，行间扁平，唯第三、五、七行间基部较隆。足和腹部散布黑色雀斑（图2①）。

雌雄区别很明显，雄虫较瘦，腹部基部有1扁而宽的窝，前足跗节第三节长于第二节，跗节第一至第二腹面的一部分为海绵体，跗节三腹面全部为海绵体。雌虫较胖，腹部基部隆，前足第三跗节长等于第二节，跗节三腹面有像雄虫跗节第一、二那样的海绵体，跗节二腹面仅有1很小的海绵体。

卵 球形，长1.5mm，初产乳白色，有光泽，后变为米黄色，光泽减退。

图1 甜菜象危害状（杨安沛提供）

①成虫危害状；②幼虫危害状

T

图 2 甜菜象（①杨安沛提供；②蔡青年提供）
①成虫；②幼虫

幼虫 成熟幼虫体长 15mm，乳白色，肥胖弯曲，多褶皱，头部褐色，无足（图 2②）。

蛹 离蛹，体长 11～14mm，米黄色，腹部数节和附肢均可活动。

生活史及习性 甜菜象 1 年发生 1 代，从 4 月下旬到 8 月下旬均可在田间看到。甜菜象成虫的危害盛期为 5 月上旬至 6 月中旬。6 月下旬至 7 月上旬为幼虫孵化盛期。7 月下旬至 8 月下旬为化蛹盛期，平均蛹期 20 天左右。9 月中旬为成虫羽化盛期，羽化成虫一般不再出土，直到秋末进入越冬期。90% 以上成虫在 6～20cm 土层中越冬，且靠近甜菜根部周围 15cm 内越冬虫量占 85% 以上。翌春 4～5 月即开始出土，先危害早春杂草，而后转移到甜菜田危害甜菜苗。甜菜象在杂草多或邻接荒地的甜菜地最易发生。成虫寿命长达 120 天。通常成虫出土时期参差不齐。

成虫有假死习性，具有较强的耐寒力和耐饥力。早期出土的成虫多潜伏在避风向阳的枯草根际及田埂等的土块处。成虫的转移通常采用爬行和短距离飞翔，一昼夜能爬行 150～200m，每次飞行距离可达 200～500m。迁移到甜菜地里的甜菜象均来自越冬虫源，急需补充营养，因而具有暴食特性。每对雌雄虫一生取食甜菜幼苗可达 40～60 株，雌虫取食量是雄虫的 3 倍多。越冬成虫取食 8～10 天后，便开始在寄主根部周围产卵。卵期 10～12 天。幼虫共 5 龄，一龄幼虫集中在甜菜周围 10～15cm 土层中，咬食甜菜幼根，并随甜菜根系生长和幼虫的发育，不断向土层深入。以后各龄幼虫主要集中在表土下 15～25cm 处活动，咬食作物主根和侧根，危害率可达 30%，造成植株枯萎。甜菜块根膨大后，幼虫也为害块根，严重影响甜菜的产量和含糖量。幼虫耐寒力弱，如遇低温，幼虫则会大部死亡。老熟幼虫在土内结土茧化蛹。

发生规律 春季的气温是决定越冬甜菜象出土为害的关键因素。早春日平均气温达 6～12°C、地表 5cm 土温达 15～17°C时越冬成虫出土，气温达 25°C左右时最活跃；地温达 28～30°C时能展翅飞翔，无风晴朗天气飞行更高更远。当冬季气温降至 -10°C以下时，可引起少量成虫死亡。

土壤湿度对各虫态的生长发育都有影响，幼虫在 10%～15% 的土壤湿度中发育最好。当土湿度较大时，幼虫、蛹和初羽化的成虫皆易感染绿僵菌而死亡。一般春季成虫出土受 4 月气候影响较大，温度高、湿度低时有利于成虫出土；如 8～9 月雨水多、田间长期积水，则翌年发生较轻。一般土质疏松、排水通气良好的砂壤土有利于甜菜象发育，而长期阴湿的黏重土则不利于甜菜象发育。整地不平、耕耙不均、甜菜出土不齐的地块，常严重受害。

在自然条件下，土壤含水量较高时，甜菜象在土中栖息的各个虫态均可以感染白僵菌和绿僵菌，从而在一定程度上可降低甜菜象的种群数量。另外，寄生性病原线虫也对甜菜象有一定控制能力。如斯氏线虫 TUR-S3 品系、斯氏线虫 BEY 品系和嗜菌异小杆线虫 TUR-H2 品系都是甜菜象的重要寄生性病原线虫。

防治方法

农业防治 秋耕冬灌，轮作倒茬，清除田间杂草，适时早播。

物理防治 灌水淹杀，在甜菜田周边挖沟、施药阻杀。

生物防治 保持田间土壤湿度，提高象甲寄生菌和病原线虫的感染，以降低甜菜象的种群数量；棉铃象甲性信息素组分Ⅲ、组分Ⅳ（Grandlure III–IV）对甜菜象成虫有一定的吸引作用，可作为甜菜象的聚集引诱剂进行诱杀。

化学防治 在甜菜播种时，用杀虫剂拌种或用含杀虫种衣剂包衣；播种时用毒死蜱颗粒剂等随种肥施用；在甜菜幼苗期，用辛硫磷等杀虫剂与适量细黄沙拌匀制成毒沙，穴施于根部；在成虫出土盛期，用毒死蜱、高效氯氰菊酯等杀虫剂喷洒或浇灌播种穴。

参考文献

孙昌学，周艳丽，张荣，等，1994. 甜菜象虫生物学特性及防治研究 [J]. 中国甜菜 (3): 29-32.

王芙兰，李小玲，陈静，2013. 甘肃省引黄灌区甜菜象甲发生规律初报 [J]. 植物保护，39(4): 143-146.

赵养昌，陈元清，1980. 中国经济昆虫志：第二十册 鞘翅目 象虫科（一）[M]. 北京：科学出版社：116.

中国农业科学院植物保护研究所，中国植物保护学会，2015. 中国农作物病虫害：下册 [M]. 3 版. 北京：中国农业出版社. 922-926.

SUSURLUK A, 2008. Potential of the entomopathogenic nematodes *Steinernema feltiae, S. weiseri* and *Heterorhabditis bacteriophora* for the biological control of the sugar beet weevil *Bothynoderes punctiventris* (Coleoptera: Curculionidae) [J]. Journal of Pest science, 4: 221-225.

TALOSI B, SEKULIC R, KERESI T, 1993. Investigations on entomopathogenic nematodes in Vojvodina and possibility of their use for some agricultural pest control [J]. Zastita bilja, 44: (3) 213-219.

TÓTH M, UJVÁRY I, SIVCEV I, et al, 2010. An aggregation attractant for the sugar-beet weevil, *Bothynoderes punctiventris* [J]. Entomologia experimentalis et applicata, 122(2): 125-132.

（撰稿：李广阔、张航；审稿：蔡青年）

甜菜夜蛾 *Spodoptera exigua* (Hübner)

一种世界性分布、间歇性大发生的以危害蔬菜为主的杂食性夜蛾科农业害虫。又名贪夜蛾、白菜褐夜蛾、玉米叶夜蛾。英文名 beet armyworm。鳞翅目（Lepidoptera）夜蛾科

（Noctuidae）灰翅夜蛾属（*Spodoptera*）。

自北纬40°～57°到南纬35°～40°之间均有分布。甜菜夜蛾源于南亚地区，常年发生于亚热带地区，并经常在温带地区大发生。在印度及其周边国家常见，主要危害麻类和烟草，在埃及和北非、中东地区危害棉花、蚕豆。1880年左右迁入美国的夏威夷，以后不到50年的时间内自美国向南通过墨西哥扩展到中美洲，进入加勒比海诸国。现除南美洲报道很少以外，在亚洲、北美洲、欧洲、大洋洲及非洲均有发生和为害，其中以北纬20°～35°的亚热带和温带地区受害最重。中国在1892年便有了甜菜夜蛾发生的记录，20世纪50年代末到60年代初曾在湖南、湖北、山东、河南、陕西和北京等地呈间歇性和区域性暴发为害，20世纪80年代中后期以来，甜菜夜蛾为害地区逐渐扩大，成灾的程度也越来越严重。1999年甜菜夜蛾在黄淮、江淮流域猖獗成灾，2000年北京地区甜菜夜蛾大暴发。中国除西藏外，全国各地均有发生为害，其中以长江流域和淮河流域暴发频率较高，为害最为严重。

寄主 涉及35科108属138种植物，主要包括十字花科、豆科、葫芦科、茄科、百合科、苋科、藜科、伞形花科等蔬菜作物，以及玉米、大豆、花生、烟草、甜菜、棉花、甘薯、亚麻、芝麻、康乃馨等农作物、花卉和中药材等。

危害状 初孵幼虫群集叶背啃食，稍大分散，分散性强于斜纹夜蛾。二龄后在叶内吐丝结网，取食成透明小孔。三龄后进入暴食期，且幼虫耐药性增强。四龄后危害叶片、嫩茎成孔洞或缺刻状，严重时吃成网状，仅留叶脉，或造成无头菜，苗期受害可造成缺苗断垄。此外，尚可钻蛀辣椒、番茄、茄子的果实以及大葱葱管，造成果实或茎叶腐烂及脱落（图1、图2）。

形态特征

成虫 体长8～10mm，翅展19～25mm。体灰褐色，少数深灰褐色，头、胸有黑点。前翅灰褐色，基线不明显，仅前段可见双黑纹；内横线、外横线双线黑色，双线间灰白色；亚外缘线较细，灰白色，两侧有不明显黑点；缘线由1列黑色三角形小斑点组成。前翅中央近前缘外方有肾形纹1个，内方有环形纹1个，肾形纹是环形纹大小的1.5～2倍，均为土红色。后翅白色，略带粉红，翅脉及缘线黑褐色。雌蛾腹部圆锥形，交尾孔外露，明显可见；雄蛾腹部尖，末节有1对抱握器（图3）。

卵 圆馒头状，直径0.2～0.3mm，白色，成块状产于叶面或叶背，8～100粒不等，排为1～3层，上覆雌蛾脱落的白色绒毛（图4）。

幼虫 常为5龄。老熟幼虫体长约22mm。体色变化大，有绿色、暗绿色、黄褐色、褐色至黑褐色，背线有或无，颜色因体色不同亦各异。腹部气门下线为明显的黄白色纵带，有时带粉红色，直达腹部末端，不弯到臀足上，各节气门后上方具1明显白点（图5）。

图1 甜菜夜蛾低龄幼虫危害芦笋状（司升云提供）

图2 甜菜夜蛾危害绿叶蔬菜状（司升云提供）

图3 甜菜夜蛾成虫（司升云提供）

蛹　长约10mm，黄褐色。中胸气门深褐色，位于前胸后缘，显著外突。臀刺上有刚毛2根，腹面基部也有2根短刚毛，前者长是后者的1.5～2倍（图6）。

生活史及习性　在中国的发生世代数随区域纬度不同而有所差异，其中北京、河北、陕西关中1年发生4～5代；山东、江苏北部、安徽宿松1年发生5代；湖北、江苏南部1年发生5～6代；江西、湖南、浙江1年发生6～7代；深圳以南地区1年发生10～11代，且无越冬现象。从南到北甜菜夜蛾年发生始盛期有逐步推迟的趋势，最早为4月上旬，最迟为6月下旬，由于保护地栽培的推广，使得部分地区甜菜夜蛾始见期有所提前。幼虫盛发期南北各地相差不大，大多在7～10月。

图4 甜菜夜蛾卵（司升云提供）

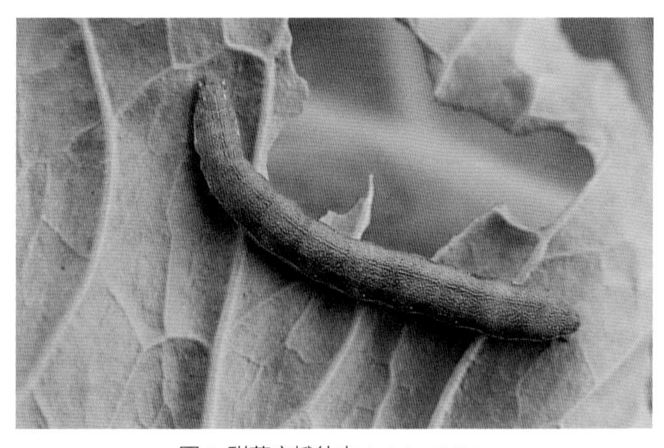
图5 甜菜夜蛾幼虫（司升云提供）

图6 甜菜夜蛾蛹及蛹室（司升云提供）

甜菜夜蛾幼虫和蛹无滞育特性，卵、幼虫和蛹能适应－15～－8°C的低温环境，蛹室有利于蛹越冬。在冬季低温不低于其致死温度的区域（如温带和亚热带），甜菜夜蛾幼虫和蛹具备在当地越冬的能力。甜菜夜蛾在中国的越冬区域南界位于北回归线附近（23.5° N），北界位于长江流域（30° N）。温室、大棚等设施栽培给甜菜夜蛾提供了冬季食物的同时，也提供了越冬场所，从而增加了翌年为害的虫源。

成虫昼伏夜出，白天潜伏于作物、杂草或土表避光处，傍晚开始活动，其活动有2个高峰，分别是19：00～23：00和5：00～7：00；前一高峰为产卵盛期，后一高峰则为交配盛期。成虫有补充营养习性，需吸食一定的花蜜与露水作为补充营养。成虫对黑光灯和糖醋液趋性强。成虫羽化后即可交配，雌蛾一生平均交配2次左右，最多的可达6次。交配后即可产卵，产卵前期比较短，一般在2天左右。1头雌虫可产卵100～600粒。卵块产，每块8～100粒不等，多产于寄主叶片背面或田间杂草上。卵孵化一般只需要2～3天。甜菜夜蛾幼虫一般有5个龄期。低龄幼虫群集结网为害，取食叶肉成透明孔洞状。三龄后分散，逐步进入暴食期，危害叶片、嫩茎、果实成孔洞或缺刻状，造成腐烂与脱落。大龄幼虫有假死性，受惊扰即落地。幼虫取食多在夜间，白天常潜伏在土缝、土表层及植物基部或包心中，下午18：00开始向植物上部迁移，晴天清晨随阳光照射的强弱提前或推迟下移时间，雨日活动减少。老龄幼虫入土吐丝筑椭圆形土室化蛹，化蛹深度0～5cm，其中以1.1～2.0cm处的化蛹率最高。

发生规律

迁飞　甜菜夜蛾是目前报道的迁飞距离最远的鳞翅目夜蛾科昆虫，其最远可连续飞行3500km。可能的飞行起飞日龄为羽化后1～2日龄，迁飞模式与大多数迁飞昆虫不同，并不存在以飞行与生殖相拮抗、并交替进行为基础的“卵子发生—飞行拮抗综合征（oogenesis-flight syndrome）”。甜菜夜蛾在中国的发生为害受东南亚各国以及华南等终年发生区虫源基数的影响较为明显，这些地区的冬季虫源数量将直接影响其迁飞扩散区的发生虫源。外地虫源的大量迁入是造成本地虫口数量突增的重要原因，迁飞也是影响越冬模糊地区翌年种群发生的主要因素之一。

气候条件　甜菜夜蛾属喜温耐旱性害虫，广域的最适生存温度为26～29°C，最适生存湿度为70%～80%。温度是影响甜菜夜蛾存活率、发育力的主导因素，甜菜夜蛾对高温有较强的适应能力。季节间对田间种群动态影响最大的是月平均温度，即在一年中，温度对甜菜夜蛾种群数量影响最大，田间表现为高温季节更有利于甜菜夜蛾发生，温度高，个体发育快，历期相对缩短，世代重叠加重，对天敌的繁衍不利等。降水量也是影响甜菜夜蛾生长、发育和繁殖的重要因素之一。年度间影响因素最大的是总降水量，降水量大的年份甜菜夜蛾发生量少，幼虫和蛹耐湿性差，幼虫连续取食带水叶片5天后成活率降低80%，土壤湿度过大影响蛹的成活和正常羽化；田间湿度大有利于白僵菌、绿僵菌的繁衍等。甜菜夜蛾在田间的发生轻重与当年梅雨季节早迟和7～9月的气候关系密切，该年份入梅早、夏季炎热少雨，则秋季甜菜夜蛾可能大发生。

种植结构　甜菜夜蛾对作物嗜食性的差异，造成同地区不同作物上甜菜夜蛾的为害程度不同。随着种植结构的调整，塑料大棚等保护地栽培面积增加，各种作物播期延长、茬口增多，农作物偏施氮肥，造成枝叶繁茂、通风条件差等田间小气候，为甜菜夜蛾提供了良好的越冬场所及充足的食源，从而增加了虫源数量，延长了适生时期，导致田间种群大发生。

天敌　甜菜夜蛾的天敌，特别是寄生性天敌种类很多，包括碧岭赤眼蜂等寄生蜂 33 种，叉角厉蝽等捕食性天敌 25 种，地老虎六索线虫等病原线虫 9 种，以及白僵菌、苏云金杆菌、核型多角体病毒及微孢子虫等病原微生物多种。因此保持田间生物多样性，降低农药对天敌的影响，是控制田间甜菜夜蛾种群数量的有效途径。

抗药性　甜菜夜蛾对化学农药极易产生抗药性，现已对有机氯类、有机磷类、氨基甲酸酯类、拟除虫菊酯类、苯甲酰脲类、酰肼类、酰胺类以及多杀霉素等不同类别杀虫剂均产生了不同程度的抗药性。抗药性的增强也给甜菜夜蛾的防治增加了困难，从而造成甜菜夜蛾日益猖獗。

防治方法

农业防治　合理安排农作物，进行间作套种或轮作模式，及时清除残枝落叶及杂草，集中深埋或沤肥，及时中耕与合理浇灌，破坏甜菜夜蛾产卵与化蛹场所，提高田间湿度，提高天敌寄生率，从而减少甜菜夜蛾的虫源基数。

物理防治　防虫网或塑料薄膜覆盖栽培，可有效阻挡甜菜夜蛾转移为害。地膜覆盖栽培有利于保温保湿，造成不利于蛹羽化的生境。在成虫始盛期，利用黑光灯、高压汞灯或频振式杀虫灯诱杀甜菜夜蛾成虫。结合田间管理，在产卵高峰期至孵化初期，特别是蔬菜移栽后第一代发生较为整齐，人工摘除卵块及低龄幼虫聚集较多的叶片。

生物防治　在甜菜夜蛾发生初期（虫龄三龄以下时），可选甜菜夜蛾核型多角体病毒水分散粒剂等生物制剂进行喷施处理，连喷 2 次，每次间隔 7 天，在阴天或黄昏时重点喷施新生部分及叶片背面等部位。在甜菜夜蛾卵期及卵孵化初期，于田间释放寄生蜂如马尼拉陡胸茧蜂，各地根据实际发生情况可适度调整释放量及释放次数，在早晨 6：00～8：00 和傍晚 17：00～19：00 进行。通过诱芯释放人工合成的性信息素引诱甜菜夜蛾雄蛾至诱捕器，从而达到防治虫害的目的，注意及时更换诱芯，清理诱捕器中的死虫，大面积连片应用效果较好。

化学防治　利用性诱剂，进行虫情监测，确定防治最佳适期。于孵化盛期或幼虫低龄发生期，选用高效、低毒、低残留的化学农药进行防治。主要选用甲氨基阿维菌素、氟啶脲、甲氧虫酰肼、多杀霉素、茚虫威、虫螨腈、氯虫苯甲酰胺、氟虫双酰胺等农药，不同杀虫机理的药剂须轮用或混用。施药时间应选择在清晨或傍晚，喷雾要均匀周到，使植株全面着药。可加入浓度 0.1% 的有机硅喷雾助剂 Ag-64（倍效）等渗透剂，提高对害虫的防治效果。

参考文献

陆小军，董易之，郑常格，等，2004. 甜菜夜蛾天敌的研究进展 [J]. 仲恺农业技术学院学报，17(2): 68-73.

罗礼智，曹雅忠，江幸福，2000. 甜菜夜蛾发生危害特点及其趋势分析 [J]. 植物保护，26(3): 37-39.

司升云，周利琳，王少丽，等，2012. 甜菜夜蛾防控技术研究与示范 [J]. 应用昆虫学报，49(6): 1432-1438.

JIANG X F, LUO L Z, THOMAS W, SAPPINGTON, 2010. Relationship of flight and reproduction in beet armyworm, *Spodoptera exigua* (Lepidoptera: Noctuidae), a migrant lacking the oogenesis-flight syndrome [J]. Journal of Insect Physiology, 56: 1631-1637.

ZHENG X L, CHENG W J, WANG X P, et al, 2011. Enhancement of supercooling capacity and survival by cold acclimation, rapid cold and heat hardening in *Spodoptera exigua* [J]. Cryobiology, 63(3): 164-169.

（撰稿：周利琳；审稿：司升云）

条赤须盲蝽　*Trigonotylus ruficornis* (Geoffroy)

一种世界性分布、常发性危害玉米的次要害虫。又名赤须盲蝽、赤须蝽、红角盲蝽、红叶臭椿盲蝽。半翅目（Hemiptera）盲蝽科（Miridae）赤须盲蝽属（*Trigonotylus*）。国外分布于朝鲜、日本、前苏联、德国、罗马尼亚、加拿大以及美国。中国分布于青海、甘肃、宁夏、内蒙古、吉林、黑龙江、辽宁、河北等地。

寄主　玉米、麦类、水稻、谷子、高粱等作物和多种禾本科牧草和杂草。

危害状　以成、若虫在玉米叶片上刺吸汁液，被害叶片初呈淡黄色小点，稍后呈白色雪花斑布满叶片（图 1）。严重时整个田块植株叶片上就像落了一层雪花，致叶片呈现失水状，且从顶端逐渐向内纵卷。心叶受害生长受阻，展开的叶片出现孔洞或破叶，全株生长缓慢，矮小或枯死。穗期还可危害玉米雄穗和花丝。

形态特征

成虫　雄虫体长 5～5.5mm，雌虫体长 5.5～6.0mm。全身绿色或黄绿色。头长而尖，略呈三角形，顶端向前伸出，头顶中央有 1 纵沟，前伸不达顶端。触角细长，4 节，等于或略短于体长，红色或橘红色，第一节短而粗，有明显的红色纵纹 3 条，有黄色细毛，第二、三节细长，第四节最短。前翅革片为绿色，稍长于腹部末端，膜质部透明，后翅白色透明。足淡绿或黄绿色，胫节末端及跗节暗色，被黄色稀疏细毛，跗节 3 节，覆瓦状排列，爪中垫片状，黑色（图 2）。

卵　口袋状，长约 1mm，宽 0.4mm，卵盖上有不规则突起。初产时白色透明，近孵化时黄褐色。

若虫　共 5 龄，一龄若虫体长约 1mm，绿色，足黄绿色；二龄若虫体长约 1.7mm，绿色，足黄褐色；三龄若虫体长约 1.7mm，触角长 2.5mm，体黄绿色或绿色，翅芽 0.4mm，不达腹部第一节；四龄若虫体长约 3.5mm，足胫节末端及跗节和喙末端均黑色，翅芽 1.2mm，不超过腹部第二节；五龄若虫体长 4.0～5.0mm，体黄绿色，触角红色，略短于体长，翅芽超过腹部第三节，足胫节末端及跗节和喙末端均黑色。

图 1　条赤须盲蝽危害状

（王振营摄）

图 2　条赤须盲蝽成虫

（王振营摄）

生活史及习性　在中国北方 1 年 3 代，以卵在草坪草的茎、叶上或田间杂草上越冬。4 月下旬越冬卵开始孵化，第一代若虫孵化盛期为 5 月上旬，若虫主要危害越冬作物如小麦及部分禾本科杂草。5 月下旬为一代成虫羽化高峰，羽化后即大量迁移至小麦、甜菜、油菜、棉花及春玉米田。二代若虫 6 月中旬盛发，6 月下旬为二代成虫羽化高峰，羽化后迁入夏玉米田危害。7 月下旬为三代成虫羽化高峰及发生盛期，此时主要危害玉米。8 月下旬至 9 月上旬，随着田间食物条件的恶化，第三代成虫在田间禾本科杂草的叶、茎组织内产卵越冬。由于成虫产卵期长，田间有世代重叠现象。成虫白天比较活跃，傍晚和早晨气温较低时不活跃，雨天常常隐藏于植物叶背面。

发生规律

气候条件　在田间，越冬卵于早春平均气温达 12°C时开始孵化，随温度升高，在一定的湿度条件下（相对湿度 40%～50%），卵的发育历期缩短。赤须盲蝽在玉米田的发生为害情况与 5～6 月田间气候情况有很大关系，如果 5～6 月低温、多雨，有利于赤须盲蝽的生长、发育和繁殖，则下一代就有在玉米田潜在大发生的可能性。温度影响赤须盲蝽成虫发生时期，初冬气候偏暖的情况下，会延长赤须盲蝽的发生时期，如 2007 年河北高碑店市初冬气候偏暖，11 月在田间还发现赤须盲蝽危害小麦。

种植结构　作物栽培方式对赤须盲蝽的发生有一定的影响，在玉米与棉花邻作、玉米与小麦套作等种植模式下，由于玉米与这些作物的共生期较长，加上近年来黄淮海区域玉米免耕技术的推广，给赤须盲蝽提供了充足的食物资源，延长了赤须盲蝽的危害时间，加重了在玉米上的危害。

天敌　目前已知的赤须盲蝽的捕食性天敌有蜘蛛、瓢虫、螳螂等，对于其寄生性天敌目前的研究较少。

防治方法

农业防治　在 4 月赤须盲蝽越冬卵孵化之前清除田边地头杂草。也可在玉米田四周种植牧草诱集带，隔断其迁入玉米田，对诱集带上的赤须盲蝽定期化学防治，能有效降低玉米田赤须盲蝽的发生危害。

化学防治　对于玉米田赤须盲蝽的防治，应加强虫情调查，在害虫发生初期，进行药剂防治，同时注意玉米田杂草上虫情的调查及施药，防治效果较好的药剂有：16% 氯·灭乳油 2000～3000 倍液，或选择用 4.5% 高效氯氰菊酯乳油 1000 倍液加 10% 吡虫啉可湿性粉剂 1000 倍液、3% 啶虫脒 1500 倍液喷雾进行防治。

参考文献

白全江，赵存虎，刘茂荣，等，2010. 内蒙古鄂尔多斯市赤须盲蝽为害玉米及其防治措施初报 [J]. 内蒙古农业科技 (6): 102.

何康来，文丽萍，周大荣，1998. 赤须盲蝽严重危害玉米及其有效杀虫剂筛选 [J]. 植物保护，24 (4): 31.

中国农业科学院植物保护研究所，中国植物保护学会 . 2015. 中国农作物病虫害 [M]. 3 版 . 北京：中国农业出版社 .

（撰稿：王振营；审稿：王兴亮）

条沙叶蝉　*Psammotettix striatus* (Linnaeus)

以成、若虫刺吸作物幼苗，致受害幼苗变色，并传播病毒病。又名条斑叶蝉、火燎子、麦吃蚤、麦猴子等。英文名 striated leafhopper。半翅目（Hemiptera）叶蝉科（Cicadellidae）角顶叶蝉亚科（Deltocephalinae）沙叶蝉属（*Psammotettix*）。国外分布于欧洲、亚洲的中部、北部及非洲北部。中国分布于东北、华北、西北、长江流域等地。

寄主　小麦、大麦、黑麦、青稞、燕麦、莜麦、糜子、谷子、高粱、玉米、水稻等。

危害状　以成、若虫刺吸作物茎叶，致受害幼苗变色，生长受到抑制。小麦受害会传播小麦红矮病毒病。

形态特征

成虫　体长 4.0～4.3mm，全体灰黄色，头部呈钝角突出，头冠近端处具浅褐色斑纹 1 对，后与黑褐色中线接连，两侧中部各具 1 不规则的大型斑块，近后缘处又各生逗点形纹 2 个，颜面两侧有黑褐色横纹，是条沙叶蝉主要特征。复眼黑褐色，1 对单眼，前胸背板具 5 条浅黄色至灰白色条纹纵贯前胸背板上与 4 条灰黄色至褐色较宽纵带相间排列。小盾板 2 侧角有暗褐色斑，中间具明显的褐色点 2 个，横刻纹褐黑色，前翅浅灰色，半透明，翅脉黄白色。胸部、腹部黑色。足浅黄色。

卵　长圆形，中间稍弯曲，初产时为乳白色，孵化时为褐色，可看到赤褐色的复眼点。

若虫　共 5 龄。初孵化或蜕皮后，体乳白色，而后变淡黄到灰褐色。第一至二龄头部比例特别大，腹部细小；三龄后翅芽显露，无明显特征，只是体型大小差异。

生活史及习性　长江流域 1 年发生 5 代，以成、若虫在麦田越冬。北方冬麦区年生 3～4 代，春麦区 3 代，以卵在麦茬叶鞘内壁或枯枝落叶上越冬。翌年 3 月初开始孵化，4 月在麦田可见越冬代成虫，4～5 月成、若虫混发，集中在麦田为害，后期向杂草滩或秋作物上迁移。秋季麦苗出土后，成虫又迁回麦田为害并传播病毒病。成虫耐低温，冬季 0°C 麦田仍可见成活，夏季气温高于 28°C，活动受抑。成虫善跳，趋光性较弱，遇惊扰可飞行 3～5m。14：00～16：00 时活动最盛，风天或夜间多在麦丛基部蛰伏。以小麦为主一年一熟制地区，谷子、糜子、黍种植面积大的地区或丘陵区适合该虫发生，早播麦田或向阳温暖地块虫口密度大。

防治方法 ①生态防治。通过合理密植，增施基肥、种肥，合理灌溉，改变麦田小气候，增强小麦长势，抑制该虫发生。②合理规划，实行农作物大区种植，科学安排禾谷类早秋谷、糜地和小麦地块，及时清除禾本科杂草，控制越冬基地，减少虫源。③对小面积播种的麦田、向阳小气候优越的麦田，用直径33cm的捕虫网捕捉成、若虫，当每30单次网捕10～20头时，及时喷药进行防治。如20%叶蝉散（灭扑威）乳油800倍液、10%吡虫啉（一遍净）可湿性粉剂2500倍液、2.5%保得乳油2000倍液、20%叶蝉散乳油500倍液等兑水喷雾。

参考文献

吕佩珂，高振江，张宝棣，等，1999. 中国粮食作物、经济作物、药用植物病虫原色图鉴（上）[M]. 呼和浩特：远方出版社：332-333.

齐国俊，仵均祥，2002. 陕西麦田害虫与天敌彩色图鉴 [M]. 西安：西安地图出版社：59-61.

赵立嵚，肖斌，戴武，等，2010. 条沙叶蝉的形态及分类地位研究（半翅目：叶蝉科：角顶叶蝉亚科）[J]. 昆虫分类学报，32(3): 179-185.

（撰稿：袁忠林；审稿：刘同先）

铁刀木粉蝶 *Catopsilia pomona* (Fabricius)

决明属树木的食叶大害虫。铁刀木林都普遍遭受此虫严重为害。成虫有观赏价值。又名迁粉蝶。鳞翅目（Lepidoptera）粉蝶科（Pieridae）迁粉蝶属（*Catopsilia*）。国外分布于越南、老挝、缅甸、泰国、马来西亚、新加坡、印度、斯里兰卡、日本等。中国分布于海南、广东、台湾、福建、云南、广西、四川等地。

寄主 铁刀木、腊肠树、愈疮木等。

危害状 大发生时将铁刀木树叶全部吃尽，反复危害，出现枯梢现象，严重影响林木的生长。

形态特征

成虫 有5个型，黑斑型（无纹型）的雄蝶体长18～24mm，翅展45～67mm，前后翅基半部为黄色、端半部为白色，前翅反面后缘基半部有一列黄色长毛。后翅正面中室上部Rs脉上有一略呈月牙形的黄白色斑纹。触角黑色。雌蝶体长18～23mm，翅展43～63mm。翅正面白色或黄白色，前翅前缘至外缘及后翅外缘呈黑带状，前后翅亚外缘部有一列黑斑，前翅中室端部有黑色圆点1个。反面在中室端部有眼形斑纹的痕迹。雌雄蝶复眼均发达，咖啡色。头胸部黑色，复有黄色长毛。黄色型（有纹型）雌雄蝶体长和翅展一般比无纹型稍大。雄蝶前后翅基半部黄色部分与端半部白色部分的界线较明显。前翅反面中室端有1个眼形斑纹，后翅底面中室端附近有2个眼形斑纹。触角桃红色。雌蝶正面鲜黄色，前翅外缘黑带不太发达，后翅外缘有1列黑点，呈模糊的黑带状，翅反面比正面色深，呈带褐的黄色至深黄色。眼形斑纹同雄蝶，有的后翅底面在眼形斑纹处有褐色大型斑纹（图1、图2）。

幼虫 老龄幼虫体长41～55mm。刚孵化幼虫乳白色，取食嫩叶后变为叶黄色，随龄期的增加渐变成叶绿色或黄绿色。腹部各节有5条横皱纹，每条皱纹上有黑色疣状隆起，此疣状隆起在气门上线附近特大，外观形成1条黑带，有的虫体黑带不明显。气门线白色带微黄，上腹线与此同色，但色泽较浅。虫体呈细长的圆筒形，前后端略细。

生活史及习性 成虫3：00～14：00羽化，5：00～10：00为盛期。在一天中，先羽化的大多数是雌蝶。成虫从蛹壳中爬出后，在蛹壳上停息约1小时始飞行。雄蝶羽化后约3小时进行交尾，雌蝶则从蛹壳中爬出后即可交尾。清晨，雄蝶在寄主树冠和附近草丛中缓慢地穿梭飞行，寻找刚羽化的雌蝶交尾，9：00后，雄蝶大多在寄主树周围追截雌蝶，雌蝶则在树冠中穿飞或高飞，当雌蝶被雄蝶前后打圈飞行受阻时，则堕至地面或停在枝叶上高举腹部，以示拒绝交尾；若雌蝶接受交尾，则把尾端展开，雄蝶迅速扑向雌蝶，很快交尾成功。交尾时间短的2小时42分，长的8小时零7分。交尾后雄蝶大多把雌蝶拖到安静的地方栖息。交尾过程中如遇惊扰，则雄蝶主动起飞。交尾呈“一”字形，头分两端。7：00～8：00、11：00～14：00为一天中的两个交尾盛期。产卵趋向嫩叶，产卵时间上午7：00至下午18：00，21：00～23：00为产卵盛期。产卵时雌蝶不停地在寄主树上停落，每停落一次产卵1粒，但在产卵盛期，停落一次有产卵2～3粒的，每产1粒卵后，雌蝶在寄主树上爬行一段距离后才产第二粒卵。孕卵量一般600～800粒左右。性比为1：1.2，雄蝶多于雌蝶。成虫取食及饮水从上午8：00至下午18：00，11：00至16：00为盛期。终年取食的蜜源植物有羽芒菊、文丁果，其他蜜源植物还有羽叶金合欢、儿茶树等。在炎热干旱的午后，成虫喜群集或混在别的蝶类群中，在沙质的湿地上饮水。成虫除取食花蜜和饮水外，全日的活动以有嫩叶的寄主树为中心展开，其表现形式是寻找配偶、交尾产卵。成虫活动范围广，飞翔迅速。白天活动和栖息交替进行，16：00开始选择静僻、浓绿的树冠，倒悬在枝叶下栖息。

幼虫孵化昼夜进行，以晚上21：00～24：00为盛期，中午前后极少孵化。孵化率为98.64%。幼虫从卵壳中爬出后，

图1 铁刀木粉蝶成虫（陈辉、袁向群提供）

图2 铁刀木粉蝶成虫（张培毅摄）

①铁刀木粉蝶无斑型；②铁刀木粉蝶银斑型；③迁粉蝶血斑型

略停一下就掉过头来食卵壳，有的幼虫还有食卵的习性，一般经8～25分钟吃完卵壳，又经6小时左右开始取食嫩叶。幼虫蜕皮前10多个小时静伏不动；从蜕皮开始到结束4～10分钟，静伏15～30分钟开始食蜕皮；经5～15分钟吃完蜕皮，再静伏15～85分钟开始取食叶片。各龄幼虫大多在清晨蜕皮。幼虫只在取食或寻找食物时活动，其余时间大多在叶面栖息。栖息前先在叶面吐丝做一薄层"休息垫"，做好后腹足固着在"休息垫"上静息。高龄幼虫受惊后会弹跳落地。化蛹昼夜进行，化蛹时爬到树冠中下部或其他植物的叶背，先在叶背上吐丝作垫，垫做好后用尾足钩着其上，然后仰头后弯，反复吐丝胶成一线围绕中腰，此时身体缩短，腹部向上，呈弓形进入前蛹期。前蛹期经13～19小时变成蛹。蛹为缢蛹。

发生规律

食物　幼虫只取食嫩叶，所以，嫩叶的多少成为发生量多少的直接因子。3～7月，铁刀木萌生的嫩叶较多，是成灾时间。取食铁刀木的较取食腊肠树的幼虫期平均短2天。

气候　海南岛5～10月为雨季，其余时间是旱季。铁刀木粉蝶虫口数量的变化，与降水和温度的关系比较密切。5～7月是雨季之初，降雨不多，且有一定的雨水，嫩叶老化慢，于粉蝶生存有利。此时气温高，适合热带性昆虫对温度的要求，世代历期短，是大发生季节。在8～10月，雨水太多，不利于粉蝶生存，尤其是遇到台风雨，常使虫口数量猛减。雨季结束迟，或翌年旱季有一定的降雨，土壤潮湿，则铁刀木萌生嫩叶的时间提早，危害成灾时间也相应提前。

林分结构和天敌　蜘蛛等捕食性天敌，喜遮阴的环境条件，同时混交林郁闭后影响成虫产卵。危害随林地郁闭度的变化而差异明显。

种型分化　中国分布仅1亚种，即指明亚种 *Catopsilia pomona pomona*（Fabricius）。成虫有5个型：①黄色型（有纹型）*Catopsilia pomona pomona* f. *pomona*（Fabricius），②血斑型 *Catopsilia pomona pomona* f. *catilla*（Cramer），③黑斑型（无纹型）*Catopsilia pomona pomona* f. *crocale*（Cramer），④银斑型 *Catopsilia pomona pomona* f. *jugurtha*（Cramer），⑤红角型 *Catopsilia pomona pomona* f. *hilaria*（Cramer）。从翅的斑纹可以鉴别。

防治方法

药物防治　用90%敌百虫2000～3000倍液、除虫精5mg/L，对铁刀木粉蝶幼虫的杀虫效率均达100%。

生物防治　将被无包涵体浓核病毒感染而死的湿虫尸，称重捣碎后稀释1000～2000倍喷雾防治，效果好、作用时间较长。天敌有拒斧螂、海南蜷、遁蛛、松猫蛛、草蛉、隐翅虫、蚂蚁等。

林业措施　营造混交林，促进林木提早郁闭，对招引天敌、控制铁刀木粉蝶大发生，在预防上有重要意义。

参考文献

陈泽藩, 1981. 铁刀木粉蝶初步观察 [J]. 广东林业科技 (6): 31-33, 28.

顾茂彬, 1982. 铁刀木粉蝶研究初报 [J]. 林业科技通讯 (6): 31-32.

顾茂彬, 1983. 铁刀木粉蝶的生物学与防治 [J]. 昆虫学报, 26(2): 172-178.

顾茂彬, 1987. 铁刀木粉蝶在不同生境中的种群变动 [J]. 热带林业科技 (4): 68-70.

武春生, 2001. 中国动物志: 昆虫纲　第五十二卷　鳞翅目　粉蝶科 [M]. 北京: 科学出版社: 45-48.

萧刚柔, 1992. 中国森林昆虫 [M]. 2版. 北京: 中国林业出版社: 1130-1131.

周尧, 1994. 中国蝶类志（上下册）[M]. 郑州: 河南科学技术出版社: 213-214.

周尧, 袁锋, 陈丽轸, 2004. 世界名蝶鉴赏图谱 [M]. 郑州: 河南科学技术出版社: 160-161.

（撰稿：袁向群、袁锋；审稿：陈辉）

铁杉球蚜　*Adelges tsugae* Annand

一种铁杉属和云杉属植物的重要害虫。英文名 hemlock woolly adelgid。半翅目（Hemiptera）球蚜科（Adelgidae）球蚜属（*Adelges*）。该种先被传入北美洲西部，近期被传入北美洲东部。国外分布于日本、印度。中国分布于云南、四川、甘肃、陕西等地。

寄主　在云杉属（*Picea*）和铁杉属（*Tsuga*）营不同寄主全周期生活，目前在云杉属植物上的世代和虫瘿未知，仅已知在铁杉属植物枝条上取食的无翅孤雌蚜和有翅性母蚜常在铁杉树冠4.5～6m处的枝条上大量群居。在中国的原生寄主为丽江云杉、麦吊云杉和台湾云杉，次生寄主为云南铁杉、铁杉、丽江铁杉和台湾铁杉。该种被分别传入北美洲东部和西部，在当地的铁杉属植物上营不全周期生活，推测来自日本本州岛南部的铁杉球蚜严重危害两种北美东部铁杉属树种。

危害状　在云杉上形成虫瘿，不同方位之间均有危害，但无明显的聚集危害特征，同一株铁杉连续4年严重受害，会造成树体衰弱，甚至死亡。

形态特征

干母　活体被长蜡丝。玻片标本体长1.04mm，体宽0.76mm，胸部宽0.52mm。体表蜡片发达，由大量小蜡胞组成；头部背面与前胸背板蜡片愈合，向腹面延伸至触角基部；中、后胸背板、腹部背片Ⅰ～Ⅵ分别有中、侧、缘蜡片各1对，有时中、后胸的中、侧蜡片愈合；腹部背片Ⅶ有中、侧蜡片各1对，背片Ⅷ蜡片愈合为横带；中胸、后胸和腹部节Ⅱ～Ⅵ腹面分别有缘蜡片1对；中胸、后胸、腹部节Ⅱ、Ⅲ腹面分别有中蜡片各1对；各足基节有蜡片1个。中胸腹岔两臂分离，骨化明显。腹部末端有产卵器；有大量短毛，端部为瘤状；无蜡片。腹部节Ⅱ～Ⅵ气门明显（见图）。

一龄若蚜（虫瘿内）　玻片标本体长0.36mm，体宽0.24mm。体背蜡片发达，头部背面和前胸背板各有大型蜡片1对，中胸背板有中侧蜡片和缘蜡片各1对，各蜡片相互分离，头部、前胸各蜡片和中胸中侧蜡片分别沿内缘和外缘分布一排独立蜡胞；后胸背板至腹部背片Ⅴ分别有中、侧、缘蜡片各1对，腹部背片Ⅵ有中、侧蜡片各1对，腹部背片Ⅶ有中蜡片1对；独立蜡胞位于后胸背板至腹部背片Ⅳ中蜡片的内缘和腹部背片Ⅱ～Ⅴ缘蜡片的外缘。体腹面无蜡片。新孵化的一龄若蚜体蜡片淡色，光滑，自蜡片中心背毛着生点向外辐射出2或3条皱褶。皮蜕的中、后胸背板处有显著网纹。触角3节，节Ⅲ长度约为节Ⅱ的4倍。足较粗大，跗节Ⅰ有毛2根，跗节Ⅱ有粗长爪尖毛2根，顶端瘤状。腹部气门不明显，可能为非骨化开口（见图）。

二龄若蚜（虫瘿内）　玻片标本体长0.48mm，体宽0.32mm。与干母相比，体背蜡片较小，颜色较浅。足粗短。

三龄若蚜（虫瘿内）　体长0.73mm，体宽0.58mm。与二龄若蚜相比，体背蜡片和足颜色较深。后足股节宽度与长度接近。其他特征与二龄若蚜相似（见图）。

无翅孤雌蚜　与干母相比，体型较小，体色较浅。其他特征与干母相似。

生活史及习性　在北美洲营不全周期生活。在铁杉上分有翅型和无翅型。无翅型球蚜1年2代，以二龄若蚜在当年生枝梢上越冬，翌年2月下旬开始活动，4月初发育为成虫并开始产卵。约20天后，4月下旬至5月下旬，第一代卵孵化，盛期为5月上、中旬。第一代成虫5月底6月初开始产卵，第二代若虫陆续孵化，孵化盛期为6月中、下旬。成虫产卵量越冬为43～80粒，平均51.9粒；第一代为4～13粒，平均9.4粒，不足越冬代的1/5。铁杉球蚜孵化增殖主要在第一代，也是防治最佳时期。铁杉球蚜有翅蚜出现期为5月下旬至6月中旬，盛期5月底至6月初。有翅蚜只在第一代中产生。

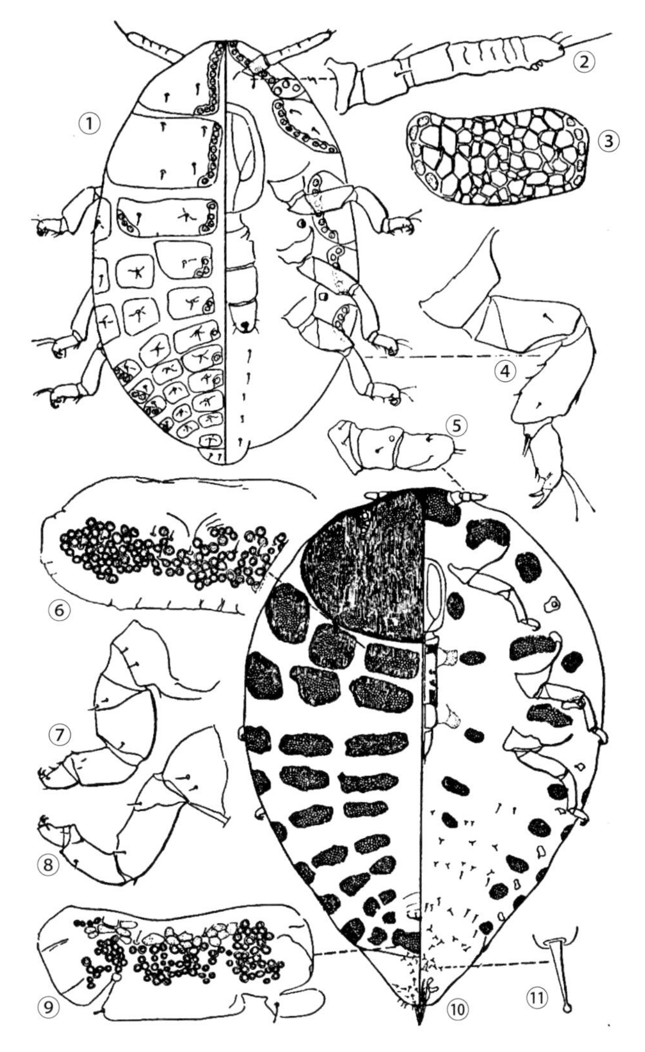

铁杉球蚜（引自Annand，1924）

一龄若蚜（虫瘿内）：①身体背（左侧）/腹（右侧）面观；②触角；③中胸中侧板上的蜡片；④后足．干母：⑤触角；⑥体背蜡片；⑦后足；⑧后尾板；⑨身体背（左侧）/腹（右侧）面观；⑩腹部腹面的瘤状毛．三龄若蚜（虫瘿内）：⑪后足

防治方法

生物防治　充分发挥瓢虫、食蚜蝇、瘿蚊、斑翅肩花蝽、草蛉、盲蛇蛉、隐翅虫、大赤螨、伪郭公虫等天敌昆虫的控制作用。

参考文献

赵定全，郭亨孝，徐学勤，1999. 铁杉球蚜生物学特性及治理策略[J]. 四川林业科技，20(3): 36-38.

周建华，肖银波，肖育贵，等，2007. 铁杉球蚜的生物学及空间分布[J]. 昆虫知识，44(5): 656-659.

ANNAND P N. 1924. A new species of *Adegles* (Hemiptera, Phylloxeridae) [J]. Pan-Pacific Entomologist, 1(2): 79-82.

（撰稿：姜立云；审稿：乔格侠）

同型巴蜗牛 *Bradybaena similaris* (Ferussac)

一种舔食大豆叶片的软体动物。英文名 homotype snail。柄眼目（Stylommatophora）巴蜗牛科（Bradybaenidae）巴蜗牛属（*Bradybaena*）。中国分布于山东、河北、内蒙古、陕西、甘肃、湖北、湖南、江西、江苏、浙江、福建、广西、广东、台湾、四川和云南等地。

寄主 大豆、棉花、玉米、苜蓿、油菜、蚕豆、豌豆、大麦、小麦、薯类等。

危害状 蜗牛舐食豆叶、茎，造成孔洞或吃断，数量多时，大豆叶片被取食严重，甚至吃光，影响光合作用，从而导致豆荚少，被害荚脱落，豆粒少，百粒重下降，从而导致大豆减产。成贝食量较大，边吃边排泄粪便，为害后常引发病菌污染，造成腐烂。在作物种子到子叶期，可咬断幼苗，或全部吃光，造成缺苗断垄（图1）。

图1 同型巴蜗牛危害状（崔娟提供）

形态特征

成贝 头部发达，在身体前端，头上具有2对触角，眼在触角的顶端，口位于头部腹面，并具有触唇，足在身体腹面，面宽，适于爬行。体外具有1螺壳，呈扁圆球形，壳高9.1～13.6mm，壳宽11.2～18.4mm，螺层数有5～6层，顶部几个螺层增长缓慢，略膨胀，螺旋部低矮，体螺层增长迅速、膨大。壳顶钝，缝合线深。壳面有细的生长线，贝壳呈黄褐色、红褐色、灰褐色或梨色。体螺层周缘和中部常有1条褐色带。壳口马蹄形，口缘锋利，轴缘外折，遮盖部分脐孔，脐孔呈圆孔状（图2）。

图2 同型巴蜗牛成虫（崔娟提供）

幼贝 初孵时贝壳淡黄色，半透明，乳白色肉体隐约可见；壳顶不高起，具有1.5～2螺层，高1mm，宽1.5mm。

生活史及习性 见灰巴蜗牛。

防治方法 防治蜗牛应防小控大，做好虫情调查，结合蜗牛的生活习性，采取多种防治措施。

农业防治 秋季耕翻土地，可使一部分卵暴露于表土上而爆裂，同时还可使一部分越冬成贝或幼贝翻到地面冻死或被天敌啄食。及时清除田间及邻近杂草，清理地边石块和杂物等可供蜗牛栖息的场所。利用蜗牛危害的习性，于黄昏、清晨和阴雨天进行人工捕捉。

化学防治 应在幼贝期，选择清晨及傍晚其活动和取食为害的高峰时间，注意阴雨天不要用药。施药后15～20天，根据防治效果，需再次进行防治，至大豆收获前1个月结束。也可使用四聚杀螺胺悬浮剂、三苯基乙酸锡可湿性粉剂、甲萘·四聚颗粒剂等药剂喷雾使用，防治效果明显。

参考文献

郭利萍，曹春田，薛勇广，2016. 几种药剂防治大豆田灰巴蜗牛药效试验[J]. 现代化农业(7): 52-53.

史树森，2013. 大豆害虫综合防控理论与技术[M]. 长春：吉林出版集团有限责任公司.

史树森，徐伟，崔娟，2015. 大豆田蜗牛发生危害与防治技术[J]. 大豆科学(4): 40-41.

肖德海，郑秀真，2007. 蜗牛发生规律及综合防治技术[J]. 现代农业科技(15): 69-70.

张文斌，任丽，杨慧平，等，2012. 农田蜗牛的发生规律及其防治技术研究[J]. 陕西农业科学(5): 267-269.

中国农业科学院植物保护研究所，植物保护学会，2015. 中国农作物病虫害[M]. 3版. 北京：中国农业出版社.

（撰稿：田径；审稿：史树森）

桐花树毛颚小卷蛾 *Lasiognatha cellifera* (Meyrick)

一种危害红树林树木桐花树等的食叶害虫。鳞翅目（Lepidoptera）卷蛾总科（Tortricoidea）卷蛾科（Tortricidae）小卷蛾亚科（Olethreutinae）新小卷蛾族（Olethreutini）毛颚小卷蛾属（*Lasiognatha*）。国外分布于斯里兰卡、印度、菲律宾等地。中国分布于福建、广西、广东、香港等地。

寄主 桐花树以及番樱桃属、红毛丹属植物茎、叶和果实。

危害状 幼虫危害桐花树的叶片。初孵幼虫即吐丝将顶芽附近的2～3片嫩叶不规则地黏结在一起，潜在中间危害，取食叶肉。幼虫老熟后吐丝下垂到老叶上，并吐丝将叶缘黏结成饺子形虫苞，在其中结茧化蛹。受害桐花树枝梢顶端附近的枝叶逐渐干枯脱落，严重影响桐花树的生长、结果和观赏价值（图1）。

形态特征

成虫　体长6～8mm，翅展15～17mm，黑褐色。头部有扁平鳞片，触角丝状，单眼位于后方，喙短。前翅宽，外缘略平截，有明显基斑和中带，二者之间有淡色横带。后翅淡灰色至暗褐灰色（图2①）。

图1 桐花树毛颚小卷蛾危害状（钟景辉提供）

图2 桐花树毛颚小卷蛾形态特征（钟景辉提供）

①成虫；②卵；③幼虫；④蛹

卵　扁椭圆形，长约1mm，中部略隆起。初产时乳白色，近孵化时转为暗红色。卵壳透明，具网状纹，带有光泽，透过卵壳可透视卵的发育（图2②）。

幼虫　初孵幼虫淡黄色，头部黑褐色；随着龄期的增加，虫体由淡黄色逐渐转为淡黄绿色，后变成深绿色，快结茧时体色转为透明淡黄色；头部由黑褐色逐渐转为淡红棕色，后变成深红棕色。老熟幼虫体长15～18mm，宽约1.5mm。体上有白色刚毛多根，臀足向后伸长似钳状。三龄后雄性幼虫五腹节背面有1对肾形紫褐色的斑纹（图2③）。

蛹　长7～8mm，淡褐色，近羽化时暗棕色。第一至七腹节背面各节有2列刺，前列刺较粗大。末端有数根臀棘。雄蛹第九腹节腹面有1短纵裂纹，裂纹两侧各有1瘤状突起；雌蛹在第八腹节腹部中央有1长纵裂纹，裂纹两侧平坦。蛹外被有白色丝茧（图2④）。

生活史及习性　福建沿海地区1年发生7～8代，广西北部湾地区1年发生11～12代，世代重叠。主要以幼虫在桐花树叶片上卷叶越冬，越冬现象不明显，在冬季气温高时幼虫有取食现象。越冬幼虫翌年3月上旬开始结茧化蛹。成虫有强烈趋光性；多在深夜羽化，不需补充营养，1～2天后交尾产卵，交尾历时30分钟左右。成虫白天一般不活动，多在夜间飞翔、寻找配偶；寿命4～7天。卵散产，主要产于当年或2年生主梢或侧枝的基部或近基部较老叶片上，以背面居多，也有产于嫩叶或嫩梢上；每张叶片1～2粒，多为1粒；卵期2～5天。幼虫五龄，初孵幼虫即吐丝将顶芽附近的2～3片嫩叶不规则地黏结在一起，后潜入其中取食叶肉，残留叶脉；三龄后开始取食整个叶片；幼虫老熟后吐丝下垂到老叶上，并吐丝将叶缘粘成饺子形，在其中结茧化蛹；幼虫有转苞危害和虫体触动后倒退或弹跳并吐丝下垂的习性；幼虫期13～17天。老熟幼虫若食料缺乏（如卷叶干枯），可提前结茧化蛹。蛹外被1层丝茧。蛹期6～8天。成虫羽化后仅蛹壳末端连接卷叶边缘，其余均暴露在卷叶外。

防治方法

物理防治　利用诱虫灯诱杀成虫。

生物防治　释放白僵菌、绿僵菌、苏云金杆菌防治幼虫；保护和利用寄生蜂、蜘蛛、鸟类等天敌。

化学防治　采用25%阿维·灭幼脲或48%噻虫啉喷雾防治。

参考文献

邓艳，常明山，李德伟，等，2014. 利用螟黄赤眼蜂防治桐花树毛颚小卷蛾试验[J]. 林业科技开发，28(2): 108-110.

丁珌，黄金水，吴寿德，等，2004. 桐花树毛颚小卷蛾生物学特性及发生规律[J]. 林业科学，40 (6): 197-200.

李德伟，吴耀军，罗基同，等，2010. 广西北部湾桐花树毛颚小卷蛾生物学特性及防治[J]. 中国森林病虫，29 (2): 12-14, 11.

李德伟，吴耀军，蒋学建，等，2008. 鉴别桐花树毛颚小卷蛾幼虫、蛹及成虫雌雄的方法[J]. 昆虫知识，45 (3): 489-491.

秦元丽，邓艳，常明山，等，2012. 桐花树毛颚小卷蛾防治试验[J]. 林业科技开发，26(4): 95-97.

叶思敏，钟景辉，陈金章，等，2015. 桐花树毛颚小卷蛾生活史及食性初步研究[J]. 生物灾害学报，38 (2): 125-128.

（撰稿：钟景辉；审稿：嵇保中）

铜绿丽金龟　*Anomala corpulenta* Motschulsky

一种食性杂、分布广，主要以成虫和幼虫危害的农林地下害虫。英文名 metallic green beetle。鞘翅目（Coleoptera）金龟科（Scarabaeidae）丽金龟亚科（Rutelinae）异丽金龟属（*Anomala*）。国外主要分布于朝鲜、韩国、日本、俄罗斯、蒙古等地。中国除了西藏、新疆外均有分布。

寄主　柳、榆、松、板栗、乌桕、油茶、油桐、核桃、果树、豆类等几十种树木和植物。

危害状　食性杂、食量大，群集危害时林木叶片常被吃光。幼虫主要危害果木和农作物根系部分，多在清晨和黄昏由土壤深层爬到表层咬食，被害苗木根茎弯曲、叶枯黄、甚至枯死。

形态特征

成虫　体长15～21mm，宽8～11.3mm，体背铜绿色有金属光泽，前胸背板及鞘翅侧缘黄褐色或褐色。唇基褐绿色且前缘上卷；复眼黑色；黄褐色触角9节；有膜状缘的前胸背板前缘弧状内弯，侧、后缘弧形外弯，前角锐而后角钝，密布刻点。鞘翅黄铜绿色且纵隆脊略见，合缝隆较显。雄虫腹面棕黄且密生细毛、雌虫乳白色且末节横带棕黄色，臀板黑斑近三角形。足黄褐色，胫、跗节深褐色，前足胫节外侧2齿、内侧1棘刺，2附爪不等大、后足大爪不分叉。初羽化成虫前翅淡白，后渐变黄褐、青绿到铜绿具光（见图）。

卵　白色，初产时长椭圆形，长1.65～1.94mm、宽1.30～1.45mm；后逐渐膨大近球形，长2.34mm、宽2.16mm。卵壳光滑。

幼虫　三龄幼虫体长29～33mm、头宽约4.8mm。暗黄色头部近圆形，头部前顶毛排各8根，后顶毛10～14根，额中侧毛列各2～4根。前爪大、后爪小。腹部末端两节自背面观为泥褐色且带有微蓝色。臀腹面具刺毛列多由13～14根长锥刺组成，两列刺尖相交或相遇，其后端稍向外岔开，钩状毛分布在刺毛列周围。肛门孔横裂状。

铜绿丽金龟成虫（张帅提供）

蛹 略呈扁椭圆形，长约 18mm、宽约 9.5mm，土黄色。腹部背面有 6 对发音器。雌蛹末节腹面平坦且有 1 细小的飞鸟形皱纹，雄蛹末节腹面中央阳基呈乳头状。临羽化时前胸背板、翅芽、足变绿。

生活史及习性 成虫趋旋光性强，寿命约 30 天，有多次交尾及假死习性；白天隐伏于地被物或表土中，黄昏出土后多群集于杨、柳、梨、枫杨等树上先交尾，再大量取食。气温 25°C以上、相对湿度为 70%～80% 时活动较盛，闷热无雨、无风的夜晚活动最盛，低温或雨天较少活动；21：00～22：00 时为活动高峰，在次日黎明前飞离树冠的中途如遇到高大的杨树防护林带，有猛然落地潜伏习性。卵多散产于果树下或农作物根系附近 5～6cm 深的土壤中，每雌产卵约 40 粒、卵期 10 天。土壤含水量在 10%～15%、土壤温度为 25°C时孵化率达 100%。一、二龄食量较小，9 月进入三龄后食量猛增、越冬后三龄又继续危害至 5 月，因此，一年春秋两季均为危害盛期；一龄幼虫 25 天，二龄 23.1 天，三龄 27.9 天。老熟幼虫在土深 20～30cm 处作土室经预蛹期化蛹，预蛹期 13 天，蛹期 9 天。

发生规律 铜绿丽金龟生活史 1 年 1 代，以三龄或少数以二龄幼虫在土中越冬。翌年 4 月越冬幼虫上升表土危害，5 月下旬至 6 月上旬化蛹，6～7 月为成虫活动期、9 月上旬停止活动；成虫高峰期开始见卵，7～8 月为幼虫活动高峰期，10～11 月进入越冬期。如 5～6 月雨量充沛，成虫羽化出土较早，盛发期提前，一般南方的发生期约比北方早月余。经在苏鲁皖冀豫陕及辽宁南部研究，1 年发生 1 代，成虫发生期短，产卵集中，没有发现世代叠置现象。

在渤海湾沿岸 5 月越冬幼虫化蛹，6 月上旬成虫初见，6 月中旬进入初盛期，6 月下旬至 7 月上中旬为盛期，8 月中下旬终见。

在南部江苏，成虫始见期为 5 月中下旬，西部陕西为 6 月上旬末，东部辽南为 6 月中旬，高峰期均集中在 6 月中至 7 月上或中旬。高峰期短且集中利于成虫捕捉或防治。幼虫危害在春秋两季，春季 4～5 月可在麦田危害，8 月份以后可在玉米薯类等田以及秋播麦田危害。

防治方法 发生量与环境关系密切。林木茂密的地区，附近的农田往往发生较重。成虫对动物粪便和腐败有机物有趋性，施用未腐熟有机肥导致严重发生。可采用深翻、轮间作、适时灌水、合理施用有机肥等农业措施来防治。成虫活动盛期可用灯光诱杀，降低虫口基数。幼虫发生严重时可使用辛硫磷等农药沟施或灌根防治。

参考文献

中国农业科学院植物保护研究所，中国植物保护学会，2015. 中国农作物病虫害：中册 [M]. 3 版 . 北京：中国农业出版社 .

（撰稿：李克斌；审稿：尹姣）

头部 head

头是身体的第一体段，各体节愈合，使节间消失，外壁形成坚硬头壳，是感觉和取食的中心。头部包括触角、复眼

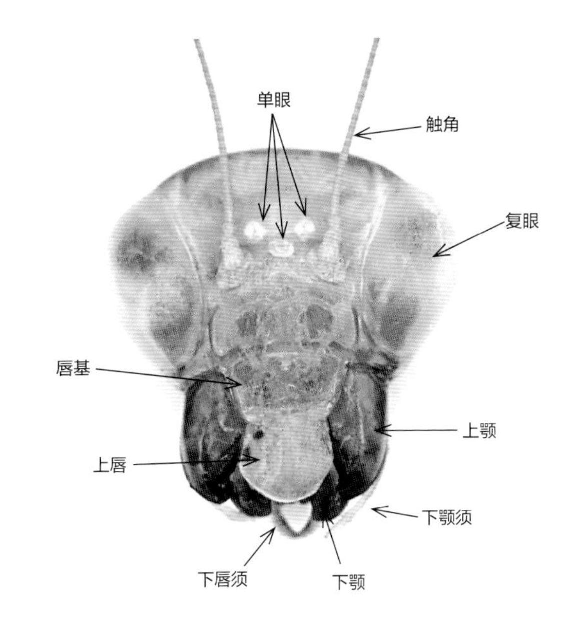

昆虫的头部结构（示触角、眼和口器）（吴超提供）

及口器等结构。

（撰稿：吴超、刘春香；审稿：康乐）

头部分节 cephalic segmentation

昆虫的头部实际上由多节愈合而成，尽管各区域的分界线已经并不明显。“六节说”为 Rempel 在 1975 年提出，被多数学者接受，该学说认为，昆虫头部的分节包含上唇节、触角节、后触角节、上颚节、下颚节、下唇节 6 节，而昆虫的颈部则来自胸部的一部分。昆虫头部由多个体节及 1 个位于头前的原头区组成，体节间的痕迹多已消失。除上唇节不具附肢外，各节的附肢分别为触角、第二触角（仅见于胚胎期）、上颚、下颚及下唇。

（撰稿：吴超、刘春香；审稿：康乐）

头区 cranium areas

昆虫头壳被各种形式的沟或缝划分成多块骨片，也划分出多个分区。头区（cranium areas）常可包含以下分区：额唇基区（额区和唇基）、上唇、颅侧区（颅顶和颊）、颊下区和后头区。头壳上的沟，如次后头沟可能指示着已经愈合的原始体节间的界限；而其余各沟则是为加强头壳或着生肌肉的后生沟，如额唇基沟、额颊沟、颅中沟、颊下沟、口侧沟和口后沟等。

额唇基区又被额唇基沟或口上沟分为背面的额及腹面的唇基。额区一般位置居中，两侧以额颊沟为界，触角及成虫的单眼位于额区（背单眼常位于头顶）。唇基有时被一槽沟分为与额相接的后唇基和与上唇相接的前唇基。唇基两侧

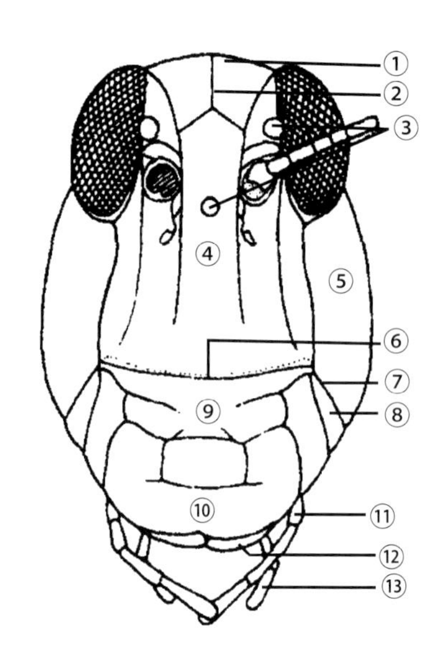

图 1 东亚飞蝗的头区前面观（仿陆近仁等）
①头顶；②蜕裂线；③单眼；④额；⑤颊；⑥额唇基沟；⑦颊下沟；⑧颊下区；⑨唇基；⑩上唇；⑪下颚须；⑫下唇；⑬下唇须

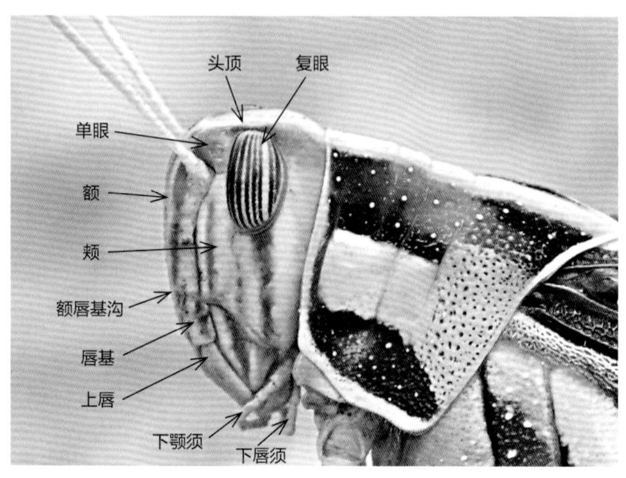

图 2 黄脊蝗的头区侧面观（吴超摄供）

形成上颚关节突，内壁为口前腔的前壁。额唇基沟是头部最常见的一条沟，位于两上颚的前关节之间，内有强大的脊。额唇基沟常向背面弯曲，有时不完整或消失，故额与唇基范围的大小亦随之变化。在额唇基沟消失的情况下，可从食窦扩肌及咽喉扩肌的起源处判断额区与唇基区的分界。由于额神经节总是保持在初生口的水平，位于上两组肌肉之间，亦可作为两区的分界。此外，前幕骨陷总是位于额颊沟与额唇基沟交界的邻近处，前幕骨陷腹端之间的连线可作为唇基的背限。

颅侧区是位于额区周围的马蹄形骨片，包括背面的头顶及两侧的颊。头顶中央常有 1 条纵沟称颅中沟。颊位于复眼下方，头顶与颊之间常无分界线。

在颊的腹缘有 1 条狭骨片，称颊下区，颅侧区与颊以颊下沟为分界。颊下区在上颚两关节之间的部分常称口侧片，其上的沟又称口侧沟。上颚后关节以后的部分称口后片，其上的沟称口后沟。

后头区包括后头及次后头。后头为拱形的骨片，下部因处于颊部之后而称后颊，后头与后颊之间无明显分界。后头与头顶及颊以后头沟（仅少数昆虫存在）为界。次后头是后头后面环绕头孔的狭带，二者以次后头沟为界。后头上方有后头突与颈部骨片支接，端缘与颈膜相接。后幕骨陷位于次后头沟的腹端。头的后部在一些类群中变化较大，双翅目昆虫头后部两侧的口后片在头孔下方相遇，形成口后桥与次后头相连。膜翅目昆虫等两后颊相向生长，在头孔下方形成后颊桥，它以次后头沟与次后头为界。很多前口式昆虫的次后头腹端两侧合并，随着颊和后颊向前延伸，在后颊之间形成 1 块骨片，称外咽片，它的两侧以外咽缝与后颊为界，在两侧后颊扩大时缩减为 1 条狭带，有时两外咽缝在中部合并成 1 条。外咽片常与下唇的亚颏合并成 1 块骨化板，称为咽颏。

参考文献

中国农业百科全书总编辑委员会昆虫卷编辑委员会，中国农业百科全书编辑部，1990. 中国农业百科全书：昆虫卷 [M]. 北京：农业出版社：1-598.

（撰稿：吴超、刘春香；审稿：康乐）

头式　head orientation

昆虫头的位置形式简称头式，根据口器着生位置可以分为 3 种头式：前口式、下口式和后口式。

前口式的头部与身体纵轴呈水平或钝角，颜面朝向背方，口器向前，多发生在捕食性或上颚有特殊功能的昆虫，

图 1 前口式口器（鞘翅目锹甲科）（吴超摄）

图 2 下口式口器（直翅目蝗科）（吴超摄）

图 3 后口式口器（半翅目蝉科）（吴超摄）

如步甲及其幼虫。下口式头部与身体纵轴垂直或近乎垂直，颜面朝向前方，口器向下，多发生在植食性昆虫，如蝗虫、蛾蝶类幼虫。后口式的头部与身体纵轴呈锐角，颜面向后倾斜，口器向后，位于前足基节之间，常见于半翅类昆虫。

（撰稿：吴超、刘春香；审稿：康乐）

突背蔗犀金龟　*Alissonotum impressicolle* Arrow

是危害甘蔗的重要地下害虫。又名突背犀金龟、突背蔗龟、黑色蔗龟。鞘翅目（Coleoptera）金龟科（Scarabaeidae）犀金龟亚科（Dynastinae）蔗犀金龟属（*Alissonotum*）。国外主要分布于东南亚国家，如缅甸、印度、菲律宾等。中国主要分布于广东、广西、福建、云南、贵州和台湾等地。

寄主　为寡食性害虫，成虫除危害甘蔗外，还可以危害玉米、高粱、水稻等。幼虫主要危害甘蔗。

危害状　在甘蔗苗期成虫咬食距地表3～5cm的蔗苗基部。幼苗茎基部被咬食，大多呈椭圆形的凹陷，长度为茎基部直径的2～3倍，宽度与茎基部直径相等，深度为茎基部直径的1/3～1/2，间或有梭形向上凹陷或带状啮食的被害状，未见有把全株咬断的现象。当被害缺陷超过蔗茎中心时，蔗苗心叶部及在缺陷一边的一、二片蔗叶得不到水分及养分，即呈凋萎状，一二天后形成枯心，以后逐渐全株干枯，粗看好似蔗螟为害症状，但螟害枯心苗一般仅心叶枯萎，后来仍能再生分蘖，而蔗龟为害则整株枯死，不能再生分蘖；前者用手拔时很难整株拔起，只能拔出心叶，断口大多腐烂；后者较易把全株拔起，断口处有被啮食的半球形伤痕，且留有一丝丝的纤维（图1①②）。成虫有转株为害的习性，在每株蔗苗上啃食1个孔洞后，即转移至另一健株为害。一龄幼虫多在甘蔗根系范围内活动，取食蔗头中腐烂的有机质。二龄后，幼虫逐渐分散，取食甘蔗根系及埋在土中的茎部。幼虫可将地下茎部位蛀一圆形的孔，并栖住其中大肆为害，有时一个蔗蔸中可有几到十几头幼虫，将整个蔗头蛀成蜂窝状，蔗根被食尽，蔗头附近布满疏松的土粒和虫粪。此时蔗茎枯死，整蔸甘蔗可轻松拔起，如遇大风易倒伏（图1③④）。

形态特征

成虫　体长，雌虫14～17.5mm，雄虫13.5～16.0mm。体漆黑色而有光泽。头小，近三角形。触角9节，鳃片部有3节组成。唇基两前角处呈疣状上翘，此1对突起较额唇基缝处的1对疣突距离要狭；唇基与额区的刻点不连接成横皱状。前胸背板刻点较粗而深，近前缘中央有新月形突起（图2）；前胸背板前、侧缘具沿，后缘无沿；前角几呈直角，后角呈宽弧状。小盾片呈弧状三角形，光滑。鞘翅每侧呈明显的纵线沟8条。臀板密布同等大小的刻点。前足胫节外侧3个大齿后尚有2个小齿；中、后足胫节外面具有2个横向脊，上生有成列的刺（图3④）。

卵　乳白色，带光泽，初产时呈长椭圆形，临孵化前呈圆形（图3①）。

幼虫　三龄幼虫体长31～35mm，头宽4.9～5.2mm，头长3.5～3.8mm。头部前顶刚毛各1～2根，后顶刚毛各1根，额中侧毛各1根。头壳表面稍皱，具小而浅的刻点。触角末节背面感觉器1个，腹面2个。内唇端感区刺与感前片和内唇片愈合呈锤状的骨化突，其上具圆形感觉器。基感区近中央的突斑小，四周光裸。左上唇根后突呈球状，侧突前端明显前弯。肛背片后部围成臀板的细缝（骨化环）末端指

图2 突背蔗犀金龟成虫前胸背板新月形突起（商显坤提供）

图1 突背蔗犀金龟成虫和幼虫危害状（商显坤提供）
①②成虫危害状；③④幼虫危害状

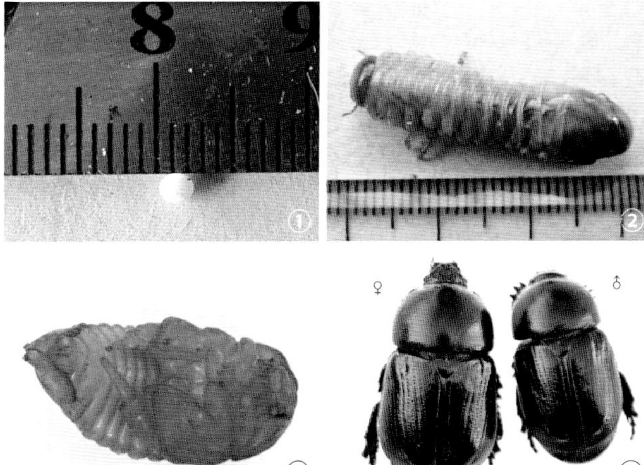

图3 突背蔗犀金龟各虫态（商显坤提供）
①卵；②幼虫；③蛹；④成虫

T

向肛门孔缝角的稍上方；在肛腹片后部无刺毛列，只有钩状刚毛群，钩毛比较密集（图3②）。

蛹 体长17～20mm，宽9～10mm。唇基呈梯形，前缘中部凹陷，后部明显隆起。触角雌雄同形，膝状。额区近唇基后缘中部具有1圆形隆起。下颚须呈圆锥状。前胸背板前角后方有凹陷，前胸腹突近锥形。虫体背面中央从唇基经额、头顶、背板直到腹部第七节背板前缘，纵贯一条凹纵线。腹部第一至第四节气门长椭圆形，褐色微隆起，发音器6对，位于腹部背面第一至第七节的节间处；第八节背板每侧基部各具1对横椭圆形凹陷。尾节三角形，二尾角呈锐角岔开。雄蛹臀节腹面可见阳基侧突伸达或稍超阴具端部；雌肾臀节腹面平坦，前缘中间1小瓣状突起，中具生殖孔，两侧各具1横矩形骨片（图3③）。

生活史及习性 在广东，突背蔗犀金龟为1年完成1个世代，以幼虫越冬。3月下旬老熟幼虫开始营造蛹室化蛹，蛹期约20天。成虫于4月中下旬开始羽化，活动期一直持续到9月下旬，部分成虫可成活至12月。8月下旬至9月初开始产卵，卵期15天。9月中下旬卵开始孵化，一龄幼虫随之出现，一龄幼虫历期约45天，10月中旬进入二龄，历期约45天；11月下旬进入三龄，直至翌年3月，历期约150天。在珠江三角洲蔗区，4月中旬至5月成虫羽化出土高峰期正值甘蔗苗期，此时也是成虫为害盛期。

在广西，突背蔗犀金龟亦为1年1代，以三龄幼虫越冬，也可以少部分成虫及卵越冬。成虫发生于4月下旬至11月底，9月中旬开始产卵，至12月中旬最后一批卵孵化，由10月上旬起至翌年1月底止，均可找到不同孵化期的一龄幼虫。一般以二龄幼虫越年，至翌年1月上旬以后陆续进入三龄。蛹出现期为4月上旬至5月中旬。卵、幼虫及成虫的重叠现象出现于10～11月。

在云南，突背蔗犀金龟同样为1年发生1代，以幼虫越冬。3月下旬在地下蔗头附近造蛹室化蛹。成虫4月中下旬开始羽化，端午节前后群集出现，傍晚出土飞翔、取食，危害蔗叶。但与广东、广西等地所观察到的成虫在出土后并不立即交配而要在夏蛰复苏后的8、9月才交配产卵的情况不同，这里的成虫出土后即可交配，并于夜间入土产卵。初孵幼虫在表土层为害蔗根，8～9月以后随着虫龄的增大，为害也随之加重。

成虫羽化后不一定立即出土，是否出土为害，与4、5月的雨水量有一定的关系。胡少波等1960—1964年连续4年对4、5月雨量与突背蔗犀金龟发生程度相关性进行了观察。1960年5月百色雨量充沛（125.7mm），当年蔗龟发生为害严重；1961年4月只有分散小雨，5月仅降雨1.1mm，该年蔗龟发生很少；1962年4月雨量充沛，5月雨量达197.8mm，成虫在4月底至5月初便破蛹室而出，当年蔗苗被害就很严重；1963年4、5月均旱，蔗龟发生为害很少。由于历年4、5月降雨量不尽相同，形成了蔗龟间歇性的猖獗为害。

成虫日间潜伏于蔗株附近的表土中，夜间活动，但极少爬出土面。成虫有假死习性。成虫潜土深度与土壤温、湿度有一定的关系。当沙质壤土5～10cm深处土温30°C以下、土壤相对湿度66.7%左右时，成虫在甘蔗种茎以上的表土层3～5cm深处活动；高于或低于上述土壤温湿度时，成虫则在种茎以下5～12cm深处潜伏。

成虫夏蛰 6月间，由于气温升高，此时成虫准备进入夏蛰。6月下旬少数成虫开始夏蛰，到7月中旬以后全部进入夏蛰。田间成虫潜土深度在8～15cm。夏蛰期间成虫不食不动，六足收缩，若遇水淹，则爬出水面，水退后再入土蛰伏。

交配、产卵习性 成虫夏蛰复苏后，经过一段时间的补充营养过程，开始行交配、产卵活动。8、9月间，成虫一般于傍晚时分（16：00～18：00）在土中进行交配，交配时间持续1.35小时左右。交配后7～12天开始产卵。成虫产卵后即死亡。富含有机质的多年宿根蔗蔗头处是其成虫交配产卵的最适宜场所。因为初龄幼虫必须取食蔗头腐烂的有机质，且有机质多的土壤比较温暖疏松，易于成虫行动。卵一般散产于蔗头根际土壤中或腐烂的有机质中，产卵量与土壤温度关系密切。产卵数与土温呈正相关。产卵最适土温为25～30°C。但在25°C以上时，产卵数较多而产卵量稳定，不会因温度高低而有大的波动。土壤湿度对产卵量亦有影响，但适宜湿度范围相当宽，只有出现严重干旱及土壤含水量达到饱和时，水才会对产卵起抑制作用。在通常情况下，雌虫每隔1～2天产1粒卵，每头雌虫产卵42～52粒。卵孵化率81%左右。卵的孵化与雨水也有一定的关系。湿度愈高，卵期愈短；但卵短期受水淹，能延缓卵的胚胎发育，淹水5天后，卵死亡率极高，7天后，卵全部不能孵化。

老熟幼虫不取食，随土壤不同湿度而下移至15～30cm深处，营造蛹室准备化蛹，也有个别老熟幼虫在蔗头的蛀孔内化蛹。究其原因有两方面：一方面选择在温、湿度比较稳定的土层中营造蛹室，有利于蛹的发育；另一方面因深层土壤较坚实可避免蛹室破坏。幼虫造蛹室是把土壤爬松，不时从"C"形静止状态发动全身伸直运动，把身边周围泥土排开及挤压而成，并将排出的粪便凝固为蛹室壁。由造蛹室至完成化蛹，需4～7天，视温度而异。

发生规律

虫源基数 由于突背蔗犀金龟成虫和幼虫均危害甘蔗，所以，越冬幼虫虫口基数的大小，与来年成虫出土的峰次和为害程度有很大关系，因此与甘蔗苗期受害程度也密切相关。越冬虫口基数少的年份，成虫蜂期少，蜂态小，苗期为害就轻；反之，虫口基数大的年份，成虫出土高峰期次数也多，蜂态较大，蔗苗受害也重。刘传禄（1990）根据5年间的数据分析：当田间虫口基数在2000～2500头/亩时，成虫出土高峰期仅出现一次；田间虫口基数为3152头/亩时，成虫出土出现2次高峰期；当田间虫口基数达到4600头/亩时，成虫出土高峰期达4次之多。甘蔗苗期成虫数量的多少，不仅表现在蔗苗受害的轻重程度，也影响到后期幼虫（蛴螬）的虫口数量。一般来说，当苗期成虫发生量大时，后期田间蛴螬发生量就大，反之，当成虫发生较轻时，后期蛴螬数量就少。据龚恒亮多年的观察认为，当田间黑色蔗龟幼虫虫口基数在3000头/亩以下时，一般对后期甘蔗不会造成太多的影响；当虫口在3000～5000头/亩时，蔗头会出现轻度受害，并可造成当年甘蔗5%左右的减产；当虫口基数达到7000头/亩以上时，甘蔗后期会出现局部蔗梢枯黄，如遇干旱少雨时，可出现枯死蔗，对产量影响较大（减产 10%～15%）；当虫口基数超过 10 000 头 / 亩时，10 月就可见到蔗株局部枯黄的现象，随着时间的推移，发生枯黄的面积进一步扩大并出现蔗株枯死，遇风时蔗株倒伏，蔗根极易连根拔起，可减产 25% 以上，如遇干旱天气，则损失更重。受害的蔗田不能留宿根。

气候条件　①土壤质地与含水量。在河流冲积土地区如珠江三角洲沙围田蔗区或土壤含水分较高的黏土或黏壤土蔗区，黑色蔗龟为害往往较重，并常形成灾害。而在旱地、或沙质土壤或缺水、灌溉条件较差的蔗地，黑色蔗龟为害往往很轻。②降雨。降雨多少，特别是 4、5 月的降雨对甘蔗苗期的受害程度关系很大。因黑色金龟甲成虫出土需要一定的土壤湿度才能钻出土面，与 4～5 月初降雨量较常年偏多，或在 4 月底至 5 月上旬有一次较强的降雨过程，则黑色金龟甲的为害就重，反之，雨水较常年偏少，则为害就相对较轻。卵的孵化与雨水也有一定的关系，湿度越高，卵期越短。但卵短期受水淹，能延缓卵的胚胎发育，淹水 5 天后死亡率极高，7 天后全部不能孵化。

寄主植物　甘蔗苗期受害程度与甘蔗的植期和蔗苗的生长发育有很大关系。一般来说，秋植蔗受害轻，早冬植蔗其次，晚冬植、春植蔗受害较重。在甘蔗生势方面，苗齐苗壮，早发株、早分蘖的甘蔗因避过了成虫出土高峰期而受害轻；反之，苗弱、发株慢、分蘖迟的甘蔗受害重。

防治方法

农业防治　①深耕翻犁。金龟甲幼虫（蛴螬）一般栖息于蔗头附近 10～30cm 深处的土壤中，因此甘蔗收获后不留宿根的蔗地应极早犁地深耕（最好在 3 月之前完成）、晒垡，通过机械作用，可致部分幼虫和蛹因受机械损伤而死亡，而且幼虫外露在土表便于人工捡拾和动物捕食和鸟、禽啄食，寒冷天气亦可冻死部分幼虫。宿根蔗地也可通过犁垄松蔸，借助机械作用和人工捡拾，降低田间虫口密度。②轮作。金龟甲幼虫最喜食禾谷类和块茎、块根类大田作物，对棉花、芝麻、油菜、麻类等直根系作物不喜取食，在水田环境下也无法生存。因此，水田蔗区可实行与水稻轮作，基水地与旱地蔗区可与花生、甘薯等轮作。③引水淹杀。在成虫出土为害高峰期，有条件的地方，可采用引水浸田（浸没畦面），成虫便爬出土面，浮在水面上不能飞翔，这时将成虫捕集杀死。

物理防治　在成虫发生期（4～7 月），田间大面积连片设置黑光灯、频振式杀虫灯或 LED 灯等灯光诱杀工具，每 1～2hm^2 设置 1 台，坡地可适当提高设置密度，挂灯高度离地面 2m 左右，定期收集诱虫集中销毁。

生物防治　利用金龟子绿僵菌、球孢白僵菌和苏云金杆菌等微生物农药，在甘蔗种植和中耕培土时拌土撒施。

化学防治　①成虫期用药。在成虫出土高峰期前，提前 7～15 天，施用杀虫颗粒剂进行防治。其方法是将颗粒剂撒于蔗苗基部，后薄覆土。常用药剂有毒死蜱、辛硫磷、杀虫单、噻虫胺等单剂或复配药剂。②幼虫期用药。在甘蔗中后期（9 月上中旬），卵孵化高峰期及初孵幼虫正处于土表层（3～10cm）活动，取食有机质。若结合下雨前用药或下雨后即刻施药。③药剂浸种。选择持效期长、内吸性强的水溶性杀虫剂，用水稀释成 300～500 倍的药液，将蔗种浸于药液中 20～30 分钟，捞起晾干后种植，剩余药液可淋施于蔗沟内。常用毒死蜱、好年冬等乳油或可湿性粉剂等剂型的药剂。

参考文献

龚恒亮，安玉兴，2010. 中国糖料作物地下害虫 [M]. 广州：暨南大学出版社 .

龚恒亮，管楚雄，安玉兴，等，2009. 甘蔗地下害虫生物防治技术（上）[J]. 甘蔗糖业 (5): 13-20.

龚恒亮，管楚雄，安玉兴，等 . 2009. 甘蔗地下害虫生物防治技术（下）[J]. 甘蔗糖业 (6): 11-18, 22.

龚恒亮，李金玉，1992. 甘蔗黑色蔗龟 *Alissonotum impressicolle* Arrow 抗药性研究初报 [J]. 甘蔗糖业 (2): 7-13.

胡少波，周锡槐，1965. 广西近年发现的两种蔗龟及其生物习性的初步调查研究 [J]. 昆虫学报 (2): 146-155.

黄诚华，王伯辉，2014. 甘蔗病虫防治图志 [M]. 南宁：广西科学技术出版社 .

刘传禄，容良瑞，陈健雄，等，1990. 突背蔗龟预测预报的研究 [J]. 病虫测报 (1): 27-31.

商显坤，黄诚华，潘雪红，等，2014. 广西蔗区突背蔗犀金龟分布及为害情况调查初报 [J]. 植物保护，40(4): 130-134.

商显坤，黄诚华，潘雪红，等，2018. 突背蔗犀金龟雌雄成虫的鉴别方法 [J]. 环境昆虫学报，40(2): 485-488.

商显坤，黄诚华，魏吉利，等，2017. 温度对突背蔗犀金龟蛹发育速率的影响 [J]. 植物保护，43(6): 118-122.

王助引，周至宏，陈可才，等，1994. 广西蔗龟已知种及其分布 [J]. 广西农业科学 (1): 31-36.

魏鸿钧，张治良，王荫长，1995. 中国地下害虫 [M]. 上海：上海科学技术出版社 .

许汉亮，管楚雄，林明江，等，2012. 甘蔗金龟子可持续控制技术研究 [J]. 广东农业科学，39 (2): 65-68.

严方明，2006. 突背蔗龟的发生为害及防治方法 [J]. 广西植保，19(2): 26-27, 2-3.

中国农业科学院植物保护研究所，中国植物保护学会，2015. 中国农作物病虫害 [M]. 3 版 . 北京：中国农业出版社 .

（撰稿：商显坤；审稿：黄诚华）

土耳其扁谷盗　*Cryptolestes turcicus* (Grouvelle)

一种常见的储粮害虫。英文名 flour mill beetle、smaller rusty grain beetle。鞘翅目（Coleoptera）扁谷盗科（Laemophloeidae）扁谷盗属（*Cryptolestes*）。分布于世界各国。中国除新疆、西藏外各地均有发生。

寄主　成虫、幼虫危害破碎和损伤的禾谷类、豆类、油籽类、粉类粮食和干果等，其中以粉类粮食和油籽类中发生最多。在储粮中常见与锯谷盗、谷蠹、书虱类共生，属重要的后期性害虫。

危害状　危害与经济意义同长角扁谷盗，两者常共同发生。与长角扁谷盗、锈赤扁谷盗同属于储粮中常见的微小储粮害虫，

形态特征

成虫　与长角扁谷盗相似，其特征之处在于：①全身赤褐色，有显著光泽。②雄虫体长 1.62～2.17mm，雌虫体长 1.5～2.1mm。③唇基前缘近圆形。复眼较突出，雄虫触角末节末端较膨大。④前胸背板近方形，雄虫宽为长的 1.1～1.21 倍，雌虫宽为长的 1.09～1.16 倍，其上刻点通常大而浅，常有 1 小型中纵无刻点区域。⑤鞘翅长至少为宽的 2 倍，前胸背板宽 / 鞘翅长为 0.49～0.51（雄虫）或 0.45～0.46（雌虫），第一、二行间各有刻点 3 纵列。⑥腹部第一腹板长约为后胸腹板长的 2/3（见图）。

幼虫　老熟幼虫体长 3.5～4.5mm，外形与长角扁谷盗相似。其特征之处在于：①丝腺端部略向内弯曲，顶端的刚毛长，端部略弯曲。②前胸腹面中纵骨化纹的色泽略比头部深，远比骨化舌杆色泽浅。③腹末臀叉端部向内弯曲，其距离通常小于臀部叉的长度。④第八腹节腹面的环形肛前骨片完整。

生活史及习性　土耳其扁谷盗成虫行动迅速，喜欢隐藏于碎屑或虫茧中。温度 26°C以上，当食物缺乏时喜飞行。雌虫交配后 1～2 天产卵，产卵期间可不断交配且达到产卵高峰。产卵于粮粒胚部、表皮裂缝或虫茧中。每日每雌虫产卵 1 至数粒，每雌虫平均产卵量可达 100 余粒，通常成虫寿命为 100 余天。幼虫喜食粮粒胚部，或可潜入粮粒内部取食，老熟幼虫化蛹于粮粒胚内，如发生于粉类中时，则群集于谷物粉类表层 0.5～3cm 深处化蛹，各茧以丝相连。32°C和 90% 相对湿度条件下，卵期 3.5 天，幼虫期 20.1 天，蛹期 4.4 天，从卵至成虫的发育期为 28 天。即使在最适温度下，相对湿度低于 40% 也不能发育。各虫期的死亡率随环境相对湿度上升而下降，低湿对卵及一龄幼虫影响极大。四龄幼虫对低温的抵抗能力较成虫小。

防治方法

管理防治　原粮中杂质、不完善粒和水分较低时可有效抑制该害虫的发生。环境清洁卫生、减少害虫隐蔽场所、做好隔离防护可减少害虫感染。采用不同类型的诱捕器或陷阱于粮堆可进行种群控制。

物理防治　氮气浓度 98% 以上，或二氧化碳浓度为 35% 以上，或缺氧浓度 2% 以下密闭 15～28 天可有效杀虫。在高温时期，粮仓内可采用紫外灯诱杀害虫。

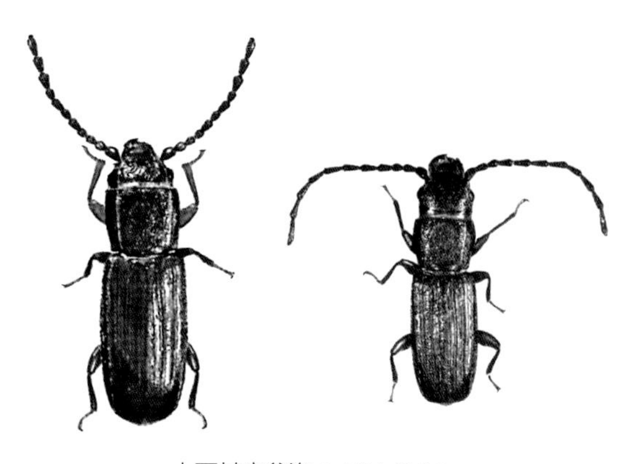

土耳其扁谷盗（王殿轩提供）
雌虫（左）；雄虫（右）

化学防治　储粮用优质马拉硫磷、优质杀螟硫磷、凯安保等防护剂，以及惰性粉或硅藻土可防虫。在适当场所采用不同的熏蒸剂均可有效杀死该害虫，储粮中常用允许使用的熏蒸剂包括磷化氢、硫酰氟。通常采用磷化氢熏蒸时以环流熏蒸杀虫效果较好，相关储粮技术规程中推荐的最低磷化氢浓度为 350～400ml/m^3 时的最短熏蒸时间为 25 天；最低磷化氢浓度为 300～400ml/m^3 时的熏蒸时间在 30 天以上；最低磷化氢浓度为 250～350ml/m^3 时的最短熏蒸时间可达 45 天。

参考文献

陈耀溪，1984. 仓库害虫 [M]. 增订本 . 北京：农业出版社 .

郭健玲，梁桥新，曾伶，等，2016. 3 种扁谷盗对不同波长光趋性研究 [J]. 华南农业大学学报，37(3): 90-94.

王殿轩，白旭光，周玉香，2008. 中国储粮昆虫图鉴 [M]. 北京：中国农业科学技术出版社 .

张生芳，刘永平，武增强，1998. 中国储藏物甲虫 [M]. 北京：中国农业科学技术出版社 .

SUBRAMANYAM B, HAGSTRUM D W, 1996. Integrated management of insects in stored products [M]. New York: Marcel Dekker, Inc.

（撰稿：王殿轩；审稿：张生芳）

土耳其斯坦叶螨　*Tetranychus turkestani* Ugarov et Nikolskii

危害多种农林作物，主要对棉花生产造成损失的一种害螨。蜱螨目（*Acarina*）叶螨科（Tetranychidae）叶螨属（*Tetranychus*）。中国分布于新疆北疆，为北疆棉花上的优势种群。

寄主　危害多种农林作物，包括棉花、玉米、豆类、瓜类、蔬菜、果树及杂草等。

危害状　刺吸危害棉花叶片，先形成失绿斑点或斑块，然后呈现紫红色斑块，严重时干枯脱落，造成棉花大幅度减产甚至绝收。

形态特征

雌螨　体长 0.48～0.58mm，宽 0.36mm，椭圆形。体呈黄绿、黄褐、浅黄或墨绿色（越冬雌螨为橘红色），体两侧有不规则的黑斑；须肢端感器柱形，其长 2 倍于宽，背感器短于端感器，梭形；气门沟末呈“U”形弯曲；各足爪间突呈 3 对刺状毛，足第一跗节 2 对双毛远离（见图）。

雄螨　体长 0.38mm。浅黄色，菱形。阳茎柄部弯向背面，形成 1 大端锤，近侧突起圆钝，远侧突起尖利，其背缘近端侧的 1/3 处有一角度。

卵　圆形，初产时透明如珍珠，近孵化时，为淡黄色。直径为 0.12～0.14mm。

幼螨　3 对足，体近圆形，长为 0.16～0.22mm。

若螨　体椭圆形，长 0.30～0.50mm。有足 4 对，体浅黄色或灰白色，行动迅速。与雌成螨所不同的是少基节毛 2 对，生殖毛 1 对，同时无生殖皱襞。

土耳其斯坦叶螨雌成螨（苏杰摄）

生活史及习性 土耳其斯坦叶螨在田间的雌雄比例，生长季节为8∶1或10∶1，而深秋时为4～5∶1。干旱时，雄螨比例增加，一般情况下，雌螨比例远大于雄螨。1头雄螨可与几头雌螨交配。多数雌螨一生只交配1次，而少数的可交配2～3次。产卵前期1～2天，卵多产于叶背丝网下叶脉两侧和萼凹处。1头雌成螨日产卵量3～24粒，平均6～8粒，一生可产90～140粒，多产于叶螨取食活动处。全世代发育起点温度和有效积温分别为，雌螨10.7473°C和164.01日·度，雄螨为11.5603°C和113.29日·度。卵的发育起点温度为8.4～9.4°C（♀、♂）；幼螨为9.1～11.4°C；第一若螨13.0～11.9°C，第二若螨为12.5°C。在19～31°C范围内世代存活率达79.8%～100%，产雌率达83.3%～85.3%。在相对湿度40%～65%条件下对土耳其斯坦叶螨的生长发育最为有利。

害螨靠自身爬行扩散较慢，只在小范围内或待棉田植株封垄后，特别当食料不足时进行扩散。大面积的扩散田块与田块之间的扩散主要借助外力，如风、流水进行传播，也可随农机具作业，虫、鸟的携带等传播。

新疆棉区若6～8月平均降水量在100mm以下，土耳其斯坦叶螨会大发生，若3个月平均降水量在200mm以上发生就轻，在100～150mm会中等发生。

灌溉方式和灌水量对害螨种群数量均有一定影响。如沟灌棉田有利于发生，滴灌棉田不利于其发生；滴灌条件下，水量过高或过低的棉田均有利于该螨的发生，发生盛期早于常规水量棉田，数量也高于常规棉田叶螨数。不同灌水时期对叶螨的发生影响不大。增施氮肥不利于土耳其斯坦叶螨的发生。

发生规律 土耳其斯坦叶螨在新疆北疆1年发生9～11代，以橘红色的受精雌成螨越冬。越冬螨体两侧黑斑消失。越冬寄主和场所：一是杂草根基处，以双子叶杂草为最多，如旋花、苜蓿、苋菜、三叶草、艾蒿、荠菜、苦荬菜、蒲公英、独行菜等；二是田内外、地头、林带的枯枝落叶层下。翌年当气温升高到8°C时，越冬螨就开始出蛰活动，并开始取食，取食后的越冬雌螨体色由橘红色重新变为橘黄或黄褐色，黑斑也显现出来。当气温升高到12°C以上，就开始产卵，最早于4月底至4月初可在杂草上见到第一代的卵，当棉苗出土后，土耳其斯坦叶螨便从不同的越冬场所陆续向棉田迁移取食危害。在新疆北疆棉区，于5月上、中旬开始点片出现，但此时气温较低，繁殖速度慢，棉苗受害较轻。5月下旬、6月初，此时若雨量少，气温很快上升，叶螨会很快繁殖，集中危害，棉叶上很快出现红斑。6月下旬、7月初出现第一个高峰期，7月的中、下旬出现第二个高峰期，如得不到有效的控制，于8月份出现第三个高峰，而且一次比一次的螨量多、危害重，到8月下旬受害严重的棉田便呈现一片红叶，对棉花生产造成严重损失。

防治方法 同朱砂叶螨。在棉田土耳其斯坦叶螨和截形叶螨同时大发生时，由于截形叶螨对常用杀螨剂的敏感性低于土耳其斯坦叶螨，因此使用药剂浓度以截形叶螨的使用浓度为主。

参考文献

党益春，张建萍，谭永飞，等，2008. 不同灌溉条件下棉叶螨的种群动态[J]. 生态学杂志(9): 1516-1519.

党益春，张建萍，袁惠霞，2007. 新疆棉叶螨大发生的原因及防治对策[J]. 干旱地区农业研究，25(5): 239-242.

郭艳兰，焦旭东，杨帅，等，2013. 土耳其斯坦叶螨和截形叶螨在不同寄主植物上的种群动态及寄主选择性[J]. 环境昆虫学报(2): 140-147.

洪晓月，2012. 农业螨类学[M]. 北京：中国农业出版社：186-193.

鲁素玲，刘小宁，张建萍，2001. 3种天敌对土耳其斯坦叶螨的捕食功能反应的初步研究[J]. 石河子大学学报，5(3): 194-196.

王慧芙，1981. 中国经济昆虫志：第二十三册 螨目 叶螨总科[M]. 北京：科学出版社：118, 125-126.

于江南，王登元，马明明，2000. 土耳其斯坦叶螨的发育起点温度与有效积温[J]. 昆虫知识，37(4): 203-205.

于江南，王登元，曲丽红，等，2002. 自然因素对土耳其斯坦叶螨发生的影响和防治对策[J]. 新疆农业大学学报，25(3): 64-67.

袁辉霞，张建萍，杨孝辉，2008. 土耳其斯坦叶螨和截形叶螨生殖力比较[J]. 蛛形学报，17(1): 35-38.

中国农业科学院植物保护研究所，中国植物保护学会，2015. 中国农作物病虫害：上册[M]. 3版. 北京：中国农业出版社：1190-1200.

GUO Y L, JIAO X D, XU J J, et al, 2013. Growth and reproduction of *Tetranychus turkestani* (Ugarov et Nikolskii) and *Tetranychus truncatus* (Ehara) (Acari: Tetranychidae) on cotton and corn[J]. Systematic & applied acarology, 18(1): 89-98.

（撰稿：张建萍；审稿：吴益东）

蜕裂线 ecdysial line

位于昆虫头部背面的一条常呈倒"Y"字形的线沟。又名头盖缝（epicranial suture）。其主干也称头冠缝（coronal suture），一般较长，有些情况下较短甚至消失；具颅中沟

T

蜕裂线（金龟类幼虫的头部）（吴超摄）

的昆虫，蜕裂线的主干常与颅中沟混淆，但在这种情况下，颅中沟总是伸过蜕裂线的分叉点。头部背面沿蜕裂线外面无沟，里面无脊，仅外表皮不发达，在幼虫或若虫蜕皮时沿此线裂开。蜕裂线在若虫或幼虫阶段很易观察，在不全变态类昆虫的成虫中部分或全部保留，全变类昆虫成虫期均无蜕裂线。有些种中，蜕裂线的位置不同于常见情形，呈现出的纹路也不一样。

（撰稿：吴超、刘春香；审稿：康乐）

蜕皮 molting, moulting

节肢动物门的动物，包括甲壳动物虾和蟹、蜘蛛以及昆虫，周期性地脱掉体表的外骨骼（exoskeleton）的生命过程。节肢动物的外骨骼由几丁质和蛋白质（甲壳动物含钙质）组成，可以保护内部器官、防止水分蒸发、提供给肌肉附着完成各种运动。由于外骨骼没有生长和延展性，限制了个体发育及机体长大，所以，节肢动物进化出了蜕皮这种方式来完成个体发育及机体长大。昆虫在从幼虫转变为成虫的过程中要经历多次蜕皮，包括幼虫不同龄期间的蜕皮——幼虫蜕皮、从幼虫转变为蛹的蜕皮——化蛹蜕皮（全变态昆虫）以及从蛹转变为成虫的蜕皮——羽化蜕皮。其中，从末龄幼虫转变为成虫的过程（全变态昆虫经历蛹期）称为变态（metamorphosis）。不同的蜕皮形成不同的表皮，例如，幼虫蜕皮后仍然形成幼虫的表皮，而化蛹蜕皮后形成蛹的表皮，羽化蜕皮后形成成虫表皮。昆虫的蜕皮过程包括头壳爆裂、不吃少动和脱去外骨骼（ecdysis）等过程。其中，头壳爆裂、不吃少动持续 12～14 小时，脱去外骨骼只需要数分钟。在不吃少动期间，表皮发生皮层溶离（apolysis），即由表皮细胞分泌蛋白酶和几丁质酶，水解旧表皮中的蛋白质和几丁质，使旧表皮与表皮细胞分离，并由表皮细胞重新形成新的表皮，最后，虫体通过蠕动脱去旧表皮，新表皮在鞣化激素（bursicon）调控下鞣化（黑化和硬化），成为新的外骨骼。昆虫蜕皮主要由蜕皮激素促发。

（撰稿：赵小凡；审稿：王琛柱）

蜕皮激素 ecdysone

促进昆虫蜕皮和变态的激素。蜕皮激素属于类固醇激素，蜕皮激素的前体来自于昆虫取食的植物固醇，植物固醇在肠道中转化成胆固醇，释放到血淋巴中，进入前胸腺，加工形成蜕皮激素。环腺、肠道、脂肪体以及成虫卵巢中也可以合成蜕皮激素。蜕皮激素从前胸腺释放到血淋巴和外周组织中，在第 20 位碳原子上加羟基，形成 20- 羟基蜕皮酮（简称 20E）。20E 是蜕皮激素的活性形式，在昆虫体内促进蜕皮与变态。在某些植物中也可产生 20E，如鸭跖草科的蓝耳草（*Cyanotis vaga*），推测其作用是一种防御反应，通过阻断昆虫的发育和生殖保护植物。在昆虫个体发育过程中，20E 的滴度呈现规律性的变化，在取食和生长期，20E 滴度较低，低浓度的 20E 可以促进细胞生长。在每一次幼虫蜕皮期，20E 的滴度都有所上升。在末龄幼虫和蛹期，随着前胸腺长大，20E 滴度升高，反馈抑制胰岛素途径，上调保幼激素酯酶导致保幼激素水解，抑制保幼激素合成，促进钙离子进入细胞，从而促进幼虫细胞凋亡。20E 通过自由扩散进入细胞，与它的核受体（EcR）结合，并与异源二聚体蛋白 USP 结合，形成转录复合体，结合在 DNA 的启动子上，启动基因转录，实现蜕皮与变态。后来的研究发现，G- 蛋白偶联受体可以促进 20E 进入细胞，20E 通过细胞膜上的 G- 蛋白偶联受体传递信号，包括引起钙离子进入细胞、激活蛋白激酶、调控核受体 EcR 和异源二聚体蛋白 USP 的磷酸化及乙酰化，与细胞周期蛋白依赖的蛋白激酶 CDK10 形成复合体，从而决定 EcR/USP 转录复合体的形成及结合到启动子上，启动基因转录，完成蜕皮与变态。

（撰稿：赵小凡；审稿：王琛柱）

唾液腺 salivary gland

昆虫唾液腺是开口于口腔中的多细胞腺体，由真皮细胞在胚胎发育的过程中内陷而成，按其在昆虫体内开口的位置，分为上颚腺、下颚腺、下唇腺和咽腺。

唾液腺的形态结构 不同的昆虫唾液腺形态各异（见图）。除鞘翅目昆虫外，大多数昆虫种类具有下唇腺，但是在不同昆虫种类中，下唇腺的形态和结构差异很大，这与不同昆虫类群所取食的食物形状及昆虫食性密切相关，甚至有些昆虫类群的下唇腺特化为丝腺（如鳞翅目、缨翅目和膜翅目昆虫的幼虫）或毒腺（如膜翅目成虫）。直翅目和蜚蠊目昆虫具有泡状唾液腺，该类唾液腺由腺泡和腺管组成，两根唾液输出管端部愈合成一根管道。管状唾液腺主要存在于鳞翅目、双翅目和蚤目昆虫中。与上述泡状与管状唾液腺相比，半翅目昆虫的唾液腺显得更为复杂，其复杂性与该类昆虫取食液体食物密切相关。

豌豆蚜有一对唾液腺，包括两个主腺和两个副腺。主腺是对称的两裂型器官，副腺管道和主腺管道结合在一起形成主要管道，并进一步结合形成一个共同的分泌唾液的管道，作为分泌唾液的通路（图 1 ⑧）。

唾液腺的生理功能 昆虫唾液腺是昆虫消化系统中的重要器官，主要功能是分泌唾液，并具有润滑口器、溶解食物的作用。以刺吸式口器昆虫为例，其唾液腺的主腺分泌唾液，并且将唾液注入寄主植物组织；副腺分泌口针鞘物质，防止汁液的外流和口针的固定，从而有利于吸取汁液。刺吸式口器昆虫取食寄主植物时，唾液腺分泌两种唾液，即胶状唾液（gel saliva）和水状唾液（watery saliva）。而这两种不同的唾液分泌物中，其唾液蛋白的组成成分及功能不一样。在麦二叉蚜的水状唾液和胶状唾液中均发现分子量为 66～69kDa 的唾液蛋白，而 154kDa 的唾液蛋白只在水状唾液中发现。

胶状唾液及其功能 胶状唾液是最早发现的刺吸式昆虫唾液成分，它通过二硫键和氢键或醌的鞣化作用，围绕口针形成较硬的口针鞘，其成分主要是蛋白质、磷酸酯类及共轭的碳水化合物。在口针一次次地在薄壁细胞和叶肉细胞中或间隙中刺探寻找韧皮部的过程中，口针分泌着胶状唾液，形成唾液鞘保护围绕着中间的口针，在取食完之后，唾液鞘会留在寄主植物组织中，成为了解刺吸式口器昆虫取食行为的直观证据。观察寄主植物组织中或者人工饲料膜表面遗留的唾液鞘，它们既有单枝状的也有分枝状的，都具有不规则的球状表面。在唾液鞘的外表面，有着许多刻纹般的突起和小洞，在唾液鞘内部，有着类似于共生菌一样的物质，但是并不是所有唾液鞘的末端都是开口的，有一些是封闭的。

胶状唾液除了形成唾液鞘外，还具有以下两方面的作用：首先，胶状唾液在刺吸式口器昆虫口针穿刺植物组织和定位取食位点时扮演着重要角色。刺吸式口器昆虫取食时，首先在寄主植物表面分泌少量胶状唾液，胶状唾液由于含有脂蛋白，能够黏着在植物表面，防止口针在第一次穿刺时头部外滑；胶状唾液还有润滑口针的作用，使其在穿刺细胞壁时更为顺利；胶状唾液里还可能包含了细胞壁降解酶，能够软化细胞壁而利于口针的穿刺；胶状唾液还可以识别寄主植物体内的一种黄酮苷，从而帮助昆虫确定该部位是否适合取食。其次，胶状唾液在帮助昆虫能持续取食韧皮部汁液以及减少口针穿刺对植物的损伤也发挥着重要作用。植物的韧皮部负责运输激素、蛋白以及同化物，其压力可以达到 3000kPa。当刺吸式昆虫口针穿刺时，会对筛管分子造成机械损伤，筛管分子必须有相应的机制来快速地堵塞穿刺孔，其中主要是胼胝质、forisomes 以及植物质体内含物等堵塞物质的合成。筛管外围细胞中的 Ca^{2+} 会通过穿刺孔向筛管细胞内腔流动，激活这些堵塞物质，引发堵塞反应。而胶状唾液可以填充口针穿刺取食时造成的细胞间隙、植物细胞穿刺孔以及细胞壁缝隙，可能使 Ca^{2+} 无法从穿刺孔流入到筛管分子内部，从而抑制堵塞反应的产生，使昆虫能够持续地取食韧皮部汁液。唾液鞘在植物细胞和口针之间形成一道不可渗透的隔离屏障，尽量减少唾液和植物细胞的接触，从而减少水状唾液对植物防御反应的诱导。

水状唾液及其功能 水状唾液是刺吸式昆虫用口针穿刺及唾液鞘形成过程中从口针的唾液管道间歇性地释放出来的，再与汁液一同被吸回到口针的食物管道中。蚜虫口针到达韧皮部筛管之前主要是在细胞间游走，刺探细胞时会分泌少量水状唾液，到达筛管细胞后分泌并注入大量的水状唾液，稳定取食筛管汁液后也会间歇分泌水状唾液。水状唾液主要由不同的唾液酶类组成，包括果胶酶、纤维素酶、多酚氧化酶、过氧化物酶、α- 淀粉酶、蔗糖酶、α- 葡萄糖苷酶、蛋白酶等等。其中果胶酶、纤维素酶和多酚氧化酶等多种酶类都有降解植物细胞壁的作用，以此来帮助口针穿刺；蔗糖酶、

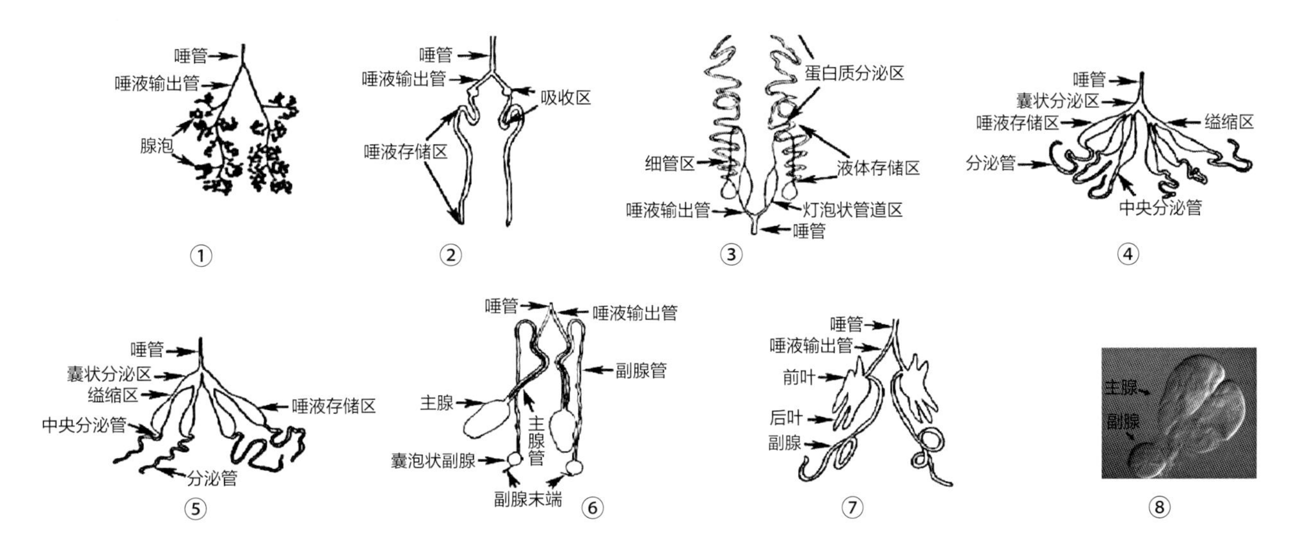

昆虫代表种类的唾液腺类型图（①、②、⑦仿 Walker；③仿 Leslie & Robertson；④和⑤仿 Ma 等；⑥仿 Serrão 等）

①直翅目蝗虫属（*Locusta*）；②双翅目丽蝇属（*Calliphora*）；⑦大马利筋突角长蝽（*Oncopeltus fasciatus*）；③烟草天蛾（*Manduca sexta*）；④、⑤长翅目蝎蛉科（Mecoptera: Panorpidae）；⑥热带臭虫（*Cimex hemipterus*），半翅目臭虫科（Hemiptera: Cimicidae）；⑧豌豆蚜（*Acyrthosiphon pisum*）（Mutti et al., 2008），半翅目（Hemiptera）

淀粉酶、海藻糖酶和转化酵素酶等酶类，可帮助昆虫对食物进行体外消化；多酚氧化酶和过氧化物酶两种氧化还原酶具有协同作用，可以将食物中刺吸式昆虫无法接受的酚类单体氧化成可以接受的酚低聚体，从而避免植物的酚类物质与昆虫的中肠直接接触引起中毒。除了与取食相关的消化酶和水解酶类，植食性昆虫唾液中还包含了一些特别的因子，如能诱导植物特异性防御反应的激发子、能抑制植物防御的效应子以及与病原微生物传播有关的蛋白等等。

植物细胞表面的模式识别受体（pattern recognition receptors，PRRs）可以识别昆虫唾液中的特异性激发子（elicitors），而后引起植物体内的 Ca^{2+} 流动，激活促分裂原活化蛋白激酶（mitogen activated protein kinase，MAPKs）级联途径，诱导水杨酸（salicylic acid，SA）和茉莉酸（jasmonic acid，JA）/ 乙烯（ethylene，ET）等物质的生物合成和信号传导，进而诱导活性氧（reactive oxygen species，ROS）及植物挥发物等防御化合物的产生，最终使植物表现出抗虫性。面对植物的各种防御，昆虫唾液中也有能抑制植物防御的效应子。植物筛管中存在一种收缩蛋白 forisomes，该蛋白与 Ca^{2+} 结合后，可以从密集型纺锤体结构变成体积较大的散布球型结构来阻塞筛管。Will 等（2007）发现水状唾液中某些唾液蛋白可以与 Ca^{2+} 结合，阻碍植物收缩蛋白 forisomes 与 Ca^{2+} 结合，使其不能阻塞筛管，从而蚜虫可以继续顺利取食。之后相继在褐飞虱和黑尾叶蝉的水状唾液中还发现了能够结合 Ca^{2+} 离子、含有 EF-hand 功能结构域的蛋白。植食性刺吸式昆虫还可以通过唾液将病毒传播给寄主植物，使其长势变弱，更有利于昆虫取食。

参考文献

严盈，刘万学，万方浩，2008. 唾液成分在刺吸式昆虫与植物关系中的作用 [J]. 昆虫学报，51(5): 537-544.

HATTORI M, NAKAMURA M, KOMATSU S, et al, 2012. Molecular cloning of a novel calcium-binding protein in the secreted saliva of the green rice leafhopper *Nephotettix cincticeps* [J]. Insect biochemistry and molecular biology, 42(1): 1-9.

HOUSE C R, GINSBORG B L, 1985. Salivary gland [M] // Kerkut G A, Gilbert L I. Comprehensive insect physiology, biochemistry and pharmacology toronto. New York and Toronto: Pergamon Press: 195-224.

KENDALL M D, 1969. The fine structure of the salivary glands of the desert locust *Schistocerca gregaria* Forskål [J]. Zeitschrift für zellforschung und mikroskopische anatomie, 98(3): 399-420.

LESLIE R A, ROBERTSON H A, 1973. The structure of the salivary gland of the moth (*Manduca sexta*) [J]. Zeitschrift für zellforschung und mikroskopische anatomie, 146(4): 553-564.

LU H, YANG P, XU Y, et al, 2016. Performances of survival, feeding behavior, and gene expression in aphids reveal their different fitness to host alteration [J]. Scientific reports, 6: 19344.

MA N, LIU S Y, HUA B Z, 2011. Morphological diversity of male salivary glands in Panorpidae (Mecoptera) [J]. European journal of entomology, 108(3): 493.

MILES P W, 1999. Aphid saliva [J]. Biological reviews, 74(1): 41-85.

MUTTI N S, LOUIS J, PAPPAN L K, et al, 2008. A protein from the salivary glands of the pea aphid, *Acyrthosiphon pisum*, is essential in feeding on a host plant [J]. Proceedings of the National Academy of Sciences of the United States of America, 105(29): 9965-9969.

SERRÃO J E, CASTRILLON M I, SANTOS-MALLET J R, et al, 2008. Ultrastructure of the salivary glands in *Cimex hemipterus* (Hemiptera: Cimicidae) [J]. Journal of medical entomology, 45(6): 991-999.

SHANGGUAN X, ZHANG J, LIU B, et al, 2017. A mucin-like protein of planthopper is required for feeding and induces immunity response in plants [J]. Plant physiology, 176(1): 552-565.

WALKER G P, 2003. Salivary gland [M] // Resh V H, Cardé R T. Encyclopedia of insects. New York: Academic Press: 1011-1017.

WANG W, DAI H, ZHANG Y, et al, 2015. Armet is an effector protein mediating aphid-plant interactions [J]. The FASEB journal, 29(5): 2032-2045.

WILL T, TJALLINGII W F, THÖNNESSEN A, et al, 2007. Molecular sabotage of plant defense by aphid saliva [J]. Proceedings of the National Academy of Sciences of the United States of America, 104(25): 10536-10541.

（撰稿：崔峰、卢虹；审稿：王琛柱）